生命科学名著

藻类学（原书第四版）

Phycology (Fourth Edition)

〔美〕R. E. 李　著

段德麟　胡自民　胡征宇　等　译

科学出版社

北　京

图字：01－2010－5995号

内 容 简 介

藻类学是研究藻类这一淡水和海洋食物链中初级光合生物的科学。藻类不仅是浮游动物和滤食性贝类的重要食源，而且具有独特的系统演化地位和生态位功能。《藻类学》自从1980年第一版面世以来，已逐步成为藻类学领域的经典教材。本修订版保持了初始版本的样式，同时包含了最新的关于核酸测序研究等诸多信息。此外，藻类的详细生活史图例及相关类属的细胞学、生态学、生物化学和经济价值等信息完整的呈现给了读者。

本书适合于选修海洋生态学、海洋生物学、海洋植物学（藻类学）、湖泊科学及生物海洋学等课程的高年级研究生和本科生阅读。

图书在版编目（CIP）数据

藻类学：原书第4版/（美）R. E. 李著；段德麟等译．—北京：科学出版社，2012

（生命科学名著）

Phycology (Fourth Edition)

ISBN 978-7-03-034753-4

Ⅰ. ①藻…　Ⅱ. ①李…②段…　Ⅲ. ①藻类学—研究　Ⅳ. ①Q949. 2

中国版本图书馆CIP数据核字（2012）第123397号

责任编辑：莫结胜　岳漫宇/责任校对：陈玉凤

责任印制：赵　博/封面设计：北京美光制版有限公司

科学出版社 出版

北京东黄城根北街16号

邮政编码：100717

http://www.sciencep.com

三河市春园印刷有限公司印刷

科学出版社发行　各地新华书店经销

*

2012年6月第　一　版　开本：787×1092　1/16

2024年10月第十次印刷　印张：35　3/4

字数：820 000

定价：128.00元

（如有印装质量问题，我社负责调换）

《藻类学》（原书第四版）中文版翻译小组成员

主　译

段德麟　　博士、研究员，中国科学院海洋研究所
胡自民　　博士、副研究员，中国科学院海洋研究所
胡征宇　　博士、研究员，中国科学院水生生物研究所

参　译（按姓氏笔画排序）

王秀良　博士、副研究员，中国科学院海洋研究所
王高歌　博士、副教授，中国海洋大学
尤　凯　博士、副教授，中国海洋大学
毕永红　博士、副研究员，中国科学院水生生物研究所
刘福利　博士、助理研究员，中国水产科学研究院黄海水产研究所
李　伟　硕士研究生，中国科学院海洋研究所
邵展如　博士研究生，中国科学院海洋研究所
周　贝　硕士研究生，中国科学院水生生物研究所
赵　玮　博士研究生，中国科学院水生生物研究所
胡自民　博士、副研究员，中国科学院海洋研究所
胡征宇　博士、研究员，中国科学院水生生物研究所
姚建亭　博士、助理研究员，中国科学院海洋研究所
段德麟　博士、研究员，中国科学院海洋研究所
高铭扬　博士研究生，中国科学院水生生物研究所

图表制作

李　伟　胡自民

校　译（按姓氏笔画排序）

毕永红　　胡自民　　胡征宇　　段德麟

原著作者简介

Robert Edward Lee

1942 年 9 月 15 日出生于美国马萨诸塞州的伍斯特（Worcester）。

教育经历

1964 年　在康奈尔大学（Cornell University）获得学士学位

1971 年　在麻省大学（University of Massachusetts）获得博士学位

研究/工作经历

1966～1970 年　麻省大学生物系助教

1968 年夏天　伍兹霍尔海洋研究所（Woods Hole Oceanographic Institution）海洋生物实验室教授海洋植物学课程

1971～1977 年　南非约翰内斯堡金山大学（University of the Witwatersrand）生物系讲师

1977～1979 年　伊朗巴勒维大学（Pahlavi University）生物系副教授

1979～1981 年　哈佛医学院眼科学系兼职教授

波士顿 Schepens 眼科学研究所精细结构研究室会员

1981 年至今　科罗拉多州立大学生物医学科学系教学主管

科罗拉多州立大学细胞和分子生物学计划会员

科罗拉多州立大学生物系兼职教授

译者序

藻类是海洋和内陆水体中最主要的初级生产力，其生产力约占全球植物总生产力的45%。藻类的光合作用不仅为全球水体食物网提供初级营养和能量来源，而且对于地球生态系统的维护起着重要作用。

作为植物学、海洋生物学和生态学研究的一个重要分支，藻类学研究与应用不断推动着人类对自然界的认识。20世纪后半叶，中国在曾呈奎、饶钦止、黎尚豪等老一辈藻类学家的带领下，在藻类学基础研究与应用领域取得了许多举世瞩目的成就，赢得国际的认可与尊重。进入21世纪后，我国藻类学研究人才的断层现象较为严重，特别是近20年间国内没有一本全面、系统的介绍藻类学研究的教材和参考书，这不仅与中国的藻类资源大国地位不相匹配，而且拉大了我国与世界上其他国家在该领域的差距。

在过去50年间，随着藻类学研究方法、理论和体系的日趋成熟以及新兴技术与研究工具的广泛应用，藻类学研究已从传统的分类、形态描述、生理、实验生态等领域逐渐向区域生态学、生物工程、药物化学、分子遗传学、生物能源、系统发育与进化、生物多样性及保护遗传学等领域转移。面对这一发展态势，如何增强国内同行对该领域的全面了解，缩短与国际上相关研究领域的差距，进而实现某些理论与技术方面的突破，形成中国自己的藻类学研究特点，是每一个藻类学研究者和教育者义不容辞的责任和义务。

Phycology 第四版（2008）的原著作者 Robert Edward Lee 是国际知名的藻类学家与科普作家。由于该著作在国际上享有较高的声誉，目前它已成为国外许多大学和研究机构本科生与研究生的必修教材，同时也是很多海洋与水产科研院校的必订读物。本书图文并茂、主题鲜明，特别是以线粒体内共生理论及其演化途径不同作为全书的主线，特色鲜明、独具匠心。该书陈述的观点既有20世纪后半叶有关藻类学基础研究的结果，也涵盖了近20年中一些新技术、新方法和新理论在藻类学研究中的应用及进展成果。因而，本书内容翔实，科学依据充分，逻辑性强，可读性好。我们认为本书非常适合作为藻类学研究与高等教育的必备教材。

本书语言简练、通俗易懂、内容丰富，非常适合入门者学习使用，同时也可作为海洋生物学、资源生物学、植物学等专业的本科生和研究生的通用教材。本书中文版的发行，不仅有助于推动我国青年藻类学人才的培养，而且可作为藻类学研究的重要参考书和高等院校及研究机构的学术资料。

本书的翻译工作主要由国内从事藻类学研究和教学的一线科研人员完成，书中的英文名称主要参照《藻类名词及名称》（第二版）。由于藻类学这一学科内容庞杂，许多中文名词和名称匮乏，再加上译者知识面及水平有限，翻译中难免存在不足，对此恳请各位同仁不吝赐教与指正。

本书的译稿得到了中国科学院海洋研究所夏邦美研究员和殷明焱博士、中国海洋大学钱树本教授的认真和耐心校对，在此对他们给予的帮助表示衷心感谢。

本书的出版得到了山东海之宝海洋科技有限公司的资助，在此深表谢意。

本书的编译和出版得到了科学出版社生物分社莫结胜和李悦编辑及有关人员的大力支持和协助，在此对其辛勤劳动表示诚挚的谢意。

译　者

2011 年 12 月 16 日

第一版序

理查德·亨利·梅纳茨哈根①（Richard Henry Meinertzhagen）确实是一位令人称奇的英国传奇战士，他在其著作《阿拉伯鸟类》（*Birds of Arabia*）中认为序言应该简短，因为毕竟只有少数人读到它们。据此，我很高兴借此机会对给予我鼓舞和在书稿准备过程中给予我协助的人们表示感谢。我要衷心感谢 Adele Strauss Wolbarst、Robert Cnoops、Charmaine Slack、Sophia Skiordis、Caroline Mondel、Jill Keetley-Smith、Heather Edwards、Gail Arbeter 和位于英格兰 Boston Spa 的借阅图书馆（Lending Library）给予的帮助，尽管本书稿的大部分是我在南非金山大学（University of the Witwatersrand）工作期间准备的。我在巴勒维大学［Pahlavi（Shiraz）University］任教时虽处于伊朗沙王统治下的最后动荡时期，但本书稿却是在此期间完成的，对此我要特别感谢 Mark Gettner、Brian Coad 和 Mumtaz Bokhari。

本书的照片和图片直接取自原始资料，这在图例中通过“引自……”进行了注释。大多数图片都进行了重新绘制以符合我自己的喜好，这也通过“仿自……”进行了说明。在某些情况下，我也通过对照片进行描绘或将几张手绘图放在一起，并通过“改编自……”进行了标注。

本书中采用的是公制/米制，各种精细结构的图解通过微米（μm）和纳米（nm）进行展示。

---

①梅纳茨哈根 1878 年出生于一个富裕且社会关系广泛的英国家庭，家族祖先来自德国。他是英国 20 世纪蜚声国内外的上校军人、情报军官以及权威的鸟类学家之一。信息来源于维基百科：理查德·梅纳茨哈根。

目录

第一篇

绪论

第一章

藻类的基本特征

藻类学（phycology 或 algology）是研究藻类（algae）的科学。Phycology 一词源于希腊单词 phykos，意为“海藻（seaweed）”。韦伯斯特（Webster）词典将 algology 解释为研究藻类的科学，此解释已不时兴，因为它与“algogenic（致痛的）”一词意思接近，意为“产生痛苦”。藻类指一类叶状植物（thallophytes）（没有真正的根、茎、叶的分化），以叶绿素 a 作为光合作用的主要色素，并且在繁殖细胞周围缺乏不育的细胞包被物。这种定义包含一些与藻类关系不是很密切的植物类型，比如蓝细菌①。因为，与藻类中其他类群相比，蓝细菌在进化上更接近细菌。

藻类主要生活在水中，可以是淡水、海水或者半盐水。但是，在地球上几乎所有的环境中都能见到藻类，如从一些高山雪地中生长的藻类到在裸露岩石上的地衣中生长的藻类，到荒漠沙土中生长的单细胞藻类，再到温泉中生活的藻类。在大多数生境中，藻类的作用是作为食物链中的初级生产者，将光、二氧化碳和水转化为有机物。除了构成食物链的基本食物源，藻类也形成次级/高级消费者代谢所必需的氧气。事实上，人类自身极少直接食用消费藻类，转而捕获食物链中较高等级的生物（如鱼、甲壳类、贝类）。某些藻类，特别是红藻和褐藻被收割并作为蔬菜食用，或者从叶状体中提取出黏液（mucilage）作为凝胶和增稠剂使用。

藻类细胞结构

藻类细胞有两种基本类型：原核（prokaryotic）和真核（eukaryotic）。原核细胞缺少膜包裹的细胞器（质体、线粒体、细胞核、高尔基体、鞭毛），存在于蓝细菌中（图 2.11）。其余的藻类都是含有细胞器的真核细胞。

真核细胞（图 1.1）通常含有一层由多糖组成的细胞壁，这些多糖部分由高尔基体（Golgi body）产生和分泌。质膜（plasmalemma）包裹细胞的其他部分；质膜是一种活性结构，负责控制原生质体（protoplasm）中物质的流入与流出。运动器官（locomotory organ）——鞭毛（flagella）借助自身的摆动而驱动细胞通过介质。鞭毛包裹在质膜中，它具有特定的数目和定向的微管。细胞核中含有细胞的遗传物质，由具孔的双层膜包裹。细胞核的成分为核仁（nucleolus）、染色体（chromosome）、背景物质（back-

---

①蓝细菌（Cyanobacteria）又称为蓝藻（Cyanophyte），它们为同一概念。根据原著和前后文需要，本译著中将出现蓝细菌和蓝藻两个名词。

ground material）或核液（karyolymph）。叶绿体（chloroplast）中具有称为类囊体（thylakoid）的膜囊结构，它是进行光合作用的场所。类囊体包埋在基质（stroma）中，此处是碳固定中暗反应进行的场所。基质中含有小的 70S 核糖体（ribosome）和 DNA，某些情况下还含有储存物质。叶绿体由双层叶绿体膜包裹。叶绿体有时含有一个浓缩的蛋白质区域——淀粉核（pyrenoid），它与储存物质的形成有关。双层膜包裹的线粒体含有 70S 核糖体、DNA 及进行呼吸作用的装置。高尔基体由许多被称为囊泡[①]（cisternae）的膜囊逐层堆积而成。高尔基体的功能是产生并分泌多糖。细胞质中也含有较大的 80S 核糖体和脂质体。

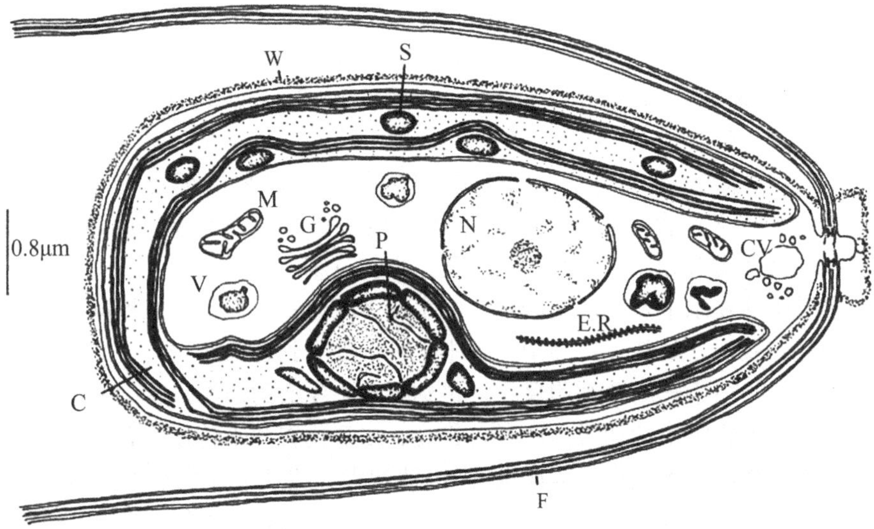

图 1.1 绿藻衣藻（*Chlamydomonas*）的细胞图式，显示真核细胞中存在的细胞器。C，叶绿体；CV，伸缩泡（contractile vacuole）；E. R.，内质网（endoplasmic reticulum）；F，鞭毛；G，高尔基体；M，线粒体（mitochondrion）；N，细胞核；P，淀粉核；S，淀粉（starch）；V，液泡（vacuole）；W，细胞壁。

鞭毛

绿藻衣藻（*Chlamydomonas*）的鞭毛一直被用作研究鞭毛结构的模型。鞭毛结构在进化中高度保守，事实上衣藻的鞭毛图像与哺乳动物细胞，包括人类的精子及某些上皮细胞（epithelia）的鞭毛［或者纤毛（cilia），一种短的鞭毛］很难区别（Johnson，1995）。选择衣藻作为模型是因为该生物易于培养，而且它们的鞭毛能通过 pH 刺激或搅拌（blending）从细胞上分离下来。因为鞭毛并不是细胞生存所必需的，所以通过分离细胞得到影响鞭毛形成的突变体相对比较容易。

鞭毛由环绕两个中心微管（microtubule）的 9 个二联体微管的鞭毛轴丝（axoneme）

①囊泡一般指扁平的囊状物，而不是指所有的囊状物。其中，小球状的囊称为小泡，大球状的囊称为液泡。

构成，所有微管都嵌入到质膜中（图 1.2 和图 1.3）。在细胞体内，两个中心微管在一个密板（dense plate）处终止，而 9 个外围的二联体微管一直深入到细胞内，通常与另一结构结合形成三联体。鞭毛会穿过细胞壁上一个被称为鞭毛领（flagellar collar）的通道。

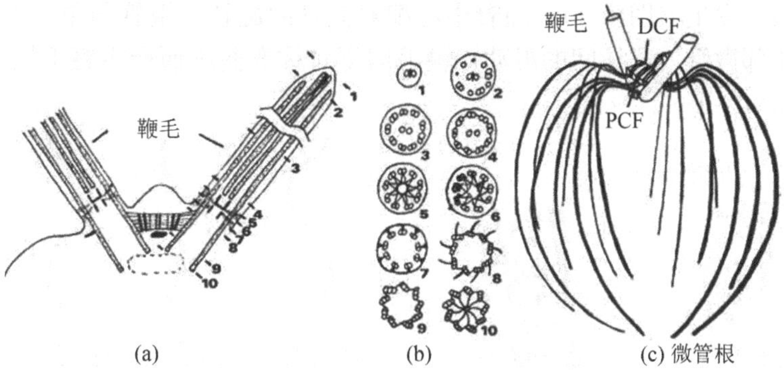

图 1.2　绿藻衣藻的鞭毛系统。(a) 鞭毛系统截面的示意图。数字对应于（b）中鞭毛系统的横切面。(c) 整个鞭毛器官的示意图。两根鞭毛由近端连接纤维（proximal connecting fiber，PCF）及远端连接纤维（distal connecting fiber，DCF）连接在一起。(仿自 Ringo，1967)

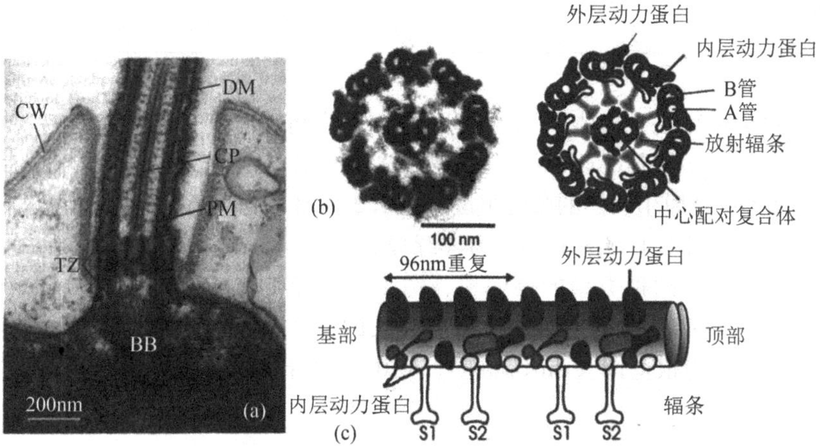

图 1.3　衣藻鞭毛。(a) 单个衣藻（*Chlamydomonas reinhardtii*）细胞前端区的透射电子显微图片，包括细胞壁（CW）、双微管（DM）、中心配对微管（CP）、质膜（PM）、过渡区（TZ）及基体（BB）。(b) 一个分离的去膜鞭毛轴丝的薄截面及主要构成。(c) 沿着每个二联体的 A 管观察到的动力蛋白及相关结构的图像。(引自 Mitchell，2000)

中心配对微管为单微管，含有 13 根原纤丝（protofilament），而外周微管则为双微管，其中 A 管由 13 根原纤丝组成，B 管由 11 根原纤丝组成。中心配对微管类似于细胞质微管，这种内部的微管比外部的二联体微管更不稳定。鞭毛轴丝微管由 α 和 β 微管蛋白构成，它们占鞭毛轴丝蛋白总量的 70%（Dutcher，1995）。每个放射辐条（radial spoke）由一个薄的柄和头部组成，从外周微管二联体的 A 管伸出（图 1.2 和图 1.3）。

内部和外部的动力蛋白臂（dynein arm）连接到外周微管二联体的 A 管上，并延伸到相邻外周微管二联体的 B 管上。动力蛋白是一种动力酶，后者水解 ATP 产生能量作用于动力蛋白，并沿着相邻的外周微管二联体的 B 管移动（图 1.3）。在该反应中，B 管称为轨道（track），而 A 管称为货物（cargo）。反应的结果就是外周微管二联体相互之间移位并导致鞭毛弯曲（Mitchell，2000）。驱动蛋白（kinesin）能引起鞭毛轴丝内的中心配对微管发生（图 1.4）。随着中心配对微管的旋转，微管与单个放射辐条相互作用并诱导相邻微管二联体间的滑动，鞭毛的不对称弯曲进而产生鞭毛摆动（flagellar wave）（Johnson，1995）。

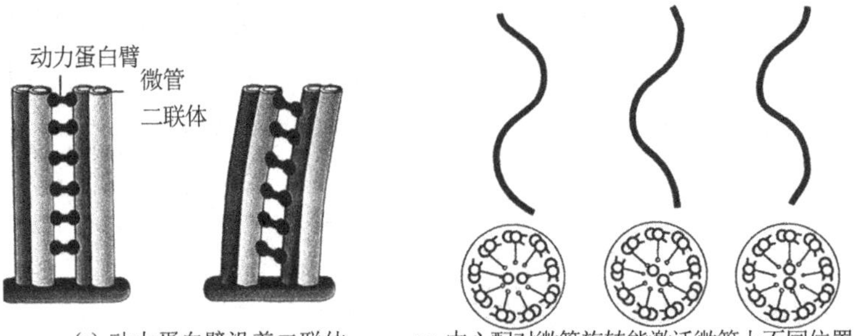

(a) 动力蛋白臂沿着二联体微管运动导致鞭毛弯曲

(b) 中心配对微管旋转能激活微管上不同位置的动力蛋白沿着轴丝运动，导致鞭毛弯曲

图 1.4 通过中心配对微管旋转来激活特定的外部二联体微管动力蛋白的运动，进而引起鞭毛弯曲。

在鞭毛的基部区域（基体）（basal body）微管间还有其他结构。连接到基体上的可能是微管根（microtubular root），或是条纹状纤维根（striated fibrillar root）。前者由一组从基体连接到原生质体的微管组成（图 1.2 和图 1.4），后者则由一组沿长度方向具条纹的纤维组成（图 1.4 和图 1.6）。海洋绿藻石莼（*Ulva lactuca*）［也称为海莴苣（sea lettuce）］的配子含有两种类型的鞭毛根（图 1.5）（Melkonian，1980；Andersen et al.，1991）。已知有 4 种微管根，它们由十字形交叉的方式排列的微管组成，纤维状根（fibrous root）［也称为根丝体（rhizoplast）］则由一束纤丝组成（图 1.6）。

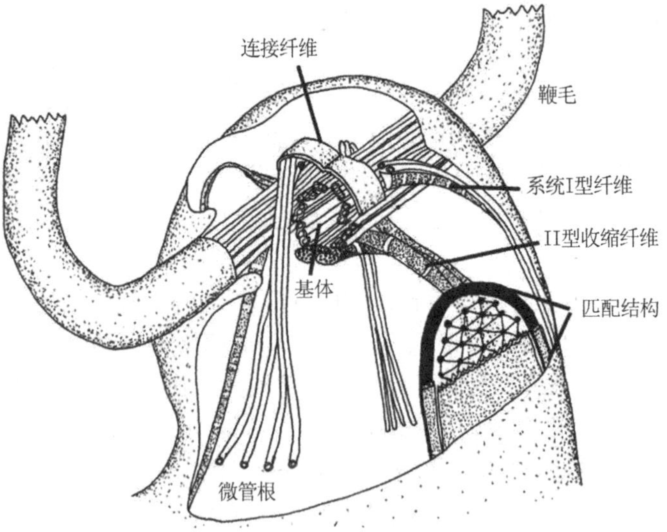

图 1.5 石莼（*Ulva lactuca*）雌配子鞭毛器官的三维重建示意图，显示 4 个十字形排列的微管根及纤维状收缩根。（改编自 Melkonian，1980）

已知有两类纤维状根存在：①系统Ⅰ纤维状根（system I fibrous root）由 2 nm 的纤维组成，横向条纹出现的长度周期约为 30 nm；②系统Ⅱ纤维状根（system II fibrous root）通常由 4～8 nm 的纤维组成，横向条纹出现的长度周期大于 80 nm。系统Ⅰ纤维状根不能收缩，而系统Ⅱ纤维状根在受到适当刺激时会收缩（Moestrup，2000；Brugerolle and Mignot，2003）。

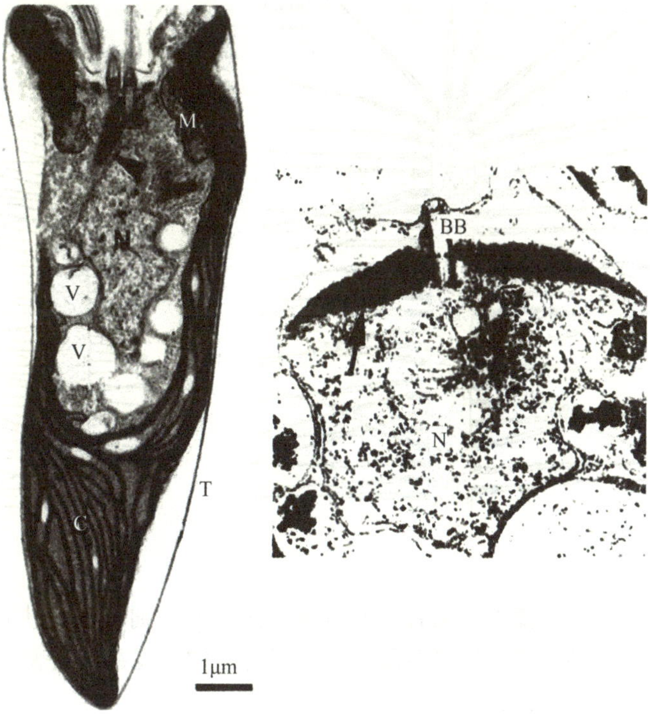

图 1.6　绿藻（*Scherffelia dubia*）（绿藻门）的条纹状根（striated roots）[根丝体（rhizoplast）] 透射电子显微图片。箭号及箭头所指即为条纹状根。BB，基体；C，叶绿体；M，线粒体；N，细胞核；V，囊泡。（引自 Vierkotten et al.，2004）

鞭毛膜表面可以没有茸毛（hair）[也称为鞭毛丝（mastigoneme）]，或尾鞭状鞭（whiplash），或端绒鞭毛（acronematic flagellum），也可以有茸毛 [流苏状茸毛（tinsel），或茸毛状鞭毛（hairy），或茸鞭毛（pantonematic），或双排修饰鞭毛（Flimmergeissel）]。生物中有两类鞭毛茸毛（图 1.7）。

（1）非管状鞭毛茸毛（non-tubular flagellar hair），它由糖蛋白组成的宽 5～10 nm、长 1～3 μm 的实心原纤维构成。这些茸毛较柔软，它们围绕在鞭毛周围增加表面积，提高前进效率。

（2）管状鞭毛茸毛（tubular flagellar hair），它大约长 2 μm，由三个区域组成：①一个连接到鞭毛膜上的 200 nm 长锥形基部区；②一个 1 μm 长的微管轴；③少量 0.52 μm 长的末端纤维（Andersen et al.，1991）。

茸毛的基部没有透过鞭毛膜，而是黏附在膜上。管状茸毛的发育始于核被膜的内外膜之间的区域 [核周介质（perinuclear continuum）]，基部区与微管区在此装配。随后，它们进入高尔基体并在此处加上末端纤维。最后，茸毛被高尔基体囊泡输送到质膜上，在这里它们被释放并连接到鞭毛膜上。三节（tripartite）管状茸毛存在于异鞭藻门（Heterokontophyta）中。管茸鞭类（stramenopile），该词曾用来包括所有带管状茸毛的原生生物（van der Auwera and deWachter，1997）。除了异鞭藻门中的藻类以外，管茸鞭类还包括真菌中卵菌纲（oomycetes）、hyphochytridomycete、破囊壶菌（thraustochytrid）、双并鞭虫目（bicosoecid）及网黏菌（labyrinthulid）。

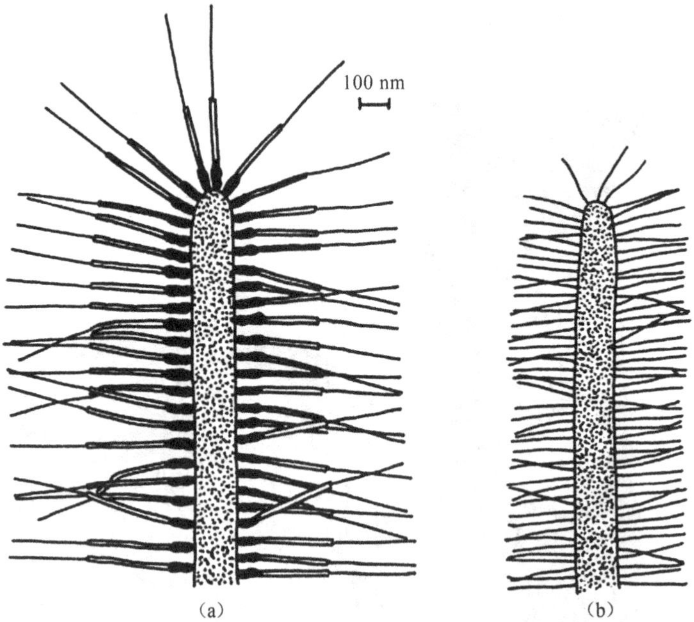

图 1.7 藻类鞭毛上不同类型的茸毛草图。(a) 三节茸毛（以褐藻 *Ascophyllum* 的精子为例）。每根茸毛由连接到鞭毛膜上的一个基部区、微管轴和一个末端茸毛组成。(b) 非管状茸毛（以衣藻配子为例）。[(a) 改编自 Bouck，1969；(b) 引自 Snell，1976]

在其他藻类如果有茸毛出现在鞭毛上，则为非管状茸毛（Moestrup，1982）。除了茸毛以外，还有许多不同尺度类型的结构出现在鞭毛表面。对此，在单个藻类类群的章节将会深入讨论。

在细胞分裂过程中，鞭毛经历一系列的发育周期（图 1.8）。双鞭毛细胞可看做这一过程典型范例，其前端鞭毛［流苏状鞭毛（tinsel flagellum）］被管状茸毛覆盖，而后端具有平滑鞭毛［尾鞭状鞭毛（whiplash flagellum）］。在细胞分裂开始前，两个新的鞭毛紧邻着前端鞭毛出现。两个新的鞭毛伸长，同时初始的前端鞭毛向细胞的后端移动，并且失去其管状茸毛，进而成为其中一个子代细胞的后端平滑鞭毛。位于细胞前端的两个新鞭毛获得管状茸毛，成为子代细胞的流苏状鞭毛。因此，每个子代细胞拥有一个新的前端流苏状鞭毛，以及一个由亲代细胞的一个鞭毛衍化而来的后端平滑尾鞭状鞭毛（Beech and Wetherbee，1990；Melkonian et al.，1987）。

藻类细胞具有不同的鞭毛排列方式（图 1.9）。如果鞭毛长度相同，它们被称为等鞭毛（isokont flagella）；如果长度不同，则被称为不等鞭毛（anisokont flagella）；如果它们在细胞的一端形成一个环，则被称为轮生鞭毛（stephanokont flagella）。异鞭毛类（heterokont）指的是具有茸毛状鞭毛和平滑鞭毛的生物（Moestrup，1982）。

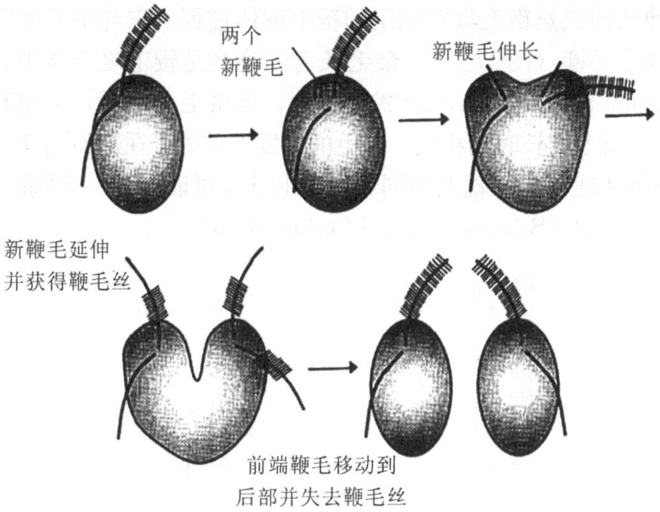

图 1.8　细胞分裂过程中鞭毛转换的顺序。

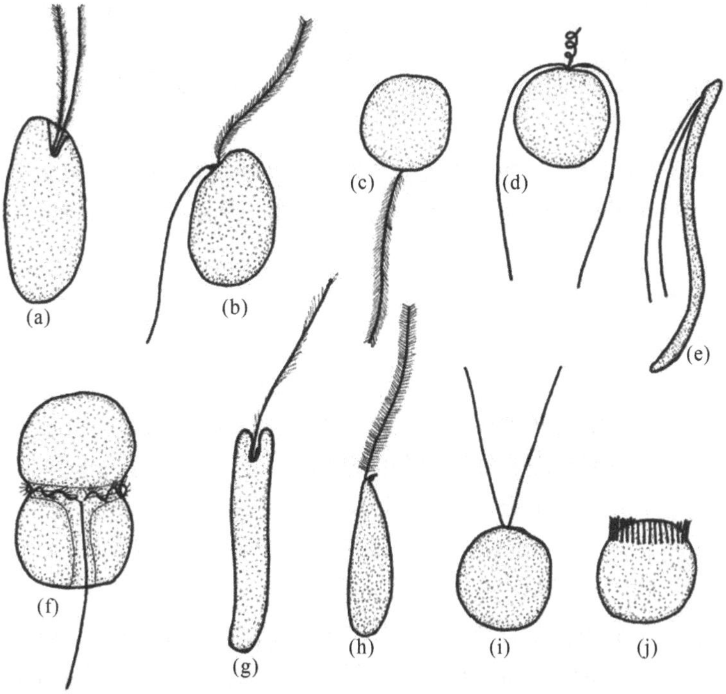

图 1.9　真核运动型藻类细胞及其鞭毛形态。此图代表了藻类类群中常见的鞭毛排列方式，还有许多结构的改变没有包含在内。(a) 隐藻门；(b) 异鞭藻门的大多数种类；(c) 异鞭藻门的硅藻纲；(d) 普林藻门；(e) 绿藻门；(f) 甲藻门；(g) 裸藻门；(h) 异鞭藻门的真眼点藻纲；(i，j)绿藻门。

对于同一个细胞，鞭毛长度可以不同，这受到鞭毛内转运（intraflagellar transport）的控制，这种转运被定义为在鞭毛轴丝及鞭毛膜之间颗粒沿着鞭毛长度方向的双向移动（Beech，2003）。不再伸长的成熟鞭毛具有稳定的鞭毛解体过程，它与鞭毛内转运所提供的稳定组装达成一个动态平衡（图 1.10）。鞭毛长度的改变是鞭毛复合体组装与去组装的不平衡所致（Rosenbaum and Witman，2002）。因此，当鞭毛收缩时，去组装发生的速度快于组装发生的速度，鞭毛生长时则相反。鞭毛的长度差异源于在起始构建阶段短鞭毛的形成滞后。短鞭毛的组装速度与长鞭毛相同。在鞭毛基部可能存在一个阀门，借此调控鞭毛前体进入到基体与鞭毛中（Schoppmeier and Lechtreck，2003）。

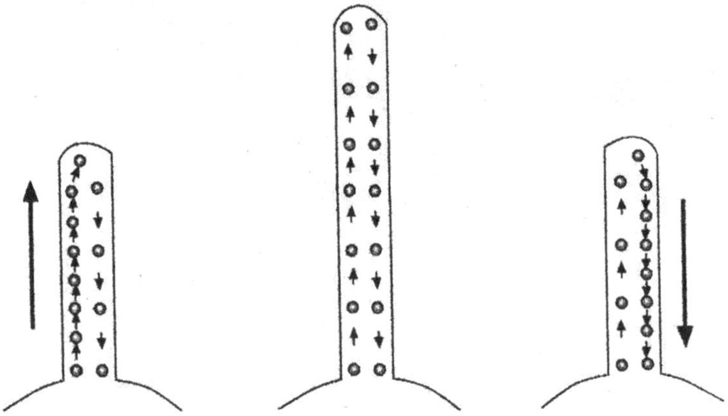

图 1.10 (a) 当鞭毛生长时，鞭毛内运输导致鞭毛单体的组装量速度大于去组装量速度。(b) 成熟鞭毛的鞭毛单体组装量与去组装量相当。(c) 当鞭毛收缩时，鞭毛单体的去组装量大于组装量。

细胞壁与胞外黏液

通常，藻类的细胞壁由两种成分组成：①纤维组分，用来形成细胞壁骨架；②无定形组分，它形成一层内部包埋有纤维组分的基质。

最常见的纤维组分是纤维素（cellulose），它是一个由 β-D-1，4 糖苷键连接的葡萄糖多聚物。在某些管状（siphonaceous）绿藻、红藻门的紫菜（*Porphyra*）和红毛菜（*Bangia*）中，纤维素被甘露聚糖（mannan）替代，甘露聚糖是 β-D-1，4 糖苷键连接的甘露糖多聚物。在某些管状绿藻和红藻［如紫菜、红线藻（*Rhodochorton*）、凹顶藻（*Laurencia*）及红皮藻（*Rhodymenia*）］中，存在不同聚合态的纤维状木聚糖（xylan）。

在褐藻（Phaeophyceae）和红藻（Rhodophyta）中，无定形黏液（mucilaginous）成分含量最高，其含有的多糖可用于商业开发。褐藻酸（alginic acid）（图 1.11）是一种聚合物，主要由 β-1，4-糖苷键连接的 D-甘露糖酸残基及数量可变的 L-古洛糖酸（guluronic acid）组成。褐藻酸存在于褐藻的细胞间区及细胞壁中。岩藻多糖（fucoidin）（图 1.11）也存在于褐藻中，它是在 C-4 端硫化的 α-1，2，α-1，3 及 α-1，4 糖苷键连接的 L-岩藻糖残基聚合物。在红藻中，细胞壁的无定形组分由半乳糖或半乳糖聚合体组成，它们通过 β-1，3 糖苷键或 β-1，4 糖苷键相连接。这些半乳糖包括琼脂（agar）［由琼脂胶（agaropectin）和琼脂糖（agarose）组成，图 1.11］及卡拉胶（carrageenan）（图 4.15）。

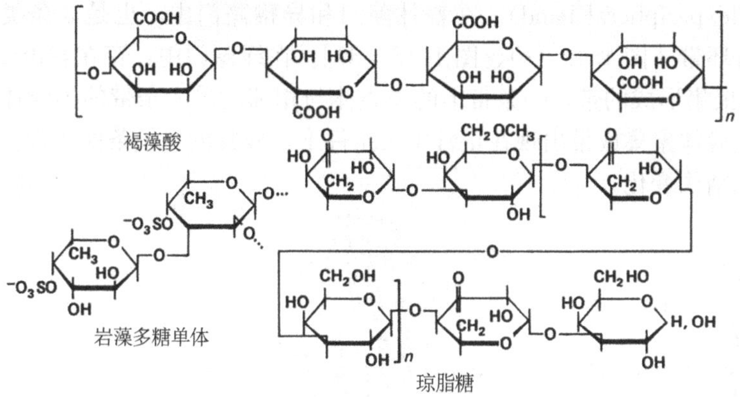

图 1.11　褐藻酸、岩藻多糖及琼脂糖的结构单元。（仿自 Percival and McDowell，1967）

质体

藻类的基本质体类型是叶绿体，它是一种能进行光合作用的质体。色质体（chromoplast）是叶绿体的同义词；在旧的文献著作中，颜色有别于绿色的叶绿体通常被称为色质体。前质体（proplastid）则是一种即使含有类囊体但数量也较少的退化型质体（reduced plastid）。前质体通常会发育成叶绿体，尽管在有些异养鞭毛藻（heterotrophic algae）中它保持不变。白色体（leucoplast）或造粉体（amyloplast）是一种无色的质体，它已衍生为适合于储存物质的结构。

在红藻门和绿藻门中，叶绿体被叶绿体被膜的双层膜所包裹［图 1.12（a）和图 1.12（e）］。在其他真核藻类中，叶绿体被膜被叶绿体内质网（endoplasmic reticulum，E. R.）的两层膜中的一层包裹，内质网上有核糖体附着在紧邻的细胞质（cytoplasm）膜的外表面。叶绿体内质网是初次内共生（形成叶绿体）的食物泡膜和（或）细胞质膜在二次内共生过程中的残留物。在裸藻门（Euglenophyta）和甲藻门（Dinophyta）中存在单层膜的叶绿体内质网［图 1.12（c）］。在隐藻门（Cryptophyta）、普林藻门（Prymnesiophyta）及异鞭藻门中，则存在双层膜的叶绿体内质网，且叶绿体内质网的外膜常与核膜的外膜相连，当叶绿体数目较少时更是如此［图 1.12（b）和图 1.12（d）］。

在质体中，光合机构的基本结构是一系列称为类囊体的扁平膜囊及周围基质（matrix）或间质（stroma）。类囊体中含有叶绿素（chlorophyll），同时也是进行光化学反应的场所；CO_2的固定则在基质中进行。类囊体可单独存在，也可聚集形成类囊体带（thylakoid band）。在蓝细菌（cyanobacteria）及红藻中［图 1.12（a）］，类囊体通常单独存在，而藻胆体（phycobilisome）（包含藻胆蛋白）则位于类囊体表面。一个类囊体表面的藻胆体与其邻近类囊体表面的藻胆体交替出现。当藻红蛋白（phycoerythin）占主导时，藻胆体以直径为 35 nm 的微粒形式出现；若藻蓝蛋白（phycocyanin）占主导，藻胆体则以盘状（disc）形式出现。在红藻门较为原始的成员中，类囊体分布在叶绿体被膜附近，而在红藻门较高等的成员中则分布着周边类囊体，它们环绕着其余的类囊体。在隐藻门中，叶绿体含有由两条类囊体形成的带［图 1.12（b）］，藻胆蛋白散布在类囊体中。在裸藻门和甲藻门中，类囊体聚集成含有 3 条类囊体的带，以及 1 条与叶绿体被膜平行的环带（girdle/peripheral band）。在普林藻门和异鞭藻门中，也是3条类囊体聚集成带，但是没有环带［图1.12（c）、图1.12（d）］。在绿藻门中，存在着由2～6条数目不等的类囊体聚集形成的带，一条带上的类囊体与相邻的另一条带的类囊体相互连接。上述的藻类类囊体聚集成带出现在正常生长条件下，异常的生长条件通常会导致类囊体呈块状及其他结构变化。

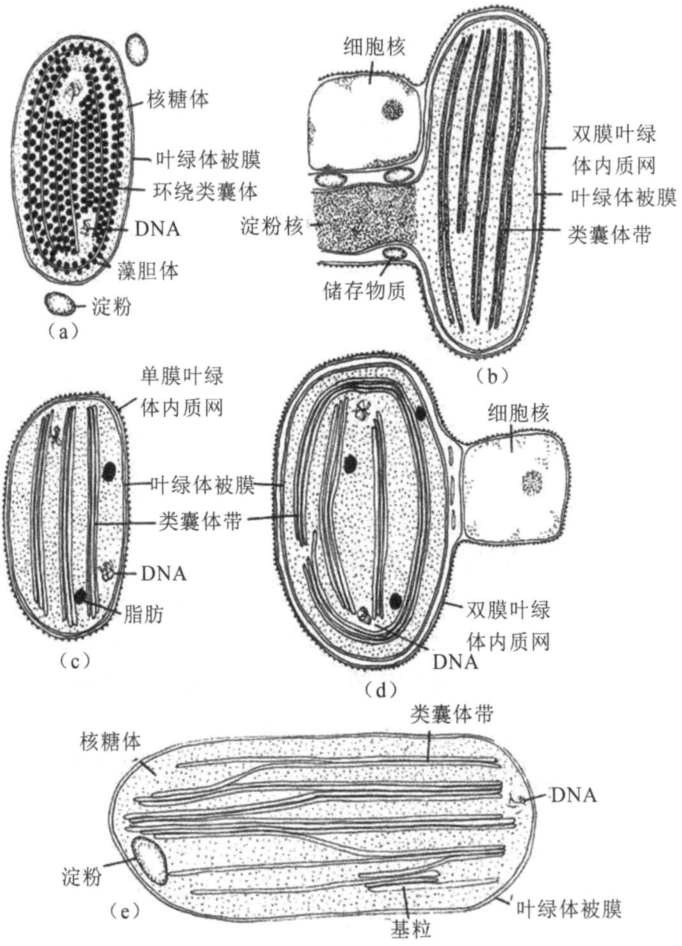

图1.12 真核藻类中叶绿体结构的类型。(a) 每条带含1个类囊体，没有叶绿体内质网（红藻门）。(b) 每条带含2个类囊体，有两层膜的叶绿体内质网（隐藻门）。(c) 每条带含3个类囊体，有单层膜的叶绿体内质网（甲藻门及裸藻门）。(d) 每条带含3个类囊体，具双层膜的叶绿体内质网（定鞭藻门及异鞭藻门）。(e) 每条带含2～6个类囊体，没有叶绿体内质网（绿藻门）。

淀粉核［图1.12（b）］是叶绿体内的分化区域，其密度高于周围间质，可能有或无类囊体横贯其中。淀粉核通常与储存产物有关。淀粉核含有1，5-二磷酸核酮糖羧化酶/氧化酶（Rubisco），这是一种固定二氧化碳的酶（Jenks and Gibbs，2000；Nagasato et al.，2003）。因此，淀粉核的大小将依据羧化酶的多少而变化。

羧化酶以两种形态存在（Jenks and Gibbs，2000；Zhang and Lin，2003）：

（1）形态 I。它存在于某些细菌、蓝细菌、所有的绿色植物（green plant）及非绿色植物中。形态 I 由 8 个大亚基和 8 个小亚基构成（图 1.13）。形态 I 对 CO_2 有强亲和力和低的催化效率（CO_2 固定的效率低）。在绿藻、裸藻及绿色植物中，羧化酶的大亚基由叶绿体 DNA 编码，而小亚基则由核 DNA 编码。在一种灰色藻（*Cyanophora paradoxa*）的共生体（cyanelle）（内共生的蓝细菌）及某些非绿藻类中，两个亚基均由叶绿体 DNA 编码。

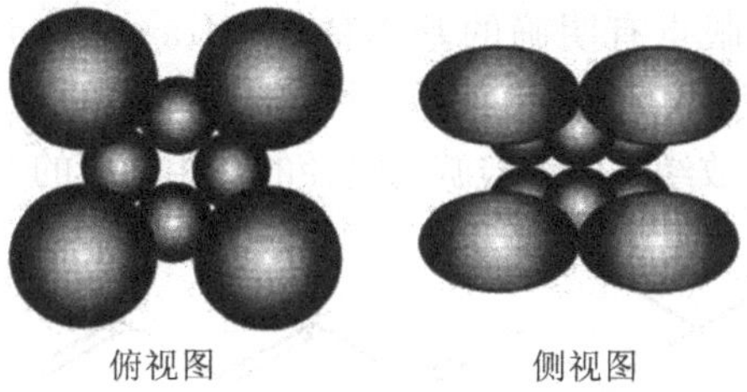

图 1.13　Rubisco 酶 I 型变体的结构，显示出 8 个大亚基及 8 个小亚基。

（2）形态 II。它存在于某些真细菌及甲藻中，由 2 个大亚基构成。形态 II 对 CO_2 亲和力低，但催化效率高。

所有 1，5-二磷酸核酮糖羧化酶的共同祖先可能类似于形态 II，它适应了古代地球上盛行的厌氧条件和高浓度 CO_2 环境（Haygood，1996）。形态 I 随着地球的大气氧化、CO_2 浓度降低和对 CO_2 亲和力的更高需求而进化产生。但是，形态 I 对 CO_2 更高的亲和力是以降低催化效率为代价的。

在叶绿体的类囊体之间含有小的（直径 30～100 nm）球状脂滴（lipid droplet）[图 1.12（c）、图 1.12（d）]。这些脂滴充当叶绿体内的脂质储存池。

许多运动型藻类有成团紧密压缩的类胡萝卜素（carotenoid）脂质球（lipid-globule），它们构成一个与光反应有关的橙红色的眼点（eyespot/stigma）（图 5.2）。运动型藻类对光表现出三种类型的反应（Kawai and Kreimer，2000）：趋光性（phototaxis），避光性（photophobia）及滑行（gliding）（图 1.14）。

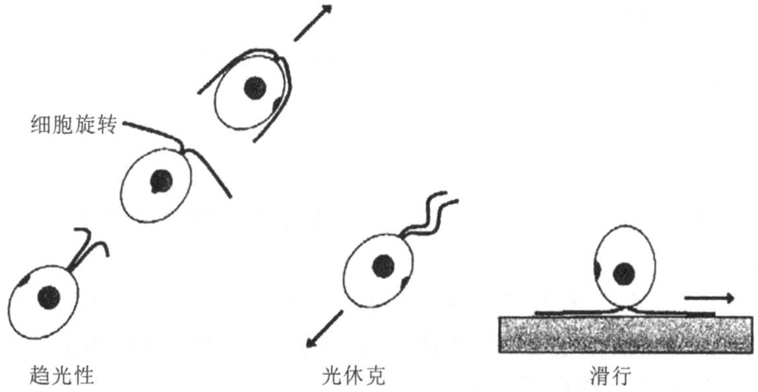

图 1.14　衣藻中鞭毛定向的三种类型。在趋光时，细胞向前游动并旋转。趋光性要求细胞螺旋式向前游动，它可导致对称位置的眼点的旋转。在光休克时，细胞有短暂的回避反应，它可导致细胞向后游动。在滑行时，引导鞭毛与被动鞭毛分开呈 180°。

(1) 趋光性。对于趋光性，细胞运动的方位受到光源方向及强度的影响。细胞在正趋光性 (positive phototaxis) 时向光移动，在负趋光性 (negative phototaxis) 时则远离光。绿藻中衣藻的光受体是位于眼点上质膜内的衣藻视紫红质 (chlamyrhodopsin) (图 1.15)。衣藻视紫红质含有一个全反式 6-S-反式视黄醛发色团 (retinal chromophore)，它在光照过程中经历一次从 13-反式到顺式的异构化 (Hegemann，1997)。在游泳时随着细胞旋转，眼点会周期性遮住光受体。在不同类群的藻类中眼点有不同结构，在后面相应的章节将会予以讨论。眼点有明确的基本特征 (Kawai and Kreimer，2000)：①眼点通常有富含类胡萝卜素的脂质球，它们压缩并呈高度有序的六角形排列；②眼点通常在周边位置呈单个结构，大多数经常位于与游动路径的轴相垂直的方向。

图 1.15 衣藻的光受体，衣藻视紫红质 (chlamyrhodopsin) 的结构。

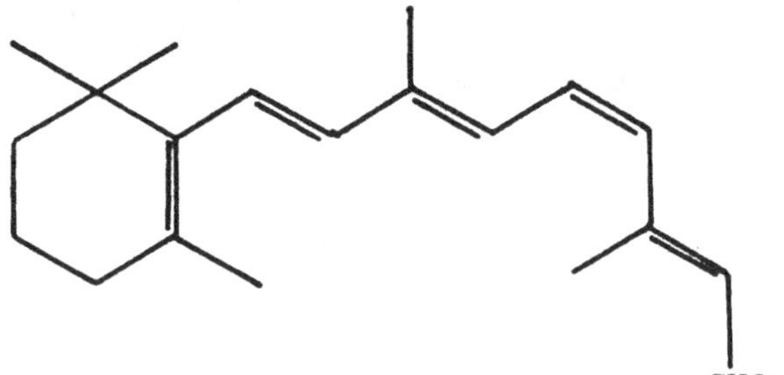

衣藻的趋光性由每个鞭毛的摆动来控制。最靠近眼点的鞭毛是顺式鞭毛，而离眼点最远的则是反式鞭毛。光受体接收光并控制钙离子通道 (calcium channel) 的开与关及鞭毛内钙离子浓度的水平。鞭毛内的钙离子浓度会影响放射辐条与中心配对微管的相互作用 (Mitchell，2000)。当衣藻的质膜变得有浸透性时，衣藻细胞在 10^{-8} mol·L^{-1} 的钙离子介质中可正常游动。钙离子浓度降到 10^{-9} mol·L^{-1} 会降低反式鞭毛的摆动速度，而钙离子浓度增加到 10^{-7} mol·L^{-1} 则会降低顺式鞭毛的摆动速度。

(2) 避光性 [光休克 (photoshock)]。避光性是光强度的迅速改变而引起的细胞运动方向的改变，与光的方向无关。游动细胞停止，并从正常的不对称鞭毛摆动方式转变为对称的鞭毛摆动方式，以驱动细胞向后运动 (图 1.14)。在避光性反应结束时，细胞翻滚并沿新的方向重新游动。室内实验表明衣藻的避光反应与钙离子浓度增加到 10^{-6} mol·L^{-1} 以上有关 (Mitchell，2000)。与趋光性不同，对于避光反应放射辐条与中心配对微管的相互作用不是必需的。

(3) 滑行 [静止 (quiesence)]。在滑行时，鞭毛停止摆动并黏附到一表面或空气/水的界面 (Mitchell，2000)。细胞能通过一根鞭毛的积极引导和另一根鞭毛的被动拖曳而滑过表面 (图 1.14)。细胞可以通过调整鞭毛的主动性或被动性进而改变运动方向。滑行运动可能是生活在土壤颗粒表面的水薄膜中的生物的共同现象。

在绿藻门 (图 5.2)、隐藻门 (图 9.4) 及大部分异鞭藻门 (图 10.1) 中，眼点在叶绿体中以脂质滴形式存在。在裸藻门 (图 6.2)、真眼点藻纲 (图 12.1) 及甲藻门 (图 7.21～图 7.23) 中，眼点以一团膜包裹的脂质滴形式出现，而不存在于叶绿体中。

大多数叶绿体含有的原核 DNA 位于一个缺乏 70S 核糖体的区域 (图 1.16 和图 1.17)。该 DNA 是蓝细菌在内共生形成叶绿体的过程中的进化残留物。单个 DNA

微纤维为环状，它们连接到叶绿体膜上，缺少基本蛋白（组蛋白）。根据质体中DNA的分布，藻类可分为两个基本类群（Coleman，1985）。在第一类群中，DNA簇（clump）[类核（nucleoid）]分散在整个质体中。这一类群包括隐藻门、甲藻门、普林藻门、真眼点藻纲、红藻门和绿藻门。在第二类群中，DNA以环状形态出现在环带薄层（girdle lamella）内。这一类群包括金藻纲（Chrysophyceae）、硅藻纲（Bacillariophyceae）、针胞藻纲（Raphidophyceae）及黄藻纲（Xanthophyceae）[不包括无隔藻属（*Vaucheria*）和三个缺乏环带薄层的属：柱杆藻属（*Bumilleria*）、拟柱杆藻属（*Bumilleriopsis*）、伪拟柱杆藻属（*Pseudobumilleriopsis*）]。裸藻门不适合于上述任何一个类群，显示出不同的叶绿体DNA分布。

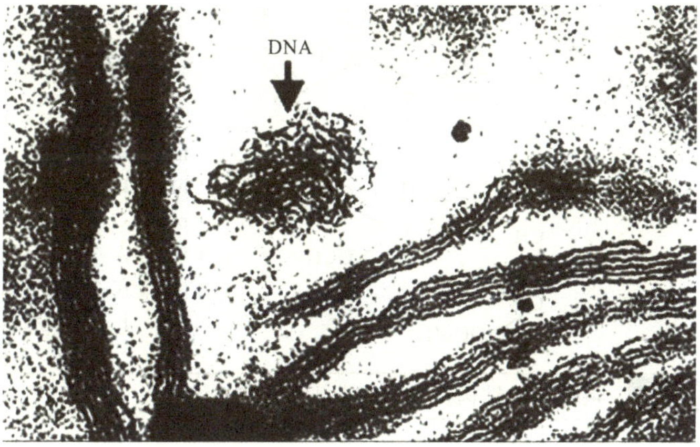

图1.16　甲藻门海洋原甲藻（*Prorocentrum micans*）叶绿体DNA的透射电子显微图片。（引自Laatsch et al.，2004）

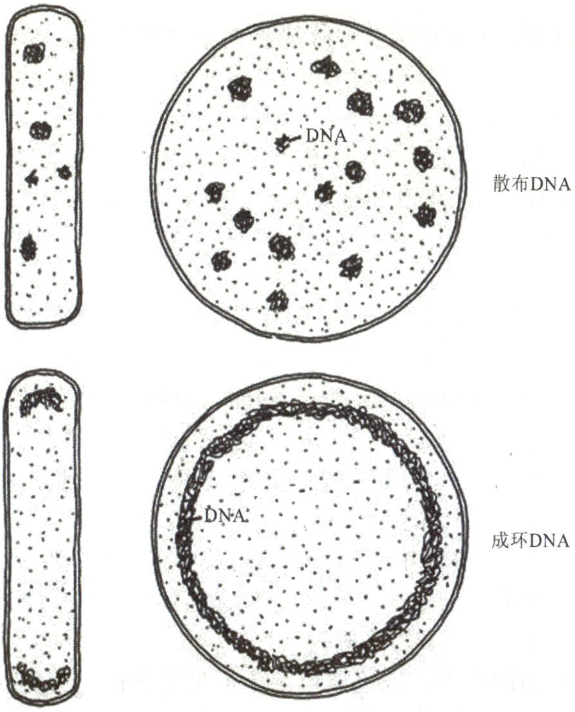

图1.17　藻类叶绿体中DNA两类分布的半示意图。质体侧面及正面图。（改编自Coleman，1985）

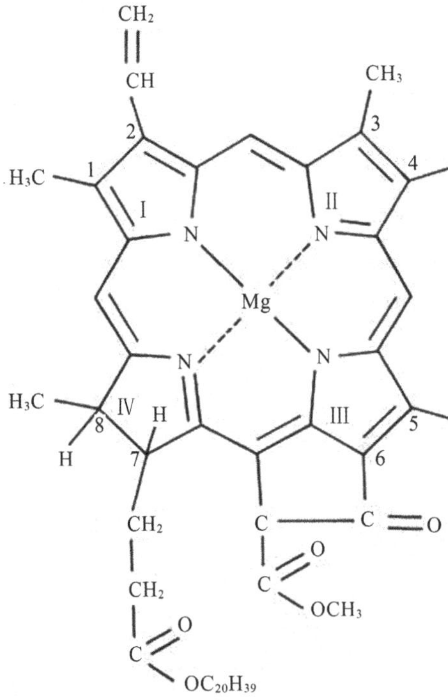

Chl a: 如结构所示
Chl b: II-3=CHO
Chl d: I-2=CHO
Chl c_1: Ⅳ-7=CH=CHCOOH，双键在Ⅳ-7，8处
Chl c_2: Ⅳ-7=CH=CHCOOH，双键在Ⅳ-7，8处
Ⅱ-4=CH=CH_2

图 1.18 叶绿素的结构。(引自 Meeks，1974)

光合藻类的叶绿体中含有叶绿素。叶绿素由一个卟啉环（porphyrin-ring）系统组成，该系统类似于血红蛋白（hemogloblin），但它含有一个锰原子而不是铁原子（图 1.18）。藻类含有 4 种类型的叶绿素，a，b，c（c_1 和 c_2）及 d。在所有光合藻类中，叶绿素 a 是主要的光合色素（进行光反应的光合系统 I 中的光受体），它占细胞干重的 0.3%～3.0%。叶绿素 a 不溶于水和石油醚，但溶于乙醇、乙醚、苯及丙酮。该色素在体外有两个主要的吸收峰（absorption band），一个位于 663 nm 的红光区，另一个位于 430 nm 的蓝紫光区（图 1.19）。

叶绿素 a 存在于所有的光合藻类中，但在其他的藻类中叶绿素则分布有限，其功能是辅助光合色素。叶绿素 b 存在于裸藻门和绿藻门中（图 1.18），其功能是在光合作用过程中作为捕光色素（light-harvesting pigment），将吸收的光能传递给叶绿素 a。叶绿素 a 与叶绿素 b 的比例在（2∶1）～（3∶1）之间变化。叶绿素 a 的可溶解性特征类似于叶绿素 b，在体外叶绿素 b 在丙酮或甲醇中有两个主要的最大吸收值，一个位于 645 nm，另一个位于 435 nm（图 1.19）。

叶绿素 c（图 1.18）存在于甲藻门、隐藻门及大多数不等鞭毛藻中。叶绿素 c 有两个不同的光谱成分：叶绿素 c_1 及 c_2。叶绿素 c_2 稳定存在，但叶绿素 c_1 在甲藻门和隐藻门中缺失。叶绿素 a 与叶绿素 c 的比例为（1.2∶2）～（5.5∶1）。叶绿素 c 的功能可能是作为光系统 II 的辅助色素。该色素可溶于乙醚、丙酮、甲醇及乙酸，但不溶于水及石油醚。提取的叶绿素 c_1 在甲醇中在 634 nm、583 nm 及 440 nm 处有主要的最大吸收值，而叶绿素 c_2 在 635 nm、586 nm 及 452 nm 处有最大吸收值。

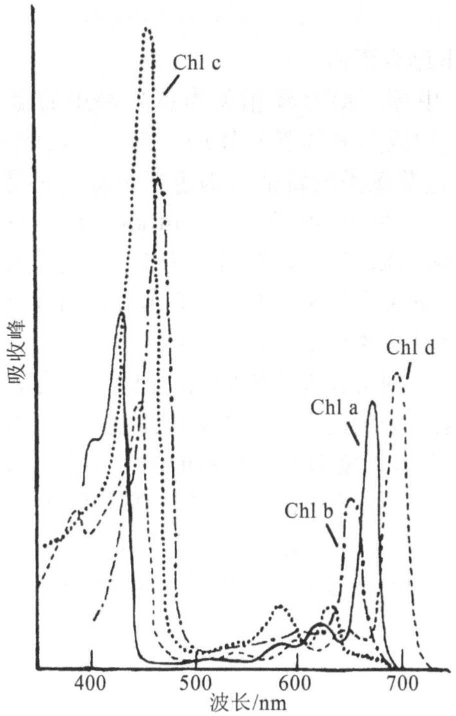

图 1.19　叶绿体 a、b、c 和 d 的吸收光谱。

叶绿素 d（图 1.18）存在于某些蓝细菌中（Murakami et al.，2004）。它在 696 nm、456 nm 和 400 nm 处有三个主要吸收峰。

藻类的光合作用活性色素聚集成离散的色素-蛋白复合体，根据功能它可分为两组（Grossman et al.，1990）：

（1）光化学反应中心（photochemical reaction center）包含叶绿素 a，在这里光能被转化成化学能；

（2）捕光复合体（light-harvesting complex）作为天线来收集可利用的光能并将其转移到光反应中心。

捕光复合体使用不同的天线色素复合物来捕捉光能。所有的捕光复合体均由三个跨膜（three membrane-spanning）螺旋组成（图 1.20）。

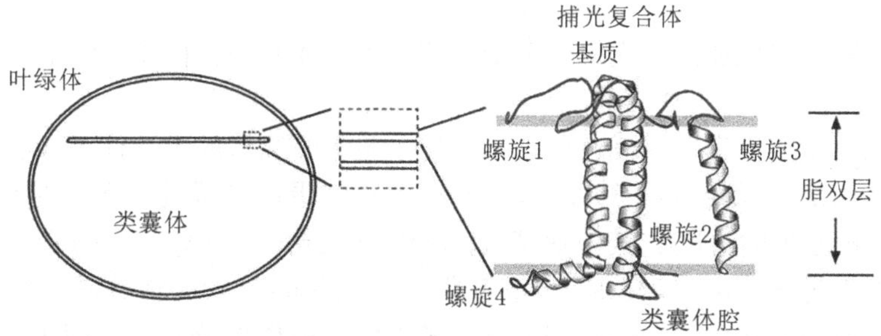

图 1.20　所有真核植物中捕光复合体的基本结构。三个跨膜螺旋跨过膜。在所有真核植物中，捕光复合体的相似性是叶绿体起源于单个内共生事件的一个有力证据。（修改自 Kuhlbrandt et al.，1994）

（1）绿藻与高等植物利用叶绿素 a/b 结合蛋白。

（2）褐藻与金褐藻（硅藻、金藻、甲藻、褐藻及相关类群）利用的是岩藻黄素（fucoxanthin）叶绿素 a/c 复合体，它是构成类囊体膜整体的一部分。在此复合体中，岩藻黄素与叶绿素的比例近似为 2∶1，这些藻类的特征性褐色或金褐色正是细胞中高水平的岩藻黄素所致。由于存在叶绿素 c 和特殊的叶黄素（xanthophyll），这些生物尤其适合于吸收蓝光和绿光，这些光随着海洋深度增加而变得益为丰富。这类捕光复合体也由三个跨膜螺旋组成，并且与第一组捕光复合体密切相关（Caron et al.，1996）。

（3）蓝细菌、隐藻与红藻使用藻胆体作为主要的捕光复合体。

类胡萝卜素为黄色、橙色或红色色素，通常存在于质体内，但在某些情况下也可能存在于质体外。一般而言，天然胡萝卜素可分为两类：①无氧碳水化合物，如胡萝卜素（carotene）；②它们的氧化衍生物，如叶黄素。藻类中最普遍的胡萝卜素是 β-胡萝卜素（图 1.21）。自然界存在大量不同的叶黄素，绿藻中的叶黄素与高等植物中的最相近。岩藻黄素（图 1.21）是金褐色藻类（金藻纲、硅藻纲、普林藻纲和褐藻纲）中主要的叶黄素，赋予这些藻类极富特征的颜色。如同叶绿素，类胡萝卜素可溶于乙醇、苯及丙酮，但不溶于水。

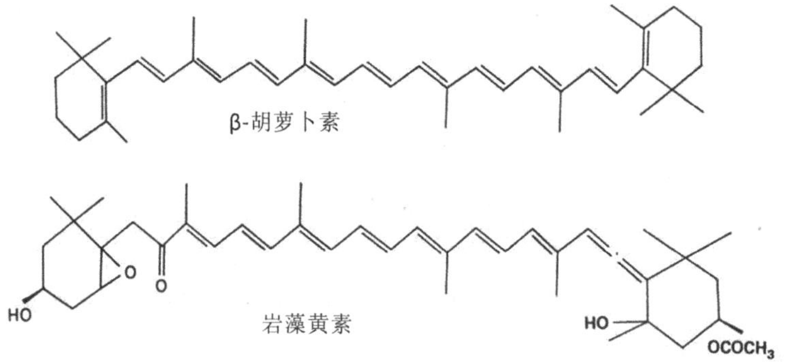

图 1.21 β-胡萝卜素及岩藻黄素的结构。

蓝细菌和红藻与隐藻的叶绿体演化出含有藻胆蛋白的膜周边天线复合体，它能将光能传递到光系统 II 反应中心。如同叶绿体 b、c、d，藻胆蛋白拓宽了光合作用中可利用光能的范围。随着水位加深，光线逐渐变为蓝绿色，而藻胆蛋白比叶绿素 a 更易于吸收这类光。

藻胆蛋白为水溶性蓝色或红色色素，它位于藻类叶绿体的类囊体上（蓝藻门、红藻门）或类囊体内部（隐藻门）（Glazer，1982）。藻胆蛋白被描述为色素蛋白（chromoprotein）（有颜色的蛋白质），其中辅基（prosthetic group）（分子中的非蛋白部分）或发色团是一个四吡咯（tetrapyrole）[藻胆素（bile pigment）]。辅基通过共价键紧密地结合到对应的脱辅基蛋白（apoprotein）（分子中的蛋白质部分）上（图 1.21）。因为从脱辅基蛋白中分离色素非常困难，于是使用了藻胆蛋白一词。已知有 α 和 β 两种不同的脱辅基蛋白，它们一起构成藻胆蛋白的基本单元。α 或 β 脱辅基蛋白连接到有色的发色团上。在藻蓝蛋白和别藻蓝蛋白（allophycocyanin）中存在的主要蓝色发色团是藻胆蓝素（phycocyanobilin），在藻红蛋白中存在的主要红色发色团是藻胆红素（phycoerythrobilin）（图 1.22）。

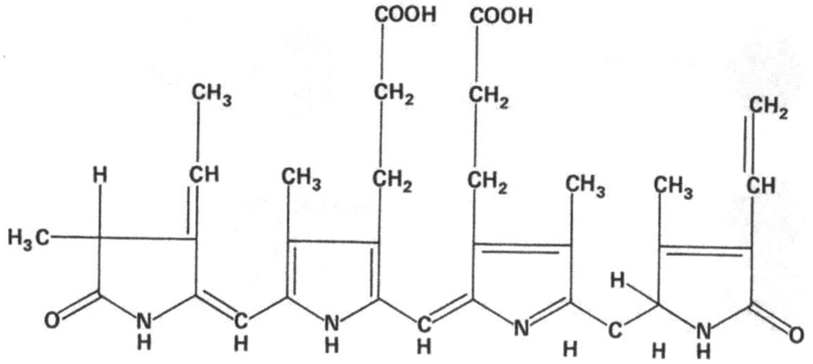

图 1.22　藻胆红素的结构。

藻胆蛋白的大致分类主要基于它们的吸收光谱。已知存在三种藻红蛋白：红藻中的 R-藻红蛋白和 B-藻红蛋白，以及蓝藻中的 C-藻红蛋白。同样，也存在三种藻蓝蛋白：红藻中的 R-藻蓝蛋白，以及蓝藻中的 C-藻蓝蛋白和别藻蓝蛋白。此外，在隐藻门中存在三种光谱型（spectral type）的藻红蛋白及三种光谱型的藻蓝蛋白。

藻胆体的碱性亚基由脱辅基蛋白 α 及 β 组成，它们中每一个都连接到一个发色团上（Anderson and Toole，1998；Samsonoff and MacColl，2001）（图 1.23）。在藻胆体核心，脱辅基蛋白 α 和 β 连接到别藻蓝蛋白上，它在能量传递途径中最接近叶绿素。在外杆体（outer rod）中，脱辅基蛋白 α 和 β 连接到藻蓝蛋白上。脱辅基蛋白 α 和 β 分子组装成形态上呈圆柱形的六聚体（α_1，β_1）。这些构成藻胆体核心的六聚体成对组装，而杆体的六聚体从中心向四周放射。六聚体通过连接多肽连接在一起。连接多肽为碱性而六聚体为酸性，这表明静电相互作用对藻胆蛋白的装配至关重要。已知有一些高分子质量的多肽，它们将藻胆体锚定到类囊体膜上包含反应中心及相关叶绿素的区域。

能量传递的途径（Glazer et al.，1985）具体如下。

藻红蛋白（λ_{max}=565）或藻红青蛋白（λ_{max}=568）	→藻蓝蛋白→（λ_{max}=620～638）	别藻蓝蛋白→（λ_{max}=650）	别藻蓝蛋白 B（λ_{max}=670）或高分子质量多肽（λ_{max}=665）	→叶绿素 a

对于完整细胞，在类囊体内从藻胆体到叶绿素 a 的能量传递的整体效率超过 90%（Porter et al.，1978）。

色彩适配器（chromatic adapter）在不同的光波波长下改变它们的色素成分（图 1.24）。例如，在绿光下生长的蓝细菌集胞藻（*Synechocystis*）产生藻红蛋白（红色）、藻蓝蛋白（蓝色）及别藻蓝蛋白（蓝绿色），且物质的量比约为 2∶2∶1；当它在红光下生长时，比值则约为 0.4∶2∶1。在绿光下藻胆体结构会适当地改变，且周围杆体的藻红蛋白六聚体增多，藻蓝蛋白六聚体减少，而别藻蓝淀粉核心的六聚体保持恒定。

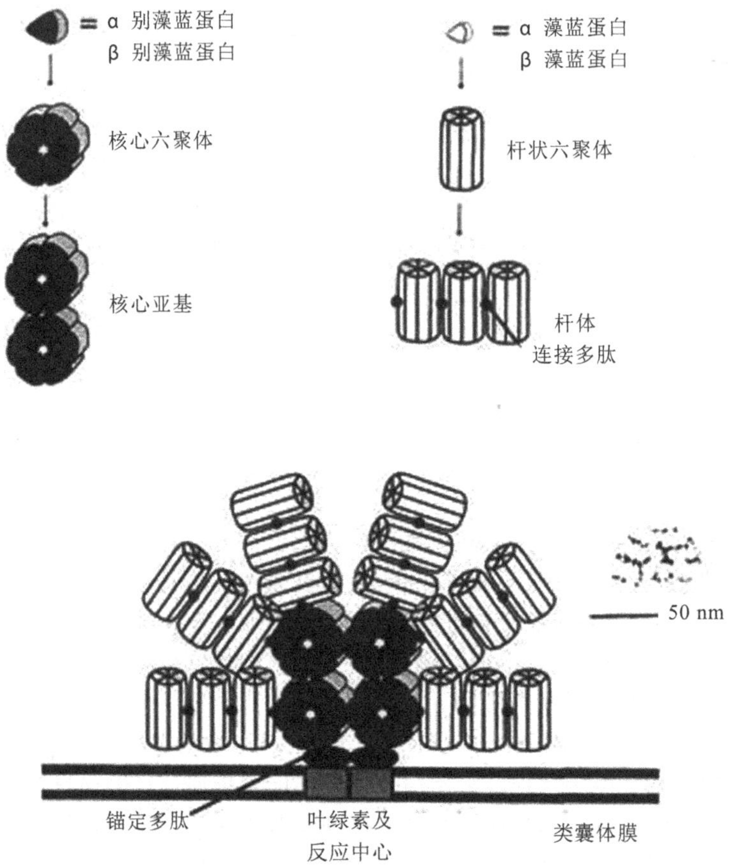

图 1.23 蓝藻聚球藻（*Synechococcus*）的藻胆体结构图。(改编自 Grossman et al.，1993)

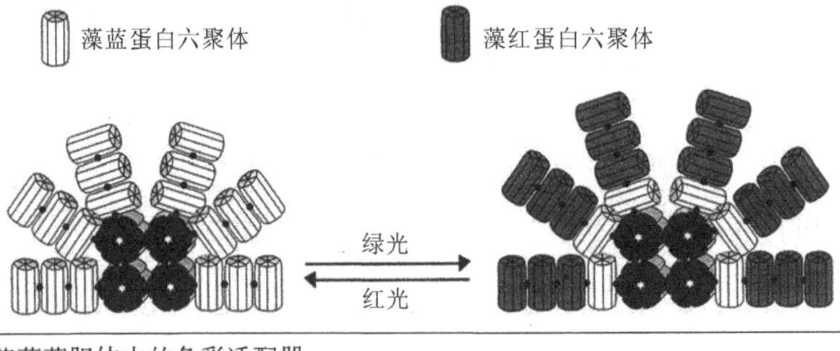

图 1.24 蓝藻藻胆体中的色彩适配器。

细胞中氮缺乏会导致藻胆体有序降解（图 1.25）。已知存在一个先是六聚体杆体和连接多肽的降解，随后是核心肽的逐步降解过程。一旦氮加入到基质中，新的藻胆体则快速合成。因此，藻胆体是一种重要的内部氮源，它为含有藻胆体的藻类（蓝细菌、隐藻及红藻）在开放海域（氮限制普遍存在）中生存提供了重要的生态学优势（Vergara and Niell，1993）。

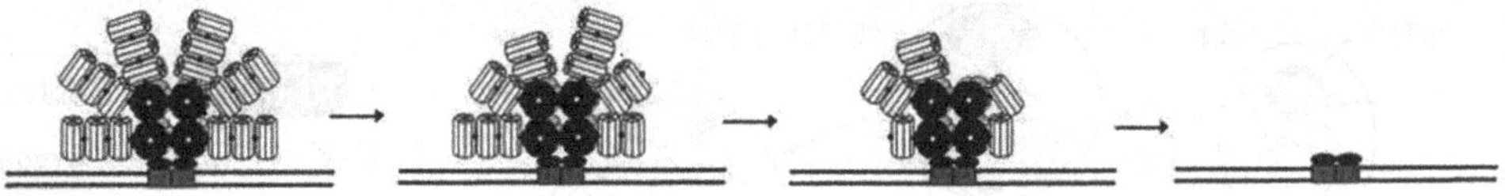

图 1.25 在氮缺乏条件下藻胆体的分解。(改编自 Grossman et al., 1993)

线粒体与过氧化物酶体

藻类细胞中有两类线粒体(Leipe et al., 1994)。红藻、绿藻、裸藻和隐藻中含有片状嵴(lamellae cristae)的线粒体(图 1.26),不等鞭毛藻(heterokont)和定鞭藻(haptophyte)中含有管状嵴(tubular cristae)的线粒体。

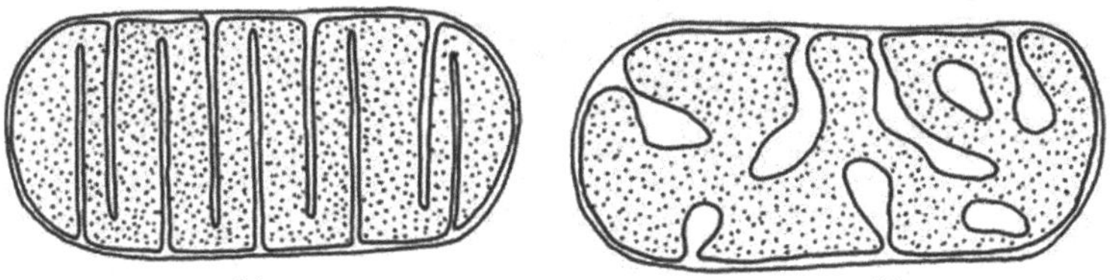

图 1.26 藻类中存在的两类线粒体的简图。(a)具有片状嵴的线粒体。(b)具有管状嵴的线粒体。

作为光呼吸的主要底物——乙醇酸(glycolate)可被线粒体中的乙醇酸脱氢酶降解,也可被过氧化物酶体中的乙醇酸氧化酶降解。过氧化物酶体是细胞质内一个由单层膜包裹的结构(此反应可参照绿藻一章)。两种酶的分布如下(Betsche et al., 1992;Iwamoto et al., 1996)。

(1)乙醇酸脱氢酶存在于蓝细菌、隐藻、裸藻、硅藻,以及除了轮藻纲以外的绿藻中。

(2)乙醇酸氧化酶存在于灰色藻、红藻、褐藻、绿藻中的轮藻纲及高等植物中。

线粒体与叶绿体的分裂

叶绿体与线粒体的分裂实际上是在其一半处收缩进而形成两个新细胞器的过程。一个质体分裂(plastid-dividing,PD)环或线粒体分裂(mitochondrial-dividing,MD)环围绕在分裂区细胞器的周围(图 1.27)(Miyagishima et al., 2003;Osteryoung and Nunnari,2003)。每个环由两部分组成,一个外环位于叶绿体外的原生质中,一个内环位于叶绿体内膜的基质中。这些环也称为 FtsZ(纤维状温度敏感性)环,这源于细菌分裂时出现的相似结构。这种相似性表明叶绿体与线粒体起源于细菌的内共生过程。质体分裂环出现在分裂区,它在一个微体移动到质体分裂环后开始收缩(图 1.27)。质体分裂环在质体分裂区的收缩与一种被称为动力蛋白的 GTP 酶相关联。PD 环在分裂完成后消失。

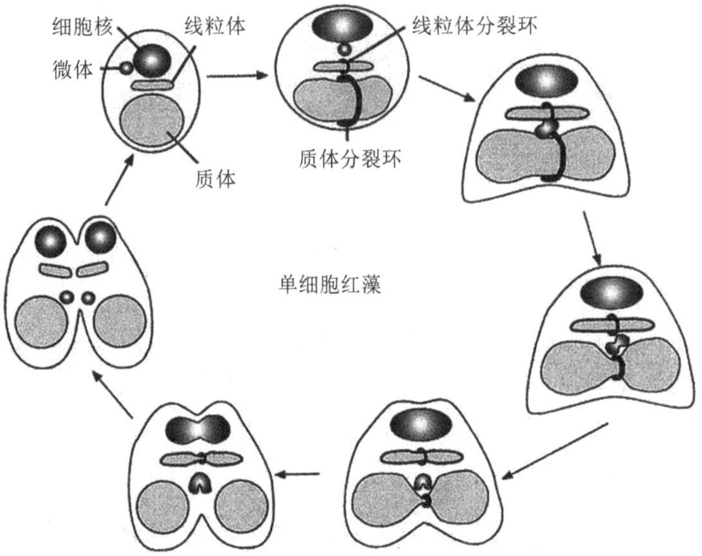

图 1.27 单细胞红藻（*Cyanidioschyzon merolae*）中质体分裂环及线粒体分裂环的行为示意图。（*C. merolae* 是一种超小型原始红藻，生活在酸性火山温泉的极端环境中。它保持了细胞组织和基因组组织的原始特征，是首个被测序的藻类基因组）

储存物质

在藻类中存在的储存物质如下。

高分子质量化合物

（1）α-1，4 糖苷键连接的葡聚糖

a. 红藻淀粉（floridean starch）（图 1.28）：这种物质存在于红藻门中，类似于高等植物的支链淀粉。它能被碘染成红紫色，产生与动物糖原染色反应相似的颜色。红藻淀粉以 0.5～25 μm 的碗状微粒存在于叶绿体外，据此可推断初次内共生的宿主接管了储存物质的形成。这不同于淀粉在绿藻中叶绿体内的形成。尽管淀粉合成位置不同，但红藻与绿藻在淀粉合成中使用了共同的途径（Patron and Keeling，2005）。

b. 蓝藻淀粉（myxophycean starch）：它在蓝藻门中被发现，与糖原结构类似。这种储存物质以微粒形式存在（α 微粒），不同种间形状可变，从杆状微粒到 25 nm 微粒，再到延长的 31～67 nm 微粒体。

c. 淀粉：在绿藻门中，淀粉由直链淀粉和支链淀粉组成，它以淀粉微粒形式存在于叶绿体内［图 1.12（e）］。在隐藻门中，淀粉中直链淀粉含量超乎寻常地高，且以微粒形式存在于叶绿体被膜与叶绿体内质网之间［图 1.12（b）］。在甲藻门中，淀粉也存在于叶绿体以外的细胞质中，但其结构尚不清楚。

（2）β-1，3 糖苷键连接的葡聚糖

a. 海带多糖（laminarin）（图 1.28）：在褐藻纲中，海带多糖主要由含有 16～31 个残基的 β-1，3 糖苷键连接的葡聚糖及相关混合物组成。分子中的差异由 1→6 连接数目、分支程度，以及一个末端甘露醇分子的出现所引起。高比例的残基间 C-6 连接及分支点（branch point）的存在似乎决定了多糖在冷水中的溶解度：连接数越大，溶解度越大。海带多糖以油状液体存在于叶绿体外，通常位于一个环绕淀粉核的囊泡内。

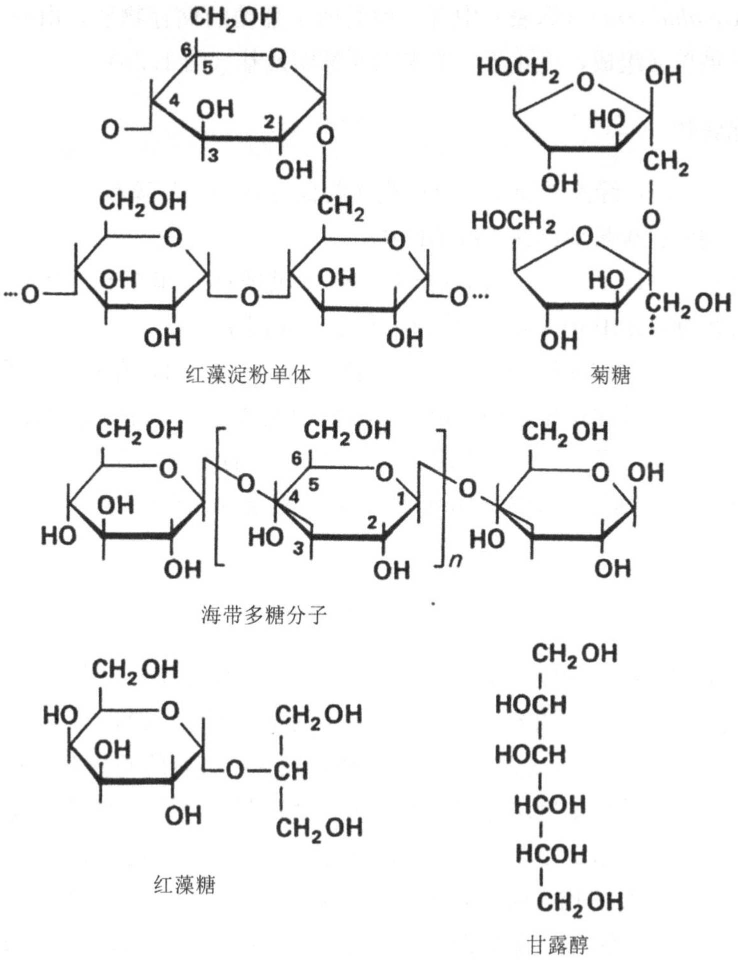

图 1.28　红藻淀粉、菊糖（inulin）、海带多糖及红藻糖的结构。（仿自 Percival and McDowell，1967）

b. 金藻昆布多糖（chrysolaminarin）［硅藻多糖（leucosin）］：在金藻纲、普林藻门、硅藻纲中，金藻昆布多糖由 β-1，3 糖苷键连接的 D-葡萄糖残基组成，其中每个分子有两个 1→6 糖苷键。金藻昆布多糖存在于叶绿体外的囊泡中，且每个分子含有比海带多糖更多的葡萄糖残基。

c. 裸藻淀粉（paramylon）：在裸藻门、黄藻纲和普林藻纲（*Pavlova mesolychnon*）中，裸藻淀粉在叶绿体外以水溶性、单层膜包裹的内含物形式存在，且具有各种形状及尺寸（图 6.2）。裸藻淀粉仅由 β-1，3 糖苷键连接的葡萄糖残基构成，其分子与金藻昆布多糖的大小相似。

（3）果聚糖（fructosan）

伞藻（*Acetabularia*）（绿藻）中有一种类似于菊糖的储存物质，由一系列 1，2 糖苷键连接的果糖单元组成，终止于一个末端葡萄糖残基（图 1.28）。

低分子质量化合物

（1）糖（sugar）：绿藻及裸藻形成蔗糖作为储存物质；海藻糖（trehalose）在蓝藻门中被发现，同时也少量地存在于红藻门中。

（2）葡糖苷（glycoside）：甘油葡糖苷、红藻糖或弗洛里多苷（floridoside）（图 1.28）及异红藻糖（isofloridoside）广泛分布于红藻门中。

（3）多羟基化合物（polyol）：甘露醇（图 1.28 和图 4.4）存在于红藻门和褐藻纲中；同时也存在于低等绿藻中，用来取代蔗糖作为光合产物。自由态的甘油在藻类中广泛存在，它是几种虫黄藻（zooxanthellae）（动物体内的内共生藻类）及某些海洋团藻目（Volvocales），尤其是杜氏藻（*Dunaliella*）中重要的光合产物。

收缩泡

藻类细胞适应介质中盐度变化的能力是这些细胞生理功能的一个重要方面。在具有细胞壁的细胞中，这种渗透调节是在细胞膨胀压的协助下完成的，而在无细胞壁的细胞中则通过收缩泡（contractile vacuoles）和（或）细胞中溶质的调节来完成。对于后者，当外部介质中溶解的溶质浓度增加时，细胞可渗透的活性分子及离子的胞内浓度增加。同样，当外部介质中溶解盐浓度下降时，内部这种分子浓度也随即下降。

大多数藻类鞭毛在细胞的前端有两个收缩泡（图 1.1）。一个收缩泡会充满水溶液[舒张（diastole）]，然后将溶液排出细胞并收缩（systole）。收缩泡有节奏地重复这一过程。如果有两个收缩泡，它们通常交替地进行充满及排空。与海水藻相比，收缩泡在淡水藻中出现得更为普遍，这种现象为收缩泡保持细胞中水平衡的理论提供了证据。淡水中生长的藻类细胞的细胞质内溶质浓度比周围介质高，因此细胞中水会净增加，收缩泡即起到排出这些过量水的作用。关于收缩泡功能的另一个理论是它们能从细胞中移除废物。甲藻门具有一个与收缩泡类似的结构，称为液泡（pusule），它可能具有与收缩泡相似的功能但更为复杂。

隐藻门的收缩泡在藻类中极为典型（图 1.29）。在隐藻门中，收缩泡位于一个紧邻鞭毛窝（flagellar depression）的前端固定位置（Patterson and Hausmann，1981）。在填充阶段（舒张）开始时，细胞内没有形成明显的收缩泡，仅有一个小的（直径约 0.5 μm）充满液泡（contributory vacuole）的区域。这些囊泡融合进而形成一个大的、不规则的囊泡，随后囊泡变圆。将要形成下一个收缩泡的贡献性液泡此时会出现在圆形收缩泡的周围。收缩泡与鞭毛囊（flagellar pocket）的细胞质膜融合，并将其内含物排出细胞外。质膜与收缩泡融合的区域没有周质体（periplast）（质膜内的特殊薄层），该区域被替代的微管所覆盖。收缩泡膜被细胞修复为具有致密电子表层（electron-dense coat）的小囊泡，膜的组成成分被细胞重新利用。这些囊泡与收缩泡一起出现在海绵体（spongiome）内或收缩泡周边区域中。在淡水藻中，收缩泡周期持续 4～16 s，而在海水藻中最长能持续到 40 s。

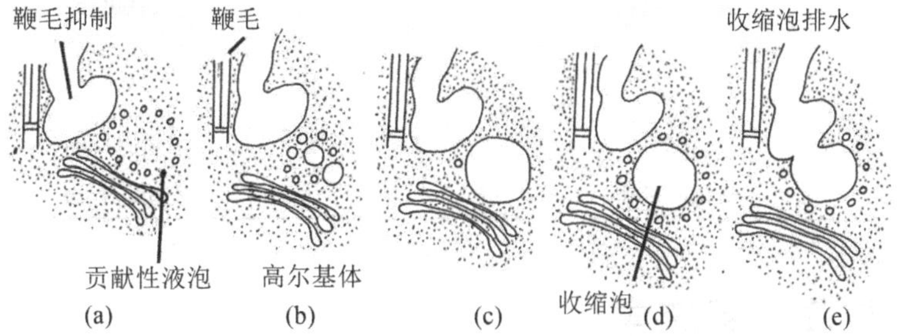

图 1.29　隐藻中收缩泡复合物在吸水和排水过程中行为的半示意图图解。（改编自 Patterson and Hausmann，1981）

藻类利用收缩泡和渗透调节一起来控制细胞内水的含量。在金藻 *Poterioochromonas malhamensis*（*Ochromonas malhamensis*）中，只要细胞外溶质浓度超过 0.075 个标准渗透压，细胞内异红藻糖［*O*-α-D-半乳吡喃糖（galactopyranosyl）-1→1-甘油］的含量就与外部渗透值成正比（Wessel and Robinson，1979）。如果低于这一细胞外溶质浓度，水向细胞质内的流入可通过收缩泡达到平衡（Kauss，1974）。

营养

藻类可以是自养（autotrophic）［无机营养（lithotrophic 或 holophytic）］，也可以是异养（heterotrophic）［有机营养（organotrophic）］（表 1.1）。自养型一般使用无机物作为碳源。自养型可以是利用光能作为能量源的光合自养（photoautotrophic）［光能无机营养（photolithotrophic）］，也可以是通过氧化有机物作为能量源的化学自养（chemoautotrophic）［化能无机自养（chemolithotrophic）］。异养型藻类则利用有机物作为碳源。异养型可以是使用光能作为能量源的光合异养（photoheterotroph）［光能有机营养（photoorganotrops）］，也可以是通过氧化有机物作为能量源的化学异养（chemoheterotroph）［化能有机营养（chemoorganotroph）］。异养型藻类可以是吞噬营养（phagocytotic）［或动物式营养（holozoic）］，通过将食物颗粒整个吸入食物泡进行消化，也可以是渗透营养（osmotrophic），通过质膜以溶液的形式吸收营养。如果藻类借助死物质进行异养生活，可称之为腐生性（saprophytic）；如果依靠活的宿主生存，则称之为寄生性（parasitic）。某些藻类，尤其是具有鞭毛的藻类属于营养缺陷型（auxotrophic），它们需要少量的有机物，但不作为能量源。这些藻类通常需要维生素。有些光合藻类属于混合营养型（mixotrophic）［兼性异养（facultatively heterotrophic）］，它们也能利用介质中提供的有机物。

表 1.1 藻类中存在的营养类型

营养类型	用于生长的主要能量源	用于生长的主要碳源
自养		
光合自养	光能	二氧化碳
化学自养	氧化有机物	二氧化碳
异养		
光合异养	光能	有机化合物
化学异养	氧化有机物	有机化合物

基因测序与藻类系统学

细胞 DNA 中的特定核苷酸序列编码细胞的各个组分。我们可以从细胞中分离出 DNA，进而可以扩增并确定某些已知 DNA 片段的核酸序列。每个物种都含有不同的组成 DNA 的核苷酸序列，它们的差异可用来研究细胞的进化历史。用于系统发育（phylogeny）研究而测定的核苷酸序列通常是核糖体 DNA（rDNA）。这些 rDNA 核苷酸序列是编码 rRNA 的基因。rRNA 存在于核糖体中，它们可分为三类，每类分别由一个大亚基和一个小亚基组成：

（1）原核核糖体（prokaryotic ribosome）。70S 大亚基包含 5S 和 23S rRNA 及 34 种核糖体蛋白。30S 小亚基包含一个 16S rRNA 和 21 种蛋白质。

（2）真核核糖体（eukaryotic ribosome）（图 1.30）。60S 大亚基包含 28S、5.8S 和 5S rRNA 及 49 种蛋白质。40S 小亚基包含 18S RNA 和 33 种蛋白质。

（3）线粒体核糖体（mitochondrial ribosome）。尽管不完全相同，但这些核糖体与原核核糖体很类似。它们不用来构建藻类的系统发育关系，主要是因为线粒体在真核宿主之间已经发生了转移，因此不能反映生物的进化历史（Stiller and Hall，1997）。

在用来确定真核生物系统发育关系的研究中，编码真核细胞核糖体小亚基 18S rRNA 的基因（18S rDNA）是最常用的 rDNA 形式。这些编码所有核糖体亚基的核苷酸序列包含在单个操纵子内，由单个 RNA 聚合酶进行转录（Kawai et al.，1997）。任何一本基础生物化学教科书都叙及核苷酸序列的确定过程。

编码 5S rRNA 的 rDNA 也可用作系统发育研究。尽管 5S rDNA 核苷酸序列较短，易于测定，但由于该基因内核苷酸序列的高度变化，5S rDNA 数据受到怀疑（Ragan，1994）。编码其他分子的 DNA，如核酮糖 1，5-二磷酸羧化酶/氧化酶（Rubisco）（Freshwater et al.，1994；Fujiwara et al.，1994）和肌动蛋白（actin）（Bhattacharya and Ehlting，1995）也可用于确定系统发育关系。

在过去十年中基因测序是藻类系统学研究中最为活跃的领域，它已经为藻类间谱系关系研究提供了许多重要的新信息。但是，正如 Manhart 和 McCourt（1992）所说："……分子数据不是解决物种问题的万能'钥匙'。它们仅仅是一些作用有限的数据。有些分子数据可提供有效信息，但另一些却会误导我们。分子数据面临着与形态学数据一样的困难……"

分类

藻类可分为 4 种截然不同的类群，据此，本书的后述部分将分为 4 个部分。

(1) 原核类。蓝藻是仅有的原核藻类。

(2) 叶绿体被双层叶绿体被膜包裹的真核藻类。

(3) 叶绿体被叶绿体内质网单层膜包裹的真核藻类。

(4) 叶绿体被叶绿体内质网双层膜包裹的真核藻类。

标准的植物分类系统可用于藻类的系统学研究：

门 Phylum-phyta
　纲 Class-phyceae
　　目 Order-ales
　　　科 Family-aceae
　　　　属 Genus
　　　　　种 species

类群 1　原核藻类

蓝藻门(Cyanophyta) [蓝细菌 (cyanobacteria)] (第二章)：含叶绿素 a；有藻胆蛋白。

类群 2　叶绿体被双层叶绿体被膜包裹的真核藻类

灰色藻门(Glaucophyta) (第三章)：该门藻类代表叶绿体进化的中间位置；其光合作用由修饰后的内共生蓝细菌完成。

红藻门(Rhodophyta) (红藻) (第四章)：含叶绿素 a；有藻胆蛋白；无鞭毛细胞；储存物质为红藻淀粉。

绿藻门(Chlorophyta) (绿藻) (第五章)：含叶绿素 a 和 b；储存物质淀粉存在于叶绿体内。

类群 3　叶绿体被叶绿体内质网单层膜包裹的真核藻类

裸藻门(Euglenophyta) (裸藻) (第六章)：含叶绿体 a 和 b；一根具有螺旋状排列的纤维茸毛的鞭毛；质膜下呈带状的蛋白质表膜 (proteinaceous pellicle)；储存物质是裸藻淀粉；典型的细胞分裂模式。

甲藻门(Dinophyta) (甲藻) (第七章)：中型细胞核 (mesokaryotic nucleus)；含叶绿素 a 和 c_1；细胞通常被一个环带 (girdle) 分裂成一个上锥 (epicone) 和一个下锥 (hypocone)；螺旋状的横向鞭毛；质膜下的囊泡内有鞘板 (thecal plate)。

顶复门(Apicomplexa) (第八章)：具无色质体的异养鞭毛类。

类群 4　叶绿体被叶绿体内质网双层膜包裹的真核藻类

隐藻门(Cryptophyta) (隐藻) (第九章)：类核体 (nucleomorph) 存在于叶绿体内质网的内外膜之间；淀粉以颗粒状形成于叶绿体内质网的内膜与叶绿体被膜之间；含叶绿素 a 和 c；有藻胆蛋白；质膜内有周质体。

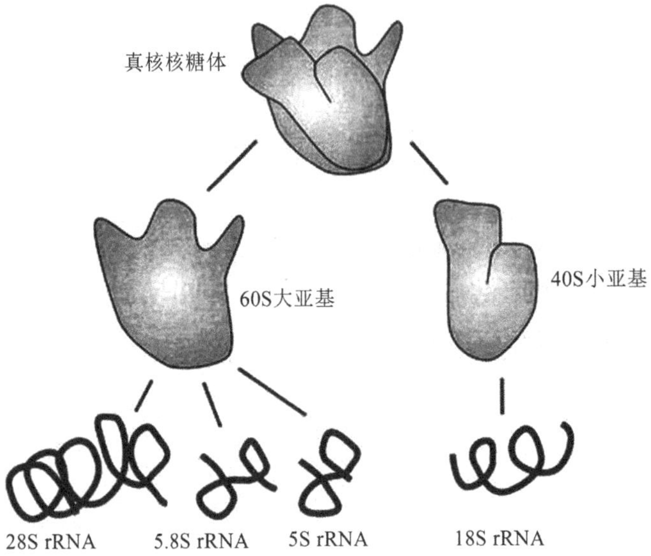

图 1.30 真核核糖体的组分。

异鞭藻门（Heterokontophyta）（不等鞭毛藻）（第十章至第二十一章）：前端为流苏状鞭毛，后端为尾鞭状鞭毛；含叶绿素 a 和 c；有岩藻黄素；储存物质通常是存在于囊泡中的金藻昆布多糖。

金藻纲(Chrysophyceae)（金褐藻）（第十章）

黄群藻纲(Synurophyceae)（第十一章）

真眼点藻纲(Eustigmatophyceae)（第十二章）

脂藻纲①(Pinguiophyceae)（第十三章）

硅鞭藻纲(Dictyochophyceae)（硅鞭藻）（第十四章）

浮生藻纲(Pelagophyceae)（第十五章）

迅游藻纲②(Bolidophyceae)（第十六章）

硅藻纲(Bacillariophyceae)（硅藻）（第十七章）

针胞藻纲(Raphidophyceae)［绿胞藻（Chloromonads)］（第十八章）

黄藻纲(Xanthophyceae)（黄绿藻）（第十九章）

褐枝藻纲(Phaeothamniophyceae)（第二十章）

褐藻纲(Phaeophyceae)（褐藻）（第二十一章）

普林藻门(Prymnesiophyta)［定鞭藻（haptophyte)］（第二十二章）：两个尾鞭状鞭毛；有附着鞭毛（haptonema)；含叶绿素 a 和 c；有岩藻黄素，通常在细胞外大量存在；储存物质通常是存在囊泡中的金藻昆布多糖。

分子研究的数据表明，红藻在 14 亿年前与高等植物从共同祖先分化而来（Saunders and Hommersand，2004）。随后绿藻开始分化，然后，经过多次独立的二次内共生进化出含有叶绿体内质网的众多藻类。导致裸藻衍生的吞噬性宿主生物可能是一种动质体（kinetoplastid，一种附有鞭毛的原生动物），导致甲藻衍生的可能是一种顶复门

①Pinguio-，意为脂肪，因而将 Pinguiophyceae 译为脂藻纲。

②Bolido-，意为流星、火球，定名人用 bolido-来描述这类藻类游速极快，像一种赛车。

生物，而导致光合隐藻类和定鞭藻类衍生的分别是无色的隐藻和定鞭藻。衍生成不等鞭毛藻的宿主还未确定。

藻类与化石记录

以叠层石（stromatolite，一种常见的未变质的碳酸盐沉积化石，是原核生物所建造的有机沉积结构）形式残存的确切化石（图 2.53）表明，蓝藻是最古老的藻类类群，可追溯到 27 亿年前。当蓝细菌进化时，含有很少或不含氧气的大气层主要由甲烷（CH_4）、氨气（NH_3）及其他还原型化合物组成。蓝细菌的光合作用最终建立起当今大气层中的氧气组成（20%）。最早的真核藻类出现的形式与现存的灰色藻相似，含有内共生的蓝细菌而不是叶绿体（见第三章）。很难准确地确定这些藻类首次出现的时间，因为它们由软组织构成，难以保存下来。若要出现在化石记录中，藻类必须较大或含有某些钙化（$CaCO_3$）或硅化（SiO_2）结构，这样它们可以保存在沉积岩石中。藻类各门类的化石成员出现的地质年代列于表 1.2 中。这张表的主旨不在于展示什么时候藻类类群首先开始进化，而在于展示在地质年代表中化石样本的出现时间。每一藻类门类的化石成员在相应的章节会予以详细讨论。

表 1.2　藻类在地质年代表中首次出现的尺度

代	纪	世	百万年前	首次出现的藻类化石
Cenozoic（新生代）	Quaternary（第四纪）	Holocene（全新世）		
		Pleistocene（更新世）	1.8	
	Tertiary（古近纪、新近纪）	Pliocene（上新世）	5.5	
		Miocene（中新世）	25.0	Xanthophyta
		Oligocene（渐新世）	36.0	
		Eocene（始新世）	53.5	Euglenophyta
		Palaeocene（古新世）	65.0	
Mesozoic（中生代）	Cretaceous（白垩纪）		135	Chrysophyta
	Jurassic（侏罗纪）		191～205	
	Triassic（三叠纪）		235～245	Bacillariophyta
Paleozoic（古生代）	Permian（二叠纪）		275～290	Prymnesiophyta
	Carboniferous（石炭纪）		360～380	
	Devonian（泥盆纪）		405～430	
	Silurian（志留纪）		435～460	Stoneworts（Chlorophyta）
	Ordovician（奥陶纪）		500～530	
	Cambrian（寒武纪）		570～610	
Proterozoic（原生代）	Precambrian（前寒武纪）		3000	Cyanophyta Rhodophyta Chlorophyta

图 1.31 20世纪两位杰出的藻类学家，菲利克斯·尤金·福里茨（Felix Eugen Fritsch）（左）和吉尔伯托·摩根·史密斯（Gilbert Morgan Smith）（右）。拉尔夫·雷文（Ralph Lewin）拍摄。

Felix Eugen Fritsch 1879年4月26日生于英国的汉普斯特德（Hampstead），1954年4月23日逝世。Fritsch博士就读于伦敦大学及慕尼黑大学，并在慕尼黑大学获得博士学位。1902～1911年，他在伦敦大学学院任助理教授；1905～1906年，在伯克贝克学院（Birkbeck College，伦敦大学的一个学院，由George Birkbeck博士创立于1823年，1920年合并入伦敦大学）担任讲师。1907～1911年，他在东伦敦学院担任讲师。从1911年开始，Fritsch博士担任伦敦大学玛丽皇后学院植物系主任，直至1948年退休。Firtsch博士著作丰富，至今最为人所熟知的是《藻类的结构与繁殖》(*The Structure and Reproduction of the Algae*)，该书至今仍是整个藻类学界最为全面系统的论著。

Gilbert Morgan Smith 1885年1月6日生于威斯康星州的毕洛伊特（Beloit），1959年7月11日逝世。Smith博士早年从毕洛伊特学院获得学士学位（1907年），后从威斯康星大学获得博士学位（1913年）。在1913～1925年，他任职于威斯康星大学并晋升为副教授。从1925年到退休，他在斯坦福大学任教授。Smith博士以其大量的藻类学著作而闻名于世，包括《威斯康星内陆湖泊的浮游植物》(*Phytoplankton of the Inland Lakes of Wisconsin*)、《美国淡水藻类》(*The Freshwater Algae of the United States*)、《隐花植物》(*Cryptogamic Botany*)，以及《蒙特利特半岛的海藻》(*Marine Algae of the Monterey Peninsula*)。

参考文献

Andersen，R. A.，Barr，D. J. S.，Lynn，D. H.，Melkonian，M.，Moestrup，O.，and Sleigh，M. A.（1991）. Terminology and nomenclature of the cytoskeletal elements associated with the flagellar/ciliary apparatus in protists. *Protoplasma* 164：1-8.

Anderson，L. K.，and Toole，C. M.（1998）. A model for early events in the assembly pathway of cyanobacterial phycobilisomes. *Mol. Microbiol.* 30：467-74.

Beech，P. L.（2003）. The long and short of flagellar length control. *J. Phycol.* 39：837-39.

Beech，P. L.，and Wetherbee，R.（1990）. Direct observations on flagellar transformation in *Mallomonas splendens*（Synurophyceae）. *J. Phycol.* 26：90-5.

Betsche，T.，Schaller，D.，and Melkonian，M.（1992）. Identification and characterization of glycolate oxidase and related enzymes from the endocynotic alga *Cyanophora paradoxa* and from pea leaves. *Plant Physiol.* 98：887-93

Bhattacharya，D.，and Ehlting，J.（1995）. Actin coding regions：gene family evolution and use as a phylogenetic marker. *Arch. Protistenkd.* 145：155-64.

Bouck，G. B.（1969）. Extracellular microtubules. The origin，structure，and attachment of flagellar hairs in *Fucus* and *Ascophyllum* antherozoids. *J. Cell Biol.* 40：446-60.

Brugerolle，G.，and Mignot，J. -P.（2003）. The rhizoplast of chrysomonads，a basal body-nucleus connector that polarises the dividing spindle. *Protoplasma* 222：13-21.

Caron，L.，Douady，D.，Quinet-Szely，M.，deGoër，S.，and Berkaloff，C.（1996）. Gene structure of a chlorophyll *a*/*c*-binding protein from a brown alga：Presence of an intron and phylogenetic implications. *J. Mol. Evol.* 43：270-80.

Coleman，A. W.（1985）. Diversity of plastid DNA configuration among classes of eukaryote algae. *J. Phycol.* 21：1-16.

Dutcher，S. K.（1995）. Flagellar assembly in two hundred and fifty easy-to-follow steps. *Trends Genet.* 11：398-404.

Freshwater，D. W.，Fredericq，S.，Butler，B. S.，Hommersand，M. H.，and Chase，M. W.（1994）. A gene phylogeny of the red algae（Rhodophyta）based on plastid *rbc*L. *Proc. Natl. Acad. Sci.*，*USA* 91：7281-5.

Fujiwara，S.，Sawada，M.，Someya，J.，Minaka，N.，Kawachi，M.，and Inouye，I.（1994）. Molecular phylogenetic analysis of *rbc*L in the Prymnesiophyta. *J. Phycol.* 30：863-71.

Glazer，A. N.（1982）. Phycobilisomes：Structure and dynamics. *Annu. Rev. Microbiol.* 36：173-98.

Glazer，A. N.，Yeh，S. W.，Webb，S. P.，and Clark，J. H.（1985）. Disk-to-disk transfer as the rate-limiting step for energy flow in phycobilisomes. *Science* 227：419-23.

Grossman，A.，Manodori，A.，and Snyder，D.（1990）. Light-harvesting proteins of diatoms：Their relationship to the chlorophyll *a*/*b* binding protein of higher plants and their mode of transport into plastids. *Mol Gen Genetics* 224：91-100.

Grossman，A. R.，Schaffer，M. R.，Chiang，G. G.，and Collier，J. L.（1993）. The phycobilisome，a lightharvesting complex response to environmental conditions. *Microbiol Rev.* 57：725-49.

Hegemann，P.（1997）. Vision in microalgae. *Planta* 203：265-74.

Jenks，A.，and Gibbs，S. P（2000）. Immunolocalization and distribution of Form Ⅱ RUBISCO in the pyrenoid and chloroplast stroma of *Amphidinium carterae* and Form I RUBISCO in the symbiont-derived plastids of *Peridinium foliaceum*（Dinophyceae）. *J. Phycol.* 36：127-38.

Johnson，K. A.（1995）. Keeping the beat：form meets function in the *Chlamydomonas* flagellum. *BioEssays* 17：847-54.

Iwamoto, K., Suzuki, K., and Ikawa, T. (1996). Purification and characterization of glycolate oxidase from the brown alga *Spatoglossum pacificum* (Phaeophyta). *J. Phycol.* 32: 790-8.

Kauss, H. (1974). Osmoregulation in *Ochromonas*. In *Membrane Transport in Plants*, ed. U. Zimmermann, and J. Daintz, pp. 90-4. Berlin: Springer-Verlag.

Kawai, H., and Kreimer, G. (2000). Sensory mechanisms. Phototaxes and light perception in algae. In *The Flagellates*, ed. B. S. C. Leadbeater, and J. C. Green, pp. 124-46. London: Taylor and Francis.

Kawai, H., Nakayama, T., Inouye, I., and Kato, A. (1997). Linkage of 5S ribosomal DNA to other rDNAs in the chromophytic algae and related taxa. *J. Phycol.* 33: 505-11.

Kuhlbrandt, W., Wang, D. N., and Fujiyoshi, Y. (1994). Atomic model of plant light-harvesting complex by electron crystallography. *Nature* 367: 614-21.

Laatsch, T., Zauner, S., Stoebe-Maier, B., Kowallik, K. V., and Maier, U.-G. (2004). Plastid-derived single gene minicircles of the dinoflagellate *Ceratium horridum* are located in the nucleus. *Mol. Biol.* and *Evol.* 21: 1318-22.

Lee, R. E. (1997). Evolution of algal flagellates with chloroplast endoplasmic reticulum from the ciliates. *S. Afr. J. Sci.* 73: 179-82.

Leipe, D. D., Wainright, P. O., Gunderson, J. H., Porter, D., Patterson, D. J., Valois, F., Himmerich, S., and Sogin, M. L. (1994). The stramenopiles from a molecular perspective: 16S-like rRNA sequences from *Labyrinthuloides minuta* and *Cafeteria roenbergensis*. *Phycologia* 33: 369-77.

Manhart, J. R., and McCourt, R. M. (1992). Molecular data and species concepts in the algae. *J. Phycol* 28: 730-7.

Meeks, J. C. (1974). Chlorophylls. In *Algal Physiology and Biochemistry*, ed. W. D. P. Stewart, pp. 161-75. Berkeley: Univ. Calif. Press.

Melkonian, M. (1980). Flagellar roots, mating structure and gametic fusion in the green alga *Ulva lactuca* (Ulvales). *J. Cell Sci.* 46: 149-69.

Melkonian, M., Reize, I. B., and Preisig, H. R. (1978). Maturation of a flagellum/basal body requires more than one cell cycle in algal flagellates: studies on *Nephroselmis olivaea* (Prasinophyceae). In *Algal Development, Molecular and Cellular Aspects*, ed. W. Wiessner, D. G. Robinson, and R. C. Starr, pp. 102-13. Heidelberg: Springer.

Mitchell, D. R. (2000). *Chlamydomonas* flagella. *J. Phycol.* 36: 261-73.

Miyagishima, S., Nishida, K., and Kuriowa, T. (2003). An evolutionary puzzle: chloroplast and mitochondrial division rings. *Trends Plant Sci.* 8: 432-8.

Moestrup, Ø. (1982). Flagellar structure in algae: A review, with new observations particularly on the Chrysophyceae. Phaeophyceae (Fucophyceae), Euglenophyceae, and *Reckertia*. *Phycologia* 21: 427-528.

Moestrup, O. (2000). The flagellate cytoskeleton. In The *Flagellates*, ed. B. S. C. Leadbeater, and J. C. Green, pp. 69-94. London: Taylor and Francis.

Murakami, A., Miyashita, H., Iseki, M., Adachi, K., and Mimuro, M. (2004). Chlorophyll *d* in an epiphytic cyanobacterium of red algae. *Science* 303: 1633.

Nagasato, C, Yoshikawa, S., Yamashita, M., Kawai, H., and Motomura, T. (2003). Pyrenoid formation associated with the cell cycle in the brown alga, *Scytosiphon lomentaria* (Scytosiphonales, Phaeophyceae). *J. Phycol.* 39: 1172-80.

Osteryoung, K. W., and Nunnari, J. (2003). The division of endosymbiotic organelles. *Science* 302: 1698-1704.

Patron, N. J., and Keeling, P. J. (2005). Common evolutionary origin of starch biosynthesis enzymes in green and red algae. *J. Phycol.* 41: 1131-41.

Patterson, D. J., and Hausmann, K. (1981). The behavior of contractile vacuole complexes of cryptophycean flagellates. *Br. Phycol. J.* 16: 429-39.

Percival, E., and McDowell, R. H. (1967). *Chemistry and Enzymology of Marine Algal Polysaccharides*. New

York: Academic Press.

Porter, G., Tredwell, C. J., Searle, G. F. W., and Barber, J. (1978). Picosecond time-resolved energy transfer in *Porphyridium cruentum*. *Biochim. Biophys. Acta* 501: 232-45.

Ragan, M. A. (1994). 18S ribosomal DNA sequences indicate a monophyletic origin of Charophyceae. J. *Phycol*. 30: 490-500.

Raven, J. (1997). CO_2 concentrating mechanisms: a direct role for thylakoid lumen acidification? *Plant Cell and Environ*. 20: 147-54.

Ringo, D. L. (1976). Flagellar motion and fine structure of the flagellar apparatus in *Chlamydomonas*. *J. Cell Biol*. 33: 543-71.

Rosenbaum, J. L., and Witman, G. B. (2002). Intraflagellar transport. *Nat. Rev. Mol. Cell Biol*. 3: 815-25.

Samsonoff, W. A., and MacColl, R. (2001). Biliproteins and phycobilisomes from cyanobacteria and red algae at extremes of habitat. *Arch. Microbiol*. 176: 402-5.

Saunders, G. W., and Hommersand, M. H. (2004). Assessing red algal supraordinal diversity and taxonomy in the context of contemporary systematic data. *Amer. J. Bot*. 91: 1494-1507.

Schoppmeier, J., and Lechtreck, K.-F. (2003). Flagellar regeneration in *Spermatozopsis similes* (Chloroophyta). *J. Phycol*. 39: 918-22.

Snell, W. J. (1976). Mating in *Chlamydomonas*: A system for the study of specific cell adhesion. I. Ultrastructural and electrophoretic analyses of flagellar surface components involved in adhesion. J. Cell Biol. 68: 48-69.

Stiller, J. W., and Hall, B. D. (1997). The origin of red algae: implication for plastid evolution. *Proc. Natl. Acad. Sci. USA* 94: 4520-5.

Sukenik, A., Tchernov, D., Kaplan, A., Huertas, E., Lubian, L. M., and Livne, A. (1997). Uptake, efflux, and photosynthetic utilization of inorganic carbon by the marine eustigmatophyte *Nannochloropsis* sp. *J. Phycol*. 33: 969-74.

van der Auwera, G., and deWachter, R. (1997). Complete large subunit ribosomal RNA sequences from the heterokont algae *Ochromonas danica*, *Nannochloropsis salina*, and *Tribonema aequale*, and phylogenetic analysis. *J. Mol. Evol*. 45: 84-90.

Vergara, J. J., and Niell, F. X. (1993). Effects of nitrate availability and irradiance on internal nitrogen constituents in *Corallina elongata* (Rhodophyta). *J. Phycol*. 29: 285-93.

Vierkotten, L., Simon, A., and Becker, B. (2004). Preparation and characterization of protoplasts from the prasinophyte *Scherffelia dubia* (Chlorophyta). J. Phycol. 40: 1106-11.

Wessel, D., and Robinson, D. G. (1979). Studies on the contractile vacuole of *Poterioochromonas malhamensis* Peterfi. I. The structure of the alveolate vesicles. *Eur. J. Cell Biol*. 19: 60-6.

Zhang, H., and Lin, S. (2003). Complex structure of the Form II RUBISCO in the dinoflagellate *Prorocentrum minimum* (Dinophyceae). *J. Phycol*. 38: 1160-71.

（李　伟　胡自民　译，段德麟　校）

第二篇

原核藻类

蓝细菌或蓝藻作为仅有的原核藻类形成了一个天然的类群。原核藻类有一个外质膜包裹原生质，其内含有进行光合作用的类囊体和 70S 核糖体，而 DNA 纤丝并不包被在一个独立的膜内。对于原核藻类，叶绿素 a 是主要的光合色素，而氧气在光合作用的过程中得以产生。

第二章

蓝细菌（Cyanobacteria）

蓝藻（Cyanophyceae）

目前，蓝藻（Cyanophyceae）或蓝绿藻（blue-green algae）通常被称为蓝细菌（cyanobacteria）（蓝绿细菌）。名词“蓝细菌”承认这些原核藻类与原核细菌的关系与真核藻类相比要更加密切。在过去25年间，基于对微体化石解译的研究报告认为蓝藻的进化历史为约35亿年，微体化石一度被认为是研究如此小的生命有机体的最好证据且很难获得。现在看来，这些调查者挑选了符合他们自己的假设的样本，他们的结论已被大多数藻类学家所否决。基于其他的报道，蓝藻进化的实际时间被认为最接近约27亿年前（Buick，1992；Brasier et al.，2002；Dalton，2002）。

蓝藻含有叶绿素a（一些蓝藻含有叶绿素b或d）、藻胆蛋白和作为储藏物质的糖原，细胞壁含有氨基糖和氨基酸。

蓝藻中叶绿素b的出现一度被当成是一个分类标准，将含有叶绿素b的蓝藻划分为一个独立的单元“原绿藻门（Prochlorophyta）”。但是，现代核酸序列显示蓝藻中叶绿素b发生了多次进化，原绿藻门这个名词已经被弃置不用（Palenik and Haselkorn，1992；Urback et al.，1992）。

形态学

蓝藻中最简单的形态是单细胞，其自由生活［图2.19（c）、图2.20］或是包裹在一个黏性胶被中［图2.48、图2.56（a）、图2.56（b）］。随后的进化导致一列细胞形态的形成，被称为藻丝体（trichome）（图2.16）。如果藻丝体被胶鞘包围，即被称为丝状体（filament）（图2.10）。每条丝状体含有一条或数条藻丝体［图2.56（e）、图2.58（b）］。最复杂的原植体是分支丝状体［图2.58（a）］。这种分支丝状体可以是单列（uniseriate）（由一列细胞组成）或多列（multiseriate）（由一列或多列细胞组成）。

细胞壁与滑动

蓝藻的细胞壁与革兰氏阴性菌的细胞壁基本相同（图2.1）。肽聚糖层（peptidoglycan layer）位于细胞膜外。肽聚糖是一个由二糖类衍生物，*N*-乙酰氨基葡萄糖、*N*-乙酰胞壁酸和几个不同的氨基酸组成的庞大聚合物（图2.2）。肽聚糖外是周质空间

(periplasmic space)，它可能由松散网络结构的肽聚糖纤维填充，一个外膜（outer membrane）结构包围着周质空间。

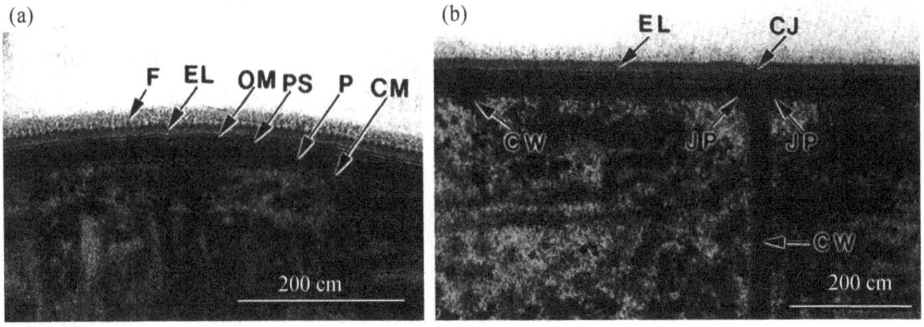

图 2.1 蓝藻中钩状席藻（*Phormidium uncinatum*）细胞壁的透射电子显微照片。细胞壁（CW）包含了与革兰氏阴性菌相似的层理结构，如细胞质膜（CM）、肽聚糖层（P）、周质空间（PS）、外膜（OM）。另外，此蓝藻还包含典型运动细胞所具有的两个外层结构，即锯齿状外层（EL）和发状纤维（F）。CJ，圆周连接；JP，连接孔。（引自 Hoiczyk and Baumeister，1995）

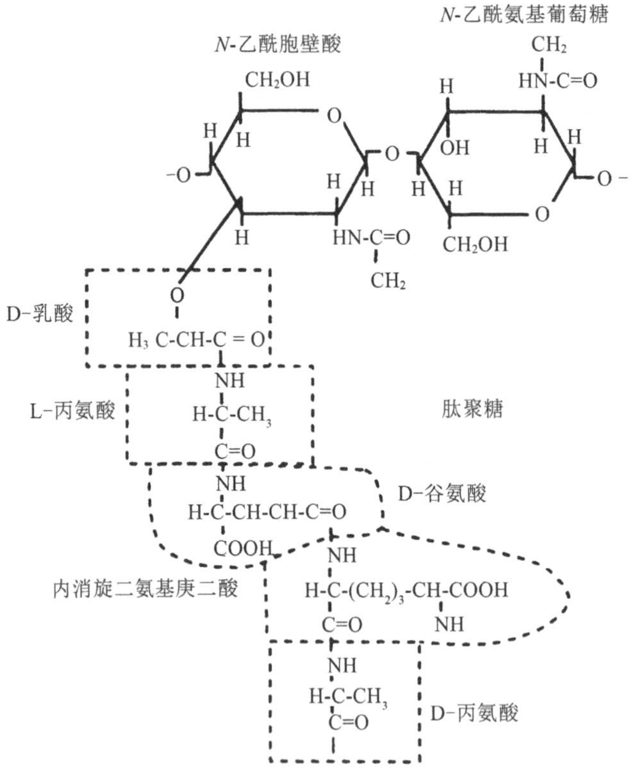

图 2.2 蓝藻细胞壁中肽聚糖分子的结构。

一些蓝藻可以滑动，这是一种有机体在固体基质上的主动运动，但是既没有可见的负责运动的细胞器，也没发现生物体形态上的明显改变（Jarosch，1962）。滑动是一个缓慢的匀速运动［颤藻（*Oscillatoria*）可高达 600 $\mu m \cdot s^{-1}$；Bhaya，2004］，其运动方向平行于细胞长轴，但是偶尔被干扰呈逆向运动。滑动时会有黏液不断分泌，在滑动后留下一个黏液痕迹。有些蓝藻［如席藻（*Phormidium*）、颤藻］在滑动中旋转而其他蓝藻［如鱼腥藻（*Anabaena*）］则不旋转。

在滑动细菌的细胞壁外有两个额外的层状结构（图 2.1、图 2.3 和图 2.4）。一个锯齿状外层（serrated external layer）（S 层）和一个发状纤维层（hair-like fibers）位于可滑动蓝藻细胞壁外膜之外。在最外层的发状纤维由一个被称为振荡蛋白（oscillin）的棒状糖蛋白组成（Hoiczyk and Baumeister，1998；Hoiczyk，2000）。

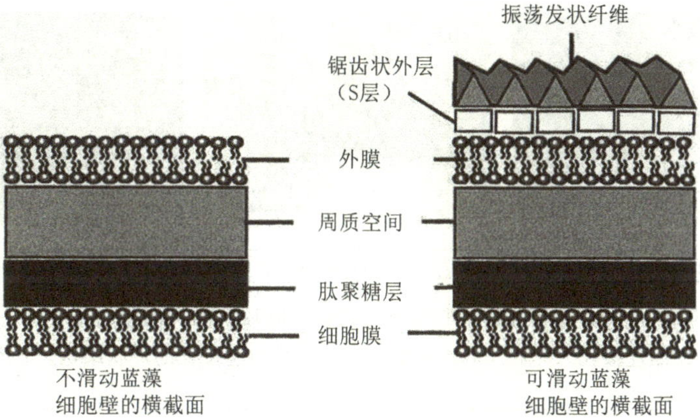

图 2.3　不滑动蓝藻与可滑动蓝藻的细胞壁横截面，可滑动蓝藻在外部有另外两个壁层。（引自 Hoiczyk and Baumeister，1995）

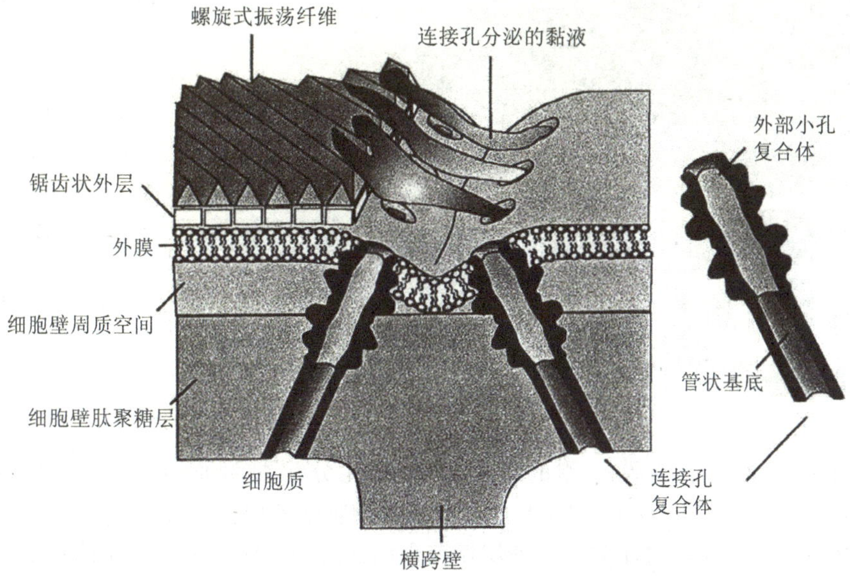

图 2.4　蓝藻细胞连接孔复合体的模型。黏液的分泌是通过跨壁一侧的圆周状排列的连接孔，与基质接触，由此导致丝状体向前运动。细胞壁外层的振荡蛋白纤维的排列决定了丝状体在表面滑动时是否旋转。图中的振荡蛋白纤维是螺旋状的，丝状体在滑动时可以旋转。（修改自 Hoiczyk and Baumeister，1998）

滑动蓝藻相邻细胞的跨壁连接包含连接孔（junctional pore），连接孔的直径为 15 nm，并以相对于每个隔膜平面 30°～40°的角度从细胞质辐射出（图 2.1、图 2.5 和图 2.6）。不同藻属围绕每侧隔膜的连接孔的行数不同，在席藻（*Phormidium*）中连接孔由一个圆周包围，而在鱼腥藻（*Anabaena*）中有很多行连接孔呈带状围着隔膜。该连接孔长 70～80 nm，跨越整个多层结构的细胞壁，由一个管状基底和一个外部微孔复合体组成。

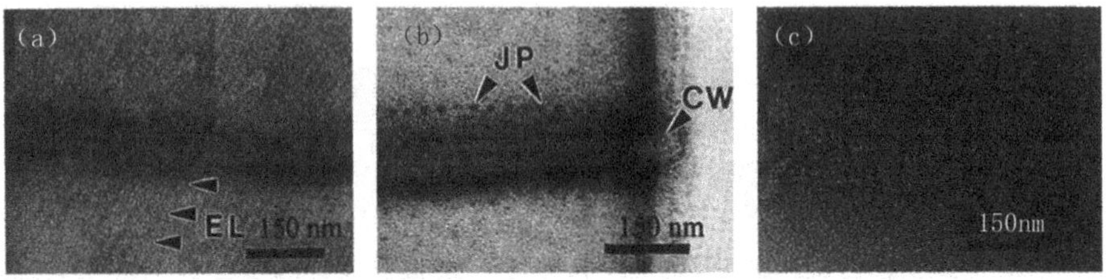

图 2.5 钩状席藻（*Phormidium uncinatum*）的透射电子显微照片。(a) 具有外膜和外层（EL）的细胞壁。在跨壁的两侧，连接孔的中心孔及与之对应的环状结构清晰可见。(b) 通过负染色的细胞壁显示黏液充满连接孔（JP）。CW，跨壁。(c) 外膜与连接孔的环状结构。(引自 Hoiczyk and Baumeister，1995)

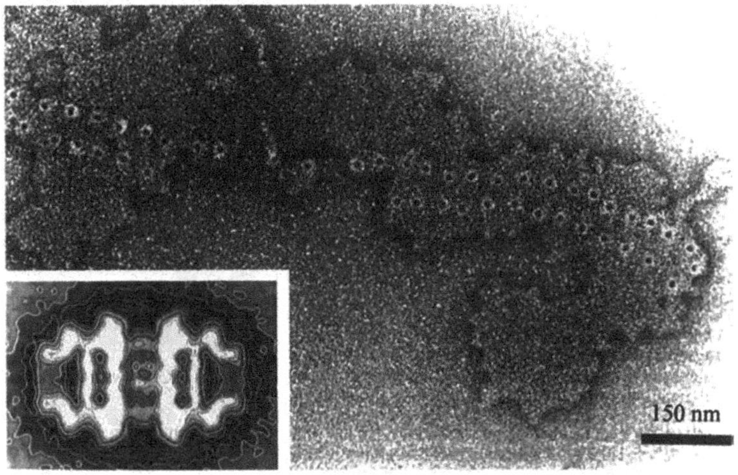

图 2.6 钩状席藻（*Phormidium uncinatum*）连接孔复合体细胞器的结构。通过负染色的独立外膜透射电子显微照片显示，连接孔环状的孔口圆周状地分布在细胞的跨壁上。小图显示连接孔复合体一系列有层理的影像。(引自 Hoiczyk，2000)

滑动是借助位于隔膜一侧的圆周状连接孔分泌黏液而实现的（Hoiczyk and Baumeister，1998；Hoiczyk，2000）。黏液沿着细胞壁外层振荡蛋白纤维的表面传递到邻近的基质上，驱使丝状体前行。外层振荡蛋白纤维的方向决定了丝状体在滑动中是否旋转。在鱼腥藻（*Anabaena*）中，螺旋形的振荡蛋白纤维产生的是顺时针旋转，而在巨颤藻（*Oscillatoria princeps*）和鞘丝藻（*Lyngbya aeruginosa*）中，振荡蛋白纤维的螺旋呈反向，在滑动中产生了逆时针旋转（Hoiczyk and Baumeister，1995）（图 2.7）。席藻（*Phormidium*）中的振荡蛋白纤维不呈螺旋形，丝状体在滑动中不发生旋转。

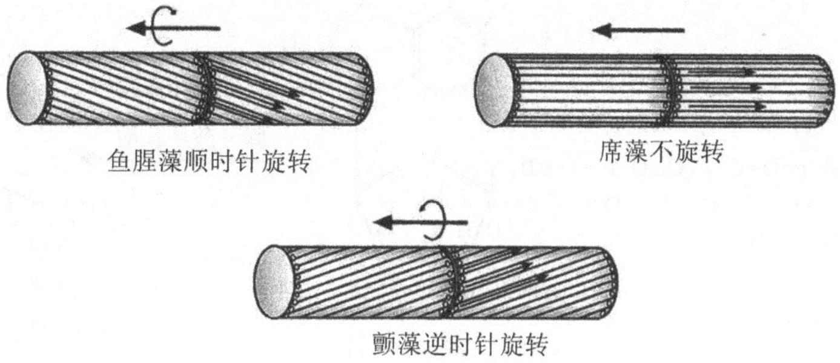

图 2.7 蓝藻丝状体是否旋转取决于振荡蛋白（oscillin）的方向。黏液分泌于跨壁附近的微孔。如果振荡蛋白是螺旋状，沿着振荡蛋白纤维流动的黏液就会导致旋转。如果振荡蛋白不是螺旋状，则不会旋转。

在滑动中，当黏液通过发状纤维的表面时，发状纤维的排列因此充当了一个被动的螺杆的角色。当隔膜一侧的连接孔停止分泌黏液，而另一侧的连接孔开始分泌黏液时，就发生逆向滑动。

纤毛与颤动

纤毛（pili）是蓝藻细胞表面凸出的蛋白质附属物（图 2.8）。在单细胞蓝藻聚胞藻（*Synechocystis*）中有两种类型的纤毛（Bhaya，2004）。细胞被一层平均直径为 3～4 nm、长度为 1 μm 的薄刷状纤毛均匀地覆盖。细胞也具有直径为 6～8 nm、长度为 4～5 μm 的用于与其他细胞联系的浓密柔韧纤毛。纤毛由 500～1000 个多肽纤毛单元（pilin）组成，每个纤毛单元包含 145～170 个氨基酸（Bhaya et al.，1999）。这个纤毛分子与参与滑动的振荡蛋白分子相似。聚胞藻可以运用一种被称为颤动机制的方式以 1～2 $\mu m \cdot s^{-1}$ 的运动速度通过一个表面，这个机制通过利用纤毛结构的改变来实现运动（Wall and Kaiser，1999）。纤毛沿着某一表面通过反复地伸展、黏附和收缩过程实现细胞的移动（Bhaya，2004）。

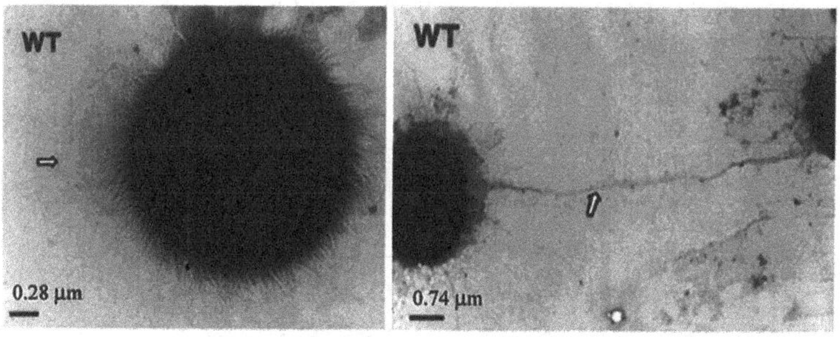

图 2.8 集胞藻（*Synechocystis*）完整细胞的透射电镜负染显微照片，显示纤毛。WT，野生型。（引自 Bhaya et al.，1999）

聚胞藻对蓝光（450 nm 波长）显示了趋光性和避光性，而对红光或远红外光则没有这类反应（Terauchi and Ohmori，2004）。蓝光刺激了环磷酸腺苷（cAMP）——一个在生物系统中常见的第二信使的生成（图 2.9）。

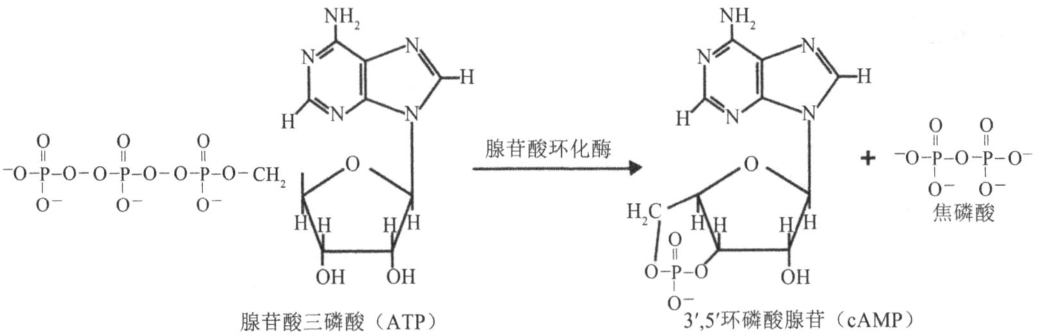

图 2.9 腺苷酸环化酶将 ATP 催化形成 cAMP 。

胶鞘

由黏液和少量纤维素组成的胶鞘（sheath）[胶囊或胞外聚合物（extracellular polymeric substance，EPS)] 普遍存在于蓝藻中（Nobles et al.，2001）（图 2.10 和图 2.11)，其可防止细胞变干。快速生长是胶鞘形成所必需的，这一事实也解释了为何有时孢子和厚壁孢子的发育困难。在黏杆藻（*Gloeothece*）胶鞘中含有中性多糖和包括半乳糖、葡萄糖、甘露糖、鼠李糖、2-*O*-甲基-D-木糖、葡萄糖醛酸和半乳糖醛酸等的糖醛酸（Weckesser et al.，1987)。在黏杆藻胶鞘中只有 2%的蛋白质以及痕量的脂肪酸和磷酸盐。De Philippis 和 Vincenzini（1998）已经综述了蓝藻胞外聚合物的商业应用。胶鞘通常都有颜色，高度酸性土壤中藻类胶鞘呈红色，而普通土壤中藻类胶鞘呈蓝色（Drouet，1978)，黄色和褐色的胶鞘常见于生活在高盐环境中的藻类，特别是在藻体变干后。

胶鞘能阻止墨汁进入细胞，所以观察胶鞘最简单的方法是在水中放入少量的墨汁（图 2.10)。胶鞘的形成依赖于环境条件。CO_2含量不足可导致胶鞘形成过程的停滞及胶鞘物质的释放。藻细胞内固定碳的过剩可导致胶鞘的形成（Otero and Vincenzini，2004)。

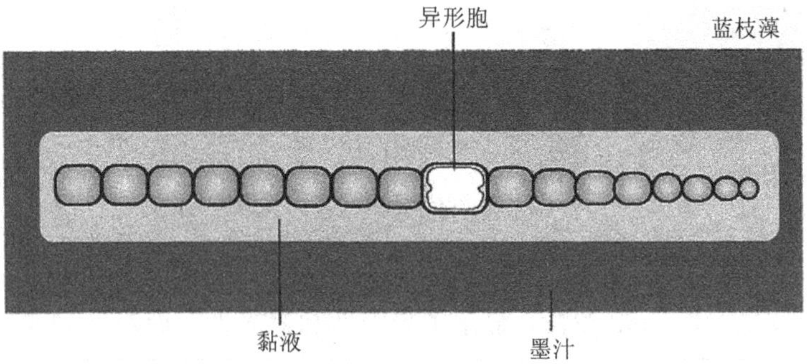

图 2.10 墨汁中的蓝枝藻（*Hyella* sp.）藻丝体示意图。这个方法清楚地显示了藻丝周围的胶鞘。

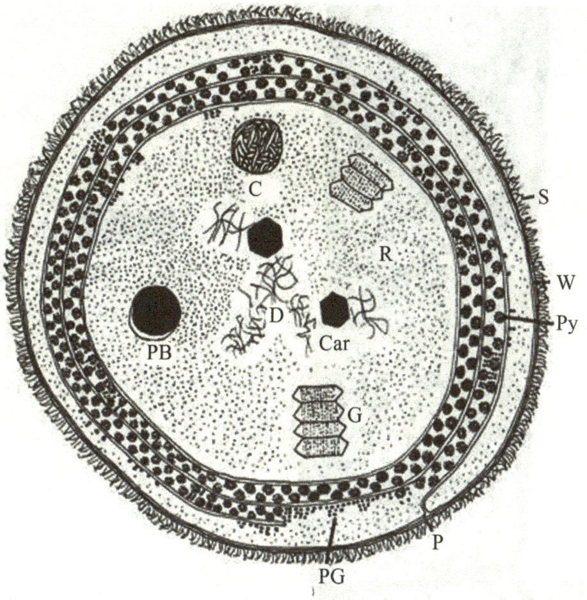

图 2.11　蓝藻细胞的精细结构。C，藻青素体（结构化颗粒）；Car，羧体（多面体）；D，DNA 纤维；G，气泡；P，原生质膜；PB，多聚磷酸体；PG，葡聚糖颗粒；Py，藻胆体；R，核糖体；S，胶鞘；W，细胞壁。

原生质结构

在细菌中发现的许多原生质结构也存在于蓝藻中。中央原生质是不与组蛋白结合的 DNA 环形纤维（circular fibrils）（图 2.11 和图 2.14）。单细胞蓝藻中 DNA 数量变化范围为 $1.6\times10^9 \sim 8.6\times10^9$ Da。这与细菌基因组的大小相似（$1.0\times10^9 \sim 3.6\times10^9$ Da），大于支原体基因组的大小（$0.4\times10^9 \sim 0.5\times10^9$ Da）（Herdman et al.，1979）。外周的原生质主要由类囊体（thylakoid）及其相连的结构——藻胆体（phycobilisome）（在类囊体上，含有藻胆蛋白）和糖原颗粒（glycogen granule）组成。70S 核糖体散布在整个蓝藻细胞中，但在中心区核质周围其密度最高（Allen，1984）。

藻青素（cyanophycin）属于细胞质中的结构颗粒，是一种非核糖体合成的类似蛋白质的多聚物，其周围没有膜包围（图 2.13）（Aboulmagd et al.，2000；Sherman et al.，2000）。藻青素中包含等物质的量的精氨酸和天冬氨酸排列成聚天冬氨酸骨架（图 2.12）。藻青素在固氮蓝藻中可以作为一个临时的氮库，在指数期向稳定期转变时积累，在平衡生长期消失。非固氮蓝藻中氮被储存在藻胆体中（Li et al.，2001）。

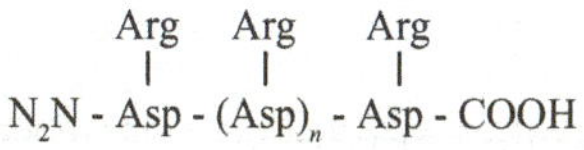

图 2.12　藻青素由等物质的量的精氨酸（Arg）和天冬氨酸（Asp）形成的聚天冬氨酸骨架组成。

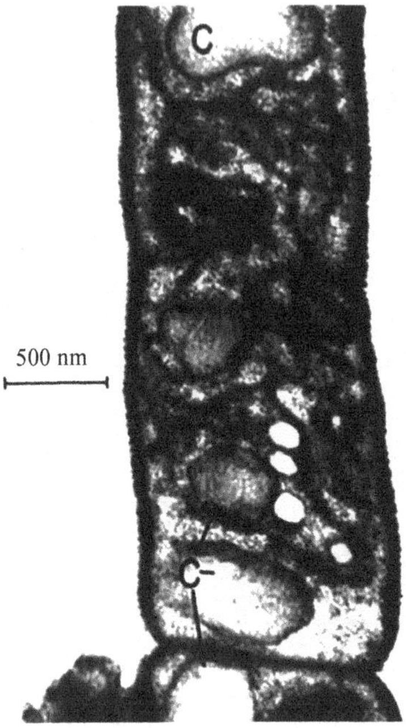

图 2.13 含有藻青素（C）的鲍氏织线藻（*Plectonema boryanum*）细胞局部透射电镜照片。（引自 Lawry and Simon，1982）

羧体（carboxysome）（多面体）（图 2.14）类似于细菌中的羧体，含有二氧化碳固定酶核酮糖-1，5-二磷酸羧化酶/加氧酶（ribulose-1，5-bisphosphate carboxylase/oxygenase，Rubisco）。目前已知有两种类型的羧体，即 α-羧体和 β-羧体，它们在蛋白质组成上不同。含有 α-羧体的蓝藻存在于溶解碳充足的环境中（如寡营养的海洋水体），而具有 β-羧体的蓝藻存在于溶解碳不足的环境中（如藻垫、生物膜、河口以及具有高密度光合生物的碱性湖泊）（Badger et al.，2002）。

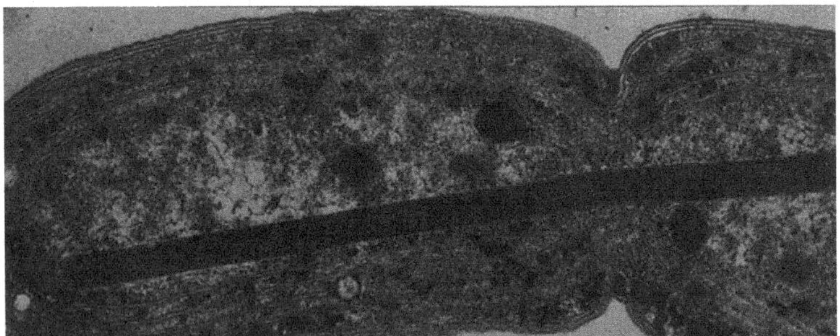

图 2.14 组囊藻（*Anacystis nidulans*）分裂细胞的局部透射电镜照片，显示外围胞质的类囊体、DNA 微纤维、核糖体和细胞质中央长的羧基。比例尺＝ 0.5 μm。（引自 Gantt and Conti，1969）

羧体还包含碳酸酐酶（carbonic anhydrase），它可将碳酸氢根离子转变成能被核酮糖-1，5-二磷酸羧化酶/加氧酶（Rubisco）固定的唯一碳源——二氧化碳（图 2.15）。碳酸氢钠（碳酸氢根离子）被输送到细胞和羧体。羧体上的碳酸酐酶将碳酸氢根离子转化成二氧化碳，二氧化碳再被 Rubisco 固定形成碳水化合物。当环境中无机碳（碳酸氢根离子，二氧化碳）减少时，细胞中羧体占据的区域增加（Turpin et al.，1984）。异形胞（图 2.4）缺乏核酮糖-1，5 二磷酸羧化酶/氧化酶和固定二氧化碳的能力，异形胞也没有羧体（Winkenbach and Wolk，1973）。

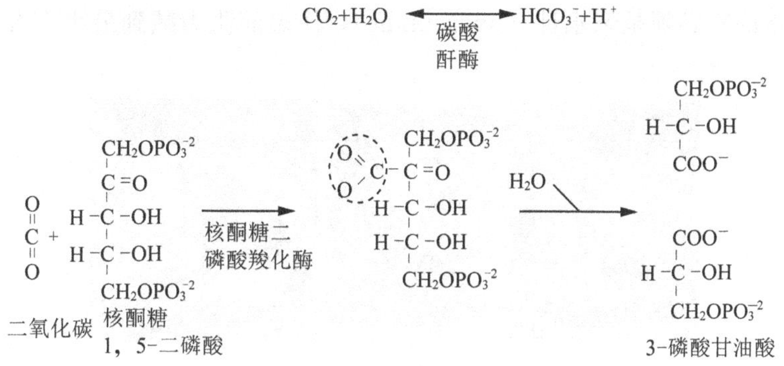

图 2.15　羧体具有碳酸酐酶和核酮糖-1，5 二磷酸羧化酶/加氧酶。在羧体的碳酸酐酶将碳酸氢根离子转化成二氧化碳，二氧化碳再被 Rubisco 固定成碳水化合物。

多聚磷酸体（polyphosphate body）[异染性颗粒（metachromatic）或异染粒（volutin granule）]（图 2.11）呈球形，看起来与在电子显微镜中的真核细胞脂质体相同。多聚磷酸体包含储藏的磷酸盐，该颗粒在生长初期的幼年细胞或在磷缺乏环境中生长的细胞中缺失，但存在于成熟细胞中（Tischer，1957）。

葡聚糖颗粒（polyglucan grandule）（α 颗粒）（图 2.11）普遍存在于光合作用活跃细胞的类囊体间。这些颗粒含有由 14～16 个葡萄糖分子组成的碳水化合物，这与支链淀粉相似（Hough et al.，1952；Frederick，1951）。

图 2.16　光学显微镜下显示的鱼腥藻（*Anabaena crassa*）营养细胞、厚壁孢子和异形胞。（引自 Li et al.，1997）

液泡（伪空泡）

在蓝藻细胞质中，伪空泡由气体囊泡或两端是锥形的空心圆柱管组成（图 2.11 和图 2.17）（Walsby，1994；Oliver，1994）。气体囊泡没有真正的蛋白质-脂质膜，完全是由蛋白质的骨架组成，就像箍在一个桶上的螺旋排列的圆环。对细胞施加压力很可能会导致气泡破裂，而破裂的两半气泡会粘在一起。伪空泡膜非常坚硬，其内部气压为1个标准大气压（atm）。该膜可以容许气体渗透，使内含的气体与周围溶液气体达到平衡。然而，该膜必须是疏水性。据推测，内表面必须具有疏水性（hydrophobic），从而防止水滴在其表面浓缩，抑制水滴在表面张力的作用下通过毛孔。同时，这些分子的外表面（面向水的）必须是亲水性（hydrophilic），使表面张力减到最小，否则会导致伪空泡的破裂。

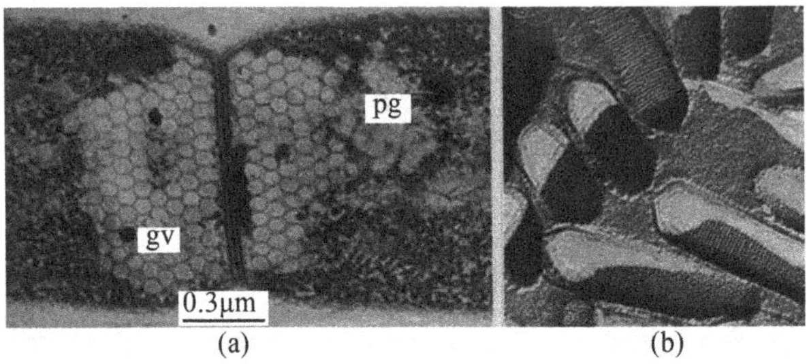

图 2.17 （a）来得基颤藻（*Oscillatoria redekei*）两个细胞的透射电镜显微照片，显示伪空泡的跨壁分开区域（gv）；pg，脂肪滴（引自 Whitton and Peat，1969）。（b）气泡的冷冻蚀刻制备图片（引自 Jones and Jost，1970）。

蓝藻依据其拥有的伪空泡不同可分为两种生理生态类群，第一类是伪空泡只存在于藻类生活史的某一阶段或某些类型细胞中。在哥氏黏毛藻（*Gloeotrichia ghosei*）、单歧藻属（*Tolypothrix*）与眉藻属（*Calothrix*）的某些种类中，伪空泡只出现在藻殖段中。藻殖段被释放时可以漂浮，浮力对于藻殖段在这些阶段的扩散意义重大。第二类包含浮游蓝藻，包括鱼腥藻（*Anabaena*）[图 2.16、图 2.18（d）、图 2.57（b）]、胶刺藻（*Gloeotrichia*）[图 2.18（a）]、微囊藻（*Microcystis*）[图 2.48、图 2.56（b）]、束丝藻（*Aphanizomenon*）[图 2.18（b）]、颤藻（*Oscillatoria*）[图 2.19（a）、图 2.19（b）、图 2.34（a）、图 2.34（b）]、束毛藻（*Trichodesmium*）[图 2.31 和图 2.56（g）]和席藻（*Phormidium*）[图 2.18（c）、图 2.56（c）]。这些藻类可以从它们的伪空泡得到正浮力，因此形成的水华能漂浮在水面。多种不同的原因可以导致这些藻类失去浮力并随后在水柱中下沉。在水华鱼腥藻（*Anabaena flos-aquae*）[图 2.18（d）] 中，失去浮力是因为细胞膨胀压的增强导致气体囊胞消失，而在阿氏颤藻（*Oscillatoria agardhii*）[图 2.19（a）] 中，浮力的消失是因为细胞内停止产生气体囊胞且细胞团不断增大。在铜绿微囊藻（*Microcystis aeruginosa*）[图 2.56（b）] 中，浮力的消失是因为整个群体被诱捕进由有机物和铁盐组成的胶体沉淀中。当分层湖泊中下层滞水层的缺氧水中溶解的铁被温跃层有氧水混合氧化时，胶体沉淀物就会在某些湖泊中形成（Oliver et al.，1985）。

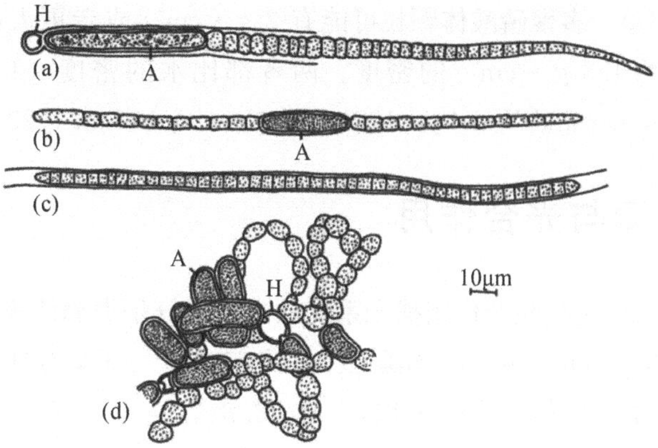

图 2.18 （a）刺孢胶刺藻（*Gloeotrichia echinulata*）。（b）水华束丝藻（*Aphanizomenon flos-aquae*）。（c）洪水席藻（*Phormidium inundatum*）。（d）水华鱼腥藻（*Anabaena flos-aquae*）。A，厚壁孢子；H，异形胞。（仿自 Prescott，1962）

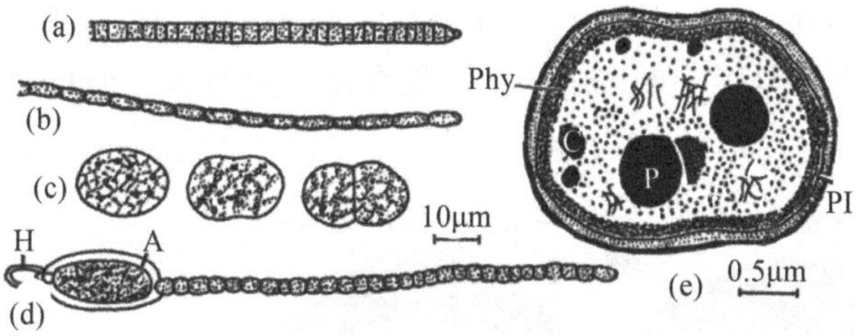

图 2.19 （a）阿氏颤藻（*Oscillatoria agardhii*）。（b）沼泽颤藻（*O. limnetica*）。（c）铜绿聚球藻（*Synechococcus aeruginosus*）。（d）大型柱孢藻（*Cylindrospermum majus*）。A，厚壁孢子；H，异形胞。（e）蓝藻（*Gloeobacter violaceus*）的精细结构；C，蓝藻颗粒体；P，多聚磷酸体颗粒；Phy，藻胆蛋白的可能分层；PI，原生质膜。[（c～d）仿自 Prescott，1962；（e）仿自 Rippka et al.，1974]

固氮蓝藻的浮力与光量子间有直接关系，如水华鱼腥藻（Anabaena flos-aquae）[图 2.18（d）]（Spencer and King，1985）。这个关系很复杂，且与水中铵离子浓度有关。水华鱼腥藻的浮力在低光照（低于 10 $\mu E \cdot m^{-2} \cdot s^{-1}$）、铵离子缺乏和低 CO_2 浓度下增加。这种条件出现在夏季多数富营养化湖泊滞水区。在这类湖泊中，藻类的快速增长耗尽了铵盐离子和二氧化碳。大量藻类的存在使得水只能传送很少的光量子。在这种情况下，水华鱼腥藻和其他的固氮蓝藻具有伪空泡，可以增加它们的浮力，上升到接近表层水体。在这里它们比其他藻类具有竞争优势，因为它们可以在缺少可用氮源的水体中固氮；不能固氮的蓝藻会降低生长，因此浮力减弱而在水柱中沉降。有浮力的固氮蓝藻倾向于通过增加生物量维持低光量子和 CO_2 水平以满足最大悬浮的需要，确保生长延续。

伪空泡以外的结构也可导致细胞密度的显著变化，进而影响浮力（Konopka et al.，

1987)。多聚磷酸体颗粒可能有 2 g • cm^{-3}或者更大的密度，糖原（在高光强下积累）有约 1.5 g • cm^{-3}的密度。两者都比水的密度（1 g • cm^{-3}）大，都能使细胞下沉(Booker and Walsby，1981；McCausland et al.，2005)。

色素与光合作用

蓝藻的光合作用捕光系统的主要成分是类囊体膜上的叶绿素 a 和水溶性的藻胆蛋白(phycobiliprotein)，藻胆蛋白是组装在大分子集合体（藻胆体）中与类囊体膜外表面相连的水溶性的精密蛋白。一些蓝藻含有叶绿素 b，蓝藻 *Acaryochloris marina*（图 2.20）含有叶绿素 d。这些含有叶绿素 b 的蓝藻［原绿球藻（*Prochlorococcus*）（图 2.20)、原绿丝藻（*Prochlorothrix*)、原绿藻（*Prochloron*)］一度被认为是一个独特的进化类群，而被划分到原绿藻门。基于核酸序列的进化树已经表明，叶绿素 b 出现许多次进化，这些蓝藻分布在各个类群中（Palenik and Haselkorn，1992；Urback et al.，1992)。相反，*Acaryochloris marina*（图 2.20）是唯一一个已知含有叶绿素 d 的蓝藻，与其他蓝藻的亲缘关系较远（Miller et al.，2005；Miyashita et al.，2003)。叶绿素 d（图 1.19）的吸收光谱向远红外波长漂移，*A. marina* 生长在富含这些波长光的环境中(如被红藻遮蔽的环境)。

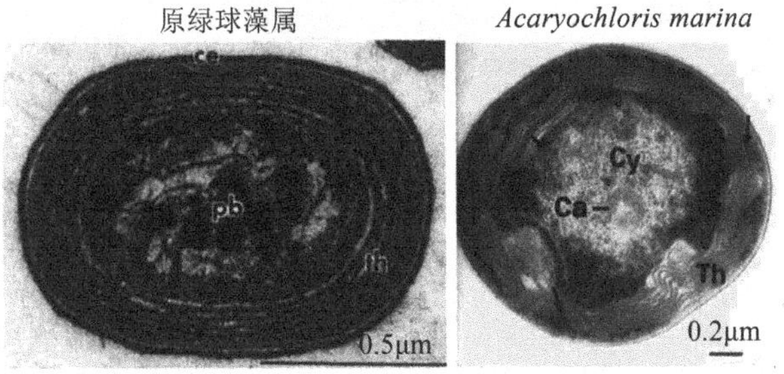

图 2.20 原绿球藻（*Prochlorococcus*）和蓝藻（*Acaryochloris marina*）的透射电镜显微照片，前者的叶绿素 b 含有蓝细菌，后者的叶绿素 d 含有蓝细菌。原绿球藻是已知的最小的光合生物。Ca，羧基体（多面体颗粒)；Cy，细胞质；pb，多面体颗粒；th，类囊体；箭头，通道式穿孔类囊体结构；箭号，藻胆蛋白积累区域。（原绿球藻照片来自 Partensky，Hess and Vaulot，1999；*Acaryochloris* 照片来自 Marquardt et al.，2000)

蓝藻的类胡萝卜素含有海胆烯酮（echineone）（4-酮-β-胡萝卜素）和蓝藻叶黄素(myxoxanthophyll)，与真核藻类有很大的不同，真核藻类缺少这些成分。蓝藻缺少叶绿体的主要叶黄素——黄体素（lutein)，但含有比真核藻类更高比例的 β-胡萝卜素(Goodwin，1974)。

蓝藻纲有 4 种藻胆蛋白：C-藻青蛋白（C-phycocyanin）（最大吸收波长 λ_{max} 为 620 nm)、别藻蓝蛋白（allophycocyanin）（λ_{max}为 650 nm)、C-藻红蛋白（C-phycoerythrin）（λ_{max}为 565 nm）和藻红蓝蛋白（phycoerythrocyanin）（λ_{max}为 568 nm）。所有蓝藻均包含前两种，而 C-藻红蛋白和藻红蓝蛋白只存在于某些种类中。蓝藻的藻胆蛋白浓度对光质和生长条件具有明显的响应。在白光下产生藻红蛋白和藻青蛋白的蓝藻，在红光下抑制藻青蛋白的合成，在绿光下抑制藻红蛋白的合成［补色适应性（complementary chromatic adaptation），见 Tandeau de Marsac，1977］。

在蓝藻的进化中，类囊体可能起源于原生质膜的内陷；目前一些蓝藻类囊体还是与质膜相连。一个远古的例子就是单细胞蓝藻 *Gloeobacter violaceus*［图 2.19（e）］，它没有类囊体但是有叶绿素 a、类胡萝卜素和藻胆蛋白。在这个藻细胞中，色素和光合作用据推测可能与质膜有关（Rippka et al.，1974）。

许多蓝藻可以在有氧或无氧的条件下进行光合作用。在有氧条件下，光系统Ⅰ的电子是源自于光系统Ⅱ的。在无氧并有硫存在的条件下，电子来自于硫的降解：

$$CO_2+2H_2S\xrightarrow[\text{叶绿素}]{\text{光}}\underset{\text{糖}}{(CH_2O)}+H_2O+S$$

这些蓝藻属兼性光合自养厌氧生物（facultative phototrophic anaerobe），在水生生态系统中占据着重要的生态位（Padan，1979）。真核藻类被限制在有光和氧气的生存环境中，而光合细菌被限制在有光无氧气的生存环境中。在波动于以上两种生境的环境中，同时能进行厌氧光合作用的蓝藻就具有一个非常明显的选择竞争优势。以色列埃拉特的太阳湖就是这样的例子，冬天，热分层湖水的厌氧底层存在高浓度的硫，沼泽颤藻（*Oscillatoria limnetica*）［图 2.19（b）］生长在高度厌氧的底层，在那里硫充当光合作用的电子供体。在春天，湖水发生变化，所有的水变成有氧水，沼泽颤藻激活有氧光合系统Ⅱ（图 2.28）进行有氧的光合作用。于是，沼泽颤藻通过结合利用有氧和厌氧的光合作用，适应太阳湖中有光有氧和有光厌氧条件的变动，成为该湖中光养生物优势种。蓝藻在光养世界中的偶合地位，与它们是可追溯到前寒武纪时期的最古老的有机体有关。值得注意的是，在硫化物丰富的生态系统含有许多蓝藻——热硫黄温泉和海洋沿岸沉积物，这可能代表了可追溯到有氧生物圈之前的古老生态系统。

蓝藻的光合作用可被低浓度的氧气激活，氧气与二氧化碳竞争核酮糖-1，5 二磷酸羧化酶/氧化酶（图 2.21）（Stewart and Pearson，1970；Weller et al.，1975）。这个现象反映了在前寒武纪时期，当蓝藻开始进化时，对大气中缺少氧气的适应。当涉氧的蓝藻进化完成后，大气中的氧气逐渐增加，同时在大气圈形成了起保护作用的臭氧（O_3）层。臭氧层阻挡了来自太阳的大部分有害的紫外线辐射，并使得更多对辐射敏感的有机体得以进化。蓝藻拥有一个辐射损伤修复系统，相对而言对辐射不敏感（Bhattacharjee，1977）。

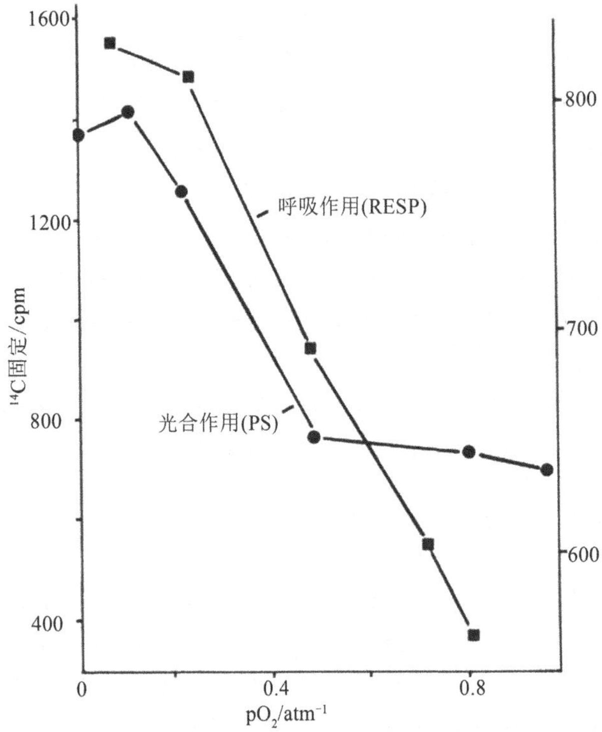

图 2.21 大气低氧浓度激活水华鱼腥藻（*Anabaena flos-aquae*）光合作用（●-●）与呼吸作用（■-■）的曲线图。（仿自 Stewart and Pearson，1970）

厚壁孢子

厚壁孢子（akinete）一般比营养细胞大，且因含较高浓度的糖原和藻青素而具有明显的表面颗粒，因此容易辨认（图 2.22 和图 2.23）（Meeks et al.，2002）。厚壁孢子最普遍的特性就是它们相对于营养细胞有更大的抗寒性。厚壁孢子通常与革兰氏阳性菌的内生孢子相类似，但厚壁孢子既不是代谢休眠也不能抵抗各种极端环境，它只存在于能形成异形孢的蓝藻中。

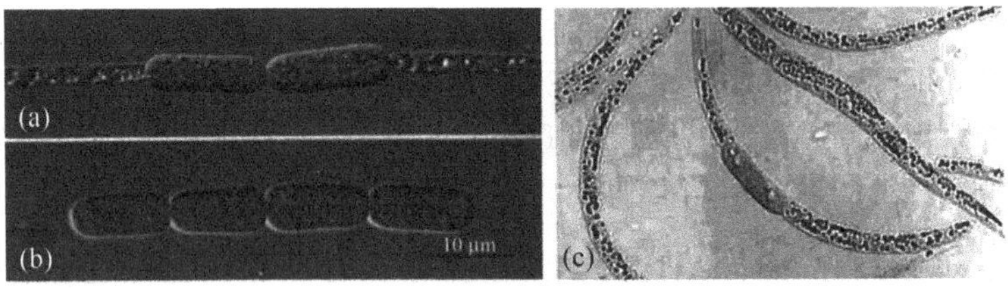

图 2.22 地中海尖头藻（*Raphidiopsis mediterranea*）[（a）、（b）] 和弯形尖头藻（*R. curvata*）（c）厚壁孢子的显微照片。[（a）、（b）引自 Watanabeet al.，2003；（c）引自 Li et al.，2001a]

在束丝藻属（*Aphanizomenon*）[图 2.18（b）]（Wildman et al.，1975）中，当营养细胞发育成厚壁孢子时，细胞会变大，伪空泡逐渐消失，细胞质密度变大，核糖体和藻青素颗粒增多。念珠藻属厚壁孢子相对营养细胞失去了 90%的光合作用和呼吸作用

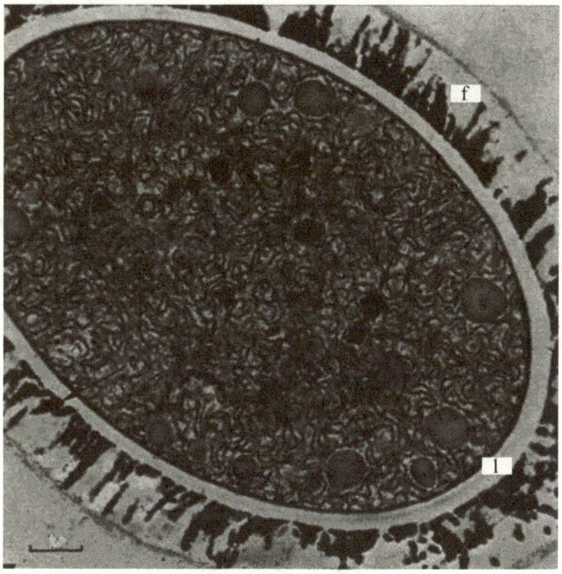

图 2.23　柱孢藻（*Cylindrospermum* sp.）成熟厚壁孢子的电子显微照片。它具有一个厚壁（f、l），细胞质中富含蛋白质颗粒（s），多面体颗粒和核糖体。（引自 Clark and Jensen，1969）

能力；尽管藻蓝蛋白和叶绿素（主要的光合色素）变化不大，这种现象依然发生（Chauvat et al.，1982）。成熟的厚壁孢子通常比营养细胞大，原生质被“食物”充满，一个宽大的三层结构的外被包裹在正常细胞壁外（Jensen and Clark，1969；Cmiech et al.，1986）[图 2.16、图 2.18、图 2.19（d）、图 2.22 和图 2.23]。因为原生质密度增加而浮力消失，这会使具有厚壁孢子的丝状体下沉到水体底部沉淀物中越冬。当厚壁孢子萌发时，以上所有的过程都会逆向发生（图 2.24）。

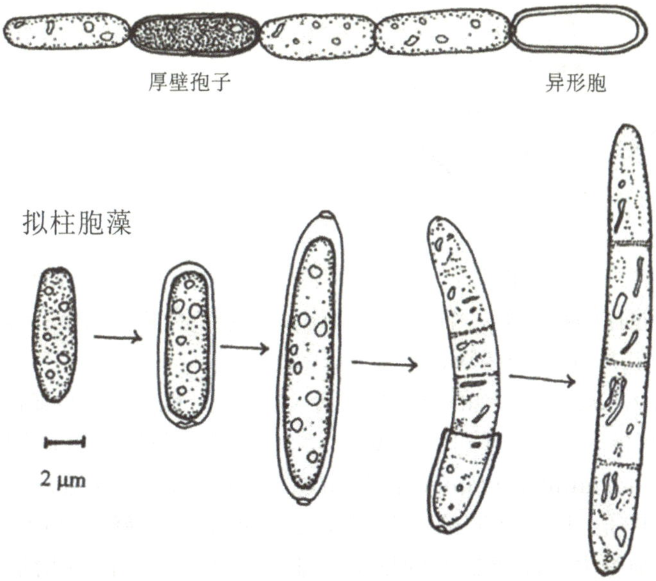

图 2.24　拟柱胞藻（*Cylindrospermopsis raciborskii*）厚壁孢子萌发。（修改自 Moore et al.，2004）

很多理化因素都会刺激厚壁孢子的分化。例如，磷的匮乏，低温，二氧化碳的不足，可利用光能的减少（Li et al.，1997；van Dok and Hart，1995）。

异形胞

异形胞（heterocyst）比营养细胞大，在光镜下看起来是空的（但厚壁孢子充满了储藏物质）[图 2.16、图 2.18（a）、图 2.19（d）、图 2.25 和图 2.35]。异形胞光合作用不活跃，它既不固定二氧化碳也不产生氧气。它的呼吸耗氧速率高并由厚的层叠式细胞壁包裹，以限制空气（包括氧气）进入。因此，异形胞内部环境实际上是厌氧的，这对氧气极其敏感的固氮酶而言是一个理想的场所。

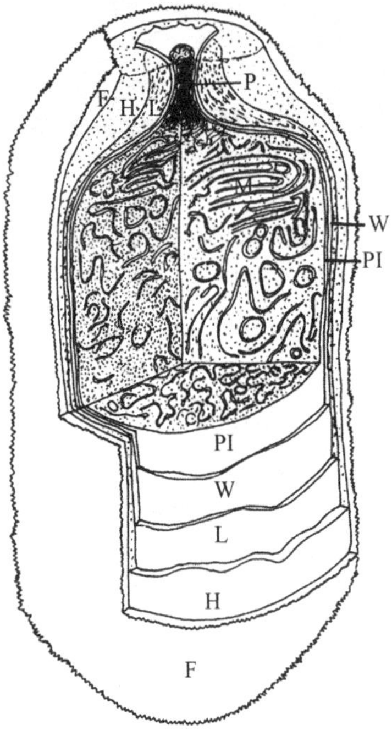

图 2.25 异形胞的三维结构图。被膜含有均一质（H）、纤维状（F）和叠片层（L）结构。M，隔膜；P，微孔通道；PI，质膜；W，细胞壁。（仿自 Lang and Fay，1971）

异形胞自营养细胞发育而来，且与营养细胞间存在有规律的间隔，具体发育过程如下：营养细胞中储存颗粒降解，细胞壁外部的多层包被消失，光合类囊体损坏，新的膜结构形成（图 2.25）（Kulasooriya et al.，1972）。

鱼腥藻（*Anabaena*）异形胞的分化通过氮（氨态氮、硝酸盐、亚硝酸盐）的丧失分两步引发：第一步可逆，第二步不可逆（Adams，2000；El-Shehawy and Kleiner，2003）。

第一阶段（commitment point 1）：2-酮戊二酸（α-酮戊二酸盐）（图 2.26）是蓝藻用来组合氨盐的基质。因为蓝藻缺少 2-酮戊二酸脱氢酶和降解 2-酮戊二酸的能力，化合氮的缺失导致细胞内 2-酮戊二酸的增加。细胞内 2-酮戊二酸的增加激活了蛋白 NtcA，导致钙结合蛋白 CcbP 数量的减少和细胞内 Ca^{2+} 的增加（Zhao et al.，2005）。异形胞中 Ca^{2+} 的浓度是营养细胞中的 10 倍。Ca^{2+} 的增加可上调 *hetR* 基因产生丝氨酸类型的蛋白酶 hetR，这个蛋白酶诱导营养细胞变成异形胞。hetR 蛋白被认为是异形胞发展的“总开关（master switch）”。hetR 蛋白的产物构成期限点 1。化合态氮缺失超过 10h 将导致 hetR 蛋白的持续产生，细胞成为异形胞前体（proheterocyst），它在光学显微镜下看起来没有营养细胞那么多颗粒，但仍缺乏一个厚的细胞壁。hetR 蛋白也能诱导寡肽（oligopeptide）PatS 的产生。这个寡肽会扩散到邻近细胞，它会阻止邻近细胞产生 hetR 蛋白以确保邻近细胞不会变成异形胞前体。从鱼腥藻（*Anabaena*）中可见到这种空间上的组装情况，所形成的异形胞彼此间等距离。以上过程可逆。如果环境中化合氮增加，导致 *hetR* 基因和 hetR 蛋白合成的关闭，则异形胞前体可以重新转变为营养细胞。营养细胞分化成异形胞前体也会导致光合系统Ⅱ失活，从而排除光合作用 O_2（这会抑制固氮作用）的产生。

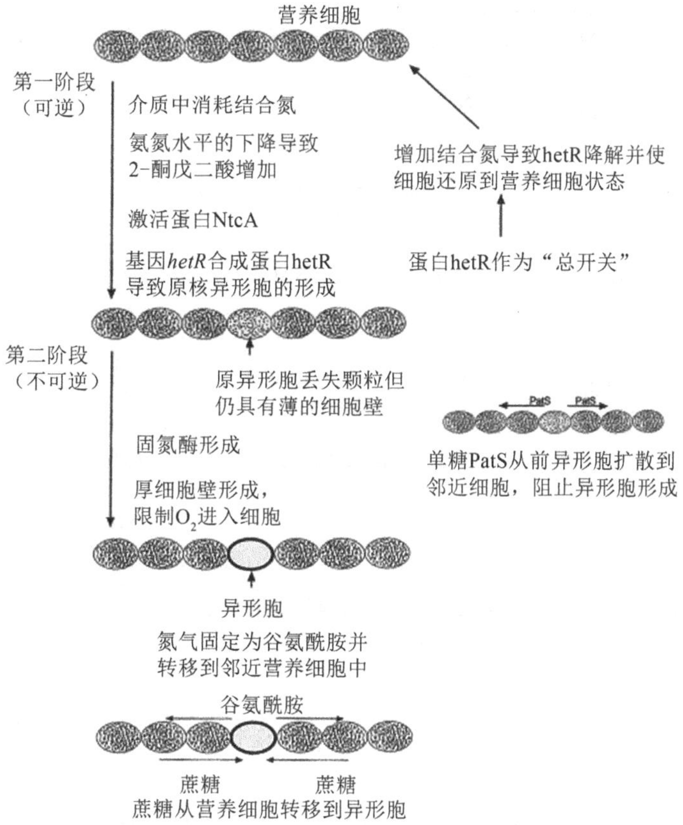

图 2.26 异形胞形成过程示意图。

第二阶段（commitment point 2）：这个阶段因添加化合态氮而不可逆，它包含异形胞前体转变成成熟的异形胞。这涉及一个含有糖脂和多糖的超厚细胞壁的形成，以便减少 O_2 的扩散。当位于固氮酶（nitrogenase）基因（*nif*）侧翼的重复序列之间的 11 000bp被切除时，固氮酶就被激活。

异形胞的发育过程非常有趣，它可能代表了进化过程中模式形成的最早范例之一。厚壁孢子可能是异形胞进化的先驱（Meeks et al.，2002）。厚壁孢子只存在于形成异形胞的蓝藻中，厚壁孢子含有异形胞特有的糖脂，异形胞的细胞壁与厚壁孢子是相同的

(与营养细胞的不同)。异形胞的形成是一个终端事件，是程序性细胞死亡或凋亡(apoptosis)的基本形式。

除了在特殊情况下萌发，异形胞是不能分裂的。异形胞具有有限的生理活性时间和有限的生命。衰老异形胞会形成空泡，通常从丝状体脱离并导致丝状体的断裂。

异形胞通过细胞质连接[微胞间连孔(microplasmodesmata)]从邻近的营养细胞得到养分供应。这些细胞质连接可能以谷氨酰胺(图 2.27)的形式从异形胞传递化合氮到营养细胞。这是因为异形胞无法固碳，而营养细胞会转移光合作用的产物到异形胞。

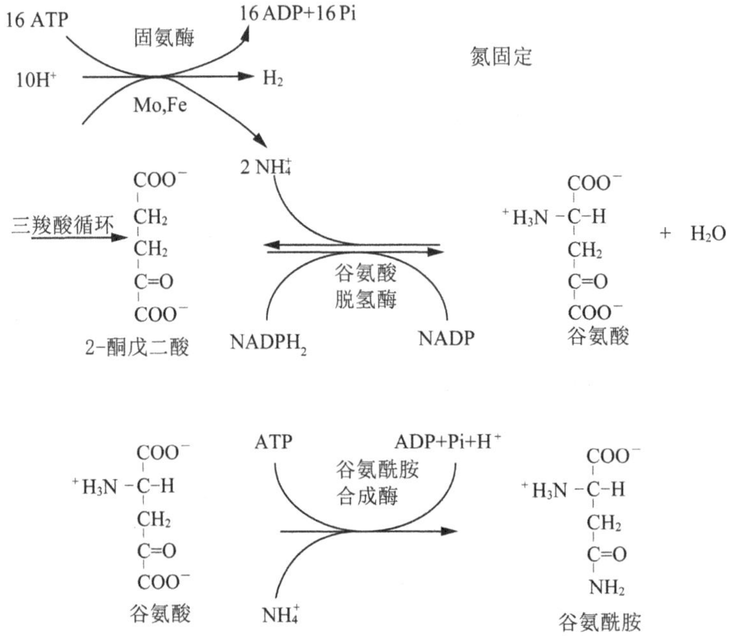

图 2.27 氮固定及随后的固定氮进入谷氨酸和谷氨酰胺的化学流程。

固氮作用

蓝藻属于固氮菌(diazotrophs)(能够固定大气中的氮)。所有已知的固氮有机体都是原核生物。在固氮作用中，固氮酶利用 ATP 作为能源将空气中的氮气固定并形成铵盐(图 2.27)。每固定一分子氮气需要 16 个 ATP 分子，这个过程是生物学上代价最昂贵的代谢过程之一。每年生物固氮的总量超过 2×10^{13} g。相反，主要的非生物源固氮——闪电放电每年只有 5×10^{12} g(Raymond et al., 2004)。

固氮作用固定的铵盐在谷氨酸脱氢酶的作用下与 2-酮戊二酸(2-oxoglutarate)(来自柠檬酸循环)形成谷氨酸(glutamate)(图 2.27)。第二个铵盐继续与谷氨酸作用形成谷氨酰胺(glutamine)，这个分子可以从一个蓝藻细胞转移到另一个细胞。在细菌中，固氮酶由两部分组成，即固氮酶还原酶(铁蛋白)和固氮酶(钼铁蛋白)，后者由 nif HDK 操纵子编码(Henson et al., 2004)。这种情况与蓝藻相似。

固氮作用也会产生氢气（图 2.27），这种现象使人们联想到可利用它作为可再生能源，基于此，氢燃电池汽车技术将更加具有可行性（Schutz et al.，2004）。

固氮酶对氧气非常敏感且能因氧气而失活。蓝藻已经进化而具备了三种不同的机制以便从含有固氮酶的细胞区域中清除氧气。

（1）异形胞蓝藻：这些蓝藻主要存在于淡水和咸水中，在异形胞中固氮。异形胞被一层 O_2无法渗透的糖脂层所包围（Staal et al.，2003）。异形胞没有产氧能力的光合系统Ⅱ（图 2.28），但具有环式光合磷酸化作用（图 2.29），可以为固氮作用提供必需的 ATP。异形胞有一种被称为 cyanoglobin 的能清除氧气的肌红蛋白，它可以防止固氮酶的失活（Potts et al.，1992）。当处于厌氧状态且氮气和二氧化碳存在的前提下，营养细胞和异形胞都可以固氮。

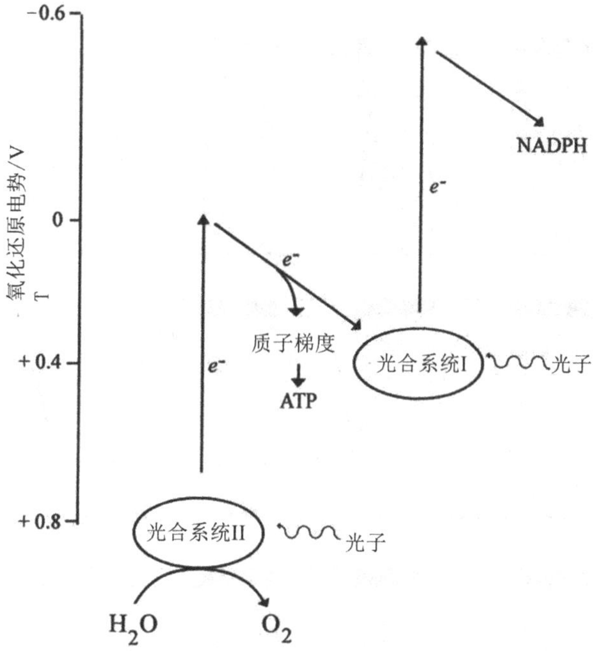

图 2.28　非环式光合磷酸化作用。蓝藻中的异形胞缺少光合系统 II，不产生氧气。

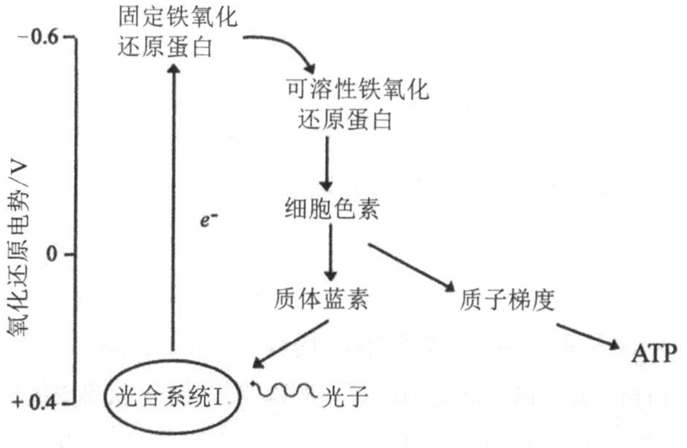

图 2.29　环式光合磷酸化作用。蓝藻中的异形胞通过环式光合磷酸化作用产生 ATP。

（2）在黑暗中而非光照下固氮的非丝状蓝藻：在黑暗中，光合作用无法进行，蓝藻细胞不产生抑制固氮酶的氧气，此时可以固氮。如果聚球藻（*Synechococcus*）在12∶12的光暗比下生长，大部分固氮作用发生在黑暗时期（图 2.30）。如果细胞不断受到光照，细胞分裂会导致出现内源性的计时周期，光合作用和氮固定的水平将不断地更替（Mitsui et al.，1986；Chen et al.，1996）。同时，在光暗期固氮酶活性达到高峰（图 2.30）。在下一个光照期开始时，光合作用产生氧气，固氮酶失活。而在下一个光暗期开始时，新的固氮酶重新合成，为固氮作用做准备。

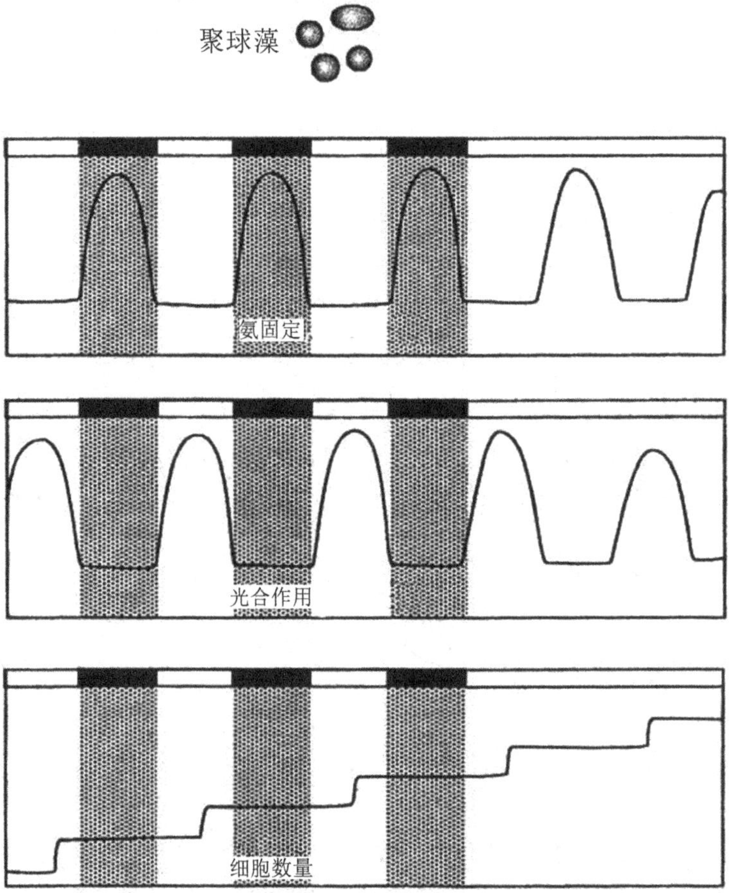

图 2.30　在光暗比为 12∶12 下，聚球藻（*Synechococcus* sp.）光合作用和固氮作用关系的图释。在连续光照下，内源性时钟维持该循环。（仿自 Mitsui et al.，1986）

（3）束毛藻（*Trichodesmium*）　［图 2.31 和图 2.56（g）］和假膜藻（*Katagnymene*）（图 2.31）：这些蓝藻可形成水华，是海洋主要的固氮生物，全球海洋中 1/4 的氮由它们固定（Bergman and Carpenter，1991）。这些丝状蓝藻没有异形胞，在有氧有光的条件下不能固氮（Bergman et al.，1997）。丝状体中 10%～15%的细胞（被称为 diazocytes）特化为固氮细胞，而其他细胞则没有固氮能力（Lundgren et al.，

2001）。固氮细胞彼此相邻，有一个含有较少气泡和藻青素颗粒的密集的类囊体网络结构（Fredriksson and Bergman，1997）。束毛藻和假膜藻生长的热带海洋有相对较低的溶解氧，这可能有助于固氮细胞中含有固氮酶的原生质维持厌氧条件（Staal，Meysman and Stal，2003）。束毛藻和卡塔藻代表了固氮蓝藻最古老的类型（Berman-Frank et al.，2001）。

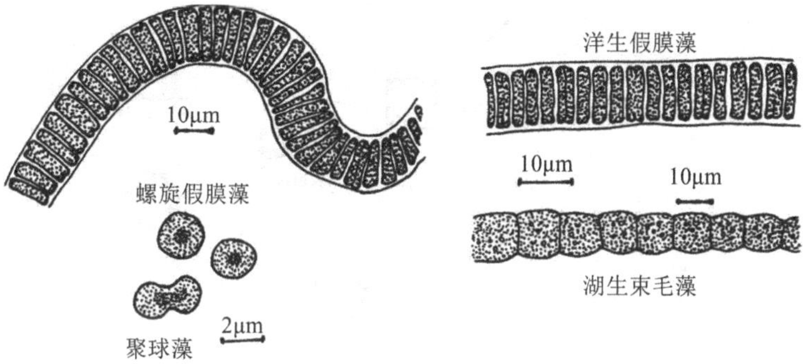

图 2.31 一些缺少异形胞的固氮蓝藻。

昼夜节律

蓝藻细胞在光合作用、固氮作用以及细胞分裂方面具有与真核细胞相似的昼夜节律（图 2.30）。昼夜节律的必要条件包括：①即使在没有环境循环和变化的情况下生物过程具有约 24 h 的循环；②通过光线或环境信号与环境同步；③在与温度相关的生理范围内，维持一个几乎不变的周期（Golden，2003）。

蓝藻昼夜节律已经通过细长聚球藻（*Synechococcus elongatus*）给予详细阐释（Williams et al.，2002）。计时复合物的关键成分包括由 *KaiA*、*KaiB* 和 *KaiC* 基因编码的 KaiA、KaiB 和 KaiC 蛋白（图 2.32 和图 2.33）。这三种蛋白质之间的相互作用维持着大约 24 h 的昼夜节律。实际上，时钟根据每日的光暗周期、温度和湿度而修正及重置。时钟节律重置的主要切入点（入口）是蛋白激酶 CikA。CikA 的环境变化改变了蛋白 KaiA 的结构，从而导致蛋白 KaiC 磷酸化（图 2.32），从而重置时钟。当 KaiC 与蛋白 SasA（聚球藻适应传感器）相互作用时，固氮作用和光合作用等循环就开始了，这导致信息向下游传导以产生能观察到的效应，这里是时钟节律的出口。

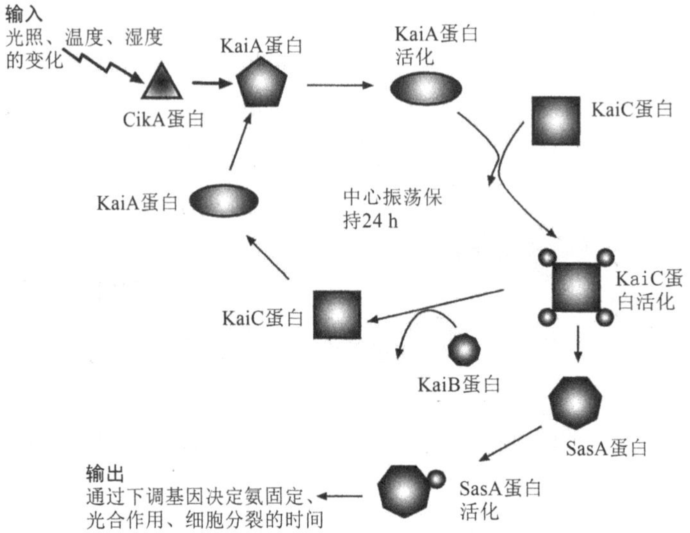

图 2.32　蓝藻昼夜节律的图解。

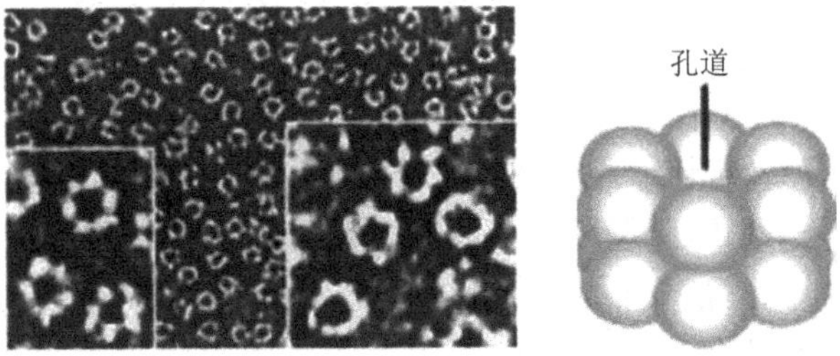

图 2.33　细长聚球藻（*Synechococcus elongatus*）的 KaiC 蛋白，它是蓝藻中一种昼夜时钟蛋白。左边：蛋白 KaiC 的透射电子显微负染照片，显示一个含有 ATP 溶液的六聚体。右边：六聚体蛋白 KaiC 的模型。（引自 Mori et al.，2002）

无性繁殖

无性繁殖以段殖体、小繁殖细胞的形成或者克隆的破裂方式进行（图 2.34）。

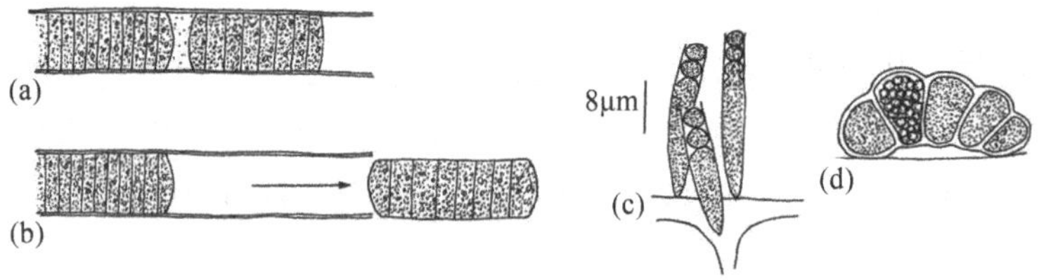

图 2.34　(a)、(b) 颤藻（*Oscillatoria*）中段殖体的形成。(c) 层生管胞藻（*Chamaesiphon incrustans*）中小繁殖细胞的形成。(d) 太平洋皮果藻（*Dermocarpa pacifica*）中小繁殖细胞的形成。(仿自 Smith，1950)

段殖体（hormogonia）[或藻殖段（hormogones)] 是所有真正的丝状蓝藻特有的结构，段殖体是短的毛状体，它从母体丝状体上滑动分离，最终成为一个独立的丝状体。段殖体与营养丝状体的不同在于其具有滑动能力，细胞较小［图 2.34（a）、图 2.34（b）、图 2.35］，缺少异形胞（Meeks and Elhai，2002）。在一些种类中，段殖体含有控制浮力的伪空泡。在一些丝状藻类，如颤藻（*Oscillatoria*）和筒胞藻（*Cylindrospermum*），其全部丝状体会发生断裂［图 2.34（a）和图 2.34（b）］，而在其他藻类中，段殖体是在一些特殊分支的顶端产生。在一些藻类中，特化的碟状物或者断裂点参与段殖体从母体丝状体上断裂，而在其他藻类中，丝状体直接断裂。段殖体开始分化时的一个共同特点是环境中一些参数的改变，如营养元素的增加、减少或者光量子的改变。

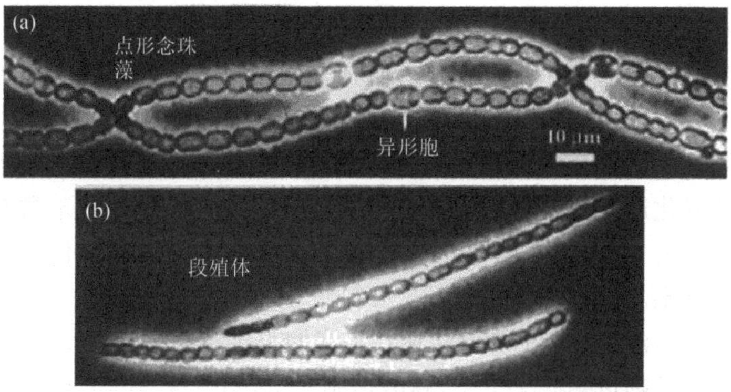

图 2.35　点形念珠藻（*Nostoc punctiforme*）。（a）营养细胞。（b）段殖体。段殖体缺少异形胞而且比营养细胞小。（引自 Meeks and Elhai，2002）

许多藻株的段殖体具有主动趋光性，这对于光合自养生物向有光生境的拓殖具有重要意义（Meeks and Elhai，2002）。段殖体运动能力的获得付出了一定的代价。段殖体缺少异形胞而且不能固氮。藻胆蛋白合成终止导致在集光时的损耗。段殖体细胞依然具有光合作用和吸收胞外铵盐的能力，尽管段殖体细胞的 CO_2 固定和 NH_4^+ 的摄入效率分别只有营养细胞的 70%和 62%，但大部分代谢产物被贡献给滑动运动时所需的黏液的合成和分泌。段殖体的滑动可以持续 36～48h，这一时期异形胞在化合氮缺乏的情况下开始发育，96 h 之后，完全转变成营养丝状体。

一些球状蓝藻产生小孢子（baeocyte）［内生孢子（endospore）］（图 2.34 和图 2.36）。在连续分裂的细胞间不产生新的原生质，原生质从不同平面被分割很多次。产生的小繁殖细胞与细菌的内生孢子类似，但比原始细胞小。在皮果藻（*Dermocarpella*）中，小繁殖细胞从顶孔释放，然后长大变成成熟的有机体（图 2.36）（Montejano and Leon-Tejera，2002）。

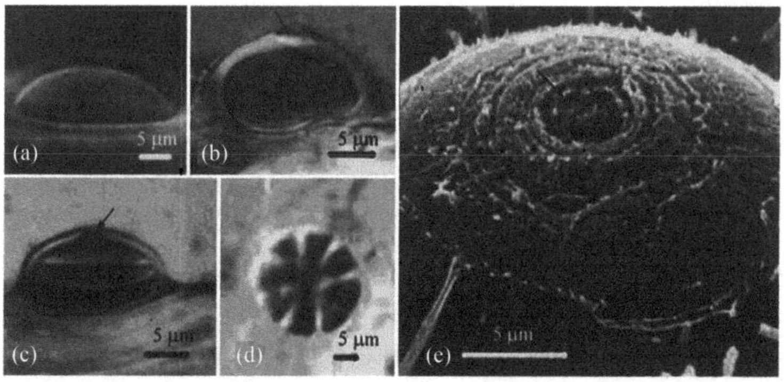

图 2.36　*Dermocarpella gardneri* 中小繁殖细胞的形成。（a～c）平行分裂的电子显微照片。（d）径向分裂。（e）释放小繁殖细胞的顶孔扫描电子显微照片。（引自 Montejano and Leon-Tejera，2002）

生长与新陈代谢

在蓝藻中有三种营养类型：①兼性化能异养生物（facultative chemoheterotroph），这些有机体可依靠有机碳源生长在黑暗中，也可以在光照下进行光合自养生长（只有一部分蓝藻具有这种能力）；②专性光能自养生物（obligate phototroph），只能在光照下利用无机营养生长的有机体［其中有些实际上是营养缺陷型（auxotroph），需要少量不作为碳源的有机化合物，一般都是起维生素的作用］；③光能异养生物（photoheterotroph），这些细胞可以在光照下利用有机化合物作为碳源生长，而不能在黑暗中生长（Stanier，1973）。

兼性化能异养生物在黑暗中只能在少量有限的基质上生长，这些基质被限定为葡萄糖、果糖以及一个或两个双糖。这些基质的范围很小，因为戊糖磷酸化途径是唯一的产能异化途径。三羧酸循环缺少 α-酮戊二酸脱氢酶和琥珀酰 CoA 合成酶，使其循环不完整，而且糖酵解似乎也是不完整的。尽管三羧酸循环不产生能量，在其功能部分可产生碳骨架。

蓝藻中的戊糖磷酸化途径在光照下不能进行（尽管在黑暗中能高速进行），它被光代谢产物核酮糖-1，5-二磷酸抑制。

尽管一些蓝藻生长在黑暗中，但它们生长速率很慢。可能是因为化能异养生长速率一直被戊糖磷酸化途径中 6-磷酸葡萄糖氧化时 ATP 在黑暗中的合成速率所抑制，该速率一直非常低。

酶生物合成反馈控制机制的匮乏

蓝藻，如佛氏绿胶藻（*Chlorogloea fritschii*）（图 2.37），缺少许多酶生物合成的抑制或激活的代谢控制途径，而这些代谢调节存在于其他许多有机体中。在其他有机体中，当代谢途径的末端产物积累过量时，末端产物将会抑制参与该产物合成的某种酶的活性，这是细胞中其他部分新陈代谢的先兆。当末端产物的总量下降时，这个酶会被重新激活，末端产物重新产生。

图 2.37 佛氏绿胶藻（*Chlorogloea fritschii*）（左图）缺少酶活力的反馈抑制调节（右图）。

蓝藻经常释放大量的含氮物质和有机质到环境中，大部分化合物以多肽的形式分泌（Fogg，1942；1952；Walsby，1974）。含氮分泌物代表了对潜在代谢产物的大量浪费，这些代谢物从 CO_2 合成而来，需要消耗 ATP 和还原电位（如 NADH）。这种分泌是应对氨基酸合成失控的一个必然结果。不能精准地调节每种氨基酸的合成以满足蛋白质合成的需要，毫无疑问，细胞不得不合成一些过量的氨基酸以确保蛋白质的合成可以顺利进行，这种过量成为形成与蓝藻有关的胞外多肽物质的基础。

一般来说，蓝藻缺少酶合成的抑制和激活机制暗示着藻类代谢途径的发育进化早于其调节系统。蓝藻转录和调节控制发育进化方面的不足，使之与其他具有代谢调节机制的有机体相比，处于相对不利的地位。它们不能将过剩的生物合成能力转移到其他需要此类能力的行为上。这样的选择优势存在于微生物中，但却很少用于与其他生物的竞争，即这样的优势存在于一个特定生态位的有机体或者在一个具有大量丰富能源的环境中。自养微生物如蓝藻就属于这一类，它们的能源（光）有时过剩，在某些情况下，它们出现在极端的生态环境中，极端的温度或者 pH 使这些环境变得相对不适于生长。

共生

蓝藻有两种基本类型的共生：胞内共生和胞外共生。

胞外共生

所有胞外共生的蓝藻的生长速率、二氧化碳同化速率和 NH_4^+ 同化速率都呈下降趋势（Meeks and Elhai，2002）。相反，伴随着异形胞数量的增加，固氮速率上升。在满江红（*Azolla*）叶腔内共生的念珠藻（*Nostoc*）异形胞和营养细胞的数量是自由生活蓝藻营养细胞的 4 倍。通过共生，念珠藻从宿主中获得己糖，而念珠藻提供化合氮给宿主。作为建立共生的感染单位的游动段殖体的数量也增加了 5～10 倍（Meeks，1998）。

最常见的胞外共生类型是藻类与真菌形成地衣（lichen）。在大多数地衣中，只存在一种单一的藻类成分［共生藻（phycobiont）］，即一种绿藻、蓝藻或者是黄藻门（Xanthophyceae）瓶口衣属（*Verrucaria*）的成员。蓝藻能与 8%的地衣种类发生共生（图 2.38）。几乎所有的共生真菌（mycobiont）都属于子囊菌纲，但一些不完全的真菌和担子菌类也存在于地衣中（Ahmadjian and Hale，1973）。地衣共生菌经常进行有性生殖，而藻类成分则不是，地衣根据真菌进行分类。在共生体中，藻类成分通过光合作用固定碳，然后释放出葡萄糖，地衣共生菌再将葡萄糖转化成甘露醇后吸收（图 2.38）。在地衣共生体中，大约 40%的藻类的光合作用产物最终是以葡萄糖的形式释放（Smith et al.，1970）。共生体中藻类对真菌的益处显而易见，真菌对藻类的益处只局限于保护其免于脱水而变干。

图 2.38　*Lichina pygmea* 是一种地衣，它含有蓝藻并将其作为共生藻。*Lichina* 生长在涨潮附近的岩石上，它看起来像是有棒状分支的海藻。蓝藻将葡萄糖转移给地衣共生菌，然后地衣共生菌将葡萄糖转变成甘露醇。

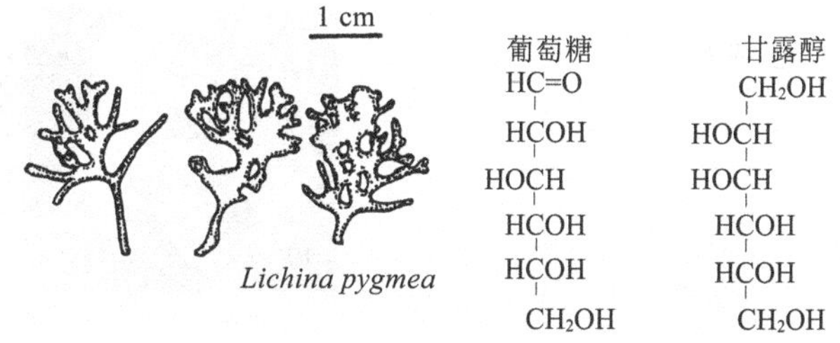

水中的蕨类植物满江红（*Azolla*）［图 2.40（a）和图 2.40（b）］叶片背面被满江红鱼腥藻（*Anabaena azollae*）占据［图 2.39（c）、图 2.39（d）］。这种蓝藻可以固氮（Peters and Mayne，1974），一些产物被分泌到叶片空腔中供满江红细胞吸收利用。通过对共生体施加抗生素或者将它们放置在一个满江红生长比鱼腥藻快得多的环境中，就可以获得不含鱼腥藻的满江红植株。鱼腥藻显然不能在宿主外生长，满江红鱼腥藻中异形胞的出现率（相对于营养细胞）是 30%，这一数值非常高，因为游离鱼腥藻的该值最高大约是 8%（Hill，1975）。宿主满江红用某种方法改变了鱼腥藻的表面性质，相对于在营养条件下自由生长的鱼腥藻，这种蕨类植物叶腔里的鱼腥藻具有不同的表面抗原（Gates et al.，1980）。在远东，满江红蓝藻共生体的固氮作用已经被利用；在这一地区满江红被用作水稻田里的绿肥，1 hm^2 的满江红共生体每天能固定空气中的 3 kg 的氮气（Swaminathan，1984；Canini et al.，1992）。

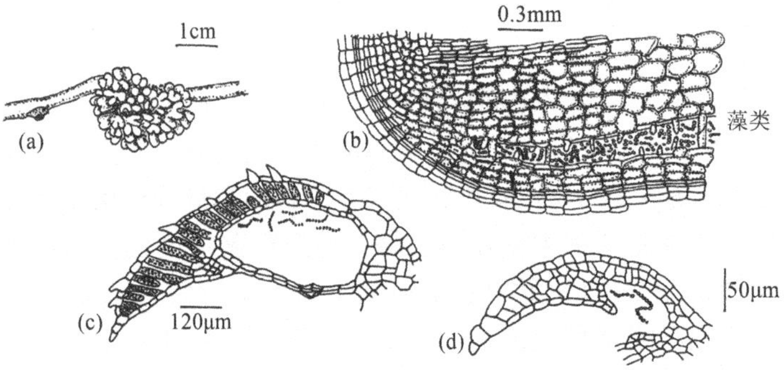

图 2.39 （a）苏铁 *Dioon spinulosum* 的根瘤。（b）*Encephalartos* 的根瘤具有蓝藻区域的纵切图。成熟背瓣的纵切图。成熟的（c）和未成熟的（d）满江红叶片背瓣的纵切图，显示在叶腔中存在鱼腥藻（*Anabaena*）丝状体。［（a）和（b）仿自 Spratt，1915；（c）和（d）仿自 Smith，1955］

图 2.40 具有蓝藻共生体的植株。(a)、(b) 满江红（*Azolla*），(c) 大苏铁（*Encephalartos*）。

苏铁（cycad）的根经常被蓝藻感染从而导致其根部变形（珊瑚状根）［图 2.39

(a)、图 2.39（b）和图 2.40（c)]。在这些根中，蓝藻占据了中柱鞘和表皮之间的皮质区中部。蓝藻存在于苏铁细胞间隙而且被一个胶鞘和一个多层的外壁包围，邻近的苏铁细胞染色体数量出现下降并且分泌黏液（Storey，1968；Caiola，1975)。这些蓝藻可以固氮并且将一部分化合氮提供给苏铁细胞（Watanabe and Kiyohara，1963)。

胞内共生

蓝藻的胞内共生比胞外共生更为特殊，因为不可能将蓝藻与宿主分离单独培养。Pascher（1914）为共生体中的胞内蓝藻创建了名词 cyanelle（蓝色小体)，为宿主细胞创建了名词 cyanome（蓝色复合体)。蓝色小体出现在多种蓝色复合体中；显然多种不同的共生体导致了如此高的多样性，而且它们来源不同。这些内共生体可能导致一些藻类群体中叶绿体的发展。这条进化线路被认为在 Glaucophyta 之下，详细内容见第三章。

珊瑚（*Montastraea cavernosa*）的克隆上皮细胞里的空泡含有内生的球菌状蓝藻（Lesser et al.，2004)。这种蓝藻可以固氮。当共生体中甲藻虫黄藻提供的甘油减少时，梅勒反应（图 2.41）可以创造厌氧条件（固氮酶维持功能所必需的条件)。

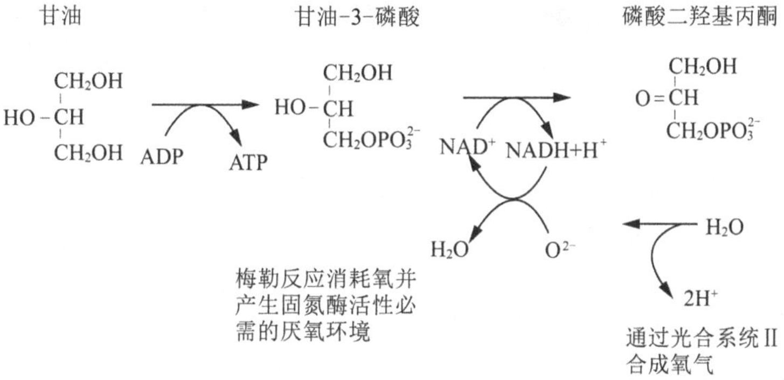

图 2.41 与珊瑚共生的蓝藻可以通过梅勒反应维持固氮酶活性所必需的厌氧条件。甲藻虫黄藻提供的甘油转移到蓝藻，糖酵解作用破坏甘油后提供氢原子，氢原子消耗光合作用所产生的氧气，创造了固氮酶活性和固氮作用所必需的组织厌氧环境。

蓝藻生态学

海洋环境

沿岸带地区

沿岸带的蓝藻以黑色壳状薄膜存在于涨潮线上方的岩石上。该区域位于较低的甲壳动物区（这个区域软体动物的牧食限制了蓝藻）和较高的海洋地衣区如 *Verrucaria* 和 *Lichina* 之间（图 2.38)，后者含有的藻类成分为蓝藻眉藻（*Calothrix*）[图 2.42（d)]。

咸水蓝藻区由许多不同种眉藻［图 2.42（d）］、席藻（*Phormidium*）［图 2.18（c）和图 2.56（c）］、节球藻（*Nodularia*）［图 2.42（a）］、黏杆藻（*Gloeothece*）［图 2.56（a）］和胶须藻（*Rivularia*）［图 2.57（d）］组成（Little，1973）。该地带的垂直范围往往与海岸的暴露程度有关，浪花越多，该地带越宽。在大多数暴露地区，它能形成一个薄的黏附薄膜，但在遮蔽区，其厚度能达到 5 mm。岩石的自然性状很重要，柔软的颗粒状石头如小圆石和砂岩，可维持蓝藻的快速增长。沿岸带的蓝藻可以固氮，它们对岩石海岸和珊瑚礁的生产力有巨大的贡献（Mague and HolmHansen，1975）。

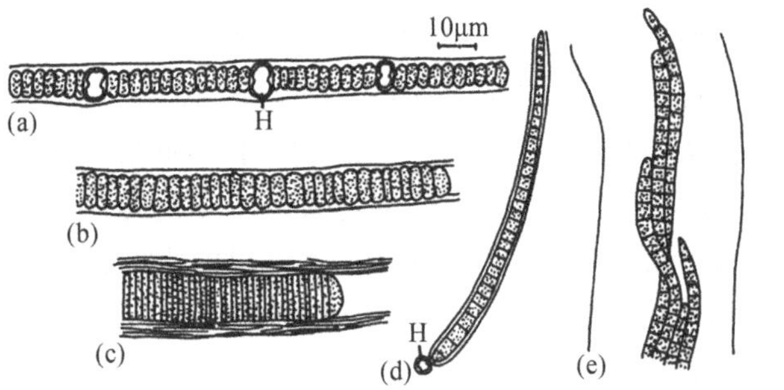

图 2.42 (a) 泡沫节球藻（*Nodularia spumigena*）。(b) 暗蓝鞘丝藻（*Lynbya sordida*）。(c) 巨大鞘丝藻（*L. majuscula*）。(d) 岩生眉藻（*Calothrix scopulorum*）。(e) 原型微鞘藻（*Microcoleus chthonoplastes*）。H，异形胞。[（b）、（c）和（e）仿自 Desikachary，1959]

鲕粒（ooid）呈球形（直径 0.2～2.0 mm），它是在动荡的热带浅海环境中由碳酸盐积累形成的碳酸盐同轴叠层颗粒。蓝枝藻（*Hyella* spp.）是石内蓝藻，生长在鲕粒内部（图 2.43）（Al-Thukair and Golubic，1991）。现存的蓝枝藻与生长在 8 亿年前鲕粒中已灭绝的 *Eohyella* 相似（图 2.43）。

图 2.43 左图．在碳酸盐鲕粒沙粒里的石内蓝枝藻（*Hyella immanis*）。右图．在鲕粒沙粒里的 *Eohyella dichotoma* 化石。（引自 Al-Thukair and Golubic，1991）

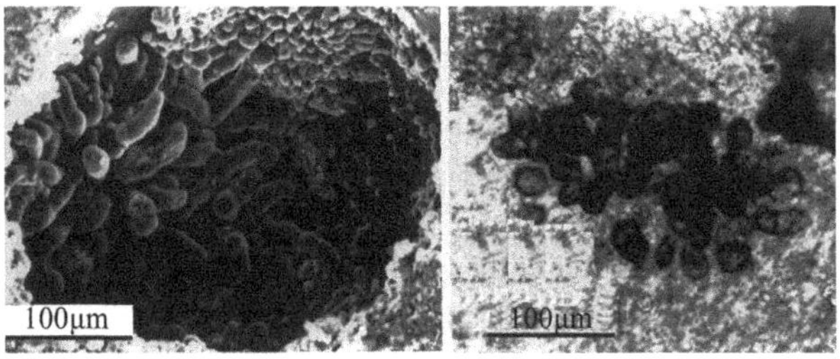

大洋蓝藻

在大洋中，大部分的光合能力由超微型浮游植物（picophytoplankton）提供（不能通过直径为 2 μm 滤网的超微型浮游植物细胞）。超微型浮游植物主要是由微型球状蓝藻组成，它们的浓度是每毫升大约 10 000 个细胞（Glover et al.，1986）。球状蓝藻聚球藻（*Synechococcus*）［图 2.19（c）和图 2.31］、集胞藻（*Synechocystis*）（图 2.8）和原绿球藻（*Prochlorococcus*）是存在的主要有机体（Ferris and Palenik，1998）。虽然这些蓝藻很小，但很容易被看到，因为它们的藻胆蛋白在荧光显微镜下可以自发荧光。超微型浮游蓝藻的沉降速率很小，因此它们是理想的适合浮游生活的生物。高的表面积与体积比率，加上在微小细胞周围的过高扩散梯度，允许细胞高速地摄取营养。而且，大量分散在微小细胞里的光合色素比包裹在大细胞中的等量色素能吸收更多的光能。因此，即便在低于1/50全日光的低光强下，这些细胞依然能生长良好。在营养贫瘠的近海海域，大型浮游植物因为不大能够利用低浓度的营养物质，所以数量极少，但在该水域超微型浮游蓝藻则具有非常明显的优势。虽然超微型浮游蓝藻存在于真光层，它们集中在该区域的底部，这不是因为它们的沉积特性，而是因为它们在这种条件下生长最好；它们高效利用低光照进行生长并促进营养从更丰富的下层水域向上传递运输。这些藻类含有更多的藻红蛋白，这使得它们可以吸收透射到深层水域的蓝绿光（Fogg，1986）。

比超微型浮游植物稍大的蓝藻也是海洋浮游植物的重要部分。固氮束毛藻（*Trichodesmium*）［图2.31和图2.56（g）］的丝状体在热带水域中可以大量生长。每个束毛藻克隆由大量分泌絮状黏液的丝状体组成，絮状黏液对细菌群体有利；而这些细菌群体又能被原生动物当作食物进行利用。这种由藻细胞丝状体发展来的大表面积区域形成了一个微型生态系统（Andersen，1977）。束毛藻是加勒比海浮游生物的重要组成部分，是50 m上层水域中60%的叶绿素a和大约20%的初级生产力的贡献者。它也是重要的氮源，每天每平方米固氮量为1.3 mg（Carpenter and Price，1977）。在海面平静时，细胞产生伪空泡聚集在水面，导致所谓的“海洋锯屑（sea sawdust）”现象或者长长的橘色、灰色藻堆，这种水华现象曾经出现在澳大利亚昆士兰，从海岸到大堡礁延伸1600 km，总面积达到52 000 km^2（Ferguson-Wood，1965）。束毛藻也生长在红海，可能是因为该藻水华的颜色，才使得红海得到这个名字（Hoffman，1999）。

束毛藻通过伪空泡在水体中上升，利用碳水化合物作为压舱材料在水体中下降（Romans et al.，1994）。从早到晚，当细胞合成碳水化合物和多聚磷酸体后就逐渐变得更重。在加勒比地区，束毛藻在200 m深的水域中被发现。这个蓝藻的伪空泡比淡水蓝藻的伪空泡更加强壮，也更不容易破裂（Walsby，1978）。这些气泡可以承受20个大气压，使得束毛藻可以从很深的水域上浮。

淡水环境

淡水蓝藻水华非常普遍。大部分的淡水蓝藻水华是以微囊藻（*Microcystis*）［图2.48和图2.56（b）］、鱼腥藻（*Anabaena*）［图2.16、图2.18（d）和图2.57（b）］、束丝藻（*Aphanizomenon*）［图2.57（b）］、胶刺藻（*Gloeotrichia*）［图2.18（a）］、鞘丝藻（*Lyngbya*）［图2.42（b）和图2.42（c）］或者颤藻（*Oscillatoria*）［图2.19（a）和图2.19（b）］等作为优势种。虽然它们整年存在于湖泊中，但只有在夏末和秋初才会发生水华。

这是因为（Tang et al.，1997）：

（1）当自遮蔽最大时，蓝藻具有更强的光捕获能力。

（2）当营养限制最严重时，它们具有对氮和磷更高的亲和力。

(3) 它们可以通过伪空泡调节其在水体中的位置，以实现对水域丰富的营养和(或) 光照的充分利用。

(4) 较高的温度 (高于 20℃) 适宜它们生长和进行光合作用。

与海洋环境相似，淡水浮游生物中占优势的是超微型浮游蓝藻，尤其是聚球藻 (*Synechococcus*) (图 2.31) (Postius and Ernst，1999)。甚至在北极和南极，夏末时蓝藻在藻类植物中同样占主导位置。这些蓝藻属于嗜冷微生物 (psychrotroph)，可以耐受冬季的极端低温，然后在夏季温暖的月份再次生长 [与嗜冷菌 (psychrophile) 相比，它们可以在低于 15℃的温度下生长] (Tang et al.，1997；Nadeau and Castenholz，2000)。

温泉蓝藻

在全球非酸性温泉中蓝藻是一个重要的群落。一些蓝藻可以在 70～73℃下生长，这比真核藻类耐受的高温要高得多。在高于 56～60℃的环境中，光合和非光合真核藻类都不存在。在酸性温泉中 (pH 小于 4) 没有蓝藻存在，当这些温泉的温度高于 56℃时，根本就没有光合生物 (Brock，1973)。层理鞭枝藻 (*Mastigocladus laminosus*) [图 2.44 (a)] 是一种存在于全球温泉中的蓝藻，而其他蓝藻如灰蓝聚球藻 (*Synechococcus lividus*) 和钻形颤藻 (*Oscillatoria terebriformis*) 有更严格的分布范围 (Castenholz，1973)。蓝藻通常与屈挠菌像垫子一样一起生长，一般蓝藻常见于“垫子”的上部。嗜热 (thermophilic) 蓝藻已经适应了高温环境。灰蓝聚球藻可以在高达 73℃的温泉中生长，但是当温度降至 54℃时，它的生长会停止，其最佳生长温度是 60～63℃ (Meeks and Castenholz，1971)；如果在 30℃下生长 10 天，细胞就会死亡。从高温藻类中分离出的酶比从其他生物体中分离出的酶具有更好的高温稳定性。例如，从高温藻类温泉隐球藻 (*Aphanocapsa thermalis*) 中分离的 $NADPH_2$-细胞色素 c 还原酶在 85℃下加热 5 min，依然可保持完好的酶活力，而从柱孢鱼腥藻 (*Anabaena cylindrica*) 中分离的酶在同样处理后则完全失活。

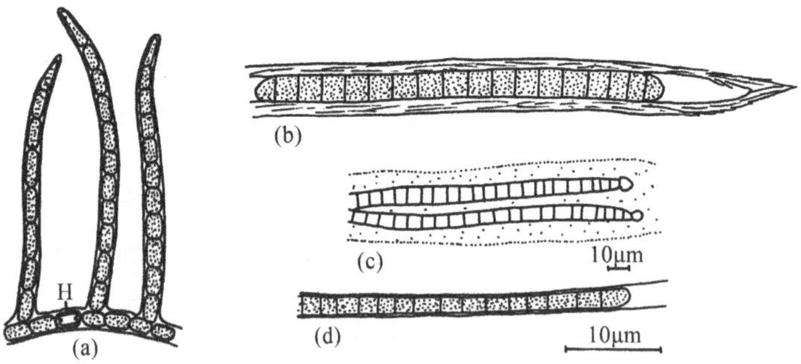

图 2.44 (a) 层理鞭枝藻 (*Mastigocladus laminosus*)；H，异形胞。(b) 罗氏紫管藻 (*Porphyrosiphon notarisii*)。(c) 具鞘微鞘藻 (*Microcoleus vaginatus*)。(d) 明显织线藻 (*Plectonema notatum*)。[(c) 和 (d) 仿自 Prescott，1962]

陆生环境

陆生蓝藻在土壤植物群的建立和腐殖质的积累中以初级“拓殖者”的身份起主要作

用。它们通过以下 4 种主要途径发挥作用。

（1）陆生蓝藻结合沙子和土壤颗粒以预防侵蚀。它们利用凝胶状胶鞘，依靠特异生长模式产生对土壤颗粒的像绳子束似的紧密缠绕来实现这一功能。具有这类功能的常见藻类有覆盖了巴西大片侵蚀区的紫管藻（*Porphyrosiphon*）[图 2.44（b）]（Drouet，1937），以及微鞘藻（*Microcoleus*）[图 2.44（c）和图 2.45]、织线藻（*Plectonema*）[图 2.44（d）]、裂须藻（*Schizothrix*）和伪枝藻（*Scytonema*）[图 2.58（c）、图 2.58（d）和图 2.59]。

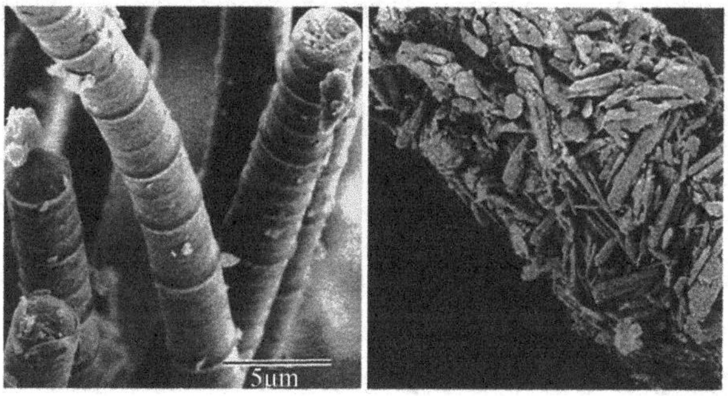

图 2.45 具鞘微鞘藻（*Microcoleus vaginatus*）的电子扫描显微照片。左图：丝状体。右图：有黏土颗粒和沙粒嵌入到细胞壁周围黏液中的丝状体。（引自 Belnap and Gardner，1993）

（2）陆生蓝藻有助于保持土壤湿度。Booth（1941）在俄克拉荷马州的研究发现，与没有藻类覆盖的土壤湿度（1.3%）相比，覆盖有藻类的土壤湿度为 8.9%。

（3）陆生蓝藻通过固氮作用成为化合氮的重要贡献者。在草原上，草冠之间的土壤表面可容下大面积的蓝藻以及包含蓝藻成分的地衣，可提供 20%的地表氮源（Kapustka and DuBois，1987）。

（4）据报道，蓝藻可通过提供生长基质帮助高等植物生长。

脱水生理学（anhydrobiotics）是指有机体长时间承受大部分细胞内部水分脱出的情形。世界性广泛分布的陆生蓝藻地木耳（*Nostoc commune*）可以耐受急性水分胁迫，且可以在空气干燥状态下生存好多年。通过 30 min 复水，大约 0.1 g 干燥的黑色群体就会变成 20 g 湿润的橄榄绿色的有弹性群体。对于地木耳（图 2.46），复水比干燥对机体的影响更加致命。在复水过程中为了保护细胞，水分胁迫蛋白和大量的海藻糖被合成，以确保细胞膜的磷脂双分子层的稳定（Potts，1996，1999；Qiu et al.，2004）。

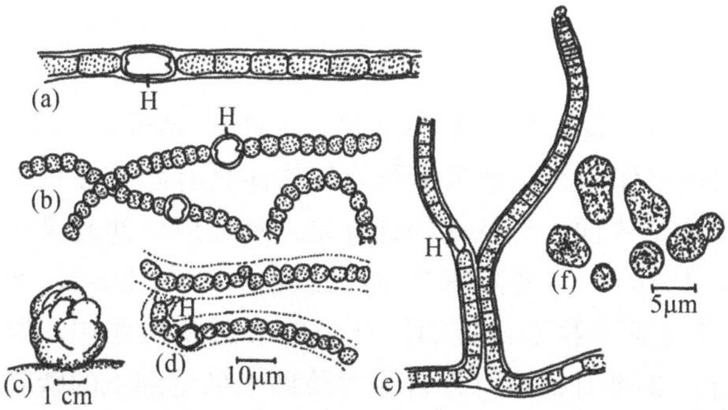

图 2.46 (a) 繁育管链藻（*Aulosira fertilissima*）；H，异形胞。(b) 地木耳（*Nostoc commune*）。(c)、(d) 裂褶念珠藻（*N. verrucosum*）。(e) 霍氏伪枝藻（*Scytonema hofmanni*）。(f) 管孢藻（*Chamaesiphon* sp.），显示外生孢子的形成。[(a) 和 (e) 仿自 Desikachary，1959；(b) 仿自 Prescott，1962；(f) 仿自 Waterbury and Stanier，1977]

在高等植物缺失或受限制的冷热干旱地区，蓝藻是土壤中光合作用群体的优势种类。当土壤中偶然含有较多水分时，土壤蓝藻的生长会导致沙漠隐生结皮（cryptobiotic crust）。蓝藻是该环境中唯一的初级拓殖者，这些蓝藻具有异形胞，因此能够固氮；此外，这些蓝藻还产生 scytonemin，即一种在胶鞘中可以积累并吸收部分太阳光中强烈紫外线的遮光物质（370～384 nm）（Dillon and Castenholz，1999）。在美国科罗拉多高原的荒漠土壤中，90%的隐生结皮由具鞘微鞘藻（*Microcoleus vaginatus*）（图 2.45）组成（Belnap and Gardner，1993）。具鞘微鞘藻的丝状体被厚厚的黏性胶鞘包围，使它可以吸收相当于体重 8 倍的水分，增加了沙质土壤的含水量。黏土颗粒和沙粒被截留在蓝藻胶鞘里（图 2.45）。带负电荷的黏土颗粒与阳离子营养物质（如 K^+、Ca^{2+}）结合，防止它们被过滤到表层土壤下层。随后，地衣、真菌和苔藓在结皮中建群，丰富和稳定土壤结构。

固氮蓝藻在稻田肥力上作出重大贡献（Vaishampayan et al.，2001）。在许多东方国家，农民不给土地施肥，而是利用蓝藻固氮，当蓝藻缺少、土壤贫瘠的时候，也会有一定的收获。全世界大约有 10 000 万 km^2 的水稻田，一些是在欧洲南部和美国，但约 95%是在印度和远东地区。通常在生长季节，水稻生长在水深 10 cm 的土地上，持续 60～90 天，然后水稻田干燥，以便收获。水稻所需要的温热条件、可利用的营养、土壤的贫瘠和蓝藻耐受干旱的能力，所有这些都有利于蓝藻生长。在印度水稻生长的土壤中，超过 70%的藻种是蓝藻（Pandey，1965）。印度水稻生长的土壤在水稻生长季节有蓝藻演替（Singh，1961）。在雨季早期（开始于 6 月底），土壤被不同藻类组成的厚厚斑块覆盖。7 月，稻田被淹没，上层的 20 cm 土和藻类混合形成泥泞悬浮物。随后水稻种子被种植，约 2 周后，土壤和藻类已经稳定。到 9 月中旬，一个大面积黄褐色凝胶状物质在土壤上形成，主要由繁育管链藻（*Aulosira fertilissima*）[图 2.46（a）] 组成，它也是土壤中最重要的固氮菌。大约 3 个月后，这种藻飞速增长，当土壤变干时，它便在土壤表面形成薄而干的纸样物质。

从以上讨论可以明显看到，蓝藻存在于地球上大部分环境中。但有一个例外，当水或土壤的 pH 低于 5 时，通常没有蓝藻存在，而且当 pH 在 5～6 时，它们也极其少见（Brock，1973）。

对泥泞和盐度的适应

在盐渍沼泽和烂泥滩中，蓝藻藻垫尤其是原型微鞘藻（*Microcoleus chthonoplastes*）[图 2.42（e）] 对稳定烂泥表面起重要作用。原型微鞘藻的丝状体具有趋光性和趋化性，能以每天 7 mm 的速率迁移到泥滩的表面。丝状体的迁移是一种适应，使蓝藻在淤泥中得以生存（Whale and Walsby，1984）。原型微鞘藻为广盐性（euryhaline），通过产生葡糖甘油（图 2.47）作为一个渗透调节物来对抗周围环境的渗透胁迫作用，原型微鞘藻可以在河口的广盐环境中生存。葡糖甘油也可以合成海藻糖来稳定细胞的磷脂膜双分子层（Karsten，1996）。

在高盐（hypersaline）环境中，如犹他州的大盐湖，耐盐（halotolerant）蓝藻和嗜盐（halophilic）蓝藻可通过三种方法来适应高盐度（Fulda et al.，1999）。

（1）原生质中有活跃的无机离子输出，可以维持相对不变的胞内盐浓度。

（2）积累有机渗透保护化合物，如葡糖甘油、甘氨酸、甜菜碱（三甲基甘氨酸）（图 2.47），来维持渗透压平衡（Ferjani et al.，2003）。

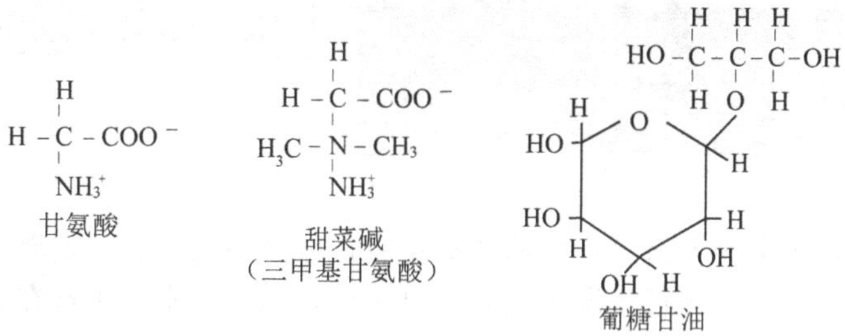

图 2.47　蓝藻中三种渗透调节化合物的化学结构。

（3）表达和合成一系列的盐胁迫蛋白，如黄素氧化还原蛋白。

蓝藻毒素

有些蓝藻产生毒素（蓝藻毒素）。在生理学上有两种基本类型的藻类毒素：神经毒素和肝毒素（Carmichael，1992；Bell and Cobb，1994；Codd et al.，1999）。

神经毒素（neurotoxins）。神经毒素的成分是生物碱（含氮的低分子质量化合物），在动物和人体中，它阻碍信号从神经元传递到神经元或从神经元传递到肌肉。临床症状包括步履蹒跚、肌肉痉挛、喘气和抽搐。该神经毒素在高浓度时可以致命，这是由于肌肉隔膜失效而导致呼吸停止。蓝藻产生的两种神经毒素是类毒素（anatoxin）和贝类毒素（saxitoxin）（图 23.3）。类毒素是由鱼腥藻（*Anabaena*）[图 2.16、图 2.18（d）和图 2.57（b）]、束丝藻（*Aphanizomenon*）[图 2.18（b）]、颤藻（*Oscillatoria*）[图 2.19（a）、图 2.19（b）、图 2.34（a）和图 2.34（b）] 和束毛藻（*Trichodesmium*）[图 2.31 和图 2.56（g）] 等产生（Negri et al.，1997）。

肝毒素（hepatotoxins）。肝毒素是蛋白磷酸酶 1 和 2A 的抑制剂（Arment and Carmichael，1996），它能使动物的肝脏功能异常。临床症状包括虚弱、呕吐、腹泻和四肢发冷。蓝藻产生两种肝毒素，即微囊藻毒素（microcystins）和节球藻毒素（nodularins）（图 23.2），它们由类似的途径产生（Rinehart et al.，1994）。微囊藻毒素由微囊藻（*Microcystis*）[图 2.48 和图 2.56（b）]、鱼腥藻（*Anabaena*）[图 2.16、图 2.18（d）和图 2.57（b）]、念珠藻（*Nostoc*）[图 2.35、图 2.46（b）～图 2.46（d）和图 2.57（a）]、节球藻（*Nodularia*）[图 2.42（a）] 和颤藻（*Oscillatoria*）[图 2.19（a）、图 2.19（b）、图 2.34（a）和图 2.34（b）] 产生，而节球藻毒素由节球藻 [图 2.42（a）] 产生（Kotak et al.，1995；Bolch et al.，1999）。

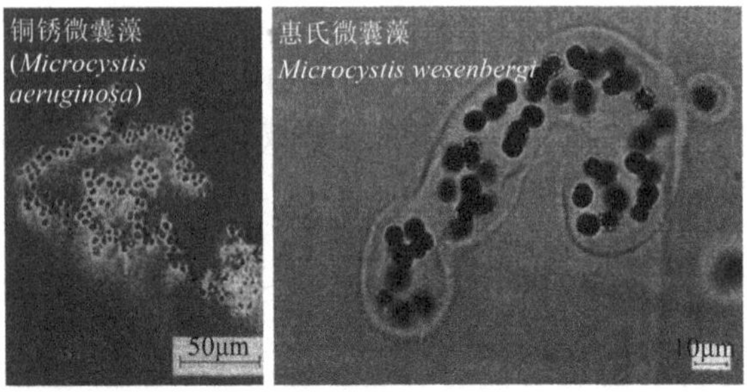

图 2.48 两种微囊藻（*Microcystis*）的光学显微照片。(引自 Bittencourt-Oliveira et al.，2001)

蓝藻毒素在淡水中极为重要，当动物喝水时，蓝藻会被吞噬，随着藻类死亡，毒素释放到动物肠道中。通常在每年温暖的夏季月份里，当蓝藻水华出现在水体中时，蓝藻毒素会引起全世界范围内牲畜存栏数减少。人类出现蓝藻毒素中毒的情况较为罕见，部分原因是蓝藻产生的土腥味素和 MIB（图 2.50）的气味使得人们很少会饮用这样的水源。

藻毒素具有充当防制捕食者的化合物功能，可在水环境中抑制草食动物的牧食。当无脊椎动物牧食时，铜绿微囊藻（*Microcystis aeroginosa*）[图 2.48 和图 2.56（b）] 加快产生藻毒素（Jang et al.，2003）。藻毒素也可以抑制其他藻类的生长。这就是所谓的化感作用（allelopathic interaction），即一个生物体影响第二个生物体的生长。一个例子就是，在以色列的基内雷特湖（加利利海），微囊藻（图 2.48 和图 2.56）产生的微囊藻毒素会抑制淡水甲藻——加通拟多甲藻（*Peridinium gatunense*）的生长。微囊藻毒素会使甲藻的碳酸酐酶失活，从而抑制细胞生长（Sukenik et al.，2002）。微囊藻毒素被列为化感物质（allelochemical），可作为除藻剂（algicide）使用。

化感作用也涉及斑马贻贝（*Dreissena polymorpha*）（图 2.49）和蓝藻微囊藻（*Microcystis*）。斑马贻贝生长在黑海和里海，1988 年在美国的底特律附近被发现。从 1988 年起，斑马贻贝遍布北美五大湖，取代了当地的贝类。斑马贻贝在低营养湖泊（而不是高营养成分的湖泊）中有优势，因为摄食微囊藻，也可能是因为没有其他的可摄食资源（Raikow et al.，2004）。

图 2.49 斑马贻贝（zebra mussels），每个个体的大小相当于一个开心果。

蓝藻与饮用水的质量

土腥味素（geosmin）（E-1，10-二甲基-E-9-萘烷醇）和 MIB（2-甲基异冰片）（图 2.50）是由蓝藻产生的两个萜类化合物（异戊二烯）（Watson，2003）。这些萜类化合物属于挥发性有机化合物（volatile organic compound，VOC），有很强的泥土味和霉味，是饮用水中很多怪味的来源。它们的气味阈值浓度约是 10 ng·L^{-1}。萜类化合物作为一个类群有很广泛的嗅觉特性，因此它被商业开发应用到食品、饮料和香水行业。土腥味素和 MIB 不受常规水处理的影响，它们在鱼类和贝类体内的生物累积导致了养殖业和野生群体的异味。土腥味素和 MIB 对脊椎动物（包括人类）都没有毒。人类极少发生蓝藻毒素中毒事件就是因为含有蓝藻的水体中土腥味素和 MIB 产生的气味避免了人类饮用此类水。这两种化合物通常可以在淡水和固体生境中被发现，但很少在近海海洋环境中发现，它们还可以被用作陆地指示剂。蓝藻产生的这些易挥发有机化合物可以作为信息素来吸引线虫，线虫在蓝藻群落中摄食和存放卵（Hockelmann et al.，2004）。

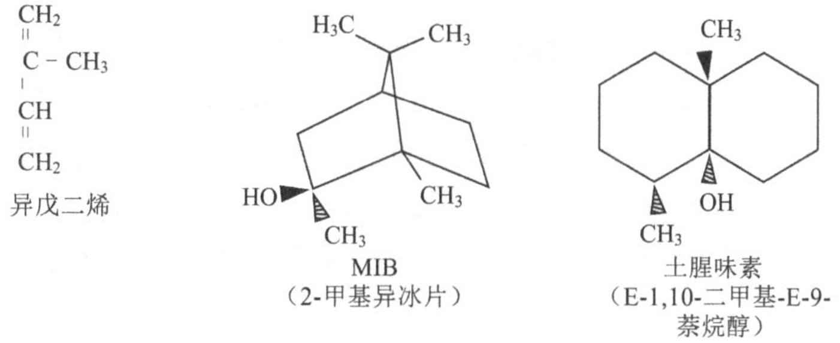

图 2.50　萜类化合物 MIB 和土腥味素的化学结构。萜类是由多个五碳异戊二烯或 2-甲基-1，3 丁二烯组成。含有三个异戊二烯单位（如 MIB 和土腥味素）的萜类称为倍半萜。

蓝藻食品

蓝藻可被用作人类食品和动物食品添加剂（Belay et al.，1966）。在中国，螺旋藻（*Spirulina*）[图 2.51 和图 2.56（f）] 产业是由国家科学技术委员会支持的一个自然战略计划（Li and Qi，1997）。1996 年有 90 多家螺旋藻工厂，总计 100 万 m^2 的生产面积，共生产 400 t 螺旋藻干粉。除了螺旋藻片剂和胶囊，还有糕点和含有螺旋藻的巧克力。

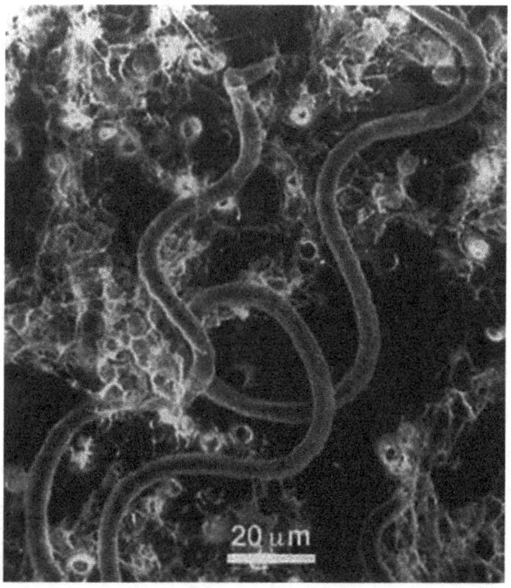

图 2.51　螺旋藻（*Spirulina*）的扫描电子显微照片。（引自 El-Bestaway et al.，1996）

念珠藻（*Nostoc*）[图 2.46（b）～图 2.46（d）] 是一种蓝藻，它在中国被收集来当做食物已有超过 2000 年的历史（Gao and Ye，2003）。它被称为“发菜（hair vegetable)”，因为它具有像头发一样的外观。发菜是另一个中国词“发财”的谐音，意味着幸运和致富，增加了这种蓝藻食物的精神价值。

在日本，自古以来隐杆藻（*Aphanothece sacrum*）、裂褶念珠藻（*Nostoc verrucosum*）[图 2.46（d）]、地木耳（*N. commune*）[图 2.46（b）和图 2.46（c）] 和拟珠藻就被用作配菜。1521 年贝尔纳·迪亚兹·卡斯蒂略曾陪同科尔特斯去墨西哥，他描述了在墨西哥城地区生活的人们用从湖泊捞出的某种泥浆凝结后做成有奶酪味道的小蛋糕，在市场出售。

19 世纪 80 年代早期，在加利福尼亚州的克拉马斯湖（Klamath Lake），水华束丝藻（*Aphanizomenon flos-aquae*）[图 2.18（b）] 被捞取后，用作食品和保健品添加剂。1998 年，10×10^6 kg（干重）束丝藻的市场售价高达 1 亿美元（Carmichael et al.，2000）。其他蓝藻如螺旋藻（*Spirulina*）[图 2.51 和图 2.56（f）] 也出现在发达国家的医疗保健食品商店内，尽管人们怀疑这些能够产生藻毒素的蓝藻到底有多健康。

噬藻体（藻病毒）

噬藻体（cyanophage）是感染并杀死蓝藻的一种病毒（Suttle and Chan，1994）。噬藻体的量非常大，在得克萨斯州海岸，海水表面噬藻体的浓度超过了 100 000 个病毒。噬藻体浓度通常是蓝藻宿主细胞的 1/10。大多数蓝藻实际上能抵抗来自噬藻体的感染攻击，这使得噬藻体的群落数量由相对极少数的易于被感染的蓝藻维持。大洋蓝藻比近海的蓝藻更易被感染。高温和磷酸盐的限制增加了蓝藻被噬藻体感染的概率（Wilson et al.，1996）。

抗生素与铁载体的分泌

某些蓝藻，如念珠藻（*Nostoc*）[图 2.35、图 2.46（b）～图 2.46（d）和图 2.57（a)] 能分泌被称为细菌素（bacteriocin）的抗生素，它可以杀死相关的藻株（Flores and Wolk，1986）。细菌素是一种类蛋白抗生素，它对与产生这种抗生素生物体密切相关的原核生物体产生作用。其他蓝藻分泌的抗生素对很多蓝藻和真核藻类都起作用。霍氏伪枝藻（*Scytonema hofmanni*）[图 2.46（e）] 就产生这样的抗生素（Mason et al.，1982；Gleason and Paulson，1984）。这种被称为蓝藻素（cyanobacterin）的抗生素是一种含有氯的 λ-内酯（Pignatello et al.，1983）。所有这些抗生素能抑制竞争对象的生长，进而对分泌这种抗生素的生物体的生长起到积极作用。

在许多水环境中铁的溶解度很低，但是生物体对铁的需求导致以消耗胞内能量和营养储藏为代价来换取铁摄取机制的进化。在可用铁很少的时期，许多蓝藻释放胞外铁特异螯合剂［铁载体（siderophore）］。铁特异螯合剂以胞外配体的形式帮助溶解和同化 Fe^{3+}（图 2.52）（Wilhelm et al.，1996；Barbeau et al.，2003）。

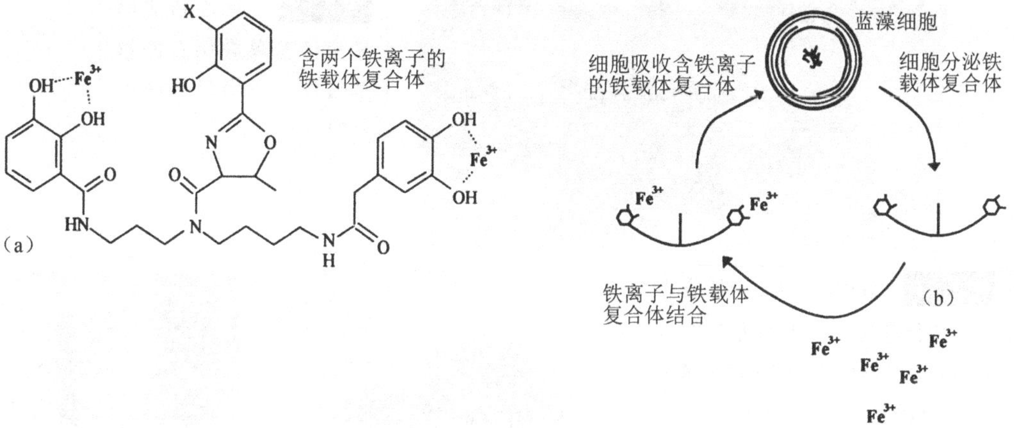

图 2.52 （a）含有两个铁离子的铁载体复合体。（b）蓝藻分泌的、在基质中含有铁离子的铁载体复合体。铁载体复合体中的铁离子被细胞吸收。

碳酸钙沉积与化石记录

许多蓝藻种类细胞的被膜黏液中含有碳酸钙。在淡水中，藻类通常生长在碳酸盐通过非生物的理化机制结晶的水体中，而方解石晶体就能被藻类黏液捕获。通常，细胞只能沉淀 1%～2%的碳酸钙（Pentecost，1978）。蓝藻还能沉积许多不同类型的碳酸盐（Golubić，1973）。

在海洋环境中，蓝藻沉淀具有沉积物的捕捉和结合以及碳酸盐沉淀的双重效果。叠层头（stromatolithic head）可能是其中最知名的形式（图 2.53 和图 2.55）。这些叠层头是坚硬的凝胶状，几乎是软骨质地，主要是半球形，并显示为良好同心层。在南佛罗里达和巴哈马浅水潮间带水域，它们由裂须藻（*Schizothrix*）产生（Monty，1967），白天丝状体进行生长，覆盖了叠层头的表面；晚上生长停止，沉积物在叠层头表面累积，形成了高达 100 μm 厚的含有丰富沉积物的纹层。在早期，藻类穿过沉积物，再生成一层厚达 200 μm 的低密度透明层。生长和沉积的交替进行形成了叠层石的薄片结构（Reid et al.，2000）（图 2.55）。叠层石最初形成于 35 亿年前，尽管最初的叠层石是由非生物的碳酸钙沉积而成（Arp et al.，1999）。由蓝藻形成的第一个叠层石出现于 27 亿年前（图 2.54）（Buick，1992；Dalton，2002；Brasier et al.，2002）。

图 2.53 澳大利亚的鲨鱼湾蓝藻叠层石的形成过程。（引自 Logan，1961）

图 2.54 在中国北方、硅质叠层石中保存历史长达 14 亿年的化石蓝藻。(a) 贝尔彻古石囊藻（*Eoentophysalis belcherensis*）。(b) *Palaeolyngbya barghooriana*。(c) 丝状蓝藻化石（*Oscillatoriopsis*）。（引自 Golubic and Seong-Joo，1999）

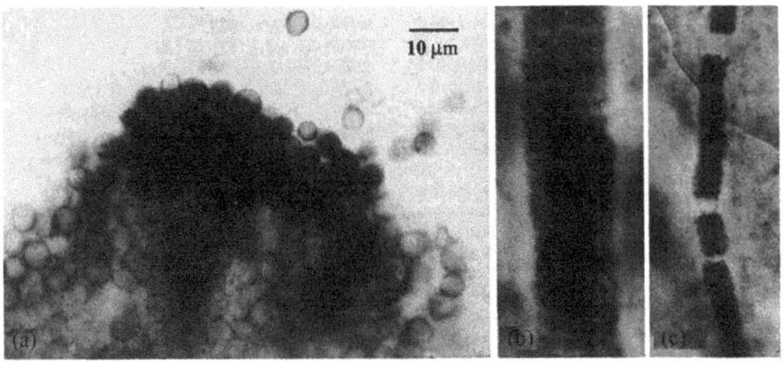

叠层石纹层的产生依赖于地球、太阳和月亮的物理运动产生的波动，并需要某种导致堆积过程不连续的节律。纹层的周期性主要是因为叠层石中生物每天的光合作用循环。另外，叠层石具有向日性（heliotropic），朝着阳光生长（Awramik and Vanyo，1986）。向日性可以计算出叠层石积累的年数。每年太阳的运动周期导致夏天时太阳位置较高，冬天时较低。叠层石的向日性导致叠层石每年以正弦波波形生长（图 2.55）。古生物学家利用一个正弦波中的纹层数量，计算出某一地质时期每年的天数。这项研究显示，太阳的年变化很大。例如，大约 10 亿年前，阳历一年大约由 435 天组成（Vanyo and Awramik，1985）。

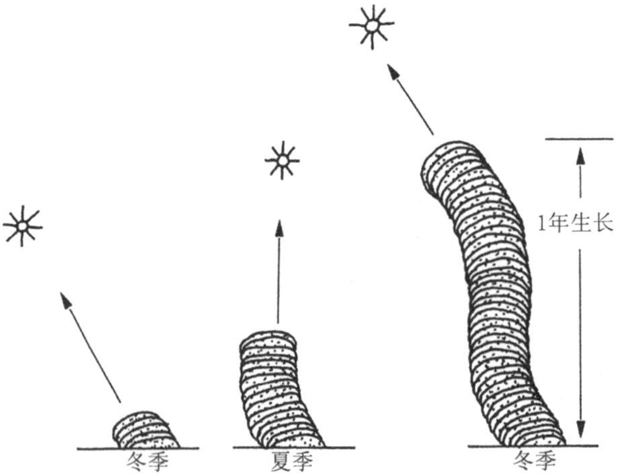

图 2.55 叠层石一年的生长图解。一年的生长符合 S 形曲线。

20 亿年前，地球上没有牧食和蛀食生物，因此叠层石可自由地生长。没有了竞争，前寒武纪的叠层石自由地快速扩展到很多地区，甚至到达水下 10 m。牧食和蛀食生物进化之后，叠层石的生长和大小就显著下降。今天，叠层石仅在温暖水域中增长，这些水域不利于牧食动物和蛀虫的生长，如澳大利亚的鲨鱼湾（Shark Bay）（图 2.53）的高盐度水，或者在具有高潮汐流可以抑制蛀虫和牧食动物的水域中，如在巴哈马群岛的叠层石长到了 2 m 高度（Dill et al.，1986）。

分类

蓝藻的核酸序列目前正用于解释蓝藻之间的进化关系（Honda et al.，1999；Nadeau et al.，2001；Turner，1997）。这些研究显示，蓝藻的形态和它们的进化关系没有多少共同之处。唯一的例外是具有异形胞的蓝藻，它们关系似乎密切。对具有这样一种不稳定状态的蓝藻进行分类，我个人选择将蓝藻的分类简化为三个目。

目 1　色球藻目（Chroococcales）：单细胞或者多细胞松散地结合成凝胶状不规则的群体。

目 2　颤藻目（Oscillatoriales）：丝状体蓝藻。

目 3　念珠藻目（Nostocales）：具有异形胞的丝状体蓝藻。

色球藻目（Chroococcales）

该目包括最基本的单细胞蓝藻，它们由黏液包围，形成四集藻型群体。黏杆藻（*Gloeothece*）[图 2.56（a）]、微囊藻（*Microcystis*）[图 2.56（b）]、聚球藻（*Synechococuccus*）[图 2.19（c）和图 2.31]、集胞藻（*Synechocystis*）（图 2.8）属于这一类。虽然这一类生物体有相似的形态，但核酸碱基组成研究表明，这一类实际上是由几个明显不同且相对独立的群体组成的（Honda et al.，1999）。

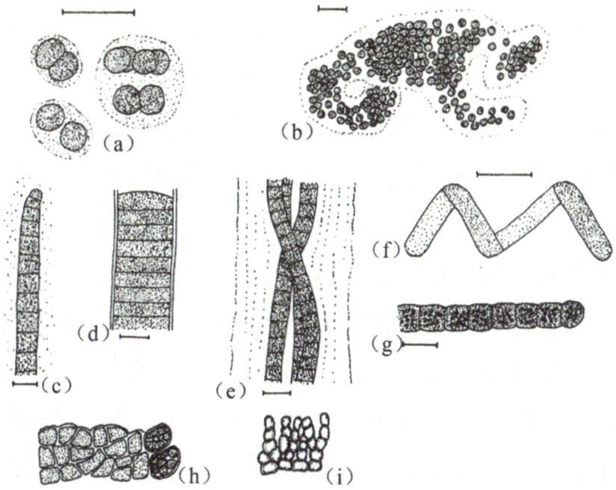

图 2.56　(a) 黏杆藻（*Gloeothece magna*）。(b) 铜绿微囊藻（*Microcystis aeruginosa*）。(c) 秋季席藻（*Phormidium autumnale*）。(d) 盘氏鞘丝藻（*Lyngbya birgei*）。(e) 水鞘藻（*Hydrocoleus* sp.）。(f) 大螺旋藻（*Spirulina major*）。(g) 湖生束毛藻（*Trichodesmium lacustre*）。(h)、(i) 小宽球藻（*Pleurocapsa minor*），显示细胞的孢子内壁表面 (h) 有直立细丝叶状体的纵切图 (i)。标尺＝10 μm。

在热带和温带海洋中，海洋原绿球藻（*Prochlorococcus marinus*）（图 2.20）是占主导地位的光合生物。这种蓝藻直径仅仅 0.5 μm，使其成为最小的光合生物。藻细胞含有叶绿素 a 和叶绿素 b，但没有藻胆素。海洋原绿球藻的完整基因组已经被测定（Dufresne et al.，2003）。

黏杆藻（*Gloeobacter violaceus*）（图 2.19e）内部没有类囊体，核酸测序研究表明它可能是最原始的蓝藻（Honda et al.，1999）。

颤藻目（Oscillatoriales）

颤藻目是没有异形胞的丝状体蓝藻。代表蓝藻是颤藻（*Oscillatoria*）[图 2.17、图 2.34（a）、图 2.34（b）、图 2.19（a）和图 2.19（b）]、湖生束毛藻（*Trichodesmium*）[图 2.31 和图 2.56（g）]、秋季席藻（*Phormidium*）[图 2.13、图 2.18（c）、图 2.56（c）]、盘氏鞘丝藻（*Lyngbya*）[图 2.56（d）]、水鞘藻（*Hydrocoleus*）[图 2.56（e）] 和螺旋藻（*Spirulina*）（图 2.51）。

小宽球藻（*Pleurocapsa*）[图 2.56（h）和图 2.56（i）] 由一个直立和匍匐系统组成，因此它是异丝体（heterotrichou）。在海洋和淡水环境中，宽球藻是一种分布广泛的岩生植物（lithophyte）（生长在岩石上）。最初，它是由匍匐在表面的丝状体组成。后来丝状体分支，形成了假薄壁组织的盘状物。发育可能会停在这里，或者匍匐的基底盘状细胞可形成一个直立细丝结构 [图 2.56（i）]，三个平面的营养细胞分裂形成内生孢子。

念珠藻目（Nostocales）

念珠藻目的蓝藻，如念珠藻（*Nostoc*）[图 2.35、图 2.46（b）～图 2.46（d）和图 2.57（a）]、鱼腥藻（*Anabaena*）[图 2.16 和图 2.18（d）] 和管链藻（*Aulosira*）[图 2.46（a）] 有异形胞。它们常见的繁殖方法是通过段殖体。某些属具有极性：异形胞和（或）厚壁孢子在基部，一种无色发丝在丝状体的顶端。发丝是表皮毛状体的区域，那里的细胞狭窄，细长，高度空泡化，几乎呈无色。眉藻（*Calothrix*）[图 2.42（d）和图 2.57（e）] 在海洋沿岸带很普遍，它们依附在岩石上。胶须藻（*Rivularia*）[图 2.57（d）] 一个丝状体的鞘与其他的汇合形成群体。这些胶鞘通常被石灰大量包裹，显得非常坚硬。胶须藻生长在淹没于淡水中的石头和植物上。叶状体的极性仅存在于氮浓度较低的条件下（Sinclair and Whitton，1977）。当这些藻类生长在含有氮化合物（如 NO_3^-、NH_4^+）的环境中就不会形成异形胞，毛状体不会浓缩并且在顶端没有发丝。这些藻类与颤藻（*Oscillatoria*）[图 2.17、图 2.34（a）、图 2.34（b）、图 2.19（a）和图 2.19（b）] 等属的藻类比较类似。藻类如果在磷缺乏条件下生长，可以诱导发丝的形成。外源性磷会导致发丝消失和段殖体形成（Livingstone and Whitton，1983）。

图 2.57 (a) 林氏念珠藻（*Nostoc linckia*）。(b) 卷曲鱼腥藻（*Anabaena circinalis*）。(c) 交织管链藻（*Aulosira implexa*）。(d) 坚硬胶须藻（*Rivularia dura*）。(e) 棕色眉藻（*Calothrix fusca*）。标尺=10 mm。

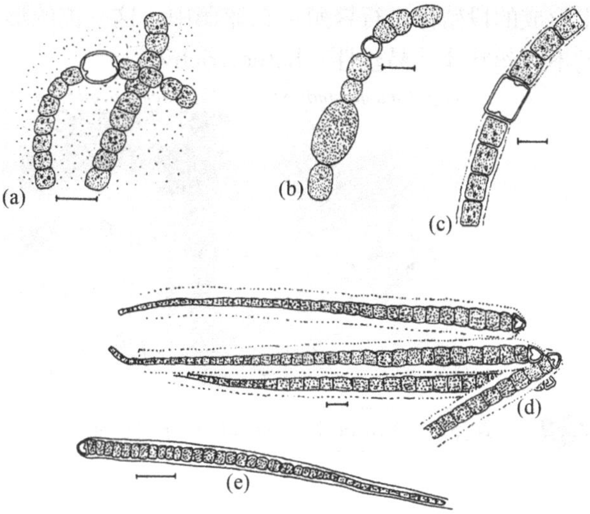

该目藻类的一些属有假分枝。当毛状体生长在大型异形胞［图 2.58（c）和图 2.58（d）］区域的外鞘中时，就会有假分枝生成。毛状体的细胞分裂导致鞘的破裂和构成分枝的毛状体的破裂。第一类的假分枝只有一个假分枝突出外鞘，如单歧藻（*Tolypothrix*）（图 2.58）。这类假分枝的形成是因为一个细胞的死亡、分离碟状物或弱小细胞（图 2.34）的形成（当它们成熟时，邻近细胞的压力和弱小细胞的溶解导致双凸结构的形成）。这些脆弱的位点通常位于异形胞旁，最终导致毛状体的破裂，其中一个破裂的末端伸出在胶鞘外形成假分枝。第二类假分枝导致两个假分枝的形成，如伪枝藻（双歧藻）（*Scytonema*）［图 2.58（c）、图 2.58（d）和图 2.59］。本属藻类有一个突出胶鞘的环状物形成。最终，当细胞继续分裂时环状物从中间断裂，导致两个假分枝的形成。可能是胶鞘中的大异形胞导致毛状体固定在胶鞘中。实验证明，当藻类生长在含有高浓度的化合氮中时，化合氮会抑制异形胞和假分枝的形成。

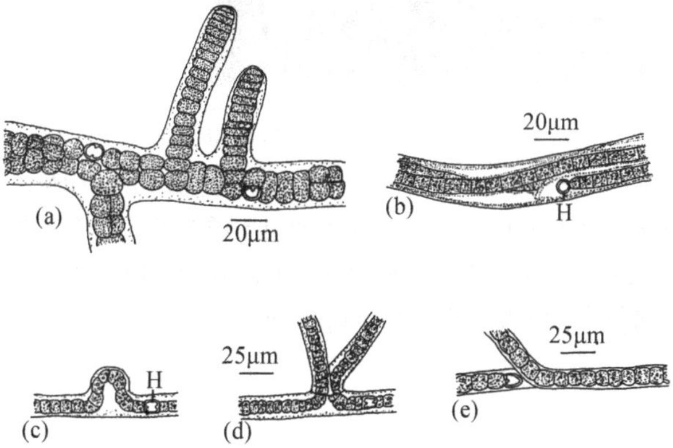

图 2.58 (a) 泥炭真枝藻（*Stigonema turfaceum*）具有真正的分枝。(b) 郎氏结线藻（*Desmonema wrangelii*）在鞘内有许多表皮毛状体。(c)、(d) 弧形伪枝藻（*Scytonema arcangelii*）的假分枝的形成。(e) 小单歧藻（*Tolypothrix tenuis*）具有单一的假分枝。H，异形胞（仿自 Smith，1950）

真枝藻（*Stigonema*）有真正的分枝，有形成多列菌体的倾向。真枝藻的部分分枝轴或全部分枝轴为多列（图 2.58 和图 2.59）。真枝藻生长在潮湿的岩石上，通过幼小分枝上形成的段殖体进行繁殖。在蓝藻中，这一类的形态最复杂，经常分化为竖立的和水平的不同丝状体［易丝性（heterotrichy）］。

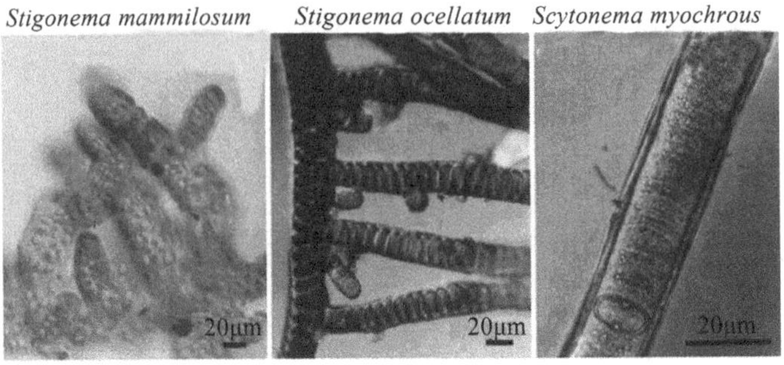

图 2.59 念珠藻目（Nostocales）蓝藻的电子显微照片。（引自 Rascher et al.，2003）

图 2.60 赵进东(Zhao Jindong)。赵博士 1982 年从西南师范大学生物系获得学士学位。1984 年他在奥斯汀的得克萨斯大学成为植物学系的一名博士生，随后于 1989 年获得生物学博士学位。接下来的 3 年时间赵博士在宾夕法尼亚州立大学进行博士后研究，随后两年他在应用生物系统公司从事科学研究。1994 年赵博士回到中国受聘为北京大学生命科学学院的副教授，1998 年晋升为教授。他的实验室重点关注对异形胞分化和蓝藻格式形成的分子机理研究。

参考文献

Aboulmagd，E.，Oppermann-Sanio，F. B.，and Steinbuchel，A.（2000）. Molecular characterization of the cyanophycin synthetase from *Synechocystis* sp. strain PCC6308. *Arch. Microbiol.* 174：297-306.

Adams，D. G.（2000）. Heterocyst development in cyanobacteria. *Curr. Opin. Microbiol.* 3：618-24.

Ahmadjian, V., and Hale, M. E. (1973). *The Lichens*. New York: Academic Press.

Allen, M. M. (1984). Cyanobacterial cell inclusions. *Annu. Rev. Microbiol.* 38: 1-25.

Al-Thukair, A. A., and Golubic, S. (1991). New endolithic cyanobacteria from the Arabian Gulf. I. *Hyella immanis* sp. nov. *J. Phycol.* 27: 766-80.

Anderson, O. R. (1977). Fine structure of a marine ameba associated with a blue-green alga in the Sargasso Sea. *J. Protozool.* 24: 370-6.

Arment, A. R., and Carmichael, W. W. (1996). Evidence that microcystin is a thio template product. *J. Phycol.* 32: 591-7.

Arp, G., Reimer, A., and Reitner, J. (1999). Calcification in cyanobacterial biofilms of alkaline salt lakes. *Eur. J. Phycol.* 34: 393-403.

Awramik, S. M., and Vanyo, J. P. (1986). Heliotropism in modern stromatolites. *Science* 231: 1279-81.

Badger, M. R., Hanson, D., and Price, G. D. (2002). Evolution and diversity of CO_2 concentrating mechanisms in cyanobacteria. *Funct. Plant Biol.* 29: 161-73.

Barbeau, K., Rue, E. L., Trick, C. G., Bruland, K. W., and Butler, A (2003). Photochemical reactivity of siderophores produced by marine heterotrophic bacteria and cyanobacteria based on characteristic Fe (Ⅲ) binding groups. *Limnol. Oceanogr.* 48: 1069-78.

Belay, A., Kato, T., and Ota, Y. (1996). *Spirulina* (*Arthrospira*): potential application as an animal feed supplement. *J. Appl. Phycol.* 8: 303-11.

Bell, S. G., and Cobb, G. A. (1994). Cyanobacterial toxins and human health, *Rev. Med. Microbiol.* 5: 256-64.

Belnap, J., and Gardner, J. S. (1993). Soil substructure in soils of the Colorado Plateau: the role of the cyanobacterium *Microcoleus vaginatus*. *Great Basin Nat.* 53: 40-7.

Bergman, B., and Carpenter, E. J. (1991). Nitrogenase confined to randomly distributed trichomes in the marine cyanobacterium *Trichodesmium thiebautii*. *J. Phycol.* 27: 158-65.

Bergman, B., Gallon, J. R., Rai, A. N., and Stal, L. J. (1997). N_2 fixation by non-heterocystous cyanobacteria. *FEMS Microbiol. Rev.* 19: 139-85.

Berman-Frank, I., Lundgren, P., Chen, Y-B., et al. (2001). Segregation of nitrogen fixation and oxygenic photosynthesis in the marine cyanobacterium *Trichodesmium*. *Science* 254: 1534-7.

Bhattacharjee, S. K. (1997). Unstable protein mediated ultraviolet light resistance in *Anacystis nidulans*. *Nature* 269: 82-3.

Bhaya, D. (2004). Light matters: phototaxis and signal transduction in unicellular cyanobacteria. *Mol. Microbiol.* 53: 745-54.

Bhaya, D., Watanabe, N., Ogawa, T., and Grossman, A. R. (1999). The role of an alternative sigma factor in motility and pilus formation in the cyanobacterium *Synechocystis* sp. strain PCC6803. *Proc. Natl. Acad. Sci., USA* 96: 3188-93.

Bittencourt-Olivera, M., de Olivera, M. C., and Bolch, C. J. S. (2001). Genetic variability of Brazilian strains of the *Microcystis aeruginosa* complex (Cyanobacteria/Cyanophyceae) using phycocyanin intergenic spacer and flanking regions (*cpc*BA). J. *Phycol.* 37: 810-18.

Bolch, C. J. S, Orr, P. T., Jones, G. J., and Blackburn, S. J. (1999). Genetic, morphological and toxicological variation among globally distributed strains of *Nodularia* (Cyanobacteria). *J. Phycol.* 35: 339-55.

Booker, M. J., and Walsby, A. E. (1981). Bloom formation and stratification by a planktonic blue-green alga in an experimental water column. *Br. Phycol. J.* 16: 411-21.

Booth, W. E. (1941). Algae as pioneers in plant succession and their importance in erosion control. Ecology 22: 38-46.

Brasier, M. D., Green, O. R., Jephcoat, A. P., et al. (2002). Questioning the evidence for Earth's oldest fossils. *Nature* 416: 76-81.

Brock, T. D. (1973). Lower pH limit for the existence of blue-green algae: Evolutionary and ecological implications. *Science* 179: 480-3.

Buick, R. (1992). The antiquity of oxygenic photosynthesis: evidence from stromatolites in sulphatedeficient archaean lakes. *Science* 255: 74.

Caiola, M. G. (1975). A light and electron microscopic study of blue-green algae living in the coralloid roots of *Encephalartos altensteinii* and in culture. *Phycologia* 14: 25-33.

Canini, A., bergman, B., Civitareale, P., Rotilla, G., and Caiola, M. G. (1992). Localization of iron-superoxide dismutase in the cyanobiont of *Azolla filiculoides* Lam. *Protoplasma* 169: 1-8.

Carmichael, W. W. (1992). Cyanobacteria secondary metabolites—the cyanotoxins. J. *Appl. Bacteriol.* 72: 445-59.

Carmichael, W. W., Drapeau, C., and Anderson, D. M. (2000). Harvesting of *Aphanizomenon flos-aquae* Ralfs ex Born. Flah. Var. *flos-aquae* (Cyanobacteria) from Klamath Lake for human dietary use. *J. Appl. Phycol.* 12: 585-95.

Carpenter, E. J., and Price, C. C. (1997). Nitrogen fixation, distribution, and production of *Oscillatoria* (*Trichodesmium*) spp. in the western Sargasso and Caribbean seas. *Limnol. Oceanogr.* 22: 60-72.

Carpenter, E. J., Capone, D. C., and Reuter, J. (eds.) (1992). *Marine Pelagic Cyanobacteria*: Trichodesmium *and other Diazotrophs*, Dordecht: Kluwer Academic Publishers.

Castenholz, R. W. (1973). Ecology of blue-green algae in hot-springs. In *The Biology of the Blue-Green* Algae, ed. N. G. Carr and B. A. Whitton, pp. 379-414. Berkeley: Univ. Calif. Press.

Chauvat, F., Corre, B., Herdman, M., and Joset-Espardellier, F. (1982). Energetic and metabolic requirements for the germination of akinetes of the cyanobacterium *Nostoc* PCC7524. *Arch. Microbiol.* 133: 44-9.

Chen, H. M., Chien, C-Y., and Huang, T-C. (1996). Regulation and molecular structure of a circadian oscillating protein located in the cell membrane of the prokaryots *Synechococcus* RF-1. *Planta* 199: 520-7.

Clark, R. L., and Jensen, T. E. (1969). Ultrastructure of akinete development in a blue-green alga, *Cylindrospermum* sp. *Cytologia* 34: 439-48.

Cmiech, H. A., Leedale, G. F., and Reynolds, C. S. (1986). Morphological and ultrastructural variability of planktonic Cyanophyceae in relation to seasonal periodicity. Ⅱ. *Anabaena solitaria*: Vegetative cells, heterocysts, akinetes. *Br. Phycol. J.* 21: 81-92.

Codd, G. A., Bell, S. G., Kaya, K., Ward, C. J., Beattie, K. A., and Metcalf, J. S. (1999). Cyanobacterial toxins, exposure routes and human health. *Eur. J. Phycol.* 34: 405-15.

Dalton, R. (2002). Microfossils: squaring up over ancient life. Nature 417: 782-84.

De Philippis, R., and Vincenzini, M. (1998). Extracellular polysaccharides from cyanobacteria and their possible applications. *FEMS Microbiol. Rev.* 22: 151-72.

Desikachary, T. V. (1959). *Cyanophyta*. New Delhi: Indian Council of Agricultural Research.

Dill, R. E. Shinn, E. A. Jones, A. T., Kelly, K., and Steinen, R. P. (1986). Giant subtidal stromatolites forming in normal salinity waters. *Nature* 324: 55-9.

Dillon, J. G., and Castenholz, R. W. (1999). Scytonemin, a cyanobacterial sheath pigment, protects against UVC radiation: implications for early photosynthetic life. *J. Phycol.* 35: 673-81.

Drouet, F. (1937). The Brazilian Myxophyceae. I. *Am. J. Bot.* 24: 598-608.

Drouet, F. (1978). Revision of the Nostocaceae with constricted trichomes. *Beihefte Nova Hedwigia* 57: 1-258.

Dufresne, A., Salanoubat, M., Partensky, F., et al. (2003). Genome sequence of the cyanobacterium *Prochlorococcus marinus* SS120, a nearly minimal oxyphototrophic genome. *Proc. Natl. Acad. Sci.*, *USA* 100: 10020-5.

El-Bestawy, E., Bellinger, E. G., and Sigee. D. C. (1996). Elemental composition of phytoplankton in a subtropical lake: X-ray microanalytical studies on the dominant algae *Spirulina platensis* (Cyanophyta) and *Cyclotella menehtiniana* (Bacillariophyceae). *Eur. J. Phycol.* 31: 157-66.

El-Shehawy, R. M., and Kleiner, D. (2003). Effect of controlled expression of *hetR*gene on heterocyst formation in the filamentous cyanobacterium *Anabaena* sp. PCC 7120. *Physiol. Plantarum* 119：44-8.

Ferguson-Wood，E. J. （1965）. *Marine Microbial Ecology*. London：Chapman and Hall.

Ferjani，A.，Mustardy，L.，Sulpice，R.，et al. （2003）. Glucoglycerol，a compatible solute，sustains cell division under salt stress. *Plant Physiol*. 131：1628-37.

Ferris，M. J.，and Palenik，B. （1998）. Niche adaptation in ocean cyanobacteria. *Nature* 396：226-8.

Flores，E.，and Wolk，C. P. （1986）. Production，by filamentous，nitrogen-fixing cyanobacteria，of a bacteriocin and of other antibiotics that kill related strains. *Arch. Microbiol*. 145：215-19.

Fogg，G. E. （1942）. Studies on nitrogen fixation by bluegreen algae. I. Nitrogen fixation by *Anabaena cylindrica* Lemm. J. *Exp. Biol*. 19：78-87.

Fogg，G. E. （1952）. The production of extracellular nitrogenous substances by a blue-green alga. *Proc. R. Soc. London* [*B*] 139：372-9.

Fogg，G. E. （1986）. Light and ultraphytoplankton. *Nature* 319：96.

Frederick，J. F. （1951）. Preliminary studies on the synthesis of polysaccharides in the algae. *Physiol. Plant*. 4：621-6.

Fredriksson，C.，and Bergman，B. （1997）. Ultrastructural characterization of cells specialized for nitrogen function in a non-heterocystous cyanobacterium，*Trichodesmium* spp. *Protoplasma* 197：76-85.

Fulda，S.，Mikkat，S.，Schroder，W.，and Hagemann，M. （1999）. Isolation of salt-induced periplasmic proteins from *Synechocystis* sp. strain PCC 6803. *Arch. Microbiol*. 171：214-7.

Gantt，E.，and Conti，S. F. （1969）. Ultrastructure of bluegreen algae. *J. Bacteriol*. 97：1486-93.

Gao，K.，and Ye，C. （2003）. Culture of the terrestrial cyanobacterium，*Nostoc flagelliforme* （Cyanophyceae），under aquatic conditions. *J. Phycol*. 39：617-22.

Gates，J. E.，Fisher，R. W.，Goggin，T. W.，and Azrolan，N. I. （1980）. Antigenic differences between *Anabaena azollae* fresh from the Azolla fern leaf cavity and free-living cyanobacteria. *Arch. Microbiol*. 128：126-9.

Gleason，F. K.，and Paulson，J. L. （1984）. Site of action of the natural algicide，cyanobacterin，in the blue-green alga，*Synechococcus* sp. *Arch. Microbiol*. 138：273-7.

Glover，H. E.，Keller，M. D.，and Guillard，R. R. L. （1986）. Light quality and oceanic ultraphytoplankters. *Nature* 319：142-3.

Golden，S. S. （2003）. Timekeeping in bacteria：the cyanobacterial circadian clock. *Curr. Opin. Microbiol*. 6：535-40.

Golubić，S. （1973）. The relationship between blue-green algae and carbonate deposits. In *The Biology of the Blue-Green Algae*，ed. N. G. Carr and B. A. Whitton，pp. 434-72. Berkeley：Univ. Calif. Press.

Golubic，S.，and Seong-Joo，L. （1999）. Early cyanobacterial fossil record：preservation，palaeoenvironments and identification. *Eur. J. Phycol*. 34：339-48.

Goodwin，T. W. （1974）. Carotenoids and biliproteins. In *Algal Physiology and Biochemistry*，ed. W. D. P. Stewart，pp. 176-205. Berkeley：Univ. Calif. Press.

Henson，B. J.，Watson，L. E.，and Barnum，S. R. （2004）. The evolutionary history of nitrogen fixation，as assessed by *nifD*. *J. Molec. Evol*. 58：390-9.

Herdman，M.，Janvier，M.，Rippka，R.，and Stanier，R. Y. （1979）. Genome size of cyanobacteria. *J. Gen. Microbiol*. 111：73-85.

Hill，D. J. （1975）. The pattern of development of *Anabaena* in the *Azolla-Anabaena* SymbioSiS. *Planta* 122：179-84.

Hockelmann，C.，Moens，T，and Juttner，F. （2004）. Odor Compounds from cyanobacterial bionlms acting as attractants and repellents for free-living nematodes. *Limnol. Oceanogr* 49：1809-19.

Hoffman，L. （1999）. Marine cyanobacteria in tropical regions：diversity and ecology. *Eur. J. Phycol*. 34：371-9.

Hoiczyk，E. （2000）. Gliding motility in cyanobacterla：observations and possible explanations. *Arch. Microbiol*. 174：

11-17.

Hoiczyk，E.，and Baumeister，W.（1995）. Envelope structure of four gliding filamentous cyanobacteria. *J. Bacteriol.* 177：2387-95.

Hoiczyk，E.，and Baumeister，W.（1998）. The junctional pore complex，a prokaryotic secretion organelle，is the molecular motor underlying gliding motility in cyanobacterla. *Curr. Biol.* 8：1161-8.

Honda，D.，Yokota，A.，and Sugiyama，J.（1999）. Detection of seven major evolutionary lineages in cyanobacteria based on the 16S rRNA gene sequence analysis with new sequences of five marine *Synechococcus strains*. *J. Mol. Evol.* 48：723-30.

Hough，L.，Jones，J. K. N.，and Wadman，W. H.（1952）. An investigation of the polysaccharide components of certain fresh-water algae. *J. Chem. Soc.* 3393-9.

Jang，M.-H.，Ha，K.，Joo，G.-J.，and Takamura，N.（2003）. Toxin production of cyanobacteria is increased by exposure to Zooplankton. *Freshwater Biol.* 48：1540-5.

Jarosch，R.（1962）. Gliding. In *Physiology and Biochemistry of Algae*，ed. R. A. Lewin，pp. 573-81. New York and London：Academic Press.

Jensen，T. E.，and Clark，R. L.（1969）. Cell wall and coat of the developing akinete of a *Cylindrospermum species*. *J. Bacteriol.* 97：1494-5.

Jones，J. D.，and Jost，M.（1970）. Isolation and chemical characterization of gas vacuole membranes from *Microcystis aeruginosa* Kuetz. emend Elenkin. *Arch. Mikrobiol.* 70：43-64.

Kapustka，L. A.，and DuBois，J. D.（1987）. Dinitrogen fixation by cyanobacteria and associative rhizosphere bacteria in the Arapaho prairie in the sand hills of Nebraska. *Am. J. Bot.* 74：107-13.

Karsten，U.（1996）. Growth and organic osmolytes of geographically different isolates of *Microcoleus chthonoplastes*（cyanobacteria）from benthic microbial mats：response to salinity changes. *J. Phycol.* 32：501-6.

Konopka，A.，Kromkamp，J.，and Mur，L. R.（1987）. Regulation of gas vesicle content and buoyancy in 1ight-or phosphate-limited cultures of *Aphanizomenon flos-aquae*（Cyanophyta）. *J. Phycol.* 23：70-8.

Kotak，B. G.，Lam，A. K-Y.，Prepas，E. E.，Kenefick，S. L.，and Hurdey，S. E.（1995）. Variability of the hepatotoxin microcystin-LR in hypertrophic drinking water lakes. *J. Phycol.* 31：248-63.

Kulasooriya，S. A.，Lang，N. J.，and Fay，P（1972）. The heterocysts of blue-green algae. Ⅲ. Differentiation and nitrogenase activity. *Proc. R. Soc. Lond.* ［*B*］181：199-209.

Lang，N. J.，and Fay，P（1971）. The heterocysts of bluegreen algae. Ⅱ. Details of ultrastructure. *Proc. R. Soc. Lolid.* ［*B*］178：193-203.

Lawry，N. H.，and Simon，R. D.（1982）. The normal and induced occurrence of cyanophycin bodies in several blue-green algae. *J. Phyco*l. 18：391-9.

Lesser，M. P.，Mazel，C. H.，Gorbunov，M. Y.，and Falkowski，P. G.（2004）. Discovery of symbiotic nitrogen-fixing cyanobacteria in corals. *Science* 305：997-1000.

Li，D-M，and Qi，Y-Z.（1997）. *Spirulina* industry in China：present status and future prospects. *J. Appl. Phycol.* 9：25-8.

Li，H.，Sherman，D.，Bao，S.，and Sherman，L. A.（2001a）. Pattcrn of cyanophycin accumulation in nitrogen-fixing and non-nitrogen-fixing cyanobacteria. *Arch. Microbiol.* 176：9-18.

Li，R.，Watanabe，M.，and Watanabe，M. M.（1997）. Akinete formation in planktonic *Anabaena* spp.（Cyanobacterium）by treatment with low temperature. *J. Phycol.* 33：576-84.

Li，R.，Carmichael，W. W.，Britain，S.，et al.（2001b）. First report of the cyanotoxins cylindrospermopsin and deoxycylindrospermopsin from *Raphidiopsis curvava*（Cyanobacteria）. *J. Phycol.* 37：1121-6.

Little，M. G.（1973）. The zonation of marine supralittoral blue-green algae. *Br. Phycol. J.* 8：47-50.

Logan，B. W.（1961）. Cryptozoon and associate stromatolites from the Recent，Shark Bay，Western Australia. *J. Geol.* 69：517-33.

Lundgren，P.，Soderbach，E.，Singer，A.，Carpenter，E. J.，and Bergman，B.（2001）. *Kafagnymene*：characterization of a novel marine diazotroph. *J. Phycol.* 37：1052-62.

Magne，T. H.，and Holm-Hansen，O.（1975）. Nitrogen fixation on coral reef. *Phycologia* 14：87-92.

Marquardt，J.，Morschel，E.，Rheil，E.，and Westermann，M.（2000）. Ultrastructure of *Acaryochloris marina*，an oxyphotobacterinm containing chlorophyll *d*. *Arch. Microbiol.* 174：181-8.

Mason，C. P.，Edwards，K. R.，Carlson，R. E.，Pignatello，J.，Gleason，P. K.，and Woods，J. M.（1982）. Isolation of chlorine-containing antibiotic from the freshwater cyanobacterium *Scytonema hofmanni*. *Science* 215：400-2.

McCausland，M. A.，Thompson，P. A.，and Blackburn，S. L.（2005）. Ecophysiological influence of light and mixing on *Anabaena circinalis*（Nostocales，Cyanobacteria）. *Eur. J. Phycol.* 40：9-20.

Meeks，J. C.（1998）. Symbiosis between nitrogen-fixing cyanobacteria and plants. *BioScience* 48：266-76.

MeekS，J. C.，and Castenholz，R. W.（1971）. Growth and photosynthesis in an extreme thermophile，*Synechococcus lividus*（Cyanophyta）. *Arch. Mikrobiol.* 78：25-41.

Meeks，J. C.，and Elhai，J.（2002）. Regulation of cellular differentiation in filamentous cyanobacteria in freeliving and plant-associated symbiotic growth states. *Microbiol. Mol. Biol. Rev.* 66：94-121.

Meeks，J. C.，Campbell，E. L.，Summers，M. L.，and Wong，F. C.（2002）. Cellular differentiation in the cyanobacterium *Nostoc punctiforme*. *Arch. Microbiol.* 178：395-403.

Miller，S. R.，Augustine，S.，Olson，T. L. Blankenship，R. E.，Selker，J.，and Wood，A. M.（2005）. Discovery of a freeliving chlorophyll *d*-producing cyanobacterium with a hybrid proteobacterial/cyanobacterial small-subunit rRNA gene. *Proc. Natl. Acad. Sci.*，*USA* 102：850-5.

Mitsui，A.，Kumazawa，S.，Takashi，A.，Ikemoto，H.，CaO，S.，and Arai，T.（1986）. Strategy by which nitrogen-fixing unicellular cyanobacteriagrow photoautottophically. *Nature* 323：720-2.

Miyashita，H.，Ikemoto，H.，Kurano，N.，Miyachi，S.，and Chihara，M.（2003）. *Acoryochloris marina* gen. et sp. nov.（cyanobacteria），an oxygenic photosynthetic prokaryote containing chl das a major pigment. *J. Phycol.* 39：1247-53.

Moffet，J. W，and Brand，L. E.（1996）. Production of Strong，extracellular Cu chelators by marine cyanobacteria in response to Cu stress. *Limnol. Oceanog.* 41：388-95.

Montejano，G.，and Leon-Tejera，H.（2002）. Reproduction and baeocyte formation in two species of *Dermocarpella*（Cyanophyceae）. *Eur. J. Phycol.* 37：323-7.

Monty，C. L. V（1967）. Distribution and structure of recent stromatolite algal mats，eastern Andros Island，Bahamas. *Ann. Soc*，*Geol. Belg.* 90：55-99.

Moore，D.，McGregor，G. B.，and Shaw，G.（2004）. Morphological changes during akinete germination in *Cylindrospermopsis raciborskii*（Nostocales，Cyanobacteria）. *J. Phycol.* 40：1098-105.

Mori，T.，Saveliev，S. V，Xu，Y.，et al.（2002）. Circadian clock protein KaiC forms ATP-dependent hexameric rings and binds DNA. *Proc. Natl. Acad. Sci.*，*USA* 99：17203-8.

Nadeau，T. -L.，and Castenholz，R. W.（2000）. Characterization of psychrophilic oscillatorians（cyanobacteria）from Antarctic meltwater ponds. *J. Phycol.* 36：914-23.

Nadeau，T. -L.，Milbrandt，E. C.，and Castenholz，R. W.（2001）. Evolutionary relationships of cultivated Antarctic oscillatorians（cyanobacteria）. *J. Phycol.* 37：650-4.

Negri，A. P.，Jones，G. J.，Blackburn，S. I.，Oshima，Y.，and Hideyuki，O.（1997）. Effect of culture bloom development and of sample storage on paralytic shellfish poisons in the cyanobacterium *Anabaena circinalis*. *J. Phycol.* 33：26-35.

Nobles，D. R.，Romanovicz，D. K.，and Brown，R. M.（2001）. Cellulose in cyanobacteria. Origin of plant cellulose synthase? *Plant Physiol.* 127：529-42.

Oliver，R. L.（1994）. Floating and sinking in gas-vacuolate cyanobacteria. *J. Phvcol.* 30：161-73.

Oliver，R. L.，Thomas，R. H.，Reynolds，C. S.，and Walsby，A. E.（1985）. The sedimentation of buoyant *Mi-*

crocystis colonies caused by precipitation with an iron-con-taining colloid. *Proc. R. Soc. Lond.* [*B*] 223：511-28.

Otero，A.，and Vincenzini，M.（2004）. *Nostoc*（Cyanophyceae）goes nude：extracellular polysaccha-rides serve as a sink for reducing power under unbal-anced C/N metabolism. *J. Phycol.* 40：74-81.

Padan，E.（1979）. Facultative anoxygenic photosynthesis in cyanobacteria. *Annu. Rev. Plant Physiol.* 30：27-40.

Palenik，B.，and Haselkorn，R.（1992）. Multiple evolutionary origins of prochlorophytes，the chlorophyll *b*-containing prokaryotes. *Nature* 355：265-7.

Pandey，D. C.（1965）. A study of the algae from paddy soils of Ballia and Ghazipur districts of Uttar Pradesh，India. I. Cultural and ecological considerations. *Nova Hedwigia* 9：299-334.

Partensky，F.，Hess，W. R.，and Vaulot，D.（1999）. *Prochlorococcus*，a marine photosynthetic prokaryote of global signincance. *Microbiol. Mol. Biol. Rev.* 63：106-27.

Pascher，A.（1914）. Uber Symbiosen von Spaltpilzen und Flagellaten mit Blaualgen. *Ber. Dtsch. Bot. Ges.* 32：339-52.

Pentecost，A.（1978）. Blue-green algae and freshwater carbonate deposits. *Proc. R. Soc. Lond.* [*B*] 200：43-61.

Peters，G. A.，and Mayne，B. C.（1974）. The *Azolla*，*Anabaena azollae* relationship. I. Initial characterization of the association. *Plant Physiol.* 53：813-19.

Pignatello，J. J.，Porwoll，J.，Carlson，R. E.，Xavier，A.，Gleason，F. K.，and Wood，J. M.（1983）. Structure of the antibiotic cyanobacterin，a chlorine containing γ-lactone from the freshwater cyanobacterium *Scytonema hofmanni*. *J. Org. Chem.* 48：4035-8.

Postius，C.，and Ernst，A.（1999）. Mechanisms of dominance：coexistence of picocyanobacterial genotypes in a freshwater ecosystem. *Arch. Microbiol.* 172：69-75.

Potts，M.（1996）. The anhydrobiotic cyanobacterial cell. *Physiologia Plantarum* 97：788-94.

Potts，M.（1999）. Mechanisms of desiccation tolerance in cyanobacteria. *Eur. J. Phycol.* 34：319-28.

Potts，M.，Angeloni，S. V.，Ebel，R. E.，and Bassam，D.（1992）. Myogloblin in a cyanobacterium. *Science* 256：1690-2.

Prescott，G. W.（1962）. *Algae of the Western Great Lakes Area*. Dubuque，Iowa：W. C. Brown.

Qiu，B. S.，Zhang，A. H.，Liu，Z. L.，and Gao，K. S.（2004）. Studies on the photosynthesis of the terrestrial cyanobacterium *Nostoc flagelliforme* subjected to desiccation and subsequent rehydration. *Phycologia* 43：521-8.

Raikow，D. F.，Sarnelle，O.，Wilson，A. E.，and Hamilton，S. K.（2004）. Dominance of the noxious cyanobacterium *Microcystis aeruginosa* on low-nutrient lakes associated with exotic zebra mussels. *Limnol. Oceanog.* 49：482-7.

Rascher，U.，Lakatos，M.，Budel，B.，and Luttge，U.（2003）. Photosynthetic capacity of cyanobacteria of a tropical inselberg of the Guiana Highlands. *Eur. J. Phycol.* 38：247-56.

Raymond，J.，Siefert，J. L.，Staples，C. R.，and Blankenship，R. E.（2004）. The natural history of nitrogen fixation. *Mol. Biol. Evol.* 21：541-54.

Reid，R. P.，Visscher，P. T.，Decho，A. W.，et al.（2000）. The role of microbes in accretion，lamination and early lithification of modern marine stromatolites. *Nature* 406：989-92.

Rinehart，K. L.，Namikoshi，M.，and Choi，B. W.（1994）. Structure and biosynthesis of toxins from blue-green algae（cyanobacteria）. *J. Appl. Phycol.* 6：159-76.

Rippka，R.，Waterbury，J.，and Cohen-Bazire，G.（1974）. A cyanobacterium which lacks thylakoids. *Arch. Mikrobiol.* 100：419-36.

Romans，K. M.，Carpenter，E. J.，and Bergman，B.（1994）. Buoyancy regulation in the colonial diazotrophic cyanobacterium *Trichodesmium tenue*，ultrastructure and storage of carbohydrate，polyphosphate，and nitrogen. *J. Phycol.* 30：935-42.

Schutz，K.，Happe，T.，Troshina，O.，et al.（2004）. Cyanobacterial H_2 production - a comparative analysis. *Planta* 218：350-9.

Sherman, D. M., Tucker, D., and Sherman, L. A. (2000). Heterocyst development and localization of cyanophycin in N_2-fixing cultures of Anabaena sp. PCC 7120 (Cyanobacteria). *J. Phycol.* 36: 932-41.

Singh, R. N. (1961). *The Role of Blue-Green Algae in Nitrogen Economy of Indian Agriculture*. New Delhi: Indian Council for Agricultural Research.

Smith, D. C., Muscatine, L., and Lewis, D. (1970). Carbohydrate movement from autotrophs to heterotrophs in parasitic and mutalistic symbiosis. *Biol. Rev.* 44: 17-90.

Smith, G. M. (1950). *Freshwater Algae of the United States*. New York: McGraw-Hill.

Smith, G. M. (1955). *Cryptogamic Botany*. Vol. 1. New York: McGraw-Hill.

Spencer, C. N., and King, D. L. (1985). Interactions between light. NH_4^+, and CO_2 in buoyancy regulation of *Anabaena flos-aquae* (Cyanophyceae). *J. Phycol.* 21: 194-9.

Spratt, E. R. (1915). The root nodules of the Cycadaceae. *Ann. Bot.* 29: 619-26.

Staal, M., Meysman, F. J. R., and Stal, L. J. (2003). Temperature excludes N_2-fixing heterocystous cyanobacteria in the tropical oceans. *Nature* 425: 504-7.

Stanier, R. Y. (1973). Autogrophy and heterotrophy in unicellular blue-green algae. In *The Biology of the Blue-Green Algae*, ed. N. G. Carr and B. A. Whitton, pp. 501-18. Berkeley: Univ. Calif. Press.

Stewart, W. D. P., and Pearson, H. W. (1970). Effects of aerobic and anaerobic conditions on growth and metabolism of blue-green algae. *Proc. R. Soc. Lond.* [*B*] 175: 293-311.

Storey, W. B. (1968). Somatic reduction in cycads. *Science* 159: 648-50.

Sukenik, A., Eshkol, R., Livine, A., and Hadas, O. (2002). Inhibition of growth and photosynthesis of the dinoflagellate *Peridinium gatunense* by *Microcystis* sp. (cyanobacteria): a novel allelopathic mechanism. *Limnol. Ocean.* 47: 1656-63.

Suttle, C. A., and Chan, A. M. (1994). Dynamics and distribution of cyanophages and their effect on marine *Synechococcus* spp. *Appl Env. Microbiol.* 60: 3167-74.

Swaminathan, M. S. (1984). Rice. *Sci. Am.* 250 (1): 80-93.

Tandeau de Marsac, N. (1977). Occurrence and nature of chromatic adaptation in cyanobacteria. *J. Bacteriol.* 130: 82-91.

Tang, E. P. Y., Tremblay, R., and Vincent, W. F. (1997). Cyanobacterial dominance of polar freshwater ecosystems: are high-latitude mat-formers adapted to low temperature? *J. Phycol.* 33: 171-81.

Terauchi, K., and Ohmori, M. (2004). Blue light stimulates cyanobacterial motility via a cAMP signal transduction system. *Mol. Microbiol.* 52: 303-9.

Tischer, I. (1957). Untersuchungen über die granulären Eihschlüsse und das Reduktions-Oxydations-Vermögen der Cyanophyceen. *Arch. Mikrobiol.* 27: 400-28.

Turner, S. (1997). Molecular systematics of oxygenic photosynthetic bacteria. *Pl. Syst. Evol.* (*Suppl*). 11: 13-52.

Turpin, D. H., Miller, A. G., and Canvin, D. T. (1984). Carboxysome content of *Synechococcus leopoliensis* (Cyanophyta) in response to organic carbon. *J. Phycol.* 20: 249-53.

Urback, E., Robertson, D. L., and Chisholm, S. W. (1992). Multiple evolutionary origins of prochlorophytes within the cyanobacterial radiation. *Nature* (*Lond.*) 355: 267-70.

Vaishampayan, A., Sinha, R. P., Hader, D.-P., et al. (2001). Cyanobacterial biofertilizers in rice agriculture. *Bot. Rev.* 67: 453-516.

van Dok, W., and Hart, B. T. (1995). Akinete differentiation in *Anabaena circinalis* (Cyanophyta). *J. Phycol.* 32: 557-65.

Vanyo, J. P., and Awramik, S. M. (1985). Stromatolites and earth-sun-moon dynamics. *Precambrian Res.* 29: 121-42.

Wall, D., and Kaiser, D. (1999). Type IV pili and cell motility. Mol. Microbiol. 32: 1-10.

Walsby, A. E. (1974). The extracellular products of *Anabaena cylindrica* Lemm. I. Isolation of a macro-molecular pigment-peptide complex and other components. *Br. Phycol. J.* 9: 371-81.

Walsby, A. E. (1978). The properties and buoyancy-providing role of gas vacuoles in *Trichodesmium* Ehrenberg. *Br. Phycol. J.* 13: 103-16.

Walsby, A. E. (1994). Gas vesicles. *Microbiol. Rev.* 58: 94-144.

Watanabe, A., and Kiyohara, T. (1963). Symbiotic blue-green algae of lichens, liverworts and cycads. In *Studies on Microalgae and Photosynthetic Bacteria*, ed. Japanese Soc. Plant Physiologists, pp. 189-96. Tokyo: University of Tokyo Press.

Watanabe, M. F., Tsuujimura, S., Oishi, S., Niki, T., and Namikoshi, M. (2003). Isolation and identification of homoanatoxin-a from a toxic strain of the cyanobac-terium *Raphidiopsis mediterranea* Skuja isolated from Lake Biwa, Japan. *Phycologia* 42: 364-9.

Waterbury, J., and Stanier, R. (1977). Two unicellular bacteria which reproduce by budding. *Arch. Microbiol.* 115: 249-57.

Watson, S. B. (2003). Cyanobacterial and eukaryotic algal odour compounds: signals or by-products? Areview of their biological activity. *Phycologia* 42: 332-50.

Weckesser, J., Broll, C., Adhikary, S. P., and Jürgens, U. J. (1987). 2-*O*-methyl-D-xylose containing sheath in the cyanobacterium *Gloeothece* sp. PCC 6501. *Arch. Microbiol.* 147: 300-3.

Weller, D., Doemel, W., and Brock, T. D. (1975). Requirement of low oxidation-reduction potential for photosynthesis in a blue-green alga (*Phormidium* sp.). *Arch. Mikrobiol.* 104: 7-13.

Whale, G. F., and Walsby, A. E. (1984). Motility of the cyanobacterium *Microcoleus chthonoplastes* in mud. *Br. Phycol. J.* 19: 117-23.

Whitton, B. A., and Peat, A. (1969). On *Oscillatoria redekei* Van Goor. *Arch. Mikrobiol* 68: 362-76.

Wildman, R. B., Loescher, J. H., and Winger, C. L. (1975). Development and germination of akinetes of *Aphanizomenon flos-aquae*. *J. Phycol* 11: 96-104.

Wilhelm, S. W., Maxwell, D. P., and Trick, C. G. (1996). Growth, iron requirements, and siderophore production in iron-limited *Synechococcus* PCC 7002. *Limnol. Oceanog.* 41: 89-97.

Williams, S. B., Vakonakis, I., Golden, S. G., and LiWang, A. C. (2002). Structure and function from the circadian clock protein KaiA of *Synechococcus elongatus*: a potential clock input mechanism. *Proc. Nat. Acad. Sci., USA* 99: 15357-62.

Wilson, W. H., Carr, N. G., and Mann, N. H. (1996). The effect of phosphate status on the kinetics of cyanophage infection in the oceanic cyanobacterium *Synechococcus* sp. WH 7803. *J. Phycol.* 32: 506-16.

Winkenbach, F., and Wolk, C. P. (1973). Activities of enzymes of the oxidative and the reductive pentose phosphate pathways in heterocysts of a blue-green alga. *Plant Physiol., Lancaster* 52: 480-3.

Zhao, Y., Shi, Y., Zhao, W., et al. (2005). CcbP, a calcium-binding protein from *Anabaena* sp. PCC 7120, provides evidence that calcium ions regulate heterocyst differentiation. *Proc. Natl. Acad. Sci., USA* 16: 5744-8.

（周 贝 赵 玮 高铭扬 译，毕永红 胡征宇 校）

第三篇

叶绿体的进化

红藻和绿藻形成一个天然的藻类类群，它们含有的叶绿体被叶绿体被膜的两层膜所包裹。导致叶绿体出现的进化事件如下所述（图 III.1）。具有吞噬功能的原生动物（protozoan）将一个蓝细菌吞入食物泡内。蓝细菌没有被当做食物源消化掉，反而作为该原生动物体内的内共生体存活下来。这一事件对该原生动物有利，因为它从内共生的藻类中获得一些光合作用的产物，同时对此蓝细菌也有利，因为它获得一个具有保护作用的稳定环境。通过进化，内共生蓝细菌失去其细胞壁。内共生体失去细胞壁这一突变可能是为了进化而作出的选择，因为它有利于寄主与内共生体之间化合物的转移。具吞噬功能的寄主的食物泡膜成为叶绿体被膜的外膜，蓝细菌共生体的质膜成为叶绿体被膜的内膜。类囊体膜的重排和多角体（polyhedral body）向淀粉核的进化即完成了向真正叶绿体的转换，如现存绿藻和红藻中存在的叶绿体。

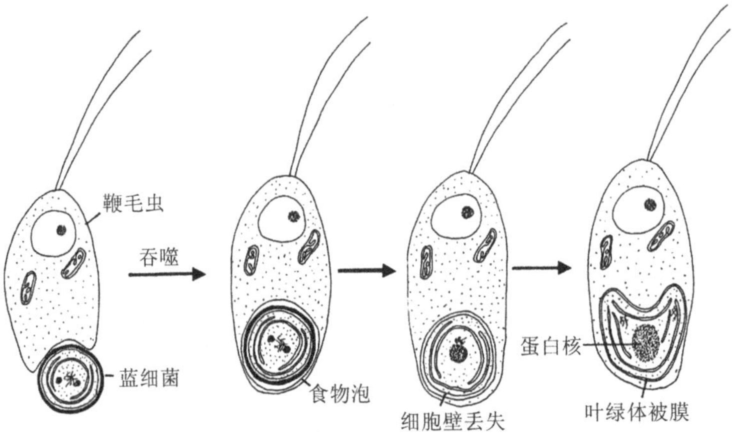

图 III.1 蓝细菌被原生动物吞入食物泡的示意图解。这导致了蓝细菌和原生动物之间内共生关系的建立。通过进化，内共生的蓝细菌进化成由叶绿体被膜的两层膜包裹的叶绿体。

叶绿体内共生起源最初由俄罗斯生物学家 Konstantin Mereschkowsky（1855～1921 年）提出（图 III.2），这主要以其 1905 年的著作 *The Nature and Origins of Chromatophores in the Plant Kingdom*（见 Martin and Kowallik，1999 年英文版）中出现的思想为基础。Mereschkowsky 主要研究喀山市（Kazan，伏尔加河中游城市）周围的苔藓中藻类和真菌的内共生关系，这使得他发现了内共生理论。他把为其寄主细胞效力的质体比作“矮小的绿色奴隶（little green slaves）”，通过阳光来产生食物。

后来的细胞学和生物化学研究强化了 Mereschkowsky 的有关质体内共生起源的理论。核苷酸测序（直接来源于 rRNA 或来源于 DNA 编码的 rRNA）显示出蓝细菌和质体之间的相似性。深入研究表明所有的质体由单个内共生事件进化而来（McFadden，2001；Keeling，2004）。

图 III. 2 Konstantin Mereschkowsky 1855 年 8 月 4 日生于波兰华沙，1921 年 1 月 9 日因自杀卒于瑞士日内瓦的 Des Familles 医院。他的父亲为 Czar 法庭的高级官员。Mereschkowsky 是家中长子，另有 5 个兄弟和 3 个姐妹。Mereschkowsky 于 1875 年进入圣彼得堡大学，1880 年毕业并获得学士学位，并于 1883 年成为该校的无薪讲师。在 1883 年 Mereschkowsky 娶 Sultanova Olga Petronina 为妻并生有一子——Boris。1881～1898 年，他作为一名果树栽培学家在克里米亚（半岛）工作。1898 年，Mereschkowsky 离开他的妻子和儿子，过着穷困潦倒的生活，随即他旅行到美国并在加州大学伯克利分校从事单细胞藻类（从他在克里米亚工作时的材料开始）的研究。

1902 年 Mereschkowsky 返回俄罗斯并接任喀山大学动物学博物馆馆长一职。1903 年他以论文“硅藻形态学（On the Morphology of Diatoms）”获得硕士学位。在那时 Mereschkowsky 的研究受到圣彼得堡大学 Andrei Famintsyn 的影响，Famintsyn 试图培养从虫黄藻中分离出的叶绿体，但他不乐意看到一个年轻竞争对手的出现，于是他开始诋毁 Mereschkowsky 的研究，这导致他们之间的关系极差。1905 年，Mereschkowsky 在俄罗斯和德国同时发表了他的著名论文“植物界色素体的特性及起源（On the Nature and Origin of Chromatophores in the Plant Kingdom)”。1920 年在日内瓦，他发表了关于叶绿体内共生起源的最具广泛影响的论文“La plant considérée comme un complexe symbiotique”。

Mereschkowsky 的个人生活是个悲剧。作为学生，他拥有创新性的思维。然而，在 20 世纪之交前，他是 Czar 秘密警察的合伙。同时，他也是其中一个国家主义组织和反犹太组织“俄国人联合会喀山分会（The Kazan Department of the Union of Russian People)”的成员。他的几个同事因为他的告发而遭解雇。1914 年，Mereschkowsky 被迫离开俄罗斯，不是因为他的政治观点，而是因为他陷入了在 1905～1914 年与 26 位年幼少女的变态恋童行为的性丑闻。这个公开的丑闻迅速蔓延到全国。1918 年 2 月，Mereschkowsky 逃避到法国，最终到瑞士避难。在生命后期，Mereschkowsky 常悲叹他的叶绿体内共生理论“进展微弱（had made little headway)”，而且“常被完全忽视（often completely ignored)”。在与日内瓦大学植物学教授 R. Chodat（此人阻止 Mereschkowsky 进行演讲）进行一次特殊的、可憎的学术交流后，Mereschkowsky 评论说“总有一天历史将会记住我（One day history will remember me)”。1921 年 1 月 9 日，一个周末，在花光所有的积蓄并付清旅馆费用后，Mereschkowsky 以氯仿麻醉自己实施自杀。在其 65 周岁的时候，20 世纪最著名的植物进化学家走完了人生历程。要想更好地了解 Mereschkowsky 的作品及研究传记，可以查看 Sapp 等（2002）的文献。

参考文献

Keeling，P. J. （2004）. Diversity and evolutionary history of plastids and their hosts. *Amer. J. Bot*. 91：1481-93.

Martin，W.，and Kowallik，K. V. （1999）. Annotated English translation of Mereschkowsky's 1905 paper Uber Natur und Ursprung der Chromatophoren im Pflanzenreiche. Eur. *J. Phycol*. 34：287-95.

McFadden，G. I. （2001）. Primary and secondary endosymbiosis and the origin of plastids. *J. Phycol*. 37：951-9.

Mereschkowsky，C. （1905）. Uber Natur und Ursprung der Chromatophoren im Pflanzenreiche. *Biol. Zentralbl*. 25：593-604.

Sapp，J.，Carrapico，F.，and Zolotonosov，M. （2002）. Symbiogenesis：the hidden face of Constantin Merezhkowsky. *Hist. Phill. Life Sci*. 24：414-40.

第三章

灰色藻门（Glaucophyta）

灰色藻门包括细胞质中含有内共生蓝细菌而非叶绿体的藻类。由于协同共生的本质，灰色藻门被认为是叶绿体进化的中间过渡类型。叶绿体进化的内共生理论首先由 Mereschkowsky 在 1905 年提出，这是一个最被广泛认可的理论。根据这个理论，蓝细菌被具有吞噬功能的生物吞入食物泡。通常，蓝藻会被鞭毛虫消化，但是偶尔也会发生鞭毛虫不能消化蓝细菌的变异。这或许是一个有利的变异，因为蓝藻可以凭借其缺乏反馈抑制（feedback inhibition）而向寄主鞭毛虫分泌大量代谢物。反过来，鞭毛虫给蓝细菌提供一个保护性的环境。这种复合生物（composite organism）可以在一个没有光合生物的生态位中生存（如在一个自由生活的蓝细菌不能生长的弱酸性水体中；见第二章）。Pascher（1914）专门为这种共生关系创建术语：他称这种内共生的蓝细菌为蓝色小体（cyanelle），称寄主为蓝色复合体（cyanome），称二者间共生关系为 syncyanosis。在最初的 syncyanosis 内，蓝色小体周边有一层壁。这层壁减缓了从蓝色小体到寄主及相反方向的物质交换，于是使得这层壁消失的有利突变在进化中被选择出来。灰色藻门的大多数蓝色小体没有壁，而是被两层膜包围——蓝色复合体的食物泡膜和蓝色小体的细胞质膜。随着不断的进化，这两层膜演变成叶绿体的被膜，而蓝色复合体的胞质承担了储存产物的功能。这些含有 1，5-二磷酸核酮糖羧化酶/氧化酶的多面体分化为淀粉核。

蓝细菌与叶绿体间存在的大量相似之处支持了内共生理论：①它们具有相似的大小；②它们都能在进行光合作用过程中产生氧气；③它们都有 70S 核糖体；④它们都含有没有碱性蛋白的环状原核 DNA；⑤rRNA 或编码 rRNA 的 rDNA 核苷酸测序显示相似；⑥它们都以叶绿素 a 作为主要的光合色素。

灰色藻门的色素与蓝藻纲相似：都含有叶绿素 a 和藻胆蛋白；然而灰色藻门中不含有蓝藻中的两种类胡萝卜素、蓝藻叶黄素（myxoxanthophyll）和海胆烯酮（echinenone）（Chapman，1966）。

尽管蓝色小体与蓝细菌相似，但是它应该被当做是一种细胞器而非内共生的蓝细菌（Helmchen et al.，1995；McFadden，2001）。蓝细菌中有 3000 多个基因，而蓝色小体仅含有与质体相同的基因数（约 200 个基因）。很明显，蓝色小体（与质体）基因组在内共生过程中经历了大量的缩减。很多丢失的基因最终重新定位到核内，而其他的基因则丢失——因为它们在蓝色小体作为内共生体这一新的角色中是多余的。例如，蓝细菌含有一条呼吸电子传递链而质体没有，这个呼吸电子传递链在真核藻类中是由核基因编码的。

灰色藻门里的生物很古老，McFadden（2001）称它们为共生体的腔棘鱼（coelocanth，意为深海硬骨鱼）。灰色藻门从进化树中分离出来可能要早于红藻和绿藻之间的分离（Keeling，2004）。

这种由 Syncyanosis 展现出复合生物的新的特征，不再单独具有该复合生物的组成生物各自特性的事实，促使 Skuja 在 1954 年建立起灰色藻门。必须承认，灰色藻门中生物代表着一个非常古老的类群，在进化过程中它们极具可塑性并且经历了大量的变化，努力达到一个含有叶绿体的相对稳定的细胞水平。这样一个动态的类群由大量的生物组成，它们还不能很好地适应与比它们更高级的后代的竞争。这种境地导致灰色藻门中大量原始种类的灭亡，而现今存活的只是该类群中的少数种类。

蓝载藻（*Cyanophora paradoxa*）是一种淡水鞭毛虫，其细胞质中含有两个蓝色小体，每个蓝色小体中有一个致密的中央小体［图 3.1（a）］。蓝载藻中蓝色小体的硝酸盐还原、光合作用和呼吸作用都与叶绿体相似而与蓝细菌不同（Floener and Bothe，1982；Floener et al.，1982）。这一现象表明，在进化上蓝载藻的蓝色小体与叶绿体更近。然而，蓝载藻的蓝色小体在 1，5-二磷酸核酮糖羧化酶/氧化酶（rbcL）的产生位置还是比较原始。1，5-二磷酸核酮糖羧化酶/氧化酶在光合作用中固定二氧化碳，它由 8 个大亚基和 8 个小亚基共 16 个亚基组成。在高等植物中，大亚基是由质体 DNA 编码，而小亚基由核 DNA 编码。但在蓝载藻中，rbcL 的大小亚基都由蓝色小体中的 DNA 编码。蓝色小体中这种非蓝细菌类型的 1，5-二磷酸核酮糖羧化酶/氧化酶现在看来是合理的，因为发生了从线粒体或质体到蓝色小体的横向基因转移或基因代替（McFadden，2001）。蓝载藻中蓝色小体的分裂机制介于蓝细菌和质体分裂机制之间。质体在其分裂区有内、外两个由电子致密物构成的环。然而，蓝载藻中蓝色小体在分裂时，仅在蓝色小体质膜（内膜）内侧的基质中有一个内环，位于叶绿体被膜外侧的外环通常消失（图 3.2）（Iino and Hashimoto，2003）。

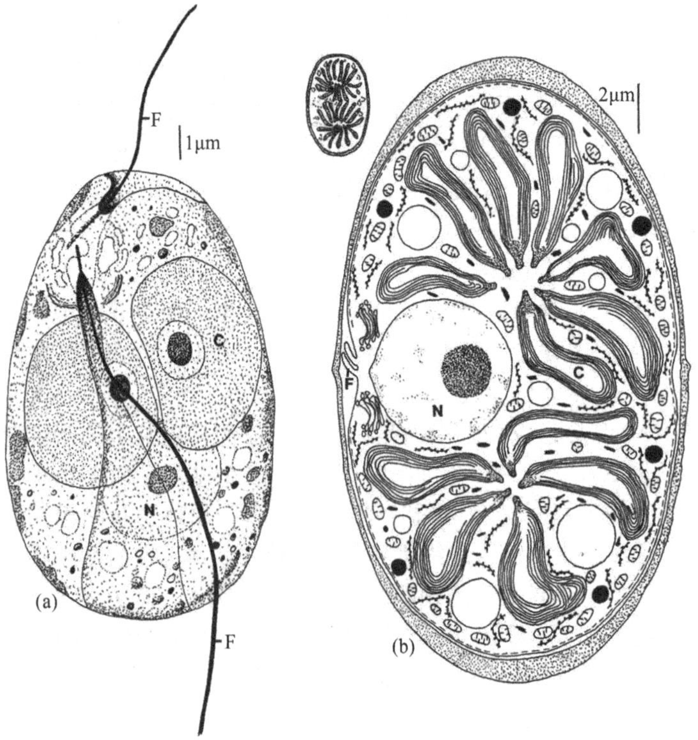

图 3.1 （a）蓝载藻（*Cyanophora paradoxa*）的两个蓝色小体（C）、细胞核（N）和鞭毛（F）。（b）灰色藻（*Glaucocystis nostochinearum*）细胞的半截图显示两组蓝色小体（C）、退化的鞭毛（F）和细胞核（N）。［（a）仿自 Mignot et al.，1969；（b）仿自 Schnepf et al.，1966］

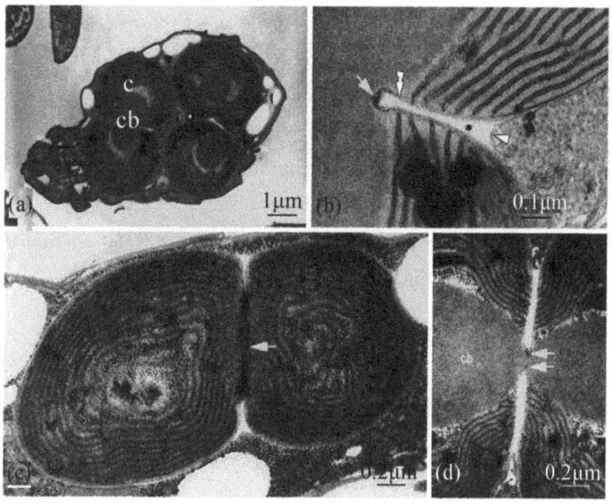

图 3.2 蓝载藻（*Cyanophora paradoxa*）细胞分裂截面的透射电镜显微照片。(a) 整个细胞。c，蓝色小体；cb，中央体。(b) 分裂点的横截面具有一层隔膜（星号所示），它将内膜（双箭头）和外膜（箭头）分开。横截面（箭号）图片显示在内膜的前缘可见致密电子蓝色小体环。(c) 在切线部分可见中度收缩的蓝色小体具有蓝色小体环（箭号）。(d) 强烈收缩的分裂点。横截面切片显示在收缩处存在一对蓝色小体环（箭号）。（引自 Lino and Hashimoto，2003）

灰胞藻属（*Glaucocystis*）也是一种淡水生物，仅出现在软水湖泊（钙离子浓度低的湖泊）中。它在细胞核两侧各有一组蓝色小体［图 3.1（b)］。灰胞藻属细胞壁内侧有两条退化的鞭毛，这足以证明它们起源于一个双鞭毛的祖先。这些生物具有在蓝色小体外的胞质中形成的淀粉，表明寄主已经承担起形成储存产物的职能。

其他含有内共生蓝细菌的生物并没有划到灰色藻门内，因为它们代表着进化的盲端，其内共生的蓝细菌不能进化成叶绿体。这些生物含有的蓝色小体依然具有细胞壁，在细胞学结构上与蓝细菌相似，如菌类 *Geosiphon* 的蓝色小体（Schnepf，1964）。

参考文献

Chapman，D. J.（1966）. Pigments of the symbiotic algae（cyanomes）of *Cyanophora paradoxa* and *Glaucocystis nostochinearum* and two Rhodophyceae，*Porphyridium aeruginosa* and *Asterocytis ramosa*. *Arch. Mikrobiol.* 55：17-25.

Floener，L.，and Bothe，H.（1982）. Metabolic activities in *Cyanophora paradoxa* and its cyanelles. II. Photosynthesis and respiration. *Planta* 156：78-83.

Floener，L.，Danneberg，G..，and Bothe，H.（1982）. Metabolic activities in *Cyanophora paradoxa* and its cyanelles. I. The enzymes of assimilatory nitrate reduction. *Planta* 156：70-7.

Helmchen，T. A.，Bhattacharya，D.，and Melkonian，M.（1995）. Analysis of ribosomal RNA sequences from glaucocystophyte organelles provide new insights into the evolutionary relationships of plastids. *J. Mol. Evol.* 41：203-10.

Iino，M.，and Hashimoto，H（2003）. Intermediate featres of cyanelle division of *cyanophora paradoxa*（Glaucocystophyta）between cyanobacterial and plastid division. *J. Phycol.* 39：561-9.

Keeling，P. J.（2004）. Diversity and evolutionary history of plastids and their hosts. *Amer. J. Bot.* 91：1481-93.

McFadden，G. I.（2001）. Primary and secondary endosymbiosis and the origin of plastids. *J. Phycol.* 37：951-9.

Mereschkowsky，C.（1905）Ueber Natur und Ursprung den Chromatophoren in Pflanzenreich. *Biol. Zentralbl.* 25：593-604.

Mignot, J. P., Joyon, L., and Pringsheim, E. G. (1969). Quelques particularités structurales de *Cyanophora paradoxa Korsch.*, protozoaire flagellé. *J. Protozool.* 16: 138-45.

Pascher, A. (1914). Uber Symbiosen von Spaltpilzen und Flagellaten. *Ber. Dtsch Bot. Ges.* 32: 339-52.

Schnepf, E. (1964). Zur Feinstruktur von *Geosiphon pyriforme*. Ein Versuch zur Deeutung cytoplasmatischer Membranen und Kompartimente. *Arch. Mikrobiol.* 49: 112-31.

Schnepf, E., Koch, W., and Deichgräber, G. (1966). Zur Cytologie und taxonomischen Einordnung von *Glaucocystis. Arch. Mikrobiol.* 55: 149-74.

Skuja, H. (1954). Glaucophyta. In *Syllabus der Pflanzenfamilien*, by A. Engler, ed. H. Melchoir, and E. Werdermann, Vol. 1, pp. 56-7. Berlin: Borntraeger.

（刘福利 译，胡自民 校）

第四章

红藻门（Rhodophyta）

红藻纲（Rhodophyceae）

红藻纲（或红藻）是组成红藻门的唯一的纲。红藻纲可能是真核藻类中最古老的类群之一。红藻很可能是直接从灰色藻门中的蓝色复合体演化而来的（第三章）。最早的红藻可通过进化在未被蓝藻占据的生态位中生存，这些蓝藻是当时唯一的通过光合作用产生氧气的藻类。该生态位应该为 pH 小于 5 的水体，由于某些未知的原因，蓝藻不能在其中生存（Brock，1973）。的确，基于核苷酸序列测序的现代系统发育研究表明，生活在酸性水体中的单细胞温泉红藻（*Cyanidium*）可能是现存的最古老的红藻种类（Oliveira and Bhattacharya，2000）。

红藻纲藻类的细胞缺乏鞭毛，有叶绿素 a 和藻胆蛋白，以红藻淀粉作为储存物质，同时类囊体以单层的形式出现在叶绿体中。

海藻中大多数为红藻，其种类（约 4000 种）比其他主要海藻类群之和还要多。尽管海洋红藻在所有纬度都有分布，但从赤道到寒冷海域其丰度有明显的改变。在极地和近极地地区红藻藻体较少，而褐藻和绿藻种类占优势，但在温带和热带地区红藻种类数目远多于褐藻和绿藻。红藻藻体的平均大小也因所处地理区域的不同而异。在冷温带地区红藻种类大而肥厚，而在热带海域，大多数红藻（大量钙化的形态除外）藻体小而呈丝状。红藻也可以在其他藻类类群不能生存的海洋深水中生活。它们生存的最深水层可达 200 m，这种能力与它们光合作用中的辅助色素功能有关。目前，在淡水中发现有大约 200 种红藻，它们的个体大小不及海洋红藻（Skuja，1938）。大多数淡水红藻生活在小到中等大小溪流的流水中（Sheath and Hambrool，1988）。淡水红藻很少生活在流速小于 30 cm・s^{-1}的水流中。这种急流可能对红藻有利，因为附着松散的竞争者被冲刷掉，同时可稳定地补充营养和气体。

细胞结构

红藻细胞结构的主要特征（图 4.1）是：每个叶绿体含有一个单带型类囊体，没有叶绿体内质网，红藻淀粉粒位于叶绿体外的胞质中，没有鞭毛，丝状种类红藻的细胞间有纹孔连接，具有真核类型的细胞核（Scott et al.，1980）。

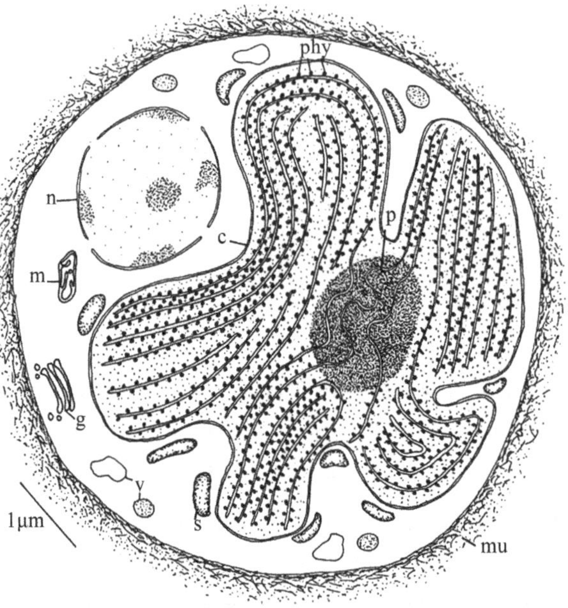

图 4.1 紫球藻（*Porphyridium cruentum*）细胞的半截模式图。c，叶绿体；g，高尔基体；m，线粒体；mu，黏液；n，细胞核；p，淀粉核；phy，藻胆体；s，淀粉；v，液泡。（改编自 Gantt and Conti，1965）

细胞壁

大多数红藻的细胞壁为纤维素构成的微纤维状结构，不过在红毛菜目（红毛菜属和紫菜属）的单倍体阶段，以 β-1，3 糖苷键相连的木聚糖（由木糖残基组成的多糖）取代纤维素行使此种功能（Frei and Preston，1964）。单细胞红藻含有无定形的硫酸多糖基质，但在细胞外没有纤维素（Arad et al.，1993）。在其他红藻中，无定形多糖或黏液存在于纤维素微纤维之间。无定形黏液中的两类主要物质是琼胶（agar）和卡拉胶（carrageenan）（图 4.15）。这些黏液的含量可占细胞壁干重的 70%。有时，细胞壁外侧含有主要由蛋白质组成的角质层（Craigie et al.，1992）。

叶绿体和储存产物

在形态简单的红藻中，叶绿体通常为星形，且有一个位于中央的淀粉核/蛋白核（图 4.1），而在其他红藻中叶绿体通常为盘状（图 4.3）。对于顶端生长的红藻，叶绿体通常起源于顶端细胞中小而无色的前质体，而其中少有类囊体（Lichtlé and Giraud，1969）。叶绿体被叶绿体被膜的两层膜所包裹，无叶绿体内质网出现（图 4.1、图 4.2 和图 4.3）。类囊体单独出现在叶绿体内。藻胆素存在于类囊体表面的藻胆体中，这与蓝藻中的情况类似。

叶绿素 a 位于叶绿体中。曾有错误的报道称叶绿素 d 也存在于红藻叶绿体中。现已证明，这些研究中提及的叶绿素 d 来自于红藻上附生的蓝细菌 *Acaryochloris marina*（Murakami et al.，2004）。

藻胆蛋白包括R-藻蓝蛋白、别藻蓝蛋白及三种类型的藻红蛋白，其中藻红蛋白的含量最高，这也使得红藻呈现粉红色。B-藻红蛋白存在于较为原始的红藻中，并且已经在紫球藻（*Porphyridium*）（图4.1）、红孢囊藻（*Rhodosorus*）［图4.24（a）］、红草藻（*Rhodochorton*）（图4.31）和似紫菜（*Smithora*）中被发现。R-藻红蛋白存在于大多数高等的红藻中，而C-藻红蛋白存在于紫球藻（*Porphyridium*）①（图4.1）、紫菜（*Porphyra*）和多管藻（*Polysiphonia*）（图4.44和图4.45）中。藻胆蛋白存在于类囊体表面的藻胆体中（图4.1）。含有藻红蛋白和藻蓝蛋白的藻胆体呈球形，而只含有藻蓝蛋白的藻胆体呈圆盘状（Gantt，1969）。

图4.2 蓝色小红藻（*Rhodella violacea*）细胞截面的透射电镜显微图片。C，叶绿体；M，线粒体；N，细胞核；P，淀粉核；S，淀粉；V，液泡。（引自 Marquardt et al.，1999）

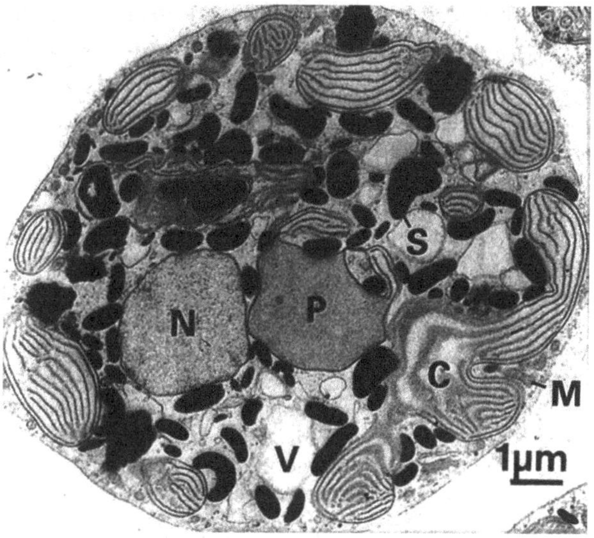

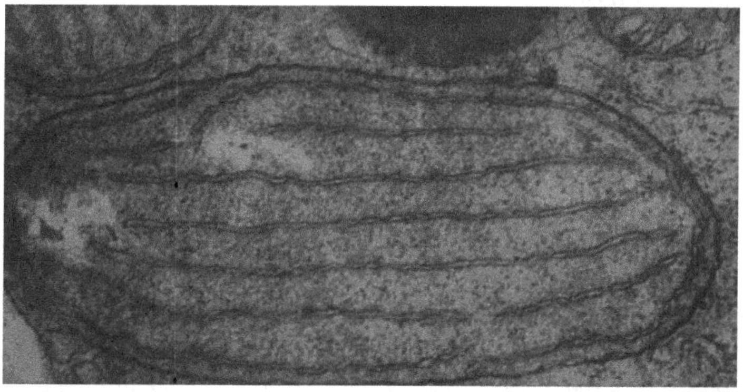

图4.3 多管藻（*Polysiphonia*）果孢子的叶绿体。（引自 Tripodi，1974）

红藻中存在补色适应性（complementary chromatic adaption）。橙色和红色光刺激吸收长波的藻蓝蛋白的产生，而绿色光则刺激吸收短波的藻红蛋白的形成（Sagert and Schubert，1995）。在红藻中，弗洛里多苷［*O*-*α*-D-呋喃半乳糖-（1，2）-丙三醇］是主要的光合产物，尽管甘露醇、山梨醇、海人草素和半乳糖醇也存在（图4.4）（Barrow

---

①在分类学上 *Rhodella* Evans 1970 = *Porphyridium* Nagels 1849。

et al.，1995；Karsten et al.，2003)。随着介质盐度的增加，红藻细胞中弗洛里多苷的浓度也会增加（Reed，1985)。弗洛里多苷浓度的这种变化被认为是至少部分地抵消外界的渗透压变化，从而防止红藻细胞因外界盐度增加而丢失水分。在某些海洋红藻的藻体中，弗洛里多苷的含量最多可占其干重的 10%。与高等植物一样，最早被观察到的光合作用产物是磷酸甘油酸（phosphoglyceric acid)。弗洛里多苷在光照 30 s 后开始出现，到 2 h 后即成为主要的光合产物。弗洛里多苷似乎与绿藻和高等植物中常见的光合产物——蔗糖具有相同的功能。

红藻淀粉（图 1.28）是长期的储存产物，以颗粒形式存在于叶绿体外的胞质中（图 4.1)。红藻淀粉类似与高等植物的支链淀粉，它可被碘染成紫罗兰色。在较原始的红藻中，淀粉粒围绕着叶绿体淀粉核聚集成一个鞘（sheath)，而在较高等的红藻中，淀粉粒散布在胞质中（Hara，1971；Lee，1974)。

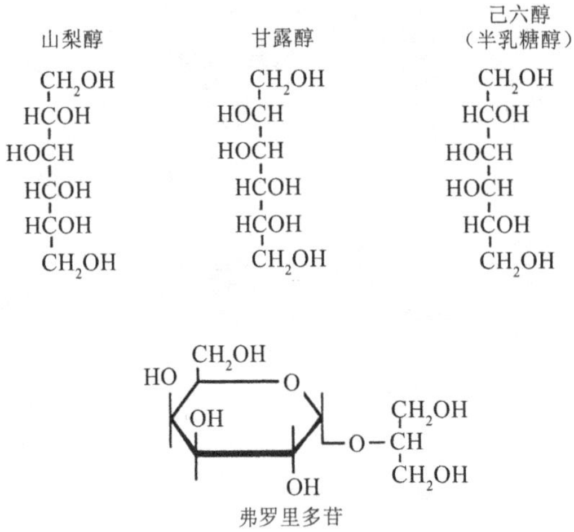

图 4.4　红藻中低分子质量的多糖的化学结构。

纹孔连接

纹孔连接（pit connection）出现在除紫球藻目（Porphyridiales）和单倍体阶段的红毛菜目（Bangiales）以外的所有红藻细胞间。必须指出“纹孔连接”这个术语并不恰当，因为这个结构既不是一个“纹孔”，也不是“连接”，然而这个术语已被长期使用，因此最好的处理是将其保留。纹孔连接是由一个位于两个藻体细胞间的类似于蛋白质的塞芯（plug core）组成（图 4.5 和图 4.6)。盖膜（cap membrane）将塞芯与相邻的胞质分开。盖膜与质膜相连，反过来，细胞间的质膜也借此相连续。盖膜的内侧为内盖层，外侧为外盖层（Pueschel，1987)。纹孔连接的结构差别很大。较为原始的红藻，如 *Rhodochaete* 和弯枝藻（*Compsopogon*)，其纹孔连接没有盖膜和盖层，只有一个塞芯，这可能代表着纹孔连接的最早结构（Pueschel，1989)。

图 4.5　红藻中纹孔连接形成的半截图示。(a) 细胞横壁开始向内皱缩，在由细胞质衍生的液泡中出现细胞壁前体；(b) 横壁隔膜形成，但在中央留一开口（空隙）；(c) 内质网横亘在横壁的小孔上，并且电子致密物在此处集聚；(d) 纹孔连接形成，它具有一个塞，细胞间的胞质借此得以相连。（改编自 Ramus，1969；Lee，1971）

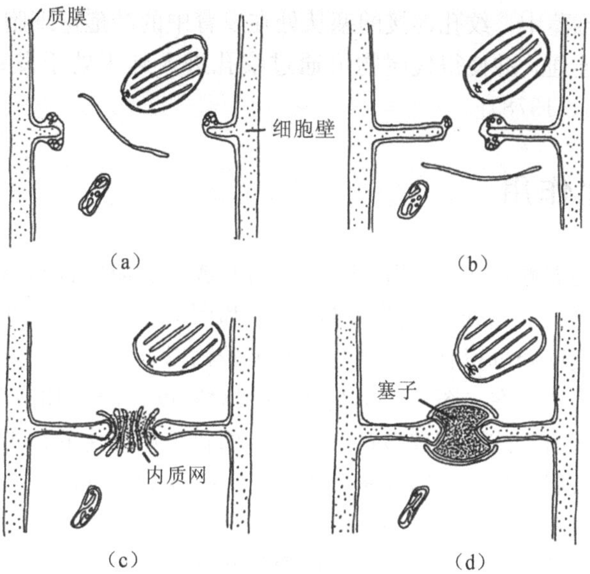

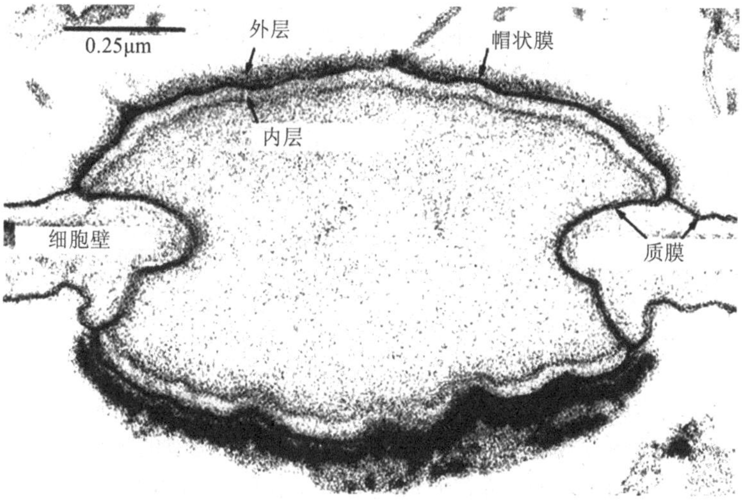

图 4.6　掌形藻（*Palmaria mollis*）细胞间的纹孔连接。细胞间的质膜相互连接。盖膜与质膜相连。内外盖层分别位于盖膜的两侧。（引自 Pueschel，1987）

纹孔连接有两种类型。初级纹孔连接（primary pit connection）在细胞分裂时于两个细胞之间形成。次生纹孔连接（secondary pit connection）在两个细胞融合时形成。这两种类型纹孔连接具有相同的结构（Kugrens and West，1973）。初级纹孔连接形成过程如下（图 4.5）（Ramus，1969）：核分裂后不久，细胞横壁从侧壁向里生长，当横壁形成时在横壁的中央保留有一个孔（缝隙），通过这个孔，两个细胞的胞质得以连通；大量平行的囊泡横跨小孔，而电子致密物浓缩在囊泡周围。最终这些囊泡消失，电子致密物填堵住小孔。围绕这些电子致密物有一层膜得以形成，同时在孔内产生一个栓塞。有报道称纹孔连接含有蛋白质和多糖（Pueschel and Trick，1991；Ramus，1971）。纹孔连接可作为叶状藻体上一个结构加强物而发挥作用（Kugrens and West，1973）。在某些红藻中，纹孔连接的塞从处在发育中的产孢丝细胞之间移开，这样细胞间的原生质得以连通，并使得代谢物可通过纹孔进入到正处于发育中的生殖细胞内（Turner and Evans，1978）。

钙化作用

珊瑚藻目（Corallinales）的所有成员和海索面目（Nemaliales）的某些种类，包括粉枝藻（*Liagora*）[图 4.17（a）和图 4.17（b）]，乳节藻（*Galaxaura*）（图 4.34），在细胞壁外沉积有碳酸钙。无水碳酸钙以方解石（长斜方形）和霰石（斜方晶形）两种晶体形式存在（图 4.7），它们在相对密度、硬度和溶解性上明显不同。珊瑚藻目主要以方解石形式沉积碳酸钙，而海索面目中可钙化的种类主要以霰石形式沉积碳酸钙。在粉枝藻属（*Liagora*）[图 4.17（a）和图 4.17（b）]（海索面目）中，霰石以针形晶体的形式存在于细胞壁中，而在珊瑚藻目中方解石以大量沉积物的形式存在（Borowitzka et al.，1974）。活细胞的钙化细胞壁可能含有黏液成分，它可以减少钙离子向介质的流失（Pearse，1972）。如果钙化的藻体被杀死，那么钙化的细胞壁消散的速度明显加快。

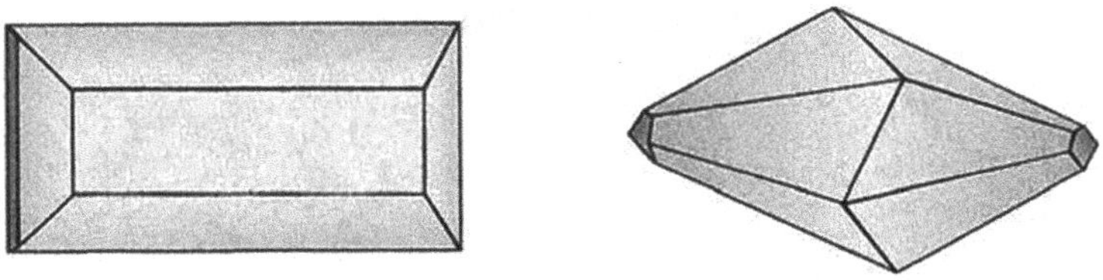

图 4.7 霰石和方解石的晶体结构。

红藻石（rhodolith）是独立的至少部分由钙化红藻组成的生源（由活体生物产生）节结（nodule）。当鹅卵石或珊瑚碎片在中央形成核后，无节的珊瑚藻附于此核上并开始生长，红藻石便开始形成。红藻石的形状取决于其所处的环境，通常为球形，这是因为水的运动使得红藻石时常翻滚。红藻石的直径可达 30 cm，时间可达 500～800 年。可利用珊瑚红藻带的红藻石切片来研究细胞壁钙化沉积形成时的环境（Halfar et al.，2000）。

珊瑚藻的骨骼形成过程很少受生物控制，当镁离子和钙离子达到类似于水中镁/钙的比值时，它们通过浸渍进入到珊瑚藻的细胞壁中。因此，细胞壁中镁/钙的值反映了水中镁/钙值。对始于古生代的化石珊瑚藻类红藻的细胞壁中镁/钙值的分析表明，“霰石海（aragonite sea）”和“方解石海（calcite sea）”曾多次出现过。“霰石海”海水中含有相对高的镁离子，导致珊瑚藻细胞壁含有高浓度镁离子的方解石和霰石；“方解石海”海水中含有相对低的镁离子，导致珊瑚藻含有低浓度镁离子的方解石（图 4.8）（Stanley et al.，2002）。海洋中部镁和钙的散播速率导致海水中镁离子/钙离子比例出现差异。

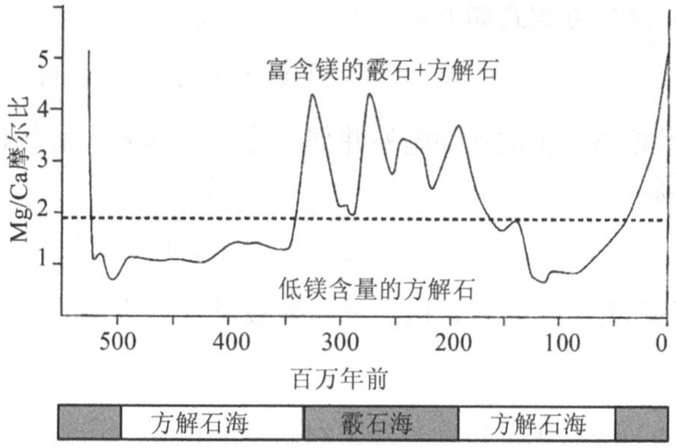

图 4.8　海水中 Mg/Ca 摩尔比值对珊瑚红藻中沉积的碳酸盐的矿化的影响。海水中高的 Mg/Ca 摩尔比值导致方解石和霰石沉积物中 Mg 的含量高，进而形成“霰石海”。而海水中低的 Mg/Ca 摩尔比值导致方解石沉积物中 Mg 的含量偏低，进而形成“方解石海”。（修改自 Stanley et al.，2002）

在礁石水池内及暴露于风浪和急流的岩石海岸处，珊瑚藻生长极为旺盛。拥有最高的钙化速率的红藻也拥有最高的光合速率，它们通常生长在水深不到 20 m 的水域（Goreau，1963）。在光照时，叶状体的钙化速率比在黑暗时快 2～3 倍，尽管在黑暗时钙化速率也很明显（Okazaki et al.，1970）。这个现象的发现促进了钙化可能与光合作用相关的理论的提出（Pearse，1972）。关于钙化作用最常引用的理论是，光合作用消耗大量的二氧化碳，使得海水的碱度增加，而碳酸钙在碱性水中的溶解度低于酸性水中的溶解度，最终导致钙盐从海水中沉淀出来。这个理论最明显和常被提及的缺陷是，因为所有的藻类都进行光合作用，很难解释为什么它们没有全部进行钙化。另外，珊瑚藻在黑暗中依然可以进行钙化也不支持这一理论。

海水中的碳酸钙或多或少地处于饱和状态，无论是钙离子还是碳酸根都会导致碳酸盐沉淀。CO_3^{2-} 的浓度与一系列复杂的方程式有关（Digby，1977a，b）：

$$CO_2+H_2O \rightleftharpoons H_2CO_3 \rightleftharpoons H^+ + HCO_3^- \rightleftharpoons 2H^+ + CO_3^{2-}$$

然后

$$CO_3^{2-}+Ca^{2+} \rightleftharpoons CaCO_3$$

酸性增强会使反应向左进行，从而导致碳酸盐溶解，而碱性增强会使反应向右进行，导致形成更多的碳酸盐。当 pH 在海水条件下（8.4），水中几乎所有的二氧化碳都以碳酸氢根的形式存在。在碳酸钙达饱和的海水中增加氢氧根离子将会沉积等量的碳酸钙：

$$Ca^{2+}+HCO_3^-+OH^- \rightleftharpoons CaCO_3+H_2O$$

海水中碳酸钙接近饱和的事实在缅因州海岸的海水中已得到证实（Digby，1977a）。通过将海水 pH 升高至 9.6，可使碳酸盐沉淀。碳酸钙由于溶解度低会首先沉淀，随后浓度稍高的碳酸镁开始沉淀。

Digby（1977b）提出了一个红藻钙化的理论，即细胞外的海水中 pH 急剧升高导致上述碳酸盐的沉淀。第一个过程为正常的光合作用裂解水：

$$H_2O \longrightarrow 1/2O_2+2H^+ +2e^-$$

氧气于是扩散到细胞外。如上所述，海水中二氧化碳主要以碳酸氢根离子存在，这些碳酸氢根离子扩散到细胞内并接受光合作用释放的游离电子，进而变成碳酸根离子和氢离子，反应方程式如下：

$$2HCO_3^- + 2e^- \rightleftharpoons 2H^+ + 2CO_3^{2-}$$

碳酸根离子扩散到细胞外并部分分解，形成碳酸氢根离子和氢氧根离子，从而导致 pH 升高：

$$2CO_3^{2-} + H_2O \rightleftharpoons 2HCO_3^- + 2OH^-$$

当细胞外 pH 升高，钙离子和碳酸根离子达到饱和时，碳酸钙就沉淀在细胞壁上：

$$2Ca^{2+} + 2CO_3^{2-} = 2CaCO_3$$

持续的碳酸钙沉积导致红藻细胞壁的钙化。尽管上述理论可以解释钙化的机制，但它不能解释为什么钙化是某些红藻所特有。

有种理论认为红藻叶状体的钙化是作为一种防止被帽贝等生物捕食的保护机制进化而成，尽管有人也曾指出捕食者的捕食行为对珊瑚藻是有利的，借此捕食者可清除红藻藻体上的附生物（Pueschel and Miller，1996）。

分泌细胞

分泌细胞（secretory cell）或泡状细胞存在于某些红藻中［图 4.9（a）和图 4.9（b）］。这些细胞在成熟时无色，通常有一个大的中央液泡。柏桉藻（*Bonnemaisonia*）的分泌细胞很明显，这与高浓度的碘有关［图 4.9（a）］。其碘的浓度高到足以使以淀粉作为填充剂（检测碘的化学物）的标本纸显蓝色。当这些藻类生活在没有溴的介质中，分泌细胞就会发育不全，缺乏包含折射物的大液泡（Wolk，1968）。溴也可以以颗粒形式沉积在黏液中，如在 *Thysanocladia densa* 的叶状体髓质（Pallaghy et al.，1983）或微黑多管藻（*Polysiphonia nigrescens*）的表皮中（Peders'en et al.，1981）。

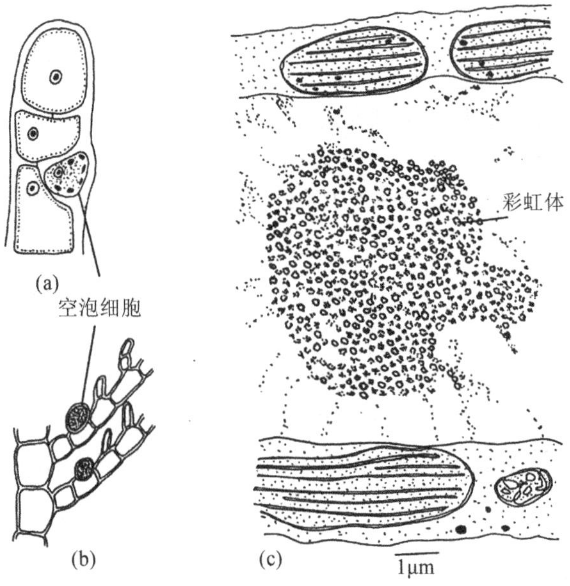

图 4.9 （a）柏桉藻（*Bonnemaisonia*）*Trailiella* 阶段的泡状细胞。（b）对丝藻（*Antithamnion plumula*）的泡状细胞。（c）软骨藻（*Chondria caerulescens*）细胞液泡中的彩虹体。［（a）仿自 Kylin，1956；（b）仿自 Kylin，1930；（c）改编自 Feldmann，1970a］

其他类型的分泌细胞与卤素积累无关。这些细胞经常被称为分泌细胞，尽管它们明显不涉及分泌功能。在对丝藻属（*Antithamnion*）［图 4.9（b）和图 4.10（a）］内，这些细胞含有一个内部含有硫酸多糖的大的中央液泡（Young and West，1979）。在 *Opuntiella californica* 中存在“腺细胞”（gland cell），而大液泡内含有均质的蛋白物质（Young，1979）［图 4.10（b）］。这些“分泌细胞”和“腺细胞”可能含有一些对摄食者起威慑作用的化合物，或者它们用来积累起代谢作用的特别储备物。

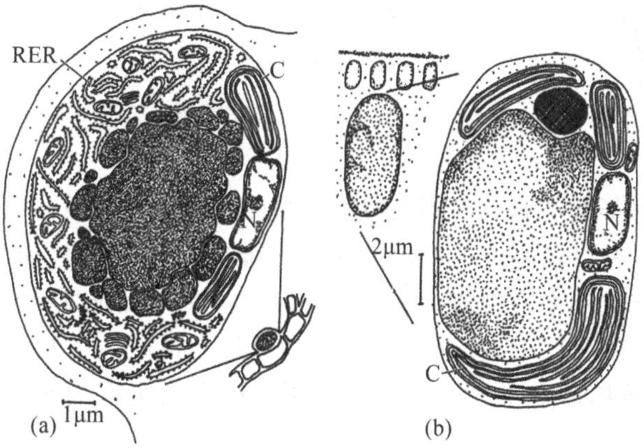

图 4.10　(a) 对丝藻（*Antithamnion*）泡状细胞精细结构的半截图示。该细胞具有一个大的中央液泡，被含有粗面内质网（RER）、线粒体、叶绿体（C）和细胞核（N）的细胞质所环绕。(b) *Opuntiella californica* “腺细胞”精细结构半截图示。该细胞具有一个大的中央液泡，其中含有叶绿体（C）、细胞核（N）和线粒体。［(a) 仿自 Young and West，1979；(b) 仿自 Young，1979］

彩虹色

在反射光中观察时，一些红藻藻体呈现出明显的蓝色或绿色彩虹。彩虹色（iridescence）纯粹是一种物理干涉现象，与诸如磷光或生物发光等光产生现象无关（Gerwick and Lang，1977）。彩虹色由从多个非常薄的片状物（lamination）反射的光波产生干涉而形成，这些片状物被折射系数截然相反的同样薄或更薄的片层所隔开，它们均匀一致，通过周期性地分泌和沉淀而形成。不同研究者将红藻的彩虹色归因于不同的缘由。Feldmann（1970a，b）在软骨藻（*Chondria*）和腹枝藻（*Gastroclonium*）中发现彩虹体，而 Gerwick 和 Lang（1997）则将银杏藻（*Iridaea*）的彩虹色归因于其具有多层角质层。

附生生物与寄生生物

红藻纲的生物包括从自养的独立生活种类到完全异养的寄生种类。其范围包括非专性附生生物［在顶丝藻-红草藻复合体（*Acrochaetium-Rhodochorton*）中］、专性附生生物［囊叶藻（*Ascophyllum*）上的绵毛多管藻（*Polysiphonia lanosa*）（图 4.11）］、具有某些光合色素的半寄生生物［*Choreocolax*（图 4.13）和 *Gonimophyllum*］和没有颜色的寄生生物（*Harveyella* 和 *Holmsella*）。

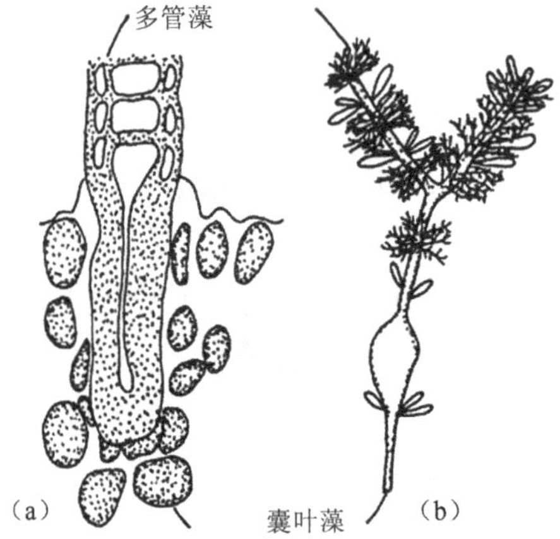

图 4.11 (a) 绵毛多管藻（*Polysiphonia lanosa*）的假根渗入瘤状囊叶藻（*Ascophyllum nodosum*）的组织中。(b) 绵毛多管藻附生在囊叶藻上。[(a) 仿自 Rawlence，1972]

专性附生生物绵毛多管藻与其褐藻寄主囊叶藻间的协同关系已研究得很透彻。当绵毛多管藻的孢子在寄主上萌发后，这种红藻会向下长出假根，并通过酶解寄主组织的方式进入到寄主组织。这种酶由假根末端的小泡释放。假根一旦确立，插入细胞即形成藻体的壁细胞（图 4.11）(Rawlence，1972)。尽管绵毛多管藻是一种专性附生生物，但没有发生从寄主到附生物的代谢物转移，附生物通过光合作用生产自己全部的所需物 (Garlin and Cragigie，1975；Turner and Evans，1978)。

寄生红藻可是同种寄生型（adelphoparasite，adelpho＝兄弟），也可是非同种寄生型（alloparasite，allo＝其他）。同种寄生型红藻与寄主关系紧密或与寄主同属一个科，占寄生红藻的 90%（Goff et al.，1996)。非同种寄生型红藻与其寄主关系不密切。相对于与寄主关系不紧密的非同种寄生型红藻，很明显与寄主关系紧密的同种寄生型红藻更容易适应寄生习性，部分原因可能是如果寄主和寄生物关系密切，这种寄生红藻更容易与寄主建立次生纹孔连接关系（因而可以传递营养）。

枕瓣藻（*Choreocolax polysiphoniae*）是红藻纲的一种寄生种类（图 4.12)。这种红藻完全寄生，有趣的是它寄生在帚状多管藻（*Polysiphonia fastigata*）上，而后者自身又寄生在囊叶藻上（图 4.11)。由于 *Choreocolax* 属于杉藻目而多管藻属于仙藻目，因此它是一种异种寄生型。*Choreocolax* 是由一个近似半球状的白色外部组分构成，这个外部组分则是由被凝胶状物环绕并包裹的次级叉状分枝的细丝及在寄主体内生长的大量吸器细胞构成（Sturch，1926)。当吸器细胞从最初的感染点到达某个距离时，它们常常会产生第二个外部垫层。次生纹孔连接形成于寄生物的具吸器的内部细丝和寄主的巨大细胞之间。在寄生物 *Choreocolax* 细胞顶端分生的丝状体通过细胞的不对称分裂产生接合细胞（图 4.13)。接合细胞含有一个高度浓缩的小的细胞核。接合细胞与邻近的寄主多管藻的细胞相融合，接合细胞的细胞核和细胞质被合并到寄主细胞内。最初连接 *Choreocolax* 的接合细胞及其姐妹细胞的纹孔连接，现在用来连接寄生多管藻的细胞和 *Choreocolax*。这种纹孔连接常被称为次生纹孔连接，尽管实质上它只是一种普通的纹孔连接。有多达几百个 *Choreocolax* 的细胞与单个寄主细胞相融合。被感染的寄主多管藻的细胞会变大，液泡会变小，细胞质中的内含物随即也会增加（Goff and Coleman，

1984）。寄主的叶绿体散布于细胞质，而不像未被感染细胞中的叶绿体那样散布在细胞质的周边。尽管寄生物细胞无色，但它们含有高度退化的质体（Kugrens and West，1973）。无色的寄生物 *Holmsella pachyderma* 和寄主江蓠（*Gracilaria verrucosa*）之间也形成寄生关系，它们二者都是红藻，光合作用的主要产物弗洛里多苷从寄主向寄生物运输，并在寄生物中以弗洛里多苷、甘露醇和淀粉的形式积累（图 4.4）（Evans et al.，1973）。

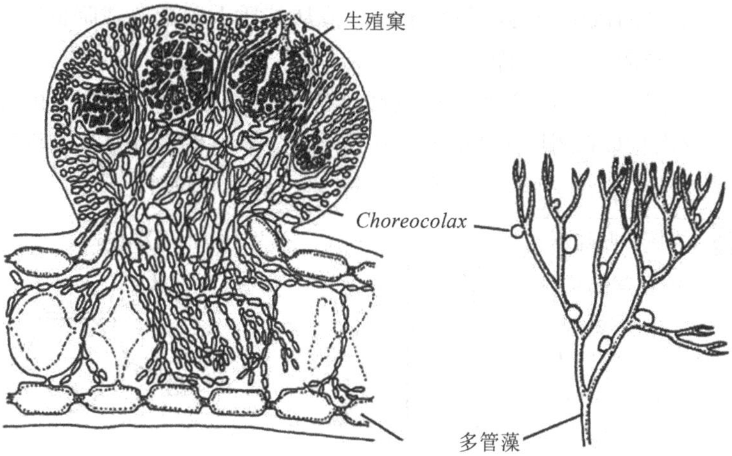

图 4.12　多管藻（*Polysiphonia*）上寄生的枕瓣藻（*Choreocolax polysiphoniae*）的切面图示。寄生的枕瓣藻在发育的各个阶段都有果孢子体。（仿自 Sturch，1926）

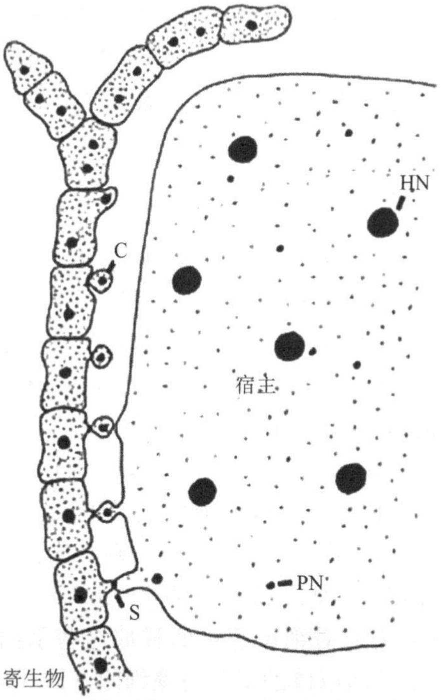

图 4.13　图示在寄主多管藻（*Polysiphonia*）上寄生的红藻枕瓣藻（*Choreocolax*）的丝状体结合细胞的形成过程，结合细胞的纹孔连接作为次级纹孔连接。C，结合细胞；HN，寄主多管藻的细胞核；PN，宿主枕瓣藻的细胞核在寄主细胞与宿主细胞的结合细胞融合后进入寄主细胞内；S，次级纹孔连接。（仿自 Goff and Coleman，1984）

红藻的防御机制

底栖的海洋红藻特别易受到其体表长满的附生生物的影响，因为这些红藻无柄营固着生活，并且限制性地分布在对于污损生物（fouling organism）生存最佳的透光层(photic zone)。附生生物通过减少光线进入而导致红藻的光合作用速率和生长速率降低，或增加的被拖曳的概率使得红藻易于破碎或从基质上脱落，或降低寄主的繁殖输出等方式，对底栖红藻造成严重损害。

有些红藻可分泌一些能够杀死或抑制在其表面生长的附生生物的化合物。栉齿藻(*Delisea*) 可分泌卤代呋喃酮（halogenated furanones）（图 4. 14)，该物质能影响栉齿藻上附生生物的生长，以保持藻体干净（de Nys et al.，1995)。

图 4.14 左图：呋喃酮的构件呋喃的化学结构。右图：红藻栉齿藻（*Delisea pulchra*）产生的一种卤代呋喃酮，它能够抑制栉齿藻上附生植物的生长。

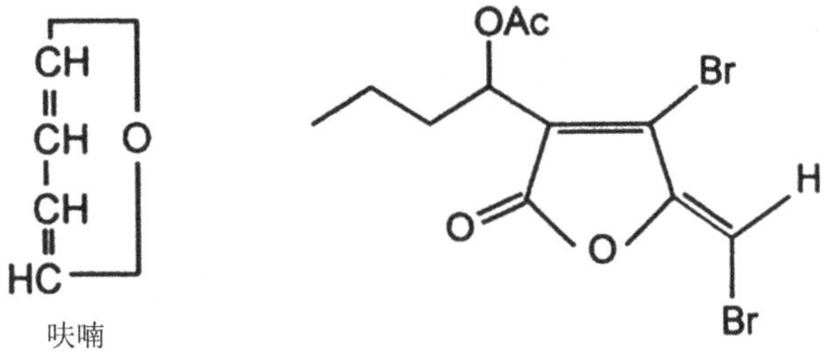

江蓠属种类 *Gracilaria conferta*（图 4. 42）具有抑制红藻被细菌感染的防御机制。侵染性的细菌能分泌琼脂酶，该酶可将江蓠细胞壁中的琼脂分解成更短的琼脂己糖寡糖分子。江蓠细胞通过增加呼吸作用和产生活性氧如过氧化氢和氢氧根离子（Potin er al.，1999)，以对这种毫微摩尔浓度的寡糖变化作出反应。过氧化氢可分解为水和分子态氧气：

$$H_2O_2 \longrightarrow H_2O + 1/2O_2$$

分子氧有毒，在实验条件下它可在 15 min 内清除 90%的附生生物（Weinberger and Friedlander，2000)。研究表明，*Gracilaria conferta* 在每天早上暴露于阳光中也可产生活性氧。这种短时间释放出的活性氧连同与防御有关的过氧化氢，使得对这些化学物质相对不敏感的附生细菌被选择出来。相对而言，棒状杆菌-节杆菌 1（*Corynebacterium-Arthrobacter* 1）对过氧化氢具有一定的抵抗力，而弧菌 1（*Vibrio* 1）和黄杆菌 7（*Flavobacterium* 7）则对过氧化氢敏感（Bouarab et al.，1999；Potin et al.，1999)。

挥发性卤代烃（volatile halocarbons）由溴代烃、氯代烃或碘代烃组成，当江蓠属海藻的细胞暴露于这种寡糖中时也会产生这类卤代物。这种挥发性的碳氢化合物是亲电子的，可取代多种有机化合物，同时也可作为一种天然的杀菌剂（biocide 或 pesticide)。江蓠的“白尖”病（white tip）是藻体为应对细菌感染而释放这些杀菌剂的结果。而藻体末端变白表明藻体在杀灭含有感染处病原体的某些海藻细胞（Largo et al.，1995)。

红藻多糖的商业利用

红藻中两种最重要的多糖衍生物是琼脂/胶和卡拉胶。在药学上琼脂（agar）被定义为一种来源于红藻的藻胶，它不溶于冷水，但可溶于热水。1.5%的琼脂溶液呈清亮状，当温度降至32～39 ℃时，它即形成固态的弹性凝胶，此凝胶在温度低于85 ℃时不会再次溶解。琼脂由琼脂糖（agarose）（图1.11）和琼脂胶（agaropectin）两种多糖组成（Lahaye，2001）。

商业用琼脂从红藻石花菜（*Gelidum*）（图4.40、图4.41）和鸡毛菜（*Pterocladia*）中提取，其他种类包括刺盾藻（*Acanthopeltis*）、伊谷藻（*Ahnfeltia*）和江蓠（*Gracilaria*）（图4.42）（Melo，1998；Mollet et al.，1998）。这些藻类通常被泛称为产琼脂藻类（agarophyte）。全球的琼脂商业化生产被日本垄断了很多年，甚至在1939年日本仍然是主要的琼脂生产国。第二次世界大战时对琼脂的需求因日本琼胶的停供而促成许多盟国琼脂产业的发展，其中一些在第二次世界大战后得以维持并发展壮大，而另一些则衰落或消失。在低潮时可通过潜水、拖挂或网捞等方式在近岸采集产琼脂藻。按照传统的加工程序，将这些产琼脂藻清洗干净并在阳光下漂白，其中用淡水清洗数次以加速漂白。接着将藻体煮沸几个小时，提取物被酸化。将提取物冷冻后再解冻。在解冻时，从琼脂中流出的水会带出杂质。将剩下的琼脂干燥，以薄片或饼块的形式进行销售。更加现代的琼脂提取方法是在高压灭菌的压力下完成的。利用活性炭对琼脂进行脱色、除臭，接着在高压下进行过滤，最后在降低的压力下进行浓缩。通过冷冻可进一步进行纯化。

琼脂的最大用途与食品配料和制药工业有关。琼脂被用作凝固剂或增稠剂，特别是对于鱼类或肉类罐头，它可减少罐头的副作用，同时能避免在运输过程中产品的振动而起到保护作用。此外，在奶酪、蛋黄酱、布丁、奶油和果冻的制作中也用到琼脂。在医学上，琼脂可用作泻药，但它更多地被用作药物缓慢释放所需要的惰性载体、乳化的稳定剂，以及化妆品、药膏和洗涤剂的一种成分。在细菌和真菌生长的培养基中，琼脂可用作硬化剂，要知道这是琼脂在一个世纪以前最主要的用途，不过现在这仍然占琼脂需求量的相当大的部分。

卡拉胶（carrageenan）（图4.15）是一种类似于琼脂的藻胶，但具有更多的灰分，需要更高的浓度以形成凝胶。卡拉胶由数量不同的两种主要成分组成，即κ-卡拉胶和λ-卡拉胶，两者都是带有负电荷的高分子质量聚合物（Chiovitti et al.，1995；Therkelsen，1993）。κ-卡拉胶遍布于整个细胞壁，而λ-卡拉胶则存在于表皮中（Vreekabd et al.，1992）。当钾离子存在时，κ-卡拉胶可从冷的稀溶液中选择性地沉淀出来。对含有钾离子的溶液进行先加热后冷却，κ-卡拉胶即可形成凝胶。λ-卡拉胶为非凝胶成分，它不会沉淀或与钾离子作用形成凝胶。λ-卡拉胶含有半乳糖-2，6-重硫酸盐，而κ-卡拉胶含有3，6-脱水-D-半乳糖。研究表明，皱波角叉菜（*Chondrus crispus*）和杉藻（*Gigartina stellata*）细胞壁中κ-卡拉胶与λ-卡拉胶的比例因藻体倍性不同而变化。在四分孢子体（tetrasporophyte）中，λ-卡拉胶的含量高于κ-卡拉胶的含量，而在配子体

(gametophyte) 中则刚好相反 (Chen et al., 1973)。这个研究结果对于确定那些生活史尚不清楚的红藻的倍性极具价值。

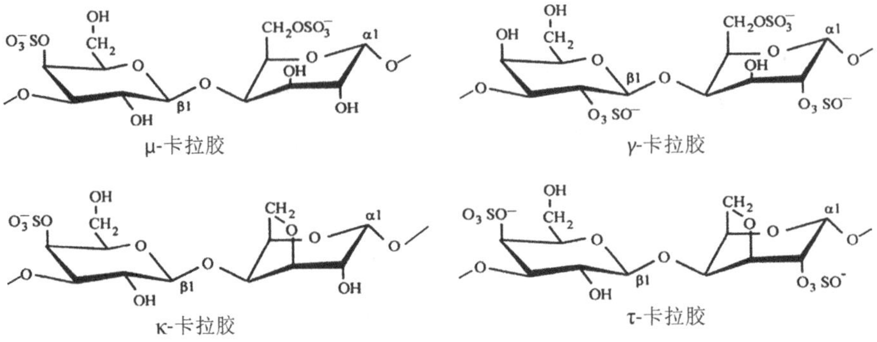

图 4.15 红藻中不同类型卡拉胶的化学结构。

卡拉胶通常从爱尔兰苔菜 (Irish moss) 的野生种群中提取。爱尔兰苔菜是皱波角叉菜和杉藻属不同种类，特别是 *G. stellata* 等一些藻类的统称。在菲律宾、越南和印度，麒麟菜 (*Eucheuma*) 和卡帕藻 (*Kappophycus*) (图 4.16) 分别被广泛养殖以作为提取卡拉胶的原料 (Reddy et al., 2003)。尽管卡拉胶不能通过冷冻进行纯化，但其商业化提取工艺与琼脂类似。用淡水将干燥的藻体冲洗干净以减少盐分的含量，然后把 2～4 份藻体放在 100 份的水中煮沸。通过离心，可溶性的卡拉胶从不溶的残渣中分离出来。在进行过滤和真空蒸发后，卡拉胶在旋转蒸发器中得以干燥。

图 4.16 在越南近海区养殖的含卡拉胶的长心卡帕藻 (*kappophycus alvarezii*) (左图) 和养殖虾池 (右图)。(引自 Ohno et al., 1996)

由于具有许多与琼脂一样的功能，目前卡拉胶的应用极为广泛。然而，由于卡拉胶较低的凝胶强度，在作为硬化剂方面，卡拉胶不如琼脂，但在作为涂料中乳胶的稳定剂、化妆品和其他药物制剂等方面卡拉胶要优于琼脂。近年来，在牛奶和乳制品如冰激凌的增稠方面，卡拉胶也已完全取代琼脂，并且在该领域消费者对这类产品的需求量最大。卡拉胶的一个特殊用途是用在布丁、果酱和奶油制品中，通过凝胶作用无需冷冻即可使它们凝固。

卡拉胶可以抑制人类免疫缺陷病毒 (HIV) 在体外 (*in vitro*) 的复制和反转录 (Bourgougnon et al., 1996)。HIV 病毒的复制依赖于病毒被膜上的糖蛋白和人类靶细胞上受体间的相互作用。硫酸化的卡拉胶能阻止 HIV 病毒结合到靶细胞上。卡拉胶上带强负电的 R-O-SO_3^- 基团与 HIV 分子上的一个环相结合，这种抑制作用即产生。研究证实，有一种以卡拉胶为原料、被称为 Carraguard^{R}的阴道杀菌剂，它可以在体外预防 HIV 和其他一些性传播疾病。在南非和博茨瓦纳，Carraguard^{R} 在 600 个未孕、HIV 呈阴性的妇女中的试用已进入临床阶段（Spieler，2002；Smit，2004）。

繁殖结构

红藻细胞没有鞭毛，也没有任何退化的鞭毛结构，如基体。在有性繁殖过程中，不动精子（spermatia）产生后通过水流被动地运向雌性生殖器官果胞（carpogonium）进行受精［图 4.17（a）和图 4.18］。受精的果胞产生产孢丝（gonimoblast filament），产孢丝形成果孢子囊（carposporangia）和二倍体的果孢子（carpospore）（图 4.17b）。果孢子发育形成二倍体的四分孢子体（tetrasporophyte），四分孢子体随后产生单倍体的四分孢子（tetraspore）。高等的红藻主要形成含有巨大孢子的四面体状四分孢子囊（图 4.17d），而较高等的红藻则形成十字形或带状的具有小孢子的四分孢子囊［图 4.17（d）和图 4.17（e）］（Ngan and Price，1979）。四分孢子通常比果孢子大。四分孢子通过萌发形成配子体而完成整个生活史。尽管这是大多数红藻的常见生活史，但不同种类间差别较大。

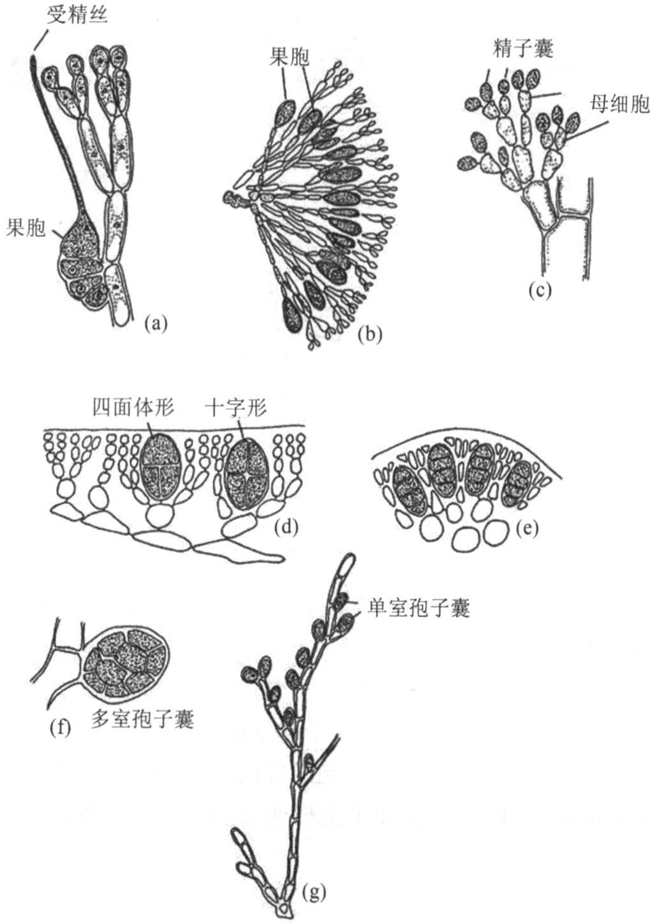

图 4.17 （a）粉枝藻（*Liagora viscida*）一段藻丝，它含有一个果胞枝。（b）粉枝藻的产孢丝，内部有果孢子。（c）顶丝藻（*Acrochaetium corymbiferum*）的精子囊小枝，它含有精子囊和精子囊母细胞。（d）滑线藻（*Nemastoma laingii*）的四面体状和十字状四分孢子囊。（e）钩沙菜（*Hypnea musciformis*）的带状四分孢子囊。（f）多孢藻（*Pleonosporium vancourveianum*）的多室孢子囊。（g）星体藻（*Kylinia rhipidandra*）的单室孢子囊。［（a～c），（e）仿自 Kylin，1930；（f）仿自 Kylin，1924；（g）仿自 Kylin，1928］

不同藻类受精后的发育情况各不相同。较高等的目所含的红藻具有辅助细胞（auxiliary cell），受精的果胞可与其融合形成多核的融合细胞。Papenfuss（1966）鉴定出营养型和生殖型两种类型的辅助细胞。营养型辅助细胞可为果孢子体发育提供营养，而生殖型辅助细胞产生产孢丝（图 4.18、图 4.33 和图 4.44）。由受精果胞形成的二倍体组织产生产孢丝。产孢丝在其末端产生果孢子囊，果孢子囊进而形成果孢子。由于叶绿体和含有细胞壁前体的囊泡的发育，果孢子囊在成熟的过程中急剧膨大。在果孢子释放前果孢子囊和产孢丝间的纹孔连接发生断裂。同样，在产孢丝发育过程中，较旧的产孢丝细胞间的纹孔连接通常也会溶解（Kugrens and West，1972a；1973；1974）。

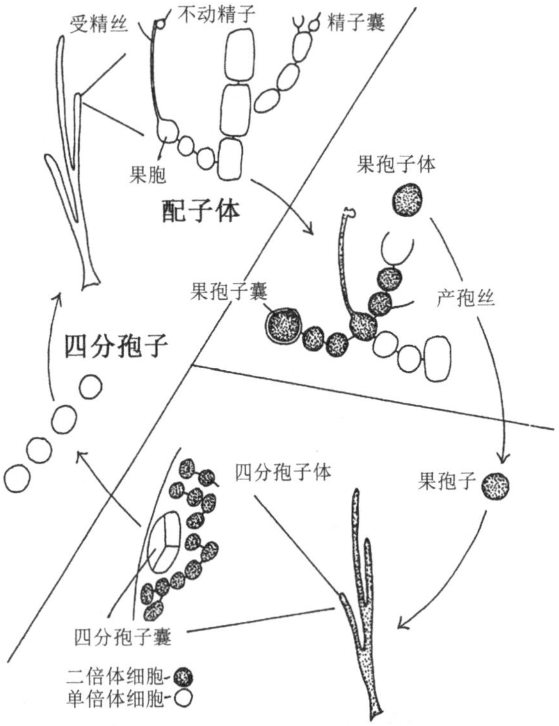

图 4.18 典型红藻的简化生活史。

果胞

果胞是红藻的雌性生殖器官。果胞由一个膨大的基部和一个位于顶端通常呈狭窄状的细长受精丝（trichogyne）组成，其中，受精丝可以接受精子细胞（图 4.17 和图 4.18）。果胞中通常有两个核，一个位于受精丝中，它在果胞成熟后很快退化；另一个位于果胞的基部，它作为雌配子的细胞核。在大多数红藻中，果胞的基部为短的、通常呈分枝状、由 3～4 个侧生细胞组成的果胞枝。在产生果胞枝处下端的细胞为支持细胞（supporting cell）。果胞和果胞枝通常为无色，尽管在海索面目海藻中有所例外。

不动精子

红藻的不动精子（spermatium）呈球形或椭圆球形，由精子囊（spermatangia）产生。每个精子囊内形成单个不动精子，不动精子释放后留下空的囊泡（图 4.19）。精子囊（图 4.22）形成于精子囊母细胞上［图 4.17（c）］。早期的精子囊通常具有明显的极性趋向，细胞核位于顶部，而单个或多个液泡位于基部（Scott and Dixon，1973a）。随着精子囊日趋成熟，液泡逐渐在基区形成，它们含有纤维物质（可能是黏多糖），并且占据着精子囊一半的体积。随后，这些液泡融合成一个大的液泡。不动精子通过靠近顶端的精子囊壁释放出，同时基部液泡中的纤维物质也被释放出来。纤维物质可能会膨胀，从而把不动精子推出精子囊（图 4.19）。纤维物质具有黏性，其中部分会黏附到不动精子上，从而有利于精子与受精丝结合［图 4.22（c）］。在不动精子发育过程中，不动精母细胞间的纹孔连接断开。成熟的不动精子单核、无壁，但被黏液包裹，可能含有具功能性叶绿体（Simon-Bichard-Bréaud，1971；Peyrière，1971），也可能不含有（Kugrens and West，1972a；Kugrens，1974）。

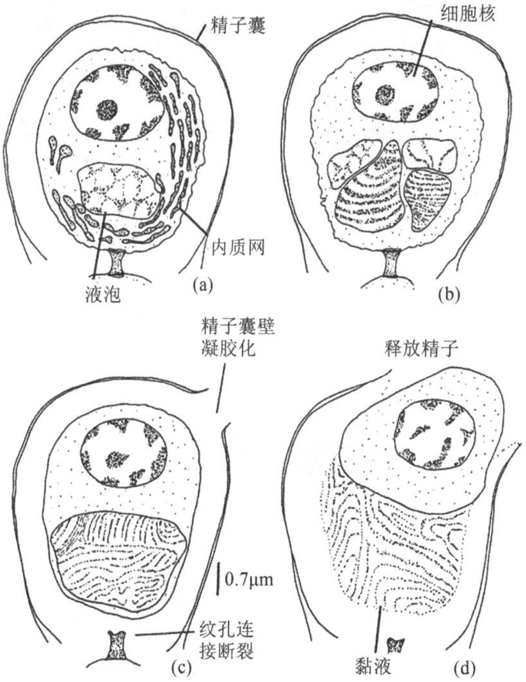

图 4.19　红藻中精子形成的半截图示。(a) 未成熟的精子。(b) 含有纤丝物质的液泡的形成。(c) 液泡融合，纹孔连接断裂，并且精子囊壁胶化。(d) 排出黏液，释放精子。(改编自 Scott and Dixon，1973a；Kugrens，1974)

受精

尽管有些不动精子能以紫球藻（*Porphyridium*）所拥有的方式进行滑动，但不动精子通常是被动地随水流漂移到果胞的受精丝上。不动精子和果胞中的肌动蛋白丝参与到后续的步骤中（图 4.20）（Kim and Kim，1999；Pickett-Heaps et al.，2001）。不动精子和果胞的细胞壁溶解后，不动精子的核分裂并且移动到果胞中。在果胞的基部，不动精子的单个核与果胞的核发生融合。受精作用刺激多胺类精胺的产生（图 4.21），后者控制果胞枝产生果孢子（Sacramento et al.，2004）。受精丝通常会持续生长直至接触到不动精子。受精作用完成后，通过果胞细胞壁的逐步增厚，受精丝在其基部与果胞分离开来。

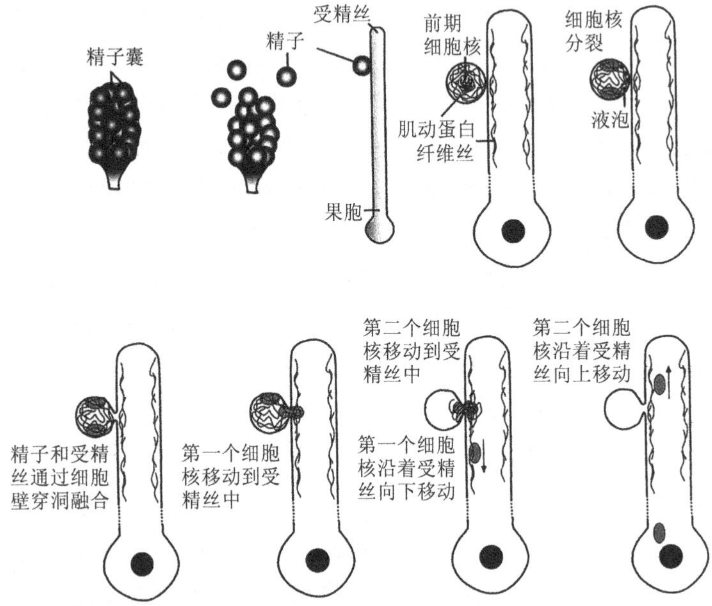

图 4.20 典型红藻在受精过程中精子的行为及其内含物的变化过程。（修改自 Wilson et al.，2003）

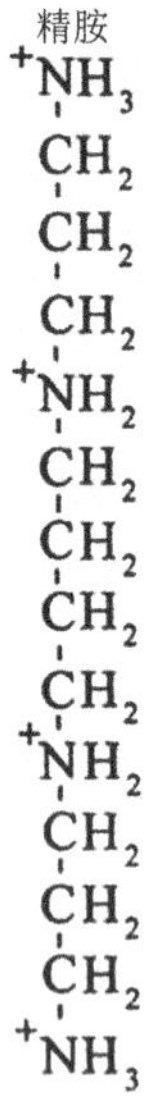

图 4.21 精胺的化学结构。

不能游动的不动精子被传送到果胞的受精丝的发生概率较低。某些种类的不动精子上含有附属物，它能使不动精子延伸的范围扩大 5～10 倍，从而使其拥有更多的机会被吸附到受精丝上。这些附属物起初包含在不动精子中的小泡内，当精子释放时它们就伸展开（图 4.22）。这些附属物可增大精子的表面积达 30 倍以上，从而提高了精子和果胞的受精丝结合的概率。附属物表面被甘露糖部分所覆盖，而受精丝的表面则被伴刀豆球蛋白 A 所覆盖，后者可与不动精子附属物上的甘露糖部分相结合（Mine et al.，2003）。

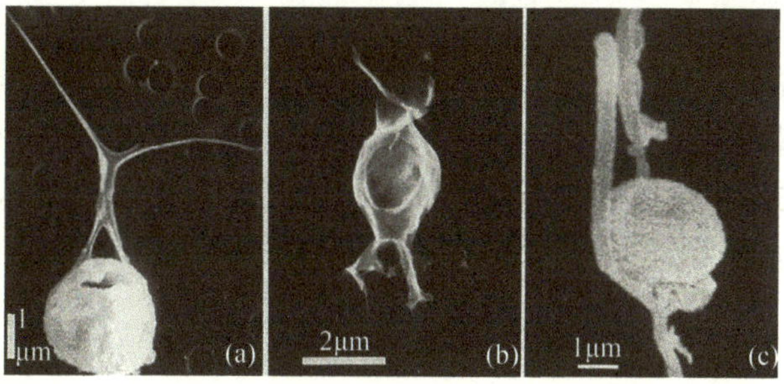

图 4.22 精子囊附属物的实例。(a) 日本对丝藻（*Antithanmnion nipponicum*）的精子囊附属物。(b) 丽丝藻（*Aglaothamnion neglectum*）精子囊两端的具毛缘的圆锥体状附属物。(c) 附着在提氏藻（*Tiffaniella snyderae*）精子上的纤丝。[(a) 引自 Kim and Fritz，1993；(b) 引自 Magruder，1984；(c) 引自 Fetter and Neushul，1981]

减数孢子囊（meiosporangia）与减数孢子（meiospore）

尽管有些例外，但在二倍体植株上形成的四分孢子囊、多室孢子囊和二分孢子囊通常被认为是减数分裂发生的场所。四分孢子囊（tetrasporangia）形成四个四分孢子[图 4.17 (e) 和图 4.18]，它们呈带状或十字形排列，或大多数以四面体形式出现。在四分孢子形成过程中，细胞壁通过原生质体下移到四分孢子囊内，而原生质体内含有明显的、分散的网体（在红藻纲中一个网体通常与一个线粒体相关联；Kugrens and West，1972b；Scott and Dixon，1973b）。四分孢子之间不通过纹孔连接相连接。

在某些红藻中，通过改变光周期可以控制四分孢子的形成，但这种反应还未形成统一的规律。在紫色红线藻（*Rhodochorton purpureum*）（West，1972；Dring and West，1983）和顶丝藻（*Acrochaetium asparagopsis*）（Abdel-Rahman，1982）中，四分孢子体在短的日照条件下产生四分孢子囊。根据生物钟假说，光周期现象由某些生化变化导致的内在自由运转的生理节律（大约 24 h）波动所控制。每一次波动都涉及对光具有不同敏感度的两个阶段（每一阶段约持续 12 h）的定期交替。这两个阶段分别是喜光阶段（photophile）和喜暗阶段（skotophile）。某个特定事件的启动，取决于在喜暗阶段的某个特定时间点，分别把短日照或长日照生物暴露于光照中可启动或抑制它们的代谢变化。对于紫红线藻和顶丝藻（*A. asparagopsis*），在喜暗阶段光间歇可抑制四分孢子的形成，反之，在喜光阶段暗间歇可促进四分孢子的形成。因此，在这些藻类中四分孢子的形成是一个短日照现象（Abdel-Pahman，1982）。

多室孢子囊（polysporangia）含有的孢子数多于 4 个，通常为 4 的倍数 [图 4.17 (f)]。多室孢子囊可能是由四分孢子囊演化而来，因为多室孢子囊主要出现在红藻门内最高级的目中，如仙菜目。二分孢子囊（bisporangia）可能为简化的四分孢子囊，在二分孢子囊中减数分裂后，细胞经过分裂产生 2 个孢子而不是 4 个。

无性孢子（asexual spore）

单室孢子囊（monosporangia）（一个孢子囊产生一个孢子）和副孢子囊（parasporangia）（一个孢子囊产生一个以上孢子）产生的无性孢子可形成与亲体一致的藻体。单室孢子囊可以通过藻体释放的营养细胞形成［角毛藻（*Goniotrichum*）图 4.25（b），星胞藻（*Asterocystis*）图 4.25（a）］，或通过固着的单细胞分枝形成［星体藻（*Kylinia*）图 4.17（g）］。

孢子的运动性

几乎所有红藻的孢子，不管是单孢子、四分孢子还是果孢子，都能通过滑行进行运动。有些孢子能进行平稳的、有方向性的持续滑行［如串珠藻（*Batrachospermum*）的滑行速度为 2.2 $\mu m \cdot s^{-1}$］。在其他红藻中，孢子的运动既不持续也没有方向性。多糖的分泌可能与孢子的滑行有关（Pickett-Heaps et al.，2001）。

分类

红藻门只有一个纲，即红藻纲（Rhodophyceae）。在过去，红藻纲被分为两个亚纲：红毛菜亚纲（Bangiophycidae）和真红藻亚纲（Florideophycidae）。红毛菜亚纲的分类特征包括缺乏纹孔连接和顶端生长，也可能不具有有性生殖，而真红藻亚纲则具有纹孔连接、顶端生长和有三相生活史的有性生殖等特征。目前，已经发现红毛菜亚纲红毛菜科（Bangiaceae）在贝壳丝状体（*Conchocelis*）阶段具有纹孔连接和顶端生长。同时，红毛菜科也具有有性生殖。反过来，不是所有的真红藻亚纲红藻都是顶端生长［珊瑚藻目（Corallinales）存在居间生长（Dixon，1973）］，它们也不都具有三相生活史［如串珠藻目（Batrachospermales）红藻］。鉴于以上原因，Gabrielson 建议将这两个亚纲归并为红藻纲（Gabrielson et al.，1985）。

红藻中较高级单元的分类主要基于复杂的有性繁殖特征。在过去几十年中，运用核苷酸测序技术阐释藻类的进化关系已成为藻类学研究中一个极为活跃的领域。但是，在越来越多藻类类群被发现的同时，这些出色的研究也导致出现一个更为复杂的藻类分类系统。本书针对的是藻类学入门者，因此，这些复杂的体系很难在本书中一一列举。在编写本书当前版本过程中，作者花费了大量时间来决定如何把红藻的分类体系呈现给读者。考虑到如果把红藻中所有较高级的目类一一陈列，会使初学者倍感吃力。因此，作者选择那些在藻类学课程中已被广泛研究或经济上或生态上较为重要的红藻进行介绍。

目 1　蓝色藻目(Cyanidiales①)：单细胞藻类，栖息在 pH 范围为 0.5～3 的火山灰沉积区。

目 2　紫球藻目(Porphyridiales)：单细胞，或由黏液粘连在一起的多细胞藻类。

目 3　红毛菜目(Bangiales)：藻体在微观的丝状体阶段具有纹孔连接，在宏观阶段没有纹孔连接。

目 4　顶丝藻目(Acrochaetiales)：具有单列丝状配子体和四分孢子体的藻类（如果两者都存在）。

目 5　串珠藻目(Batrachospermales)：单轴（每个分枝只有一个顶细胞）；产孢丝通常由果胞或下位细胞（hypogenous cell）发育而来。

目 6　海索面目(Nemaliales)：多轴（每个分枝具有一个以上的顶细胞）；产孢丝通常由果胞或下位细胞发育而来。

目 7　珊瑚藻目(Corallinales)：严重钙化的藻类，生殖器官在生殖窠中。

目 8　石花菜目(Gelidiales)：肉质的产琼脂藻类，果胞枝由单个单细胞即果胞组成，没有分化的辅助细胞。

目 9　江蓠目(Gracilariales)：肉质的产琼脂藻类，果胞枝由两个细胞组成，没有辅助细胞或连接细胞。

目 10　仙菜目(Ceramiales)：相对细软，丝状体的辅助细胞在受精后被断开，支持细胞上产生四细胞的果胞丝。

核苷酸测序研究表明蓝色藻目和红毛菜目代表着独立的自然组群。紫球藻目由三个独立的单细胞类群组成（Saunders and Hommersand，2004）。顶丝藻目、串珠藻目、海索面目和珊瑚藻目形成一个自然的组群，同样的情况也出现在江蓠目、石花菜目和仙菜目中（Harper and Saunders，2001）。

采用分子数据研究显示，红藻大约在 14 亿年前与其他真核生物发生分离（Yoon er al.，2004）。其后，蓝色藻目大约在 13.7 亿年前与其他红藻发生分离。大约在 10 亿年前红毛菜目与剩下的其他红藻分离。第一个让人信服且确定的红藻化石具有 12 亿年的历史，它与现存的红毛菜（*Bangia*）类似（图 4.28）（Butterfield，2000）。现已发现存在于侏罗纪晚期的珊瑚红藻化石（16 亿年）（Wray，1977）。

对于淡水红藻和海水红藻之间的关系及它们的进化，Skuja（1983）进行了极具意义的讨论。Skuja 认为红藻是一个非常古老的类群（相关化石记录可以为证），它们起源于具有低盐度的原始海洋的近岸浅水海域。由于生活在浅水区，它们不需要大量的藻红蛋白来吸收出现在深水区的蓝绿光。因此，这些原始红藻的颜色为蓝绿色而非粉红色。现今的淡水红藻已代表了这类植物，它们的颜色主要为蓝绿色，并且它们主要存在于一些较原始的目中，如紫球藻目、红毛菜目、顶丝藻目和海索面目。后来，红藻通过进化产生大量的藻红蛋白，并且呈现为粉红色，同时将其生境渗透到深水层中并进化成目前的状况。

---

①目前，学界没有关于 Cyaniadiales 标准中文译名，本书中暂译作蓝色藻目。

蓝色藻目（Cyanidiales）

该目包含三种单细胞红藻：*Cyanidium caldarum*，*Cyanidioschyzon merolae* 和 *Galderia sulphuraria*（图 4.23）。这些红藻栖息在 pH 范围为 0.5～3、温度高达 56 ℃的火山灰沉积地区（Gross et al.，2001）。

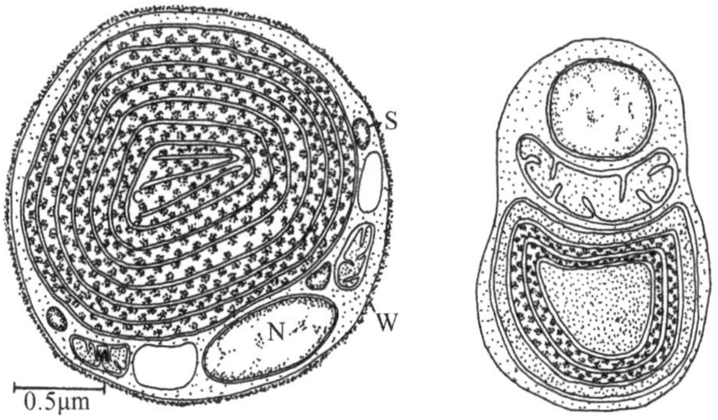

图 4.23 左图：温泉红藻（*Cyanidium caldarum*）。右图：超小原始红藻（*Cyanidioschyzon merolae*）。C，叶绿体；M，线粒体；N，细胞核；S，淀粉粒；W，细胞壁。（温泉红藻仿自 Seckbach and Ikan，1972）

Cyanidium caldarum 和 *Cyanidioschyzon merolae* 很相似，这两种单细胞藻类都具有一个细胞核、一个线粒体和一个质体（图 4.23）。其差别在于 *Cyanidium* 呈圆形，具有细胞壁，形成四个内生孢子；而 *Cyanidioschyzon* 呈棒状，没有细胞壁，细胞分裂方式为二分裂（Ohta et al.，1997）。*Cyanidioschyzon* 具有目前真核生物中最小的基因组（16 520 305 个碱基对和 5331 个基因），它的全基因组已被破译（Matsuzaki et al.，2004）。

Galderia sulphuraria 在形态上也类似于 *Cyanidium caldarum*。但是 *G. sulphuraria* 可行异养生活，而 *C. caldarum* 则不能。

Cyanidiales 目藻类可能是最原始的现存藻类，在当时它们进化至可在空的生态位环境（酸性温泉）中生存。在那个时代唯一能存在的其他光合藻类是蓝细菌。蓝细菌不能在 pH 低于 5 的生态位中生存（Brock，1793）。因此，通过在一个没有其他光合藻类与其竞争的环境中进行进化，第一个真核藻类必定具有进化上的优势，这是合情合理的。

紫球藻目（Porphyridiales）

该目中的藻类或为单细胞，或由多个细胞嵌入到黏液内松散地形成的丝状体。紫球藻目含有三个进化类群（Oliveira and Bhattacharya，2000；Karsten et al.，2003）。

紫球藻目中的单细胞种类可能源于在进化上较为高级的红藻的单孢子、果孢子和四分孢子（Ragan et al.，1994；Freshwater et al.，1994）。这些单细胞种类具有不同的细胞学特征。紫球藻（*Porphyridium*）具有单个大的星形叶绿体，以及一个位于中央的淀粉核（图 4.1）。红孢囊藻（*Rhodosorus*）具有一个叶状的叶绿体，以及一个位于基部的淀粉核［图 4.24（a）］。小红藻（*Rhodella*）具有一个星形叶绿体，以及一个位于中央的淀粉核，但具有一个比紫球藻更加多裂的叶绿体［图 4.2 和图 4.24（b）］。

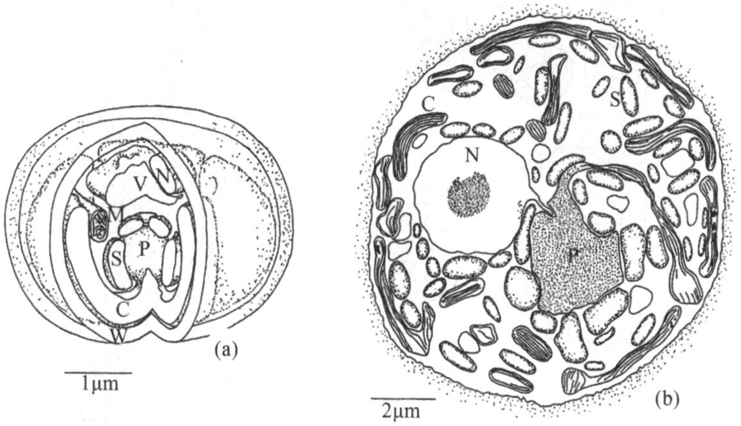

图 4.24 （a）海生红孢囊藻（*Rhodosorus marinus*）细胞的图示。（b）小红藻（*Rhodella maculata*）细胞切面的半截图示。C，叶绿体；M，线粒体；N，细胞核；P，淀粉核；S，淀粉粒；V，液泡；W，细胞壁。［（a）仿自 Giraud，1962；（b）改编自 Evans，1970］

紫球藻是一种生活在土壤和潮湿墙壁上的常见藻类，它们可形成数层血红色的黏液基质。尽管是一种土壤藻类，但紫球藻中绝大部分种类可最适地生长在海水培养液中，表明这种藻类可能为半咸水或海水性起源。紫球藻可在其附着的介质上滑行。垂直光照可导致它们无规则地移动，而单侧光则促使它们向光源方向移动（Sommerfield and Nichols，1970）。这种正向趋光性的单细胞藻类通过液泡内黏液的喷射朝一个方向移动，其结果是导致在细胞后面形成一个黏液杆（mucilage stalk）（Lin et al.，1975）。在不同环境条件下生长的紫球藻可释放出不等量的多糖（Ramus and Robins，1975）。在对数生长期，大的高尔基体形成多糖，它们被储存在细胞膜下的液泡中。在培养条件下的生长静止期，多糖被分泌到细胞外并形成一层膜。这种培养条件下的行为可能与自然界中细胞的生存有关。快速的对数生长阶段等同于营养丰富的潮湿土壤环境，此时多糖被储存在细胞内，而且只有一薄的黏液层环绕在细胞周围。而生长静止期等同于营养有限的干燥土壤环境，它使得细胞生长停止，此时多糖被释放到细胞外并形成一层膜，以使得细胞能够经受住干燥的环境。

紫球藻目也包括那些细胞连接在一起形成厚的黏质丝状体的种类。角毛藻（*Goniotrichum*）是一种常见的海洋性附生植物，它由分枝的黏质丝状体组成［图 4.25（b）］。在超过 12 h 光照的光周期条件下，角毛藻只需通过从丝状体上释放一个营养细胞就可形成单孢子（Fries，1963）。在单细胞红藻向黏质丝状体藻类进化的过程中，星胞藻（*Asterocytis*）［图 4.25（a）］可能是一个中间过渡阶段。在正常海水中，星胞藻形成分枝的丝状体，但在 1/4 浓度的海水中则形成单细胞，它们先前被划分到色盒藻属（*Chroothece*）中（Lewin and Robertson，1971）。

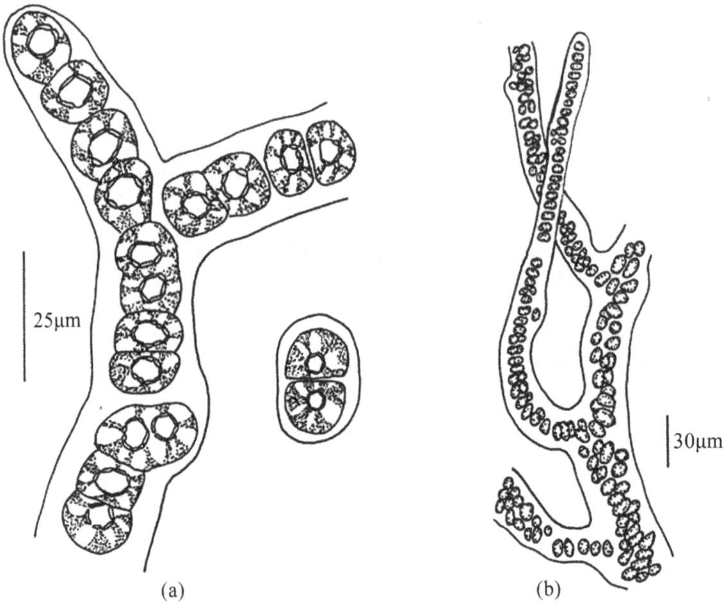

图 4.25 （a）星胞藻（*Asterocytis* sp.）的丝状体和两细胞形式。（b）角毛藻（*Goniotrichum alsidii*）。[（a）仿自 Belcher and Swale，1960；（b）仿自 Taylor，1957]

红毛菜目（Bangiales）

在红毛菜目藻类的生活史中，无纹孔连接的单倍体叶状体阶段和有纹孔连接的二倍体丝状壳孢子体阶段交替出现（Lee and Fultz，1970；Konmann，1994）。红毛菜目为单系起源（monophyletic），属于其他高等红藻的姐妹类群（Oliveira and Bhattacharya，2000）。

紫菜（*Porphyra*）（图 4.26 和图 4.27）是一种呈世界分布的冷水性潮间带海藻。叶状体从固着器上长出，并且由 1 或 2 层细胞组成。*Porphyra gardneri* 是一种叶状的单层细胞红藻，它附生在海带目几种褐藻的叶片上。在加拿大不列颠哥伦比亚地区，*P. gardneri* 附生的寄主——海带（*Laminaria setchellii*）的叶片在 11 月前腐烂得差不多只剩下柄部。在 12 月，新的海带叶片快速生长出来。在 2 月末，最早出现的 *P. gardneri* 叶状体开始附生到海带的叶片上，随后 *P. gardneri* 很快开始无性繁殖（asexual reproduction）。*P. gardneri* 的叶状体边缘破裂并释放出单细胞的单孢子（monospore）。一两天后，单孢子开始萌发，并凭借生长出的长的假根将单孢子固定到寄主——海带的组织中。从此以后，*P. gardneri* 新的叶状藻体开始出现。在春季，单孢子的快速繁殖导致 *P. gardneri* 大量出现。*P. gardneri* 的有性繁殖（sexual reproduction）在 4 月末开始出现。叶状体中的不动精子母细胞分裂并形成 64 个不动精子。

不动精子有一个退化的、含少许类囊体的叶绿体。在不动精子释放之前，含有纤维状物质的液泡随着不动精子排出。释放出的不动精子直径为 3～5 μm，没有淀粉颗粒，仅仅被释放的液泡中排出的纤维状物质所环绕。不动精子被水流携带到果胞中。果胞（含有 4 条染色体）借以在细胞壁形成一个膨胀区而从营养细胞分化而来，原受精丝（prototrichogyne）直接位于果胞的上方。在叶状体为单层细胞的藻类中，如 *P. gardneri*，每个果胞产生两个原受精丝，分别位于叶状体的两侧表面。在叶状体为双层细胞的藻类中，每个果胞只产生一个原受精丝。不动精子附着到原受精丝后，在原受精丝中会出现一个受精管，不动精子的核穿过受精管后到达果胞，并与果胞的核融合以完成受精。在 5 月初，受精的果胞分裂并形成 2～4 个直径为 14～20 μm 的二倍体果孢子（含有 8 个染色体）。在 6～8 月，果孢子的释放达到最大。果孢子在 2～3 天萌发并产生二倍体的

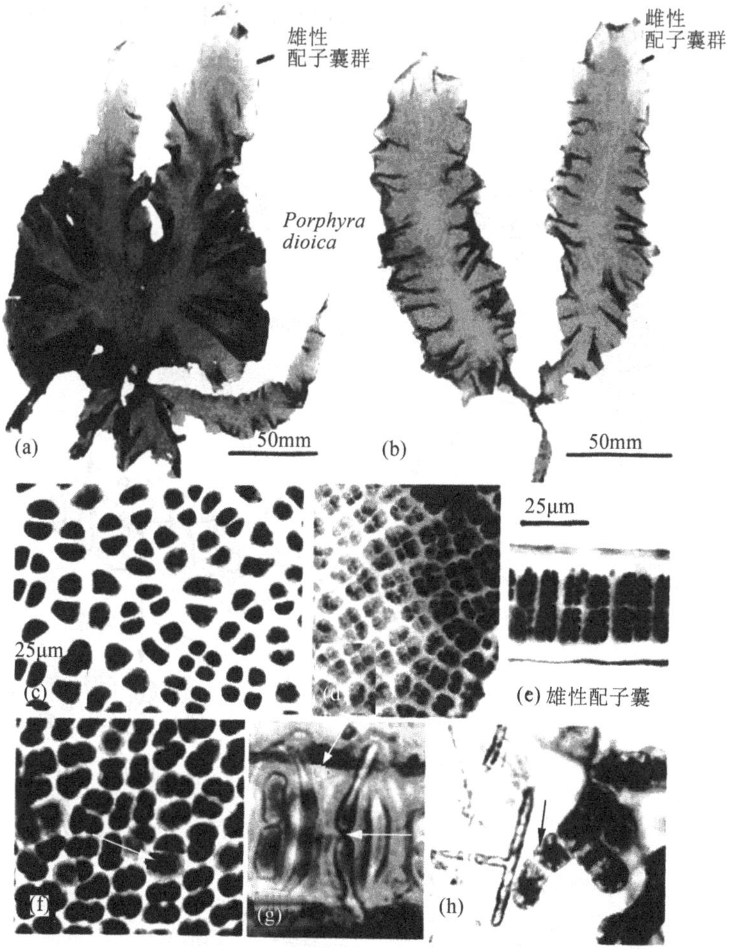

图 4.26　紫菜（*Porphyra dioica*）。(a) 雄配子体，其配子囊团中含有雄性配子囊。(b) 雌性配子体，其配子囊团中含有雌性配子囊。(c) 配对营养细胞的表面观。(d) 雄性配子囊的表面观。(e) 雄性配子体的横截面观。(f) 配子囊母细胞（箭号）的表面观。(g) 叶状体的横截面显示果胞（大箭号）和受精后果胞（小箭号）的第一次分裂。(h) 含有壳孢子囊（箭号）的壳孢子阶段。(引自 Holmes and Brodie，2004)

壳孢子体（*Conchoeclis* stage）（Hawkes，1978）。壳孢子体呈丝状，通常生活在死亡的海洋动物的贝壳中。在长日照条件下，壳孢子体可分化出单孢子，而单孢子又可发育成壳孢子体（Dixon and Richardson，1970）。在短日照条件下，壳孢子体可形成壳孢子囊（conchosporangia）（成列的可育细胞），其中每个细胞产生一个壳孢子。壳孢子在低温条件下（大约5℃）从壳孢子囊中释放出来（Chen et al.，1970）。在短日照条件下壳孢子囊的形成是一种真正的光周期反应，因为在光周期黑暗期的中间光间歇会抑制壳孢子囊的产生（Dring，1967a）。这可能是因为有一个功能性的光敏色素系统在起作用，同时红光在破坏光周期黑暗期方面最具效力（Dring，1967b）。这是红藻中关于真正光周期反应的为数不多的几个例证之一，这种光敏色素类型的反应不太可能出现在潮下带红藻中，因为远红光只能穿透不到1 m深的海水，而红光穿透的水深也不超过10 m（Dixon and Richardson，1970）。壳孢子一旦释放就以两极分裂的方式开始萌发并形成幼殖体，幼殖体进一步生长成叶状体从而完成整个生活史。

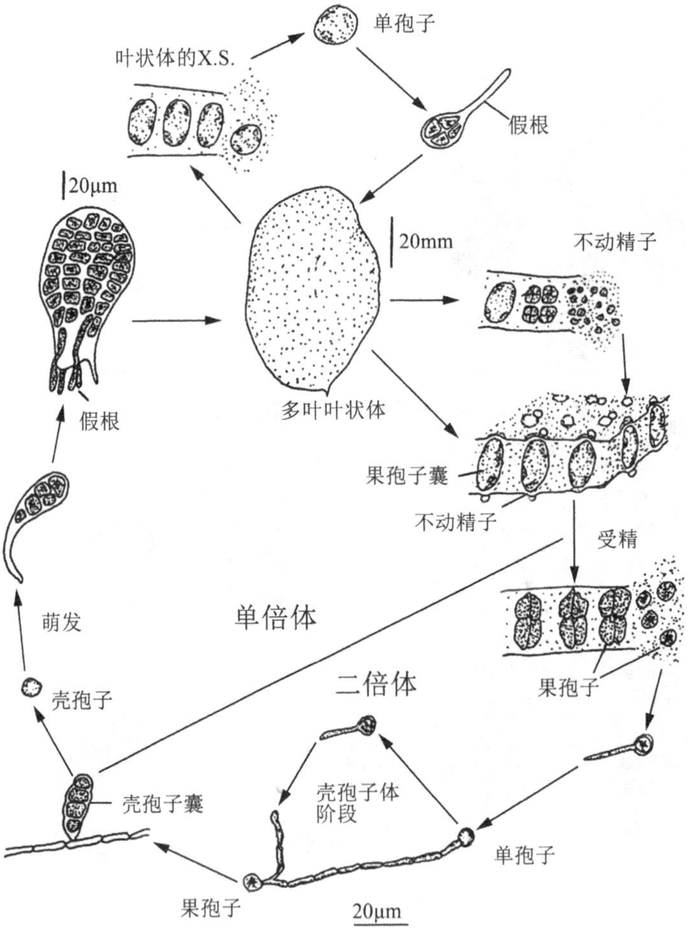

图 4.27 紫菜（*Porphyra gardneri*）的生活史。（改编自 Hawkes，1978）

P. perforate 生活在潮间带地区，当退潮时就会周期性地暴露于干燥的空气中。蒸

发导致水分丢失，使其细胞外水体中的盐离子浓度提高到正常水平的10倍以上。在低潮干露时，这种藻类最多会损失其鲜重90%的重量。这种干露使得*P. perforate*的光合作用受到抑制，这可能是细胞内水浓度的缩减使得水和光系统Ⅱ之间电子流的降低所致（Satoh et al.，1983）。

红毛菜（*Bangia*）在开始时形成单列细胞的直立藻丝，随后单列细胞开始纵向分裂进而形成多列细胞的藻丝（图4.28）。红毛菜可是海水生也可是淡水生。在加拿大索默塞特岛发现了形成于12亿年前的类红毛菜化石（*Bangiomorpha pubescens*）（Butterfield，2000）。每次在淡水生红毛菜（*B. fuscopurpurea*）形成孢子时，通过将盐度提高为海水的10%使其适应海水，这是完全可能的（den Hartog，1971）。但是如果直接将红毛菜藻体从淡水转入海水中，藻体则会死亡，这证明孢子具有较强的适应盐度变化的能力。这个实验表明某些小的红藻易于从一个生境转入到另一个生境。红毛菜具有与紫菜类似的生活史（Richardson，1970；Sommerfeld and Nichols，1973）。

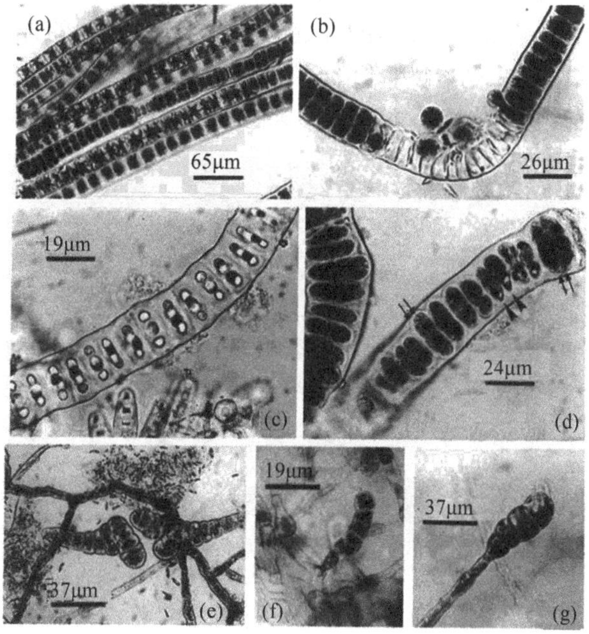

图4.28 暗紫红毛菜（*Bangia atropurpurea*）。(a) 单列丝状体通过连续的细胞分裂变成多列丝状体。(b) 藻丝释放单孢子。(c) 含有精子囊的雄配子体。(d) 雌配子体。箭头所示为具有单个受精丝的果胞，箭号所示为发育的合子。(e) 壳孢子囊。(f) 和 (g) 孢子体上的单室孢子囊。（引自Gardiulo et al.，2001）

红毛菜和紫菜的二倍体壳孢子体阶段在化学组成上与单倍体的叶状体阶段不同（Liu et al.，1996）。壳孢子体的细胞壁内含有纤维素，但叶状体的细胞壁中没有纤维素，而是结构多糖——木聚糖（由木糖残基构成的多糖）（Gretz et al.，1980；Mukai et al.，1981）。壳孢子体阶段和叶状体阶段的半乳糖也不同（Gretz et al.，1983）。壳孢子体和叶状体之间除了化学组成及结构不同之外，最显著的差别是壳孢子世代有纹孔连接，而叶状体阶段则没有。

目前，已发现红毛菜目的壳孢子体存在于古生代志留纪早期（4.25亿年前）的藻类（*Palaeoconchocelis starmachii*）的化石中（Campbell，1980）。

在远东和Nova Scotia（加拿大）地区，紫菜的叶状体被作为蔬菜食用。在日本，紫菜被称为“nori”，并作为蔬菜食用；在Nova Scotia，紫菜被称为“laver”。在中国

（图 4.29）和日本，紫菜在近海筏架上进行养殖。在日本，尽管有大量采摘的野生紫菜，但绝大部分紫菜来自于日本近海和东京湾的浅海紫菜养殖区。约在 1700 年，紫菜最早开始在东京湾养殖，在早秋时节养殖户把成捆的竹竿或橡树桩插到浅海的淤泥中，通常将它们有规则地进行成排排列，并使得其顶端在高潮时能被海水淹没。现代的养殖方法是把竹桩成排插入底泥中，并在竹桩之间拉上网帘（Mumford and Miura，1988）。在贝壳中生长的壳孢子体释放出壳孢子，壳孢子沉附在网帘上并萌发成多叶的紫菜叶状体。从 11 月末至翌年 3 月，养殖户乘船利用手工对紫菜叶状体［有时和绿藻礁膜（*Monostroma*）混在一起］进行挑选和收割。收割的紫菜被运到工厂进行冲洗并切成碎片。在大缸中对这些碎片进行搅拌，利用一个小的木制容器对已估测完总量的混合物进行浸泡，然后将其倾倒在平整的具网孔的竹席上。水分脱去后，将紫菜碎片在竹席上均匀地展开，随后挂至户外的竹架上进行晒干。将薄层的干紫菜整片地从竹席上剥离下来，折叠打包后进行销售。紫菜的食用价值在于它的蛋白质含量高（达干重的 25%～30%）、维生素和矿物盐的含量也较高，特别是碘的含量。紫菜中维生素 C 的含量大约是每单位重量橘子的 1.5 倍，并且富含维生素 B。人类能够消化紫菜中 75%的蛋白质和碳水化合物，从这个角度看，紫菜的食用价值要优于其他海藻。

图 4.29 中国江苏省如东县低潮区的紫菜养殖网。（引自 Tseng，1981）

英国曼彻斯特大学的植物学家 Kathleen M. Drew 发现交替的紫菜壳孢子体阶段之前，紫菜的产量在不同年份间波动巨大。直到现在，紫菜的数量仍然依赖于通过壳孢子体产生的壳孢子。人工培育壳孢子体（通常在贝壳上）已经克服了壳孢子产生不稳定的问题。将含有壳孢子体的贝壳系缚到养殖网帘上，或将养殖网帘浸泡到已放置破碎贝壳的水池中。壳孢子在高氮水体中附着效果最佳，如污水排放口。另外一种紫菜育苗方法是通过单孢子。将单倍体叶状体在尿囊素（图 4.30）中暴露 3 周，使其变得均质化（homogenization），结果会诱导叶状体产生单室孢子囊。单孢子可再生为紫菜的单倍体叶状体（Mizuta et al.，2003）。尽管在 19 世纪 60 年代早期以前，紫菜的产量一直增加，但从那以后再也没有增加过，主要是因为在开展紫菜养殖的浅海区的污染变得日益严重（Dixon，1973）。

图 4.30 尿囊素的化学结构，它能诱导紫菜产生单室孢子囊。

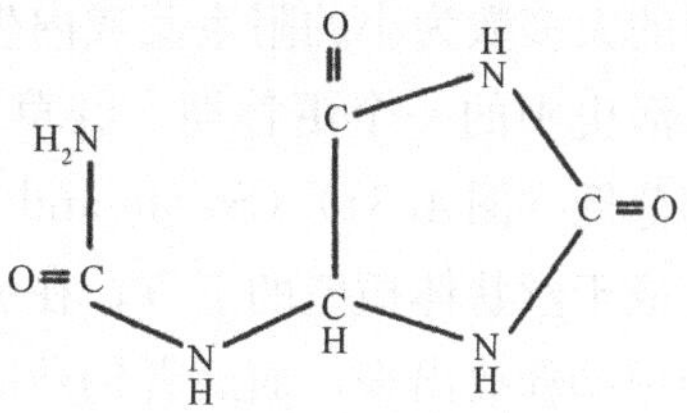

尿囊素

顶丝藻目（Acrochaetiales）

顶丝藻目藻类为单列细胞组成的丝状体（Chemin，1937；Feldman，1953）。Papenfuss（1945，1947）认为该目存在 4 个主要的属：①红草藻属（*Rhodochorton*），每个细胞含有几个到多个小的盘状叶绿体（图 4.31）；②顶丝藻属（*Acrochaetium*），每个细胞含有一个周生的薄片状叶绿体［图 4.17（c）］；③旋体藻属（*Audouinella*），每个细胞含有一个或多个螺旋状叶绿体；④星体藻属（*Kylinia*），每个细胞含有一个或多个星状叶绿体［图 4.17（g）］。

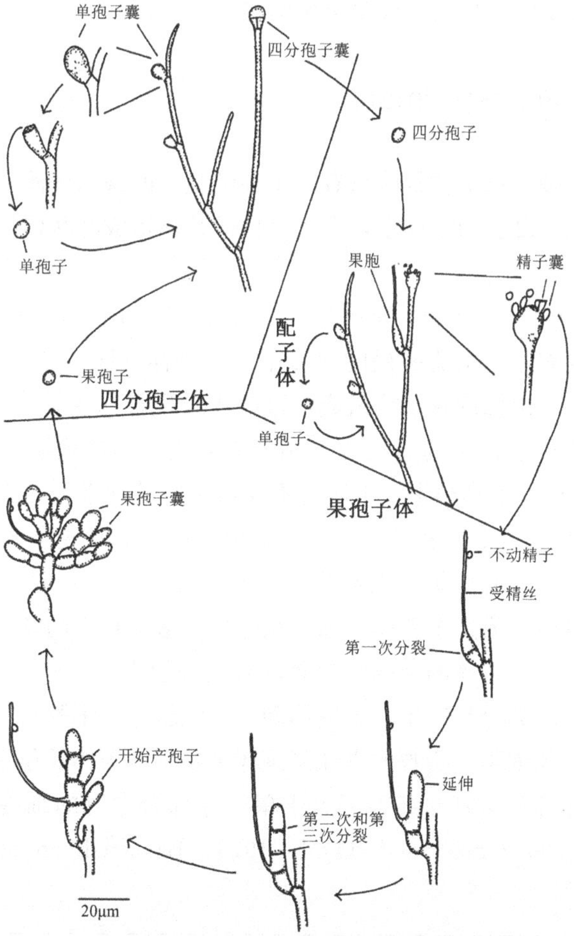

图 4.31 红草藻（*Rhodochorton investiens*）的生活史。（改编自 Swale and Belcher，1963）

这些藻类中的大多数为小的附生藻或内生藻。现已证实它们中有些种类可能是较复杂的高等红藻生活史中的一个更替期。红草藻（*Rhodochorton investiens*）可看做是具有三相生活史的范例（图 4.31）(Swale and Becher，1963)。配子体和四分孢子体的单室孢子囊刚好形成于丝状体横壁的下方，在囊内两者产生类似的倒卵球形单孢子。单孢子从孢子囊壁的顶端释放出来，而后者仍然固着在丝状体上。单孢子在释放后，不经休眠即重新萌发成与亲本一样的藻体。红草藻的配子体为雌雄同体，丝状体的末端是成群的精子囊，而果胞则位于精子囊的支持细胞下端的细胞上。精子囊以 4～6 个成群的方式出现，它由端细胞扩大的平扁的顶部产生。果胞呈固着状，出现在分枝细胞所处的位置。果胞的顶端有一狭窄的受精丝。受精后果胞分裂并形成三个横壁，最终形成呈一排的 4 个细胞。首个横向横壁在受精丝下开始发育，上方的细胞拉长并分裂成 3 个细胞。这导致受精丝出现在这排细胞中第二个细胞的位置上。两细胞的产孢丝可由这排细胞中的每个细胞发育而来，而每个产孢丝可产生 2 或 3 个果孢子。果孢子萌发形成四分孢子体，后者具有比配子体大很多的深色细胞。四分孢子囊呈固着状或单细胞分枝的末端。四分孢子萌发产生配子体，从而完成整个生活史。

串珠藻目（Batrachospermales）

串珠藻目包含单轴（每个丝状状只有一个顶细胞）的淡水红藻。产孢丝通常由受精的果胞长出。串珠藻目没有四分孢子，在二倍体丝状体形成叶状体初体时，可能发生减数分裂。

串珠藻（*Batrachospermum*）[常被称为“青蛙卵”（frog spawn）藻] 是一种淡水藻类，它生长在空气充盈、水流缓慢的河流中。配子体（图 4.32）呈现为精美的紫色串珠状。每个“珠子”由螺旋状小枝组成，这些小枝生长在主轴的拉长细胞的横壁上。配子体在从螺旋状小枝上长出的短枝的末端形成果胞。小枝顶端小的、成群的藏精器（antheridia）形成球形的不动精子。水流将不动精子携带到果胞，受精后，合子与产孢丝初体（gonimoblast initials）断开，后者发育成末端含有果孢子囊的产孢丝。果孢子囊释放二倍体的果孢子，后者萌发成丝状的前叶状体（prothalli）。前叶状体可产生单孢子，而单孢子又可萌发成亲本藻体。前叶状体也可形成直立的丝状体，它可通过顶端生长而不断伸长。直立丝状体的顶端细胞通过有丝分裂失去 3～5 个细胞，然后进行两次减数分裂。第一次减数分裂产生一个极体和一个细胞，该细胞再次分裂形成第二个极体和单倍体配子体的顶细胞。宏观的串珠藻藻体由单倍体藻体及位于基部的二倍体细胞组成。藻体上二倍体部分含有的细胞要大于单倍体部分含有的细胞（Hurdelbrink and Schwantes，1972；von Stosch and Theil，1979；Balakrishnan and Chaugle，1980；Necchi，2002）。

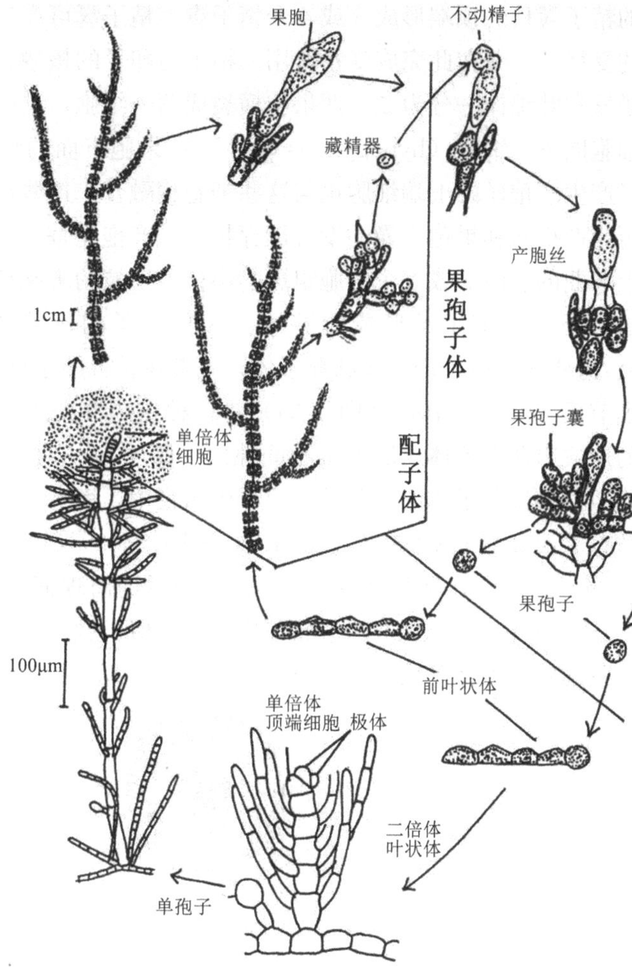

图 4.32 串珠藻（*Batrachospermum* sp.）的生活史。（改编自 Balakrishnana and Chaugule，1980；von Stosch and Thiel，1979）

海索面目（Nemaliales）

该目红藻为多轴（具有一个以上的顶细胞），通常含有从果胞或下位细胞发育而来的产孢丝。它们可能具有辅助细胞，但如果有也通常是营养型辅助细胞。

海索面（*Nemalion*）是北部温带海域一种常见的潮间带藻类。叶状体呈柔软的胶质圆柱状，长度达到 25 cm，具有有限数量的二歧分枝（图 4.33），藻体由位于中央的大量轴丝或丝状体及外围多分枝的侧丝组成。侧丝由中央轴丝分生而来，它们水平地生长至除顶端以外藻体的所有部位，而在藻体顶端侧丝则呈垂直辐射状。这些侧丝具有相同的长度，其末梢相互插入，使得藻体具有一个平滑的表面。中轴细胞无色，而外围轴丝通常含有一个星形叶绿体和一个位于中央的淀粉核。

海索面属藻类，为雌雄同株。果胞枝由侧面的 4～7 个普通细胞组成（图 4.33）。拉长的受精丝从藻体表面稍微突起。精子囊枝由侧丝的末端细胞发育而来，在 2～4 个细胞的精子囊枝的顶端形成 3 或 4 个精子囊。精子囊可产生精子，精子释放后被输送到果胞的受精丝，并在此完成受精作用。精子与卵子的核融合后形成一个大的合子核，然后合子核和叶绿体一分为二。而果胞横裂成两个细胞，其中上端的细胞形成产孢丝，下端的细胞同下位细胞（hypogynous cell）（在果胞下面的细胞）逐渐融合。最终，果胞中已经产生产孢丝的上端细胞也与这些细胞相融合。这些细胞的融合可能具有营养学功能，可为产孢丝和果孢子囊的发育储存物质。产孢丝垂下后，产胞丝的每个细胞形成一个向上弯曲的、由 2 或 3 个细胞组成的小枝，小枝的末端细胞膨大形成果胞子囊。在短日照条件下，果孢子可形成能够产生四分孢子的丝状体（Cunningham and Guiry，1989）。这些四分孢子产生丝状配子体，后者在长日照条件下可形成直立藻体。

乳节藻（*Galaxaura*）（图 4.34）是一种在热带广泛分布的钙质红藻。钙化作用以霰石的形式出现在藻体皮层的细胞间隙内（图 4.7）。乳节藻的配子体和四分孢子体的外形相似。雌雄配子体的生殖结构位于生殖窠中，后者深埋于配子体的髓部内，而四分孢子散布于四分孢子体分枝的顶部末端（图 4.34）。裸松藻（*Gymnocodium*）和二叠钙藻（*Permocalculus*）是两个在古生代二叠纪时期出现而在中生代白垩纪时期灭绝的红藻属（Johnson，1961）。这两个属在形态上类似于乳节藻，只是其化石中弱的钙化作用仅限于不规则的外部区域。

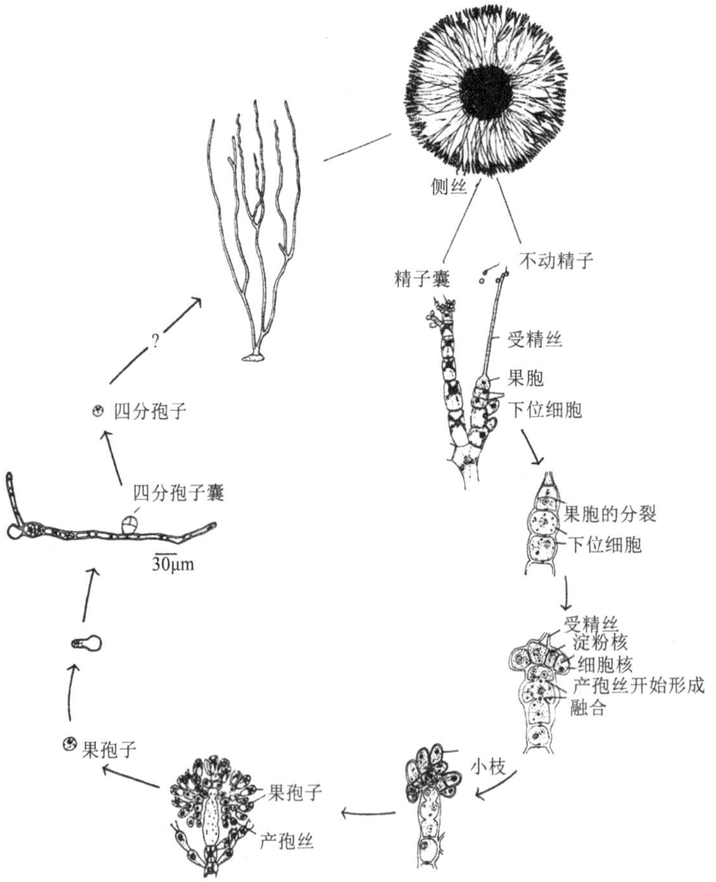

图 4.33 海索面（*Nemalion* sp.）的生活史。（改编自 Oltmanns，1904；Kylin，1916；Fries，1967；Umezaki，1967）

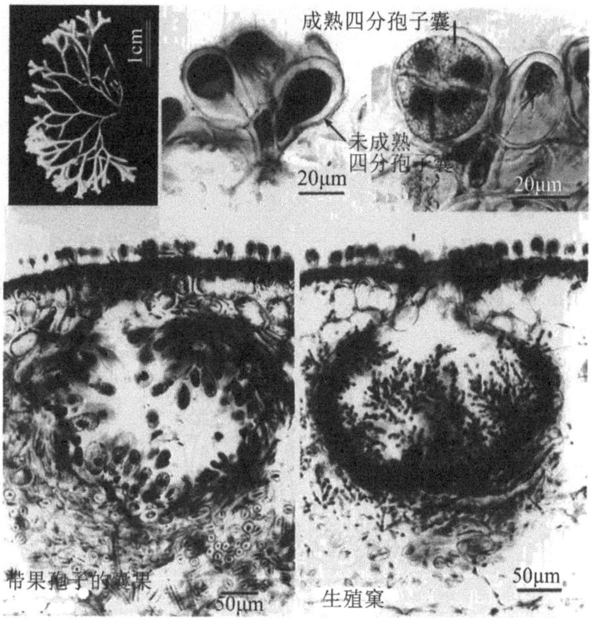

图 4.34　乳节藻（*Galaxaura apiculata*）的营养和繁殖结构图片。（引自 Kurihara et al.，2005）

珊瑚藻目（Corallinales）

珊瑚藻目是一大类高度钙化的红藻［图 4.35（a）、图 4.36（a）和图 4.37（a）］（Johansen，1981；Silva and Johansen，1986）。在细胞学上，纹孔连接的外侧保护层很大，呈圆穹状（Pueschel and Trick，1991）。该目的特征为生殖窠（窠孔开口至藻体表面）内含有繁殖器官，生殖窠通过一个或多个小孔与外界相通［图 4.35（d）和图 4.37（b）］。在某些属中，四分孢子体的生殖窠有别于有性生殖窠，前者在顶部含有大量的小孔，而后者在顶部只有一个小孔。有性繁殖的藻体通常为雌雄异体，且雌雄生殖窠具有明显差异。雌雄藻体的繁殖器官都生长于生殖瘤（nemathecia）（含有许多繁殖器官的表面突起）内，这些生殖瘤生长在生殖窠的内腔壁上。生殖窠内腔壁上的短丝形成大量的精子囊。雌性果胞是由两细胞的果胞丝组成，果胞丝由一个起辅助细胞作用的基细胞形成［图 4.35（d）］。果胞上长的受精丝通过生殖窠小孔突出到藻体表面。受精后，来自于果胞的一个短的成卵细胞与辅助细胞结合。生殖窠中所有的辅助细胞愈合成一个大的融合胞（placental cell），具有果孢子囊的产孢丝从其边缘生长出来［图 4.37（b）］。

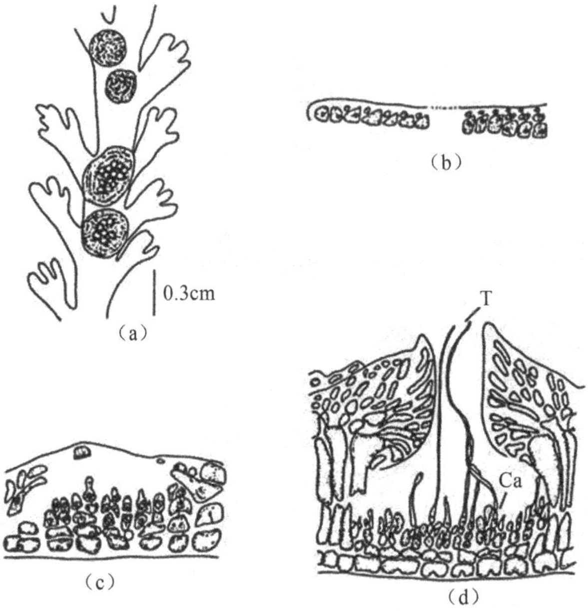

图 4.35 (a) 附生在凹顶藻(*Laurencia spectabilis*)上的麦劳藻(*Melobesia marginata*)。(b) ~ (d) 麦劳藻(*Melobesia lejolisii*):(b) 不育藻体的横截面显示存在盖细胞;(c) 未成熟的可育藻体的横截面;(d) 麦劳藻(*Melobesia limitata*),具有果胞(Ca)和受精丝(T)的生殖窠。[(a) 仿自 Smith,1969; (b) 仿自 Suneson,1937]

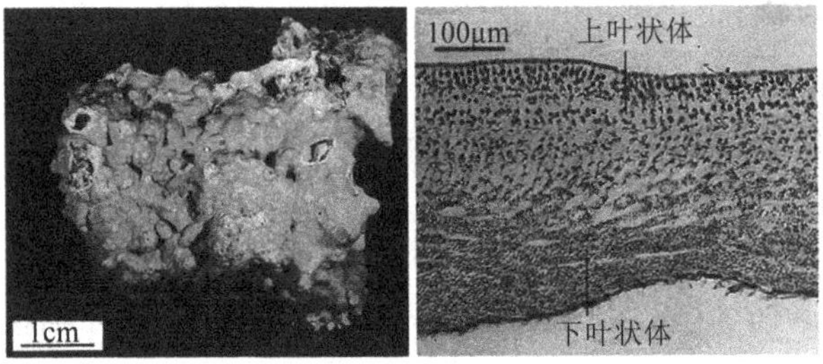

图 4.36 左图:珊瑚红藻中的中叶藻(*Mesophyllum alternans*)。右图:营养藻体的横截面显示存在上叶状体和下叶状体。(引自 Cabioch and Mendoza,1998)

珊瑚藻目的藻体通常可分为下叶状体(基质层)和上叶状体两个部分。下叶状体(hypothallus)具有相对大的细胞,它们形成壳状藻体的基部[图 4.36 (b) 和图 4.37 (b)] 和直立枝的中部。同样,在藻体受伤的情况下生长出的瘢痕组织也是下叶状体。上叶状体(perithallus)的细胞较小,位于下叶状体上方的上叶状体呈壳状,而位于髓部的下叶状外面的上叶状体则呈分枝状。

珊瑚藻目的珊瑚藻科(Corallinaceae)有两个亚科。壳状的和节结状的种类[图 4.35 (a)、图 4.36 (a)、图 4.37 (a)] 属于无节珊瑚藻亚科(Melobesoideae),而铰链状的或分节的种类则属于有节珊瑚藻亚科(Corallinoideae)(图 4.38)[尽管最近的 rRNA 基因序列研究表明,这两个亚科并没有反映出该目的进化历史(Bailey and Chapman,1998)]。在无节珊瑚藻亚科中,最简单的藻体类型是麦劳藻(*Melobesia*),它具有浅粉红色或红色的外壳,而且分布广泛,特别是作为附生藻附生到其他藻类或海洋植物体上[图 4.35 (a)]。藻体由 1~5 层俯卧的藻丝组成,后者紧缩成一个圆盘。麦劳藻的一个明显特征就是具有扁平的盖细胞(cover cell),它们也存在于珊瑚藻目的其他种类中，它们形成藻体的表层细胞［图 4.35（b）］。中叶藻（*Mesophyllum*）和石枝藻（*Lithothamnion*）属于岩生植物，它们通常具有极厚的外壳，有时具有节结（图 4.36和图 4.37）。

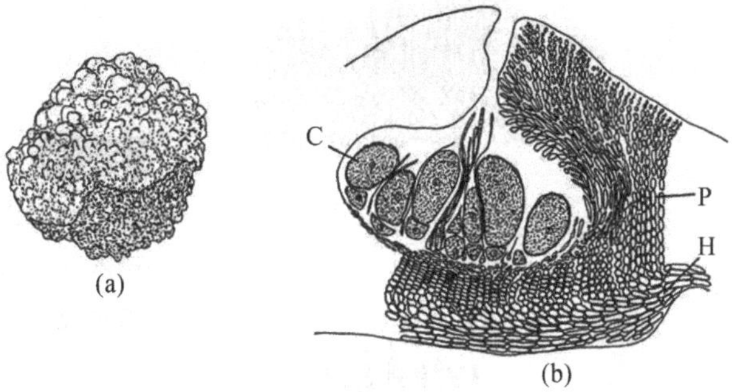

图 4.37　（a）石枝藻（*Lithothamnion* sp.）。（b）石枝藻（*L. lenormandi*）：藻体截面显示存在下叶状体（H）和上叶状体（P）。该截面具有一个成熟的生殖窠和果胞子囊（C）。［（a）仿自 Oltmanns，1904；（b）仿自 Suneson，1943］

有节珊瑚藻亚科的藻类呈多轴型，髓部由延长细胞构成，而皮层由较短的细胞构成（图 4.38）。钙化现象通常只出现在皮层细胞的细胞壁内。藻体由许多钙化的片段组成，每个钙化片段通过未钙化的结节相连。钙化片段由钙化的皮层和未钙化的髓部组成，组织的这种排列使得藻体具有一定的柔韧性。

壳状珊瑚藻科分布在潮间带，但仅限于没有因暴露而过度干燥的地区，可能位于浪花喷溅以保持潮湿的岩礁上，也可能位于完全荫蔽的凹洼内。在有些地方它们也出现在高潮线附近，但被其他藻类完全遮盖。潮下带更适于壳状珊瑚藻生长，特别是从低潮线到 25～30 m 的暗礁上。水深和海水的搅动可对珊瑚藻的生长形式产生重要影响。壳状种类可出现在所有水层，但高度分枝的种类仅出现在水体表层附近，它们在 30 m 以上的水层最为丰富。在壳状珊瑚藻中，最厚的外壳形成于浅水区，其外壳随水深增加而变薄（下叶状体变薄和细胞变小的结果），这可能是它们生长缓慢的结果。壳状珊瑚藻是能在最深的海水中生长的藻类之一，在清澈的海水中可到达 125 m。它们也是最长寿的藻类之一，其寿命跨度为 10～50 年（Adey，1970），这可能是其生长速度较慢的结果（每年生长 0.3～3 mm）。Adey（1970）发现红色壳状珊瑚藻光合作用的光饱和点为 700～1000 lux，这远远低于在其他红藻中发现的 4000～10 000 lux 的光饱和强度（Kanwisher，1966；Brown and Richardson，1968）。壳状珊瑚藻的这种光饱和值可能与它们能在较深的水层生活有关。

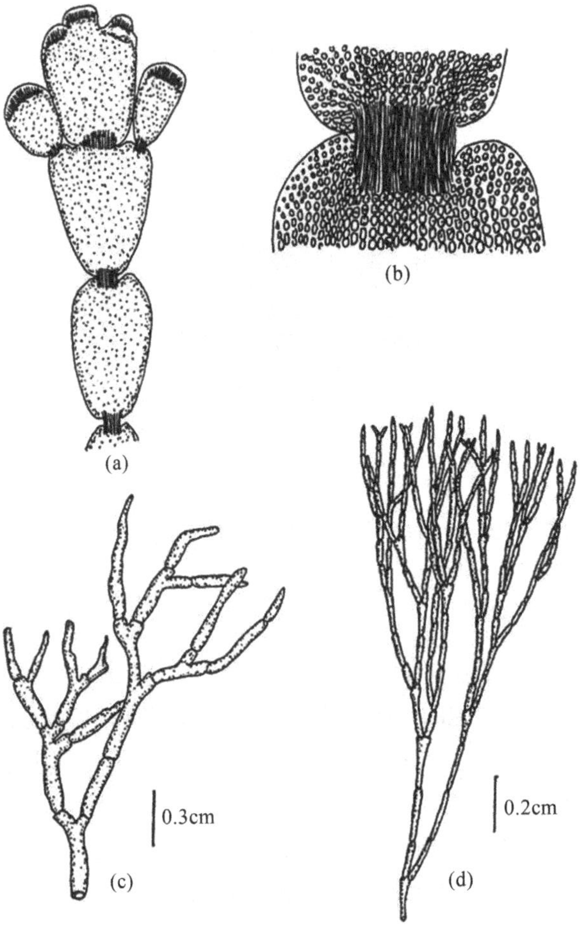

图 4.38 (a) 珊瑚藻 (*Corallina* sp.)。(b) 珊瑚藻 (*Corallina* sp.) 中未钙化的接头和钙化片段。(c) 硬叉节藻 (*Amphiroa rigida*) 的 *antillana* 变种。(d) 红叉珊藻 (*Jania rubens*)。[(a) 和 (b) 仿自 Oltmanns, 1904; (c) 和 (d) 仿自 Taylor, 1957]

Maërl 由属于珊瑚藻目钙质红藻在浅的潮下带的沉积物组成。通过在法国布列塔尼(Brittany)海岸、英国法尔茅斯港口(Falmouth Harbor)及爱尔兰班特里湾(Bantry Bay)进行挖掘，Maërl 已有多年商业开发的历史。将 Maërl 放置在酸性土壤上可增加土壤的 pH，从而有利于农作物生长(Blunden et al.，1997)。

珊瑚藻科是形成环礁和珊瑚礁的一个重要成分(Dawson，1966；Chisholm，2003)。珊瑚礁由生长着的珊瑚红藻[主要是孔石藻属(*Porolithon*)]和珊瑚共同构成。当珊瑚礁露出水面，硬质的、分枝的、易碎的珊瑚在海浪的急剧冲击下会破裂并形成碎片，而大量的珊瑚红藻却不受影响。事实上，海浪冲击越厉害，这些红藻反而生长越旺盛。因此，珊瑚红藻能在海浪冲刷的海区生存，它们向上、向外生长，从而形成突出海面的珊瑚礁边缘。珊瑚红藻形成了珊瑚礁的主要架构，而 90% 的珊瑚礁由通过海洋动植物而黏合在一起的沙子与碎石组成。相对于珊瑚礁的内部，珊瑚红藻边缘的内侧要相对平静。生活在珊瑚礁内部的动植物通过呼吸产生二氧化碳，后者溶解形成碳酸，碳酸能溶解固相的含钙物质。珊瑚礁内部含钙物质的溶解导致中央泻湖形成，它能稳定存在于深度为 65～100 m 的水层中。

珊瑚礁群落适合于生长在没有明显季节变化的低压环境中。珊瑚礁生长水域的平均冬季水温为 27～29℃，月平均温差不大于 3℃。另外，水质要清澈（这样光的穿透程度达最大），海水时常搅动，盐度要正常。即使在如此理想的条件下，许多珊瑚礁生物（如珊瑚）也不能在深度大于 20 m 的海水中生存。

无节红藻在一年中的生长速率不同，导致藻体上出现环带（图 4.39），这类似于树木中的年轮。在某些情况下，这些环带是一年一生的。在较温暖的海水中镁离子大量存在，导致在夏季产生的环带中镁元素的比例较高。珊瑚红藻的环带可作为重要的古温度计（paleothermometer），因为这些藻类的年龄长达 100 年之久（Halfar er al.，2000；Blake and Maggs，2003）。

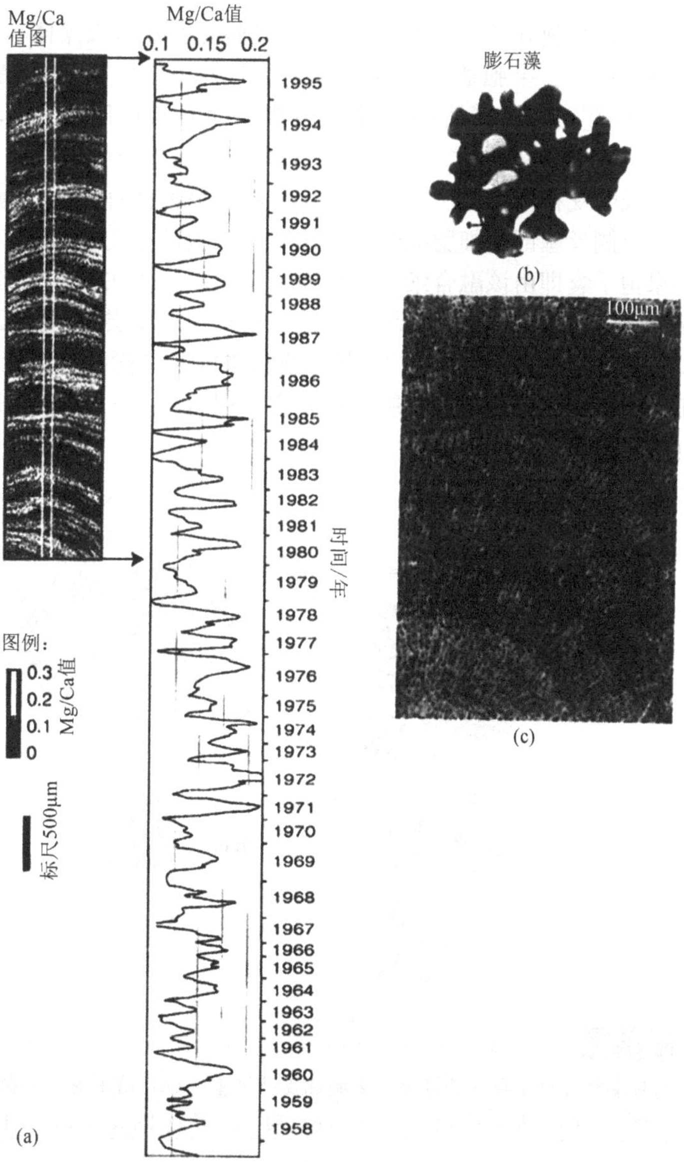

图 4.39 （a）左图：冰石枝藻（*Lithothamnion glaciale*）藻体的截面显微图，显示其 16 年的生长环带。右图：38 年的记录显示 Mg/Ca 值的变化周期。在夏季 Mg 的含量较高（如较高的 Mg/Ca 值）。（b）珊瑚红藻膨石藻（*Phymatolithon calcareum*）的图片。（c）膨石藻（*P. calcareum*）纵截面的扫描电镜显微照片，显示生长环带。[（a）引自 Halfar et al.，2000；（b）、（c）引自 Blake and Maggs，2003]

石花菜目（Gelidiales）

石花菜目为单轴的海洋红藻，在该目内果胞枝由单个细胞即果胞组成。受精后，果胞可与支持细胞和（或）营养丝融合。四分孢子体和配子体都为宏观藻体，尽管形态未必相似。这类海藻常用来生产琼脂，全世界近一半的琼脂供应来源于该目藻类（Lweis and Hanisak，1996）。

在人工培养条件下，该目中没有种类可完成其生活史，但从野外采集的藻体中可推测，它们具有三相生活史，即配子体世代、四分孢子体世代和果孢子体世代。

石花菜（*Gelidum*）的配子体和四分孢子体都具有一个圆拱形的顶细胞，它由上向下与子代细胞分开（图 4.40）。子代细胞分裂并形成藻体，后者很快在其成熟部位失去单轴的特性。果胞通常形成于在顶端具有一个深凹槽的特异小枝（ramulus）上［图 4.41（a）］，在凹槽后面的藻体两侧表面具有凹陷［图 4.40（b）、图 4.41（a）、图 4.41（b）］。果胞即产生于这些凹陷内。果胞与藻体表面下的一个细胞分隔开，它具有一个长的受精丝可到达藻体体外。因此，果胞枝由单个细胞组成。营养丝与繁殖区内位于每个侧丝基部的细胞隔开。受精后，果胞可与支持细胞和（或）营养丝融合，产孢丝和果孢子囊即由该融合细胞发育而来。雄性藻体在形态上与雌性藻体类似，但精子囊区在藻体上形成不规则的斑块。藻体上繁殖区的皮层细胞拉长，颜色褪去，进而转化成精子囊母细胞［图 4.40（c）］。精子囊母细胞通过横裂形成无色的精子囊。四分孢子囊母细胞由侧枝末端的皮层细胞形成，它分裂后产生 4 个十字形或四面体形排列的四分孢子［图 4.40（d）］。

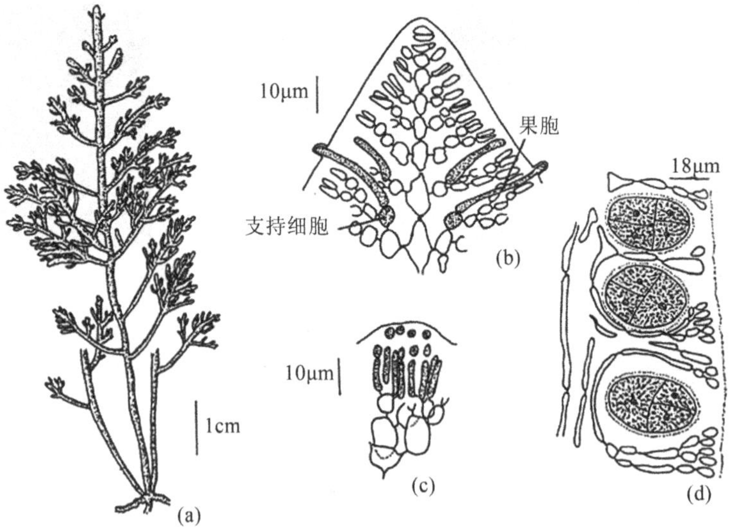

图 4.40 胶石花菜（*Gelidium cartilagineum*）的 *robustum* 变种。(a) 完整藻体。(b) 分枝的可育顶端截面显示存在顶细胞、果胞和支持细胞。(c) 精子囊区的截面图。(d) 四分孢子囊区的截面图。［(a) 仿自 Smith，1969；(b) 和 (c) 仿自 Fan，1961；(d) 仿自 Smith，1938］

图 4.41　胶石花菜（*Gelidium cartilagineum*）。(a) 可育藻体的顶端。(b) 藻体纵切面显示存在果胞。(c) 产孢丝产生幼果孢子囊。(d) 具有成熟果孢子囊的果孢子体。[(a) 仿自 Kylin，1928；(b)～(d) 仿自 Smith，1938]

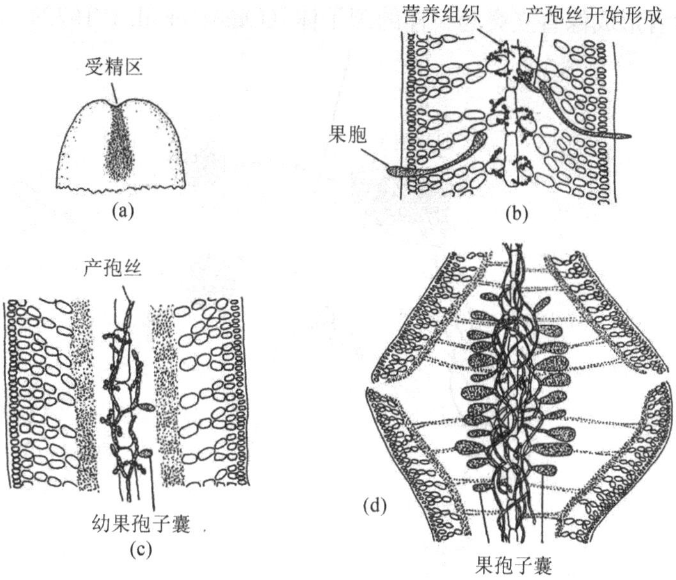

江蓠目（Gracilariales）

江蓠目红藻属于产琼脂藻类，它的雌性繁殖系统具有一个间生起源的支持细胞，其上有一个由两细胞组成的果胞枝，侧面有两个或多个不育的分枝（Fredericq and Hommersand，1989）。

该目的藻体肉质丰满，趋于扁平或叶状，成熟的营养型藻体没有丝状细胞，由假薄壁组织组成。江蓠科中一个主要的属是江蓠属（*Gracilaria*），是一类在北部广泛分布的低潮线及以下区域的岩生藻，约有 100 种。藻体深红色，顶端生长，分枝渐细（图 4.42）。髓部中有巨大的直径相等的细胞，而小的皮层细胞含有大量的带状叶绿体。扩大的外围细胞可形成单细胞毛（hair），当它们成熟时可变成多核。

江蓠的配子体或为雄性，或为雌性，四分孢子可产生相同数量的雌雄配子体（Kain and Destombe，1995）。雄配子体在藻体表面的精囊纹孔内产生精子。雌配子体髓部外层的巨大细胞形成支持细胞（Kylin，1930），支持细胞产生两细胞的果胞枝和许多侧枝，侧枝的一个细胞起辅助细胞的作用。除了果胞及其下方的一个细胞以外，果胞系的所有细胞变成多核并发育成营养细胞。受精后，果胞与其中一个起辅助细胞作用的营养细胞融合。随后，这个融合细胞与其他多核的营养细胞再融合。与此同时，果胞系上面的皮层细胞分裂并产生囊果壁，而内侧细胞则成为营养细胞。产孢丝初体与融合细胞断开，进而发育成一个位于内部的不育区，它可支持外部的果胞子囊。果孢子囊由外向内逐步成熟。在某些江蓠种类中，伸长的细胞在产孢丝的浓缩区伸展开，穿透囊果壁（pericarp）后与囊果壁细胞相连。

果孢子萌发产生由薄壁组织构成的圆盘体，后者可形成一个像直立突起一样的四分孢子体。四分孢子体在形态上与配子体类似，大小与雌配子体相同。十字形的四分孢子囊在皮层的侧枝中形成，埋于藻体表面下。四分孢子体萌发并形成薄壁组织的圆盘体，后者形成像直立突起一样的配子体（Ogata et al.，1972）。

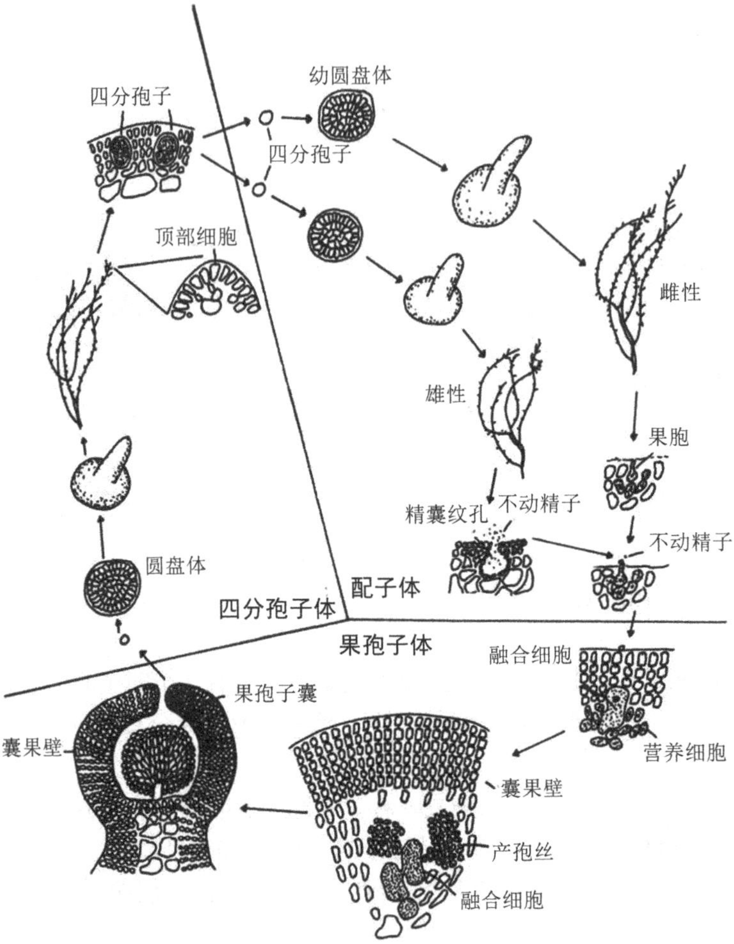

图 4.42 江蓠（*Gracilaria* spp.）的生活史。（改编自 Kylin，1930；Ogata et al.，1972）

江蓠是主要的产琼脂藻类，目前世界上有超过一半的琼脂来源于江蓠。江蓠可在海上或池塘中进行养殖，是该属成为产琼脂原料海藻的一个主要原因（Lewis and Hanisak，1996）。在中国台湾地区，半咸水池塘中栽培的江蓠可作为养殖小鲍鱼（*Haliotis*）的主要食源（Lee，1999）。

人类食用江蓠属红藻通常会与“ogonori”中毒联系起来（Noguchi et al.，1994；Smit，2004），其症状是血压偏低、呕吐、恶心及低血压休克引起的死亡。Ogonori 中毒由前列腺素 E_2（图 4.43）引起。将江蓠浸泡在淡水中会导致前列腺素 E_2的产生，它会加重因摄入富含前列腺素 E_2的海洋食物引起的毒性反应。

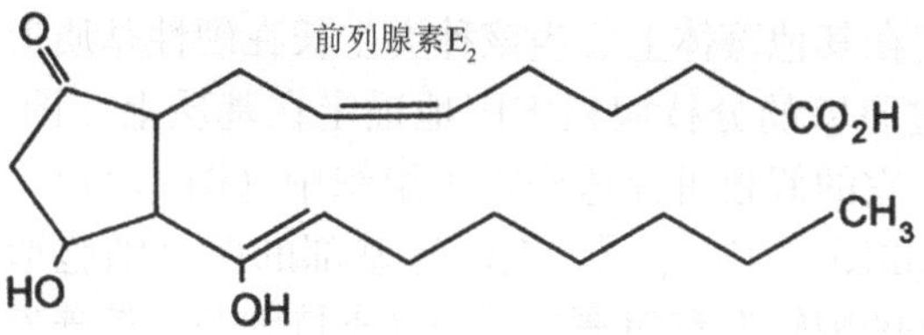

图 4.43　前列腺素 E_2 的化学结构。

仙菜目（Ceramiales）

仙菜目红藻具有受精后隔开的辅助细胞，它位于由四细胞组成的果胞丝的支持细胞上。该目中大多数种类为纤细的丝状或膜状。

多管藻（*Polysiphonia*）的顶细胞为单核，呈圆顶形，为多倍体，其中的 DNA 含量是该藻类中大多数成熟细胞的 64～128 倍（Goff and Coleman，1986）。由顶细胞衍生而来的细胞进行分裂时通常不存在 DNA 的复制，因此，分裂次数越多的子代细胞其倍性越低，直到该细胞成为单倍体。顶细胞在纵向分裂成轴细胞和围轴细胞之前，它先形成能产生侧枝的子代细胞（图 4.44 和图 4.45）。围轴细胞和轴细胞的长度相同。侧枝有两类：普通分枝和毛丝体。普通分枝为多管，能无限生长，类似于主轴。毛丝体（trichoblast）为单列，通常无色，具有性器官［图 4.45（c）］。毛丝体通过程序性细胞死亡或细胞凋亡（apoptosis）进行发育，并从老的藻体上脱落（Garbary and Clark，2001）。

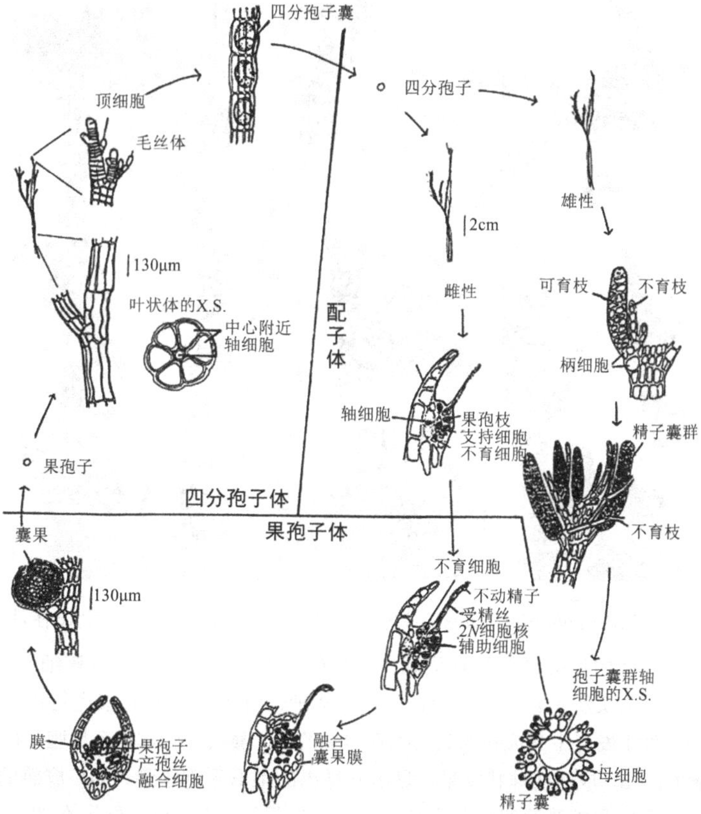

图 4.44　多管藻（*Polysiphonia* sp.）的生活史。（改编自 Kylin，1923；Edwards，1970）

多管藻属红藻或为岩生藻，或附生在其他藻体上。当该种类生长在硬性基质上，一些多管的轴可向基质上蔓延，进而通过厚壁的分枝假根牢固地锚定在基质上［图 4.45 (d)］。当多管藻附生在其他藻类上时，它的假根可穿透到寄主组织中（图 4.11）。果胞系在靠近毛丝体的基部产生［图 4.44 和图 4.45（g)］。毛丝体基部的两个细胞形成多管，果胞系由这两个基细胞中上部细胞的围轴发育而来。围轴（支持细胞）接连发育出一个侧部的不育细胞、一个由四个细胞组成的果胞枝及第二个不育细胞。受精后不育细胞分裂，它可能具有营养功能。果孢枝的细胞（果胞除外）通常为二核（Kylin，1923)。在果孢枝的每个细胞内，大片的内质网区域从一个纹孔连接延伸到另一个纹孔连接。这可以解释受精信号是如何向下传递到果胞枝的（Broadwater and Scott，1982)。

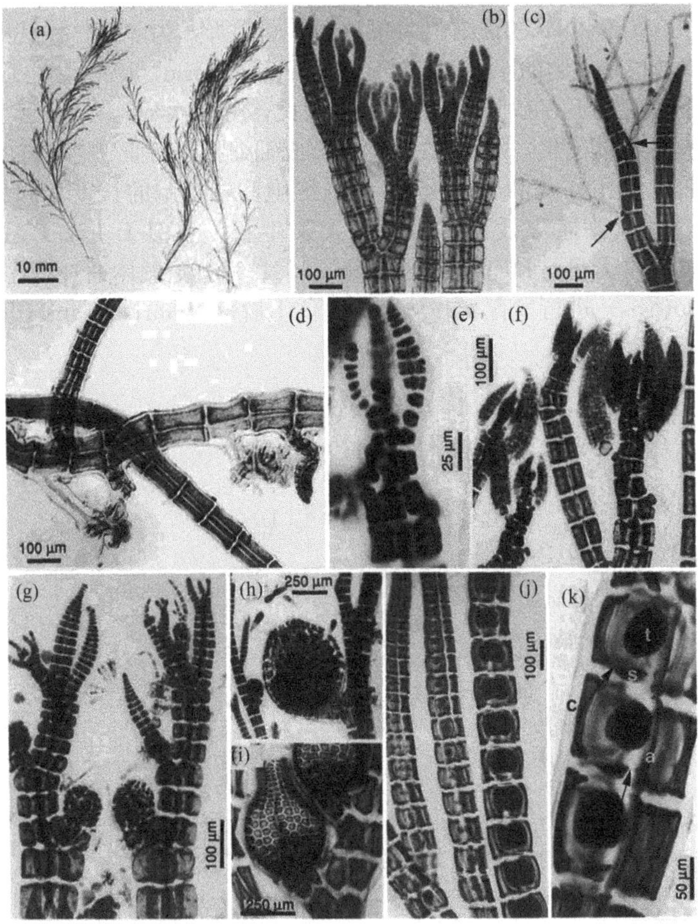

图 4.45 多管藻（*Polysiphonia stricta*）的营养及繁殖器官结构。(a) 生长在浅滩低潮带岩基上的藻体；(b) 营养枝的顶端显示具有呈倾斜分枝的巨大顶细胞；(c) 单核细胞构成的毛丝体，它通过小的瘢细胞（箭头所示）进行固定；(d) 匍匐轴通过单细胞的假根进行固定，且与围轴细胞相连；(e)、(f) 处于发育中和成熟的具有不育顶端的精子囊枝；(g) 具有果胞系的雌性藻体顶端及早期的受精囊果；(h) 成熟的球状囊果，显示有排出的梨形果孢子囊；(i) 成熟的囊果；(j) 呈长线排列的处于发育中和成熟的四分孢子囊；(k) 四分孢子囊 (t)，显示在四分孢子囊的柄细胞 (s)、中轴细胞 (a) 和盖细胞 (c) 之间的纹孔连接（箭头）。(引自 Kim et al.，2000)

多管藻雄性藻体的毛丝体上分布有精子囊群，而毛丝体由两细胞的柄及位于其下的可育区域组成［图 4.44、图 4.45（e）和图 4.45（f）］。上部的柄细胞常常具有一个分枝。可育区呈多管化，两个围轴细胞多次分裂形成一个精子囊母细胞的致密层，而每个精子囊母细胞则产生 2 或 3 个精子囊（Kylin，1923）。当精子与受精丝结合而受精后，辅助细胞离开支持细胞，然后辅助细胞与果胞融合。雌雄配子的细胞核在果胞中进行融合（Yamanouchi，1906），随后二倍的核分裂一次。其中一个二倍的核会进入到辅助细胞，后者随即与支持细胞融合。该融合细胞又再次与可育部分的轴细胞融合。产孢丝初体从融合细胞上脱落，进而发育成大量的产孢丝。这些产孢丝的末端细胞发育成梨形的果孢子囊。在此期间，融合细胞与产孢丝初体和可育细胞联合在一起，轴细胞能产生起支持细胞作用的可育围轴细胞，不可育的囊果外皮层源于轴细胞的其余围轴细胞［图 4.45（b）］。年幼的囊果皮层由两个侧向的瓣膜组成，后者由融合的藻丝组成，瓣膜像牡蛎贝壳一样包住胞果系，受精丝独自从中伸出。受精后两个瓣膜联合在一起，形成双层的囊果皮层。果孢子形成的四分孢子体与配子体形态相似，四分孢子体在被称为孢囊枝（stichidia）的多管分枝中产生四面体排列的四分孢子［图 4.45（j）、图 4.45（k）］。然后，四分孢子萌发形成配子体（Edwards，1969）。

在培养条件下，多管藻（*Polysiphonia denudate*）可在 1.5 个月内完成其生活史，因此，该种类每年可以完成几次生活史循环（Edwards，1970a）。在多管藻属的某些种类中，改变光周期就可能影响生活史的某些阶段，但这种影响在不同种类中似乎没有规律（Edwards，1970a，b）。

在海洋环境中，食草的小热带鱼在其领地内排挤其他鱼类，同时保持浓密状态的丝状藻类。有一种小热带鱼——黑腹雀鲷（dusky farmerfish）（图 4.46）就很独特，它在珊瑚礁内通过选择性地清除其他难以消化的藻类而保留单一生长的多管藻（Hata and Kato，2006）。黑腹雀鲷在多管藻上进行摄食。这种黑腹雀鲷与多管藻之间的关系是互利共生（mutulism）的一个典范（两个群体在某一条件下平等互利）。

图 4.46　黑腹雀鲷（*Stegastes nigricans*），它是珊瑚礁中多管藻（*Polysiphonia*）的耕耘者。

图 4.47 左图：Heinrichs Leonhards Skuja。右图：Harald Kylin（Skuja 的照片来自 Wilen and Wingqvist，1986；Kylin 的照片来自 *Die Gattung der Rhodophyceen*，CWK Gleerups Forlag，Lund，Sweden）。

Heinrichs Leonhards Skuja　1892 年 9 月 8 日出生于拉脱维亚的 Majori Rigas-Jurmula，卒于 1972 年 7 月 19 日。Skuja 博士年轻时生活在拉脱维亚海边，那时他就对水生动植物产生了浓厚的兴趣。在第一次世界大战期间，Skuja 生活在高加索，主要从事阿普歇伦半岛的植物区系研究。1922 年，Skuja 开始在拉脱维亚大学（University of Latvia）自然科学系开始自己的学术研究，在 1929 年通过了自然科学硕士（*mag. rer. nat.*）考试后，他在 1943 年获得理学博士（*dr. rer. nat.*）学位。1944 年秋天，Skuja 博士来到瑞典，后于 1947 年获得研究教授职位。1958 年 Skuja 获得乌普萨拉大学（University of Uppsala）授予的荣誉博士学位。Skuja 博士的著作除大量涉及藻类学外，还涵盖普通植物学、真菌学和地衣学等领域。

Harald Kylin　1879 年 2 月 5 日出生于瑞典的哥德堡附近，卒于 1949 年。Kylin 的原名为 Johan Harald Olsson。在进入体育学校时，他把名字改为 Harald Kylin，因为他的父亲是教区议会的主席，Olsson 这个名字对于他来讲过于普通。1901 年 Kylin 从乌普萨拉大学毕业并获得理学硕士学位，1905 年获得哲学副博士学位。1907 年他提交了关于藻类学的论文，并在乌普萨拉大学获得讲师职位。1917 年，他获得兰德大学（University of Lund）的植物学主席职位，直到 1944 年退休。Kylin 发表了大量关于红藻的论著。他的最新著作是 *Die Gattung der Rhodophyceen*，在他去世后，该书由其夫人完成。

图 4.48 Gary W. Saunders（图中右侧，与 Gerry Kraft 博士一起）。Saunders 1962 年 6 月 30 日出生于加拿大新斯科舍的哈利法克斯。Saunders 博士先后于 1985 年和 1987 年获得阿卡迪亚大学（Acadia Univeristy）的理学学士和理学硕士学位。1991 年他从西蒙弗雷泽大学（Simon Fraser University）获得博士学位。1995 年 Saunders 加入加拿大新布伦瑞克大学（University of New Brunswick）生物系，并担任教授和系主任职务，他还是康奈尔纪念标本馆（Connell Memorial Herbarium）海藻馆的馆长。目前，Saunder 博士已成为红藻分子系统学领域的领军人物。

参考文献

Abdel-Rahman, M. H. (1982). The involvement of an endogenous circadian rhythm in photoperiodic timing in *Acrochaetium asparagopsis* (Rhodophyta, Acrochaetiales). *Br. Phycol. J.* 17: 389-400.

Adey, W. H. (1970). The effects of light and temperature on growth rates in boreal-subarctic crustose corallines. *J. Phycol.* 6: 269-76.

Arad, S., Dubinsky, O., and Simon, B. (1993). A modified cell wall mutant of the red microalga *Rhodella reticulate* resistant to the herbicide 2, 6-dichlorobenzonitrile. *J. Phycol.* 29: 309-13.

Bailey, J. C., and Chapman, R. L. (1998). A phylogenetic study of the Corallinales (Rhodophyta) based on nuclear small-subunit rRNA gene sequences. *J. phycol.* 34: 692-705.

Balakrishnan, M. S., and Chaugule, B. (1980). Cytology and life history of *Batrachospermum mahabaleshwarensis*. *Cryptogamie: Algologie* 1: 83-97.

Barrow, K. D., Karsten, U., King, E. J., and West, J. A. (1995). Floridoside in the genus *Laurencia* (Rhodomelaceae: Ceramiales) - a chemosystematic study. *Phycologia* 34: 279-83.

Belcher, J. H., and Swale, E. M. F. (1960). Some British freshwater material of *Asterocystis*. *Br. Phycol. Bull.* 2: 33-5.

Blake, C., and Maggs, C. A. (2003). Comparative growth rates and internal banding periodicity of maerl species (Corallinales, Rhodophyta) from northern Europe. *Phycologia* 42: 606-12.

Blunden, G.., Campbell, S. A., Smith, J. R., Guiry, M. D., Hession, C. C., and Griffin, R. L. (1997). Chemical and physical characteristics of calcified red algal deposits known as maerl. *J. Applied Phycol.* 9: 11-17.

Borowitzka, M. A., Larkum, A. W. D., and Nockolds, C. E. (1974). A scanning electron microscope study of the structure and organization of the calcium carbonate deposits of algae. *Phycologia* 13: 195-203.

Bouarab, K., Potin, P., Correa, J., and Kioareg, B. (1999). Sulfated oligosaccharides mediate the interaction between a marine red alga and its green algal pathogenic endophyte. *Plant Cell* 11: 1635-50.

Bourgougnon, N., Lehaye, M., Quemener, B., Chermann, J-C., Rimbert, M., Cormaci, M., Furnari, G., and Kornprobat, J-M. (1996). Annual variation in composition and *in vitro* anti-HIV-1 activity of the sulfated glucuronogalactan from *Schizymenia dubyi* (Rhodophyta, Gigartinales). *J. Applied Phycol.* 8: 1155-61.

Broadwater, S. T., and Scott, J. (1982). Ultrastructure of early development in the female reproductive system of *Polysiphonia harveyi* Bailey (Ceramiales, Rhodophyta). *J. Phycol* 18: 427-41.

Brock, T. D. (1973). Lower pH limit for the existence of blue-green algae: evolutionary and ecological implications. *Science* 179: 480-3.

Brown, T. E., and Richardson, F. L. (1968). The effect of growth and environment on the physiology of the algae: Light intensity. *J. Phycol.* 4: 38-54.

Butterfield, N. J. (2000). *Bangiomorpha pubescens n*, gen., n, sp.: implications for the evolution of sex, multicellularity the Mesoproterozoic/ Neoproterozoic radidtion of eukaryotes. *Paleobiology* 26: 386-404.

Cabioch, J., and Mendoza, M. L. (1998). *Mesophyllum alternans* (Foslie) comb. Nov. (Corallinales, Rhodophyta). A mediterraneo-atlantic species, and new considerations on the *Lithothamnion phillippi* Foslie complex. *Phycologia* 37: 208-21.

Campbell, S. E. (1980). *Palaeoconchocelis starmachii* a carbonate boring micro-fossil from the Upper Silurian of Poland (425 million years old): implications for the evolution of the Bangiaceae (Rhodophyta). *Phycologia* 19: 25-36.

Chemin, E. (1937). Le développement des spores chez les Rhodophycées. *Rev. Gen. Bot.* 49: 205-34, 300-27, 353-74, 424-48, 478-536.

Chen, L. C-M., Edelstein, T., Ogata, E., and McLachlan, J. (1970). The life history of *Porphyra miniata*. *Can. J. Bot.* 48: 385-9.

Chen, L. C-M., McLachlan, J., Neish, A. C., and Shacklock, P. F. (1973). The ratio of kappa-to lamdacarrageenan in nuclear phases of the Rhodophycean alga *Chondrus Crispus* and *Gigartina stellata*. *J. Mar. Biol. Assoc UK* 53: 11-16.

Chiovitti, A., Liao, M-L., Kraft, G. T., Munro, S. L. A., Craik, D. J., and Bacic, A. (1995). Cell wall polysaccharides from Australian red algae of the family Solieriaceae (Gigartinales, Rhodophyta): iota/kappa/beta-carrageenans from *Melanema dumosum*. *Phycologia* 34: 522-7.

Chisholm, J. R. M. (2003). Primary productivity of reef-building crustose coralline algae. *Limnol. Oceanogr.* 48: 1376-87.

Craigie, J. S., Correa, J. A., and Gordon, M. E. (1992). Cuticles from *Chondrus crispus*. *J. Phycol.* 28: 777-86.

Cunningham, E. M., and Guiry, M. D. (1989). A circadian rhythm in the long-day photoperiodic induction of erect axis development in the marine red alga *Nemalion helminthoides*. *J. Phycol.* 25: 705-12.

Dawson, E. Y. (1966). *Marina Botany*. New York: Holt, Rinehart and Winston.

de Nys, R., Steinberg, P. D., Willemsen, P., Dworjanyn, S. A., Gabelish, C. L., and King, R. J. (1995). Broad spectrum effects of secondary metabolites from the red alga *Delisea pulchra* in antifouling assats. *Biofouling* 8: 259-71.

den Hartog, C. (1971). The effect of the salinity tolerance of algae on their distribution, as exemplified by *Bangia*. *Proc, 7th Int. Seaweed Symp.*, pp. 274-6.

Digby, P. S. B. (1977a). Growth and calcification in the coralline algae, *Clathromorphum circumscriptum* and *Corallina officinalis*, and the significance of pH in relation to precipitation. *J. Mar. Biol. Assoc. UK* 57: 1095-109.

Digby, P. S. B. (1977b). Photosynthesis and respiration in the coralline algae, *Clathromorphum circumscriptum* and *Corallina officinalis* and the metabolic basis of calcification. *J. Mar. Biol. Assoc. UK* 57: 1111-24.

Dixon, P. S. (1973). *Biology of the Rhodophyta*, University Reviews in Biology No. 4. Edinburgh: Oliver and Boyd.

Dixon, P. S., and Richardson, W. N. (1970). Growth and reproduction in red algae in relation to light and dark cycles. *Ann. N. Y. Acad, Sci.* 175: 764-77.

Dring, M. J. (1967a). Effects of daylength on growth and reproduction of the *Conchocelis-phase* of *Porphyra tenera*. *J Mar. Biol. Assoc. UK* 47: 501-10.

Dring, M. J. (1967b). Phytochrome in red alga, *Porphyra tenera*. *Nature* 215: 1411-12.

Dring, M. J., and West, J. A. (1983). Photoperiodic control of tetrasporangium formation in the red alga *Rhodochorton purpureum*. *Planta* 159: 143-50.

Edwards, P. (1969). The life history of *Callithamnion byssoides* in culture. *J. Phycol.* 5: 266-8.

Edwards, P. (1970a). Field and cultural observations on the growth and reproduction of *Polysiphonia denudata* from Texas, *Br. Phycol. J.* 5: 145-53.

Edwards, P. (1970b). Field and cultural studies on the seasonal periodicity of growth and reproduction of selected Texas benthic marine algae. *Contrib. Mar. Sci. Univ. Texas* 14: 59-114.

Evans, L. V. (1970). Electron microscopical observations on a new red algal unicell, *Rhodella maculata* gen. nov., sp. nov., *Br. Phycol. J.* 5: 1-13.

Evans, L. V., Callow, J. A., and Callow, M. E. (1973). Structural and physiological studies on the parasitic red alga *Holmsella*. *New Phytol.* 72: 393-402.

Fan, K-C. (1961). Studies on *Hypneocolax*, with a discussion on the origin of parasitic red algae. *Nova Hedwigia* 3: 119-28.

Feldmann, G. (1970a). Sur l'ultrastructure des corps irisants des *Chondria* (Rhodophycees). *C. R. Séances Acad.*

Sci. Paris 270: 945-50.

Feldmann, G. (1970b). Sur l'ultrastructure de l'appareil irisant du *Gastroclonium clavatum* (Roth.) Ardissonne (Rhodophyceae). *C. R. Séances Acad. Sci. Paris* 270: 1244-6.

Feldmann, J. (1953). L'évolution des organes femelles chez les Floridées. *Proc. 1st Int. Seaweed Symp.*, pp. 11-12.

Fetter, R., and Neushul, M. (1981). Studies on developing and released spermatia in the red alga, *Tiffaniella snyderae* (Rhodophyta). *J. Phycol.* 17: 141-59.

Fredericq, S., and Hommersand, M. H. (1989). Proposal of the Gracilariales ord. nov. (Rhodophyta) based on an analysis of the reproductive development of *Gracilaria verrucosa*. *J Phycol.* 25: 213-19.

Frei, E., and Preston, R. D. (1964). Non-cellulosic structural polysaccharides in algal cell walls. II. Association of xylan and mannan in *Porphyra umbilicalis*. *Proc. R. Soc. Lond.* [*B*] 160: 314-27.

Freshwater, D. W., Fredericq, S., Butler, B., Hommersand, M. H., and Chase, M. W. (1994). A gene phylogeny of the red algae (Rhodophyta) based on plastid *rbcL*. *Proc, Natl. Acad. Sci., USA* 91: 7281-5.

Fries, L. (1963). On the cultivation of axenic red algae. *Physiol. Plant.* 16: 695-708.

Fries, L. (1967). The sporophyte of *Nemalion multifidum* (Weber et J. Ag.). *Sven. Bot. Tidskr.* 61: 457-62.

Gabrielson, P. W., Garbary, D. J., and Scagel. R. F. (1985). The nature of the ancestral red alga: Inferences from a cladistic analysis. *BioSystems* 18: 335-46.

Gantt, E. (1969). Properties and ultrastructure of phycoerythrin from *Porphyridium, cruentum. Plant Physiol.* 44: 1629-38.

Gantt, E., and Conti, S. F. (1965). The ultrastructure of *Porphyridium cruenturm. J. Cell Biol.* 26: 365-81.

Garbary, D. J., and Clarke, B. (2001). Apoptosis in trichoblast development in *Polysiphonia harveyi* (Rhodophyta). *Phycologia* 40: 324-9.

Gargiulo, G. M., Genovese, M., Morabito, M., Culosa, F., and de Mase, E. (2001). Sexual and asexual reproduction in a freshwater population of *Bangia atropurpurea* (Bangiales, Rhodophyta) from eastern Sicily (Italy). *Phycologia* 40: 88-96.

Gerwick, W. H., and Lang, N. J. (1977). Structural, chemical and ecological studies on iridescence in *Iridaea* (Rhodophyta). *J. Phycol.* 13: 121-7.

Giraud, G. (1962). Les infrastructures de quelques algues et leur physiologie. *J. Microscopie* 1: 251-64.

Goff, L. J., and Coleman, A. W. (1984). Transfer of nuclei from a parasite to a host. *Proc. Natl. Acad. Sci. USA* 81: 5420-4.

Goff, L. J., and Coleman, A. W. (1986). A novel pattern of apical cell polyploidy, sequential polyploidy reduction and intercellular nuclear transfer in the red alga *Polysiphonia*. *Am. J Bot.* 73: 1109-30.

Goff, L. J., Moon, D. A., Nyvall, P., Stache, B., Mangin, K., and Zuccarello, G. (1996). The evolution of parasitism in the red algae: molecular comparisons of adelphoparasites and their hosts, *J, Phycol.* 32: 297-312.

Goreau, T. F. (1963). Calcium carbonate deposition by coralline algae and coral in relation to their roles as reef builders. *Ann. N. Y. Acad. Sci.* 109: 127-67.

Gretz, M. R., Aronson, J. M., and Sommerfeld, M. R. (1980). Cellulose in the cell walls of the Bangiophyceae (Rhodophyta). *Science* 207: 779-81.

Gretz, M. R., McCandless, E. L., Aronson, J. M., and Sommerfeld, M. R. (1983). The galactan sulfates of the *Conchocelis* phases of *Porphyra leucostricta* and *Bangia atropurpurea* (Rhodophyta). *J. Exp. Bot.* 34: 705-11.

Gross, W., Heilmann, I., Lenze, D., and Schnarrenberger, C. (2001). Biogeography of the Cyanidiaceae (Rhodophyta) based on 18S ribosomal RNA sequence data. *Eur. J Phycol.* 36: 275-80.

Halfar, J., Zack, T., Kronz, A., and Zachos, J. C. (2000). Growth and high-resolution paleoenvironmental signals of rhodoliths (coralline red algae): a new biogenic archive. *J, Geophys. Res.* 105: 107-22.

Hara, Y. (1971). An electron microscopic study on the chloroplasts of the Rhodophyta. *Proc. 7th Int. Seaweed*

Symp. , pp. 153-8.

Harlin, M. M. , and Craigie, J. S. (1975) . The distribution of photosynthate in *Ascophyllum nodosum* as it relates to epiphytic *Polysiphonia lanosa*. *J. Phycol.* 11: 109-13.

Harper, J. T. , and Saunders, G. W. (2001) . Molecular systematics of the Florideophycidae (Rhodophyta) using nuclear large and small subunit rDNA sequence data. *J. Phycol.* 32: 1073-82.

Hata, H. , and Kato, M. (2003) . Demise of monocultural algal farms by exclusion of territorial damselfish. *Mar. Ecol. Progr. Ser.* 263: 159-167.

Hawkes. M. W. (1978) . Sexual reproduction in *Porphyra gardneri* (Smith et Hollenberg) Hawkes (Bangiales, Rhodophyta) . *Phycologia* 17: 329-53.

Holmes, M. J. , and Brodie, J. (2004) . Morphology, seasonal phenology and observations on some aspects of the life history in culture of *Porphyra dioica* (Bangiales, Rhodophyta) from Devon, U. K. *Phycologia* 43: 176-88.

Hurdelbrink, L. , and Schwantes, H. O. (1972) . Sur le cycle de développement de *Batrachospermum*. *Mem. Soc. Bot. Fr.* , 269-74.

Johansen, H. W. (1981) . *Coralline Algae: A First Synthesis*. Boca Raton, Florida: CRC Press.

Jobnson, J. (1961) . *Limestone-Building Algae and Algal Limestones*. Colorado School of Mines.

Kain, J. M. , and Destombe, C. (1995) . A review of the life history, reproduction and phenology of *Gracilaria*. *J. Appl. Phycol.* 7: 269-81.

Kanwisher, J. W. (1966) . Photosynthesis and respiration in some seaweeds, In Some *Contemporary Studies in Marine Science*, ed. R. Barnes, pp. 407-20. New York: Academic Press.

Karsten, U. , West, J. A. , Zuccarello, G. C. , et al. (2003) . Low molecular weight carbohydrates of the Bangiophycidae (Rhodophyta) . *J. Phycol.* 39: 548-9.

Kim, G. H. , and Fritz, L. (1993) . Ultrastructure and cytochemistry of early spermatangial development in *Antithamnion nipponicum* (Ceramiaceae, Rhodophyta) . *J. Phycol.* 29: 797-805.

Kim, G. H. , and Kim, S. -H. (1999) . The role of F-actin during fertilization in the red alga *Aglaothamnion oosumiense* (Rhodophyta) . *J. Phycol.* 35: 806-14.

Kim, M. -S. , Maggs, C. A. , Mclvor, L. , and Guiry, M. D. (2000) . Reappraisal of the type species of *Polysiphonia* (Rhodomelaceae, Rhodophyta) . *Eur. J. Phycol.* 35: 83-92.

Kornmann, P. (1994) . Life histories of monostomatic *Porphyra* species as a basis for taxonomy and classification. *Eur. J. Phycol.* 29: 69-71.

Kugrens, P. (1974) . Light and electron microscope studies on the development and liberation of *Janczewskia gardneri* Setch. spermatia (Rhodophyta) . *Phycologia* 13: 295-306.

Kugrens, P. , and West, J. A. (1972a) . Ultrastructure of spermatial development in the parasitic red alga *Levringiella gardneri* and *Erythrocystis saccata*. *J. Phycol.* 8: 331-43.

Kugrens, P. , and West, J. A. (1972b) . Ultrastructure of tetrasporogenesis in the parasitic red alga *Levringiella gardneri* (Setchell) Kylin, *J. Phycol.* 8: 370-83.

Kugrens, P. , and West, J. A. (1973) . The ultrastructure of an alloparasitic red alga *Choreocolax polysiphoniae*. *Phycologia* 12: 175-86.

Kugrens, P. , and West, J. A. (1974) . The ultrastructure of carposporogenesis in the marine hemiparasitic red alga *Erythrocystis saccata*. *J. Phycol.* 10: 139-47.

Kurihara, A. , Arai, S. , Shimada, S. , and Masuda, M. (2005) . The conspecificity of *Galaxura apiculata* and *G. hystix* (Nemaliales, Rhodophyta) inferred from comparative morphology and rbcL and ITS1 sequences. *Eur. J. Phycol.* 40: 39-52.

Kylin, H. (1916) . Über *Spermothamnion roseolum* (Ag.) Pringsh. und *Trailiella intricata* Batters, *Bot. Not.* , 83-92.

Kylin, H. (1923) . Studien über die Entwicklu-ngsgeschichte der Florideen. *Sven, Vet. Akad. Handl.* 63, No. 11.

Kylin, H. (1924) . Bemerkungen über einige *Ceramium-Arten*. *Bot. Not.*, 443-52.

Kylin, H. (1928) . Entwicklungsgeschichtliche Florideenstudien. *Lunds Univ. Arsskr. N.F. II* 24, No. 4.

Kylin, H. (1930) . Uber die Entwicklungsgeschichtliche der Florideen. *Lunds Univ. Arsskr. N.F. II* 26, No. 6.

Kylin, H. (1956) . *Die Gattungen der Rhodophyceen*. Gleerups, Lund.

Lahaye, M. (2001) . Developments on gelling algal galatans, their structure and physico-chemistry. *J. Appl. Phycol.* 13: 173-84.

Largo, D. B., Fukami, K., Nishijima, T., and Ohno, M. (1995) . Notes on thalli whitening called *ice-ice* in red algae, *Eucheuma/Kappaphycus* and *Gracilaria*. *Bull. Mar. Sci. Fish.*, *Kochi Univ.* No. 15: 39-42.

Lee, R. E. (1971) . The pit connections of some lower red algae: Ultrastructure and phylogenetic significance. *Br. Phycol, J.* 6: 29-38.

Lee, R. E. (1974) . Chloroplast structure and starch grain production as phylogenetic indicators in the lower Rhodophyceae. *Br, Phycol. J.* 9: 291-5.

Lee, R. E., and Fultz, S. A. (1970) . The ultrastructure of the *Conchocelis* stage of the marine red alga *Porphyra leucosticta*. *J. Phycol.* 6: 22-8.

Lee, T.-M. (1999) . Changes in activities and properties of biosynthetic enzymes in relation to hightemperature-induced proline accumulation in *Gracilaria tenuistipitata* (Gigartinales, Rhodophyta) . *Phycologia* 37: 433-8.

Lewin, R. A., and Robertson, J. A. (1971) . Influence of salinity on the form of *Asterocytis* in pure culture. *J. Phycol.* 7: 236-8.

Lewis, R. J., and Hanisak, M. D. (1996) . Effects of phosphate and nitrate supply on productivity, agar content and physical properties of agar of *Gracilaria* strain G-16S. J. *Appl. Phycol.* 8: 41-9.

Lichtlé, C., and Giraud, G. (1969) . Etude ultrastructurale de la zone apicale du thalle du *Polysiphonia* elongata (Harv.) Rhodophyceé, Floridée. Evolution des plastes. *J. Microscopie* 8: 867-87.

Lin, H., Sommerfeld, M. R., and Swafford, J. R. (1975) . Light and electron microscope observations on motile cells of *Porphyridium purpureum* (Rhodophyta) . *J. Phycol.* 11: 452-7.

Liu, Y. L., Ross, N., Lanthier, P., and Reith, M. (1996) . A gametophyte cell wall protein of the red alga *Porphyra purpurea* (Rhodophyta) contains four apparent polysaccharide-binding domains. *J. Phycol.* 32: 995-1003.

Magruder, W. H. (1984) . Specialized appendages on spermatia from the red alga *Aglaothamnion neglectum* (Ceramiales, Ceramiaceae) specifically bind with trichogynes. *J. Phycol.* 20: 436-40.

Marquardt, J., Schultze, A., Rosenkrau, V., and Wehrmeyer, W. (1999) . Ultrastructure and photosynthetic apparatus of *Rhodella violaceae* (Porphyridiales, Rhodophyta) grown under-iron-deficient conditions. *Phycologia* 38: 418-27.

Matsuzaki, M., and 41 other authors (2004) . Genome sequence of the ultrasmall unicellular red alga *Cyanidioschyzon merolae* 10D. *Nature* 428: 653-7.

Melo, R. A. (1998) . Gelidium commercial exploitation: natural resources and cultivation. *J. Appl. Phycol.* 10: 303-14.

Mine, K., Kubouchi, Y., and Okuda, K. (2003) . Fine structure of spermatial surface in the red alga *Antithamnion nipponicum* (Rhodophyta) . *Phycol. Res.* 51: 109-17.

Mizuta, H., Yasui, H., and Saga, N. (2003) . A simple method to mass produce monospores in the thallus of *Porphyra yezoensis* Ueda. *J, Appl. Phycol.* 15: 345-9.

Mollet, J. C., Rahaoui, A., and Lemoine, Y. (1998) . Yields, chemical composition and gel strength of agarocolloids of *Gracilaria gracilis*, *Gracilariopsis longissima* and newly reported *Gracilaria* cf. *vermiculophylla* from Roscoff (Brittany, France) . *J. Appl, . Phycol.* 10: 59-66.

Mukai, L. S., Craigie, J. S., and Brown, R. G. (1981) . Chemical composition and structure of the cell walls of the *Conchocelis* and thallus phases of *Porphyra tenera* (Rhodophyceae) . *J. Phycol.* 17: 192-8.

Mumford, T. F., and Miura, A. (1988) . *Porphyra* as food: cultivation and economics. In *Algae and. Hum. an*

Affairs, ed. C. A. Lembi and J. P. Waaland, pp. 87-117. Cambridge: Cambridge University Press.

Murakami, A., Miyashita, H., Iseki, M., Adachi, K., and Mimuro, M. (2004). Chlorophyll *d* in an epiphytic cyanobacterium of red algae. *Science* 303: 1633.

Necchi, O., and Jimenez, J. C. (2002). Somatic meiosis and development of the juvenile gametophyte in members of the Batrachospermales *sensu lato* (Rhodophyta). *Phycologia* 41: 340- 7.

Ngan, Y., and Price, I. R. (1979). Systematic significance of spore size in the Florideophycidae (Rhodophyta). *Br. Phycol. J.* 14: 285-303.

Noguchi, T., Matsui, T., Miyazawa, K., et al. (1994). Poisoning by the red alga "ogonori" (*Gracilaria verrucosa*) on the Nojima Coast, Yokohama, Kanagawa Prefecture, *Japan. Toxicon* 32: 1533-8.

Ogata, E., Matsui, T., and Nakamura, H. (1972). The life cycle of *Gracilaria verrucosa* (Rhodophyceae, Gigartinales) in vitro. *Phycologia* 11: 75-80.

Ohno, M., Nang, H. Q., and Hirase, S. (1996). Cultivation and carrageenan yield and quality of *Kappaphycus alvarezii* in the waters of Vietnam. J. *Applied*, *Phycol.* 8: 431-7.

Ohta, N., Sato, N., Ueda, K., and Kuroiwa, T. (1997). Analysis of a plastid gene cluster reveals a close relationship between *Cyanidioschyzon* and *Cyartidium*. *J. Plant Res.* 110: 235-45.

Okazaki, M., Ikawa, T., Furuya, K., Nisizawa, K., and Miwa, T. (1970). Studies on calcium carbonate deposition of a calcareous red alga *Serraticardia maxima*. *Bot. Mag. Tokyo* 83: 193-201.

Oliveira, M. C., and Bhattacharya, D. (2000). Phylogeny of the Bangiophycidae (Rhodophyta) and the secondary endosymbiotic origin of algal plastids. *Amer. J. Bot.* 87: 482-92.

Oltmanns, F. (1904). *Morphologie und Biologie der Algen*, Bd. I. Jena.

Pallaghy, C. K., Minchinton, J., Kraft, G. T., and Wetherbee, R. (1983). Presence and distribution of bromine in *Thysanocladia densa* (Solieriaceae, Gigartinales), a marine red alga from the Great Barrier Reef. *J. Phycol.* 19: 204-8.

Papenfuss, G. F. (1945). Review of the *Acrochaetium-Rhodochorton* complex of the red algae. *Univ. Calif. Publ. Bot.* 18: 299-334.

Papenfuss, G. F. (1947). Further contributions toward an understanding of the *Acrochaetium-Rhodochorton* complex of the red algae. *Univ. Calif. Publ. Bot.* 18: 433-47.

Papenfuss, G. F. (1966). A review of the present system of classification of the Florideophycidae. *Phycoiogia* 5: 247-55.

Pearse, V. B. (1972). Radioisotopic study of calcification in the articulated coralline alga *Bossiella orbigniana*. *J. Phycol.* 8: 88-97.

Peders'en. M. E. E., Roomans, G. M., and v. Hofsten, A. (1981). Bromine in the cuticle of *Polysiphonia nigrescens*: Localization and content. *J. Phycol.* 17. 105-8.

Peyrière, M. (1971). Etude infrastructurale des spermatocystes du *Griffithsia flosculosa* (Rhodophycée). *C. R. Séances Acad. Sci. Paris* 273: 2071-4.

Pickett-Heaps, J. D., West, J. A., Wilson, S. M., and McBride, D. L. (2001). Time-lapse videomicroscopy of cell (spore) movement in red algae. *Eur. J. Phycol.* 36: 9-22.

Potin, P., Bouarab, K., Kupper, F., and Kloareg, B. (1999). Oligosaccharide recognition signals and defense reactions in marine plant-microbe interactions. *Curr. Opin. Microbiol.* 2: 276-83.

Pueschel, C. M. (1987). Absence of cap membrane as a characteristic of pit plugs in some red algal orders. *J. Phycol.* 23: 150-6.

Pueschel, C. M. (1989). An expanded survey of the ultrastructure of red algal pit plugs. *J. Phycol.* 25: 625-36.

Pueschel, C. M., and Miller, T. J. (1996). Reconsidering prey specializations in an algal-limpet grazing mutualism: Epithallial cell development in *Clathromorphum circumscriptum* (Rhodophyta, Corallinales). *J. Phycol.* 32: 28-36.

Pueschel, C. M., and Trick, H. N. (1991). Unusual morphological and cytochemical features of pit plugs in *Clathromorphum circumscriptum* (Rhodophyta: Corallinales). *Br. Phycol. J.* 26: 335-42.

Ragan, M. A., Bird, C. J., Rice, E. L., Gutell, R. B., Murphy, C. A., and Singh, R. K. (1994). A molecular phylogeny of the marine red algae (Rhodophyta) based on the nuclear small-subunit rRNA gene. *Proc. Natl. Acad. Sai., USA* 91: 7276-80.

Ramus, J. (1969), Pit connection formation in the red alga *Pseudogloiophloea*. *J. Phycol.* 5: 57-63.

Ramus, J. (1971). Properties of septal plugs from the red alga *Griffithsia Pcifica*. *Phycologia* 10: 99-103.

Ramus, J., and Robins, D, M. (1975). The correlation of Golgi activity and polysaccharide secretion in *Porphyridium*. *J. Phycol.* 11: 70-4.

Rawlence, D. J. (1972). An ultrastructural study of the relationship between rhizoids of *Polysiphonia lanosa* (L.) Tandy (Rhodophyceae) and the tissue of *Ascophyllum*, *nodosum* (L.) Le Jolis (Phaeophyceae). *Phycologia* 11: 279-90.

Reddy, C. R. K., Kumar, G. R. K., Siddhanta, A. K., Tewari, A., and Eswaran, K. (2003). *In vitro* somatic embryogenesis and regeneration of somatic embryos from pigmented callus of *Kappaphycus alvarezii* (Doty) Doty (Rhodophyta, Gigattinales). *J. Phycol.* 39: 610-16.

Reed, R. H. (1985). Osmoacclimation in *Bangia atropurpurea* (Rhodophyta, Bangiales): The osmotic role of floridoside. *Br. Phycol. J.*, 20: 211-18.

Richardson, N. (1970). Studies on the photobiology of *Bangia fuscopurpurea*. *J. Phycol.* 6: 215-19.

Sacramento, A. T., Garcia-Jimenez, P., Alcazar, R., Tiburcio, A. F., and Robaina. R. R. (2004). Influence of polyamines on the sporulation of *Grateloupia* (Halymeniaceae, Rhodophyta). *J. Phycol.* 40: 887-94.

Sagert, S., and Schubert, H. (1995). Acclimation of the photosynthetic apparatus of *Palmaria palmata* (Rhodophyta) to light qualities that preferentially excite photosystem I or photosystem II. *J. Phycol.* 31: 547-54.

Satoh, K., Smith, C. M., and Fork, D. C. (1983). Effects of salinity on primary processes of photosynthesis in the red alga *Porphyra perforata*. *Plant Physiol.* 73: 643-7.

Saunders, G. W., and Hommersand, M. H. (2004). Assessing red algal supraordinal diversity and taxonomy in the context of contemporary systematic data. *Amer. J. Bot.* 91: 1494-507.

Scott, J., L., and Dixon, P. S. (1973a). Ultrastructure of spermatium liberation in the marine red alga *Ptilota densa*. *J. Phycol.* 9: 85-91.

Scott, J. L., and Dixon, P. S. (1973b). Ultrastructure of tetrasporogenesis in the marine red alga *Ptilota hypnoides*. *J. Phycol.* 9: 29-46.

Scott, J., Bosco, C., Schornstein, K., and Thomas, J. (1980). Ultrasfructure of cell division and reproductive differentiation of male plants in the Florideophycidae (Rhodophyta): Cell division in *Polysiphonia*. *J. Phycol.* 16: 507-24.

Seckbach, J., and Ikan, R. (1972). Sterols and chloroplast structure of *Cyanidium caldarium*. *Plant Physiol.* 49: 457-9.

Sheath, R. G., and Hambrook, J. A. (1988). Mechanical adaptation to flow in freshwater algae. *J. Phycol.* 24: 106-11.

Silva, P. C., and Johansen, H. W. (1986). A reappraisal of the order Corallinales (Rhodophyceae). *Br. Phycol. J.* 21: 245-54.

Simon-Bichard-Bréaud, J. (1971). Un appareil cinétique dans les gamétocystes mâles d'une Rhodophycée: *Bonnemaisonia hamifera* Hariot. *C. R. Séances Acad. Sci. Paris* 273: 1272-5.

Skuja, H. (1938). Comments on fresh-water Rhodophyceae. *Bot. Rev.* 4: 665-76.

Smit, A. J. (2004). Medicinal and pharmaceutical uses of seaweed natural products: a review. *J. Appl. Phycol.* 16: 245-62.

Smith, G. M. (1938). *Cryptogamic Botany*, Vol. 1. New York: McGraw-Hill.

Smith, G. M. (1969). *Marine Algae of the Monterey Peninsula, California*. 2nd edn. Stanford, Calif.: Stanford University Press.

Sommerfeld, M. R., and Nichols, H. W. (1970). Comparative studies in the genus *Porphyridium*, Naeg. *J. Phycol.* 6: 67-78.

Sommerfeld, M, R., and Nichols, H. W. (1973). The life cycle of *Bangia fuscopurpurea* in culture. I. Effects of temperature and photoperiod on the morphology and reproduction of the *Bangia* phase. *J. Phycol.* 9: 205-10.

Spieler, R. (2002). Seaweeds compound's anti-HIV efficacy will be tested in southern Africa. *Lancet* 359: 1675.

Stanley, S. M,, Ries, J. B., and Hardie, L. A. (2002). Lowmagnesium calcite produced by coralline algae in seawater of Late Cretaceous composition. *Proc. Natl. Acad. Sci., USA* 99: 15323-6.

Sturch., H. H. (1926). *Choreocolax Polysiphoniae* Reinsch. *Ann. Bot.* 40: 585-605.

Suneson, S. (1937). Studien über die Entwicklungsgeschichte der Corallinaceen. *Lunds Univ. Arsskr. N.F. II* 33, No. 2: 1-132.

Suneson, S. (1943). The structure, life-history and taxonomy of the Swedish Corallinaceae, *Lunds Univ, Arsskr. N.F.* Aud. 2, Bd. 39.

Swale, E. M. F., and Belcher, J. H. (1963). Morphological observations on wild and cultured material of *Rhodochorton investiens* (Lenormand) nov. comb. (*Balbiana investiens* (Lenorm.) Sirodot). *Ann. Bot.* 27: 281-90.

Taylor, W. R. (1957). *Marine Algae of the Northeastern Coast of North America*. Ann Arbor: University of Michigan Press.

Therkelsen, G. H. (1993). Carrageenan. In *Industrial Gums: Polysaccharides and Their Derivatives*. 3rd. edn., ed. R. L. Whistler, and J. N. BeMiller, pp. 145-80. San Diego: Academie Press.

Tripodi, G. (1974). Ultrastructural changes during carpospore formation in the red alga *Polysiphonia*. *J. Submicrosc. Cytol.* 6: 275-86.

Tseng, C. K. (1981). Commercial cultivation. In *The Biology Of Seaweeds*, ed. C. S. Lobban, and M. J. Wynne. Berkeley and Los Angeles: Univ. Calif. Press.

Turner, C, H. C., and Evans, L. V. (1978). Translocation of photoassimilated ^{14}C in the red alga *Polysiphonia lanosa*. *Br. Phyco. J.* 13: 51-5.

Umezaki, I. (1967). The tetrasporophyte of *Nemalion vermiculare* Suringar. *Rev. Algol.* 7: 19-24.

von Stosch, H. A., and Theil, G. (1979). A new mode of life history in the freshwater red algal genus *Batrachospermum*. *Am. J. Bot.* 66: 105-7.

Vreeland, V, Zablackis, E., and Laetsch, W. M, (1992). Monoclonal antibodies as molecular markers for the intracellular and cell wall distribution of-carrageenan epitopes in *Kappaphycus* (Rhodophyta) during tissue development. *J. Phycol.* 28: 328-42.

Weinberger, F., and Friedlander, M. (2000). Response of *Gracilaria conferta* (Rhodophyta) to oligoagars results in defense against agar-degrading epiphytes. *J. Phycol* 36: 1079-86.

West. J. A. (1972). Environmental regulation of reproduction in *Rhodochorton purpureum*. In *Contributions to the Systematics of Benthic Marine Algae of the North Pacific*, ed. I. A. Abbott, and M. Kurogi, pp. 213-30. Kobe: Jpn. Soc. Phycol.

Willen, T., and Wingqvist. E.-M. (1986). Svenska sjoar undersokta av H. Skuja med avseende pa vaxtplankton. *Svensk. Bot. Tidskr.* 80: 198-208.

Wilson, S. M., West, J. A., and Pickett-Heaps, J. D. (2003). Time-lapse videomicroscopy of fertilization and the actin cytoskeleton in *Murrayella periclados* (Rhodomelaceae, Rhodophyta). *Phycologia* 42: 638-45.

Wolk, C. P. (1968). Role of bromine in the formation of the refractile inclusions of the vesicle cells of the Bonnemaisoniaceae (Rhodophyta). *Planta* 78: 371-8.

Wray, J. L. (1977). *Calcareous Algae*. Amsterdam: Elsevier.

Yamanouchi, S. (1906). The life history of *Polysiphonio violacea*. *Bot. Gaz.* 42: 401-49.

Yoon, H. S. , Hackett, J. D. , Ciniglia, C. , Pinto, G. , and Bhattacharya, D. (2004) . A molecular timeline for the origin of photosynthetic eukaryotes. *Mol. Biol. Evol.* 21: 809-18.

Young, D. N. (1979) . Fine structure of the "gland cells" of the red alga, *Opuntiella californica* (Solieriaceae, Gigartinales) . *Phycologia* 18: 288-95.

Young, D. N. , and West, J. A. (1979) . Fine structure and histochemistry of vesicle cells of the red alga *Antithamnion defectum* (Ceramiaceae) . *J. Phycol.* 15: 49-57.

（刘福利 译，胡自民 段德麟 校）

第五章

绿藻门（Chlorophyta）

绿藻门也称绿藻（green algae），含叶绿素 a、b，其叶绿体通常在蛋白核的参与下合成淀粉。绿藻门不同于其他真核藻类，它的储存产物在叶绿体而非细胞质中合成。在叶绿体周围没有叶绿体内质网。

绿藻门主要为淡水藻类，其中淡水种类占到 90%，海水种类只有 10%（Smith，1955）。蕨藻目（Caulerpales）、绒枝藻目（Dasycladales）和管枝藻目（Siphonocladales）等是主要的海水种类，丝藻目（Ulotrichales）和鞘毛藻目（Coleochaetales）为主要的淡水种类，而鞘藻目（Oedogoniales）和双星藻目（Zygnematales）全部为淡水种类。绿藻门中淡水种类呈现全球性分布，只有极少种类呈特定区域性分布。在海洋环境中，世界各地的处于热带与亚热带水域的海洋绿藻较为相似，而处于寒冷海洋水域中的绿藻明显不同。在北半球和南半球海域中的绿藻种类差别极大，赤道附近的温暖水体对于绿藻新种和属的进化起到一种地理阻隔的作用。

细胞结构

绿藻门细胞的鞭毛上没有微管绒毛，不过某些属如衣藻属（*Chlamydomonas*）含纤维状绒毛（图 1.7b），塔胞藻（*Pyramimonas*）具有由高尔基体形成的鳞片（图 5.10）。

纤维素是构成绿藻细胞壁的主要多糖，不过在蕨藻目中常被木聚糖（xylan）或甘露聚糖（mannan）所取代（Huizing et al.，1979）。绿色鞭毛藻纲（Prasinophyceae）中的原始种类具有胞外鳞片，或一层由交联的鳞状毛分化而成的细胞壁，其化学成分为酸性多糖（Becker et al.，1996）。团藻目（Volvocales）绿藻的细胞壁由糖蛋白构成（Goodenough and Heuser，1985）。绿藻的叶绿体色素类似于高等植物，都含有叶绿素 a、b，主要的类胡萝卜素是叶黄素。管状藻属及单细胞的扁藻（*Tetraselmis*）和 *Mesostigma* 是仅有的含有管藻黄素（siphonoxanthin）（图 5.1）和管藻素酯（ester siphonein）的绿藻（Yoshi et al.，2003）。

类胡萝卜素在氮源不足、高辐射或高盐条件下可大量累积，这在杜氏藻属（*Dunaliella*）（图 5.62 和图 5.63）中极为明显，β-胡萝卜素在叶绿体内的类囊体之间积累；而对于红球藻属（*Haematococcus*）（图 5.63），虾青素（astaxanthin）（图 5.1）则在叶绿体外的脂滴中积聚（Hagen et al.，2000；Wang et al.，2003）。血色素（hematochrome）是这些类胡萝卜素的一般形式，它的累积使细胞呈橙色或红色，在杜氏藻属中血色素的累积能达到细胞容量的 8%～12%（Orset and Young，1999）。动物无法合成类胡萝卜素，只能通过食物链从初级生产者中获得，食用了杜氏藻的鱼类、甲壳类和鸟类会因血色素呈现缤纷的色彩（如火烈鸟的粉红色羽毛）。

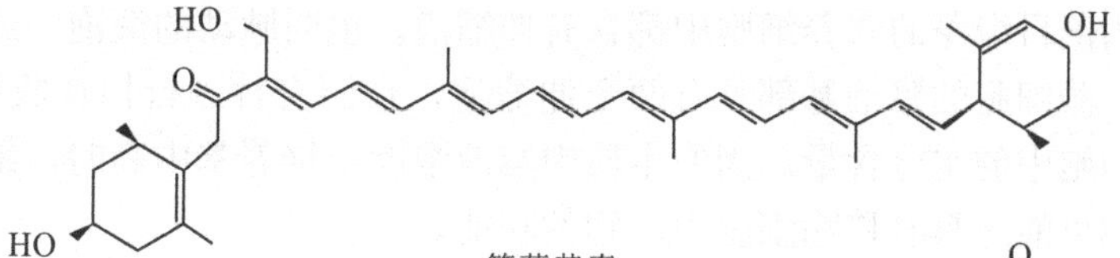

管藻黄素

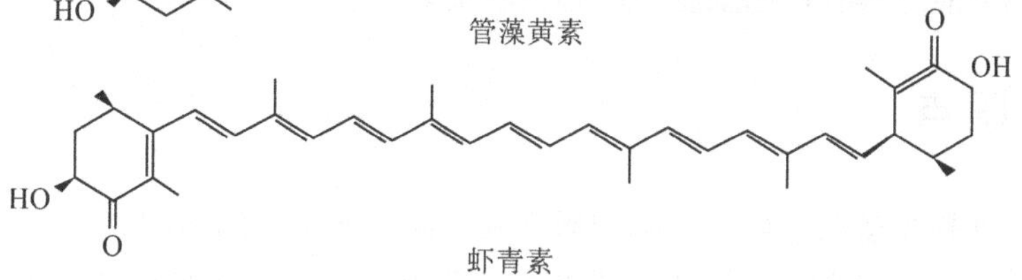

虾青素

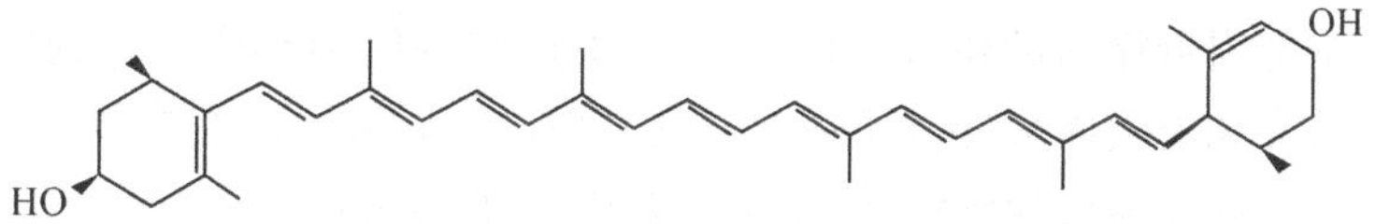

叶黄素

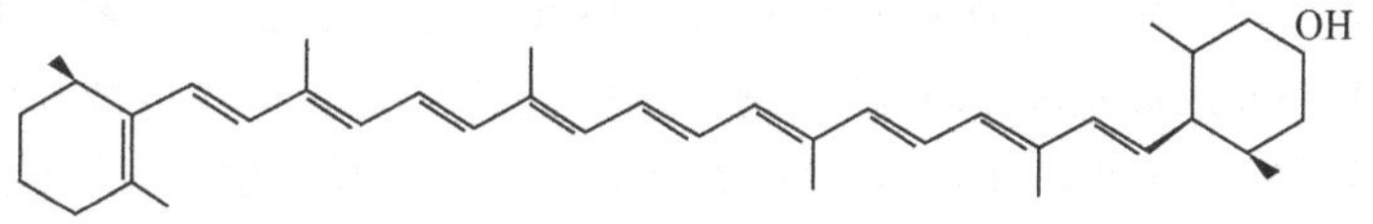

β-胡萝卜素

图 5.1 类胡萝卜素的化学结构。

绿藻的叶绿体由双层叶绿体被膜所环绕，没有叶绿体内质网。3～5 个类囊体聚集在一起形成没有基粒的带状（图 5.2）。在某些管状藻属中［如蕨藻属（*Caulerpa*）］，含有淀粉颗粒的淀粉体（amyloplast）和少数类囊体一起出现在叶绿体中。

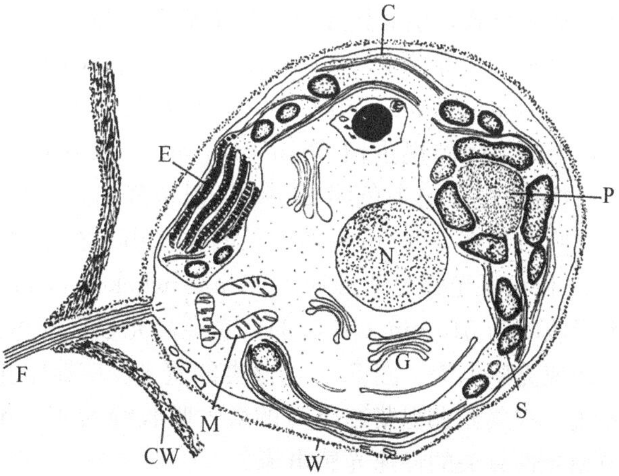

图 5.2 团藻属（*Volvox*）营养藻落的一个细胞的剖面图。藻落壁（CW）不同于细胞壁（W）。C，叶绿体；E，眼点；F，鞭毛；G，高尔基体；M，线粒体；N，细胞核；P，蛋白核；S，淀粉。（改编自 Pickett-Heaps，1970）

淀粉在叶绿体内合成时需要蛋白核的协同作用（图 5.2）。绿藻中的淀粉与高等植物中的类似，由直链淀粉和支链淀粉组成。绿藻的光合作用途径也与高等植物的类似，且大部分途径是在绿藻小球藻（*Chlorella*）中最早被发现。

大多数团藻目绿藻的营养细胞中都含有伸缩泡，也叫脉动的液泡。通常在具双鞭毛的绿藻属中，藻细胞的鞭毛基部具有两个伸缩泡，它们交替进行快速收缩与缓慢膨胀，以此来调节细胞中的水分含量。当原生质中溶液浓度比培养基中高时，细胞通过伸缩泡吸水。伸缩泡可能还具有移除细胞内废物的功能。

趋光性与眼点

绿藻有两种趋光运动：鞭毛引起的运动和分泌黏液引起的运动。

大部分借鞭毛做趋光运动的细胞都含有一个眼点。绿藻的眼点通常位于叶绿体内，一般位于鞭毛基部附近靠前的位置（图 5.2）。眼点由一层到几层不等的脂滴构成，通常位于叶绿体被膜和类囊体最外侧条带之间的基质内。脂滴中的类胡萝卜素通常会使眼点呈现橘红色。不同光强可导致绿藻细胞表现出不同的趋光反应。Strasburger 于 1878 年发现，在中度的弱光强条件下具有正趋光性的生物，在极强的光强下反而显示出负的趋光性（Bendix，1960）。他还提到，在光强既定时温度也会影响趋光性。在既定光强下，红球藻属（*Haematococcus*）的动孢子（图 5.63）在 4℃时呈现负的趋光性，在 16～18℃时呈现正的趋光性，而在 35℃时显示出非常强的趋光性。类似的结果在丝藻属（*Ulothrix*）（图 5.31）和石莼属（*Ulva*）（图 5.33）中也可观察到。

绿藻通过瞬时机制进行感光（当细胞随着光源而改变其位置时，光受体随即也感受光的幅度）（Boscov and Feinleib，1979）。这一机制只有在细胞随着光源而频繁改变其位置时才会启动。于是光受体以两个不同的时间间隔比较光的强度。衣藻属（*Chlamydomonas*）的光受体位于眼点上方的质膜内（Melkonian and Robenek，1980b），它由一个与视蛋白或脱辅基蛋白相连的生色团（chromophore）（染色物质）构成。生色团是 11-顺式-视黄醛（维生素 A 醛）（图 5.3）。光激发导致 11-顺式-视黄醛异构体变成全反式，引起构象改变进而启动信号处理。对 11-顺式-视黄醛可通过一种酶反应进行修复。在绿藻中与 11-顺式-视黄醛相连的蛋白质因绿藻种类而异。在雷氏衣藻（*Chlamydomonas reinhardtii*）中，它是衣藻视蛋白（chlamyopsin）；在团藻（*Volvox carteri*）中则为团藻视蛋白（volvoxopsin）（Ebnet et al.，1999；Hegemann et al.，2001）。这种蛋白质与生色团 11-顺式-视黄醛结合产生视紫红质（rhodopsin），后者是一类最大吸收峰在 500 nm 左右波长的化合物。衣藻属含有两种视紫红质：衣藻光感视紫红质 A 和衣藻光感视紫红质 B（Sineshchekov et al.，2002）。衣藻光感视紫红质 A 的最大吸收峰为 510 nm（图 5.3），它在高光强下即可达饱和，并且能调节与避光反应相关的快速光感电流（图 5.3）。藻类的避光反应能阻止和预防自身的细胞穿越光照/黑暗的界线。衣藻光感视紫红质 B 的最大吸收峰为 470 nm，它在低光强时可达饱和，能产生与趋光性有关的慢速光感电流。

眼点能将蓝光和绿光反射到质膜内的感光器上，起着一种干扰滤膜的作用（Kriemer and Melkonian，1990）。当藻细胞通过介质时，数量不等的光被反射到光受体上，这导致了视紫红质膜电位的变化。质膜的膜电位改变会影响钙离子进入细胞，而细胞质中钙离子的浓度能影响鞭毛摆动的速率。由于在既定钙离子浓度下，每根鞭毛的摆动速率不同，所以细胞的游动方向受鞭毛摆动速率的影响（Kamiya and Witman，1984）。因此，细胞质中钙离子浓度的改变会使每根鞭毛的摆动速率随之发生变化，最终改变细胞的游动方向。Melkonian 和 Robenek（1980b）的研究表明在质膜和叶绿体被膜外膜位于眼点上方的区域含有比其他区域更多的颗粒。在绿藻（*Chlorosarcinopsis gelatinosa*）覆盖眼点上方的质膜区，蛋白质颗粒数为 8200 个/μm^2，达到紧邻细胞质的质膜上所有颗粒数的一半（Melkonian and Robenek，1980a）。在除位于眼点上方外的质膜区蛋白质颗粒数仅 2100 个/μm^2。位于眼点上方的质膜内的蛋白质颗粒可能是光受体系统的一部分，因为当鞭毛收缩时和细胞壁分泌之前，即光受体系统不起作用的这段时间内，它们也消失了。

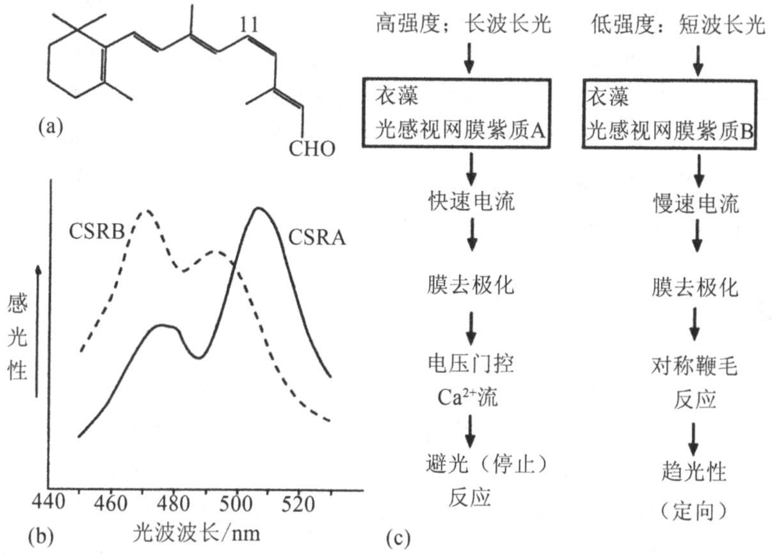

图 5.3　(a) 衣藻属感光器分子 11-顺式-视黄醛的结构。(b) 衣藻光感视网膜紫质 A 和衣藻光感视网膜紫质 B 在不同波长光下的作用光谱。(c) 衣藻属中两种光感视网膜紫质成分激发的光信号转导线路图。[(b) 和 (c) 改编自 Sineshchekov et al.，2002]

绿藻门中第二类趋光运动由分泌黏液引起。1848 年，Ralfs 在其关于鼓藻的专著中描述了实验室中鼓藻在泥地的运动，并推定该运动由光的刺激引起。Braun（1851）注意到 *Penium curtum* 的幼细胞能迅速沿着它们的长轴向光移动，在容器中它们都聚集在有光照的一侧。鼓藻的这种运动是由黏液从细胞顶端的细胞壁穿孔处喷出所引起的（Domozych et al.，1993；Nossag and Kasprik，1993）。

绿藻也会因重力作用而呈现趋地性。衣藻（图 5.55）的游动方向与重力方向相反，表现为负趋地性，该特征可能由选择性进化而导致。因为对于在黑暗中生长的衣藻细胞（密度大于水），它必须要向上游动到水面表层以获得光照，从而进行生长和繁殖。衣藻的负趋地性是一种能量依赖反应，它需要至少 200 μm 的水平游动路径，普通的趋地性运动需要长距离的逐步转化。趋地运动的速率较为平稳，但这种缓慢与平均游动速度有一定相关性（Bean，1977）。

无性生殖

无性生殖有多种类型，最简单的是群体分裂成两个或多个部分，每一部分长成一个新的群体。绿藻一般能形成游动孢子（zoosporogenesis），通常由藻类所处环境的改变而引起。绿藻的动孢子通常在营养细胞内产生［如丝藻属（*Ulothrix*），图 5.31］，只有少数种类在特化的孢囊内形成［如德氏藻属（*Derbesia*），图 5.42］。动孢子一般在藻丝体的幼体部分形成，在单核的绿藻属中动孢子的数目一般为 2 个。静孢子（aplanospore）无鞭毛，具有一层与母体细胞壁不一样的壁［如共球藻属（*Trebouxia*），图 5.86（a）和图 5.86（c）］。一般认为，静孢子发育不完全而动孢子能发芽长成新的藻体。似亲孢子（autospore）是与母体细胞形态相同的静孢子，这在 Chlorellales 中较为常见［如小球藻属（*Chlorella*），图 5.83］。似亲孢子在母体细胞中通常以 2 的倍数形成。定型群体（coenobia）即由数目固定的细胞以特定的方式排列而成［如团藻属（*Volvox*），图 5.69］，以定型群体排列的绿藻类属又能形成具有一定数目细胞的子代群体。子代定型群体成熟时，群体内的营养细胞会增大但不分裂。

有性生殖

绿藻纲的有性生殖分为同配生殖、异配生殖和卵配生殖，与其发生进化的基本路线的方向一致。配子一般是特化的细胞而非营养细胞，但在单细胞的团藻目中营养细胞也可特化成配子。对于同配生殖或异配生殖的绿藻，其配子通常不在特化细胞内形成；而对于卵配生殖的绿藻种类，配子通常在特化的配子囊内形成，如鞘毛藻属（*Coleochaeta*）（图 5.25）。大多数绿藻产生具游动鞭毛的配子，但双星藻目（Zygnematales）产生不动配子或变形配子。

对于某些绿藻，配子发生由环境变化引起，而其他绿藻的配子由两种性别分化的藻株产生。对于后者，一种性别的营养细胞分泌出一种物质，它能引起相反性别的细胞发生性别分化。这在团藻目中较为常见（Starr，1972；Kirk and Kirk，1986），后面会详细阐述。在鞘藻（*Oedogonium*）（图 5.95）中，性器官的形成不需要另一性别互补的藻株，但随后的受精需由复杂的激素控制。其他绿藻属中，卵子吸引游动精子时可产生一种趋向物质，但行同配生殖的绿藻一般不产生这类物质。对于同配生殖的种类，性别分化的配子随机相遇，随后迅速通过凝集反应聚集在一起。两性配子之间通过鞭毛的凝集黏合被称为交配型反应（mating-type reaction）。在结合后不久，鞭毛尖端黏合着的两性配子成簇，数目多达 25 个。随后，配对配子的前末端开始融合、鞭毛释放，合子游动一段时间后分泌厚壁并沉降。

交配型物质（与鞭毛凝集相关）只在鞭毛尖端起作用，这种物质被分离后仍可作用于异性配子。加入异性配子的交配型物质，可引起同种凝聚（isoagglutination）（即当培养液中加入雌性配子的交配型物质后，雄性配子会彼此凝集成团）。目前，有关衣藻属的交配型物质的研究较为广泛，相关结论也较为详细。

团藻目（Volvocales）、丝藻目（Ulotrichales）、鞘藻目（Oedogoniales）、小球藻目（Chlorellales）和双星藻目（Zygnematales）的配子融合（融合生殖）后不久，其厚壁受精卵进行减数分裂。

分类

绿藻门中 4 个重要的纲分别是真绿藻纲（Prasinophyceae 或 Micromonadophyceae）、轮藻纲（Charophyceae）、石莼纲（Ulvophyceae）和绿藻纲（Chlorophyceae）（表 5.1）。这一分类系统最早于 20 世纪 70 年代由俄亥俄州迈阿密大学的 Karl Mattox 和 Kenneth Stewart（图 5.4）及科罗拉多大学的 Jeremy Pickett-Heaps 提出，它主要基于超微结构特征，后期分子遗传学的应用证实了他们的结论。

表 5.1　绿藻门 4 个纲的特征

	真绿藻纲	轮藻纲	石莼纲	绿藻纲
鞭毛在细胞上的位置		侧面	前面	前面
微管根		大带，小带	4 个，呈十字排列	4 个，呈十字排列
根毛体	可能存在	没有	常见	常见
多层结构	可能存在	有	没有	没有
运动细胞的外覆物	鳞片	鳞片	鳞片	外壳
中心纺锤体	一直存在	一直存在	一直存在	瓦解
细胞板的形成		成膜体	卵裂沟	藻膜体
纤维素最终复合体		丛生	线性横排	线性横排
眼点		没有	常见	常见
乙醇酸盐的降解	乙醇酸盐脱氢酶	乙醇酸盐氧化酶	乙醇酸盐脱氢酶	乙醇酸盐脱氢酶
尿素的降解		尿素酶	尿素酶	尿素酰胺裂解酶
铜/锌过氧化物歧化酶		存在	不存在	不存在

轮藻纲（Charophyceae）位于向陆地植物（embryophytes）进化的支线上，以至于多年来有大量研究建议将轮藻纲和陆地植物归到一个超级单元（supergroup）（Sluiman，1985）。最新的分类方案是将这一进化支系归到绿色植物（Viridiplantae）（Cavalier-Smith，1981）。其中一种提案建议把轮藻属（*Chara*）及其近缘种和陆地植物合并为“Steptophyta”，暂且忽略轮藻属与其他低等绿藻之间的紧密关系。

纲 1　真绿藻纲（Prasinophyceae）：鞭毛有鳞片或裸露，胞质分裂时存在中心纺锤体；原始的绿藻，有些种类衍生出绿藻门的其他纲。

图 5.4 Kenneth Stewart（左）和 Karl Mattox（右）。

Kenneth Stewart 于 1932 年 9 月 4 日出生在密苏里州的莫伯利市（Moberly），1954 年在伊利诺伊州卡本代尔的南部伊利诺伊州大学取得理学学士学位。在军队服役期间他找到一份非学术性的工作，直到进入加利福尼亚大学戴维斯校区，并于 1968 年获得博士学位，同年他加入俄亥俄州牛津市迈阿密大学的植物系。

KarlMattox 于 1936 年 8 月 22 日出生于俄亥俄州的辛辛那提市（Cicinnati）。他在迈阿密大学获得理学学士学位（1958 年）和硕士学位（1960 年），在得克萨斯大学获得博士学位（1962 年）。他于 1962～1966 年，在多伦多大学植物系担任助理教授；1966 年，加入迈阿密大学植物系。

纲 2 轮藻纲(Charophyceae)：运动细胞不对称；两根鞭毛着生于细胞的侧面；鞭毛根包含一宽束微管和一稍小的微管根；可能存在多层结构；没有根毛体；鳞片通常位于运动细胞外侧；细胞有丝分裂末期中心纺锤体持续存在；细胞分裂后成膜体产生新的横壁；一般没有眼点；乙醇酸盐由乙醇酸盐氧化酶降解；尿素由尿素酶降解；绝大多数为淡水种类；有性生殖过程形成休眠受精卵，受精卵萌发时进行减数分裂。

纲 3 石莼纲(Ulvophyceae)：鞭毛着生于细胞前端；运动细胞在外观上近似于辐射对称；鞭毛根包含 4 个十字形排列的微管根，有时还有一个根毛体；没有多层结构；运动细胞可能含有鳞片；细胞分裂末期中心纺锤体持续存在；细胞分裂时卵裂沟产生新的横壁；通常有眼点；乙醇酸盐由乙醇酸盐脱氢酶降解；尿素由尿素酶降解；绝大多数为海水种类；没有休眠受精卵；普遍存在世代交替。

纲 4 绿藻纲(Chlorophyceae)：运动细胞在外观上呈辐射或近辐射对称；鞭毛着生于细胞前端；鞭毛根包含 4 个十字形排列的微管根，有时还有一个根毛体；没有多层结构；运动细胞常具外壳；细胞分裂末期中心纺锤体会瓦解；细胞分裂时藻质体（phycoplast）产生新的横壁；通常有眼点；乙醇酸盐由乙醇酸盐脱氢酶降解；尿素由尿素酰胺裂解酶降解；绝大多数为淡水种类；受精卵具有休眠期；受精卵萌发时进行减数分裂。

鞭毛着生位置

轮藻纲（Charophyceae）的鞭毛着生在细胞侧面（图 5.5），石莼纲（Ulvophyceae）和绿藻纲（Chlorophyceae）的鞭毛着生在细胞前端。

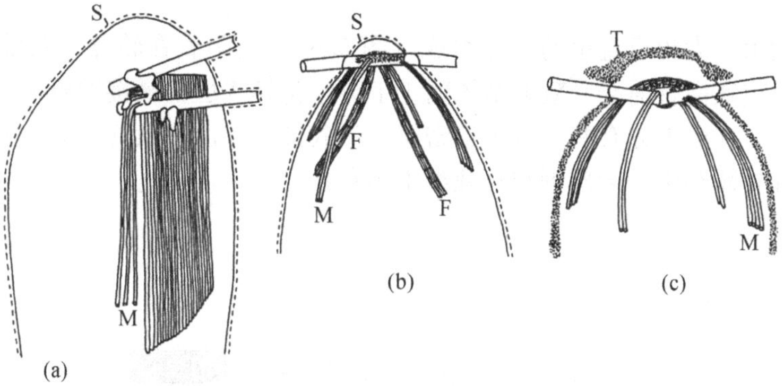

图 5.5　绿藻三个纲的游动孢子侧面示意图。（a）轮藻纲：细胞上有一大微管根和一较小的微管根，并且鞭毛从嵌入点倾斜地延伸。（b）石莼纲：4 个微管根（每种两个）呈十字排列，一对纤维根，细胞外覆盖一鳞片。（c）绿藻纲：十字状微管根，细胞有外壳。F，纤维根；M，微管根；S，鳞片；T，外壳。（仿自 Mattox and Stewart，1984）

鞭毛根

鞭毛的基体通过微管根（microtubular root）和（或）根毛体（rhizoplast）固定在原生质体中（图 5.5）（Melkonian et al.，1988）。

微管根

微管根由大量直径为 24 nm 的微管组成，后者有两种基本结构：①某一微管根由一束大且宽的微管及一束较小的次级微管根组成［轮藻纲（Charophyceae）］；②从基体发出的 4 组十字形排列的微管根［石莼纲（Ulvophyceae）和绿藻纲（Chlorophyceae）］。十字形排列的微管根具有被称为 X-2-X-2 的排列方式，意指其中两组微管根通常由两个微管组成，而另外两组微管根在不同种类中所含的微管数目不一样。另外，其中一个含有两个微管的微管根经常与叶绿体被膜的外膜相连，它可能与藻类的趋光性有关。衣藻（*Chlamydomonas moewusii*）为 4-2-4-2 式排列，而丝藻（*Ulothrix* sp.）的运动细胞为 5-2-5-2 式排列（Moestrup，1978）。

根毛体（纤维根）

根毛体通常呈一圆柱状，由直径为 5～10 nm 的细丝组成，这些细丝以大约 80 nm 的间隔间插着电子致密物（通过电子显微镜可观察）形成的束带。根毛体从基体发出，末端朝向核的方向，可以收缩（Salisbury and Floyd，1978）。根毛体内束带之间的距离并不相同，它取决于根毛体的收缩状况。根毛体内细丝的大小类似于动物肌肉细胞中的肌动蛋白-肌球蛋白丝，根毛体收缩的原理可能与肌肉收缩相似。根毛体存在于真绿藻纲、绿藻纲和石莼纲中，轮藻纲中则没有。

多层结构

多层结构由一大约成直角的主体组成（图 5.6），它附着在轮藻纲及陆生低等植物游动精子的单束宽微管前端、鞭毛基体的正下方，包括 4 层：最接近质膜的一层含有具微管根的微管，在此下方有两层电子致密层，最底部一层由小微管组成。多层结构存在于真绿藻纲和轮藻纲中，绿藻纲和石莼纲中不存在。

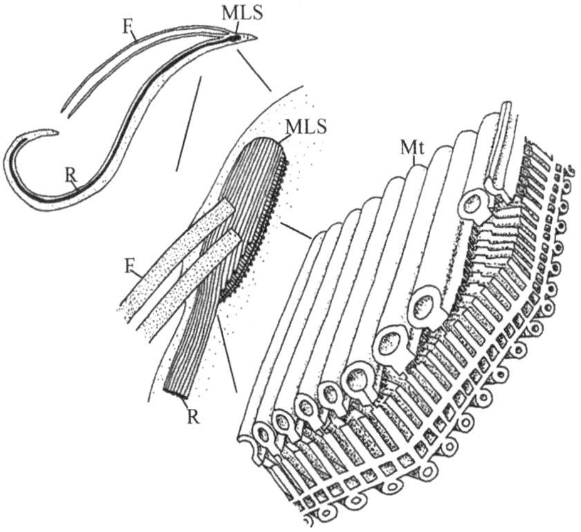

图 5.6 具有多层结构的绿藻细胞示意图。F，鞭毛；Mt，微管；MLS，多层结构；R，微管根。（改编自 Carothers and Kreitner，1967）

运动细胞上鳞片或外壳的出现

真绿藻纲、轮藻纲和石莼纲等绿藻种类的运动细胞覆有鳞片，这可能与它们的原始状态有关。随着进化的延续，鳞片在边界处逐渐叠合直至形成一个完整的细胞覆盖物，如四爿藻属（*Tetraselmis*）（图 5.12）（Domozych et al.，1981；Mattox and Stewart，1984）。最终，绿藻纲藻类的运动细胞覆盖着一层外壳。该外壳的基部结构透明，由富含羟脯氨酸的糖蛋白及多种多糖组成（Roberts，1974；Miller，1978；Deason，1983）。因此，绿藻纲藻类运动细胞的外壳不会与较高等绿藻不运动时期的细胞壁相融合，因为后者的主要骨架分子是纤维素。

纤维素由纤维素合成酶催化产生，它以蛋白质的形式镶嵌在细胞的质膜上。通常 6～10 个纤维素合成酶分子聚合形成一个单独的亚基，亚基依次集结形成最终的复合物。绿藻门中存在两种不同类型的最终复合物（图 5.7）（Okuda et al.，1994；Tsekos，1999）。

（1）在轮藻纲（Charophyceae）中，最终复合物的亚基聚集成环。

（2）在绿藻纲（Chlorophyceae）和石莼纲（Ulvophyceae）中，最终复合物由线性排列的亚基组成。

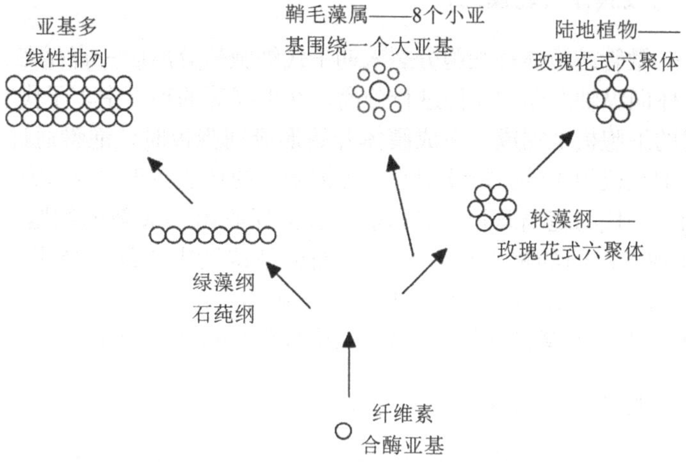

图 5.7 绿藻门的两条系统发育线上的纤维素合成酶蛋白集成的最终复合体。轮藻纲的丛状纤维素合成酶蛋白进化时，绿藻纲和石莼纲的线性集结排列的纤维素合成酶蛋白也在进化。（改编自 Okuda and Brown，1992）

细胞分裂

绿藻门的细胞在分裂末期存在两种类型的中心纺锤体：持续型（persistent type）和裂解型（collapsing type）。新的细胞板通过成膜体（phragmoplast）、卵裂沟（cleavage furrow）或藻质体（phycoplast）的方式在子代细胞之间形成。绿藻门上述三个纲的划分即以纺锤体类型和新的细胞板的形成方式为特征（图 5.8）。

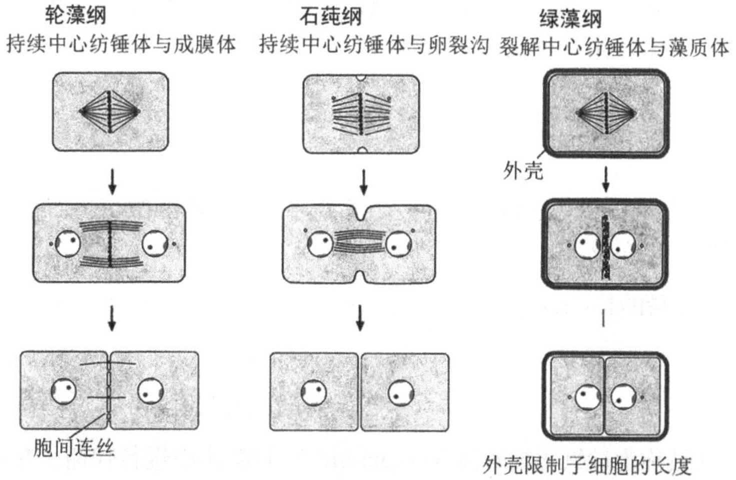

图 5.8 轮藻纲、石莼纲和绿藻纲的细胞分裂类型示意图。

持续中心纺锤体与成膜体（轮藻纲）

在轮藻纲中，微管纺锤体在细胞分裂末期子代细胞核分离后一直存在。子代细胞核通过持续中心纺锤体向纵轴方向的拉伸进行分离，在更高等的种类中，子代细胞核的分离则通过成膜体形成的细胞板来完成。在成膜体开始形成细胞板时，泡囊通过网体参与构建，它含有合成新的细胞板的成分。持续中心纺锤体微管的功能在于引导泡囊达到新的细胞板区域，后者将两个子代细胞隔离开。泡囊融合后会释放出形成新的细胞板的物质。胞间连丝在两个子代细胞之间的横壁内形成，此处也是持续中心纺锤体微管横跨横壁的位置。对于轮藻纲的某些原始种类，细胞板通过成膜体伴随质膜内陷而形成；对于更加高等的轮藻种类（属于鞘毛藻目和轮藻目），细胞板仅通过成膜体形成。

持续中心纺锤体与卵裂沟（石莼纲）

在石莼纲中，中心纺锤体在细胞分裂末期一直存在，在质膜内陷形成细胞板时牵引着子代细胞分离。当质膜向内凹陷时，网体泡囊与质膜融合，在内陷之后产生新的细胞板。

裂解中心纺锤体与藻质体（绿藻纲）

在绿藻纲中，纺锤体的裂解发生在细胞核分裂之后。由于没有持续中心纺锤体牵引细胞核分离，两个子代细胞核在分裂末期会紧密靠近。藻质体的微管使得新的细胞板的位置突显出来，并且这些微管与先前纺锤体微管的位置相垂直。网体泡囊在藻质体微管之间融合，形成新的细胞板。绿藻纲拥有披覆细胞壁（外壳）的运动细胞，这有别于石莼纲和轮藻纲。藻质体（phycoplast）伴随着这些藻类细胞壁的形成而演生（Mattox and Stewart，1977）。在含持续中心纺锤体的藻细胞（真绿藻纲、轮藻纲和石莼纲等）分裂过程中，无论是裸露或披覆有鳞片的细胞，它们在分裂后期都大幅拉伸。然而，绿藻纲的藻细胞受持续中心纺锤体在细胞分裂后期拉伸的作用而难以继续拉伸，原因即绿藻纲的运动细胞外环绕着横壁。因此，藻质体和裂解中心纺锤体的演化不会导致子代细胞的快速拉伸，这呈现出一种进化上的优势。

乙醇酸盐的降解

乙醇酸盐（glycolate）是光呼吸的主要基质，由磷酸乙醇酸衍生而来，后者则由1，5-二磷酸核酮糖氧化而成：

$$\text{1，5-二磷酸核酮糖} \xrightarrow[O_2 \frown \text{磷酸甘油酸盐}]{} \underset{\text{磷酸乙醇酸盐}}{\begin{matrix} COO^- \\ | \\ CH_2OPO_3^{2-} \end{matrix}} \longrightarrow \underset{\text{乙醇酸盐}}{\begin{matrix} COO^- \\ | \\ CH_2OH \end{matrix}}$$

乙醇酸盐在被称为过氧化物酶体（peroxisome）的微体中进行代谢。在过氧化物酶体中，乙醇酸盐被氧化成乙醛酸盐，反应过程中产生的 H_2O_2 被过氧化氢酶分解成 H_2O 和 O_2：

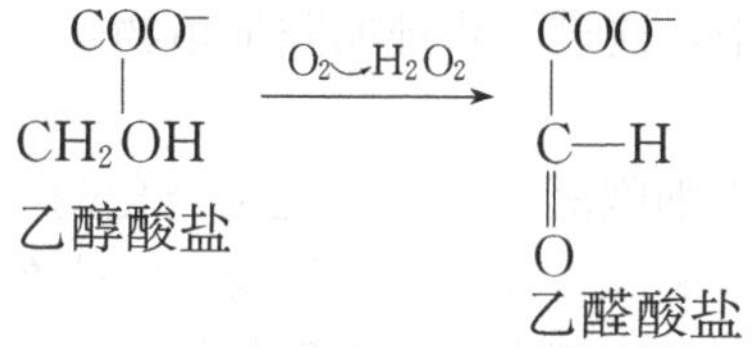

上述乙醇酸盐的氧化反应可通过乙醇酸盐脱氢酶（glycolate dehydrogenase）或乙醇酸盐氧化酶（glycolate oxidase）进行催化（Gruber et al.，1974）。在轮藻纲中，该反应由乙醇酸盐氧化酶催化，而在绿藻纲和石莼纲中由乙醇酸盐脱氢酶催化（Suzuki et al.，1991）。乙醇酸盐脱氢酶可能代表着这一反应的原始条件，因为灰色藻门（Glaucophyta）中 *Cyanophora paradoxa* 即通过这种酶进行催化反应（Betsche et al.，1992）。

尿素的降解

在轮藻纲（Charophyceae）、石莼纲（Ulvophyceae）和高等植物（higher plant）中，尿素被尿素酶（urease）催化降解：

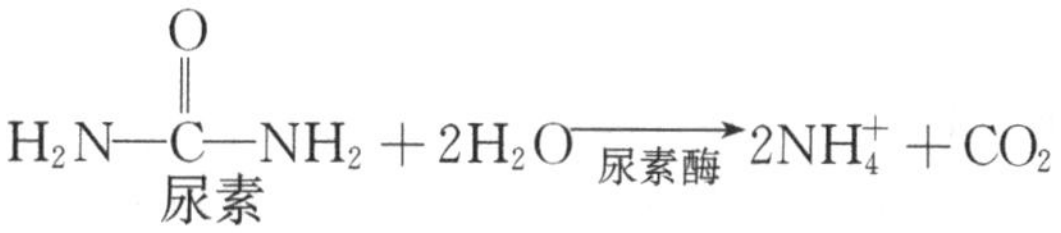

在绿藻纲（Chlorophyceae）中，尿素被尿素酰胺裂解酶（ureal amidolyase）催化降解（Syrett and Al-Houty，1984）：

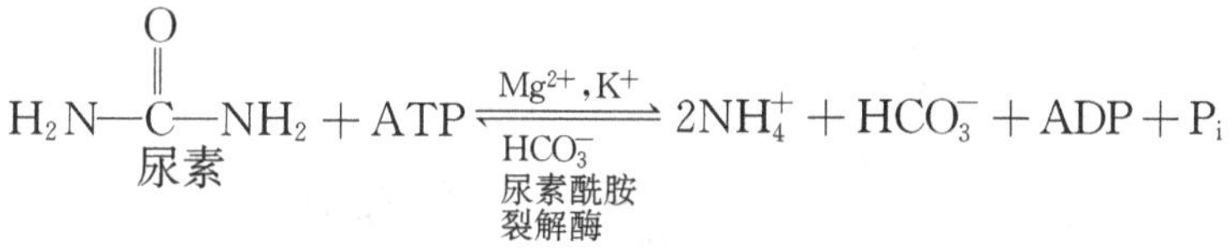

过氧化物歧化酶

过氧化物歧化酶（SOD）为一组酶系，它们催化下列反应：

$$O_2^- + O_2^- + 2H^+ \longrightarrow H_2O_2 + O_2$$

过氧化物歧化酶非常重要，它们能增强反应活性，破坏潜在的氧离子（O_2^-）及其他有毒的氧元素种类（OH·，单态氧）并将它们转变成毒性较小的成分。

过氧化物歧化酶有三种形式，它们分别以反应中心的金属来命名：铁过氧化物歧化酶（FeSOD）、锰过氧化物歧化酶（MnSOD）和铜-锌过氧化物歧化酶（Cu/Zn SOD）。FeSOD 和 MnSOD 的氨基酸序列及蛋白质三维结构非常相似，显示它们具有较近的进化关系，而 Cu/Zn SOD 的氨基酸序列及蛋白质三维结构完全不同于其他两种 SOD 酶，表明它们在进化关系上极为遥远（deJesus et al.，1989）。

FeSOD 和 MnSOD 存在于绿藻的所有纲及大部分陆地植物中。然而，Cu/Zn SOD

只出现在轮藻纲和陆地植物中，这进一步证明陆地植物是由与轮藻纲相似的生物演化而来的观点。

Cu/ZnSOD 是唯一存在于细胞液中的过氧化物歧化酶。MnSOD 存在于线粒体中而 FeSOD 存在于叶绿体中。DeJesus 等（1989）认为，绿藻在向陆地植物进化的过程中需要细胞液中的过氧化物歧化酶来防御空气中漫射的氧气，后者可能含有对细胞液有害的离子。绿藻中的轮藻纲谱系是唯一的细胞液中含有过氧化物歧化酶的谱系，这也是轮藻纲的后代能成功移生到陆地的主要原因。相反，绿藻中的其他谱系不能移生到陆地上，因为它们含有的过氧化物歧化酶局限在线粒体、叶绿体和过氧化物酶体中，不能抵抗空气中漫射的氧气产生的有害离子。

真绿藻纲（Prasinophyceae）

真绿藻纲（Prasinophyceae）包含那些鳞片由酸性多糖组成的原始绿藻（Wustman et al.，2004）。此外，真绿藻纲还涵盖那些“具有区别于其他纲的原始特征”的绿藻种类（Mattox and Stewart，1984；Fawley et al.，2000）。

青绿藻（*Ostreococcus tauri*）（图 5.9）的直径小于 1 μm，是已知最小的真核藻类。它具有 1 个相当大的细胞核、1 个拥有淀粉粒的叶绿体、1 个线粒体和 1 个高尔基体。与同群的其他藻类不同，青绿藻的细胞壁外没有鳞片（Courties et al.，1998）。

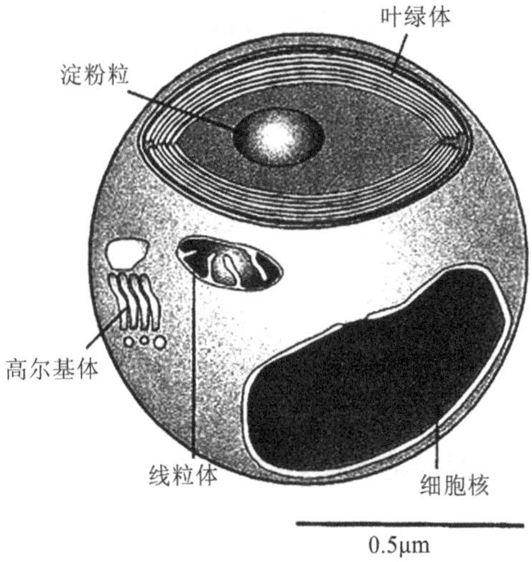

图 5.9 青绿藻（*Ostreococcus tauri*）的结构。

塔胞藻（*Pyramimonas obovata*）的细胞呈心形，4 条鞭毛从位于前部的平底凹陷生出（图 5.10）。胞体上有三个层数不同的鳞片，鞭毛上有两层不同的鳞片（Belcher et al.，1974）。鳞片在网体内形成，并从这里转运到鳞片储藏器中，然后通过泡囊将达到细胞表面。

塔胞藻属种类通过沉淀节律来适应潮池涨落，潮池中的藻细胞能预估即将到来的潮汐并下移到沙土中，并在第一波海潮达到潮池之前借助鞭毛黏附到沙粒上。当海潮退去潮池再度露出之后，塔胞藻的细胞则上移到潮池区。塔胞藻细胞的这种适应机制由内源性的昼夜节律振荡钟进行调控，当把细胞从野外移到实验室后，这种现象仍会持续几天。

图 5.10　塔胞藻（*Pyramimonas obovata*）。(a) 显示细胞器的细胞剖面图，4 条鞭毛中的 2 条、胞体和鞭毛上的鳞片层。c，叶绿体；f，鞭毛；m，线粒体；n，细胞核；p，蛋白核；r，鳞片储藏器；s，淀粉；sc，鳞片。(b) 整个细胞。(c) 内部鞭毛鳞片。(d) 外部鞭毛鳞片。(e) 鞭茸。(f) 胞体内部鳞片。(g) 胞体中间层鳞片的顶面和侧面。(h) 胞体外部鳞片。（仿自 Belcher et al.，1974）

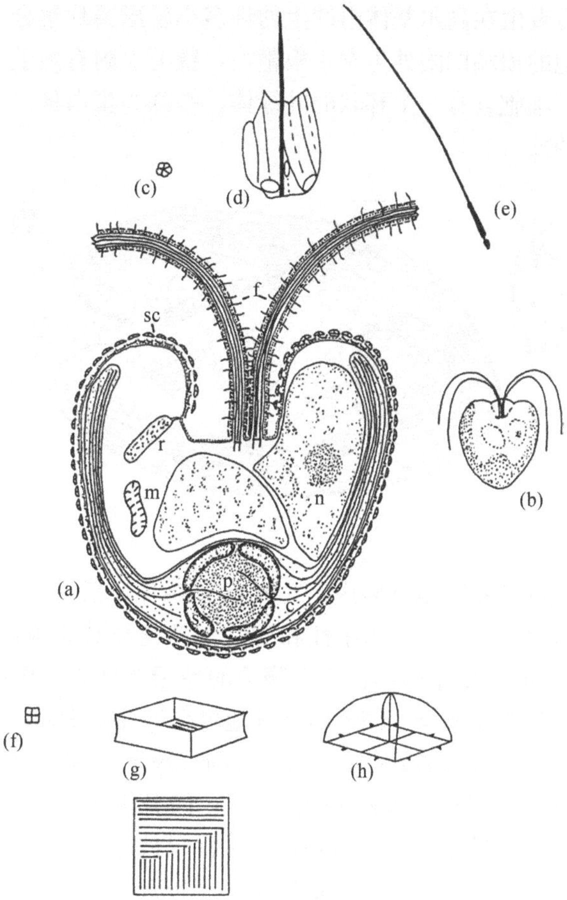

翅果藻属（*Pterosperma*）是与塔胞藻关系很近的一个属。翅果藻属产生的有壁胞囊（cysts）被称为 phycomata（图 5.11），它类似于微化石，如已报道的从前寒武纪到全新世的 *Tasmanites* 和 *Cymatiosphaera*（Inouye et al.，1990）。

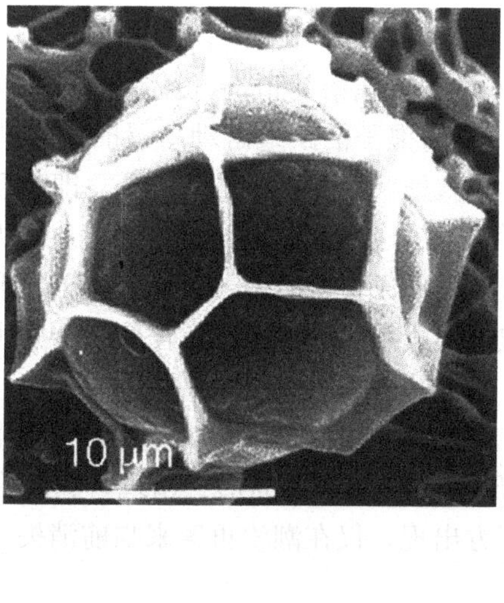

图 5.11　塔胞藻（*Pterosperma cristatum*）的 phycoma 电子显微镜扫描照片。细胞壁的翼状突起形成方形、五角形或六角形的隔间。（引自 Inowye et al.，1990）

四爿藻属（*Tetraselmis*）（图 5.12）常见于海水中，细胞呈椭圆形，环披一层外壳，后者由在高尔基体内产生的许多小星形鳞片集合而成（Manton and Parke，1960）。在细胞的顶端凹陷处生有 4 根鞭毛，鞭毛上附有绒毛和鳞片，它们从外壳的开口处显露出来。细胞含有一个杯状的叶绿体，基部为蛋白核。细胞核位于中央，高尔基体位于细胞核的前方。

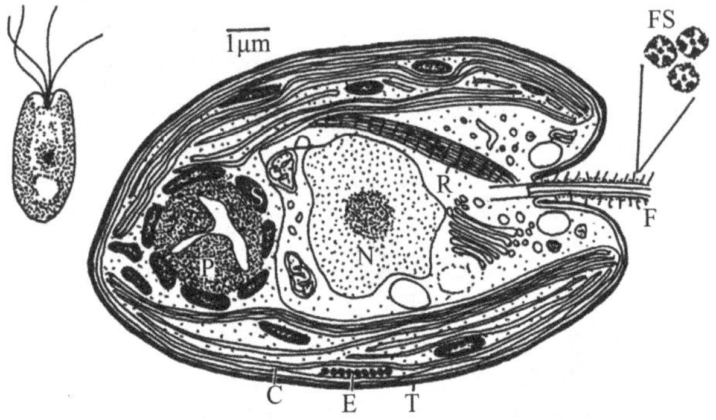

图 5.12 四爿藻属（*Tetraselmis*）细胞的示意图。C，叶绿体；E，眼点；F，鞭毛；FS，鞭毛的鳞片；N，细胞核；P，蛋白核；R，根毛体（只显示了两个中的一个）；S，淀粉；T，外壳。

四爿藻在高尔基体内产生星状的鳞片，后者在细胞外融合形成外壳（Manton and Parke，1960）。外壳由中性和酸性多糖及与其相连的某些氨基酸构成（Becker et al.，1996），它类似于团藻目藻类鞭毛的糖蛋白外壳（Roberts，1974），但不同于轮藻纲藻类的纤维素细胞壁。团藻目及其他更高等绿藻纲藻类拥有的这种典型鞭毛可能源自四爿藻属或 *Mantionella*（图 5.54）（Domozych et al.，1981）。

在确认所有藻细胞都相似之前，四爿藻属曾被分成多个属，包括四爿藻属（*Tetraselmis*）、扁藻属（*Platymonas*）和深绿枝藻属（*Prasinocladus*）。现在已将所有单元归到四爿藻属下的亚属（Hori et al.，1982a，b）。

四爿藻（*Tetraselmis*）亚属：球形蛋白核伸入到由细胞质延伸而成的狭窄通道中。

Prasinocladia 亚属：蛋白核没有被细胞质穿透而是由单个细胞核小刺贯穿，这使得蛋白核在显微镜下呈杯状。

Prasinocladia 亚属藻细胞的生长如同浓密的黄绿色藻丛，它们生长在近高潮线的小沼池内的岩石或贝壳上（图 5.13）（Chihara，1963）。藻体出现在大多数温带海区的近岸。营养细胞成熟后，2～4 个原生质体前体位于细胞壁的顶端区域，它们从细胞壁顶端的裂口游散出来形成游动孢子。四鞭毛的游动孢子活跃地游动一段时间，然后沉降，失去鞭毛，并分泌出厚壁。在沉降并分泌细胞外壁物质后，游动孢子立即萌发。细胞内的原生质体随着细胞内壁的沉积而逐渐延伸，最终导致细胞外壁的破裂，但仍被延伸的细胞内壁包被。原生质体分泌其他细胞壁物质形成管状结构，并使其位于新形成的管状结构的上方。原生质体可分裂成两个细胞以形成新的管状结构，任何一个原生质体都能产生鞭毛并变成游动孢子。

扁形虫（*Convoluta*）是一种只有几毫米长的小型扁虫［图 5.14（a）］，它们生活在沙质海滩上（Russell and Yonge，1963）。扁形虫以巨大群落的形式出现，通常在黄沙上形成绿色斑块，它们在潮汐离去后从沙粒下方出现，仅在潮汐再度来临前消失。扁形虫的身体呈绿色，这是由于其体内存在大量藻类。扁形虫的卵内没有藻，但藻会黏附在卵上被新生的蠕虫摄食。影响绿扁虫（*Convoluta roscoffensis*）的藻类是四爿藻属［图5.14（b）］（Oschman，1966），它们位于扁形虫相邻细胞之间的空间内。寄生在蠕虫体内的四爿藻形态逐步变化，它们依次失去鞭毛、外壳和眼点。四爿藻属的外壳不含纤维素（Lewin，1958），这可解释为方便蠕虫溶解四爿藻的外壳并与之建立共生关系。四爿藻失去外壳后将呈现不规则形状，藻细胞在邻近的扁形虫细胞之间穿越时呈现手指状的进程。通常一种扁形虫只会与某个亚属的藻类共生，但漩涡虫属（*Convoluta*）扁形虫既可与四爿藻亚属也可与扁藻亚属藻类形成共生关系。在英国，相对于与扁藻亚属共生的扁形虫，含四爿藻亚属藻类细胞的扁形虫体长更长，更可能含有配子，它们能产下更多的卵，并且卵中含有更多的胚（Douglas，1985）。如果漩涡虫属的卵没有被四爿藻属感染，则它们通常不能正常发育且很快死亡。在生活史早期，漩涡虫属同其他扁形虫一样摄食小型动物。随着扁形虫的长大，它就以自己体内藻类的光合作用产物作为食物，并且它的消化器官逐步退化，使得它不能像正常动物一样进食。然而，藻类光合作用产物不能满足漩涡虫属对多种不同食物的需要，于是一段时间后它开始进食藻类——就像杀掉下金蛋的鹅一样，使得藻类逐渐消失，而扁形虫此时会显示出奇异的外观：绿头和白尾。最终，扁形虫会因饥饿而死掉，但在死前它会产下大量的卵。

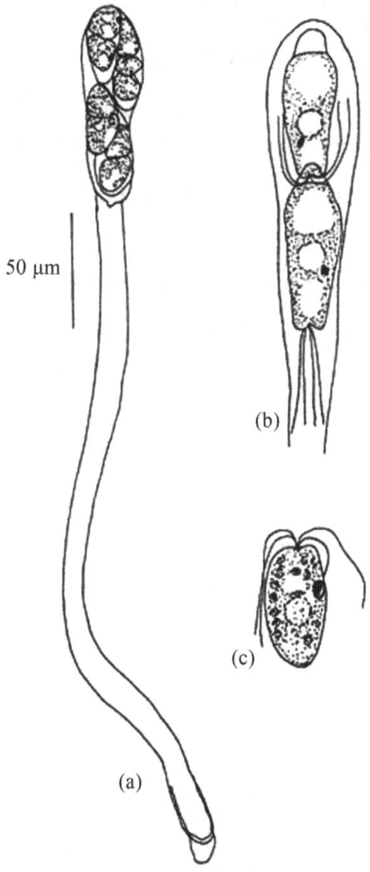

图 5.13　四爿藻属亚属 *Prasinocladia*。(a) 柄上的营养细胞。(b) 柄内的游动孢子。(c) 游动孢子。(仿自 Proskauer，1950)

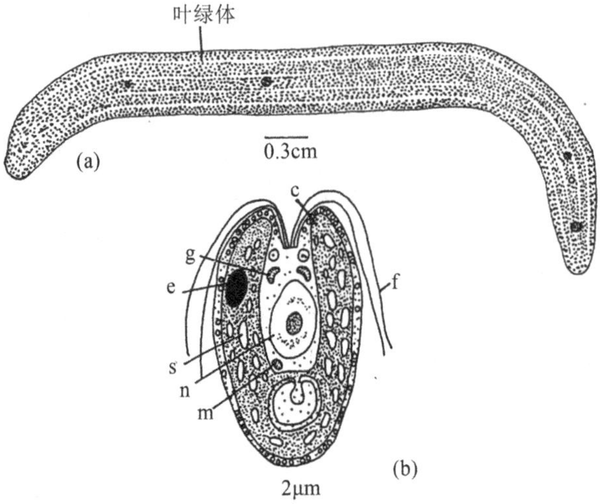

图 5.14 (a) 绿扁虫 (*Convoluta roscoffensis*) 及其共生绿藻。(b) *Tetraselmis convolutae*，漩涡虫属内寄生的藻。c：叶绿体；e：眼点；f：鞭毛；g：高尔基体；m：线粒体；n：细胞核；s：淀粉。[(a) 仿自 Russell and Yonge，1963；(b) 仿自 Parke and Manton，1967]

轮藻纲（Charophyceae）

轮藻纲属于一条向陆地植物进化的藻类分支，该纲中较高级类属的运动细胞同苔藓植物和维管束隐花植物具鞭毛的雄性配子很相似。轮藻纲的运动细胞不对称，具两根侧生或顶生的鞭毛。微管根系统由一个多层结构及与其相连的一个稍宽的微管根和一个稍细的微管根组成。无根毛体。在胞质分裂过程中有丝分裂纺锤体持续存在，细胞分裂通过成膜体完成。没有眼点。有性生殖能形成休眠合子（dormant zygote）。受精卵萌发时进行减数分裂。乙醇酸盐通过乙醇酸盐氧化酶降解，而尿素通过尿素酶降解。该纲的藻类绝大多数是淡水种类。

单细胞藻类 *Mesostigma* 被认为是现存的最接近于远古绿色鞭毛藻类的绿藻，它代表了轮藻纲最原始的种类（Marin and Melkonian，1999；Lemieux et al.，2000）。*Mesostigma viride*（图 5.15）是一种具双鞭毛的淡水藻类，其鞭毛从细胞凹陷处生出（Manton and Ettl，1965）。每根鞭毛由两个微管根进行固定，其中一根鞭毛具有联合的多层结构（Melkonian，1989）。叶绿体为一个且含蛋白核，具有一个眼点，含独特的色素（Yoshii et al.，2003）。细胞被三层鳞片所覆盖：最里层为五边形鳞片，中间层为椭圆形鳞片，最外层为篮状鳞片。

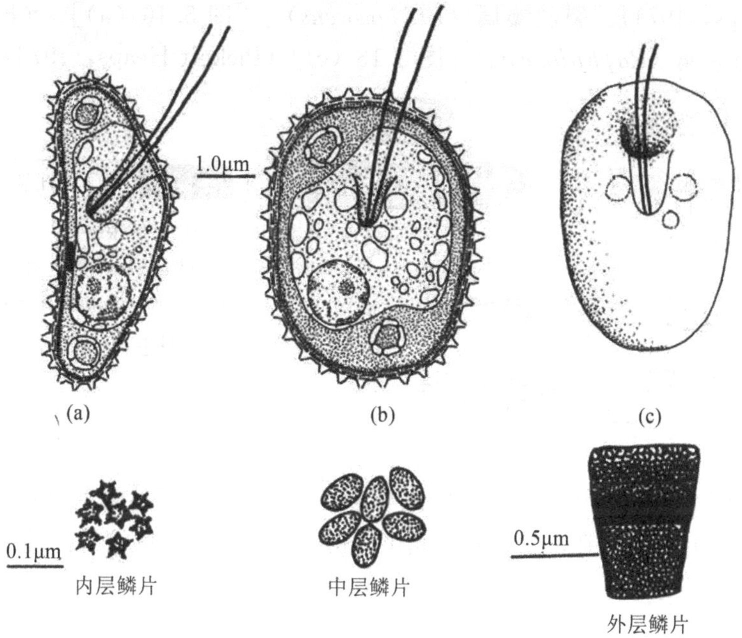

图 5.15　*Mesostigma viride*。侧面（a）和正面（b）的细胞学图片。（c）整个细胞显露出鞭毛凹点。可见藻体上覆盖的鳞片，而最内层鳞片也覆盖在鞭毛上。（改编自 Manton and Ettl，1965；Marin and Melkonian，1999）

分类

轮藻纲有 4 个重要的目。

目 1　克里藻目(Klebsormidiales)：丝状体不分枝且无固着器；无胞间连丝；游动孢子裸露，并且通过细胞壁上的微孔释放。

目 2　双星藻目(Zygnematales)：有性生殖为接合生殖；单细胞或丝状体不分枝且无固着器；丝状体细胞间没有胞间连丝；细胞不具鞭毛。

目 3　鞘毛藻目(Coleochaetales)：有性生殖为卵配生殖；运动细胞披覆有鳞片，具有鞘刚毛；单细胞，分枝丝状体或盘状原植体。

目 4　轮藻目(Charales)：有性生殖为卵配生殖；不育细胞被卵囊球和精囊球围绕；雄配子披覆有鳞片；无游动孢子；藻体复杂，呈顶端生长，分化成节和节间；有胞间连丝。

克里藻目（Klebsormidiales）

克里藻目为陆生或淡水种类，不分枝丝状体，无固着器。每个细胞都含有单个位于周缘的叶绿体。细胞间无胞间连丝。游动孢子裸露，通过细胞壁上的微孔释放。根据细胞学特征可将克里藻目分为以下几属：克里藻属（*Klebsormidium*）［图 5.16（b）］

(Pickett-Heaps, 1974)、裂丝藻属 (*Stichococcus*) [图 5.16 (a)] (Floyd et al., 1972) 和针丝藻属 (*Raphidonema*) [图 5.16 (c)] (Pickett-Heaps, 1976)。

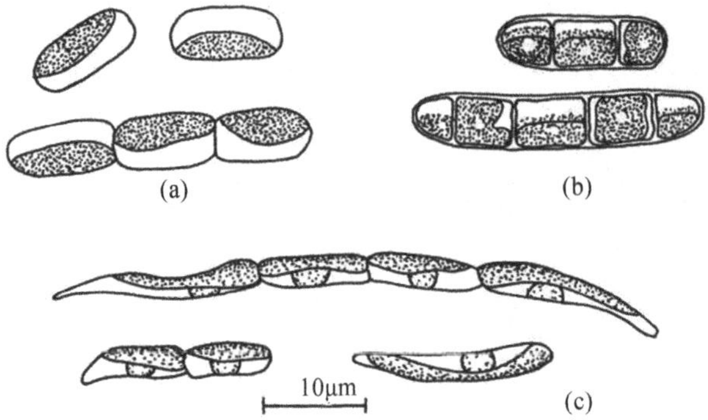

图 5.16 (a) 杆裂丝藻 (*Stichococcus bacillaris*)。(b) 克里藻属 (*Klebsormidium* sp.)。(c) 针丝藻 (*Raphidonema nivale*)。[(c) 仿自 Hoham, 1973]

有性生殖为双鞭毛配子之间进行的同配生殖。克里藻目藻类的生殖方式和形态与丝藻属 (*Ulothrix*) 相似,在发现它们的超微结构差异之前,该目的某些种类曾被归到丝藻属。

双星藻目 (Zygnematales)

双星藻目是绿藻门中一个较为独特的淡水类群 (McCourt et al., 2000; Gontcharov et al., 2002),它们通过同型配子接合进行有性生殖,并且配子体没有鞭毛。两个配子可通过由母细胞形成的接合管进行接合,配子也可以从母细胞移动到介质中进行融合。在进行减数分裂前,合子或游动孢子形成细胞壁并进入休眠期。因此,生命周期主要以单倍体呈现,合子代表二倍体世代。双星藻目的藻类,特别是转板藻属 (*Mougeotia*) [图 5.17 (e)] 为淡水优势种,并且受酸雨的影响 (Graham et al., 1996)。

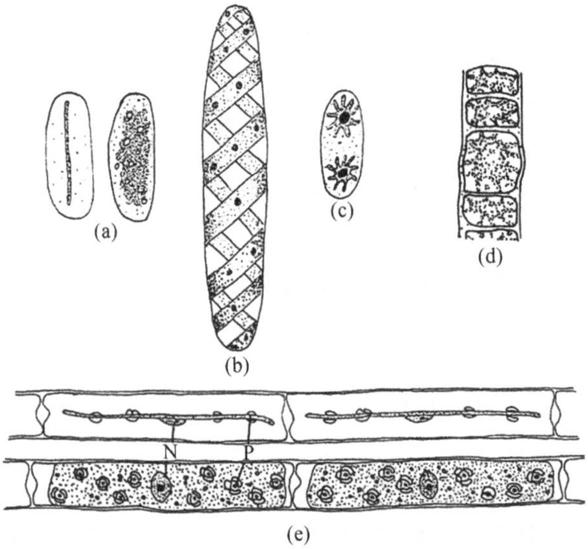

图 5.17 (a) 中带鼓藻 (*Mesotaenium de greyi*) 高密度和低密度叶绿体的定位。(b) 螺带鼓藻 (*Spirotaenia condensata*)。(c) 柱胞鼓藻 (*Cylindrocystis brebissonii*)。(d) 膝接藻 (*Zygogonium* sp.)。(e) 梯接转板藻 (*Mougeotia scalaris*) 叶绿体的上部剖视图和下部表面图。N, 细胞核; P, 蛋白核。

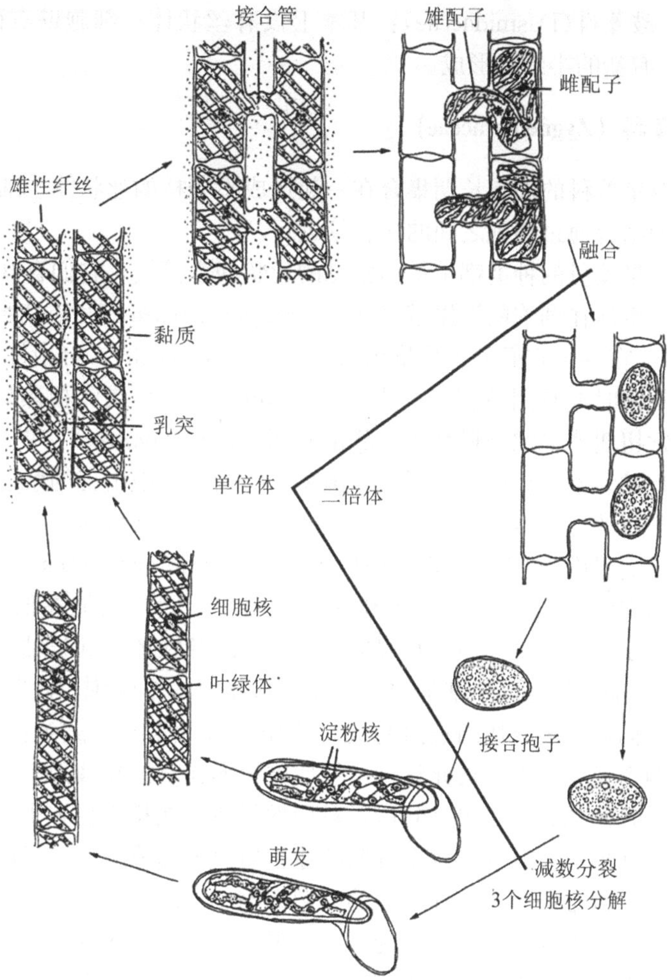

图 5.18 水绵（*Spirogyra*）的生活史。

双星藻目的叶绿体有三种基本类型：①螺旋扭曲型，如水绵属（*Spirogyra*）（图 5.18）和螺带鼓藻属（*Spirotaenia*）［图 5.17（b）］；②轴向平板型，如转板藻属（*Mougeotia*）［图 5.17（e）］和中带鼓藻属（*Mesotaenium*）［图 5.17（a）］；③两个星形叶绿体相互邻靠，如柱胞鼓藻属（*Cylindrocystis*）［图 5.17（c）］。在叶绿体为轴向平板型的细胞中，叶绿体的朝向会随光强变化而改变。在中带鼓藻属和转板藻属中（图 5.17），叶绿体在低光强下其表面会朝向有光的方向；在高光强下或用低强度的红光照射时，叶绿体开始旋转并将边缘朝向有光的方向。黏附在叶绿体上的肌动蛋白微丝与叶绿体的运动直接相关（Mineyuki et al.，1995），并且光受体系统直接引导肌动蛋白的功能。

双星藻目可分为三个科（有些藻类学家将后两个科合并为一个科）。

科 1 双星藻科(Zygnemataceae)：圆柱状细胞长期聚集成无分枝的丝状体，细胞壁没有微孔。

科 2 中带鼓藻科(Mesotaeniaceae)：基本上没有丝状体；细胞壁无微孔；在细胞分裂过程中没有新的“半细胞”形成。

科 3 鼓藻科(Dasmidaceae)：基本上没有丝状体；细胞壁有微孔；在细胞分裂过程中有新的半细胞形成。

双星藻科（Zygnemataceae）

双星藻科的细胞长期集合在一起形成不分枝的丝状体，细胞壁没有微孔。两个不动配子的结合通过细胞之间的接合管进行。

双星藻科的种类都是最为常见的丝状淡水藻类，它们喜欢小型的静止水体，但也有一部分生活在湖泊的沿岸带（如 *Spirogyra adnata*）和流动水体中（Berry and Lembi，2000)。在春季它们的生物量很大，通常形成绿色的、自由漂浮的团块，某些属的藻丝体在幼体时期具附着器官。水绵属（*Spirogyra*）或转板藻属（*Mougeotia*）的浮游种类经常扭曲或呈螺旋形盘绕。膝接藻属（*Zygogonium*）[图 5.17（d)] 一般生活在温泉附近的酸性水体中，美国黄石国家公园的热泉中出现的紫色毯状物质即由膝接藻属密集生长所致。膝接藻属生长在温度为 21～30℃，pH 为 2.4～3.1 的环境中；其光合作用的最适温度为 25℃，最适 pH 为 1～5（Lynn and Brock，1969)。

水绵属（*Spirogyra*）主要在春天出现，因为它能在低温的水环境中忍受高光强(Graham et al.，1995)。水绵属具有带状的叶绿体，其长轴方向分布有许多蛋白核（图 5.18)。细胞核悬浮于细胞中央。除了基部的一个细胞，丝状体中每个细胞都能进行分裂。它们通过藻丝体断裂进行无性生殖，有性生殖方式为接合生殖。当进行有性生殖时，两个丝状体首先彼此靠近，然后被束缚在一层黏液内。当一个丝状体的细胞在朝向对面丝状体的方向生出突起后，对面丝状体也在相应位置生出突起。相互接触后的细胞壁融解并形成接合管，两个细胞的原生质收缩形成配子。雄配子（通过接合管移动的原生质体）因细胞膜内小伸缩泡的破裂而缩小。随后，因雄配子收缩并通过接合管，雌配子也发生类似的缩小。雌雄配子结合形成合子，合子在体外分泌一个三层的细胞壁：它们从外至内可依次称为外壳（exospore)、中壁（mesospore）和内壁（endospore)。外壳有时具纹饰（图 5.19)，并且含有纤维素和（或）果胶。中壁有时具彩色，含有孢粉质。内壁很薄且无色，含有纤维素和果胶（Simons et al.，1982)。合子的成熟伴随着叶绿素的消失，并且淀粉会转变成黄色的油滴。在合子休眠期间（自然界中直到下一个春季)，细胞核经减数分裂形成 4 个单倍体的核，其中 3 个会分解。合子萌发呈管状生长，这使得外面的两层壁破裂，而内壁因其所容纳的合子的生长而伸长。随后，合子经过横向分裂形成丝状体的第一个细胞。因此水绵的生活周期主要为单倍体，合子是唯一的二倍体细胞。由于形态相似的配子行为有别，接合生殖又被称为“生理异配（physiologically anisogamous)”。

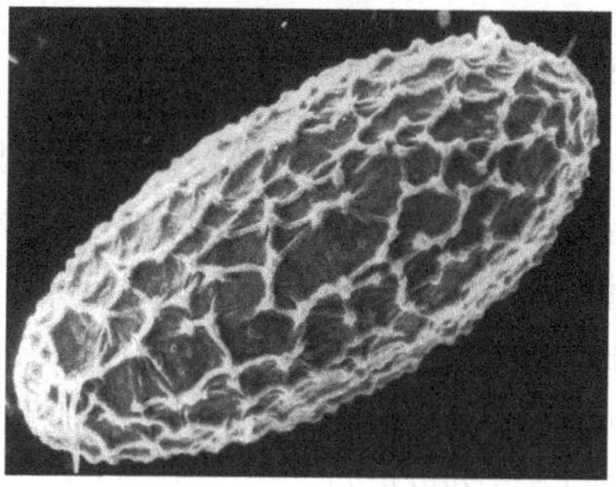

图 5.19　*Spirogyra acanthopora* 合子的扫描电镜照片，现实细胞壁上的雕纹。(引自 Simons et al.，1982)

上述的接合生殖类型被称为梯形接合（scalariform conjugation），它发生在两个单独的丝状体之间。另一种接合类型是侧向结合（lateral conjugation），它发生在同一丝状体的细胞之间。接合管在相邻细胞之间形成，或者在某些情况下相邻细胞的细胞横壁发生溶解。双星藻科的藻类很难随机诱导使其进行有性生殖，因此不是受精过程研究的理想材料。

水绵对蓝光显示出独特的趋光性（在 470 nm 光波下最为明显），在红光下则没有这种趋光现象（图 5.20 和图 5.21）（Kim et al.，2005）。从某个角度用蓝光照射散乱排列的水绵丝状藻体，它们会在 1 h 内沿着光的方向进行排成。丝状藻体相互靠在一起形成厚的平行束并卷曲成一个开环状。丝状体束通过两种不同的方式以 10 μm/s 的速度向着光源移动，即丝状体之间的滑行和丝状体的弯曲滚动。丝状体束相遇后会结合成更大的藻团。丝状体之间的协调性对于趋光运动至关重要。丝状体在开始趋光运动前通常会形成一束。单个丝状体反复进行卷曲、拉伸、再弯曲，但此时并不发生趋光运动，其只是在其他丝状体上滑行。趋光运动所涉及的确切机制目前还不清楚，不过可能是朝向蓝光方向的丝状体会延长运动，而没有朝向蓝光方向的丝状体会缩短运动。

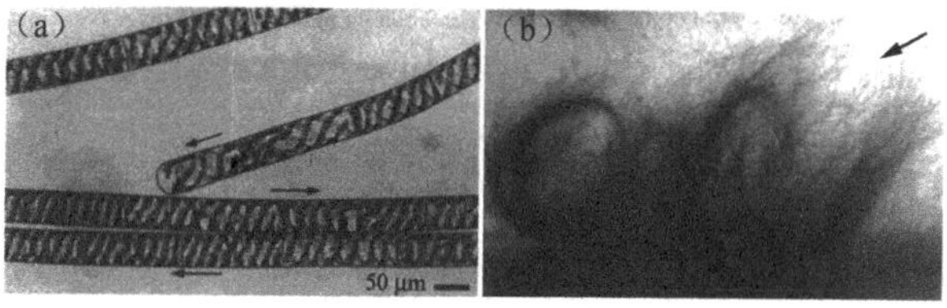

图 5.20　水绵（*Spirogyra*）的趋光运动。(a) 丝状体之间的滑动。箭头所指为丝状体运动的方向。(b) 丝状体向着光的方向卷曲。箭头所指为光源方向。(引自 Kim et al.，2005)

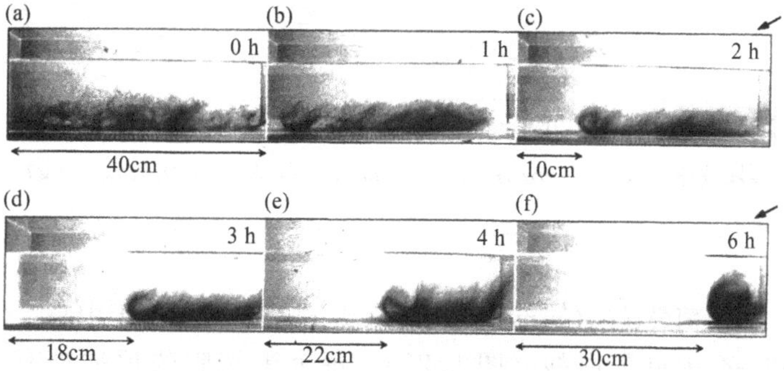

图 5.21　水绵（*Spirogyra*）向着光源方向运动的一组照片。右方箭头所指为光源的方向。(引自 Kim et al.，2005)

中带鼓藻科（Mesotaeniaceae）

本科藻类基本为单细胞，在某些情况下它们甚至会结合在一起形成丝状体，细胞经末端黏在一起。细胞壁上无微孔。中带鼓藻科也被称为全皮鼓藻（saccoderm desmid），与下述的盾皮鼓藻（placoderm desmid）不同，它们在细胞分裂后没有新的半细胞形成。细胞核位于细胞中央，叶绿体有三种结构类型，这与双星藻科类似。中带鼓藻属（*Mesotaenium*）[图 5.17（a）]、柱胞鼓藻属（*Cylindrocystis*）[图 5.17（c）] 和螺带鼓藻属（*Spirotaenia*）[图 5.17（b）] 隶属于中带鼓藻科。有性生殖为接合生殖，与双星藻目其他两科类似。

中带鼓藻科藻类一般存在镁、钙浓度较低的未污染水体中，它们在高地湖泊和泥炭沼泽中也很常见。中带鼓藻属和柱胞鼓藻属在湿润土壤中也有发现。

鼓藻科（Desmidaceae）

鼓藻科藻类又称盾皮鼓藻。它们被中部的环状缢缩（sinus）分成两个明显的半壳或半细胞，并通过中部的一个称为溢缝（isthmus）的联结区相连。细胞壁上有微孔（Gerrath，1969）。单个藻细胞经头尾相连形成丝状群体，或者聚集成不定形的群体。部分藻细胞具有相对复杂且引人注目的形态（图 5.22）。许多鼓藻其多态性（polymorphism）（处于同一种的藻细胞具不同的形态）使得分类异常复杂，以致同一种类的藻体经常被辨认成不同种类（Sormus and Bicudo，1974）。

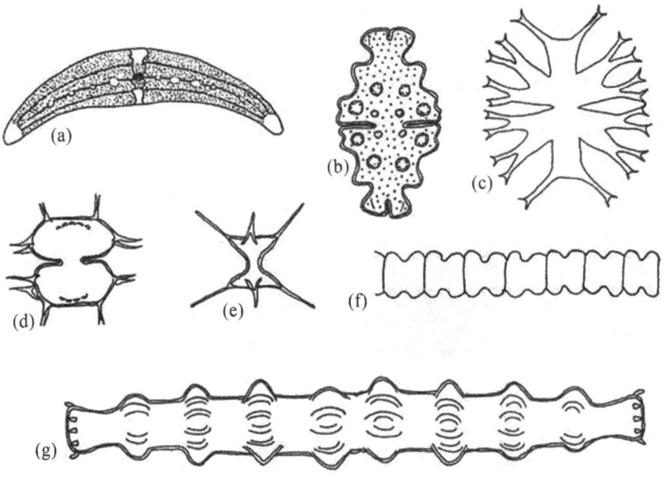

图 5.22 （a）*Closterium moniliforme*。（b）*Euastrum affine*。（c）辐射微星鼓藻。（d）对称多棘鼓藻。（e）*Staurastrum curvatum*。（f）项圈顶接鼓藻。（g）节球宽带鼓藻。（仿自 Smith，1950）

葡萄鼓藻（*Cosmarium botrytis*）的细胞核位于中央，每个半细胞中有两个叶绿体和一个中央蛋白核（图 5.23）。每个半细胞的顶端都有不规则移动的碳酸钡晶体（Brook，1989）。将不同株系（mt^+ 和 mt^-）的藻细胞混合，可使得一个株系藻细胞相对于另一株系而言呈中性。在不同株系的藻细胞混合期间，mt^- 释放一种类似于蛋白质的信息素，它能诱导 mt^+ 形成配子；同样，mt^- 也被 mt^+ 释放的信息素诱导而产生配子（Fukumoto et al.，2003）。

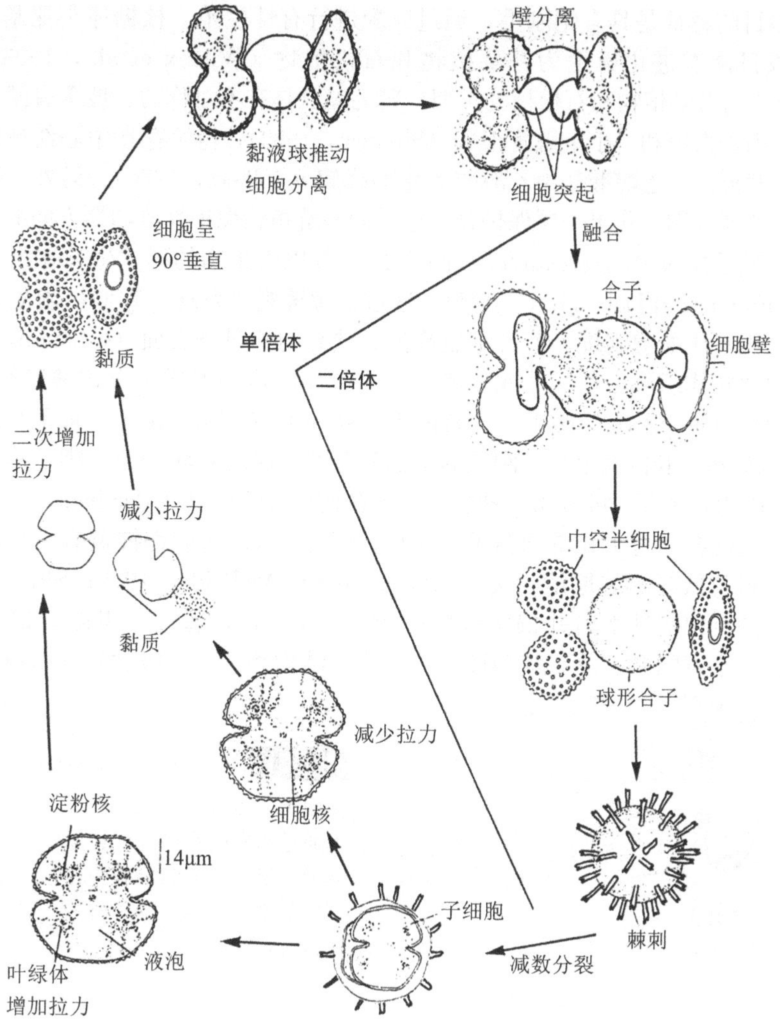

图 5.23　葡萄鼓藻（*Cosmarium botrytis*）的生活史。

配子配对以后，藻细胞彼此环绕扭动直至它们最宽的面接触在一起，并且它们的纵轴形成直角。随后，在连接面周围和配子之间分泌一层球形的黏液，促使配子分离。在接触后的 4～7 min 内，原生质体融合并形成一个不规则形状的合子，合子随后变圆并产生光滑细胞壁。原生质体从配子细胞壁的溢缝处渗出（Starr，1954）。色素体在细胞质的周缘进行排列，细胞壁的纹饰在配子融合后约 1 h 开始出现。细胞壁上开始生长棘，棘的顶端通常被分裂成 2 或 3 个部分。合子以减数分裂进行萌发，完成整个生活周期。

鼓藻通常生活在相对未污染的水体中，其中的钙和镁含量较低，pH 呈弱酸性。一般，大量种类的鼓藻生长于这样的水体中，但没有哪一种占绝对优势。

鞘毛藻目（Coleochaetales）

鞘毛藻目的特征是具有鞘刚毛，通过卵配进行有性生殖。核糖体小亚基 RNA 序列分析表明该目藻类进化衍生为苔藓植物和石松植物（Wilcox et al.，1993；Kranz et al.，1995）。与苔藓植物和石松植物类似，鞘毛藻目具有不对称的、披覆有鳞片的运动细胞，微管根由一大束和一小束微管组成（Sluiman，1983），持续存在中心纺锤体，成膜体在胞质分裂时形成。乙醇酸盐由乙醇酸氧化酶降解（Tolbert，1976）。另外，鞘毛藻目有些种类在藏卵器周围进化出一层保护鞘，这是向苔藓植物保护性藏卵器方向的进步。

大部分鞘毛藻属（*Coleochaete*）（图 5.25）都以附生物的形式生长在淡水湖泊沿岸浅滩区（Ciminio and Delwiche，2002）。通过显微镜观察发现，它们可附生在大型植物的叶片或无机基质如啤酒罐、苏打水瓶或渔夫遗弃的塑料袋表面（Graham，1984）。藻体由分枝的丝状体组成，丝状体或分离或在侧面反向排列形成一个假薄壁组织状的盘。鞘毛藻属的所有种类都有鞘绒毛，亦称刚毛（setae）[*Coleochaete* 一词源于希腊语 *koleos*（鞘）＋ *chaite*（长的绒毛）]。刚毛的基部覆盖着一层凝胶状物质。刚毛具有抵御和防卫的功能，因为它裂开后可分泌一种能驱逐潜在捕食者的物质（Marchant，1977）。

鞘毛藻属的游动孢子和游动精子不对称（图 5.24），它们都披覆有鳞片，具有多层结构，微管根与低等的陆地植物类似（Graham and McBride，1979；Sluiman，1983）。鞭毛从细胞的近顶端处生出并偏向细胞一侧（图 5.24），通过一组微管根系统进行固定，后者由一个宽幅微管及与其相连的一个多层结构和一个二级微管根组成。

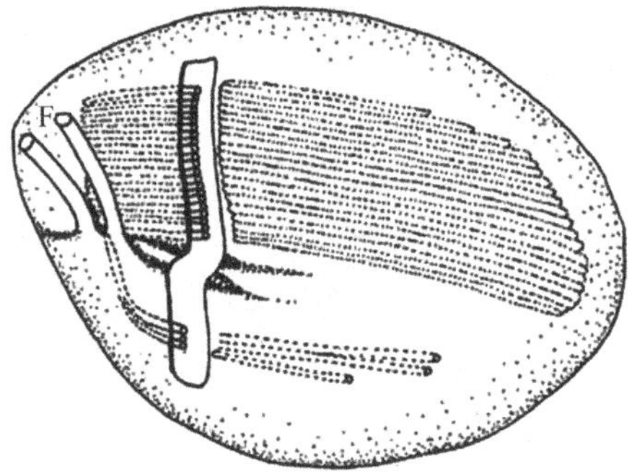

图 5.24 鞘毛藻属（*Goleochaete*）游动孢子的近顶端鞭毛（F）示意图。鞭毛通过两根微管根固定在原生质上。宽幅微管根与一个多层结构相连，一个小型微管根由三根微管组成。（仿自 Sluiman，1983）

鞘毛藻目的无性生殖主要发生在春季，其方式为单个细胞形成双鞭毛的游动孢子。游动孢子的起始萌发主要受温度影响。北方温带的鞘毛藻游动孢子在温度达到 20℃并维持几天后开始萌发（Graham and Krantzfelder，1986）。日照时间与辐照强度对游动孢子萌发没有影响。

鞘毛藻属的有性生殖为卵配生殖（图 5.25），藻体可是同源配合（homothallic）或异源配合（heterothallic），主要依种类而别。藏精器形成于丝状体分枝的尖端，每个藏精器形成单个游动精子。藏卵器由单细胞的分枝发育而成，呈瓶状结构，有一个无色的长颈状受精丝。藏卵器成熟后，颈的尖端破裂，一些无色的原生质从此处流出，而基部的原生质体变圆形成单个卵子。精子游向藏卵器并与卵子结合形成合子。此时的合子依然位于藏卵器中，分泌一层厚壁，并且尺寸急剧增大。与此同时，藏卵器下端细胞生成的分枝向上生长，而由藏卵器旁边细胞生成的分枝形成一假薄壁组织层来闭合藏卵器。具有封闭鞘层的藏卵器略带红色，被称为果蒴（spermocarp），它在整个冬天保持休眠状态。合子以减数分裂方式进行萌发并形成 8～32 个双鞭毛的游动孢子，它们通过果蒴和合子壁上的开口进行释放，在发育成新的藻体前会游动一段时间。

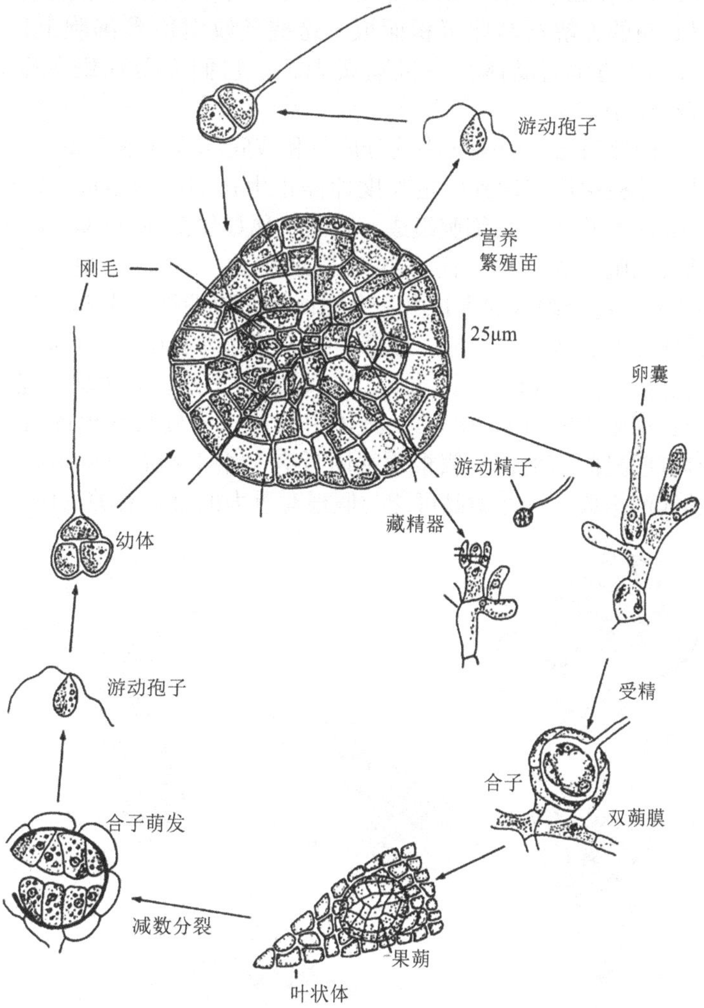

图 5.25 鞘毛藻（*Coleochaete scutata*）的生活史。（仿自 Oltmanns，1898；Smith，1950）

轮藻目（Charales）

轮藻目藻体的结构复杂，它们顶端生长，藻体分化出节（node）和节间（internode）。有性生殖为卵配生殖，不育细胞环绕着藏精器和藏卵器。雄配子细胞披覆有鳞片，不形成游动孢子。成膜体在细胞分裂期间发育，进而形成横壁。陆地植物（有胚植物）很可能由类似于轮藻纲的藻类进化而来（Karol et al.，2001）。鉴于此，轮藻目有时会从其他绿藻中分出来并同有胚植物划在一起，称 streptophytes（Lewis and McCourt，2004）。

轮藻目藻类主要是淡水种类，只有少数生长在半咸水中。它们在清澈的湖底非常普遍，通常大量生长。许多轮藻目藻类呈高度钙化，其藻体在湖底的聚集导致泥灰土(marl)（$CaCO_3$和$MgCO_3$沉淀）的形成，因此轮藻也经常被称为stonewort。轮藻属(*Chara*)和丽藻属（*Nitella*）的钙化源于富含Ca^{2+}的水体中碳酸钙的沉淀。局部的OH^-从节间细胞流出，提高了局部的CO_3^{2-}浓度，导致$CaCO_3$过饱和并沉淀（Lucas，1979）。在珊瑚轮藻（*Chara corallina*）中，圆柱形节间细胞的细胞壁表面的条纹即由呈直角的方解石晶体沉积而成，这些条纹对应着细胞上局部的碱性区域（pH 9.5～10.5）。方解石晶体与有机物质无关，它们完全在细胞壁外形成（Borowitza，1982；Wray，1977）。

轮藻目藻类的轴线将其分成节和节间部分（图5.26）。每节（node）都具有一轮分枝，分枝由许多达到一定长度即停止生长的细胞组成。丽藻属（*Niella*）的节间（internode）由单个长细胞组成。在某些属如轮藻属（*Chara*）中，节间细胞有一层由垂直延长细胞形成的鞘，而这些延长细胞由一个直径更小的起源于节的细胞生成（图5.26）。这个细胞的生长由一个圆顶状的顶端细胞引起，顶端细胞的每一个衍生体都通过横裂形成两个子细胞。最靠上的子细胞为起始节（nodal initial)，最靠下的子细胞则为起始节间（internodal initial)。起始节发育成节细胞，起始节间则发育成为节间的单个长细胞（Smith，1955)。藻体中轴通过分枝状假根固着到基质上。假根向下生长且具有明显的向地性。假根顶端附近有一组平衡石（statolith)，它们由含有硫酸钡微晶的液泡组成，这些微晶可能与假根对重力的反应有关（Braun and Richter，1999)。

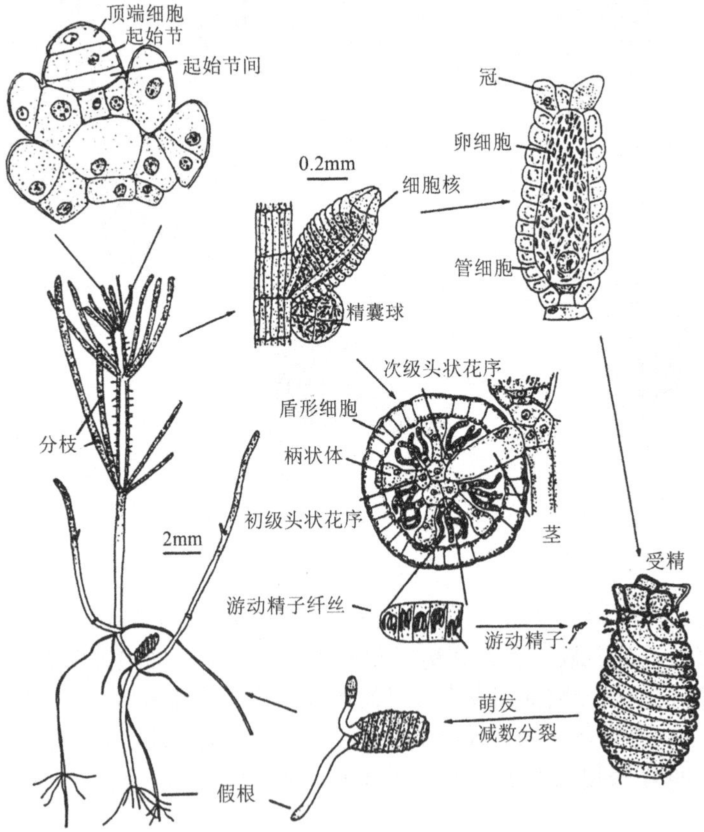

图5.26 轮藻（*Chara* sp.）的生活史。（改编自Smith，1955；Scagel et al.，1965）

单核细胞内含有许多小型椭圆形叶绿体，它们在纵轴方向螺旋卷曲并排列成两排。细胞中央有一个大液泡。尺寸较大的节间细胞及其含有的大液泡使得该细胞成为生理学家研究植物离子吸收控制的优良材料。轮藻属（*Chara*）藻类细胞内的 pH 维持在 5 左右，这是 H^+ 通过液泡膜主动流入胞内和被动流出胞外两者之间动态平衡的结果。液泡膜内有两个 H^+ 运输系统（Shimmen and MacRobbie，1987）。在这些大的节间细胞内，胞质运动（cytoplasmic streaming）特别明显。细胞质被分成一个位于内侧靠近液泡的内质（endoplasm）和一个位于外侧含有叶绿体的外质（ectoplasm）（图 5.27）。在 20℃时，内质沿着外质中螺旋形排列且静止的叶绿体的方向以 60 μm/s 的速度流动。细胞质的流动由肌动蛋白微丝与细胞质微管的交互作用而引起（Collings et al.，1996）。

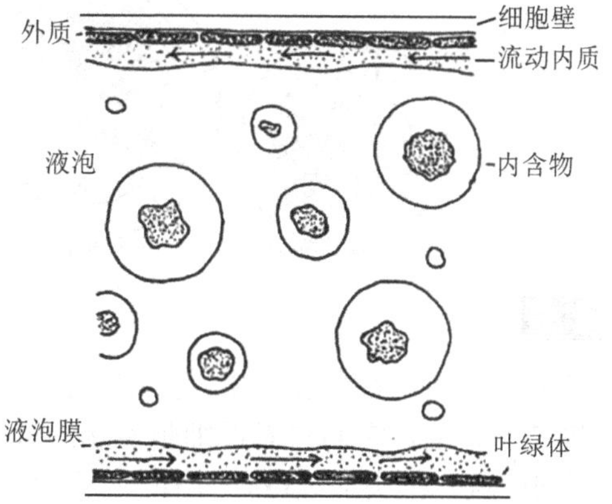

图 5.27　丽藻（*Nitella*）部分节间细胞的示意图。外质中的叶绿体处于静止，而胞质流动会带动内层移动。（仿自 Kamitsubo，1980）

轮藻门不形成游动孢子，但含有特化的有性生殖器官。无性生殖受三个因素的影响：①由下端节点发育形成的细胞进行的星状聚集，前者的胞内充满淀粉，因此也称为淀粉星状晶（amylum star）；②假根上生长的球芽（bulbil）；③从节上长出的类丝状体分枝。

轮藻的性器官是精囊球（globule）（雄性）和卵囊球（nucule）（雌性）（图 5.28），名词藏精器和藏卵器并不合适轮藻，因为其有性生殖结构包括一个性器官和一个位于性器官下端的细胞发育形成的多细胞鞘（Smith，1955）。精囊球和卵囊球都位于同一藻体的节上。在轮藻属（*Chara*）中，卵囊球位于精囊球上方。

精囊球由侧枝上的单倍体节细胞发育而成（Kwiatkowska，2003）。在初始细胞第一次有丝分裂后，位于下方的细胞发育成基细胞且不再分裂，而位于上方的细胞转化成精囊球的母细胞（图 5.28）。初始精囊球细胞经过纵向、横向 3 次分裂产生 8 个细胞，它们的顶点在这 8 细胞球体的中心处相连。连续的有丝分裂产生 3 个精囊球细胞，在每个精囊球细胞内含有一个由 24 个细胞构成的球体。外部细胞转变为能形成精囊球彩色外壳的盾形细胞。当精囊球成熟时，其颜色由浅黄色转变成橙黄色。中间细胞发育成盾柄细胞，而 8 个内细胞转变成能产生精子囊丝状体的初级细头状细胞。每个精子囊丝状体的细胞都是一个藏精器，它的原生质体成熟后变成单个的游动精子。游动精子卷曲成两个压缩的螺旋结构，其中半个螺旋进入到藏精器中（图 5.29）。当游动精子成熟时，精囊球的盾形细胞彼此分离，露出精子囊丝状体，随后游动精子通过细胞壁上的微孔逸出。

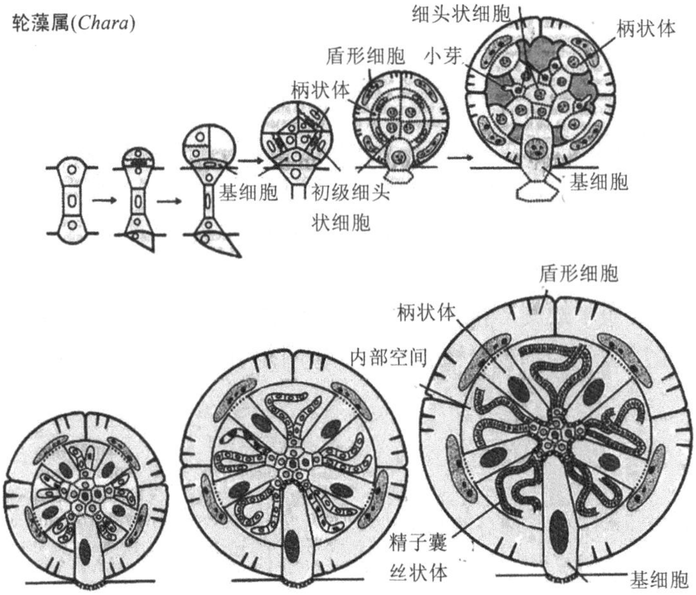

图 5.28 轮藻（*Chara*）精囊球的发育图。（引自 Kwiatkowska，2003）

游动精子通常在早晨产生，其游动会一直持续到傍晚（Smith，1955）。精子具有两条不等长的鞭毛，它们在靠近细胞前端的近顶端处生出（图 5.29）。精子细胞可划分为 3 个不同区域：①头部区域，含有一个位于线粒体上方的微管鞘，约占整个细胞的1/4；②中部区域，含有覆盖着核的微管，占整个细胞的 1/2；③尾部区域，微管嵌入到质体中。高尔基体形成的鳞片覆盖在鞭毛的外面。

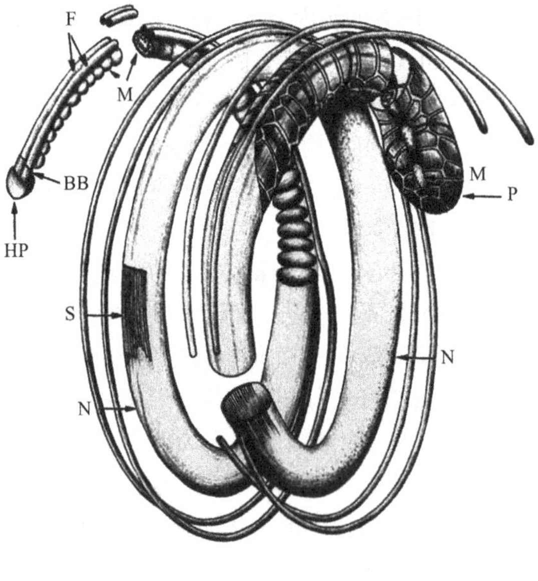

图 5.29 普生轮藻（*Chara vulgaris*）的成熟游动精子。BB，基体；F，鞭毛；HP，头片；M，线粒体；N，细胞核；P，质体；S，微管纹饰。（引自 Duncan et al.，1997）

卵囊球由茎细胞支撑，其中央处为藏卵器及单个卵细胞。5 个呈螺旋形卷曲的管细胞覆盖着藏卵器（顶部除外），其顶部为 5 个冠细胞。卵囊球成熟后，刚好位于冠细胞下端的螺旋形卷曲的管细胞彼此分离。游动精子通过这些开口游向藏卵器，并在此处穿过胶状细胞壁。合子分泌一层厚壁，而管细胞的内壁变得更厚（图 5.30）。鞘壁的其他部分退化，使得保留的部分管细胞壁如螺旋线般突出。合子及周围存留的鞘沉入到池底，几周或几个月后在这里萌发（Smith，1955）。

图 5.30 *Chara muelleri*（左）和纤维轮藻（*Chara fibrosa*）（中、右）合子的扫描电镜图片。（引自 Casanova，1997）

轮藻的合子能附着在水鸟身上而被携带到相当遥远的地方（Proctor，1962），它的萌发需要白光或红光的激发（Takatori and Imahori，1971）。合子分裂为减数分裂，因此形成的藻体为单倍体，而合子是整个生活史中唯一的二倍体世代。

轮藻属大部分都发生钙化，因此该类群能以化石的形式很好地保存下来，特别是雌性子实体，它钙化后被称为 gyrogonite。目前发现最早的轮藻目化石存在于志留纪（Uppermost Silurian）。所有现存的轮藻科藻类都位于轮藻目中，该科可以追溯至上石炭纪（Upper Carboniferous），那时已存在雌性子实体中呈左旋方式的被膜细胞。Trochiliscaceae 是一个已经灭绝的科，它也具有螺旋状卷曲的被膜，但向右卷曲。

石莼纲（Ulvophyceae）

石莼纲的运动细胞具有顶生的鞭毛，外形近似辐射状对称，还有一个与多层结构不相连的十字形微管根系统。这些特征不同于轮藻纲，但与绿藻纲类似。石莼纲不同于绿藻纲的地方在于前者分裂末期持续中心纺锤体不裂解；②运动细胞没有细胞壁。

石莼纲有许多淡水种，但占主导地位的是海水种。超微结构观察表明所有的丝状海生绿藻或较大的绿色海藻都属于石莼纲。石莼纲藻类的生活史涉及单倍体和二倍体藻体的更替。石莼纲普遍存在世代更替，这可能是因为更加稳定的海洋环境有利于其长期生活周期的进化。目前还未发现轮藻纲有休眠合子。轮藻纲的许多属能产生披覆鳞片的游动孢子，表明该纲的祖先也具有鳞片（Mattox and Stewart，1973）。

分类

石莼纲可分为以下 6 个目。核糖体编码的 rRNA 基因序列的支系分析显示丝藻目（Ulotrichales）和石莼目（Ulvales）形成一个类群，而蕨藻目（Caulerpales）、管枝藻目（Siphonocladales）和绒枝藻目（Dasycladales）形成另一个类群（Watanabe et al.，2001）。

目 1 丝藻目(Ulotrichales)：单核丝状藻类，有一个位于周缘的叶绿体。

目 2 石莼目(Ulvales)：单核细胞，有一个位于周缘的叶绿体；藻体呈中空圆柱状或片状，一个或两个细胞的厚度。

目 3 刚毛藻目(Cladophorales)：多核丝状藻类，有一个位于周缘的穿孔的或网状叶绿体。

目 4 绒枝藻目(Dasycladales)：藻体呈辐射对称，由一个直立轴及发散的分枝组成；

藻体为单核，仅在生殖前才为多核；配子在盖囊中形成。

目 5 蕨藻目(Caulerpales)：细胞壁内缺乏纤维素；通常存在管藻黄素（siphonoxanthin）和管藻素（siphonein）。

目 6 管枝藻目(Siphonocladales)：藻体具有分离式的细胞分裂；存在管藻黄素。

丝藻目（Ulotrichales）

丝藻目藻类为单核的丝状绿藻，具有一个位于周缘的叶绿体。

丝藻属（*Ulothrix*）（图 5.31）生活在静止或流动的淡水中，偶尔在湿润的岩石或土壤中也有发现。藻体由长度不一的无分枝的丝状体组成，并通过一个特殊的基细胞固着在基质上。除基细胞以外，所有细胞都能进行细胞分裂并形成游动孢子或配子。对于细胞狭窄的丝藻种类，每个细胞能形成 1、2 或 4 个四鞭毛的游动孢子；对于细胞较宽的种类，每个细胞能形成 2、4、8、16 或 32 个游动孢子。游动孢子具有一个突出的眼点，并通过母细胞壁一侧的微孔释放。丝状体狭窄的丝藻种类释放相同大小的游动孢子，而宽细胞的种类释放巨大或微型游动孢子，它们在尺寸大小、眼点的位置及游动时期的长短方面都有差别。没有从母体释放的游动孢子则分泌一层细胞壁变成薄壁的静孢子，然后萌发成新的藻体。

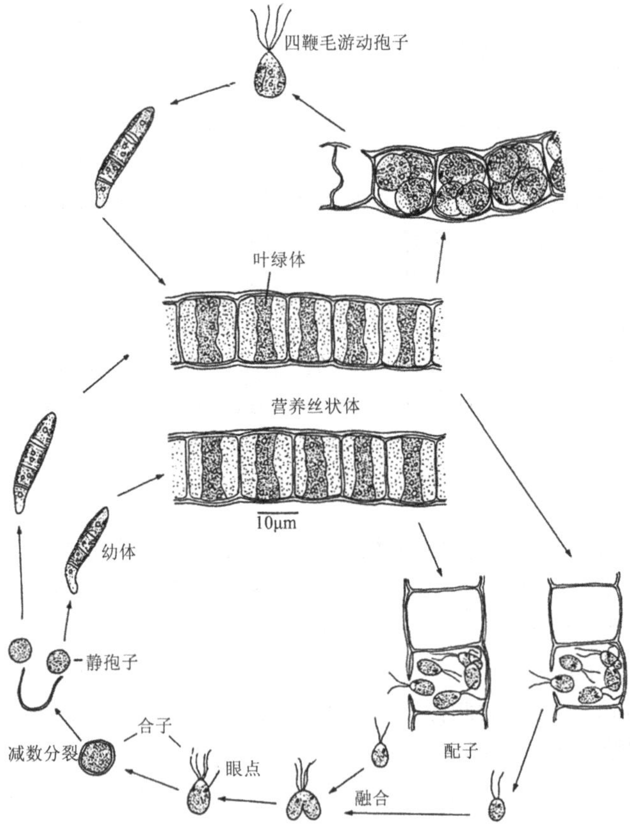

图 5.31 环丝藻（*Ulothrix zonata*）的生活史。(改编自 Smith，1955)

丝藻属的配子形成方式与游动孢子相同，但配子为双鞭毛。配子大小相同，只有来自不同丝状体的配子才发生融合，而没有发生融合的配子不进行孤雌生殖（parthenogenetic development）。合子维持一段时间后下沉并分泌一层厚壁，随后经历一个休眠期以积聚大量的储备物质。合子的首次分裂为减数分裂，形成4～16个游动孢子或静孢子（BergerPerrot et al.，1993）。

在美国和加拿大北部的许多湖泊中，早春时节有大量茂密的环丝藻（*Ulothrix zonata*）生长在布满岩石的浅水岸边。当水温达到10℃时，环丝藻生长占优势；当大量的藻体变成游动孢子时，环丝藻消失，此时团集刚毛藻（*Cladophora glomerata*）成为优势种。在培养条件下，当温度约为20℃、光强相对较高［520 μE/(m^2·s)］、光周期为短日照（8 L：16 D）或长日照（16 L：8 D）时，环丝藻的四鞭毛游动孢子开始形成。在温度为5℃、光强为32.5 μE/(m^2·s)和中等日照（12 L：12 D）条件下，游动孢子即可形成（Graham and Krantzfelder，1986）。

石莼目（Ulvales）

在自然界中，石莼目藻体呈宽片状［礁膜属（*Monostroma*）］或两细胞厚［石莼属（*Ulva*），图5.33］。石莼属也具有中空的圆柱体形态，该形态先前被认为是浒苔属（*Enteromorpha*）所特有。现在，具有中空的圆柱体形态的藻类统一被划分到石莼属（Hayden et al.，2003）。倘若这些藻类在生长发育过程中没有细菌的参与，它们的正常形态就会丧失。在这些条件下，石莼会发育成一个类枕形的群体，礁膜则长成一个具假根的圆形细胞团（Provasoli and Pinter，1980）。噬细胞菌属、黄杆菌属、拟杆菌属等细菌群体可在这些藻类的表面生长，并且产生一种叫做thallusin的形态发生因子（图5.32）（Matsuo et al.，2005）。藻类吸收thallusin后，形态逐渐变得与藻植体相似。

图5.32　石莼属（*Ulva*）的形态诱导物——thallusin的结构。thallusin由生长在石莼属表面的细菌产生。

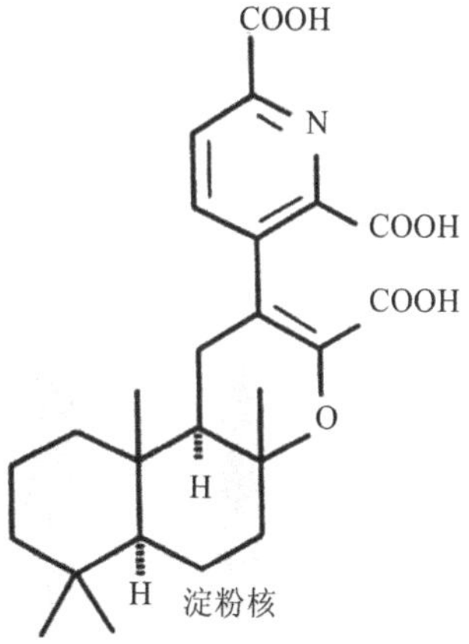

石莼属的叶状体由两层细胞组成，每个细胞内都含有一个朝向细胞外部的大型杯状叶绿体（图5.33）。固着器由原植体细胞形成，它使长而细的丝状体下沉聚合成固着器。固着器为多年生，并且在每年春天都会增殖形成新的叶片。石莼属藻体内任何部位都可发生细胞分裂，但所有的分裂都发生在垂直于藻体表面的平面内。

易变石莼（*Ulva mutabilis*）在其营养阶段，片状细胞会向细胞壁和外部环境中分泌调节因子。但其中一种调节因子的产物——糖蛋白在藻体成熟后会逐渐减少。最终，调整因子的水平降低到无法维持营养阶段的界点，此时配子开始形成（Stratmann et al.，1996）。

石莼（图 5.33）具有同形世代交替，其配子体形成双鞭毛的配子，孢子体则产生四鞭毛的游动孢子，但配子比游动孢子要早释放几天。石莼属具有周期性的结实模式（fruiting pattern），日本的孔石莼（*U. pertusa*）在一系列的小潮期间（在上弦月和下弦月发生的最小范围的潮汐）发生结实（Sawada，1972），而北美太平洋沿岸的分裂石莼（*U. lobata*）在一系列的大潮期间（在新月和满月发生的最大范围的潮汐）发生结实（Smith，1947）。英格兰的肠石莼［*Ulva*（*Enteromorpha*）*intestinalis*］在一系列大潮开始时其周期模式为两周，但不包括配子和游动孢子在同期的释放（图 5.34）（Christie and Evans，1962）。尽管石莼属的结实可能与潮汐有关，但潮汐运动并不引发结实和游动孢子的释放，因为石莼属的藻体即使在水下也显示出正常的周期性，因此藻体接收到的月光量才可能是其结实的原初动力。

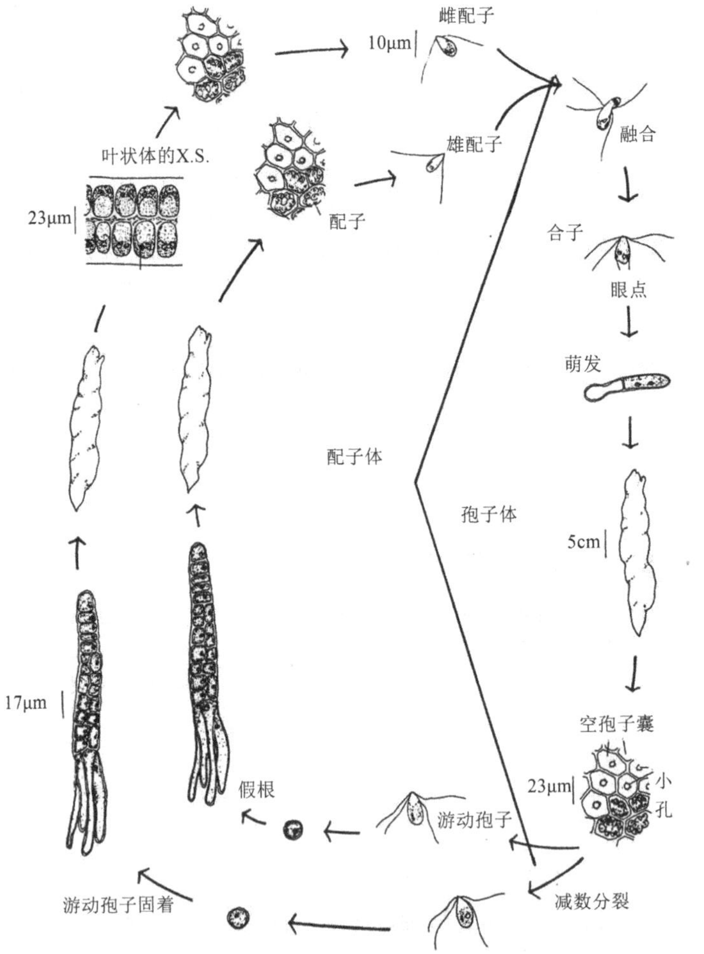

图 5.33 阿氏石莼（*Ulva arasaki*）的生活史。（改编自 Chihara，1969）

石莼的繁殖区域邻近叶状体的边缘（图 5.33），因 γ-胡萝卜素的积累繁殖区域会从绿色变为橄榄绿色再变为棕绿色（Hiraoka et al.，1998）。配子和游动孢子的发生过程相似（Melkonian，1980a，b），都以光合能力的急剧下降为标志（Gulliksen et al.，1982）。细胞分裂形成 8～32 个运动细胞，游动孢子在形成期间发生减数分裂，而在配子形成期间不发生减数分裂。运动细胞在发育之前，母细胞会形成一个喙状突起并延伸至藻体表面，游动孢子经其向外释放。涨潮时藻体变湿，游动孢子释放出来。双鞭毛配子具有显著的向光性，含有一个位于周缘的叶绿体、一个蛋白核和一个眼点。单倍体的叶状体雌雄同体，因此同一叶状体的配子之间不能发生融合。配子的大小或者相等，或者一个比另一个稍大。不同植株的配子通过鞭毛顶端的融合形成细胞簇（Miyamura et al.，2003；Miyamura，2004）。细胞簇在形成后几乎立即分离，形成交配对并通过其鞭毛结合在一起（Bråten，1971）。鞭毛的顶端在几秒钟内融合又分开，同时细胞变为背光性并游离光源。3 min 后细胞弯曲并侧向融合，但四鞭毛的合子仍会游动几分钟。合子下沉后会通过鞭毛前端附着到基质上，进而将鞭毛的营养吸收转变为原生质。合子一旦固着就会分泌一层薄壁，而核融合在交配前 30 min 已经开始（Bråten，1973）。上述过程中的许多途径都与衣藻（*Chlamydomonas*）类似，只是石莼属的发生要更加快捷。几天内合子开始萌发，细胞核开始有丝分裂。第一个细胞分裂后，其中一个细胞发育成假根，而另一个最终形成叶片。在某些种类中，配子还可以通过孤雌生殖发育成新的藻体。

图 5.34　肠石莼［*Ulva*（*Enteromorpha*）*intestinalis*］游动孢子和配子的释放与潮汐幅度的关系。游动孢子在每个月圆周期的最高潮的 3～5 天前释放达到最大。（仿自 Christie and Evans，1962）

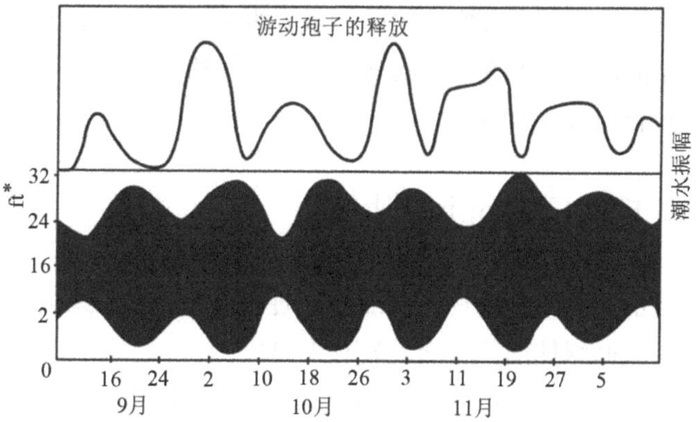

石莼的游动孢子通常表现为负的趋光性，而配子表现为正的趋光性。配子融合后其趋光性会发生逆转，部分融合的配子对会游离光源（Miyamura et al.，2003）。石莼游动孢子叶绿体被膜的外膜位于硕大眼点的上方，其内有 11 300 个颗粒，而在雌、雄配子的小型眼点上方分别只有 5500 和 4900 个颗粒。配子中的颗粒数较少可能与配子的正向趋光性有关，特别是当配子发生融合时，其总颗粒数会变成 10 400，接近于游动孢子的颗粒数量，同时配子融合后表现为负的趋光性（Melkonian，1980b）。

* 英尺，1ft=3.048×10^{-1}m。

石莼属主要为海生绿藻，在半咸水特别是在河口区也有发现。它通常生长在中潮带至低潮带的岩石上，但在全年中其叶状体并不处在同一水平线上。在寒冷季节，藻体主要生长在潮间带中部，涵盖着广泛的垂直区域。在温暖季节，石莼则生活在潮间带底部及狭窄区带内。该区域的藻体较少暴露，能耐受不是很干燥的环境，使得高温夏季会对藻体造成较大的损伤。

石莼属绿藻能充分利用环境，当条件适宜时它能快速定居并生长，这主要源于它的快速生长率及在间歇性营养供应的水体中吸取和储存营养的能力。石莼属绿藻能快速适应营养急剧供应的环境，因此它们能在许多受人类活动影响而营养丰富的地区大量繁殖。石莼属在封闭或半封闭水体中疯长使得大量藻体在水面漂浮，导致水底的其他生物群落缺氧窒息或腐烂后被冲上岸边，造成相当严重的环境问题且影响景观（Blomster et al.，2002；Nelson et al.，2003；Kim et al.，2004）。

石莼属藻类的俗名有海洋莴苣（sea lettuce）或绿色紫菜（green laver），它们能被做成沙拉或汤类（Chen，1998）。干石莼（*U. latuca*）的提取物中含有15%的蛋白质、50%糖类和淀粉、不足1%的脂肪和11%的水分，可作为粗粮被人类食用。在第一次世界大战期间，Phillipsen用石莼（*U. latuca*）和礁膜（*Monostroma*）制作了一份沙拉，并在其中加入沙拉酱、醋、柠檬、胡椒、洋葱和油，他将这份沙拉描述成“味道特别好，略辣，不比最好的菜园植物沙拉差”，虽然存在这样一个问题，即加入所有这些调味品后可能就尝不出海藻的味道。著名的法国藻类学家Savaugeau也准备了这样一份没加调味品的沙拉，他说“尝起来就像皮革与蜡一样，如果没有好的消化能力我想我会生病”（Chapman，1970）。

刚毛藻目（Cladophorales）

本目的丝状体类属具多核细胞，通常含有一个周缘或网状叶绿体。丝状体分枝或不分枝。网状叶绿体的网状交叉处有蛋白核。

刚毛藻属（*Cladophora*）[图5.35（b）]和硬毛藻属（*Chaetomorpha*）[图5.35（a）和图5.36]为刚毛藻目的常见类属，它们都具有同形世代交替。刚毛藻在淡水和海水中均有分布，可能是世界淡水水域中最常见的大型藻类（Dodds and Gudder，1992）。由于受人类活动造成的水体富营养化的影响，这种丝状藻类大量生长且已达到危害的程度。刚毛藻大多生活在水底，常见于水体单向流动或周期性波动的区域。在淡水中，它属于种群演替为中-晚期的种类。刚毛藻属藻体上附生有大量的生物，这是因为它为这些生物提供了一个抗水流干扰的基底。

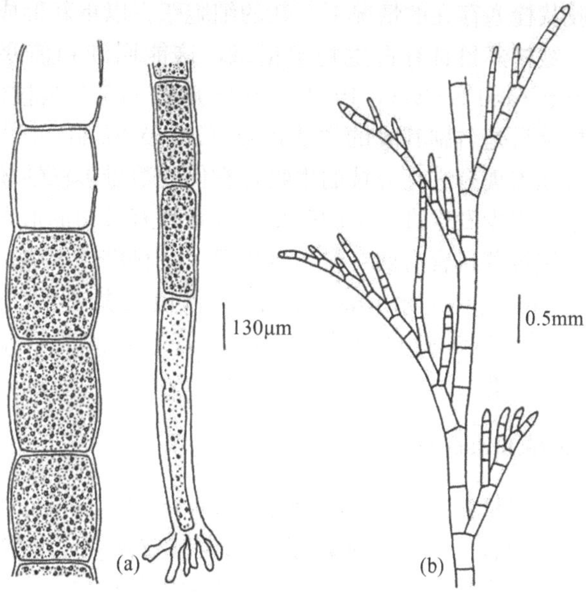

图 5.35　（a）气生硬毛藻（*Chaetomorpha aerea*）。（b）微枝状刚毛藻（*Cladophora microcladioides*）。（仿自 Smith，1969）

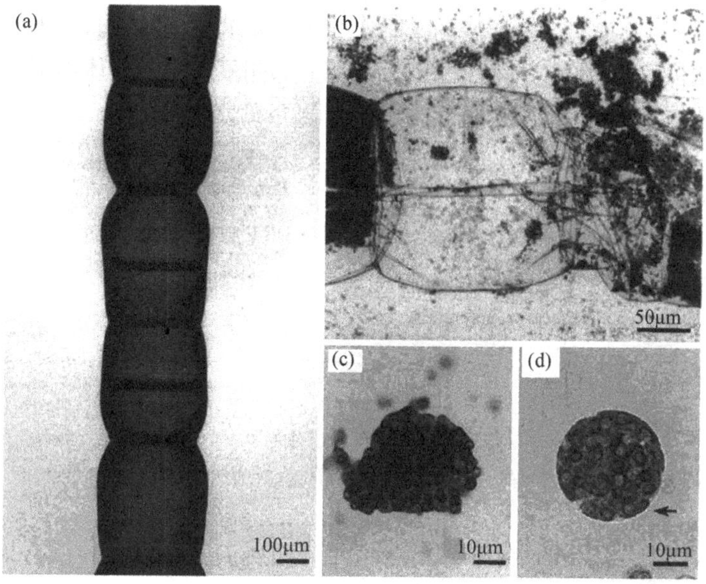

图 5.36　气生硬毛藻（*Chaetomorpha aerea*）在丝状体分裂后，细胞内容物形成新的丝状体的过程。（a）营养丝状体。（b）原生质从受损细胞中流出并扩散到海水中。（c）受挤压的细胞器在海水中聚集。（d）在受伤后10min内再生的原生质形成新的被膜。（引自 Klotchkova et al.，2003）

绒枝藻目（Dasycladales）

本目藻类全部为热带和亚热带的海生植物，大多数钙化。本目的成员具有以下明确的界定特征：①辐射对称，直立轴两侧长有分枝；②单核的营养藻体，只有在生殖前才进行多核发育；③配子在特化的配子囊的盖囊中形成。

绒枝藻目（Dasycladales）和蕨藻目（Caulerpales）中的多核细胞藻类能快速形成胶状伤口栓塞以应对来自外界的伤害，进而防止细胞质的流失。伤口栓塞由挤出的细胞质形成，后者通过碳水化合物与凝集素的交互作用形成栓塞（Ross et al.，2005）。在凝胶状栓塞存在的情况下，新的细胞壁得以重新形成。

绒枝藻目具有古生物学记录，这能回溯到前寒武纪-寒武纪时期（约 57 亿年前）(Berger and Kaever，1992)。在已知的 175 个绒枝藻目化石属中，现存的只有 11 个。绒枝藻目是名副其实的“活化石（living fossil)”。如 Stanley（1979）所言，活化石指某些涵盖现有进化分枝的生物，它们的数量多样性较低，经历长时间的地质时期仍存活下来，很少发生进化上的改变，并且具有最初的形态学特征。

绒枝藻目含有两个科，其中第一个科已经灭绝。

科 1 Receptaculitaceae：直立轴的侧根呈螺旋形；藻体相对较大；全部灭绝。

科 2 绒枝藻科(Dasycladaceae)：直立轴的侧根呈涡旋形；藻体相对较小；部分已灭绝。

Receptaculitaceae

本科植物存在于早奥陶纪（Lower Ordovician）到石炭二叠纪（Permo-Carboniferous）时期，它们是没有被膜的海生绒枝藻类，形状像灯泡，藻体上部由大量着生在直立轴上的螺旋形副根构成。这些副根大都钙化，不过藻体周围的钙化更严重。*Ischadites abbottae* 是一种志留纪（Silurian）藻类，生长在浅的暗礁水体中。它的藻体呈球状，由螺旋形的侧根形成，而最大的侧根位于纬线的中间（图 5.37）。上部侧根逐步向藻体周围的方向增大，然后在周边突然膨大呈头状。藻体的主轴和侧根都发生钙化（Nitecki，1971）。

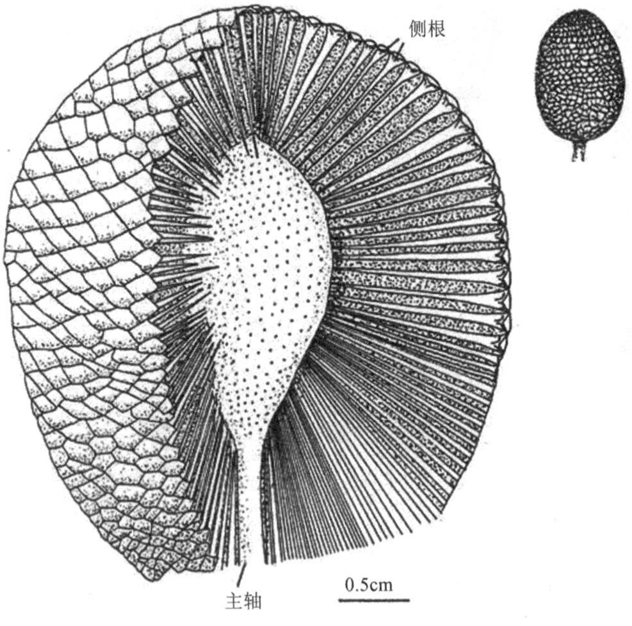

图 5.37 *Ischadites* 重构图，整个植物体切去一部分后展示主轴、侧根和侧根冻结物的示意图。（仿自 Nitecki，1971）

绒枝藻科（Dasycladaceae）

本科的特征是藻体主轴上具有涡旋形排列的侧根。本科涵盖大量种类（Zechman，

2003)，但以伞藻属（*Acetabularia*）最为出名（图 5.38、图 5.40 和图 5.41）（Mandoli，1998）。成熟伞藻的主轴裸露，顶端有单个配子囊盘。相反，绒枝藻属（*Dasycladus*）［图 5.39（a)］和蠕藻属（*Neomeris*）［图 5.39（b)］的主轴被包裹在涡旋侧根中，后者形成一层极为牢固的皮层。

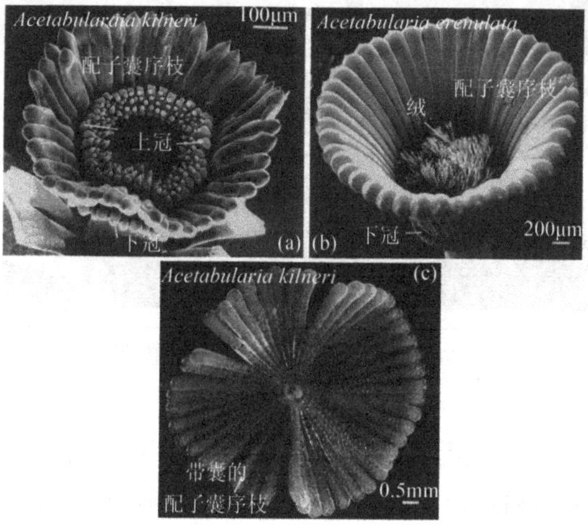

图 5.38 伞藻（*Acetabularia*）藻体的结构。(a) 和 (b) 为扫描电镜照片。(c) 为光学显微镜照片。(引自 Berger et al.，2003)

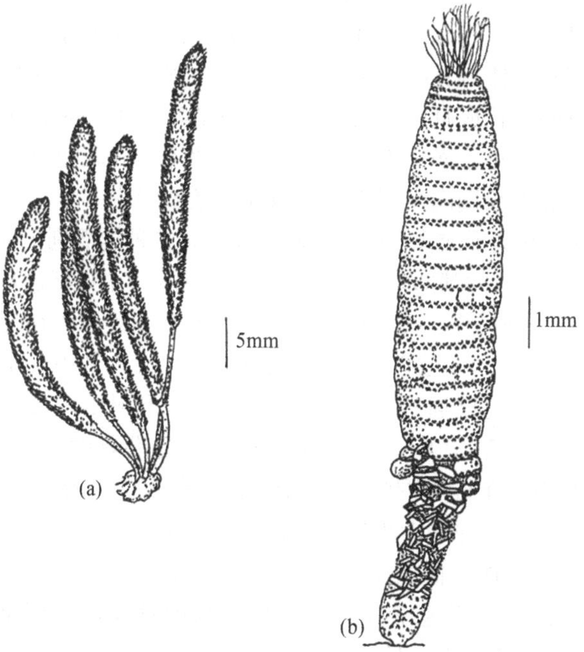

图 5.39 (a) 蠕形绒枝藻（*Dasycladus vermicularis*）。(b) 环蠕藻（*Neomeris annulata*）。(仿自 Taylor，1960)

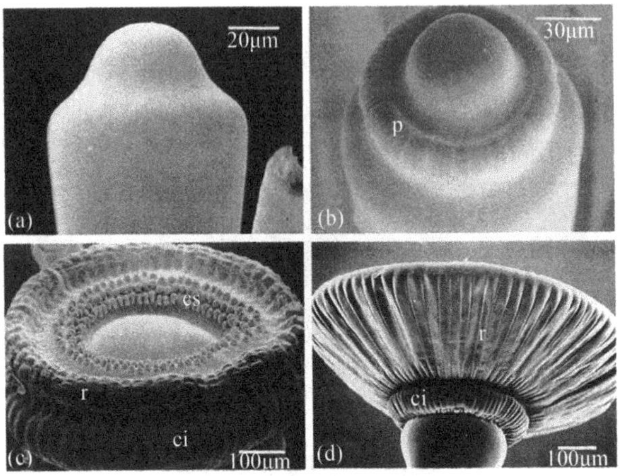

图 5.40 伞藻（*Acetabularia acetabulum*）中初冠的扫描电镜照片。ci，下冠；cs，上冠；r，放射冠；p，原冠。（引自 Sawitzky et al.，1998）

本科最早的化石存在于志留纪中期，而现存的一些属在化石记录中也很具代表性，蠕藻属（*Neomeris*）可追溯到白垩纪（Cretaceous），伞藻属（*Acetabularia*）可追溯到古近纪、新近纪（Tertiary）（Johnson，1961）。

伞藻（图 5.41）的生活史与本目中其他类属相似。伞藻为暖水性藻类，它生长在受到保护的浅水池塘和红树林沼泽的边缘，也可生长在贝壳、珊瑚的碎片和其他藻体上。伞藻的藻体可以钙化（Kingsley et al.，2003），但在温暖静止的水体中钙化较少发生。伞藻的幼小单细胞藻体具有两个生长顶点，一个顶点产生假根系统以将藻体附着到基质上，另一个顶点则生长成直立的藻体。当主轴的顶端生长时，在顶端下方开始产生不育绒毛的螺纹。最终，每个涡旋螺纹都会脱落，留下的涡旋疤痕标记着它们先前的附着位置。在藻体的营养生长期间，细胞核保留在一条假根中。

藻体成熟后在其顶端会形成许多配子囊辐射序枝，依种类而别，辐射序枝或相连或彼此隔离。在每个配子囊序枝的基部附近，即藻体的尖端为一个冠状瘤，它通常支撑着不育绒毛。这些冠状瘤一起构成上冠（corona superior）。有些伞藻种类在配子囊序枝下方还有一个下冠（corona inferior）。一旦配子囊序枝长到最大尺寸，其中一个假根的主核会增大至原来直径的约 20 倍。此核通过减数分裂形成大量稍小的二级核（Koop，1975a；Woodcock and Miller，1973a，b），后者通过胞质流动沿着微管进入到配子囊序枝中（Menzel，1986）。细胞质在核周围收缩，细胞壁开始形成，最终变成一个有抵抗力的休眠囊。休眠囊逐渐扩大至原始大小的数倍，此过程中伴随着细胞核的多次分裂。配子囊序枝下移，栓塞开始堵住藻体的支撑部位（Menzel，1980）。地中海伞藻（*Acetabularia mediterranea*）的休眠囊通常在夏季形成，高度钙化，直到下个春季才会萌发，它需要一个 12～15 周的休眠期（Koop，1975b）。在休眠囊萌发时（Cooper and Mandoli，1999），原生质分裂成 1000 个甚至更多的梨形双鞭毛同形配子，后者通过细胞壁上的盖孔释放出来。不同的休眠囊产生的配子形态相似，而来自同一个休眠囊的配子可能是相同性别。有报道称伞藻的配子可进行孤雌生殖。配子融合后不久合子即开始萌发。伞藻（*Acetabularia calyculus*）的配子大小不一。在配子融合形成合子后，雄配子中较小的叶绿体首先被破坏，导致叶绿体的母性遗传基因暴露（Kuroiwa，1985）。

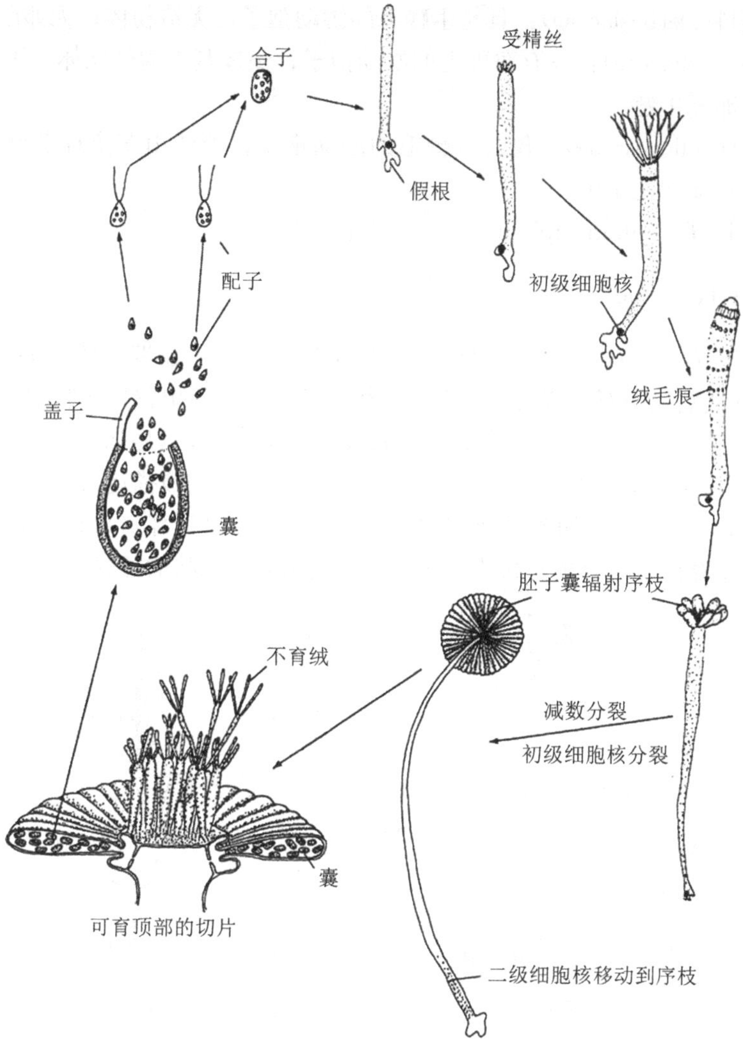

图 5.41　地中海伞藻（*Acetabularia mediterranea*）的生活史。（改编自 Egerod，1952；Smith，1955）

蕨藻目（Caulerpales）

本目包含多核细胞（coenocytic）或管状（siphonaceous）绿藻。无隔膜（non-septate）的藻体就像花园的软水管，除生殖期外没有横壁将较大的藻体分开。叶绿体呈镜头状或梭形，某些类属有造粉体。管藻黄素（siphonoxanthin）和管藻素（siphonein）（图 5.1）这两种类胡萝卜素只存在于绿藻门的蕨藻目中［双管藻（*Dichotomosiphon*）除外，它只含有管藻素］（Kleinig，1969）。细胞壁的组分为 β-1，3 木聚糖或 β-1，4 甘露聚糖，而不是纤维素（Parker，1970）。蕨藻目为海水藻类，在温暖的海洋中以海草的形式出现。

蕨藻目（或 Siphonales 或 Codiales）中最重要的科如下。

科 1 德氏藻科(Derbesiaceae)：具轮生鞭毛的游动孢子；无造粉体；无卵配生殖。

科 2 海松科(Codiaceae)：仅有双鞭毛的游动孢子；藻体基本为丝状体；可能存在造粉体；无卵配生殖。

科 3 蕨藻科(Caulerpaceae)：仅有双鞭毛的游动孢子；藻体由茎支撑着叶状体；存在造粉体；无卵配生殖。

科 4 叉管藻科(Dichotomosiphonaceae)：卵配生殖。

德氏藻科（Derbesiaceae）

德氏藻属（*Derbesia*）（图 5.42）是一类分布在热带和温带水体中的丝状体藻类，它们生长在近低潮线的石头或大型藻类上。德氏藻属的生活史包括丝状孢子体和球状管束配子体的交替，后者又被称为海囊藻（*Halicystis*）阶段（Feldmann，1950）。海囊藻阶段发生在较深的水体中，通常附着在珊瑚藻上，它起初被描述成独立的藻体。极细德氏藻（*D. tenuissima*）的丝状孢子体具有一个交错的基部（Page and Kingsbury，1968），它支撑着直立的分枝丝状体，而丝状体偶尔会被塞状的隔膜分开。

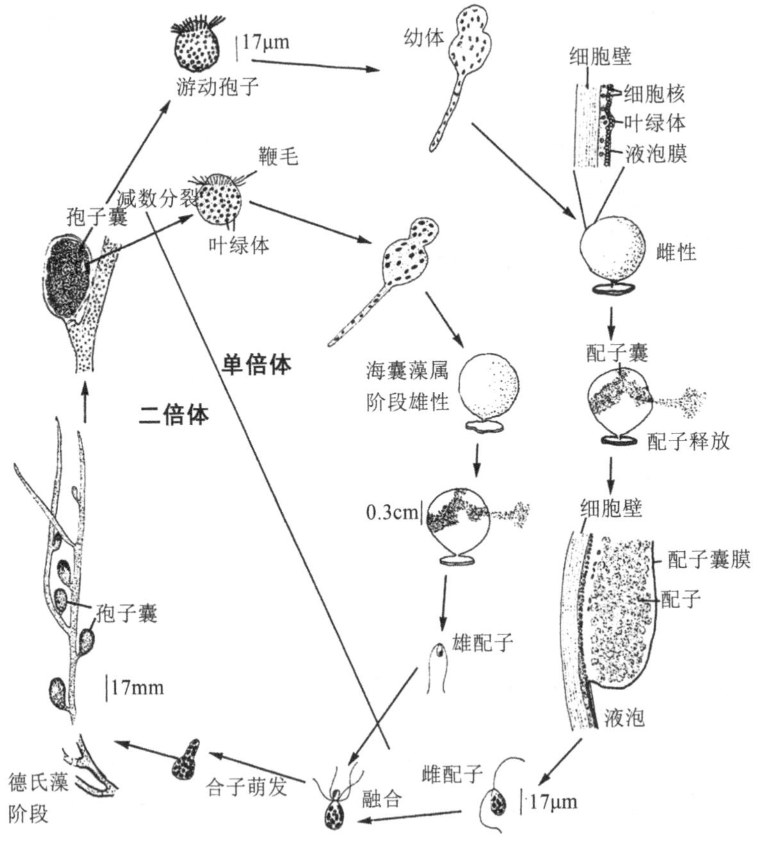

图 5.42 德氏藻（*Derbesia*）的生活史。（改编自 Smith，1955；Zeigler and Kingsbury，1964）

当短的侧枝被主轴上的隔膜切断时，丝状孢子体形成椭圆形的孢子囊。孢子囊通过减数分裂形成游动孢子（Neumann，1969），后者的一端具有一鞭毛涡。游动孢子游动一段时间后下沉，萌发产生丝状体，进而形成泡状的海囊藻配子体（图 5.43）。海囊藻配子体在细胞壁下端的外层进行细胞核重排。原生质移向藻体顶端是配子形成的第一个可视阶段，随后原生质被一层膜隔开并成为配子囊。配子囊中的核发生同步分裂，原生质也分裂成单核的配子。

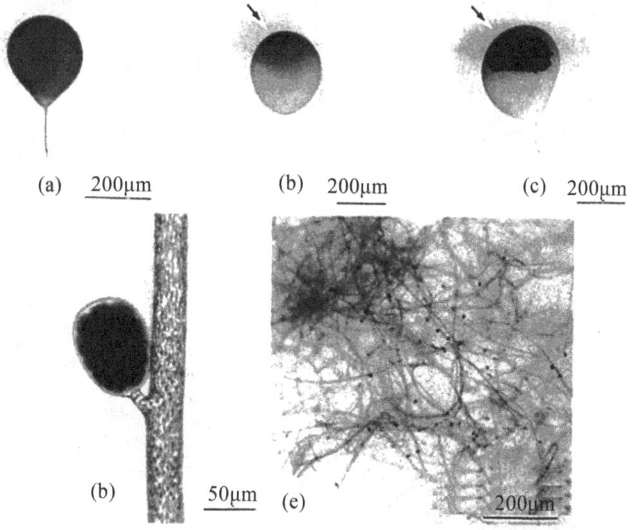

图 5.43　极细德氏藻（*Derbesia tenuissima*）。(a) 营养的海囊藻（*Halicystis*）配子体。(b) 成熟的雄配子体（箭头指向配子囊）。(c) 成熟的雌配子体（箭头指向配子囊）。(d) 原生质完全裂开的孢子囊。(e) 成熟的孢子体。(引自 Lee et al.，2000)

德氏藻科藻类雌雄异体，只产生一种类型的配子。雄性藻体具有橄榄绿色的配子囊，雌性藻体的配子囊为黑色。光能诱导配子的释放，能使涨压瞬间升高，促使细胞壁上脆弱的气孔区域破裂，进而迫使配子溢出。在配子释放后，破裂的气孔区域被配子囊膜填封（Wheeler and Page，1974）。在此后的 12h 内细胞始终呈绿色，在 24h 后它能形成一个次级配子囊。双鞭毛的雄配子含有一个叶绿体，体积较大的雌配子含有8～12个叶绿体（Roberts et al.，1981）。雌配子的活性没有雄配子强，一旦两者接合，雄配子就环绕在雌配子周围。当一对雌雄配子融合后，所有其他的配子就会下沉。合子萌发形成丝状孢子体。关于雌雄配子胞质融合后它们是否发生核融合，或 karyogamy 是否发生在丝状体的孢子囊内，目前还存在争议（Lee et al.，2000；Schnetter and Eckhardt，2000）。

极细德氏藻（*D. tenuissima*）在其海囊藻阶段，配子形成受内源性节律控制（Page and Kingsbury，1968）。在室内条件下，配子的形成基本上需要 4～5 天，但在自然界中配子形成时间通常是这一数字的许多倍，并且明显受到潮汐的影响。这种节律不受温度或光强的影响，表明配子形成受一种内源性节律的控制，而与代谢过程如光合作用等没有直接联系。诱导形成配子以后，配子需要 7h 的黑暗条件才能发育成熟，在这之后光能促使配子快速释放。

羽藻属（*Bryopsis*）[图 5.44（d）] 是潮池和其他遮蔽处的静止水体中的常见藻类，此属具有一个主轴，支撑着侧面向上的分枝。

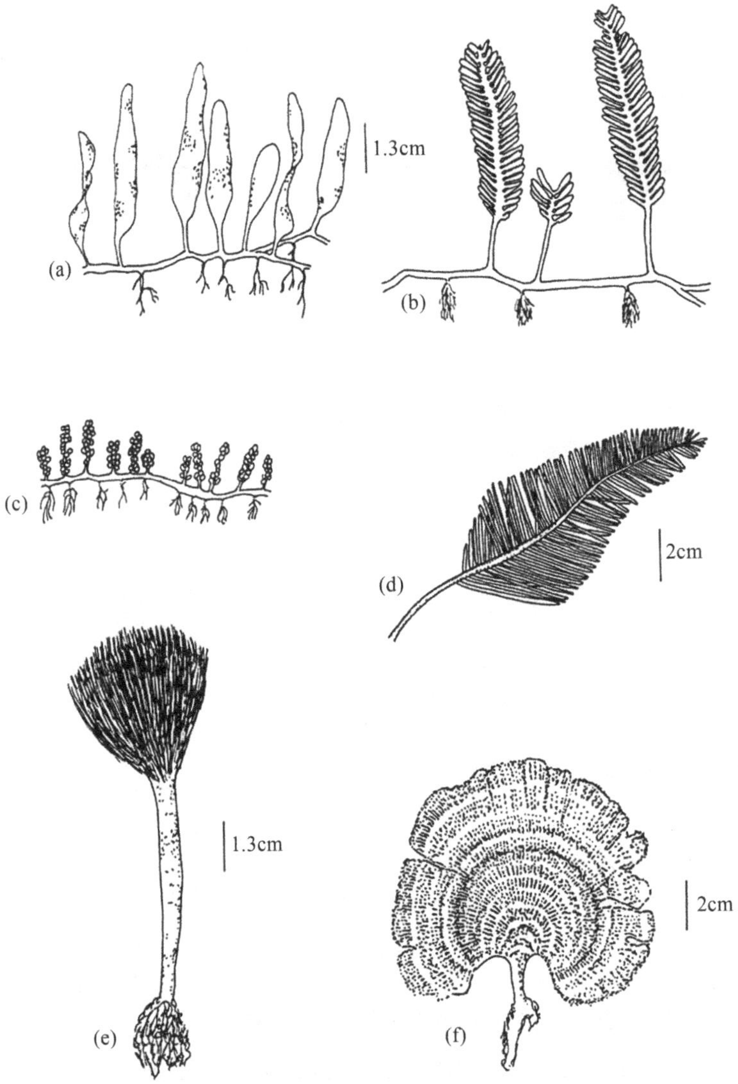

图 5.44 （a）蕨藻（*Caulerpa prolifera*）。（b）佛罗里达蕨藻（*Caulerpa floridana*）。（c）小叶蕨藻（*Caulerpa microphysa*）。（d）羽藻（*Bryopsis plumosa*）。（e）头状画笔藻（*Penicillus capitatus*）。（f）钙扇藻（*Udotea conglutinata*）。（仿自 Taylor，1960）

极细德氏藻（*D. tenuissima*）和羽藻（*Bryopsis plumosa*）配子体阶段的细胞壁含有大量的木聚糖，而孢子体阶段的细胞壁含有大量的甘露聚糖（Huizing et al.，1979）。

海松科（Codiaceae）

本科与德氏藻科（Derbesiaceae）不同之处在于它具有双鞭毛的游动孢子，藻体结构基本为丝状体。海松科是热带水域海草的重要组成部分，包括许多极具吸引力的样式如“美人鱼之扇（mermaid's fan）”[钙扇藻属（*Udotea*），图 5.44（f）]和“海神的修面刷（Neptune's shaving brush）”[画笔藻属（*Penicillus*），图 5.44（e）]。

松藻属（*Codium*）（图 5.45）分布在热带和温带海水中，常见于低潮线至最低水深为 70 m 的区间，该属最初在北美东岸的许多地区并没有分布。1957 年，刺松藻（*C. fragile*）在大西洋中部沿岸被发现（Bouck and Morgan，1957），随后向北扩散到缅因州。刺松藻很可能是借以附生在贝壳上而从欧洲引入。由于它附生在贝壳上，这样在大风暴期间极易导致贝类大量脱落并漂浮在水面上。所以，自从刺松藻被引入北美以后，它已经成为贝类养殖业的敌害（图 5.46）。

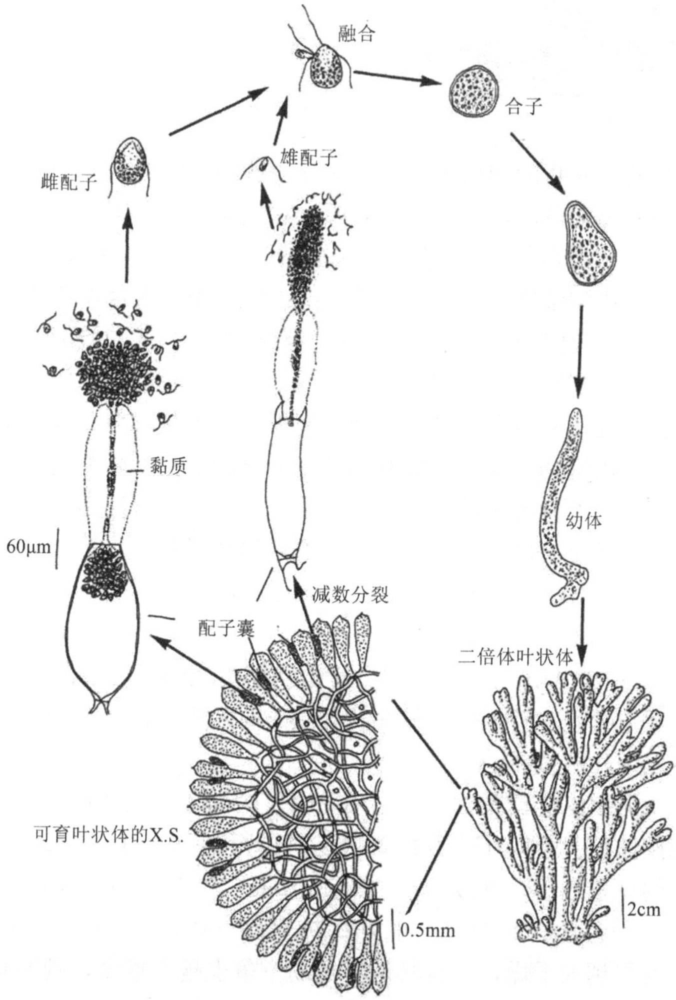

图 5.45　松藻（*Codium* sp.）的生活史。

图 5.46 扇贝上的松藻（*Codium* sp.）。

松藻属藻体具有一壳状的匍匐体，它能支撑一些圆柱状的二叉型嫩枝。嫩枝具有位于中央的髓质，后者由无色的丝状体交织而成，它能在髓质周围产生舒展的分枝和胞囊(utricle)。胞囊含有一层厚的外围细胞质，包裹着一个位于中央的大型液泡。盘状叶绿体位于细胞质外部，小型细胞核位于细胞质内部。髓质中的无色丝状体，尤其是靠近胞囊基部的部分被细胞壁分隔开。二倍体藻体的胞囊产生深绿色的雌配子囊和棕色的雄配子囊。配子通过减数分裂形成，当配子囊盖状的顶端破裂时配子释放，同时渗出大量胶体和一个中央导管，配子能借助它进行运动。配子最初不具鞭毛，运动呈被动性。在鞭毛长出后，配子能自由游动，雄配子即游动到大型雌配子的一侧与之融合。随后，雄配子的鞭毛丧失，雌配子的鞭毛驱动合子。在合子下沉、鞭毛缩回后，它立即萌发成新的松藻藻体。因此，配子是松藻生活周期中唯一的单倍体世代。

刺松藻（*Codium fragile*）能与附生在其表面的固氮细菌（*Azotobacter*）共生，整个植体都能固定营养（Head and Carpenter，1975）。每克干藻体每小时能分泌 0.7～1.3 mg 葡萄糖，或释放出 16%～31%的与藻体外部类似的碳。细菌能消耗分泌的葡萄糖，进而反过来固定营养。营养固定只在营养缺乏时发生，而且它很可能是松藻在营养缺乏的浅湾中得以生长的重要因素。

刺松藻对生境显示出广泛的适应性。在冬季，当水体中溶解的无机营养盐达顶峰时，刺松藻能积攒储存营养以在营养相对缺乏时进行利用（Hanisak，1979）。在早冬，当来自其他藻类的竞争最小、潮汐幅度（amplitude）的差异降低时，刺松藻具有最大的碳固定量、最大的色素含量及最大的叶绿体尺寸（Benson et al.，1983）。在夏季，由于潮间带地区变得越加干燥，来自其他藻类的竞争也越来越多，刺松藻的栖息环境变得更加极端。刺松藻通过在夏季进行繁殖能有效地避开许多竞争。而且，同时期进行的藻体绒毛的发育也能提高营养摄入。

许多软体动物和扁形虫与松藻目的叶绿体之间存在着共生关系。有些软体动物（海蜗牛、*Tridachia*、多叶鳃）以管状绿藻纲种类如松藻（*Codium*）和蕨藻（*Caulerpa*）为食，它们刺穿细胞并吸光细胞的内容物，但叶绿体通常不能被消化。许多叶绿体潜藏于动物体内，它们能积极地进行光合作用（Trench et al.，1969，1973a，b）。当动物海蜗牛（*Elysia viridis*）在光照下处于饥饿状态时，它的叶绿体至少能保持活性达三个月。*Elysia* 中的叶绿体光合速率与松藻中完整的叶绿体光合速率处于同一级别（Trench et al.，1973b）。从松藻中分离出的叶绿体主要以乙醇酸的形式向介质中释放固碳产物，它们只占总固定碳的 2%；从动物匀浆中分离的叶绿体主要向介质中释放葡萄糖和少量乙醇酸，其含量高达总固定碳的 40%。可见在动物细胞中共生的叶绿体释放了大量的光合产物，至少占总固定碳的 36%（Trench et al.，1973b）。

仙掌藻属（*Halimeda*）（图 5.47）的藻体由钙化的节片组成，它们被数量不一的细小钙化节点隔开。多核丝状体构成藻体。每一节片表面的丝状体膨胀形成胞囊，后者与成熟藻体内的另一胞囊彼此紧贴形成一个完整表面，此表面隔离了细胞间隙与外界的联系。胞囊细胞壁呈钙化。有时，仙掌藻属藻体在其分支的茎上含有珠状生殖结构簇，它起源于节片表面。珠状生殖结构簇能形成双鞭毛的游动细胞，但不能确定它们是配子还是游动孢子。

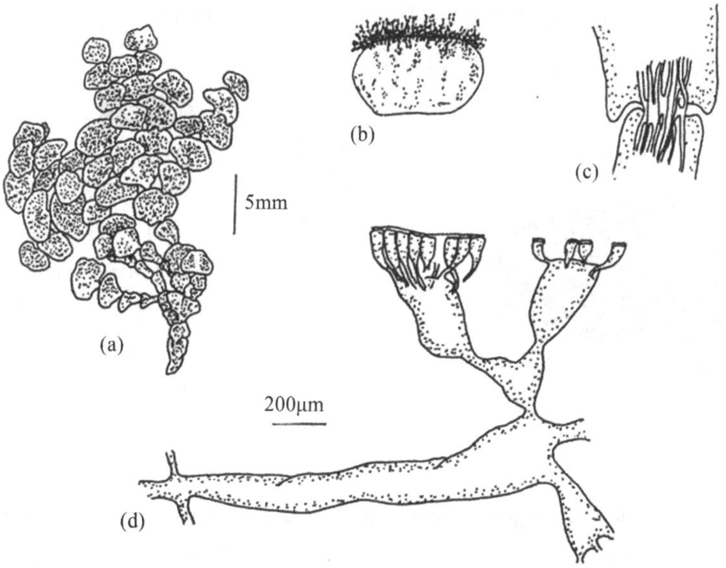

图 5.47　(a) 标准仙掌藻（*Halimeda tuna*）。(b) 仙掌藻（*Halimeda*）的可育节片。(c) 仙掌藻（*Halimeda opuntia*）的常见丝状体。(d) 盘状仙掌藻（*Halimeda discoidea*）的中央丝状体及形成外胞囊的侧面分枝。[(a) 仿自 Taylor，1960；(c) 和 (d) 仿自 Egerod，1952]

仙掌藻（*Halimeda*）含有两种质体——造粉体和叶绿体，两者都是由原质体发育而来（Borowitzka and Larkum，1974）。仙掌藻快速生长时会一天增加一个节片，新形成的节片未钙化，呈白色，只含有造粉体（Wilbur et al.，1969）。在此阶段，胞囊还未完全闭合，细胞间隙仍旧与外界介质相通。在节片发育 36～48 h 后，胞囊彼此贴近并闭合，同时胞囊外的纤维质外壁上开始出现 $CaCO_3$ 霰石晶体。当开始发生钙化时，节片则拥有了发育完好的绿色叶绿体。节片发育时间越长，存在的造粉体越少，叶绿体反而越来越多。

放射性^{45}Ca 与藻体的结合受光的诱导和刺激，并且结合过程表现出昼夜节律，即白天的结合速率要比晚上快（Stark et al.，1969），即使在稳定的光照下也是如此。钙化速率的差异与叶绿体的运动有关，在白天叶绿体向着节片的周缘运动，在晚上它则背离周缘。钙化过程包括以下两步：首先细胞壁束缚离子，使其浓度升高；然后$CaCO_3$沉淀。仙掌藻属（*Halimeda*）和画笔藻属（*Penicillus*）［图 5.44（e）］的$CaCO_3$沉淀速率要低于红藻的钙化（Goreau，1963）。

当仙掌藻属（*Halimeda*）被移植到底下光强比表面弱 10～20 倍的底部生境时，它生长得特别茂盛。在绿藻门钙质种类中，仙掌藻属较为特殊，其在深水中的钙化程度要比浅水中高，这可能是因为深水中有机物数量的减少而非钙化的增加。总之，该属的钙化情况与其他的钙化绿藻相反，如画笔藻属（*Penicillus*）［图 5.44（e）］、钙扇藻属（*Udotea*）［图 5.44（d）］和 *Rhipocephalus*，这三个属藻类在深水中的钙化程度要比浅水层低。Hoskin（1963）曾检测了墨西哥 Alacran Reef 的沙子组成（按体积计算），发现它含有 35%的仙掌藻（*Halimeda*）、29%的珊瑚、8%的其他珊瑚藻、8%的软体动物、6%的有孔虫类、1%的混杂性骨质颗粒、9%的粪球和 4%的聚合物。由此可见，仙掌藻钙化对礁湖区的钙化起着重要作用。

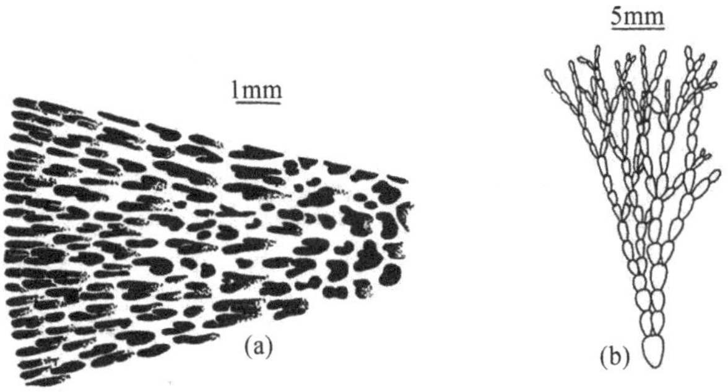

图 5.48 （a）下石炭纪的 *Paleocodium* 藻体的部分示意图，显示其分枝丝状体的排列。（b）始新世 *Ovulities margaritula* 藻体的分枝修复图。[（a）仿自 Johnson，1961；（b）仿自 Munier-Chalmas in Johnson，1961]

海松科是一类最重要的造岩藻类，在其悠久的历史中它已经产生了许多代表属（Johnson，1961）。现存的（活的）钙化藻类通常指的是外部钙化，而内部并未钙化。这种类型的钙化以化石形式存在，这使得化石的外部被很好地保存下来，但向着中心区域的结构特征逐渐消退。下石炭纪藻类 *Paleocodium*［图 5.48（a）］片段的结构与松藻属（图 5.46）类似；修复的始新世（Eocene）藻类 *Ovulites margaritula*［图 5.48（b）］的分枝具有与仙掌藻类似的结构。

蕨藻科（Caulerpaceae）

本科的多核藻体含有两种类型的质体——叶绿体和造粉体。蕨藻属（*Caulerpa*）（图 5.49）是本科中唯一的属，常生长于热带与亚热带海水的潮间带和潮下带近岸。藻体具有绿色的匍匐茎，其上长有根状无色的假根和叶状的直立枝。这些直立枝的形态差异很大，曾多次出现某些种类在命名后却发现其特征与高等植物的叶片相似的情况。藻体由细胞壁向内生长的横隔（trabeculae）发育而来，并由膨胀压支撑，细胞壁的主要成分是β-1，3 木聚糖。

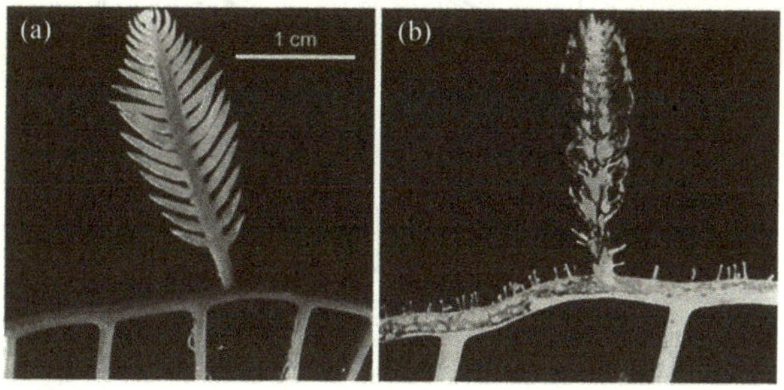

图 5.49　杉叶蕨藻（*Caulerpa taxifolia*），不殖的（a）和可殖的（b）叶状体。（引自 Zuljevic and Antollic，2000）

蕨藻的叶片和地下茎中分布有大量的叶绿体，但假根、生长中的地下茎最顶端及生长中的叶片完全没有。造粉体的分布情况与叶绿体相反，大量的造粉体存在于假根和叶尖，而在地下茎和叶片中几乎没有。细胞中有一个大的中央液泡，但生长中的茎尖端除外。

蕨藻（*Caulerpa*）的成熟部分具有两套胞质流动系统：液泡中的大型纵向流动和外缘细胞质中沿叶片轴 45°方向的小型流动。微管束与胞质流动有关（Sabnis and Jacobs，1967），蕨藻的胞质流动速率为 3～5 μm/s，相对而言要慢于丽藻（*Nitella*），后者为 60 μm/s。

蕨藻（*Caulerpa*）在有性生殖过程中，雌雄配子囊在胞质从地下茎流到叶状体时形成于同一藻体上，随后配子囊裂开产生配子［图 5.49（b）］（Goldstein and Morral，1970）。大的雌配子和稍小的雄配子释放，几分钟后配子以群体的方式进行聚合，其数目高达 50 个，然后配对分开形成合子。合子形成后即宣告蕨藻的发育结束。

水产养殖业、观赏水族和国际海运的发展导致区域性分布的藻类在全球海洋环境的传播。目前，有 60 多种大型藻类被引入地中海（Piazzi et al.，2001；Philips and Price，2002；Verlaque et al.，2003）。蕨藻属绿藻是这些引入藻类中入侵性较强的种类，它能凭借其匍匐枝的快速生长（2 cm/d）而迅速超过本土藻类。蕨藻属也可通过特有的无性生殖进行扩散。它不形成游动孢子，其多核藻体的裂口上即可长出新的藻体。多核藻体的裂口处几秒钟内就被胶状的外部伤口栓塞填堵，它能防止细胞质流入海水中（Adolph et al.，2005）。蕨藻的细胞质中含有 caulerpenyne，它在藻体的裂口处被一种酯酶转化成氧化毒素-2（oxytoxin 2）（图 5.50）。氧化毒素-2 是一种活性极强的 1，4-二醛，它与细胞质中蛋白质交叉相连，形成伤口栓塞。

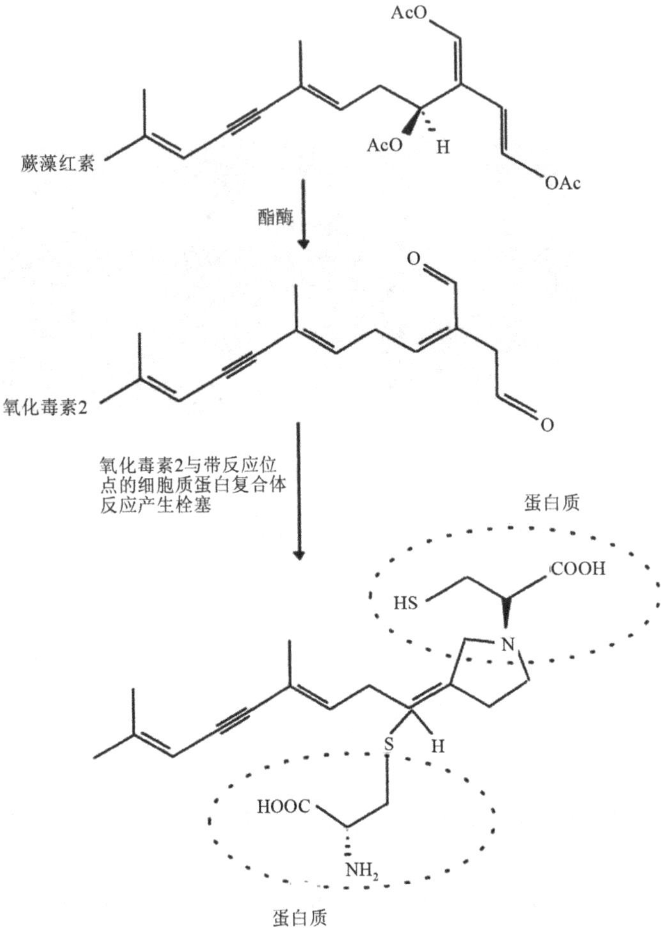

图 5.50 杉叶蕨藻（*Caulerpa taxifolia*）受损的多核藻体会在一种脱水酯酶的作用下将细胞质内蕨藻红素转变成氧化毒素 2。氧化毒素 2 迅速与细胞质内的蛋白质交叉相连形成栓塞，整个过程在几秒钟内完成。

地中海地区的蕨藻种类（*Caulerpa* spp.）可能是红海种（Red Sea migrant）或莱塞普种（Lessepsian species）通过苏伊士运河而引入。Lessepsian 源于人名 Ferdinand de Lesseps，后者被任命带队修建苏伊士运河。不过令人感到奇怪的是，巴拿马运河没有这一类似的称谓（de Lessps 最初也获得类似的任命）。巴拿马运河具有一系列高海拔的淡水湖泊，这能有效地阻止海水种类从海的一边跨越到另一边。

叉管藻科（Dichotomosiphonaceae）

叉管藻属（*Dichotomosiphon*）不同于蕨藻目中的其他种类，它能通过卵配行有性生殖。藻体为双叉分枝的管状多核体，具有无色的假根。晶状体形的叶绿体和造粉体都位于细胞质中（Moestrup and Hoffman，1973）。叉管藻含有管藻素，但缺乏管藻黄素（Kleinig，1969）。细胞壁的主要结构成分为 β-1，3 木聚糖（Maeda et al.，1966）。

叉管藻属有两个种：海生的 *D. pusillus* 和淡水生的叉管藻（*D. tuberosus*）（图 5.51）。后者生长在底部为有机淤泥的湖泊中，藻体大部分被掩埋，只有分枝的尖端位于淤泥之上。在水深超过 2 m 时只能行无性生殖，通过在分枝末端形成一系列的厚壁孢子，后者直接萌发形成新的藻体（Ernst，1902）。在浅水区，叉管藻属能进行有性生殖、同宗配合和卵配生殖等多种生殖方式。圆锥状的藏精器在分枝顶端产生，并通过一个隔膜与藻体的其他部分隔开。精子器在顶点处暴发式张开，释放出双鞭毛的游动精子，后者具有单个退化的叶绿体，但无眼点（Moestrup and Hoffman，1975）。藏卵器呈球状，其顶点处刚好在受精前会发育出一小的喙状开口。

图 5.51 叉管藻（*Dichotomosiphon tuberosus*）。（a）营养藻体；（b）具有藏卵器（O）和藏精器（A）的可育藻体；（c）游动精子；（d）具厚壁孢子的藻体部分。[（b）仿自 Ernst，1902；（c）仿自 Moestrup and Hoffman，1975；（d）仿自 Smith，1955]

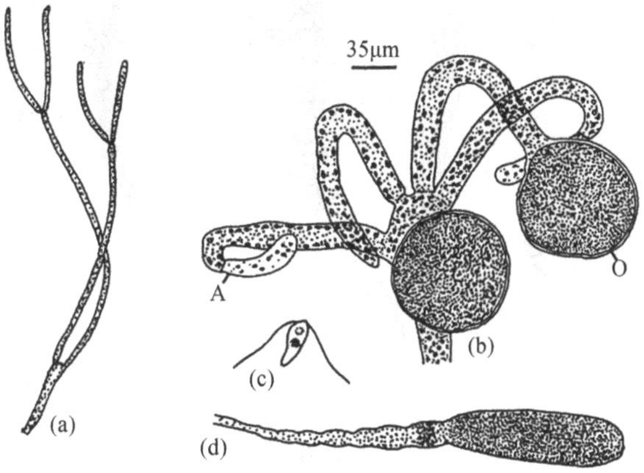

管枝藻目（Siphonocladales）

本目藻类为多细胞藻体，全部为海生，通常分布在热带海区。细胞多核，具有网状的叶绿体，细胞进行分离式细胞分裂（segragative cell division）。大部分藻体除了具有绿藻门的常见色素外，还具有管藻黄素（siphonoxanthin）（图 5.1）[网球藻属（*Dictyosphaeria*）除外]（Kleinig，1969）。大部分藻类的有性生殖方式为同配生殖。

热带管枝藻（*Siphonocladus tropicus*）最初具有一个未分裂的单细胞主液泡（图 5.52），在细胞进行分离式分裂时，主液泡中连续的原生质体分裂成大小不一的球状物，球状物很快被一层壁包围，并膨大充满母液泡的延伸区域。在相邻的色素被紧密挤压后，原生质体伸出一侧面突起，即最初的分枝。成熟的藻体由直立轴和侧面分枝组成（Egerod，1952）。

法囊藻属（*Valonia*）[图 5.52（h）] 的幼期藻体由一囊状的多核主细胞组成。小的固着器细胞通过分离式细胞分裂形成。成熟的细胞具一个中央液泡，后者被一层原生质膜包裹。任何营养细胞都能分裂成双鞭毛的游动孢子。能看到合子的形成，但不能观察到配子的融合过程，不过可以推定细胞中的减数分裂刚好发生在游动孢子形成之前。

法囊藻（*Valonia*）是研究液泡与细胞质之间相互作用关系的常用材料，因为从它的细胞中除去液泡内容物相对比较容易。细胞液的渗透值比海水高 1～3 atm，而钾离子的浓度要比海水高 66 倍（Mimietz et al.，2003）。本目藻类通过一种改进的分离式细胞分裂形成不动孢子。*Ventricaria ventricosa*（*Valonia ventricosa*）生活在热带暗礁环境如大堡礁（great barrier reef）的珊瑚碎石中。这种藻类具有一个大的中央液泡，细胞壁下方分布有外围原生质（图 5.53）（Shepard et al.，2004）。原生质中向外的部分含叶绿体，向内的部分为细胞核。这些细胞器被中央液泡的液泡膜高度盘绕，它们实质上位于液泡中的岛状结构上，通过含有微管的细胞质束连在一起。液泡膜多次折叠，使得原生质呈海绵状。每个核都与一定数量的叶绿体和其他细胞器相连。藻体受伤会造成细胞质在核周围聚集产生不动孢子，而液泡膜变成不动孢子的质膜。

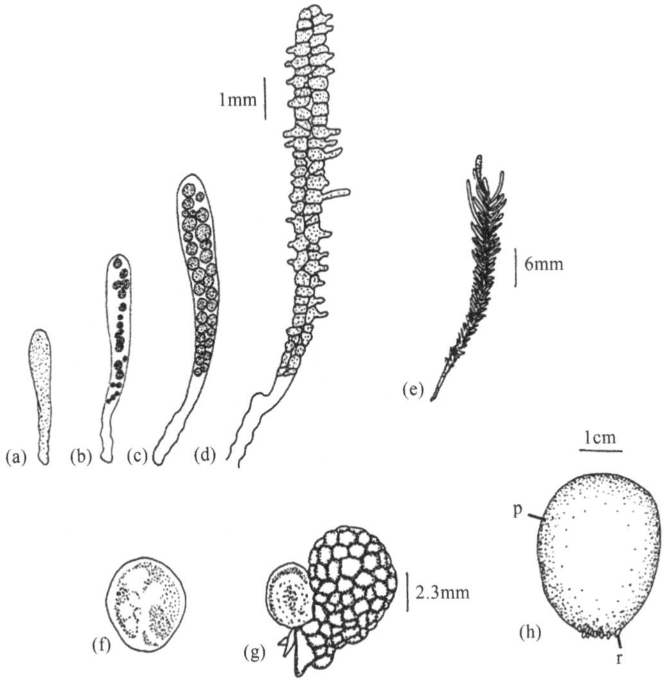

图 5.52 热带管枝藻(*Siphonocladus tropicus*)的分离式细胞分裂。(a)幼殖体。(b)球状物中的细胞质。(c)细胞质内含物的膨胀。(d)侧枝的形成。(e)成熟藻体。网球藻(*Dictyosphaeria cavernosa*)。(f)幼期的粗糙液泡。(g)附着在主液泡上的二级液泡。(h)*Ventricaria ventricosa*(*Valonia ventricosa*)。p,主液泡细胞;r,根细胞。[(f)、(g)仿自 Egerod,1952; (h)仿自 Taylor,1960]

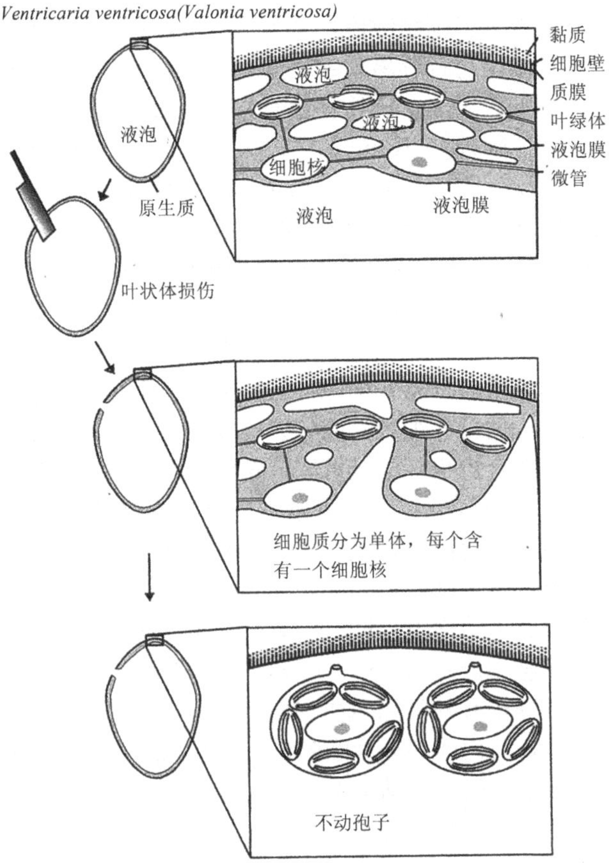

图 5.53 多核体 *Ventricaria ventricosa* 具有一个大的中央液泡,细胞壁下有一薄层原生质。核位于原生质中,并与叶绿体相连。液泡膜高度盘绕,使得液泡在细胞器之间摆动,原生质呈海绵状。藻体受损会导致叶绿体在核周围聚集。不动孢子形成,初始细胞的液泡膜变成不动孢子的质膜。(改编自 Shepherd et al.,2004)

绿藻纲（Chlorohyceae）

绿藻纲的显著特征是细胞壁外的壳和细胞分裂末期的纺锤体，后者将子细胞紧拉在一起，随后藻质体（phycoplast）发生分裂。鞭毛根系统呈十字形。

绿藻纲某些种类的鞭毛并不具有壳，它们被认为可能在进化过程中丧失，因为这些藻类细胞仍具有本纲的其他各种特征。绿藻纲主要为淡水种，极少数单细胞的浮游种类能生长在近岸海水中，但它们所在的属含有更加丰富的淡水种类，如衣藻属（*Chlamydomonas*）。绿藻纲通过产生休眠合子进行有性生殖，合子萌发时发生减数分裂。绿藻纲的其他特征包括：运动细胞的外观呈辐射或近辐射对称，鞭毛着生在细胞的前端，无多层结构，眼点常见，乙醇酸盐通过乙醇酸盐脱氢酶降解，尿素由尿素酰胺裂解酶降解。

绿藻（*Mantoniella*）（图 5.54）具有两根近顶点的鞭毛（其中一根非常短），它们呈绿色且披有鳞片（Barlow and Cattolico，1980）。它含有的一微管根由 4 根微管和一个二级微管根组成，后者由 2 根微管组成。微管根系统的复制可能会导致绿藻纲的壳状根系统的形成。

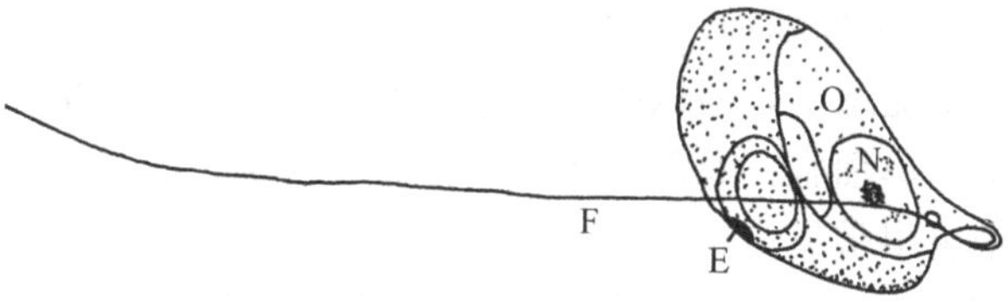

图 5.54 *Mantoniella squamata*。细胞覆盖有鳞片，且具有一根二级、非常短的鞭毛（都没有显示）。F，鞭毛；E，眼点；N，细胞核。

分类

绿藻纲可分为如下几个目。

目 1 团藻目(Volvocales)：营养细胞具有鞭毛，可运动。

目 2 四孢藻目(Tetrasporales)：非丝状群体，营养细胞不可运动但能进行细胞分裂，可能存在假纤毛。

目 3 溪菜目(Prasiolales)：海水、淡水及陆生藻类，由单细胞组成，为短的丝状体或小型片状藻体。

目 4 小球藻目(Chlorellales)：单细胞或非丝状群体；营养细胞不可运动。

目 5 共球藻目(Trebouxiales)：本目绿藻与地衣共生。

目 6 环藻目(Sphaeropleales)：不分枝丝状体，新的细胞壁在旧丝状体的细胞壁中形成，形成一个 H 形的壁体。

目 7 绿囊藻目(Chlorosarcinales)：子细胞在母细胞壁内；无胞间连丝。

目 8 胶毛藻目(Chaetophorales)：分枝或不分枝的丝状体；有胞间连丝。

目 9 鞘藻目(Oedogoniales)：单核的丝状淡水藻类，具有一种独特的细胞分裂类型，游动孢子或配子在顶点处具一螺旋状的鞭毛。

团藻目

团藻目（Volvocales）的营养细胞具有鞭毛且能运动，本目藻类或单细胞或多细胞。多细胞藻类形成的营养型群体的细胞数量是 2 的倍数。团藻目藻类全部为淡水种，在富含氮类化合物的水体中大量存在。本目含有如下两个重要的科。

科 1 衣藻科(Chlamydomonadaceae)：单细胞藻类。

科 2 团藻科(Volvocaceae)：成群的藻细胞形成 coenobia，而藻体群落由一定数目的细胞按特定的方式进行排列。

衣藻科（Chlamydomonadaceae）

本科藻类全部是团藻目中的单细胞种类。所有属都为单核细胞，叶绿体呈杯状。

衣藻（*Chlamydomonas*）为单细胞的双鞭毛绿藻，在培养条件下很容易生长和进行调控（Harris，1989，2001）。杯状叶绿体位于细胞的基部，具一个中央蛋白核（图 5.55）。在鞭毛基部有两个伸缩泡，叶绿体上可能含一个向前的眼点。在实验室的土壤或琼脂上生长的衣藻不能运动，而以凝胶状群体的方式生长；如果在细胞群体灌入足量的水，就会产生能动的单细胞。衣藻细胞广泛分布于淡水，在具有高氮浓度的地区如牧场土壤等潮湿土壤中也很常见。

衣藻（*Chlamydomonas*）在进行无性繁殖时细胞静止，鞭毛通常收缩，随后原生质体在母细胞壁中分裂成 2、4、8 或 16 个子代原生质（图 5.55）。如果生长在液体培养基中，这些原生质发育成细胞壁和鞭毛，并释放到母细胞壁的胶状物上。

大部分衣藻进行同配的有性生殖（Musgrave，1993）。*C. moewusii*（*C. eugametos*）的配子与营养细胞并无结构上的差别，配子形成的过程伴随着凝集素的产生，后者覆盖着鞭毛（Demets et al.，1990）。当将不同品系（正 vs 负）的衣藻配子混在一起，鞭毛凝集素能促使它们的鞭毛黏在一起。最初每个配子丛群能达到 50 个细胞，它们的鞭毛都指向中央，并且每个配子丛群具有不同数量的正负配子。最终，配对的异性配子在它们的前端融合，随后鞭毛消失，融合的配子对游离配子丛群。在配子融合之前，配子末端的内壁溶解产生一个洞，受精管通过此洞伸出。受精管在顶端融合进而引起配子的融合。随后结合管变短，使得配子顶部开始融合，之后两个配子弯折并进行侧向融合。四鞭毛合子在沉降前会游动一段时间并形成最初的合子壁。细胞核在 24 h 内融合，进而具有角和棘的二级合子壁下沉。合子成熟时是否变大取决于物种，但合子内通常会累积大量油脂和淀粉，使得合子呈微红色。合子的发育需要光和二氧化碳（Lewin，1957）。合子壁为多层结构且含有孢粉质（图 5.56）（Malmberg and VanWinkle-Swift，2001）。合子在晚上进行萌发，合子的内壁溶解，有纹饰的外壁裂开以释放可动的游动孢子。游动孢子进行减数分裂，通常释放 4 或 8 个游动孢子，但有时多达 16 或 32 个。

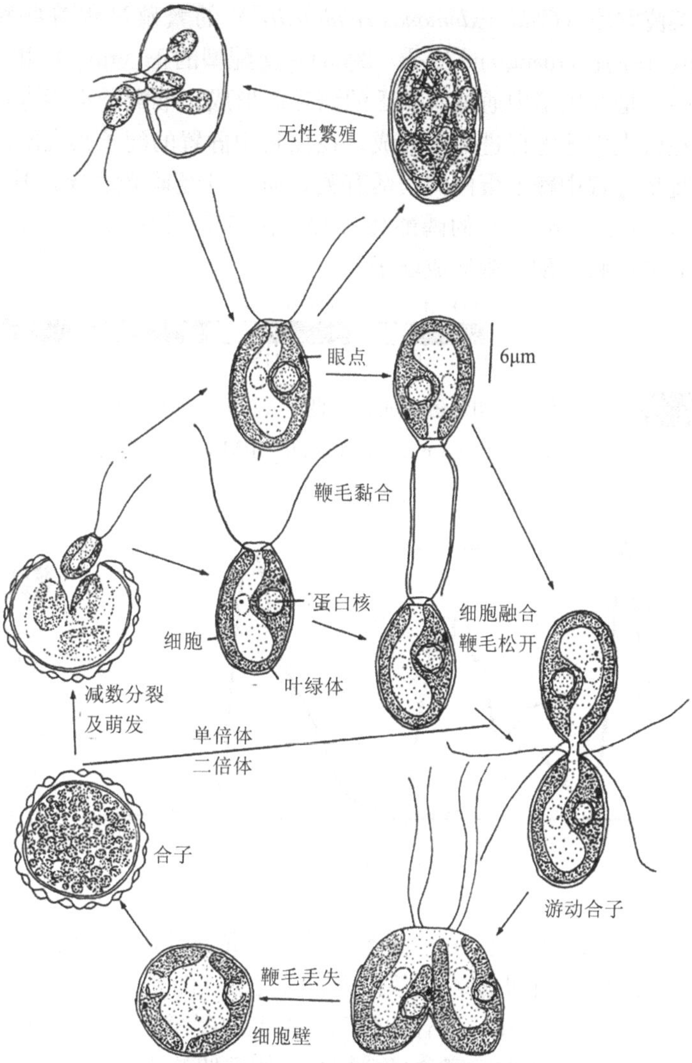

图 5.55　衣藻（*Chlamydomonas moewusii*）的生活史。（改编自 Brown et al.，1968）

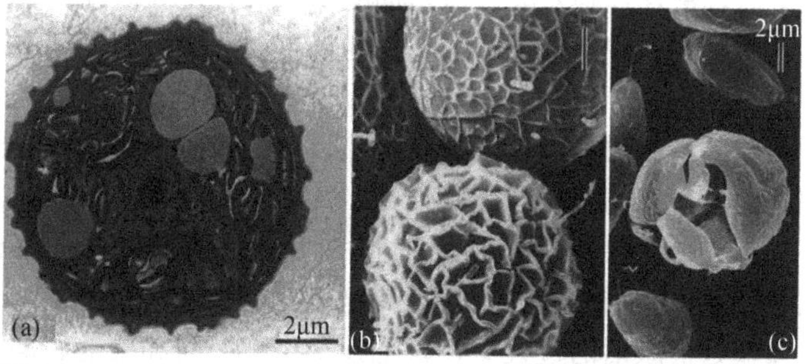

图 5.56　衣藻（*Chlamydomonas monoica*）的接合子。（a）接合子切片的投射电镜照片，显示细胞质内充满油滴和淀粉粒。（b）扫描电镜照片显示静止的接合子位于照片的底部。当接合子萌发时自身膨大，而细胞壁上的刻纹变少。（c）扫描电镜照片的中央显示空的接合子壁。在合子萌发后留下光滑的接合子壁。［（a）引自 Van Winkle-Swift and Rickoll，1997；（b）和（c）引自 Malmberg and Van Winkle-Swift，2001］

莱茵衣藻（*Chlamydomonas reinhardtii*）的繁殖过程有些特别（Martin and Goodenough，1975；Huang and Beck，2003）。交配型的正（mt^{+}）和负（mt^{-}）准配子（pre-gamete）是在黑暗中通过氮缺乏的诱导而形成。准配子不能进行交配，需要将其缓慢地暴露在蓝光中才能促进配子形成。在黑暗中静置的配子其交配能力迅速丧失，这可能与有性凝集过程中鞭毛蛋白的失活有关。而一旦经蓝光诱导，其交配能力就能迅速恢复。向光素（phototropin）的磷酸化过程（图 5.57 和图 5.58）似乎充当着蓝光受体的角色，后者能将准配子激活成配子。

图 5.57 向光素的结构。蛋白质含有两个 LOV（即 Light、Oxygen 和 Voltage）结构域，它们能结合黄素单核苷酸（flavin mononucleotide，FMN）。在蓝光存在时，激活酶参与到向光素的自我磷酸化过程。

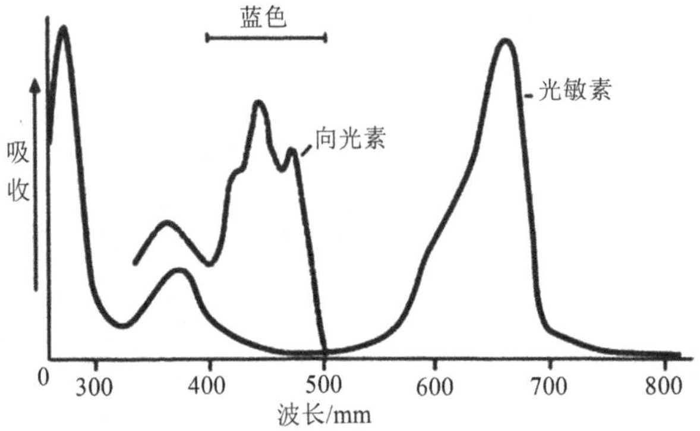

图 5.58 在向光素和光敏色素（phytochrome）介导的反应中发现的典型程序化反应光谱。此反应光谱显示不同波长的光在诱发预期反应时的效果。

当正（mt^{+}）、负（mt^{-}）类型的配子混合时，交配反应开始（Snell，1985）。该反应过程可分为 7 个步骤，全部在 30s 内完成（图 5.59）。

（1）配子通过 mt^{-} 特有的鞭毛表面上的凝集素（agglutin）相互黏附。凝集素为极高分子质量的糖蛋白，富含羟脯氨酸，像延伸的棒状，含有球形的结构域。负配子的凝集素含有一种蛋白质，它能识别正配子鞭毛上的糖蛋白的特异糖序列（可能是一种含甘露糖的多糖）（Wiese and Hayward，1972）。凝聚素覆盖在鞭毛的表面后就不断丧失，直到被一个大的细胞质池所取代。凝集素能激活每个配子鞭毛上的腺苷酸环化酶（图 2.9），并使得细胞内的环磷酸腺苷（cAMP）的水平提高 10 倍（Pasquale and Goodenough，1987）。无活性的凝集素分子从藻细胞的质膜转移到邻近的鞭毛细胞膜上，其在鞭毛表面的黏着度得以增加 8 倍，凝集素在这里变得有活性（Pan and Snell，2000）。

（2）在鞭毛顶端处被激活的过程中，鞭毛顶部在鞭毛膜和鞭毛底部的双联体微观之间获得无定形物质。对于 9 个外部的双联体微管，在每一个双联体微观中微管 A 都进行延伸，促使鞭毛顶端也延伸。

（3）单个或多个“信号”被传递到配对的细胞内。

（4）细胞对传递信号的第一反应是释放出一种自溶酶（autolysin），它能溶解包裹着配子的结晶糖蛋白壁（Imam et al.，1985）。这种酶由单个分子质量为 62 kDa 的多肽组成，它在营养细胞中以无活性的可溶状态存在，当细胞变成配子时该酶则转变成有活性的可溶状态（Matsuda et al.，1987）。

（5）细胞对信号的第二反应是激活它们的交配结构（mating structure）。正配子的交配结构由三个致密电子层构成（图 5.59），它们位于顶芽中的质膜下方，直径约为 1 μm（Goodenough et al.，1982）。负配子的交配结构由类似顶芽内的两层致密电子板构成。正负配子顶芽的质膜上覆盖着一层绒毛缘饰（fringe），它可能含有正负配子的识别器官。

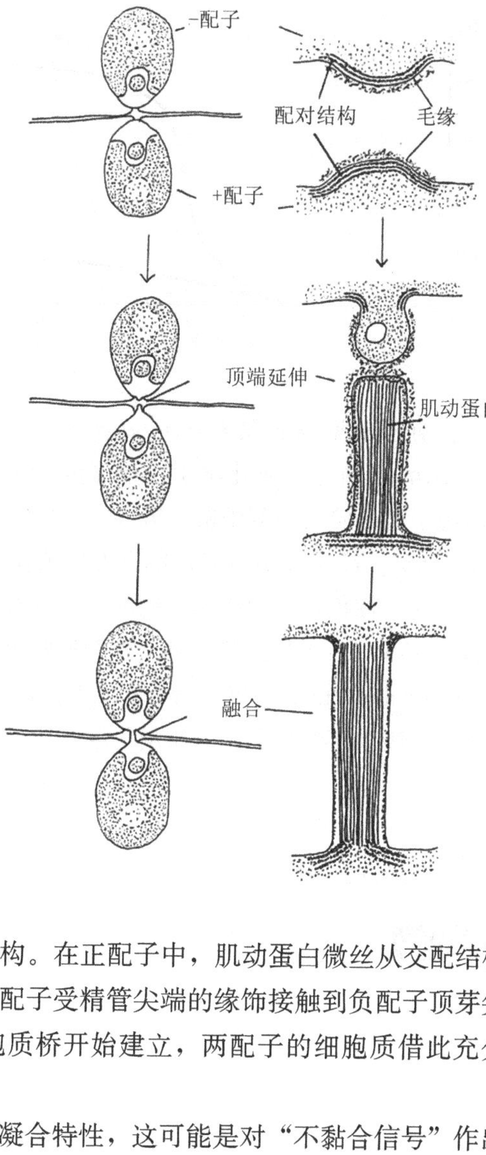

图 5.59　左侧为莱茵衣藻（*Chlamydomonas reinhardtii*）正在融合的细胞，右侧为融合细胞顶部区域的放大图。（改编自 Goodenough et al.，1982）

（6）负配子顶芽略微拉伸形成一拱形结构。在正配子中，肌动蛋白微丝从交配结构中伸入到芽中形成一根细长的受精管。当正配子受精管尖端的缘饰接触到负配子顶芽尖端的缘饰时，细胞开始融合。一条狭窄的胞质桥开始建立，两配子的细胞质借此充分汇合。

（7）四鞭毛细胞上黏在一起的鞭毛失去凝合特性，这可能是对“不黏合信号”作出的反应，后者在细胞融合时进行传递。合子形成的后续步骤与 *Chlamydomonas moewusii* 相似。

合子能抵御寒冷、黑暗、干燥和饥饿等恶劣环境。合子经减数分裂产生 4 个单倍体的营养细胞。雷氏衣藻（*Chlamydomonas reinhardtii*）的合子萌发在长日照条件下会得到增强，在短日照条件下会受到抑制（图 5.60）（Suzuki and Johnson，2001；Huang and Beck，2003）。合子萌发在短日照期间受到抑制，这是衣藻对寒冬气候的一种适应性反应，也是进行藻类光周期测量（photoperiodic time measurement）的一个实例。光周期测量的定义：动植物通过测量自然界中白昼和（或）黑夜的长度来感知一年中季节变化的能力，从而作出合适的反应以应对环境中的季节变化（Huang and Beck，2003）。

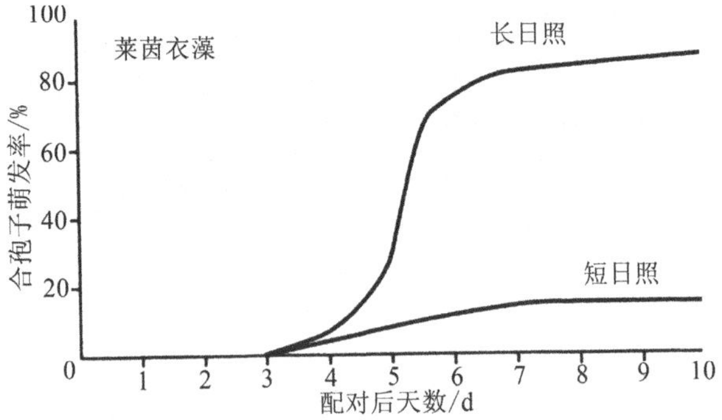

图 5.60 莱茵衣藻（*Chlamydomonas reinhardtii*）接合子的萌发在长日照条件下得到增强，在短日照条件下受到抑制。（修改自 Suzuki and Johnson，2001）

目前还未见到衣藻 *Chlamydomonas moewusii*（*C. eugametos*）或莱茵衣藻（*C. reinhardtii*）配子分泌化学引诱剂（pheromone）的报道。然而，*C. allenworthii* 的较大雌配子可分泌引诱剂乐琳（lurlene）（图 5.61），它能吸引较小的雄性配子（Starr et al.，1995）。*C. allenworthii* 的有性生殖在氮缺乏时被激活。因光合系统退化，细胞从绿色褪变为棕色，类囊体膜上的质体醌在化学结构上退化至与乐琳类似（lurlene 一名来自 Lurley，后者是莱茵河畔上拥有亚麻色头发的迷人少女，她勾引渔民并杀死它们）（Jaenicke and Starr，1996；Mori and Takanashi，1996）。浓度为 1 pmol/L 的乐琳即可将雄配子吸引至雌配子，雌雄配子融合后乐琳便停止分泌。

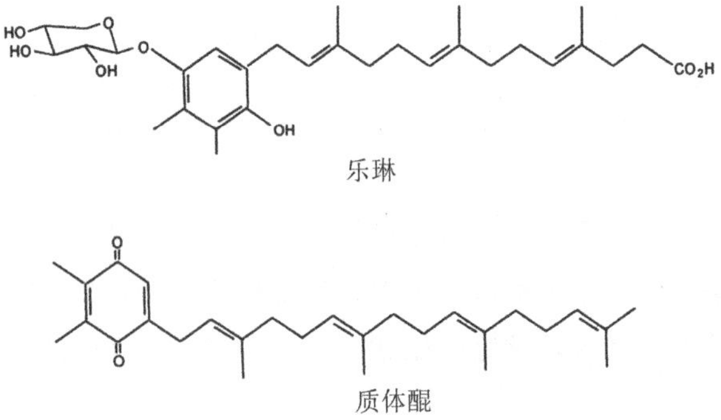

图 5.61 乐琳和质体醌的结构图。

绝大多数衣藻（*Chlamydomonas*）生长在小池塘和水沟中，不过在北美西部一些高山上的积雪中也很常见（Jones et al.，2001；Hoham et al.，2002）。大家熟知的“红雪（red snow）”现象就缘于雪衣藻（*C. nivalis*），大量的这种藻类与积雪一起形成西瓜色。尽管其休眠孢子能存活于 60 多厘米深的雪中，但在春季和夏季这种藻类大量生长在正在融化的雪域表面附近。陈雪表面即使被新的厚雪覆盖，这种藻类仍能存活。当春季来临，雪衣藻细胞向上移到雪的表面形成另一次暴发。雪衣藻的生长需要水，这就能解释为什么它们在冬季不能生长。这类雪衣藻支撑着一个独特的动物群，包括各种原生动物、纤毛虫类、轮虫类、线虫类、蜘蛛及跳虫。该食物链的最底层为分段的雪蠕虫（*Mesenchytraeus*），其功能类似于冬季少见的藻类。1891 年在向阿拉斯加的马拉斯比纳冰川（Mąlaspina glacier）的远征途中，Israel Russel 博士写道："在阳光普照雪地之前的清早，雪的表面确实覆盖着小型细长的黑色蠕虫，它们约一英尺长，并且具有明显的蛇形外观。数以千计的这种生物在雪上蠕动"。

杜氏藻属（*Dunaliella*）（图 5.62 和图 5.63）是一类与衣藻相似的绿藻，有些种类能在酸性水体和高盐度水体中生存。*D. acidophila* 是一种能耐酸的种类，在 pH 为 1.0 时它的生长达到最佳（Geib et al.，1996）。盐生杜氏藻（*D. salina*）（图 5.63）已经适应了高盐水体，它在犹他州大盐湖等高盐水体中很常见。盐生杜氏藻含有两个变种：第一个变种为小型的绿色耐盐细胞，它能在浓度为 0.5 mol/L 及以上的 NaCl 中生长；第二个变种为大型的红色嗜盐细胞，它只能在浓度大于 2 mol/L 的水体中生长。

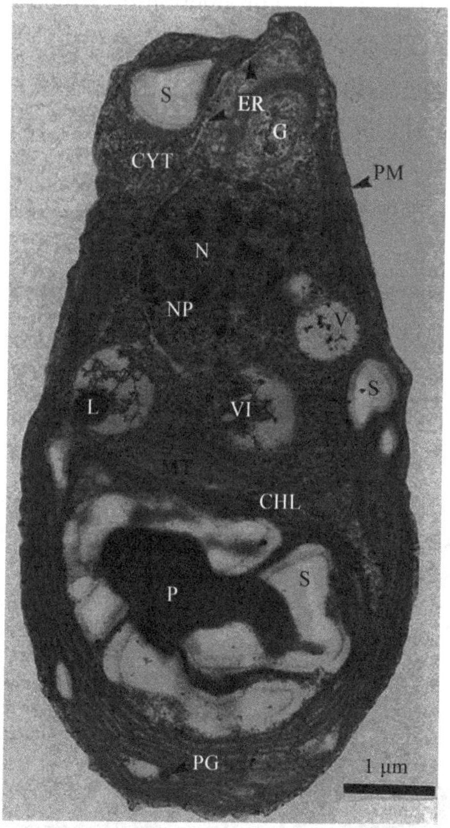

图 5.62　杜氏藻（*Dunalliella bioculata*）细胞纵切面的透射电镜照片。CHL，叶绿体；CYT，原生质；ER，内质网；G，高尔基体；L，油脂球；MT，线粒体；N，细胞核；NP，核孔；P，蛋白核；PG，质体小球；PM，质膜；S，淀粉；V，液泡；VI，细胞液。（引自 Bérubé et al.，1999）

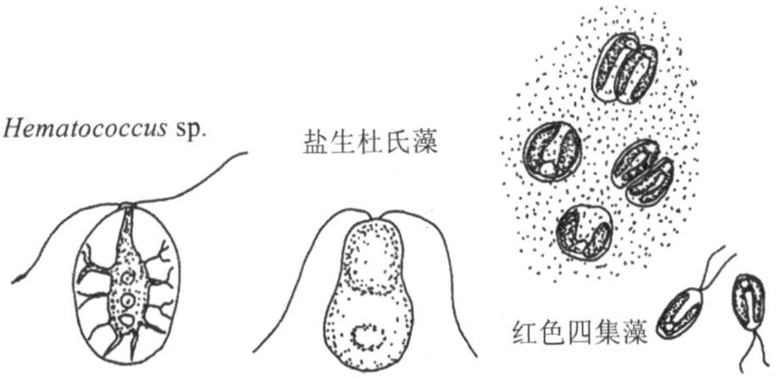

图 5.63 *Hematococcus* sp. 和盐生杜氏藻（*Dunaliella salina*）的运动细胞，以及红色四集藻（*Palmella miniata*）的不定形群体和运动细胞的示意图。

杜氏藻类（Gonzalez et al.，2001）可能是最耐盐的光合作用真核生物。杜氏藻具有两个机制使其能生活在不同盐度的水体中（Fisher et al.，1994）。

（1）质膜离子泵（ion pumps in the plasma membrane）——当杜氏藻从低盐环境移至高盐环境时，细胞合成大量的质膜蛋白，它们作为离子泵从原生质中排出钠离子以控制细胞内的钠离子水平。

（2）产生甘油（production of glycerol）——杜氏藻缺乏细胞壁，为应对外部盐度的升高或降低，藻细胞能分别立即作出收缩或膨胀反应，随后甘油的合成或降解使得细胞内外的盐浓度达到平衡，并让细胞重新回到正常体积。超微结构显示当细胞处于高盐环境中时，高尔基体（图 5.62）的尺寸增大，同时甘油的合成也增加（Bérubé et al.，1999）。

对于单细胞的雨生红球藻（*Hematococcus*）（图 5.63），其细胞质中积累的黄色虾青素（carotenoid astaxanthin）的浓度可达细胞干重的 5%（图 5.1）。该种藻类可添加到鱼用和家禽饲料中，动物食用后皮肤呈现黄色。藻细胞生长在高氧、氮限制和高辐照条件下可诱导产生高浓度的虾青素（Lee and Ding，1995；Tan et al.，1995；Ben-Amotz，1996；Grünewald et al.，1997）。

透镜壳衣藻（*Phacotus lenticularis*）的接合子（图 5.64）环绕着一层外壳，后者含有方解石晶体（图 4.7）。扁裸藻属（*Phacotus*）在某些湖中大量出现（每升水中可达 500 万个细胞），它们对湖泊生态系统能产生重大的影响（Schlegel et al.，2000）。

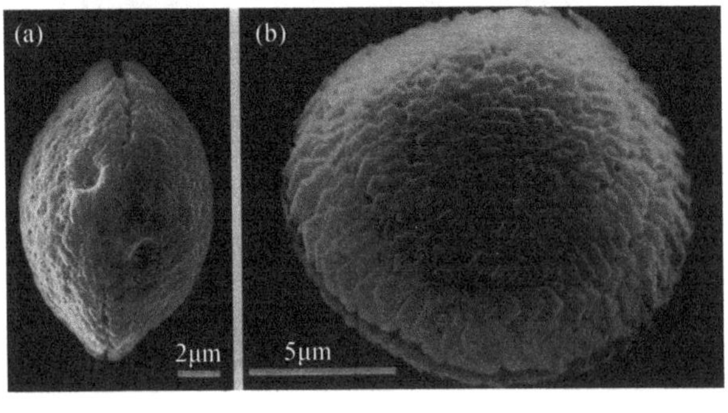

图 5.64 透镜壳衣藻（*Phacotus lenticularis*）接合子的扫描电镜显微照片，显示由方解石晶体组成的壳表面。a. 侧面观；b. 正面观（引自 Hepperle and Krienitz，1996）

团藻科（Volvocaceae）

本科包括那些在群体发育早期能形成平板构造（plakea）的团藻类群（图 5.65）。团藻科约在 5000 万年前形成（Nishii et al.，2003）。本科中的所有种类在完成胚卵裂后都要经历倒转过程。细胞群体数为 2 的倍数，并且每个细胞都环绕着一层胶状鞘。

团藻科的进化使得其群体越加复杂，它们的基本细胞单元（图 5.2）类似于衣藻（*Chlamydomonas*）（Coleman，1999），多个细胞结合在一起形成一个群体。团藻科群体的单个细胞通过富含羟脯氨酸糖蛋白的细胞外基质结合在一起。细胞外基质分成 4 个区域（图 5.66）（Hallman，2003）：①鞭毛区；②边界区；③细胞区；④深度区。

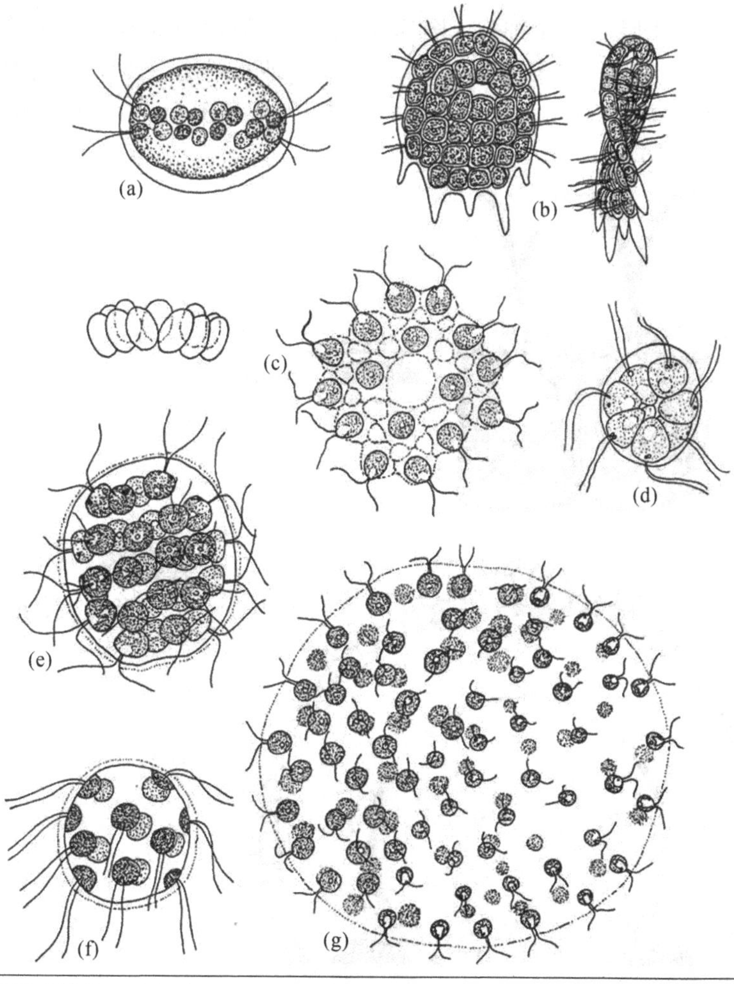

图 5.65　团藻目群体。(a) *Stephanoon askenasyi*。(b) *Platydorina caudata* 的正面观和侧面观。(c) 盘藻（*Gonium* sp.）的正面观和侧面观。(d) 实球藻（*Pandorina morum*）。(e) *Eudorina unicocca*。(f) *Volvulina steinii*。(g) 杂球藻（*Pleodorina* sp.）。[(a) 和 (d) 仿自 Huber-Pestalozzi，1961]

绝大多数团藻属的群体在游动时具有极性，前极指向后方。每个体细胞的两条鞭毛向后拍打，并且稍微向右，使群体在游动时向左旋转。因此，名词 *Volvox* 意为“剧烈的滚子（fierce roller)”。白天在近水表处，对光受体的感应和鞭毛的活动使得团藻能在水中以超过 5 m/h 的速率游动；晚上在湖底，团藻则游向分布有重要矿物质的方向（Kirk，1999)。当光强改变时，团藻前端的细胞会改变鞭毛拍打的频率，指引群体向光源运动（图 5.67）（Hoops et al.，1999)，而后部细胞鞭毛的拍打频率不变。

团藻的后端细胞与前端细胞在细胞大小和眼点形态上存在差异。盘藻属（*Gonium*）的细胞群体呈碟状［图 5.65（c)］，具有 4～32 个细胞，游动时突面向前，具有相同大小的眼点。在团藻科其他属中，眼点的大小有差别，前端细胞的眼点会更大。这一特征也同样出现在以下属中：实球藻属（*Pandorina*)，球状群体，4～32 个细胞［图 5.65（d)］；*Volvulina*，4 层，16 个细胞［图 5.65（f)］；*Stephanoon*，8～16 个细胞排列在赤道板上［图 5.65（a)］；空球藻属（*Eudorina*)，球状群体，16～128 个细胞；团藻属（*Volvox*)，球状群体，500～10 000 个细胞（图 5.68 和图 5.69)；*Platydorina*，平板形群体［图 5.65（b)］。

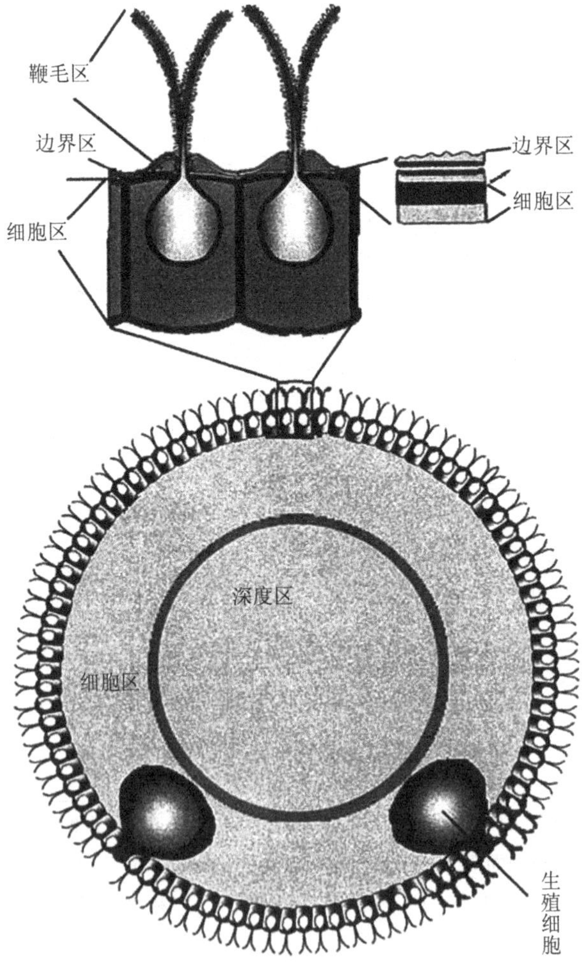

图 5.66 *Volvox carteri* 群体的 95%由细胞外基质组成，它可分成 4 个区域：鞭毛区、边界区、细胞区和深度区。（修改自 Hallman，2003）

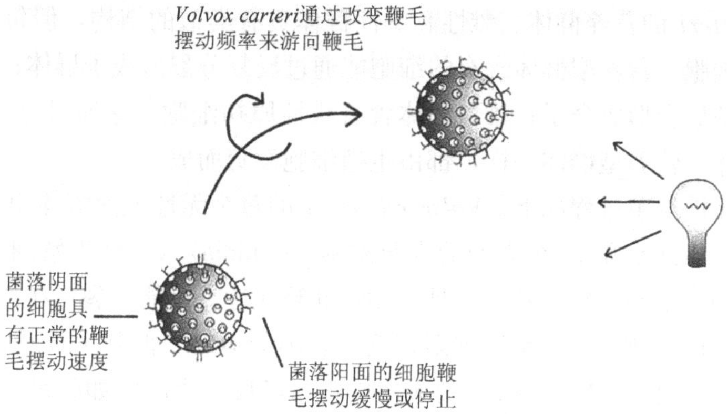

图 5.67　*Volvox carteri* 群体通过改变鞭毛的拍打频率而游向光源。（改编自 Hoops et al.，1999）

团藻属（*Volvox*）形态学特征多样化且能进行复杂的卵配有性生殖，是团藻科中进化程度最高的一个属，*Volvox carteri* 的群体从卵形到球形不等，2000～6000 个细胞排列成单层（图 5.68 和图 5.69）。每个群体都包含大量的体细胞和少量的生殖细胞。体细胞的原生质体呈典型的衣藻特征，具单个位于中央的杯状核、一个位于基部的蛋白核、一个位于前部的眼点、两个伸缩泡和两条鞭毛（图 5.2）。子群体被包裹在泡囊中，它能延伸成群体的内层。

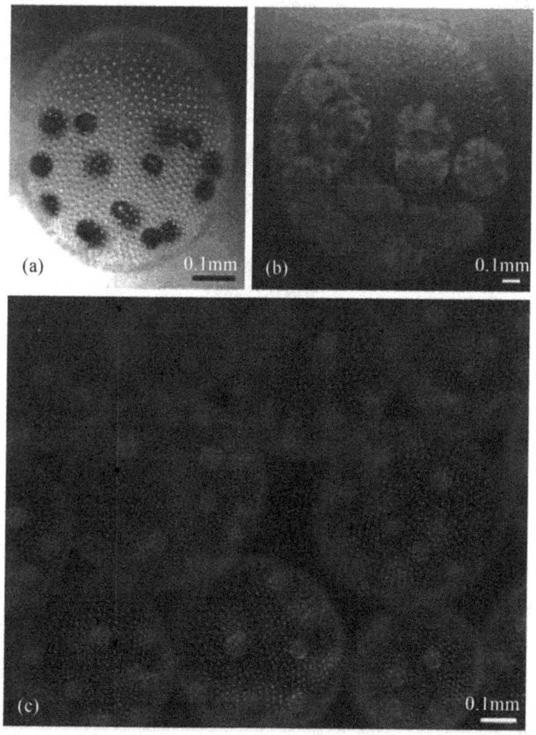

图 5.68　*Volvox carteri* 的无性繁殖个体。（a）16 个大型无性生殖细胞处在一个由约 2000 个小型双鞭毛体细胞组成的群体中。（b）母球体内的幼群体，在幼群体中可见下一代的生殖细胞。（c）具生殖细胞球体深色区域的照片。（引自 Hallman，2003）

Volvox carteri 的营养群体、雌性和雄性群体具有类似的结构，但每种群体含有不同类型的生殖细胞。营养型群体含有的细胞能通过反复分裂形成子群体；雌性群体具有卵子，它在受精后会形成合子；雄性群体含有雄性原初细胞，它通过分裂产生精子束。雌性和雄性群体与营养型群体一样，都由生殖细胞发育而成。

团藻属的无性生殖过程如下：*Volvox carteri* 的每个无性成熟群体由表面上约 2000 个小型的双鞭毛体细胞和 16 个大型的生殖细胞（gonidia）（无性生殖细胞）（图 5.69）组成。双鞭毛的体细胞比较特殊，兼具运动性和趋光性，不能分裂，在两轮无性生殖循环的末期进行程序性死亡。生殖细胞则相反，它不能运动，但其生长和繁殖比较特殊，具永久存活的潜在可能。*V. carteri* 的无性生殖与经典后生动物如腹足类、海胆类和线虫类的模式相类似。因此，*V. carteri* 常被用作研究胚胎发育的模式材料。

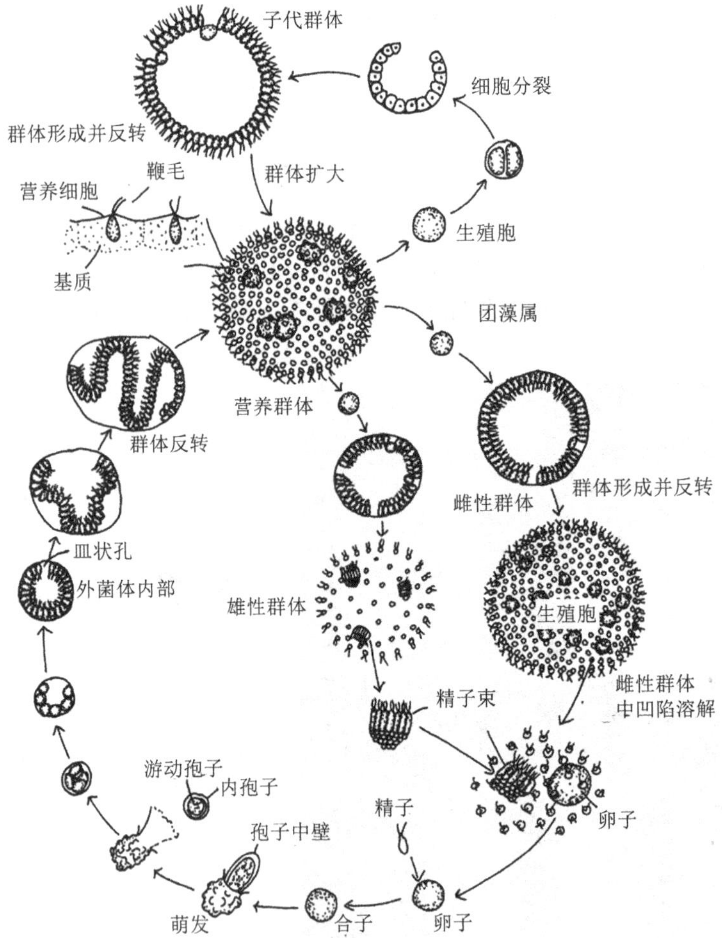

图 5.69 *Volvox carteri* 的生活史。（改编自 Smith，1944；Kochert，1968）

无性生殖过程一般在 48 h 内完成（图 5.70），它始于生殖细胞发生 11～12 次快速卵裂产生胚胎，在每次细胞分裂之前进行一轮 DNA 复制。前 5 次分裂为对称分裂，产生一个由 32 个相同大小与形状的细胞组成的胚胎。在第 6 次分裂时，前半球的 16 个细胞进行不对称分裂，产生大小配对的姊妹对。其中，每个大细胞都是一个原初生殖胞，它最终产生一个生殖细胞，而小细胞及后半球中行对称分裂的每个细胞都是原初体细胞，它们将分化为成熟的体（营养）细胞。原初生殖胞进行 2～3 次或多次不对称分裂，每次分裂都产生一个额外的体细胞。随后，原初生殖胞退出分裂循环，而原初体细胞继续分裂直到总共完成 11 或 12 个分裂循环。由于不对称分裂及分裂次数的不同，此时原初生殖胞的体积大约是原初体细胞的 30 倍。在卵裂完成后，细胞大小的差异决定着细胞是进入生殖胞发育途径还是体细胞发育途径，而细胞质特性的差异不起作用（Kirk，1998；Kirk and Nishii，2001）。

Volvox carteri 的无性生殖受三类基因控制（图 5.71）（Kirk，2001；Schmitt，2003）。

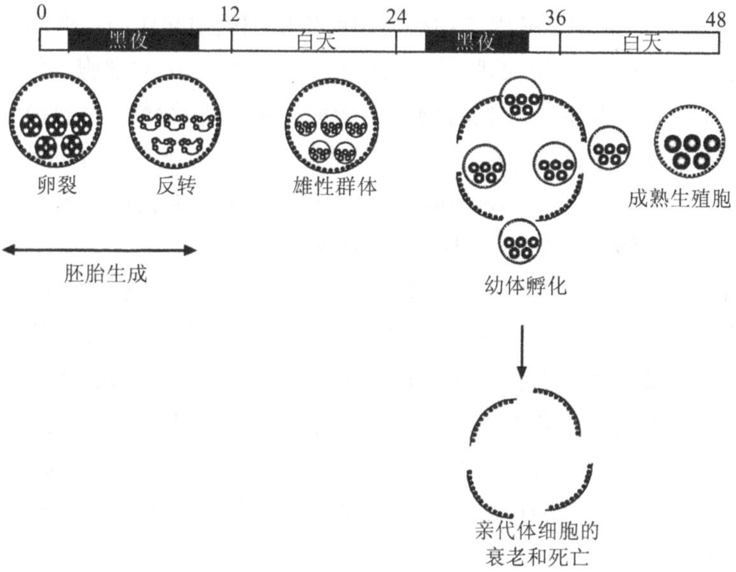

图 5.70　*Volvox carteri* 的 48h 无性生殖过程图解，其中昼夜时间比为 16 h∶8 h。（修改自 Stark and Schmitt，2002）

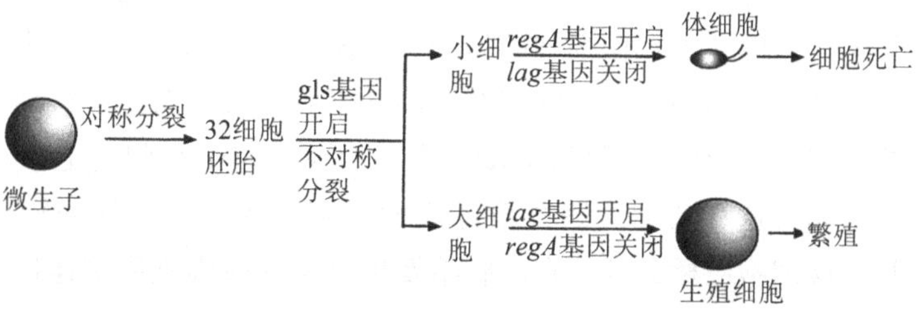

图 5.71　遗传程序控制 *Volvox carteri* 中体细胞和生殖细胞分化的模式。

（1）*gls*（gonidialess）基因产物作用于第 6 次分裂，在此期间胚胎裂开进行不对称分裂，进而产生体细胞和生殖细胞。分裂面由鞭毛基体所在的位置决定。在分裂期间，鞭毛缩回，而基体沿着原生质膜下方移动到分裂面。*gls* 基因产物可对细胞中不对称的基体进行定位，以保证下一次分裂产生一大一小两个细胞。

（2）*regA*（regenerator）基因产物阻止小型的体细胞发育成生殖胞。*regA* 的基因产物 RegA 在体细胞分化的早期能抑制繁殖活动（Kirk，2001；Stark and Schmitt，2002）。在胚胎或生殖胞中检测不到 RegA。*regA* 基因编码 *V. carteri* 细胞核中的一个蛋白质，该蛋白质能阻止叶绿体合成所需的基因转录，导致光合自养细胞充分生长至繁殖这一过程难以完成。体细胞中遗传下来的微量原初生殖胞的叶绿体（0.05%）足以维持其生存和保持相应功能，直到它在首次卵裂后的第 4 天衰老并死亡。

（3）*lag*（late gonidial）基因产物在大型前生殖细胞中起作用，抑制营养发育。

在卵裂完成后，*V. carteri* 的胚胎包含所有存在于成体中的细胞，但相对于成体构想而言胚胎位于内部；假定生殖胞的鞭毛端指向外部，那么体细胞的鞭毛端则指向内部，随即一个形态发生重排的过程将胚胎向右翻转至成体构想。这个过程被称为“反转（inversion)”，事实上“翻转（eversion)”这一术语应该更加精确。类似的发生在两栖类原肠胚动物中的反转事件在很早以前就有记载。

在卵裂后不久，当胚胎进行一波收缩并且在胚胎前孔上出现一个皿状体口（phialopore）时反转开始发生。此时群体的全部细胞变成烧瓶状且在其外部具薄的柄（图 5.72 和图 5.73），细胞通过细胞质桥形成的网络连在一起。未完成的胞质分裂使得每个细胞与相邻细胞之间通过一条由 25 个细胞质桥构成的束带相连，细胞向内移向胞质桥引起细胞群体弯曲。细胞质桥因其均匀地贯穿于整个群体网络而无法移动。向内运动使细胞从与相邻细胞在赤道处相连变成与最外部顶端的狭窄处相连，这使得细胞层在自身上方急剧地向后弯曲。

驱动蛋白 invA 和微管的相互作用引起细胞质桥向内运动（Nishii et al.，2003）。驱动蛋白（kinesin）是一种机械化学蛋白，它能利用 ATP 水解的化学能量产生机械力。在 ATP 存在时，驱动蛋白可与微管结合并在其上移动。团藻（*Volvox*）细胞在其质膜下方有一套外周微管系统，它在细胞质中能从基体区越到细胞的另一侧。微管的负极（一）靠近基体，正极（＋）在细胞的另一端（图 5.73）。激活的驱动蛋白分子能向前移动到微管的正极，但驱动蛋白因固定在细胞的细胞质桥区而无法移动。不过，驱动蛋白可利用 ATP 产生的机械力使微管运动，进而会驱动整个细胞向上移动，使得群体通过皿状孔进行弯曲。这种弯曲会跨越群体表面直到群体从内到外翻转过来。在此期间，细胞在其基部被细胞质桥分开。在前胚胎发生早期这些细胞质桥连接会断开，同时形成一种被称为 ISG（inversion-specific glycoprotein）的富含羟脯氨酸糖蛋白的瞬时产物（Schmitt，2003）。这种反转的蛋白质能形成一种细胞外基质，后者能通过鞭毛固定住体细胞（图 5.74），因此当细胞质桥断开时它们的位置能保持不变。这种特殊的反转糖蛋白也可对余下的细胞外基质的集合起到支架作用（Kirk，1999；Hallman and Kirk，2000）。

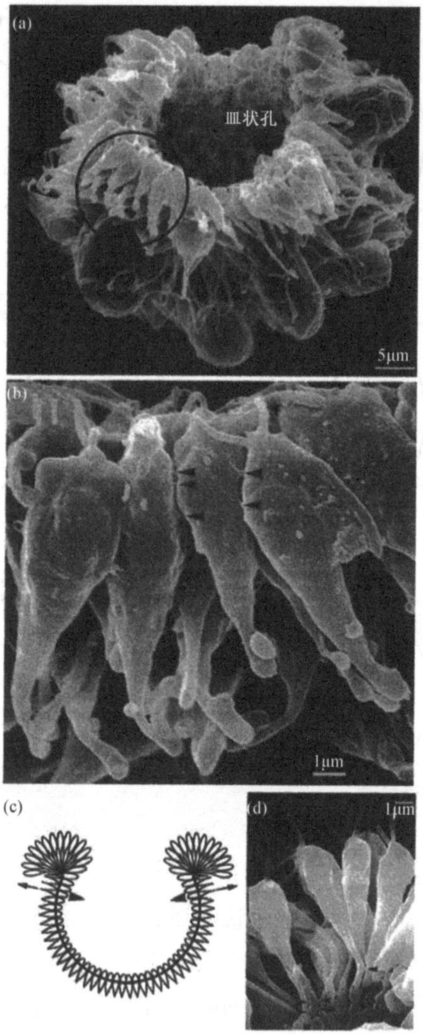

图 5.72　*Volvox carteri*。(a) 藻群体开始进行反转的扫描电镜照片。细瓶状细胞在基部通过细胞质桥连接。(b) 为 (a) 图中所圈定区域的放大图，箭头所指为细胞质桥。(c) 图示原生质如何移向细胞的基部（箭头），使基部延伸并且让细胞质桥移向群体的外部（箭号）。(d) 扫描电镜图片显示群体内反转后期的细瓶状细胞，此时细胞质桥位于细胞的顶点（箭头）。（引自 Nishii et al.，2003）

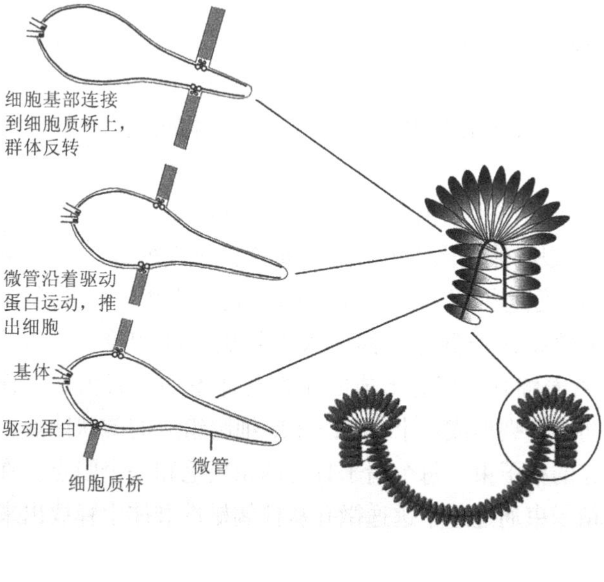

图 5.73　当 *Volvox carteri* 胞质下的微管在顶点处被驱动蛋白拉出时，生殖胞（胚胎）开始反转，进而带动整个细胞向前，群体改变位置，最终发生反转。

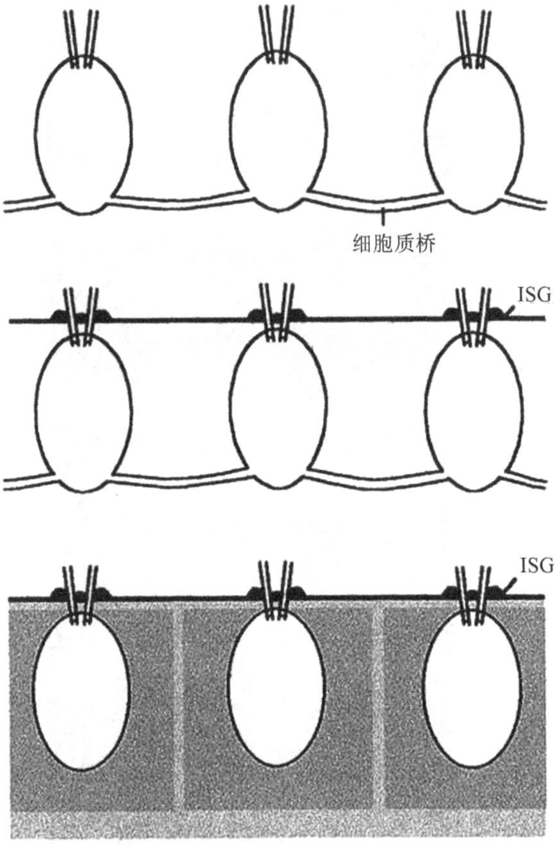

图 5.74 *Volvox carteri* 中细胞位置的固定。

当子群体的凝胶状基质形成时，原生殖细胞壁内包含的子群体扩大，细胞彼此分离。眼点发育，鞭毛全部伸出。在通过母群体基质中的微孔释放前，成熟的子群体会在囊泡中缓慢旋转（Kochert，1968）。当 *Volvox carteri* 处在明暗交替的条件下，它可能同步进行无性分裂（图 5.70）。

在雌性群体形成时，生殖胞分裂成一个与营养群体类似的群体，它最多含有 16～32 个细胞（图 5.69）。下一次分裂使得细胞比体细胞更大，原初卵子随后发育成卵子。卵子成熟时形成鞭毛，但鞭毛不长，无法伸出群体的基质外。子群体的成熟和释放与营养群体相同。

V. carteri 的雄性群体通常由生殖胞产生，前者最初与营养群体和雌性群体的大小相同，但之后其扩大程度不如其他类型群体（图 5.69），因而这类雄性群体被称为侏儒雄性群体。侏儒雄性群体也由生殖胞通过与营养群体相同的方式而产生，它最多含有 32～64 个细胞；下一次分裂则产生散布在子群体表面的大型细胞，即初雄（male initial）。侏儒雄性细胞的成熟类似于营养细胞，但它形成的雄性群体不如后者大。在侏儒雄性群体从母群体中释放出来前，初雄分裂形成一个由 64～128 细胞组成的碗状团块，后者发生部分反转，形成一个一面突起的精子束。每个精子具有两条鞭毛和一个眼点。在侏儒雄性群体从母群体中释放出后，精子束通过单个逃逸微孔从侏儒雄性群体中释放出来。

V. carteri 的品系一般为雌雄异体（雄性群体和雌性群体在不同的母群体中形成）。在有性生殖过程中，精子束从雄性群体中释放出，并游向介质中。如果精子束与营养群体相遇，精子束会游至群体的表面，而鞭毛与群体表面相接触，但很快精子束会游开。当精子束遇到雌性群体时，精子束的鞭毛会与雌性体细胞相结合，使得精子束黏附在雌性群体上（Coggin et al.，1979）。受蛋白质水解酶的作用，雌性群体的鞘发生溶解产生一个受精孔（Hutt and Kochert，1971）。雌性群体通常能溶离出少数体细胞，它们随后游走。精子束裂解成单个精子，它们以变形虫的形式在群体的体细胞之间移动，或通过群体内的水相进行螺旋式的游动。精子与卵子融合形成合子，后者增大，发育成橙色，并分泌出一层厚的圆锯齿状外壁。亲代雌性群体会存在一段时间，直到最终分裂并释放合子。

休眠一段时间后，合子壁的中层（mesospore）突出使外层裂开且借此分泌胶质。原生质体具有两条鞭毛，它们在合子壁的中层水相内进行轻微的拍打。当合子从合子壁的外层释放出来后，合子壁的中层裂解，原生质体存留在合子的内壁（endospore）内。此后，原生质体的发育类似于生殖胞的原生质体，它会分裂成一个约由 1000 个体细胞组成、每行有 4 个生殖胞的幼群体。

性别类型按 1∶1 的比例进行遗传，并且卵子不能进行孤雌生殖。

Volvox carteri 的雄配子能产生一种性诱导素，它实质上是一种分子质量为 30 kDa 的糖蛋白（Starr and Jaenicke，1974）。当精子从精子囊中释放时，性诱导素也同时释放。有性生殖的雄性能释放足够的性诱导素，使得 1000 L 水体内所有相关的雄性和雌性从无性生殖转变为有性生殖，性诱导素在浓度为 6×10^{-17}mol/L 时依然有效。在大型稳定水体中生长条件适宜时，通常只有雄性产生性诱导素。然而，当将无性生殖的雄性与雌性细胞在高温下处理一段时间时，它们也可以释放性诱导素。在 42.5℃热激 1h 就足以诱导行无性生殖的 *V. carteri* 雄性和雌性细胞进行有性生殖。如果没有性诱导素，无性生殖的雄性与雌性细胞会产生无性生殖胞。当存在性诱导素时，雄性和雌性能相应地产生精子囊及卵子。热激反应是团藻（*Volvox*）对其经常出现在浅滩临时水体中的一种生存适应。在春季，这类水体中水量充沛且温度较低，团藻在这种条件下以无性生殖进行生长。当夏季来临时，水体中的水温上升且水量减少，藻体开始变得干涸。热激的增强使得团藻产生性诱导素并开始进行有性生殖，这样可生成耐干涸的接合孢子以在这一干旱环境中生存，同时它也可当作越冬孢子。上述研究是 Kirk 和 Kirk（1986）为 Power（1908）的观察所做的解释，Power 曾发现在大型水体中很难生长有性生殖的团藻，Power 还进一步提到“在内布拉斯加州炫目的阳光照射下，团藻在持续缺水两周的池塘中仍能出现，并能以有性生殖方式大量繁殖”。这让 Kirk 和 Kirk 花了整整 80 年用于观察热激现象并解释 Power 所发现的奇异现象（图 5.75）。

图 5.75 David Kirk 1934 年出生于马萨诸塞州的克林顿。他于 1956 年在东北大学获得理学学士学位，1962 年在威斯康星大学获得博士学位。1962～1969 年他在芝加哥大学工作，最后获得副教授职位。1969 年他加入华盛顿大学圣路易斯分校的生物系，并成为终身教授。Kirk 博士曾是团藻（*Volvox*）细胞生物学研究的顶级科学家。

四孢藻目

四孢藻目（Tetrasporales）藻类与小球藻目和团藻目不同，它们具有能进行细胞分裂的不动的营养细胞。群体为非丝状体，许多属能形成具鞭毛的细胞。它们通过形成游动孢子、不动孢子或厚壁孢子进行无性生殖。有性生殖方式为同配生殖，即双鞭毛的配子通过融合进行有性生殖。该目几乎全部都为淡水种类。

经典分类学认为四孢藻目由团藻目进化而来。然而，核糖体小亚基 DNA 数据表明形成四孢藻目的进化支要比形成团藻目的进化支更为原始（Booton et al.，1998）。

四孢藻目含有两个科。

科 1　四孢藻科(Tetrasporaceae)：细胞具有假纤毛。

科 2　四集藻科(Palmellaceae)：细胞没有假纤毛。

四孢藻科（Tetrasporaceae）

四孢藻科藻类为细长的凝胶状原植体，2～4 个营养细胞形成一团，每个细胞具有两条假纤毛（pseudocilia）。假纤毛比鞭毛长，但显然与鞭毛有关系，因为假纤毛具有正常的基体，但在假纤毛基部附近的微管结构为不规则的 9+0 结构（Lembi and Herndon，1966；Wujek，1968）。越靠近假纤毛末端，微管的数目越少并且变得更加不规律。

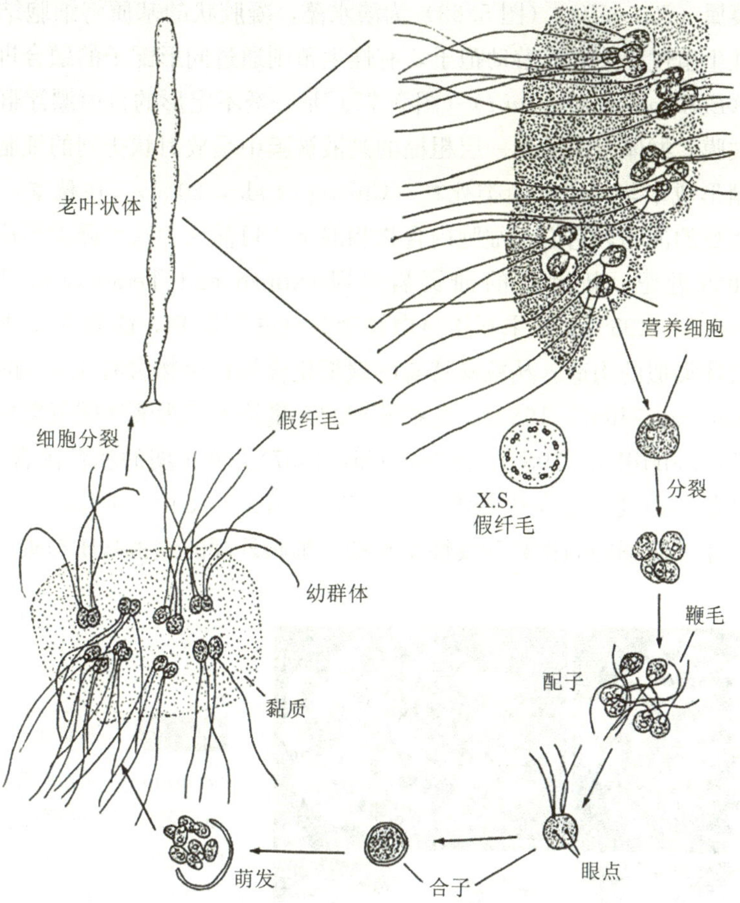

图 5.76 胶四孢藻（*Tetraspora gelatinosa*）的生活史。（改编自 Klyver，1929）

胶四孢藻（*Tetraspora gelatinosa*）群体（图 5.76）呈绿色，营养细胞外层为不定形物质（Klyver，1929）。它们生活在静水中，行固着或自由漂浮生活。每个细胞具有一个大型的杯状叶绿体、一个位于中央的蛋白核和两条假纤毛。藻体通过细胞的营养分裂进行生长。在同形配子形成过程中，一个营养细胞分裂 2～3 次形成 4 个或 8 个梨形的配子，每个配子具有一个眼点和一个杯状的叶绿体。双鞭毛的配子从群体的胶状物中释放，并在它们的前端处相互融合。形成的四鞭毛合子游动一段时间后沉降，收起鞭毛并开始形成细胞壁。合子随后萌发，形成 4 或 8 个没有假纤毛的不动孢子。之后，不动孢子逐渐增大，当达到营养细胞的大小时，不动孢子分裂形成具有假纤毛的子细胞。不动孢子与它们的子细胞通过胶状物固定在一起，凝聚成四孢藻（*Tetraspora*）的典型藻体。

四集藻科（Palmellaceae）

四集藻科藻类的细胞接合成小型的凝胶状群体，后者一般呈不定形，但可能有固定形态。四集藻属（*Palmella*）（图 5.63）为淡水藻，凝胶状的基质将细胞结合成不定形的群体。无性生殖过程中形成游动孢子，有性生殖则通过同形配子的融合进行。

丛粒藻（*Botryococcus braunii*）（图 5.77）是一类不定形的自由漂浮群体，具有透明或橙色的被膜。群体由嵌入到一层粗糙的黏液被膜中呈放射状排列的细胞组成。该藻类可大量繁殖形成水华，引起鱼类死亡（Chiang et al.，2004）。在秋季，这种藻的细胞内能积攒大量的油脂，它们与细胞内含物相混杂。目前认为这种藻类形成了藻煤（如 torbonite）和古近纪、新近纪的油页岩（Blackburn and Temperley，1936；Cane，1977；Wolf et al.，1985）。如果利用显微镜观察这些沉淀物，能看到藻体仍保持与现存的丛粒藻群体类似的构造。丛粒藻特有的碳氢化合物衍生物含有 1.4%的苏门答腊石油（Moldowan and Seifert，1980）。这种藻类的大量培养可为液体碳氢燃料提供一种再生来源（Wake andHillen，1980；Yamaguchi，1997）。静止期的丛粒藻含有的二烯烃、丛粒藻烯或四帖烯，其含量高达藻体干重的 70%（图 5.78）（Metzger et al.，1990）。碳氢化合物产生于藻细胞的指数和线性生长期。细胞外围的致密基质与碳氢化合物相浸润在一起。

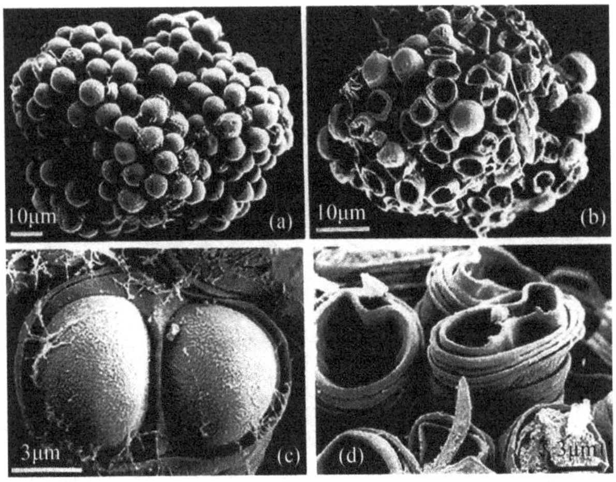

图 5.77 丛粒藻（*Botryococcus braunii*）的扫描电镜照片。(a) 采自野外的群体。(b) 群体中杯状的黏液质基部。(c) 黏液质基部中的两个细胞。(d) 不含细胞的黏液质基部。（引自 Plain et al.，1993）

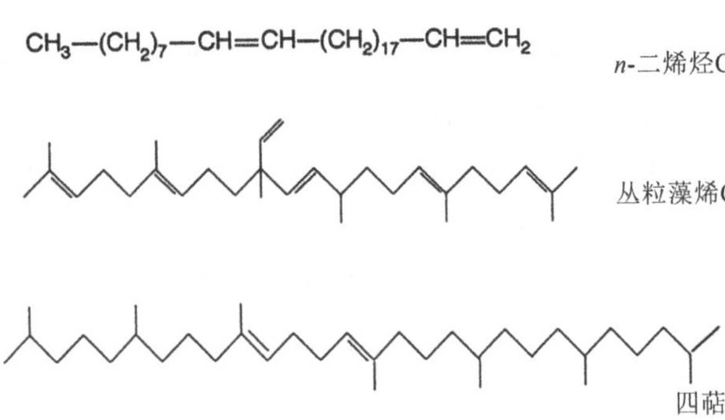

n-二烯烃C_{20}

丛粒藻烯C_{30}

四萜烯C_{40}

图 5.78 丛粒藻（*Botryococcus braunii*）中分离的碳氢化合物的结构。（修改自 Metzger et al.，1990）

溪菜目

溪菜目（Prasiolales）与小球藻目和共球藻目关系密切，有时它们被放到一个单独的纲——共球藻纲（Trebouxiophyceae）中（Sherwood et al.，2000；Lewis and McCourt，2004）。

本目藻类特征是含有一个星状叶绿体和一个位于中央的蛋白核，它们在不同的生境中均有分布，包括淡水、海水和陆地生境（如混凝土墙、岩石和树皮）（Rindi and Guiry，2003）。溪菜属（*Prasiola*）是本目中的主要类属，它具有独特的生活史，减数分裂发生在成熟的有性藻体部位，使得藻体的顶端为单倍体，而基部为二倍体。

柄溪菜（*Prasiola stipitata*）的藻体叶片小而薄，且呈卵形，它以脏的绿垫形式出现在高潮位或以上的水平面，常见于潮水喷溅区或被鸟类粪便污染的地区。藻细胞具有一个位于中央的星状叶绿体。二倍体藻体既能形成二倍体孢子，也能形成单倍体配子（图 5.79），在岸边孢子萌发形成的藻体比有性配子形成的藻体生长得更高（Friedmann，1959；Friedmann and Manton，1959）。

图 5.79　柄溪菜（*Prasiola stipitata*）。(a) 孢子体产生雄配子和雌配子。(b) 孢子体的顶端具有雄配子（暗区）和雌配子（亮区）。(c) 孢子体在顶尖处产生孢子。（引自 Friedmann，1959）

在二倍体的不动孢子形成过程中，位于藻体上部的营养细胞进行分裂，使得藻体的上部呈现多层结构。该分裂区域的每个细胞都形成一个无鞭毛的孢子，后者随后下沉、萌发并生长成一株新的与亲本相似的二倍体藻体（图 5.80）。

在配子形成时，二倍体藻体中上部的细胞进行减数分裂，随后单倍体细胞的分裂逐渐形成藻体上部的多层结构。单倍体的藻体组织分裂成错落有致的矩形发暗和发亮的区域，它们分别包含雄性和雌性细胞。亮度的差异源于叶绿体大小的差别，较大的雌性细胞含较大的叶绿体。

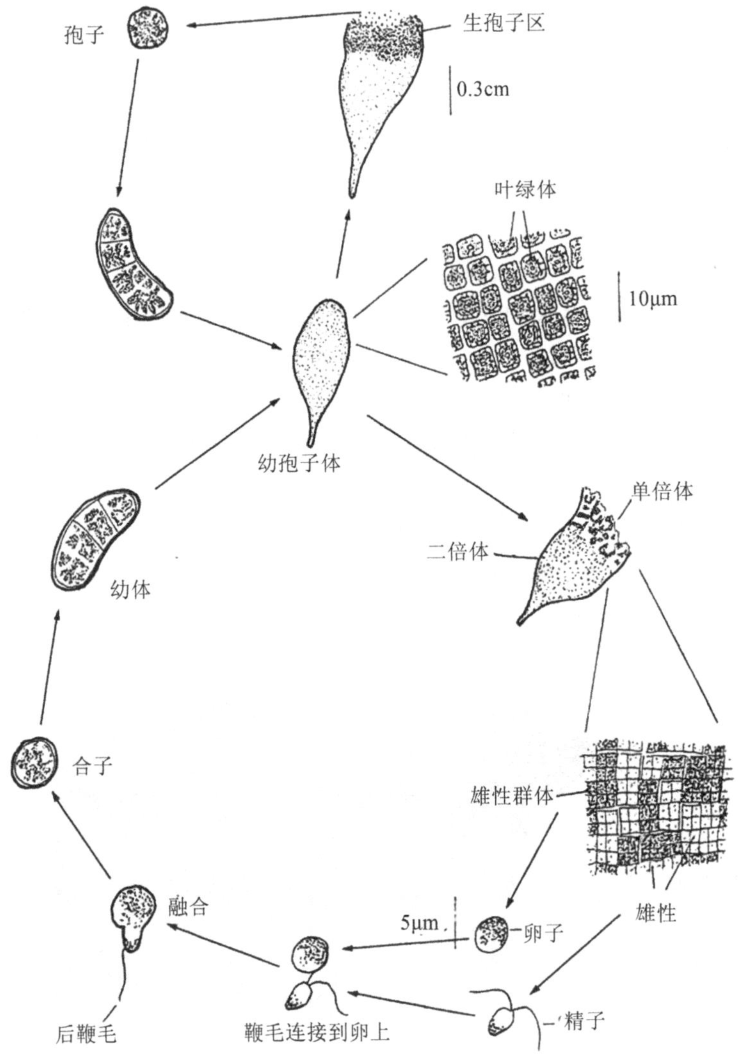

图 5.80 柄溪菜（*Prasiola stipitata*）的生活史。(改编自 Friedmann，1959)

藻体被上涨的潮水湿润后配子开始释放，相对于雌配子，雄配子释放得更多，因为它们个体较小且每个单位面积的数量也多。雄配子凭借其前方的双鞭毛在卵子周围游动，一旦雄配子的一根鞭毛与卵子接触，鞭毛即开始与卵子融合。随后两个配子体发生融合，形成梨形的合子，合子通过雄性配子上仍存留的后端鞭毛而快速的游动。在 5℃ 时，合子游动几个小时后即收起鞭毛并下沉，牢牢固着到基质上，最终发育出细胞壁。合子萌发成双倍体原藻体，完成整个生活周期（Friedmann，1959）。

小球藻目（Chlorellales）

本目藻类的营养藻体不能运动，藻体为单细胞，或为一定数量的细胞以特殊方式排列而成的群体。无性生殖产生游动孢子或静孢子（通常为似亲孢子）。似亲孢子可能只是母藻体的子细胞。有性生殖包括同配生殖、异配生殖或卵配生殖。本目全部生活在淡水中。

绿球藻属（*Chlorococcum*）（图 5.81）可轻易地从表层以下的土壤中分离得到，它在潮湿的土壤或砖墙中生长旺盛。该属藻类能在土壤中存活很长一段时间。有研究显示，在干燥长达 59 年的土壤中仍能观测到该藻类的生长（Trainor，1970）。同一种类的藻细胞大小差别很大，幼细胞具有较薄的细胞壁，成熟细胞的细胞壁则较厚。幼细胞含有一个巨大的杯状叶绿体，内含单个蛋白核；年长细胞的叶绿体则呈弥散状。无性生殖通过游动孢子发生，目前还未见营养裂殖的报道。双鞭毛的游动孢子具有一个杯状的叶绿体和一个眼点。有性生殖通过同形配子发生。在特定条件下这种藻类能产生静孢子，后者最终释放 2～4 个双鞭毛的配子。当在新鲜培养基中生长且黑暗和无氮时，*Chlorococcum echinozygotum* 的不动孢子可诱导形成配子（O'Kelley，1984）。若在黑暗中放置后再提供 6 h 的氮源，则诱导形成游动孢子。

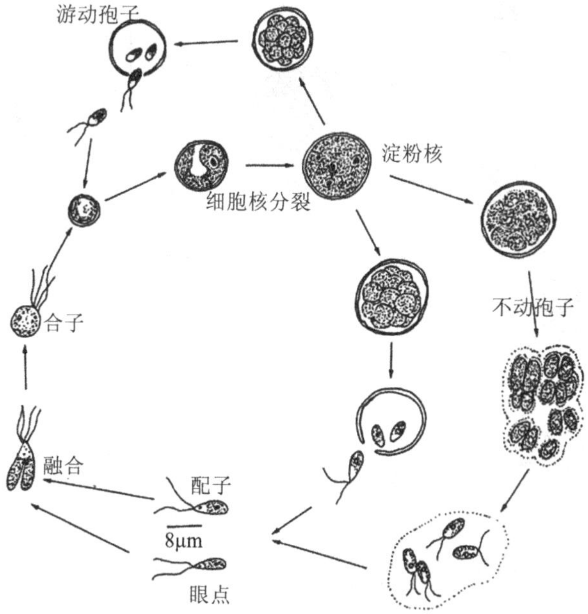

图 5.81　土生绿球藻（*Chlorococcum humicola*）的生活史。（改编自 Bristol，1919）

水网藻（*Hydrodictyon reticulatum*）（图 5.82），俗称水网，是一种自由漂浮的、相对少见的淡水藻类，它能形成多边形或六边形网眼的网状群体。多核的细长细胞头尾相连形成网状，它们可能通过外源凝集素如伴刀豆球蛋白 A 将细胞相互连接（Hatano and Ueda，2000）。每个细胞都含一个巨大的中央液泡和一个含有蛋白核的网状叶绿体。在无性生殖过程中，子细胞在内部形成后并从母细胞中释放出来（Pocock，1960；Marchant and Pickett-Heaps，1971，1972a～d）。蛋白核的消失表明无性生殖的开始，无性生殖与叶绿体中淀粉粒的累积过程同步。液泡在囊泡外部及周围形成，将大部分原生质限制在细胞周缘的细小区域里。原生质分裂产生单核的双鞭毛游动孢子，后者能在母细胞内活泼游动。游动孢子进入某区域后停止游动，并收起鞭毛。各细小区域间的孢子互相连接，在母细胞内形成子网，它释放出来后增大成一个成熟的群体。

小球藻属（*Chlorella*）的细胞呈球形，具有一个杯状的叶绿体（图 5.83）。唯一的生殖方式是产生类似于母细胞的子细胞。小球藻经常与水生无脊椎动物和原生动物（如 *Paramecium*）形成细胞内共生。在这些内共生中，小球藻能合成麦芽糖并将其释放到宿主液泡中以维持宿主液泡中较低的 pH。对内共生小球藻的分离研究显示，在 pH 为 4～5 时麦芽糖的合成和释放量达到最大（Dorling et al.，1997）。

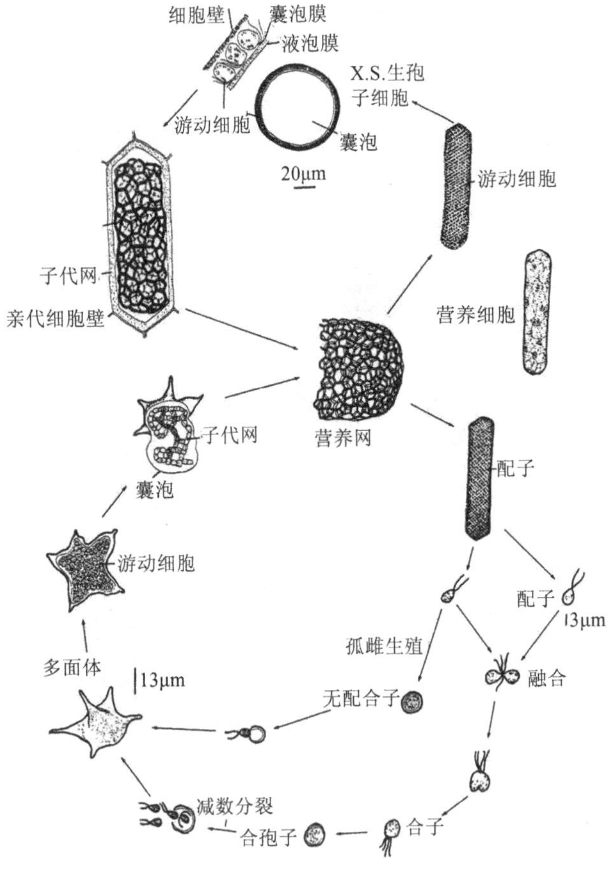

图 5.82 水网藻（*Hydrodictyon reticulatum*）的生活史。（改编自 Pocock，1960；Marchant and Pickett-Heaps，1971，1972a～d）

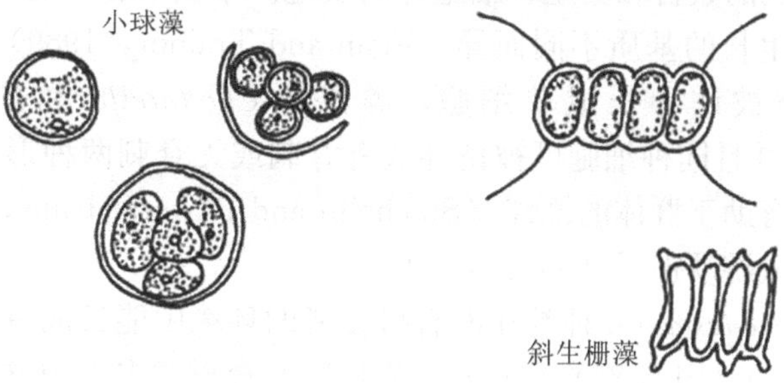

图 5.83 小球藻（*Chlorella vulgaris*）（含似亲孢子）、被甲栅藻（*Scenedesmus armatus*）和斜生栅藻（*S. obliquus*）的示意图。

无绿藻（*Prototheca*）没有叶绿素，类似于无色的小球藻，但其细胞内含有造粉体（Webster et al.，1968）。无绿藻可引起人畜共患病的原藻病（protothecosis）。此病比想象中更加普遍，由于这种圆形无色的藻细胞与酵母类似，该病在生病的动物中经常被误诊。无绿藻的细胞在土壤中非常常见，据推测它们以消耗土壤中的有机物为生，而这里也是发生传染最多的地方。已报道的大部分动物疾病案例显示该病具有严重的传染性，如大量输血会导致动物在极短时间内死亡（van Kruiningen et al.，1969）。如此严重的传染病在人类中也曾有报道，但通常是在第一次感染急剧降低机体防御反应后而发生的二次感染。在人类中更普遍的是皮下感染，最初从小伤口开始，随后通过淋巴缓慢地扩散，最终覆盖住身体的大部分面积，影响患者的正常工作（图 5.84）（Mars et al.，1971）。

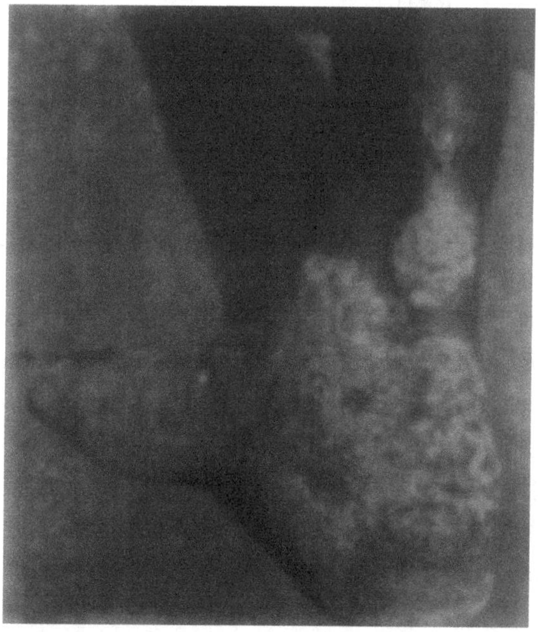

图 5.84 塞拉利昂一位男性居民感染原藻病后的患处。（引自 Davies and Wilkinson，1967）

栅藻属（*Scenedesmus*）是一类常见藻类（图 5.83），在浮游生物中经常以近纯培养的状态出现。群体中的细胞为 2 的倍数，4 个或 8 个细胞最为常见。种类之间的区别主要在于细胞上脊刺的数目和类型、细胞壁的质地。单核细胞具有单个的薄片叶绿体。群体的形态因细胞生长的基质不同而异（Egan and Trainor，1989）。在低磷或低盐的生长基质中，栅藻被诱导长成单细胞，类似于 *Chodatella* 和被刺藻（*Franceia*）（Trainor，1992），并且同种细胞可被诱导成有脊刺或无脊刺两种形态。脊刺由蛋白质管组装而成，可能有助于群体的漂浮（Staehelin and Pickett-Heaps，1975）。当氮缺乏时，栅藻偶尔能形成游动孢子（Trainor，1963）。

许多栅藻（*Scenedesmus*）种类在没有摄食者的环境中能长成单细胞。当在有摄食者如水蚤（*Daphnia*）（图 5.85）存在时，它们则发育形成多细胞群体以应对摄食者的捕食。摄食者产生的信息化合物（infochemical）能诱导栅藻形成群体。在自然环境下，信息化合物能以互动的方式在两种生物之间传递信息，激发受体生物产生行为或物理反应。作用于栅藻的信息化合物来源于动物的消化道。饥饿中的摄食者不能产生信息化合物。而摄食者 *Daphnia* 也难以捕食太多的处于多细胞群体状态下的栅藻。不过，栅藻在单细胞状态下的优势，包括具有较慢的沉降速率和较小的表面与体积比，这都有利于摄取营养和捕获光源（Lurling，1998，1999）。

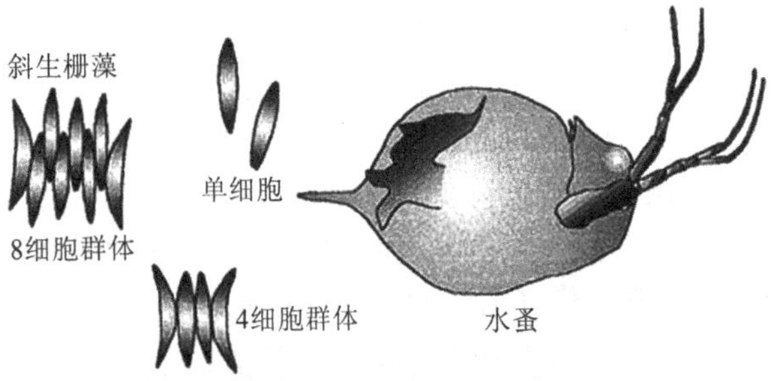

图 5.85 斜生栅藻（*Scenedesmus obliquus*）在没有摄食者存在时主要以单细胞形式出现。当存在摄食者时，它们主要以定型群体形式生长。

随着世界人口急剧膨胀，食物能源短缺问题日益突出，学者们已经对单细胞绿藻如小球藻（*Chlorella*）进行了广泛的研究（Yamaguchi，1997）。小球藻的细胞壁含有微量的纤维素或其他糖类物质，因此小球藻的细胞要比其他含有大量纤维素的藻类细胞更容易被消化。指数生长期的小球藻细胞含有 50%的蛋白质、5%的叶绿素和大量维生素，单位面积内可获取的营养成分比例要远高于高等植物。当利用小球藻的生长净化氧化池中的污水时，每公顷每年可获得高达 112 000 kg 的干藻。同时小球藻可通过吸收氮和磷元素，减少水体中 85%的生物耗氧量（McGarry and Tongkasame，1971）。通过培养获得的小球藻是非常好的备用饲料，它们还可作为人类食品，尽管藻类在人的消化道中会引起肠道不良反应并产生气体。小球藻的另一个应用研究是让其为太空和海底旅行提供食品与氧气。人类呼吸作用产生的二氧化碳被小球藻吸收并进行光合作用，同时产生人类所需的氧气。一个成年人每天会需要约 600 L 的氧气，而小球藻在产生这个数量氧气的同时，它产生的生物量也能提供该成年人所需的食物（Fogg，1971）。

共球藻目

共球藻目（Trebouxiales）代表了“地衣藻群（lichen algae group）”（Lewis and

McCourt，2004)。其他的共生藻（phycobiont，地衣中共生的藻类）还包括蓝细菌、*Trentepholia*（石莼纲）和 *Heterococcus*（黄藻纲），而地衣中共生的真菌称为 mycobiont。

共球藻属（*Trebouxia*）（图 5.86 和图 5.87）是最常见的与地衣共生的绿藻。本属也含有自由生活的种类，当自由生活时其大小通常是在地衣中共生的形态的两倍（Ahmadjian，1993）。共球藻含有一个巨大的叶绿体和单个蛋白核。当它与地衣共生时，尽管在湿润条件下可产生游动孢子，但一般通过似亲孢子进行繁殖。当藻体生长在液体培养基中，它可形成游动孢子。有性生殖为双鞭毛配子的同配生殖或异配生殖。与地衣共生的共球藻的光合作用产物主要是糖醇（80%是核糖醇），而自由生活的共球藻产生比较少的糖醇（15%是核糖醇）和大量的碳水化合物（Green，1970）。Richardson（1973）总结了与地衣共生的藻和自由生长的藻之间的区别：自由生长的藻合成较少的糖或糖醇，形成较多的多糖，发育出共生藻没有的细胞鞘，释放较少的光合作用产物到周围的基质中（Ahmadjian，1960）。共球藻在黑暗无光的环境中能进行腐生生长。

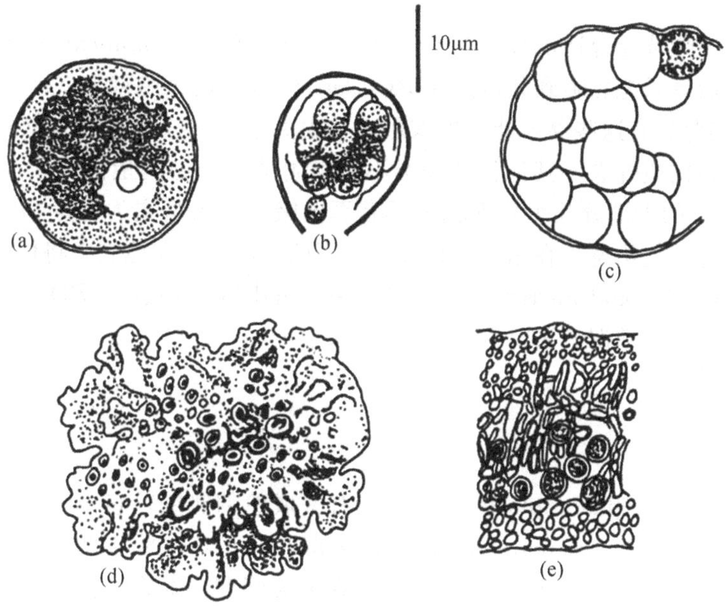

图 5.86 共球藻（*Trebouxia* sp.）。(a) 营养细胞。(b) 游动孢子释放。(c) 静孢子释放。(d) 整个藻体。(e) 藻体切片显示球状的共球藻细胞。[(a) ～ (c) 仿自 Ahmadjian，1960；(d) 和 (e) 仿自 Fünfstück，1907]

图 5.87 (a) 地衣共生菌 *Cladonia cristatella* 的菌丝包裹共生藻 *Trebouxia erici* 细胞的被膜的扫描电镜照片。(b) 地衣共生菌已经完全包裹住藻细胞，菌丝已经形成地衣的菌体。(引自 Ahmadjian and Jacobs，1981)

地衣共生菌能选择合适的藻类进行共生。地衣共生菌 *Xanthoria parietina* 能分泌一种蛋白质，后者只能黏附到共球藻和 *Pseudotrebouxia* 的细胞壁上（Bubrick and Galun，1980），因此只有这些藻才能与地衣形成共生关系。这些藻的细胞壁外覆盖有大量的酸性多糖和蛋白质外衣。其他科的藻类不能黏附地衣分泌的蛋白质。在地衣藻 *Cladonia cristatella* 的大部分共生藻细胞中具有真菌吸器。当宿主为寄生物时，真菌吸器通常将宿主营养转化给寄生在宿主有机体上的真菌。但是，在地衣中将代谢物转化给真菌非常有限（Collins and Farrar，1978；Hessler and Peveling，1978），营养成分的相互转化很可能与寄生情况有关（Ahmadjian and Jacobs，1981）。

环藻目

丝状的环藻目（Sphaeropleales）绿藻具有一成熟的侧壁，它由一些片段而非连续结构组成。微孢藻（*Microspora*）的细胞壁段呈现 H 形，这源于两个独立的细胞壁分泌阶段（图 5.88）（Pickett-Heaps，1973）。在分裂间期，细胞的膨胀伴随着交叉的 H 段的分离，同时在这些片段内分泌出新的圆柱状壁。然后在胞质分裂期，新形成的横壁能使圆柱状细胞壁转变成典型的细胞壁片段。鞘藻目（Oedogoniales）也有类似的细胞壁，但环藻目的藻类没有鞘藻目的这种特殊结构。环藻目的细胞壁结构类似于黄藻纲（Xanthophyceae），而这两个藻类类群的丝状体很可能都是由一种单细胞藻类进化而来的，尽管它们的进化彼此独立。环藻目可能由小球藻目的某个种类进化而来（Cáceres et al.，1997）。

图 5.88 *Microspora crassior*。(a) 丝状体。(b) 细胞壁沉积的图例。首先，分裂间期的细胞被两个 H 形段和一个中央柱封住；胞质分裂时，横壁处在圆柱体的中央沉淀；在细胞膨胀期间，两个 H 形段分离，而新的圆柱体在 H 形段内分泌形成。[(b) 仿自 Pickett-Heaps，1973]

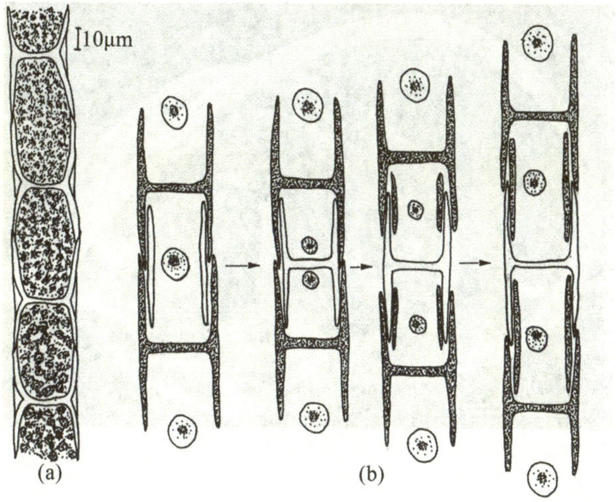

环藻目藻类（图 5.88 和图 5.89）是典型的生活在周期性泛滥的浅滩淡水生境中的绿藻。其短暂的营养阶段（经常只持续几周或更短）出现在洪水的短间歇期，而土壤中壁厚且抵抗力强的合子能在干燥环境中长期存活。合子的表面具有纹饰，有时还具有须状物质（cirri）——由有机物组成的卷曲状附属物（图 5.90）（Hoffman and Buchheim，1989）。

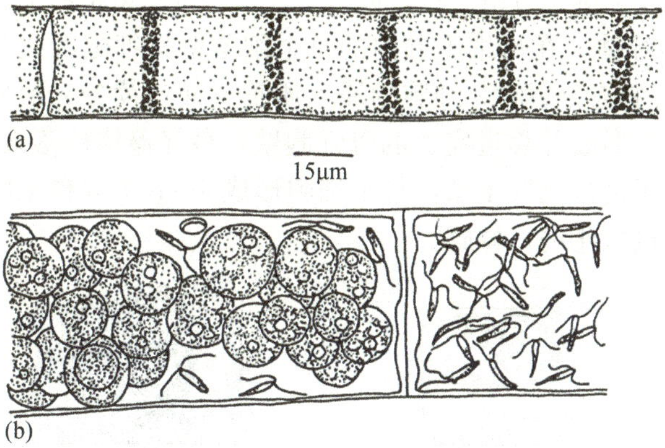

图 5.89 环藻（*Sphaeroplea annulina*）。(a) 营养细胞的部分示意图。(b) 藏卵器（其内卵子正在受精）及邻接的藏精器。（仿自 Smith，1955）

环藻属（*Sphaeroplea*）为不分枝的丝状体，由多核细胞头尾相接排列形成（Buchheim et al.，2001）（图 5.89）。本属藻为淡水藻类，通常生长在周期性湿润的地面，4～5 周内即完成生活史周期。细胞内原生质充满许多横隔，每一横隔都被一个液泡隔开。每个原生质带具有数个核、一个带状含有数个蛋白核的叶绿体或多颗粒状的色素体。无性生殖通过丝状体的断裂实现；有性生殖通常为卵配生殖，在同一丝状体或不同的丝状体上形成卵子和游动精子。纺锤体状的双鞭毛游动精子通过精子囊细胞侧壁上的微孔逸出，并且游向卵囊细胞。卵子刚形成时为多核，除一个核以外其余的核都会裂解掉。卵囊细胞的细胞壁上有微孔，游动精子从此处进入，在卵子周围游动，最终与卵子融合形成一个有厚纹饰的细胞。其中，原生质体呈微红色，合子在卵囊细胞腐烂后释放。合子随后萌发形成 4 个双鞭毛的卵形游动孢子，它们下沉进而萌发成新的丝状体。

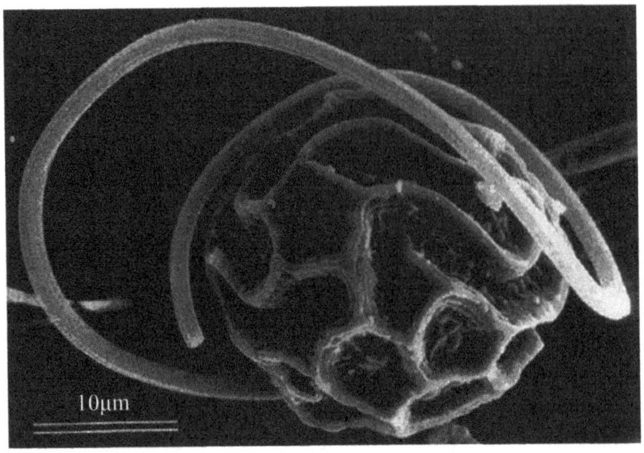

图 5.90 *Sphaeoplea fragilis* 合子的扫描电镜照片，显示外部的刻纹和一条长的卷曲须。（仿自 Hoffman and Buchheim, 1989）

绿囊藻目

绿囊藻目（Chlorosarcinales）藻类有一特殊的细胞分裂方式——围存式细胞分裂（desmoschisis），它能形成许多细胞，而每一个细胞都位于母细胞壁内且都拥有自己的细胞壁。绿囊藻目类属缺乏胶毛藻目（Chaetophorales）和鞘藻目（Oedogoniales）细胞的胞间连丝及复杂性。

绿囊藻属（*Chlorosarcina*）可在土壤中自由生长，或附生在水生维管束植物上。每个藻细胞都包含一个位于周缘的叶绿体，在母细胞壁内的每个细胞壁将细胞彼此分开（图 5.91）。在母细胞壁进行围存式细胞分裂时，细胞的原生质垂直面连续分裂形成细胞囊。细胞壁在新分裂的原生质周围形成并靠近完整的母细胞壁，最终藻体群落破裂，藻体分散。该属藻细胞通过游动孢子进行无性生殖，每个细胞形成 4～8 个双鞭毛的游动孢子，后者在细胞壁某个区域通过软化进行释放。

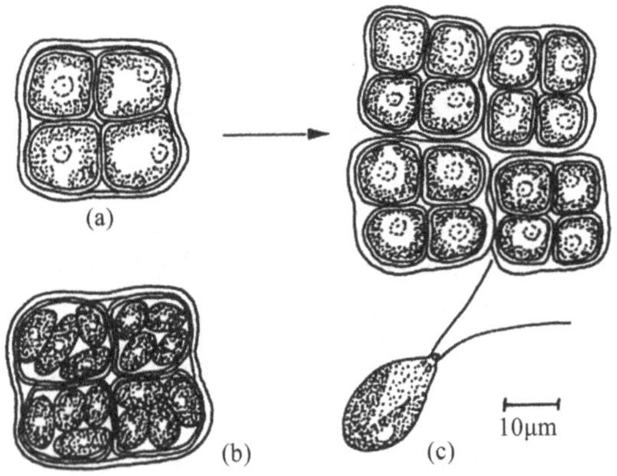

图 5.91 绿囊藻（*Chlorosarcina* sp.）。（a）细胞囊通过母细胞壁的围存式分裂产生子群体，每个子群体都被封闭在母细胞壁内。（b）群体形成游动孢子。（c）游动孢子。

胶毛藻目

胶毛藻目（Chaetophorales）与鞘毛藻目都是绿藻纲中具有复杂结构的类群，它们的结构十分类似。胶毛藻目具有胞间连丝，由特有的多细胞构成群体。

胶毛藻目具有单核细胞构成的分枝丝状体，单核细胞具单个位于周缘的叶绿体。许多植物体有异丝性（heterotrichy），即当两种不同类型的丝状体存在时，其中一种构成匍匐系统而另一种构成垂直系统。过去，这些生物被视为高等植物的祖先，因为它们的丝状体能分化成不同的系统。从毛枝藻属（*Stigeoclonium*）[图 5.92（b）] 到胶毛藻属（*Chaetophora*）[图 5.92（c）]，再到竹枝藻属（*Draparnaldia*）[图 5.92（d）] 最后到弗氏藻属（*Fritschella*）[图 5.92（a）]，这一进化过程证实越来越多的变异向着原始陆地植物的外部特征延伸。然而如前所述，上述藻类通过藻膜体进行分裂，因而它们并不处在向高等植物进化的支系上。

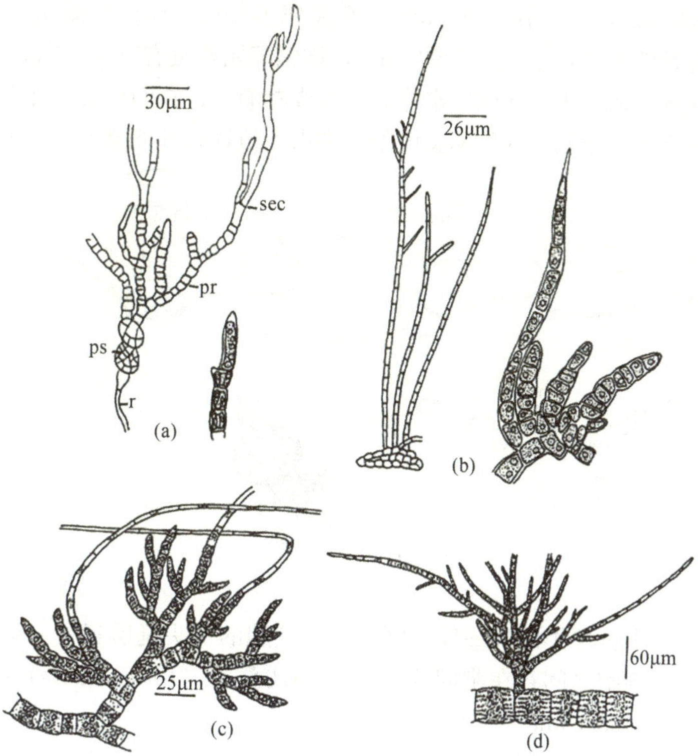

图 5.92 （a）弗氏藻（*Fritschiella tuberosa*）的匍匐系统（ps）；原丝体（pr）；突出的二级分枝（sec）和假根（r）。（b）丰满毛枝藻（*Stigeoclonium farctum*），老幼植物体的匍匐部分和直立部分。（c）粗枝胶毛藻（*Chaetophora incrassata*）。（d）簇生竹枝藻（*Draparnaldia glomerata*）。[（a）仿自 Iyengar，1932；（b）仿自 Butcher，1932；（c）和（d）仿自 Smith，1920]

毛枝藻属（*Stigeoclonium*）[图 5.92（b）] 是一类常见的淡水藻类，它们生活在流动水体中，对有机污染具有很强的耐受性，能作为重度污染水体的指示物（McLean，1974；McLean and Benson-Evans，1974），尽管它在未污染的水体中也能生长。藻体能分化成匍匐生长和直立生长两个部分，分枝末端通常会长出无色的茸毛。直立部分的营养生殖为藻体断裂。藻体在实验室中培养时，四鞭毛的游动孢子频繁形成。一天以后小型分枝上的大多数细胞形成孢子，孢子沉降后会发育成一条新的丝状体。在进行有性生殖时，直立丝状体的细胞经减数分裂产生配子（Simons and van Beem，1987）。配子具有双鞭毛或四鞭毛。配子融合产生合子，后者萌发成幼植物体，在此植物体内最初的合子作为一个胚细胞依清晰可见。

鞘藻目

鞘藻目（Oedogoniales）藻类为淡水、单核的丝状体藻类，具有独特的细胞分裂方式，能形成运动生殖细胞，后者的一端具涡旋形鞭毛（轮生鞭毛）。有性生殖为卵配生殖，无性生殖则通过游动孢子或厚壁孢子完成。

鞘藻目只有1科即鞘藻科（Oedogoniaceae），后者含有3个属——鞘藻属（*Oedogonium*）（图5.94）、枝鞘藻属（*Oedocladium*）［图5.93（b）和图5.93（c）］和毛鞘藻属（*Bulbochaete*）［图5.93（a）］。鞘藻属不分枝，而枝鞘藻属和毛鞘藻属分枝。毛鞘藻属具有长的无色茸毛［图5.93（a）］，枝鞘藻属则没有茸毛［图5.93（b）和图5.93（c）］。这些藻类通常生长在固定水体如池塘或湖泊中，它们在流动性水体下几乎不能繁殖。它们一般在夏季繁殖。这类藻类可附生在水生植物和其他藻类上，也能自由漂浮。

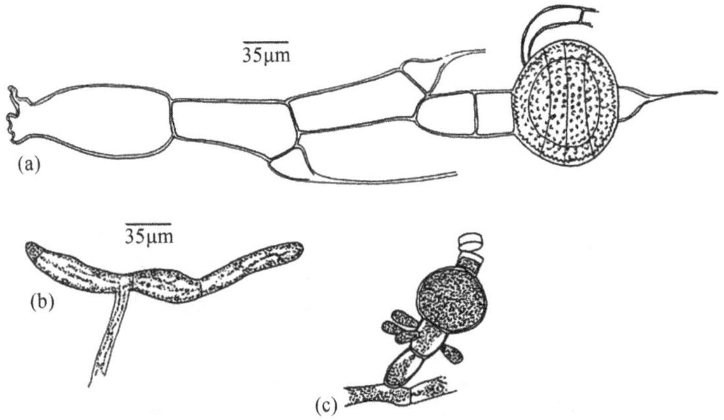

图5.93 （a）巨型毛鞘藻（*Bulbochaete gigantea*），含有合子的丝状体。（b）水生枝鞘藻（*Oedocladium hazenii*），具假根的胚。（c）水生枝鞘藻的部分丝状体，它含有空的雄孢子囊，未成熟的矮小雄性和一个未受精的卵。（仿自Smith，1950）

本目藻类的叶绿体呈网状，从细胞的一头延展到另一头。许多蛋白核处在网的交叉处。细胞之间存在胞间连丝，而毛枝藻属（*Bulbochaete*）的胞间连丝与高等植物的相似（Fraser and Gunning，1969）。

鞘藻目的细胞分裂包括亲代细胞壁的裂开和顶盖的形成。在鞘藻属（*Oedogonium*）中，当在细胞上端的细胞壁下方形成环状时，细胞分裂开始（图5.94）（Hill and Machlis，1968）。随着原生质扩大形成环，核迁移到细胞中央并进行减数分裂。在分裂末期，借助藻膜体新的细胞板得以形成。随后，子细胞延伸，使得顶环附近的母细胞壁出现裂口。细胞壁上的这个裂口被顶环内的物质覆盖，而顶环会随着细胞拉长而变大。最终，每个子细胞延长至近似与母细胞相同的长度，这一过程在15 min内完成。环内的物质变成表皮，而新的细胞壁位于其下方。在子细胞延伸期间，新的细胞横板向上移动至新形成的二级细胞壁的基部并与其融合。鞘藻属的细胞分裂为插入式，丝状体中每个细胞的分裂及子细胞的反复分裂将使得有老细胞壁的冠的细胞和无老细胞壁的冠的细胞交替出现。但在自然界中这一理论条件通常不会发生。末端子细胞的反复分裂通常会形成丝状体，在丝状体中具有顶冠的细胞后会相继出现数个无冠的细胞。

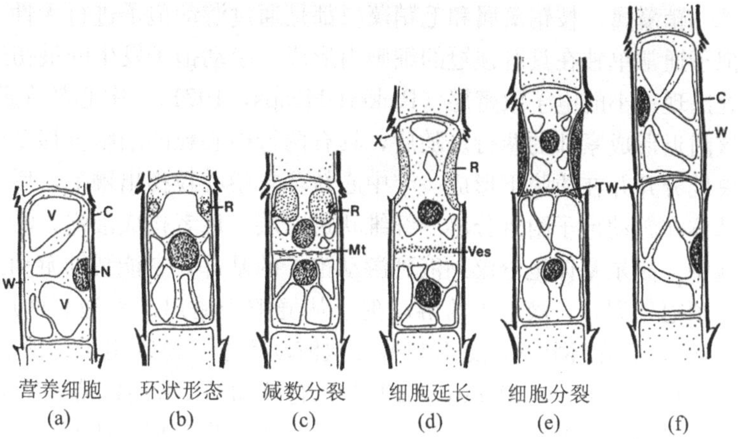

图 5.94　鞘藻属（*Oedogonium*）的细胞分裂。C，角质层；Mt，微管；N，细胞核；R，环；TW，细胞板；V，液泡；Ves，泡囊；W，细胞壁；X，冠。（仿自 Hill and Machlis，1968）

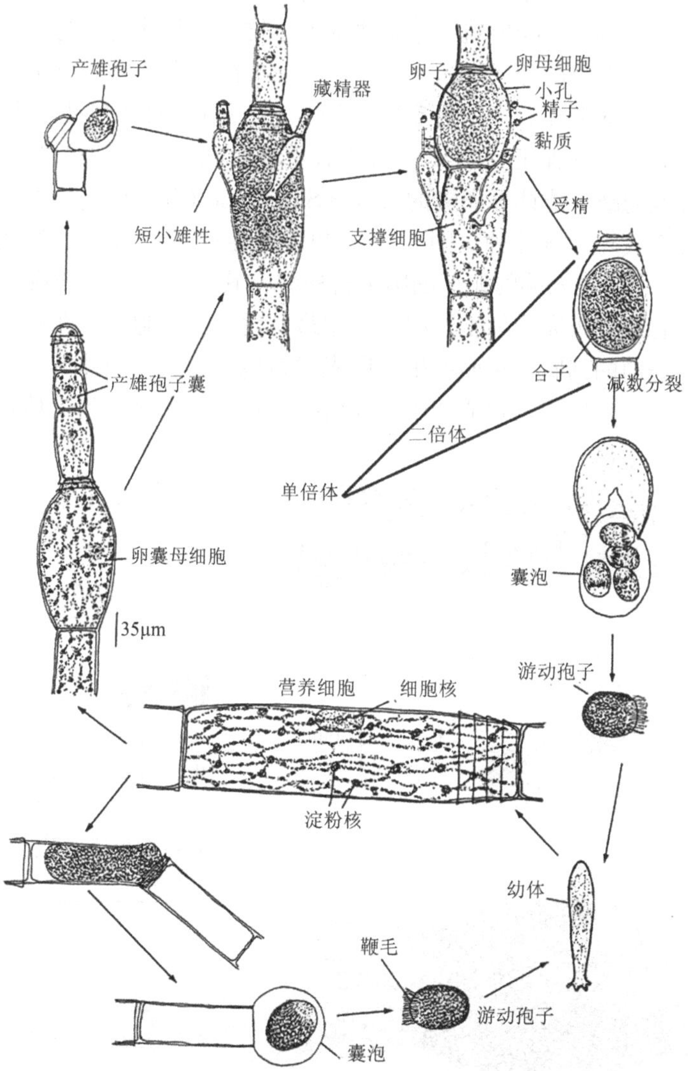

图 5.95　鞘藻属（*Oedogonium*）矮雄性种的生活史。（改编自 Smith，1955）

鞘藻属、枝鞘藻属和毛鞘藻属都是通过游动孢子进行无性生殖的（图 5.95）。游动孢子通常单独在具有顶冠的细胞内形成，游动孢子发生的最初迹象是细胞核的被膜内陷处出现一小的电子致密层（Pickett-Heaps，1971）。中心粒在此处出现并快速倍增，在核附近形成紧邻的两行。随后，具有两行中心粒的细胞核移动至侧壁，两行中心粒在中央处分开并在质膜下形成一个中心粒环。中心粒排出鞭毛，后者进而长出鞭毛根。高尔基体在游动孢子附近分泌一纤维状透明层，后者构成液泡，游动孢子最初即被包在此液泡中。高尔基体也分泌黏液到游动孢子的基部，它能帮助游动孢子排出。母细胞的侧壁在顶冠处裂开，液泡中的游动孢子从缝隙中溢出。液泡有两层（Retallack and Butler，1970），它在环状区域处开口并释放游动孢子。游动孢子的顶端处有约 30 根鞭毛连在一起（Hoffman and Manton，1962），它游动约 1 h 后沉降，随后收起鞭毛并发育出一个能将其固定在基质上的固着器。鞘藻目可产生类似于卵原细胞的不动孢子。

鞘藻目的有性生殖为卵配生殖，它主要依赖于雄性丝状体的行为，如果精子直接由雄性丝状体形成则为大雄性种（macrandrous），如果精子由特殊的矮化雄性丝状体产生则为矮雄性种（nannandrous）。在鞘藻属（*Oedogonium*）的许多种类中，将老的丝状体放在新鲜的培养基中并保证在空气中的二氧化碳达到饱和，即可诱导其进行有性生殖。也有报道称氮的缺乏能诱导卵囊的形成（Singh and Chaudhary，1990）。

卵囊的发育模式与大雄性种（图 5.96）和矮雄性种（图 5.95）相似（Leonardi et al.，1998）。处于中间或末端的卵母细胞进行横裂，其中一个细胞变成卵原细胞，另一个则变成支撑细胞或二级卵母细胞。卵原细胞最初比营养细胞宽，在它们的上端有许多的顶冠，后者经先前的细胞分裂而产生。卵囊成熟后会膨大呈圆球形，并在囊壁上形成一个小孔或裂缝。原生质体发育成卵子。在将要受精前中央核移到受精孔的正下方，凝胶状物质从此孔中流出。

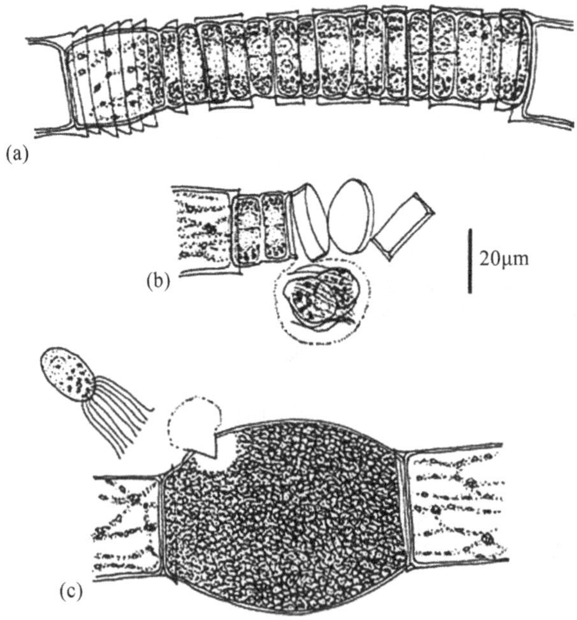

图 5.96 大雄性种粗鞘藻（*Oedogonium crassum*）的配子发生。(a) 精子囊。(b) 精子的释放。(c) 具单个卵子的卵囊吸附着一个游动精子。（仿自 Smith，1955）

大雄性种通过精母细胞的不等分裂在末端或中间处形成精囊（图 5.96）。分裂形成的上部细胞比下部细胞短许多。下部细胞反复分裂产生 2～40 个精囊。每个精囊形成两个精子，精子在液泡中通过壁上的横裂缝进行释放。精子与游动孢子的结构类似，不过精子更小且更长，具有一个由约 30 条鞭毛组成的冠（Hoffman and Manton，1963），因质体退化而呈黄绿色。在大雄性种如心形鞘藻（*Oedogonium cardiacum*）中，精子通过卵囊分泌的一层趋化物质而黏附在卵囊上（Hoffman，1960）。

在矮雄性种中（Leonardi et al.，1998），雄性丝状体以类似于大雄性种精子囊形成的方式形成雄孢子囊（androsporangia），唯一的差别是每个孢子囊只产生一个产雄器孢子（androspore）。根据环境条件的不同，产雄器孢子能以三种方式进行发育（Hill et al.，1989）。

（1）在低氮或低氨的环境中，产雄器孢子产生一个孢囊，后者最终产生另一个产雄器孢子。此循环一直持续到环境中的氮或氨浓度增加为止。

（2）如果水体中有大量的氮或氨，产雄器孢子会产生一个营养型的雄性藻体，后者与亲本难以区分。这类似于自然界中雨水将营养汇入营养缺乏的环境中这一现象。

（3）如果环境中包含雌性激素“circein”，产雄器孢子会黏附在分泌雌激素的雌性卵囊上。产雄器孢子黏附着卵母细胞上且引起卵母细胞分裂成卵囊和一个较低的支撑细胞（suffultory cell），产雄器孢子即附着在该支撑细胞上，此时黏附产雄器孢子的物质停止产生。如果产雄器孢子因卵母细胞上覆盖有琼脂而无法附着在卵母细胞上，此时卵母细胞会继续吸引产雄器孢子，但它不进行分裂。卵母细胞阶段以外的雌性分化必需通过附着的产雄器孢子的直接接触才能发生。矮雄性系统的主要优势在于雄性分化是雌性分化的先决条件，因此为了确保受体雌性的分化，必须要有雄性存在。

黏附在支撑细胞上的产雄器孢子延长并发育成一个两细胞的矮雄性丝状体。受卵囊分泌的趋化物质的影响，矮雄性的生长朝向卵囊。卵囊分泌一层厚的凝胶质鞘，它包含矮雄性的尖端。雄性丝状体的顶细胞是精囊，它能形成两个精子。精子释放到凝胶质中，在凝胶质中随机运动约 1 h 后，精子在卵囊上部 1/3 处的某点聚合。随后，精子的前段延伸并弯曲（Hoffman，1973）。卵囊壁上突然出现一个原生质乳状突起，所有游动精子都用其前端黏附在乳状突起上，在 1 s 内乳状突起通过壁上的孔缩回并带走一个精子。剩下的精子围绕孔盘旋约 5 min 后分散到凝胶质中。这一受精过程涉及受激素控制的 4 个步骤：①产雄器孢子的趋性；②矮雄性种的诱导生长；③卵母细胞分裂的激发；④精子游向卵囊的可能开口的趋性（Rawitscher-Kunkel and Machlis，1962）。

矮雄性种被认为是由大雄性种进化而来的，即大雄性种的精子通过单性生殖萌发成矮雄性丝状体。

合子通过一间隙从卵囊壁上脱落下来，而在受精后合子的周围很快就形成一层壁。当合子成熟时，原生质内将积累一微红色的油滴。最后卵囊壁腐化，合子释放。随后，合子经历一段休眠期，在此期间合子的核进行减数分裂形成 4 个单倍体的核。在萌发前的很短时间内，原生质体变成绿色并形成 4 个子原生质体，它们每个都会形成一个游动孢子。游动孢子释放出来后以与无性生殖相同的方式发育成丝状体。因此，鞘藻生活史的大部分是单倍体，合子是其唯一的二倍体结构。

参考文献

Adolph, S., Jung, V., Rattke, J., and Pohnert, G. (2005). Wound closure in the invasive green alga *Caulerpa taxifolia* by enzymatic activation of a protein crosslinker. *Angew. Chem. Int. Ed.* 44: 2-4.

Ahmadjian, V. (1960). Some new and interesting species of *Trebouxia*, a genus of lichenized algae. *Am. J. Bot.* 47: 677-83.

Ahmadjian, V. (1993). *The Lichen Symbiosis*. New York: John Wiley.

Ahmadjian, V., and Jacobs, J. B. (1981). Relationship between fungus and alga in the lichen *Cladonia cristatella* Tuck. *Nature* 289: 169-72.

Barlow, S. B., and Cattolico, R. A. (1980). Fine structure of the scale-covered green flagellate *Mantoniella squamata* (Manton et Parke) Desikachary. *Br. Phycol. J.* 15: 321-33.

Bean, B. (1977). Geotactic behaviour of *Chlamydomonas*. *J. Protozool.* 24: 394-401.

Becker, B., Perasso, L., Kammer, A., Salzburg, M., and Melkonian, M. (1996). Scale-associated glycoproteins of *Scherffelia dubia* (Chlorophyta) form high-mol-ecular-weight complexes between the scale layers and the flagellar membrane. *Planta* 199: 503-10.

Belcher, J. H., Pennick, N. C., and Clarke, K. J. (1974). On the identity of *Asteromonas prpulsum* Butcher. *Br. Phycol. J.* 9: 101-6.

Ben-Amotz, A. (1996). Effect of low temperature on the stereoisomer composition of β-carotene in the halotolerant alga *Dunaliella bardawil*. *J. Phycol.* 32: 272-5.

Bendix, S. W. (1960). Phototaxis. *Bot. Rev.* 26: 145-208.

Benson, E. E., Rutter, J. C., and Cobb, A. H. (1983). Seasonal variation in frond morphology and chloroplast physiology of the intertidal alga *Codium fragile* (Suringar) Hariot. *New Phytol* 95: 569-80.

Berger, S., and Kaever, M. J. (1992). *Dascladales: An Illustrated Monograph of a Fascinating Algal Order*. Stuttgart: Thieme.

Berger, S., Fetweiss, U., Gleissberg, S., et al. (2003). 18S rDNA phylogeny and evolution of cap development in Polyphysaceae (formerly Acetabulariaceae; Dasycladales, Chlorophyta). *Phycologia* 42: 506-61.

Berger-Perrot, Y., Thomas, J-CI., and L'Hardy-Halos, M-Th. (1993). Gametangia, gametes, fertilization and zygote development in *Ulothrix flacca* var. *roscoffensis* (Chlorophyta). *Phycologia* 32: 356-66.

Berry, H. A., and Lembi, C. A. (2000). Effects of temperature and irradiance on the seasonal variation of a *Spirogyra* (Chlorophyta) population in a Midwestern lake (U. S. A.). *J. Phycol.* 36: 842-51.

Bérubé, K. A., Dodge, J. D., and Ford, T. W. (1999). Effects of chronic salt stress on the ultrastructure of *Dunaliella bioculata* (Chlorophyta, Volvocales): mechanisms of response and recovery. *Eur. J. Phycol.* 34: 117-23.

Betsche, T., Schaller, D., and Melkoruan, M. (1992). Identification and characterization of glycolate oxidase and related enzymes from the endocyanotic algae *Cyanophora paradoxa* and from pea leaves. *Plant Physiol.* 98: 887-93.

Blackburn, K., and Temperley, B. N. (1936). *Botryococcus* and the algal coals, *Proc. R. Soc. Edinburgh* 58: 841-6.

Blomster, J., Back, S., Fewer, D. P., et al. (2002). Novel morphology in *Enteromorpha* (Ulvophyceae) forming green tides. *Amer. J. Bot.* 89: 1756-63.

Booton, G. C., Floyd, G. L., and Fuerst, P. A. (1998). Polyphyly of tetrasporalean green algae inferred from nuclear small-subunit ribosomal DNA. *J. Phycol.* 39: 306-11.

Borowitzka, M. A. (1982). Morphological and cytological aspects of algal calcification. *Int. Rev. Cytol.* 74: 127-62.

Borowitzka, M. A., and Larkum, A. W. D. (1974). Chloroplast development in the caulerpalean alga *Halimeda*. *Protoplasma* 81: 131-44.

Boscov, J. S., and Feinleib, M. E. (1979). Phototactic response of *Chlamydomonas* to flashes of light. Ⅱ. Response of individual cells. *Photochem. Photobiol.* 30: 499-505.

Bouck, G. B., and Morgan, E. (1957). The occurrence of *Codium* in Long Island waters, *Bull. Torrey Bot. Club* 84: 384-7,

Bråten, T. (1971). The ultrastructure of fertilization and zygote formation in the green alga. *Ulva mutabilis* Føyn. *J, Cell Sci.* 9: 621-35.

Bråten, T. (1973). Autoradiographic evidence for the rapid disintegration of one chloroplast in the zygote of the green alga *Ulva mutabilis*. *J. Cell Sci.* 12: 385-9.

Braun, A. (1851). *Betrachtungen, iiber die Erscheinung der Verjungung in der Natur.*, Leipzig.

Braun, M., and Richter, P. (1999). Relocalization of the calcium gradient and a dihydropyridine receptor is involved in upward bending by bulging *Chara* protonema, but not in downward bending by bowing of *Chara rhizoids*. *Planta* 209: 414-23.

Bristol. B. M. (1919). On a Malay form of *Chlorococcum humicola* (Naeg.) Rabenh. *J. Linn. Soc. Bot.* 44: 473-82.

Brook, A. J. (1989). Barium sulphate crystals and desmids. *Brit Phycol, J.* 24: 299-300.

Brown, R. M., Johnson, C., and Bold, H. C. (1968). Electron and phase-contrast microscopy of sexual reproduction in *Chlamydomonas moewusii*. *J. Phycol.* 4: 100-20.

Bubrick, P., and Galun, M. (1980). Proteins from the lichen *Xanthoria parietrna* which bind to phycobiont cell walls. Correlation between binding patterns and cell wall cytochemistry. *Protoplasma* 104: 167-73.

Buchheim, M. A., Michalopulos, E. A., and Buchheim, J. A. (2001). Phylogeny of the Chlorophyceae with special reference to the Sphaeropleales: a study of 18S and 26S rDNA data. *J. Phycol.* 37: 819-35.

Butcher, R. N, (1932). Notes on new and little-known algae from the beds of rivers. *New Phytol.* 31: 289-309.

Cáceres, E. J., Hoffman, L. R., and Leonardi, P. I. (1997). Fine structure of the male and female gametes of *Atractomorpha porcata* (Sphaeropleaceae, Chlorophyta) with emphasis on the development and absolute configuration of the flagellar apparatus. *J. Phycol.* 33: 948-59.

Cane, R. F. (1977). Coorgongite, balkashite and related substances - An annotated bibliography. *Trans. R. Soc. S. Aust.* 101: 153-64.

Carothers, Z. B., and Kreitner, G. L. (1967). Studies of spermatogenesis in the Hepaticae. I. Ultrastructure of the *Vierergruppe* in *Marchantia*. *J. Ceil, Biol.* 33: 43-51.

Casanova, M. T. (1997). Oospore variation in three species of *Chara* (Charales, Chlorophyta). *Phycologia* 36: 274-80.

Cavalier-Smith, T. (1981). Eukaryote kingdoms: seven or nine? *BioSystems* 14: 461-81.

Chapman, V. J. (1970). *Seaweeds and Their Uses*, 2nd edn. London: Methuen.

Chen, Y.-C. (1998). Development of protoplasts from holdfasts and vegetative thalli of *Monostroma latissimum* (Chlorophyta, Monostromataceae) for algal seed stock. *J. Phycol.* 34: 1075-81.

Chiang, I.-Z., Huang, W.-Y., and Wu, J.-T. (2004). Allelochemicals of *Botryococcus braunii* (Chlorophyceae). *J. Phycol.* 40: 474-80.

Chihara, M. (1963). The life history of *Prasinocladus* ascus as found in Japan, with special reference to the systematic position of the genus. *Phycologia* 3: 19-28.

Chihara, M. (1969). *Ulva arasakii*, a new species of green algae: its life history and taxonomy. *Bull. Nat. Sci. Mus. (Japan)* 12: 849-62.

Christie, A. O., and Evans, L. V. (1962). Periodicity in the liberation of gametes and zoospores of *Enteromorpha intestinalis* Link. *Nature* 193: 193-4.

Cimino, M. T., and Delwiche. C. F. (2002). Molecular and morphological data identify a cryptic species complex in endophytic members of the genus *Coleochaete* Breb. (Charophyta: Coleochaetaceae). *J. Phycol.* 38: 1213-21.

Coggin, S. J., Hutt, W., and Kochert, G. (1979). Sperm bundle-female somatic cell interaction in the fertilization process of *Volvox carteri* f. *weismannia* (Chlorophyta). *J. Phycol.* 15: 247-51.

Coleman, A. W. (1999). Phylogenetic analysis of "Volvocaceae" for comparative genetic studies. *Proc. Natl. Acad. Sci.*, *U. S. A.* 96: 13892-7.

Collings, D. A., Wasteneys, G. B., and Williamson, R. E. (1996). Actin microtubule interactions in the alga *Nitella*: analysis of the mechanism by which microtubule depolymerization potentiates cytochalasin's effects in streaming. *Protoplasma* 191: 178-90.

Collins, C. R., and Farrar, J. F. (1978). Structural resistances to mass transfer in the lichen *Xanthoria parietina*. *New Phytol.* 81: 71-83.

Cooper, J. J., and Mandoli, D. F. (1999). Physiological factors that aid differentiation of zygotes and early juveniles of *Acetabularia acetabulum* (Chlorophyta). *J. Phycol.* 35: 143-51.

Courties, C., Perasso, R., Chretiennot-Diner. M.-J., Govy, M., Guillou, L., and Troussellier, M. (1998). Phylogenetic analysis and genome size of *Ostreococcus tauri* (Chlorophyta, Prasinophyceae). *J. Phycol.* 34: 844-9.

Daugbjerg, N., Moestrup, Ø., and Arctander, P. (1995). Phylogeny of genera of Prasinophyceae and Pedinophyceae (Chlorophyta) deduced from molecular analysis of the *rbs* gene. *Phycological Research* 43: 203-13.

Davies, R. R., and Wilkinson, J. L. (1967). Human protothecosis: Supplementary studies. *Ann*, *Trop. Med. Parasitol.* 61: 112-15.

Deason, T. R. (1983). Cell wall structure and composition as taxonomic characters in the coccoid Chlorophyceae. *J. Phycol.* 19: 248-51.

dejesus, M. D., Tabatabai, F., and Chapman, D. J. (1989). Taxonomic distribution of copper-zinc superoxide dismutase in green algae and its phylogenetic importance. *J. Phycol.* 25: 767-72.

Demets, R., Tomson, A. M., Stegwee, D., and van de Ende, H. (1990). Cell-cell coordination in conjugating *Chlamydomonas gametes*. *Protoplasma* 158: 188-99.

Dodds, W. K., and Gudder, D. A. (1992). The ecology of *Cladophora*. *J. Phycol.* 28: 415-27.

Domozych, C. R., Plante, K., Blair, P., Paliules, L., and Domozych, D. S. (1993). Mucilage processing and secretion in the green alga *Closterium*. I. Cytology and biochemistry. *J. Phycol.* 29: 650-9.

Domozych, D. S., Stewart, K. D., and Mattox, K. R. (1981). Development of the cell wall in *Tetraselmis*: Role of the Golgi apparatus and extracellular wall assembly. *J. Cell Sci.* 52: 351-71.

Dorling, M., McAuley, P. J., and Hodge, H. (1997). Effect of pH on growth and carbon metabolism of maltosereleasing *Chlorella* (Chlorophyta). *Eur. J. Phycol.* 32: 19-24.

Douglas, A. E. (1985). Growth and reproduction of *Convoluta roscoffensis* containing different naturally occurring algal symbionts. *J. Mar. Biol. Assoc. UK* 65: 871-9.

Duncan, T. M., Renzaglia, K. S., and Garbary, D. J. (1997), Ultrastructure and phylogeny of the spermatozoid of *Chara vulgaris* (Charophyceae). *Pl, Syst. Evol.* 204: 125-40.

Ebnet, E., Fischer, M., Deininger, W., and Hegemann, P. (1999). Volvoxrhodopsin, a light-regulated sensory photoreceptor of the spheroidal alga *Volvox carteri*. *Plant Cell* 11: 1473-84.

Egan, P. F., and Trainor, F. R. (1989). The role of unicells in the polymorphic *Scenedesmus armatus* (Chlorophyceae). *J*, *Phycol.* 25: 65-70.

Egerod, L. E. (1952). An analysis of the siphonaceous Chlorophycophyta. *Univ. Calif. Publ. Bot.* 25: 325-454.

Ernst, A. (1902). *Dichotomosiphon*, *tuberosus* (A. Br.) Ernst, eine neue oogame Süsswasser-Siphonee, *Beih. Bot. Zentralbl.* 13: 115-48.

Fawley, M. W., Yun, Y., and Qin, M. (2000). Phylogenetic analyses of 18S rDNA sequences reveal a new coccoid lineage of the Prasinophyceae (Chlorophyta). *J. Phycol.* 36: 387-93.

Feldmann, J. (1950). Sur l'existence d'une alternance de générations entre *L'Halicystis parvula* Schmitz et le *Derbesia tenuissima* (De Not.) Crn, *C. R. Seances Acad. Sci. Paris* 230: 322-33.

Fisher, M., Pick, U., and Zamir, A. (1994). A saltinduced 60-kilodalton plasma membrane protein plays a potential role in extreme halotolerence of the alga *Dunaliella. Plant Physiol.* 106: 1359-65.

Floyd, G. L., Stewart, K. D., and Mattox, K. R. (1972). Cellular organization. mitosis and cytokinesis in the ulotrichalean alga, *Klebsormidium. J. Phycol.* 8: 176-84.

Fogg, G. E. (1971). Recycling through algae. *Proc. R. Soc. Lond.* [B] 179: 201-7.

Fraser, T. W., and Gunning, B. E. S. (1969). The ultrastructure of plasmodesmata in the filamentous green alga *Bulbochaete hiloensis* (Nordst.) Tiffany. *Planta* 88: 244-54.

Friedmann, I. (1959). Structure, life history and sex determination of *Prasiola stipitata* Suhr. *Ann. Bot. N. S.* 23: 571-94.

Friedmann, I., and Manton, 1. (1959). Gametes, fertilization and zygote development in *P. stipitata. Nova Hedwigia* 1: 333-44.

Fukumoto, R., Fuji, T., and Sekimoto, H. (2003). Cloning and characterization of a cDNA encoding a sexual cell division-inducing pheromone from a unicellular green alga *Closterium ehrenbergii* (Chlorophyta). *J. Phycol.* 39: 931-6.

Fünfstück, M. (1907). Lichenes. In *Die Naturlichen Pflanzenfamilien*, ed. A. Engler, and K. Prantl. Leipzig: Engelmann.

Geib, K., Golldack, D., and Gimmler, H. (1996). Is there a requirement for an external carbonic anhydrase in the extremely acid-resistant green alga *Dunaliella acidophila*? *Eur. J. Phycol.* 31: 273-84.

Goldstein, M., and Morral, S. (1970). Gametogenesis and fertilization in *Caulerpa. Ann*, . *N Y Acad. Sci.* 175: 660-72.

Gontcharov, A. A., Marin, B., and Melkonian, M. (2002). Molecular phylogeny of conjugating green algae (Zygnemophyceae, Streptophyta) inferred from SSU rDNA sequence comparisons. *J. Mol. Evol.* 56: 89-104.

Gonzalez, M. A., Coleman, A. W., Gomez, P. J., and Montoya, R. (2001). Phylogenetic relationship among various strains of *Dunaliella* (Chlorophyceae) based on nuclear ITS rDNA sequences. *J. Phycol.* 37: 604-11.

Goodenough, U. W., and Heuser, J. E. (1985). The *Chlamydomonas* cell wall and its constituent glycoproteins analyzed by the quick-freeze, deep-etch technique. *J. Cell Biol.* 101: 1550-68.

Goodenough, U. W., Detmers, P. A., and Hwang. C. (1982). Activation for cell fusion in *Chlamydomonas*: Analysis of wild-type gametes and nonfusing mutants. *J. Cell, Biol.* 92: 378-86.

Goreau, T. F. (1963). Calcium carbonate deposition by coralline algae and corals in relation to their roles as reef-builders. *Ann. NY Acad. Sci.* 109: 127-67.

Graham, J. M., Arancibia-Avile, P., and Graham, L. E. (1996). Physiological ecology of a species of the filamentous green alga *Mougeotia* under acid conditions: light and temperature effects on photosynthesis and respiration. *Limnol. Oceanogr.* 41: 253-62.

Graham, J. M., Lembi, C. A., Adrian, H. L., and Spencer, D. F. (1995). Physiological responses to temperature and irradiance in *Spirogyra* (Zygnematales, Charophyceae). *J. Phycol.* 31: 334-40.

Graham, L. E. (1984). *Coleochaete* and the origin of land plants. *Am. J. Bot.* 71: 603-8.

Graham, L. E., and McBride, G. E. (1979). The occurrence and phylogenetic significance of a multilayered structure in *Coleochaete* spermatozoids. *Am. J. Bot.* 66: 887-94.

Graham, L. E., and Kranzfelder, J. A. (1986). Irradiance, daylength and temperature effects on zoosporogenesis in *Coleochaete scutata* (Charophyceae). *J. Phycol.* 22: 35-9.

Green, T. G. A. (1970). The biology of lichen symbionts, DPhil. thesis, Oxford.

Griffin, N. J., and Aken, M. E. (1993). Rhythmic settling behavior in *Pyramimonas parkae* (Prasinophyceae). *J.*

Phycol. 29: 9-15.

Gruber, P. J., Frederick, S. E., and Tolbert, N. E. (1974). Enzymes related to lactate metabolism in green algae and lower land plants. *Plant Physiol*. 53: 167-70.

Grünewald, K., Hagen, C., and Braune, W. (1997). Secondary carotenoid accumulation in flagellates of the green alga *Haematococcus lacustris*. *Eur. J. Phycol*. 32: 387-92.

Gulliksen, O. M., Hushovd, O. T., Texmon, I., and Nordby, Ø. (1982). Changes in respiration, photosynthesis and protein composition during induced synchronous formation of gametes and zoospores in *Ulva mutabilis* Føyn. *Planta* 156: 33-40.

Hagen, C., Grünewald, K., Schmidt, S., and Müller, J. (2000). Accumulation of secondary carotenoid in flagellates of *Haematococcus pluvialis* (Chlorophyta) is accompanied by an increase in per unit chlorophyll productivity of photosynthesis. *Eur. J. Phycol*. 35: 75-82.

Hallman, A. (2003). Extracellular matrix and sexinducing pheromone in*Volvox*. *Int. Rev. Cytol*. 227: 131-82.

Hallman, A., and Kirk, D. L. (2000). The developmentally regulated ECM glycoprotein ISG plays an essential role in organizing the ECM and orienting cells of *Volvox*. *J. Cell Sci*. 113: 4605-17.

Hanisak, M, D. (1979). Nitrogen limitation of *Codium fragile* ssp. *tomentosoides* as determined by tissue analysis. *Mar. Biol*. 50: 333-7.

Harris, E. H. (1989). *The* Chlamydomonas *Sourcebook: A Comprehensive Guide To Biology And Laboratory Use*. San Diego: Academic Press.

Harris, E. H. (2001). *Chlamydomonas* as a model organism. *Annu. Rev, Plant Physiol. Mol. Biol*. 52: 363-506.

Hatano, K., and Ueda, J. (2000). Effects of concanavalin A on net formation of zoospores in *Hydrodictyon reticulatum*. (Chlorococcales, Chlorophyceae). *Phycol. Res*. 48: 155-60.

Hayden, H. S., Blomster, J., Maggs, C. A., Silva, P. C., Stanhope, M. J., and Waaland, J. R. (2003). Linnaeus was right all along: *Ulva* and *Enteromorpha* are not distinct genera. *Eur. J. Phycol*. 38: 277- 94.

Head, W. D., and Carpenter, E. J. (1975). Nitrogen fixation associated with the marine macroalga *Codium fragile*. *Limnol. Oceanogr*. 20: 815-23.

Hegemann, P., Fuhrmann, M., and Kateriya, A. (2001). Algal sensory photoreceptors. *J. Phycol*. 37: 668-76.

Hepperle, D., and Krienitz, L. (1996). The extracellular calcification of zoospores of *Phacotus lenticularis* (Chlorophyta, Chlamydomonadales). *Eur. J. Phycol*. 31: 11-21.

Hessler, R., and Peveling, E. (1978). Die Lokalisation von ^{14}C-Assimilaten von Flechtenthalli von *Cladonia incrassata* Floerke und *Hypogymnia physodes* (L.) Ach. *Z. Pflanzenphysiol*. 86: 287-302.

Hill, G. J. C., and Machlis, L. (1968). An ultrastructural study of vegetative cell division in *Oedogonium borisianum*. *J. Phycol*. 4: 261-71.

Hill, G. J. C., Cunningham, M. R., Byrne, M. M., Ferry, T. P., and Halvorsen, J. S. (1989). Chemical control of androspore morphogenesis in *Oedogonium donnelli* (Chlorophyta, Oedogoniales). *J. Phycol*. 25: 368-76.

Hiraoka, M., Obata, S., and Ohno, M. (1998). Pigment content of the reproductive cells of *Ulva pertusa* (Ulvales. Ulvophyceae): evidence of anisogamy. *Phycologia* 37: 222-6.

Hodick, D. (1994). Negative gravitropism in Chara protonemata: a model integrating the opposite gravitropic responses of protonemata and rhizoids. *Planta* 195: 43-9.

Hoffman, L. (1960). Chemotaxis of *Oedogonium* sperms. *Southwest. Nat*. 5: 111-16.

Hoffman, L. (1973). Fertilization in *Oedogonium*. I. Plasmogamy. *J. Phycol*. 9: 62-84.

Hoffman, L., and Manton, I. (1962), Observations on the fine structure of the zoospore of *Oedogonium cardiacum* with special reference to the flagellar apparatus. *J. Exp. Bot*. 13: 443-9.

Hoffman, L., and Manton, I. (1963), Observations on the fine structure of *Oedogonium* II. The spermatozoid of *O. cardiacum*. *Am. J. Bot*. 50: 455-63.

Hoffman, L. R., and Buchheim, M. A. (1989). Zygote appendages (cirri), a new structural feature in the Sphaeropleaceae (Chlorophyceae). *J. Phycol.* 25: 149-59.

Hoham, R. W. (1973). Pleiomorphism in the snow alga *Raphidonema nivale* Lagerh. (Chlorophyta), and a revision of the genus *Rhaphidonema* Lagerh. Syesis 6: 255-63.

Hoham. R. W., Bonome, T. A., Martin, C. W., and Leebens-Mack, J. H. (2002). A combined 18S and *rbc*L phylogenetic analysis of *Chloromonas* and *Chlamydomonas* (Chlorophyceae, Volvocales) emphasizing snow and other cold-temperature habitats. *J. Phycol.* 38: 1051-64.

Hoops, H. J., Brighton, M. C., Sticldes, S. M., and Clement, P. R. (1999). A test of two possible mechanisms for phototactic steering in *Volvox carteri* (Chlorophyceae). *J. Phycol.* 35: 539-47.

Hori, T., Norris, R. E., and Chihara, M. (1982a). Studies on the ultrastructure and taxonomy of the genus *Tetraselmis* (Prasinophyceae). I. Subgenus *Tetraselmis*. *Bot. Mag.* (*Tokyo*) 95: 49-61.

Hori, T., Norris, R. E., and Chihara, M. (1982b). Studies on the ultrastructure and taxonomy of the genus *Tetraselmis* (Prasinophyceae). II. Subgenus *Prasinocladia*. *Bot. Mag.* (*Tokyo*) 96: 385-92.

Hoskin, C. M. (1963). Recent carbonate sedimentation on Alacran Reef, Yucatan, Mexico. *Nat. Acad. Sci. Nat. Res. Council, Publ.* 1089.

Huang, K., and Beck, C. F. (2003). Phototropin is the blue-light receptor that controls multiple steps in the sexual life cycle of the green alga *Chlamydomonas reinhardtii*. *Proc. Natl. Acad. Sci., USA* 100: 6269-74.

Huber-Pestalozzi, G. (1961). Volvocales. In *Die Binnengewässer*. Vol. 16. Part 5. Stuttgart, Germany: E. Schweizerbart'sche Verlagsbuchhandlung.

Huizing, H. J., Rietema, H., and Sietsma, J. H. (1979). Cell wall constituents of several siphonaceous green algae in relation to morphology and taxonomy. *Br. Phycol. J.* 14: 25-32.

Hutt, W., and Kochert, G. (1971). Effects of some protein and nucleic acid synthesis inhibitors on fertilization in *Volvox carteri*. *J. Phycol.* 7: 316-20.

Imam, S. H., Buchanan, M. J., Shin, H. C., and Snell, W. J. (1985). The *Chlamydomonas* cell wall: Characterization of the wall framework. *J. Cell Biol.* 101: 1599-607.

Inouye, I., Hori, T., and Chihara, M. (1990). Absolute configuration analysis of the flagellar apparatus of *Pterosperma cristatum* (Prasinophyceae) and consideration of its phylogenetic position. *J. Phycol.* 26: 329-44.

Iyengar, M. O. P. (1932). *Fritschiella*, a new terrestrial member of the Chaetophoraceae. *New Phytol.* 31: 329-35.

Jaenicke, L., and Starr, R. C. (1996). The lurlenes, a new class of plastoquinone-related pheromones from *Chlamydomonas allensworthii* (Chlorophyceae). *Eur. J. Biochem.* 241: 581-5.

Johnson, H. J. (1961). *Limestone-Building Algae and Algal Limestones*. Boulder, Colo: Johnson Publ.

Jones, H. G., Pomeroy, J. W., Walker, D. A., and Hoham, R. W. (2001). *Snow Ecology*. Cambridge: Cambridge University Press.

Kamitsubo, E. (1980). Cytoplasmic streaming in characean cells: role of subcortical fibrils. *Can. J. Bot.* 58: 760-5.

Kamiya, R., and Witman, G. B. (1984). Submicromolecular levels of calaum control the balance of beating between the two flagella in demembranated models of *Chlamydomonas*. *J. Cell Biol.* 98: 97-107.

Karol, K. G., McCourt, R. M., Cimino, M. T., and Delwiche, C. F. (2001). The closest living relatives of land plants. *Science* 294: 2351-3.

Kim, G. H., Yoon, M., and Klotchkova, T. A. (2005). A moving mat: phototaxis in the filamentous green alga *Spirogyra* (Chlorophyta, Zygnemataceae). *J. Phycol.* 41: 232-7.

Kim, K. Y., Choi, T. S. W., Kim, J. H., Han, T., Shin, H. W., and Garbary, D. J. (2004). Physiological ecology and seasonality of *Ulva penusa* on a temperate rocky shore. *Phycologia* 43: 483-92.

Kim, Y-S., Oyaizu, H., Matsumoto, S., Watanabe, M-M., and Nozaki, H. (1994). Chloroplast small-subunit ribosomal RNA gene sequence from *Chlamydomonas parkae* (Chlorophyta): Molecular phylogeny of a green alga with a peculiar pigment composition. *Eur. J. Phycol.* 29: 213-17.

Kingsley, R. J., Van Gilder, R., LeGeros, R. Z., and Watabe, N. (2003). Multimineral calcareous deposits in the marine alga *Acetabularia acetabulum* (Chlorophyta, Dasycladaceae). *J. Phycol.* 39: 937-47.

Kirk, D. L., and Kirk, M. M. (1986). Heat shock elicits production of sexual inducer in*Volvox*. *Science* 231: 51-4.

Kirk, D. L. (1998). Volvox: *Molecular-Genetic Origins of Multicellularity and Cellular Differentiation*. Cambridge: Cambridge University Press.

Kirk, D. L. (1999). Evolution of multicellularity in the volvocine algae. *Curr. Opin. Plant Biol.* 2: 496-501.

Kirk, D. L. (2001). Germ-soma differentiation in *Volvox*. *Dev. Biol.* 238: 213-23.

Kirk, D. L., and Nishii, I. (2001). *Volvox carteri* as a model for studying the genetic and cytological control or morphogenesis. *Dev. Growth Differ.* 43: 621- 31.

Kleinig, H. (1969). Carotenoids of siphonous green algae: A chemotaxonomical study. *J. Phycol.* 5: 281-4.

Klotchkova, T. A., Chah, O., West, J. A., and Kim, G. H. (2003). Cytochemical and ultrastructural studies on protoplast formation from disintegrated cells of the marine alga *Chaetomorpha aerea* (Chlorophyta). *Eur. J. Phycol.* 38: 205-16.

Klyver, F. D. (1929). Notes on the life history of *Tetraspora gelatinosa* (Vauch.) Desv. *Arch. Protistenk.* 66: 290-6.

Kochert, G. (1968). Differentiation of reproductive cells in *Volvox carteri*. *J. Protozool.* 15: 438-52.

Koop, H-U. (1975a). Über den Ort der Meiose bei *Acetabularia mediterranea*. *Protoplasma* 85: 109-14.

Koop. H-U. (1975b). Germination of cysts of *Acetabularia mediterranea*. *Protoplasma* 84: 137-46.

Kranz, H. D., Mikš, D., Siegler, M-L., Capesius, I., Sensen, C. W., and Huss, V. A. R. (1995). The origin of land plants: Phylogenetic relationships among charophytes, bryophytes, and vascular plants inferred from complete small-subunit ribosomal RNA gene sequences. *J. Mol. Evol.* 41: 74-84.

Kriemer, G., and Melkonian, M. (1990). Reflection confocal laser scanning microscopy of eyespots in flagellated green algae. *Eur. J. Cell Biol.* 53: 101-11.

Kuroiwa, T. (1985). Mechanisms of maternal inheritance of chloroplast DNA: An active digestion hypothesis. *Microbiol. Sci.* 2: 267-70.

Kwiatkowska, M. (2003). Plasmodesmal changes are related to different developmental stages of antheridia of *Chara species*. *Protoplasma* 222: 1-11.

Lee, S.-H., Motomura, T., and Ichimura, T. (2000). Nuclear phase alternation in the life cycle of *Derbesia* (Chlorophyta). *Phycologia* 39: 441-7.

Lee, Y-K., and Ding, S-Y. (1995). Effects of dissolved oxygen partial pressure on the accumulation of astaxanthin in chemostat cultures of *Haematococcus lacustris* (Chlorophyta). *J. Phycol.* 31: 922-4.

Lembi, C. A., and Herndon, W. R. (1966). Fine structure of the pseudocilia of *Tetraspora*. *Can. J. Bot.* 44: 710-12.

Lemieux, C., Otis, C., and Turmel, M. (2000). Ancestral chloroplast genome in *Mesostigma viride* reveals an early branch ofgreen plant evolution. *Nature* 403: 649-52.

Leonardi, P. I., Caceres, E. J., and Velez, C. G. (1998). Fine structure of dwarf males in *Oedogonium pluviale* (Chlorophyceae). *J. Phycol.* 34: 250-6.

Lewin, R. A. (1957). The zygote of *Chlamydomonas moewusii*. *Can. J Bot.* 35: 795-807.

Lewin, R. A. (1958). The cell walls of *Platymonas*. *J. Gen. Microbiol.* 19: 87-90.

Lewis, L. A., and McCourt, R. M. (2004). Green algae and the origin of land plants. *Amer, J. Bot.* 91: 1535-56.

Lucas, W. C. (1979). Alkaline band formation in *Chara corallina*. *Plant Physiol.* 63: 248-54.

Lurling, M. (1998). Effect of grazing-associated infochemicals as growth and morphological development in

Scenedesmus acutus (Chlorophyceae). *J. Phycol.* 34: 578-86.

Lurling, M. (1999). Grazer-induced coenobial formation in clonal cultures of *Scenedesmus obliquus* (Chlorococcales, Chlorophyceae). *J. Phycol.* 35: 19-23.

Lynn, R., and Brock, T. D. (1969). Notes on the ecology of a species of *Zygogonium* (Kütz) in Yellowstone National Park. *J. Phycol.* 5: 181-5.

McCourt, R. M. (2000). Phylogeny of the conjugating green algae (Zygnemophyceae) based on *rbc*L sequences. *J. Phycol.* 36: 747-58.

McCourt, R. M., Karol, K. G., Kaplan, S., and Hoshaw, R. W. (1995). Using *rbc*L sequences to test hypotheses of chloroplast and thallus evolution in conjugating green algae (Zygnematales, Charophyceae). *J. Phycol.* 31: 989-95.

McGarry, M. G., and Tongkasame, C. (1971). Water reclamation and algae harvesting. *Water Pollut. Control Fed. J.* 43: 824-35.

McLean, R. O. (1974). The tolerance of *Stigeoclonium tenue* Kutz. to heavy metals in South Wales. *Br. Phycol. J.* 9: 91-5.

McLean, R. O., and Benson-Evans, K. (1974). The distribution of *Stigeoclonium tenue* Kutz. in South Wales in relation to its use as an indicator of organic pollution. *Br. Phycol. J.* 9: 83-9.

Maeda, M., Kuroda, K., Iriki, Y., Chihara, M., Nisizawa, K., and Miwa, T. (1966). Chemical nature of major cell wall constituents of *Vaucheria* and *Dichotomosiphon* with special reference to their phylogenetic positions. *Bot. Mag. Tokyo* 79: 634-43.

Malmberg, A. E., and VanWinkle-Swift, K. P. (2001). Zygospore germination in *Chtamydomonas monoica* (Chlorophyta): timing and pattern of secondary zygospore wall degradation in relation to cytoplasmic events. *J. Phycol.* 37: 86-94.

Mandoli, D. F. (1998). Whatever happened to *Acetabularia*? Bringing a once classic model system into the age of molecular genetics. *Int. Rev. Cytol.* 182: 1-68.

Manton, I., and Ettl, H. (1965). Observations on the fine structure of *Mesostigma viride* Lauterborn. *J. Linn. Soc.* (*Bot.*) 59: 175-84.

Manton, I., and Parke, M. (1960). Further observations on green flagellates with special reference to possible relatives of *Chromulina pusilla* Butcher. *J. Mar. Biol. Assoc.* 39: 275-98.

Marchant, H. J. (1977). Ultrastructure, development and cytoplasmic rotation of seta-bearing cells of *Coleochaete scutata*. *J. Phycol.* 13: 28-36.

Marchant, H. J., and Pickett-Heaps, J. D. (1971). Ultrastructure and differentiation of *Hydrodictyon reticulatum*. Ⅱ. Formation of zoids within the coenobium. *Aust. J. Biol. Sci.* 24: 471-86.

Marchant, H. J., and Pickett-Heaps, J. D. (1972a). Ultrastructure and differentiation of *Hydrodictyon reticulatum*. Ⅲ. Formation of the vegetative daughter net. *Aust. J, Biol. Sci.* 25: 265- 78.

Marchant, H. J., and Pickett-Heaps, J. D. (1972b). Ultrastructure and differentiation of *Hydrodictyon reticulatum*. Ⅳ. Conjugation of gametes and the development of zoospores and azygospores. *Aust. J. Biol. Sci.* 25: 279-91.

Marchant, H. J., and Pickett-Heaps, J. D. (1972c). Ultrastructure and differentiation of *Hydrodictyon reticulatum*. Ⅴ. Development of polyhedra. *Aust, J. Biol. Sci.* 25: 1187-97.

Marchant, H. J., and Pickett-Heaps, J. D. (1972d). Ultrastructure and differentiation of *Hydrodictyon reticulatum*. Ⅵ. Formation of the germ net. *Aust. J. Biol. Sci.* 25: 1199-213.

Marin, B., and Melkonian, M. (1999). Mesostigmatophyceae, a new class of streptophyte green algae revealed by SSU rRNA sequence comparisons. *Protist* 150: 399-417.

Mars, P. W., Rabson, A. R., Rippey, J. J., and Ajello, L. (1971). Cutaneous protothecosis. *Br. J. Dermatol.* 85, *Suppl.* 7: 76-84.

Martin, N. C. , and Goodenough, U. W. (1975) . Gametic differentiation in *Chlamydomonas reinhardtii*. I. Production of gametes and their fine structure. *J. Cell Biol*. 67: 587-605.

Matsuda, Y. , Saito, T. , Yamaguchi, T. , Koseki, M. , and Hayashi, K. (1987) . Topography of cell wall lytic enzyme in *Chlamydomonas reinhardtii*: Form and location of the stored enzyme in vegetative cell and gamete. *J. Cell Biol*. 104: 321-9.

Matsuo, Y. , Imagawa, H. , Nishizawa, M. , and Shizuri, Y. (2005) . Isolation of an algal inducer from a marine bacterium. *Science* 307: 1598.

Mattox, K. R. , and Stewart, K. D. (1973) . Observations on the zoospores of *Pseudodendoclonium basiliense* and *Trichosarcma polymorpha* (Chlorophyceae) . *Can. J. Bot*. 51: 1425-30.

Mattox, K. R. , and Stewart, K. D. (1977) . Cell division in the scaly green flagellate*Heteromastix angulata* and its bearing on the origin of the Chlorophyceae. *Am. J. Bot*. 64: 931-45.

Mattox, K. R. , and Stewart, K. D. (1984) . Classification of the green algae; A concept based on comparative cytology. In*Systematics of the Green Algae* ed. D. E. G. Irvine, and D. M. John, pp. 29-72. London and Orlando: Academic Press.

Melkonian, M. (1980a) . Flagellar roots, mating structure and gametic fusion in the green alga *Ulva lactuca* (Ulvales) . *J. Cell Sci*. 46: 149-69.

Melkonian, M. (1980b) . Flagellar apparatus, mating structure and gametic fusion in *Ulva lactuca* (Ulvales, Chlorophyceae) . *Br. Phycol. J*. 15: 197.

Melkonian, M. (1989) . Flagellar apparatus ultrastructure in *Mesostigma viride* (Prasinophyceae) . *Plant Syst. Evol*. 164: 93-122.

Melkonian, M. , and Robenek, H. (1980a) . Eyespot membranes in newly released zoospores of the green alga *Chlorosarcin opsis gelatinosa* (Chlorosarcinales) and their fate during zoospores settiement. *Protoplasma* 104: 129-40.

Melkonian, M. , and Robenek, H. (1980b) . Eyespot membranes of *Chlamydomonas reinhardtii*: A freezefracture study. *J. Ultrastruct. Res*. 72: 90-102.

Melkonian, M,, Schulze, D. , McFadden, G. I. , and Robenek, H.. (1988) . A polyclonal an tibody (anticentrin) distinguishes between the two types of fibrous flagellar roots in green algae. *Protoplasma* 144: 56-61.

Menzel, D. (1980), Plug formation and peroxidase accumulation in two orders of siphonous green algae (Caulerpales and Dasycladales) in relation to fertilization and injury. *Phycologia* 19: 37-48.

Menzel, D. (1986), Visualization of cytoskeletal changes through the life cycle in *Acetabularia*. *Protoplasma* 134: 30-42.

Metzger, P. , Allard, B. , Casadevall. E. , Berkaloff, C. , and Couté, A. (1990) . Structure and chemistry of a new chemical race of *Botryococcus braunii* (Chlorophyceae) that produces lycopadiene, a tetraterpenoid hydrocarbon. *J. Phycol*, 26: 258-66.

Miller, D. H. (1978) . Cell wall chemistry and ultrastructure of *Chlorococcum oleofaciens* (Chlorophyceae), *J. Phycol*. 14: 189-94.

Mimietz, S. , Heidecker, M. , Krohne, G. , Wegner, L, -H. , and Zimmerman, U. (2003) . Impact of hypoosmotic challenges on spongy architecture of the cytoplasm of the giant marine alga *Valonia utricularis*. *Protoplasma* 222: 117-28.

Mineyuki, Y. , Kataoka, H. , Masuda, Y. , and Nagai, R. (1995) . Dynamic changes in the actin cytoskeleton during the high-fluence rate response of the *Mougecotia* chloroplast. *Protoplasma* 185: 222-29.

Miyamura, S. (2004) . Visualization of the rapid fertilization process of the mayine green alga, *Ulva arasaki* Chihara (Ulvophyceae, Chlorophyta) using high-speed video microscopy. *Cytologia* 69: 197-201.

Miyamura, S,, Hori, T. , and Nagumo, T. (2003) . Eyespot behavior during the fertilization of gametes in *Ulva arasaki* Chihara (Ulvophyceae, Chlorophyta) . *Phycol. Res*. 51: 143-6.

Moestrup, Ø. (1978) . On the phylogenetic validity of the flagellar apparatus in green algae and other chlorophyll *a* and *b* containing plants. *BioSystems* 10: 117-44.

Moestrup, Ø., and Hoffman, L. R. (1973). Ultrastructure of the green alga *Dichotomosiphon tuberosus* with special reference to the occurrence of srriated tubules in the chloroplast. *J. Phycol.* 9: 430-7.

Moestrup, Ø., and Hoffman, L. R. (1975). A study of the spermatozoids of *Dichotomosiphon tuberosus* (Chlorophyceae). *J. Phycol.* 11: 225-35.

Moldowan, J. M., and Seifert, W. K. (1980). First discovery of botrycoccane in petroleum. *J. S. C. Chem. Comm.*, 912 -14.

Mori, K., and Takanashi, S. (1996). Synthesis of lurlene, the sex pheromone of the green flagellate *Chlamydomonas allwensworthii*. *Tetrahedron Lett.* 37: 1821-4.

Musgrave, A. (1993). Mating in *Chlamydomonas*. *Prog. Phycol, Res.* 9: 193-237.

Nelson, T, A., Lee, D. J., and Smith, B. C. (2003). Are "green tides" harmful algal blooms? Toxic properties of water soluble extracts from two bloom-forming macroalgae, *Ulva fenestrata and Ulvaria obscura* (Ulvophyceae). *J. Phycol.* 39: 874-9.

Neumann, K. (1969). Protonema mit Riesenkern bei der siphonalen Grünalge *Bryopsis hypnoides* und weitere cytologische Befunde. *Helgol, Wiss. Meeresunters.* 19: 45-57.

Nishii, I., Ogihara, S,, and Kirk, D. L. (2003). A kinesin. *invA*, plays an essential role in *Volvox* morphogenesis. *Cell* 113: 743-53.

Nitecki, M. H. (1971), *Ischadites abbottae*, a new North American Silurian species (Dasycladales). *Phycologia* 10: 263–75.

Nossag, J., and Kasprik, W. (1993). The movement of *Micrasterias thomasiana* (Desmidaceae, Zygnematophyceae) in directed blue light. *Phycologia* 32: 332-7.

O'Kelley, J. C. (1984). Nitrogen and gamete production in *Chlorococcum echinozygotum*. *J. Phycol.* 20: 220-5.

Okuda, K., and Brown, R, M. (1992). A new putative cellulose-synthesizing complex of *Coleochaete scutata*. *Protoplasma* 168: 51-63.

Okuda, K., Tsekos, I., and Brown, R. M. (1994). Cellulose microfibril assembly in *Erythroctadia subintegra* Rosenv.: An ideal system for understanding the relationship between synthesizing complexes (TCs) and microfibril crystallization. *Protoplasma* 180: 49-58.

Oltmanns, F. (1898). Die Entickelung der Sexualorgane bei *Coleochaete pulvinata*. *Flora* 85: 1-14.

Orset, S., and Young, A. J. (1999). Low-temperature-induced synthesis of α-carotene in the microalga *Dunaliella salina* (Chlorophyta). *J. Phycol.* 35: 320-7.

Oschman, L. J. (1966). Development of the symbiosis of *Convoluta roscoffensis* Graff and *Platymonas* sp. *J. Phycol.* 2 : 105 -11.

Page, J. Z., and Kingsbury, J. M. (1968). Culture studies on the marine green alga *Halicystis parvula-Derbesia tenuissima*. Ⅱ. Synchrony and periodicity in gamete formation and release. *Am. J. Bot.* 55: 1-11.

Pan, J., and Snell, W. J. (2000). Signal transduction during fertilization in the unicellular green alga, *Chlamydomonas*. *Curr. Opin, Microbiol.* 3: 596-602.

Parke, M., and Manton, I. (1967). The specific identity of the algal symbiont in *Convoluta roscoffensis*. *J. Mar. Biol. Assoc. UK* 47: 445-64.

Parker, B. C. (1970). Significance of cell wall chemistry to phylogeny in the algae. *Ann. NY Acad. Sci.* 175: 417-28.

Pasquale, S. M., and Goodenough, U. W. (1987). Cyclic AMP functions as a primary sexual signal in gametes of *Chlamydomonas reinhardtii*. *J. Cell Biol.* 105: 2279-92.

Philips, J. A., and Price, I. R. (2002). How different is Mediterranean *Caulerpa taxifolia* (Caulerpales: Chlorophyta) to other populations of the species? *Mar. Ecol. Progr. Ser.* 238: 61-71.

Piazzi, L., Ceccherelli, G., and Cinelli, F. (2001). Threat to macroalgal diversity: effect of the introduced green alga *Caulerpa racemosa* in the Mediterranean. Mar. Ecol. Progr. Ser. 210: 149-59.

Pickett-Heaps, J. D. (1970). Some ultrastructural features of *Volvox* with particular reference to the phenomenon of inversion. *Planta* 90: 174-90.

Pickett-Heaps, J. D. (1971). Reproduction by zoospores in *Oedogonium*. I. Zoosporogenesis. *Protoplasma* 72: 275-314.

Pickett-Heaps, J. D. (1973). Cell division and wall structure in *Microspora New Phytol*. 72: 347-55.

Pickett-Heaps, J. D. (1974). Cell division in *Stichococcus*. *Br. Phycol. J.* 9: 63-73.

Pickett-Heaps, J. D. (1976). Cell division in *Raphidonema longiseta*. *Arch. Protiskenkd.* 118: 209-14.

Plain. N., Largeau, C., Derenne, S., and Coute, A. (1993). Variabilité morphologique de *Botryococcus braunii* (Chlorococcales, Chlorophyta) corrélations avec les conditions de croissance et la teneur en lipides. *Phycologia* 32: 259-65.

Pocock, M. A. (1960). *Hydrodictyon*: A comparative biological study. *J. S. Afr. Bot.* 26: 167-319.

Powers, J. H. (1908). Further studies in *Volvox*, with description of three new species. *Trans. Am. Microsc. Soc.* 28: 141-75.

Proctor, V. W. (1962). Viability of *Chara* oospores taken from migrating water birds. *Ecology* 43: 528-9.

Proskauer, J. (1950). On *Prasinocladus*. *Am. J. Bot.* 37: 59-66.

Provasoli, L, and Pinter, I. J. (1980). Bacteria induced polymorphism in an axenic laboratory strain of *Ulva lactuca* (Chlorophyceae). *J. Phycol.* 16: 196-201.

Rawitscher-Kunkel, E., and Machlis, L. (1962). The hormonal integration of sexual reproduction in *Oedogonium*. *Am. J. Bot.* 49: 177-83.

Retallack, B., and Butler, R. D. (1970). The development and structure of the zoospore vesicle in *Bulbochaete hiloensis*. *Arch. Mikrobiol.* 72: 223-37.

Richardson, D. H. S. (1973). Photosynthesis and carbohydrate movement. In *The Lichens*, ed. V. Ahmadjian, and M. E. Hale, pp. 249-88. New York and London: Academic Press.

Rindi, F., and Guiry, M. D. (2003). Composition and distribution of subaerial algal assemblages in Galway City. Western Ireland. *Cryptogamie Algologie* 24: 245-67.

Roberts, K. (1974). Crystalline glycoprotein cell walls of algae: Their structure. composition and assembly. *Philos. Trans. R. Soc. Lond.* [*B*], 268: 129-46.

Roberts, K. R., Sluiman, H. J., Stewart, K. D., and Mattox, K. R. (1981). Comparative cytology and taxonomy of the Ulvaphyceae. Ⅲ. The flagellar apparatuses of the anisogametes of *Derbesia tenuissima* (Chlorophyta). *J. Phycol.* 17: 330-40.

Ross, C., Vreeland, V., Waite, J. H., and Jacobs, R. S. (2005). Rapid assembly of a wound plug: stage one of a two-stage wound repair mechanism in the giant unicellular chlorophyte *Dasycladus vermicularis* (Chlorophyceae). *J. Phycol.* 41: 46-54.

Russell, F. S., and Yonge, C. M. (1963). *The Seas*. 2nd edn. London and New York: Frederick Warne and Co.

Sabnis, D. D., and Jacobs, W. P. (1967). Cytoplasmic streaming and microtubules in the coenocytic marine alga, *Caulerpa prolifera*. *J. Cell Sci.* 2: 465-72.

Salisbury, J. L., and Floyd, G. L. (1978). Calcium-induced contraction of the rhizoplast of a quadriflagellate green alga. *Science* 202: 975-6.

Sawada, T. (1972). Periodic fruiting of *Ulva pertusa* at three localities in Japan. *Proc. 7th Int. Seaweed Symp.*, pp. 229-30. Tokyo: University of Tokyo Press.

Sawitzky, H., Gleissberg, S., and Berger, S. (1998). Phylogenetic implictions of patterns of cap development in selected species of *Acetabularia*/*Polyphysa* (Dasycladaceae, Chlorophyta). *Phycologia* 37: 478-85.

Scagel, R. F., Bandoni, R, J., Rouse, G. E., Scofield, W. B., Stein, J. R., and Taylor, T. M. C. (1965). *An Evolutionary Survey of the Plant Kingdom*. Belmont, CA: Wadsworth.

Schlegel, I., Krienitz, L., and Hepperle, D. (2000). Variability of calcification of *Phacotus lenticularis* (Chlorophyta, Chlamydomonadales) in nature and culture. *Phycologia* 39: 318-22.

Schmitt, R. (2003). Differentiation of germinal and somatic cells in *Volvox carteri*. *Curr. Opin. Microbiol.* 6: 608-13.

Schnetter, R., and Eclchardt, R. (2000). Does karyogamy follow plasmogamy in the life cycle of *Derbesia tenuissima* (Chlorophyta). *Phycologia* 39: 355-7.

Shepherd, V. A., Beilby, M. J., and Bisson, M. A. (2004). When is a cell not a cell? A theory relating coenocytic structure to the unusual electrophysiology of *Ventricaria ventricosa* (*Valorria ventricosa*). *Protoplasma* 223: 79-91.

Sherwood, A. R., Garbary, D. J., and Sheath, R. G. (2000) Assessing the phylogenetic position of the Prasiolales (Chlorophyta) using *rbc*L and 18S rRNA gene sequence data. *Phycologia* 39: 139-46.

Shimmen, T., and MacRobbie, E. A. C. (1987). Demonstration of two proton translocating systems in tonoplast of permeabilized *Nitella* cell. *Protoplasma* 136: 205-7.

Simons, J., and van Beem, A, P. (1987). Observations on asexual and sexual reproduction in *Stigeoclonium*, *helveticum* Vischer (Chlorophyta) with implications for the life history. *Phycologia* 26: 356-62.

Simons, J., van Beem, A. P., and de Vries, P. J. R. (1982). Structure and chemical composition of the spore wall in *Spirogyra* (Zygnemataceae, Chlorophyceae). *Acta Bot. Neerl.* 31: 359-70.

Singh, H. V., and Chaudhary, B. R. (1990). Nutrient effects on the formation of oogonia in *Oedogonium hatei* (Chlorophyta). *Phycologia* 29: 332-7.

Sluiman, H. J. (1983). The flagellar apparatus of the zoospore of the filamentous green alga *Coleochaete pulvinata*: Absolute configuration and phylogenetic significance. *Protoplasma* 115: 160-75.

Sluiman, H. J. (1985). A cladistic evaluation of the lower and higher green plants (Viridiplantae). *Plant Syst. Evol.* 149: 217-32.

Sineshchekov, O. A., Jung, K.-H., and Spudich, J. L. (2002). Two rhodopsins mediate phototaxis to lowand high-intensity light in *Chlamydomonas reinhardtii*. *Proc. Natl. Acad. Sci., USA* 99: 8689-94.

Smith, G. M. (1920), *Phytoplankton of the Inland Lakes of Wisconsin*. Part I. State of Wisconsin Publ.

Smith, G. M. (1944), A comparative study of the speaes of *Volvox*. *Trans. Am. Microsc, Soc.* 63: 265-310.

Smith, G. M. (1947). On the reproduction of some Pacific Coast species of *Ulva*. *Am. J. Bot.* 34: 80-7.

Smith, G. M. (1950). *The Freshwater Algae of the United States*. New York: McGraw-Hill.

Smith, G. M. (1955). *Cryptogamic Botany*, Vol. 1, 2nd edn. New York: McGraw-Hill.

Smith, G. M. (1969). *Marine Algae of the Monterey Peninsula*. Stanford, Calif: Stanford University Press.

Snell, W. J. (1985). Cell-cell interactions in *Chlamydomonas*. *Annu. Rev. Plant Physiol.* 36: 287- 315.

Sormus, L., and Bicudo, C. E, M. (1974). Polymorphism in the desmid *Micrasterias pinnatifida* and its taxonomical implications. *J. Phycol.* 10: 274-9.

Staehelin, L. A., and Pickett-Heaps, J. D. (1975). The ultrastructure of *Scenedesmus* (Chlorophyceae) I. Species with the "reticulate" or "warty" type of ornamental layer. *J. Phycol.* 11: 163-85.

Stanley, S. M. (1979). *Macroevolution*. San Francisco: W. H. Freeman.

Stark, K., and Schmitt, R. (2002). Genetic control of germ-soma differentiation in *Volvox carteri*. *Protist* 153: 99-107.

Stark, L. M., Almodovar, L., and Krauss, R. W. (1969). Factors affecting the rate of calcification in *Halimeda opuntia* (L.) Lamouroux and *Halimeda discoidea* Decaisne. *J. Phycol.* 5: 305-12.

Starr, R, C. (1954). Heterothallism in *Cosmarium botrytis* var. *subtumidum*. *Am. J. Bot.* 41: 601-7.

Starr, R. C. (1972). A working model for the control of differentiation during development of the embryo of *Volvox carteri* f. *nagariensis*, *Soc. Bot. Fr. Memoires*, pp. 175-82.

Starr, R. C., and Jaenicke, L. (1974). Purification and characterization of the hormone initiating sexual morphogenesis in *Volvox carteri* f. *nagariensis Iyengar*. *Proc. Natl, Acad. Sci. USA* 71: 1050-4.

Starr, R. C., Marner, F. J., and Jaenicke, L. (1995). Chemoattraction of male gametes by a pheromone produced by female gametes of *Chlamydomonas*. *Proc. Natl. Acad. Sci.*, *USA*. 92: 641-5.

Steinkötter, J., Bhattacharya, D., Semmelroth, I., Bibeau, C., and Melkonian, M. (1994). Prasinophytes form independent lineages within the Chlorophyta: Evidence from ribosomal RNA sequence comparisons. *J. Phycol.* 30: 340-5.

Stratmann. J., Paputsoglu, G., and Oertel, W. (1996). Differentiation of *Ulva mutabilis* (Chlorophyta) gametangia and gamete release are controlled by extracellular inhibitors. *J. Phycol.* 32: 1009-21.

Suzuki. L., and Johnson, C. H. (2001). Algae know the time of day: circadian and photoperiodic programs. *J. Phycol.* 37: 933-42.

Suzuki, K., Iwamoto, K., Yokoyama, S., and Ikawa, T. (1991). Glycolate-oxidizing enzymes in algae. *J. Phycol.* 27: 492-8.

Syrett, P. J., and Al-Houty, F. A. A. (1984). The phylogenetic significance of the occurrence of urease/urea amidolyase and glycollate oxidase/glycollate dehydrogenase in green algae. *Br. Phycol. J.* 19: 11- 21.

Takatori, S., and Imahori, K. (1971). Light reactions in the control of oospore germination of *Chara delicatula*. *Phycolotgia* 10: 221-8.

Tan, S., Cunningham, F. X., Youmana, M., Grabowski, B., Sun, Z., and Gantt, E. (1995). Cytochrome loss in astaxanthin-accumulating red cells of *Hematococcus pluvinlis* (Chlorophyceae): Comparison of photosynthetic activity, photosynthetic enzymes, and thylakoid membrane polypeptides in red and green cells. *J. Phycol.* 31: 897-905.

Taylor, W. R. (1960). *Marine Algae of the Eastern Tropical and Subtropical Coasts of the Americas*. Ann Arbor: University of Michigan Press.

Tolbert, N. E. (1976). Glycollate oxidase and glycollate dehydrogenase in marine algae and plants. *Aust. J. Plant Physiol.* 3: 129-32.

Trainor, F. R. (1963). Zoospores on *Scertedesmus obliquus*. *Science* 142: 1673-4.

Trainor, F. R. (1970). Survival of algae in a dessicated soil. *Phycologia* 9: 111-13.

Trainor. F. R. (1992). Cyclomorphosis in *Scenedesmus armatus* (Chlorophyta): an ordered sequence of ecomorph development. *J. Phycol.* 28: 552-8.

Trench, R. K., Greene, R. W,, and Bystrom, B, G. (1969). Chloroplasts as functional organelles in animal tissues. *J. Cell Biol.* 42: 404-17.

Trench, R. K., Boyle, J. E., and Smith, D. C. (1973a). The association between chloroplasts of *Codium fragile* and the mollusc *Elysia viridis*. I. Characteristics of isolated *Codium* chloroplasts. *Proc. R. Soc. Lond.* [*B*] 184: 51-61.

Trench, R. K., Boyle, J. E., and Smith, D. C. (1973b). The association between chloroplasts of *Codium fragile* and the mollusc *Elysia viridis*. Ⅱ. Chloroplast ultrastructure and photosynthetic carbon fixation in *E. viridis*. *Proc. R. Soc. Lond.* [*B*] 184: 63-81.

Tsekos, I. (1999). The sites of cellulose synthesis in algae: diversity and evolution of cellulasesynthesizing enzyme complexes. *J. Phycol.* 35: 635-55.

Van Kruiningen, H. J., Garner, F. M., and Schiefer, B. (1969). Protothecosis in a dog. *Pathol. Vet.* 6: 348-54.

vanWinlde-Swift, K. P., and Rickoll, W. L. (1997). The zygospore wall of *Chlamydomonas monoica* (Chlorophyceae): morphogenesis and evidence for the presence of sporopollenin. *J. Phycol.* 33: 655-65.

Verlaque, M., Durand, C., Huisman, J. M., Boudouresque, C.-F., and LeParco, Y. (2003). On the identity and origin of the Mediterranean invasive *Caulerpa racemosa* (Caulerpales, Chlorophyta). *Eur. J. Phycol.* 38: 325-39.

Wake, L. V., and Hillen, L. W. (1980). Study of a "bloom" of the oil-rich alga *Botryococcus braunii* in the Darwin

River Reservation. *Biotech. Bioeng.* 22: 1637-56.

Wang, B., Zarka, A., Trebst, A., and Boussiba, S. (2003), Astaxanthin accumulation in *Haematococcus pluvialis* (Chlorophyceae) as an active photoprotective process under high irradiance. *J. Phycol.* 39: 1116-24.

Watanabe, S., Kuroda, N., and Maiwa, F. (2001). Phylogenetic status of *Helicodictyon pianaonicum and Desmochloris halophila* gen. et comb. nov. and the definition of the class Ulvophyceae (Chlorophyta). *Phycologia* 40: 421-34.

Webster, D. A., Hackett, D. P., and Park, R. B. (1968). The respiratory chain of colorless algae. Ⅲ. Electron microscopy. *J. Ultrastruct. Res.* 21: 514-23.

Wheeler, A. E., and Page, J. Z. (1974). The ultrastructure of *Derbesia tenuissima* (de Notaris) Crouan. I. Organization of the gametophyte protoplast, gametangium, and gametangial pore. *J. Phycol.* 10: 336-52.

Wiese, L., and Hayward, P. C. (1972). On sexual agglutination and mating-type substances in isogamous dioecious chlamydomonads. Ⅲ. The sensitivity of sex cell contact to various enzymes. *Am. J. Bot.* 59: 530-6.

Wilbur, K. M., Colinvaux, L. H., and Watabe, N. (1969). Electron microscope study of calafication in the alga *Halimeda* (order Siphonales). *Phycologia* 8: 27-35.

Wilcox, L. W., Fuerst, P. A., and Floyd, G. L. (1993). Phylogenetic relationships of four charophycean green algae inferred from complete nuclear-encoded small subunit rRNA gene sequences. *Amer. J. Bot.* 80: 1028-33.

Wolf, F. R., Nonomura, A. M., and Bassham, J. A. (1985). Growth and branched hydrocarbon production in a strain of *Botryococcus braunii* (Chlorophyta). *J. Phycol.* 21: 388-96.

Woodcock C, L. F. (1971). The anchoring of nuclei by cytoplasmic microtubules in *Acetabularia. J. Cell Sci.* 8: 611- 21.

Woodcock, C. L. F., and Miller, G. J. (1973a). Ultrastructural features of the life cycle of *Acetabuiaria mediterranea*. I. Gametogenesis. *Protoplasma* 77: 313-29.

Woodcock, C. L. F., and Miller, G. J. (1973b). Ultrastructural features of the life cycle of *Acetabularia mediterranea*. Ⅱ. Events associated with the division of the primary nucleus and the formation of cysts. *Protoplasma* 77: 331-41.

Wray. J. L. (1977). *Calcareous Algae*. Amsterdam: Elsevier. Wujek, D. E. (1968). Some observations on the fine structure of three genera in the Tetrasporaceae. *Ohio J. Sci.* 68: 187-91.

Wustman, B. A., Melkonian, M., and Becker, B. (2004). A study of cell wall and flagella formation during cell division in the scaly green alga, *Scherffelia dubia* (Chlorophyta). *J. Phycol.* 46: 895-910.

Yamaguchi, K. (1997). Recent advances in microalgal bioscience in Japan, with special reference to utilization of biomass and metabolites: a review. *J. Appl, Phycol.* 8: 487- 502.

Yoshii, Y., Takaichi, S., Maoka, T., and Inouye, L. (2003). Photosynthetic pigment composition in the primitive green alga *Mesostigma viride* (Prasinophyceae): phylogenetic and evolutionary implications. *J. Phycol.* 39: 570-6.

Zechman, F. W. (2003). Phylogeny of the Dasycladales (Chlorophyta, Ulvophyceae) based on analyses of Rubisco large subunit (*rbc*L) gene sequences. *J. Phycol.* 39: 819-27.

Zeigler, J. R., and Kingsbury, J. M. (1964). Cultural studies on the marine green alga *Halicystis parvula-Derbesia tenuissima*. I. Normal and abnormal sexual and asexual reproduction. *Phycologia* 4: 105-16.

Zuljevic, A., and Antollic, B. (2000). Synchronous release of male gametes of *Caulerpa taxifolia* (Caulerpales, Chlorophyta) in the Mediterranean Sea. *Phycologia* 39: 257-9.

(周 贝 赵 玮 高铭扬 译,毕永红 胡征宇 校)

第四篇

叶绿体单层内质网膜的进化

裸藻门、顶复门和甲藻门都是一种天然的类群，它们是唯一的含有单层叶绿体内质网膜的藻类类群。当一个来自真核藻类的叶绿体被具吞噬功能的裸藻、顶复藻或甲藻吞入食物泡中，叶绿体内质网得以形成（图 IV.1）（Lee，1977；Gibbs，1978）。通常，细胞会消化掉叶绿体以作为食物原料。但在此种情形下，叶绿体作为一个内共生体存活在寄主的细胞质中。寄主借由内共生的叶绿体中获得光合作用的产物而从两者联合中受益，而内共生的叶绿体以宿主液泡的酸性环境中高浓度的 CO_2 而收益。最终，宿主的食物泡膜变成环绕叶绿体的单层叶绿体内质网膜。裸藻的质体可能是通过捕获绿藻的叶绿体进化而成的。甲藻和顶复藻的质体可能源于内共生的红藻叶绿体。

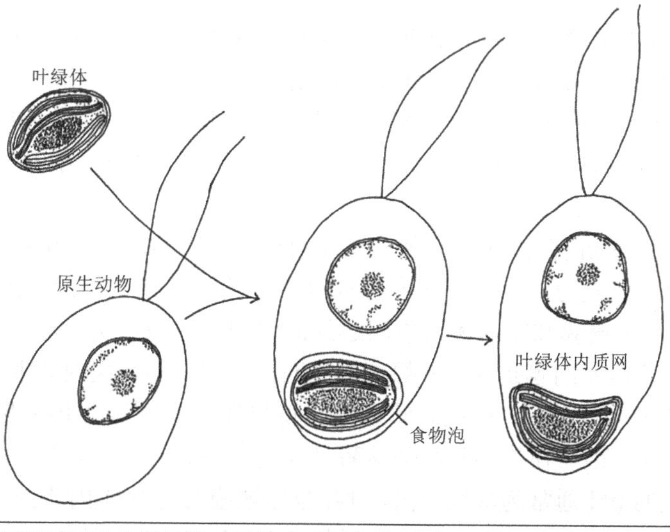

图Ⅳ.1　图示解释了导致叶绿体被叶绿体内质网的单层膜所包裹的进化事件。最开始叶绿体被具有吞噬功能的原生动物吞到一个食物泡中，食物泡膜最终进化成环绕叶绿体的叶绿体内质网的单层膜。

出现叶绿体内质网膜似乎是藻类为了进化而作出的选择，因为它们的能力超过了低浓度 CO_2 环境中的其他藻类。在解释这些藻类通过何种机制超过其他藻类之前，我们有必要了解水中碳元素（carbon species）平衡的控制。

碳在水中以溶解态的无机碳（DIC）形式存在，它由 HCO_3^-、CO_3^{-2} 和 CO_2 组成。

$$H_2O+CO_2 \rightleftharpoons H_2CO_3 \rightleftharpoons H^+ + HCO_3^- \rightleftharpoons 2H^+ + CO_3^-$$

海水在空气 pH 为 8.2 和温度为 25℃的条件下处于平衡态，此时海水含有约 2200 μm 的溶解态无机碳。在此 pH 条件下，有 10 μm 以 CO_2 形式存在，有 200 μm 以 CO_3^{-2} 形式存在，余下的以 HCO_3^- 形式存在。随着 pH 降低，越来越多的溶解态无机碳会以 CO_2 的形式存在。在 pH = 1 时，事实上所有的溶解态无机碳都以 CO_2 形式存在，而 HCO_3^- 完全消失。

CO_2 是碳在光合作用过程中被 1，5-二磷酸核酮糖羧化酶/氧化酶（Rubisco）固定后的形式（Falkowski and Raven，1998）。许多微藻已经进化出一套 CO_2 浓缩机制（CO_2 concentrating mechanism，CCM），它在细胞内浓缩 CO_2 达到高出外部介质中 CO_2 几倍的水平（Fridlyand，1997；Sukenik et al.，1997）。质膜通过 CO_2 浓缩机制将 HCO_3^- 抽吸到细胞外，通过叶绿体膜将 HCO_3^- 抽吸到叶绿体内。一旦到达叶绿体内，溶解态无机碳主要以 HCO_3^- 形式停留。因为基质呈碱性。HCO_3^- 的主要部分通过类囊体的内腔，其位置在发光的叶绿体内，pH 约为 5.0（Fridlyand，1997）。碳酸酐酶（enzyme carbonic anhydrase）连接到类囊体膜上（Raven，1997）。在类囊体的内腔内，碳酸酐酶以比不涉及酶作用的转化（non-enzymatic conversion）快数百倍的速率将 HCO_3^- 转换成 CO_2。

$$HCO_3^- + H^+ \longrightarrow CO_2 + H_2O$$

最终结果是在类囊体内腔中 CO_2 的浓度要比 HCO_3^- 的浓度高 10 倍（Raven，1997）。

CO_2 从类囊体内腔流出进入叶绿体基质抑制了 Rubisco 氧化酶的活性，同时激活了基质中（或淀粉核，如果存在）羧化酶的活性。通过 Rubisco 介导的羧化作用，CO_2 进入碳还原循环（carbon reduction cycle）。因此，碳浓缩机制的进化目的在于提高 Rubisco 酶所处位置的 CO_2 浓度。

CO_2 一旦通过碳酸酐酶产生，它就会快速地从类囊体的内腔散开并离开叶绿体，进而降低碳浓缩机制的效力。含有叶绿体内质网的藻类通过如下机制（图 IV.2）来限制 CO_2 的外流。叶绿体被膜和叶绿体内质网之间的空间最有可能为酸性 pH，因为紧邻叶绿体被膜的叶绿体内质网膜是导致叶绿体内质网建立起来的初次内共生过程中的液泡膜（Lee，1977；Gibbs，1978）。因此，叶绿体被膜与邻近的叶绿体内质网之间的空间为酸性 pH 是可能的，因为在检测酸性磷酸酶时（最佳 pH = 5.0），具有吞噬功能的原生动物的消化液泡的 pH 通常为酸性。pH 对叶绿体被膜与叶绿体内质网这两个实体间平衡的影响，使它们之间呈酸性 pH 的空间将含有相对高浓度的 CO_2 和相对低浓度的 HCO_3^-。相对而言，对于 CO_2 叶绿体被膜是可以将其渗透的，因而，这一空间内的 CO_2 将自由地移入叶绿体基质内。借助来源于酸性类囊体内腔和叶绿体被膜与叶绿体内质网

之间的酸性空间内 CO_2 的流入，叶绿体内可得以维持相对高的 CO_2 浓度。这将为含有叶绿体内质网的藻类提供大量的 CO_2 用于光合作用，尤其在 pH 为 8.2、溶解态 CO_2 的浓度特别低的海洋环境中更是如此。在这种环境下，含有叶绿体内质网的藻类具有竞争优势，这也是为适应进化而做出的选择。

图Ⅳ.2　简图标明一个藻类中存在的区室(compartment)及叶绿体内质网的单层膜。对于每个区室，pH 和主要的溶解态无机碳形式都予以标注。

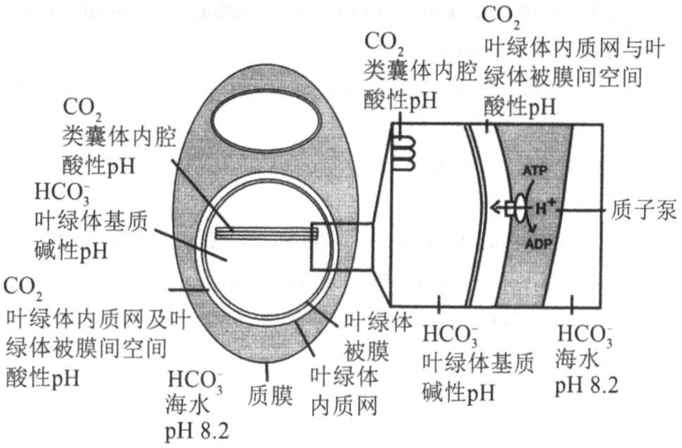

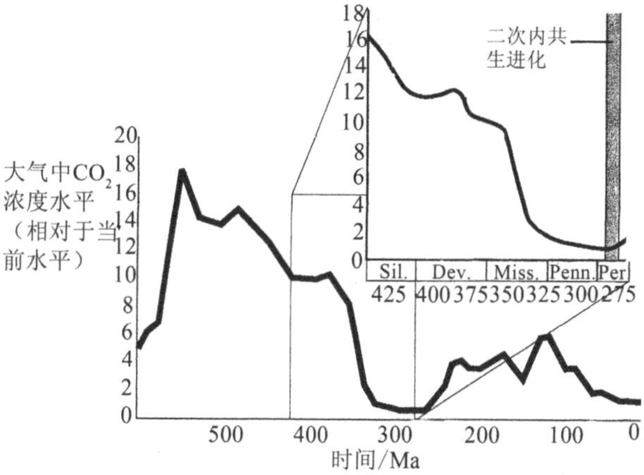

图Ⅳ.3　过去 6 亿年间大气中 CO_2 的含量。嵌入条框标明二次内共生进化的时间发生在约 275 Ma 以前。

基于分子钟，Medlin 等（1997）推定最初的二次内共生发生在 260 万～285 万年(million years ago，Ma)。在那时大气中 CO_2 的浓度达到创纪录的低水平（图 IV.3)，之后再也没有达到如此低的水平，直到近代。这种环境利于藻类在低 CO_2 浓度的环境中进行光合作用，如那些含有叶绿体内质网的藻类。因此，含有叶绿体内质网的藻类的演散发生在它们建立更高效 CO_2 利用机制中的某个时间，这使得它们比其他没有叶绿体内质网的藻类更有竞争力。

参考文献

Falkowski, P. G., and Raven, J. (1997). *Aquatic Photosynthesis*. Oxford: Blackwell Science.

Fridlyand, L. E. (1997). Models of CO_2 concentrating mechanisms in microalgae taking into account cell and chloroplast structure. *BioSystems* 44: 41-57.

Gibbs, S. P. (1978). The chloroplasts of *Euglena* may have evolved from symbiotic green algae. *Canadian J. Bot*. 56: 2883-9.

Lee, R. E. (1997). Evolution of algal flagellates with chloroplast endoplasmic reticulum from the ciliates. *South African J. of Sci*. 73: 179-82.

Medlin, L. K., Kooistra, W. H. C. F., Gersonde, R., Sims, P. A., and Wellbrock, U. (1997). Is the origin of the diatoms related to the end-Permian mass extinction? *Nova Hedwigia* 65: 1-11.

Raven, J. (1997). CO_2 concentrating mechanisms: a direct role for thylakoid lumen acidification? *Plant Cell Env*. 20: 147-54.

Sukenik, A., Tchernov, D., Kaplan, A., Huertas, E. Lubian, L. M., and Livne, A. (1997). Uptake, efflux, and photosynthetic utilization of inorganic carbon by the marine eustigmatophyte *Nannochloropsis* sp. *J. Phycol*. 33: 969-74.

第六章

裸藻门（Euglenophyta）

裸藻纲（Euglenophyceae）

裸藻（euglenoid flagellates）主要生长在淡水环境中：水坑、沟渠、池塘、溪流、湖泊和河流，而因动物污染或含有腐烂有机质的水域特别适合裸藻生存（Buetow，1968）。容积大的纯净水体如河流、湖泊和水库，通常含有的裸藻种群远不如浮游生物常见。海水裸藻比预想得要更加普遍，双鞭藻（*Eutreptia*）、*Eutreptiella*［图 6.11 和图 6.14（c）］和克雷伯氏藻（*Klebsiella*）完全存在于海水或半咸水中，而其他属含有一个或几个海水种类。这些海水裸藻生长在开放海域，就像海藻生长在潮间带、沙子定居在海滩上一样。在低光强下，半咸水裸藻（*Euglena*）［图 6.1～图 6.3、图 6.7 和图 6.14（c）］通常能将河口的泥滩染成绿色，而当光强变成全日光时，裸藻会离开泥滩表面，使得泥滩表面的绿色消失。目前，已知还存在一些寄生裸藻，它们主要是卡克藻（*Khawkinea*）、裸形藻（*Euglenamorpha*）和赫氏藻（*Hegneria*）中的种类。

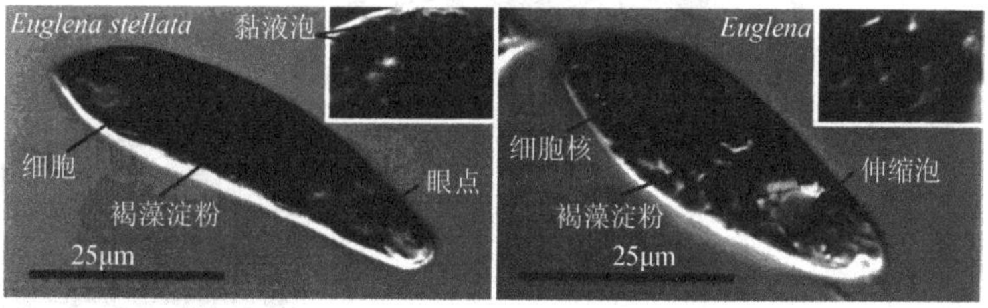

图 6.1　裸藻 *Euglena stellata* 的光学显微照片。（引自 Shin and Triemer，2004）

裸藻的主要特征是含有叶绿素 a、b，具有一层膜的叶绿体内质网、一个中核生物（mesokaryotic）的细胞核，纤维状的茸毛在鞭毛上列成一排，没有有性生殖，裸藻淀粉（paramylon）或金藻昆布多糖（chrysolaminarin）是细胞质中的主要储存物质。

裸藻细胞含有两个基体及一或两个自然发生的鞭毛（图 6.2）。裸藻的鞭毛类似于锥虫（trypanosomes），即在鞭毛膜内部具有一个控制鞭毛长度的副轴杆［paraxonemal rod（paraxial rod）］（Ngô and Bouck，1998；Bastin and Gul，1999；Talke and Preisfeld，2002）。副鞭毛杆（paraflagellar rod）主要由两个蛋白质组成，它们形成一个平行于基因丝（axoneme）的拉长 α 螺旋柄。在裸藻中，其中一条自生鞭毛呈螺旋状排列成纤维丝茸毛（没有微管），它们沿着鞭毛膜的方向进行附着。这种纤维丝茸毛有两种长度：一种是成排的 3 μm 长单螺旋长茸毛，另一种是成排的 1.5 μm 长双螺旋短茸毛（Bouck et al.，1978）。裸藻纲其他属的鞭毛与裸藻类似（Hilenski and Walne，1985）。目前认为鞭毛运动存在两种基本类型：第一类群［包括双鞭藻目（Eutreptiales）和裸藻目（Euglenales）］藻体的鞭毛从基部到顶端持续运动，导致细胞旋转并且在细胞前端形成一个大的圆环。纤细裸藻（*Euglena gracilis*）[图 6.7 和图 6.14（a）] 的游泳速度取决于温度：在 10℃时为 15 μm・s^{-1}，而在 30℃时为 84 μm・s^{-1}（Lee，1954）。第二类群 [包括袋鞭藻（*Peranema*）（图 6.13）、内管藻（*Entosiphon*）和楔胞藻（*Sphenomonas*）] 藻体的鞭毛直接在细胞前端生出，并且只有鞭毛顶端运动，使得藻体仅能在介质接触面或空气-水的界面上，以 30 μm・s^{-1}的速率进行滑动（Saito et al.，2003）。

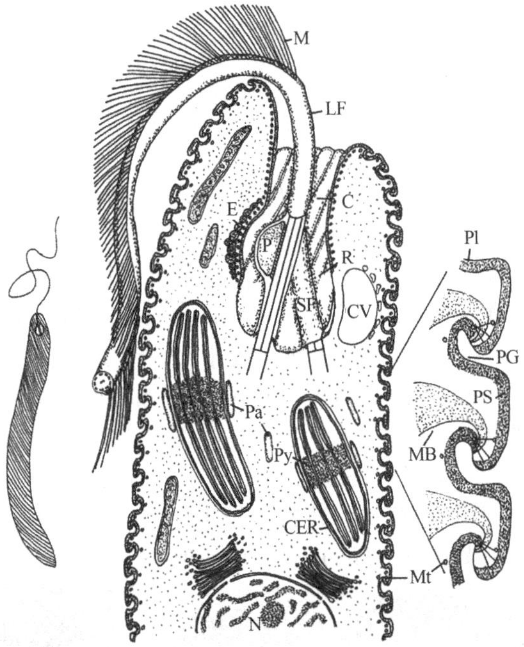

图 6.2　裸藻细胞前部精细结构图。C，导管；CER，叶绿体内质网；CV，伸缩泡；E，眼点；LF，长鞭毛；M，鞭茸；MB，黏液泡；Mt，微管；N，细胞核；P，副鞭毛囊肿；Pa，裸藻淀粉；PG，薄膜槽；Pl，质膜；PS，薄膜带；Py，淀粉核；R，储蓄泡；SF，短鞭毛。（改编自 Mignot，1966；Jahn and Bovee，1968）

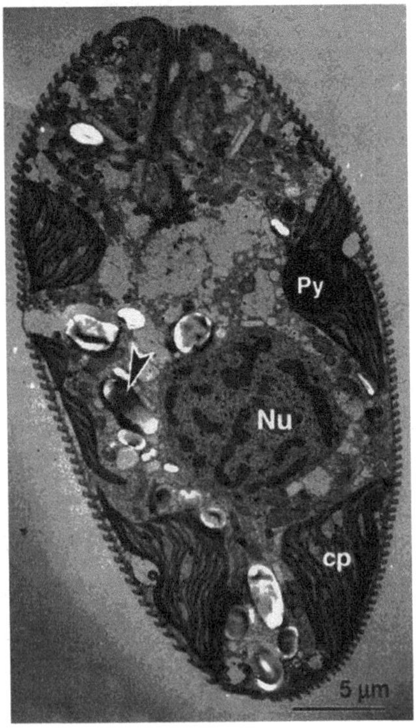

图 6.3　裸藻 *Euglena rustica* 细胞中截面透射电子显微照片。箭头所指处为裸藻淀粉粒；cp，叶绿体；Py，淀粉核；Nu，细胞核。（引自 Brown et al.，2002）

裸藻细胞被一层薄膜（pellicle）所包裹，该薄膜由4个主要成分组成：质膜、重复蛋白质单元［称为strip（带状结构）］、对向微管和内质网的管状泡囊（cisternae）（图6.2～图6.5）（Leander and Farmer，2000，2001a）。这些平行排列的带状结构为种属的特有特征，主要由连接蛋白组成。在每一条带以下是一套平行微管，相对于条带每一个微管都呈离散分布。内质网的泡囊也与每一条带密切相连，它们可能起储存钙的功能。

图6.4　隐藻门扫描电镜照片。螺旋状的三棱扇裸藻（*Phacus triqueter*）（左下）、梭眼虫（*Euglena acus*）（中）和*Lepocincilis ovata*（右上）。（引自Leander and Farmer，2001b）

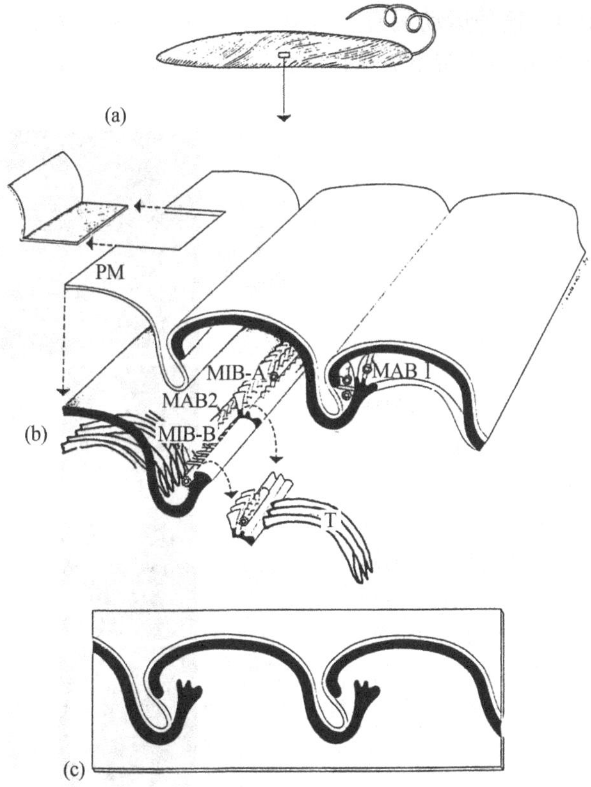

图6.5　纤细裸藻（*Euglena gracilis*）。完整游动细胞的图像（a）、细胞表面横截面（b）及S形的膜骨架与其下部组织相连接结构示意图（c）。膜骨架和其下部的桥梁结构似乎非常适合在相邻的带间进行滑动，在细胞形状发生变化的过程中可能会产生这种滑动。MAB1、MAB2，细胞表层薄膜带中的微管结合桥梁；MIB-A、MIB-B，细胞表层薄膜带中不与微管结合的桥梁；PM，质膜；T，横向纤维。（引自Dubreuil and Bouck，1985）

薄膜每个片层带状结构的一端厚，另一端边缘较薄（图6.5和图6.6）。在这种薄膜结构中，一个片层带状结构厚的末端紧贴另一个片层带状结构薄的边缘的下方，这种结构使得薄膜呈现脊和沟槽相互交替的格局。在纤细裸藻［图6.5、图6.7和图6.14（a）］

中，质膜下约有 40 条 S 形带状结构在它们的侧部边缘相重叠。此带状重叠区内具有一组与微管相连的桥体（microtubule-associated bridge）和独立于微管的桥体（microtubule-independent bridge）。

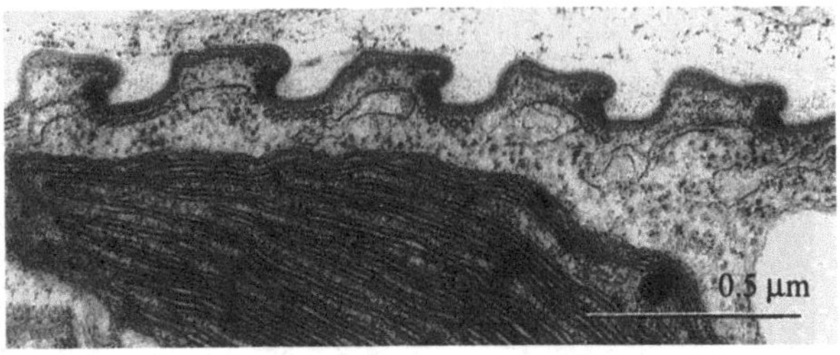

图 6.6 土生裸藻（*Euglena terricola*）薄膜区域截面的透射电镜照片。（引自 Leander and Farmer，2001a）

产胶体位于薄膜带（pellicle strip）下方，其中含有一种水溶性黏多糖。产胶体通过薄膜带间的小孔通向外面。产胶体在柄裸藻（*Colacium*）柄的形成、囊裸藻（*Trachelomonas*）鞘壳（lorica）的形成和胞囊的形成过程中发挥功效，同时在裸藻移动过程中起润滑剂的作用（Leander and Farmer，2000）。

有些裸藻具有一个多变的薄膜，它允许细胞进行流畅的移动，如大家熟知的裸藻运动（euglenoid movement）（图 6.7）。这种运动只有在细胞不游动同时薄膜带进行横向运动时才会出现。该运动可能由直接在薄膜带下方从内质网中结合 Ca^{2+} 而引起（Murata et al.，2000）。

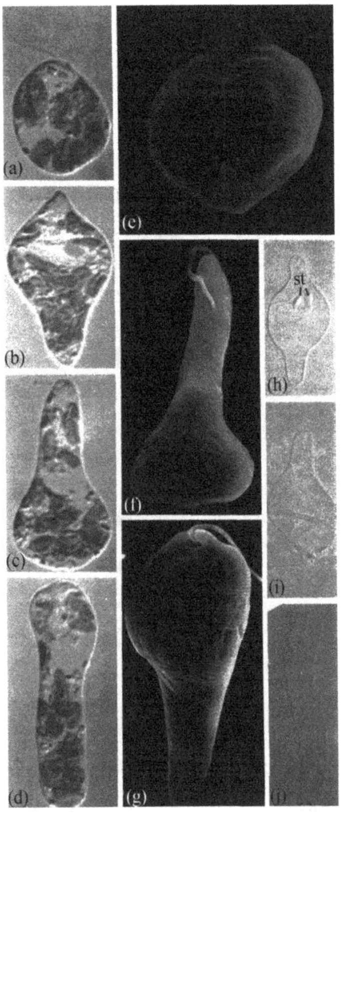

图 6.7 纤细裸藻（*Euglena gracilis*）。(a) ～ (d) 纤细裸藻细胞在运动过程中每隔 5 s 所拍摄的照片。近似球形细胞（a）逐渐向前伸长（b），直至到达细胞前端，然后细胞质向前流动重新形成新的向前突起（c）。新的突起逐渐伸长，细胞质逐渐流动（d）。（e）～（g）细胞运动各阶段的扫描电镜照片。（e）为近似球形的细胞，（f）为向前形成突起的细胞，（g）为完成运动过程的细胞。这说明了在选择阶段的表面脊和沟槽的位置。（h）～（j）显示运动过程中细胞形态的变化。（引自 Dubreuil and Bouck，1985）

当纤细裸藻在昼夜光暗周期的同步影响下生长时，它每天会改变形状两次。在光照期开始时，纤细裸藻光合能力低（通过细胞的生氧能力来衡量），细胞群体主要呈球形（spherical）。在光照期中期光合能力达最大时，细胞群体的平均细胞长度（mean cell length）增加到最大，在 24 h 的剩余时间里细胞则逐渐减小。当 24 h 结束周期重新开始时，细胞群体又变成球形。这些变化在昏暗光线下也可观察到，因此这些变化受生物钟控制，体现了细胞形状的生理节律变化（Lonergan，1983）。

裸藻的运动鞭毛从细胞前端的内陷处伸出，该内陷由一个狭窄的管状部分，即导管（canal）和一个球形或梨形室的隔室，即储蓄泡（reservoir）组成（图 6.2 和图 6.8）。导管为一刚性结构，而储蓄泡形态易发生改变，它因伸缩泡的排放而规律性地发生形态变化。导管的刚性通过微管来维持，微管在导管周围形成一个平面螺旋，就像箍环绕着桶一样。薄膜沿着导管排列而非储蓄泡，储蓄泡是细胞中唯一被质膜独自覆盖的部分。在裸藻（*Euglena*）、柄裸藻（*Colacium*）和袋鞭藻（*Peranema*）中，储蓄泡质膜向内折叠形成一个圆柱形的口兜，它在裸藻中比较普遍（Willey and Wibel，1985a；Surek and Melkonian，1986）。储蓄泡口兜类似于在原生动物动质体目（Kinetoplastida）中发现的胞口（cytosome）（Willey and Wibel，1985b）。在动基体目原生动物［波豆虫（bodonids）和锥体虫（trypanosomatids）］中，胞口与生物通过吞噬作用摄取食物相关，而储蓄泡口兜在行吞噬性营养的裸藻中具有类似的功能（如袋鞭藻属，图 6.13），此时口兜被称为胞口（cytosome）。

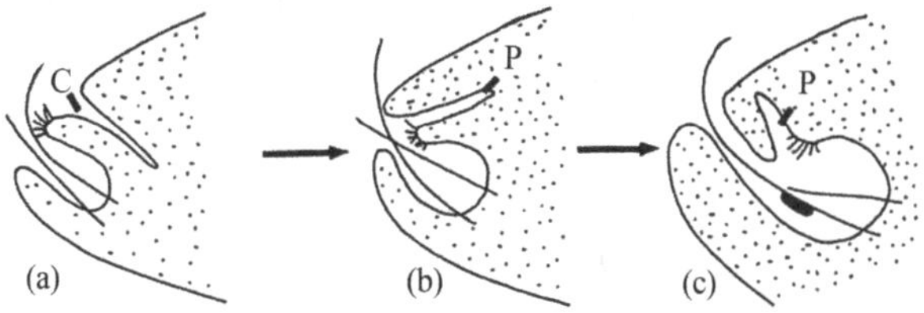

图 6.8 动质体目（Kinetoplastida）具鞭毛的 *Bodo* 类细胞前端示意图。（a）裸藻纲袋鞭藻属（*Peranema*）。（b）裸藻纲柄裸藻属（*Colacium*）。（c）图示裸藻可能的进化。C，胞质体（cytosome）；P，口袋（pocket）。（仿自 Willey and Wibel，1985b）

位于细胞的前端紧邻储蓄泡的伸缩泡（图 6.1、图 6.2、图 6.13 和图 6.14）具有渗透调节的功能，它能防止过多的水分进入细胞内。伸缩泡以 15～60 s 的规律性时间间隔进行填充与排空，伸缩泡将水分排入储蓄泡内，进而水分在这里通过导管转运出去（Leedale，1967）。

线粒体是裸藻的典型特征。无色裸藻通常比相同大小的绿色裸藻具有更多的线粒体。当绿色裸藻的细胞因加热或链霉素脱色后，它们的线粒体数量会增加 7 倍，反映出细胞从自养到异养生长的变化。两种线粒体酶——延胡索酸酶（fumarase）和琥珀酸脱氢酶（succinate dehydrogenase）必须在暗呼吸下才能形成，而光会抑制它们的合成（Davis and Merrett，1974）。

细胞核与细胞核分裂

裸藻的细胞核属中间核型（mesokaryotic type），在有丝分裂过程中染色体永远保持浓缩状态，核仁［核内体（endosome）］在核分裂过程中不散开，在染色体和纺锤体极（pole spindle）之间没有微管形成，在核分裂过程中核被膜保持完整（图 6.9）。裸藻的染色体数目通常较高，在某些属中染色体可能为多倍体（Gravilâ，1996）。

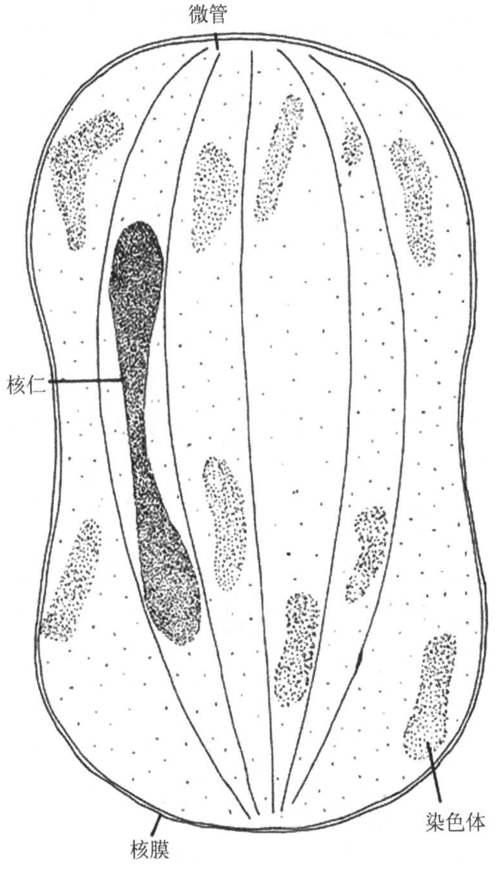

图 6.9 裸藻属细胞分裂后期细胞核纵切面示意图。细胞核膜完整，核仁聚集成两部分，染色体未与纺锤体的维管束结合。

裸藻的有丝分裂（Leedale，1970；Chaly et al.，1977）始于细胞分裂的早前期，核从细胞的中央移向细胞的前端。微管会出现在细胞核内，但不与染色体相连。在细胞分裂中期，成束的微管分布在染色体内，核仁开始沿着分裂轴伸长。在细胞分裂后期，完整的核被膜沿着分裂轴拉伸，核仁分开，子代染色体散开进入两个子细胞核内。

眼点、副鞭毛隆起与趋光性

裸藻的眼点（eyespot 或 stigma）用来聚集橙红色脂滴，它不受叶绿体约束（图

6.1、图 6.2 和图 6.14）。眼点位于细胞的前端，它弯曲至裸藻背部储蓄泡脖颈的鞘套处。大多数裸藻的眼点是一个由 20～50 个液滴构成的致密复合物，尽管双边藻（*Eutreptia*）和卡克藻（*Khawkinea*）的眼点仅由一个或两个大的液滴组成。据报道，眼点中含有 α-胡萝卜素和 7 种叶黄素（xanthophyll）（Sperling Pagni et al.，1981），主要是 β-胡萝卜素（Batra and Tollin，1964）或 β-胡萝卜素衍生物——β-胡萝卜素-4-酮（echineone）（Krinsky and Goldsmith，1960）。无色裸藻中有一个眼点，但没有质体，这进一步强调了眼点的独特性。所有绿色裸藻的这根鞭毛具有一个侧向的隆起，它靠近从导管到储蓄泡的转换区；在裸藻（*Euglena*）中［图 6.2 和图 6.14（a）］，该隆起位于长鞭毛上，它由一个接近基因丝且深入到鞭毛膜内部的晶体组成。

所有具有眼点和鞭毛隆起的裸藻都显示出趋光性，它们通常会逃离亮光（负趋光性），同时也会逃离暗环境进入到弱光中（正趋光性）并在低光强区聚集。一旦环境突然发生变化，裸藻细胞通过游动一根自生鞭毛而发生瞬间的转向反应。在低光强下（不足 1.4 $W \cdot m^{-2}$），裸藻会游向光源，而在高光强下，它会游离光源区。据阴影假说（shading hypothesis）（Häder，1987），正趋光性是因重复降低避光反应而产生。在向前运动过程中，裸藻细胞进行螺旋式旋转，频率为 1～2Hz（每秒旋转的周数）。在侧面光源刺激下，眼点每次都能将光束转载到副鞭毛体上，鞭毛进行临时性的摆动并将细胞的前端转向光源，直到裸藻细胞与光束呈一直线。

失去叶绿素的裸藻（*Euglena*）仍然具有眼点和光受体（副鞭毛隆起），而且还显示出正趋光性，这直接摒弃了叶绿素和叶绿体在趋光性中的作用。失去所有色素但保留光受体的裸藻仍然显示负趋光性，这排除了眼点中的类胡萝卜素在趋光性中直接接受刺激的可能。缺失光感受器和所有色素的裸藻（*Euglena*），如变胞藻（*Astasia*）［图 6.14（b）］不再具有趋光性（Jahn and Bovee，1968）。因此，鞭毛隆起即光受体或光敏细胞器，它对 410 nm 的光最为敏感，说明在此波长处趋光性达到顶峰。裸藻的正趋光性只有在眼点的吸收波长范围在 400～630 nm、周期性地遮蔽光受体时才会出现。

裸藻（*Euglena*）的趋光性具有昼夜节律规律，即趋光性在光照期启动，在光暗期则停止。即使在正常的光暗期引入光线，裸藻细胞也不会展示出趋光性。沿着光源防线的趋光反应显然与光受体有关，但关于为什么在光暗期重新引入光线而细胞没有反应的问题仍不清楚。持续的黑暗不会消除这种节律，除非这种黑暗延续足够长的时间以至裸藻细胞完全变白，此时细胞会显示出负趋光性。在此期间趋光性的未启动特性可能与细胞中同期进行的有丝分裂有关。Leedale（1959）发现绿色裸藻具有完美的与有丝分裂周期同步的昼夜节律，有丝分裂在光暗期起始时发生，它需要 1 h 的黑暗来引发细胞分裂。在有丝分裂过程中，裸藻（*Euglena*）细胞正常聚集并失去鞭毛，但即使鞭毛没有脱落，在此时期细胞仍然无法进行灵活的游动。由于趋光性不敏感期与裸藻在光暗期进行繁殖的时间一致，所以当两者时间吻合和趋光性缺失时，发现裸藻细胞失去运动能力就毫不奇怪了（Jahn and Bovee，1968）。

在泥滩中运动的裸藻也具有趋光性昼夜节律。英格兰布里斯托埃文河（river Avon）河口为入海口，其潮汐水位的变化非常大。因钝顶裸藻（*Euglena obtusa*）在泥层表面的聚集，暴露在低潮中的泥滩会呈现绿色（Bracher，1937；Palmer and Round，1965）。在上涨潮水淹没泥滩之前，钝顶裸藻会重新移动回泥滩中，这种行为模式可避免钝顶裸藻被潮汐水流冲走。近轴裸藻（*E. proxima*）具有类似的运动规律，藻体细胞在迁移周期的这一时段从泥滩中吸取大量的营养（Kingston，2002）。裸藻（*Euglena*）细胞只有在白天低潮出现时才会聚集到泥滩表面（图 6.10），这种现象表明趋光性是与这一过程相关的主要机制，藻体细胞在白天向光线移动并到达泥滩表面。如果裸藻细胞在实验室中进行持续光照（980 lux），则细胞垂直迁移过程中也显示出昼夜节律。这种昼夜节律时段是由自然界中最后的光暗期决定的，而这种光暗期环境是由高潮时浑浊的水体覆盖住泥滩所致。因此，这种节律实际上还是一种昼夜节律，它是由潮汐造成的光-暗周期所引起，而与单纯的潮汐变化无关。

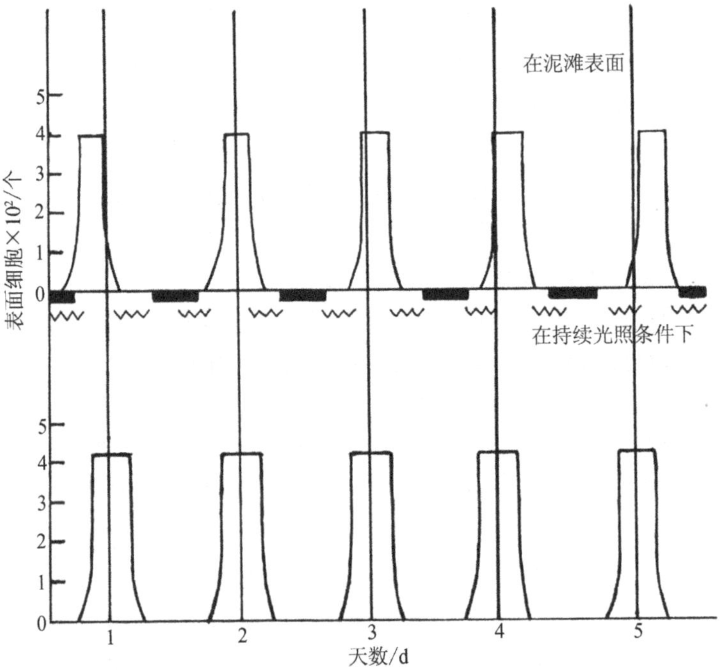

图 6.10 钝顶裸藻（*Euglena obtusa*）在泥层表面垂直迁移的节律（上图），钝顶裸藻在实验室持续光照条件下垂直迁移的节律（下图）。图中横坐标上粗黑色线代表夜晚，而波浪线表示潮水覆盖泥滩的时期。（仿自 Palmer and Round，1965）

产胶体与胞外结构

产胶体（muciferous body）（也称黏液泡 mucocyst）含水溶性多糖，位于所有裸藻种类薄膜下方的螺旋层（helical row）内（图 6.2）。产胶体通过薄膜带之间的小孔通向细胞外侧，这样裸藻细胞就永久地被产胶体中一薄薄的黏液层所覆盖（Rosowski，1977）。这些黏液有时在细胞的后端形成一个黏液拖尾，因而有些裸藻种类可利用其黏性后端将自己固着到生境基质上。具有较大产胶体的裸藻在外界刺激下会喷射出内含物并在细胞周围形成丰富的黏液层（Hilenski and Walne，1983）。纤细裸藻［图 6.7 和图 6.14（a）］的黏液由糖蛋白和多糖组成（Cogburn and Schiff，1984）。柄裸藻（图 6.15 和图 6.16）的被膜与柄由细胞前部的黏液泡排出的碳水化合物形成（Willey，1984）。圆柱形的柄由一个内心和一个外心的微酸性碳水化合物组成。柄裸藻的此柄与导管和细胞前端相连（Willey et al.，1977）。像囊裸藻（*Trachelomonas*）［图 6.12 和图 6.14（d）］这些裸藻的被膜则由黏液丝基底上的无机沉积物构成。

裸藻会形成胞囊（cyst）旨在不利环境中存活。在此期间，裸藻细胞变圆并在细胞表面分泌一层厚的黏液鞘（图 6.11），它能够保证细胞存活数月，直至胞囊破裂细胞重新释放。在局部干燥或过度光照条件下，这层黏液鞘有时只起临时性胞囊的作用，只要环境条件改善，细胞就很快从这层鞘中释放出来。在某些裸藻［裸藻（*Euglena*）和双边藻（*Eutreptia*）］中，细胞分裂在该黏液层中进行，这会导致其形成一个不定形（palmelloid）群体，它可形成宽广的细胞层覆盖在数平方英尺的泥滩表面（Leedale，1967）。

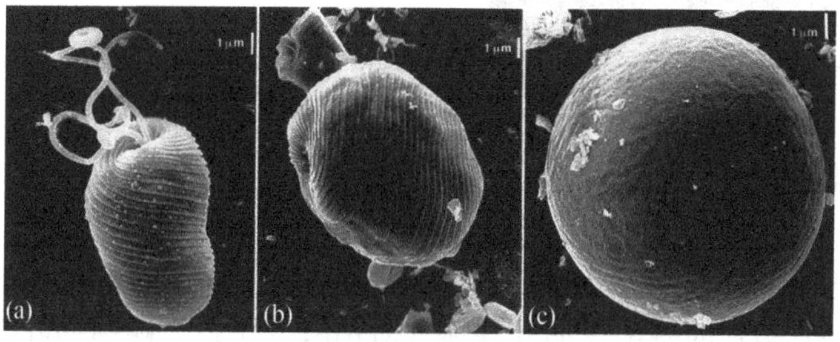

图 6.11 *Eutreptiella gymnastica* 胞囊扫描电子显微镜照片。营养细胞（a）失去鞭毛，形成大量裼藻淀粉粒，细胞逐渐变圆（b）。细胞逐渐膨胀，细胞表面产生黏液覆盖物（c）。（引自 Olli，1996）

囊裸藻（*Trachelomonas*）是营自由生长的绿色裸藻中的一个大属，其特征是细胞外壳被一个富含图案的矿化被膜所包括，并且在鞭毛生出处有一个具镶边的顶端小孔［图 6.12 和图 6.14（d）］。本属大多数种类是通过被膜的形态和纹饰来确定的，但这些特征会因生长条件的不同而发生变化，特别是环境中铁和锰离子的供给。这导致有些已经描述的种类实际上只是其他种类的生长形式而已（Pringsheim，1953）。被膜的形成过程与最初的纤维状被膜的矿化有关，后者可能由产胶体的分泌物衍生而成（Pringsheim，1953；Leedale，1975）。细胞分裂从亲代原生质体的纵裂开始，两个子细胞在被膜内旋转，随后其中一个或两个子细胞通过外壳上的小孔从被膜中挤出。每个裸露的子细胞在外部分泌一个新的被膜，最初该被膜无色而易碎，但大小和形状几乎与母体相同。在适宜的生长环境下，被膜慢慢变厚并富含纹饰，其颜色先是黄色，然后变成褐色。当环境中的锰缺乏时，被膜仍然较薄且没有纹饰。被膜的结构具有种属的特异性，但一般种类会产生下列两种常见结构类型中的一种：①主要由锰元素（manganese）组成的纤维状沉积物构成的被膜；②主要由铁元素（iron）组成的精细微粒构成的被膜

(Dodge，1975；Leedale，1975；Walne，1980；West and Walne，1980；West et al.，1980)。

大量裸藻都具有薄层纹饰，特别是在扁裸藻（*Phacus*）[图 6.4 和图 6.14（e）] 和旋纹裸藻（*Euglena spirogyra*）的复合体中。在囊裸藻（*Trachelomonas*）[图 6.12 和图 6.14（d)] 中，纹饰的形成过程与被膜的形成有关，而在柄裸藻（*Colacium*）（图 6.15 和图 6.16）中，与柄的形成有关。

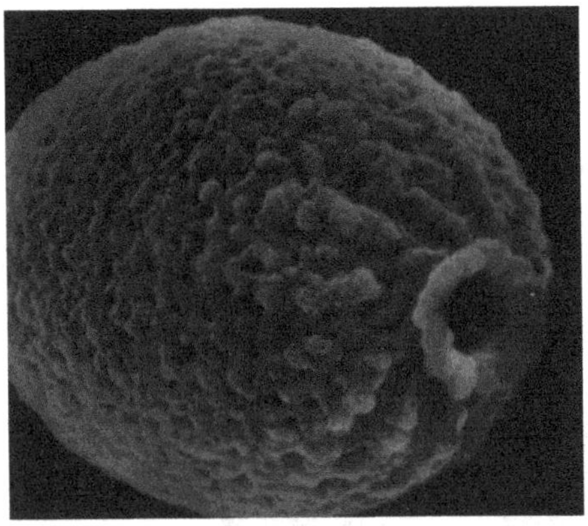

图 6.12 齿领囊裸藻（*Trachelomonas lefevrei*）矿化包膜扫描电子显微镜照片。（引自 Dunlap et al.，1983)

叶绿体与储存产物

裸藻的叶绿体源于二次内共生。裸藻的叶绿体起源于绿藻门葱绿藻纲（Prasinophyceae）中一种具鳞片的鞭毛藻的叶绿体（Marin，2004)。裸藻的叶绿体由两层叶绿体被膜和一层叶绿体内质网所包被，其中内质网膜与核膜不相连（图 6.2、图 6.3 和图 6.14)。裸藻的叶绿体通常呈盘状，具有一个位于中央的淀粉核，类囊体三个一组聚集成带状，并且有两个类囊体带穿过淀粉核。

在趋光性生长的裸藻细胞中，淀粉核外环绕着一层裸藻淀粉粒，但它们位于叶绿体外部（图 6.2、图 6.3 和图 6.14)。在黑暗中行异养生长的裸藻细胞中，淀粉粒散布于细胞质内（Bäumer et al.，2001)。Gottlieb 在 1850 年分离出裸藻淀粉粒，他发现这种颗粒由一种与淀粉同属同分异构体的碳水化合物组成，但遇碘酒不变色，因而它们被称为裸藻淀粉粒（paramylon granule)。后来，研究发现裸藻淀粉粒由用 β-1，3 糖苷键连接的葡聚糖组成（Barsanti et al.，2001)。裸藻淀粉粒是一个由膜包被的晶体，它由两部分组成：矩形实体和楔形体（Kiss et al.，1987)。液态储存产物如金藻昆布多糖，在某些裸藻纲种类如 *Eutreptiella gymnastica*（图 6.11）和楔胞藻（*Sphenomonas laevis*）中可以只是其中一种储存产物，它可以与固态裸藻淀粉粒同时出现在同一细胞内（Leedale，1967；Throndsen，1969)。但是，裸藻淀粉主要作为淀粉粒的一层护罩，而液泡中的金藻昆布多糖主要位于细胞的前端（Throndsen，1973)。

营养

裸藻纲具有许多营养模式，这取决于裸藻的种类。目前，已证实没有裸藻能进行完全的光合自养（photoautotrophic）：在缺乏所有有机物（包括维生素）、以二氧化碳为碳源、硝酸盐或是铵盐为氮源、光为能量源的条件下进行生长。到目前为止，所有已研究的绿色裸藻都为光合自养（photoauxotrophic）：在缺乏有机营养但存在二氧化碳、铵盐、光并且至少需要一种维生素的介质中进行生长。研究发现，纤细裸藻（*E. gracilis*）绝对需要维生素 B_{12}（Hutner and Provasoli，1995），其细胞分裂需要 4900～22 000 个分子的维生素 B_{12}（Carell，1969）。维生素 B_{12} 缺乏的细胞体积会增大，有时会达到对照组细胞体积的 10 倍，维生素 B_{12} 缺乏的细胞在最后阶段会变成多核，每个细胞含有的叶绿体要多于正常细胞（Bertaux and Valencia，1971，1973；Carell，1969）。在维生素 B_{12} 缺乏时期，细胞中总 RNA 和蛋白质含量相比对照组要增加400%～500%（Carell et al.，1970）。虽然在这期间叶绿体蛋白与细胞总蛋白的比例保持恒定，但每个细胞的叶绿体数目会增加，这证明了叶绿体的分裂独立于核的分裂（Bre and Lefort-Tran，1974）。尽管在维生素 B_{12} 缺乏时期蛋白质含量会增加 400%～500%，但总 DNA 仅增加约 180%，这表明 DNA 复制过程中的这一个特殊步骤优先受到维生素的影响（Bré et al.，1975）。

当裸藻（*Euglena*）细胞变老时，它们变得稳定且呈球形，倾向于形成增大的“巨大”细胞，并且积累橙色至黑色的色素体。细胞变老也会导致大量溶酶体和微体的形成，而且使细胞器的降解加速（Gomez et al.，1974）。衰老细胞会经历从碳水化合物向脂类氧化的转换，苹果酸合成酶的增加即印证了这一点，该酶与在脂肪氧化中起重要作用的乙醇酸通道有关。

裸藻属于以乙酸盐为渗透营养型（osmotrophic）的鞭毛藻，它们能在光照下进行光合自养或在黑暗中进行光合异养。无论在哪种状态下，藻体细胞利用固碳作为能量源，也可作为构件用于细胞合成。异养生长所用的基质因裸藻种类而异，而基质渗透到细胞的能力可能是最主要的因素。一般说来，最易利用的基质是乙酸、丁酸和相应的醇（如乙醇）。最常见的两种基质是乙酸和乙醇。

分类

rRNA 基因研究证实裸藻纲属于单系起源，它与动质体目（kinetoplastida）互为姐妹类群（Preisfeld et al.，2000；Nudelman et al.，2003）。具吞噬功能的裸藻［如袋鞭藻（*Peranema*），图 6.13］的起源要早于行光合营养和渗透吸收营养的裸藻。行光合营养的裸藻由单个二次内共生事件进化而来，它与葱绿藻纲中一种绿藻的叶绿体有关（Marin，2004）。行渗透吸收营养的类属如变胞藻（*Astasia*）［图 6.14（b）］含有叶绿体遗传物质，表明它们是由光合营养的裸藻进化而来的（Sekiguchi et al.，2002）。

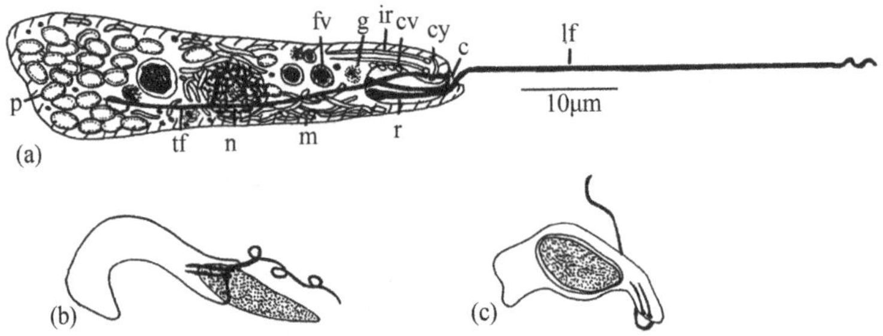

图 6.13 三角袋鞭藻（*Peranema trichophorum*）。(a) 正常细胞结构。(b) 和 (c) 裸藻细胞吞咽摄食的两个不同阶段。c，导管（canal）；cv，会伸缩的液泡；cy，胞质体的边缘；fv，食物泡；g，高尔基体；ir，摄食棒；lf，前端鞭毛；m，线粒体；n，细胞核；p，淀粉核；tf，拖尾鞭毛。（仿自 Leedale，1967）

本书将裸藻纲分为三个目，核酸测序研究表明裸藻目种类进化的年代最近（Marin，2004）。

目 1 异丝藻目(Heteronematales)：两根自生的鞭毛，在游动过程中长鞭毛指向细胞前方，短鞭毛指向细胞后方，具有特别的摄食细胞器。

目 2 双鞭藻目(Eutreptiales)：两根自生的鞭毛，在游动过程中一根指向细胞前方，另一根指向细胞侧面或后方，没有特别的摄食细胞器。

目 3 裸藻目(Euglenales)：两根鞭毛，其中只有一根从导管露出，没有特别的摄食细胞器。

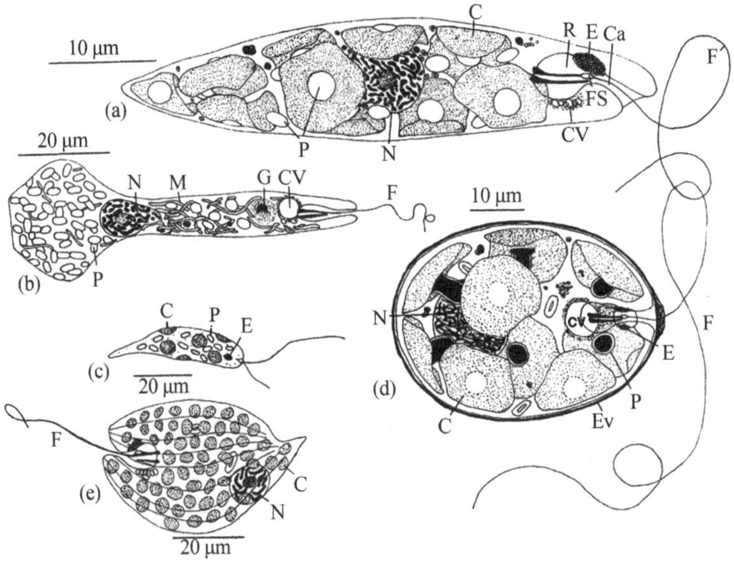

图 6.14 (a) 纤细裸藻（*Euglena gracilis*）。(b) 尾变胞藻（*Astasia klebsii*）。(c) *Eutreptiella marina*。(d) *Trachelomonas grandis*。(e) 三棱扇裸藻（*Phacus triqueter*）。C，叶绿体；Ca，导管；CV，收缩液泡；E，眼点；Ev，被膜；F，鞭毛；FS，鞭毛囊肿；M，线粒体；N，细胞核；P，淀粉粒或叶绿体周围的淀粉外壳；R，储蓄泡。（仿自 Leedale，1967）

异丝藻目

异丝藻目（Heteronematales）无色的细胞含有一个特殊的摄食细胞器（Triemer，1997），它们行吞噬性营养，即完整地摄取食物颗粒并在食物泡中消化它们。三角袋鞭藻（*Peranema trichophorum*）是一种摄食其他细胞和碎屑的裸藻（Leedale，1967）（图 6.13）。它的摄食细胞器由两个平行的锥形杆组成，锥形杆的钩状前端固着于胞质体（cytosome）的黏性边缘。锥形杆的后端在脱离于导管开口的近顶点处形成一个永久性的“嘴”，三角袋鞭藻的细胞没有永久性的“喉咙”，摄食完成后在胞质体处形成食物泡。袋鞭藻（*Peranema*）通常摄取食物颗粒和活的生物，将它们完整地吞入食物泡中。在摄食过程中，摄食杆（ingestion rod）伸出并附着到猎物的表面，后者于是通过与袋鞭藻细胞相连的胞质体的波浪运动而被牵引，如果猎物较大，如裸藻（*Euglena*），摄食杆沿着猎物的方向进行分离、移动和再结合的一系列运动，这样能将更多的猎物拖进体内。通过反复的牵引，整个裸藻被吞入袋鞭藻体内，这个过程需要 15 min。如果遇到体积较大的藻细胞，袋鞭藻会采取第二种攻击方式，包括切割和吸取，而不是整个吞入。首先，几个袋鞭藻细胞会聚在猎物周围，伸出它们的摄食杆并用其来擦碎猎物的细胞壁或周质体。旋纹裸藻（*E. spirogyra*）的细胞膜被切割开约需要 10 min，细胞内含物被吸出并进入胞质体下方的一个临时性食物导管中。如果猎物足够大，掠食者会进入到猎物细胞内将猎物剩余部分吞食掉。随着消化过程的推进，食物泡体积逐渐变小，不吸收的残留最终通过位于细胞后端固定位置的“净化区（defecation area）”排出体外。

双鞭藻目

双鞭藻目（Eutreptiales）藻类具有两条自然发生的鞭毛，没有特别的摄食细胞器。双边藻（*Eutreptia*）和 *Eutreptiella* [图 6.11 和图 6.14（c）] 为分布于河口或海岸地区的种类，而多形藻（*Distigma*）是酸性淡水中的代表种。

裸藻目

裸藻目（Euglenales）主要生活在淡水中，鞭毛无副鞭毛隆起且退化，因而它没有从导管中伸出。裸藻目的常见种类包括绿色行光合作用的裸藻属（*Eulgena*）[图 6.1～图 6.3、图 6.7 和图 6.14（a）]、囊壳藻属（*Trachelomonas*）[图 6.12 和图 6.14（d）]、扁裸藻属（*Phacus*）[图 6.4 和图 6.14（d）]，以及无色的行渗透吸收营养的变胞藻属（*Astasia*）[图 6.14（b）]。

柄裸藻（*Colacium libellee*）是裸藻目的一种，在冬季它会生长在寒冷湖水中的豆娘幼虫（damselfly nymph）的直肠内（图 6.15 和图 6.16），而在温暖的夏季，豆娘幼虫和 *C. libellee* 分开生存。随着冬季到来，柄裸藻的细胞附着到豆娘幼虫直肠的表皮上，形成一个显眼的绿色栓塞，它将豆娘幼虫腹部末端 4 个节段染成暗绿色。*C. li-*

bellee在直肠中呈胶状群体，缺乏鞭毛隆起和眼点。由于湖面四周结冰，豆娘幼虫移动到深水中。在这里，豆娘幼虫为 *C. libellee* 形成了一个充满保护、可移动的半透明微环境；同时豆娘幼虫也可为 *Colacium* 细胞提供营养源，帮助藻体度过不适的冬天。在春季，豆娘幼虫游到温暖的水域，此时 *Colacium* 细胞游出豆娘幼虫的直肠并在夏季开始自由生活。如果将体内不含藻类的豆娘幼虫放入含有 *C. libellee* 的水中，藻细胞会在36 h内定居到豆娘幼虫直肠中，而其他种类不能侵入豆娘幼虫体内（Willey et al.，1970，1973；Willey，1972；Rosowski and Willey，1975）。

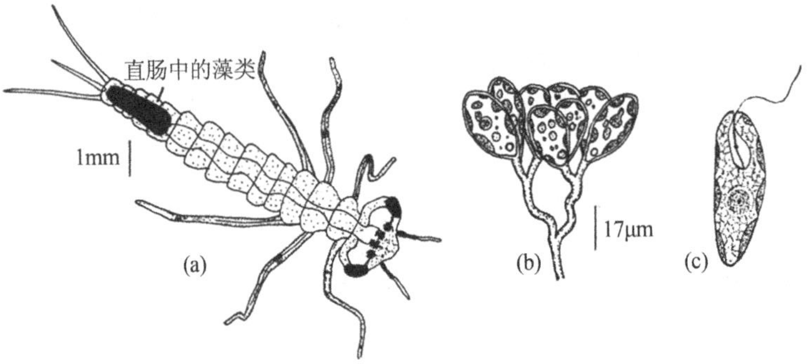

图 6.15 （a）豆娘（*Ischnura verticalis*）幼虫，在其幼虫的直肠中有大量的裸藻 *Colacium libellee*。（b）囊形柄裸藻（*Colacium vesiculosum*）细胞群。（c）单个游动的囊形柄裸藻。[（a）改编自 Rosowski and Willey，1975；（b）和（c）仿自 Stein and Johnson in Huber-Pestalozzi，1955]

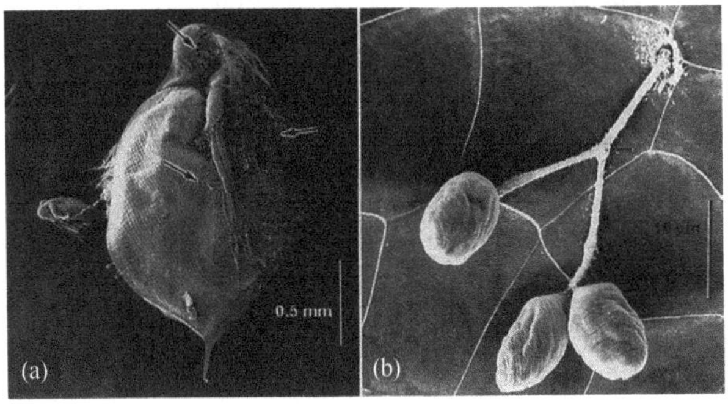

图 6.16 在淡水节肢动物 *Daphnia pulex* 上附生的囊形柄裸藻（*Colacium vesiculosum*）的扫描电子显微镜照片。（a）箭头所指为大量附生在 *Daphnia* 上的囊形柄裸藻群体。（b）囊形柄裸藻通过黏液柄附着于 *Daphnia* 体表。（引自 AlDhaheri and Willey，1996）

参考文献

Al-Dhaheri，R. S.，and Willey，P. L.（1996）. Colonization and reproduction of the epibiotic flagellate *Colacium vesiculosum*（Euglenophyceae）in *Daphnia pulex*. *J. Phycol.* 32：770-4.

Barsanti，L.，Vismara，R.，Passarelli，V.，and Gualtieri，P.（2001）. Paramylon（β-1，3-glucan）content in wild type and WZSL mutant of *Euglena gracilis*. Effects of growth conditions. *J. Appl. Phycol.* 13：59-65.

Bastin，P.，and Gull，K.（1999）. Assembly and function of complex flagellar structures illustrated by the paraflagellar rod of trypanosomes. *Protist* 150：113-23.

Batra, P. P., and Tollin, G. (1964). Phototaxis in *Euglena*. I. Isolation of the eyespot granules and identification of the eye-spot pigments. *Biochem. Biophys. Acta* 79: 371-8.

Bäumer, D., Preisfeld, A., and Ruppel, H. G. (2001). Isolation and characterization of paramylon synthase from *Euglena gracilis* (Euglenophyceae). *J. Phycol.* 37: 38-46.

Bertaux, O., and Valencia, R. (1971). Effects de la carence B_{12} sur les cellules synchrones de *Euglena gracilis*: Blocage de la division cellulaire, polyploidie et gigantisme. *J. Physiol. (London)* 63: 167A.

Bertaux, O., and Valencia, R. (1973). Blocage de la division cellulaire et malformations induites par carence B_{12} chez les cellules synchrones de *Euglena gracitis Z. C. R. Séances Acad. Sci. Paris* 276: 753-6.

Bouck, G. B., Rogalski, A., and Valaitis, A. (1978). Surface organization and composition of *Euglena*. II. Flagellar mastigonemes. *J. Cell Biol.* 77: 805-26.

Bracher, R. (1937). The light relations of *Euglena limosa* Gard. Part I. The influence of intensity and quality of light on phototaxy. *J. Linn. Soc. Bot.* 51: 23-42.

Bré M. II., and Lefort-Tran, M. (1974). Influence de l'avitaminose B_{12} sur les chloroplastes de l'*Euglena gracilis* Z. en milieu lactate. *C. R. Séances Acad. Sci. Paris* 278: 1349-52.

Bré, M. H., Diamond, J., and Jacques, R. (1975). Factors mediating the vitamin B_{12} requirement of *Euglena. J. Protozool.* 22: 432-4.

Brown, P. J. P., Leander, B. S., and Farmer, M. A. (2002). Redescription of *Euglena rustica* (Euglenophyceae), a rare euglenophyte from the intertidal zone. *Phycologia* 41: 445-52.

Carell, E. F. (1969). Studies on chloroplast development and replication in *Euglena*. I. Vitamin B_{12} and chloroplast replication. *J. Cell Biol.* 41: 431-40.

Carell, E. F., Johnston, P. L., and Christopher, A. R. (1970). Vitamin B_{12} and the macromolecular composition of Euglena. *J. Cell Biol.* 47: 525-30.

Chaly, N., Lord, A., and Lafontaine, J. G. (1977). A light-and electron-microscope study of nuclear structure throughout the cell cycle in the euglenoid *Astasia longa* (Jahn). *J. Cell Sci.* 27: 23-45.

Cogburn, J. N., and Schiff, J. A. (1984). Purification and properties of the mucus of *Euglena gracilis* (Euglenophyceae). *J. Phycol.* 20: 533-44.

Davis, B., and Merrett, M. J. (1974). The effect of light on the synthesis of mitochondrial enzymes in division-synchronized *Euglena* cultures. *Plant Physiol.* 53: 575-80.

Dodge, J. D. (1975). The fine structure of *Trachelmonas* (Euglenophyceae). *Arch. Protistenk.* 117: 65-77.

Dubreuil, R. R., and Bouck, G. B. (1985). The membrane skeleton of a unicellular organism consists of bridged, articulating strips. *J. Cell Biol.* 101: 1884-96.

Dunlap, J. R., Walne, P. L., and Bentley, J. (1983). Microarchitecture and elemental spatial segregation of envelopes of *Trachelomonas lefevrei* (Euglenophyceae). *Protoplasma* 117: 97-106.

Gomez, M. P., Harris, J. B., and Walne, P. L. (1974). Studies of *Euglena gracilis* in aging cultures. I. Light microscopy and cytochemistry. *Br. Phycol. J.* 9: 163-74.

Gottleib, J. (1850). Ueber eine neue, mit Starkmehl isomere Substanz. *Ann. Chem. Pharm.* 75: 51-61.

Gravilă, L. (1996). Light and electron microscope studies of euglenoid nuclei. In *Cytology, Genetics and Molecular Biology of Algae*, ed. B. R. Chaudhary, and S. B. Agrawal, pp. 193-213. Amsterdam, The Netherlands: SPB Academic Pub.

Häder, D-P. (1987). Polarotaxis, gravitaxis and vertical phototaxis in the green flagellate, *Euglena gracilis*. *Arch. Microbiol.* 147: 179-83.

Hilenski, L. L., and Walne, P. L. (1983). Ultrastructure of mucocysts in *Peranema trichophorum* (Euglenophyceae). *J. Protozool.* 30: 491-6.

Hilenski, L. L., and Walne, P. L. (1985). Ultrastructure of the flagella of the colorless phagotroph *Peranema trichophorum* (Euglenophyceae). I. Flagellar mastigonemes. *J. Phycol.* 21: 114-25.

Huber-Pestalozzi, G. (1955). Euglenophycean. *Das Phytoplankton des Susswassers*, Vol. 16, Part 4. Stuttgart: E. Schweizerbart'sche Verlagsbuchhandlung.

Hutner, S. H., and Provasoli, L. (1955). Comparative biochemistry of flagellates. In *Biochemistry and Physiology of Protozoa*, ed. S. H. Hutner, and A. Lwoff, Vol. 2, pp. 1-40. New York and London: Academic Press.

Jahn, T. L., and Bovee, E. C. (1968). Locomotive and motile response in *Euglena*. In *The Biology of Euglena*, ed. D. E. Búetow, I: 45-108. New York and London: Academic Press.

Kingston, M. B. (2002). Effect of subsurface nutrient supplies on the vertical migration of *Euglena proxima* (Euglenophyta). *J. Phycol.* 38: 872-80.

Kiss, J. Z., Vasconcelos, A. C., and Triemer, R. E. (1987). Structure of the euglenoid storage carbohydrate, paramylon. *Am. J. Bot.* 74: 877-82.

Krinsky, N. I., and Goldsmith, T. H. (1960). The carotenoids of the flagellated alga, *Euglena gracilis*. *Arch. Biochem. Biophys.* 91: 271-9.

Leander, B. S., and Farmer, M. A. (2000). Comparative morphology of the euglenoid pellicle. I. Patterns of strips and pores. *J. Eukary. Microbiol.* 47: 469-79.

Leander, B. S., and Farmer, M. A. (2001a). Comparative morphology of the euglenoid pellicle. II. Diversity of strip substructure. *J. Eukary. Microbiol.* 48: 202-17.

Leander, B. S., and Farmer, M. A. (2001b). Evolution of *Phacus* (Euglenophyceae) as inferred from pellicle morphology and SSU rDNA. *J. Phycol.* 37: 143-59.

Leedale, G. F. (1959). Periodicity of mitosis and cell division in the Euglenineae. *Biol. Bull.* 16: 162-74.

Leedale, G. F. (1967). *Euglenoid Flagellates*. Englewood Cliffs, NJ: Prentice Hall.

Leedale, G. F. (1970). Phylogenetic aspects of nuclear cytology in the algae. *Ann. NY Acad. Sci.* 175 (2): 429-53.

Leedale, G. F. (1975). Envelope formation and structure in the euglenoid genus *Trachelomonas*. *Br. Phycol. J.* 10: 17-41.

Lonergan, T. A. (1983). Regulation of cell shape in *Eugléna gracilis*. I. Involvement of the biological clock, respiration, photosynthesis, and cytoskeleton. *Plant Physiol.* 71: 719-30.

Marin, B. (2004). Origin and fate of chloroplasts in the Euglenoida. *Protist* 155: 13-14.

Mignot, J-P. (1966). Structure et ultrastructure de quelques Euglenomonadines. *Protistologica* 2: 51-117.

Murata, K., Okamoto, M., and Suzaki, T. (2000). Morphological change of cell-membrane-integrated crystal structure induced by cell shape change in *Euglena gracilis*. *Protoplasma* 214: 73-9.

Ngo, H. M., and Bouck, G. B. (1998). Heterogeneity and a coiled coil predication of trypanosomatid-like flagellar rod proteins in *Euglena*. *J. Eukary. Microbiol.* 45: 323-33.

Nudelman, A. A., Rossa, M. S., Conforti, V., and Triemer, R. E. (2003). Phylogeny of Euglenophyceae based on small subunit rDNA sequences: taxonomic implications. *J. Phycol.* 39: 226-35.

Olli, K. (1996). Resting cyst formation of *Eutreptiella gymnastica* (Euglenophyceae) in the northern coastal Baltic Sea. *J. Phycol.* 32: 535-42.

Palmer, J. D., and Round, F. E. (1965). Persistent, vertical-migration rhythms in the benthic microflora. I. The effect of light and temperature on the rhythmic behaviour of *Euglena obtusa*. *J. Mar. Biol. Assoc. UK* 45: 567-82.

Preisfeld, A., Berger, S., Busse, I., Liller, S., and Ruppel, H. G. (2000). Phylogenetic analyses of various euglenoid taxa (Euglenozoa) based on 18S rDNA sequence data. *J. Phycol.* 36: 220-6.

Pringsheim, E. G. (1953). Observations on some species of *Trachelomonas* grown in culture. *New Phytol* 52: 93-113, 238-66.

Rosowski, J. R., and Willey, R. L. (1975). *Colacium libdlae* sp. nov. (Euglenophyceae), a photosynthetic inhabitant of the larval damselfly rectum. *J. Phycol.* 11: 310-15.

Saito, A., Suetomo, Y., Arikawa, M., et al. (2003) Gliding movement in *Peranema trichophorum* is powered by flagellar surface motility. *Cell Motil. Cytoskd.* 55: 244-53.

Sekiguchi, H., Moriya, M., Nakayama, T., and Inouye, I. (2002). Vestigial chloroplasts in heterotrophic stramenopiles *Pteridomonas danica* and *Ciliophrys infusionum* (Dictyochophyceae). *Protist* 153: 157-67.

Shin, W., and Triemer, R. E. (2004). Phylogenetic analysis on the genus *Euglena* (Euglenophyceae) with particular reference to the species *Euglena viridis*. *J. Phycol.* 40: 759-71.

Sperling Pagni, P. G., Walne, P. L., and Pagni, R. M. (1981). On the occurrence of α-carotene in isolated stigmata of *Euglena gracilis* var. *bacillaris*. *Phycologia* 20: 431-4.

Surek, B., and Melkonian, M. (1986). A cryptic cytosome is present in *Euglena*. *Protoplasma* 133: 39-49.

Talke, S., and Preisfield, A. (2002). Molecular evolution of euglenozoan paraxonemal rod genes *par1* and *par2* coincides with phylogenetic reconstruction based on small subunit rDNA data. *J. Phycol.* 38: 995-1003.

Throndsen, J. (1969). Flagellates of Norwegian coastal waters. *Nytt Mag. Bot.* 16: 161-216.

Throndsen, J. (1973). Fine structure of *Eutreptiella gymnastica* (Euglenophyceae). *Norw. J. Bot.* 20: 271-80.

Walne, P. L. (1980). Euglenoid flagellates. In *Phytofiagellates*, ed. E. Cox, pp. 165-212. North Holland: Elsevier.

West, L. K., and Walne, P. L. (1980). *Trachelomonas hispada* var. *coronata* (Euglenophyceae). II. Envelope substructure. *J. Phycol.* 16: 498-506.

West, L. K., Walne, P. L., and Bentley, J. (1980). *Trachelomonas hispida* var. *coronata* (Euglenophyeeae). III. Envelope elemental composition and mineralization. *J. Phycol.* 16: 582-91.

Willey, R. L. (1972). The damselfly (*Odonata*) hindgut as a host for the euglenoid *Colacium*. *Trans. Am. Microsc. Soc.* 91: 585-93.

Willey, R. L. (1984). Fine structure of the mucocysts of *Colacium calvum* (Euglenophyceae). *J. Phycol.* 20: 426-30.

Willey, R. L., and Wibel, R. G. (1985a). The reservoir cytoskeleton and a possible cytosomal homologue in *Colacium* (Euglenophyceae). *J. Phycol.* 21: 570-7.

Willey, R. L., and Wibel, R. G. (1985b). A cytosome/cytopharynx in green euglenoid flagellates (Euglenales) and its phylogenetic implications. *BioSystems* 18: 369-76.

Willey, R. L., Bowen, W. R., and Durban, E. M. (1970). Symbiosis between *Euglena* and damselfly nymphs is seasonal. *Science* 170: 80-1.

Willey, R. L., Durban, E. M., and Bowen, W. R. (1973). Ultrastructural observations of a *Colacium* palmella: The reservoir, eyespot, and flagella. *J. Phycol.* 9: 211-15.

（姚建亭 译，胡自民 段德磷 校）

第七章

甲藻门（Dinophyta）

甲藻纲（Dinophyceae）

甲藻纲的藻类是淡水和海洋浮游生物中的重要成员，尽管其海洋类群具有更多的形态变异类型。相对于极地冷水水域，甲藻一般在暖水水域显得更为重要。高度复杂的鳍藻目（Dinophysales）[图 7.56（d）和图 7.56（e）] 基本上属于一个热带类群。

一个典型的游动甲藻（图 7.1 和图 7.2）具有一个上锥体（epicone）和一个下锥体（hypocone），它们被横向腰带（girdle）或横沟（cingulum）分隔。上锥体和下锥体通常具有若干甲板（thecal plate），甲板的准确数目和排列是区分甲藻属的重要特征 [图 7.1、图 7.3、图 7.21（b）和图 7.25（b）]。一条纵沟（longitudinal sulcus）垂直于腰带。纵向和横向鞭毛从腰带与纵沟交汇区的甲板处伸出并显露出来。纵鞭毛从细胞中伸出，而横鞭毛紧贴着腰带呈波浪状。这些细胞为光合类型或无色的异养类型。光合类群的叶绿体被叶绿体内质网的单层膜包裹，这种叶绿体内质网与核被膜的外膜并不相连。

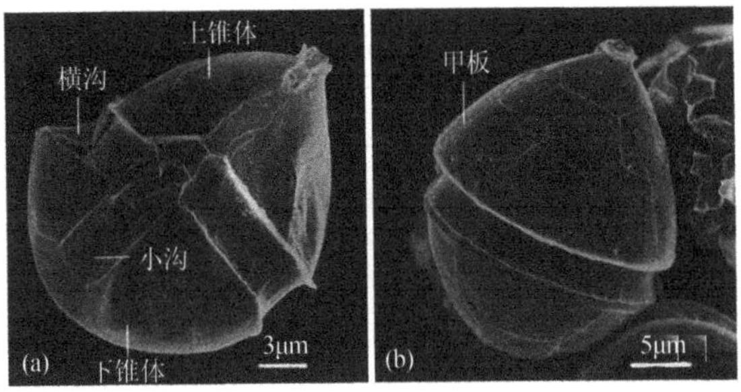

图 7.1 锥状斯氏藻。扫描电镜图显示腹面观（a）和背面观（b）的甲板。（引自 Janofske，2000）

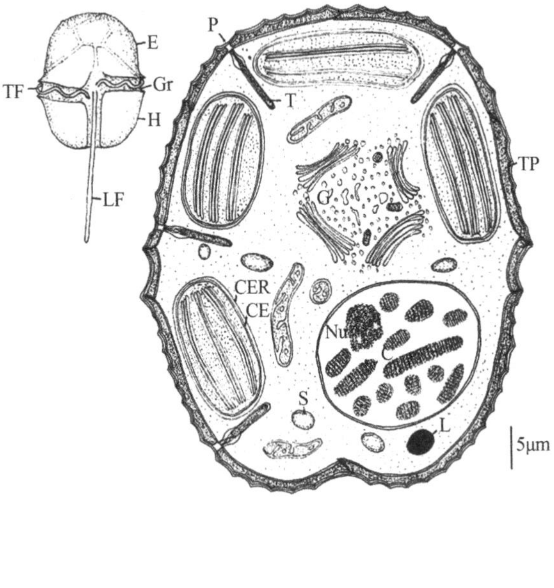

图 7.2 一种多甲藻 *Peridinium* sp. 的光镜和电镜图片。图片显示了甲藻纲的许多特征。C，染色体；CE，叶绿体被膜；CER，叶绿体内质网；E，上锥体；G，高尔基体；Gr，腰带；H，下锥体；L，脂质球；LF，纵鞭毛；Nu，细胞核；P，刺丝胞孔；S，淀粉；T，刺丝胞；TF，横鞭毛；TP，甲板。

叶绿体中存在叶绿素 a 和 c_2，主要的类胡萝卜素是多甲藻黄素（peridinin）和新多甲藻黄素（neoperidinin）。在电子显微镜下可观察到大约一半甲藻的叶绿体中含有蛋白核（Dodge and Crawford，1970）。甲藻的储藏产物类似于高等植物中的淀粉（Vogel and Meeuse，1968）。细胞核具有始终浓缩的染色体，这种细胞核又称为甲藻核（dinokaryotic nucleus）或间核（mesokaryotic nucleus）。

细胞结构

甲板（theca）

游动甲藻的板片结构含有一个外层质膜，其下方为一个单层的扁平囊泡［图 7.2、图 7.3（c）和图 7.5］（Dodge and Crawford，1970；Sekida et al.，2004）。这些囊泡通常含有纤维素板片，它们使得甲板产生特殊的结构。从吞食性的不具甲板的海洋尖尾藻（*Oxyrrhis marina*）到边缘突起的厚甲板的角藻属（*Ceratium*）（图 7.12 和图 7.57）和某些多甲藻属（*Peridinium* spp.）（图 7.2 和图 7.11），甲板的实际形状和排列方式各不相同。

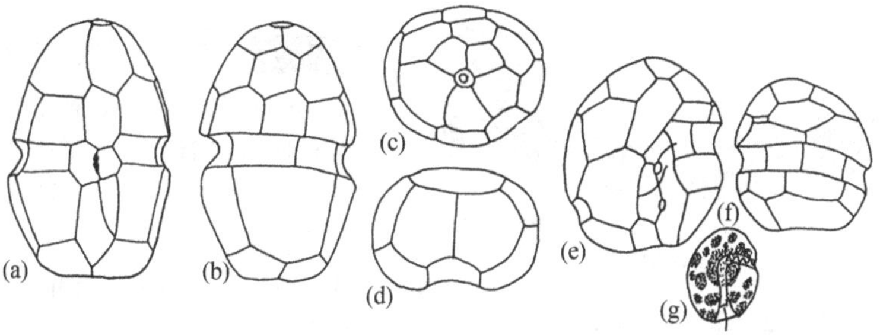

图 7.3　（a）～（d）显示 *Cachonina niei* 甲板排列。（a）腹面观。（b）背面观。（c）顶面观。（d）底面观。（e）～（g）寇氏隐甲藻。（e）腹面观。（f）背面观。（g）活细胞。［（a）～（d）仿自 Loeblich，1968；（e）～（g）仿自 Chatton，1952］

甲藻表质膜（amphiesma）这一术语用于特指甲藻细胞的最外层（Schütt，1895），它包括所有具边翅（list）（rib 肋板）的甲板、外周囊泡和附属的微管。所有类型的表质膜都具有在细胞外部的原生质膜（与鞭毛膜相连）。类型最复杂的表质膜［图 7.5（a）］由一个原生质膜下被单层膜包围的囊泡组成。这种囊泡的内部有若干与蛋白质膜（proteinaceous pellicle）相对的纤维质甲板（Morrill and Loeblich，1983a）。类型较简单的表质膜在原生质膜下具有若干囊泡，每个囊泡含有一块甲板［图 7.5（b）和图 7.5（c）］。而类型最简单的表质膜在原生质膜下具有若干个不含板片的囊泡［图 7.5（d）］。表质膜内一般具有大量的微孔，每个微孔下有一个刺丝胞（trichocyst）（图 7.4）。

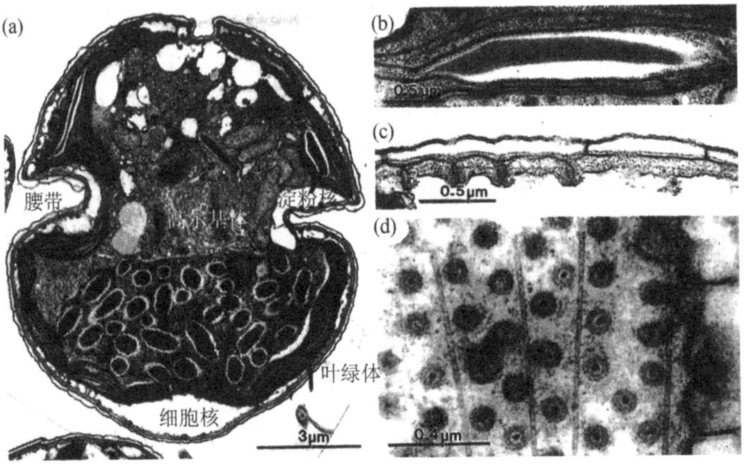

图 7.4 有毒卡罗藻细胞透射电镜剖面图。(a) 细胞。(b) 叶绿体蛋白核细节。(c) 表质膜横切面图显示表质膜囊泡。(d) 细胞弦切面图显示表质膜栓塞。(引自 Daugbjerg et al., 2000)

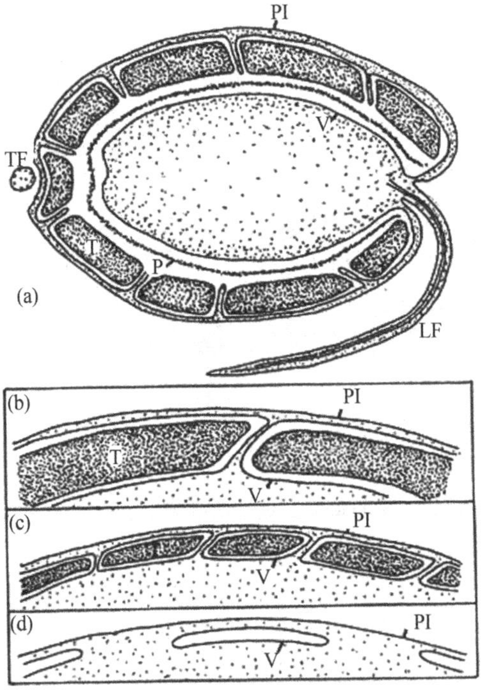

图 7.5 甲藻表质膜不同排列类型的示意图。(a) 最复杂表质膜类型的甲藻横切面图。外层质膜 (PI) 与鞭毛膜相连。纤维素质甲板 (T) 和蛋白质表膜 (P) 包围着大的囊泡 (V)。(b) ～ (d) 其他甲藻中出现的较简单的表质膜类型。LF，纵鞭毛；TF，横鞭毛。(仿自 Morrill and Loeblich，1983a)

卡特前沟藻 (*Amphidinium carteri*) 的质膜外侧 (图 7.16) 分布着由酸性多糖组成的多糖包被 (glycocalyx)。这种多糖包被可能由胞质的黏液囊 (mucocyst) 排出细胞外而形成，它可能存在于大多数的甲藻中 (Klut et al., 1985)。

在许多甲藻中，细胞分裂通常涉及母细胞和子细胞的甲板共享，子细胞形成它们所缺少的新甲板。然而，对于多甲藻目的某些属，板片在细胞分裂时完全脱落 (ecdysis 脱壳)，随后在细胞周围出现一层厚的蛋白质膜，后者形成脱壳孢囊 (ecdysal cyst) (Bricheux et al., 1992；Höhfeld and Melkonian，1992)。在脱壳细胞的蛋白质膜下，新的板片囊泡得以形成（图 7.6 和图 7.7）。有毒冈比亚藻（*Gambierdiscus toxicus*）的脱壳过程是通过绿藻——羽藻（*Bryopsis* sp.）释放一种丙三醇化合物（图 7.8）来进行诱导的（Sakamoto et al.，2000）。这种甲藻生活于该类绿藻的叶状体中。

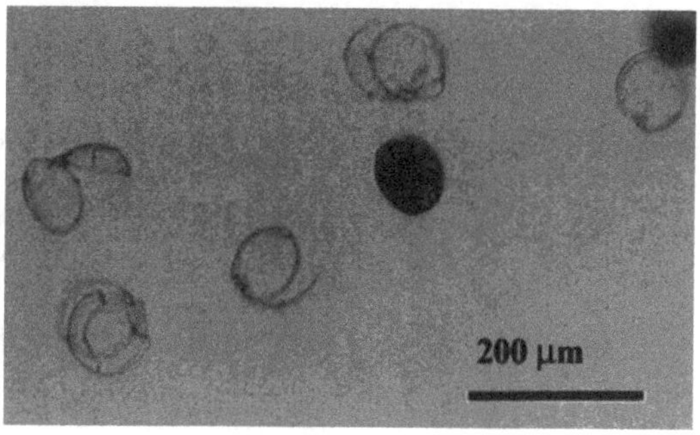

图 7.6 脱壳的有毒冈比亚藻。（引自 Sakamoto et al.，2000）

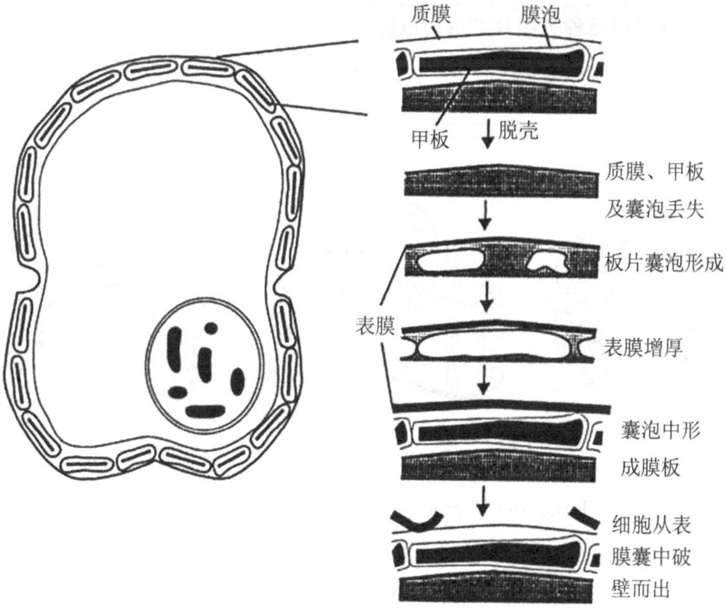

图 7.7 叶状光甲藻脱壳和新板片囊泡的形成。脱壳导致质膜、甲板和囊泡的缺失。表膜由位于板片囊泡下的一层膜形成。新的板片囊泡和板片形成于厚的表膜下。当表质膜成熟时，表膜囊破壁而出。[引自 Bricheux et al.，1992 的透射电镜图]

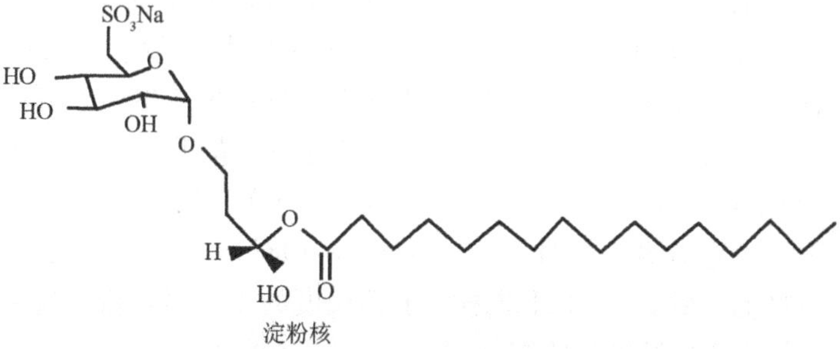

图 7.8 绿藻羽藻属释放化合物 1－*O*－palmitoyl－3－*O*－（6′－sulfo－a－D－quinvopyranosy）－sn－glycerol（psQG）引起甲藻有毒冈比亚藻脱壳。

鳞片

鳞片在甲藻门相对罕见，它出现在某些甲藻的质膜外侧（图 7.9 和图 7.10）（Sekida et al.，2003）。在异囊藻属（*Heterocapsa*）中，鳞片在高尔基囊泡中形成，随后转移到基体区域，最后在此处释放到细胞外（Morrill and Loeblich，1983b）。

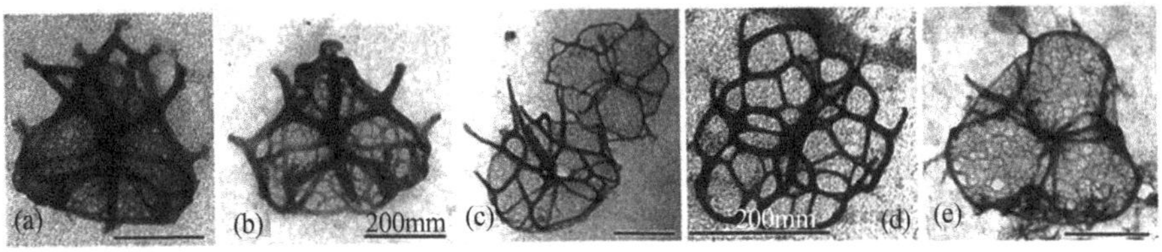

图 7.9 不同异囊藻甲藻种类鳞片的透射电镜图。(a) *H. triquetra*。(b) *H. arctica*。(c) 圆鳞异囊藻（*H. circularisquama*）。(d) *H. horiguchi*。(e) *H. ildefina*。（引自 Iwataki et al.，2004）

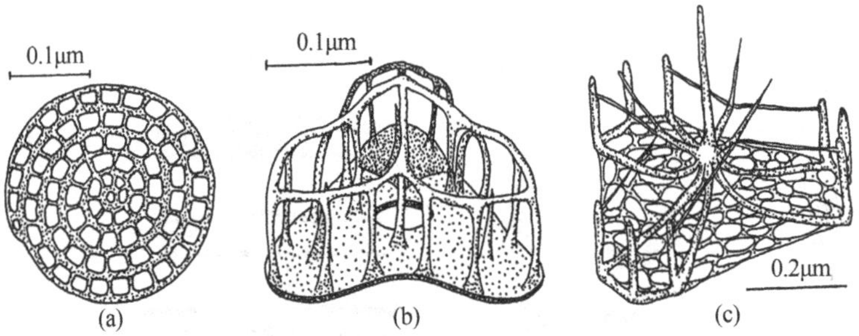

图 7.10 甲藻鳞片。(a) 海洋尖尾藻。(b) 倪氏异囊藻（*Heterocapsa niei*）。(c) *Katodinium rotundatum*。[(a) 仿自 Clarke and Pennick，1976；(b) 仿自 Morrill and Loeblich，1983b；(c) 仿自 Hansen，1989]

鞭毛

甲藻通常具有一根固定于横向腰带的横鞭毛和一根从纵沟伸出的纵鞭毛（图 7.2、图 7.11 和图 7.13）（Roberts and Roberts，1991）。这两根鞭毛从细胞腰带和纵沟的交汇区生出。纵鞭毛通常具有一个宽的基部和一个较细的顶部。在基部处鞭毛鞘（flagellar sheath）包裹着填充物和轴丝（axoneme），而在顶部处鞭毛鞘仅包裹着轴丝。纤维状茸毛（fibrillar hair）约 0.5 μm 长、10 nm 宽，它们可以覆盖住整个鞭毛（Leadbeater and Dodge，1967a）。机械刺激能引起三角角藻（*Ceratium tripos*）（图 7.12）细胞的纵鞭毛缩回并折叠，这样鞭毛就能沿纵沟延伸（Maruyama，1982）。纵鞭毛含有一根 R 纤维，后者延伸的方向与鞭毛一致。当 R 纤维缩短至其长度的 1/3 时，鞭毛发生收缩。Ca^{2+} 向纵鞭毛中的内流能引起 R 纤维的收缩（Maruyama，1985）。

图 7.11　扫描电镜下腰带多甲藻（*Peridinium cinctum*）细胞背、腹面图。p，后（纵）鞭毛；s，纵沟；ss，具条纹带；t，横鞭毛。标尺＝ 5 μm 。（引自 Berdach，1977）

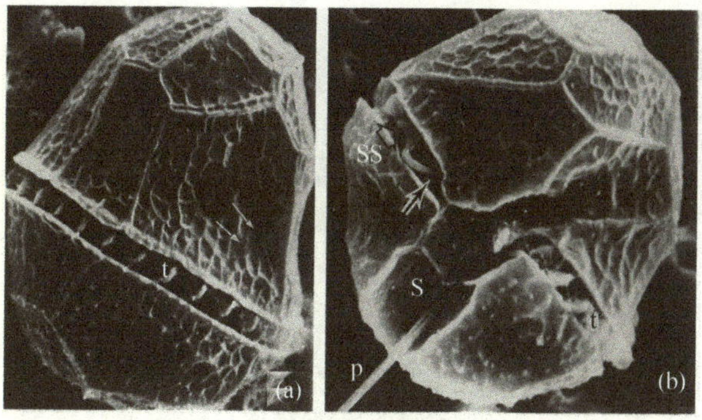

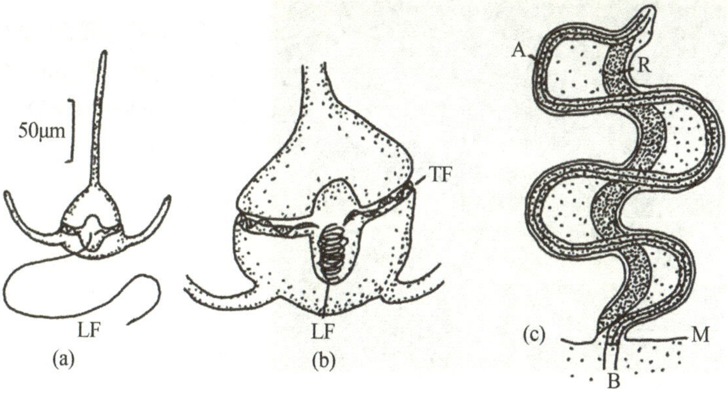

图 7.12　三角角藻（*Ceratium tripos*）。(a) 具有松弛纵鞭毛（LF）的营养细胞。(b) 纵鞭毛（LF）完全收缩折叠在纵沟中的细胞。(c) 可伸缩鞭毛的示意图显示收缩的 R 纤维（R）和轴丝（A）。B，基体；M，质膜。（改编自 Maruyama，1982）

横鞭毛的长度约为纵鞭毛的 2～3 倍，呈螺旋形（图 7.12～图 7.14）。横鞭毛由三部分构成：①一根类似于一个螺旋的轴丝；②一条与轴丝纵轴方向平行但处于卷曲环外的条纹带；③一个环绕着轴丝和具条纹带的鞭毛鞘（Berdach，1977）。该条纹带含有中心粒蛋白（centrin）——一种钙调收缩蛋白（Höhfeld et al.，1988）。条纹带的收缩能引起轴丝变成超螺旋。在轴丝一侧，一根 2～4 μm 长、10 nm 宽的单侧纤维茸与鞭毛鞘相连。鞭毛的最后一微米缺少条纹带和纤维茸，而鞭毛鞘紧紧覆盖住轴丝。轴丝左旋；从相连末端传向自由端的波动引起卷曲最外侧边缘向下推动。当从细胞顶部观察时，鞭毛通常呈逆时针方向摆动［左旋（leiotropic）方向］。细胞通常以鞭毛摆动的方向进行转动（左旋方向），而水流以相反方向推进［右旋（dexiotropic）方向］（图 7.15）（Gaines and Taylor，1985；Fenchel，2001）。纵鞭毛在一个狭窄轨道中摆动，作用与舵类似。

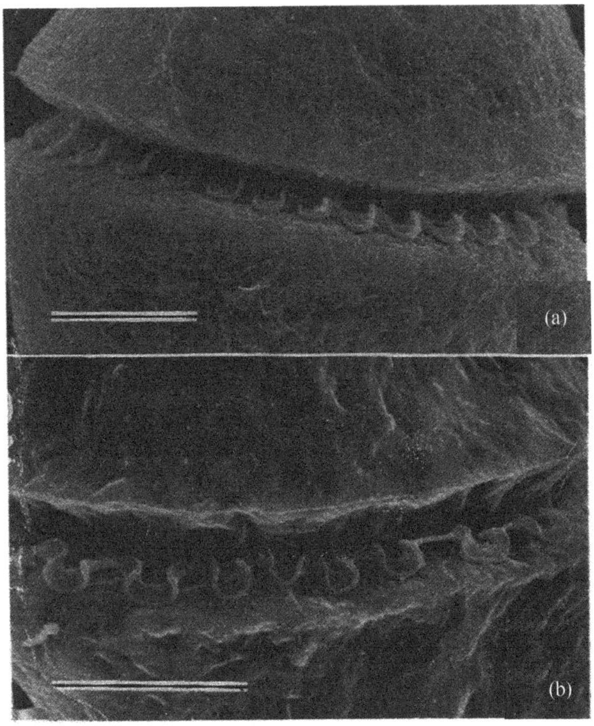

图 7.13 *Akashiwo sanguinea* (= *Gymnodinium sanguineum*) (a) 和 *Gyrodinium uncatenum* (b) 扫描电镜图显示横鞭毛的形状。标尺=10 μm。(引自 Gaines and Taylor, 1985)

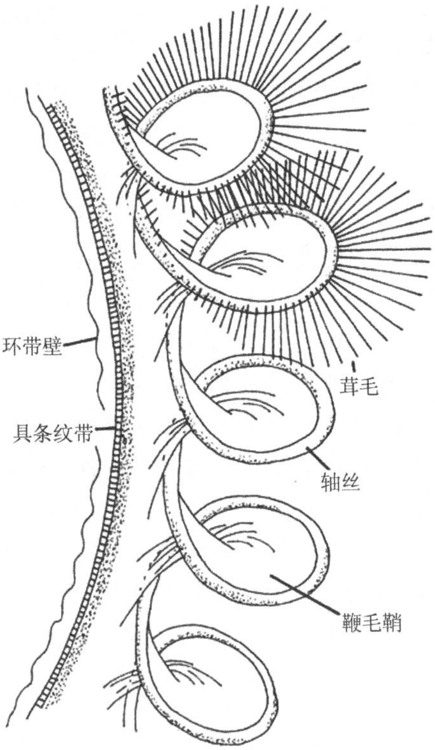

图 7.14 腰带多甲藻横鞭毛部示意图。仅描绘部分纤维茸。(仿自 Berdach, 1977)

尽管比营光合共生的纤毛虫和隐藻中的中缢虫（*Mesodinium*）游得慢（见第九章，隐藻门，共生体），甲藻仍是藻类中游得最快的类群。甲藻的游泳速度为 200～500 $\mu m \cdot s^{-1}$（Raven and Richardson，1984）。多边舌甲藻（*Lingulodinium polyedrum*）细胞在 20℃时的平均线速度为 250 $\mu m \cdot s^{-1}$，而环沟藻属（*Gyrodinium*）细胞在 20℃时的平均线速度为 319 $\mu m \cdot s^{-1}$。甲藻在晚上经常游到更深的富含营养的水域，在白天则游到表层附近光照更好的表面。在相对平静的水域中甲藻能在一昼夜内（24 h）迁移 5～10 m。在 24 h 内，前 6 h 的早晨以 500 $\mu m \cdot s^{-1}$速度向上迁移约 5 m，后 6 h 的傍晚向下迁移（Raven and Richardson，1984）。

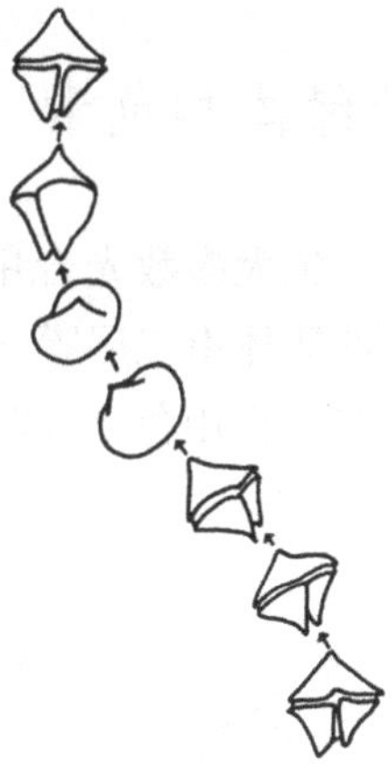

图 7.15　*Protoperidinium conicum* 游泳的连续视频显示细胞左旋转动。时间间隔 1/5 s。（引自 Gaines and Taylor，1985）

甲藻液泡

甲藻液泡（pusule）为一囊状结构，它通过一个朝向鞭毛沟（flagellar canal）的微孔向外开口，其功能可能类似于伸缩泡的调节渗透压。卡特前沟藻（*Amphidinium carteri*）是一种典型的具液泡甲藻（图 7.16）（Dodge and Crawford，1968）。这种生物具有两个液泡，每个液泡都与一个鞭毛沟相连。液泡中含有约 40 个囊泡，后者以小孔朝向鞭毛沟的开口。鞭毛沟内衬的单层膜与原生质膜相连，液泡囊泡则内衬着双层膜。

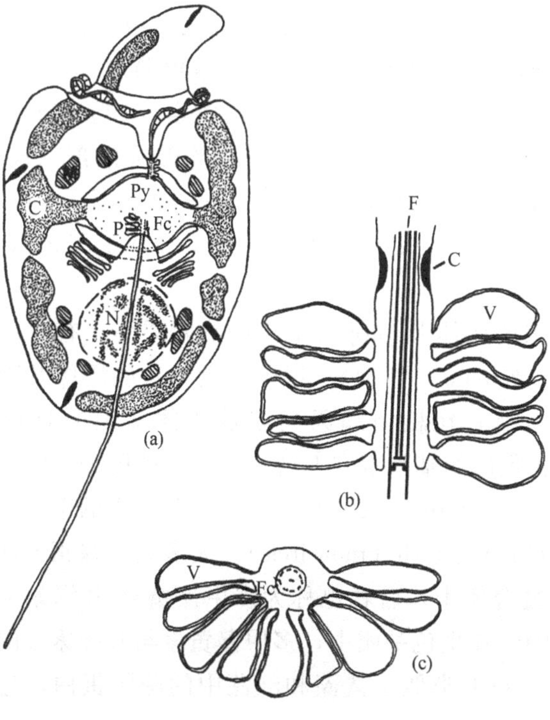

图 7.16　（a）卡特前沟藻绘图。较小的上锥体通过环沟腰带与下锥体分开。外周叶绿体（C）刚好位于细胞的两侧，细胞核（N）、线粒体（M）、蛋白核（Py）以及与鞭毛沟相连的甲藻液泡（P）清晰可见。（b）甲藻液泡纵切面图显示鞭毛孔缢痕（C）、液泡囊泡（V）和鞭毛（F）。（c）甲藻液泡横切面图显示具鞭毛沟（Fc）的鞭毛和鞭毛沟开口的液泡囊泡（V）。　（引自 Dodge and Crawford，1968）

叶绿体和色素

绝大多数光合甲藻的质体起源于红藻的二次内共生（secondary endosymbiosis）。这些质体由三层膜（两层叶绿体被膜和一层叶绿体内质网膜）环绕（图 7.2），其主要的光合作用色素为叶绿素 a、c 及多甲藻黄素（peridinin）（图 7.17）（Ishida and Green，2002）。

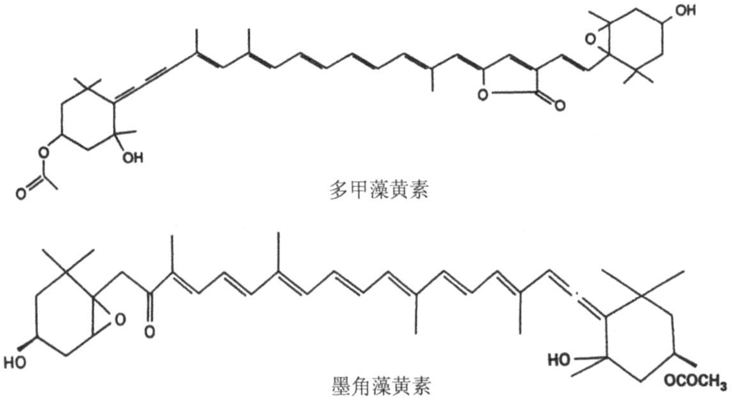

多甲藻黄素

墨角藻黄素

图 7.17 多甲藻黄素和 19′-乙酰基墨角藻黄素的化学结构。多甲藻黄素具有三个环而其他捕光类胡萝卜素只有两个环。

少数甲藻含有的质体起源于三次内共生（tertiary endosymbiosis）（图 7.18）。三次内共生始于甲藻质体（最初源于二次内共生）的丢失，随后与普林藻纲（Prymnesiophyceae）（一种定鞭藻）的某种藻类形成内共生体。除由叶绿体内质网膜包裹的叶绿体以外，所有内共生体的原生质全部丢失，前者将成为甲藻的永久叶绿体。替代多甲藻黄素的是普林藻纲的特征色素 19′-乙酰基墨角藻黄素（19′-hexanoyloxy-fucoxanthin）（图 7.17）和（或）19′-丁酰基墨角藻黄素（19′-butanoyloxy-fucoxanthin）。短凯伦藻（*Karenia brevis*）［图 7.19（a）］、米氏凯伦藻（*Karenia mikimotoi*）［图 7.19（b）］和有毒卡罗藻（*Karlodinium veneficum*）（图 7.34）是具有三次内共生的甲藻（Ishida and Green，2002；Takishita et al.，2005；Yoon et al.，2002）。

某些甲藻含有取自于食源（偷来的质体 kleptoplastid）的短暂质体，有时很难确定这种质体和永久质体之间的区别（Keeling，2004）。甲藻将大多数的质体基因组转移至细胞核中，从而使得它们成为唯一在核内编码大多数质体基因的真核生物（Hackett et al.，2004）。具有质体靶蛋白的基因事实上就可成为一种优势，因为它使得细胞能自由地用新质体替代原始质体（Green，2004）。含多甲藻黄素的甲藻的质体基因组缩减，并形成仅编码 16 个蛋白质的微环（minicircle）。大多数叶绿素 a 和多甲藻黄素一起出现在一种水溶性蛋白复合体中，后者也称为多甲藻黄素-叶绿素 a-蛋白（peridinin-chlorophyll a-protein，PCP）。在生色基团中，多甲藻黄素与叶绿素 a 的比例为 4∶1（Prézelin and Haxo，1976）。PCP 类似于蓝藻和红藻中的藻胆蛋白，它位于类囊体表面，呈水溶性，起捕光色素的作用。如果薄甲藻属（*Glenodinium*）（图 7.22）在低光强（原始光强的 1/12）下培养，PCP 的数量约增加 7 倍，但叶绿素 a 和多甲藻黄素的数量与 PCP 无关，仅增加 1.5 倍。叶绿素 c 的变化也很小（Prézelin，1976）。这是一种典型的色适应（crhomatic adaptation），如果细胞接受少量光照（如生活于深水中），细胞中能产生更多的 PCP，原因在于多甲藻黄素捕捉到光子并将其传递到叶绿素 a。

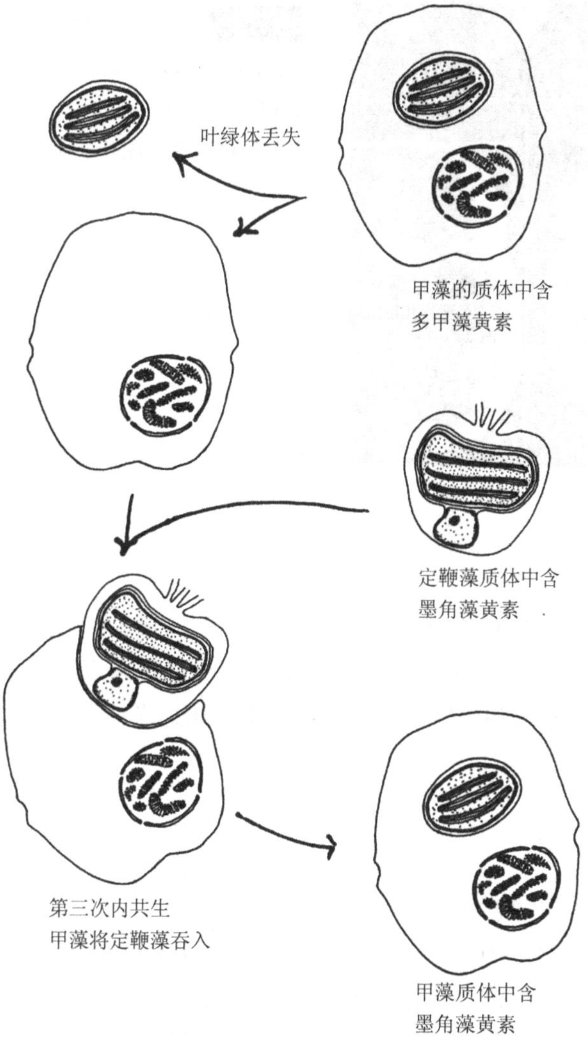

图 7.18 质体三次内共生事件的进化次序。

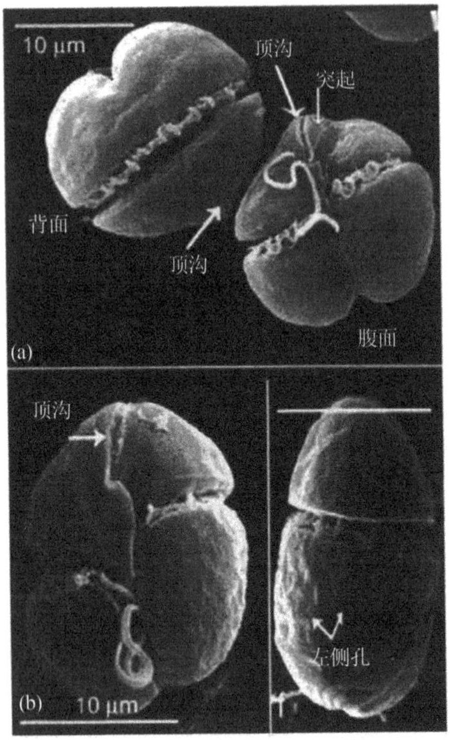

图 7.19 (a) 短凯伦藻（裸甲藻）[*Karenia* (*Gymnodinium*) *brevis*] 和 (b) 米氏凯伦藻（裸甲藻）[*Karenia* (*Gymnodinium*) *mikimoto*] 的扫描电镜图片。(引自 Haywood et al., 2004)

趋光性和眼点

研究发现所有甲藻的趋光性作用光谱都很一致，最大趋光性波长为 450 nm（图 7.20）(Horiguchi et al., 1999)。眼点对于趋光反应而言并不是必不可少的，这显示趋光机制由形成光合甲藻内共生体的宿主生物产生（如趋光性受体不在眼点中则可能与原生质膜有关）。

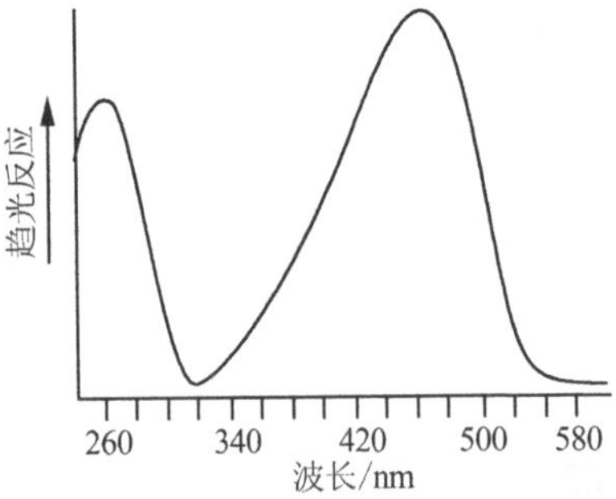

图 7.20 甲藻在不同波长下的趋光反应。最大趋光反应发生于 450 nm 波长处。(改编自 Horiguchi et al., 1999)

只有不到 5%的甲藻具有眼点，它们主要是淡水种类，同时这些眼点存在于甲藻中最复杂的类群内。

类型最简单的眼点由一个没有膜包裹的脂质球聚集体（如 *Woloszynskia coronata*）组成（Dodge，1971）(图 7.21)。第二种类型的眼点在细胞外周的质体状结构中含有一排脂质球（如 *Peridinium westii*，*W. tenuissima*）（Messer and Ben-Shaul，1969；Crawford et al.，1970）。

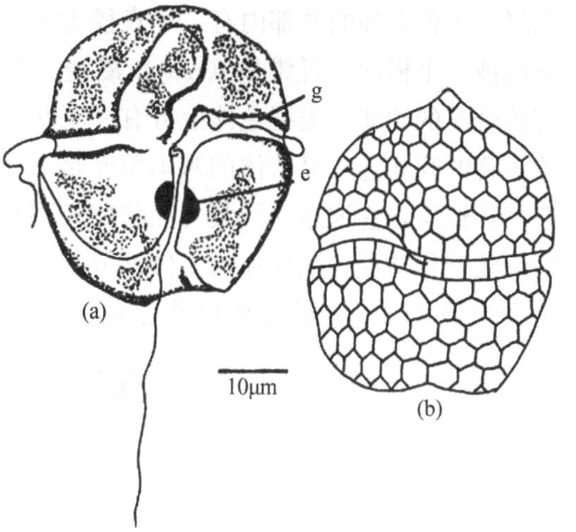

图 7.21 *Woloszynskia tenuissima*。(a) 腹面观显示两根鞭毛、腰带（g）、眼点（e）。(b) 侧面观显示出甲板，(a) 中没有绘出。（仿自 Crawford et al.，1970）

叶状光甲藻（*Glenodinium foliaceum*）的眼点（Dodge and Crawford，1969）直接位于纵沟前端的下方，约 6 μm 长、3 μm 宽（图 7.22）。它的外形略呈长方形，在前端具有钩状突出。这种扁平囊状结构含有两排由颗粒间隙隔开的大脂质球。围绕眼点的是一种三层膜，后者在外形上与包裹着叶绿体的膜相似。靠近眼点的是一种无膜包裹的片层体（lamellar body），它由一叠相互之间略微平行的扁平小泡组成。片层体约 2 μm 长、0.75 μm 宽，含有的小泡高达 50 个。这种小泡在边缘处相连，在每叠小泡的末端同样具有粗糙内质网。

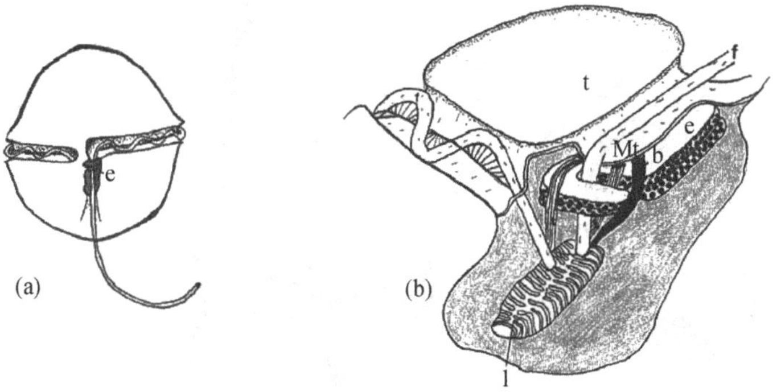

图 7.22 (a) 叶状光甲藻腹面观显示眼点（e）的位置。(b) 眼点区域三维图。两根鞭毛略高于片层体（l）；眼点（e）位于纵沟之下；Mt，微管根；b，带状根；t，甲板。（仿自 Dodge and Crawford，1969）

类型最复杂的眼点发现于多甲藻目单眼藻科（Warnowiaceae）。对 *Nematodinium armatum*（Moronin and Francis，1967）和 *Erythropsis cornuta*（Gruet，1965）眼点的研究已深入到精细结构，结果发现它们具有基本相同的构造（图 7.23 和图 7.24）。在 *N. armatum* 中，眼点位于腰带旁细胞后方，含有一个固定于色素杯（pigment cup）前方的晶状体（lens）。色素杯朝向晶状体的中心轴向方向并且几乎垂直于细胞的纵轴。

晶状体位于质膜下方。色素杯由三个主要的部件组成。多数色素杯壁含有一层直径为 0.3 μm、巨大的椭圆形色素颗粒层。朝着杯口方向，色素颗粒通常较小，且松散排列成几层。在色素杯的基部内有一个直径为 33 nm、平行于眼点轴向的原纤维致密层。该致密层被一个横向原纤维垫（mat）覆盖，后者也称为类视色体（retinoid），据推断它具有接受光的功能。类视色体上方有一个开口于横鞭毛沟的小管；细胞表面的最外层膜与该小管的膜相连。晶状体的基本单元是一个由完全线粒体包围的复杂结构。线粒体内部有一颗粒层，它通过一层膜与晶状体相隔开。晶状体的中心含有膜包围的半球形或同心圆形致密物质层。晶状体的主体部分都环绕着这一核心，并且主体部分具有一些几乎空的大叶瓣（lobe）。核心和叶瓣之间是一个中等大小的囊泡网。

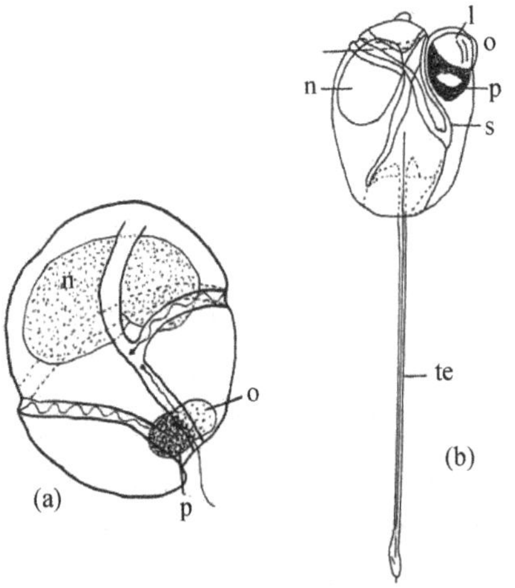

图 7.23 （a）*Nematodinium armatum*。（b）*Erythropsis cornuta*。l，晶状体；n，细胞核；o，ocellus（眼点）；p，色素杯；s，纵沟；te，触手。

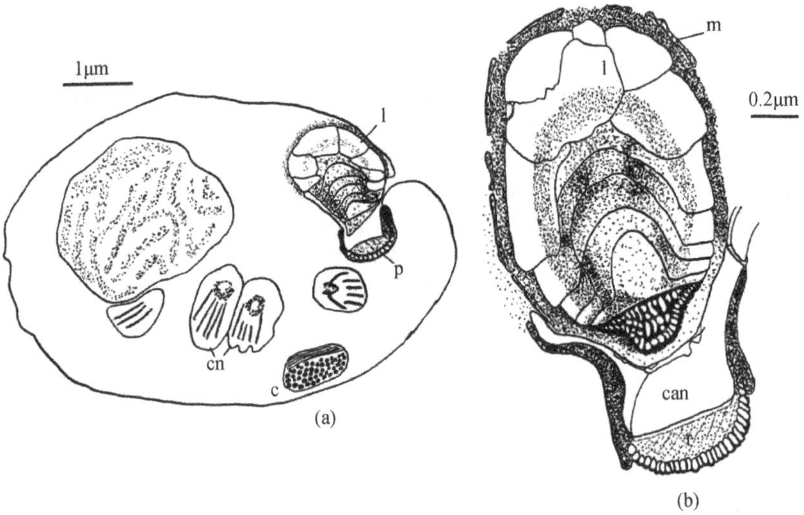

图 7.24 （a）*Nematodinium armatum*，细胞显示晶状体（l）、色素杯（p）、刺丝囊（cn）和叶绿体（c）。（b）类视色体（r）、通向外部的沟（can）和由晶状体（l）包围的线粒体的完整眼点（ocellus）。（仿自 Moronin and Francis，1967）

细胞核

最早的甲藻具有类似于其他藻类的细胞核，后者具有封闭的有丝分裂及与核酸相连的组蛋白（Taylor，1999）。尖尾藻属（*Oxyrrhis*）［图 7.56（a)］是这类甲藻的典型代表，它具有在有丝分裂期间于核膜内部形成的微管（Triemer，1982；Gao and Li，1986）。组蛋白在甲藻进化过程中逐渐丢失，并且在核膜外衍生出一种具有丝分裂纺锤体的有丝分裂类型。

较高等甲藻细胞核的细胞学特征非常奇特，它们的染色质在分裂间期浓缩成 2.5 nm 的原纤维（图 7.2、图 7.4）。这类染色质组成方式不同于原核和真核生物，它们分别被称为间核生物（mesokaryotic）或甲藻核生物（dinokaryotic）（Rizzo，1991）。

在单细胞的真核生物中每个细胞核的 DNA 含量为 0.046～3 pg。但甲藻的细胞核含有更多的 DNA，其变化范围从寇氏隐甲藻（*Cryptothecodinium cohnii*）（图 7.3e～g）每个核的 3.8 pg 到多边舌甲藻（*Lingulodinium polyedrum*）（图 7.40b）每个核中的 200 pg，后者约相当于 200 000 Mb（六倍体小麦为 16 000 Mb，二倍体人类基因组为 3180 Mb）（Sigee，1984）。这显示甲藻含有大量在遗传学上不活跃的 DNA（结构 DNA）。

较高级的甲藻在核分裂期间仍然具有完整的核被膜。在核分裂期间，核仁持续存在并收缩分裂成两部分，而染色体与核被膜相连（Barlow and Triemer，1988）。

Syndinium 的有丝分裂（图 7.25a）是较高级甲藻的一个代表。分裂初期的标志通常是鞭毛基部通过复制从 2 个变成 4 个。在此阶段细胞核增大，形成许多 Y 形和 V 形染色体。细胞核内陷，并形成 1～15 根横穿分裂中的细胞核的管道（channel)（图 7.26)。这些管道含有穿过核膜外部的胞质通道（tunnel)，同时在这些通道中有数根与完整的核被膜不相连的微管束。染色体可能与核膜或核膜中特定的着丝粒相连。在分裂中期，没有形成类似于普通真核生物的赤道板的结构，染色体仍然分散。在整个核周期，核仁始终存在并在中间处收缩分裂。在分裂后期，细胞和细胞核横向膨大，染色体转移到细胞核的两端。随着横向膨大的继续，中央峡部（central isthmus）最终被切断，最终两个子细胞完全分离（Leadbeater and Dodge，1967b；Kubai and Ris，1969；Ris and Kubai，1974）。

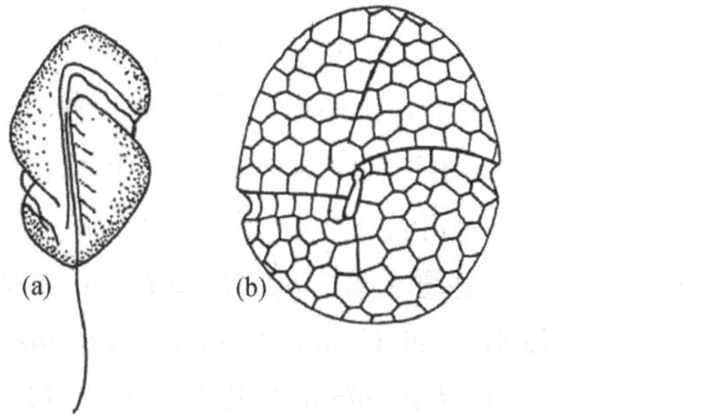

图 7.25　(a) *Syndinium turbo*；(b) *Gymnodinium neglectum*。［(a) 仿自 Chatton，1952；(b) 仿自 Schiller，1933］

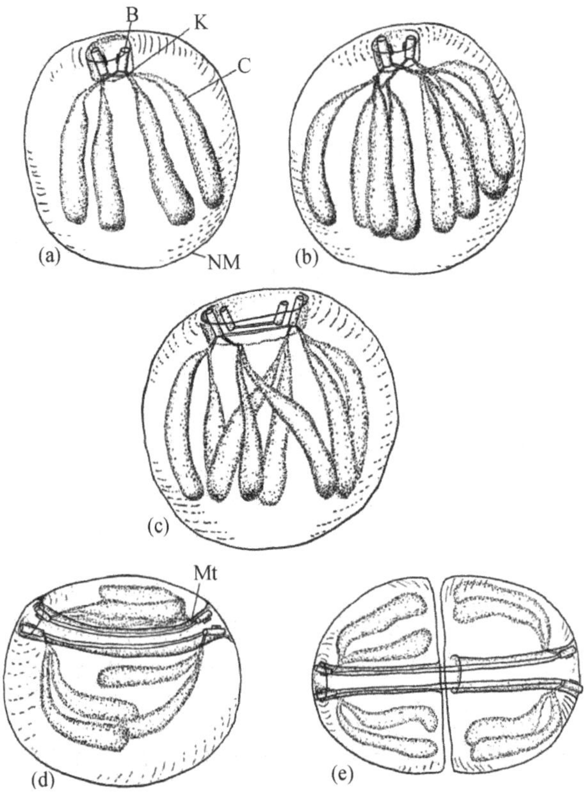

图 7.26 *Syndinium* sp. 核分裂示意图。(a) 分裂间期；(b) 分裂前期，着丝粒和染色体的复制；(c) 染色体分离的早期，中央纺锤体位于分开的鞭毛基体之间；(d) 染色体分离的末期，中央纺锤体位于穿过细胞核的胞质通道中；(e) 核分裂。B，鞭毛基体；K，着丝粒；C，染色体；Mt，微管；NM，核膜。(仿自 Ris and Kubai，1974)

抛射体（projectile）

甲藻具有许多不同的抛射体。当细胞受到刺激时，抛射体从细胞中抛射出来使得细胞沿相反的方向迅速运动。

刺丝胞（trichocyst）具有一个被膜包围的杆状晶体核（Bouck and Sweeney，1966）（图 7.27）。在晶体核前 1/3 处有略向下伸出的、短而纤细的管状元件。在晶体核的最外端，20～22 根为一组的纤维从核心外部延伸至封闭的膜内，随后纤细的原纤维通过较粗的原纤维与刺丝胞膜的顶部相连。在封闭的膜中仅有纤细的、线状不透明环（hoop）。刺丝胞膜的外层或与板片囊泡之间的原生质膜相连，或与形成刺丝胞孔的圆而薄的甲板区域下方的板片囊泡相连。刺丝胞在富含高尔基体的区域内形成，最初可能是从高尔基体衍生出球形小泡，后者最终变成纺锤形并发育成刺丝胞。一旦受到刺激，“负载的（charged）”刺丝胞可能通过快速摄取水分在数毫秒内转变为“卸载的（discharged）”刺丝胞。卸载的刺丝胞很直，锥杆状刺丝胞比负载的刺丝胞长许多倍（在原甲藻中可长达 200 μm）（图 7.30c、图 7.55、图 7.56c）。卸载的刺丝胞具有横向条带，后者主题区域长 50～80 nm。虽然大多数甲藻都具有刺丝胞，但超微结构显示某些甲藻没有［如 *Gymnodinium neglectum*（图 7.25b）、*Aureodinium pigmentosum*、*Woloszynskia tylota* 和共生的甲藻（*Symbiodinium microadriaticum*）］。刺丝胞的实际作用（如果有的话）仍不清楚。它们可能是一种细胞通过卸载得以在反方向上迅速游动，进而快速逃逸的机制，也有可能直接“戳刺”裸露的入侵者。

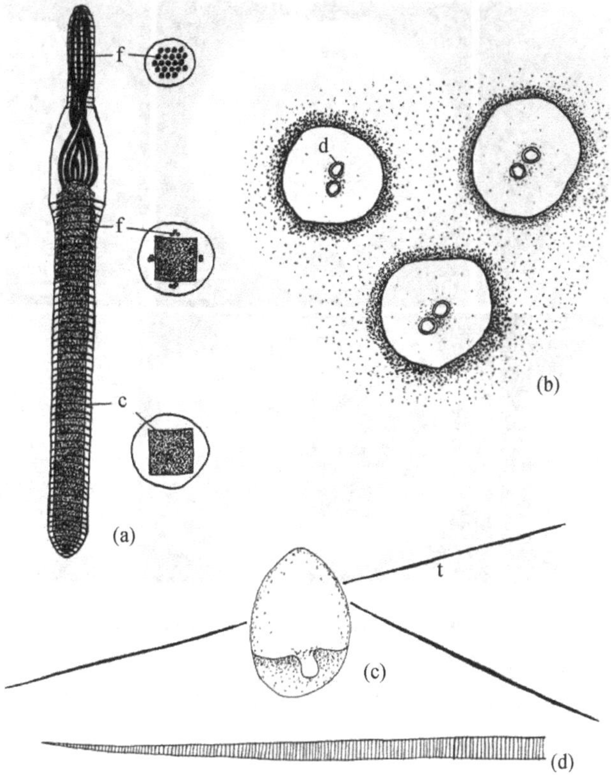

图 7.27　(a) 多边舌甲藻负载刺丝胞的横切和纵切面图。刺丝胞单层膜衬于具有纤细的环或螺旋的内部表面。在膜内有一个由许多长杆状体或片状体组成的晶体核心。短管（t）在核心前1/3处上下延伸。在核心前部，一系列纤维（f）与核心相连且这种纤维仍是纤细的原纤维，最终纤维到达这一封闭膜的前端。(b) 多边舌甲藻部分胞壁板片图。板片中孔状较薄区域含有两或三个略凸起的圆盘（d），刺丝胞卸载时从中穿出。(c) 具卸载刺丝胞的尖尾藻细胞。(d) 卸载刺丝胞的尖端图片显示出其具有条纹。[(a) 和 (b) 仿自 Bouck and Sweeney，1966)]

储藏体

储藏体（accumulation body）是一种含有消化细胞器残留物的巨大囊泡（图7.36c、图7.53b）。它可能类似于隐藻的 Corps de Maupas 及其他甲藻的消化泡（Zhou and Fritz，1994）。在共生甲藻中，储藏体非常普遍。

休眠孢子或孢囊与化石甲藻

多数甲藻的休眠孢子（resting spore）或孢囊（cyst）的形态与母细胞不同。它们的直径为 30～70 μm，平滑或有刺（图 7.28、图 7.36）。锥状斯氏藻（*Scrippsiella trochoidea*）

新形成的孢囊具有 10 倍于营养细胞的碳水化合物，并且呼吸速率只有营养细胞的 1.5%（Brooks and Andersen，1990）。

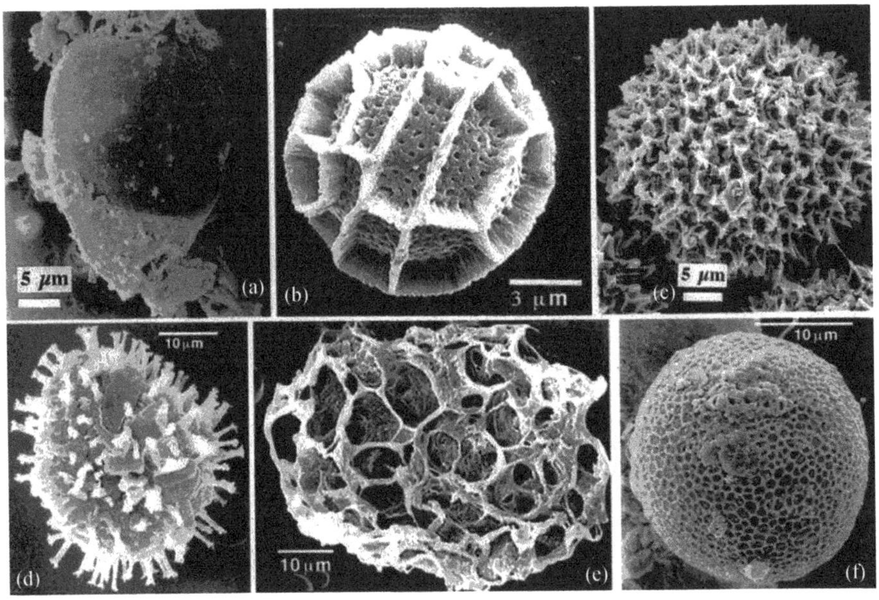

图 7.28 甲藻孢囊。(a) 链状亚历山大藻；(b) *Calciodinellum operosum*；(c) *Scrippsiella trophoidea*；(d) *Gonyaulax grindleyi*；(e) 斯氏多沟藻（*Polykrikos schwartzii*）；(f) 链状裸甲藻。[(d) ～ (f) 引自 Ellegaard et al.，1994；(b) 引自 Montresor et al.，1997；(a) 和 (c) 引自 Meksumpun et al.，1994]

孢囊的细胞壁高度耐腐，含有甲藻孢壁素（dinosporin）。甲藻孢壁素化学成分类似于高等植物花粉中的孢粉素（Kokinos et al.，1998）。孢囊具有高度抗性，可存留于古老的沉积物中。它们在古生态学研究中极有价值。化石孢囊称为刺球体（hystrichosphaerid）[刺球孢囊（hystrichospore）]。包括化石孢囊在内的单细胞藻类孢囊状结构被称为疑源类（acritrach）。这些化石甲藻最初出现于三叠纪，在侏罗纪和白垩纪时达到顶峰，在第三纪时数量有所下降（MacRae et al.，1996）。刺球体被古生物学者独立发现，它们被列入仅包括化石种类的独立分类方案中。许多现存的休眠孢子与第三纪和第四纪的刺球体相同，这使得相同的结构具有两个名称。

孢囊的形成或休眠孢子的形成受白昼长度、温度和营养状况等相互作用的调节（Kremp，2001；Sgrosso et al.，2001）。在孢囊形成过程中，褪黑素（melatonin）水平增加几个数量级，其在孢囊中可能具有抗脂肪氧化的功能（Balzer and Hardeland，1996）。在淡水甲藻 *Woloszynskia tylota* 中，孢囊的形成过程包括以下几个变化（Bibby and Dodge，1972）：①薄的、无定形外壁板片的置换，内层表面因物质沉积而变厚；②成熟孢囊胞质边缘出现紧密填充的脂质小滴；③叶绿体、高尔基体、液泡等胞质结构变小或消失；④中央的橘黄色体和含有晶状体的胞质囊泡的增大。孢囊缺少色素体但具有一个充满微粒的棕色胞质和红色眼点（如果这种生物通常具有眼点），因此可以辨认。在某些属中，孢囊的钙化导致在细胞壁和胞质间狭窄空隙中沉积有碳酸钙晶体（Montresor et al.，1997）。飞燕角藻（*Ceratium hirundinella*）的孢囊在外部就含有一个硅质层（Chapman et al.，1982）。

少数甲藻可以形成硅质骨架，而原生质包围着骨架。最为大众所知的种类是异养无壳的 *Actiniscus pentasterias*（图 7.29）（Hansen，1993）。

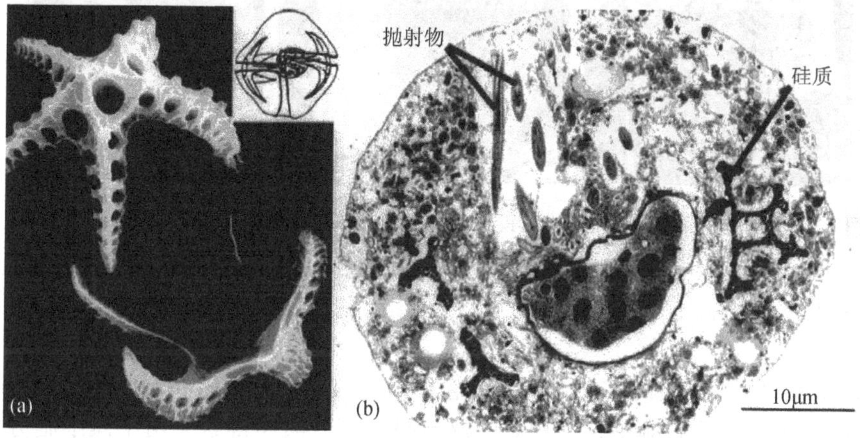

图 7.29　*Actiniscus pentasterias*。（a）硅质内骨骼的扫描电镜图（两个五角形）。（b）透射电镜显示细胞核周围的两个五角形。（引自 Hansen，1993；Preisig，1994）

毒素

在甲藻水华引起水体变红的赤潮（red tide）期间，一些甲藻可产生导致鱼和贝类死亡的剧烈毒素。甲藻可以暂时寄附在贝类的鳃中，当人类食用这些贝类或动物时也会中毒。

历史上曾记载过多次赤潮和麻痹性贝毒（Shilo，1967）。《圣经》曾记载了埃及所遭受的一次瘟疫："河流中的水都变成了血，河里的鱼儿死了；河流散发出臭味，埃及人厌恶饮用这些河流中的水"（出自出埃及记 7：17）。这一描述使人强烈地联想起有毒赤潮。达尔文在 1832 年随 Beagle 号航行时也生动地记述了甲藻水华。

Cook 船长和 George Vancouver 船长在太平洋西北海岸探险时报道了有毒贝类和蚌类引起的死亡及疾病。阿拉斯加沿海的印第安部落中有一个古老的风俗——在炎热的季节海水发光时设置警戒哨。他们认为这种现象与 Kal-Ko-O 即贝类中毒有关。

有确凿的证据表明所有产生毒素的甲藻都含有叶绿体，这显示产生毒素的能力可能源于内共生的蓝藻。

（1）腹泻性贝毒（diarrhetic shellfish poisoning），主要发生在温带，由浮游甲藻种类卵甲藻属（*Exuviaella*）、鳍藻属（*Dinophysis*）（图 7.30a、图 7.30b）和原甲藻属（*Prorocentrum*）（图 7.30c、图 7.55、图 7.56c）引起。腹泻性贝毒由聚醚羧酸冈田酸（polyether carboxylic acid okadaic acid）、大环内酯毒素和扇贝毒素（yessotoxin）引起（图 7.31、图 23.3、图 23.4）。这些毒素是丝氨酸-蛋白磷酸酶和苏氨酸-蛋白磷酸酶 PP1 及 PP2A 的强力抑制剂，会导致严重的胃肠炎（Zhou and Fritz，1994；Morton and Tindall，1995；Suzuki et al.，1997）。

图 7.30 引起腹泻性贝毒的甲藻扫描电镜。(a) 渐尖鳍藻 (*Dinophysis acuminata*)。(b) 倒卵形鳍藻 (*Dinophysis fortii*)。(c) 利玛原甲藻 (*Prorocentrum lima*)，箭号指示板片上的孔。(引自 Hallegraeff，1993)

聚醚羧酸冈田酸最初在细胞中以鳍藻毒素 4 (dinophysistoxin-4) 的形式存在 (图 7.31)。这种冈田酸低硫酸衍生物对甲藻自身无害。鳍藻毒素 4 由甲藻细胞分泌出来或由死亡细胞释放出来。鳍藻毒素 4 水解成中间产物冈田酸二醇酯，后者为脂溶性，可以穿透细胞膜。因此，冈田酸二醇酯能够被细胞吸收并进一步水解成冈田酸。研究表明，具有自由酸基的冈田酸是此化合物的有毒形式 (Hu et al.，1999；Windust et al.，2000)。

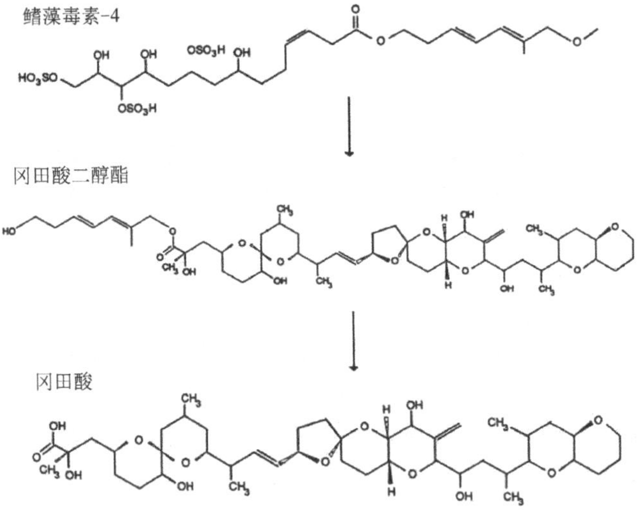

图 7.31 鳍藻毒素 4 产生自甲藻细胞并释放于环境中，并在环境中水解成冈田酸二醇酯。冈田酸二醇酯是脂溶性的，可以穿透贝类细胞膜形成有毒的冈田酸。

(2) 西加鱼毒 (ciguatera fish poisoning)。这种毒素主要发生在热带区域，最普遍的致病媒介物是在位于 32°N～32°S 环热带区域常见的冈比亚藻属 (*Gambierdiscus*) (图 7.6、图 7.32)。这种甲藻含有冈比亚酸 (gambieric acid)、西加毒素 (ciguatoxin) 和刺尾鱼毒素 (maitotoxin) (图 7.33)。它们是公认的 Ca^{2+} 通道激活剂，会破坏细胞膜 (Igarashi et al.，1999)。冈比亚藻附生在被草食性鱼类和贝类摄食的大型藻上，而后这些鱼类和贝类又被人类食用。在法属波利尼西亚沿岸，每年约有 1000 宗西加鱼毒事件的报道（Chinain et al.，1997）。西加毒素源于西班牙语海螺“cigua”，这种毒素一般被人体食入后才会发病。西加毒素的典型病症为最初两天腹泻，接下来一两天会全身乏力，偶有死亡（Withers，1982）。

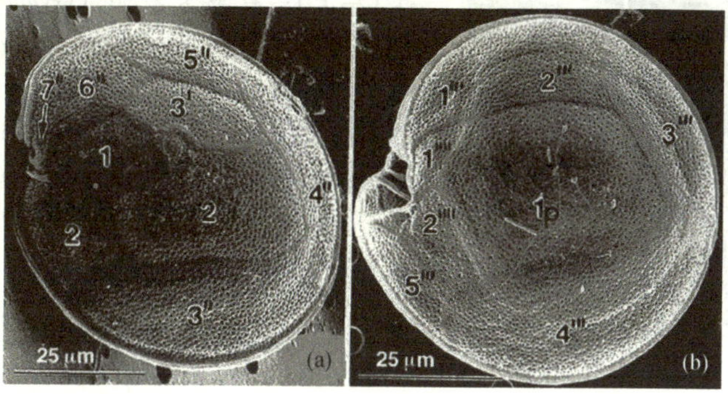

图 7.32　西加鱼毒致病生物有毒冈比亚藻的扫描电镜图。(a) 顶面观。(b) 底面观。数字表示板片排列。（引自 Faust，1995）

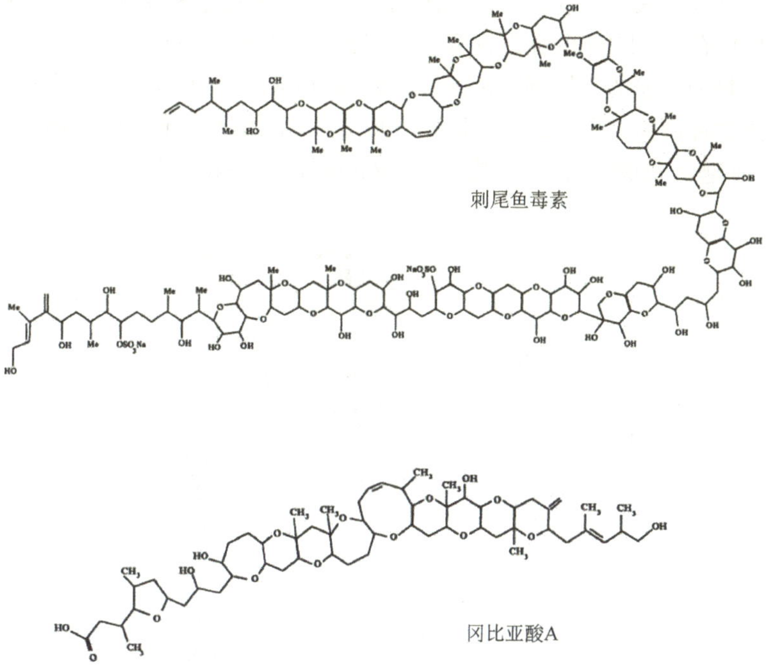

图 7.33　刺尾鱼毒素和冈比亚酸的化学结构。

(3) 麻痹性贝毒（paralytic shellfish poisoning）。它是由亚历山大藻属（*Alexandrium*）的种类［链状亚历山大藻（*A. catanella*）、*A. acatenella*、*A. excavatum*、塔玛亚历山大藻（*A. tamarensis*）］及巴哈马盾甲藻（*Pyrodinium bahamense*）（图 7.34）、链状裸甲藻（*Gymnodinium catenatum*）（图 7.34）引起的。这些甲藻产生一系列蛤蚌毒素（saxitoxin）衍生物（图 23.2）。蛤蚌毒素是一种剧烈的神经毒素，它可以作用于电位门 Na^+ 通道并阻断 Na^+ 的流入从而阻断动作电位的形成（Cembella，2003）。

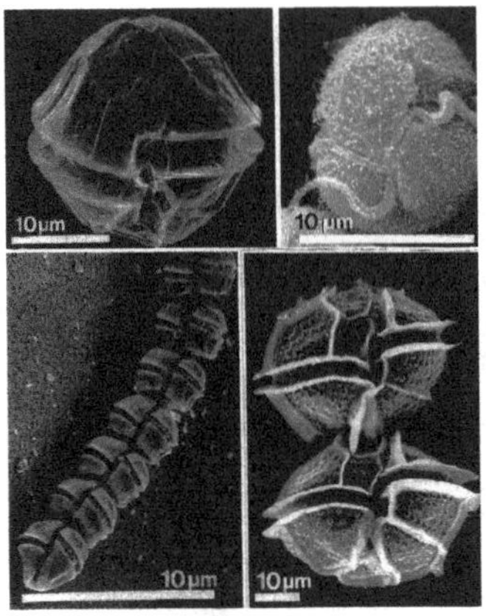

图 7.34 有毒甲藻的扫描电镜图。微小亚历山大藻（*Alexandrium minutum*）（左上）；有毒卡罗藻（*Gymnodinium galatheanum*）（右上）；*Gymnodinium catenatus*（左下）；巴哈马盾甲藻扁平变种（*Pyrodinium bahamense* var. *compressum*）（右下）。微小卡罗藻（*Karlodinium micrum*）可以杀死笼养鱼类，而其他甲藻引起麻痹性贝毒。（引自 Hallegraeff，1993）

Alexandrium excavatum 是一种有毒的赤潮甲藻（图 7.35）。营养细胞分裂能产生可以游动的配子，后者进而融合。在配子融合的早期出现表面接触时，成对的配子缓慢游动并在水中沉降下来。运动的四鞭毛游动合子在失去鞭毛和甲板前的几天可以游动，随后形成可以保存 5～15 年的休眠孢囊（休眠孢子）（图 7.28a、图 7.36）。这种休眠孢子含有储藏产物和一厚的三层壁（Kennaway and Lewis，2004）。孢囊萌发由具有 12 个月成熟期的生物钟调控（Perez，et al.，1998）。每个休眠孢子会经历减数分裂生成单倍体的营养细胞，完成整个生活史（Destombe and Cembella，1990；Nagai et al.，2003）。

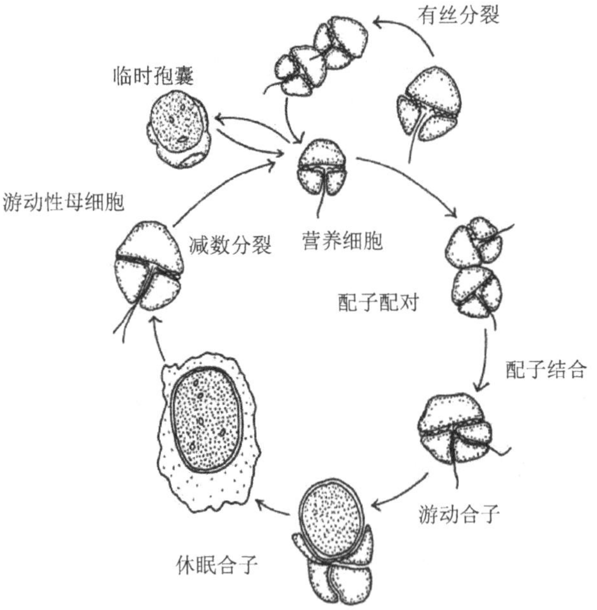

图 7.35 *Alexandrium excavatum* 的生活周期。（改编自 Destombe and Cembella，1990）

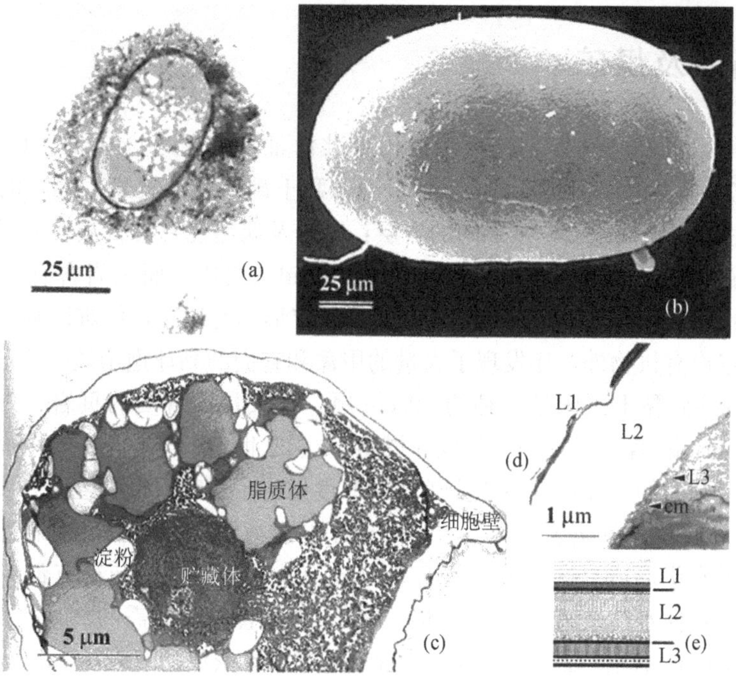

图 7.36 亚历山大藻休眠孢子。(a) 黏液包围的休眠孢子光镜图。(b) 扫描电镜图显示休眠孢子的光滑表面。(c) 透射电镜图显示休眠孢子中大量的储藏产物。(d) 细胞壁各层的透射电镜图。(e) 细胞壁各层示意图。cm，细胞膜。(引自 Kennaway and Lewis，2004)

在营养丰富时，亚历山大藻细胞的毒素含量相对较低（John and Flynn，2002)。毒素浓度在磷缺乏时达最高，这可能是因为在磷缺乏时积累了游离的氨基酸（毒素前体)。

产生毒素的甲藻细胞可以避免被桡足动物捕食，这显示减少甲藻细胞被捕食足以抵消产生毒素产物所需的额外能量（Guisande et al.，2002)。

赤潮形成具有如下原因。

(1) 高的水表温度（high surface-water temperature)：甲藻喜好温暖的水域，其数量一般在水表更丰富。但这并不意味着它们只出现于温暖的海洋，因为通常在冷水区的海洋表面也可能经历温暖无风的气候。

(2) 风（wind)：强烈的离岸海风会帮助形成上升流，而强烈的向岸海风会在海岸附近集结起水华。另外，恶劣的气候和强风会吹散水华。风暴也会导致甲藻的消亡并阻止赤潮的形成（Juhl and Latz，2002；Sullivan and Swift，2003)。

(3) 光强（light intensity)：甲藻水华爆发前通常有一段阳光充足、平静的时期。

(4) 营养（nutrient)：赤潮通常出现在上升流停止之后，但此时营养并没有停止向水表输送，这可能是引起水华的直接原因（Grindley and Nel，1970)。有人认为之前的硅藻水华可以耗尽水中的营养并使无机营养物降低到适宜甲藻生长的水平(但对硅藻而言营养太少)，同样也生成维生素 B_{12} 等对它们生长较为重要的有机营养物。

甲藻与石油及煤矿

甲藻水华很可能与世界上的某些油田如北海油田有关（Downie，1956；Gallois，1976）。研究得最多的油田是英国 Kimmeridge 黏土矿床的油页岩。岩层的厚度从不足 100 m 至超过 500 m，包括一些不同的岩层：黏土及偶然混有薄石灰石的黑色和棕色页岩。其中的石灰石主要由球石体（coccolithophorid）组成，而页岩含有被称为油母质（kerogen）的黄棕色有机质。油母质含有大量无定形的有机物，但难以确定它的生物来源。除了无定形有机物外，还发现了大量的甲藻和它们的刺球孢子及一些球石粒。最著名的 Kimmeridge 黏土矿床是一种约 80 cm 厚、含大量沥青质的页岩——Kimmeridge 煤矿。Kimmeridge 煤矿长期被用作固体燃料，在 20 世纪下半叶是一种令大家感兴趣的石油来源。但其高的含硫量及该矿床较薄的厚度妨碍了这种石油的经济开发。

Kimmeridge 黏土油页岩由盐度水平略低于开放海洋、某种程度上靠近内陆的海洋中发生的藻类水华形成。这类海洋富含来自陆地的营养，从而使得有毒甲藻水华的发生。这些水华致使水体缺氧并毒化水体，提供有机物保存所必需的临时性厌氧底部。有趣的是，在 Kimmeridge 黏土油页岩中发现有形成大量灰泥的双壳类 *Lucina miniscula*，它类似于一种常见的被有毒甲藻水华毒害的双壳类 *Lucinoma borealis*。

石油矿藏和古代沉积物中含有可能源于甲藻 4α-甲基甾醇的 4α-甲基甾醇烃类（Robinson et al.，1984）。甲藻较其他纲藻类的独特之处是甾醇组分中 4α-甲基甾醇的优势组成及上述 4α-甲基甾醇的独特结构（Leblond and Chapman，2002；Giner et al.，2003）。一些海洋甲藻及甲藻共生生物生成的主要甾醇是甲藻甾醇（dinosterol）（图 7.37）。

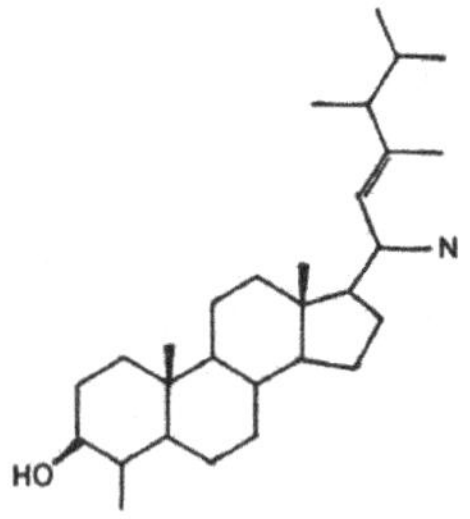

图 7.37 甲藻甾醇的化学结构，甲藻中主要的甾醇。

生物发光

到了夜晚死火出现在海上
在我们四周旋舞飞扬
而海水好似女巫的毒油
燃着青、白碧绿的幽光

Samuel Taylor Coleridge

The Rime of the Ancient Mariner（《古舟子咏》）

史前的水手惊奇于甲藻大量聚集所显示的生物发光。燃烧的海洋最初被认为是超自然的力量，是上帝高兴或不满的前兆。后来，当科学开始代替宗教来解释这一自然现象时，人类认识到光亮是由盐分子摩擦或水中磷燃烧所发出。磷光（phosphorescence）这一术语在今天仍在使用。到 1800 年，人类开始推测这种发光源自活细胞，但直到 1830 年才有实验支持其生物学来源（Sweeney，1979）。

活生物体发光有两种类型：①生物发光（bioluminescence）[化学发光（chemiluminescence）]，化学反应可以释放能量并转化为光能；②光致发光（photoluminescence），主要依靠光的前吸收（Hastings，1986）。许多海洋而非淡水甲藻能够生物发光。甲藻是海洋生物发光的主要类群。当细胞受刺激时，它们发出蓝绿色（最大波长 474 nm）、持续 0.1 s 的闪光。行驶船舶的发光航迹或热带海湾的磷光现象通常由甲藻引起。

与生物发光有关的化合物是萤光素（luciferin）（图 7.38），它们在萤光素酶（luciferase）的催化氧化下发出光亮。萤光素和萤光素酶是某类化合物的通称，而不特指某一种化学物质。多种不同门类的生物都可以发光，从细菌到甲藻再到水母和海蛇尾，以及蠕虫、萤火虫、软体动物和鱼类（Hastings，1986）。在细菌中，萤光素是一种还原性黄素（flavin）；在昆虫中，它是一种（苯并）噻唑核；在甲藻中，它是一种四吡咯。同样，萤光素酶也有不同的结构，尽管所有的萤光素酶都有氧化酶的特征（将氧加到化合物中）。Boyle 在 1667 年展示他的空气（真空）泵时，事实上已经发现生物发光需要氧：

图 7.38 甲藻萤光素可能的局部结构。（仿自 Dunlap and Hastings，1981；Hastings，1986）

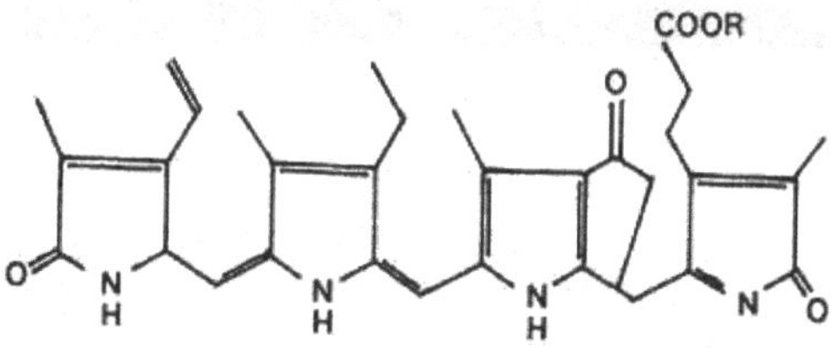

一片发光（生物发光）的木头……产生强烈的光……它明显减弱……[在] 第七次抽气时随着空气的泵出光亮越来越弱……因此当从外界吸入空气时，有幸见到似乎将要耗尽的光亮快速的复苏，看起来就像一盏小灯（引自 Harvey，1952，p. 142）。

在细菌的生物发光反应中，萤光素被萤光素酶氧化，产生一种在分解时可以发出光子（$h\nu$）的电子受激产物（P^*）：

$$\text{luciferin}+O_2 \xrightarrow{\text{luciferase}} (P)^* \longrightarrow P+h\nu$$

已报道的甲藻萤光素是一种线性四吡咯（图 7.38）。与甲藻萤光素相连的蛋白质是萤光素结合蛋白（luciferin-binding protein，LBP），它在碱性 pH 下螯合萤光素而在酸性条件下释放萤光素（Sulzman et al.，1978）。有人假设 pH 从 8.0 降至 6.5 时，就可以出现生物发光。细胞的扰动使液泡膜去极化，导致质子（H^+）流动和周围胞质的酸化（Johnson et al.，1985）。低 pH 导致两个 pH 依赖反应的发生：①在酸性 pH 下，萤光素从萤光素结合蛋白中释放出来；②萤光素酶的活化，伴随着散发蓝绿色光的光子释放。

萤光素、萤光素酶和萤光素结合蛋白出现在颗粒中，后者被称为闪烁粒（scintillon）（闪光单位），其直径为0.5～1.5 μm（Sweeney，1980）。闪烁粒出现在液泡膜的胞质内陷中。当沿着液泡膜的动作电位发生变化时，质子从液泡的酸性内容物中流出，从而发出蓝绿色光。闪烁粒中 pH 的下降即导致发光（Nicolas et al.，1991）。

在多边舌甲藻（*Lingulodinium polyedrum*）（图 7.39 和图 7.40）中，大部分生物发光出现在昼夜节律的夜间（图 7.41）（Fritz et al.，1991）。这是因为在夜间萤光素酶和萤光素结合蛋白增加 10 倍。生物发光的白昼光抑制被认为是当环境中的光水平足以补偿生物发光失效时保存细胞能量的一种机制（Buskey and Swift，1983）。梭梨甲藻（*Pyrocystis fusiformis*）（图 7.40a）的发光部位在 24 h 周期中各不相同（Sweeney，1980；Seo and Fritz，2000）。在白天，生物发光在细胞核附近紧密的囊泡球形物质中产生，而在晚上生物发光产生于外周的胞质中。叶绿体逆向运动——在白天叶绿体位于细胞外周，而在晚上叶绿体集中于细胞核周围。

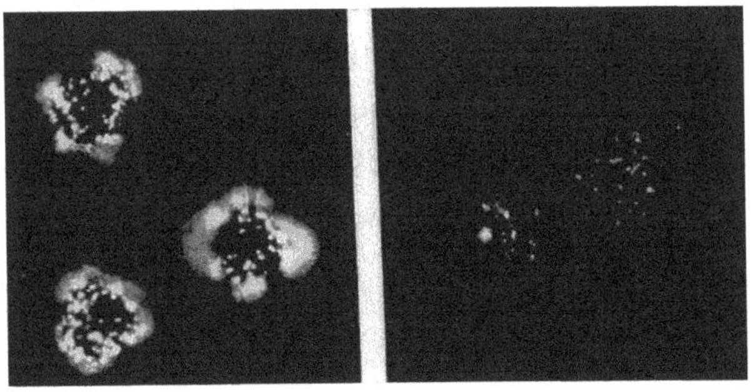

图 7.39 舌甲藻细胞图片中的白点显示出荧光和萤光素的位置，底物与萤光素酶和氧反应从而产生光。在生物荧光昼夜周期中，萤光素荧光晚上（左）的强度比白天（右）高。（引自 Johnson et al.，1985）

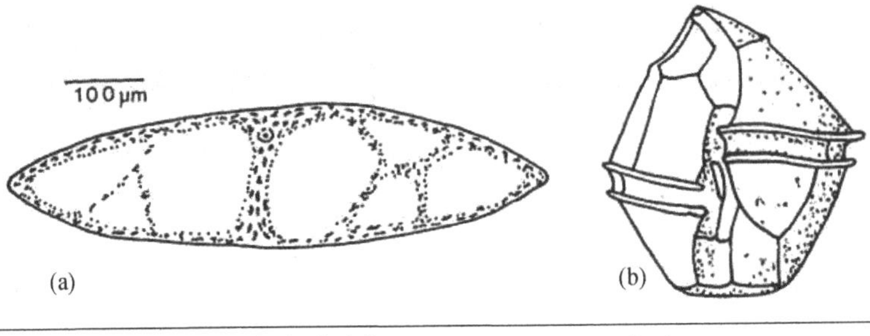

图 7.40 （a）梭梨甲藻。（b）多边舌甲藻（*Gonyaulax polyedra*）。

甲藻有三种发光模式：①在机械、化学或电流刺激下可以发光；②自发发光；③在深夜发出弱光（Sweeney，1979）。不同物种瞬时发光的最大光量并不相同，大的物种比较小的物种发出的光要强。在一个甲藻种群中，每个细胞每天平均闪光一次（Hastings and Krasnow，1981）。我们不清楚在此期间是否每个细胞闪光一次且仅闪光一次，或是一些细胞多次闪光而另一些细胞根本不闪光。一个细胞的营养状况影响其发光强度。在与绿藻共生的夜光藻（*Noctiluca*）中，当每次闪光发出的光子数量增加即甲藻发光强度增加时，光合作用也随之增强。对于球甲藻（*Dissodinium*）和梨甲藻（*Pyrocystis*）（图 7.40a、图 7.49c、图 7.49d）等属，相同物种的不同隔离种群有的能发光，有的则不能发光（Swift et al.，1973；Schmidt et al.，1978）。

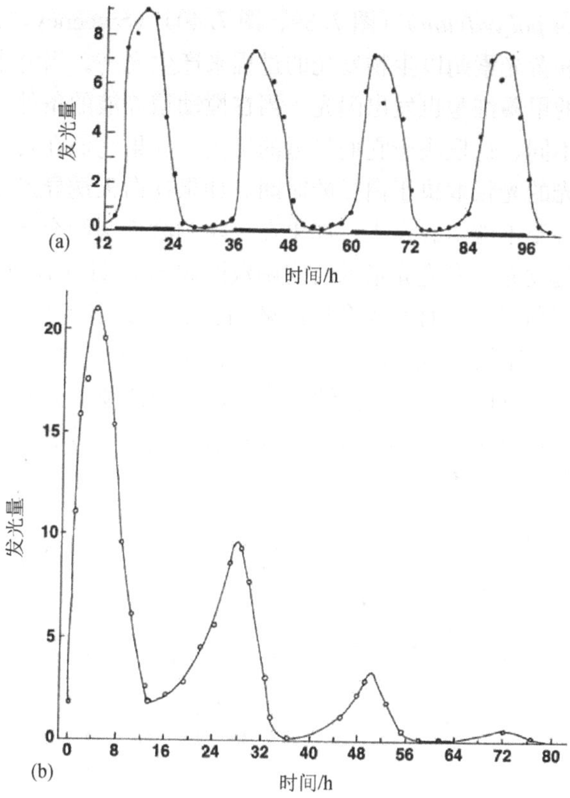

图 7.41 多边舌甲藻受激发光的节律。(a) 光暗周期 12∶12。(b) 完全黑暗。(仿自 Sweeney, 1969)

梨甲藻（*Pyrocystis*）是一类能发出强烈磷光的甲藻，它是赤道海域形成磷光的主要藻源（Swift et al.，1973）。梨甲藻属藻类每个细胞产生的生物发光至少比舌甲藻属（*Lingulodinium*）（图 7.39 和图 7.40）的种类高 1000 倍，比梭角藻（*Ceratium fusus*）、五甲多甲藻（*Peridinium pentagonium*）和巴哈马盾甲藻高 100 倍。

目前，有两个关于甲藻生物发光适应值的理论，这两个理论均与甲藻夜间捕食有关，具体内容如下。

(1)“防盗警报”(burglar alarm) 假说。这一假说认为甲藻通过发光来补偿被无脊椎动物捕食的危险，因为对于食物链上比甲藻高两个水平的生物而言，它们产生了一个确定无脊椎动物食物位置的信号（Abrahams and Townsend，1993）。甲藻形成的生物发光可以吸引甲藻捕食者的天敌。

(2)“惊吓”假说（startle）。在这一假说中，捕食者的机械刺激使发光的甲藻产生闪光，通过闪光惊吓无脊椎动物捕食者如桡足类，使得桡足类缩回食器并游走（Buskey and Swift，1983）。

无论哪个理论正确，实验证明在夜间桡足类仅消耗一半甲藻，这显示生物发光可以威慑捕食者（Buskey et al.，1983）。

节律

许多甲藻都显示出节律过程，而其中最为人们熟知的种类是多边舌甲藻（*Lingulo-*

dinium polyedrum)(图 7.39、图 7.40)(Sweeney,1969)。它通过形成甲藻特异的荧光素和荧光素酶以生物发光的过程来产生光亮。当海水剧烈震动和强力搅动时,在其中游动的甲藻细胞也发出闪光。当在搅动培养液的条件下测量发光时,细胞所发出的光量通常不同,这取决于它们最近的历史。如果它们在自然光照或光暗周期下生长,测量时其发光的光量取决于白昼的时间。如果在白天诱导发光,光量将会降低,而极度剧烈的搅动甚至不能引起发光。如果在夜晚刺激细胞则会产生更多的光线,并且轻微的搅动亦能引起发光。发光光量的时间函数图如图 7.41 (a) 所示。最大发光发生在黑暗期的中期,而黎明将至时发光会逐渐减弱且需要更多刺激。这一节律呈现昼夜周期性(circadian)[字面解释为约(*circa*)一天(*diem*)],图示在细胞处于黑暗时发光亮度持续变化[图 7.41 (b)]。在持续黑暗中,周期持续 4 天但幅度依次减小。如果细胞处在持续光照中,则不存在幅度降低。在适宜光强下持续光照,周期至少长达 3 周(图 7.42)。

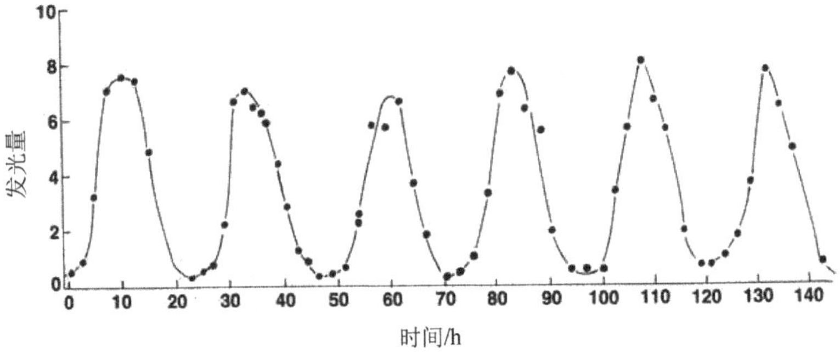

图 7.42 持续光照下多边舌甲藻受激发光的节律(1000 lux)。(引自 Sweeney,1969)

在测量多边舌甲藻(*Lingulodinium polyedrum*)的光合作用时,无论氧气产生还是二氧化碳固定都呈现出节律性(图 7.43)。这种节律为昼夜周期性,并且在持续光照条件下仍旧存在。在理想条件下,预期的最大光合速率会出现在一天的中间。光合作用的节律取决于光合系统Ⅱ的变化(Samuelsson et al.,1983)(图 7.44)。

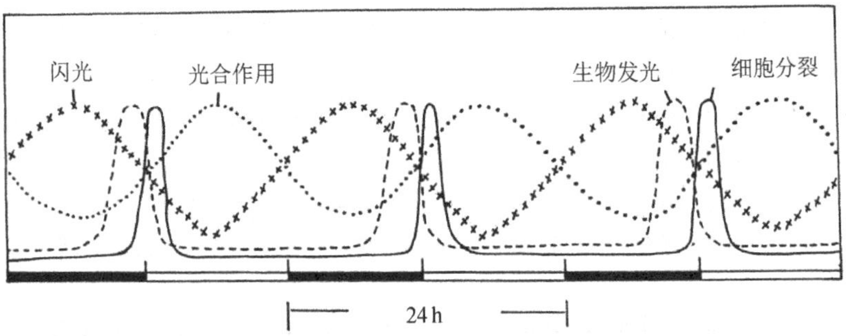

图 7.43 单细胞多边舌甲藻的昼夜节律至少包括 4 个不同的生物过程。虽然 24h 内 4 种节律的峰值不同,如图所示,但它们都受生物钟的同步调节。重置生物钟的扰动会同时相移所有 4 种节律,这暗示它们由单一的起搏器驱动。(仿自 Johnson and Hastings,1986)

图 7.44 Beatrice M. Sweeney Sweeney。Sweeney博士致力于甲藻节律现象的研究。她于1914年8月11日出生于马萨诸塞州的波士顿，1989年6月30日去世于马萨诸塞州的伍兹霍尔。她先从史密斯学院（1936）获得学士学位，后从拉德克利夫学院（1942）获得博士学位。她先后就职于梅奥诊所（1942～1943）和斯克里普斯海洋研究所（1947～1955），任实验员和研究助理。1961～1967年，Sweeney成为耶鲁大学的生物学讲师。在1967年，加入加利福尼亚大学圣巴巴拉分校生物科学系。她出版过两版《植物节律现象》。（照片摘自 Garbary and Wynne，1996）

多边舌甲藻（*Lingulodinium polyedrum*）具有的第三种昼夜周期性节律行为是细胞分裂（图 7.43）；在光暗周期性交替培养条件下，所有细胞的分裂都历时 30 min。当光暗周期为 12∶12 时，这 30 min 将跨越“黎明”。在其他的光暗周期如 7∶7 的研究中，光暗转变并非决定性因素，因为细胞分裂发生在黑暗时期开始后约 12 h，尽管这段时间明显处于下一个光照周期开始后。在持续的低强度光照下，多边舌甲藻的其他节律仍然存在。在此情况下极少发生细胞分裂，平均世代时间可长达 6 天。但是，这些准备分裂的细胞只在每个 24 h 内的预定时间发生分裂。

第四种节律是水柱中甲藻细胞的垂直迁移（Eppley et al.，1968；Horiguchi and Pienaar，1988；Lombard and Capon，1971；Roenneberg and Deng，1997）。在黎明前，细胞上升到水体表面形成密集的团块（聚集），在夜晚来临前它们再次下沉（图 7.45）。在海洋环境中，这种垂直迁移将细胞暴露在几个梯度中：①在较深的水层，营养富集得更多（营养富集于海底或温跃层）而表层水通常缺乏营养；②表层水温超过深层水的水温；③光强的变化：④在浅水区，潮水的冲蚀程度不同。

多边舌甲藻（*Lingulodinium polyedrum*）中存在一个控制生物发光、光合作用和细胞分裂的调控器，所以上述各个过程在每经历 24 h 时都会达到一个高峰，然后有规律地下降（图 7.43）。生物钟过程可能控制着所有这些过程。不过，似乎是细胞中的质膜控制这些过程，因为在细胞同步化的 24 h 期间，质膜呈现出规律性的重组（Adamich et al.，1976）。

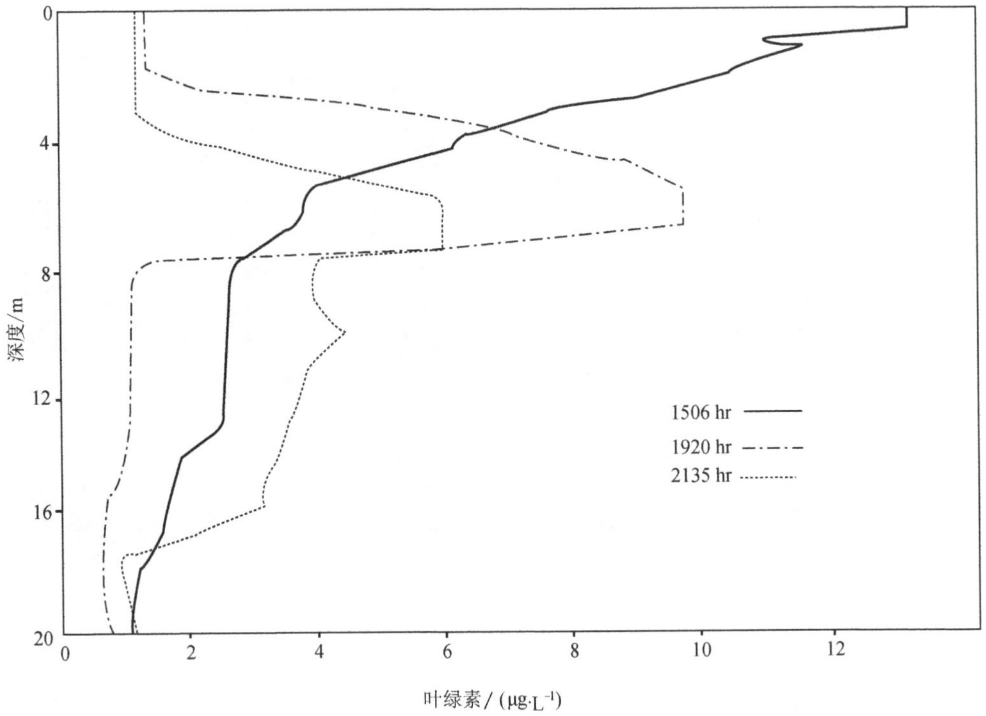

图 7.45 甲藻水华期间叶绿素 a 的分布图显示出不同时间甲藻的垂直迁移。(仿自 Eppley et al.,1968)

虽然多边舌甲藻(*Lingulodinium polyedrum*)的节律峰值不同,但一般认为它们都受控于一种特殊的起搏器(pacemaker)(Johnson and Hastings,1986)。这一节律过程似乎没有反馈机制,因此可能是系统驱动这一过程。例如,一种特殊的除草剂能够完全抑制多边舌甲藻的光合作用,但生物发光节律仍存在且其各阶段并不发生改变。通过观察多边舌甲藻,我们获知它的昼夜节律组织模式图(图 7.46)。这种中心起搏器通过一种光感受器和导引通路的阳光周期分成不同阶段,控制着不同的节律如细胞分裂、生物发光和光合作用。

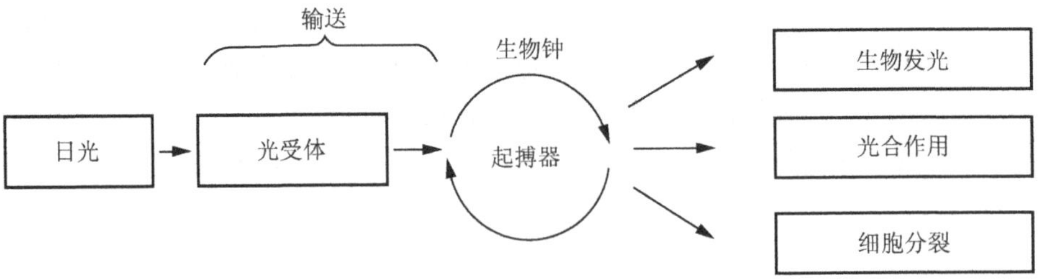

图 7.46 多边舌甲藻细胞单一的内源性时钟可以控制所观察到的多重节律。(仿自 Johnson and Hastings,1986)

甲藻的昼夜节律有两个不同的系统时间，红光敏感系统延迟时间而蓝光敏感系统提前“黎明”的时间（Roenneberg and Deng，1997）。这些光系统可能刺激或抑制细胞褪黑素的产量，后者浓度的增加似乎标志着光照阶段的结束。褪黑素生成具有昼夜节律，它的浓度在光照末期迅速升高，在黑暗期则逐渐下降，在光照期达到最低值。甲藻细胞的褪黑素浓度与哺乳动物的松果腺相似（Balzer and Hardeland，1996）。褪黑素可能表明亲缘关系遥远的甲藻和脊椎动物中的光周期具有共性，这表明它可能具有一种在昼夜周期中调节黑暗信息的一种古老机制（Pöggeler et al.，1991）。

异养甲藻

据估计在超过 2000 个现存甲藻中，有一半的种类缺少叶绿体，营专性异养生活（Hansen and Calado，1999；Jacobsen，1999）。另外，许多含有叶绿素的甲藻当通过异养获得部分营养条件时，也能进行混合异养（mixotrophy），特别是在环境中营养条件低时（Smalley et al.，2003）。

目前，已知有几种不同的异养类型：①直接吞噬捕获物的吞噬性营养（phagotrophy）；②通过胞质盖膜——外套膜（pallium）在甲藻细胞外消化食物（pallium feeding）；③脚摄食（peduncle feeding/myzocytosis）通过胞质延伸物——脚摄取捕获物的胞内物质——失去质膜和捕获物的胞外物质；④渗透营养（osmotrophy）或摄取溶解性物质（Höhfeld and Melkonian，1998）。

直接吞噬捕获物（direct engulfment of prey）

夜光藻（*Noctiluca*）的巨大细胞具有一个长 300 μm、覆盖着黏性分泌物的采集食物的触手（tentacle）（图 7.47）（Sweeney，1978；Nawata and Sibaoka，1983）。细胞的两个翼状延伸在触手基部形成口形窝（oral pouch）。在口形窝的底部是一个在摄入食物时呈缝状开口的胞质体。其他生物在中部与覆盖黏液的触手尖端的碰触导致它们被黏附到触手上。持续的碰撞致使触手上黏附着一团细胞，在此期间触手主要位于一个延伸的构造中。此时触手弯曲以使触手尖端移向口形窝的底部。细胞质明显流向胞质体，然后聚集于胞质体周围（Nawata and Sibaoka，1987）。随后，胞质体开口，触手尖端插入其中，食物被扫入到胞质体中，触手尖端随即缩回。最后，胞质体开口闭合，食物被吞入到胞质的食物泡中。在显微镜下观察细胞，可以见到食物泡中含有食物的黏液长带呈螺旋卷曲。

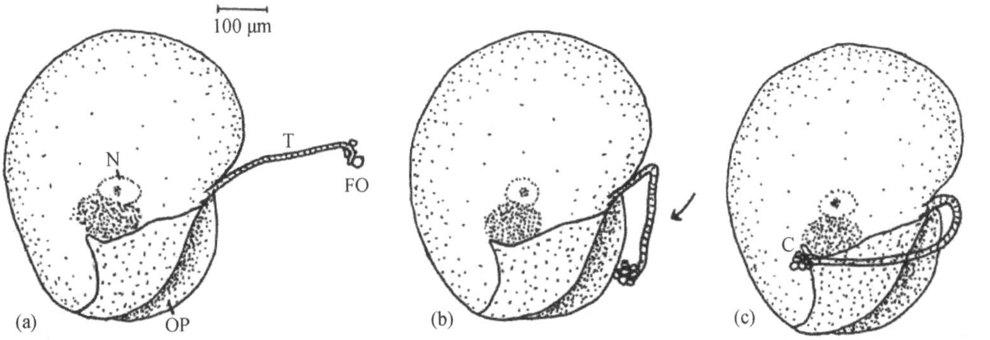

图 7.47 夜光藻消化食物（其他藻类、细菌）的图片。（a）触手（T）位于一个延伸构造中。食物有机物（FO）与黏液覆盖的触手尖端碰撞并黏附于其上。N，细胞核；OP，口形窝。（b）触手弯向口形窝。（c）胞质体（C）位于口形窝的基部，触手尖端插入到胞质体中，将食物有机物扫入食物泡。（仿自 Nawata and Sibaoka，1983）

Polykrikos kofoides 在开始摄食时先用刺丝囊（nematocyst）戳刺捕获物［图 7.48、图 7.49（a）和图 7.49（b）］。捕获物被拖入后沟，最终被食物泡完全吞噬。

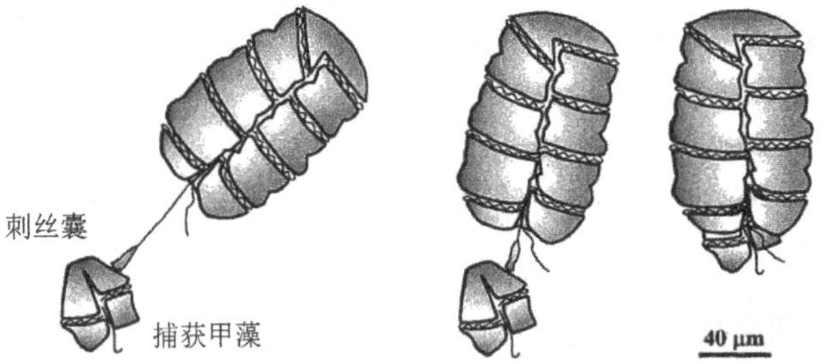

图 7.48 *Polykrikos kofoides* 发射刺丝囊并将所附的捕获物拉往细胞后部。甲藻吞噬并消化捕获物。（修改自 Matsuoka et al.，2000）

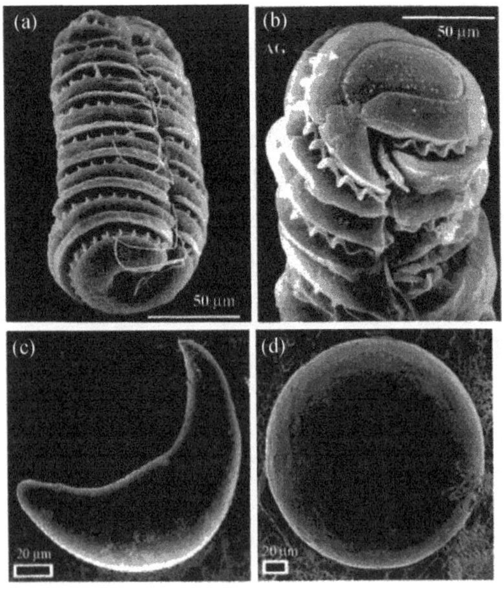

图 7.49 （a）、（b）*Polykrikos schwartzii* 8～10 个细胞的假集落扫描电镜图。腹面观（a）和顶面观（b）显示顶沟。*Pyrocystis lunula*（c）和 *Pyrocystis noctiluca*（d）的扫描电镜图。梨甲藻具有现存甲藻中不常见的非运动营养细胞阶段，是海洋中主要的生物发光来源。［（a）和（b）引自 Nagai et al.，2002；（c）和（d）引自 Seo and Fritz，2002］

外套膜摄食（pallium feeding）

这种摄食方式仅出现于有壳种类中，它们利用一个从鞭毛孔伸出的摄食盖膜——外套膜包住捕获物。捕获物的原生质通过酶消化并释放到外套膜中，随后消化产物转运到摄食细胞中。原多甲藻属（*Protoperidinium*）（图 7.50）和翼甲藻属（*Diplopsalis*）（Naustvoll，1998）即以这种方式摄食。这些甲藻直线游动直到它们遇上捕获物，然后甲藻减速改变游泳行为，绕着捕获物转着小圈游动，通常不足 1 min。随后，一根胞质细丝（直径约 1 μm）从纵沟孔伸出，黏附到捕获物上（图 7.50）。一个伪足沿着细丝伸出，同时细丝缩回将捕获物拉近甲藻。伪足以 2～6 $\mu m \cdot s^{-1}$速度向前伸出直到它触到捕获物。伪足类似于脊刺等突出物，能够吞入比甲藻大许多倍的生物。伪足能够消化捕获物，其中有约以 5 $\mu m \cdot s^{-1}$速度运动的活跃的胞质流动。这种甲藻约在 30 min 内即可消化一个硅藻，此后伪足迅速缩回到甲藻中（速度为 10 $\mu m \cdot s^{-1}$）。

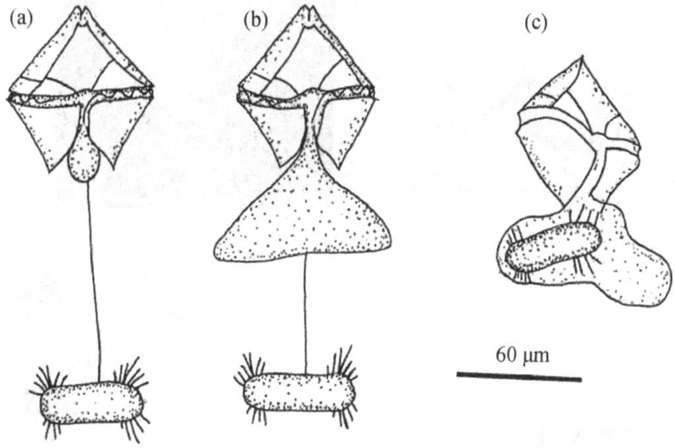

图 7.50 异养甲藻 *Protoperidinium conicum* 摄食硅藻 *Corethron hystria*。最初甲藻用一个长细丝黏附捕获物（a），后来伪足沿着细丝伸出（b），吞入已消化的捕获物（c）。（仿自 Jacobsen and Anderson，1986）

脚摄食（peduncle feeding）

Gymnodinium fungiforme 具有一个可伸缩的脚（peduncle）（Lee，1977）。这是一种仅位于上锥体纵沟和横沟交汇点的上方、充满微管的胞质突出物［图 7.51（a）、图 7.52］（Spero and Moree，1981）。这种脚可伸出 8～12 μm，与捕获物接触并在其上打一个洞（Spero，1982）。捕获物的胞质通过脚转移到甲藻胞质中。在摄食完成后，脚中的微管和脚自身缩回到甲藻胞质中。这种摄食方式的特点是许多甲藻聚集在捕获物周围。一个小的绿藻如杜氏藻（*Dunaliella*）能吸引 5～10 个通过脚与其相连的甲藻，而一个纤毛虫能吸引 400～500 个与其相连的甲藻。*G. fungiforme* 的脚显然不能穿透细胞壁，因此这种甲藻仅可以摄食缺乏细胞壁的捕获物或受伤的高等生物。海洋纤毛虫大突口虫（*Condylostoma magnum*）不能被 *G. fungiforme* 捕食，除非它们已经受伤（如在实验室中用微量移液器戳破它）。在 15 s 内即可发现有超过 100 个甲藻聚集在伤口周围。当将纤毛虫从损伤培养状态转移至 *G. fungiforme* 培养物中，甲藻细胞即聚

集于纤毛虫的后端周围。最初，1～5 个为一组的甲藻拖出数小条纤毛虫的胞质。当纤毛虫的胞质通过微小的伤口开始流失时，即出现一个大的吞食甲藻群体。20～30 min 后，纤毛虫被完全消化。攻击细胞较小（长 9 μm、宽 6 μm），而摄食食物后具食物泡的透明细胞比原来尺寸要大 20 倍。这些大细胞很少运动甚至完全静止。*G. fungiforme* 能被某种氨基酸和其他有机化合物所吸引（Spero，1985）。当甘氨酸、牛磺酸和丝氨酸处于 10^{-8} mol·L^{-1} 阈值监测水平时，它们可以吸引甲藻。葡萄糖在 10^{-7} mol·L^{-1} 浓度下，丙氨酸、脯氨酸和苏氨酸在 10^{-6} mol·L^{-1} 浓度下也可吸引甲藻。甘氨酸、牛磺酸及丙氨酸是无脊椎动物和原生动物中最丰富的游离氨基酸，它们也是 *G. fungiforme* 最主要的食源。

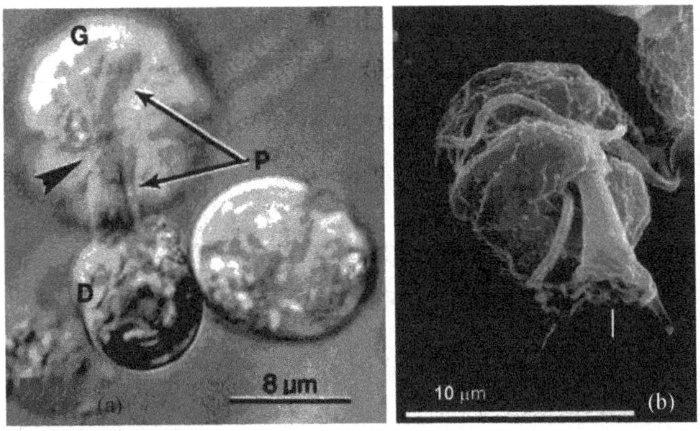

图 7.51 （a）甲藻 *Gymnodinium fungiforme*（G）消化盐生杜氏藻（*Dunaliella salina*）（D）原生质的光镜图。*G. fungiforme* 的脚通过脚的膨大和延伸吸附盐生杜氏藻原生质。（b）噬鱼费氏藻游动孢子扫描电镜图显示脚。[（a）引自 Spero，1982；（b）引自 Lewitus et al.，1999]

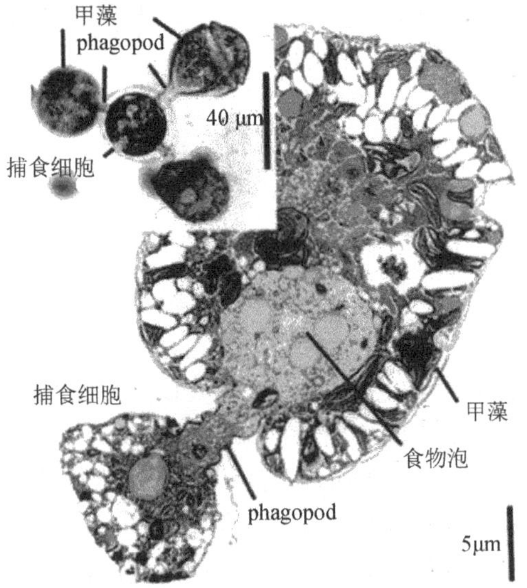

图 7.52 *Amphidinium cryophilum* 通过脚吸附捕获物。插图显示光镜图中三个 *A. cryophilum* 与一个捕获物相连。（引自 Wilcox and Wedemeyer，1991）

噬鱼费氏藻（*Pfiesteria piscicida*）是一种在美国东南部大西洋沿岸能杀死许多鱼类的异养甲藻（Burkholder and Glasgow，1997）。噬鱼费氏藻通过化学方法探测捕获物并聚集于捕获物周围，属于“伏击-捕食者”类群。当细胞不进行捕食时，游动孢子有一个细的锥形脚。当鱼类出现时，这种甲藻的游动孢子通过脚吞噬鱼体组织。在摄食鱼类时这种脚膨大，并具有吸盘状穿刺延伸［图 7.51（b）］。

共生甲藻

共生甲藻（虫黄藻 zooxanthellae）发现于几乎所有的热带造礁珊瑚、水母和海葵（刺胞亚门）中。这种甲藻在共生阶段呈球形，属于共生甲藻属（*Symbiodinium*）。核酸研究显示这些甲藻是一个多样性的类群，虽然居住在某种刺胞生物中的甲藻较为稳定（Baillie et al.，2000；Rodriguez-Lanetty et al.，2004）。

共生甲藻属（*Symbiodinium*）细胞在培养条件下能变成典型的裸甲藻类型。培养与共生的共生甲藻在生理上有所不同，共生甲藻细胞的生长比培养的细胞要慢 10 倍。宿主可以有效控制甲藻内共生体代谢物的传输，导致内共生生物所固定碳的 98%都释放给宿主。相反，培养甲藻仅释放出所固定碳的 10%（Trench，1993）。宿主动物细胞能分泌一种氨基酸——牛磺酸，它能使甲藻将光合产物释放出来并被宿主细胞吸收。

具有共生甲藻的珊瑚不同于那些不含共生甲藻的珊瑚，它们不能将钙快速地结合到骨架中。在白天，含共生甲藻的珊瑚和不含共生甲藻的珊瑚以相同的速度钙化。通常，白天的钙化速度是晚上的 3 倍（Gattuso et al.，2001）。

对于海葵和海洋甲藻形成的共生，宿主与藻类的干重比约为 300∶1（Taylor，1969）。当海葵处于恶劣的生长条件下的，它就会排出一些自身难以维持的多余甲藻细胞。在正常生长条件下时，藻类种群的分裂十分迅速，海葵通过削减甲藻种群到它能够维持的水平来响应这种情况。在此情况下，宿主外部（冠部和触手）老的甲藻细胞亦会作出响应，它们会加厚环绕着细胞壁的分泌层，随后形成孢囊。随着孢囊外层的增厚，细胞开始显示出退化的征兆。宿主似乎变得对孢囊退化敏感，将它们从外部移除并转移到肠系膜中作为分化不完全的变形虫细胞的胞内内含物。甲藻以不同的分解阶段被保存在肠系膜中直到最终被宿主分泌出来。

在扁形虫 *Amphiscolops langerhansii* 中，D. L. Taylor（1971）仅在宿主外围实质细胞中发现甲藻 *Amphidinium klebsii* 细胞，甲藻细胞在复合肌肉下方形成明显的一层（图 7.53）。前沟藻属（*Amphidinium*）每个细胞在宿主细胞中都朝向特定、一致的方向。细胞的前端指向中央实质，具有大核的后端指向上皮组织。从卵开始培养扁形虫，可能得到没有甲藻共生的个体。当这些扁形虫与一些不同的甲藻混养时，仅有前沟藻属的种类能够感染宿主。当互相接触时，动物俘获并吞下这种甲藻。一旦进入扁形虫内部，该藻不留在中央消化，反而自由地穿过动物细胞到达复合肌肉下的外周实质。这种藻在宿主体内较为稳定，仍具有两根典型的鞭毛。在自然界中，扁形虫和甲藻的共生可能对于前者的生存而言必不可少，但目前尚不知道甲藻是否从中获益。

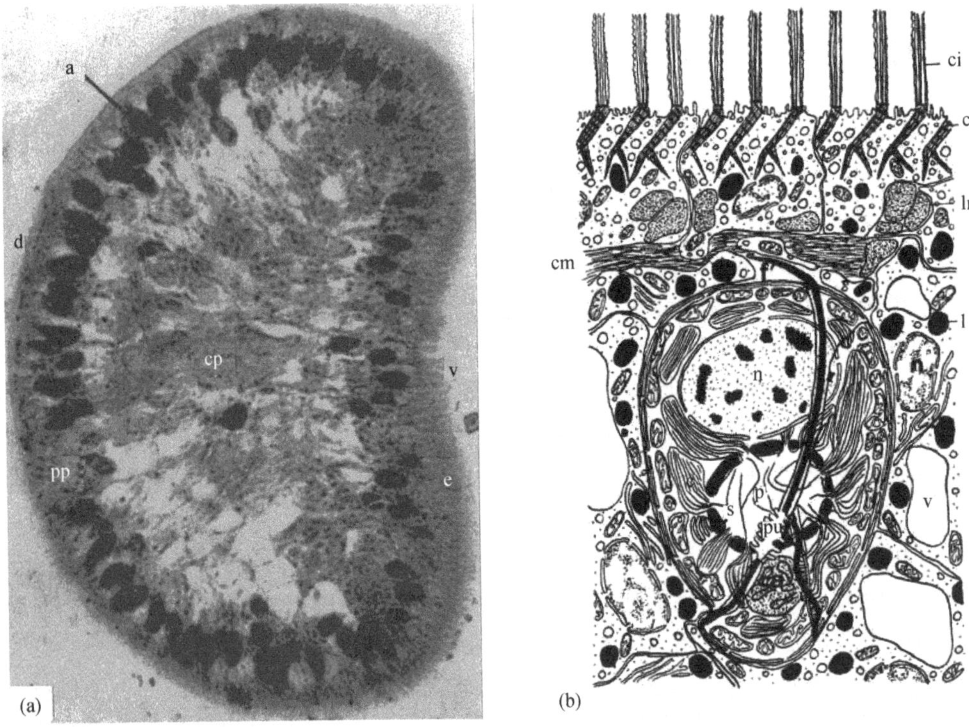

图 7.53 扁形虫 *Amphiscolops langerhansii* 横切面图显示外周实质（pp）中的甲藻 *Amphidinium klebsii*（a）。cp，中央实质；d，背部表面；e，上皮组织；v，腹部表面（90×）。(b) 上述共生体的重建图。a，储藏体；c，叶绿体；ci，纤毛；cm，环行肌；cr，纤毛根；f，鞭毛；l，脂肪；lm，纵肌；n，细胞核；p，蛋白核；pu，甲藻液泡；s，淀粉；v，液泡。(仿自 D. Taylor，1971)

除了共生于其他生物体内的甲藻外，某些甲藻体内也生活着其他生物。夜光藻（*Noctiluca scintillans*）是一种异养的杂食性生物，可以摄食浮游动物、中型浮游动物及它们的卵（图 7.47）（Hansen et al.，2004）。但是，在东南亚热带至亚热带区域有一种绿色的夜光藻（*N. scintillans*），它们的细胞含有 6000～12 000 个在大液泡内特别是在液泡边缘活跃游动的绿色鞭毛虫（图 7.54）。这种绿色鞭毛虫类似于绿藻中的平藻属（*Pedinomonas*），呈鲜绿色，大小为 2 μm×5 μm，没有眼点，具有一根后位鞭毛。目前，还不清楚该甲藻是否从共生生物中获益。

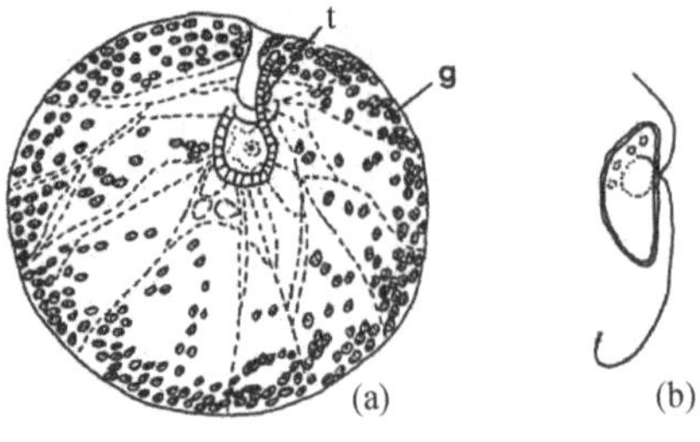

图 7.54 夜光藻在液泡中含有绿藻。(a) 全细胞，g，绿藻；t，触手，(b) 绿色共生体。(仿自 Sweeney，1971)

分类

甲藻门仅有一个纲即甲藻纲。本纲有 4 个目。分子研究显示原甲藻目、多甲藻目和裸甲藻目呈现出三条明确的进化路线（Zardoya et al.，1995）。多甲藻目可能与垂直分成两半的原甲藻目关系密切。

目 1 原甲藻目(Prorocentrales)：细胞壁纵向分成两半，没有腰带，细胞顶端有两根鞭毛。

目 2 鳍藻目(Dinophysiales)：细胞壁纵向分成两半，细胞具有复杂的甲板延伸物。

目 3 多甲藻目(Peridiniales)：运动细胞以腰带将细胞分成上锥体和下锥体，通常具有相对较厚的甲板。

目 4 裸甲藻目(Gymnodiniales)：运动细胞以腰带将细胞分成上锥体和下锥体。甲板较薄或退化成空囊。

原甲藻目（Prorocentrales）

这些细胞具有纵向分成两半的细胞壁，没有腰带，有两根植入顶部的鞭毛。原甲藻属（*Prorocentrum*）［图 7.55、图 7.56（b）］是此目的代表类群。细胞纵向分成两半，每一半都有一个相对较厚的板片。壳间缝从前端延伸到后端。细胞在平行于壳间缝的方向上是扁平的，因此这两瓣板片类似于两个眼镜的镜片。两根鞭毛通过一个孔嵌入到顶部，并且具有一个含胞质的单齿。通常具有两个并排排列于两个壳瓣的棕黄色叶绿体。无性生殖纵向分裂，子细胞含有一个母细胞壳板和新形成的壳瓣。

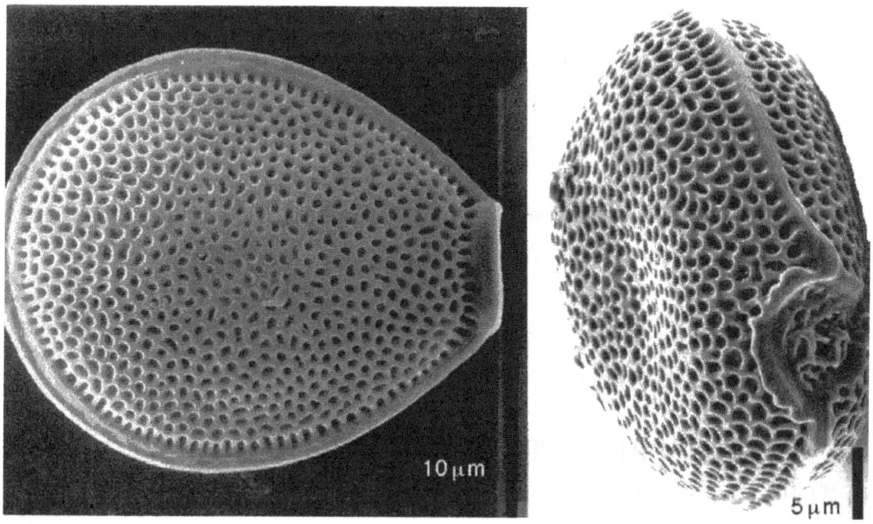

图 7.55 *Prorocentrum hoffmanianum* 扫描电镜图。（引自 Faust，1990）

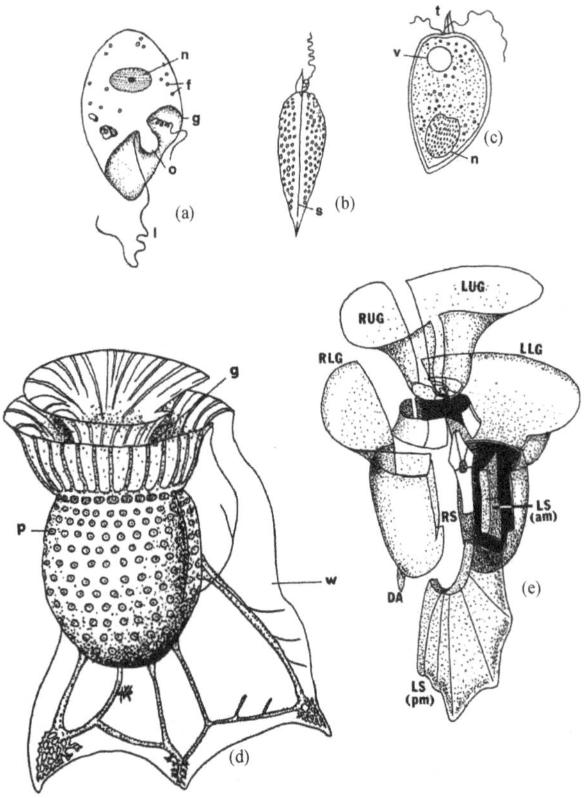

图 7.56 (a) 海洋尖尾藻。f，脂肪球；g，腰带；l，纵鞭毛；n，细胞核；o，触手。*Prorocentrum micans* 的侧视图（b）和前视图（c）。n，细胞核；s，壳缝；v，液泡。*Ornithoceros magnificus* 的右手视图（d）和板片分解图（e）。DA，左纵沟边翅背部部件；LLG，左下腰带边翅；LS（am），左纵沟边翅前部部件；LS（pm），左纵沟边翅后部部件；LUG，左上腰带边翅；RS，右纵沟边翅；RLG 和 RUG，右下和右上腰带边翅；g，腰带；p，孔；w，翼。[（d）和（e）仿自 F. Taylor，1971]

鳍藻目（Dinophysiales）

此目具有许多形态复杂的种类，主要生活于热带海洋中。此目具有适应漂浮生活习性的特征，如翼（边翅 list）。此目中更复杂的类群是鸟尾藻属（*Ornithocercus*）[图 7.56（d）、(e)]。细胞以前后缝纵向将细胞分成两半。细胞具有腰带和纵沟，具有纵沟的一侧为腹侧，相反的一侧为背侧。鞭毛分别位于腰带和纵沟。上锥体通常比下锥体小得多，紧邻腰带的甲板边缘和纵沟延伸成边翅。无性繁殖时细胞纵向分裂，分裂的两半分开而原生质形成缺失的另一半。最古老的化石类群是出现于侏罗纪早期的 *Nannoceratopsis*（Loeblich，1974，1976）。

多甲藻目（Peridiniales）

相对于没有或仅有薄甲板的裸甲藻目，此目的甲藻具有相对较厚的板片。此目的藻类具有典型的甲藻结构（图 7.1、图 7.2），具有上锥体和下锥体、两个矢状沟——横向腰带和纵沟。

分布广泛的角藻属（*Ceratium*）（图 7.12、图 7.57、图 7.58）明显不对称，具有一个充满胞质的顶角和 2～3 个底角。腰带几乎水平将细胞分成两个几乎大小相等但形状不同的两半。在腹部表面的中部，有一个大的可能类似于纵沟的菱形透明区域。像其他甲藻纲和普林藻纲藻类，角藻在暖水水域比在寒冷的极地水域更常见。在北大西洋冷水水域中仅有不足10个种，而在温暖的南方水域中有超过20个常见种（Graham and Bronikovsky，1944）。角藻是一个从水表到100 m深水层数量会增加的阴性（shade form）浮游植物类群。这种阴性类型仅发现于营养相对贫乏的温暖海洋水域，这些水域的上层常缺少氮和磷。阴性类型的角藻具有一个生存值，因为它们能利用深层水域更高的氮磷水平，并且仍能接受到足够的光照以保持光合速率超过呼吸速率。这些阴性类型通过细胞体和（或）角的延伸及这些含叶绿体的延伸物的组装来增加细胞表面积以适应所吸收的最大光量。长角类型也发现于水表，但阴性类型通常具有充满叶绿体的角。

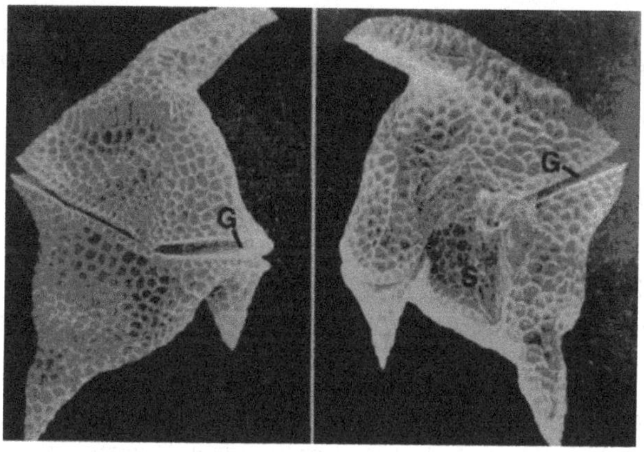

图 7.57　*Ceratium cornutum* 营养细胞各侧扫描电镜图。G，腰带；S，纵沟。（引自 Happach-Kasan，1982）

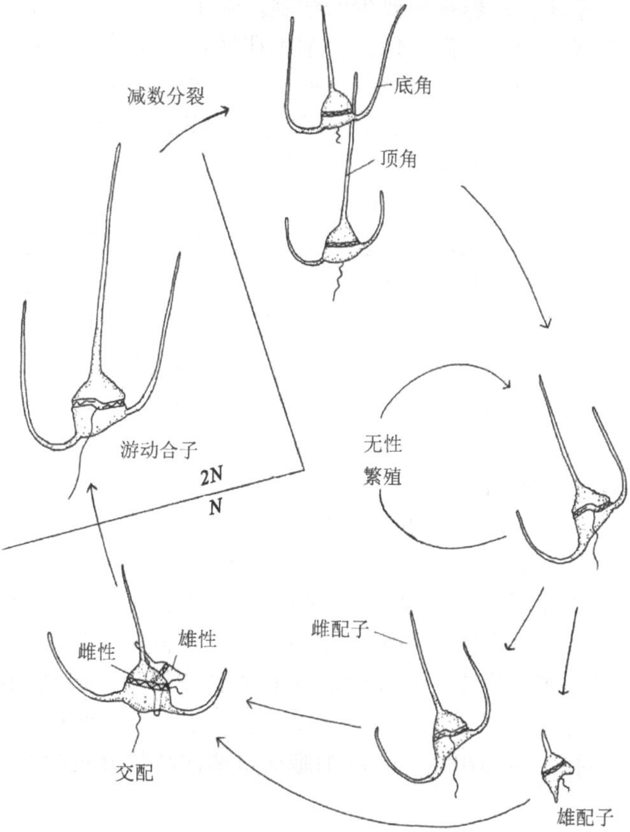

图 7.58　粗刺角藻的生活周期。（改编自 von Stosch，1972）

粗刺角藻（*Ceratium horridum*）与其他甲藻的生活周期有些类似。von Stosch (1972)（图 7.58、图 7.60）揭示了粗刺角藻营养细胞是单倍体。雄配子比雌配子要小，因此这种生物的细胞融合方式属于异配生殖（图 7.58）。雄配子通过腹部与雌配子腹部相连，然后雄性细胞壁从板片处破裂，雄性胞质进入到雌性胞质中。裸露的雄配子融合雌配子形成合子。在所有的下述步骤中，合子保持运动性（游动合子 planozygote）。游动合子生长数天，长成具有奇特长角和厚壁的大细胞。最后，细胞核膨大，核内环流（运动）开始。最快时染色体物质每 30 s 环流一次。数小时后运动减慢并停止，约在 12 h 后减数分裂开始。第一次减数分裂把染色体分成两半，产生一个具正常大小底角和极长顶角的甲藻及另一个具正常大小顶角与极长底角的甲藻。2～3 天后发生第二次减数分裂得到单倍体营养细胞。

裸甲藻目（Gymnodiniales）

除了它们具有薄板片或不具板片外，此目甲藻类似于上述多甲藻目。

Gymnodinium pseudopalustre 的生活周期是此目典型的生活周期。营养生殖的结果是所生成的子细胞至少相互粘连 12 h（图 7.59）。当 21℃活跃培养转变为 15℃短光照（10 h 光照）处理时，可以形成配子（von Stosch，1973）。配子分化出现于分裂后，产生较小且质体和色素体比营养细胞要少的细胞。除了较小的外形和更浅的颜色外，配子与营养细胞并无明显差异。它们不像营养细胞那样长期存活，如果不发生细胞融合就会死亡。配子是同宗配合的，即来自单一藻株的配子之间可以融合。

最初，2～10 个配子为一组配子群在摇摆运动中相互靠拢。两个配子间形成交配对，交配对快速游动并以一个共轴缓慢转动。尽管配子的大小稍有不同，但这种结合仍是同配生殖方式。细胞通过位于横沟和纵沟交点下的透明球状桥相连。30 min 后原生质开始融合，细胞间的桥接扩大。在融合末期，得到类似于营养细胞的一种细胞。每个配子的鞭毛和细胞核仍十分清楚。合子生长时，最初具有营养细胞的外形，然后上锥体延伸，在此发育期间，丢失一根横鞭毛而两根都存在。不运动的合子突然变圆并分泌初生壁。随后此壁膨胀，在壁与原生质表面之间生成透明区域。当透明区域增厚时，小而分散的颗粒纹饰出现于原生质壁表面并且放射性生长成刺。然后初生壁爆裂并在孢子的一端卷曲脱落。初生壁对于休眠孢子的形成是必需的。初生壁仅持续存在 9 min。

在随后的 48 h，休眠孢子成熟——质体褪色并变得不显眼，出现红色油滴物，淀粉粒变得模糊，两个细胞核融合。在具刺的孢子外壁（exospore）下分泌具厚纤维素的孢子内壁（endospore）。在以 3℃处理 4 周后恢复光照并提高温度，休眠孢子开始萌发。在纤维素质孢子内壁消化脱离后，即将释放的游动细胞表现出原生质的轻微收缩使未来甲藻的横沟清晰可见。孢壁和游动细胞表面间的空隙填满了胶质物。最终细胞壁破裂，游动细胞从胶质物的包裹中逸出。游动细胞从胶质物中脱离。游动细胞最初呈卵圆形，除了具有红色脂肪球外几乎无色，然后它获得棕色色素，外形变得类似于营养细胞。两根“滑雪轨迹状”纵鞭毛重新出现。游动细胞通过两次减数分裂产生 4 个单倍体甲藻。

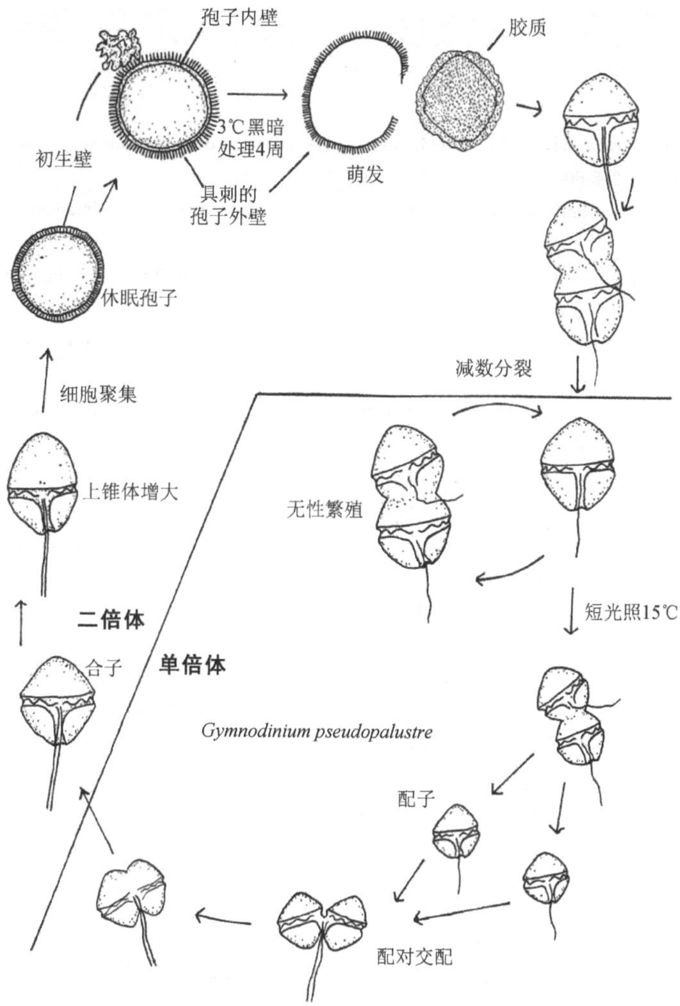

图 7.59　*Gymnodinium pseudopalustre* 的生活周期。(改编自 von Stosch，1973)

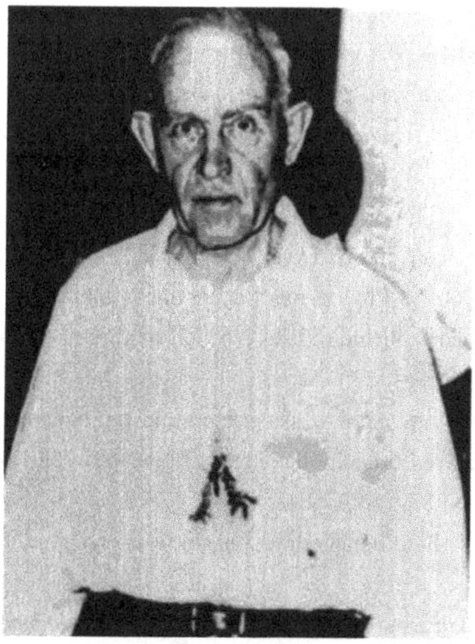

图 7.60　Hans Adolf von Stosch，1908～1987。von Stosch 博士出生于柏林，曾先后就读于基尔大学、哥廷根大学和慕尼黑大学。第二次世界大战前，他工作于 University of Konigsberg/Ostppreussen。von Stosch 于 1939 年参军，1943 年被俘囚于突尼斯，1947 年在英国被释放。随后，他在达姆施塔特工业大学获取一个职位，开始潜心研究藻类。1955 年，转入马尔堡大学直至 1976 年退休。von Stosch 对甲藻生活史的研究是该类群最突出的成果之一。(照片摘自 Garbary and Wynne，1996)

参考文献

Abrahams, M. V., and Townsend, L. D. (1993). Bioluminescence in dinoflagellates: a test of the burglar alarm hypothesis. *Ecology* 74: 258-60.

Adamich, M., Laris, P. C., and Sweeney, B. M. (1976). In vivo evidence for a circadian rhythm in membranes of *Gonyaulax*. *Nature* 261: 583-5.

Baillie, B. K., Belda-Baillie, C. A., and Maruyama, T. (2000). Conspecificity and indo-pacific distribution of *Symbiodinium* genotypes (Dinophyceae) from giant clams. *J. Phycol*. 36: 1153-61.

Balzer, I., and Hardeland, R. (1996). Melatonin in algae and higher plants - possible new roles as a phytochrome and antioxidant. *Bot. Acta* 109: 180-3.

Barlow, S. B., and Triemer, R. E. (1988). The mitotic apparatus of the dinofiagellate *Amphidinium carterae*. *Protoplasma* 145: 16-26.

Berdach, J. T. (1977). In situ preservation of the transverse flagellum of *Peridinium cincture* (Dinophyceae) for scanning electron microscopy. *J. Phycol*. 13: 243-51.

Bibby, B. T., and Dodge, J. D. (1972). The encystment of a freshwater dinofiagellate: A light and electronmicroscopical study. *Br. Phycol. J*. 7: 85-100.

Bouck, G. B., and Sweeney, B. M. (1966). The fine structure and ontogeny of trichocysts in marine dinofiagellates. *Protoplasma* 61: 205-23.

Bricheux, G., Mahoney, D. G., and Gibbs, S. P. (1992). Development of the pellicle and thecal plates following ecdysis in the dinofiagellate *Glenodinium foliaceaum*. *Protoplasma* 168: 159-71.

Brooks, B. J., and Anderson, D. M. (1990). Biochemical composition and metabolic activity of *Scrippsiella trochoidea* (Dinophyceae) resting cysts. *J. Phycol*. 26: 289-98.

Burkholder, J. M., and Glasgow, H. B. (1997). Trophic controls on stage transformation of a toxic ambush-predator dinofiagellate. *J. Euk. Microbiol*. 44: 200-5.

Buskey, E. J., and Swift, E. (1983). Behavioral responses of *Acartia hudsonica* to simulated dinofiagellate bioluminescence. *J. Exp. Mar. Biol. Ecol*. 77: 43-58.

Cembella, A. D. (2003). Chemical ecology of eukaryotic microalgae in marine ecosystems. *Phycologia* 42: 420-47.

Chapman, D. V., Dodge, J. D., and Heaney, S. J. (1982). Cyst formation in the freshwater dinofiagellate *Ceratium hirundinella*. *J. Phycol* 18: 121-9.

Chatton, E. (1952). Classe des dinofiagelles ou peridiniens. In *Traite de Zoologie*, ed. P-P. Grassé, pp. 304-406. Paris: Masson.

Chinain, M., Germain, M., Sako, Y., Pauillac, S., and Legrand, A-M. (1997). Intraspecific variation in the dinofiagellate *Gambierdiscus toxicus* (Dinophyceae). I. Isoenzyme analysis. *J. Phycol*. 33: 36-43.

Clarke, K. J., and Pennick, N. C. (1976). The occurrence of body scales in *Oxyrrhis marina* Dujardin. *Br. Phycol. J*. 11: 345-8.

Crawford, R. M., Dodge, J. D., and Happey, C. M. (1970). The dinofiagellate genus *Woloszynskia*. I. Fine structure and ecology of *W. tenuissima* from Abbot's Pool, Somerset. *Nova Hedwigia* 19: 825-40.

Daugbjerg, N., Hansen, G., Larsen, J., and Moestrup, O. (2000). Phylogeny of some major genera of dinoflagellates based on ultrastructure and partial LSU rDNA sequence data, including the erection of three new genera of unarmoured dinofiagellates. *Phycologia* 39: 302-17.

Destombe, C., and Cembella, A. (1990). Mating-type determination, gamete recognition and reproductive success in *Alexandrium excavatum* (Gonyaulacales, Dinophyta), a toxic red-tide dinofiagellate. *Phycologia* 29: 315-25.

Dodge, J. D. (1971). Fine structure of the Pyrrophyta. *Bot. Rev*. 37: 481-508.

Dodge, J. D., and Crawford, R. M. (1968). Fine structure of the dinofiagellate *Amphidinium carteri* Hulbert. *Protistologica* 4: 231-42.

Dodge, J. D., and Crawford, R. M. (1969). Observations of the fine structure of the eyespot and associated structures in the dinofiagellate *Glenodinium foliaceum*. *J. Cell Sci*. 5: 479-93.

Dodge, J. D., and Crawford, R. M. (1970). A survey of thecal fine structure in the Dinophyceae. *J. Linn. Soc. Bot.* 63: 53-67.

Downie, C. (1956). Microplankton from the Kimmeridge Clay. *Q. J. Geol. Soc. Lond.* 112: 413-34.

Dunlap, J. C., and Hastings, J. W. (1981). Biochemistry of dinofiagellate bioluminescence: Purifcation and characterization of dinofiagellate luciferin from *Pyrocystis lunula*. *Biochemistry* 20: 983-9.

Ellegaard, M., Christensen, N. F., and Moestrup, O. (1994). Dinoflagellate cysts from recent Danish marine sediments. *Eur. J. Phycol.* 29: 183-94.

Eppley, R. W., Holm-Hansen, O., and Strickland, J. D. H. (1968). Some observations on the vertical migration of dinoflagellates. *J. Phycol.* 4: 333-40.

Faust, M. A. (1990). Morphological details of six benthic species of *Prorocentrum* (Pyrrophyta) from a mangrove island, Twin Cays, Belize, including two new species. *J. Phycol.* 26: 548-58.

Faust, M. A. (1995). Observation of sand-dwelling toxic dinoflagellates (Dinophyceae) from widely differing sites, including two new species. *J. Phycol.* 31: 996-1003.

Penchel, T. (2001). How dinoflagellates swim. *Protist* 152: 329-38.

Fritz, L., Milos, P., Morse, D., and Hastings, J. W. (1991). *In situ hybridization* of luciferase-binding protein anti-sense RNA to thin sections of the bioluminescent dinoflagellate *Gonyaulax polyedra*. *J. Phycol.* 27: 436-41.

Gaines, G., and Taylor, F. J. R. (1984). Extracellular digestion in marine dinoflagellates. *J. Plank. Res.* 6: 1057-61.

Gaines, G., and Taylor, F. J. R. (1985). Form and function of the dinoflagellate transverse flagellum. *J. Protozool.* 32: 290-6.

Gallois, R. W. (1976). Coccolith blooms in the Kimmeridge Clay and origin of the North Sea oil. *Nature* 259: 473-5.

Garbary, D. J., and Wynne, M. J. (1996). *Prominent Phycologists of the 20th Century*. Hantsport, Nova Scotia: Lancelot Press.

Gattuso, J.-P., Reynaud-Vaganay, S., Furla, P., Romaine-Lioud, S., and Jaubert, J. (2000). Calcification does not stimulate photosynthesis in the zooxanthellate scleractinian coral *Stylophora pistillata*. *Limnol. Oceanogr.* 45: 246-50.

Gao, X-P., and Li, J-Y. (1986). Nuclear division in the marine dinoflagellate *Oxyrrhis marina*. *J. Cell Sci*. 85: 161-75.

Giner, J.-L., Faraldos, J. A., and Boyer, G. L. (2003). Novel sterols of the toxic dinoflagellate *Karenia brevis* (Dinophyceae): a defensive function for unusual marine sterols. *J. Phycol.* 39: 315-19.

Graham, H. W., and Bronikovsky, N. (1944). The genus *Ceratium* in the Pacific and North Atlantic oceans. *Carnegie Inst. Washington Publ*. 565: 1-209.

Green, B. R. (2004). The chloroplast genome of dinoflagellates: a reduced instruction set? *Protist* 155: 23-31.

Grindley, J. R., and Nel, E. A. (1970). Red water and mussel poisoning at Elands Bay, December 1966. *Fish Bull., S. Afr.* 6: 36-55.

Grindley, J. R., and Sapeika, N. (1969). The cause of mussel poisoning in South Africa. *S. Afr. Med. J.* 43: 275-9.

Gruet, C. (1965). Structure fine de l'ocelle d'*Erythropsis pavillardi* Hetwig, Péridinien Warnowiidae Lindemann. *C. R. Séances Acad. Sci., Paris* 261: 1904-7.

Guisande, C., Frangopulos, M., Carolenuto, Y., Maneiro, I., Riveiro, I., and Vergara, A. R. (2002). Fate of paralytic shellfish poisoning toxins ingested by the copepod *Acartia dausi*. *Mar. Ecol. Progr.* Ser. 240: 105-15.

Hackett, J. D., Anderson, D. M., Erdner, D. L., and Bhattacharya, D. (2004). Dinoflagellates: a remarkable evolutionary experiment. *Amer. J. Bot.* 91: 1523-34.

Hallegraeff, G. M. (1993). A review of harmful algal blooms and their apparent global increase. *Phycologia* 32: 79-99.

Hansen, G. (1989). Ultrastructure and morphogenesis of scales in *Katodinium rotundatum* (Lohmann) Loeblich

(Dinophyceae). *Phycologia* 28: 385-94.

Hansen, G. (1993). Light and electron microscopical observation of the dinoflagellate *Actiniscus pentasterias* (Dinophyceae). *J. Phycol.* 29: 486-99.

Hansen, P. J., and Calado, A. J. (1999). Phagotrophic mechanisms and prey selection in free-living dinoflagellates. *J. Eukary. Microbiol.* 46: 382-9.

Hansen, P. J., Miranda, L., and Azanza, R. (2004). Green *Noctiluca scintillans*: a dinoflagellate with its own greenhouse. *Mar. Ecol. Progr. Ser.* 275: 79-87.

Happach-Kasan, C. (1982). Beobachtungen zum Bau der Theka von *Ceratium cornutum*, (Ehrenb.) Clap. et Lachm. (Dinophyta). *Arch. Protistenk.* 125: 181-207.

Harvey, E. N. (1952). *Bioluminescence.* New York: Academic Press.

Hastings, J. W. (1983). Biological diversity, chemical mechanisms, and the evolutionary origins of bioluminescent systems. *J. Mol. Evol.* 19: 309-21.

Hastings, J. W. (1986). Bioluminescence in bacteria and dinoflagellates. In *Light Emission in Plants and Bacteria*, pp. 363-98. New York: Academic Press.

Hastings, J. W., and Krasnow, R. (1981). Temporal regulation in the individual *Gonyaulax* cell. In *International Cell Biology 1980-1981*, Proc. 2nd Int. Cong. on Cell Biology, pp. 815-823. Berlin: Springer-Verlag.

Haywood, A. J., Steidinger, K. A., Truby, E. W., et al. (2004). Comparative morphology and molecular phylogenetic analysis of three new species of the genus *Karenia* (Dinophyceae) from New Zealand. *J. PhycoL* 40: 165-79.

Höhfeld, I., and Melkonian, M. (1992). Amphiesmal ultrastructure of dinoflagellates, A reevaluation of pellicle formation. *J. Phycol.* 28: 82-9.

Höhfeld, I., and Melkonian, M. (1998). Lifting the curtain? The microtubular cytoskeleton of *Oxyrrhis marina* (Dinophyceae) and its rearrangement during phagocytosis. *Protist* 149: 75-88.

Höhfeld, I., Otten, J., and Melkonian, M. (1988). Contractile eukaryotic flagella: Centrin is involved. *Protoplasma* 147: 16-24.

Horiguchi, T., and Pienaar, R. N. (1988). Ultrastructure of a new sand-dwelling dinoflagellate *Scrippsidla arenicola* sp. nov. *J. PhycoL* 24: 426-38.

Horiguchi, T., Kawai, H., Kubota, M., Takahasdi, T., and Watanabe, M. (1999). Phototactic responses of four marine dinoflagellates with different types of eyespot and chloroplast. *Phycol. Res.* 47: 101-7.

Hu, T., Burton, I., Curtis, J. M., et al. (1999). Oxidative transformation of a naturally occurring okadaic acid diol ester by the diatom *Thalassiosira weisflogii*. *Tetrahedron Lett.* 40: 3981-4.

Igarashi, T., Aritake, S., and Yasumoto, T. (1999). Mechanisms underlying the hemolytic and ichthyotoxic activities of maitotoxin. *Nat. Toxins* 7: 71-9.

Ishida, K., and Green, B. R. (2002). Second-and thirdhand chloroplasts in dinofiagellates: phylogeny of oxygen-evolving enhancer 1 (PsbO) protein reveals replacement of a nuclear-encoded plastid gene by that of a haptophye tertiary endosymbiosis. *Proc. Natl. Acad. Sci.*, *USA* 99: 9294-9.

Iwataki, M., Hansen, G., Sawaguchii, T., Hiroishi, S., and Fukuyo, Y. (2004). Investigations of body scales in twelve *Heterocapsa* species (Peridiniales, Dinophyceae), including a new species *H. pseudotri-quetra* sp. nov. *Phycologia* 43: 394-403.

Jacobsen, D. M. (1999). A brief history of dinofiagellate feeding research. *J. Eukary. Microbiol.* 46: 376-81.

Jacobsen, D. M., and Anderson, D. M. (1986). Thecate heterotrophic dinofiagellates: Feeding behavior and mechanisms. *J. Phycol.* 22: 249-58.

Janofske, B. (2000). *Scrippsiela trochoidea* and *Scrippsiela regalis*, nov. comb. (Peridiniales, Dinophyceae): a comparison. *J. Phycol.* 36: 178-89.

John, E. H., and Flynn, K. J. (2002). Modelling changes in paralytic shellfsh toxin content of dinofiagellates in response to nitrogen and phosphorus supply. *Mar. Ecol. Progr. Set.* 225: 147-60.

Johnson, C. H., and Hastings, J. W. (1986). The elusive mechanism of the circadian clock. *Am. Sci.* 74: 29-36.

Johnson, C. H., Inoué, S., Flint, A., and Hastings, J. W. (1985). Compartmentalization of algal boluminescence：Autofiuoresence of bioluminescent particles in the dinoflagellate *Gonyaulax* as studied with image-intensified video microscopy and flow cytometry. *J. Cell Biol.* 100：1435-46.

Juhl, A. R., and Latz, M. J. (2002). Mechanisms of fluid shear-induced inhibition of population growth in a red-tide dinoflagellate. *J. Phycol.* 38：683-94.

Keeling, P. J. (2004). Diversity and evolutionary history of plastids and their hosts. *Amer. J. Bot.* 91：1481-93.

Kennaway, G. M., and Lewis, J. M. (2004). An ultrastructural study of hypnospores of *Alexandrium* species (Dinophyceae). *Phycologia* 43：353-63.

Klut, M. E., Bisalputra, T., and Antia, N. J. (1985). Some cytochemical studies on the cell surface of *Amphidinium carteri* (Dinophyceae). *Protoplasma* 129：93-9.

Kokinos, J. P., Eglinton, T. I., Goni, M., Boon, J. J., Martoglio, P. A., and Anderson, D. A. (1998). Characterization of a highly resistant biomacromolecular material in the cell wall of a marine dinoflagellate resting cyst. *Org. Geochem.* 28：265-88.

Kremp, A. (2001). Effects of cyst resuspension on germination and seeding of two bloom-forming dinofiagellates in the Baltic Sea. *Mar. Ecol. Progr. Ser.* 216：57-66.

Kubai, D. F., and Ris, H. (1969). Division in the dinofiagellate *Gyrodinium cohnii* (Schiller). A new type of nuclear reproduction. *J, Cell Biol.* 40：508-28.

Leadbeater, B. S. C., and Dodge, J. D. (1967a). Fine structure of the dinoflagellate transverse flagellum. *Nature* 213：421-2.

Leadbeater. B. S. C., and Dodge, J. D. (1967b). An electron microscope study of nuclear and cell division in a dinofiagellate. *Arch. Mikrobiol.* 57：239-54.

Leblond, J. D., and Chapman, P. J. (2002). A survey of the sterol composition of the marine dinoflagellates *Karenia brevis*, *Karenia mikimoto*, and *Karlodinium micrum*; distribution of sterols within other members of the class Dinophyceae. *J. Phycol.* 38：670-82.

Lee, R. E. (1977). Saprophytic and phagocytic isolates of the colorless heterotrophic dinofiagellate *Gyrodinium lebouriae* Herdman *J. Mar. Biol. Assoc. UK* 57：303-15.

Lewitus, A. J., Glasgow, H. B., and Burkholder, J. M. (1999). Kleptoplastidy in the toxic dinoflagellate *Pfiesteia piscicida* (Dinophyceae). *J. Phycol.* 35：305-12.

Loeblich, A. R. (1968). A new marine dinoflagellate genus, *Cachonia*, in axenic culture from the Salton Sea, California with remarks on the genus *Peridinium*. *Proc. Biol. Soc. Wash.* 81：91-6.

Loeblich, A. R. (1974). Protistan phylogeny as indicated by the fossil record. *Taxon* 23：277-90.

Loeblich, A. R. (1976). Dinoflagellate evolution：Speculation and evidence. *J. Protozol.* 23：13-28.

Lombard, E. H., and Capon, B. (1971). Observations on the tide pool behaviour of *Peridinium gregarium*. *J. Phycol.* 7：188-94.

MacRae, R. A., Fensome, R. A., and Williams, G. L. (1996). Fossil dinoflagellate diversity, originations, and extinctions and their significance. *Can. J. Bot.* 74：1687-94.

Maruyama, T. (1982). Fine structure of the longitudinal flagellum in *Ceratium tripos*, a marine dinoflagellate. *J. Cell Sci.* 58：109-23.

Maruyama, T. (1985). Ionic control of the longitudinal flagellum in *Ceratium tripos* (Dinoflagellida). *J. Protozool.* 3：106-10.

Matsuoka, K., Cho, H.-J., and Jacobsen, D. M. (2000). Observations of the feeding behavior and growth rates of the heterotrophic dinoflagellate *Polykrikos kofoidii* (Polykrikaceae, Dinophyceae). *Phycologia* 39：82-6.

Meksumpun, S., Montani, S., and Uematsu, M. (1994). Elemental composition of cell walls of three marine phytoflagellates, *Chattonella antiqua* (Raphidophyceae), *Alexandrium catenella* and *Scrippsiella trochoidea* (Dinophyceae). *Phycologia* 33：275-80.

Messer, G., and Ben-Shaul, Y. (1969). Fine structure of *Peridinium westii* Lemm., a freshwater dinoflagellate. *J. Protozool.* 16：272-80.

Montresor, M., Janofske, D., and Willems, H. (1997). The cyst-theca relationship in *Calciodinellum operosum* emend. (Peridinales, Dinophyceae) and a new approach for the study of calcareous cysts. *J. Phyeot.* 33：122-31.

Moronin, L., and Francis, D. (1967). The fine structure of *Nematodinium armature*, a naked dinoflagellate. *J. Microscopie* 6: 759-72.

Morrill, L. C., and Loeblich, A. R. (1983a). Ultrastructure of the dinoflagellate amphisema. *Int. Rev. Cytol.* 82: 151-80.

Morrill, L. C., and Loeblich, A. R. (1983b). Formation and release of body scales in the dinoflagellate genus *Heterocapsa*. *J. Mar. Biol. Assoc. UK* 63: 905-13.

Morton, S. L., and Tindall, D. R. (1995). Morphological and biochemical variability of the toxic dinoflagellate *Prorocentrum lima* isolated from three locations at Heron Island, Australia. *J. Phycol.* 31: 914-21.

Nagai, S., Matsuyama, Y., Takayama, H., and Kotani, Y. (2002). Morphology of *Polykrikos kofoidii* and *P. schwartzii* (Dinophyceae, Polykrikaceae) cysts obtained in culture. *Phycologia* 41: 319-27.

Nagai, S., Itakura, S., Matsuyama, Y., and Kotani, Y. (2003). Encystment under laboratory conditions of the toxic dinoflagellate *Alexandrium tamiyavanichii* (Dinophyceae) isolated from Seto Island Sea, Japan. *Phycologia* 42: 646-53.

Naustvoll, L.-J. (1998). Growth and grazing by the thecate heterotrophic dinoflagellate *Diplopsalis lenticula* (Diplopsalidaceae, Dinophyceae). *Phycologia* 37: 1-9.

Nawata, T., and Sibaoka, T. (1983). Experimental induction of feeding behavior in *Noctiluca miliaris*. *Protoplasma* 115: 34-42.

Nawata, T., and Sibaoka, T. (1987). Local ion currents controlling the localized cytoplasmic movement associated with feeding initiation of *Noctiluca*. *Protoplasma* 137: 125-33.

Nicolas, M. T., Morse, D., Bassot, J-M. and Hastings, J. W. (1991). Colocalization of luciferin binding protein and luciferase to the scintillons of *Gonyaulax polyedra* revealed by double immunolabeling after fast-freeze fixation. *Protoplasma* 160: 159-66.

Perez, C. C., Roy, S., Levasseur, M., and Andersen, D. M. (1998). Control of germination of *Alexandrtum tamarensis* (Dinophyceae) cysts from the lower St. Lawrence estuary (Canada). *J. Phycol.* 34: 242-9.

Pöggeler, B., Balzer, I., Hardeland, R., and Lerchl, A. (1991). Pineal hormone melatonin oscillates also in the dinoflagellate *Gonyaulax polyedra*. *Naturwissenschaften* 78: 268-9.

Preisig, H. R. (1994). Siliceous structures and silicificalion in flagellated protists. *Protoplasma* 181: 1-28.

Prézilin, B. B. (1976). The role of peridinin-chlorophyll α-proteins in the photosynthetic light adaptation of the marine dinoflagellate, *Glenodinium* sp. *Planta* 130: 225-33.

Prézilin, B. B., and Haxo, F. T (1976). Purification and characterization of peridinin-chlorophyll a-proteins from the marine dinoflagellates *Glenodinium* sp. and *Gonyaulax polyedra*. *Planta* 128: 133-41.

Raven, J. A., and Richardson, K. (1984). Dinophyte flagella: A cost-benefit analysis. *New Phytol.* 98: 259-76.

Ris, H., and Kubai, D. F. (1974). An unusual mitotic mechanism in the parasitic protozoan *Syndinium* sp. *J. Cell Biol.* 60: 702-20.

Rizzo, P. J. (1991). The enigma of the dinoflagellate chromosome. *J. Protozool.* 38: 246-52.

Roberts, K. R., and Roberts, J. E. (1991). The flagellar apparatus and cytoskeleton of the dinoflagellate. *Protoplasma* 164: 105-22.

Robinson, N., Eglinton, G., Brassell, S. C., and Cranwell, P. A. (1984). Dinoflagellate origin for sedimentary 4α-methylsteroids and 5α (*H*) -stanols. *Nature* 308: 439-42.

Rodriguez-Lanetty, M., Krupp, D. A., and Weis, V. M. (2004). Distinct ITS types of *Symbiodinium* in Clade C correlate with cnidarian/dinoflagellate specificity during onset of symbiosis. *Mar. Ecol. Progr. Ser.* 275: 97-102.

Roenneberg, T., and Deng, T-S. (1997). Photobiology of the *Gonyaulax* circadian system. I. Different phase response curves for red and blue light. *Planta* 202: 494-501.

Sakamoto, B., Hokama, Y., Horgen, F. D., Scheuer, P. J., Kan, Y., and Nagai, H. (2000). Isolation of a sulfo quinovosyl monoacylglycerol from *Bryopsis* sp. (Chlorophyta): identification of a factor causing a possible species specific ecdysis response in *Gamierdiscus toxicus* (Dinophyceae). *J. Phycol.* 36: 924-31.

Samuelsson, G., Sweeney, B. M., Matlock, H. A., and Prézilin, B. B. (1983). Changes in photosystem II account for the circadian rhythm in photosynthesis in *Gonyaulax polyedra*. *Plant Physiol.* 73: 329-31.

Schiller，J.（1933）. Dinoflagellatae. In *Dr L. Rabenhorst's Kryptogamen-Flora*，Vol. 10. pp. 1-617. Leutershausen：Strauss and Cramer.

Schmidt，R. J.，Gooch，V. D.，Loeblich，A. R.，and Hastings，J. W.（1978）. Comparative study of luminescent and nonlnminescent strains of *Gonyaulax excavata*（Pyrrhophyta）. *J. Phycol.* 14：5-9.

Schütt，F.（1895）. Die Peridineen der Plankton-Expedition. *Ergeb. Plankton Exped. Humboldt-Stiftung.* 4；M. a. A：1-170.

Sekida，S.，Horiguchi，T.，and Okuda，K.（2004）. Development of thecal plates and pellicle in the dinoflagellate *Scrippsiella hexapraecingula*（Peridiniales，Dinophyceae）elucidated by changes in stainability of the associated membranes. *Eur. J. Phycol.* 39：105-14.

Seo，K. S.，and Fritz，L.（2000）. Cell ultrastructural changes correlate with circadian rhythms in *Pyrocystis lunula*（Pyrrophyta）. *J. Phycol.* 36：351-8.

Sgrosso，S.，Esposito，F.，and Montresor，M.（2001）. Temperature and daylength regulate encystment in calcareous cyst-forming dinoflagellates. *Mar. Ecol. Progr. Set.* 211：77-87.

Shilo，M.（1967）. Information and mode of action of algal toxins. *Bacteriol Rev.* 31：180-93.

Sigee，D. C.（1984）. Structural DNA and genetically active DNA in dinoflagellate chromosomes. *BioSystems* 16：302-10.

Smalley，G. W.，Coats，D. W.，and Stoecker，D. K.（2003）. Feeding in the mixotrophic dinoflagellate *Ceratium furca* is influenced by intracellular nutrient concentrations. *Mar. Biol. Progr. Ser.* 262：137-51.

Spero，H. J.（1982）. Phagotrophy in *Gymnodinium fungiforme*（Pyrrophyta）：The peduncle as an organelle of ingestion. *J. Phycol.* 18：356-60.

Spero，H. J.（1985）. Chemosensory capabilities in the phagotrophic dinoflagellate *Gymnodinium fungiforme*. *J. Phycol.* 21：181-4.

Spero，H. J.，and Moree，M. D.（1981）. Phagotrophic feeding and its importance to the life cycle of the holozoic dinoflagellate，*Gymnodinium fungiforme*. *J. Phycol.* 17：43-57.

Sullivan，J. M.，and Swift，E.（2003）. Effects of smallscale turbulence on net growth rate and size of ten species of marine dinoflagellates. *J. Phycol.* 39：83-94.

Sulzman，F. N.，Krieger，N. R.，Gooch，V. D.，and Hastings，J. W.（1978）. A circadian rhythm of the luciferin binding protein from *Gonyaulax polyedra*. *J. Comp. Physiol.* 128：251-7.

Suzuki，L.，and Johnson，C. H.（2001）. Algae know the time of day：circadian and photoperiodic programs. *J. Phycol.* 37：933-42.

Suzuki，T.，Mitsuya，T.，Imai，M.，and Yamasaki，M.（1997）. DSP toxin contents in *Dinophysis fortii and* scallops collected at Mutsu Bay，Japan. *J. Applied Phycol.* 8：509-15.

Sweeney，B. M.（1969）. *Rhythmic Phenomena in Plants*. London and New York：Academic Press.

Sweeney，B. M.（1971）. Laboratory studies of a green *Noctiluca* from New Guinea. *J. Phycol.* 7：53-8.

Sweeney，B. M.（1978）. Ultrastructure of *Noctiluca miliaris*（Pyrrophyta）with green flagellate symbionts. *J. Phycol.* 14：116-20.

Sweeney，B. M.（1979）. The bioluminescence of dinoflagellates. In *Biochemistry and Physiology of Protozoa*，ed. M. Levandowsky，and S. H. Hutner，Vol. 1，pp. 287-306. New York：Academic Press.

Sweeney，B. M.（1980）. Intracellular source of bioluminescence. *Int. Rev. Cytol.* 68：173-95.

Swift，E.，Biggley，W. H.，and Seliger，H. H.（1973）. Species of oceanic dinoflagellates in the genera *Dissodinium* and *Pyrocystis*：Interclonal and intraspecific comparisons of color and photon yield of bioluminescence. *J. Phycol.* 9：420-6.

Takishita，K.，Ishida，K.-I.，Ishikura，M.，and Maruyama. T（2005）. Phylogeny of the *psbC* gene，coding a photosystem II component CP 43，suggests separate origins for the peridinin- and fucoxanthin derivative-containing plastids of dinoflagellates. *Phycologia* 44：26-34.

Taylor，D. L.（1969）. On the regulation and maintenance of algal numbers in zooxanthellae-coelenterate symbiosis，with a note on the nutritional relationship in *Anemonia sulcata*. *J. Mar. Biol. Assoc. UK* 49：1057-65.

Taylor，D. L.（1971）. On the symbiosis between *Amphidinium klebsii*（Dinophyceae）and *Amphiscolops langer-*

hansi (Turbellaria: Acoela). *J. Mar. Biol. Assoc. UK* 51: 301-13.

Taylor, F. J. R. (1971). Scanning electron microscopy of thecae of the dinoflagellate genus *Ornithocercus*. *J. Phycol.* 7: 249-58.

Taylor, F. J. R. (1999). Morphology (tabulation) and molecular evidence for dinoflagellate phylogeny reinforce each other. *J. Phycol.* 35: 1-3.

Trench, R. K. (1993). Microlgal-invertebrate symbioses: a review. *Endocytobios Cell Res.* 9: 135-75.

Triemer, R. E. (1982). A unique mitotic variation in the marine dinoflagellate *Oxyrrhis marina* (Pyrrophyta). *J. Phycol.* 18: 399-411.

Vogel, K., and Meeuse, B. J. D. (1968). Characterization of the reserve granules from the dinoflagellate *Thecadinium inclination* Balech. *J. Phycol.* 4: 317-18.

von Stosch, H. A. (1972). La signification cytologique de la "cyclose nucldaire" dans le cycle de vie des Dinoflagellds. *Soc. Bot. Fr.*, *Memoires*, pp. 201-12.

von Stosch, H. A. (1973). Observations on vegetative reproduction and sexual life cycles of two freshwater dinofiagellates, *Gymnodinium pseudopalustre* Schiller and *Woloszynskia apiculata* sp. nov. *Br. Phycol. J.* 8: 105-34.

Wang, J-T., and Douglas, A. E. (1997). Nutrients signals and photosynthate release by symbiotic algae. *Plant Physiol.* 114: 631-6.

Wilcox, L. W., and Wedemeyer, G. J. (1991). Phagotrophy in the freshwater photosynthetic dinofiagellate *Amphidinium cryophilum*. *J. Phycol.* 27: 600-9.

Windust, A. J., Hu, T., Wright, J. L. C., Quilliam, M. A., and McLachlan, J. L. (2000). Oxidative metabolism by *Thalassiosira weisflogii* (Bacillariophyceae) of a diol-ester of okadaic acid, the diarrhetic shellfish poisoning. *J. Phycol* 36: 342-50.

Withers, N. (1982). Ciguatera fish poisoning. *Annu. Rev. Med.* 33: 97-111.

Yoon, H. S., Hackett, J. D., and Bhattacharya, D. (2002). A single origin of the peridinin- and fucoxanthin-containing plastids in dinoflagellates through tertiary endosymbiosis. *Proc. Natl. Acad. Sci., USA* 99: 11724-9.

Zardoya, R., Costas, E., Lopez-Rodas, V., Garrido-Pertierra, A., and Bautista, J. M. (1995). Revised dinoflagellate phylogeny inferred from molecular analysis of large-subunit ribosomal RNA sequences. *J. Mol. Evol.* 41: 637-45.

Zhou, J., and Fritz, L. (1994). Okadaic acid localizes to chloroplasts in the DSP-toxin-producing dinofiagellates *Prorocentrum lima and Prorocentrum maculosum*. *Phycologia* 33: 455-61.

（周 贝 赵 玮 高铭扬 译，毕永红 胡征宇 校）

第八章

顶复门（Apicomplexa）

藻类是一类具有质体或由具有质体的祖先细胞演化而来的生物。直到1994年，人们依旧认为顶复门不含有质体（顶复门亦因此未被列入藻类学教科书中）。后来，科学家发现许多顶复类含有的一种已知细胞器，实际是一种已退化的无色质体，被称为顶质体（apicoplast）（图8.1）（Wilson，1993；Wilson et al.，1994）。分子研究表明，顶质体与甲藻质体均通过一次内共生事件由红藻进化而来，该事件发生在真核细胞进化的早期（Fast et al.，2001）。

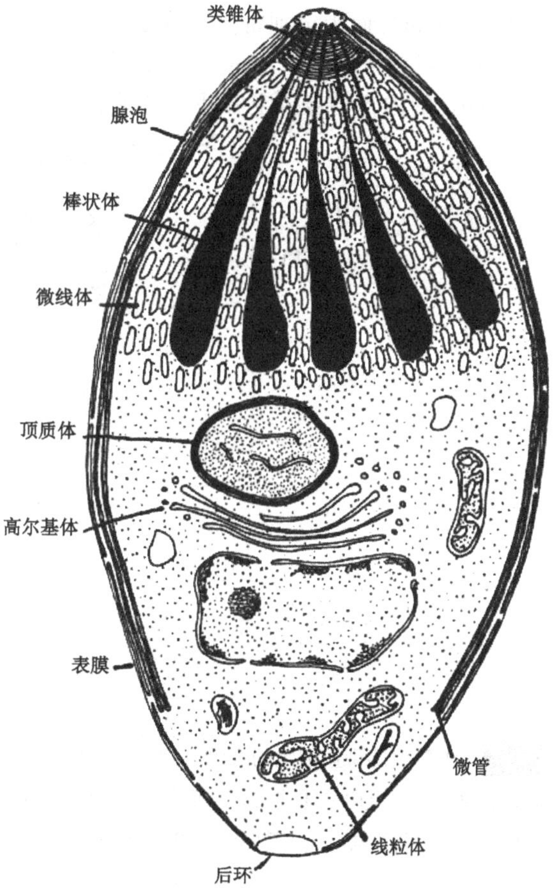

图8.1 顶复虫细胞的基本细胞学结构图。

顶质体的发现引起了人们的极大关注，因为大多数顶复虫（apicomplexan）是单细胞的寄生虫，它能引发某些严重的热带疾病（Foth and McFadden，2003）。人类感染的疟疾就是由顶复门的疟原虫（*Plasmodium*）所引起的。全球大约有 3 亿人感染疟疾，导致每年约 100 万人死亡（Ralph et al.，2004）。顶复虫在人畜中还可引起如隐孢子虫病（cryptosporidiosis）、八贝西虫病（babesiosis）（得克萨斯家畜热病）、泰勒原虫病（theileriosis）（东海岸热病）、弓形虫病（toxoplasmosis）等其他严重疾病。认识到这些内寄生虫是藻类后，人们试图将顶质体作为药物的靶向目标。这基于两个原因：首先，顶质体对于疟原虫和弓形虫（*Toxoplasma*）的生存是必需的；其次，既然所有质体最初都起源于内共生的原核蓝细菌，那么能有效抑制原核生物的药物应该也可以有效地抑制顶质体。由于顶复虫绝对的依赖顶质体，所以可以推测顶质体这个奇妙的细胞器是寄生虫，如疟原虫的"软肋"（Achilles heel）。

典型顶复虫的营养细胞［裂殖子（merozoite）］（图 8.1）含有一个由 4 层膜环绕的顶质体。内部两层分别为质体的内外双层膜，外部两层膜起源于内共生红藻的液泡膜和质体膜。

顶端复合体（apical complex）由一个极环（polar ring）和一个类锥体（conoid）组成（图 8.1），后者由呈螺旋形盘绕的微管形成。顶复虫的体表有层粘连蛋白（laminin）多糖，而寄主细胞具有层粘连蛋白受体（图 8.2）。顶复门寄生原虫通过伸出锥体形成口针（stylet）而固定到寄主细胞上，以此与寄主细胞形成紧密连接。顶复虫细胞进入寄主细胞后形成纳虫空泡（parasitophorous vacuole）。棒状体（rhoptry）和微线体（microneme）的内含物被排空并注入到顶复虫质膜与纳虫空泡膜之间。

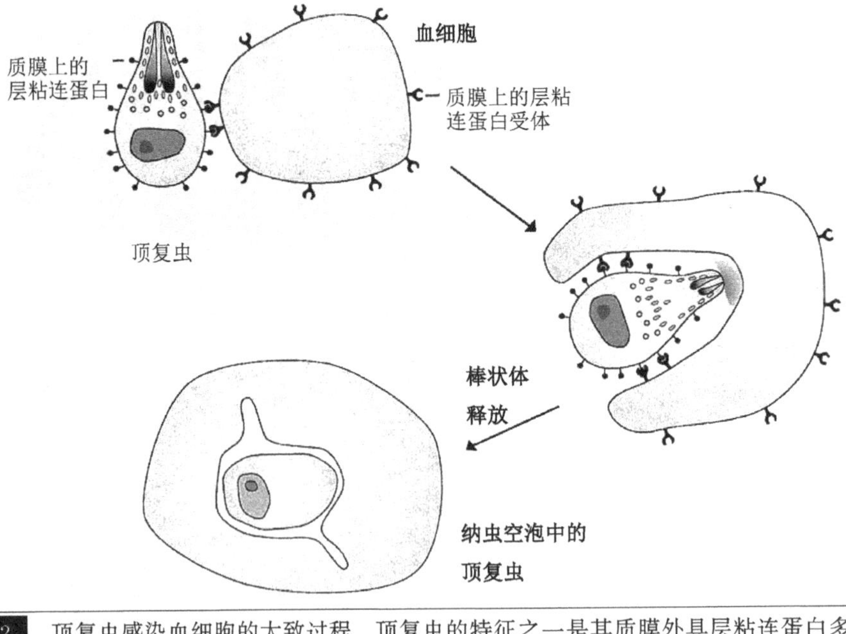

图 8.2 顶复虫感染血细胞的大致过程。顶复虫的特征之一是其质膜外具层粘连蛋白多糖，它与血细胞的层粘连蛋白受体连接，从而使顶复虫与血细胞紧密结合。顶复虫释放棒状体。血细胞将顶复虫吞进纳虫空泡中。（修改自 Sam-Yellowe，1996）

在顶复虫质膜的下部有一层扁平的膜状囊，也称为腺泡（alveoli）（图 8.1），它由表膜下的膜复合物组成，类似于甲藻类。

尖眼藻（*Katablepharis*）（图 8.3）是一种缺乏质体的异养单细胞鞭毛虫[①]。尖眼藻细胞因具发射体（ejectisomes）而被归入到隐藻纲（Crytophyceae）。但超微结构研究（Lee and Kugrens，1991；Lee et al.，1991）显示尖眼藻细胞中存在一个参与吞噬"猎物"的前端类锥体器，后者与顶复虫的锥体非常相似。因此，尖眼藻极有可能被归入到顶复虫。

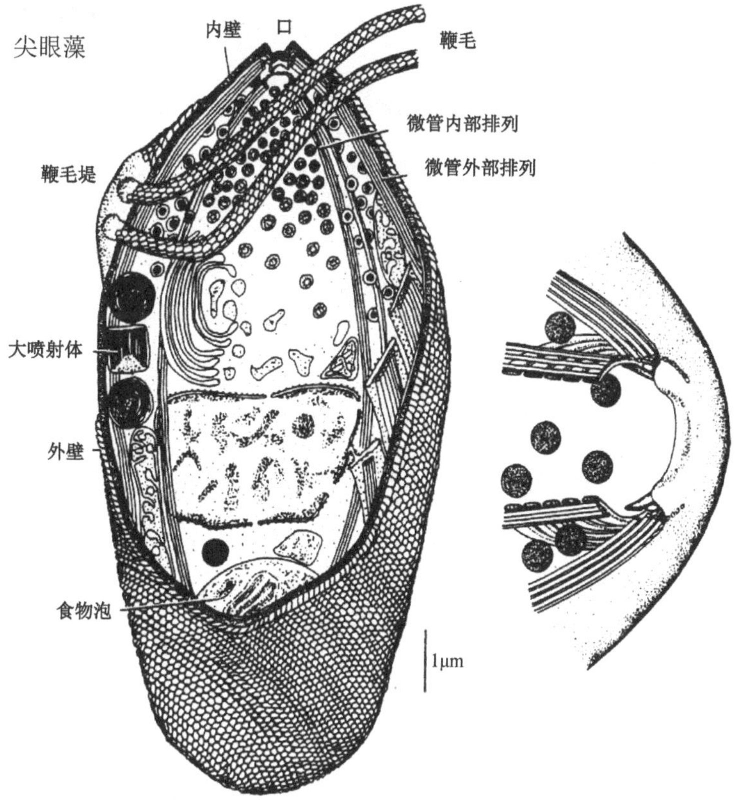

图 8.3　尖眼藻（*Katablepharis ovalis*）示意图。左图：完整细胞；右图：细胞的前部。（引自 Lee and Kugrens，1991；Lee et al.，1991）

参考文献

Fast，N. M.，Kissinger，J. C.，Roos，D. S.，and Keeling，P. J.（2001）. Nuclear-encoded，plastid-targeted genes suggest a single common origin for apicomplexan and dinoflagellate plastids. *Mol. Biol. Evol.* 18：418-26.

Foth，B. J.，and McFadden，G. I.（2003）. The apicoplast：a plastid in *Plasmodium falciparum* and other apicomplexan parasites. *Int. Rev. Cytol.* 224：57-110.

Lee，R. E.，and Kugrens，P.（1991）. *Katablepharis ovalis*，a colorless flagellate with interesting cytological characterstics. *J. Phycol.* 27：505-15.

Lee，R. E.，Kugrens，P.，and Mylnikov，A. P.（1991）. Feeding apparatus of the colorless flagellate *Katablepharis*（Cryptophyceae）. *J. Phycol.* 27：725-33.

Ralph，S. A.，van Dooren，G. G.，Waller，R. F.，et al.（2004）. Metabolic maps and functions of the *Plasmodium falciparum* apicoplast. *Nat. Rev. /Microbio.* 2：203-16.

①鞭毛虫（Flagellate）在分类学上隶属于鞭毛亚门（Mastigophora）的原生动物，它可分为植鞭毛虫纲（Phytomastigophorea，类似于植物）及动鞭毛虫纲（Zoomastigophorea，类似于动物）两个纲。

Sam-Yellowe, T. Y. (1996) . Rhoptry organelles of the Apicomplexa: their role in host cell invasion and intracellular survival. *Parasitol. Today* 12: 308-16.

Wilson, R. J. (1993) . Plastids better red than dead. *Nature* 366: 638.

Wilson, R. J., Williamson, D. H., and Preiser, P. (1994) . Malaria and other apicomplexans: the "plant" connection. *Infect. Agents Dis.* 3: 29-37.

（邵展茹 译，胡自民 校）

第五篇

叶绿体双层内质网膜及Chlorarachniophyta的进化

含有双层叶绿体内质网膜的藻类，其叶绿体内质网内膜环绕住叶绿体被膜，而其叶绿体内质网外膜与核膜的外膜相连，并且外膜的外表面含有核糖体（图 V.1）。

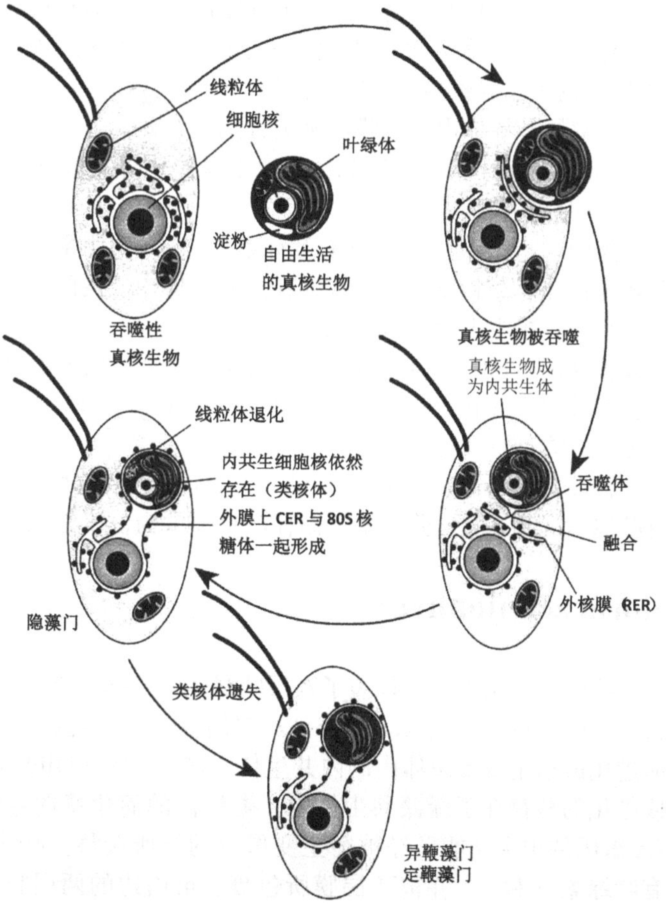

图V.1 导致含有双层叶绿体内质网膜的藻类进化的内共生事件顺序。（由 Brec Clay 绘制）

含有双层叶绿体内质网膜的藻类也是在具有吞噬功能的原生动物将某个真核光合作用的藻类吞入食物泡时，通过二次内共生进化而来的（图 V.1）（Lee，1977）。内吞的光合作用藻类没有被原生动物食噬掉，相反，它作为原生动物食物泡中的内共生体确立下来。内共生的光合作用藻类得益于食物泡的酸性环境，即大量的无机碳以CO_2的形式得以保持，这种形式是 1，5 二磷酸核酮糖羧化酶进行碳固定所必需的（更多解释可见第四篇）。而寄主通过从内共生藻类中获得一些光合作用的产物而受益。食物泡膜最终与原生动物宿主的内质网相融合，导致核糖体出现在该膜的外表面，该膜即变成叶绿体内质网的外膜。通过进化，ATP 产物和内共生线粒体的其他功能被原生动物宿主的线粒体所接替，内共生体的线粒体遗失掉。寄主的核也接替了内共生体的某些遗传调控功能，降低了内共生体的核的大小和功能。在现存藻类 Chlorarachniophyta 和隐藻门中，其细胞学结果极具特征，它们含有一个代表了降解的内共生体的核的类核体（nucleomorph），以及内共生体细胞质的残留物所处位置产生的储存产物。

异鞭藻门和定鞭藻门内存在的叶绿体内质网的类型由内共生体的核的进一步缩减而产生。类核体完全遗失，储存产物被寄主接受，其结果就是细胞含有环绕住叶绿体的叶绿体被膜的双层膜。叶绿体被膜的外部即叶绿体内质网的内膜，它是内共生体质膜的残留物。叶绿体内质网内膜的外部则是叶绿体内质网的外膜，它是寄主的食物泡膜的残留物。

尽管上述的进化方案是按照一个顺序讨论的，但有可能的是叶绿体内质网的两层膜至少进化了三次，第一次衍生出 Chlorarachniophyta，第二次衍生出隐藻门，第三次（或多次）衍生出异鞭藻门和定鞭藻门。

含有双层叶绿体内质网膜的藻类分别是：

Chlorarachniophyta：叶绿体来源于绿藻，含有叶绿素 a 和 b，在叶绿体内质网的内外膜之间存在类核体。

隐藻门(Cryptophyta)：含有叶绿素 a 和 c，藻胆蛋白，在叶绿体内质网的内外膜之间存在类核体。淀粉以颗粒形式存在于叶绿体内质网的内膜和叶绿体被膜之间，周质体位于质膜内，鞭毛上有三节绒毛。

异鞭藻门(Heterokontophyta)：前端的长羽状鞭毛上有三节绒毛，后端为短索状鞭毛。含有叶绿素 a 和 c 及岩藻黄素（fucoxanthin）。储存产物通常为位于细胞质液泡中的金藻昆布多糖（chrysolaminarin）。

定鞭藻门(Prymnesiophyta)（haptophyte）：具有两个短索状鞭毛，存在附着鞭毛，含有叶绿素 a 和 c 及岩藻黄素。储存产物通常为位于细胞质液泡中的金藻昆布多糖。

Chlorarachniophyta

这些藻类（图 V.2）代表了双层叶绿体内质网膜进化过程中的中间阶段。这一类群涵盖少量的绿色变形虫（amoebae），它们在过去已经摄取了绿藻细胞，这些绿藻细胞进而进化成宿主变形虫体内的内共生体（图 V.3）（Hibberd and Norris，1984）。类核体或简化的核存在于绿藻共生体内。类核体的简化特性意味着最初由内共生体的核中 DNA 编码的很多功能已经被宿主变形虫的核所接替。叶绿体（如内共生体的叶绿体）含有叶绿素 a 和 b，并被 4 层膜所包裹。最内边的两层膜是那些内共生体的叶绿体被膜，紧邻它们的这层膜是内共生体的质膜，而最外边的膜是宿主变形虫的食物泡膜。因此，Chlorarachniophyta中的藻类代表了异鞭藻门内一些藻类其叶绿体进化的中间阶段。

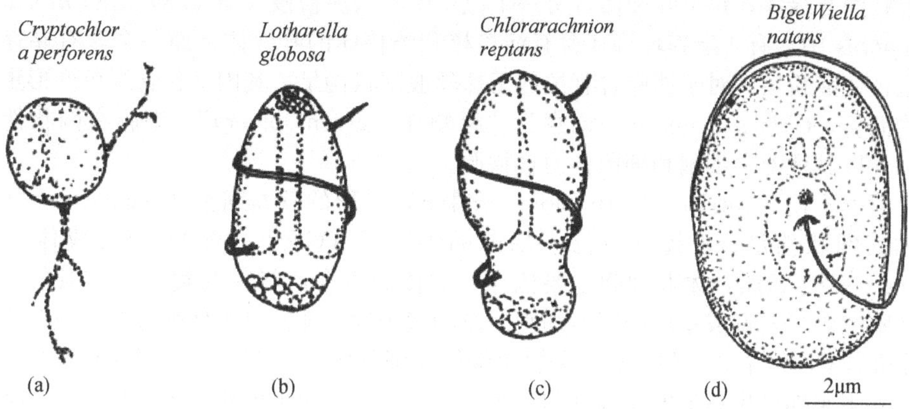

图V.2　Chlorarachniophyta藻类的实例图。[(a) 修改自Calderon-Saenz and Schnettner, 1989; (b) 改编自Ishida et al., 1996; (c) 改编自Hibberd and Norris, 1984; (d) 改编自Moestrup and Sengco, 2001)]

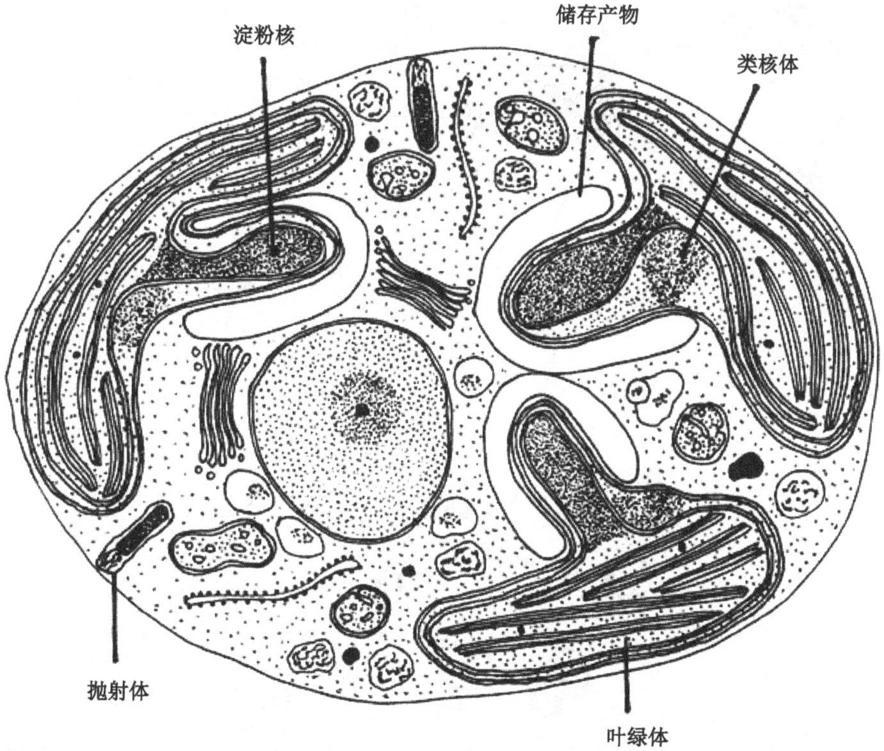

图V.3　*Chlorarachnion reptans* 细胞结构的半截图示。(改编自Hibberd and Norris, 1984)

Chlorarachnion reptans 是一种海洋变形虫，它通过每个细胞单独地与网状伪足（reticulopodia）构成的网状物相连，形成大量的原生质团（plasmodia）（Geitler，1930；Hibberd and Norris，1984）。*Chlorarachnion reptans* 的细胞是裸露的，并含有许多叶状的叶绿体，每个叶绿体含有一个位于中心的淀粉核（图 V. 3）。在 *Chlorarachnion reptans* 中，有 4 层膜环绕住含有淀粉核和类核体的叶绿体，而一个含有储存产物的液泡盖住淀粉核。对于那些含有类似于蛛丝般网状伪足、其内部包含绿色变形虫细胞的生物而言，*Chlorarachnion* 一词意为“绿蜘蛛（green spider）”。细胞在网状伪足上面移动并以其他藻类细胞和细菌作为食物源。

在营养不良（nutrient deprivation）条件下，星形的营养细胞（vegetative cell）通过收缩其网状伪足、聚拢和分泌一层薄的细胞壁（Grell，1990）而变成休眠细胞（resting cell）。显然，休眠细胞主要依靠叶绿体的光合产物作为食物源。当条件有利时，休眠细胞可发育成星形的营养细胞。游动孢子发生即指单个休眠细胞分裂两次产生 4 个游动孢子，每个游动孢子有一条鞭毛缠绕住细胞体［图 V. 2（c）和图 V. 4］。游动孢子停留下来即产生星形的营养细胞。当一个运动的、星形的雄配子接近一个不能运动的雌配子时，即出现有性繁殖。配子融合产生合子，它进一步发育成星形的营养细胞（Grell，1990）。

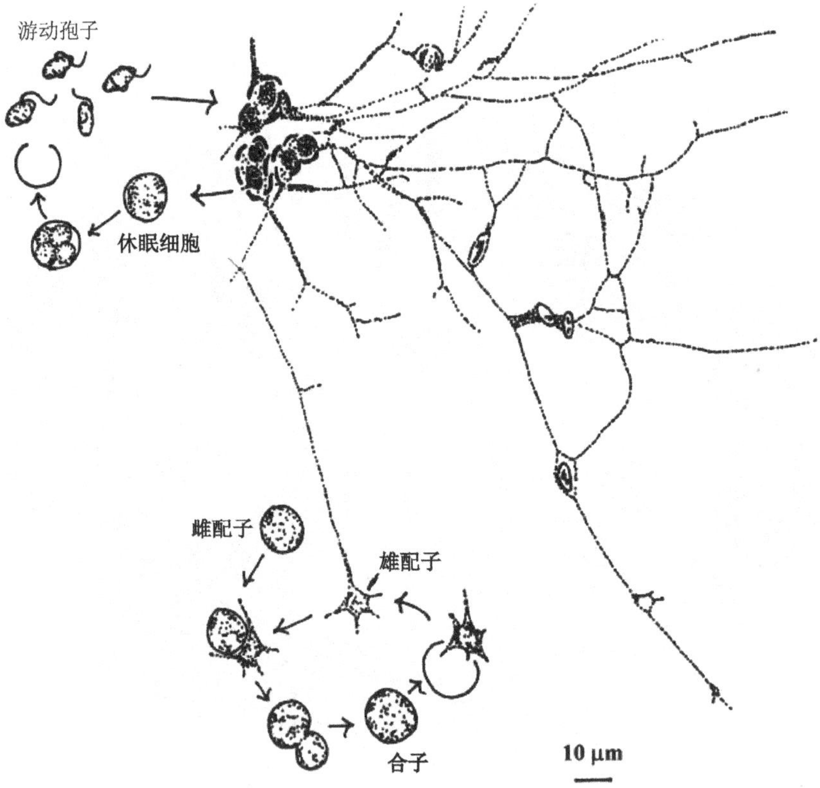

图 V. 4 *Chlorarachnion reptans*。（改编自 Hibberd and Norris，1984；Grell，1990）

参考文献

Calderon-Saenz, E., and Schnetter, R. (1989). Morphology, biology, and systematics of *Cryptochlora perforans* (Chloroarachniophyta), a phagotrophic marine alga. *Pl. Syst. Evol.* 163: 165-76.

Geitler, L. (1930). Ein grunes Filarplaasmodium und andere neue Protisten. *Arch. Protistenkd.* 69: 615-36.

Grell, K. G. (1990). Some light microscope observations on *Chlorarachnion reptans* Geitler. *Arch. Protistenkd.* 138: 271-90.

Hibberd, D. J., and Norris, R. E. (1984). Cytology and ultrastructure of *Chlorarachnion reptans* (Chloroarachniophyta division nova, Chloroarachniophyceae classis nova). *J. Phycol.* 20: 310-30.

Ishida, K., Nakayama, T., and Hara, Y. (1996). Taxonomic studies on the Chlorarchniophyta. Ⅱ. Generic delimitation of the chlorarachniophytes and description of *Gymnochlora syellata* gen. et sp. nov. and *Lotharella* gen. nov. *Phycol. Res.* 44: 37-45.

Lee, R. E. (1977). Evolution of algal flagellates with chloroplast endoplasmic reticulum from the ciliates. *South African J. Sci.* 73: 179-82.

Moestrup, Ø., and Sengco, M. (2001). Ultrastructural studies on *Bigelowiella natans*, gen. et sp. nov., a chlorarachniophyte flagellate. *J. Phycol.* 37: 624-6.

第九章

隐藻门（Cryptophyta）

隐藻纲（Cryptophyceae）

隐藻主要为单细胞的鞭毛藻类，它们在淡水和海水中均有分布。隐藻细胞中含有叶绿素 a、c_2 和藻胆蛋白，后者位于叶绿体类囊体中。隐藻细胞呈不对称结构，可明确地分为背腹侧和左右侧（图 9.1、图 9.9 和图 9.10）。在游动过程中这种不对称的形态可引起细胞摇摆。大多数隐藻含有一个叶状的叶绿体，在中央位置有一个蛋白核。

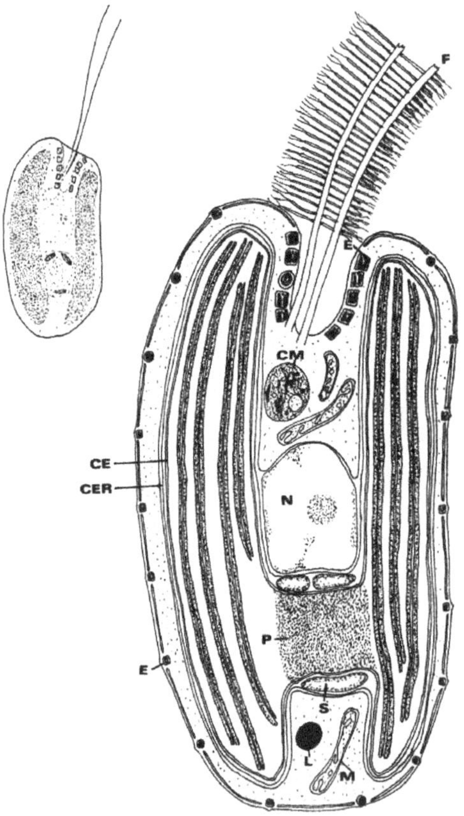

图 9.1　光学和电子显微镜中观察到的隐藻细胞图例。CE，叶绿体被膜；CER，叶绿体内质网膜；CM，莫帕氏体；D，背侧；E，喷射体；L，油脂颗粒；M，线粒体；N，细胞核；NM，类核体；P，蛋白核；PP，周质体板片；S，淀粉粒。

细胞结构

隐藻细胞具有两条鞭毛，它们在细胞凹陷处顶生或侧生。每条鞭毛与细胞的长度近似相等（图 9.1、图 9.8～图 9.10）。鞭毛上侧生有一排或两排微管绒毛（microtubular hair），根据种类不同其结构亦有异。对于隐藻属（*Cryptomonas* sp.）植物，其中一条鞭毛上有两排 2.5 μm 长的鞭绒，而另一条鞭毛上仅有一排 1 μm 长的鞭绒（Heath et al.，1970；Kugrens et al.，1987）。在鞭毛表面常见微小的、直径为 150 nm 的有机鳞屑（图 9.2），这种情况在细胞表面也很常见（Lee and Kugrens，1986）。

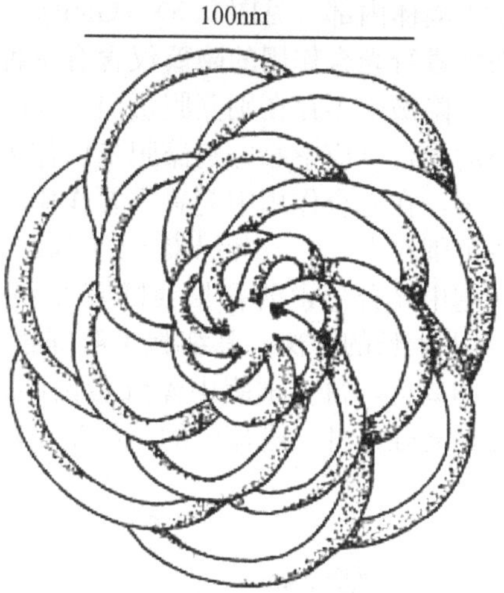

图 9.2　淡水隐藻中常见的鞭毛鳞屑。（引自 Lee and Kugrens，1986）

细胞的外部轮廓也称为周质体（Gantt，1971），它由原生质膜和位于原生质膜下方的系列板片组成（图 9.1 和图 9.10）（Kugrens and Lee，1987）。由于在某些属中单倍体和二倍体阶段具有不同的板片，所以常用板片的数量和形状来描绘属的特征（Hoef-Emden and Melkonian，2003）。新产生的周质膜板片插入到邻近细胞体前庭的区域（Brett and Wetherbee，1996），并将硫酸富岩藻多糖排出细胞外（Giroldo and Vieira，2002）。

隐藻的叶绿体很可能是通过一种类似于吞噬细胞膝胞藻（*Goniomonas*）的生物与一种红藻之间的内共生进化而来（Kugrens and Lee，1991；Liaud et al.，1997；McFadden et al.，1994）。隐藻的叶绿体膜被两层叶绿体内质网膜（chloroplast endoplasmic reticulum）和两层叶绿体被膜（chloroplast envelope）环绕（图 9.1）。在内质网内膜和叶绿体被膜的外膜之间有淀粉粒及一个核形体（nucleomorph）（图 9.1 和图 9.4）。核形体含有 3 对微小的染色体，其中有 531 个基因（人类至少有 31 000 个基因），它们编码在叶绿体内起作用的 30 种蛋白质（Douglas et al.，2001；Cavalier-Smith，2002）。该核形体很可能是形成叶绿体内质网膜这一共生事件中内共生体的细胞核的残留部分。核形体环绕着一层被膜，其表面具有细孔结构，与细胞核被膜上的核孔类似。核形体能利用微管进行初级分裂（Morrall and Greenwood，1982）。核形体的分裂始于主细胞核基体复制的早前期，但早于叶绿体和叶绿体内质网的分裂（McKerracher and Gibbs，1982）。膝胞藻（*Goniomonas*）是目前所知唯一的没有核形体的隐藻［图 9.8 和图 9.9（c）］，它由于缺少质体而呈无色。另外一种无色隐藻为唇隐藻（*Chilomonas*）［图 9.9（b）］，它是光合隐藻的一种退化形态，其细胞中含有一个白色体和核形体（McKerracher and Gibbs，1982）。

隐藻的叶绿体中类囊体的排列方式与其他藻类不同。隐藻中的类囊体成对分组（图 9.3），且与邻近的类囊体互不相连。隐藻的叶绿体中除含有叶绿素 a、c_2外，还含有较

多的 α-胡萝卜素、叶黄素和硅藻黄素。隐藻叶绿体中的藻胆蛋白分为藻红蛋白和藻蓝蛋白，且它们均有三种类型，但它们全都有别于蓝藻和红藻中的藻胆蛋白（Hill and Rowan，1989）。蓝藻和红藻中的藻胆蛋白位于藻胆体的基质一侧，而隐藻的藻胆蛋白位于类囊体内部（见图 9.3）（Gantt et al.，1971；Spear-Bernstein and Miller，1984）。一般能进行光合作用的隐藻仅含有一种藻胆蛋白——藻红蛋白或藻蓝蛋白，不可能二者兼具。隐藻中不存在别藻胆蛋白（Gantt，1979），后者存在于蓝藻和红藻中。在蓝藻和红藻的光合反应中心，别藻胆蛋白作为一种从藻红蛋白和藻蓝蛋白向叶绿素 a 传递光能的桥梁，在光合作用中起着重要作用。在隐藻中，由于藻胆蛋白与叶绿素 c 结合产生的吸收范围较大，它与叶绿素 a 的吸收光谱相重叠，所以别藻胆蛋白没有存在的必要。隐藻细胞中光合色素的含量会随着光照强度的变化而变化。在低光强（10 $\mu E \cdot m^{-2} \cdot s^{-1}$）下生长的隐藻，其细胞中叶绿素 a、$c_2$ 的含量是高光强（260 $\mu E \cdot m^{-2} \cdot s^{-1}$）条件下的 2 倍，每个细胞中藻红蛋白的含量是高光强条件下的 6 倍（Thinh，1983）。由于在低光强条件下隐藻中的藻红蛋白较为集中，所以类囊体也变得较厚。

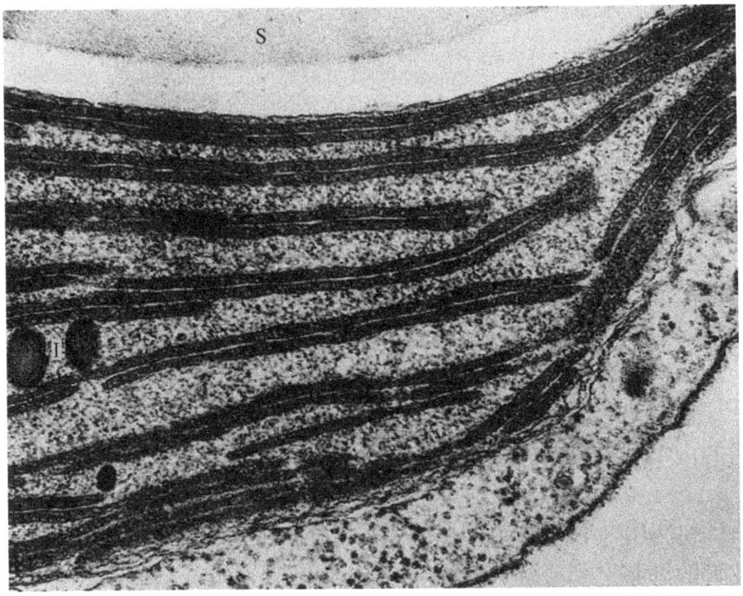

图 9.3 *Chroomonas mesostigmatica* 部分叶绿体的投射电子显微照片（50 000×）。其中，类囊体成对分组，类囊体的稠密物质即藻胆蛋白，另外显示存在油脂粒（I）和一个巨大的淀粉粒（S）。（引自 Dodge，1969）

隐藻中的储藏物质（如淀粉粒）位于叶绿体被膜外内质网膜内的淀粉核区域。隐藻是所有藻中唯一的在此区产生储藏物质的藻类。隐藻中的淀粉物质为 α-1，4-葡聚糖，它由大约 30%直链淀粉和支链淀粉构成。隐藻中的这种淀粉与在土豆和绿藻及甲藻中发现的淀粉较为相似（Antia et al.，1979）。

有些隐藻种类具有眼点。有报道称这些眼点由叶绿体被膜内的油脂粒组成。对于蓝隐藻属的 *Chroomonas mesostigmatica*，其红色眼点位于细胞中央（图 9.4），是叶绿体中除淀粉核外的储藏物（Dodge，1969）。在隐藻属的 *Cryptomonas rostella* 中，眼点位于叶绿体被膜下方靠近凹陷处的位置。隐藻中有些种类具有趋光性，如无色的唇隐藻

（*Chilomonas*），在 366 nm 波长的蓝光下光敏性最强（Halldal，1958）。

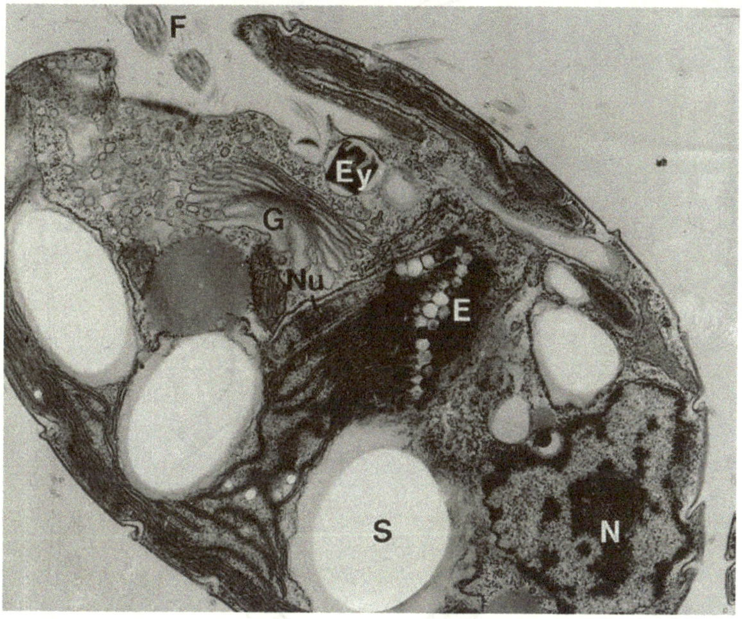

图 9.4 隐藻 *Chroomonas mesostigmatica* 细胞的透射电子显微照片，显示眼点。E，叶绿体中的眼点；Ey，喷射体；F，鞭毛；G，高尔基体；N，细胞核；Nu，核形体；S，淀粉。（显微镜照片由 Paul Kugrens 提供）

隐藻中呈抛射状的物质称为喷射体（ejectisome），其结构不同于甲藻的刺丝胞（trichocyst），可能与纤毛虫中卡巴微粒（kappa particle）的 R 体较类似（Hovasse et al.，1967；Kugrens et al.，1994）。在隐藻中，通常较大的喷射体位于细胞前端的凹陷附近，而较小的喷射体分布在细胞周围（图 9.1、图 9.4 和图 9.8）。两种喷射体的结构相同，它们均由单层膜包裹的两个大个不等的个体组成（图 9.5）。每个个体均呈长带状，并卷曲成一个异常紧密的螺旋结构。带状结构由窄到宽，喷射体从内往外宽度增大。在两个体连接过程中，较小的个体首先结合并以某个角度栖坐在较大个体的 V 形区内。紧接着，两个螺旋体拼合成一条长带。当机体受到刺激时，喷射体开始释放并解螺旋变为一长的管状结构（图 9.5），这时较短部分以适当角度连接较长的部分。从细胞外围开始测量，此时较小的喷射体只有 4 μm 长，而从前端凹陷处的下部开始测量较大的喷射体有 20 μm 长。喷射体的释放可使得细胞产生一个反向的推动力，因此无论是作为一种躲避机制，还是作为一种直接的防御机制，都可对来侵生物造成损伤。喷射体最初起源于高尔基体内部的液泡组织。

隐藻中的莫帕氏体（Corps de Maupas）为一个大的囊泡状结构，位于细胞前部（图 9.1）。它的主要功能可能是通过消化处理掉多余的原生质组织（Lucas，1970a，b）。

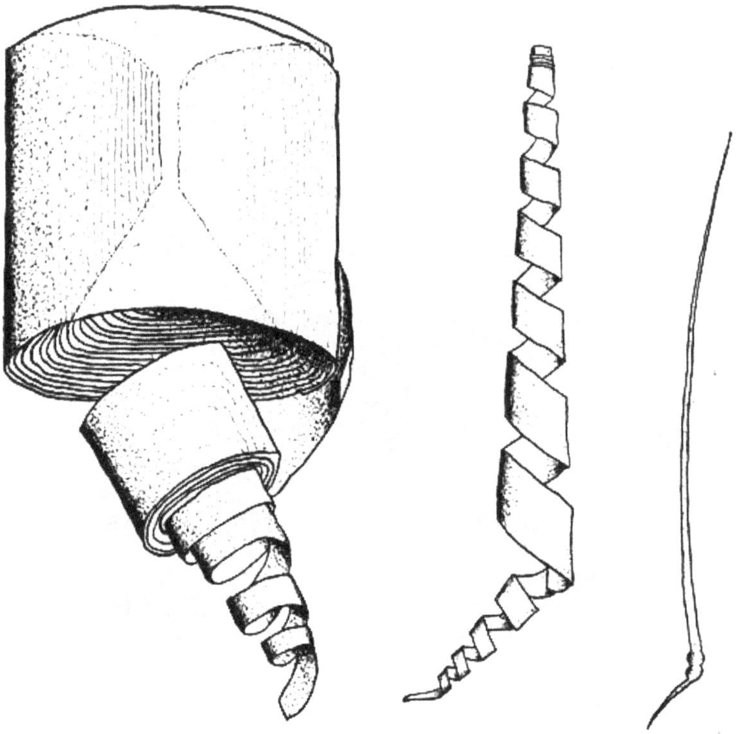

图 9.5 (a) 喷射体的一般结构，显示具有两个组成部分。(b) 喷射体在细胞外解螺旋的模型。(c) 释放后的喷射体手绘图。(仿自 Hovasse et al.，1967)

生态学

隐藻具有特殊的光敏性，与其他藻类类群不同，它可以在清澈的营养贫瘠湖泊最深处大量生存（Nauwerk，1968）；在高山区域及北部的温带湖泊中，隐藻和其他鞭毛藻类整个冬季都能在水体表层生活。在雪底和冰层下由于光强较弱，这些藻类只有聚集在水体表层才能获得足够的光能用于净光合作用（Wright，1964；Pechlauer，1971）。在极端的低光照强度下，这些藻类的存活不仅依赖于自身高效的光合作用，而且依赖于在低水温条件下自身呼吸速率的减弱及冬季中浮游动物捕获行为的减少。在春季，随着北极和高山湖泊中冰雪融化及光照的突然增强，隐藻受到强烈的光照刺激，它们大量地转移到深水中（Kalff and Welch，1974）。

隐藻经常在增幅不足 5 m 的范围内做昼夜性的垂直迁移。在一些小的富含森林腐殖质的湖泊中，隐藻属（*Cryptomonas*）藻类在早晨表现出正的趋光性，它们移到磷元素耗尽的上层水域。随着光照强度的增加，为避免高强度的光照射，隐藻移出最上层的水域并进入下层磷元素富足的水域（Knapp et al.，2003）。作为浮游动物的最佳食源（Loret et al.，2000），这一周期性昼夜迁移的好处是可使隐藻避免被浮游动物捕获，因为它们与浮游动物的迁移方向恰好相反。

隐藻是一类混合营养型生物，它们可通过光合作用和吞噬作用获取营养。当营养受限时，隐藻主要通过吞噬细菌获取氮和磷（Urabe et al.，2000）。隐藻同时具有趋化性（chemotactic），在到达营养区前它们排成一列游动，待到达营养富集区随即停止运动并翻滚进入高营养区（Lee et al.，1999）。

隐藻是南极洲淡水湖泊中的优势藻类。在南极，研究得最多的湖泊位于麦克默多干峡谷（the McMurdo Dry Valley）（图 9.6）（Roberts and Laybourne-Parry，1999；McKnight et al.，2000）。它们是南极地区（大约 4000 km^2）内最大的无冰区，拥有一片摄氏温度为$-45\sim5$℃的极地荒漠。麦克默多干峡谷常年不结冰，这缘于这条横贯南极的山脉阻止冰盖移动的同时也切断了水汽交换，使得峡谷每年的降雪量仅有 10 cm。南极湖泊中的营养物质主要依靠夏季冰雪融化后的溪流输送。这里夏季极为短暂，只能持续 6～10 周。湖泊常年覆盖冰层，最厚的可达 5 m，极大地降低了光的穿透能力。另外在南极，太阳在冬季升出地平线的天数不足一个月。由于缺乏能使水层翻动的外界作用力（如风和水温变化），湖泊中的藻类具有高度的分层现象。在冬季的数月，隐藻主要生活在较深的水层，依靠每小时吞噬一个细菌进行异养生活（Roberts and Laybourn-Parry，1999）。到了夏季，隐藻变为兼性营养（异养和吞噬自养）。因此，隐藻能够在这种恶劣的环境中存活下来，关键在于它通过营养机制维持种群而不是进入休眠期。在短暂的南极夏季期间，隐藻能迅速调整状态以应对环境好转。

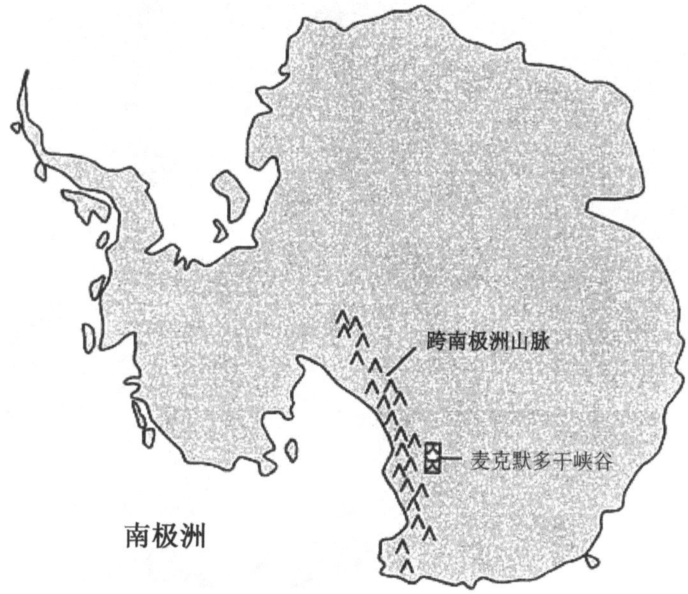

图 9.6 南极洲麦克默多干峡谷的位置示意图。

联合共生

红色中缢虫（*Mesodinium rubrum*）是一种海洋原生浮游纤毛虫，地理分布极为广泛，它能将其生活的水域染成红色。它在海湾、峡湾等浅海区域生活，也出现在远离海岸线的具有上升流的地区，有记录称这种情况下发生的赤潮可延伸至 100 平方英里的面积。纤毛虫呈现红色主要由于共生在其体内的隐藻含有大量红褐色的叶绿体（图 9.7）（Gustafson et al.，2000）。这种隐藻由单层膜包裹，有一个细胞核，具有正常的细胞学和色素体结构。在有光的条件下它能够固定 C^{14}，进行光合作用释放 O_2，且能同化 P^{32}，因此它是一类功能自养型生物。这种联合共生类似于其他种类的共生作用，内共生体为宿主提供光合作用产物，而宿主为内共生体提供保护性的环境。红色中缢虫引起的赤潮是海洋上升流生态系统中的一种周期性的行为，它之所以能有效地应对其他自养型浮游生物的竞争，原因有三个方面（Smith and Barber，1979）：①它能自主游动，游动速度为 2.0～7.2 m · h^{-1}，比甲藻的最快游动速度要快一个数量级；②它具有很强的光合作用，在早晨光照强度增强时显示出正的趋光性，当光照强度减弱或营养贫瘠时则显示负的趋光性；③它具有极高的光合作用速率（1000～2000 mg C · m^{-3} · h^{-1}），这相当于海洋浮游生物的最高反应速率。典型甲藻和硅藻水华的光合作用速率仅为 60～70 mg C · m^{-3} · h^{-1}。

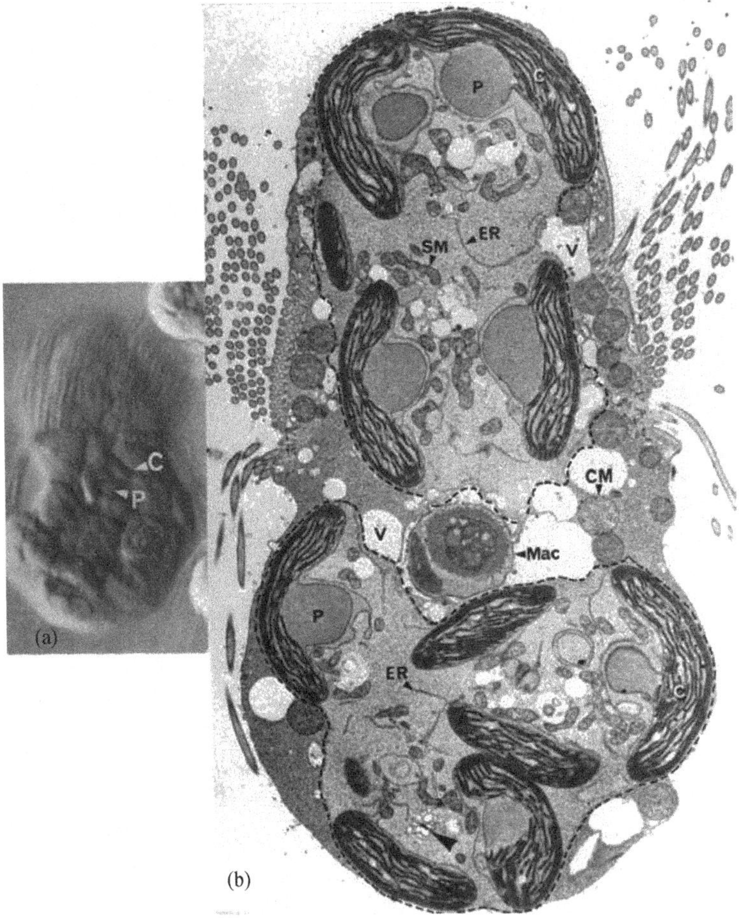

图 9.7 红色中缢虫（*Mesodinium rubrum*）和它的隐藻内共生体示意图（4500×）。(a) 光学显微镜下的纤毛虫，显示共生隐藻中的叶绿体（C）和蛋白核（P）。(b) 透射电子显微照片。虚线将纤毛虫的细胞质和内共生隐藻分开，很明显，两个细胞的稠度有别。在纤毛虫细胞中，大细胞核跟小细胞核不在同一平面。CM，纤毛虫线粒体；ER，内质网；Mac，纤毛虫的大细胞核；P，蛋白核；SM，内共生体的线粒体；V，液泡；大箭头所指为高尔基体的活动范围。（引自 Hibberd，1977）

分类

隐藻纲可分为三个目（Marin et al.，1998；Deane et al.，2002）。

目 1 杯胞藻目(Goniomonadales)：细胞无色且没有质体。

目 2 隐鞭藻目(Cryptomonadales)：细胞通常呈微红色，叶绿体中含有 Cr-藻红蛋白。

目 3 蓝隐藻目(Chroomonadales)：细胞通常呈蓝绿色，叶绿体中含有 Cr-藻蓝蛋白。

杯胞藻目（Goniomonadales）

膝胞藻属（*Goniomonas*）［图 9.8 和图 9.9（c）］是一类无色隐藻，包括淡水种和海水种，是杯胞藻目的唯一类属。膝胞藻的藻体无色，不含质体。它通过细胞前端的管状内陷（俗称漏斗状器官）摄取有机物，在细胞质的食物泡中进行消化。储藏颗粒通常位于细胞核被膜的外膜中。细胞前端质膜的下面有较大的喷射体，而小的喷射体分布在周质体的板片之间。

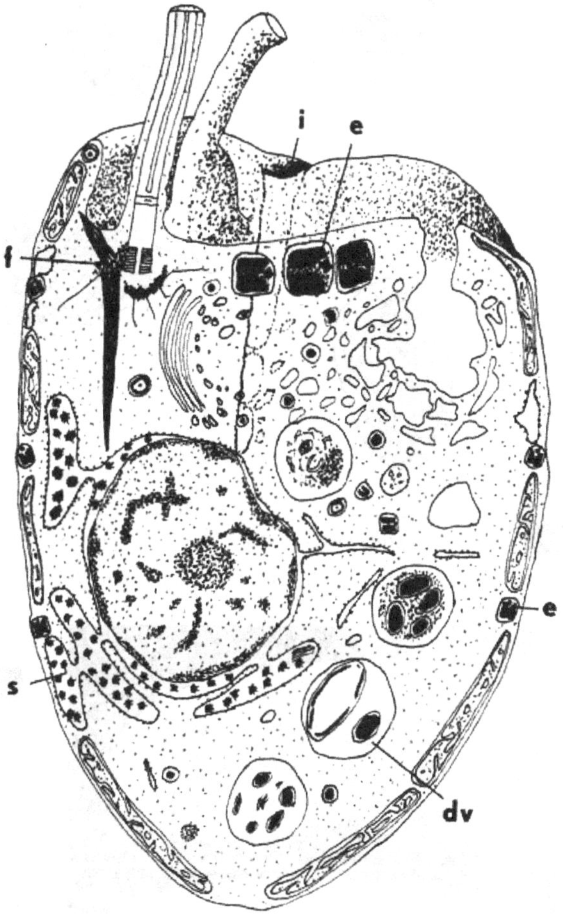

图 9.8　隐藻 *Goniomonas truncata* 细胞的构建图。f，鞭毛根；s，储藏颗粒；e，喷射体；dv，消化泡；i，漏斗状器官。（仿自 Mignot，1965）

隐鞭藻目（Cryptomonadales）

隐藻属（*Cryptomonas*）［图 9.9（a）、图 9.10 和图 9.11］和唇隐藻属（*Chilomonas*）［图 9.9（b）］是隐鞭藻目中仅有的两个属。*Cryptomonas* spp. 细胞因叶绿体中含有 Cr-藻红蛋白而呈微红色，叶绿体通过中央的淀粉粒连接成一个双叶的叶绿体。*Chilomonas* 是隐藻的一种退化形式（Hoef-Emden and Melkonian，2003），它的细胞含有一个不具光合色素的白色体。

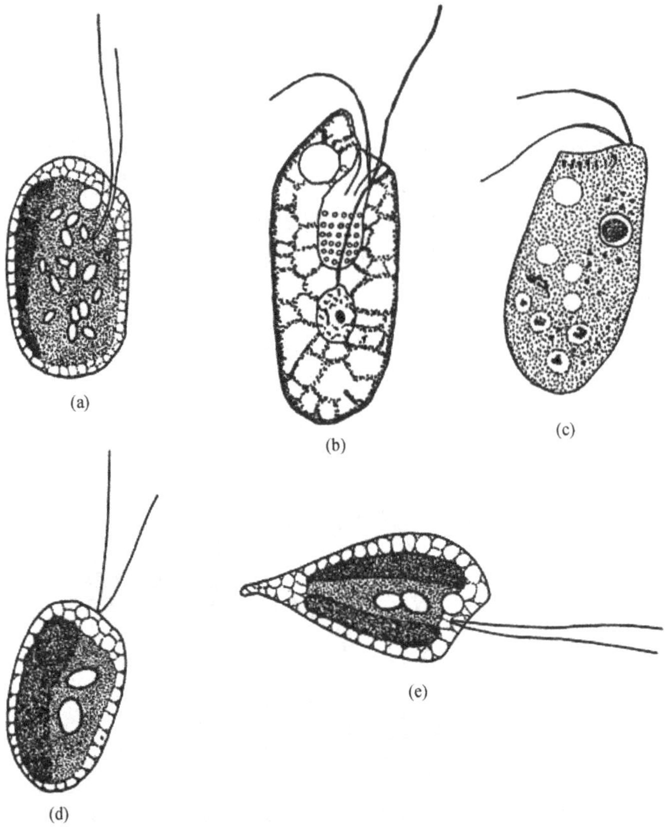

图 9.9 (a) *Cryptomonas erosa*。(b) *Chilomonas paramecium*。(c) *Goniomonas truncata*。(d) *Rhodomonas lacustris*。(e) *Chroomonas nordstedtii*。

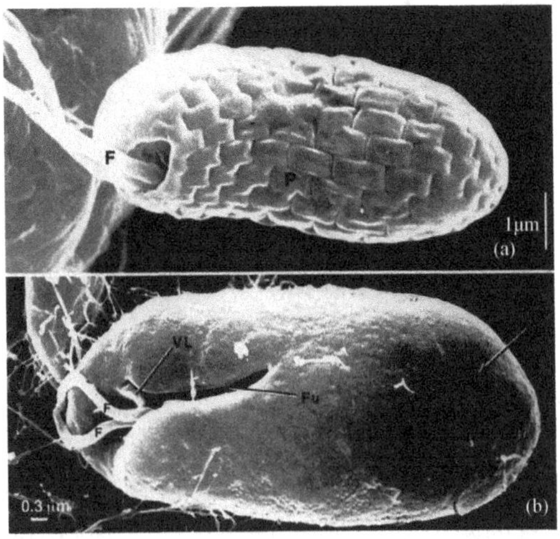

图 9.10 *Chroomonas oblonga* (a) 与 *Cryptomonas* sp. (b) 的扫描电镜显微照片。*Chroomonas oblonga* 质膜的下方有许多周质体板片 (P)，没有沟裂，鞭毛 (F) 从细胞前端的凹陷处伸出。*Cryptomonas* sp. 表面光滑，质膜下方仅有一块周质体板片，前庭延伸为沟裂 (Fu)，前庭舌片 (VL) 与前庭部分重叠。(引自 Kugrens et al.，1986)

隐藻细胞呈非对称结构，部分源于细胞前端凹陷处一个称为孔腔的部分，它向内延伸形成胞咽 (gullet) 或沿腹侧面向后延伸形成沟裂 (furrow) [图 9.10 (b)] (Kugrens and Lee，1991)。沟裂下方存在较大的喷射体，且成排排列。隐藻属藻类可进行有性生殖（图 9.11）（Kugrens and Lee，1988）。

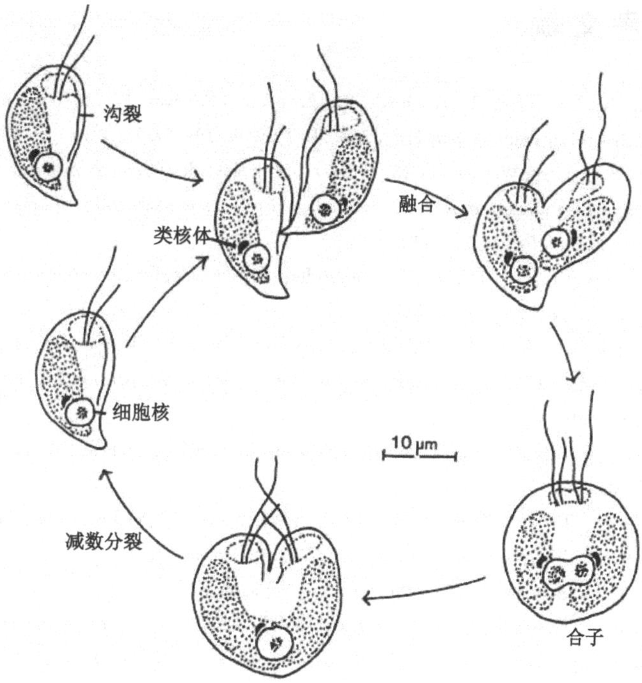

图 9.11　*Cryptomonas* sp. 的生活史。（改编自 Kugrens and Lee，1988）

蓝隐藻目（Chroomonadales）

蓝隐藻目的大部分藻类呈蓝绿色，原因是细胞的叶绿体中含 Cr-藻蓝蛋白。*Chroomonas* 藻细胞的叶绿体中有一个前庭（anterior vestibulum）[图 9.9（e）]。在 *Chroomonas* 细胞中也有一个前庭 [图 9.9（e）和 9.10（a）]，这里也是两根鞭毛出现的地方。

图 9.12　Michael Melkonian 生于 1948 年 11 月 4 日。Melkonian 博士于 1974 年在汉堡大学取得生物学学位，1978～1983 年在明斯特大学植物研究所任研究助理，1983 年获得研究所的植物学授课资格并担任无薪讲师。1986～1988 年是位于明斯特的海森堡德国研究基金会的研究员。1988 年受聘于科隆大学植物研究所并担任正教授。

参考文献

Antia, N. J., Cheng, J. Y., Foyle, R. A. J., and Percival, E. (1979). Marine cryptomonad starch from autolysis of glycerol-grown *Chroomonas salina*. *J. Phycol.* 15: 57-62.

Brett, S. J., and Wetherbee, R. (1996). Periplast development in Cryptophyceae. Ⅱ. Development of the inner periplast component in *Rhinomonas pauea*, *Proteomonas sulcata* [haplomorph], *Rhodomonas baltica*, and *Cryptomonas ovata*. *Pro toplasma* 192: 40-8.

Cavalier-Smith, T. (2002). Nucleomorphs: enslaved algal nuclei. *Curr. Opin. Microbiol.* 5: 612-9.

Deane, J. A., Strachan, I. M., Saunders, G. W., Hill, D. R. A., and McFadden, G. I. (2002). Cryptomonad evolution: nuclear 18S rDNA phylogeny versus cell morphology and pigmentation. *J. Phycol.* 38: 1236-44.

Dodge, J. D. (1969). The ultrastructure of *Chroomonas mesostigmatica* Butcher (Cryptophyceae). *Arch. Mikrobiol.* 69: 266-80.

Douglas, S., Zauner, S., Fraunholz, M., et al. (2001). The highly reduced genome of an enslaved algal nucleus. *Nature* 410: 1091-6.

Gantt, E. (1971). Micromorphology of the periplast of *Chroomonas* sp. (Cryptophyceae). *J. Phycol.* 7: 177-84.

Gantt, E. (1979). Phycobiliproteins of Cryptophyceae. In *Biochemistry of Protozoa*, ed. N. Levandowsky, and S. A. Hutner, pp. 121-37. New York: Academic Press.

Gantt, E., Edwards, M. R., and Provasoli, L. (1971). Chloroplast structure of the Cryptophyceae. Evidence for phycobiliproteins within the intrathylakoidal spaces. *J. Cell Biol.* 48: 280-90.

Giroldo, D., and Vieira, A. A. H. (2002). An extracellular surface fucose-rich polysaccharide produced by a tropical strain of *Cryptomonas obovata* (Cryptophyceae). *J. Appl. Phycol.* 14: 185-91.

Gustafson, D. E., Stoecker, D. K., Johnson, M. D., van Heukelem, W. F., and Sneider, K. (2000). Cryptophyte algae are robbed of their organelles by the marine ciliate *Mesodinium rubrum*. *Nature* 405: 1049-52.

Halldal. P. (1958). Action spectra of phototaxis and related problems in Volvocales: *Ulva*-gametes and Dinophyceae. *Physiol. Plant.* 11: 118-53.

Heath, I. B., Greenwood, A. D., and Griffiths, H. B. (1970). The origin of flimmer in *Saprolegnia*, *Dictyuchus*, *Synura* and *Cryptomonas*. *J. Cell Sci.* 7: 445-61.

Hibberd, D. J. (1977). Observations on the ultrastructure of the cryptomonad endosymbiont of the red water ciliate *Mesodinium rubrum*. *J. Mar. Biol. Assoc. UK* 57: 45-61.

Hill, D. R. A., and Rowan, K. S. (1989). The biliproteins of the Cryptophyceae. *Phycologia* 28: 455-3.

Hoef-Emden, K., and Melkonian, M. (2003). Revision of the genus *Cryptomonas* (Cryptophyceae): a combination of molecular phylogeny and morphology provides insights into a long-hidden dimorphism. *Protist* 154: 371-409.

Hovasse, R., Mignot, J. P., and Joyon, L. (1967). Nouvelles observations sur les trichocystes des Cryptomonadines et les "R bodies" des particules kappa de *Paramecium aurelia* Killer. *Prostistologica* 3: 241-55.

Kalff, J., and Welch, H. E. (1974). Phytoplankton production in Char Lake, a natural polar lake, Cornwallis Is., Northwest Territories. *J. Fish. Res. Board Can.* 31: 621-36.

Knapp, C. W., deNoyelles, F., Graham, D. W., and Bergin, S. (2003). Physical and chemical conditions surrounding the diurnal vertical migration of *Cryptomonas* spp. (Cryptophyceae) in a seasonally stratified midwestern reservoir (USA). *J. Phycol.* 39: 855-61.

Kugrens, P., and Lee, R. E. (1987). An ultrastructural survey of cryptomonad periplasts using quickfreezing freeze-fracture techniques. *J. Phycol.* 23: 365-76.

Kugrens, P., and Lee, R. E. (1988). Ultrastructure of fertilization in a cryptomonad. *J. Phycol.* 24: 385-93.

Kugrens, P., and Lee, R. E. (1991). Organization of cryptomonads. In *The Biology of Free-living Heterotrophic Falgellates*, ed. P. J. Patterson, and J. Larsen, PP. 219-33. Oxford: Clarendon Press.

Kugrens, P., Lee, R. E., and Kugrens, P. (1986). The occurrence and structure of flagellar scalesin some freshwater cryptophytes. *J. Phycol.* 22: 549-52.

Kugrens, P., Lee, R. E., and Andersen, R. A. (1987). Ultrastructural variations in cryptomonad flagella. *J. Phycol.* 23: 511-18.

Kugrens, P., Lee, R. E., and Corliss, J. O. (1994). Ultrstructure, biogenesis, and functions of extrusive organelles in selected non-ciliate protists. *Protoplasma* 181: 164-90.

Lee, E. S., Lewitus, A. J., and Zimmer, R. K. (1999). Chemoreception in a marine cryptophyte: behavioral plasticity in response to amino acids and nitrate. *Limnol. Oceanogr.* 44: 1571-4.

Lee, R. E., and Corliss, J. O. (1994). Ultrastructure, biogenesis, and functions of extrusive organelles in selected non-ciliate protists. *Protoplasma* 181: 164-90.

Lee, R. E., and Kugrens, P. (1986). The occurrence and structure of flagellar scales in some freshwater cryptophytes. *J. Phycol.* 22: 549-52.

Liaud, M-F., Brandt, U., Scherzinger, M., and Cerff, R. (1997). Evolutionary origin of cryptomonad microalgae. Two novel chloroplast/cytosol-specific GAPDH genes as potential markers of ancestral endosymbiont and host cell components. *J. Mol. Evol.* 44 (Suppl. 1): 528-37.

Loret, P., Pastoureaud, A., Bacher, C., and Delesalle, B. (2000). Phytoplankton composition and selective feeding of the pearl oyster *Pinctada margaitifera* in the Takapoto lagoon (Tuamotu Archipelago, French Polynesia): *in situ* study using optical microscopy and HPLC pigment analysis. *Mar. Ecol. Progr. Ser.* 199: 55-67.

Lucas, I. A. N. (1970a). Observations on the fine structure of the Cryptophyceae. I. The genus *Cryptomonas*. *J. Phycol.* 6: 30-8.

Lucas, I. A. N. (1970b). Observations on the ultrastructure of representatives of the genera *Hemiselmis* and *Chroomonas* (Cryptophyceae) *Br. Phycol. J.* 5: 29-37.

McFadden, G. I., Gilson, P. R., and Hill, D. R. A. (1994). *Goniomonas*: rRNA sequences indicate that this phagotrophic flagellate is a close relative of the host component of cryptomonads. *Eur. J. Phycol.* 29: 29-32.

McKerracher, L., and Gibbs, S. P. (1982). Cell of nucleomorph division in the alga *Cryptomonas*. *Can. J. Bot.* 60: 2440-52.

McKnight, D. M., Howes, B. L., Taylor, C. D., and Goehringer, D. D. (2000). Phytoplankton dynamics in a stably stratified Antarctic lake during winter conditions. *J. Phycol.* 36: 852-61.

Maier, U-G., Hofmann, C. J. B., Eschbach, S., Wolters, J., and Igloi, G. (1991). Demonstration of nucleomorphencoded small subunit ribosomal RNA in cryptomonads. *Mol. Gen. Genet.* 230: 155-60.

Marin, B., Klingberg, M., and Melkonian, N. (1998). Phylogenetic relationships among the Cryptophyta: analyses of nuclear-encoded SSU rRNA sequences support the monophyly of extant plastid-containing lineages. *Protist* 149: 265-76.

Mignot, J. P. (1965). Etrude ultrastructurale de *Cyathomonas truncata* From. (Flagellé Cryptomonadine). *J. Microscopie* 4: 239-52.

Morrall, S., and Greenwood, A. D. (1982). Ultrastructure of nucleomorph division in species of Cryptophyceae and its evolutionary implications. *J. Cell Sci.* 54: 311-28.

Nauwerk, A. (1968). Das Phytoplankton des Latnjajaure 1954-55. *Schweiz. Z. Hydrol.* 30: 188-216.

Pechlauer, R. (1971). Factors that control the production rate and biomass of phytoplankton in highmountain lakes. *Mitt. Int. Ver. Theor. Angew. Limnol.* 19: 124-5.

Roberts, E. C., and Laybourn-Parry, J. (1999). Mixotrophic cryptophytes and their predators in the Dry Valley lakes of Antarctica. *Freshwater Biol.* 41: 737-46.

Smith, W. O., and Barber, R. T. (1979). A carbon budget for the autotrophic ciliate *Mesodinium rubrum*. *J. Phycol.* 15: 27-33.

Spear-Bernstein, L., and Miller, K. R. (1984). Unique localization of the phycobiliprotein light-harvesting pigment in the Cryptophyceae. *J. Phycol.* 25: 412-19.

Thinh, L-V. (1983). Effect of irradiance on the physiology and ultrastructure of the marine cryptomonad, *Cryptomonas strain* Lis (*Cryptophyceae*). *Phycologia* 22: 7-11.

Urabe, J., Gurung, T. B., Yoshida, T., et al. (2000). Diel changes in phagotrophy by *Cryptomonas* in Lake Biwa. *Limnol. Oceanogr.* 45: 1558-63.

Wright, R. T. (1964). Dynamics of a phytoplankton community in an ice-covered lake. *Limnol. Oceanogr.* 9: 163-78.

（周 贝 赵 玮 高铭扬 译，毕永红 胡征宇 校）

第十章

异鞭藻门（Heterokontophyta）

异鞭藻门的藻类细胞通常具有一条前端呈流苏状（tinsel）、后端呈尾鞭状（whiplash）的鞭毛（图 10.1）。质体含有叶绿素 a、c 和岩藻黄素。储藏物质通常为位于胞质液泡中的金藻昆布多糖（chrysolaminarin）。

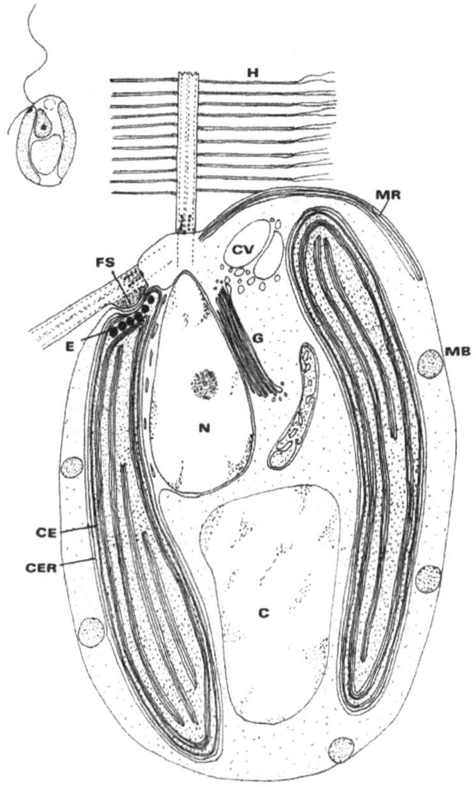

图 10.1 金藻纲细胞基本结构的光学与电子显微镜截面示意图。C，金藻昆布多糖液泡；CE，叶绿体被膜；CER，叶绿体内质网；CV，伸缩泡；E，眼点；FS，鞭毛膨胀区；G，高尔基体；H，前端鞭毛的茸毛；MB，产胶体；MR，鞭毛的微管根；N，细胞核。（改编自 Hibberd，1976）

异鞭藻门包括以下几个纲（Andersen，2004）：

金藻纲(Chrysophyceae)	第十章
黄群藻纲(Synurophyceae)	第十一章
真眼点藻纲(Eustigmatophyceae)	第十二章
脂藻纲(Pinguiophyceae)	第十三章
硅鞭藻纲(Dictyochophyceae)	第十四章
浮生藻纲(Pelagophyceae)	第十五章
迅游藻纲(Bolidophyceae)	第十六章

硅藻纲(Bacillariophyceae)	第十七章
针胞藻纲(Raphidophyceae)	第十八章
黄藻纲(Xanthophyceae)	第十九章
褐枝藻纲(Phaeothamniophyceae)	第二十章
褐藻纲(Phaeophyceae)	第二十一章

金藻纲（Chrysophyceae）

金藻纲的化学特征为含有叶绿素 a、c_1和 c_2（Andersen and Mulkey，1983），在结构上两条相互垂直的鞭毛插入细胞内，短鞭毛上的光感受器通常被叶绿体前端的眼点所遮盖。金藻纲含有叶绿体内质网，细胞前端有伸缩泡，某些种类含有辐射状或两侧辐射对称的硅质鳞片。储藏物质为金藻昆布多糖。许多金藻纲藻类产生内生孢子（statospore）并嵌附在硅质细胞壁内，壁顶端开一小孔。

金藻纲大多数种类为淡水藻，生活在软水（钙离子浓度低）中。湖泊浮游生物群落中的淡水金藻较为丰富。球菌状和丝状种类主要发现于冷泉及小溪中，而凝胶状或壳状（crustous）种类生长在石头和木制品上。大多数金藻对环境变化很敏感，以内生孢子度过不适期。

细胞结构

鞭毛与眼点

许多金藻具有一条与细胞轴向平行、插入细胞前端的流苏状鞭毛（图 10.1），以及一条近似于与流苏状鞭毛垂直、插入细胞内的尾鞭状鞭毛。尾鞭状鞭毛时常退化成一短根（stub）。流苏状鞭毛上的茸毛通常呈三节微管状（Hill and Outka，1974），尽管在棕鞭藻（*Ochromonas*）中报道有三节状和纤丝状茸毛（Bouck，1971）（图 10.2）。在金藻的少数几个种类中发现有鞭毛鳞片（Andersen，1982）。后端的尾鞭状鞭毛通常较短且在朝向细胞一侧的基部有一膨大区（图 10.1）。这个鞭毛膨大区（flagellar swelling）含有一个称之为光受体（photoreceptor）的电子稠密区。膨大区还包含视黄醛（retinal），即类视紫红质蛋白的发色团，表明在金藻纲中类视紫红质蛋白即为其光受体（Walne et al.，1995）。鞭毛膨大与细胞在此处的内陷刚好吻合，其下端即为位于叶绿体内部的眼点。眼点由脂质小球组成，在叶绿体内部的前端，位于叶绿体被膜及类囊体的第一条带之间。

在棕鞭藻中，长的流苏状鞭毛在一个水平面上不断击打，牵引细胞向前运动，而位于前端眼点上的短的尾鞭状鞭毛变得弯曲，它对于细胞运动几乎没有作用。在向前运动的过程中，金藻细胞由于其特有的体形而不断旋转。

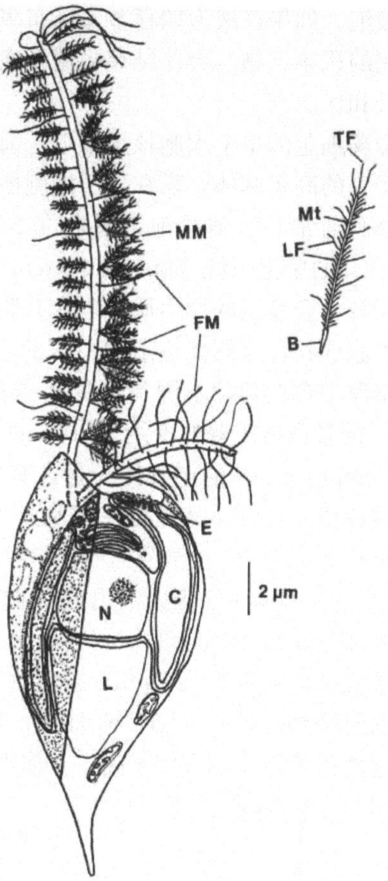

图 10.2 丹参棕鞭藻（*Ochromonas danica*）。B，基部附着区；C，叶绿体；E，眼点；FM，纤维状茸毛；L，麦清蛋白（金藻昆布多糖）；LF，侧端纤维丝；MM，微管茸毛；Mt，微管；N，细胞核；TF，末端纤维丝。（仿自 bouck，1971）

内部细胞器

叶绿体周生，数量通常有限，1～2 个居多。叶绿体中含有叶绿素 a、c_1、c_2，主要的类胡萝卜素为岩藻黄素。叶绿体被叶绿体内质网的双层膜所包裹，其中外膜通常与核膜的外膜相通（图 10.1）。类囊体通常三个堆积成一条带。

丹参棕鞭藻（*O. danica*）的细胞若在暗处生长，其叶绿体会形成一小的前质体（Gibbs，1962）。前质体含有单个类囊体、少许小囊泡及大量密集颗粒。前质体中叶绿素 a 的含量约为成熟叶绿体中的 1.2%。前质体一旦暴于光照下，囊泡会出现并融合成类囊体。曝光 2 天后，叶绿体即达到成熟状态，尽管叶绿体需要 8 天才能获得全部叶绿素补体。

金藻纲的叶绿体通常含有淀粉核。它们由一个颗粒区组成，在外观上不同于叶绿体基质。几乎没有或极少数类囊体可以横穿淀粉核区域。

金藻纲的储藏产物为金藻昆布多糖（chrysolaminarin）[麦清蛋白（leucosin）]，它是一种由 β-1，3 糖苷键连接的葡聚糖，据推测它存在于细胞后端的液泡中（图 10.1）。随着在棕鞭藻金藻昆布多糖液泡中发现有微生物，所谓的金藻昆布多糖液泡的实际功能可能比想象中要更加复杂（Daley et al.，1973；Dubowsky，1974）。在合成培养基、黑暗中生长的生物体内的金藻昆布多糖液泡要大于在光照下培养的生物体内的金藻昆布多糖液泡。如果该液泡储存金藻昆布多糖，结果理应相反，因为这种多糖是在光照下光合作用的积累产物。金藻昆布多糖液泡可能也具有消化功能，降解由细胞摄入的物质用于生长和代谢。

金藻细胞的单个细胞核呈梨形，前端窄，末端沿基体方向延伸（图 10.1）。细胞具有单个大的高尔基体，靠在处于细胞前端的核上，经常位于细胞核被膜的一个凹面上。金藻细胞通常具有伸缩泡，通常位于细胞前端，与高尔基体相邻。与甲藻纲（Dinophyceae）的中泡系统（pusule system）类似，金藻纲的液泡与伸缩泡经常形成一个复杂的系统。金藻纲的原生质中也含有脂质体。在初期细胞中，脂质体通常较少；但是，随着细胞成长，脂质体逐渐增大增多，直至充满整个细胞质。

金藻中存在两种不同类型的喷射体（projectile）：产胶体和盘形刺胞（discobolocyst），前者类似于普林藻纲（Prymnesiophyceae）、针胞藻纲（Raphidophyceae）、甲藻纲（Dinophyceae）的产胶体。它含有颗粒状物质，被单层膜包被（图 10.1）。产胶体中的内含物释放后，经常会在细胞外形成纤维质网络结构。盘形刺胞与产胶体类似，Hebberd（1970）已对结节棕鞭藻（*O. tuberculatus*）中盘形刺胞的结构进行了详细阐述（图 10.3）。盘形刺胞位于细胞质的外层，由单层膜包被的小泡组成，其中小泡内面向外的部分含有一个空盘（hollow disc）。盘形刺胞的释放呈爆炸式，喷射体发射的喷射物呈细线，可达 6～11 μm，空盘位于胶状黏液的顶端。受喷射物的反作用力，细胞可急剧向后弹射 5 μm。在产胶体或盘形刺胞释放后，原生质体恢复且不受任何负面影响。这两种喷射体都产生于高尔基体内的区域。

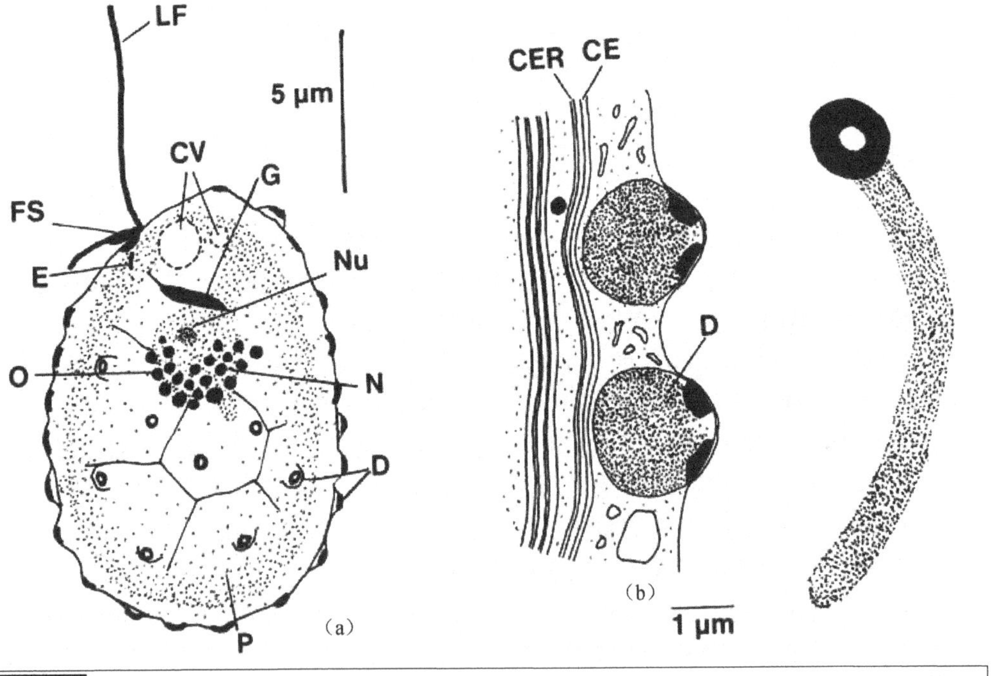

图 10.3 (a) 结节棕鞭藻。(b) 盘形刺胞的填充与释放。CE，叶绿体被膜；CER，叶绿体内质网；CV，伸缩泡；D，盘形刺胞；E，眼点；FS，鞭毛膨胀区；G，高尔基体；LF，长鞭毛；N，细胞核；Nu，核仁；O，油滴；P，质体。(仿改自 Hibberd，1970)

细胞外沉积物

金藻细胞壁由纤维素（Herth and Zugenmaier，1979）组成，在某些种类中还存在藻鞘（lorica）、硅质鳞片（silicified scale）和硅质细胞壁（Preisig，1994）。鳞片，如拟球胞藻（*Paraphysomonas*）（图 10.4）的鳞片，呈放射状或双辐射对称。鳞片在质膜外松散排列，无任何固定模式。与硅藻纲（Bacillariophyceae）和黄群藻纲（Synurophyceae）类似，金藻纲的鳞片在二氧化硅沉积囊泡的内部形成，这种囊泡由内质网衍生而来（Schnepf and Deichgraber，1969）。鳞片的排列不同于普林藻纲和绿藻门，后者的鳞片由高尔基体形成。金藻鳞片的形成同样也类似于硅藻细胞膜的形成，因为在金藻细胞的培养基中添加锗元素（硅利用的竞争性抑制剂）会抑制硅藻的生长（Lee，1978）。某些未矿化的有机鳞片也出现在金藻中。扁圆卵形藻（*Chromulina placentula*）细胞的后端覆盖着单层的有机鳞片，它与普林藻纲的鳞片极为相似（Throndsen，1971）。

小盾藻目（Parmales）的硅化细胞壁由 5～8 部分组成（图 10.14 和图 10.15）（Booth and Marchant，1987）。假金杯藻（*Pseudokephyrion pseudospirale*）和金杯藻（*Kephyrion rubri claustri*）的藻鞘也可以矿化。锰元素可以针状结构出现在藻鞘中，而铁元素以粒状沉积物的形式存在（Dunlap et al.，1987）。

有些金藻种类含有藻鞘（一层环绕原生质体的被膜，但通常不像细胞壁那样与原生质体相连）。在锥囊藻（*Dinobryon*）中（图 10.11），藻鞘由相互交织的微纤维组成（Kristiansen，1969）。当一个源于细胞的小的漏斗状片层出现时，藻鞘开始形成。原生质体于是绕轴旋转，随后形成螺旋并不断分泌藻鞘的残余部分。当藻鞘形成后，原生质体缩回到基部。棕鞭藻（*O. malhamensis*）和 *O. sociabilis* 的个别株系产生一个精致的藻鞘，它由一个 10～20 μm 长的空梗和一个杯状被膜组成，前者环绕着一条长的原生质纤维丝，后者包裹住半个细胞的基部。棕鞭藻的藻鞘由几丁质多糖组成（Herth et al.，1977），它像金颗藻（*Chrysococcus rufescens*）的藻鞘一样可以发生矿化（图 10.5）。这种藻含有一个环绕细胞的黏液状藻鞘（Belcher，1969）。在细胞幼小时，藻鞘非常透明，可能仅由黏液组成。在随后的阶段，灰暗的针状晶体出现，它们的朝向主要与细胞表面平行。晶体最终联合并形成一个细胞外的致密团块。

花胞藻（*Anthophysa vegetans*）[图 10.10（b）和图 10.10（c）] 是一种淡水群生藻（colonial alga），它能够产生一种含钙、铁、锰等盐离子的矿化梗（stalk）。周围环境中的矿物质决定了花胞藻梗的颜色和矿物组成（Lee and Kugrens，1989）。

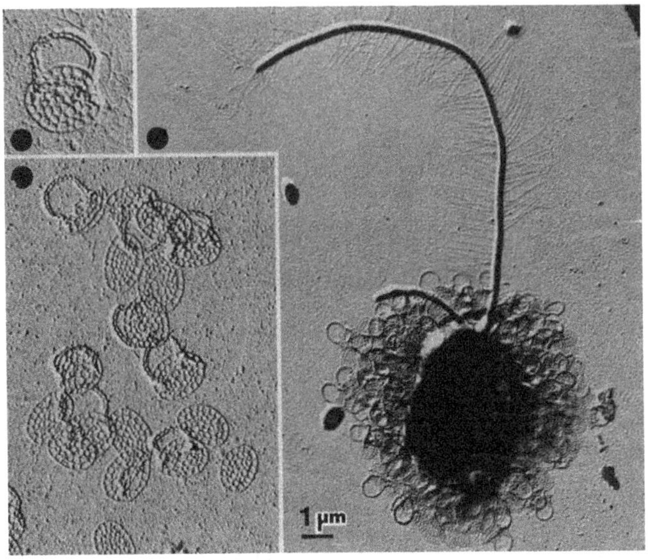

图 10.4　拟球胞藻（*Paraphysomonas sigillifera*）细胞的透射电子显微图，它带有一条长的流苏状鞭毛和一条短的尾鞭状鞭毛，以及高倍放大的鳞片照片。（引自 Thomsen et al.，1981）

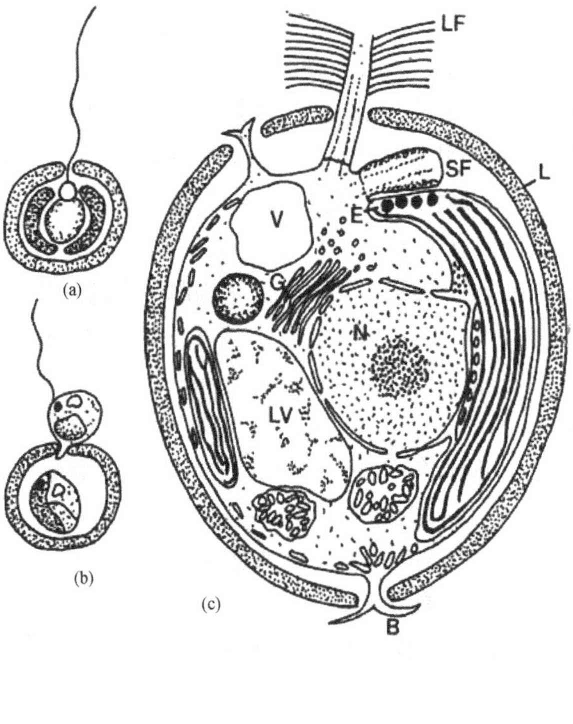

图 10.5　微红金颗藻（*Chrysococcus rufescens*）。(a) 完整细胞。(b) 繁殖中的细胞。(c) 营养细胞的亚显微结构。B，细胞质分枝形成；E，眼点；G，高尔基体；L，藻鞘；LV，麦清蛋白液泡；LF，长鞭毛；N，细胞核；SF，短鞭毛；V，伸缩泡。[（c）仿自 Belcher，1969]

内生孢子

胞囊（cyst），又称内生孢子或休眠孢子（resting spore），它的形成是金藻纲区别于黄群藻纲的确切特征。内生孢子大多呈球形、椭圆形或卵形，外表光滑或披覆着瘤、脊刺或臂状物（图 10.6 和图 10.7）。这种细胞壁"装饰物"（ornamentation）具有种属特异性。内生孢子具有一个含有领（collar）的小孔，后者被一个栓塞（plug）封住。

营养细胞在内部形成休眠孢子。在休眠孢子形成时，细胞失去能动性，释放全部喷射物，产生有活性的伸缩泡（Sheath et al.，1975；Hibberd，1977）。在细胞质中产生一个被称为二氧化硅沉积囊泡的拟球形小泡，而二氧化硅沉积在囊泡中（图 10.7）（Preisig，1994）。二氧化硅囊泡可发育成完整的球形，此过程仅会被小孔或领的发育所干扰。细胞核、叶绿体、鞭毛基体、线粒体、高尔基体、金藻昆布多糖液泡和核糖体被隔离到二氧化硅沉积囊泡的内侧，而外侧含有线粒体、核糖体、伸缩泡及小的液泡。脊刺、小孔和领在二氧化硅沉积囊泡中形成后，细胞质在小孔区产生一个栓塞。随着未硅化栓塞的形成，休眠孢子内外侧原生质之间失去接触，二氧化硅囊泡的内膜成为新的原生质膜。当休眠孢子萌发时，栓塞溶解或从小孔壁上脱落，原生质体随后以变形虫样运动（阿米巴运动）移出内生孢子，并在移出时形成鞭毛。

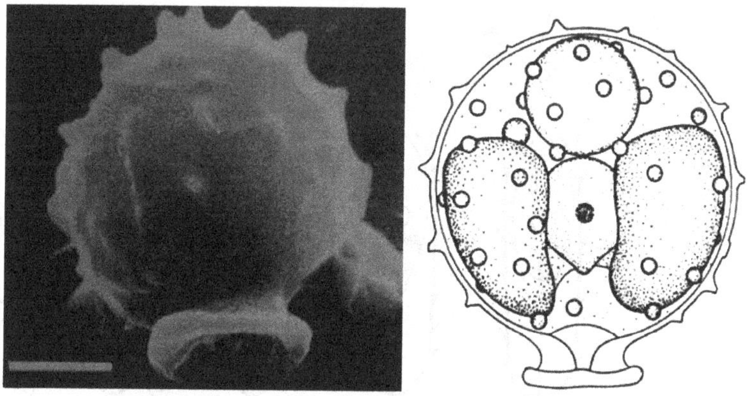

图 10.6　棕鞭藻（*Ochromonas sphaerocystis*）的内生孢子。标尺＝5 μm。（引自 Andersen，1982）

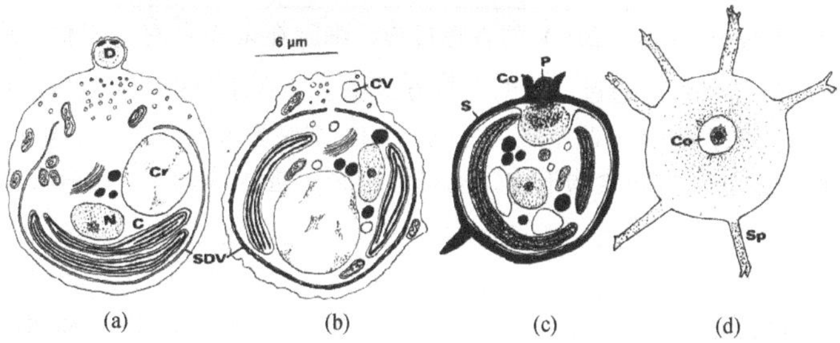

图 10.7　结节棕鞭藻（*Ochromonas tuberculata*）内生孢子（胞囊）的形成。(a) ～ (c) 内生孢子的形成。(d) 从领（collar）末端看的成熟内生孢子。C，叶绿体；Co，内生孢子的领；Cr，金藻昆布多糖液泡；CV，伸缩泡；D，盘形刺胞；N，细胞核；P，内生孢子小孔上的栓塞；S，内生孢子壁；SDV，二氧化硅沉积囊泡；Sp，脊刺。（改编自 Hibberd，1977）

营养物质

金藻的营养可以是光合营养、吞噬营养或兼养（混合营养）（光合营养生物能从介质中吸收颗粒与分子）（Zhang and Watanabe，2001）。锥囊藻（*Dinobryon*）（图 10.11）即一种兼养型金藻，其细胞中一半的碳素来自其摄取的微生物（Caron et al.，1993）。在捕获微生物时，锥囊藻能与甲壳类、轮虫类和纤毛虫类展开竞争。在低光条件下，锥囊藻平均每 5 min 就能摄取 3 个细菌细胞（Bird and Kalff，1986）。金藻能够摄取比它自身大30倍的猎物，这种摄取微生物的能力在有色素或无色素的金藻之间没有差别（Zhang et al.，1996）。

与其他兼养型金藻一样，附钟藻（*Epipyxis pulchra*）也能吞噬生物性（细菌、小藻或同类细胞）或非生物性（岩屑、排泄物残渣）食物颗粒（Wetherbee and Andersen，1992）。在摄食过程中，披有硬茸毛的长鞭毛迅速击打产生朝向细胞的强劲水流，而短的、光滑的鞭毛几乎不动。当食物颗粒被水流运至鞭毛表面时，长鞭毛停止击打并立于某处，它与短鞭毛相配合，抓住处于两根鞭毛之间的摄食物（图10.8）。在决定是“享用”还是“丢弃”之前，两条鞭毛会短暂地旋转摄食物。一旦确定食用，摄食物会被保存在某处直至一个复杂的“收集杯”（collecting cup）射出并咽下食物。进而，收集杯与摄食物作为一个“食物小泡”收缩回细胞内部。

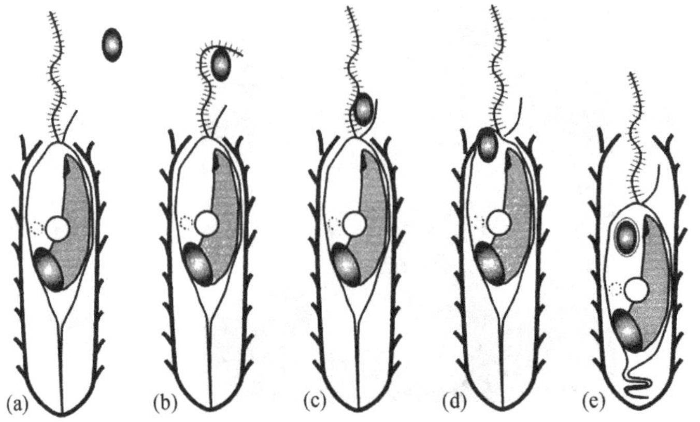

图10.8 附钟藻（*Epipyxia pulchra*）的吞噬过程。细胞在末端具有一根柄，通过它细胞依附在藻鞘上。(a) 长的流苏状鞭毛通过这样的击打方式将水及悬浮颗粒吸至细胞。(b) 长的流苏状鞭毛将颗粒摄取。(c) 颗粒被夹在两条鞭毛之间。(d) 细胞打开进料盖（feeding cap）将颗粒包裹。(e) 颗粒被吸至细胞质内的食物泡中。柄将细胞牵引进入藻鞘中。（修改自 Wetherbee and Andersen，1992）

异弗洛里多苷是棕鞭藻（*O. malhamensis*）光合作用的产物，细胞利用它来适应介质中可溶物（渗透压）的变化。当介质中渗透压升高，棕鞭藻通过增加细胞内异弗洛里多苷的浓度来防止水分流失到介质中（Kauss，1967）。

生态

Fauré-Fremiet（1950）指出，单鞭金藻（*Chromulina psammobia*）在低潮时会向上运动至海滨泥滩的表面，当潮水涌来时，它的鞭毛会向下移至泥浆中以防止自身被潮水冲走。这种迁徙的基础在于其趋光效应的转换，金藻细胞在低潮时呈积极的趋光性，在高潮时则呈消极的趋光性。趋光性的改变并不依赖于泥浆的存在，在实验室中趋光反应也将持续6～7天，它差不多与潮汐条件下的趋光效应同步。之后，这种趋光性会逐渐改变，直至金藻细胞能经常适应积极的趋光反应。

锥囊藻（*Dinobryon*）（图10.11）是一种淡水藻，它几乎从未出现在高浓度磷的水体中。这种现象导致许多研究者认为，高浓度磷能抑制锥囊藻的生长。更加细致的研究（Lehman，1976）显示事实并非如此，因为锥囊藻在高浓度磷的培养条件下生长良好。在自然界中，其他藻类在高浓度磷条件下比锥囊藻生长快速，进而对后者产生抑制；只有当硅藻形成春季水华（vernal bloom）或其他浮游植物的生长使得磷含量降低至能抑制其自身生长时，锥囊藻才会有效生长。这证明了藻类营养利用的一个基本原理（Eppley et al.，1969；Fuhs et al.，1972），即对于那些能有效摄取营养（能利用低水平营养）的藻类，它们具有的最大内禀增长率（maximum intrinsic growth rate）通常要低于那些不能有效摄取营养的藻类。这种差别代表了两种不同的营养利用适应方案。一些种类会快速地利用资源充足的环境，而另一些种类在利用能量源时更加注重效率。在充满竞争的细胞内能量代谢过程中，能量权衡（energy trade off）使得生物不可能同时在两种策略中表现优异。

锥囊藻不仅能利用无机磷，也能利用中等大小的有机磷分子（磷酸甘油、尿苷酸、腺苷酸）（Lehman，1976）。锥囊藻还可利用源于无机态或源于有机分子（尿素、甘氨酸、尿苷酸、腺苷酸）的氮。锥囊藻能利用这些有机源并吞噬完整颗粒，表明在早先形成水华的生物因死亡和数量下降向水体中释放细胞裂解物时，它适合占领相应水层。当周围的溶解态无机营养变得缺乏时，细胞仍能有效摄取营养的潜能显示出这种生物的优势。

尽管高浓度磷不抑制锥囊藻的生长，但高浓度钾可以（Lehman，1976），这种抑制所需钾的浓度通常存在于湖泊中。例如，在瑞典一个湖泊中，锥囊藻（*D. sertularia*）在冰破裂后几周的 6 月才出现，并持续到早秋时湖水变凉（Willén，1961）。锥囊藻的繁盛期刚好对应于夏季时钾离子浓度的降低，这部分是由于钾离子通过土壤胶体而沉淀，部分是由于钾离子被近岸植被所吸收（Ahl，1966）。随着植被死亡并释放大量钾元素，造成湖水中钾离子浓度升高，锥囊藻也相应消失。

金藻由于能够产生鱼腥味或腐臭味而“声名狼藉”，这缘于金藻细胞中由高含量的多不饱和酸转化而来的不饱和醛。轴球藻（*Uroglena*）（图 10.10a）和锥囊藻（图 10.11）因产生不饱和脂肪酸衍生物（图 10.9）而加重这种味道（Watson and Satchwill，2003）。这些化合物可归为藻类挥发性有机化合物（algal volatile organic compounds，AVOCs）。

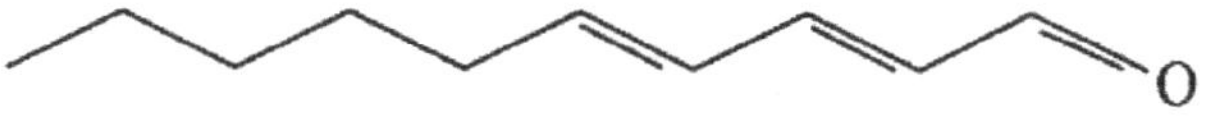

2,4-癸二烯醛

2,4-庚二烯醛

2,4,7-癸三烯醛

图 10.9　金藻纲产生三种不饱和脂肪酸衍生物，导致产生鱼腥味或腐臭味。

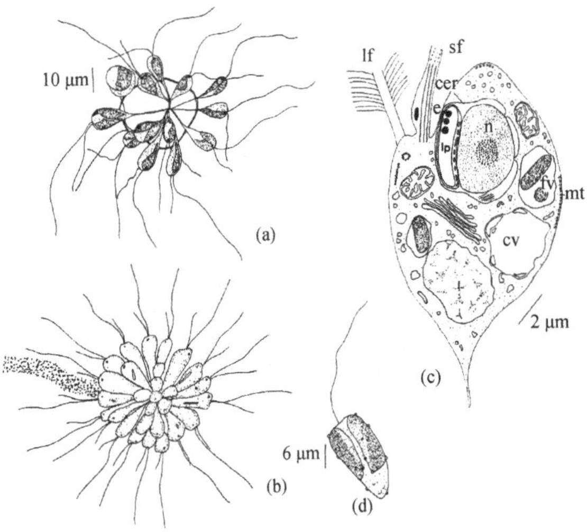

图 10.10 (a) 轴球藻 (*Uroglena conradii*)。(b) 和 (c) 花胞藻 (*Anthophysa vegetans*)。(d) 单鞭金藻 (*Chromulina conica*)。cer, 叶绿体内质网; cv, 伸缩泡; e, 眼点; fv, 食物泡; l, 乳清蛋白; lf, 长鞭毛; lp, 白色体; mt, 微管; n, 细胞核; sf, 短鞭毛。[(a) 和 (d) 仿自 Schiller, 1929; (b) 仿自 Pringsheim, 1946; (c) 仿自 Belcher and Swale, 1972]

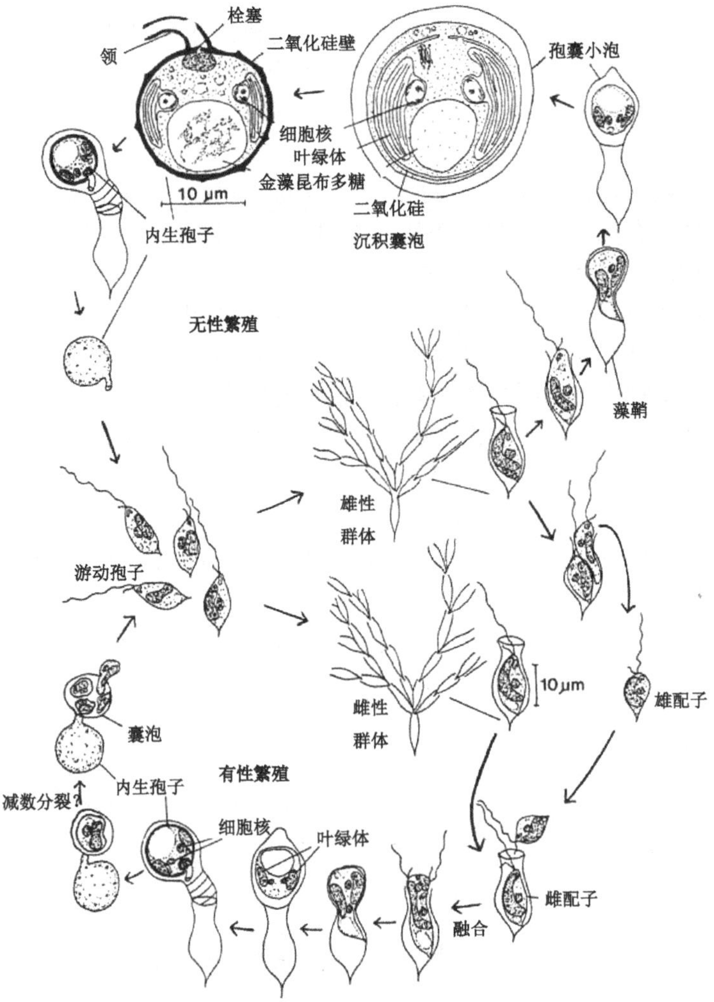

图 10.11 锥囊藻 (*Dinobryon*) 的生活史。(改编自 Sheath et al., 1975; Sandgren, 1980, 1981)

分类

金藻纲可分为三个目（Preisig，1995）。

目 1 色金藻目(Chromulinales)：鞭毛着生到细胞的前端。

目 2 小盾藻目(Parmales)：细胞壁硅化，由 5 个或 8 个小板组成，无鞭毛。

目 3 金胞藻目(Chrysomeridales)：细胞裸露、能运动，具有侧面插入的鞭毛和一个眼点，运动细胞与褐藻的运动细胞类似。

色金藻目（Chromulinales）

色金藻目所有种类均为单细胞，在其生活史的某个时期两条鞭毛由细胞顶部插入。其中，一条鞭毛呈流苏状，具有鞭毛丝（mastigonemes），指向前端；另一条呈尾鞭状（缺乏鞭毛丝），与流苏状鞭毛约呈 90°方向插入细胞（如棕鞭藻，图 10.2 和图 10.3）。在色金藻目的某些属［如单鞭金藻，图 10.10（d）］中，尾鞭状鞭毛会退化成一个短根。色金藻目通常含有两个周生的叶绿体，一个位于中央的细胞核，另一个巨大的位于后部的金藻昆布多糖液泡。

在色金藻目中存在一个从单细胞向群生形式发展的过程（图 10.10），如辐球藻（*Uroglena*）［图 10.10（a）］和花胞藻（*Anthophysa*）［图 10.10（b）和图 10.10（c）］。某些属，如锥囊藻属（*Dinobryon*）（图 10.11）的细胞被一层藻鞘包裹，而金颗藻属（*Chrysococcus*）（图 10.5）的细胞被一层带有小孔的藻鞘包裹。

色金藻目时常倾向于失去光合作用行为，并且适应了不同形式的吞噬营养和有机化能营养（chemo-organotrophy），与此相关的是叶绿体的缩减，如花胞藻属［图 10.10（b）和图 10.10（c）］，它含有一个白色体和一个有色的眼点。叶绿体降解并最终消失，如拟球胞藻（*Paraphysomonas*）（图 10.4），细胞中眼点或质体都消失无踪。伴随着叶绿体的降解，金藻的摄食方式也发生了改变，如花胞藻通过击打长鞭毛可产生朝向细胞的水流，它能将 200 μm 远处的细菌带至细胞附近。细菌撞击藻体细胞的前端，并在接触点处被细胞摄取。从接触到细菌沉入到细胞质中并被完全吞食，只有 2～3 s 的时间（Belcher and Swale，1972）。

圆筒形锥囊藻（*D. cylindricum*）的有性生殖雌雄异体，产生形态和生理上有别的异型配子（图 10.11）（Sandgren，1981）。群生藻体（基部细胞最年长）的第二或第三层是最具潜力的、可产生配子的细胞。配子主要在指数生长的细胞群中产生。雌配子释放一种化学催情剂（erogen），它可促使雄配子一分为二形成两个配子。其中一个雄配子仍留在藻鞘内，另一个则作为裸露的雄配子游出藻鞘，而不是像营养细胞那样吸附在藻鞘口并建立一个新的藻鞘。藻鞘外的雄配子（结构与棕鞭藻细胞类似）游至藻鞘内的雌配子处，二者鞭毛的方向相互平行，并在每个细胞的前端融合。胞质融合产生四鞭毛的游动合子（planozygote），后者充满藻鞘，但不发生核融合。30 min 后，鞭毛消失，合子以变形虫样运动爬至藻鞘口。藻鞘延伸会形成一个薄的纤维素胞囊小泡，合子围拢并形成一个双核的内生孢子（图 10.12）。在锥囊藻（*D. divergens*）中，大多数内生孢子停留在湖底并在下一年年初萌发（Sheath et al.，1975）。内生孢子萌发时，先在孢子小孔处形成一个纤维质囊泡，随后可能通过减数分裂形成 4 个子细胞并进入囊泡中。最后，棕鞭藻形的游动孢子离开并形成新的营养细胞。

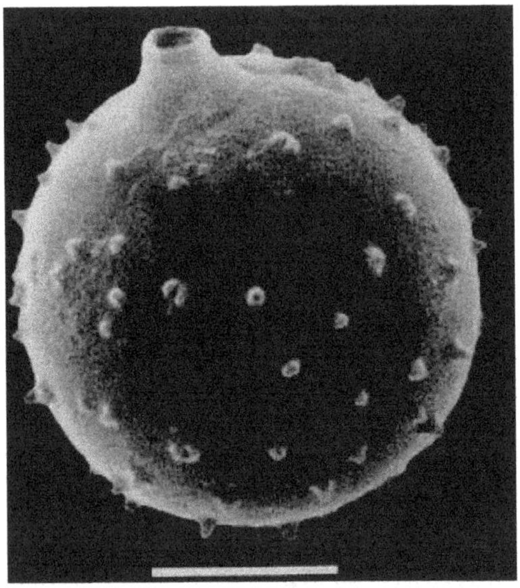

图 10.12 圆筒形锥囊藻（*Dinobryon cylindricum*）胞囊的扫描电镜图。标尺＝5 μm。（引自 Sandgren，1983）

在圆筒形锥囊藻中，无性生殖产生的内生孢子可出现于指数生长期或平台期，这取决于不同的细胞系（Sandgren，1980，1981）。无性内生孢子（胞囊）产生的频率远低于有性内生孢子（0.05%或更少），然而当环境中氮素耗尽时，无性生殖产生的胞囊可达 4%。通过持续产生少量具抵抗力的内生孢子，锥囊藻能防止外界环境的急剧不利变化对营养细胞的损害。

在内生孢子形成过程中，首先是营养细胞增大并突出到藻鞘外。高尔基体形成小泡，它们在外围原生质体中融合成连贯的二氧化硅沉积囊泡，后者含有的小孔最终发育成内生孢子小孔。二氧化硅沉积囊泡中的二氧化硅持续沉淀并形成硅化的内生孢子细胞壁。细胞壁外的部分细胞质通过胞囊壁上的小孔缩回内部的内生孢子中。细胞壁外这些少量的细胞质形成环绕小孔的领（collar）。在胞囊壁上形成一个栓塞，它密封住内生孢子的细胞质。成熟的内生孢子有两个细胞核，两个质体，并以油滴或金藻昆布多糖的形式提供丰富的能量储备。

金球藻（*Chrysophaera*）（图 10.13）是色金藻目中群生藻的代表。静止的球状细胞群生占据了金秋藻生活史的大部分阶段，细胞互相黏附在一起并以不规则形状附于基质上。金球藻最小的个体为单细胞，但在一个黏质被膜内最多有 256 个细胞，这也很常见。被膜内的所有细胞均具有一条长的流苏状鞭毛和一条短的尾鞭状鞭毛（Belcher，1974）。将群生细胞放至蒸馏水中，它在 15 min 内就会发生膨胀，同时黏液在细胞一侧形成胶状。几分钟后游动孢子被释放出，在鞭毛脱落前游动约 2 min，随后游动孢子安定下来并形成一个黏质被膜，在外观上变得与最初的球状时期一样。

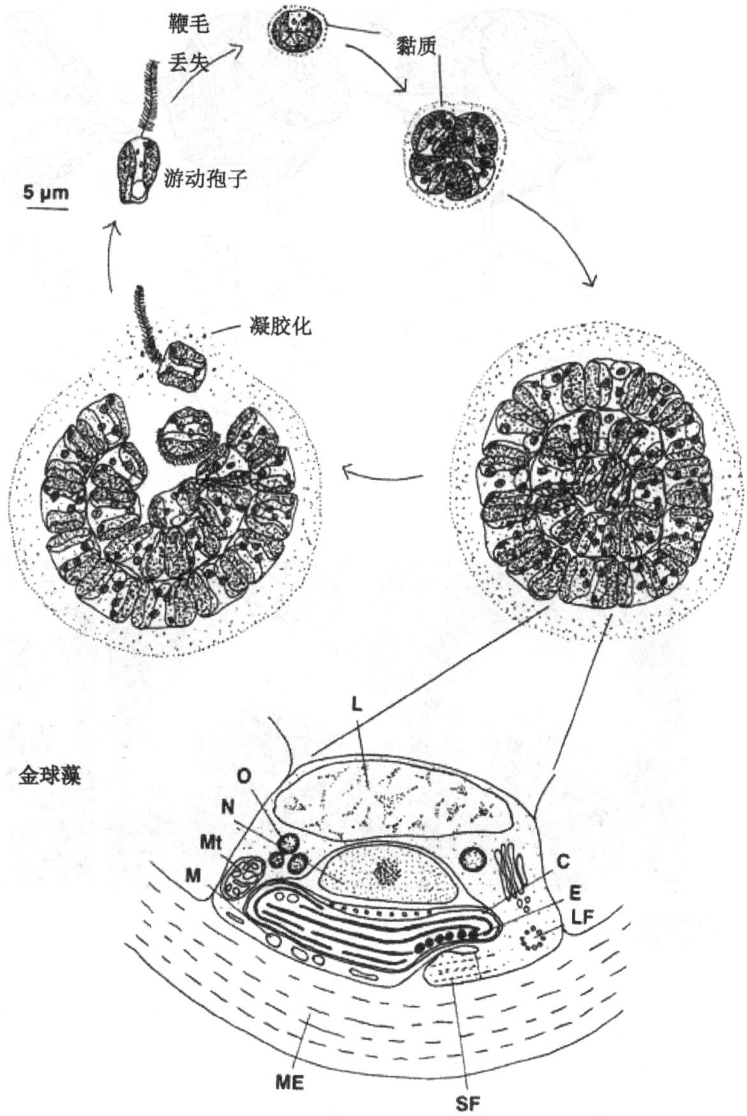

图 10.13 金球藻（*Chrysosphaera magna*）的生活史。C，叶绿体；E，眼点；L，麦清蛋白液泡；LF，长鞭毛基体；M，产胶体；Mt，线粒体；ME，黏质被膜；N，细胞核；O，油滴；SF，短鞭毛。（仿自 Belcher，1974）

小盾藻目（Parmales）

小盾藻目细胞较小，直径通常为 2～5 μm，每个细胞含有一个叶绿体（Marchant and McEldowney，1986）和一层由 5～8 个小板组成的硅化细胞壁（图 10.14 和图 10.15）。Pentalaminaceae 有 5 片硅质小板，Octolaminaceae 科有 8 片硅质小板（Booth and Marchant，1987）。小盾藻目藻类是极地和近极地海水中最丰富的藻类之一，每升海水中浓度达 10^5 个细胞。

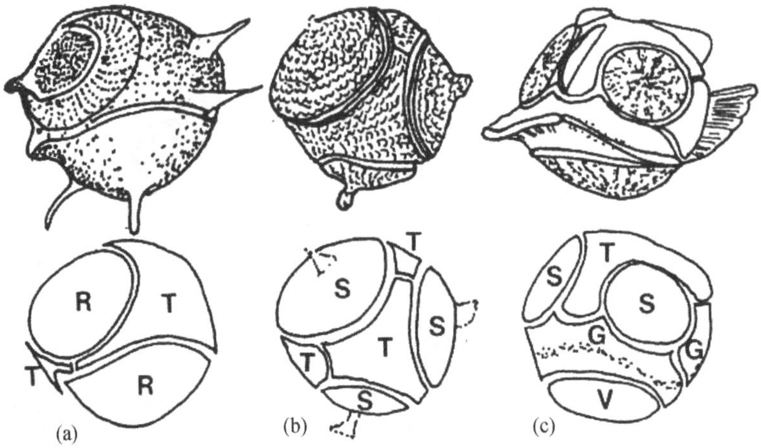

图 10.14 小盾藻目的三个属。(a) *Pentalamina*。(b) *Tetraparma*。(c) *Triparma*。G，带形板；R，圆形板；S，盾形板；T，三射形板；V，腹侧板。(仿自 Booth and Marchant，1987)

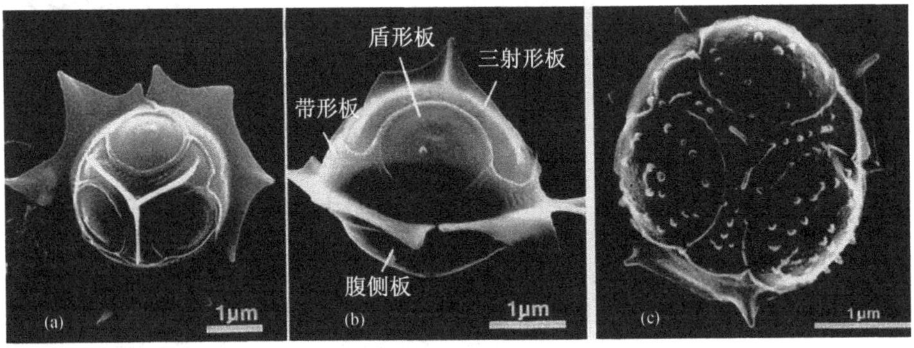

图 10.15 (a) 和 (b) *Triparma laevis*。(c) *Triparma strigata*。(引自 Kosman et al.，1993)

小盾藻目细胞周围会产生 4 种不同形状的小板（图 10.14 和图 10.15）(Booth and Marchant，1987)。盾形板（shield plate）或圆形板（round plate）呈圆形，在中央有（无）一个球形突起（knob）。三射形板（triradiate plate）的三条臂等角度分布，每条臂夹在两个盾形板之间。腹侧板（ventral plate）呈圆形，其直径要比盾形板的直径大；在 *Triparma* 中，腹侧板位于三射形板的对面。*Triparma* 的带形板（girdle plate）为 3 个长方形的小板，首尾相连在它与其他 4 个小板之间形成一个环绕腹侧板的环。在小板上披有各种饰物［乳状突起（papillae）、翼状物（wing）、脊刺（spine）和龙骨（keel）］。

金胞藻目（Chrysomeridales）

金胞藻目具有游动孢子，鞭毛几乎从侧面插入细胞中。金胞藻目的叶绿体中含有一个眼点和附属色素紫黄质（violaxanthin）。由金胞藻目游动孢子的相似性推测，褐藻纲（Phaeophyceae）可能是从该目中一种类似于 *Giraudyopsis* 的藻类进化而来的（图 10.16）(O' Kelly，1989；Saunders et al.，1997)。但金胞藻目藻类缺少褐藻纲的某些特征，如单室或多室孢子囊、胞间连丝及褐藻酸。

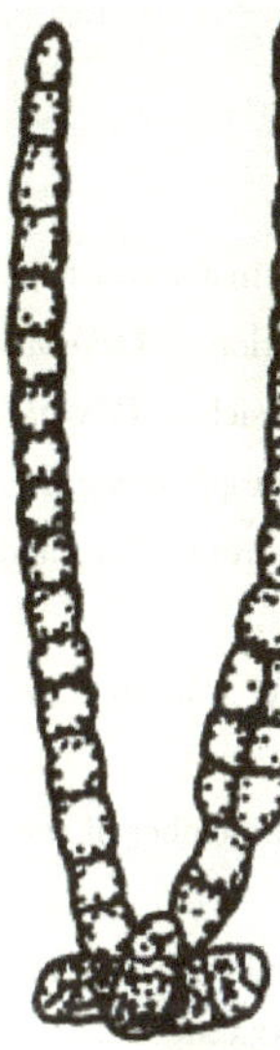

图 10.16 *Giraudyopsis stelliger*。（仿自 Dangeard，1966）

图 10.17 Adolph Pascher 1881 年 5 月 31 日生于奥地利 Krummau 省 Bohmerwalde，Tusset，因自杀死于 1945 年 5 月。Pascher 博士在有皑皑雪山的 Bohmerwalde 出生并长大，直到进入布拉格大学。大学期间他开始使用显微镜，并一生用其作为研究工具。1909 年，Pascher 从布拉格大学毕业。尽管在 1909～1912 年患上一种慢性疾病，但他依然从事药用植物学研究。1912～1927 年，Pascher 在多所大学任讲师，包括位于布拉格的德国科技大学。在此期间，他在 Hirschberg 水生生物实验站进行藻类学研究，同时，在捷克斯洛伐克的 Upper Bohemia 建立了另一所水生生物实验站并从事相关研究。1927 年，Pascher 被任命为布拉格大学植物研究所和植物园的主任。在 20 世纪 30 年代初期，Pascher 博士参加了德国纳粹褐衫党（Nazi Brown Shirt）运动，这使其在 1933～1938 年大量的著作未能发表。在 1939 年，Pascher 重新开始出版作品，但仍然积极参加纳粹活动。随着第三帝国（Third Reich）倒塌，Pascher 于 1945 年 5 月自杀。Pascher 博士当属同时代最杰出的藻类学家。Prescott（1951）曾说“在阐释现代藻类分类及系统发育的概念方面，Pascher 研究工作的影响比其他任何藻类学家都要重大……，然而，奠定 Pascher 研究工作的基石地位的是他对事实的透彻理解。”

参考文献

Ahl, T. (1966). Chemical conditions in Ösbysjön, Djursholm. 2. The major constituents. *Oikos* 17: 175-6.

Andersen, R. A. (1982). A light and electron microscopical investigation of *Ochromonas sphaerocystis* Matvienko (Chrysophyceae): The statospore, vegetative cell and its peripheral vesicles. *Phycologia* 21: 390-8.

Andersen, R. A. (2004). Biology and systematic of heterokont and haptophyte algae. *Amer. J. Bot.* 91: 1508-22.

Anderson, R. A., and Mulkey, T. J. (1983). The occurrence of chlorophylls c_1 and c_2 in the Chrysophyceae. *J. Phycol.* 19: 289-94.

Belcher, J. H. (1969). A morphological study of the phytoflagellate *Chrysococcus rufescens* Klebs in culture. *Br. Phycol. J.* 4: 105-17.

Belcher, J. H. (1974). *Chrysophaera magna* sp. nov., a new coccoid member of the Chrysophyceae. *Br. Phycol. J.* 9: 139-44.

Belcher, J. H., and Swale, E. M. F. (1972). The morphology and fine structure of the colourless colonial *flagellate Anthophysa vegetans* (O. F. Müller) Stein. *Br. Phycol. J.* 7: 335-46.

Bird, D. F., and Kalff, J. (1986). Bacterial grazing by planktonic lake algae. *Science* 231: 493-4.

Booth, B. C., and Marchant, H. J. (1987). Parmales, a new order of marine chrysophytes, with descriptions of three new genera and seven new species. *J. Phycol.* 23: 245-60.

Bouck, G. B. (1971). The structure, origin, isolation, and composition of the tubular mastigonemes of the *Ochromonas flagellum*. *J. Cell Biol.* 50: 362-84.

Caron, D. A., Sanders, R. W., Lim, E-L., Marrasé, C., Amaral, L. A., Whitney, S., Aoki, R. B., and Porter, K. G. (1993). Light-dependent phagotrophy in the freshwater mixotrophic chrysophyte *Dinobryon cylindricum*. *Microbial Ecol.* 25: 93-111.

Daley, R. J., Morris, G. P., and Brown, S. R. (1973). Phagotrophic ingestion of a blue-green alga by *Ochromonas*. *J. Protozool.* 20: 58-61.

Dangeard, P. (1966). Sur le nouveau genre *Giraudyopsis* P. D. *Le Botantiste* 49: 99-108.

Dubowsky, N. (1974). Selectivity of ingestion and digestion in the chrysomonad flagellate *Ochromonas malhamensis*. *J. Protozool.* 21: 295-8.

Dunlap, J. R., Walne, P. L., and Preisig, H. R. (1987). Manganese mineralization in chrysophycean loricas. *Phycologia* 26: 394-6.

Eppley, R. W., Rogers, J. N., and McCarthy, J. J. (1969). Half-saturation constants for uptake of nitrate and ammonium by marine phytoplankton. *Limnol. Oceanogr.* 14: 912-20.

Fauré-Fremiet, E. (1950). Rythme de marée d'une *Chromulina psammophile*. *Bull. Biol. Fr. Belg.* 84: 207-14.

Fuhs, G. W., Demmerle, S. D., Canelli, E., and Chen, M. (1972). Characterization of phosphorus-limited algae (with reflections on the limiting nutrient concept). *Am. Soc. Limnol. Oceanogr. Spec. Symp.* 1: 113-32.

Gibbs, S. P. (1962). Nuclear envelope-chloroplast relationships in algae. *J. Cell Biol.* 14: 433-44.

Herth, W., and Zugenmaier, P. (1979). The lorica of *Dinobryon*. *J. Ultrastruct. Res.* 69: 262-72.

Herth, W., Kuppel, A., and Schnepf, E. (1977). Chitinous fibrils in the lorica of the flagellate chrysophyte *Poteriochromonas stipitata* (Syn. *Ochromonas malhamensis*). *J. Cell Biol.* 73: 311-21.

Hibberd, D. J. (1970). Observations on the cytology and ultrastructure of *Ochromonas tuberculatus* sp. nov. (Chrysophyceae), with special reference to the discobolocysts. *Br. Phycol. J.* 5: 119-43.

Hibberd, D. J. (1976). The ultrastructure and taxonomy of the Chrysophyceae and Prymnesiophyceae (Haptophyceae): A survey with some new observations on the ultrastructure of the Chrysophyceae. *Bot. J. Linn. Soc.* 72: 55-80.

Hibberd, D. J. (1977). Ultrastructure of cyst formation in *Ochromonas tuberculata* (Chrysophyceae). *J. Phycol.* 13: 309-20.

Hill, E. G., and Outka, D. E. (1974). The structure and origin of mastigonemes in *Ochromonas minute* and *Monas* sp. *J. Protozool.* 21: 299-312.

Kauss, H. (1967). Metabolism of isofluoridoside (O-α-D-galactopyranosyl- [1→1] -glycerol) and osmotic balance in the freshwater alga *Ochromonas*. *Nature* 214: 1129-30.

Kosman, C. A., Thomsen, H. A., and Ostergaarad, J. B. (1993). Parmales (Chrysophyceae) from Mexican, Californian, Baltic, Arctic and Antarctic waters with a description of a new subspecies and several new forms. *Phycologia* 32: 116-28.

Kristiansen, J. (1969). Lorica structure in *Chrysolykos* (Chrysophyceae). *Bot. Tidsskr.* 64: 162-8.

Lee, R. E. (1978). Formation of scales in *Paraphysomonas vestita* and the inhibition of growth by germanium dioxide. *J. Protozool.* 25: 163-6.

Lee, R. E., and Kugrens, P. (1989). Biomineralization in *Anthophysa vegetans* (Chrysophyceae). *J. Phycol.* 25: 591-6.

Lehman, J. T. (1976). Ecological and nutritional studies on *Dinobryon* Ehrenb: Seasonal periodicity and the phosphate toxicity problem. *Limnol. Oceanogr.* 21: 646-64.

Marchant, H. J., and McEldowney, A. (1986). Nanoplankton siliceous cysts from Antarctica are algae. *Mar. Biol.* (*Berl.*) 92: 53-7.

O'Kelly, C. J. (1989). The evolutionary origin of the brown algae: information from the studies of motile cell ultrastructure. In *The Chrysophyte Algae: Problems and Perspectives*, ed. J. C. Green, B. S. C. Leadbeater, and W. L. Diver, pp. 255-78. Oxford: Clarendon Press.

Preisig, H. R. (1994). Siliceous structures and silicification in flagellated protists, *Protoplasma* 181: 29-42.

Preisig, H. R. (1995). A modern concept of chrysophyte classification. In *Chrysophyte Algae*, ed. C. D. Sandgren, J. R. Smol, and J. Kristiansen, pp. 46-74. Cambridge: Cambridge University Press.

Prescott, G. W. (1951). History of phycology. In *Manual of Phycology*, ed. G. M. Smith, pp. 1-12. New York: The Ronal Press Co.

Pringsheim, E. G. (1946). On iron flagellates. *Philos. Trans. R. Soc.* [*B*] 232: 311-42.

Sandgren, C. D. (1980). An ultrastructural investigation of resting cyst formation in *Dinobryon cylindricum* Imhof (Chrysophyceae, Chrysophycophyta). *Protistologica* 16: 259-76.

Sandgren, C. D. (1981). Characteristics of sexual and asexual resting cyst (statospore) formation in *Dinobryon cylindricum* Imhof (Chrysophyta). *J. Phycol.* 17: 199-210.

Sandgren, C. D. (1983). Morphological variability in populations of chrysophycean resting cysts. I. Genetic (interclonal) and encystment temperature effects on morphology. *J. Phycol.* 19: 64-70.

Saunders, G. W., Potter, D., and Andersen, R. A. (1997). Phylogenetic affinities of the Sarcinochrysidales and Chrysomeridales (Heterokonta) based on analyses of molecular and combined data. *J. Phycol.* 33: 310-18.

Schiller, J. (1929). Neue Chryso- and Cryptomonaden aus Altwässern der Donau bei Wien. *Arch. Protistenk.* 66: 436-58.

Schnepf, E., and Deichgraber, G. (1969). Uber die Feinstruktur von *Synura petersenii* unter besonderer Berücksuchtigung der Morphogenesis ihrer Kieselschuppen. *Protoplasma* 68: 85-106.

Sheath, R. G., Hellebust, J. A., and Sawa, T. (1975). The statospore of *Dinobryon divergens* Imhoff: Formation and germination in a subarctic lake. *J. Phycol.* 11: 131-8.

Thomsen, H. A., Zimmerman, B., Moestrup. Ø., and Kristiansen, J. (1981). Some new freshwater species of *Paraphysomonas* (Chrysophyceae). *Nord. J. Bot.* 1: 559-81.

Throndsen, J. (1971). *Apedinella* gen. nov. and the fine structure of *A. spinifera* (Throndsen) comb. nov. *Norw. J. Bot.* 18: 47-64.

Walne, P. L., Passarelli, V., Lenzi, P., Barsanti, L., and Gualtieri, P. (1995). Isolation of the flagellar swelling and identification of retinal in the phototactic flagellate, *Ochromonas danica* (Chrysophyceae). *J. Euk. Microbiol.* 42: 7-11.

Watson, S. B., and Satchwill, T. (2003). Chrysophyte odour production: resource-mediated changes at the cell and population levels. *Phycologia* 42: 393-405.

Wetherbee, R., and Andersen, R. A. (1992). Flagella of a chrysophycean alga play an active role in prey capture and selection. Direction observations on *Epipyxis pulchra* using image enhanced video microscopy. *Protoplasma* 166: 1-7.

Willén, T. (1961). The phytoplankton of Ösbysjön Djursholm. 1. Seasonal and vertical distribution of the species. *Oikos* 12: 36-79.

Zhang, X., and Watanabe, M. M. (2001). Grazing and growth of the mixotrophic chrysomonad *Poterioochromonas malhamensis* (Chrysophyceae) feeding on algae. *J. Phycol.* 37: 738-43.

Zhang, X., Watanabe, M. M., and Inouye, I. (1996). Light and electron microscopy of grazing by *Poterioochromonas malhamensis* (Chrysophyceae) on a range of phytoplankton taxa. *J. Phycol.* 32: 37-46.

（邵展茹 译，胡自民 校）

第十一章

异鞭藻门（Heterokontophyta）

黄群藻纲（Synurophyceae）

黄群藻纲与金藻纲亲缘关系较近（Ariztia et al.，1991）。但与金藻纲相比，黄群藻纲具有以下不同的特征：含有叶绿素 a 和 c_1（Andersen and Mulkey，1983）；两条鞭毛近似平行地插入细胞中（图 11.1），在每条鞭毛基部附近有一个光受体，没有眼点，伸缩泡位于细胞的后半部（Lavau et al.，1997；Andersen et al.，1999）。叶绿体内质网只存在于少数种类中，大多数种类中都不存在，细胞通常被两侧对称的鳞片（scale）所覆盖。

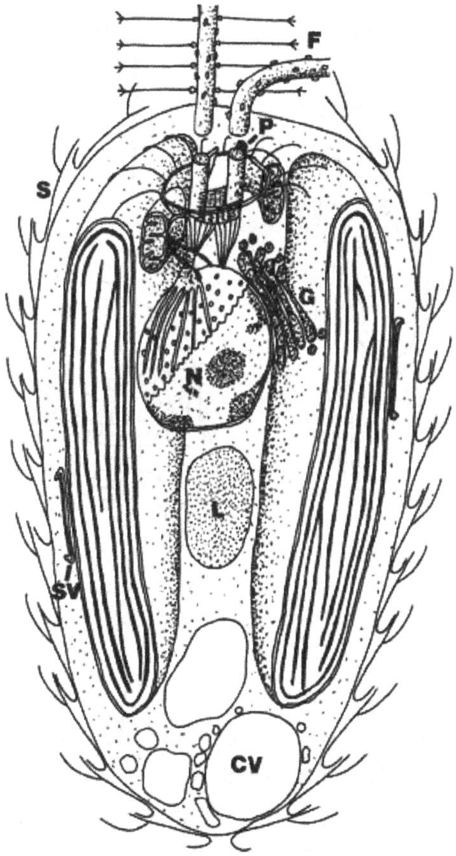

图 11.1　黄群藻（*Synura*）细胞学截面示意图，展示了黄群藻纲的细胞学特征。CV，伸缩泡；F，鞭毛；G，高尔基体；L，金藻昆布多糖液泡；N，细胞核；P，光受体；S，鳞片；SV，鳞片小泡。（改编自 Andersen，1985）

在黄群藻纲中，鳞片通常出现在细胞外，它由二氧化硅组成（图 11.1 和图 11.2）。鳞片呈两侧对称，形成于二氧化硅沉积囊泡中。这种囊泡膜［硅质囊膜（silicalemma）］与蛋白质、糖蛋白等共同控制鳞片的形状，其中蛋白质和糖蛋白能将处于发育中的鳞片黏附到硅质囊膜上（Schultz et al.，2001）。介质中锗元素的存在会导致鳞片的形成受阻（Klaveness and Guillard，1975）。鳞片被鳞片小泡运至质膜上，在此处质膜与鳞片小泡相融合并将鳞片释放至细胞外（Beech et al.，1990）。紧贴细胞的鳞片被套入一个有机被膜中（Ludwig et al.，1996），被膜呈透明状或因铁盐的渗入而呈棕黄色。黄群藻纲的鳞片通常由几部分组成，包括圆顶（dome）、护罩（shield）和刚毛（bristle）[如鱼鳞藻（*Mallomonas*）]（Lavau and Wetherbee，1994）（图 11.2）。鳞片呈精准的交叠状，以至每个鳞片的前端均与它左侧鳞片的右边缘相叠合（Leadbeater，1990）。鳞片通过有机被膜相互接合在一起，形成一个鳞壳（scale case）（图 11.4）。黄群藻纲鳞片的这种精确排列方式不同于金藻纲鳞片的松散排列。

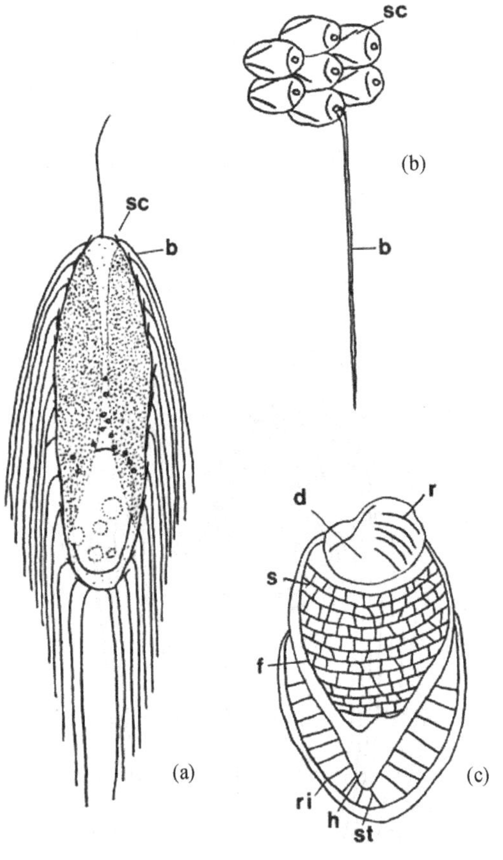

图 11.2 鱼鳞藻（*Mallomonas zellensis*）。(a) 完整细胞。(b) 鳞片。(c) 去掉刚毛的鳞片。b，刚毛；d，圆顶（dome）；f，突缘（flange）；h，兜罩（hood）；r，肋状突（rib）；ri，轮缘（rim）；s，护罩（shield）；sc，鳞片；st，支柱（strut）。(仿自 Fott，1962)

Tessellaria volvocina（图 11.3）是黄群藻纲中的一种群生藻，它的大量细胞被包裹在多层硅质鳞片内，但这种藻类单个细胞的外面没有鳞片覆盖（Tyler et al.，1989；Pipes and Leedale，1992）。

湖底沉积物分析经常显示同时存在黄群藻纲的硅质鳞片和硅藻的硅质细胞膜（Smol et al.，1984；Dixit et al.，1999）。通过研究形成这些硅质沉积物的种类，可以阐释湖泊环境条件的变化历史。在 pH 低于 5.8～6.0 的水体中，硅藻通常难以生长，但黄群藻纲的有些种类可以在酸性湖水中生存（Saxby-Rouen et al.，1997）。当酸雨增加导致湖水酸化时，这些黄群藻纲的种类可被广泛地用作湖水酸化的指示剂。

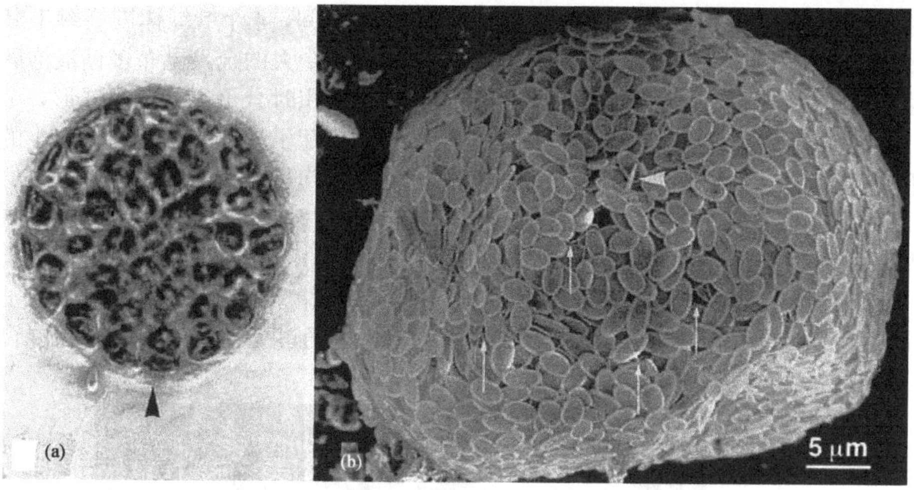

图 11.3 *Tessellaria volvocina*。(a) 光学显微照片。箭头所示为鳞片。(b) 扫描电镜照片，箭头所示为重叠的板状鳞片和极少数的刺状鳞片。(引自 Tyler et al.，1989)

不同于金藻纲，黄群藻纲为非吞噬性藻类，这可能是因为细胞表面坚硬的鳞壳形成后细菌及食物难以到达细胞膜。黄群藻纲的胞囊（内生孢子）通常比金藻纲要更加复杂。

分类

黄群藻纲与硅藻纲（Bacillariophyceae）、金藻纲（Chrysophyceae）、褐藻纲（Phaeophyceae）的亲缘关系较近（Lavau et al.，1997；Andersen et al.，1999）。由于黄群藻纲细胞外覆盖有硅质物，它们也被称为“带鞭毛的硅藻（flagellated diatom）”，但是它们具有许多金藻纲的特征，如含有内生孢子。

黄群藻纲只有一个目，即黄群藻目。该目中所有种类都具有鞭毛，没有呈管状的种类，因为覆被有鳞壳的生物难以形成真正的丝状体，同时，球菌状的种类与硅藻类似。硅藻中的环毛藻（*Corethron*）、根管藻（*Rhizosolenia*）和四刺藻（*Attheya*）在外形上与球菌状黄群藻相似（Andersen，1987）。

黄群藻（*Synura*）（图 11.4）是一种广泛分布的群生藻类。Sandgren 和 Flanagin（1986）描述了彼得森黄群藻（*S. petersenii*）的生活史［图 11.5（a）和图 11.6］。彼得森黄群藻的营养群落（vegetative colony）通常由许多在细胞后端相互连接的双鞭毛细胞组成。细胞被覆硅质鳞片（Leadbeater，1990）。每个细胞含有两个位于体壁的叶绿体，一个位于中心的细胞核，另一个位于后端的巨大金藻昆布多糖液泡。彼得森黄群藻的有性生殖方式为异宗配合的同配生殖。当两个相容的无性系混合时配子出现。有性生殖无需特殊的培养条件。当生长旺盛的细胞群落同与其相容的含有足量细胞的群落混合时，雌雄配子会持续不断地交配。雄配子为单个的双鞭毛细胞，外形与营养细胞类似。单个雄配子可从雄配子群生体中释放出。雌配子以群生细胞或单个细胞的形式出现，外形也与营养细胞类似。雌雄配子最初在前端接触，随后在侧面融合。硅质鳞片层也融合在一起，使得融合细胞保持有一个完整的鳞片层。双鞭毛游动合子发生细微的形态改变，它或原地振荡，或缓慢地游动 4～8 h。在此期间，4 个叶绿体围绕鞭毛基部呈现对称方位分布，这是黄群藻营养细胞的典型特征，两个大的金藻昆布多糖液泡融合并占据着细胞的后端。随后，鞭毛丢失，当胞囊壁开始沉积时合子逐渐变成球形，6～8 h 后，产生一个形态上成熟的合子——内生孢子。如果雌配子呈单个细胞，则产生的成熟接合孢子也为单个细胞。如果雌配子是群生体，则接合孢子替代雌配子在雌配子群落中原有的位置。雌配子群落中可出现多达 8 个内生孢子，很显然这是大量细胞充当雌配子的结果。胞囊呈球形，直径 13～16 μm，具有一个小的凹孔，但没有环绕的领（collar）。可以推测，内生孢子萌发后经减数分裂产生单倍体的细胞。产生的内生孢子数目为营养细胞密度的 1%～20%。此外，有些内生孢子可通过无性繁殖产生，在混合前就能在无性系中看到它们。

图 11.4 黄群藻（*Synura uvella*）。(a) 光学显微照片。(b) 群生细胞的扫描电镜照片。(c) 单个细胞的扫描电镜照片，两条鞭毛从鳞壳内一个顶端小孔伸出。标尺＝10 μm。(引自 Andersen，1985)

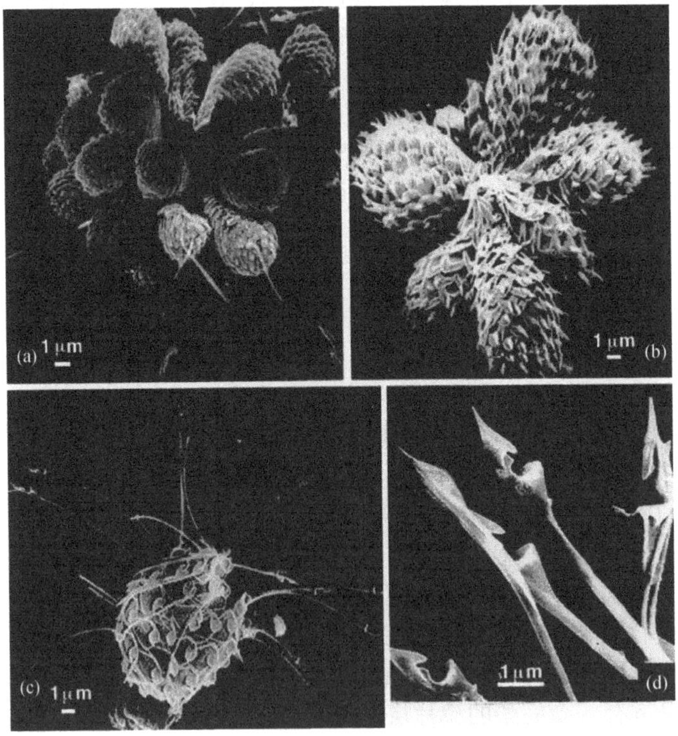

图 11.5 扫描电镜照片。(a) 彼得森黄群藻（*Synura petersenii*）整个细胞。(b) 小刺黄群藻（*S. echinulata*）整个细胞。(c) 蛛形鱼鳞藻（*Mallomonas acaroides*）整个细胞。(d) 蛛形鱼鳞藻（*M. acaroides*）盔状刚毛的末端。标尺＝1 μm。（引自 Dürrschmidt，1984）

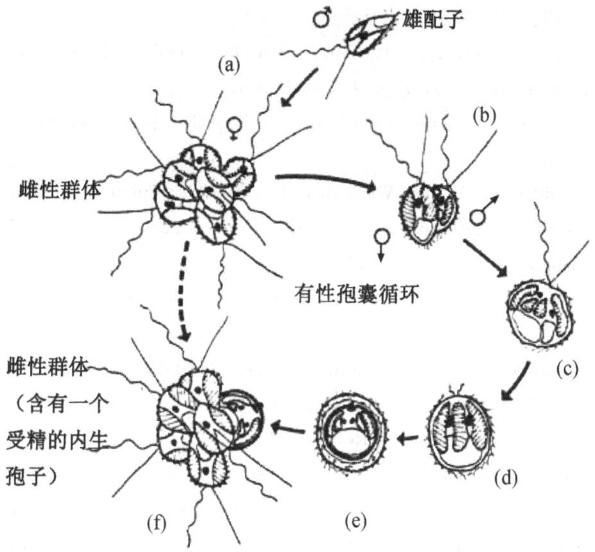

图 11.6 彼得森黄群藻（*Synura petersenii*）有性生殖及合子的胞囊形成过程。(a) 单个雄配子开始接触雌配子群落中的某个雌配子。(b) 胞质融合的初始阶段，特征是两个细胞在侧面融合，且二者均具一对活跃的鞭毛。(c) 双鞭毛的游动合子阶段，此时融合细胞含有 4 个质体、2 个细胞核及 2 个金藻昆布多糖液泡。注：游动合子完全被鳞片所覆盖。(d) 合子的胞囊形成早期，在此期间存留的鞭毛丢失，胞质中细胞器发生重要的重排并确立对称方位。金藻昆布多糖液泡发生融合，细胞核与质体的内边缘相连接。(e) 成熟合子的内生孢子，它最终占据雌配子在群落中的原有位置。(f) 内生孢子的萌发。(引自 Sandgren and Flanagin，1986)

参考文献

Andersen, R. A. (1985). The flagellar apparatus of the golden alga *Synura uvella*: Four absolute orientations. *Protoplasma* 128: 94-106.

Andersen, R. A. (1987). Synurophyceae classis nov., a new class of algae. *Am. J. Bot.* 74: 337-53.

Andersen, R. A., and Mulkey, T. J. (1983). The occurrence of chlorophylls c_1 and c_2 in the Chrysophyceae. *J. Phycol.* 19: 289-94.

Andersen, R. A., van de Peer, Y., Potter, D., Sexton, J. P., Kawachi, M., and LaJeunesse, T. (1999). Phylogenetic analysis of the SSU rRNA from members of the Chrysophyceae. *Protist* 150: 71-84.

Beech, P. L., Wetherbee, R., and Pickett-Heaps, J. D. (1990). Secretion and development of bristles in *Mallomonas splendens* (Synurophyceae). *J. Phycol.* 26: 112-22.

Dixit, S. S., Dixit, A. S., and Smol, J. P. (1999). Lake sediment chrysophyte scales from the northeastern U. S. A. and their relationship to environmental variables. *J. Phycol.* 35: 903-18.

Dürrschmidt, M. (1984). Studies on scale-bearing Chrysophyceae from the Giessen area, Federal Republic of Germany. *Nord. J. Bot.* 4: 123-43.

Fott, B. (1962). Taxonomy of *Mallomonas* based on electron micrographs of scales. *Preslia* 34: 69-84.

Klaveness, D., and Guillard, R. R. L. (1975). The requirement for silicon in *Synura petersenii* (Chrysophyceae). *J. Phycol.* 11: 349-55.

Lavau, S., and Wetherbee, R. (1994). Structure and development of the scale case of *Mallomonas adamas* (Synurophyceae). *Protoplasma* 181: 259-68.

Lavau, S., Saunders, G. W., and Wetherbee, R. (1997). A phylogenetic analysis of the Synurophyceae using molecular data and scale case morphology. *J. Phycol.* 33: 135-51.

Leadbeater, B. S. C. (1990). Ultrastructure and assembly of the scale case in *Synura* (Synurophyceae Andersen). *Br. Phycol. J.* 25: 117-32.

Ludwig, M., Lind, J. L., Miller, E. A., and Wetherbee, R. (1996). High molecular mass glycoprotein associated with the siliceous cell scales and bristles of *Mallomonas splendens* (Synurophyceae) may be involved in cell surface development and maintenance. *Planta* 199: 219-28.

Pipes, L. D., and Leedale, G. F. (1992). Scale formation in *Tessellaria volvocina* (Synurophyceae). *Br. Phycol. J.* 27: 11-19.

Sandgren, C. D., and Flanagin, J. (1986). Heterothallic sexuality and density dependent encystment in the chrysophycean alga *Synura petersenii* Korsch. *J. Phycol.* 22: 206-16.

Saxby-Rouen, K. J., Leadbeater, B. S. C., and Reynolds, C. S. (1997). The growth response of *Synura petersenii* (Synurophyceae) to photon flux density, temperature, and pH. *Phycologia* 36: 233-43.

Schultz, T. F., Egerton-Warburton, L., Crawford, S. A., and Wetherbee, R. (2001). Identification of a 41kDa protein embedded in the biosilica of scales and bristles isolated from *Mallomonas splendens* (Synurophyceae, Ochrophyta). *Protist* 152: 315-27.

Smol, J. P., Charles, D. F., and Whitehead, D. R. (1984). Mallomonadacean microfossils provide evidence of recent lake acidification. *Nature* 307: 628-30.

Tyler, P. A., Pipes, L. D., Croome, R. L., and Leedale, G. F. (1989). *Tessellaria volvocina* rediscovered. *Br. Phycol. J.* 24: 329-37.

(邵展茹 译，胡自民 校)

第十二章

异鞭藻门（Heterokontophyta）

真眼点藻纲（Eustigmatophyceae）

真眼点藻纲为黄绿色单细胞藻类，广泛分布于淡水、半咸水、海水和土壤中。真眼点藻纲细胞与黄藻纲（Xanthophyceae）类似，不同之处在于其叶绿体外部含有一个眼点（图 12.1），而黄藻纲细胞的眼点位于叶绿体内部（Hibberd and Leedale，1970）。真眼点藻纲其他的特征包括：有一条紧邻眼点的基部膨大的流苏状鞭毛，叶绿体中含有叶绿素 a 和 β-胡萝卜素，没有带片层（girdle lamellae），也没有外围的环状 DNA，同时叶绿体内质网不与核膜相连（Schnepf et al.，1996）。

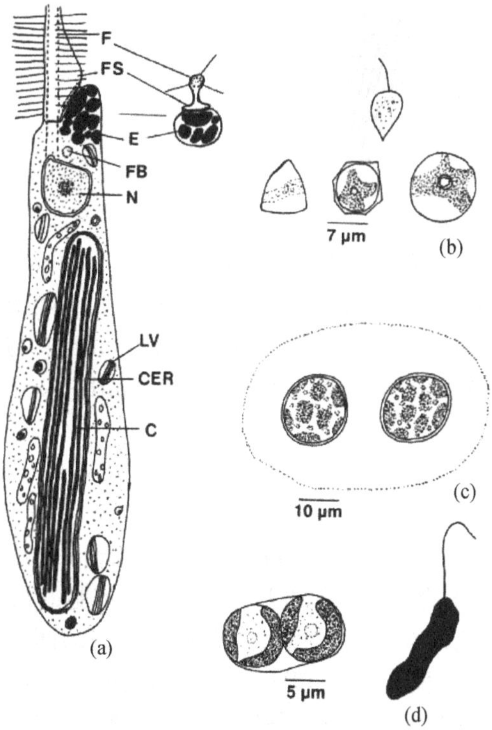

图 12.1 （a）真眼点藻纲游动孢子基本形态的截面图。C，叶绿体；CER，叶绿体内质网；E，眼点；F，长鞭毛；FB，短鞭毛的基体；FS，鞭毛隆起；LV，片层囊泡；N，细胞核。（b）多角藻（*Polyhedriella helvetica*）的游动孢子和营养细胞。（c）绿囊藻（*Chlorobotrys regularis*）。（d）宽绿藻（*Pleurochloris magna*）的营养细胞和游动孢子。［（a）仿自 Hibberd and Leedale，1972；（b）仿自 Fritsch and John，1942；（c）仿自 Smith，1950；（d）仿自 Boye Petersen，1932］

眼点（图 12.1 和图 12.2）是一个位于运动细胞前端的大的橙红色部件，完全脱离于叶绿体。眼点由一群不规则的液滴（droplet）组成，这些液滴复合体的外部无膜包被。在流苏状鞭毛的基部，鞭毛鞘延伸形成一个 T 形鞭毛隆起（图 12.1 和图 12.2）。该隆起通常紧贴住眼点区的原生质膜。反过来，眼点内也有一个大的液滴紧贴住鞭毛隆起处的原生质膜。

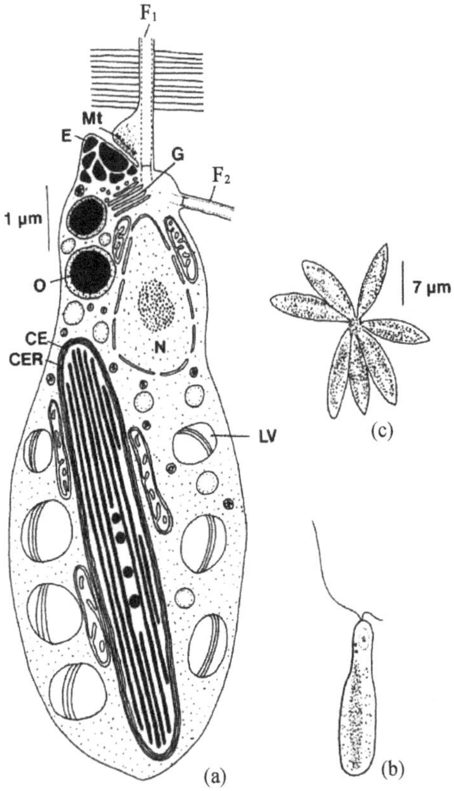

图 12.2 假拟小椿藻（*Pseudocharaciopsis texensis*）（Lee and Bold，1973）。(a) 和 (b) 游动孢子。(c) 营养细胞。CE，叶绿体被膜；CER，叶绿体内质网；E，眼点；F_1，长鞭毛；F_2，短鞭毛；G，高尔基体；LV，片层囊泡；Mt，微管；N，细胞核；O，油体。（仿自 Lee and Bold，1973）

真眼点藻纲的叶绿体含有叶绿素 a 和 β-胡萝卜素，以及两种主要的叶黄素（xanthophyll）——紫黄素（violaxanthin）和无隔藻黄素（vaucheriaxanthin）（Whittle and Casselton，1969；Antia and Cheng，1982）。与黄藻纲相比，真眼点藻纲色素中唯一差别在于含有紫黄素但不含百合黄素（antheraxanthin）。紫黄素是真眼点藻纲主要的光捕获色素（Owens et al.，1987）。

真眼点藻纲是一个单起源群体（monophyletic group）（Andersen et al.，1998）。大多数种类产生只有一条突生鞭毛的游动孢子［宽绿藻（*Pleurochloris magna*），图 12.1（d）；多角藻（*Polyedriella helvetica*），图 12.1（b），Hibberd and Leedale，1972］，但存在一个次级基体，这表明细胞的祖先为双鞭毛。突生鞭毛呈流苏状，具有微管茸毛，在近顶点插入。真眼点藻纲的两个种类，后棘藻（*Ellipsoidion acuminatum*）和假拟小椿藻（*Pseudocharaciopsis texensis*）（图 12.2）（Lee and Bold，1973），它们的游动孢子含有一条长的向前的流苏状鞭毛和一条短的向后的光滑鞭毛。而在真眼点藻纲中有一种藻类绿囊藻（*Chlorobotrys regularis*）［图 12.1（c）］不能产生游动孢子（Hibberd，1974）。

参考文献

Andersen, R. A., Brett, R. W., Potter, D., and Sexton, J. P. (1998). Phylogeny of the Eustigmatophyceae based upon 18S rDNA, with emphasis on *Nannochloropsis*. *Protist* 149: 61-74.

Antia, N. J., and Cheng, J. Y. (1982). The ketocarotenoids of two marine coccoid members of the Eustigmatophyceae. *Br. Phycol. J.* 17: 39-50.

Boye Petersen, J. (1932). Einge neue Erdalgen. *Arch. Protistenk.* 76: 395-408.

Fritsch, F. E., and John, R. P. (1942). An ecological and taxonomic study of the algae of British soils. Ⅱ. Consideration of the species observed. I. Chlorophyceae. *Ann. Bot. N. S.* 6: 371-95.

Hibberd, D. J. (1974). Observations on the cytology and ultrastructure of *Chlorobotrys regularis* (West) Bohlin with special reference to its taxonomic position in the Eustigmatophyceae. *Br. Phycol. J.* 9: 37-46.

Hibberd, D. J., and Leedale, G. F. (1970). Eustigmatophyceae - a new algal class with unique organization of the motile cell. *Nature* 225: 758-60.

Hibberd, D. J., and Leedale, G. F. (1972). Observations on the cytology and ultrastructure of the new algal class Eustigmatophyceae. *Ann. Bot. N. S.* 36: 49-71.

Lee, K. W., and Bold, H. C. (1973). *Pseudocharaciopsis texensis* gen. et sp. nov., a new member of the Eustigmatophyceae. *Br. Phycol. J.* 8: 31-37.

Owens, T. G., Gallagher, J. C., and Alberte, R. S. (1987). Photosynthetic light-harvesting function of violaxanthin in *Nannochloropsis* spp. (Eustigmatophyceae). *J. Phycol.* 23: 79-85.

Schnepf, E., Niemann, A., and Wilhelm, C. (1996). *Pseudostaurastrum limneticum*, a Eustigmatophycean alga with astigmatic zoospores: morphogenesis, fine structure, pigment composition and taxonomy. *Arch. Protistenk.* 146: 237-49.

Smith, G. M. (1950). *The Freshwater Algae of the United States*, 2nd edn. New York and London: McGraw-Hill.

Whittle, S. J., and Casselton, P. J. (1969). The chloroplast pigments of some green and yellow-green algae. *Br. Phycol. J.* 4: 55-64.

（邵展茹 译，胡自民 段德麟 校）

第十三章

异鞭藻门（Heterokontophyta）

脂藻纲（Pinguiophyceae）

脂藻纲是一类海洋浮游藻类，先前被划到金藻（chrysophyte）中。核糖体编码的18S rRNA 基因和叶绿体编码的 *rbcL* 基因序列分析表明此纲内的生物之间关系密切（Kawachi et al.，2002）。Pinguiophyceae 的主要特征为：细胞中的多不饱和酸含量极高，特别是 20∶5（*n*−3）（EPA-二十碳五烯酸）（Kawachi et al.，1996）（图 13.1）。这些高含量的脂肪酸是选用“Pingue”（意为脂肪，油脂）作为该纲拉丁文名的词根。另外，脂藻纲含有高浓度不饱和脂肪酸，以及细胞缺乏细胞壁的特征，使得该纲的藻类被用来提取不饱和脂肪酸和用作动物饲料。

$$CH_3CH_2(CH{=}CHCH_2)_5(CH_2)_2COOH$$

二十碳五烯酸

图 13.1　二十碳五烯酸的结构。研究发现二十碳五烯酸是一种在脂藻纲藻类中含量极高的多不饱和脂肪酸。

脂藻纲藻类的细胞（图 13.2 和图 13.3）（Honda and Inouye，2002）起源于一种典型的不等鞭毛类祖先，在该祖先细胞的前端有一根具三节茸毛的鞭毛和一根位于后端的光滑尾鞭状鞭毛（尽管很多种类在进化过程中已经失去了一根或两根鞭毛）。脂藻纲的叶绿体含有两层膜的叶绿体内质网，其中外膜与核膜相连。有一条类囊体环带（girdle band）出现在叶绿体被膜下方。叶绿体中含有淀粉核，线粒体具有管状的嵴。脂藻纲含有叶绿素 a 和与叶绿素 c 有关的色素，如岩藻黄素、紫黄素、玉米黄素（zeaxanthin）和 *β*-胡萝卜素。

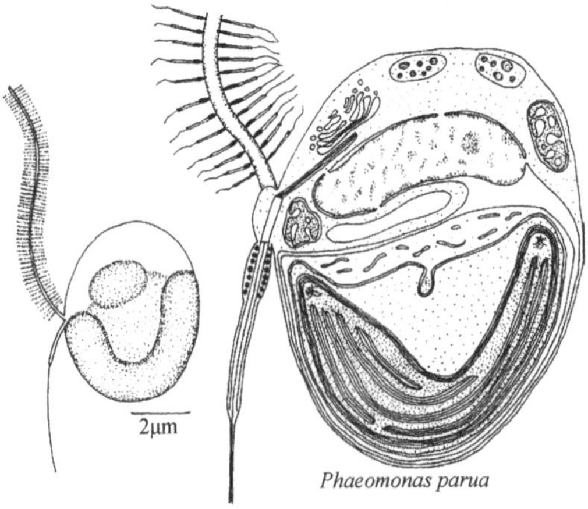

图 13.2　脂藻纲中一种藻的超微结构特征。

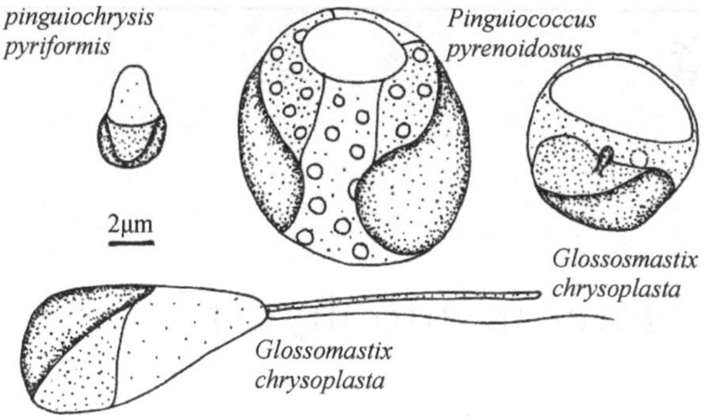

图 13.3　脂藻纲已定名的藻类。

参考文献

Honda, D., and Inouye, I. (2002). Ultrastructure and taxonomy of a marine photosynthetic stramenopile *Phaeomonas parva* gen. et sp. nov. (Pinguiophyceae) with emphasis on the flagellar apparatus architecture. *Phycol. Res.* 50: 75-89.

Kawachi, M., Kato, M., Ikemoto, H., and Miiyachi, S. (1996). Fatty acid composition of a new marine picoplankton species of the Chromophyta. *J. Appl. Phycol.* 8: 397-401.

Kawachi, M., Inouye, I., Honda, D., et al. (2002). The Pinguiophyceae *classis nova*, a new class of photosynthetic stramenopiles whose members produce large amounts of omega-3 fatty acids. *Phycol. Res.* 50: 31-47.

（邵展茹　译，胡自民　段德麟　校）

第十四章

异鞭藻门（Heterokontophyta）

硅鞭藻纲（Dictyochophyceae）

这类金褐色藻类的特征是在类变形虫型的营养细胞上具有触毛（tentacle）或根足（rhizopodia）（Moestrup，1995；Preisig，1995）。在藻类中变形虫型细胞比较罕见，主要限于硅鞭藻纲和黄藻纲（Xanthophyceae）（Hibberd and Chretiennot-Dinet，1979）。硅鞭藻类先前被归到金藻纲（Chrysophyceae），而分子证据显示硅鞭藻纲与浮生藻纲（Pelagophyceae）（Cavalier-Smith et al.，1995）和真眼点藻纲（Eustigmatophyceae）（Daugbjerg and Andersen，1997）的亲缘关系更近。

分类

硅鞭藻纲可分成三个目（Preisig，1995）。

目 1　根单鞭藻目(Rhizochromulinales)：海洋和淡水性分布的单细胞藻类，具有触毛。

目 2　柄足藻目(Pedinellales)：单细胞藻类，具有一条长的前鞭毛，另一条鞭毛则退化为基体，通常具 3～6 个叶绿体，海洋和淡水中均有分布。

目 3　硅鞭藻目(Dictyocales)：海洋性分布的单细胞藻类，在外围具有一层硅质骨架。

根单鞭藻目（Rhizochromulinales）

本目包含一些比较原始的种类（O'Kelly and Wujek，1995）。根单鞭藻（*Rhizochromulina*）[图 14.1（a）和图 14.1（b）] 具有变形虫型的营养细胞，但没有鞭毛，同时生有许多精细的充满小珠的丝状伪足（beaded-filipodia）和一个金褐色的叶绿体（Hibberd and Chretiennot-Dinet，1979）。纺锤形的游动孢子具有一条流苏状鞭毛，第二鞭毛的基体位于原生质内 [图 14.1（b）]。金色变形虫（*Chrysoamoeba*）[图 14.1（d）] 在其生活史的大部分阶段以单个变形虫的形式生活，它仅在短时期内变成一条具有长鞭毛的游泳细胞生活。在褐星藻（*Phaeaster*）[图 14.1（c）] 中，细胞的前端拉长变成根足。

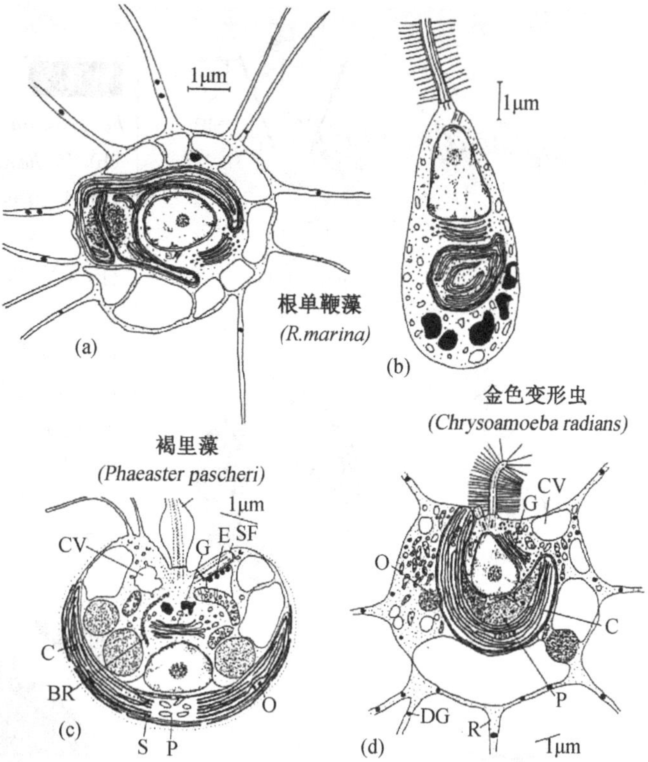

图 14.1 根单鞭藻（*Rhizochromulina marina*）的营养细胞（a）和游动孢子（b）。（c）褐星藻（*Phaeaster pascheri*）。（d）金色变形虫（*Chrysoamoeba radians*）。BR，基根；C，叶绿体；CV，收缩泡；DG，致密颗粒；E，眼点；G，高尔基体；O，油滴；P，淀粉核；R，根足；S，鳞片；SF，短鞭毛。[（a）和（b）重绘自 Hibberd and Chretiennot-Dinet，1979；（c）重绘自 Belcher and Swale，1971；（d）重绘自 Hibberd，1971]

柄足藻目（Pedinellales）

柄足藻目的独特性在于该目种类能进行光合营养{如 *Apedinella*［图 14.2（c）］、假口沟藻（*Pseudopedinella*）}、混合营养（既能进行光合作用，又能吸收有机物）［如口沟藻（*Pedinella*）］［图 14.2（a）、图 14.2（b）、图 14.3 和图 14.4］或吞噬营养［如膜滴虫（*Pteridomonas*）、毛幅虫（*Ciliophrys*）］。行吞噬营养的种类具有退化的叶绿体，它们由具有叶绿体的种类进化而来（Sekiguchi et al.，2002）。柄足藻目具有三个互相连接的微管（三个一组），它从核膜发出，穿过触毛一直到达质膜［图 14.2（a）］（Daugbjerg，1996）。在柄足藻目中，位于顶部的长鞭毛通过副轴丝杆（paraxonemal rod）延伸并形成一侧翼（lateral wing）［图 14.2 和图 14.3（b）］。顶鞭毛的末端插入一凹孔中，第二条鞭毛则在此处退化成一个基体。两条鞭毛的基体形成一个小的角度。柄足藻目藻类的细胞呈辐射对称，中央有一个大的细胞核，后端有一个高尔基体。柄足藻目藻类若行光合营养，则通常具有 3～6 个叶绿体（在金藻纲中通常只有一个或两个叶绿体）。该目中有些属，如口沟藻［图 14.4（d）和图 14.4（e）］和 *Apedinella*［图 14.2（c）］具有鳞片，它们通过微结带（microligament）固定到质膜上（Koutoulis et al.，1988）。

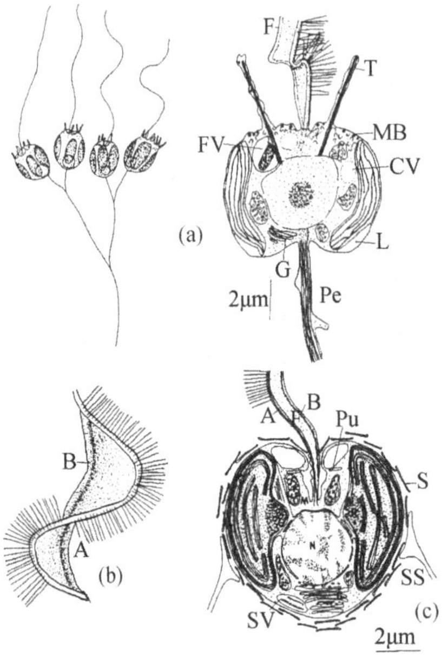

图 14.2 (a) 口沟藻 (*Pedinella hexacostata*) 的光学和电镜照片。(b) *P. hexacostata* 翼状鞭毛的结构。(c) *Apedinella spinifera*。A，鞭毛的轴丝 (axoneme)；B，鞭毛的副轴丝杆；CV，收缩泡；F，具茸毛的鞭毛；FV，食物泡；G，高尔基体；L，麦清蛋白；M，线粒体；MB，产胶体；N，细胞核；Pe，柄；Pu，中泡；S，鳞片；SS，刺状鳞片；SV，鳞片囊泡；T，触毛。[(a) 和 (b) 仿自 Swale，1969；(c) 仿自 Throndsen，1971]

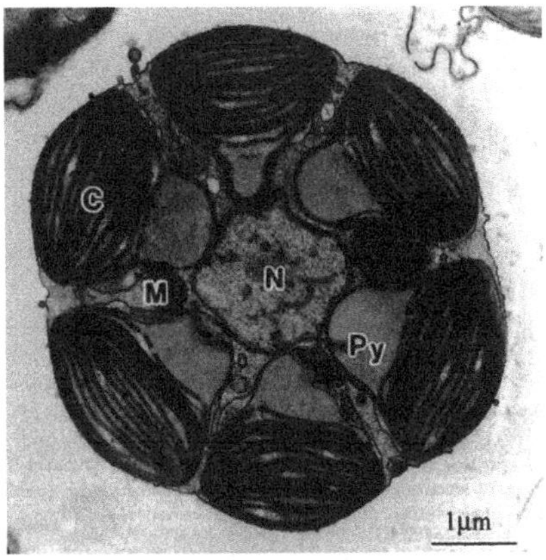

图 14.3 口沟藻 (*Pedinella squamata*) 的透射电镜照片。C，叶绿体；M，线粒体；N，细胞核；Py，淀粉核。(引自 Sekiguchi et al.，2003)

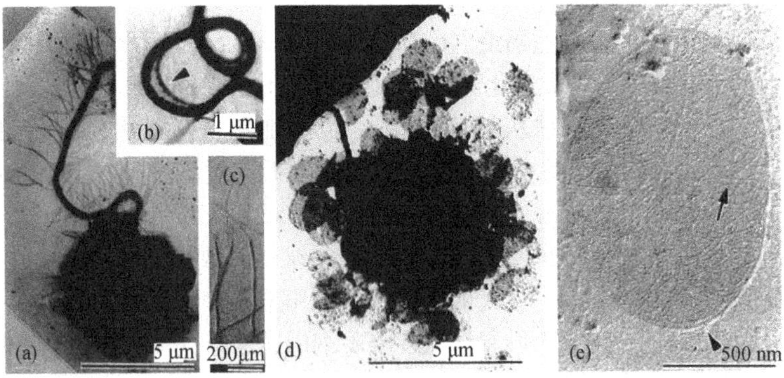

图 14.4 口沟藻 (*Pedinella squamata*) 的透射电镜照片。(a) 单个细胞的完整图，显示鞭毛和鞭茸。(b) 鞭毛的高倍放大照片，显示副轴丝杆 (箭头所示)。(c) 鞭茸的高倍放大照片，显示在杆上没有侧丝。(d) 盘状鳞片分散于整个细胞外围。(e) 单个盘状鳞片，具有纤丝 (箭号所示) 和边缘 (箭头所示)。(引自 Sekiguchi et al.，2003)

柄足藻目藻类在尾部还存在一个拖曳的柄（尾柄），它与液泡系统相连。口沟藻（*Pedinella*）[图 14.2（a）和图 14.4] 在游动时，细胞旋转，尾柄拖在后端。该尾柄为黏性，游动的细胞经常通过此尾柄附着在基底上。口沟藻可行吞噬营养，能摄取其他的小细胞。细菌被运至鞭毛下端并黏附在质膜上，这正好处于触毛可触及的范围。在细胞内产胶体分泌的胶黏质可使细菌黏附在质膜上。通常在 1min 内，细菌就被一层从细胞上突出的细胞质所包裹并被吞噬到细胞内。

硅鞭藻目（Dictyocales）

硅鞭藻（硅质鞭毛藻）是一类世界性广布的海洋鞭毛藻类，尽管从硅质化石中报道了大量种属（Henriksen et al.，1993），但目前仅存等刺硅鞭藻（*Dictyocha*）一个属。

硅质鞭毛藻有一条突生鞭毛和一个由原生质外中空的硅质骨针构成的骨架。骨架是简单的环形、椭圆形或三角形，但通常一系列小的骨架构成一个完整的外骨架。小等刺硅鞭藻（*D. fibula*）（图 14.5）的外骨架由一个位于中央的六边形小骨架和一系列将其围绕的外围多边形小骨架构成。细胞核位于原生质的中央，并从中央细胞质团延伸出大量的细胞质突起（cytoplasmic process）。叶绿体通常位于细胞质突起内（van Valkenburg，1971a，b）。尽管有报道称硅鞭藻的叶绿体通过三次内共生由定鞭类（haptophyte）进化而来（Daugbjerg and Henriksen，2001），但绝大多数种类的叶绿体源于二次内共生。

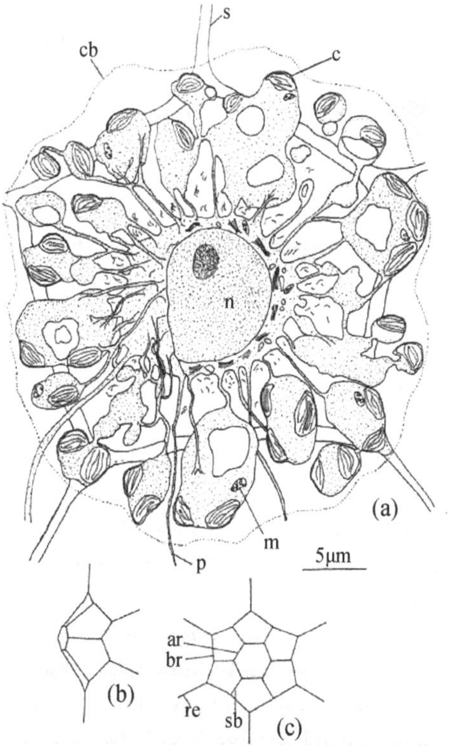

图 14.5　（a）小等刺硅鞭藻（*Dictyocha fibula*）的精细结构。（b）和（c）小等刺硅鞭藻骨架的侧面和正面观。ar，顶环；br，基环；c，叶绿体；cb，细胞边界；m，线粒体；n，细胞核；p，伪足；rs，放射棘刺；s，硅质骨架；sb，支撑杆。（仿自 van Valkenburg，1971a，b）

在六异刺硅鞭藻（*Dictyocha speculum*）中，具有骨架的细胞可通过有丝分裂进行营养繁殖（图 14.6）（Hendriksen et al.，1993）。这些具骨架的细胞通过细胞质桥（cytoplasmic bridge）相连，发育并产生大的不具骨架的多核球形细胞。随后，具单根鞭毛的单核游动孢子在这些大的球形细胞内发育。它们在成熟释放后则形成大的多核细胞。这种多核细胞可能是一种休眠细胞。目前已知多核细胞与正常营养细胞的倍性相同，但有性繁殖仍不清楚。

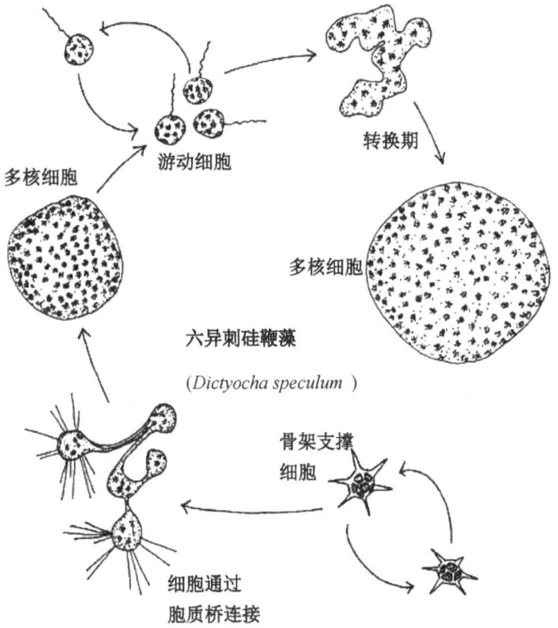

图 14.6 六异刺硅鞭藻（*Dictyocha speculum*）的生长阶段。(改编自 Henriksen et al.，1993)

硅鞭藻起源于白垩纪（Cretaceous），它的初期骨架结构比现在的要更加简单。在石灰质白垩沉积物中，硅鞭藻与一些普林藻纲（Prymnesiophyceae）藻类形成的化石较为常见。在现今较为寒冷的海域中，硅鞭藻构成了浮游植物群落的主要成分。

参考文献

Belcher, J. H., and Swale, E. M. F. (1971). The microanatomy of *Phaeaster pascheri* Scherffel (Chrysophyceae). *Br. Phycol. J.* 6: 157-69.

Cavalier-Smith, T., Chao, E. E., and Allsopp, T. E. P. (1995). Ribosomal RNA evidence for chloroplast loss within Heterokonta: pedinellid relationships and a revised classification of ochristan algae. *Arch. Protistenkd.* 145: 209-20.

Daugbjerg, N. (1996). *Mesopedinella arctica* gen. et sp. nov. (Pedinelles, Dictyochophyceae). I. Fine structure of a new marine phytoflagellate from Arctic Canada. *Phycologia* 35: 435-45.

Daugbjerg, N., and Andersen, R. A. (1997). A molecular phylogeny of heterokont algae based on analyses of chloroplast-encoded *rbc*L sequence data. *J. Phycol.* 33: 1031-41.

Daugbjerg, N., and Henriksen, P. (2001). Pigment composition and *rbc*L sequence data from the silicoflagellate *Di-*

ctyocha speculum: a heterokont alga with pigments similar to some haptophytes. *J. Phycol.* 37: 1110-20.

Henriksen, P., Knipschildt, F., Moestrup, Ø., and Thomsen, H. A. (1993). Autecology, life history and toxicology of the silicoflagellate *Dictyocha speculum* (Silicoflagellata, Dictyochophyceae). *Phycologia* 32: 29-39.

Hibberd, D. J. (1971). Observations on the cytology and ultrastructure of *Chrysoamoeba radians* Klebs (Chrysophyceae). *Br. Phycol. J.* 6: 207-23.

Hibberd, D. J., and Chretiennot-Dinet, M.-J. (1979). The ultrastructure and taxonomy of *Rhizochromulina marina* gen. et sp. nov., an amoeboid marine chrysophyte. *J. Mar. Biol. Assn.*, *UK* 59: 179-93.

Koutoulis, A., McFadden, G. I., and Wetherbee, R. (1988). Spine-scale reorientation in *Apedinella radians* (Pedinelles, Chrysophyceae): the microarchitecture and immunocytochemistry of the associated cytoskeleton. *Protoplasma* 147: 25-41.

Moestrup, Ø. (1995). Current status of chrysophyte 'splinter groups': synurophytes, pedinellids, silicoflagellates. In *Chrysophyte Algae*, ed. C. D. Sandgren, J. R. Smol, and J. Kristiansen, pp. 75-91. Cambridge: Cambridge University Press.

Preisig, H. R. (1995). A modern concept of chrysophyte classification. In *Chrysophyte Algae*, ed. C. D. Sandgren, J. R. Smol, and J. Kristiansen, pp. 46-74. Cambridge: Cambridge University Press.

Sekiguchi, H., Moriya, M., Nakayama, T., and Inouye, I. (2002). Vestigial chloroplasts in heterotrophic stramenopiles *Pteridomonas danica* and *Ciliophrys infusionum* (Dictyochophyceae). *Protist* 153: 157-67.

Sekiguchi, H., Kawachi, M., Nakayama, T., and Inouye, I. (2003). A taxonomic re-evaluation of the Pedinellales (Dictyophyceae) based on morphological, behavioural and molecular data. *Phycologia* 42: 165-82.

Swale, E. M. F. (1969). A study of the nanoplankton flagellate *Pedinella hexacostata* Vysotshiǐ by light and electron microscopy. *Br. Phycol. J.* 4: 65-86.

Throndsen, J. (1971). *Apedinella* gen. nov. and the fine structure of A. *spinifera* (Throndsen) comb. nov. *Norw. J. Bot.* 18: 47-64.

van Valkenburg, S. D. (1971a). Observations on the fine structure of *Dictyocha fibula* Ehrenberg. I. The skeleton. *J. Phycol.* 7: 113-18.

van Valkenburg (1971b). Observations on the fine structure of *Dictyocha fibula* Ehrenberg. II. The protoplast. *J. Phycol.* 7: 118-32.

（尤 凯 译，胡自民 段德麟 校）

第十五章

异鞭藻门（Heterokontophyta）

浮生藻纲（Pelagophyceae①）

浮生藻纲主要由一群单细胞藻类组成，它们的细胞学特征与金藻纲（Chrysophyceae）类似，先前曾被归到金藻纲中（Andersen et al.，1993）。浮生藻类属于超微型浮游生物（ultraplankton），细胞只有 3～5 μm 长，呈小球形，在光学显微镜下可见模糊的原生质。最近关于核糖体小亚基（SSU RNA）的核酸序列研究表明，该目藻类相互之间关系密切，明显不同于异鞭藻门的其他类群（Saunders et al.，1997）。尽管分子数据证实这些藻类与不等鞭毛藻其他类群关系较远，但在细胞学和形态学特征方面，它们与异鞭藻门的其他类群间没有差别。

Pelagomonas calceolata 属于个体微小（1.5 μm×3.0 μm）的超微型海洋浮游微藻，具有一条流苏状鞭毛和一个基体、一个叶绿体和一个线粒体［图 15.1（c）］（Andersen et al.，1993）。*Pelagococcus subviridis* 是另一种超微型海洋浮游微藻（2.5～3.0 μm），藻细胞呈球形，金绿色，不能运动，具有一个叶绿体、一个线粒体和一个细胞核［图 15.1（a）］（Vesk and Jeffery，1987）。

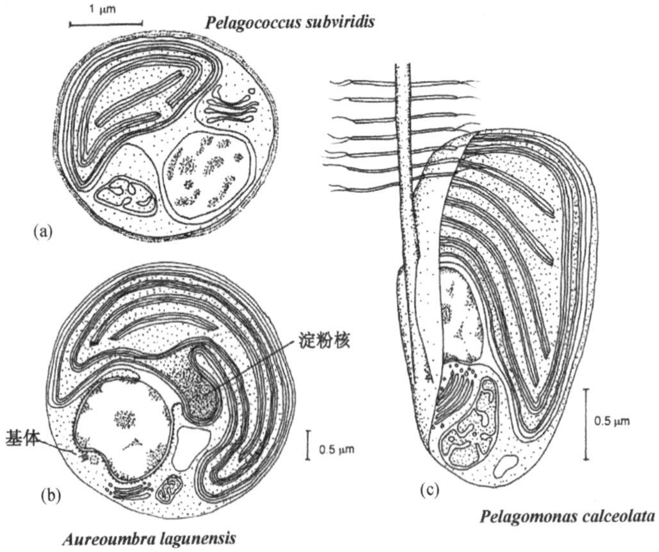

图 15.1 （a）*Pelagococcus subviridis* 具有一个叶绿体、一个细胞核和一个线粒体。（b）*Aureoumbra lagunensis* 的特征是含有杆状的淀粉核，两个基体靠近细胞核。（c）*Pelagomonas calceolata* 具有单根鞭毛，与细胞表面的凹槽刚好相配。［（a）改编自 Vesk and Jeffery，1987；（b）改编自 DeYoe et al.，1997；（c）改编自 Andersen et al.，1993］

---

①"Pelago-"有"海洋的"、"海面的"和"浮游的"含义。根据原著叙述，"Pelagophyceae"纲有淡水种类。此外，"Pelago-"在中文种名中通常被译为"浮游的"，如浮囊藻（*Pelagocystis*）、浮叶藻（*Pelagophycus*）等。因此，本文暂将"Pelagophyceae"译为"浮生藻纲"。

浮生藻纲的某些种类因能产生褐潮（brown tide）而具有重要的经济意义。*Aureoumbra agunensis*［图 15.1（b）］是导致在美国的得克萨斯沿岸形成褐潮（brown tide）的藻类（DeYoe et al.，1997），而 *Aureococcus anophagefferens* 在美国新泽西、纽约和罗德岛沿岸形成褐潮。褐潮中藻类细胞的数量巨大，以至于它们能够遮蔽底栖大叶藻（*Zostera marine*）所需的光照，从而导致底栖大叶藻的消失。海湾扇贝（bay scallop）的幼虫以大叶藻为食，发生在美国东北部海域的褐潮最终导致了该地区海湾扇贝养殖业的多年衰退（Nicholls，1995）。

在盐度高达 70 PSU（practical salinity unit，实际盐度单位；海水约为 35 PSU）时，*Aureoumbra lagunensis*［图 15.1（b）］的生长速率达到最大。很少有藻类在这种高盐条件下还能存活。此外，该藻类细胞的表面覆盖着一黏液层，以防止被捕食（Liu and Buskey，2000）。这些优势使得 *A. lagunensis* 比其他藻类更具竞争力。

Aureococcus anophagefferens（图 15.2）是一种嗜冷温的微藻，能在低温条件下生长，在黑暗环境中也能长期存活。这也是这种微藻能形成藻华的原因（Popels and Hutchins，2002）。曾有报道称在纽约长岛的鸿湾（Great Bay）海水结冰前，这种微藻可形成密度达每毫升 10 万个细胞的细胞群（cell population）。两个月后当海冰融化时，细胞群密度仍然高达每毫升 6 万个细胞，这仍然处于藻华暴发的水平（Gobler et al.，2002）。有研究表明当水体中有 *Aureococcus* 微藻存在时，滤食性捕食者的生长率会下降（Greenfield et al.，2004）。

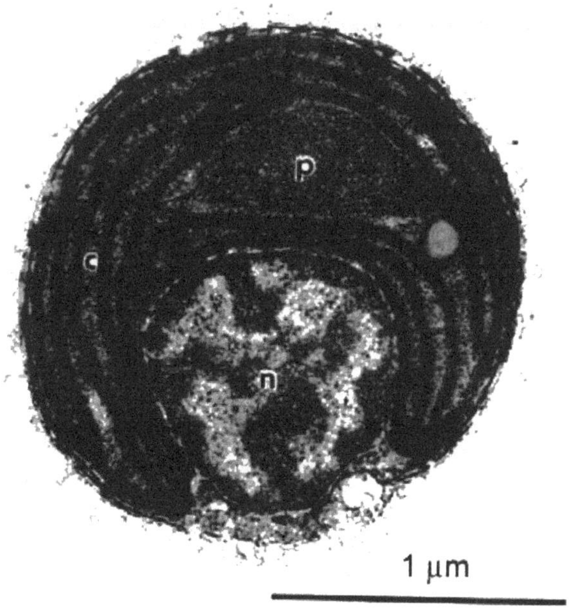

图 15.2 *Aureococcus anophagefferens* 细胞截面的透射电镜照片（示细胞的横切面）。c，叶绿体；n，细胞核；p，淀粉核。（引自 Sieburth et al.，1988）

参考文献

Andersen，R. A.，Saunders，G. W.，Paskind，M. P.，and Sexton，J. P.（1993）. Ultrastructure and 18S rRNA gene sequence for *Pelagomonas calceolata* gen. et sp. nov. and the description of a new algal class，the Pelagophyceae classis nov. *J. Phycol.* 29: 701-15.

DeYoe, H. R., Stockwell, D. A., Bidigare, R. R., Latasa, M., Johson, P. W., Hargraves, P. E., and Suttle, C. A. (1997). Description and characterization of the algal species *Aureoumbra lagunensis* gen. at sp. nov. and referral of *Aureoumbra* and *Aureococcus* to the Pelagophyceae. *J. Phycol.* 33: 1042-8.

Gobler, C. J., Renaghan, M. J., and Buck, N. J. (2002). Impacts of nutrients and grazing mortality on the abundance of *Aureococcus anophagefferens* during a New York brown tide bloom. *Limnol. Oceanogr.* 47: 129-41.

Greenfield, D. I., Lonsdale, D. J., Cerrato, R. M., and Lopez, G. R. (2004). Effects of background concentrations of *Aureococcus anophagefferens* (brown tide) on growth and feeding in the bivalve *Mercenaria mercenaria*. *Mar. Biol. Progr. Ser.* 274: 171-81.

Lin, H., and Buskey, E. J. (2000). The exopolymer secretions (EPS) layer surrounding *Aureoumbra lagunensis* cells affects growth, grazing, and behavior of protozoa. *Limnol. Oceanogr.* 45: 1187-91.

Nicholls, K. H. (1995). Chrysophyte blooms in the plankton and neuston of marine and freshwater systems. In *Chrysophyte Algae, Ecology, Phylogeny and Development*, ed. C. D. Sandgren, J. P. Smol, and J. Kristiansen, pp. 181-213. Cambridge: Cambridge University Press.

Popels, L. C., and Hutchins, D. A. (2002). Factors affecting dark survival of the brown tide alga *Aureococcus anophagefferens* (Pelagophyceae). *J. Phycol.* 38: 738-44.

Saunders, G. W., Potter, D., and Andersen, R. A. (1997). Phylogenetic affinities of the Sarcinochrysidales and Chrysomeridales (Heterokonta) based on analysis of molecular and combined data. *J. Phycol.* 33: 310-18.

Sieburth, J. M., Johnson, P. W., and Hargraves, P. E. (1988). Ultrastructure and ecology of *Aureococcus anophagefferens* gen. et sp. nov. (Chrysophyceae): the dominant picoplankter during a bloom in Narragansett Bay, Rhode Island, summer 1985. *J. Phycol.* 24: 416-25.

Vesk, M., and Jeffrey, S. W. (1987). Ultrastructure and pigments of two strains of the picoplanktonic alga *Pelagococcus subviridis* (Chrysophyceae). *J. Phycol.* 23: 322-36.

（尤 凯 译，胡自民 段德麟 校）

第十六章

异鞭藻门（Heterokontophyta）

迅游藻纲（Bolidophyceae）

迅游藻纲指少量具鞭毛的海洋微型浮游植物，它们与硅藻（Bacillariophyceae）亲缘关系较近（Guillou et al.，1999）。迅游藻纲藻类细胞中含有叶绿素 a、c_1、c_2、c_3、β-胡萝卜素、硅藻黄素和岩藻黄素，这与硅藻类似。硅藻可能是从类似于此纲藻类的一个运动的祖先种类进化而来（尽管目前没有报道称 Bolidophyceae 存在硅化作用）。

迅游藻纲为单细胞藻类，具有两条鞭毛，其中一条细长呈流苏状，侧面含有三节管状茸毛，另一条短而光滑（图 16.1）。细胞直径仅 1.2 μm，内部结构简单，包括一个质体、一个线粒体和一个高尔基体。迅游藻纲的叶绿体内质网含有两层膜，其中外膜与核被膜的外膜相连。迅游藻纲藻类没有眼点，DNA 包含在一个环形的基因带内。

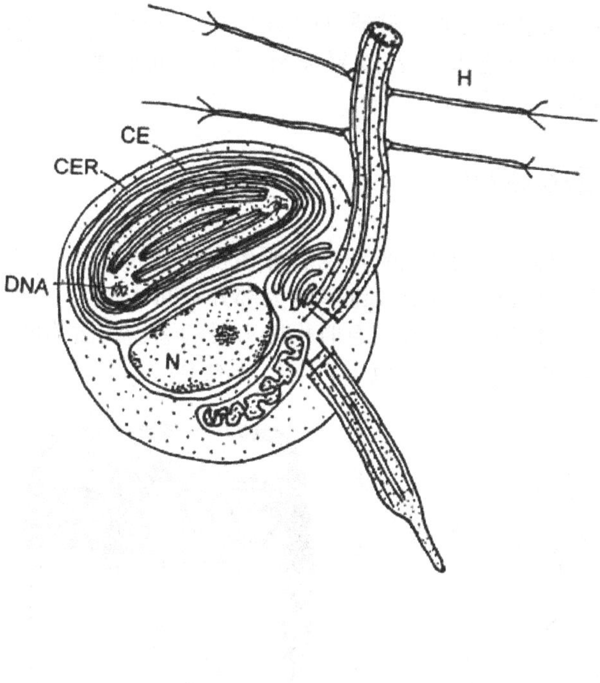

图 16.1 *Bolidomonas* 细胞学特征截面示意图。CE，叶绿体被膜；CER，叶绿体内质网；H，三叉分枝的鞭毛茸毛；N，细胞核。（改编自 Guillou et al.，1999）

参考文献

Guillou，L.，Chretiennot-Dinet，M.-J.，Medlin，L. K.，Claustre，H.，Loiseaux-de Goer，S.，and Vaulot，D.（1999）. *Bolidomonas*：a new genus with two species belonging to a new algal class，the Bolidophyceae（Heterokonta）. *J. Phycol.* 35：368-81.

（邵展茹 译，段德麟 校）

第十七章

异鞭藻门（Heterokontophyta）

硅藻纲（Bacillariophyceae）

硅藻纲（硅藻）可能由金藻纲［类似于小壳藻目（Parmales）的种类］或迅游藻纲（Bolidophyceae）有鳞的种类进化而来（Guillou et al.，1999）。硅藻为单细胞，可以群生体形式栖息于几乎所有的水生生境中，它们可以是自由生的光合自养生物、无色的异养生物，也可是光合的共生生物（Schmaljohann and Rötger，1978）。硅藻可营浮游生活，也可营附着生活。当营附着生活时，硅藻可附生在岩石或水生植物等基质上形成大量的褐绿色膜层。硅藻细胞被一个坚硬的像盒子一样的细胞壁所包裹，细胞壁分为两部分，由硅质组成，称为硅藻壳（frustule）。硅藻的叶绿体含有叶绿素 a、c_1 和 c_2，其主要的类胡萝卜素是金褐色的岩藻黄素，它决定了硅藻细胞的特征颜色。

在讨论硅藻（diatom）和硅质时，有必要区分几个与硅元素有关的术语。通常，silicon 指硅元素。硅质（silica）是二氧化硅（SiO_2）的简称，它包括所有的晶体形态、无定形形态及水合或羟基化形态。而硅酸盐（silicate）指所有离子态的硅酸［$Si(OH)_4$］（Iler，1979）。

细胞结构

硅藻纲的硅藻壳环绕着原生质，而在原生质丝系统中悬浮着一个位于中央的细胞核。叶绿体占据硅藻细胞的大部分空间（图 17.1 和图 17.46），它通常以两个贴近体壁的质体的形式出现，有时也以大量的圆盘状质体的形式出现。硅藻的储存产物为金藻昆布多糖，它存在于原生质内的液泡中。

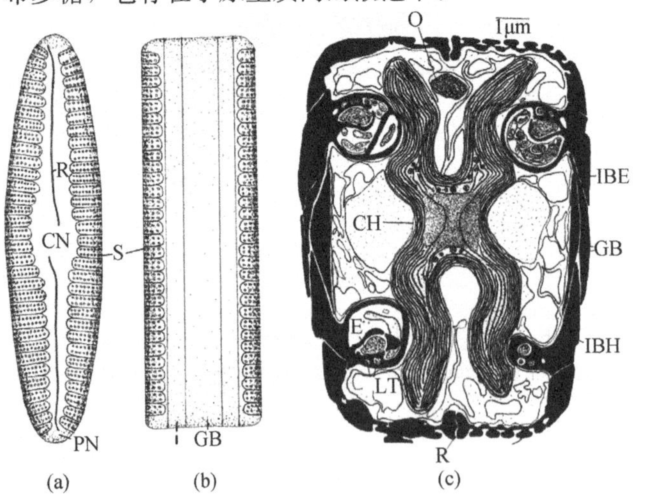

图 17.1 胸隔藻（*Mastogloia*）壳面（a）和带面（b）的光学显微图片。格式胸隔藻（*M. grevillei*）的横切面图片（c）。CH，叶绿体；CN，中央节；E，拉长的隔膜室；GB，环带；I，间插带；IBE，上壳间插带；IBH，下壳间插带；LT，管状小室（locule tubule）；O，油滴；R，壳缝；S，条纹（stria）。［（c）改编自 Stoermer et al.，1965］

细胞壁

硅藻的典型特征是它们能分泌一层由硅质构成的细胞外壁，即硅藻壳。硅藻壳由差不多相等的两部分组成，稍小的部分像皮氏培养皿（Petri dish）那样套入稍大的部分内（图 17.1、图 17.9、图 17.10 和图 17.41）。硅藻壳中处于外面的半壳称为上壳（epitheca），套在里面的半壳称为下壳（hypotheca）。上下壳均由壳面（valve）和相连带（connecting band）两部分组成，壳面为一稍微突起的盘面，相连带则连在壳面边缘。每个相连带连接一个壳面，均称为带面（girdle）（von Stosch，1975）。有时相连带也被称为环带（girdle band）（图 17.41）。有时在壳面和带面之间有一个或多个其他的带，它们被称为间插带（intercalary band）。壳面边缘稍有弯曲的部分称之为壳套（mantle 或 valvejacket）。环带边缘通常具有微小的齿状结构，通过它可将两个壳面联合。壳面边缘与环带末端相对接，并通过一果胶质膜层与环带相连。如果该膜层被破坏，壳面与环带就会分开。

硅藻壳中的硅质以某种有序的方式进行沉积，这使得其细胞外壳极具观赏性。根据 Hendey（1964）的研究，硅藻的外壳装饰物可分为 4 个基本类型：①中心（centric）或辐射型，外壳结构从一个中心点向外呈辐射状排列，如圆筛藻（*Coscinodiscus*）[图 17.2（a）]；②条纹型（trellisoid），纹饰在表面排列均匀，不以点或线为参照物，如短缝藻（*Eunotia*）[图 17.2（b）]；③多角型（gonoid），纹饰主要呈多角形，如三角藻（*Triceratium*）[图 17.2（c）]；④羽纹型（pennate），纹饰呈现在中线两侧呈对称性排列，如舟形藻（*Navicula*）[图 17.2（d）]。

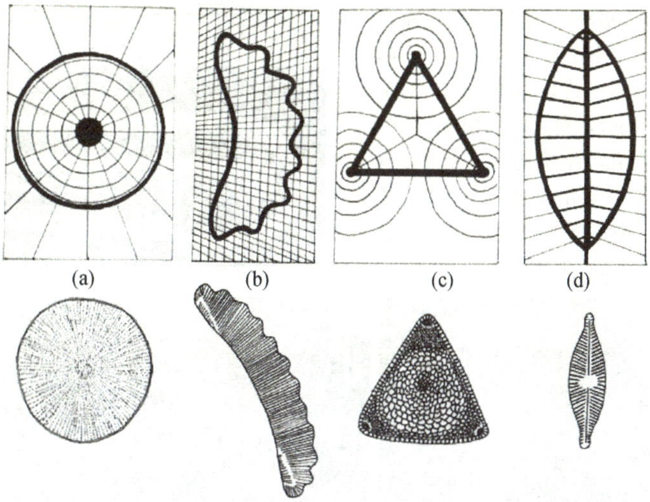

图 17.2 硅藻中纹饰的基本排列模式。(a) 中心或辐射型（如圆筛藻）。(b) 条纹型（如短缝藻）。(c) 多角型（如三角藻）。(d) 羽纹型（如舟形藻）。（仿自 Hendey，1964）

有些羽纹硅藻具有一个由壳缝（raphe，一条位于硅壳上的纵向狭缝）构成的壳缝系统，后者被位于壳缝中间的中央节（central nodule）分为两部分（图 17.3～图 17.5），在壳缝两个末端的细胞壁膨大被称为极节（polar nodule）。羽纹硅藻的壳面装饰物在壳缝周围呈两侧对称（bilaterally symmetrical）。在某些羽纹硅藻中，壳面不具备壳缝系统，反而从壳面中央向下延伸出一无装饰物的区域，被称为假壳缝（pseudoraphe)（图 17.3）。羽纹硅藻的壳缝不只是位于细胞壁上的一个简单狭缝，而是一条呈 S 形的裂缝，它在内外组织处较宽，而在中间分隔区较薄（图 17.5）。

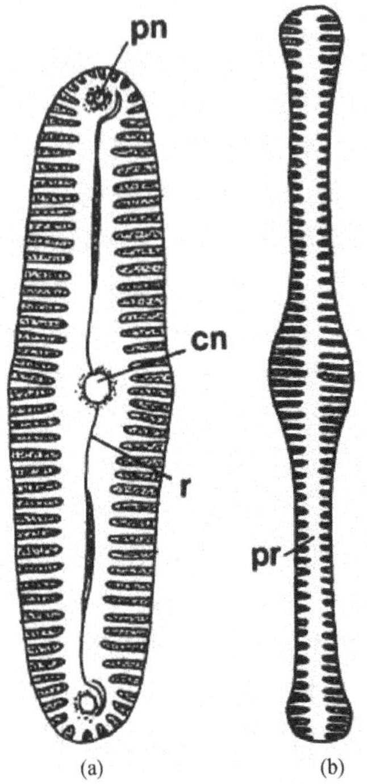

图 17.3 （a）具有壳缝系统的硅藻细胞［微绿羽纹藻（*Pinnularia viridis*）］。cn，中央节；pn，极节；r，壳缝。（b）具有假壳缝（pr）的硅藻细胞［窗格平板藻（*Tabellaria fenestrata*）］。

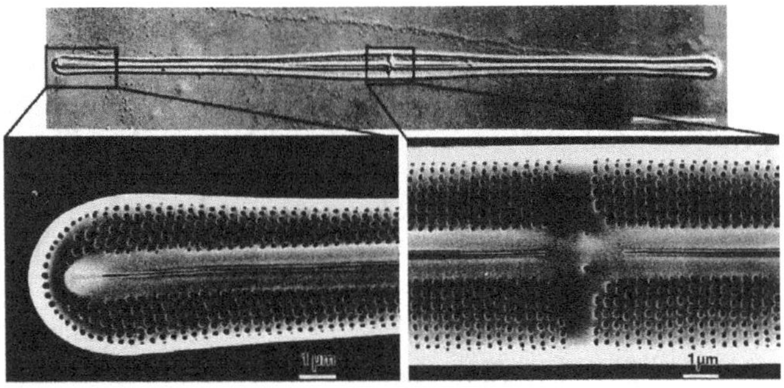

图 17.4 *Climaconeis colemaniae* 的硅藻壳面光学和扫描电镜照片。壳面含有许多线形条纹（striae），每个条纹由 6～8 个孔状结构构成。壳面具有一个壳缝通道，在中央节区域有两个小孔。（引自 Prasad et al.，2000）

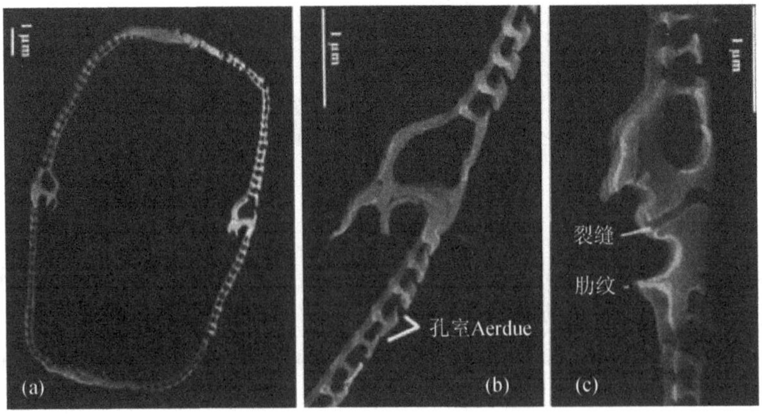

图 17.5 *Haslea nipkowii* 的硅藻壳切面扫描电镜照片。（引自 Poulin et al.，2004）

除了壳缝之外，硅藻纲中基本上都存在两种类型的硅质壁穿透，即简单的小孔（pore）或洞和较复杂的孔室（loculus 或 areola）（图 17.6 和图 17.12）（Hendey，1964；Ross and Sims，1972）。小孔通常由位于均质的硅质壁上的简单小洞组成，它通过肋骨（rib）和肋纹（costae）的支撑而变得牢固（图 17.5 和图 17.27）。如果小孔的一端被一小板塞住，则称之为拟孔（poroid）。孔室通常由硅质壁上六角形的空室组成，它与其他孔室通过垂直的室间隔分开，而室间隔上常常存在小孔以使得孔室之间相通[图 17.6（b）和图 17.6（c）]。孔室的一端为筛膜（sieve membrane）或孔膜（pore membrane）或筛板（velum，cribrum）（图 17.6 和图 17.7）。筛膜可以位于外侧（孔室开口向内），也可以位于内侧（孔室开口向外）[图 17.6（b）和图 17.6（c）]。因此，具有孔室的壳面结构类似于一个蜂巢。孔或孔室成一排排列则形成壳面的条纹（stria，复数为 striae）（图 17.1 和图 17.4）。

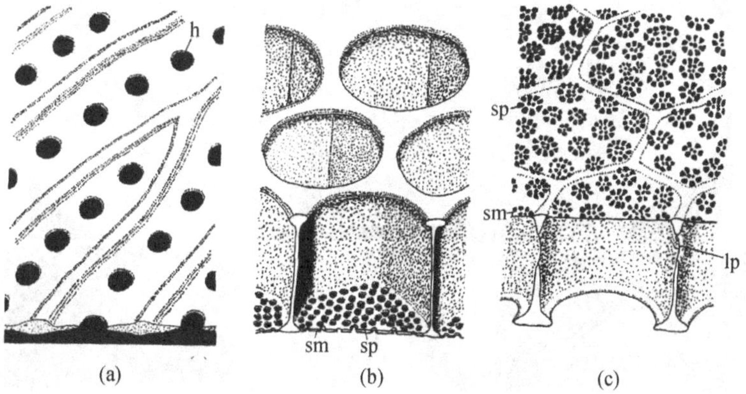

图 17.6　硅藻的硅藻壁开孔类型。（a）孔或洞[双孢角毛藻（*Chaetoceros didymus* var. *anglica*）]。（b）孔室开口向外（*Coscinodiscus linatus*）。（c）孔室开口向内（*Thalassiosira wailesii*）。h，孔、洞；lp，侧孔；sm，筛膜；sp，筛孔。（仿自 Hendey，1971）

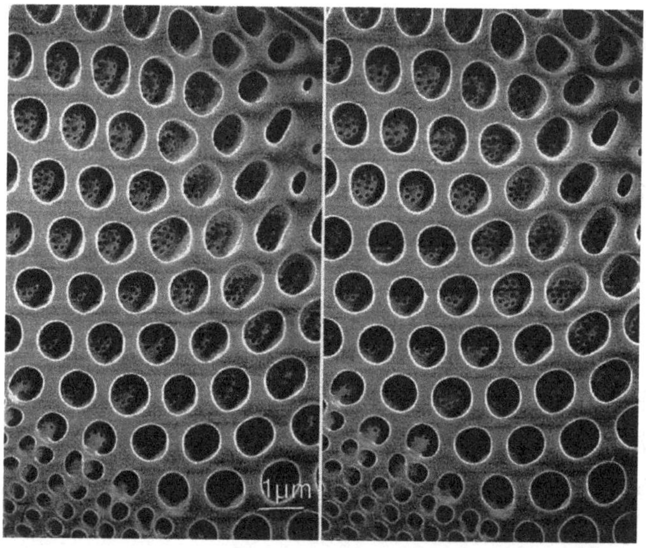

图 17.7　*Mastogloia angulata* 中外部孔室模式和结构的三维立体图。如果不能看到立体图像，可将图片放置离双眼约 6 in（15 cm）远处，然后将双眼看到的图像进行重叠即可见孔室的三维结构，在每一孔室的底部都有一个筛膜。（引自 Navarro，1993）

有些硅藻的环带具有与壳面相同的纹饰（sculpturing），但在多数其他硅藻中，环带与壳面的纹饰不一样。在某些硅藻中，环带上没有纹饰。很多硅藻可通过壳壁上特异的黏液孔来分泌黏液（图 17.18）。在羽纹硅藻中，这些黏液孔通常单个地出现在壳面一极或两极的附近，通常伴随着附近硅质壁的增厚。

硅藻的壳面具有称为突起（process）的延伸物，其主要功能是保证邻近的细胞相互连接以利于形成群生体。这些突起具有不同的名称：角突（cornutate process）指类似于动物角的突起；支持突（strutted process）指大量突起在壳面的顶端退化而形成的一个圆突 [图 17.8、图 17.38（c）和图 17.38（d）]；小刺（spinulae）指非常小的突起；芒刺（awn）或刚毛（setae）则指中空的拉长的突起（图 17.32 和图 17.44）。

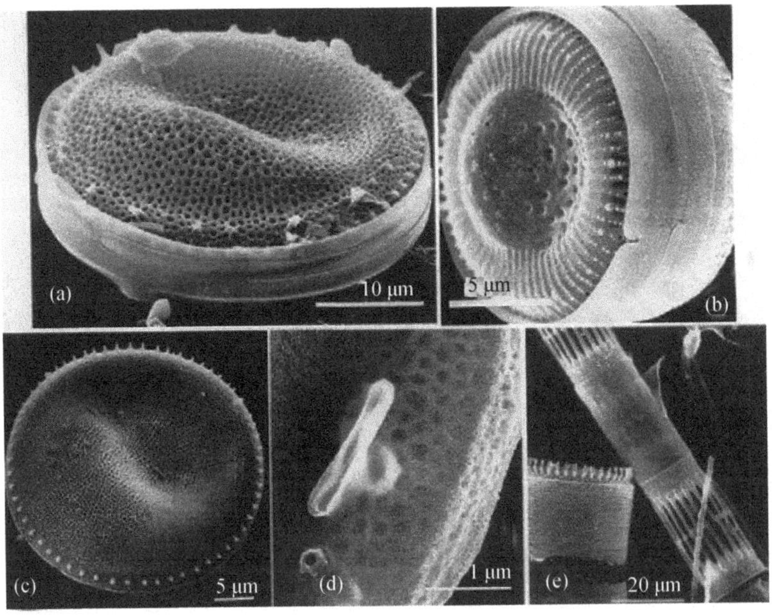

图 17.8 中心硅藻（centric diatom）的扫描电镜图片。（a）海链藻（*Thalassiosira lacustris*）。具有支持突的波状下壳面及部分上壳面，显示在末梢有镶边的开口。（b）条纹小环藻（*Cyclotella striata*）。硅藻壳显示出上壳面、间插带和环带。（c）和（d）海链藻（*Thalassiosira gessneri*）。壳面显示出支持突的波状壳面，近中心的和处于边缘的环（c）。唇形突（labiate）和支持突的高倍放大图片（d）。（e）中肋骨条藻（*Skeletonema costatum*）支持突的边缘环形成链状。[（a）、（c）和（d）引自 Hasle and Lange，1989；（b）引自 Prasad et al.，1990；（e）引自 Medlin et al.，1993]

硅藻的硅藻壳由硅岩（quartzite）或水合的无定形二氧化硅组成，也可能含有少量的铝、镁、铁、钛等金属元素与其相混合（Mehta et al.，1961；Lewin，1962）。例如，海洋浮游硅藻的硅藻壳中含有 96.5%的 SiO_2 和 1.5%的 Al_2O_3 或 Fe_2O_3（Rogall，1939）。硅藻壳中的无机成分被一层有机成分或“外壳（skin）”所包裹（Reimann et al.，1965），后者由氨基酸和糖类（Coombs and Volcani，1968；Hecky et al.，1973）及羟基脯氨酸与胶原质组成（Nakajima and Volcani，1969）。

细胞分裂与新细胞壁的形成

硅藻正常的无性繁殖方法是通过分裂，由一个母细胞产生两个子细胞，母细胞的两个壳面分别成为两个子细胞的上壳，同时子细胞各自产生一个新的下壳（图 17.9 和图 17.10）。细胞分裂的结果是其中一个子细胞与母细胞大小相同，而另一个子细胞比母细胞小。当分裂后的细胞变小时，细胞的宽度与高度比和形态也会相应变小。换句话说，较小的子细胞同原先较大的母细胞在几何学上不成比例。

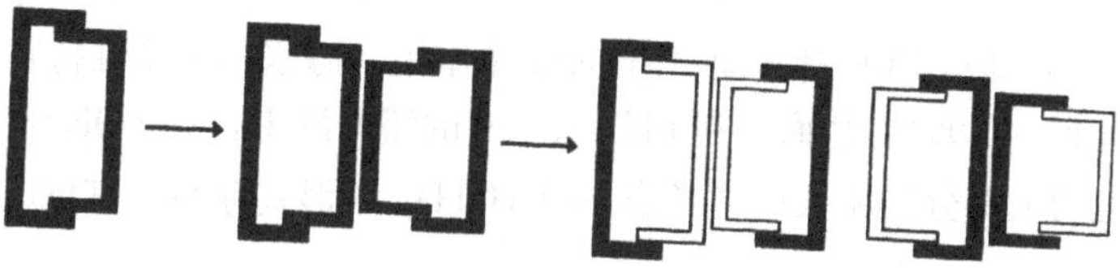

图 17.9　硅藻细胞的带面观图解显示其大小通过两次分裂而缩小。（仿自 Hendey，1964）

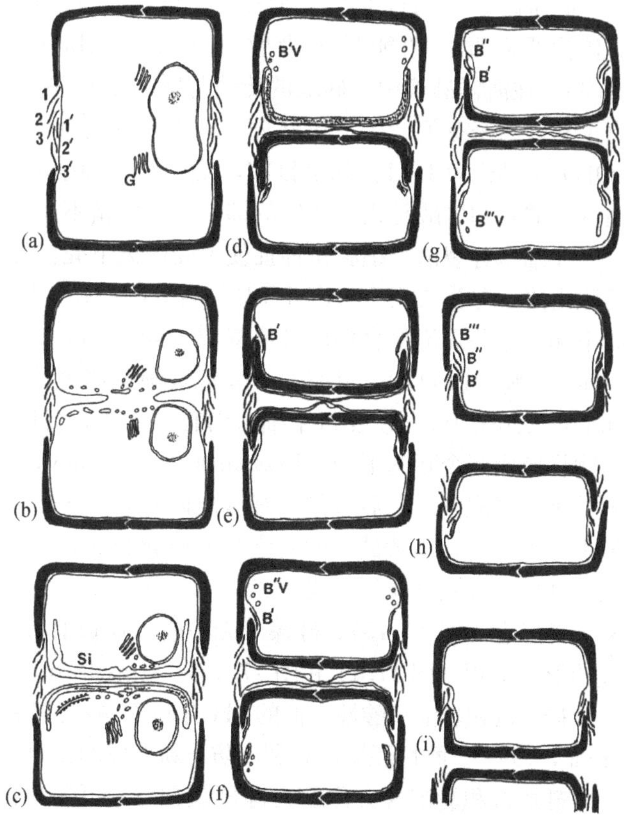

图 17.10　微小异极藻（*Gomphonema parvulum*）硅藻壳形成阶段图示，包括环带的形成。（a）核分裂，细胞拉长。（b）质膜内陷。（c）源自高尔基体的囊泡融合形成硅质囊膜。（d）硅质在硅质囊膜内沉积形成壳面，囊泡在第一条环带形成区堆积。（e）第一条环带在囊泡内形成并分泌到外面。硅质囊膜的内膜成为新的原生质膜，老的原生质膜和硅质囊膜的外膜消失。（f）～（i）第二条、第三条环带形成。（仿自 Dawson，1973）

硅藻对硅质的吸收限制在母细胞的胞质分裂（cytokinesis）后和两个子细胞分开前这一时期（Sullivan，1977）。细胞用于硅质吸收和传输的能量来自于有氧呼吸作用，而不直接涉及光合能量（Martin-Jezequel et al.，2000）。

硅元素是硅藻细胞进行分裂的绝对必要元素。在水体中，固态的二氧化硅水解并产生非游离态的原硅酸 Si（OH)$_4$（=H_4SiO_4）。

$$SiO_2（固态）+2H_2O \rightleftharpoons Si（OH)_4$$

通过增加 pH 小于 9 的溶液的浓度，或降低饱和溶液的 pH，硅酸会自动聚合并形成无定形二氧化硅。无定形二氧化硅是硅元素在硅藻细胞壁中的沉积形式。虽然硅元素位于地球外壳中最丰富元素含量的第二位，但由于难溶于水，其可用性大打折扣。因此，海洋硅藻的生长可以很快地耗尽表层水中的硅，这使得其进一步生长受到抑制（Hildebrand，2004）。

海水中 Si（OH)$_4$的浓度约为 6 ppm。在全球海洋中，约有 97%的溶解态硅以 Si（OH)$_4$的形式存在，通过 CO_2-碳酸盐系统的缓冲作用，海水的 pH 维持在 8.0 左右（Del Amo and Brzezinski，1999）。然而，在 pH 高达 10 的淡水湖中，Si（OH)$_4$仅占全部溶解态硅的 23%，其他的大部分硅主要以离子态 SiO（OH)$_3^-$ 的形式存在，其反应公式如下：

$$Si（OH)_4+H_2O \rightleftharpoons SiO（OH)_3^-+H^-$$

硅质以 Si（OH)$_4$的形式通过一个蛋白质吸入硅藻细胞中，该蛋白质作为一个活性硅传输器需要代谢能量来吸收硅质（Hildebrand et al.，2004；Wetherbee et al.，2004）。在海洋硅藻中，硅酸的传输与钠离子有关，而在淡水硅藻中，硅酸的传输与钠离子和钾离子有关。在海洋硅藻中，硅酸传输的特征是钠离子/硅酸同向转移，且 Si（OH)$_4$ ∶ Na^+为 1∶1。截至目前，至少有 5 种硅酸传输子（SIT）基因已被分离出来。锗（锗酸）和硅酸是相互竞争的抑制剂，但锗不能被硅藻细胞吸收进细胞壁中。

在细胞分裂前，细胞拉伸促使上壳脱离下壳，然后细胞核分裂。在原生质通过原生质膜内陷一分为二之后（图 17.10），高尔基体产生半透明的囊泡，它们聚集在原生质膜下端。这些囊泡融合形成硅质囊膜（silicalemma）或硅质沉积囊泡（silica deposition vesicle）膜（Li et al.，1989）。囊泡逐渐膨胀并呈现出一个新的壳面的形状（Schmid and Volcani，1983）。在每个细胞内有两个硅质沉积囊泡形成，而每个囊泡内的硅质沉积物将形成两个新的下壳（Brzezinski and Conley，1994）。硅元素可能是被高尔基体包裹并进入囊泡内的，后者借由细胞质内的微纤丝传输到硅质沉积囊泡中。在硅质沉积囊泡中，细小的、满载硅质的囊泡与硅质囊膜融合，在将膜层物质添加到硅质囊膜中时，也将硅质释放到硅质沉积囊泡的内部（图 17.10）。这些硅质沉积囊泡决定了最终的硅藻外壳形态（图 17.15）。硅藻外壳中的硅质以直径为 30～50 nm 的球状无定形二氧化硅的形式沉积（图 17.11 和图 17.12）（Crawford et al.，2001）。

硅质沉积囊泡呈酸性，低的 pH 有利于晶核的快速形成及硅质离子的聚合（Vrieling et al.，1999）。酸性环境也有利于防止新形成的壳面在被有机外套覆盖之前被分解掉。

硅质沉积囊泡含有称之为硅藻蛋白（silaffin）的多肽（图 17.13），它可促使硅酸沉淀成硅质纳米球（nanosphere）（图 17.12 和图 17.14）（Kroger et al.，1999，2000；Kroger and Sumper，2004）。不同种类的硅藻具有不同的硅藻蛋白，相应地它们也具有不同的多胺链将硅藻蛋白连接起来（图 17.13）。不同的硅藻蛋白产生不同大小的硅质纳米球，可能正是这些特异的硅藻蛋白决定了硅藻外壳的装饰类型，使得每个硅藻种类极具特点。

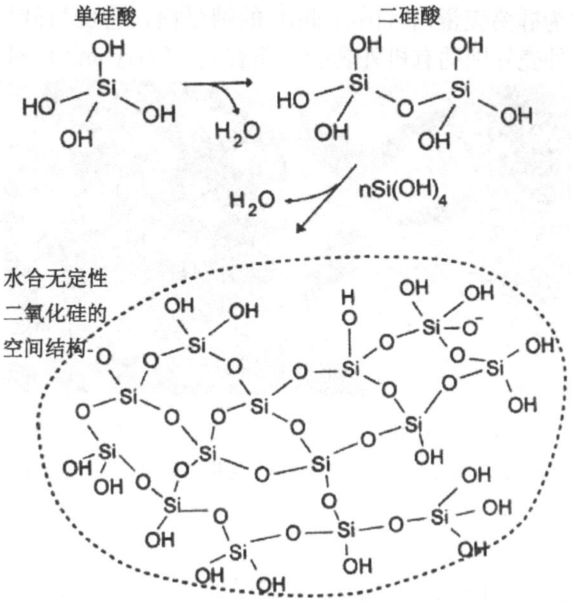

图 17.11 单硅酸分子聚合形成球状的水合无定形二氧化硅。

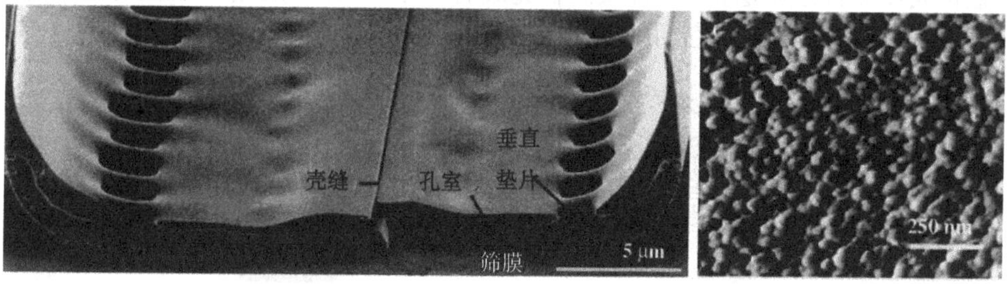

图 17.12 微绿羽纹藻（*Pinnularia viridis*）。左图：扫描电镜图片显示清洁壳面的横切面。右图：原子力显微镜图片显示壳面的裂开区，40～45 nm 的硅质球形成壳面。（引自 Crawford et al.，2001）

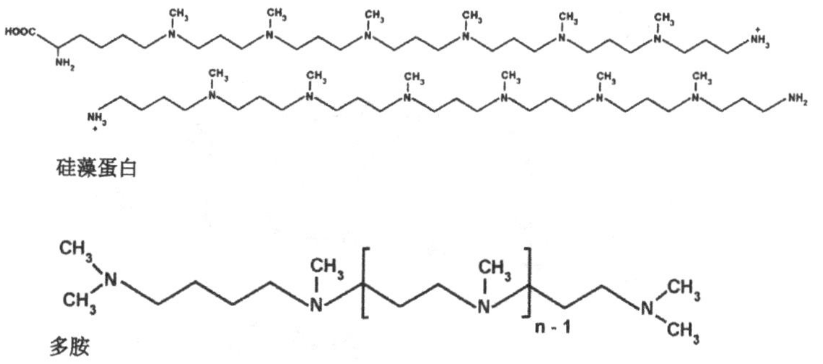

图 17.13 硅藻蛋白和硅藻蛋白多胺侧链的结构示意图，这两个分子调控硅藻中硅质球的沉淀。（修改自 Kroger et al.，1999）

硅藻蛋白的发现产生了极为可观的商业价值，因为许多以硅质为基础的材料如树脂、分子筛和催化剂等在工业上应用极为广泛。通常，人工生产以硅质为基础的材料需要极限的温度、压力和 pH。然而，对硅藻蛋白进行的生物硅化作用在常温常压条件下就可进行。

已知有一类被称为硅藻壳蛋白（frustulin）的糖蛋白，它也与硅质沉积囊泡有关。硅藻壳蛋白与硅藻硅质外壳外围的有机外套的沉积有关（Perry and Keeling-Tucker，2000）。

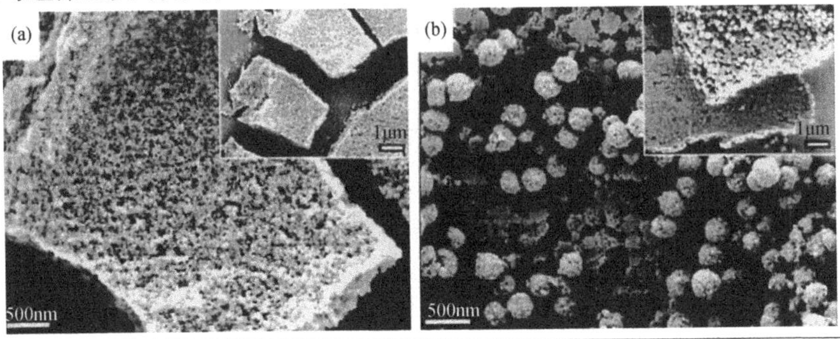

图 17.14 利用两种不同的硅藻蛋白和多胺从溶液中沉淀出硅质球的扫描电镜照片。(a) 中的硅质球比 (b) 中的小许多。硅质球的大小由硅藻硅质沉积囊泡中的硅藻蛋白和（或）多胺的类型来决定。(引自 Kroger et al.，2000)

当硅质沉积完成后，硅质囊膜的内膜变成子细胞的原生质膜，而初始的原生质膜和硅质囊膜的外膜消失（图 17.10）。在硅藻的上壳和下壳形成以后，高尔基囊泡开始聚集并融合成环带的硅质囊膜。当硅质沉积完成后，环带沉积在细胞外上壳与下壳之间的区域。如果有更多的环带，它们则以同样的方式形成（Dawson，1973）。

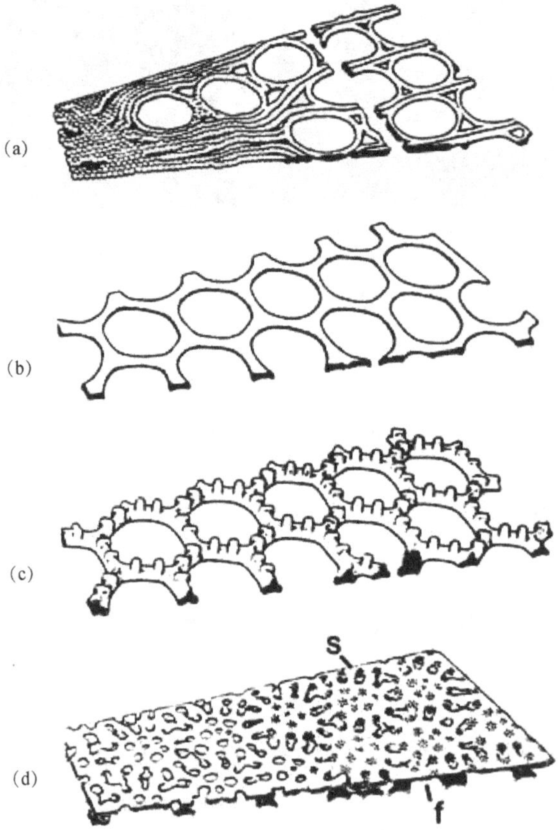

图 17.15 中心硅藻威氏圆筛藻（*Coscinodiscus wailesii*）的硅质壳形成图解。在成熟的硅质壳中，紧邻质膜的部分首先开始硅质沉淀 [(a) 和 (b)]。随后，硅质沉积在硅质外壳的外部 [(c) 和 (d)]。成熟的硅质外壳在孔室外部有一硅质筛膜 (s)，而在孔室内部有一硅质孔 (f)。（引自 Schmid and Volcani，1983）

虽然无定形二氧化硅在自然水域的 pH 中可缓慢地溶解，但看上去活的硅藻的硅质外壳被一层环绕在硅质壳上的有机物质所保护。在硅藻死亡后，硅质通常会溶解（Bidle and Azam，1999）。然而，在某些特定条件下，浮游硅藻的细胞壁会沉淀下来，它们在水底积聚的速度要快于它们溶解的速度，因而可在水底形成硅藻软泥（diatomaceous ooze）。

胞外黏液、生物污染与细胞滑动

硅藻可产生 5 种类型的黏液聚合物：①管（tube），②垫（pad），③柄（stalk），④纤丝（fibril），⑤黏附膜（adhering film）（图 17.16～图 17.18）（Hoagland et al.，1993）。在淡水硅藻中，柄、垫和管比在海水硅藻中要更加常见（Staats et al.，1999）。

在被底栖硅藻固定的碳中，有相当一部分以胞外黏液的形式被分泌出来（de Brouwer and Stal，2002）。硅藻产生的生物膜（biofilm）对于稳定底栖硅藻生活所需的淤泥滩有重要作用。在远洋区，浮游硅藻产生的黏液会触发“海雪（marine snow）”的形成，海雪是由细菌和微藻形成的黏性凝胶状聚合体（直径最大可达 100 mm），它能给渔业带来严重的灾害（Alcoverro et al.，2000）。海风可将海雪吹到海滩上，导致海滨的休闲娱乐功能降低。磷元素的缺乏会刺激硅藻分泌胞外黏液，从而导致海雪的暴发。在海雪聚合体中生长的细菌可以产生气泡，这使得海雪具有较好的浮性。同时，在海雪生长的生物还因被捕食者捕食的机会大为减少而从中受益。

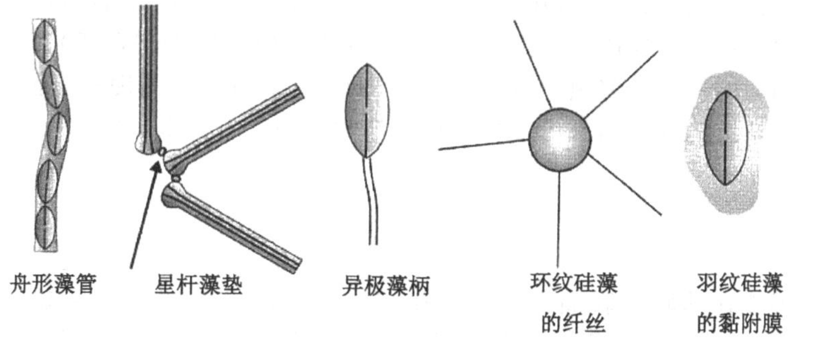

图 17.16　硅藻中胞外黏性物质的不同形式。（修改自 Hoagland et al.，1993）

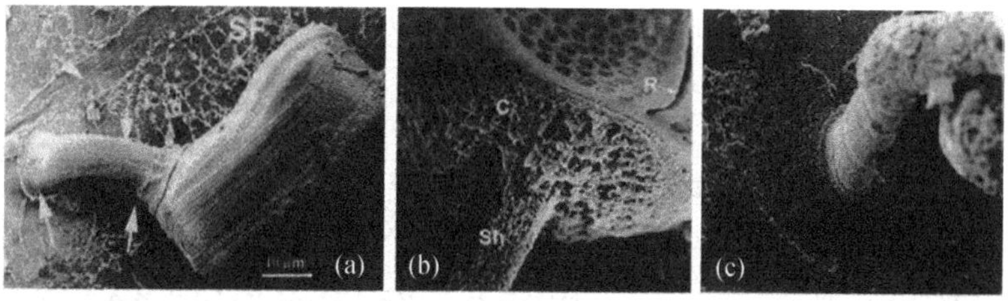

图 17.17　长柄曲壳藻（*Achnanthes longipes*）的扫描电镜图片。（a）细胞整体观显示黏性柄的垫、柄和领。同时显示硅藻滑行后留下的黏液轨迹和留在基质上的黏液表层膜（SF）。（b）显示黏性柄（Sh）的领（C）附着到细胞上。R，壳缝。（c）显示黏性柄的垫附着到基质上。（引自 Wang et al.，2000）

图 17.18 微绿羽纹藻（*Pinnularia viridis*）的扫描电镜显微图片。(a) 显示位于壳面（V）中间的壳缝（纵向的裂缝）。环带（GB）位于细胞的外围。箭头所指为中央节。(b) 细胞已经停置在环带上。黏性系缆中的黏液从两个壳面的壳缝处分泌出来，同时黏性系缆附着到基质上。(c) 黏性系缆从中央节内的壳缝处伸至基质上。(d) 黏性系缆与弯曲的细纹相连（箭头）。(引自 Higgins et al.，2003)

硅藻是一类普遍存在且能造成污染的微生物，它们通过分泌不溶于水的黏性物质附着在水下建筑物上。长柄曲壳藻（*Achnanthes longipes*）是一种常见的海洋污染硅藻，它对有毒的抗污损涂层具有很强的抗性（Johnson et al.，1995）。这种硅藻可以产生一个柄来提升自己，使其处在船底有毒的抗污染涂层的上方（图 17.17）。船底的生物污染使得摩擦阻力增加，导致额外的原料消耗。据估计，在美国清理船体表面的花费就高达数百万美元，这也导致国家税收的额外耗损（Chiovitti et al.，2003）。

运动

有些硅藻能在基质的表面滑行，并在它们经过的地方留下一条黏液痕迹。滑行（gliding）仅限于那些具有壳缝的羽纹硅藻（图 17.3～图 17.5）和那些具有唇形突起的中心硅藻（图 17.19、图 17.20 和图 17.32）。滑行运动的特点是运动速度波动很大，其速度在 0.1 s 内就能发生巨大的改变（Edgar，1979）。在羽纹硅藻中，硅藻的运动轨迹主要取决于壳缝的形状。

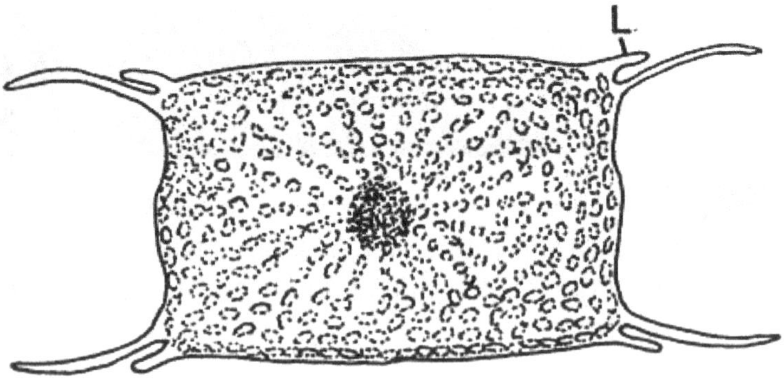

图 17.19 中华齿状藻（*Odontella sinensis*）的侧面观显示唇形突（L）的位置。（仿自 Pickett-Heaps et al.，1986）

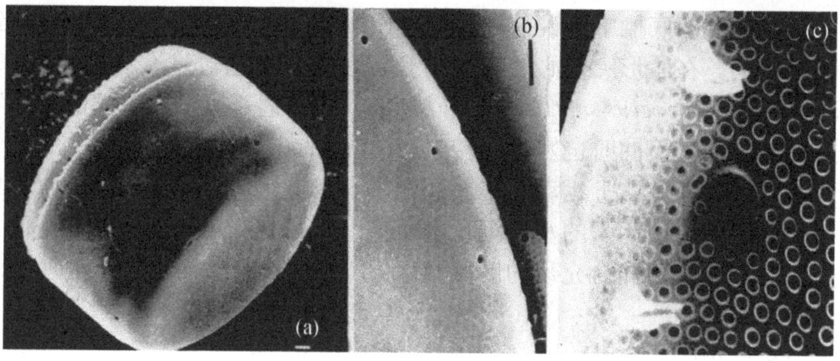

图 17.20　细弱辐环藻（*Actinocyclus subtilis*）的扫描电镜显微图片。（a）细胞整体观。（b）唇形突放大图片，显示唇形突如何通过一个简单的孔向外开口。（c）酸洗处理的壳面的内面观，显示两个唇形突的结构。在内部，每个唇形突由一个短管组成，后者从壳套伸至一个裂缝样的开口处。标尺＝1 μm。（引自 Andersen et al.，1986）

Nultsch（1956）辨认出至少三种硅藻运动类型：①舟形藻（*Navicula*）型，属直线运动；②双眉藻（*Amphora*）型，其运动轨迹通常为曲线；③菱形藻（*Nitzschia*）型，其运动路径通常是具有两个不同半径的曲线轨迹。在室温下观察，硅藻的滑动速度为 2～14 $\mu m \cdot s^{-1}$（Cohn and Weitzell，1996）。谷皮菱形藻（*Nitzschia palea*）能穿刺到 2%的琼脂内并在此介质内运动。基质的硬度越低，硅藻的运动就越慢；腐生菱形藻（*N. putrida*）在玻璃上的滑动速率为 2.7 $\mu m \cdot s^{-1}$，而在琼脂培养基上的滑动速率仅为 0.8 $\mu m \cdot s^{-1}$（Wagner，1934）。许多硅藻显示出向后和向前的运动，在此过程中每隔 1 min 改变它们的运动方向。根据 von Denffer（1949）的报道，谷皮菱形藻的运动性依赖于光。在液体培养基中，硅藻细胞倾向于形成球形丛生块，松散地被黏液黏附在一起。当将它们转移到载玻片上时，硅藻细胞会一个接一个地离开，但在黑暗条件下不会发生这样的运动。

硅藻只有在具有壳缝的壳面同基质表面相接触时才能进行滑动。如果硅藻停置下来，同时环面与基底相接触，那么硅藻会在靠近中央节的壳缝部位分泌出一条黏性系缆（tether）（图 17.18）。黏性系缆附着在基质上，而硅藻细胞利用该系缆将自己拉到一个含有壳缝的壳面上。有时黏性系缆可在细胞的相对面的壳缝处形成，这样就可从细胞的两面来拴住细胞。黏性系缆的收缩会导致细胞来回摇动，直到其中的一条黏性系缆断裂，细胞才在基质上恢复平稳。黏性系缆中的黏液物质不同于细胞滑动时分泌的黏性物质（Higgins et al.，2003）。

那些能滑动的羽纹硅藻具有成束的与壳缝平行的肌动蛋白微丝（Pickett-Heaps et al.，1979a，b）。这些微丝束用来确定直接位于壳缝下方的细胞质中含有黏性物质的类晶体的方向。

在适当的刺激下，黏液物质将从中央孔或端孔区域释放到硅藻的壳缝系统内（图 17.4）（Drum and Hopkins，1966）。壳缝内的黏液物质会向一个方向流动，直到黏液物质达到其所要黏附的对象为止。如果该对象是固定的，那么壳缝内的黏液流将驱动硅藻向相反的方向移动。几乎所有的运动型硅藻都必须将其壳缝区黏附到基质上，以实现其运动的目的。

有些具有唇形突的底栖中心硅藻（图 17.19、图 17.20 和图 17.32）附着到基质上时，它们也能滑动。在唇形突中心处有一个孔，黏液物质通过这个孔分泌出来。例如，在细弱辐环藻（*Actinocyclus subtilis*）（图 17.20）中，通过唇形突分泌的黏液物质可使硅藻向前运动，虽然硅藻同时也发生旋转（Medlin et al.，1986）。

附着到基质上并在基质上运动对硅藻而言具有以下优势：①在运动的水体中保持藻体的位置；②避免被搅动起来的水底沉积物所掩埋；③有利于扩大栖息地范围；④有利于移动到光照和（或）营养盐充足的区域（Medlin et al.，1986）。

质体和贮存产物

硅藻叶绿体被叶绿体被膜的两层膜所包裹，在叶绿体被膜外侧为叶绿体内质网的两层膜，其中内质网的外膜与核膜的外膜相连。叶绿体中的类囊体三个一组形成带状，在大多数叶绿体中存在一个位于中心的淀粉核（图 17.1）。淀粉核通常与散布排列的类囊体带相交叉，在某些情况下，类囊体带也会由正常的三类囊体带退化为两类囊体带。硅藻的叶绿体含有叶绿素 a、c_1 和 c_2，其中在三角褐指藻（*Phaeodactylum tricornutum*）中，叶绿素 a 与 c 的比例为 4∶1（Mann and Myers，1968）。在硅藻中，岩藻黄素是主要的类胡萝卜素，这使得硅藻呈现金褐色。岩藻黄素是一种在能量向叶绿素 a 传递过程中有效的类胡萝卜素，同时也是光合作用中光系统 II 的部件。

目前，已知也存在一些无色或无叶绿素（apochlorotic）的硅藻，它们以腐烂的海洋植被和大型海藻分泌的黏液为食（Lewin and Lewin，1967）。在光学显微镜下，这些硅藻没有明显的质体，尽管在精细结构水平下观察时可看到少许具有内膜系统的前质体（proplastid）结构。在前质体中未检测到叶绿素或类胡萝卜素的存在（Lauritis et al.，1968）。

硅藻的储存产物是金藻昆布多糖，它存在于细胞内的囊泡中（Granum and Myklestad，2001）。金藻昆布多糖不同于在褐藻纲中发现的海带多糖（laminarin）（图 1.28），前者在多聚糖的还原性末端缺少一个末端甘露醇残基（Chiovitti et al.，2004）。

硅藻含有独一无二的 4α-甲基甾酮，如 4-去甲基甾酮和胆固醇（图 17.21），它们可用作水体和有机沉积物中的硅藻标记物（Mansour et al.，1999）。

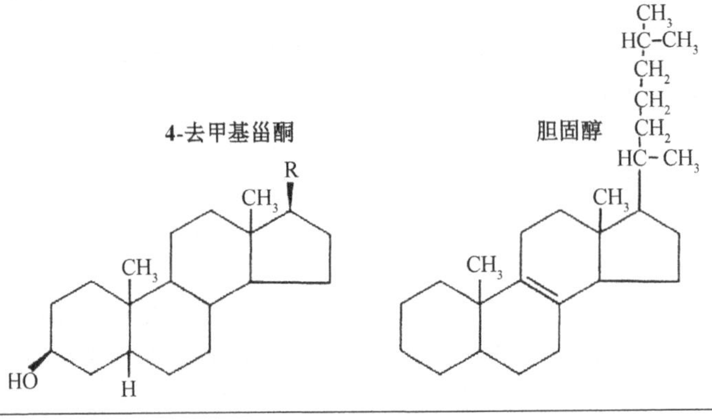

图 17.21 硅藻中存在的两种 4α-甲基甾酮。

休眠孢子与休眠细胞

有些硅藻在其生活史的不同时期可形成厚的、有纹饰的细胞壁的休眠孢子（resting spore）（图 17.22）（McQuoid and Hobson，1996）。如果这些硅藻为浮游生活，这些休眠孢子将沉到水底，它们可能在此等待更为有利的生活环境。布氏双尾藻（*Ditylum brightwelli*）在形成休眠孢子时（Gross，1940），细胞的原生质收缩，原生质膜从细胞壁上脱离［图 17.22（a）和图 17.22（b）］。此时形成的休眠孢子的体积要比原来的细胞小，主要原因是液泡及内含物的消失。在萌发过程中，休眠孢子产生许多纤细的原生质束，它们向各个方向呈辐射状。叶绿体逐渐从中央的原生质块中释放出来，与此同时整个原生质体开始膨胀。两天后，原生质体呈现出一个球形，类似于一个复大孢子（auxospore）。原生质体继续拉伸成为圆柱状，24 h 内在圆柱的一端出现一个壳面，而 48 h 后在圆柱另一端出现第二个壳面。新形成的子细胞要比母细胞宽很多。如前所述，正常的繁殖方法，即二分裂，会导致子细胞的尺寸变小。在某些硅藻中，一旦变小的子细胞达到某一尺寸，它就会通过有性或无性的方式产生复大孢子以恢复到最大的细胞尺寸（Nagai et al.，1995）。但是，复大孢子的形成通常并不常见，在某些种类中可能两年或多年才发生一次。因此，休眠孢子的形成是一种更频繁的恢复细胞大小的方法（图 17.44）。

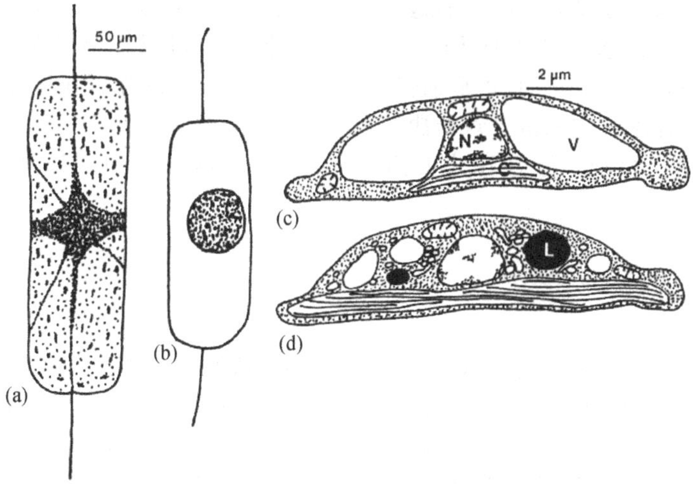

图 17.22　(a) 和 (b) 为布氏双尾藻（*Ditylum brightwelli*）。(a) 营养细胞。(b) 休眠孢子。(c) 和 (d) 为咖啡形双眉藻（*Amphora coffaeformis*）。营养细胞 (c) 和休眠细胞 (d) 的超微结构图解。C，叶绿素；L，脂质；N，细胞核；V，液泡。［(a) 和 (b) 修改自 Gross，1940)；(c) 和 (d) 仿自 Anderson，1975］

硅藻细胞在遭受胁迫压力后会形成休眠孢子。在海洋中，光照、温度和盐度相对稳定，即使存在季节性的变化，也很少发生急剧性的改变。在海洋环境中，胁迫压力通常来自于营养盐的损耗，从而诱发休眠孢子的形成（Davis et al.，1980）。浮游植物呈指数增长的特性，在藻华暴发的末期（浮游植物数量最后加倍的时期，对许多硅藻而言仅需 1 天或不到 1 天)，导致在相当大的范围内有限的营养盐将降至接近于零的水平。因此，突发性的营养胁迫是硅藻藻华末期的一个典型特征。

海洋中心硅藻一般形成形态各异的休眠孢子，反之，仅有少数羽纹硅藻存在这种情况。索氏短缝藻（*Eunotia soleirolii*）是为数不多的可形成休眠孢子的淡水羽纹硅藻中的一种（von Stosch and Fecher，1979)。在淡水环境中，硅藻要遭受比在海洋环境中更多的环境胁迫。当遭受以下胁迫时，索氏短缝藻将形成休眠孢子：①高温（24℃)；②高或低的 pH；③铁、硅、磷或硝酸盐缺乏。在其他许多硅藻中，休眠孢子放入新鲜培养基中即可萌发。但是，索氏短缝藻的休眠孢子需要在温度为－2～15℃、最少 4～5 周时间的黑暗环境中才能打破休眠。因此，在北欧的寒冷季节里索氏短缝藻依然生长旺盛，温度上升即可诱导其形成休眠孢子，同时可能伴随着营养盐的缺乏。索氏短缝藻休眠孢子的存活期可达到 3 年，但通常可持续到夏季，到秋季气温变冷时休眠孢子破裂并萌发。

休眠细胞（resting cell）与营养细胞的形态一样，也不形成保护层，因此与休眠孢子不同。处于生长中的咖啡形双眉藻的营养细胞需要在 4 周的黑暗环境中才能形成休眠细胞（Anderson，1975)。最初，休眠细胞的形成带有自噬行为，以分解现有的结构。此时，大的液泡的尺寸缩小，同时许多小的液泡逐步形成；线粒体变少；此外，大的脂质体开始形成（图 17.22)。休眠细胞含有与营养细胞同样多的叶绿素，但看上去整个细胞内细胞器的组装极为精简，这主要是一旦恢复到适宜的环境条件，为细胞重新开始代谢和生长做准备。在夏季，硅藻细胞沉降到透光层以下的深水区，在这里它们形成休眠细胞并处于静止状态。在这种环境中，休眠细胞至少可以存活 2 个月（Anderson，1976)。休眠细胞的呼吸率只有正常细胞的 20%，而且它们的光合作用能力非常弱。垂直混合可将这些休眠细胞和富含营养盐的水体输送到表面，在 2 天内休眠细胞即可恢复活力并开始繁殖。目前，已知在北大西洋 6150 m 的深水层中采集到活的硅藻休眠细胞。

复大孢子

除了休眠孢子外，复大孢子（auxospore）的形成是第二种恢复细胞原始大小的机制。复大孢子通过两个配子的融合而形成。在中心型和多角形硅藻中，雄配子为运动型（图 17.45)，而雌配子（卵）为非运动型（图 17.42 和图 17.44)。在羽纹型和条纹型硅藻中，两种配子都为无鞭毛的非运动型（图 17.29 和图 17.46)（Chepurnov et al.，2004)。

根据不同种类，复大孢子的发育有下列三种方式（图 17.23)（von Stosch，1982；Medlin and Kaczmarska，2004)。

(1) 等轴型复大孢子（*Isodiametric auxospores*)。中心硅藻如直链藻（*Melosira*)(图 17.35、图 17.40～图 17.43)、圆筛藻（*Coscinodiscus*）[图 17.2 (a)、图 17.6 (b)、图 17.15、图 17.38 (a) 和图 17.38 (b)] 和冠盘藻（*Stephanopyxis*）[图 17.33 (a)、17.38 (c) 和图 17.38 (d)] 产生这种复大孢子。球状的复大孢子在发育过程中或多或少保持了其形状。复大孢子在成熟过程中通常附着在母细胞的壳面上。复大孢子具有一层嵌有鳞片的外壁（图 17.24)，在其内部则产生成熟营养细胞的穹顶状壳面。

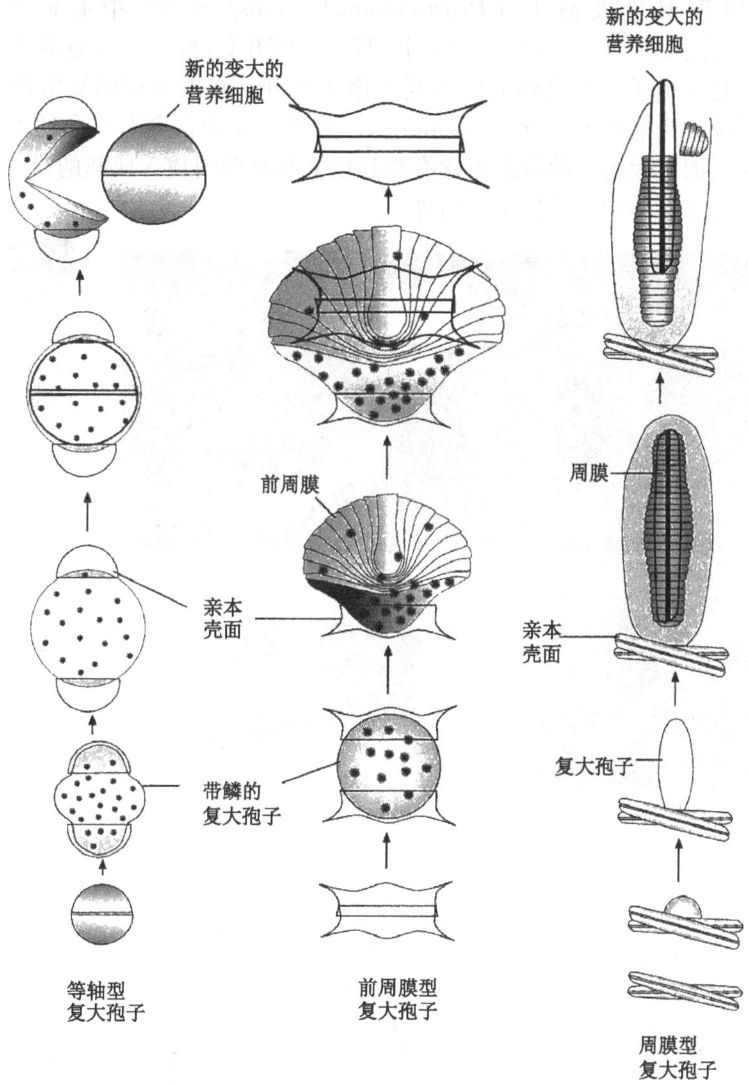

图 17.23 硅藻中三种有性生殖的复大孢子的图解。

图 17.24 硅藻（*Ellerbeckia arenaria*）复大孢子的扫描电镜显微照片。（左）覆盖有鳞片的复大孢子位于上壳内。（右上）鳞片的外视图。（右下）鳞片的内视图。（引自 Schmid and Crawford, 2001）

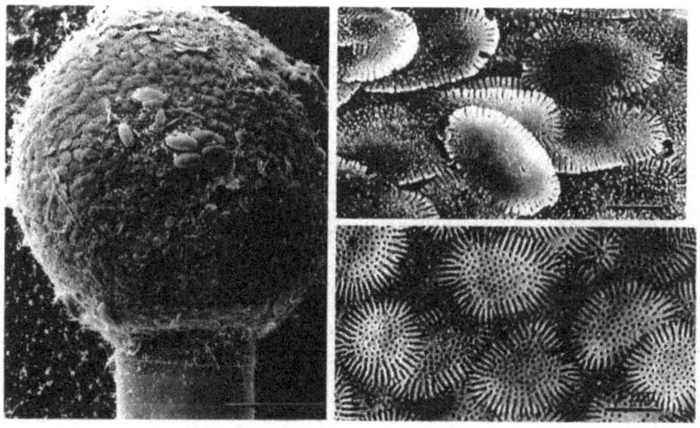

（2）前周膜型复大孢子（*Properizonial auxospores*）。中心硅藻如角毛藻（*Chaetoceros*）[图 17.6（a）、图 17.32、图 17.44 和图 17.45] 产生这种非等轴型（非球形）的成熟复大孢子。未成熟的球形复大孢子裂开，在不对称的复大孢子上形成膜带。这些膜带统称为前周膜（properizonium）。在角毛藻中，扇形组合的膜带形成于复大孢子的背面，而复大孢子的腹面由含有鳞片的初级被膜组成。成熟的复大孢子产生一个在外形上类似于营养细胞的扁平硅质外壳。

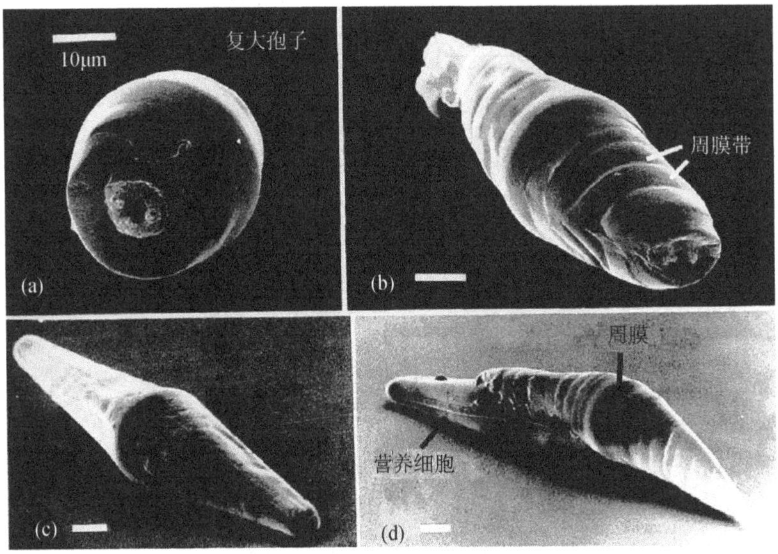

图 17.25 尖头舟形藻（*Navicula cuspidata*）有性生殖阶段的扫描电镜显微照片。（a）未成熟的复大孢子。（b）复大孢子在延伸过程中，周膜带较为明显。（c）成熟复大孢子显示其周膜呈双锥形。（d）从复大孢子的周膜上萌发出营养细胞。（引自 Cohn et al.，1989）

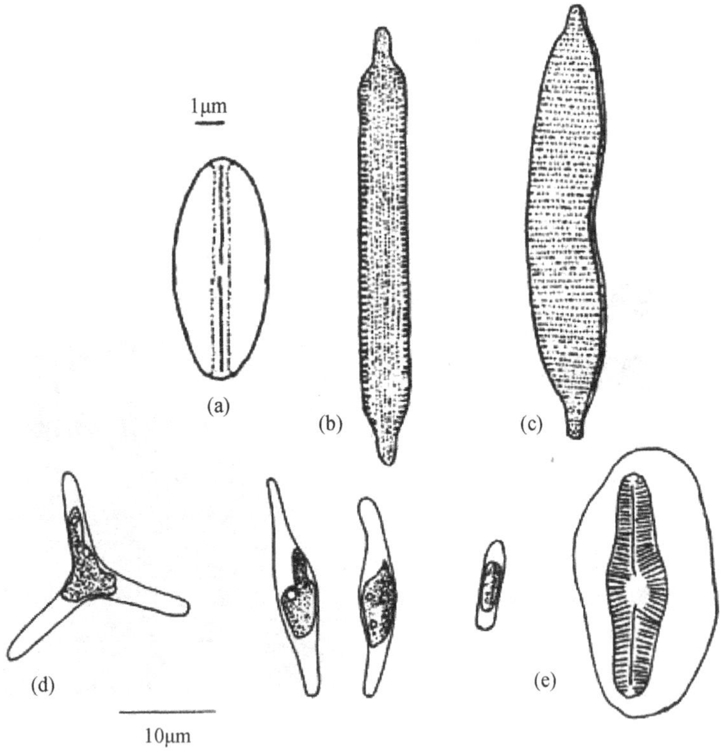

图 17.26 （a）小皮舟形藻（*Navicula pelliculosa*）。（b）谷皮菱形藻（*Nitzschia palea*）。（c）双尖菱板藻（*Hantzschia amphioxys*）。（d）和（e）三角褐指藻（*Phaeodactylum tricornutum*）。（d）三射线形、纺锤形和卵圆形三种形态。藻体多种形态，卵形细胞在琼脂或低钙溶液中形成，纺锤形和三射线形细胞则在液体培养基中产生。（e）卵形细胞包埋在具单层壳面的黏液中。（仿自 Wilson，1946）

（3）周膜型复大孢子（*Perizonial auxospores*）。羽纹硅藻如舟形藻（*Navicula*）[图 17.2（d）、图 17.16、图 17.25、图 17.26（a）、图 17.33（b）和图 17.35］和伪菱形藻（*Pseudo-nitzschia*）（图 17.27 和图 17.29）形成这种非等轴型的成熟复大孢子（Sato et al.，2004）。未成熟的球状复大孢子在初生壁内嵌有鳞片。当开始发育时，复大孢子的初生壁裂开并分成相等的两半。随后，复大孢子产生膜带，后者将细胞围在管状周膜内。最终，在成熟的复大孢子周膜内形成新的羽纹状硅质外壳。

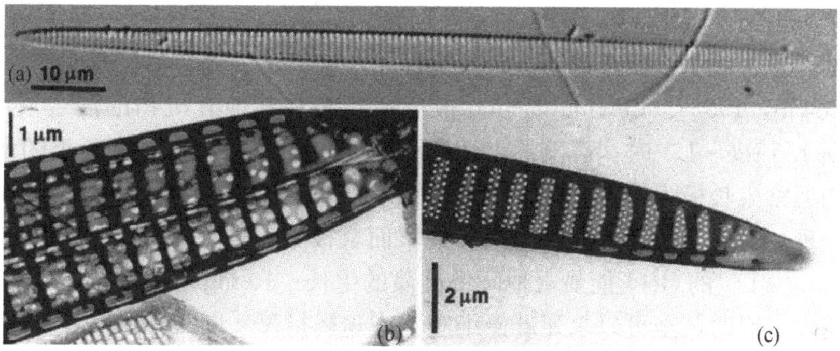

图 17.27 伪菱形藻（*Pseudo-nitzschia*），一种造成记忆丧失性贝毒的硅藻。（a）壳面的光学显微照片。（b）和（c）干净壳面末端的透射电镜照片，显示肋和拟孔。（引自 Hasle，1995）

只有在满足两个基本条件的情况下，硅藻的有性生殖才能发生（Edlund and Stoermer，1997）。首先，细胞必须达到一个最小的大小，典型的是达到其最大尺寸的 30%～40%。其次，必须存在恰当的环境条件，这些包括温度、光照、营养盐、微量金属、有机生长因子和渗透压的合适组合（Potapova and Snoeijs，1997）。与其他大多数藻类类群相反，硅藻的有性生殖主要作为一种恢复细胞大小的方式，而不是用来休眠或扩散（Edlund and Stoermer，1997）。

节律现象

硅藻细胞在同一培养条件下可以几种不同的方式进行同步分裂。Lewin（1966）研究发现去除小皮舟形藻（*navicula pelliculosa*）培养液中的硅元素，将导致胞质分裂前期的细胞生长停止。当将硅元素添加到培养液中，所有的细胞将同步进行分裂。另一种获得同步细胞分裂的方法是将硅藻长期置于黑暗中，然后光照培养。在谷皮菱形藻（*Nitzschia palea*）［图 17.26（b）］中，两次细胞分裂之间所需的最短时间是 16 h（von Denffer，1949）。如果谷皮菱形藻的细胞在 8 h 光照：8 h 黑暗的周期中培养，将可获得同步分裂的细胞。如果周期缩短至 6 h 光照：6 h 黑暗，细胞分裂则每两个暗周期发生一次，因为对于硅藻而言没有足够的时间准备下一次分裂。

Fauré-Fremiet（1951）最早观察到在低潮期间，双尖菱板藻（*Hantzschia amphioxys*）［图 17.26（c）］聚集在某些区域的淤泥滩上，导致泥滩上出现褐色斑点。这些硅藻细胞可快速的滑动，速度达到每秒半个体长，并且能够颠倒它们的趋光反应。在低潮时，细胞呈正趋光性，因而它们可到达泥滩表面；而在高潮时，细胞呈负趋光性，这样它们就能下沉到泥滩中。在高潮时，这种硅藻还分泌一种黏液物质，它使得细胞相互黏在一起并黏附到沙粒上。这种节律现象能防止硅藻细胞被潮水冲走。

生理

对小皮舟形藻［图 17.26（a）］的生长而言，硅元素不能被任何一种与其具有相似物理和化学性质或原子半径（如锗、碳、锡、铅、砷、磷、硼、铝、镁或铁等）的元素所替代（Lewin，1962）。Lewin（1966）报道在藻类和其他有机物的混合液中，GeO_2的浓度达到 1.5 mg·L^{-1}时，硅藻的生长会受到明显的抑制。在许多藻类的培养液中，硅藻污染物通常生长极为快速，从而抑制了目标藻类的生长。GeO_2能明显地抑制硅藻生长这一发现，对于开展藻类培养的藻类学家而言极具价值。对 14 种硅藻的纯培养实验表明，1 mg·L^{-1}的 GeO_2能显著地降低硅藻的生长；10 mg·L^{-1}的 GeO_2对硅藻的生长更具抑制性，有时甚至可以杀死硅藻细胞。三角褐指藻［图 17.46（d）］是一种仅有少许或没有硅质细胞壁的硅藻，它是在所检测的硅藻中对 GeO_2最不敏感的种类。增加培养液中 SiO_2的浓度，可以逆转 GeO_2对其生长的抑制作用。实验结果显示 GeO_2是一种硅酸盐利用的特效抑制剂，因为 GeO_2的浓度高达 400 mg·L^{-1}时仍不影响硅藻的呼吸作用。GeO_2的最小抑制浓度与培养液的 pH 水平和营养盐浓度有关。在自然水体中，锗的浓度极少达到这种抑制水平，有报道称在日本新潟县（Niigata Prefecture）的一个矿泉中发现了最高的锗浓度，达到了 0.03 mg·L^{-1}，而海水中锗的正常浓度约为 5×10^{-5} mg·L^{-1}。

硅藻除了对溶液中的锗表现出不利反应外，对铜也很敏感。Erickson（1972）研究发现当铜的浓度低至 5 μg·L^{-1}时，假微型海链藻（*Thalassiosira pseudonana*）的生长即受到抑制。碎屑的存在对毒性有一定程度的影响。0.25 ppm 浓度的 $CuSO_4\cdot5H_2O$ 常用来控制淡水湖中的藻华，同时对鱼类没有影响。在少数海洋硅藻中，铜的毒性和硅的代谢相互关联。在有铜存在的条件下，中肋骨条藻（*Skeletonema pseudocostatum*）［图 17.8（e）和图 17.31（a）］和假微型海链藻的生长会变慢。增加培养液中的硅酸浓度可以减轻铜对生长的抑制作用（Morel et al.，1978；Rueter et al.，1981）。研究推测，可能铜干扰了硅酸的跨质膜转运位点，进而减缓了硅藻对硅酸的吸收（Rueter et al.，1981；Rueter，1983）。

重金属对硅藻的影响可分为三类（Thomas et al.，1980）：①铜、锌和锗影响硅元素代谢的生化路径；②汞、镉和铅干扰细胞分裂，导致产生形态畸变的细胞；③铬、镍、硒和锑在浓度高达 1 μmol·L^{-1}时也没有影响，这远高于其他有毒金属产生作用的浓度。

有些进行正常光合自养的硅藻也能在异养条件下生长（Kroger，2001）。有两份研究发现（Lewin，1953；Lewin and Lewin，1960），许多进行光合自养的硅藻也能进行异养生长，它们通常以葡萄糖作为碳源。隐秘小环藻（*Cyclotella cryptica*）（Hellebust，1971）即是这类硅藻中的一种，它能在黑暗环境下以葡萄糖（不能是乳酸盐或蛋白胨）作为唯一碳源的有机培养基中生长。当这种硅藻在光照下生长时，它就不具备这种利用培养液中葡萄糖的代谢机制。在暗环境中，隐秘小环藻约需 24 h 才能利用葡萄糖作为碳源。这个滞后期显示光的缺乏诱导了一个硅藻吸收和（或）同化葡萄糖的系统。White（1974）推测这种兼性的异养能力可使得这些硅藻能沉入水底的沉积物中，通过异养生活很长时间，然后上浮重新开始光合自养生活。尽管上述硅藻仍具有功能性的叶绿体，但存在一些无叶绿素的硅藻，它们缺乏功能性的叶绿体（Lewin and Lewin，1967）。后者如菱形藻属（*Nitzschia*）[图 17.26（b）]，它们能以乳酸盐或琥珀酸盐作为唯一的有机碳源进行生长。

在海水中，当贝类滤食菱形藻属（*Nitzschia*）[图 17.26（b）和图 17.35]、伪菱形藻属（*Pseudo-nitzschia*）（图 17.27 和图 17.29）和双眉藻属（*Amphora*）[图 17.22（c）和图 17.22（d）] 的种类时，在其体内会产生记忆丧失性贝毒（amnesic shellfish poisoning）（Bates，2000；Lundholm and Moestrup，2000）。随后，人类和鸟类摄食这些贝类将会导致记忆丧失（健忘症）、腹部绞痛、呕吐、方向感丧失，甚至死亡。记忆丧失性贝毒最早于 1987 年在加拿大的爱德华岛（Prince Edward Island）被确认，在那次事件中，食用蓝贻贝（blue mussel）导致 3 人死亡，105 人中毒（Subba Rao et al.，1988）。硅藻还能产生软骨藻酸（domoic acid），它是一种神经刺激性氨基酸 L-谷氨酸的衍生物（图 17.28）。软骨藻酸在垂死的硅藻细胞中特别普遍，它可以通过使细胞失去营养盐的方式来诱导产生，特别是硅酸盐和磷酸盐（Pan et al.，1996）。

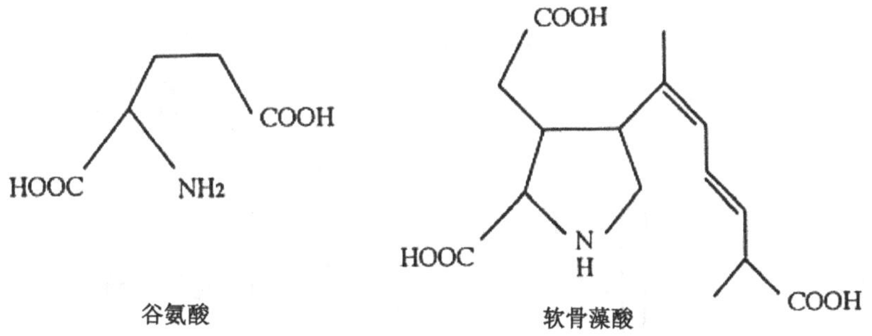

图 17.28 软骨藻酸的结构，造成记忆丧失性贝毒的化合物及其类似物 L-谷氨酸。

多纹伪菱形藻（*P. multiseries*）的有性生殖具有内在的节律，后者受细胞大小控制（Davidovich and Bates，1998）。在通过复大孢子萌发产生营养细胞进行有性生殖后，细胞的尺寸达到最大，长度可达 120～170 μm（图 17.29）。在自然界中，有性生殖的诱导发生在连续的细胞分裂将细胞尺寸减小 30%～40%的三年之后。当不同细胞株相互接触，壳面与壳面相平行时，多纹伪菱形藻即开始交配。细胞通过减数分裂完成配子发育并形成形态上相似的无鞭毛配子。交配时，亲代细胞硅质壳的壳面裂开，同时雄细胞中的配子通过变形虫样运动行进至雌细胞的被动配子。在几分钟内，配子融合形成球形的合子，合子膨大产生复大孢子，后者仍旧附着在其中一个亲代壳面上。完全膨大的复大孢子仍然含有来自于配子的未融合的核和叶绿体。复大孢子的大部分体积被一个单独的液泡所占据。复大孢子萌发产生最大细胞尺寸的营养细胞。在生理学上这种有性生殖为同配生殖，因为在此过程中，一个克隆的细胞（雌）被动地保留在亲代细胞的硅质壳内，而另一个克隆的细胞（雄）主动地移向被动的配子。

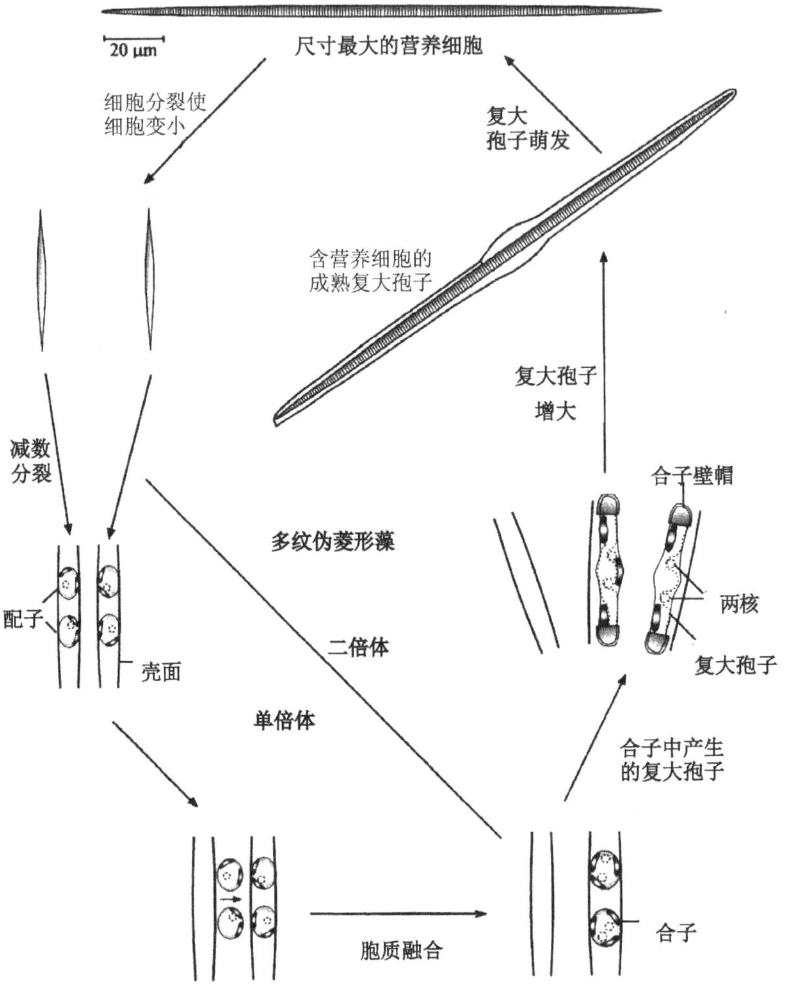

图 17.29 有毒硅藻多纹伪菱形藻（*Pseudo-nitzschia multiseries*）的生活史。（修改自 Davidovich and Bates，1998）

捕食行为的化学防御

硅藻是无脊椎动物如桡足类的首选食物。研究表明，有些硅藻（如三角褐指藻、中肋骨条藻）通过释放化学物质来降低无脊椎动物下一代的繁殖力而演化出一种减少被捕食的机制。硅藻细胞细胞质的液泡中含有大量的高度不饱和脂肪酸如二十烷酸（eicosanoic acid）[图 17.30（a）]。无脊椎动物在摄食这些死亡硅藻细胞过程中，将导致这种不饱和脂肪酸释放到海水中。一旦释放，磷脂酶将不饱和脂肪酸二十碳四烯酸（eicosatetraenoic acid）和二十碳五烯酸（eicosapentaenoic acid）转化成不饱和的短链醛

2，4-癸二烯醛（2，4-decadienal）和 2，4，7-癸三烯醛（2，4，7-decatrienal）［图 17.30（b）］（Miralto et al.，1999；Pohnert，2002；Pohnert and Boland，2002；Pohnert et al.，2002）。这些短链脂肪酸醛对许多处于发育阶段的无脊椎动物具有毒性，如桡足类、海胆、多毛类和海鞘等，尽管类似的、具有一个末端醛基的饱和脂肪酸如十三醛（tridecanal）［图 17.30（b）］对桡足类的卵没有毒性（Caldwell et al.，2004）。这些醛类通过影响细胞膜特性及微管和微丝的稳定性而产生毒性作用（Casotti et al.，2005），通过使捕食者的后代遭到损害，从而促进硅藻种群的存活。

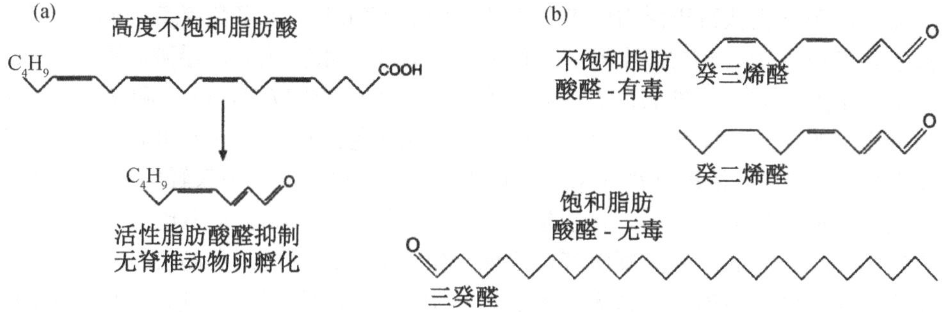

图 17.30　(a) 无毒的高度不饱和脂肪酸被磷酸酶转化成一个对无脊椎动物有毒的活性不饱和脂肪酸醛的反应式。该反应由硅藻细胞的损伤引发。(b) 两种不饱和脂肪酸醛——癸三烯醛和癸二烯醛，它们对无脊椎动物有毒副作用；一种无毒的饱和脂肪酸醛——三癸醛。

硅藻细胞中的二十烷酸对硅藻自身没有毒副作用；这种化学物质只有在不饱和脂肪酸释放到环境中并转化成醛后，才会产生毒性。因此，硅藻将其代谢的能量用于生成正常细胞活动所需的不饱和脂肪酸。当细胞受到损伤时，不饱和脂肪酸被释放并转化成有毒的化合物，后者可以减少捕食者下一代的数量（Pohnert，2002）。有趣的是，释放出的醛类同样对硅藻有毒副作用（Casotti et al.，2005）。但好在这些硅藻已经被摄食者破坏，它们已经脱离了基因池（gene pool）。

生态

硅藻是开放水域海洋植物区系的主要组分，同时也是淡水植物区系的重要成分。附生硅藻的特征是在多种底质上形成褐色的浮沫，大量附生的硅藻还能形成蓬松的褐色藻团。在淡水和海洋环境中，羽纹硅藻的种类数量大致相当，而中心形和多角形硅藻主要分布在海洋环境中。一般而言，在海洋环境中，水温越低，硅藻种群的数量就越多。通常在开阔的海域，硅藻的种类数虽较多，但总量较少，而在近岸海域，虽然硅藻的种类不多，但硅藻细胞的总量很高。相对于富营养型水体（近岸水体从陆地汇聚营养），贫营养型水体（开放海域）正是这种情形的典型。

海洋环境

为维持在水体中悬浮，海洋硅藻细胞衍生出一些对浮游生活的适应性机制。硅藻的硅质壁密度约为 2.600，占细胞的总干重可达 50%（见 Smayda，1970 年的综述）。而海水的密度为 1.021～1.028，因此，浮游硅藻必须要有比海水轻的细胞成分，以使其获得中性浮力或正浮力。海洋生物原生质的密度比海水略大，为 1.030～1.100，这使得液泡成为硅藻细胞获得正浮力的唯一可能来源。实际上，大多数浮游硅藻都含有一个大的液泡，其内容物虽然与海水等压，但密度要轻于海水。例如，浮游硅藻布氏双尾藻（*Ditylum brightwelli*）[图 17.22（a）、图 17.22（b）、图 17.31（b）和图 17.31（c）] 的液泡液密度为 1.0202，小于海水。这些硅藻的液泡含有比周围海水轻的离子：Na^+ 浓度相对地要高于 K^+ 浓度（钾元素要比钠重 40%左右）；液泡中较轻的离子 NH_4^+ 浓度也相对较高，而二价的重离子，特别是 SO_4^{2-} 被排除在外。对于大小超过某一尺寸（双尾藻直径为 20 μm）的浮游硅藻而言，这种产生浮力的离子机制可能特别重要，因为如果细胞小于该尺寸，液泡会变得太小不能给细胞提供必需的浮力。这种产生浮力的离子机制不能应用于淡水浮游植物的漂浮，因为淡水中盐含量较低。在淡水环境中，大多数群生硅藻被包裹在一个低密度的凝胶状液囊中，这个凝胶状液囊有利于硅藻的漂浮。通过在体积相对不变的情况下增加表面积，进而增加细胞在水体中的拖曳使得细胞沉置变缓。在浮游硅藻中，这种增加表面积的方式可通过刚毛 [角毛藻（*Chaetoceros*），图 17.6（a）、图 17.32、图 17.44 和图 17.45] 或细胞变成圆盘状 [圆筛藻（*Coscinodiscus*），图 17.2（a）、图 17.6（b）、图 17.15、图 17.38（a）和图 17.38（b）]、缎带状 [脆杆藻（*Fragilaria*），图 17.31（d）和图 17.31（e）] 或拉长形 [根管藻（*Rhizosolenia*），图 17.33（c）] 等来实现。硅藻细胞的聚合成链状增加了它们沉降的速度，因为这样减小了它们的相对表面积。对硅藻而言，细胞尺寸增大将导致硅藻细胞上浮速度的增加。最大的硅藻细胞每小时最多可上浮 8 m（Moore and Villareal，1996）。

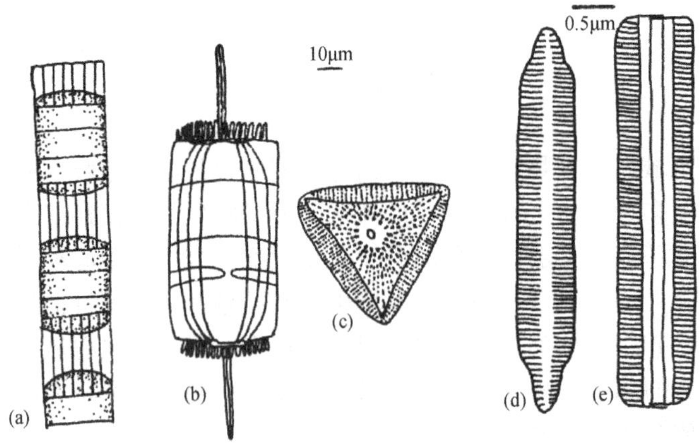

图 17.31 （a）中肋骨条藻（*Skeletonema costatum*）。（b）和（c）布氏双尾藻（*Ditylum brightwelli*）的环面观（b）和壳面观（c）。变绿脆杆藻（*Fragilaria virescens*）的壳面观（d）与环面观（e）。

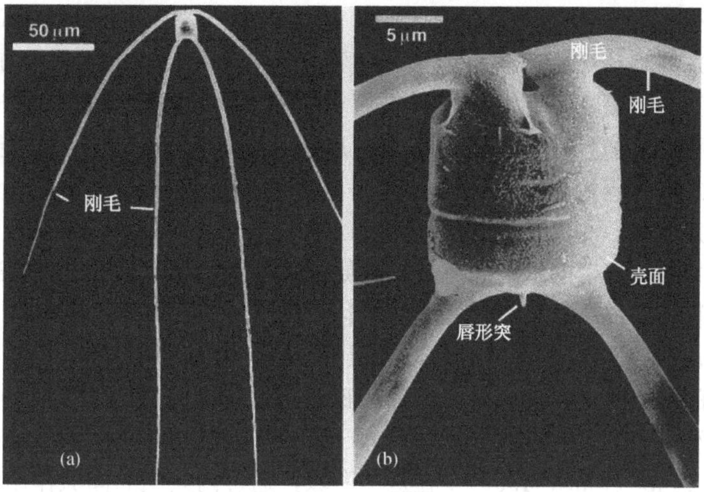

图 17.32 秘鲁角毛藻（*Chaetoceros peruvianus*）的扫描电镜照片，显示刚毛（setae）和唇形突（labiate process）。（引自 Pickett-Heaps et al.，1994）

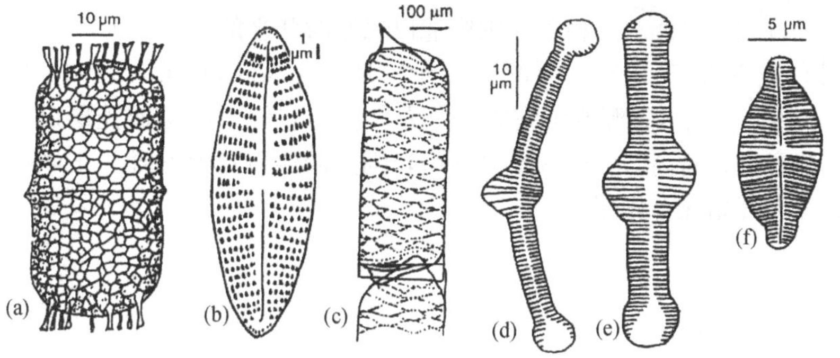

图 17.33 (a) 塔形冠盖藻（*Stephanopyxis turris*）。(b) 冰河舟形藻（*Navicula glaciei*）。(c) 卡斯根管藻（*Rhizosolenia castracanei*）。(d) 窗格平板藻（*Tabellaria fenestrata*）。(e) 绒毛平板藻（*Tabellaria flocculosa*）。(f) 短小曲壳藻（*Achnanthes exigua*）。

浮游硅藻的密度在一天中都有变动，它们在水体中上下来回移动。这导致在硅藻的表面存在恒定的水流，有利于硅藻更好地吸收营养。布氏双尾藻［图 17.22 (a)、图 17.22 (b)、图 17.31 (b) 和图 17.31 (c)］是一种沉降速率能发生变化的硅藻，它最大的沉降速率发生在光照期的后半段，而最小的沉降速率出现在光暗期结束时（Fisher and Harrison，1996）。因此可见，脂质的储存对硅藻细胞的向上浮起意义不大，因为在硅藻的沉降速率达最大时，其含脂量也达到最大（Andersen and Sweeney，1977）。海洋中硅藻的沉降在许多情况下会持续，直到由于温跃层或水深的增加导致海水的密度上升，使得它们能稳定地悬浮在一定的水体中。在北太平洋中部存在一个分布范围广泛的深水（110～130 m 深）叶绿素层，它含有活的藻类的色素而非碎屑。这个具有最大量叶绿素的水层含有在深水中生长的有机体，而非衰老细胞的堆积物（Venrick et al.，1973；Jeffrey，1976）。硅藻占据了这些细胞的绝大部分，它们因具有适应弱光的优势而能在此处生存（Jeffrey and Vesk，1977）。向下穿透这一深度的光线主要由低强度的蓝绿光组成，它的最大波长为 480 nm。对海洋硅藻塔形冠盖藻（*Stephanopyxis tur-*

ris)[图 17.33(a)、图 17.38(c)和图 17.38(d)]的研究表明，相对于白光，蓝绿光能将叶绿素的含量增加100%，叶绿体的数量也适当增加，但叶绿素与类胡萝卜素的比例没有变化。同时，蓝绿光提高了对二氧化碳的光合固定。因此，生活在深水层中只能接受蓝绿光的硅藻“启动（switch on)”了一个能更有效地捕获光子和提升二氧化碳固定的机制，这使得这些硅藻能在一个仅有少量光照的深水层中保持活力并生长。

在温带的贫营养海域，固氮细菌与蓝细菌以及硅藻中根管藻（*Rhizosolenia*）与半管藻（*Hemiaulus*）之间的共生很常见（Villareal，1989）。卡斯根管藻（*R. castracanei*）[图 17.33（c)] 和覆瓦根管藻斯鲁变种（*R. imbricata* var. *shrubsolei*）在贫营养的中央海域可形成自由漂浮的硅藻垫，如马尾藻海（Sargasso sea）和北太平洋环流系统（the North Pacific Gyre)，在这里根管藻团垫占所有活的硅藻的硅元素的98%（Shipe et al.，1999)。在这些海域，通过内共生的固氮作用为生态系统提供了大量的氮源（Martinez et al.，1983)。根管藻细胞能以每小时几米的速度在水体中垂直移动，目前已观察到它能存在于150 m深的水层中（Richardson et al.，1996；Villareal and Carpenter，1994)。耗尽氮源的细胞的浮力为负值，它们会沉至透光层以下的水体中，那里的营养盐含量相对高。在吸收营养盐后，细胞的浮力变为正值，进而向上移动进入到透光层并重新开始光合作用。

淡水环境

由于环境条件变化，许多浮游硅藻呈现规律性的年度波动。美丽星杆藻（*Asterionella formosa*）（图 17.16）即这些常见淡水浮游硅藻中的一种，它在春季形成明显的生长高峰，在秋季又形成小的生长高峰（图 17.34）（Lund，1949，1950)。在冬季，光照和温度限制了硅藻的生长；低温对呼吸作用的影响比光合作用更加明显，这样使得呼吸的补偿点降低，光合作用超过呼吸作用的可能性得以增加。随着春季开始及随后温度和光照的逐渐增加，硅藻的细胞快速生长直到春季中期，此时另一个因素——水中的溶解态硅质的浓度成为限制性因子，由于硅藻的生长吸收大量的硅质而变得缺乏。一旦溶解态硅质的浓度达到0.5 mg • L^{-1}，大多数硅藻将停止生长。此时，由于溶解态硅质成为限制性因子，硅藻的数量会急剧下降，直到秋季，当在春季生长的硅藻种群的硅质壳裂解并释放更多的溶解态硅质，以及含有硅质的溪流汇入时，硅藻的数量才会有较低程度的增加。至秋季会达到一个低于春季的高峰。其他的因素，如被无脊椎动物捕食和真菌寄生，虽然也能抑制星杆藻的生长，但它们仅处于次级重要的地位。

农业土地或工业用水的流入促使内陆溪流快速富营养化，最终导致所谓的“农业同功群（agricultural guild)”在硅藻群落中占据主导地位（图 17.35）（Richardson et al.，1996)。水体中这些硅藻种类的出现预示着水质的恶化。

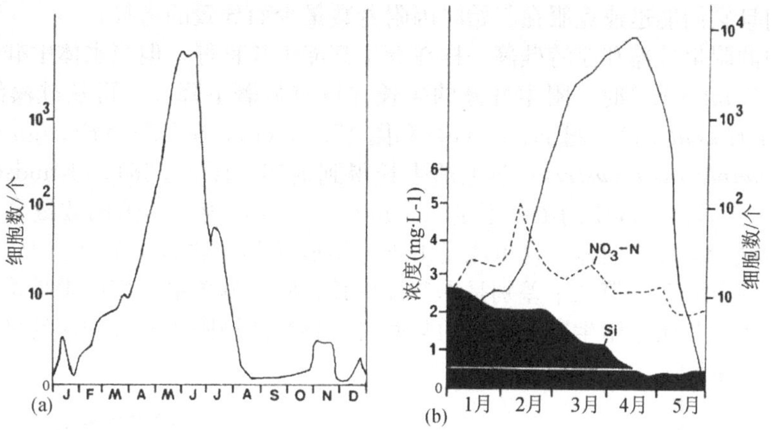

图 17.34　(a) 英格兰温德米尔湖（lake Windermere）0～5 m深的水层中星杆藻活细胞的季节性分布，其中对数纵坐标表示细胞数，横坐标代表1947年的月份。(b) 英格兰埃斯维特湖（Esthwaite water）0～5 m深的水层中美丽星杆藻的数量（实线），以及溶解态硅和硝酸氮的浓度（mg · L^{-1}）。白线表示硅藻生长所必需的硅浓度水平（0.5 mg · L^{-1}）。[(a) 仿自 Lund，1949；(b) 仿自 Lund，1950]

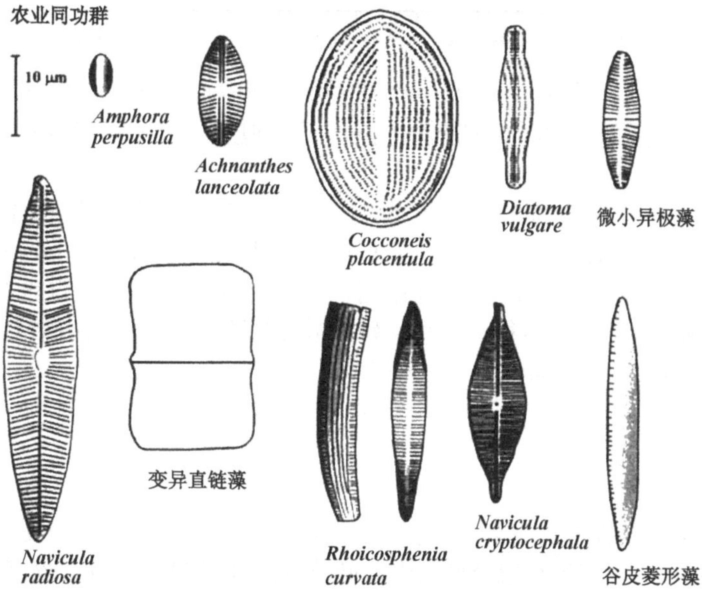

图 17.35　在富营养淡水水体中分布的典型硅藻。这些硅藻构成所谓的“农业同功群”，该名特指因被农业废水污染同时富含氮、磷、钾元素而变得肥沃的水体。

硅藻也是构成水生附着生物或淡水附生藻的重要成分。溪流对附生硅藻的生长有两个互为相反的作用因素（Reisen and Spencer，1970）：①任何水流的增加会阻碍硅藻附着到基底上；②水流的增加会促进附生硅藻的生长。这使得尽管在初始时，快速流动的水体导致只有少量的硅藻附着到基质上，但从长期的观点看，在激流水体中生长的硅藻通常比那些在缓流中生长的硅藻具有更高的总存活量。无论如何，硅藻在激流中生长更加快速，而且它们能迅速克服在起始时因附着数量少而导致的劣势。

静水中的附生硅藻和浮游硅藻一样在春季都能生长良好，但当水体中硅质的浓度降至或不足 0.5 mg · L^{-1}时，附生硅藻的生长并没有显著下降。这可从硅藻绒毛平板藻（*Tabellaria flocculosa*）[图 17.33（e）和图 17.33（f）] 在芦苇（*Phragmites communis* 和 *Schoenoplectus lacustris*）茎上的生长得到证实（图 17.36）（Knudson，1957）。在 5～6 月，当水体中硅质的浓度不足 0.5 mg · L^{-1}时，附生硅藻的数量会下降，但没有浮游硅藻减少得那么明显，这可能是由于附生硅藻的植物寄主的茎滤取了硅质所致。浮游硅藻和附生硅藻的第二个差别是季节性生长，附生硅藻最旺盛的生长季节通常发生在冬季，这可能是由于附生寄主分泌的某些有机物质能被附生硅藻利用的缘故。

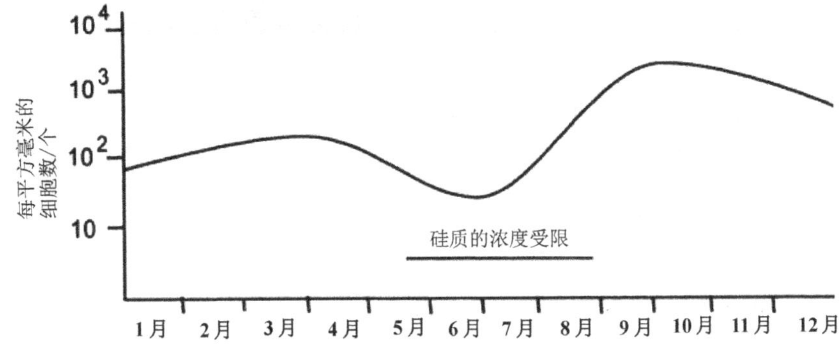

图 17.36 附生在芦苇（*Phragmites communis* 和 *Schoenoplectus lacustris*）茎上的绒毛平板藻的季节变化。直线表示溶解态硅质的浓度不足 0.5 mg L^{-1}的时期。（仿自 Knudson，1957）

在淡水环境中，硅藻通常是温度为 30～40℃ 温泉水的优势藻类。Fairchild 和 Sheriden (1974) 研究表明，从热泉中分离的短小曲壳藻（*Achnanthes exigua*）[图 17.33（f）] 在 42℃时显示最适的光合作用，其最高和最低的生长温度分别为 44℃和 10℃，这是嗜热生物的典型特征。这种特殊的硅藻通常在这些热泉中结合成一个被一浅水层所覆盖的藻垫（algal mat）。

化石硅藻

硅藻的化石记录始于侏罗纪（1.85 亿年前），因为硅藻在白垩纪中期较为常见（Medlin et al.，1997）。化石记录显示中心硅藻的进化要早于羽纹硅藻（Round et al.，1990）。另一种确定硅藻年代的方法是根据化石进行分子生物学分析。有些硅藻 [根管藻属，图 17.33（c）；海斯藻属（*Haslea*）、舟形藻属，图 17.2（d）、图 17.16、图 17.26（a）、图 17.33（b）和图 17.35；斜纹藻属（*Pleurosigma*）] 含有特异的被称为多支链类异戊二烯（isoprenoid）的烯烃（alkene）的类异戊二烯，该烯烃具有一个 T 形分支，通过一个 C_{10} 类异戊二烯单元连接到一个 C_{15} 类异戊二烯单元而构成（图 17.37）（Damste et al.，2004）。这些烯烃出现在 9000 万年前的沉积物中，这正对应于硅藻在当时的海洋环境中广泛繁盛。

硅藻一旦死亡，细菌会分解环绕在硅质外壳周围的有机膜，进而导致硅质外壳被溶解掉（Bidle and Azam，1999）。但在某些情况下，硅质外壳仍会完整无损并堆积于水底（图 17.38）。当条件特别有利且保存时间很长时，硅质外壳可堆积到相当的厚度。化石硅藻，即熟知的硅藻土（diatomaceous earth 或 *kieselguhr*）虽然在世界上多个地方被发现，但没有一个沉积化石早于白垩纪。在这些硅藻土中，有一些起源于淡水，而另一些起源于海洋。目前，已在内陆和高于海平面的地方发现有海洋硅藻的化石，这可能是长期地质变迁的结果。最有名和分布最广的海洋硅藻沉积物位于美国加利福尼亚州的隆波克（Lompoc），那里的海床绵延数公里长，厚度达 200 m（图 17.39）。大多数商业上开发的硅藻土都来自于美国加利福尼亚州，那里的硅藻土被当做露天矿场进行开采。从佛罗里达的湖中，硅藻土也可利用抽水机吸取淤泥并通过管道运送至沉降池的方式获得。有些硅藻土可被直接利用，而另一些硅藻土必须通过煅烧将有机物除去后才能利用。

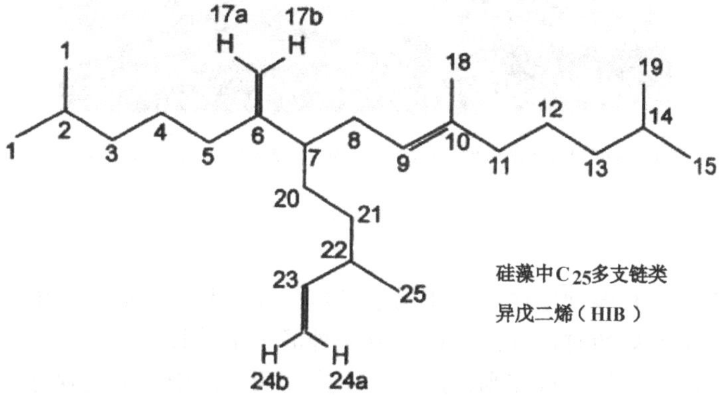

图 17.37　硅藻中一种典型的高度分支的烯烃的化学结构。

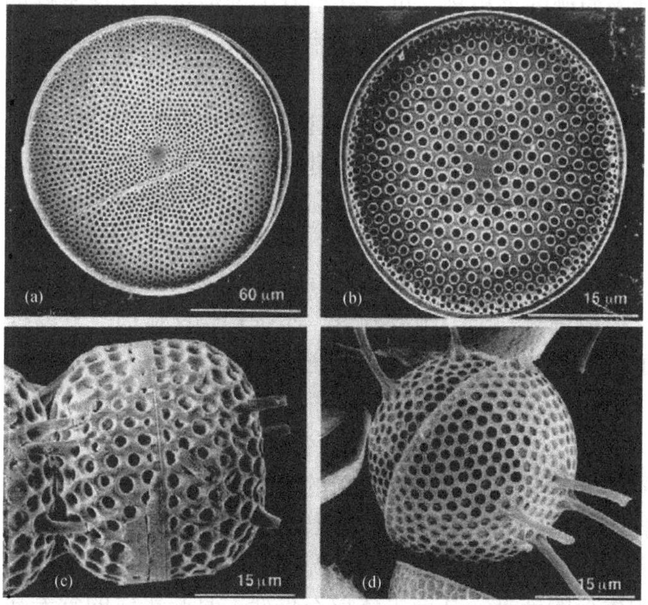

图 17.38　化石硅藻及来自同属的活的硅藻硅质外壳的扫描电镜显微照片。(a) 来自白垩纪沉积物中的辐射圆筛藻（*Coscinodiscus radiatus*）。(b) 现生浮游硅藻中的辐射圆筛藻。(c) 来自白垩纪的塔形冠盖藻（*Stephanopyxis turris*）。(d) 现生浮游硅藻中的塔形冠盖藻。(引自 Medlin et al.，1993)

图 17.39 位于美国加利福尼亚州隆波克的硅藻土矿，背景即硅藻土沉积物。(Johns-Manville 公司提供)

硅藻土在工业上有多种用途，首要用途是作为牙膏和金属抛光剂中一种柔和的研磨剂成分。过去在生产炸药时，硅藻土被当成一种液态硝酸甘油的吸收剂而使用，这样可以提高炸药运输的安全性。现在则使用木屑作为炸药生产中的惰性媒介。或许，硅藻土最广泛的工业用途是用于液体的过滤，特别是在炼糖厂中用于液体过滤。硅藻土的另一个主要用途是在锅炉、鼓风炉和其他需要维持高温的地方作为绝缘剂来使用。

通过分析含有硅藻残迹的沉积物，可以获得有关湖泊过去环境条件的信息（Reavic et al.，1998；Clavero et al.，2000）。这项技术已经用于分析英国湖区（English lake district）晚冰期和后冰期的硅藻沉积（Round，1957，1961）。在末次冰期的后期，硅藻几乎没有存留，沉积物主要由无机物组成，这表明湖泊在初始时极度贫营养化，同时缺乏浮游硅藻。在这一时期之后，沉积物中的硅藻呈现出生长在亚寒带环境条件下融化冰水中硅藻的特征［如沙生直链藻（*Melosira arenaria*），图 17.40（a）；古老小环藻（*Cyclotella antique*），图 17.40（b）；布纹藻（*Gyrosigma*），图 17.40（d）；波缘藻（*Cymatopleura*），图 17.40（e）；马鞍藻（*Campylodiscus*），图 17.40（f）］，这表明周围礁石中有富含碱性的成分渗到湖泊中。在下一个沉积物区域内，喜碱性水的硅藻种类减少，而喜酸性水的硅藻种类增加［短缝藻（*Eunotia*），图 17.2（b）；异菱藻（*Anomoeoneis*）；肋缝藻（*Frustulia*），图 17.40（g）；平板藻（*Tabellaria*），图 17.3（b）、图 17.33（d）和图 17.33（e）］，这种趋势一直持续到近代。这种酸化趋势与从礁石中滤入到水中碱性物质的减少有关，因为没有新的岩石表面暴露出来，同时，酸化趋势也与陆地上桦树/松树的减少有关。在沉积物的顶部为美丽星杆藻的残迹，表明最近水体向一个弱酸化的改变，这种更加富营养化的状况与人类活动有关。美丽星杆藻是一种很容易在富营养水体中生长的硅藻，其群生体形态可变，且与水体的营养盐有关。在最适生长条件下，美丽星杆藻的群生体平均为 8 个细胞，然而在磷酸盐受限时，每个群生体中的细胞降至 2 个，而在硅酸盐受限时，每个群生体中的细胞数将增加到 20 个。在磷和硅同时受限时，该硅藻的生长速率将减慢（Tilman et al.，1976）。

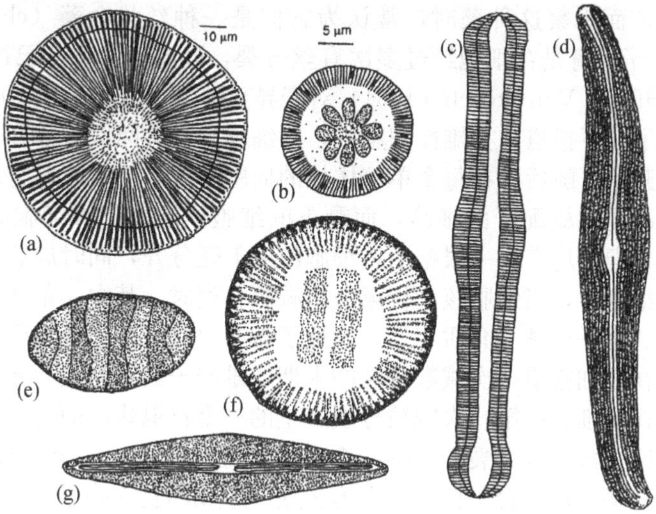

图 17.40 （a）沙生直链藻（*Melosira arenaria*）。（b）古老小环藻（*Cyclotella antique*）。（c）驼峰棒杆藻（*Rhopalodia gibba*）。（d）渐狭布纹藻（*Gyrosigma attenuatum*）。（e）椭圆波缘藻（*Cymatopleura elliptica*）。（f）圆盾马鞍藻（*Campylodiscus clypeus*）。（g）尖菱形肋缝藻（*Frustulia rhomboides*）。

分类

硅藻可能是在约 2 亿年前的二叠纪末期（Medlin et al.，1997）由金藻纲或迅游藻纲中一类具有鳞片的藻类进化而来的（Guillou et al.，1999）。其中的两个鳞片演化成壳面，而其他的鳞片形成环带。最早的硅藻具有与现今中心硅藻类似的结构，它们具两个圆顶状的壳面及许多鳞片状的环带（Round et al.，1990）。目前，已确认的最早的中心硅藻化石来自于白垩纪早期，最早的羽纹硅藻化石则来自于白垩纪后期。最早羽纹硅藻化石没有壳缝（纵沟），具壳缝的羽纹硅藻最早出现于始新世中期。硅藻纲（Bacillariophyceae）可以划分为以下两个目。

目 1 盒形藻目(Biddulphiales)：壳面纹饰为辐射型或多角型；具有多个叶绿体；无壳缝（纵沟）；形成休眠孢子；游动配子具有一条流苏状鞭毛；有性生殖为卵配生殖。

目 2 棍形藻目(Bacillariales)：壳面纹饰为羽纹型或条纹型；具有一个或两个叶绿体；能滑行的种类可能具壳缝；游动配子没有鞭毛；有性生殖为接合生殖。

盒形藻目（Biddulphiales）

盒形藻目或中心硅藻目（Centrales）主要是一类海洋浮游类群，壳面纹饰为辐射型或多角型（图 17.2）。例如，直链藻（*Melosira*）是一种在海洋和淡水环境中比较常见的金褐色硅藻，它由圆柱形细胞组成，细胞长明显大于宽（图 17.35、图 17.40～图 17.42）。许多环带在细胞周围形成不完整的环，这些环带的末端并不连接。壳面和环带均装饰有小刺。硅藻通常为丝状体，细胞通过它们的壳面而首尾相连在一起，因此，没有经验的新手从带面观察这种藻时，常认为它们是一种丝状金藻（chrysophycean alga）。直链藻的配子发育是在细胞经过多次有丝分裂，硅质壳的大小已减小到某一临界极限以下之后才开始。Von Stosch（1951）对变异直链藻（*M. varians*）（图 17.42）的生活史周期进行了如下报道。在雄性细胞中，当细胞核经过两次减数分裂产生 4 个单倍体核时配子发育开始。随后，在每个单倍体核的周围形成一层质膜，它们与一小部分母细胞的原生质一起构成雄配子的细胞，而剩下的细胞核缺失的母细胞的细胞质开始降解。此后，每个雄配子均产生一根鞭毛，细胞的上下壳分开，同时成熟的雄配子释放到介质中。在雌性细胞中，当细胞核进行第一次减数分裂时，其中一条环带从壳面边缘分开，使得原生质的这一区域与介质相通。雄配子就游向雌配子中环带已经从壳面边缘脱离的这一区域。在雌细胞第一次减数分裂的末期，雄配子的细胞质与雌配子的细胞质发生融合。随后，在雌细胞中第一次减数分裂产生的一个核退化，而另一个核进行第二次减数分裂。雌核第二次减数分裂产生的一个核再次退化，而另一个核成为卵核。最后，雄配子的核与卵核融合形成合子核或复大孢子核。形成的复大孢子（图 17.43）随后增大，将细胞的上下壳顶开，直到复大孢子仅通过一个小的结节附着在上下两个或其中一个壳面上。复大孢子的孢壁分两层，外层由有机质构成，内层由硅质鳞片构成（Crawford，1974）。在复大孢子内层孢子壁中很快产生一个新的尺度达最大的细胞壁，新产生的最大细胞开始分裂形成新的丝状体。

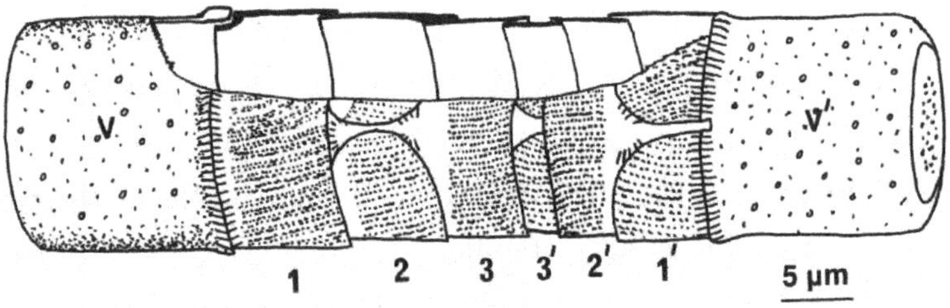

图 17.41 由两个壳面（V 和 V′）组成的变异直链藻（*Melosira varians*）细胞的半截图。环带系列：1、2、3，以及从下面露出的年轻环带系列 1′、2′、3′。（仿自 Crawford，1971）

直链藻在淡水环境中能产生休眠细胞（dormant cell）。休眠细胞含有的原生质在硅质壳的某个部位能浓缩成一个暗褐色的原生质团（Sicko-Goad et al.，1986）。休眠细胞沉至水底沉积物中，在那里它们最长可以存活 20 年。但在正常情况下，当湖泊进入水层倒转期时，休眠细胞可被水流卷至上层（Lund，1959）。通常在被卷出沉积层之后的 24h 内，直链藻的休眠细胞可分化成营养细胞。

角毛藻属（*Chaetoceros*）[图 17.6（a）、图 17.32、图 17.44 和图 17.45] 的种类超过 160 种，是所有浮游硅藻中数量最多的一属。该属广泛地分布于温水和冷水水域。Hargraves（1972）曾报道了皇冠角毛藻（*C. diadema*）的生活史（图 17.44）。皇冠角毛藻是一种群生的海洋硅藻，细胞通过长的刚毛连在一起形成丝状群体。在生活史的不同阶段，细胞具有不同的大小和外形。当温度在 2～5℃时，皇冠角毛藻的配子开始发育（French and Hargraves，1985）。产生雄配子的细胞的宽度是高度的 1.5～2 倍。这些细胞大概通过减数分裂产生 32 个雄配子，并以单鞭毛游动配子（swarmer）的形式被释放出来。而产生雌配子的细胞的高度约是宽度的 2 倍。目前还不清楚有关促使卵产生的细胞核变化的准确情况，但已知雄配子（图 17.45）会游到雌细胞的环带区，在其鞭毛脱落后将与硅质壳内部的雌配子相融合。随后，形成复大孢子的细胞其内容物通过环带区被挤到一个薄的透明被膜内。随即，这个细胞生成复大孢子，反过来，复大孢子产生硅质壳尺寸达最大的新的细胞。这些大的子代细胞仍然附着在亲代复大孢子的孢壁上，直到完成两次细胞分裂。在第一次细胞分裂后，复大孢子的透明被膜将被丢弃。在温度允许进行营养生长且培养基中的氮已被耗尽的情况下，任何营养细胞都能产生休眠孢子（French and Hargraves，1985）。休眠孢子萌发产生的细胞比最初的细胞要大。休眠孢子以较厚的硅质体形式出现在母细胞内，它通常具向外突起、形态不同的上下半壳，壳的表面具有棘。

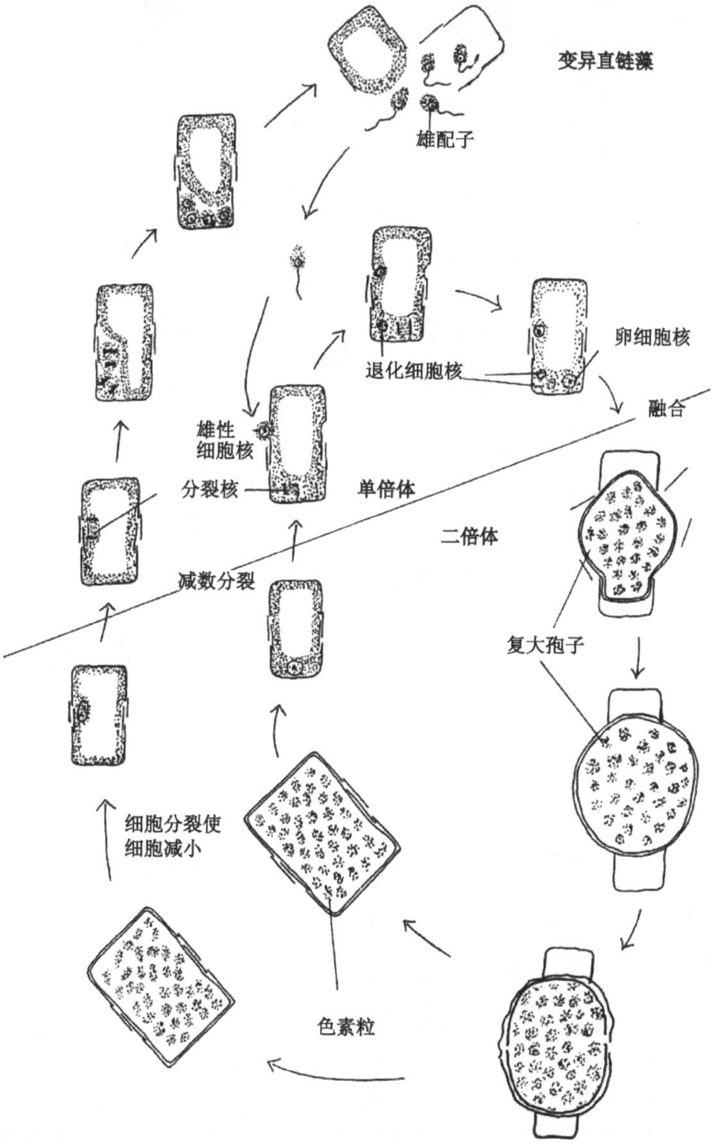

图 17.42　变异直链藻（*Melosira varians*）的生活史。（改编自 von Stosch，1951）

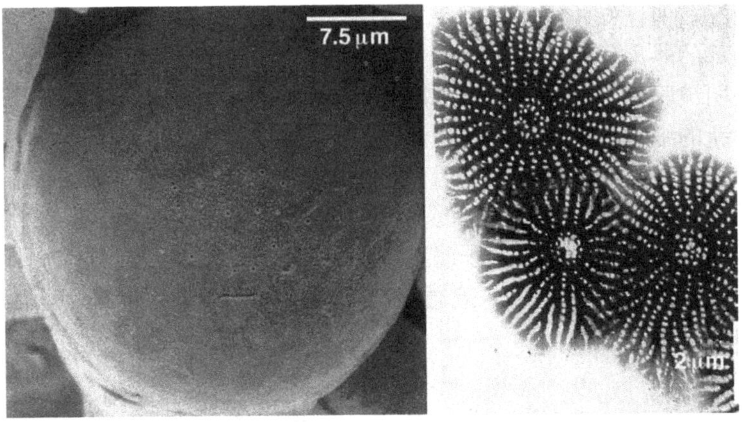

图 17.43 拟银币直链藻（*Melosira nummuloides*）的复大孢子（左）及覆盖住复大孢子的鳞片（右）的电镜显微照片。（引自 Medlin et al.，1993）

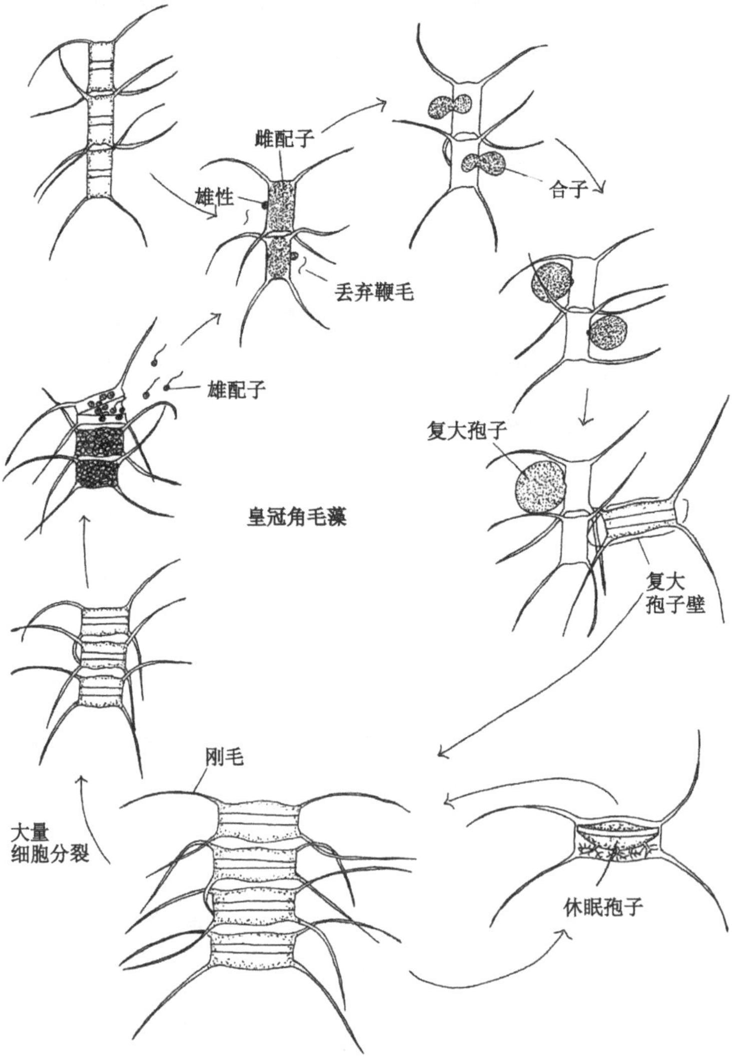

图 17.44 皇冠角毛藻（*Chaetoceros diadema*）的生活史。（改编自 Hargraves，1972）

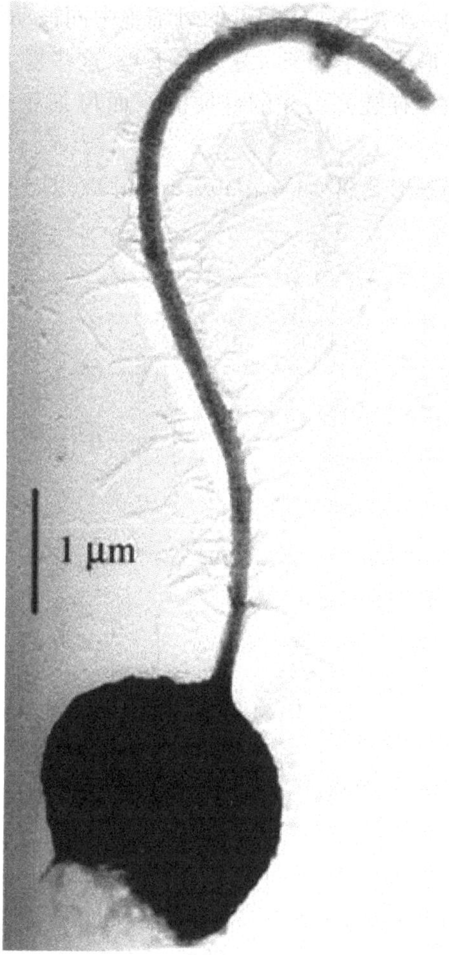

图 17.45 垂缘角毛藻（*Chaetoceros laciniosus*）。游动配子的整体投影透射电镜显微照片，显示具有单根的具尾鞭状鞭毛。（引自 From Jensen et al.，2003）

棍形藻目（Bacillariales）

棍形藻目或羽纹硅藻目（Pennales）在淡水和海洋环境中均有分布。它们细胞的壳面纹饰为羽纹型或条纹型（图 17.2）。该目硅藻的生活史涉及两个配子通过接合而融合的过程，常见的属包括菱形藻属（*Nitzschia*）[图 17.26（b）和图 17.35]、伪菱形藻属（*Pseudo-nitzschia*）（图 17.27 和图 17.29）、舟形藻属（*Navicula*）[图 17.2（d）、图 17.16、图 17.25、图 17.26（a）、图 17.33（b）和图 17.35]、双眉藻属（*Amphora*）[图 17.22（c）、图 17.22（d）和图 17.35]、桥弯藻属（*Cymbella*）和羽纹藻属（*Pinnularia*）[图 17.3（a）、图 17.12、图 17.18 和图 17.46] 等，它们基本上具有相似的生活史。羽纹藻属的细胞两端呈圆形，而侧面近乎平行（图 17.46）。羽纹藻复大孢子的形成是一个有性生殖的过程，它发生在细胞分裂将细胞尺寸缩小到某一临界大小以后。此时，两个细胞聚合在一起，并将自己包裹在一层黏液被膜内（Hendey，1964）。每个细胞的核均进行两次减数分裂，随后胞质进入两个细胞内。因而，每个母细胞可形成两个配子，每一原生质体接受一个具有功能的核和一个退化的核。每个母细胞中的一个配子进入邻近的母细胞中同被动的配子相融合。通过这种方式，在每个母细胞中将形成一个合子（复大孢子）。这些复大孢子急剧膨大，最终在每个复大孢子内生成新的具有最大尺寸的硅质壳，而母细胞遗弃的 4 个半壳常常附着在新形成的硅质壳上。

伪菱形藻属（*Pseudo-nitzschia*）（图 17.29）的生活史与羽纹藻属相似。

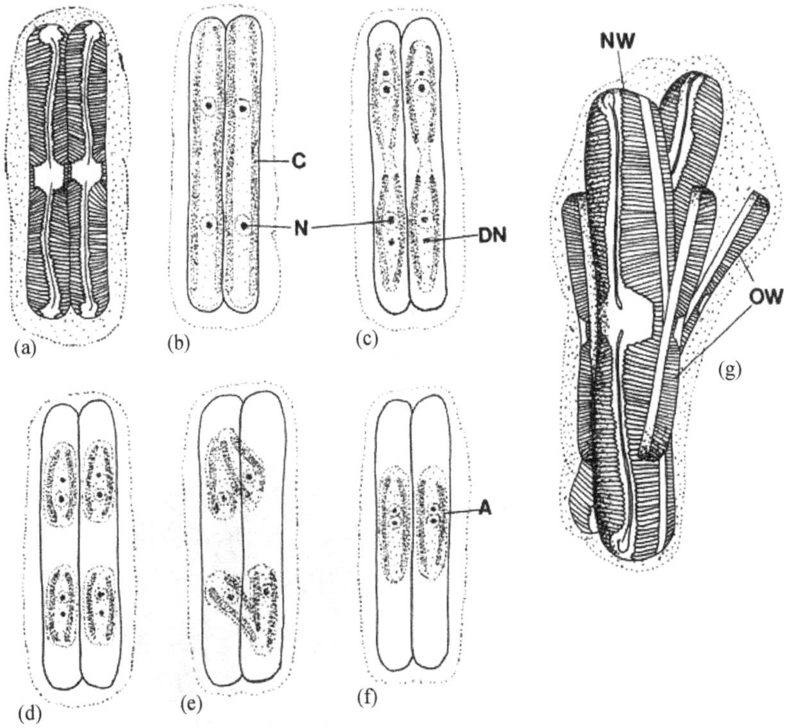

图 17.46　羽纹藻（*Pinnularia*）复大孢子的形成。(a) 两个细胞相互紧靠在一起。(b) ～ (d) 在每个母细胞中开始减数分裂，一个母细胞形成两个配子，每个配子包含一个具有功能的核（N）和一个退化的核（DN）。(e) 来自于每个母细胞的一个配子进入另一个母细胞中。(f) 每个母细胞硅质壳中含有一个复大孢子（A）。(g) 每个复大孢子已产生一个新的大的子细胞（NW），而母细胞的老细胞壁（OW）仍嵌套在黏液中。C，叶绿体。(仿自 Hendey，1964)

参考文献

Alcoverro, T., Conte, E., and Mazzella, L. (2000). Production of mucilage by the Adriatic epipelic diatom *Cylindrotheca closterium* (Bacillariophyceae) under nutrient limitation. *J. Phycol.* 36: 1087-95.

Andersen, L. W. J., and Sweeney, B. M. (1977). Diel changes in sedimentary characteristics of *Ditylum brightwelli*: Changes in cellular lipid and effects of respiratory inhibitors and ion transport modifiers. *Limnol. Oceanogr.* 22: 539-52.

Andersen, R. A., Medlin, L. K., and Crawford, R. M. (1986). An investigation of the cell wall components of *Actinocyclus subtilis* (Bacillariophyceae). *J. Phycol.* 22: 466-79.

Anderson，O. R.（1975）. The ultrastructure and cytochemistry of resting cell formation in *Amphora coffaeformis* (Bacillariophyceae). *J. Phycol.* 11：272-81.

Anderson，O. R.（1976）. Respiration and photosynthesis during resting cell formation in *Amphora coffaeformis* (Ag.) Kütz. *Limnol. Oceanogr.* 21：452-6.

Bates，S. S.（2000）. Domoic-acid-producing diatoms：another genus added. *J. Phycol.* 36：978-85.

Beattie，A.，Hirst，E. L.，and Percival，E.（1961）. Studies on the metabolism of the Chrysophyceae. Comparative structural investigations on leucosin (chrysolaminarin) separated from diatoms and laminarin from brown algae. *Biochem. J.* 79：531-6.

Bidle，K. D.，and Azam，F.（1999）. Accelerated dissolution of diatom silica by marine bacterial assemblages. *Nature* 397：508-12.

Branton，D.，Cohen，C. M.，and Tyler，T.（1981）. Interaction of cytoskeletal proteins on the human erythrocyte membrane. *Cell* 24：24-32.

Brzezinski，M. A.，and Conley，D. J.（1994）. Silicon deposition during the cell cycle of *Thalassiosira weissflogii* (Bacillariophyceae) determined using dual rhodamine 123 and propidium iodide staining. *J. Phycol.* 30：45-55.

Caldwell，G. S.，Bentley，M. G.，and Olive，P. J. W.（2004）. First evidence of sperm motility inhibition by the diatom aldehyde 2E，4E-decadienal. *Mar. Ecol. Progr. Ser.* 273：97-108.

Casotti，R.，Mazza，S.，Brunet，C.，Vantrepotte，V.，Ianora，A.，and Miralto，A.（2005）. Growth inhibition and toxicity of the diatom aldehyde 2-*trans*，4-*trans*-decadienal on *Thalassiosira weissflogii*. *J. Phycol.* 41：7-20.

Chepurnov，V. A.，Mann，D. G.，Sabbe，K.，and Vyverman，W.（2004）. Experimental studies on sexual reproduction in diatoms. *Int. Rev. Cytol.* 237：91-154.

Chiovitti，A.，Bacic，A.，Burke，J.，and Wetherbee，R.（2003）. Heterogenous xylose-rich glycans are associated with extracellular glycoproteins in the biofouling diatom *Craspedostauros australis* (Bacllariophyceae). *Eur. J. Phycol.* 38：351-60.

Chiovitti，A.，Molino，P.，Crawford，S. A.，Teng，R.，Spurck，T.，and Wetherbee，R.（2004）. The glucans extracted with warm water from diatoms are mainly derived from intracellular chrysolaminarin and not extracellular polysaccharides. *Eur. J. Phycol.* 39：117-28.

Clavero，E.，Hernandez-Marine，M.，Grimalt，J. O.，and Garcia-Pichel，F.（2000）. Salinity tolerance of diatoms from thalassic hypersaline environments. *J. Phycol.* 36：1021-34.

Cohn，S. A.，and Weitzell，R. E.（1996）. Ecological consideration of diatom cell motility. I. Characterization of motility and adhesion in four diatom species. J. *Phycol.* 32：918-39.

Cohn，S. A.，Spurck，T. P.，and Pickett-Heaps，J. D.（1989）. Perizonium and initial valve formation in the diatom *Navicula cuspidata* (Bacillariophyceae). *J. Phycol.* 25：15-26.

Cooksey，K. E.，and Cooksey，B.（1974）. Calcium deficiency can induce the transition from oval to fusiform cells in cultures of *Phaeodactylum tricornutum* Bohlin. *J. Phycol.* 10：89-90.

Coombs，J.，and Volcani，B. E.（1968）. Studies on the biochemistry and fine structure of silica shell formation in diatoms. Chemical changes in the wall of *Navicula pelliculosa* during its formation. *Planta* 82：280-92.

Crawford，R. M.（1971）. The fine structure of the frustule of *Melosira varians* C. A. Agardh，*Br. Phycol. J.* 6：175-86.

Crawford，R. M.（1974）. The auxospore wall of the marine diatom *Melosira nummuloides* (Dillw.) C. Ag. and related species. *Br. Phycol. J.* 9：9-20.

Crawford，S. A.，Higgins，M. J.，Mulvaney，P.，and Wetherbee，R.（2001）. Nanostructure of the diatom frustule as revealed by atomic force and scanning electron microscopy. *J. Phycol.* 37：543-54.

Damste，J. S. S.，Muyzer，G.，Abbas，B.，et al.（2004）. The rise ofrhizosolenid diatoms. *Science* 304：584-7.

Davidovich，N. A. and Bates，S. S.（1998）. Sexual reproduction in the pennate diatoms *Pseudo-nitzschia multiser-*

ies and *P. pseudodelicatissima* (Bacillariophyceae). *J. Phycol.* 34: 126-37.

Davis, C. O., Hollibaugh, J. T., Seibert, D. L. R., Thomas, W. H., and Harrison, P. J. (1980). Formation of resting spores by *Leptocylindrus danicus* (Bacillariophyceae) in a controlled experimental ecosystem. *J. Phycol.* 16: 296-302.

Dawson, P. A. (1973). Observations on the structure of some forms of *Gomphonema parvulum* Kütz. Ⅲ. Frustule formation. *J. Phycol.* 9: 353-64.

de Brouwer, J. F. C., and Stal, L. J. (2002). Daily fluctuation of exopolymers in cultures of the benthic diatoms *Cylindrotheca closterium* amd Nitzschia sp. (Bacillariophyceae). *J. Phycol.* 38: 464-72.

Del Amo, Y., and Brzezinski, M. A. (1999). The chemical form of dissolved Si taken up by marine diatoms. *J. Phycol.* 35: 1162-70.

Drum, R. W., and Hopkins, J. T. (1966). Diatom locomotion: An explanation. *Protoplasma* 62: 1-33.

Edgar, L. A. (1979). Diatom locomotion: Computer assisted analysis of cine film. *Br. Phycol J.* 14: 83-101.

Edlund, M. B., and Stoermer, E. F. (1997). Ecological, evolutionary, and systematic significance of diatom life histories. *J. Phycol.* 33: 897-918.

Erickson, S. J. (1972). Toxicity of copper to *Thalassiosira pseudonana* in unenriched inshore seawater. *J. Phycol.* 8: 318-23.

Fairchild, E., and Sheriden, R. P. (1974). A phystotogical investigation of the hot spring diatom *Achnanthes exigua*. Grün. *J. Phycol.* 10: 1-4.

Fauré-Fremiet, E. (1951). The tidal rhythm of the diatom *Hantzschia amphioxys*. *Biol. Bull.* 100: 173-7.

Fisher, A. E., and Harrison, P. J. (1996). Does carbohydrate content effect the sinking rate of marine diatoms. *J. Phycol.* 32: 360-5.

French, F. W., and Hargraves, P. E. (1985). Spore formation in the life cycles of the diatoms *Chaetoceros diadema* and *Leptocylindrus danicus*. *J. Phycol.* 21: 477-83.

Granum, E., and Myklestad, S. M. (2001). Mobilization of β-1, 3-glucan and biosynthesis of amino acids induced by NH_4^+ addition to N-limited cells of the marine diatom *Skeletonema costatum* (Bacillariophyceae). *J. Phycol.* 37: 772-82.

Gross, F. (1940). The development of isolated resting spores into auxospores in *Ditylum brightwelli* (West). *J. Mar Biol. Assoc. UK* 24: 375-80.

Guillou, L., Chretiennot-Dinet, M.-J., Medlin, L. K., Claustre, H., Loiseaux-de Goer, S., and Vaulot, D. (1999). *Bolidomonas*: a new genus with two species belonging to a new algal class, the Bolidophyceae (Heterokonta). *J. Phycol.* 35: 368-81.

Hargraves, P. E. (1972). Studies on marine planktonic diatoms. I. *Chaetoceros diadema* (Ehr.) Gran.: Life cycle, structural morphology, and regional distribution. *Phycologia* 11: 247-57.

Hasle, G. R. (1995). *Pseudo-nitzschia punges* and *P. multiseries* (Bacillariophyceae): nomenclature history, morphology and distribution. *J. Phycol.* 31: 428-35.

Hasle, G. R., and Lange, C. B. (1989). Freshwater and brackish water *Thalassiosira* (Bacillariophyceae): taxa with tangentially undulated valves. *Phycologia* 28: 120-35.

Hecky, R. F., Mopper, K., Kilham, P., and Degens, E. T. (1973). The amino acid and sugar composition of diatom cell walls. *Mar. Biol.* 19: 323-31.

Hellebust, J. A. (1971). Glucose uptake by *Cyclotella cryptica*: Dark induction and light inactivation of transport system. *J. Phycol* 7: 345-49.

Hendey, N. I. (1964). An introductory account of the smaller algae of British coastal waters. Part V. Bacillariophyceae (diatoms). *Fish. Invest. Set. IV.* H. M. S. O., London.

Hendey, N. I. (1971). Electron microscope studies and the classification of diatoms. In *The Micropaleontology of Oceans*, ed. B. M. Funnell, and W. R. Riedel, pp. 625-31. Cambridge: Cambridge University Press.

Higgins, M. J., Molino, P., Mulvaney, P., and Wetherbee, R. (2003). The structure and nanomechanical properties of the adhesive mucilage that mediates diatomsubstratum adhesion and motility. *J. Phycol.* 39: 1181-93.

Hildebrand, M. (2004). Silicic acid transport and its control during cell wall silicification in diatoms. In *Biomineralization: Progress in Biology, Molecular Biology and Application*, ed. E. Baeuerlein, pp. 158-76. Weinheim: Wiley-VCH.

Hoagland, K. D., Rosowski, J. R., Gretz, M. R., and Romer, S. C. (1993). Diatom extracellular polymeric substances: Function, fine structure, chemistry, and physiology. *J. Phycol.* 29: 537-66.

Iler, R. K. (1979). *The Chemistry of Silica*. New York: John Wiley.

Jeffrey, S. W. (1976). A report of green algal pigments in the central north Pacific Ocean. *Mar. Biol.* 37: 33-7.

Jeffrey, S. W., and Vesk, M. (1977). Effect of blue-green light on photosynthetic pigments and chloroplast structure in the marine diatom *Stephanopyxis turris*. *J. Phycol.* 13: 271-9.

Jensen, K. G., Moestrup, Ø., and Schmid, A.-M. (2003). Ultrastructure of the male gametes from two centric diatoms, *Chaetoceros laciniosus* and *Coscinodiscus wailesii* (Bacillariophyceae). *Phycologia* 42: 98-105.

Johnson, L. M., Hoagland, K. D., and Gretz, M. R. (1995). Effects of bromide and iodide on stalk secretion in the biofouling diatom *Achnanthes longipes* (Bacillariophyceae). *J. Phycol.* 31: 401-12.

Knudson, B. M. (1957). Ecology of the epiphytic diatom *Tabellaria flocculosa* (Roth) Kütz. var. *flocculosa* in three English lakes. *J. Ecol.* 45: 93-112.

Kroger, N. (2001). The sweetness of diatom molecular engineering. *J. Phycol.* 37: 657-8.

Kroger, N., and Sumper, M. (2004). The molceular basis of diatom biosilica formation. In *Biomineralization: Progress in Biology, Molecular Biology and Application*, ed. E. Baeuerlein, pp. 137-58. Weinheim: Wiley-VCH.

Kroger, N., Deutzmann, R. and Sumper, M. (1999). Polycationic peptides from diatom biosilica that direct silica nanosphere formation. *Science* 286: 1129-32.

Kroger, N., Deutzmann, R. and Sumper, M. (2000). Species-specific polyamines from diatoms control silica morphology. *Proc. Natl. Acad. Sci., USA* 97: 14133-8.

Lauritis, J. A., Coombs, J., and Volcani, B. E. (1968). Studies on the biochemistry and fine structure of silica shell formation in diatoms. IV. Fine structure of the apochlorotic diatom *Nitzschia alba* Lewin and Lewin. *Arch. Mikrobiol.* 62: 1-16.

Lewin, J. C. (1953). Heterotrophy in diatoms. *J. Gen. Microbiol.* 9: 305-13.

Lewin, J. C. (1962). Silicification. In *Physiology and Biochemistry of the Algae*, ed. R. A. Lewin, pp. 445-55. New York: Academic Press.

Lewin, J. C. (1966). Silicon metabolism in diatoms. V. Germanium dioxide, a specific inhibitor of diatom growth. *Phycologia* 6: 1-12.

Lewin, J. C., and Lewin, R. A. (1960). Auxotrophy and heterotrophy in marine littoral diatoms. *Can. J. Microbiol.* 6: 127-34.

Lewin, J. C., and Lewin, R. A. (1967). Culture and nutrition of some apochlorotic diatoms of the genus *Nitzschia*. *J. Gen. Microbiol.* 46: 361-7.

Li, C-W., Chu, S., and Lee, M. (1989). Characterizing the silica deposition vesicle of diatoms. *Protoplasma* 151: 156-63.

Lund, J. W. G. (1949). Studies on *Asterionella*. I. The origin and nature of the cells producing seasonal maxima. *J. Ecol.* 37: 389-419.

Lund, J. W. G. (1950). Studies on *Asterionella formosa* Hass. II. Nutrient depletion and the spring maximum *J. Ecol.* 38: 1-14, 15-35.

Lund, J. W. G. (1959). Buoyancy in relation to the ecology of freshwater phytoplankton, *Br. Phycol. Bull.* 7: 17.

Lundholm, N., and Moestrup, O. (2000). Morphology of the marine diatom *Nitzschia navis-varingica*, sp. nov. (Bacillariophyceae), another producer of the neurotoxin domoic acid. *J. Phycol.* 36: 1162-74.

McQuoid, M. R., and Hobson, L. A. (1996). Diatom resting stages. *J. Phycol.* 32: 889-902.

Mann, J. E., and Myers, J. (1968). On pigments, growth and photosynthesis of *Phaeodactylum tricornutum*. *J. Phycol.* 4: 349-55.

Mansour, M. P., Volkman, J. K., Jackson, A. E., and Blackburn, S. I. (1999). The fatty acid and sterol composition of five marine dinoflagellates. *J. Phycol.* 35: 710-29.

Martinez, L. A., Silver, M. W., King, J. M., and Alldredge, A. L. (1983). Nitrogen fixation by floating diatom mats: A source of new nitrogen to oligotrophic ocean waters. *Science* 221: 152-4.

Martin-Jezequel, V., Hildebrand, M., and Brzezinski, M. A. (2000). Silicon metabolism in diatoms: implications for growth. *J. Phycol.* 36: 821-40.

Medlin, L. K., and Kaczmarka, I. (2004). Evolution of the diatoms: V. Morphological and cytological support for the major clades and a taxonomic revision. *Phycologia* 43: 245-70.

Medlin, L. K., Crawford, R. M., and Andersen, R. A. (1986). Histochemical and ultrastructural evidence for the function of the labiate process in the movement of centric diatoms. *Br. Phycol. J.* 21: 297-301.

Medlin, L. K., Williams, D. M., and Sims, P. A. (1993). The evolution of the diatoms (Bacillariophyta). I. Origin of the group and assessment of the monophyly of its maj or divisions. *Eur. J. Phycol.* 28: 261-75.

Medlin, L. K., Kooistra, W. H. C. F., Gersonde, R., Sims, P. A., and Wellbrock, U. (1997). Is the origin of diatoms related to the end-Permian mass extinction? *Nova Hedwigia* 65: 1-11.

Mehta, S. C., Venkataraman, G. S., and Das, S. C. (1961). The fine structure and the cell wall nature of *Diatoma hiemale var. mesodan* (Her.) Grun. *Rev. Algol.*, N. S. 6: 49-52.

Miralto, A., Barone, G., Romano, G. et al. (1999). The insidious effect of diatoms on copepod reproduction. *Nature* 402: 173-6.

Moore, J. K., and Villareal, T. A. (1996). Size-ascent rate relationships in positively buoyant marine diatoms. *Limnol. Oceanog.* 41: 1514-20.

Morel, N. M. L., Rueter, J. G., and Morel, F. M. M. (1978). Copper toxicity to *Skeletonema costatum*. *J. Phycol.* 14: 43-8.

Nagai, S., Hori, Y., Manabe, T., and Imai, I. (1995). Restoration of cell size by vegetative cell enlargement *in Coscinodiscus wailesii* (*Bacillariophyceae*). *Phycologia* 34: 533-55.

Nakajima, T., and Volcani, B. E. (1969). 3, 4-Dihydroxyproline: a new amino acid from diatom cell walls. *Science* 164: 1400-1.

Navarro, J. N. (1993). Three-dimensional imaging of diatom ultrastructure with high resolution lowvoltage SEM. *Phycologia* 32: 151-6.

Nultsch, W. (1956). Studien über die Phototaxis der Diatomeen. *Arch. Protistenk.* 101: 1-68.

Pan, Y., Subba Rao, D. V., and Mann, K. H. (1996). Changes in domoic acid production and cellular chemical composition of the toxigenic diatom *Pseudo-nitzschia multiseries* under phosphate limitation. *J. Phycol.* 32: 371-81.

Perry, C. C., and Keeling-Tucker, T. (2000). Biosilicification: the role of the organic matrix in structure control. *J. Biol. Inorg. Chem.* 5: 537-50.

Pickett-Heaps, J. D., Tippit, D. H., and Andreozzi, J. A. (1979a). Cell division in the pennate diatom *Pinnularia*. Ⅲ. The valve and associated organelles. *Biol. Cellulaire* 35: 195-8.

Pickett-Heaps, J. D., Tippit, D. H., and Andreozzi, J. A. (1979b). Cell division in the pennate diatom *Pinnularia*. IV. Valve morphogenesis. *Biol. Cellulaire* 35: 199-206.

Pickett-Heaps, J. D., Hill, D. R. A., and Wetherbee, R. (1986). Cellular movement in the centric diatom *Odontella sinensis*. *J. Phycol.* 22: 334-9.

Pickett-Heaps, J. D., Carpenter, J., and Koutoulis, A. (1994). Valve and seta (spine) morphogenesis in the centric diatom *Chaetoceros peruvianus* Brighrwell. *Protoplasma* 181: 269-82.

Pohnert, G. (2002). Phospholipase A_2 activity triggers the wound-activated chemical defense in the diatom *Thalassiosira rotula*. *Plant Physiol*. 129: 103-11.

Pohnert, G., and Boland, W. (2002). The oxylipin chemistry of attraction and defense in brown algae and diatoms. *Nat. Prod. Rep.* 19: 108-22.

Pohnert, G., Lumjneau, O., Cueff, A., et al. (2002). Are volatile unsaturated aldehydes from diatoms the main line of chemical defence against copepods? *Mar. Ecol. Progr. Set.* 245: 33-45.

Potapova, M., and Snoeijs, P. (1997). The natural life cycle in the wild populations of *Diatoma moniliformis* (Bacillariophyceae) and its disruption in an aberrant environment. *J. Phycol.* 33: 924-37.

Poulin, M., Masse, G., Belt, S. T., Delavault, P., Rousseau, J.-M., and Rowland, S. J. (2004). Morphological, biochemical and molecular evidence for the transfer of *Gyrosigma nipkowii* Meister to the genus *Halsea* (Bacillariophyta). *Eur. J. Phycol.* 39: 181-95.

Prasad, A. K. S. K., Nienow, J. A., and Livingstone, R. J. (1990). The genus *Cyclotella* (Bacillariophyta) in Choctawhatchee Bay Florida, with special reference to *C. striata* and *C. choctawhatcheeana* sp. nov. *Phycologia* 29: 418-36.

Prasad, A. K. S. K., Riddle, K. A., and Nienow, J. A. (2000). Marine diatom genus *Climaconeis* (Berkeleyaceae, Bacillariophyta): two new species, *Climaconeis koenigii*, and *C. colemaniae*, from Florida Bay, U. S. A. *Phycologia* 39: 199-211.

Reavic, E. D., Smol, J.-P., Carignan, R., and Lorrain, S. (1998). Diatom paleolimnology of two fluvial lakes in the St. Lawrence River. A reconstruction of environmental changes during the last century. *J. Phycol.* 34: 446-56.

Reimann, B. E. F., Lewin, J. C., and Volcani, B. E. (1965). Studies on the biochemistry and fine structure of silica shell formation in diatoms. I. The structure of the cell wall of *Cylindrotheca fusiformis* Reimann and Lewin. *J. Cell Biol.* 24: 39-55.

Reisen, W. K., and Spencer, D. J. (1970). Succession and current demand relationships of diatoms on artifical substrates in Prater's Creek, South Carolina, *J. Phycol.* 6: 117-21.

Richardson, J. L., Mody, N. S., and Stacey, M. E. (1996). Diatoms and water quality in Lancaster County (PA) streams: a 45-year perspective. *Pennsylvania Acad. Sci.* 70: 30-9.

Rogall, E. (1939). Übet den Feinbau der Lieselmembran der Diatomeen. *Planta* 29: 279-91.

Ross, R., and Sims, P. A. (1972). The fine structure of the frustule in centric diatoms: A suggested terminology. *Br. Phycol. J.* 7: 139-63.

Round, F. E. (1957). The late-glacial and post-glacial diatom succession in the Kentmere valley deposit. I. Introduction, methods and flora. *New Phytol.* 56: 98-126.

Round, F. E. (1961). The diatoms of a core from Esthwaite water. *New Phytol* 60: 43-59.

Round, F. E., Crawford, R. M., and Mann, D. G. (1990). *The Diatoms*. Cambridge: Cambridge University Press. 747 pp.

Rueter, J. G. (1983). Effect of copper on growth, silicic acid uptake and soluble pools of silicic acid in the marine diatom, *Thalassiosira weisflogii* (Bacillariophyceae). *J. Phycol.* 19: 101-4.

Rueter, J. G., Chisholm, S. W., and Morel, F. M. M. (1981). Effects of copper toxicity on silicic acid uptake and growth in *Thalassiosira pseudonana*. *J. Phycol.* 17: 270-8.

Sato, S., Nagumo, T., and Tanaka, J. (2004). Auxospore formation and the morphology of the initial cell of marine araphid diaton *Gephyria media* (Bacillariophyceae). *J. Phycol.* 40: 684-91.

Schmaljohann, R., and Röttger, R. (1978). The ultrastructure and taxonomic identity of the symbiotic algae of *Heterostegina depressa* (Foraminifera: Nummulitidae). *J. Mar. Biol. Assoc. UK* 58: 227-37.

Schmid, A.-M. M., and Crawford, R. M. (2001). *Ellerbeckia arenaria* (Bacillariophyceae): formation of auxospores and initial cells. *Eur. J. Phycol.* 36: 307-20.

Schmid, A.-M. M., and Volcani, B. E. (1983). Wall morphogenesis in *Coscinodiscus wailesii* Gran and Angst. I. Valve morphology and development of its architecture. *J. Phycol.* 19: 387-402.

Shipe, R. F., Brzezinski, M. A., Pilskaln, C., and Villareal, T. A. (1999). *Rhizosolenia* mats; an overlooked source of silica production in the open sea.

Limnol. Oceanogr. 44: 1282-92.

Sicko-Goad, L., Stoermer, E. F., and Fahnensteil, G. (1986). Rejuvenation of *Melosira granulata* (Bacillariophyceae) resting cells from anoxic sediments of Douglas Lake, Michigan. I. Light microscopy and ^{14}C uptake. *J. Phycol.* 22: 22-8.

Smayda, T. J. (1970). The suspension and sinking of phytoplankton in the sea. *Oceanogr. Mar. Biol. Annu. Rev.* 8: 353-414.

Staats, N., de Winder, B., Stal, L. J., and Mur, L. R. (1999). Isolation and characterization of extracellular polysaccharides from the epipelic diatoms *Cylindrotheca closterium* and *Navicula salinarum*. *Eur. J. Phycol.* 34: 161-9.

Stoermer, E. F., Pankratz, H. S., and Drum, R. W. (1965). The fine structure of *Mastogloia grevillei* Wm. Smith, *Protoplasma* 59: 1-13.

Subba Rao, D. V., Quilliam, M. A., and Pocklinton, R. (1988). Domoic acid - a neurotoxic amino acid produced by the marine diatom *Nitzschia pungens* in culture. *Can. J. Fish. Aquat. Sci.* 45: 2076-9.

Sullivan, C. W. (1977). Diatom mineralization of silicic acid. II. Regulation of Si $(OH)_4$ transport rates during the cell cycle of *Navicula pelliculosa*. *J. Phycol.* 13: 86-91.

Thomas, W. H., Hollibaugh, J. T., and Seibert, D. L. R. (1980). Effects of heavy metals on the morphology of some marine phytoplankton. *Phycologia* 19: 202-9.

Tilman, D., Kilham, S. S., and Kilham, P. (1976). Morphometric changes in *Asterionella formosa* colonies: phosphate and silicate limitation. *Limnol. Oceanogr.* 21: 883-6.

Venrich, E. L., McGowan, J. A., and Mantyla, A. W. (1973). Deep maxima of photosynthetic chlorophyll in the Pacific Ocean. *Fish. Bull.* 71: 41-52.

Villareal, T. A. (1989). Division cycles in the nitrogen-fixing *Rhizosolenia* (Bacillariophyceae) -*Richelia* (Nostocaceae) symbiosis. *Br. Phycol. J.* 24: 357-65.

Villareal, T. A., and Carpenter, E. J. (1994). Chemical composition and photosynthetic characteristics of *Ethmodiscus rex* (Bacillariophyceae): evidence for vertical migration. *J. Phycol.* 30: 1-8.

von Denffer, D. (1949). Die planktonische Massenkultur pennatur Grunddiatomeen. *Arch. Mikrobiol.* 14: 159-202.

von Stosch, H. A. (1951). Entwicklungsgeschichtliche Untersuchungen an zentrischen Diatomeen. I. Die Auxosporenbildung yon *Melosira varians*. *Arch. Mikrobiol.* 16: 101-35.

von Stosch, H. A. (1975). An amended terminology of the diatom girdle. *Nova Hedwigia*, *Beih.* 53: 1-28.

von Stosch, H. A. (1982). On auxospore envelopes in diatoms. *Bacillaria* 5: 127-48.

von Stosch, H. A., and Fecher, K. (1979). "Internal thecae" of *Eunotia soleirolii* (Bacillariophyceae): Development, structure and function as resting spores. *J. Phycol.* 15: 233-43.

Vrieling, E. G., Gieskes, W. W. C., and Beelen, T. P. M. (1999). Silicon deposition in diatoms: control by the pH inside the silicon deposition vesicle. *J. Phycol.* 35: 548-59.

Wagner, J. (1934). Beuträge zur Kenntnis der *Nitzschia putrida* Benecke, insbesonders ihrer Bewegung. *Arch. Protistenk.* 82: 86-113.

Wang, Y., Chen, Y., Lain, C., and Gretz, M. R. (2000). Extracellular matrix assembly in diatoms (Bacillariophyceae). IV. Ultrastructure of *Achnanthes longipes* and *Cymbella cistula* as revealed by highpressure freezing/

freeze substitution and cryo-field emission scanning electron microscopy. *J. Phycol.* 36: 367-78.

Wetherbee, R., Crawford, S., and Mulvaney, P. (2004). The nanostructure and development of diatom biosilica. In *Biomineralization Progress Biology, Molecular Biology and Application*, ed. E. Beauerlein, pp. 177-93. Weinheim: Wiley-VCH.

White, A. W. (1974). Growth of two facultatively heterotrophic marine centric diatoms. *J. Phycol.* 10: 292-300.

Wilson, D. P. (1946). The triradiate and other forms of *Nitzschia closterium* (Ehrenberg) Wm. Smith, forma *minutissima* of Allen and Nelson. *J. Mar. Biol. Assn., U.K.* 26: 235-70.

（尤　凯　译，胡自民　段德麟　校）

第十八章

异鞭藻门（Heterokontophyta）

针胞藻纲（Raphidophyceae）

针胞藻纲（Raphidophyceae 或 chloromonad）含有叶绿素 a 和 c，以及两层膜的叶绿体内质网。针胞藻纲有两条鞭毛，前端的一条通常为流苏状，而后端的一条为无茸毛的裸鞭形（图 18.1～图 18.3）。淡水的针胞藻类呈绿色，而海水产的呈浅黄色，并且含有类胡萝卜素岩藻黄素（Vesk and Moestrup，1987）。与针胞藻纲亲缘关系最近的藻类类群是真眼藻纲（Eustigmatophyceae）和金藻纲（Chrysophyceae）（Cavalier-Smith and Chao，1996）。

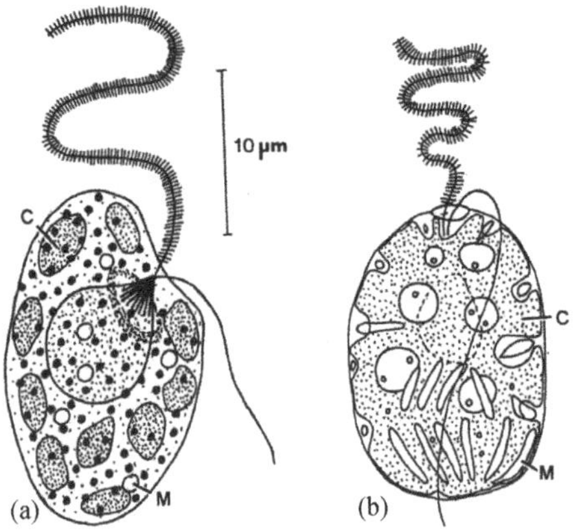

图 18.1 （a）卡氏异弯藻（*Heterosigma carterae*）。（b）*Fibrocapsa japonica*。C，叶绿体；M，黏液泡。［（a）仿自 Leadbeater，1969；（b）仿自 Hara and Chihara，1985］

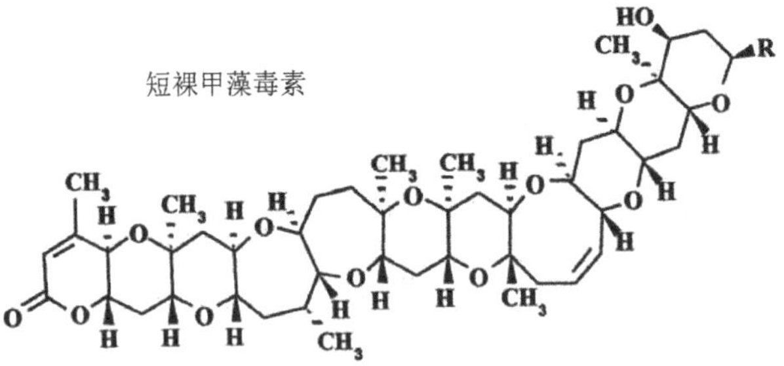

图 18.2 短裸甲藻毒素（brevetoxin）的化学结构。

海洋针胞藻属于广温、广盐性种类（能忍受广泛的温度和盐度范围），在全球的温带和亚热带水域均有分布。海洋针胞藻属主要有卡盾藻属（*Chattonella*）（图 18.3）、*Fibrocapsa*［图 18.1（b）］和异弯藻属（*Heterosigma*）［图 18.1（a）］。许多海洋针胞藻能产类似于短裸甲藻毒素（brevetoxin）的毒害神经的化合物（图 18.2）。一旦鱼类吸收这些毒素，将会导致其向心脏传导的神经紊乱，使得心率减慢，进而降低血压，这样反过来会影响氧气向鳃瓣的传输，最终导致鱼类因缺氧而死亡（Tyrrell et al.，2001）。

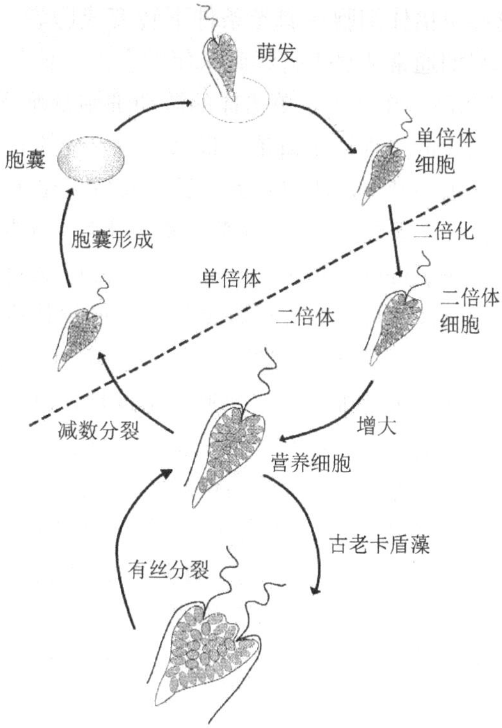

图 18.3　古老卡盾藻（*Chattonella antiqua*）的生活史。（改编自 Yamaguchi and Imai，1994）

海产的古老卡盾藻（*Chattonella antiqua*）和卡氏异弯藻（*Heterosigma carterae*）（Taylor，1992）曾在日本的濑户内海（the Seto inland sea）引发过有毒的赤潮（Watanabe et al.，1988）。夏季中当 5～10 m 深处形成盐差层和温差层时，这些赤潮就会发生。在分层的水层上下很少发生水体的交换，这样导致上层水体缺乏营养，而下层水体缺乏氧气。在这种条件下卡氏异弯藻生长极为旺盛。这主要因为此种藻每日能垂直迁移 10～15 m，能在分层的水层之间上下移动。这种迁移让卡氏异弯藻既能利用下层的营养盐，又能利用上层的光和氧气，最终导致赤潮发生。卡氏异弯藻的这种移动与细胞质中脂肪颗粒的生成和分解有关（Wada et al.，1987）。在培养条件下，卡氏异弯藻对盐度有广泛的适应力（3‰～50‰），同时在温度低于 10℃时将失去其运动能力。当温度在 5～10℃时，这种藻类能形成不动的细胞团块，后者在持续的黑暗环境中最长可存活 15 周（Han et al.，2002），这远长于运动细胞在黑暗环境中的耐受和生长时间。在美国罗得岛的纳拉干海湾（Narragansett bay），卡氏异弯藻形成的赤潮发生在氮浓度水平较低的时期，但当磷浓度水平接近于每年的最大值时也时有发生（Tomas，1979）。

古老卡盾藻是一种在日本沿海形成赤潮的海洋针胞藻。1972 年，这种藻类在日本濑户内海引发的赤潮造成网箱养殖的黄鲻鱼大量死亡，损失高达 5 亿美元（Okaichi，1989）。古老卡盾藻在其对数生长期的早期到中期毒性最强，在进入平台期以后，毒性显著减弱（Khan et al.，1996）。古老卡盾藻的生活史包括一个营养繁殖期和一个不动的休眠期（图 18.3）（Yamaguchi and Imai，1994）。在正常生长条件下，这种藻的二倍体营养细胞通过二分裂进行增殖，当介质中营养盐耗尽时，会产生一些小的单倍体细胞。这些单倍体细胞在弱光条件下转变成胞囊，它们能在水底沉积物中休眠达数月之久。休眠期通常从夏末持续到来年的春天，秋冬季节的低温能强化这种休眠（Imai and Itoh，1987）。在春季，单倍体的游动细胞从胞囊中萌发并最终变为二倍体，尽管目前有关二倍化的过程还不清楚。最后，由二倍体营养细胞完成其生活史。

在淡水环境中，针胞藻类多见于长有大量大型植物的泥滩或池塘。周泡藻（*Vacuolaria*）含有叶绿素 a、c、β-胡萝卜素、叶黄素和花药黄质（antheraxanthin）（Chapman and Haxo，1966；Guillard and Lorenzen，1972）。藻体含有大量的叶绿体，且每个叶绿体片层由三个类囊体组成，叶绿体被两层膜的叶绿体内质网膜包裹（Koch and Schnepf，1967；Mignot，1967）。周泡藻［图 18.4（a）］可以自由生活，也可形成胶状群体（palmelloid state）。当形成胶状群体时，细胞略呈球形，直径在 35～50 μm，呈黄绿色，每个细胞通过一层厚的凝胶状基质环绕在一起。当自由生活时，周泡藻的细胞外形变化很大，从宽卵形到椭圆形不等。鞭毛从前端腹部区一侧的一个凹槽内发出，位于前端的鞭毛具微管茸毛，而位于后端的鞭毛呈尾鞭状。周泡藻的细胞没有眼点，但呈现出正趋光性。周泡藻仅在胶状群体状态下进行分裂，属典型的真核生物有丝分裂，在分裂时核膜保持完整（Heywood and Godward，1972）。在周泡藻中尚未见有性生殖的报道。有时候，周泡藻的细胞也可形成胞囊，且细胞外环绕有保护鞘（Spencer，1971）。

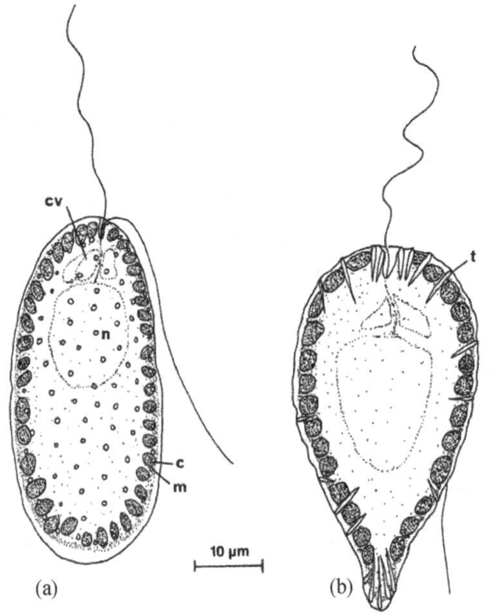

图 18.4 （a）周泡藻（*Vacuolaria virescens*）的叶绿体（c）、黏液囊（m）、鞭毛、收缩泡（cv）及细胞核（n）。（b）膝口藻（*Gonyostomum semen*）的叶绿体、刺丝泡（t）、收缩泡及细胞核。（仿自 Mignot，1967）

周泡藻的外围细胞质中含有许多黏液囊（mucocyst）［图 18.4（a）］，其结构与普林藻纲（Prymnesiophyceae）和金藻纲（Chrysophyceae）的黏液泡类似。膝口藻属（*Gonyostomum*）［图 18.4（b）］具有刺丝泡，其结构类似于甲藻纲（Dinophyceae）的刺丝泡（Mignot，1967）。

参考文献

Cavalier-Smith, T., and Chao, E. E. (1996). 18S rRNA sequence of *Heterosigma carterae* (Raphidophyceae), and the phylogeny of heterokont algae (Ochrophyta). *Phycologia* 35: 500-10.

Chapman, D. J., and Haxo, F. T. (1966). Chloroplast pigments of the Chloromonadophyceae. *J. Phycol.* 2: 89-91.

Guillard, R. R. L., and Lorenzen, C. J. (1972). Yellowgreen algae with chlorophyllide *c*. *J. Phycol.* 8: 10-14.

Han, M.-S., Kim, Y.-P. and Cattolico, R. A. (2002). *Heterosigma akashiwo* (Raphidophyceae) resting cell formation in batch culture: strain identity versus physiological response. *J. Phycol.* 38: 304-17.

Hara, Y., and Chihara, M. (1985). Ultrastructure and taxonomy of *Fibrocapsa japonica* (Class Raphidophyceae). *Arch. Protistenk.* 130: 133-41.

Heywood, P., and Godward, M. B. E. (1972). Centromeric organization in the chloromonadophycean alga *Vacuolaria virescens*. *Chromosoma* 39: 333-9.

Imai, I., and Itoh, K. (1987). Annual life cycle of *Chattonella* spp., causative flagellates of noxious red tides in the Inland Sea of Japan. *Marine Biology* 94: 287-92.

Khan, S., Arakawa, 0., and Onoue, Y. (1996). A toxicological study of the marine phytoflagellate, *Chattonella antiqua* (Raphidophyceae). *Phycologia* 35: 239-44.

Koch, W., and Schnepf, E. (1967). Einige elektronenmikroskopische Beobachtungen an *Vacuolaria virescens Ciénk*. *Arch. Mikrobiol.* 57: 196-8.

Leadbeater, B. S. C. (1969). A fine structural study of *Olisthodiscus luteus* Carter. *Br. Phycol. J.* 4: 3-17.

Mignot, J.-P. (1967). Structure et ultrastructure de quelques Chloromonadines. *Protistologia* 3: 5-24.

Okaichi, T. (1989). Red tide problems in the Sero Inland Sea, Japan. In *Red Tides: Biology, Environmental Science and Toxicology*, ed. T. Okaichi, D. M. Anderson, and T. Nemoto, pp. 137-42. New York: Elsevier Science Publishing.

Spencer, L. B. (1971). A study of *Vacuolaria virescens* Cienkowski. *J. Phycol.* 7: 274-9.

Taylor, F. J. R. (1992). The taxonomy of harmful marine phytoplankton. *G. Bot. Ital.* 126: 209-19.

Tomas, C. R. (1979). *Olisthodiscus luteus* (Chrysophyceae). III. Uptake and utilization of nitrogen and phospho rus. *J. Phycol.* 15: 5-12.

Tyrrell, J. V., Bergquist, P. R., Bergquist, P. L., and Scholin, C. A. (2001). Detection and enumeration of *Heterosigma akashiwo* and *Fibrocapsa japonica* (Raphidophyceae) using rRNA-targeted oligonucleotide probes. *Phycologia* 40: 457-67.

Vesk, M., and Moestrup, Ø. (1987). The flagellar root system in *Heterosigma akashiwo* (Raphidophyceae). *Protoplasma* 137: 15-28.

Wada, M., Hara, Y., Kato, M., Yamada, M., and Fujii, T. (1987). Diurnal appearance, fine structure and chemical composition of fatty particles in *Heterosigma akashiwo* (Raphidophyceae). *Protoplasma* 137: 134-9.

Watanabe, M., Kohata, K., and Kunugi, M. (1988). Phosphate accumulation and metabolism by *Heterosigma akashiwo* (Raphidophyceae) during diel vertical migration in a stratified microsm. *J. Phycol.* 24: 22-8.

Yamaguchi, M., and Imai, I. (1994). A microfluorometric analysis of nuclear DNA at different stages in the life history of *Chattonella antiqua* and *Chattonella marina* (Raphidophyceae). *Phycologia* 33: 163-70.

（尤 凯 译，胡自民 段德麟 校）

第十九章

异鞭藻门（Heterokontophyta）

黄藻纲（Xanthophyceae）

黄藻纲藻类主要为淡水和陆生种类，海水种类极少。黄藻纲的特征是运动细胞具有一根向前的流苏状鞭毛和一根向后的尾鞭状鞭毛［图 19.1 和图 19.5（c）］。叶绿体含叶绿素 a 和 c（Sullivan et al.，1990），不含岩藻黄素，藻体呈黄绿色。运动细胞的眼点通常位于叶绿体内［图 19.1 和图 19.5（c）］，叶绿体被两层膜的叶绿体内质网所环绕。叶绿体内质网的外膜通常与细胞核的外膜相连。在大多数不运动的细胞中，细胞壁由两个重叠的半片（half）组成［图 19.2（d）、图 19.2（e）、图 19.2（f）、图 19.3 和图 19.4］。分子数据显示黄藻纲与褐藻纲（Phaeophyceae）的亲缘关系最近（Ariztia et al.，1991；Potter et al.，1997）。尽管此纲普遍被称为黄藻纲，但由于其包含的属没有一个与黄藻纲的名称有关，所以称之为 Tribophyceae 似乎更合适（Hibberd，1981）。

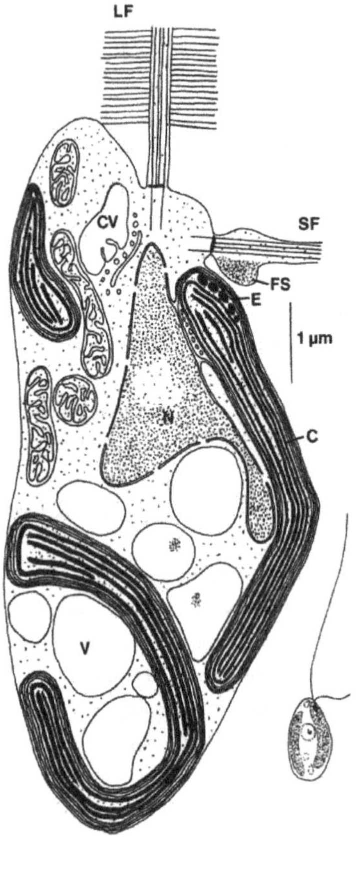

图 19.1　黄藻纲典型种类 *Mischococcus sphaerocephalus* 游动孢子的光学与电镜显微照片。C，叶绿体；CV，伸缩泡；E，眼点；FS，鞭毛隆起；LF，具茸毛的长鞭毛；N，细胞核；SF，短鞭毛；V，液泡。（改编自 Hibberd and leedale，1971）

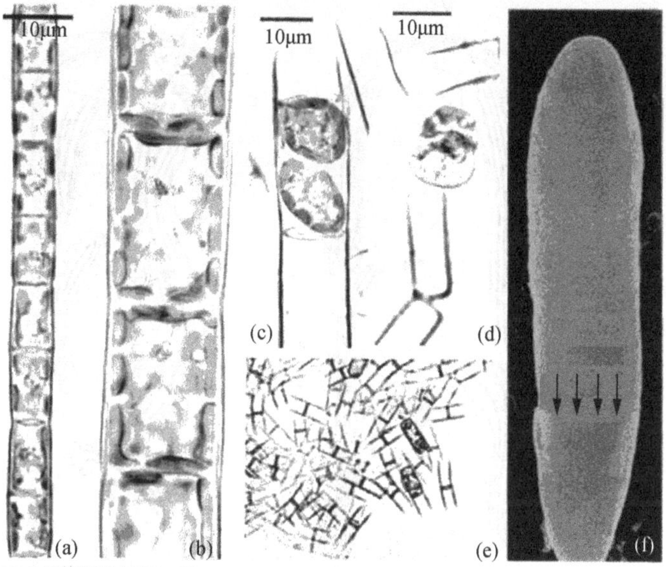

图 19.2 黄丝藻 *Tribonema regulare*（a）和 *T. utriculosum*（b）丝状体的光学显微照片。（c）绿色黄丝藻（*T. viride*）的游动孢子囊含有两个游动孢子。（d）黄丝藻（*T. regulare*）释放的游动孢子。（e）在释放游动孢子后，*T. regulare* 保留的 H 形细胞壁。（f）黄丝藻（*T. viridae*）两细胞丝状体的扫描电镜显微照片，显示重叠的 H 形半片的边缘（箭号）。（引自 Lokhorst and Star，2003）

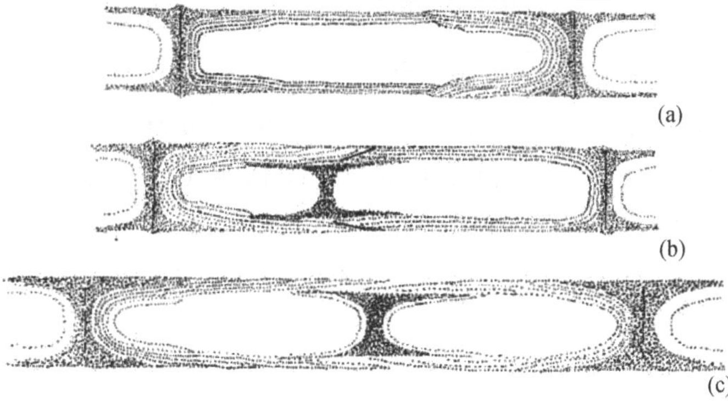

图 19.3 经氢氧化钾处理后的丝状黄丝藻（*Tribonema bombycinum*）细胞壁结构。（a）两个 H 形半片连在一起包住单个原生质体。（b）和（c）新近分裂的细胞显示插入一个新的 H 形半片。（仿自 Smith，1938）

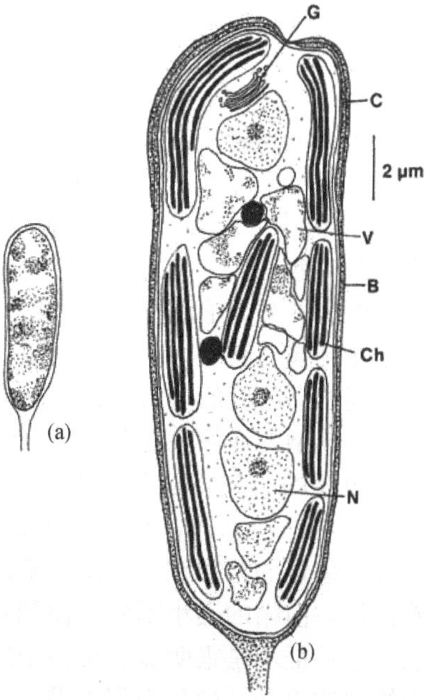

图 19.4 黄管藻（*Ophiocytium majus*）。（a）营养细胞。（b）营养细胞精细结构半截图示。B，细胞壁的基管部分；C，细胞壁的帽；Ch，叶绿体；G，高尔基体；N，细胞核；V，液泡。（改编自 Hibberd and leedale，1971）

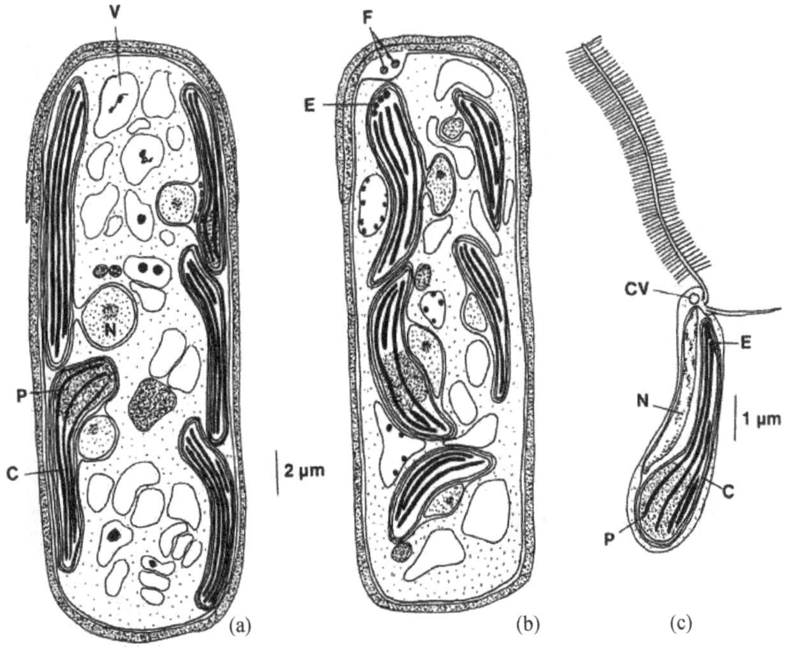

图 19.5 假拟柱杆藻（*Pseudobumilleriopsis pyrenoidosa*）。(a) 营养细胞。(b) 处于游动孢子形成中的细胞。(c) 游动孢子。C，叶绿体；CV，伸缩泡；E，眼点；F，鞭毛；N，细胞核；P，淀粉核；V，液泡。(改编自 Deason，1971)

细胞结构

细胞壁

黄丝藻 *Tribonema*（图 19.2 和图 19.3）（Cleare and Percival，1973）和无隔藻 *Vaucheria*（图 19.7 和图 19.8）两种黄藻的细胞壁主要由纤维素组成（Parker et al.，1963)。在无隔藻中，纤维素占到细胞壁的 90%，剩余部分则为主要由葡萄糖和糖醛酸组成的无定形多糖。

黄藻纲许多种类的细胞壁由两个重叠的半片组成，它们如同细菌学家常用的皮氏培养皿一样扣在一起［图 19.2 (d)、图 19.2 (e)、图 19.2 (f)、图 19.3 和图 19.4］。除非用某种试剂如高浓度的氢氧化钾进行处理，否则在光学显微镜下难以看到细胞壁的二分特性。一个典型的样例就是黄管藻（*Ophiocytium majus*）［一项基于线粒体细胞色素氧化酶基因测序的研究将黄管藻归到与其关系密切的真眼藻纲（Eustigmatophyceae）内］（Ehara et al.，1997)，它的细胞壁呈管状（图 19.4）。黄管藻的细胞壁由两部分组成，一个大小恒定的帽扣在一个位于基部的管状体上。随着细胞生长拉长，基部的管状体也跟着拉长，但帽的大小不变。帽和管状体的边缘逐渐变薄并重叠一段长度，使得活细胞中的二分特征不是很明显。夹在中间的这层物质，大概起到黏合的作用，它将细胞壁的帽与管状体隔开。丝状类属如黄丝藻（*Tribonema*）（图 19.2 和图 19.3），它的细胞壁由 H 形片段组成。它们相互交替重叠，以至每个原生质体都被由两个连续的 H 形片段形成的半片所环裹（Lokhorst and Star，1988）。

叶绿体与储藏物质

黄藻纲藻类叶绿体内质网的两层膜环绕着叶绿体，其中，外膜与细胞核被膜的外膜相连（图 19.1）（Hibberd and Leedale，1971）。黄藻纲的类囊体三个一组形成片层，许多属中的叶绿体含有一个淀粉核（图 19.5）（Marchant，1972）。眼点由一些小球体组成，它们位于叶绿体前端的叶绿体被膜之下（图 19.1 和图 19.5）。在短鞭毛经过眼点的位置，鞭毛鞘膨大形成鞭毛突起，它与眼点区内的质膜非常贴近。

黄藻纲藻类的叶绿体含有叶绿素 a 和 c（Sullivan et al.，1990），主要的类胡萝卜素为硅甲藻黄素（diadinoxanthin）、黄藻黄素（heteroxanthin）和无隔藻黄素酯（vaucheriaxanthin ester）。

质体内在光合作用时可积累甘露醇和葡萄糖（Cleare and Percival，1973）。尽管脂质也很重要，但主要的储藏物质可能是与裸藻淀粉类似的 β-1，3 键连接的葡聚糖。

无性生殖

黄藻纲藻类通过断裂、游动孢子和不动孢子等方式进行无性生殖。此外，它们还能产生休眠孢子。断裂生殖仅限于四分孢子和丝状群生体，它是由群生体分裂成若干部分所致。

黄藻纲的大多数种类都能产生游动孢子。游动孢子裸露，通常呈梨形，具有 2 根鞭毛，其中位于前端的流苏状鞭毛要比短的尾鞭状鞭毛长 4～6 倍（图 19.1 和图 19.5）。Deason（1971）研究了假拟柱杆藻（*Pseudobumilleriopsis pyrenoidosa*）游动孢子的精细结构（图 19.5）。这种藻的细胞呈杆状，含有几个细胞核和片状叶绿体。在游动孢子形成之前，营养细胞在其中心具有细胞核和液泡，而叶绿体呈扁平状且靠近质膜。在游动孢子形成过程中，分裂的最初标志是在相邻的叶绿体末端之间出现液泡。叶绿体远离原生质膜，且每个叶绿体与一个细胞核结合。液泡合并且将不同的细胞核-叶绿体组合分开，每个分开的细胞核与叶绿体发育成一个游动孢子。随后，在营养细胞细胞核附近出现基体，随着分裂开始，基体向叶绿体的一个末端移动，并在游动孢子形成的早期产生鞭毛。每个细胞能产生 1～16 个游动孢子，后者通过孢子囊壁重叠部分的分解和（或）离散进行释放。在游动孢子内，叶绿体厚大且含有 1 个淀粉核。细胞核拉长进而出现 2 个或多个伸缩泡。

如果不产生游动孢子，整个原生质体会产生单个不动孢子（aplanospore）或分裂成若干部分，每部分都可形成一个不动孢子。在某些情况下，环境条件可以决定藻类是以游动孢子还是不动孢子的方式进行繁殖。生活在水中的气球藻（*Botrydium*）藻体可产生游动孢子；而生活在潮湿土壤中的气球藻产生不动孢子（Rostafinski and Woronin，1877）（图 19.6）。亲代细胞释放的不动孢子可直接发育成新的藻体，或产生游动孢子，后者继续发育成新的藻体。

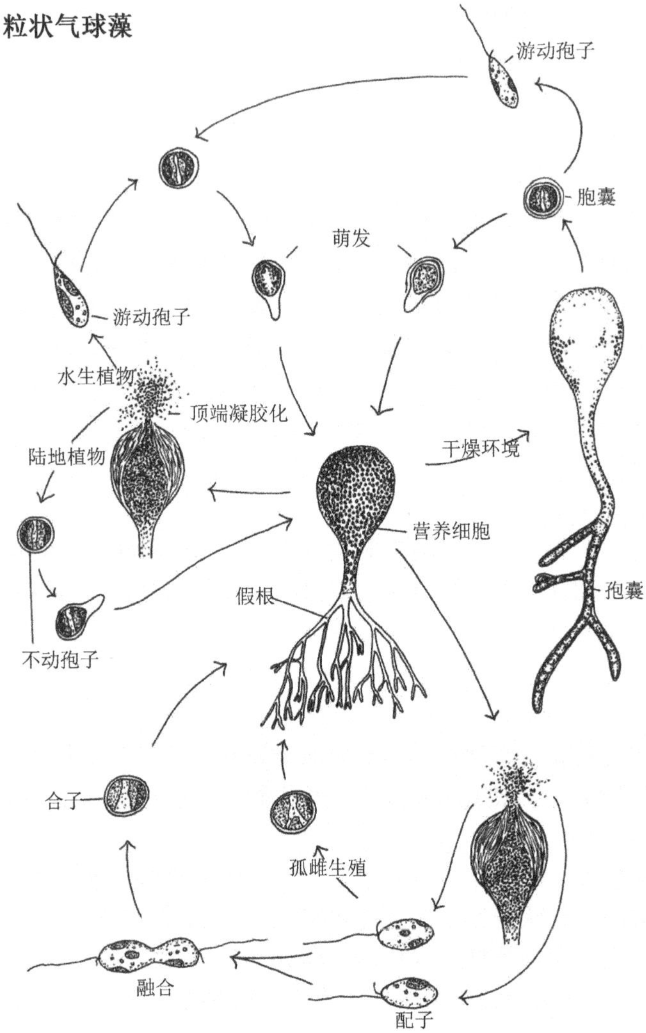

图 19.6 气球藻（*Botrydium granulatum*）的生活史。（改编自 Rostafinski and Woronin，1877；Kolkwitz，1926；Rosenberg，1930）

某些鞭毛藻（flagellate）和根足类（rhizopodial）的细胞可产生与金藻纲类似的孢囊或内生休眠孢子。在其产生过程中，有一个处于内界的球形原生体，它通过一层膜与母细胞原生质体的周边部分隔离开。这种内源分化的原生质体分泌一层具有两个重叠半片的细胞壁。营养细胞也可直接转换到类似于孢子的休眠期，与营养细胞相比，这种细胞的细胞壁更厚，储藏物质更为丰富。这些类似于孢子的细胞的细胞壁与母细胞壁没有明显差别，称为静息孢子（akinete），它通常形成于丝状类属中。

有性生殖

有关黄藻纲有性生殖的可靠性报道很少。截至目前，有性生殖仅在三个属中被证实：气球藻属（*Botrydium*）（图 19.6）、黄丝藻属（*Tribonema*）（图 19.2）和无隔藻属（*Vaucheria*）（图 19.8）。前两个属产生的配子都有鞭毛，而无隔藻属的有性生殖方式为卵配生殖。

这里将介绍以下 4 个目。

目 1　柄球藻目(Mischococcales)：小的球菌状细胞。
目 2　黄丝藻目(Tribonematales)：丝状体，单核细胞。
目 3　气球藻目(Botrydiales)：球形多核的叶状体，具有无色假根。
目 4　无隔藻目(Vaucheriales)：丝状体，多核细胞。

柄球藻目（Mischococcales）

柄球藻目的特征是具有小的球菌状细胞，并且涵盖了黄藻纲约 2/3 的种类（Bailey and Andersen，1998）。柄球藻（*Mischococcus*）（图 19.1）和假拟柱杆藻（*Pseudobumilleriopsis*）（图 19.5）是本目的代表物种。

黄丝藻目（Tribonematales）

黄丝藻目藻类含有单列圆柱状细胞，它们首尾相连形成分枝的或不分枝的丝状体。黄丝藻（*Tribonema*）的藻体由桶状细胞组成，其长是宽的 2～5 倍（图 19.2 和图 19.3）。细胞壁由两个在细胞中部重叠的 H-形半片组成。原生质体单核，含有大量的盘状叶绿体。无性生殖通过丝状体断裂、产生游动孢子或不动孢子等方式来完成。不动孢子的产生要比游动孢子更加频繁，它们通过细胞壁的两部分的裂开而得以释放。丝状藻体也能产生静息孢子（Smith，1950）。有性生殖为同配生殖。有性生殖过程中，在一个配子向其游动与之结合前，配对配子中的另一个保持不动，并且缩回其鞭毛（Scherffel，1901）。

气球藻目（Botrydiales）

气球藻（*Botrydium*）为一种单细胞的多核藻类，藻体分两部分：一部分是通常暴露在空气中的含有叶绿体的球状体，另一部分是深入土壤中的无色假根（图 19.6）。其中，暴露在空气中的部分的形态易受环境条件的影响。生长在阴暗生境中时其通常为细长形，而生长在阳光充足的生境中为球形（Moore and Carter，1926）。空气中部分的细胞壁相对较硬，其内是一层含有许多细胞核和叶绿体的精细细胞质。分枝的假根不含叶绿体，但存在许多细胞核。藻体细胞不能进行营养繁殖（vegetative division），新藻体只能通过产生游动孢子或不动孢子来完成。根据 Rakovan 和 Fridvalsky（1970）的报道，游动孢子或不动孢子都在夜间形成，并且在鞭毛开始发育以后，细胞必须接受 8～9 h 的光照才能完成鞭毛的生长。如果没有光照，将产生不动孢子。在孢子形成过程中，母细胞内 3～5 个叶绿体与 1 个细胞核结合在一起，当每个游动孢子都包含上述细胞器后，细胞分裂释放游动孢子。如果孢子是不动孢子，就形成细胞壁；如果是游动孢子，则没有细胞壁。运动配子也通过类似的方式形成（Iyengar，1925；Miller，1927），有性生殖可是同配也可是异配。配子的来源可以是同宗配合，也可以是异宗配合。当配子配对形成合子时，两个配子通过前末端紧密结合在一起。没有融合的配子通过孤雌生殖发育成藻体。萌发中的合子直接发育成新的营养藻体。

在处于干燥的环境期间，气球藻（*Botrydium*）也会产生胞囊或休眠孢子（Miller，1927）。在粒状气球藻（*B. granulatum*）中，原生质体向假根内移动，在这里原生质体分裂并产生大量的厚壁胞囊。这些胞囊可直接萌发成新的藻体，也可产生游动孢子。

无隔藻目（Vaucheriales）

本目仅有一个属，即无隔藻（*Vaucheria*）（图 19.7 和图 19.8）。无隔藻在进化上与黄藻纲其他成员分离较早（Bailey and Andersen，1998）。无隔藻的细胞壁相对较薄，在其内细胞质局限于多核细胞的外周，中央则为一个大的液泡（图 19.7）。在细胞质内，大量具有淀粉核的椭圆形叶绿体位于外侧，而细胞核靠近中央。丝状体的生长仅限于顶端，此处含大量液泡、线粒体和网体，但没有叶绿体、细胞核和大的中央液泡（Ott and Brown，1974a）。大的中央液泡含有脂质、退化的叶绿体和晶体，它伸展至除了位于生长顶端后的区域以外的整个丝状体长度。细胞质的流动发生在大的中央液泡内，并且直接与细胞核、线粒体及相连的网体有关。细胞质的流动包含两个独立的系统，第一个是基于能使细胞核移动的微管，第二个是基于能使线粒体及与其相连的网体移动的微丝。叶绿体的运动没有固定的方式，或多或少只是一种随机的运动，它与微管和微丝没有关系。

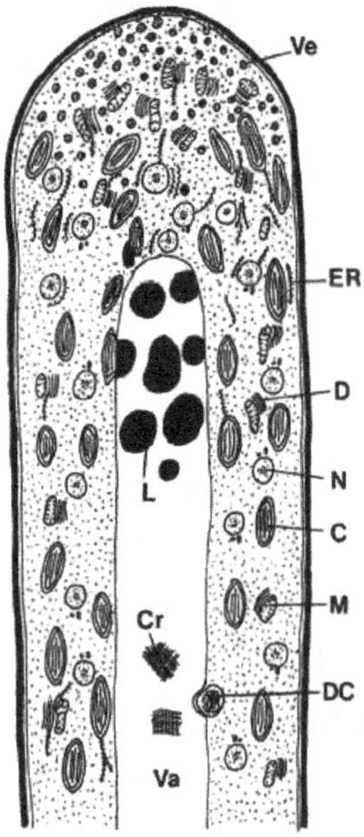

图 19.7 无隔藻（*Vaucheria dillwynii*）营养生长丝状体的尖端结构示意图。C，叶绿体；Cr，晶体；D，高尔基体；DC，退化的叶绿体；ER，内质网；L，脂质体；M，线粒体；N，细胞核；Va，液泡；Ve，囊泡。（仿自 Ott and Brown，1974a）

尽管无隔藻能产生横隔将多核体受损的部分隔开，但其生殖很少通过丝状体的偶然断裂来进行。水生藻体的无性生殖大多通过产生多鞭毛多核的游动孢子来完成（Birckner，1912）（图 19.8），这些游动孢子在位于丝状体膨大末端的棒状孢子囊内单独产生。在游动孢子产生过程中，大量的叶绿体和细胞核流入丝状体的尖端，中央液泡体积缩小，且尖端呈现深绿色。在生长的孢子囊基部出现一无色的原生质条带，它将原生质体从中间一分为二。这两部分原生质体互相接近，形成一个隔膜。孢子囊内产生囊泡（Ott and Brown，1974b），在囊泡周围细胞核通过位于细胞核和囊泡膜之间的一对基体进行定位。鞭毛通过囊泡膜产生，并且囊泡朝质膜方向移动。因此，细胞核和两根鞭毛达到细胞的外周区域。孢子囊顶端的细胞壁发生胶化作用，产生一个窄的小孔，游动孢子穿过该小孔并游到介质中。孢子囊中的细胞核被大量的囊泡彼此隔开，每对鞭毛中的一根都要稍长于另一根（Greenwood，1957）。游动孢子没有眼点和淀粉核（Greenwood，1959）。游动孢子游动迟缓，仅仅持续约 15 min。当要静止时，鞭毛缩回，形成一个薄的细胞壁。当一个或两个管状副产物突起后，萌发马上开始，其中一个突起通过一个无色的叶状固着器将自己附着到基质上。相反，陆生藻体不产生游动孢子，而是整个孢子囊发育成一个不动孢子。将潮湿环境下保存几天的营养藻丝体浸泡在水中，或将其从营养溶液转移到蒸馏水中，或将其从流动水体转移到静止水体中，也可获得游动孢子（Klebs，1896；Starr，1964）。

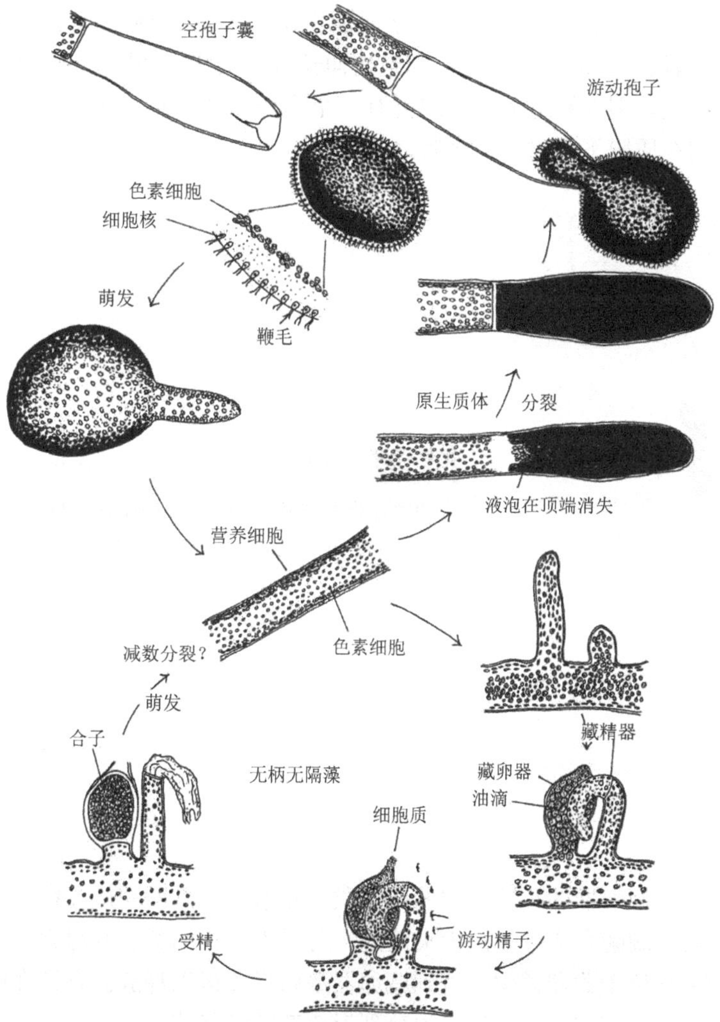

图 19.8 无柄无隔藻（*Vaucheria sessilis*）的生活史。

无隔藻属的有性生殖为卵配生殖，通常为同宗配合，减数分裂发生在配子产生之前（Al-Kubaisi and Schwantes，1981）。因此，无隔藻的生活史是二倍体时期占主导的双相型。性器官在潮湿的土壤或静水中生长的丝状体上比较常见，而在流水中生长的藻体上很罕见。藏精器和藏卵器相邻，它们位于同一侧枝或邻近侧枝上。性器官被隔膜隔开。藏卵器内只有一个卵，充满油类和叶绿体。成熟的藏卵器产生一个裂口，其尖端发生胶化作用形成一小孔。卵中无色的细胞质的一部分通过此小孔喷射出来，同时卵的体积缩小。

无隔藻的藏精器通常呈极度弯曲的圆柱形管状，它被一个隔膜隔开，该隔膜大抵位于管状体内较为靠上的部位。成熟的藏精器含有游动精子，它在中央细胞质和外周细胞质之间的特定区域产生（Moestrup，1970）。该中央和外周细胞质含有游动精子不具备的细胞质成分：叶绿体、液泡和一些线粒体（Ott and Brown，1978）。藏精器会出现一个小孔，游动精子通过它进行释放。游动精子的后端呈圆柱形，前部有一扁平的吻突（proboscis）（图 19.9）。精子上生有一条向前突出的流苏状鞭毛（具有两排侧向的茸毛），以及一条稍长、光滑的尾鞭毛。细胞核伸长呈蠕虫状，如同 3～4 个线粒体。精子不含叶绿体和眼点，但在鞭毛的基体附近有一个高尔基体。精子前侧的吻突由 8～9 个微管组成，它们在质膜下穿过，而微管之间有囊泡。

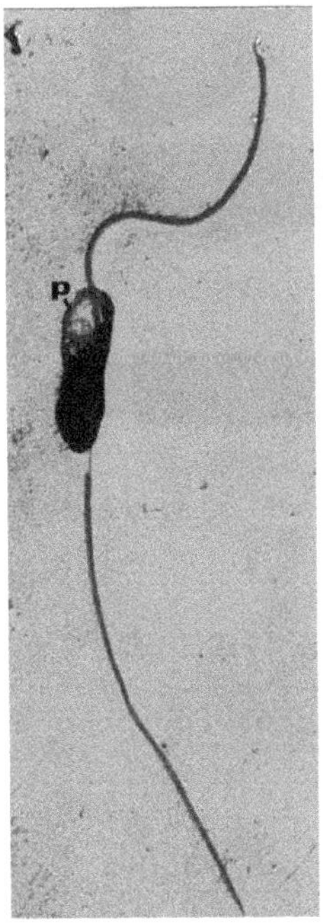

图 19.9 无隔藻（*Vaucheria synandra*）精子的整体投影图片。在精子细胞的前端有一个吻突（P）。（引自 Moestrup，1970）

游动精子通过藏卵器的小孔与卵的原生质体相融合，进而完成受精作用。合子分泌一层细胞壁，而油滴融合成少量的中央液滴。合子因存在油类和叶绿素的退化产物而呈现彩色。合子一直位于藏卵器中，直到藏卵器壁腐烂才得以释放。合子在萌发前仍将保持数月的休眠，随后，它可能通过减数分裂形成新的丝状体。

无隔藻属是一种在光照下显示叶绿体定向移动的藻类。在暗环境下，叶绿体均匀地分布在外周细胞质内（图 19.10）；在低光强下，叶绿体移向多核体的顶部和底部以捕获最大量光照；在高光强下，叶绿体沿丝状体的侧面分布，这样就可以吸收少量的光（Fischer-Arnold，1963；Haupt and Schonbohm，1970）。叶绿体的运动光谱类似于高等植物，同时也非常类似于黄素（flavin）的运动光谱，这证实黄素是作为光感受色素存在于质膜内（Blatt，1983）。既然如此，通过微光束照射即可证明藻类的光受体不是叶绿体。在微光束照射下，无论叶绿体是否接收到光，它都能运动。细胞除了能感知光以外，还可以决定光的方向。这种感知的理论基础源于细胞接受光照后所发生的透镜效应［图 19.10（c）］。细胞此时起一个聚光透镜的作用，它将光聚焦在细胞的后方。这使得光线沿着细胞的侧面绕过细胞的某些部分，形成一个从前至后的梯度变化。叶绿体运动依赖于两个代谢过程产生的能量，即呼吸作用和光合作用。呼吸作用和光合作用的抑制剂能阻止叶绿体的运动，而光合作用抑制剂只能减缓叶绿体的运动。如果 ATP 和光合作用抑制剂在一起，叶绿体运动则变得正常。

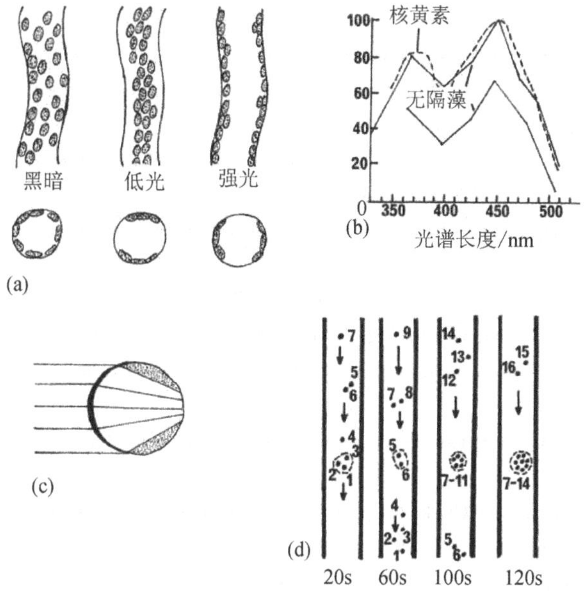

图 19.10 （a）在黑暗、低光、强光三种环境条件下无隔藻（*Vaucheria*）中叶绿体的位置。（b）在低光（低曲线）和强光（高曲线）条件下无隔藻中叶绿体定向运动的光谱。纵轴表示相对量子效率。（c）光线穿过无隔藻多核体的透镜效应示意图。（d）在低光照射下无隔藻中单个叶绿体的运动。图示一光束（虚线区）引起叶绿体在光照区域的积聚。（仿自 Haupt and Schonbohm，1970）

有两种可能的机制用于解释叶绿体的运动：主动运动（active movement）和被动运动（passive movement）。主动运动是叶绿体自身相对于原生质其余部分的运动；被动运动是原生质的运动，它同时携带着叶绿体和其他细胞器运动。在无隔藻中，叶绿体的运动属于被动运动。如果叶绿体运动随高光强或低光强而变，那么细胞中不仅仅是叶绿体，而且其他细胞器和内含物也将随光照发生重排。此外，如果丝状体上仅有一个小的区域受到光斑照射，那么在该位置可以观察到细胞质和其他内含物的显著积聚［图

19.10 (d)]。当细胞器在细胞内流动时，它们实际上被限定在细胞质的某个位置上。对无隔藻某一部位进行照射会导致一个肌动蛋白纤维网的形成，它起着捕获构件(trapping mechanism) 的作用 (Blatt，1983)。

参考文献

Al-Kubaisi, K. H., and Schwantes, H. O. (1981). Cytophotometrische Untersichungen zum Generationswechel autotropher und heterotrophen siphonaler Organismen (*Vaucheria sessilis* und *Saprolegnia ferax*). *Nova Hedwigia* 34: 301-16.

Ariztia, E. V., Andersen, R. A., and Sogin, M. L. (1991). A new phylogeny for chromophyte algae using 16S-like rRNA sequences from *Mallomonas papillosa* (Synurophyceae) and *Tribonema aequales* (Xanthophyceae). *J. Phycol.* 27: 428-36.

Bailey, J. c., and Andersen, R. A. (1998). Phylogenetic relationships among nine species of the Xanthophyceae inferred from *rbc*L and 18S rRNA gene sequences. *Phycologia* 37: 458-66.

Birckner, V. (1912). Die Beobachtung von Zoosporenbildung bei *Vaucheria aversa Hass*. *Flora* 104: 167-71.

Blatt, M. R. (1983). The action spectrum for chloroplast movements and evidence for bluelight-photoreceptor cycling in the *Vaucheria*. *Planta* 159: 267-76.

Cleare, M., and Percival, E. (1973). Carbohydrates of the freshwater alga *Tribonema aequale*. II. Preliminary photosynthetic studies with ^{14}C. *Br. Phycol. J.* 8: 181-4.

Deason, T. R. (1971). The fine structure of sporogenesis in the Xanthophycean alga *Pseudobumilleriopsis pyrenoidosa*. *J. Phycol.* 7: 101-7.

Ehara, M., Hayashi-Ishimura, Y., Inagaki, Y., and Ohama, T. (1997). Use of a deviant mitochondrial genetic code in yellow-green algae as a landmark for segregating members within the phylum. *J. Mol. Evol.* 45: 119-24.

Fischer-Arnold, G. (1963). Untersuchungen über die Chloroplastenbewegung bei *Vaucheria sessilis*. *Protoplasma* 56: 495-506.

Greenwood, A. D. (1959). Observations on the structure of the zoospores of *Vaucheria*. II. *J. Exp. Bot.* 10: 55-68.

Greenwood, A. D., Manton, I., and Clarke, B. (1957). Observations on the structure of the zoospores of *Vaucheria*. *J. Exp. Bot.* 8: 71-86.

Haupt, W., and Schönbohm, E. (1970). Light-oriented chloroplast movements. In *Photobiology of Microorganisms*; ed. P. Halldal, pp. 283-307. London: Wiley-Lnterscience.

Hibberd, D. J. (1981). Notes on the taxonomy and nomenclature of the algal classes Eustigmatophyceae and Tribophyceae (synonym Xanthophyceae). *Bot. J. Linn. Soc.* 82: 93-119.

Hibberd, D. J., and Leedale, G. F. (1971). Cytology and ultrastructure of the Xanthophyceae. II. The zoospore and vegetative cell of coccoid forms, with special reference to *Ophiocytium majus* Naegeli. *Br. Phycol. J.* 6: 1-23.

Iyengar, M. O. P. (1925). Note on two species of *Botrydium* from India. *J. Indian Bot. Soc.* 4: 193-201.

Klebs, G. (1896). *Die Bedingungen de Fortpflanzung bei einigen Algen und Pilzen*. Jena.

Kolkwitz, R. (1926). Zur Ökologie und Systematic von *Botrydium granulatum* (L) Grev. *Ber. Dtsch. Bot. Ges.* 44: 533-40.

Lokhorst, G. M., and Star, W. (1988). Mitosis and cytokinesis in *Tribonema regulare* (Tribophyceae, Chrysophyta). *Protoplasma* 145: 7-15.

Lokhorst, G. M., and Star, W. (2003). The flagellar apparatus in *Tribonema* (Xanthophyceae) reinvestigated. *Phycologia* 42: 31-43.

Marchant, H. J. (1972). Pyrenoids of *Vaucheria woroniniana*. Heering. *Br. Phycol. J.* 7: 81-4.

Miller, V. (1927). Untersuchungen über die Gattung *Botrydium* Wallroth. II. Spezieller Teil. *Ber Dtsch. Bot. Ges.* 45: 161-70.

Moestrup, Ø. (1970). On the fine structure of the spermatozoids of *Vaucheria sescuplicaria* and on later stages in spermatogenesis. *J. Mar. Biol. Assoc. UK* 50: 513-23.

Moore, G. T., and Carter, N. (1926). Further studies on the subterranean algal flora of the Missouri Botanical Garden. *Ann. Mo. Bot. Gard.* 13: 101-40.

Ott, D. W., and Brown, R. M., Jr. (1974a). Developmental cytology of the genus *Vaucheria*. I. Organization of the vegetative filament. *Br. Phycol. J.* 9: 111-26.

Ott, D. W., and Brown, R. M., Jr. (1974b). Developmental cytology of the genus *Vaucheria*. II. Sporogenesis in *V. fontinalis* (L) Christensen. *Br. Phycol. J.* 9: 333-51.

Ott, D. W., and Brown, R. M. (1978). Developmental cytology of the genus *Vaucheria*. IV. Spermatogenesis. *Br. Phycol. J.* 13: 69-85.

Parker, B. C., Preston, R. D., and Fogg, G. E. (1963). Studies of the structure and chemical composition of the cell walls of Vaucheriaceae and Saprolegniaceae. *Proc. R. Soc. Lond.* [*B*] 158: 435-45.

Potter, D., Saunders, G. W., and Andersen, R. A. (1997). Phylogenetic relationships of the Raphidophyceae and Xanthophyceae as inferred from nucleotide sequences of the 18S ribosomal RNA gene. *Am. J. Bot.* 84: 966-72.

Rakován, J. N., and Fridvalsky, L. (1970). Electron microscope studies on the gonidiogenesis of *Botrydium granulatum* (L) Grev. (Xanthophyceae). *Ann. Univ. Sci. Budap. Sect. Biol.* 12: 209-12.

Rosenberg, M. (1930). Die geschlechtliche Fortpflanzung von *Botrydium granulatum* Grev. *Oesterr. Bot. Z.* 79: 289-96.

Rostafiński, J., and Woronin, M. (1877). Ueber *Botrydium granulatum*. *Bot. Zig.* 35: 649-71.

Scherffel, A. (1901). Kleiner Beitrag zur Phylogenie einiger Gruppen neiderer Organismen. *Bot. Ztg.* 59: 143-58.

Smith, G. M. (1938). *Cryptogamic Botany*, Vol. 1. *Algae and Fungi*. New York and London: McGraw-Hill.

Smith, G. M. (1950). *The Fresh-Water Algae of the United States*, 2nd edn. New York and London: McGraw Hill.

Starr, R. C. (1964). The culture collection of algae at Indiana University. *Am. J. Bot.* 51: 1013-44.

Sullivan, C. M., Entwisle, T. J., and Rowan, K. S. (1990). The identification of chlorophyll *c* in the Tribophyceae (= Xanthophyceae) using spectrophotofluorometry. *Phycologia* 29: 285-91.

（王高歌　译，段德麟　校）

第二十章

异鞭藻门（Heterokontophyta）

褐枝藻纲（Phaeothamniophyceae）

最近的核酸序列研究显示存在一支与其他金褐藻关系较远的金褐藻进化支系（Bailey et al.，1998）。这种金褐藻被归到褐枝藻纲内，它是一个与黄藻纲（Xanthophyceae）和褐藻纲（Phaeophyceae）关系非常近的单元。这三个纲的细胞学特征很相似（图 20.1）。细胞含有两层膜的叶绿体内质网，其中叶绿体内质网的外膜与核被膜的外膜相连。叶绿体具有一个环状的基因带和带状片层（girdle lamellae）。鞭毛位于运动细胞的侧面。前端的流苏状鞭毛具有三节茸毛，茸毛的两侧缺少纤丝。尾端的鞭毛没有茸毛。新的子代细胞通过孢子形成分裂（eleutheroschisis，即母细胞壁完全丢弃并形成新的子细胞壁）来形成。质膜下的液泡类似于褐藻纲中存在的藻泡（physode）。褐枝藻纲是藻类中唯一的同时含有岩藻黄素和黄藻黄素的纲。褐枝藻纲藻类不能产生内生的硅质孢囊或休眠孢子。

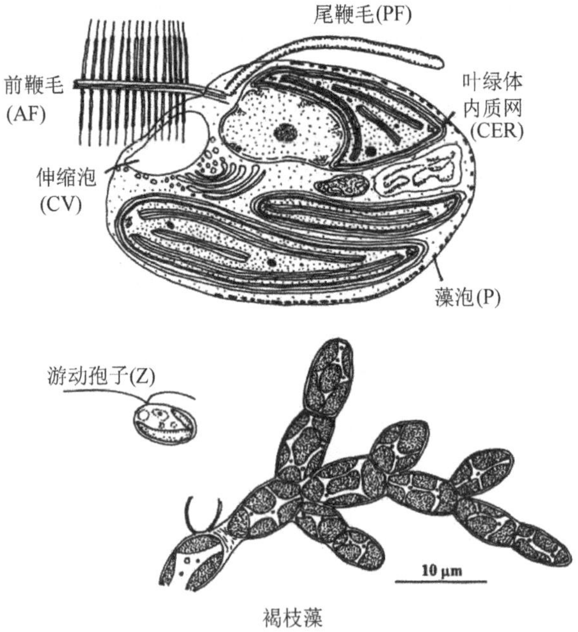

图 20.1　褐枝藻（*Phaeothamnion polychrysis*）游动孢子的丝状体。AF，前鞭毛；PF，尾鞭毛；CER，叶绿体内质网；CV，伸缩泡；Z，游动孢子；P，藻泡。

褐枝藻（*Phaeothamnion*）是一种丝状棕藻，它产生的游动孢子附着后能形成新的丝状体（图 20.1）（Andersen et al.，1998）。*Tetrachrysis* 生活在泥炭质池塘中，多个细胞被包裹在一层黏液内（Dop et al.，1980）（图 20.2）。拟四胞藻 *Tetrasporopsis* 是一类营群生的淡水藻类，它由一个褐色、胶状且含有气泡的囊体组成（Entwisle and Andersen，1990）（图 20.2）。*Phaeoschizochlamys* 分布在腐屑内或悬浮在其他淡水藻之间，其细胞位于直径长达 0.5 mm 的不同形状黏液内（图 20.2）。细胞分裂后形成 4 个各含有两个叶绿体的似亲孢子（autospore）。

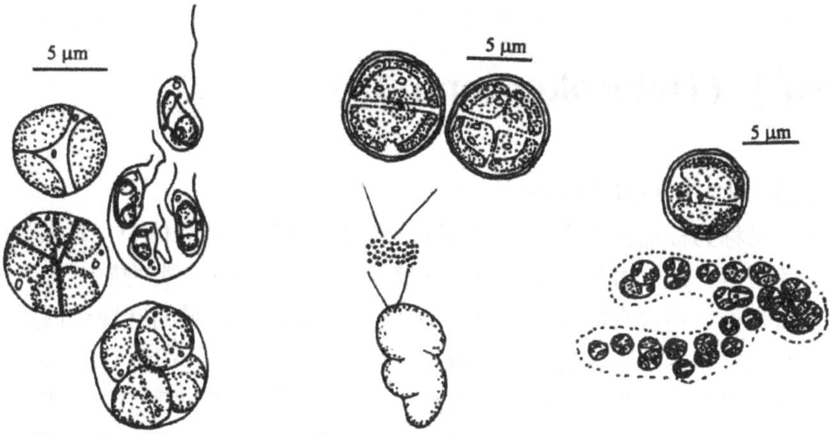

图 20.2 几种归到褐枝藻纲的藻类。

参考文献

Andersen, R. A., Potter, D., Bidigare, R. R., Latasa, M., Rowar, K., and O'Kelly, C. J. (1998). Characterization and phylogenetic position of the enigmatic golden alga *Phaeothamnion confervicola*: ultrastructure, pigment composition and partial SSU rDNA sequence. *J. Phycol.* 34: 286-98.

Bailey, J. C., Bidigare, R. R., Christensen, S. J., and Andersen, R. A. (1998). Phaeothamniophyceae classis nova: a new lineage of chromophytes based upon photosynthetic pigments, *rbc*L sequence analysis and ultrastructure. *Protist* 149: 245-63.

Dop, A. J., Kosterman, Y., and van Oers, F. (1980). Coccoid and palmelloid benthic Chrysophyceae from the Netherlands. *Acta Bot. Neerl.* 29: 87-102.

Entwisle, T. J., and Andersen, R. A. (1990). A reexamination of *Tetrasporopsis* (Chrysophyceae) and a description of *Dermatochrysis* gen. nov. (Chrysophyceae): a monostromatic algae lacking cells walls. *Phycologia* 29: 263-74.

（王高歌 译，段德麟 校）

第二十一章

异鞭藻门（Heterokontophyta）

褐藻纲（Phaeophyceae）

褐藻纲，又称为棕褐色藻类，这种特殊的色泽源于胞内叶绿体中含有大量的类胡萝卜素——岩藻黄素，以及可能存在的一些褐藻单宁酸（tannin）类物质。褐藻的叶绿体中除了岩藻黄素外，还含有叶绿素 a、c_1和 c_2。褐藻含有两层膜的叶绿体内质网，它们通常与其细胞核被膜的外膜相连。褐藻胞内的储藏产物为海带多糖（laminarin）。褐藻纲中没有单细胞或群生种类，它们主要为纤维状薄壁组织或假薄壁组织。褐藻纲大多分布于海洋环境中，目前已知仅有 4 个属含有淡水种类，它们分别是：茸壳藻属（*Heribaudiella*）、*Pleurocladia*、*Bodanella* 和黑顶藻属（*Sphacelaria*）（图 21.1）（Schloesser and Blum，1980）。褐藻纲的很多种类能扩散到半咸水中，并经常成为盐沼植被的重要组成部分。这些半咸水植物几乎完全丧失了有性生殖的能力，仅能通过营养生殖的方式进行繁殖。褐藻纲的大部分种类生长在冷温带沿海的潮间带及以上区域，并成为该区域的优势类群，这一趋势在北半球更加明显，虽然在这里褐藻的种类少于红藻，但褐藻的生物量远超过红藻。在热带地区，只有在大西洋的马尾藻海（Sargasso sea）发现有大量的褐藻种类。

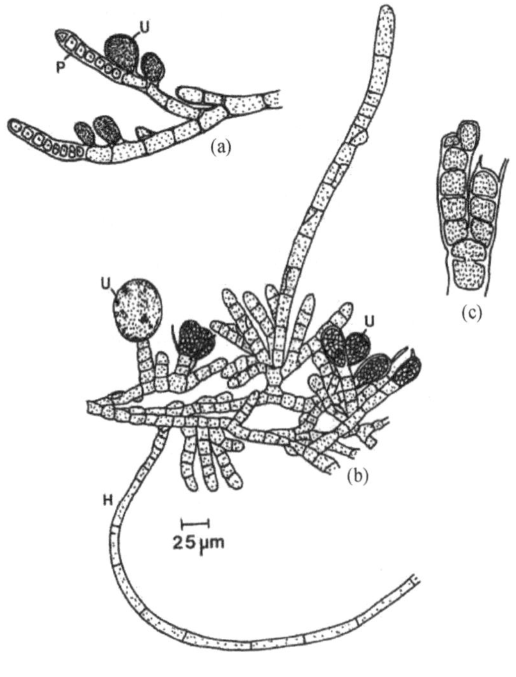

图 21.1 一些淡水褐藻。(a) *Pleurocladia lacustris*。(b) 黑顶藻（*Sphacelaria lacustris*）。(c) *Heribaudiella fluviatilis*。H，毛状物（hair）；P，多室孢子囊；U，单室孢子囊。[(b) 仿自 Schloesser and Blum，1980]

褐藻纲可能是从 Phaeothamniophyceae 中的某一类生物演化而来的，这类生物产生的游动细胞与褐藻的比较类似，但缺乏褐藻纲典型的单室或多室孢子囊特征（Bailey et al.，1998）。

细胞结构

褐藻纲藻类的细胞结构（图 21.2 和图 21.3）在许多方面都类似于金藻纲（Chrysophyceae）、普林藻纲（Prymnesiophyceae）、硅藻纲（Bacillariophyceae）及黄藻纲（Xanthophyceae），这 4 个纲在亲缘关系上与褐藻纲很接近，主要区别在于褐藻的原生质体外包被着大量的胞外多糖。

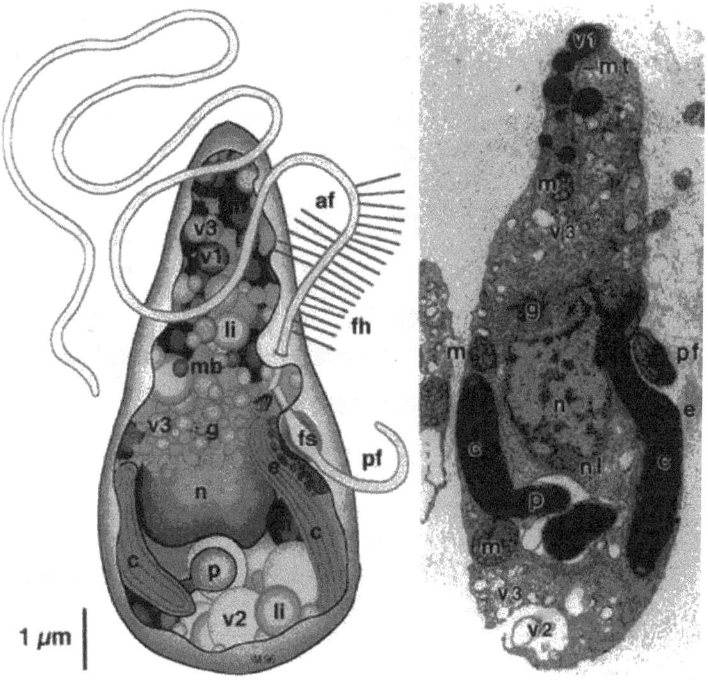

图 21.2 左图：长囊水云（*Ectocarpus siliculosus*）雄配子典型图例，显示细胞器的分布。右图：长囊水云雄配子超薄切片的透射电镜显微照片。af，前端鞭毛；c，叶绿体；e，眼点；fh，鞭毛茸毛（整个鞭毛都生有茸毛，为清楚起见只图示部分鞭毛）；fs，后端鞭毛的近端膨大区；g，高尔基体；li，脂质体；m，线粒体；mb，微体；mt，微管；n，细胞核；p，淀粉核；pf，后端鞭毛；v1，藻泡（physode）；v2，储藏颗粒；v3，具细胞壁或黏性物质的囊泡。（引自 Maier，1997）

细胞壁

褐藻纲藻类的细胞壁通常至少由两层组成，而胞壁骨架主要由纤维素（cellulose）构成（Kloareg and Quatrano，1988）。细胞壁中的无定形成分主要由褐藻酸（alginic acid）和岩藻多糖（fucoidin）组成，同时褐藻酸也是构成褐藻胞外黏液和表皮的主要成分（Evans and Holligan，1972a；Vreeland，1972）。褐藻酸主要由以β-1，4糖苷键相连的甘露糖醛酸单元组成，它们通过C-1和C-4键与数目不等的古洛糖醛酸单元相连接（图1.7）。而岩藻多糖主要成分为以α-1，2糖苷键相连的硫酸岩藻糖单元，同时含有少量由β-1，4糖苷键相连的硫酸岩藻糖单元（图1.7）。对于褐藻纲藻类，褐藻酸及岩藻多糖的相对含量在不同种类之间差别很大，同一藻体的不同部位和不同环境中的同一藻类甚至也存在差异。

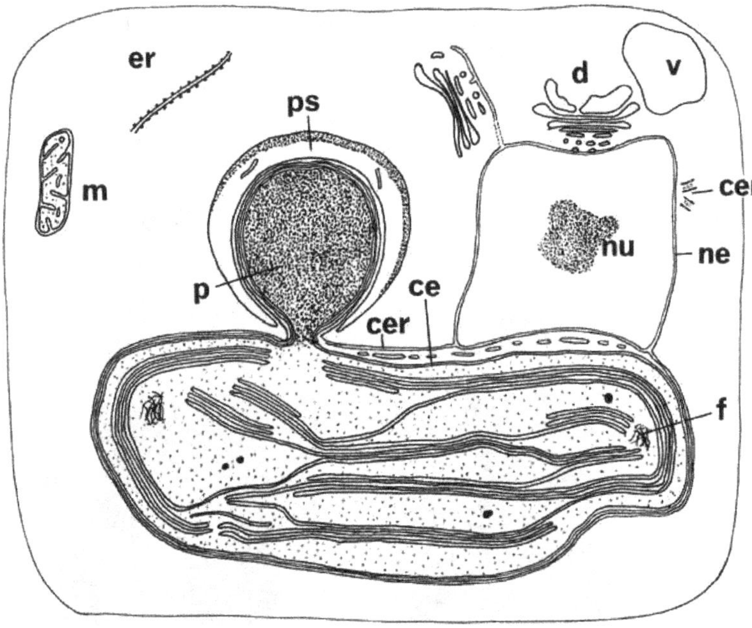

图21.3 假定的褐藻细胞图示。ce，叶绿体被膜；cen，中心体；cer，叶绿体内质网；d，网体；er，内质网膜；f，DNA纤维；m，线粒体；ne，核被膜；nu，核仁；p，淀粉核；ps，淀粉核囊；v，液泡。（引自Bouck，1965）

在褐藻纲中，仅团扇藻属（*Padina*）的某些种类发生细胞壁的钙化，其中，碳酸钙以霰石的针状结晶形式沉积在扇形叶状体表面的同心条带内（Borowitzka et al.，1974）。

具有薄壁组织的褐藻的大多数细胞之间存在胞间连丝和小孔，这些小孔被质膜环绕，不同细胞的原生质体通过这些小孔相连。在褐藻海带目（Laminariales）、墨角藻目（Fucales）和网地藻目（Dictyotales）中，胞间的小孔在初级纹孔区汇聚，而在较为原始的具薄壁组织的褐藻中，胞间连丝散布在细胞壁内（Bisalputra，1966；Bourne and Cole，1968；Cole，1970）。

鞭毛与眼点

褐藻的游动细胞（主要是游动孢子或者配子，因为不存在游动的营养细胞）通常具有一根位于前端的流苏状鞭毛和一根短的反方向的尾鞭状鞭毛，其中前端鞭毛具有三节结构的茸毛（图 21.2）（Bouck，1969；Loiseaux and West，1970）。但墨角藻目种类是一个例外（图 21.44），其游动精子的后端鞭毛要比前端的鞭毛长，并且在后端鞭毛的近基部通常有一隆起，这一隆起刚好与位于眼点上方的细胞凹陷相吻合。眼点由 40～80 个脂质小球构成，它们在类囊体的最外部片层和叶绿体被膜之间排列成一单层。眼点（eyespot 或 stigma）的功能就像一个凹面镜，它将光聚焦到后端鞭毛近基部的隆起区，后者是褐藻鞭毛细胞趋光性的光受体位点（Kawai et al.，1996）。褐藻在 420 nm 和 460 nm 波长处对光表现出的趋光性最强，而这可能是由后端鞭毛隆起区内的类黄素物质捕获（Kawai et al.，1991）。

叶绿体与光合作用

褐藻纲的叶绿体含有三个类囊体形成的片层，它们被叶绿体被膜和叶绿体内质网的两层膜所包裹（图 21.3 和图 21.4）。在水云目（Ectocarpales）中，叶绿体内质网的外膜通常与核被膜的外膜相连，但在网地藻目、海带目及墨角藻目中不相连。叶绿体内质网和叶绿体被膜之间通常存在着一些膜包被的小管，但叶绿体内质网和叶绿体被膜并不紧贴在一起（Bouck，1965；Evans，1968）。褐藻纲的质体内存在微纤维状 DNA，而在黑顶藻（*Sphacelaria* sp.）中，在类囊体的最外层内存在一条环状的基因带（Bisalputra and Burton，1969）。DNA 微纤维呈线状和环状，附着在类囊体膜上。质体含有叶绿素 a、c_1 和 c_2，而主要的类胡萝卜素为岩藻黄素。

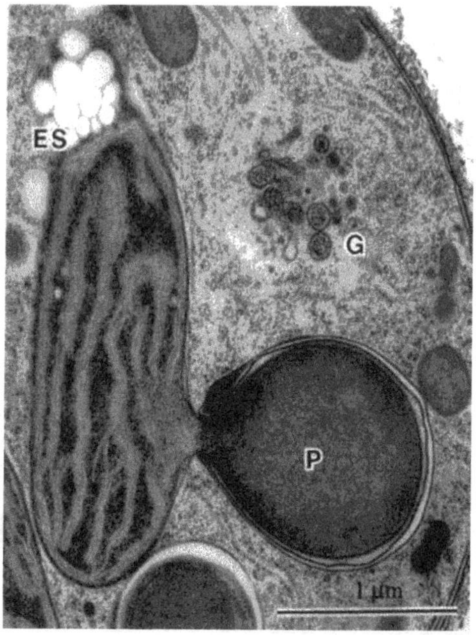

图 21.4　萱藻（*Scytosiphon lomentaria*）细胞部分结构的透射电镜显微照片。ES，眼点；G，高尔基体；P，淀粉核。（引自 Nagasato and Motomura，2002）

褐藻的所有目都含有淀粉核（图 21.3 和图 21.4）（Chi，1971），但即使在同一种内，淀粉核的出现也因藻体生长阶段的不同而有异。如果一种褐藻仅在其某些生长阶段含有淀粉核，那么淀粉核通常存在于卵子和（或）萌芽孢子等微观时期，而在游动精子和（或）游动孢子等宏观时期不存在（Bourne and Cole，1968；Evans，1968；Bisalputra et al.，1971）。褐藻纲的淀粉核通常呈柄状结构，它们从叶绿体的主体上生出，含有一种没有被类囊体横穿的颗粒物质。环绕着淀粉核但位于叶绿体内质网外侧的是一个膜包被的液囊，该液囊大概含有储存产物。长期的储存产物为海带多糖（laminarin）（图 1.7）——一种 β-1，3 糖苷键相连的葡聚糖。然而，糖醇、D-甘露醇（D-mannitol）是光合作用的积累产物［在秋季，D-甘露醇最高可占某些海带（*Laminaria*）种类干重的 25%］。

对于许多褐藻纲藻类，细胞中甘露醇的含量随着周围环境介质中盐度的增减而增减（Reed et al.，1985）。这种渗透压调节机制可防止褐藻细胞在低渗介质中被涨破，在高渗介质中发生皱缩。甘露醇含量在黑暗与光照条件下都会增加，表明光合作用对甘露醇的形成过程没有影响。

在藻类吸收无机碳方面，褐藻种类表现出一定的独特性，因为它们的光合固碳机制受蓝光的调节（Forster and Dring，1994）。褐藻纲的大多数种类生活在潮间带区域，在那里它们接收到大量的光照。在这种环境中，光合作用通常会被无机碳的补给所限制。不过，褐藻纲藻类已经进化出一种细胞，只要在蓝光照射时即可增加无机碳吸收量的机制，因而储备了细胞在黑暗条件下进行光合作用所需的能量。墨角藻是褐藻中唯一不具备这种机制的类群，这类褐藻似乎已经进化出另一种不同的固碳机制。

褐藻多酚与藻泡（physode）

褐藻多酚（phlorotannin）［又称褐藻单宁酸（phaeophycean tannin）］主要储存在许多褐藻细胞质的藻泡（physode）内（图 21.5）。褐藻多酚主要在细胞核外周区域的高尔基体附近，通过乙酸-丙二酸途径利用间苯三酚（1，3，5-三-羟基酚）（图 21.6）聚合而成（Schoenwaelder and Clayton，2000；Pavia et al.，2003）。藻泡中的褐藻多酚看上去是一种无色的、具有高折射率的酸性流体，能被香兰素和盐酸染成红色。单宁酸不含糖苷，能结合蛋白质，具有非常强的还原性，同时具有一种涩味。它们在空气中很容易被氧化，形成一种黑色色素，即藻褐素（phycophaein），使得风干的褐藻呈现出典型的黑色。

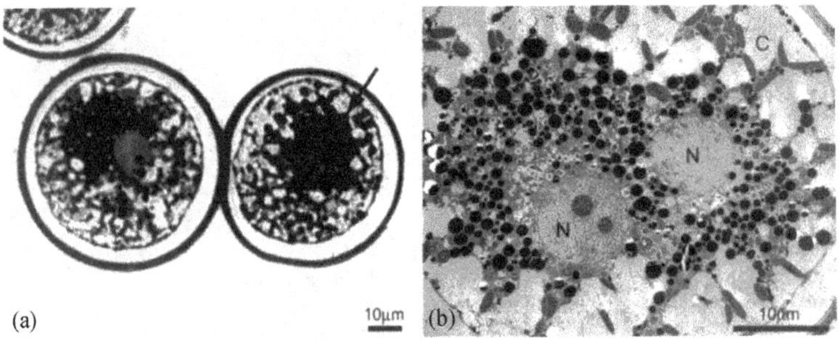

图 21.5 *Hormosira banksii* 合子中的藻泡。（a）合子切片显微图像中的明视野显示藻泡在核周围堆积（箭号所示）。（b）透射电镜显微照片显示细胞核周围的藻泡。（引自 Schoenwaelder and Clayton，2000）

图 21.6 多酚的基本结构单元间苯三酚的化学结构及多酚矢车菊苷配质（procyanidin）的化学结构。

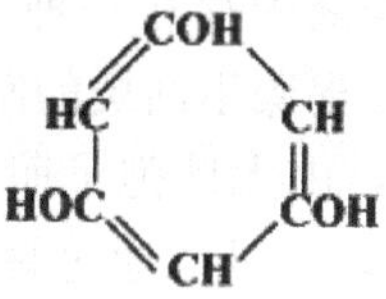

间苯三酚

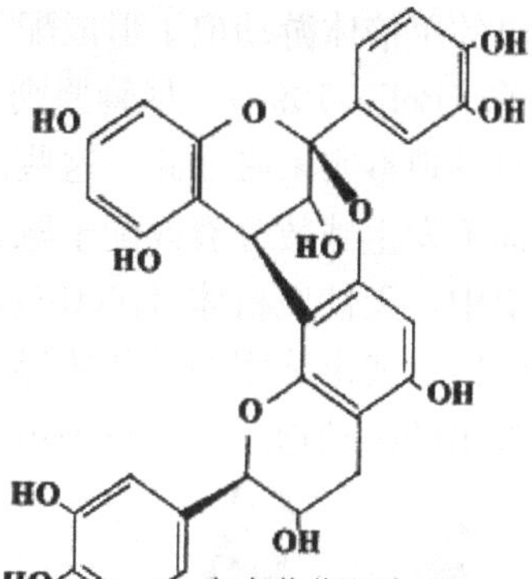

矢车菊苷配质-A2

褐藻的褐藻多酚含量一般占藻体干重的1%～15%。在温带和热带大西洋地区，褐藻中褐藻多酚的含量通常较高，而在热带太平洋和印度-太平洋地区，褐藻中褐藻多酚的含量通常较低（不足干重的2%）（Targett and Arnold，1998）。在温带地区，墨角藻（fucale 或 fucoid）中褐藻多酚的含量较高，而大型褐藻（kelp）中褐藻多酚的含量较低。当氮缺乏时，同一种褐藻其藻体内的褐藻多酚含量也较高（Van Alstyne and Pelletreau，2000）。

据推测，褐藻多酚具有以下功能：①防止自身被草食动物摄食；②吸收紫外辐射；③作为细胞壁的一种组分（Henry and Van Alstyne，2004）。褐藻多酚作为一种化学防御物质以防止藻体被草食动物摄食，已经研究得很透彻。例如，褐藻多酚通过抑制腹足动物的糖苷酶以防止褐藻自身被进食（Shibata et al.，2002）。研究还发现，高分子质量的褐藻多酚对草食动物的抑制作用比低分子质量的褐藻多酚更加有效（Target and Arnold，1998；Kubanek et al.，2004）。褐藻多酚防止被进食的有效性因草食动物种类的不同而异。消化系统含有表面活性剂（润湿剂）或高 pH 的草食动物能更好地耐受褐藻多酚。藻体通常不将褐藻多酚分泌到细胞外（Shibata et al.，2002）。只有细胞受到损伤后褐藻多酚才被释放。

褐藻多酚总是存在于褐藻中，进而成为一种"组织性的（constitutive）"化学防御。通过摄食启动褐藻多酚的合成必须是一种"可诱导的（inducible）"化学防御，但这在大多数褐藻中并不存在（Luder and Clayton，2004）。如同高等植物，褐藻多酚的合成可能是通过生长调节因子茉莉酸来诱导的（Arnold et al.，2001）。

褐藻的卵细胞含有刚好位于质膜下面的含酚液泡，在受精后这些液泡通过胞吐作用被释放到细胞外。据推测，这些含酚液泡的释放对游动精子具有毒害作用，同时作为初级细胞壁形成前多精入卵的阻滞剂（Clayton and Ashburner，1994）。这些外周的含酚液泡不同于褐藻的多酚藻泡，尽管后者也含有酚类化合物，但体积明显大很多，并且倾向于分布在卵的细胞核周围。

生活史

通常认为单室孢子囊［图 21.7（b）］是减数分裂发生的地方，从单室孢子囊释放出的单倍体游动孢子形成配子体世代。随后，配子体产生雌、雄配子，两者融合形成合子（Bell，1997）。尽管原则上单室孢子囊被认为是减数分裂发生的地方，但大量的研究发现事实未必如此。这些研究表明褐藻中存在一种“直线（direct）”类型的生活史，即不发生减数分裂或配子融合。因此，褐藻生活史的阐明有待深入研究。在褐藻的生活史中，无性原植体（plethysmothallus，由无性孢子萌发而成的微型丝状体）为丝状体阶段（或由浓密的丝状体形成的一团），它可以通过释放孢子（通常是从多室孢子囊释放出的游动孢子）进行增殖（Papenfuss，1951）。

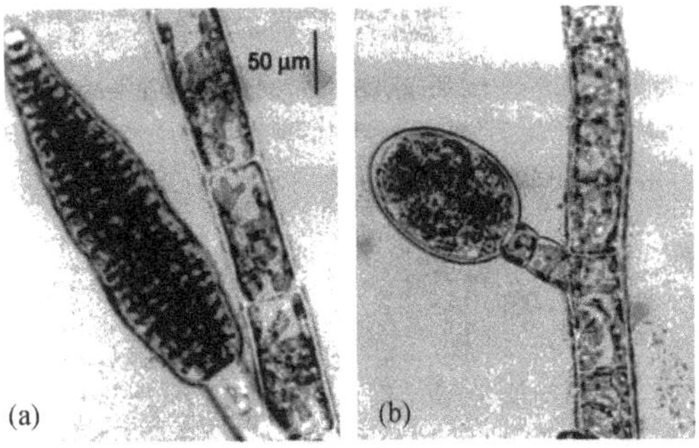

图 21.7 束枝水云（*Ectocarpus fasciculatus*），多室（a）和单室（b）孢子囊。（引自 Dixon et al.，2000）

多数褐藻纲藻类的叶状体相对较大，并且存在多种复杂的生长方式，主要包括以下几种。①弥散生长（diffuse）。叶状体的大多数细胞能进行细胞分裂［如水云（*Ectocarpus*），图 21.17；幅叶藻（*Petalonia*），图 21.20］。②顶端生长（apical）。顶端的单个细胞向下形成多个细胞［如网地藻（*Dictyota*），图 21.11；黑顶藻（*Sphacelaria*），图 21.13］。③毛基生长（trichothallic）。细胞分裂向上形成毛丝体，向下形成叶状体［如马鞭藻（*Cutleria*），图 21.14；酸藻（*Desmarestia*），图 21.15］。④原分生组织（promeristem）。不分裂的顶端细胞控制大量小的分生组织，并引导顶端以下的原生组织细胞进行分裂［如墨角藻（*Fucus*），图 21.41］。⑤居间生长（intercalary）。一圈具有分生能力的细胞在分生组织上、下形成组织［如海带（*Laminaria*），图 21.24 和图 21.23］。⑥分生表层（meristoderm）。通常具有一层能进行平周分裂（平行于叶状体表面）的外周细胞，通过在分生表层以下（通常为皮层）形成组织，偶尔也可进行背斜式分裂（垂直于叶状体表面）以增加分生表层的细胞数量［如墨角藻，图 21.41］。

在 20 世纪 70～80 年代，Müller（图 21.9）与其同事进行的关于褐藻性激素的研究代表了褐藻生物学研究的重大成就（Müller，1982；Maier and Müller，1986）。性激素（sexual hormone/sirenine/pheromone，也称信息素）是一种可扩散的化学物质，它能调配有性生殖过程中细胞的活动。在褐藻中，性激素可以调节两种生物学效应：①精子囊中游动精子的暴发性释放；②雄性配子被雌性配子或卵所吸引。褐藻中所有的性激素均为不饱和的碳氢化合物（至少含有一个双键或三键）（图 21.8）（Müller et al.，1982）。除了墨角藻的精子性引诱剂以外，褐藻的所有性激素均为 C_8 至 C_{11} 烯烃（至少含有一个双键的不饱和开链碳氢化合物），并且它们大多数组装成一个五碳或七碳的环状结构。迄今为止，褐藻中已鉴定的所有性激素都呈现出挥发性和疏水性。水云（*Ectocarpus siliculosus*）的配子释放的性激素量非常少，每个细胞每小时仅释放出 0.6

fmol。然而在水中，性激素的无极性性质与水的高度极性性质截然相反，这使得性激素很容易被感应细胞所识别。当无极性的性激素离开水体并进入到含有大分子受体的配子脂质质膜中时，性激素的感应开始启动（Pohnert and Boland，2002）。性激素很容易离开水溶液并进入到空气中（挥发性强），这种特点能避免性激素在雌配子周围的缓慢堆积，否则会降低雌配子周围雌激素的梯度效力。在距离雌配子 0.5 mm 以外的范围，雌激素可能将不起作用。因此，雌激素的这种诱导作用只是短距离的行为（Müller，1982）。褐藻中的性激素包括：水云（*Ectocarpus*）中的水云烯（ectocarpene）（Müller et al.，1971），刺酸藻（*Desmarestia aculeata*）中的酸藻烯（desmarestene）（Müller et al.，1982），海带中的海带烯（lamoxirene）（Müller et al.，1985a，b），马鞭藻（*Cutleria multifida*）中的马鞭藻烯（multifidene）（Jaenicke et al.，1974），网地藻（*Dictyota dichotoma*）中的网地藻烯（dictyopterene）（Müller et al.，1981），来源于墨角藻（*Fucus serratus* 和 *F. vesiculosus*）的墨角藻烯（fucoserratene）（Müller and Jaenicke，1973）（图 21.9）。

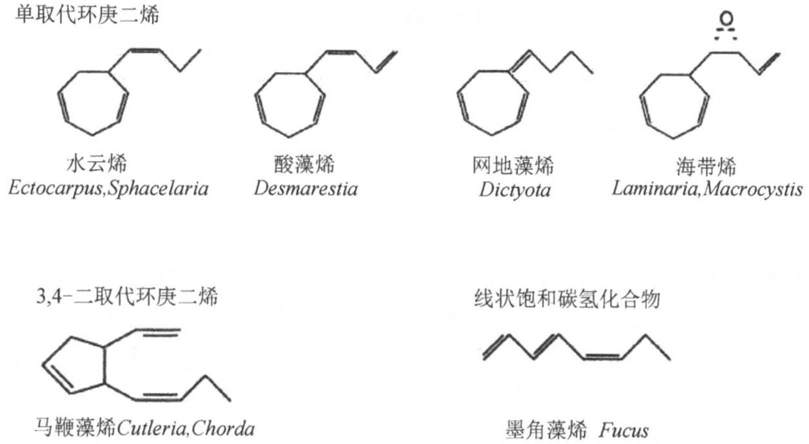

图 21.8　某些褐藻信息素的化学结构，其名称源自分泌这些信息素的藻类名。（修改自 Pohnert and Boland，2002）。

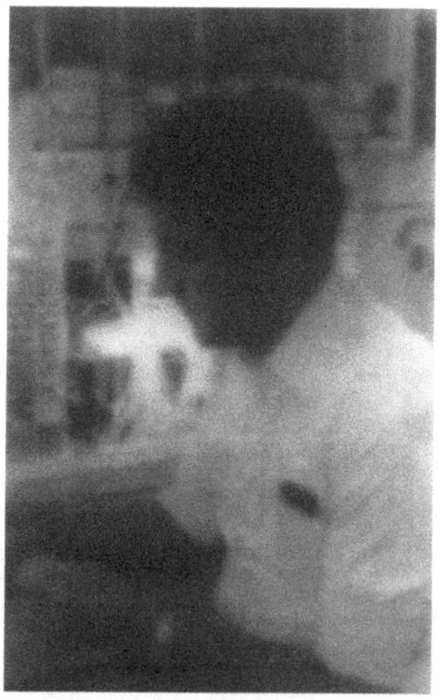

图 21.9　Dieter G. Müller 1935 年 1 月 24 日出生于德国的斯图加特。1956～1961 年，Müller 博士在蒂宾根大学（Universitat Tubingen）学习；1961～1963 年，在美国宾夕法尼亚大学进行博士后研究；1964～1973 年，在德国马克思-普朗克育种研究所（Max-Planck-Institut fur Zuchtungsforschung）任助理研究员；1973 年在科隆大学被授予特聘教授（Habilation）；从 1973 年开始，担任康斯坦茨大学生物系教授。在 1964 年，Müller 博士得到位于科隆的马普研究所所长 J. Straub 教授的支持，从事长囊水云（*Ectocarpus siliculosus*）的详尽生活史研究。当在水云中发现性激素后，马普研究所与科隆大学的生物学研究所建立了紧密的合作，它们促成褐藻性激素特征的研究更加具体化。

分类

褐藻纲藻类是一个古老的类群，起源于1.5亿年（Medlin et al.，1997）到2.0亿年前（Lim et al.，1986）。黄藻纲（Xanthophyceae）和褐枝藻纲（Phaeothamniophyceae）是已知与褐藻纲进化关系最近的两个类群。第一个真正意义的褐藻可能类似于现存的 *Choristocarpus tenellus*（图 21.10），它具有匍匐生长的丝状体，顶端生长，并且具有同型世代的生活史（de Reviers and Rousseau，1999；Draisma et al.，2001）。

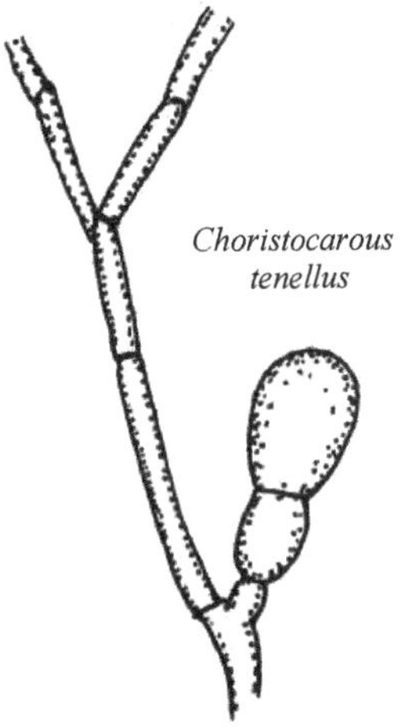

图 21.10 *Choristocarpus tenellus* 具有单列丝状体和一个含有单个顶细胞的繁殖体。

褐藻纲的墨角藻目与本纲内的其他类元形成姐妹关系，其中，墨角藻目最早分化出来，这与无隔藻（*Vaucheria*）和墨角藻（*Fucus*）的游动精子具有吻突的特征相一致（de Reviers and Rousseau，1999）。化石研究发现，类似于马鞭藻（*Cutleria*）的化石存在于2500万年前的中新世沉积物中，而类似于海带目和墨角藻目的藻类化石存在于1600万～2000万年前的中新世沉积物中。

本章将按进化的先后顺序依次讲述褐藻纲各目，如网地藻目（Dictyotales）和黑顶藻目（Sphacelariales）最为古老，而水云目（Ectocarpales）和海带目（Laminariales）是褐藻纲最近的进化分支（de Reviers and Rousseau，1999；Draisma et al.，2001）。

目 1 网地藻目(Dictyotales)：生长方式为顶端生长；减数分裂出现在4～8个不动孢子产生的过程中；有性生殖为卵配。

目 2 黑顶藻目(Sphacelariales)：生长方式为顶端生长；子细胞纵裂形成多管结构；有性生殖为同配。

目 3 马鞭藻目(Cutleriales)：至少有一个世代通过毛基生长形成扇形的叶状体；有性生殖为异配。

目 4 酸藻目(Desmarestiales)：通过毛基生长形成轴向细胞；有性生殖为卵配。

目 5 水云目(Ectocarpales)：叶状体为丝状体或丝状体堆积；生殖方式为同配或异配。

目 6 海带目(Laminariales)：柄与叶片之间的分生组织通过居间生长形成二倍体的叶状体；生殖方式为卵配。

目 7 墨角藻目(Fucales)：主要通过原分生组织进行生长；配子体世代只有卵和精子；有性生殖为卵配。

网地藻目（Dictyotales）

网地藻目褐藻通过顶端细胞或顶端细胞边缘的一排细胞的分裂进行生长，直立、扁平、具薄壁组织的叶状体存在同型世代交替。网地藻目的显著特征是单室孢子囊可以产生4～8个大的不动孢子（aplanospore）。有性生殖方式为卵配。网地藻目海藻在全球温带水域分布广泛。

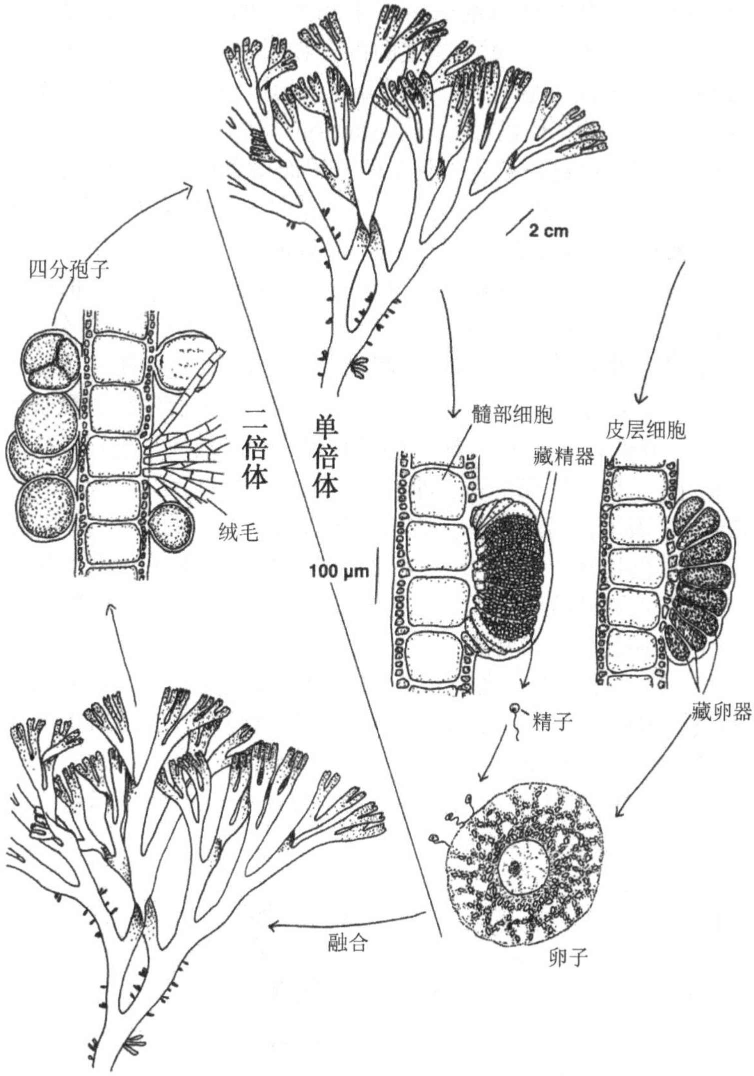

图21.11 网地藻（*Dictyota dichotoma*）的生活史。（改编自 Thuret and Bornet，1898；Williams，1898；Taylor，1960）

网地藻（*Dictyota dichotoma*）的单个顶端细胞可形成扁平的一年生叶状体（图21.11）。成熟的叶状体包括三层：中间层由较大的细胞组成，很少或没有叶绿体，两侧各为一层紧密包裹着叶绿体的小细胞。配子体在突出的孢子囊群内形成性器官。配子萌发可以将配子体暴露在蓝光下进行人工诱导（Kumke，1973）。表层细胞可分裂成一个杆状细胞和一个卵母细胞。每个卵母细胞仅产生一个卵，它可从藻体表面的胶状顶端释放出来。在一个孢子囊群中通常有25～50个卵母细胞，而位于边缘的卵母细胞通常不育。雌性孢子囊群的颜色为深褐色，这同组成雄性孢子囊群的白色闪光点形成鲜明对照。雄性孢子囊群在其发育的早期即可通过细胞中叶绿体的分解加以确认。与卵母细胞一样，精母细胞也由表层细胞发育而来。这些表层细胞增大并水平分裂而成一个杆状细胞和一个初级精母细胞。初级精母细胞沿水平和垂直两个方向不断分裂，形成650～1500个隔室（Williams，1904）。每个隔室的内含物形成一个梨形的精子，它前端具有一个眼点，侧面伸出一根流苏状鞭毛（Phillips and Clayton，1993）。尽管仅有一根显生的鞭毛，但第二根鞭毛的基体已经形成（Manton，1959），表明它由一个双鞭毛的祖先演化而来。成熟的精子通过精子囊细胞壁的分解而得以释放。雄性孢子囊群被伸长的不育细胞所包裹，它们实为未发育的精子。网地藻的卵细胞释放出网地藻烯（dictyotene）（图21.8）来吸引精子细胞（Pohnert and Boland，2002）。随后，精子与卵子受精，合子萌发成孢子体；未受精的卵细胞可通过孤雌生殖进行萌发，但很少能正常发育并且很快就死掉。孢子体在叶状体的表面产生单倍体的不动孢子（四分孢子）。四分孢子囊单独出现或以少量集群的形式出现。裸露的四分孢子通过孢子囊顶端的胶鞘释放出来，在这之后不久，大的不动孢子分泌一层纤维质细胞壁进而发育成配子体。

在网地藻（*D. dichotoma*）中，配子按照有规律的时间间隔进行释放。这种现象首先被英国的Williams（1905）观察到，即配子每两周释放一次。Müller（1962）发现月光是配子释放的同步因子。当藻类在自然光下生长时，配子每14～15天释放一次。如果藻类在光照与黑暗的比在14h∶10h的人工条件下生长，配子几乎不释放，并且没有同步性。但是如果在所有的晚上都保持人工光照，那么10天后配子将呈现暴发性释放，其中，所有晚上的光照都模拟自月光。

网地藻能产生萜类化合物，如（6*R*）-6-hydroxydichotoma-3，14-diene-1，17，dial-pachydictyol和氢化蓝烃二萜（pachydictyol）（图21.12），它们能防止自身被食草的鱼类、端足类和海胆所摄食（Schmitt et al.，1998；Pereira et al.，2000）。

褐藻纲唯一发生钙化的类属——团扇藻属（*Padina*），就属于网地藻目。

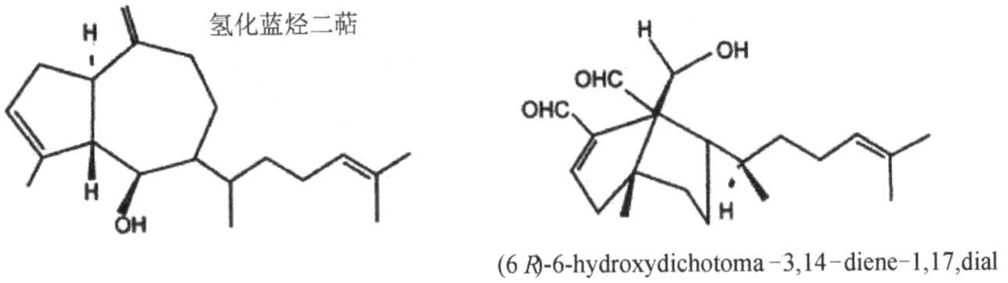

图21.12 网地藻（*Dictyota* spp.）分泌的两种次生代谢产物的化学结构，它们具有抗污损功能。

黑顶藻目（Sphacelariales）

黑顶藻目海藻的特征是具有一个位于顶端的分生组织细胞，它通过横裂产生子代细胞，且能产生独特的营养繁殖体。另一个不太明确的特征是，当使用漂白水处理藻体时，细胞壁会变黑（Draisma et al.，2002）。

黑顶藻（*Sphacelaria*）（图 21.13）通过固着在礁石上或其他藻体上进行生长，并且在盘状固着器上生出一个或多个自由分支的嫩芽。顶端细胞进行横向分裂，随后通过子代细胞的纵向分隔形成多管状结构。尽管成熟中的轴和分枝通过分隔产生的细胞越来越小，但它们并不增大；因而，在本质上丝状体的直径从基部到顶端得以保持一致。丝状体不断地向下生长，老的轴逐渐变成皮层。直立轴上通常生出大量规则的二歧式分枝的侧枝。

黑顶藻通过繁殖体（propagula）（图 21.13）进行无性繁殖，繁殖体是一种独特的特化小枝，它由藻体的营养体部分产生。繁殖体的形成比孢子囊和配子囊的产生更加频繁。每个繁殖体具有一个顶端细胞，通常还有 2～3 个结节。当繁殖体从藻体脱落并附着到合适的基质后，它能发育成一个新的藻体。繁殖体只有在环境温度高于 12℃并且光照时间长于 12 h 的条件下才能形成（Colijin and van der Hoek，1971）。

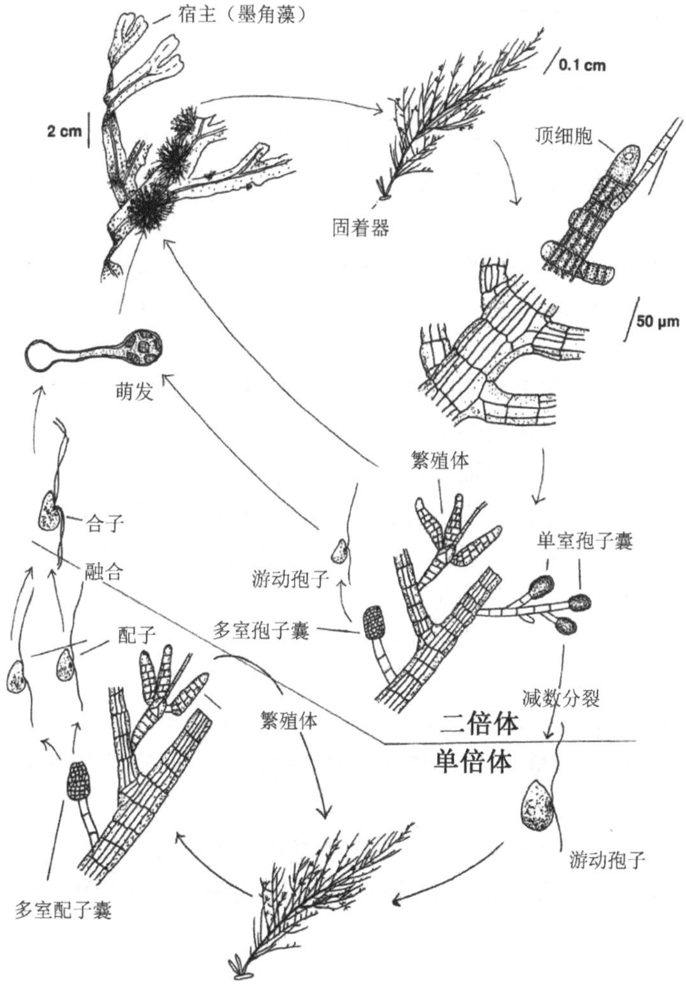

图 21.13 黑顶藻（*Sphacelaria*）的生活史（*S. cirrhosa* 和 *S. bipinnata*）。（修改自 Savageau，1900-14；Papenfuss，1934；Taylor，1957）

在黑顶藻（*S. bipinnata*）中，孢子体在分枝的末端同时形成单室和多室孢子囊（图 21.13）。多室孢子囊产生游动孢子，后者能重新形成亲代藻体。在单室孢子囊中发生减数分裂形成游动孢子（Clint，1927）。单室孢子囊通过顶端的小孔释放出 200 个以上的游动孢子（Papenfuss，1934）。随后，游动孢子萌发并形成与孢子体形态相似的配子体。配子体只产生一种类型的多室配子囊，后者可产生同配配子。水云烯（ectocarpene）作为性激素吸引雌雄配子相互结合（Pohnert and Boland，2002）。随后，配子在游动期间发生融合并产生一个四鞭毛的合子，后者可持续游动几个小时。在另一种黑顶藻叉状黑顶藻（*S. furcigera*）的生活史中，存在异配生殖和单性配子体，后者比孢子体稍小（Van den Hoek and Flinterman，1968）。它的生活史受温度和光周期控制。

马鞭藻目（Cutleriales）

马鞭藻目只含有两个属，即异型世代交替的马鞭藻属（*Cutleria*）和同型世代交替的 *Zanardinia* 属。马鞭藻目海藻的叶状体扁平、片状或盘状，生长方式完全或部分为毛基生长。孢子体只产生单室孢子囊，而配子体为雌雄异株，属于典型的异配生殖。

马鞭藻（*Cutleria*）主要分布于北半球的温带海域，可能与海带目囊根藻（*Saccorhiza*）的亲缘关系较近（Rousseau et al.，1997）。配子体为直立、扁平的叶状体，具有多次二歧式分支（图 21.14）。马鞭藻以毛基生长的方式在叶状体顶部边缘许多单列毛状物的基部进行生长。与毛状物隔离的下端细胞则形成藻体的叶状体。这些细胞中最里面的细胞逐渐增大形成藻体的髓部，而外面的细胞经过分裂形成藻体的皮层。马鞭藻的配子体雌雄异株，在叶状体表面发育有成簇的繁殖器官。表皮细胞可直接发育成雄性配子囊，或发育成含有少量配子囊的分枝毛状物。雄性配子囊由一个杆状细胞组成，在杆状细胞上面有 20 多层细胞（每层由 8 个细胞组成）。每个细胞形成一个具有双鞭毛的雄性配子，它成熟后通过配子囊细胞壁的小孔释放到外面。雌性配子囊的发育过程类似于雄性配子囊，但它具有少量较大的细胞。雌性配子囊含有 4～7 层细胞，但每层仅由 4 个细胞组成。自由运动的雄性配子呈梨形，并且在鞭毛生出的位置有单个浅红色的叶绿体。自由运动的雌性配子也呈梨形，但它个体更大些，约含 12 个叶绿体。雌性配子释放高挥发性、低分子质量、用来吸引雄配子的性激素马鞭藻烯（multifidene）（图 21.8）（Phonert and Boland，2002；Muller，1974）。当配子融合时，雄性配子游动积极，而雌性配子行动迟缓甚至不动。雌雄配子融合数小时后核开始融合，随后，合子在一天内发育成孢子体。没有受精的雌性配子以孤雌生殖（parthenogenetically）的方式发育成配子体。

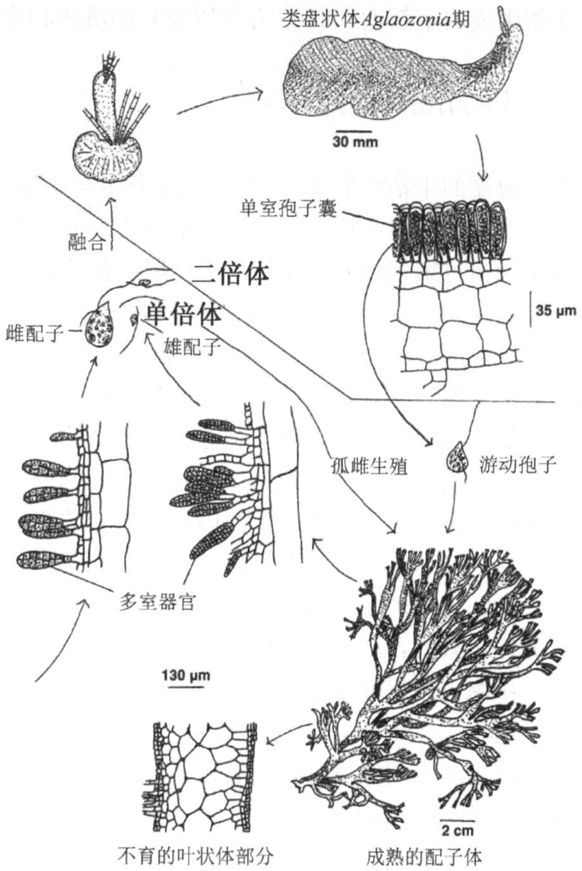

图 21.14 马鞭藻（*Cutleria multifida*）的生活史。（改编自 Kuckuck，1899；Sąvaugeau，1899）

马鞭藻的合子萌发形成孢子体，它起初被描述为另一属——*Aglaozonia*。起始时，藻体生长为毛基生长，并垂直向上形成柱状结构。当藻体长至第 10 天时，向上的生长停止，所有进一步的生长则为在柱状体基部的侧向生长。柱状结构基部的细胞重复分裂形成扁平的盘状组织，后者由于边缘细胞的不断分裂而进行侧向延伸。孢子体与被肥硕的假根包裹的微小直立叶状体同源。叶状体的盘状体部分约几个细胞厚，外层细胞分化成表皮层。固着器（holdfast）通过大量从表皮细胞生长而来的多细胞假根（rhizoid）附着到基质上。单室孢子囊形成于孢子体背部表面的孢子囊群内。单个表皮细胞分裂成 1～6 个杆状细胞和 1 个位于末端的单室孢子囊。单室孢子囊内可形成 8、16 或 32 个大的梨形单倍体游动孢子，其中每个游动孢子具有几个叶绿体。游动孢子通过单室孢子囊壁顶端的一个大孔蜂拥而出，这一过程持续 10～90 min。随后，游动孢子沉置，聚集并形成细胞壁。最后，游动孢子分裂形成配子体。

尽管在培养条件下，合子及从马鞭藻孢子体释放的游动孢子在萌发中不能长至成熟，但它们形成的这一高级阶段足以说明这两个世代之间呈现相互交替。在欧洲，*Aglaozonia* 的孢子体为多年生，并且在春季和冬季成熟，而一年生的配子体仅在每年的春季出现，秋季则消失。

现已发现，一种结构类似于马鞭藻、被称为 *Limnophycus paradoxa* 的植物，其化石存在于德国境内中新世（2500万年以前）的沉积物中。

酸藻目（Desmarestiales）

酸藻目海藻的生活中存在大型宏观孢子体与微观丝状配子体的交替（图21.15）。配子体能够产生卵细胞和精子，因而生殖方式为卵配生殖。孢子体的生长方式为毛基生长，并且主轴通过细胞的向下生长形成皮层。据此，Russel 和 Fletcher（1975）曾建议将 Sporochnales 目中的某些种类归到酸藻目中。

酸藻（*Desmarestia*）孢子体的长度可达2～3 m，主要分布在南北半球近海岸的冷水区域。酸藻（图21.15和图21.16）藻体为毛基生长，它通过一个由扁平细胞组成的居间分生组织来完成，其中，扁平细胞位于上部的毛状物末端细胞与下部的叶状体细胞之间。毛状物末端的细胞不断消退，并且每个细胞通常具有1～2个不分枝的侧枝。在分生组织下面产生的细胞将同一平面内两个对立的侧枝隔离开，侧枝的伸长通过基部分生组织来完成。叶状体皮层的形成始于侧枝的基细胞将大量的细胞隔离开，这些细胞逐渐形成一完整的单层被膜，后者环绕着产生侧枝的延长轴细胞。该单层被膜的细胞很快进行平周分裂，其中，产生的外层细胞行使分生组织的功能。随后，这一分生组织产生向里的皮层细胞，使得轴细胞和侧枝逐渐被包埋住。除了这种主要的生长方式外，内皮层的细胞能进行二次生长，扩大并形成丝状物（hyphae），它向下延伸到皮层细胞之间。喇叭丝状细胞出现在髓部内，它们可能类似于海带目中喇叭丝所起的传递营养的功能（Moe and Silva，1981）。

刺酸藻（*D. aculeata*）（图21.15）在冬季通过皮层的一个表层细胞的切向分裂在孢子体上产生单室孢子囊。每个小的单室孢子囊进行减数分裂形成少许具有两条鞭毛、一个眼点和单个叶绿体的游动孢子。释放出的游动孢子附着后，失去其鞭毛，并在24 h内变圆。附着后，游动孢子的细胞内含物移到萌发管中。游动孢子萌发后以近似相等的比例产生雌雄配子体，不过同雌配子体相比，雄配子体的细胞较小且色素体结合疏松。配子体只有在红光下才进行营养生长，在白光或蓝光下出现卵囊与精囊分化（Müller and Luthe，1981）。在孢子萌发后11天至3周，配子体上开始出现圆锥形的精子囊和侧突的卵囊。管状卵囊在顶端裂开释放出卵细胞，后者通常附着到胶状孔隙上。每个精子囊通过一个狭窄的顶端孔隙释放出单个游动精子。新释放的卵细胞能分泌三种引起精子囊破裂并吸引游动精子的挥发性化学物质。这三种性激素是酸藻烯（desmarestene）、水云烯（ectocarpene）和 viridene（图21.8）。水云烯是三种性激素中效力最大的一种（Müller et al.，1982）。当合子的一端生出一管状结构，在另一端形成一个含有少量色素的假根时，孢子体开始发育。管状结构进而形成一个反向的分枝状单列细丝，它们在大多数侧枝下面形成毛基分生组织（trichothallic meristem）。叶状体开始形成表皮，进而形成成熟的孢子体并完成整个生活史。酸藻（Andersen，1982）和海带目海藻的配子体具有某些共性，如单细胞精子囊的聚集、居间卵囊的垂直延伸、卵细胞释放后附着到卵囊的顶端，以及幼孢子体生长于卵囊的顶端等。

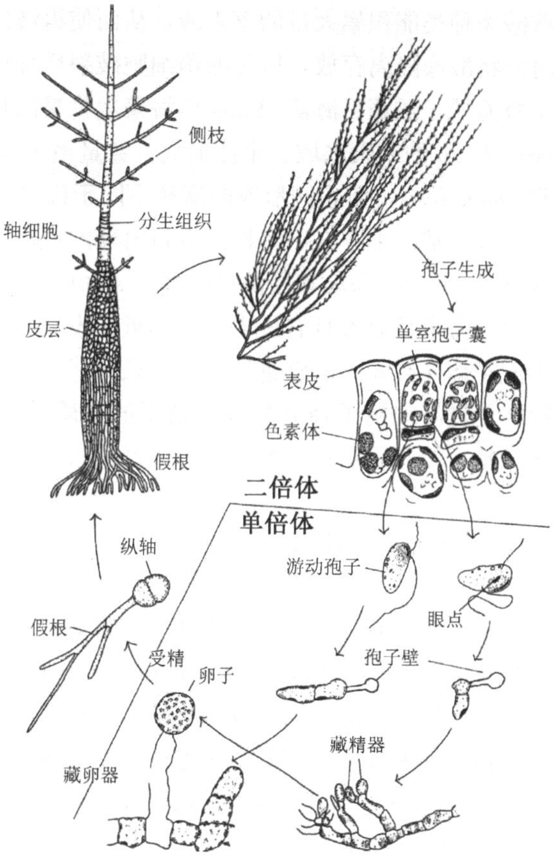

图 21.15　酸藻（*Desmarestia*）的生活史。（改编自 Schreiber，1932；Chapman and Burrows，1971）

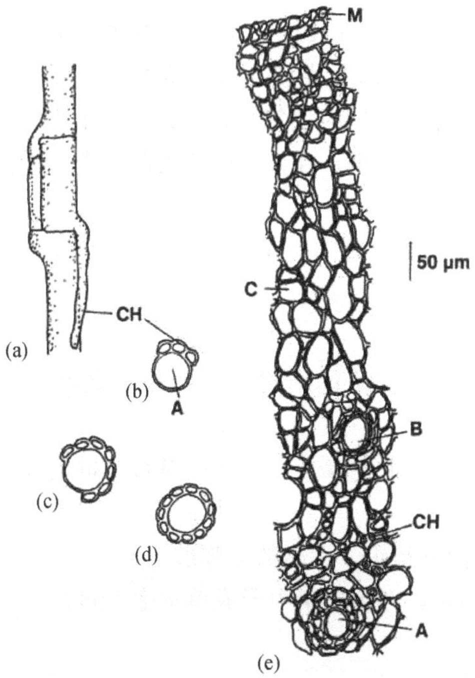

图 21.16　酸藻（*Desmarestia*）。(a)～(d) 皮层藻丝（CH）的轴向细胞（A）皮层结构。(e) 成熟叶状体的部分切面。B 和 C，侧板；M，分生组织。

有些酸藻种类能积累大量的苹果酸，从而使得液泡的 pH 降至 2 左右。因此，在采集海藻时应将酸藻隔离存放，以免酸藻细胞破裂后释放出酸而杀死其他海藻。

在南极海域，酸藻目海藻构成底栖海藻生物量的重要成分。这些藻类为多年生，覆盖了水深达 40 m 的广大水域。个体最大、数量最丰富、形成藻丛的酸藻种类为 *D. anceps* 和 *D. menziesii*，但它们形成的藻丛不同于许多大型褐藻（kelp）形成的保护性藻盖特征。南极是唯一不存在冷水性海带目海藻的地区，尽管在近南极水域存在大量的大型褐藻（巨藻 *Macrocystis* 和巨藻科海藻 *Lessonia*）（Moe and Silva，1977）。

酸藻目与海带目海藻具有许多非常相近的发育特征（Tan and Druel，1996），它们包括：①配子体在红光下能够进行营养生长；②精子囊和卵囊的正常发育需要白光或蓝光；③存在促进游动精子释放和吸引精子的物质；④罕见的、较长的、灵活的后向鞭毛；⑤游动精子没有眼点；⑥配子体形成性器官，表明配子体世代至关重要的功能。

水云目（Ectocarpales）

水云目海藻为丝状体或丝状聚集体。本目海藻的藻体表现为从丝状体结构到丝状聚集体的假薄壁组织（pseudoparenchymatous）（haplostichous）复杂结构的形态演化过程［从水云科（Ectocarpaceae）到褐壳藻科（Ralfsiaceae）和 Splachnidiaceae］。沿着另一条演化路线，可以观察到丝状体通过细丝的分裂向真薄壁组织（parenchmatous）（polystichous）的演化［从水云科（Ectocarpaceae）到萱藻科（Scytosiphonaceae）］。水云目的大多数种类为异丝体（heterotrichous），即藻体由两个部分组成：①匍匐的圆盘，其功能是作为固着器；②直立丝状、球状或叶状（foliose）阶段。在某些种类中，这两种形态较为明显［如萱藻（*Scytosiphon*）（图 21.19）］；在另一些种类中，直立丝体退化为仅由少许细胞组成的丝状体，同时叶状体为壳状［如褐壳藻（*Ralfsia*），图 21.18］；而在其他种类中，直立丝体阶段占主导，同时匍匐状系统退化一个小的固着器［如幅叶藻（*Petalonia*）图 21.20］。即使同一种藻类，在某个阶段为薄的壳状藻体，而在另一阶段为发育正常的直立丝体。

核酸序列研究表明，水云目、酸藻目和海带目之间的亲缘关系非常近（Draisma et al.，2001）。

水云目主要包括 4 个科。

科 1 水云科(Ectocarpaceae)：自由生长的丝状藻体结构，藻丝相互之间不黏附在一起。

科 2 褐壳藻科(Ralfsiaceae)：该科藻类具有一个支撑直立丝体的基部，同时藻丝紧聚在一起形成藻体组织。

科 3 萱藻科(Scytosiphonaceae)：藻体为薄壁组织，大多数为弥散生长。

科 4 Splachnidiaceae：生长方式为毛基生长，在生殖窠中形成单室孢子囊。

水云科（Ectocarpaceae）

水云科藻类为自由生长的丝状藻体，藻丝相互之间不黏附在一起。水云（*Ectocarpus*）是本科的常见类属，由能分化成匍匐和直立系统的自由分枝状单列丝状体组成。匍匐部分呈假根状，通常能穿透到基质中。水云的生长为弥散生长或不够明确的毛基生长，后者通过丝状体某个区域居间细胞的分裂来实现。虽然有些研究者基于细胞学和形态学将水云科分为几个属，但另一些研究者认为水云科只含有一个属，即水云属（*Russell and Garbary*，1978）。

长囊水云（*E. siliculosus*）的生活史（图 21.17）可以视为水云科的代表（Papenfuss，1935）。长囊水云的单倍体与二倍体时期均为丝状体，但二倍体丝状体的细胞要比单倍体丝状体的细胞长。二倍体藻体在同一植株或不同植株上产生单室和多室孢子囊。这些孢子囊在 600～1200 h 内释放游动孢子。单室孢子囊的母细胞呈球形且细胞核较大，因此很容易同藻体的分支初生（branch initial）区分开。母细胞起始时为空泡状，但很快藻泡和液泡从母细胞中排出并停留在胞壁内（Loiseaux，1973）。单室孢子囊的叶绿体和细胞核按规则的顺序进行分裂，其中叶绿体靠近细胞壁，而细胞核位于细胞的中央（Knight，1929）。细胞核进行减数分裂。一个游动孢子与一个细胞核相结合，并分隔产生一个游动孢子。当单室孢子囊的顶端出现一个小孔隙时，多达 32 个游动孢子以胶状介质的形式从孢子囊中释放出来。该孔隙很小，而游动孢子的尺寸相对较大，其尺寸大约是配子或多室孢子囊中释放的游动孢子的两倍。游动孢子起始时以直线方式游动，当寻找到合适的附着介质时，它即进行环形运动（Iken et al.，2001）。游动孢子乐于附着在疏水界面上，特别是具有菌膜的介质表面。在 2～3 h 内，游动孢子萌发并产生单倍体丝状体。

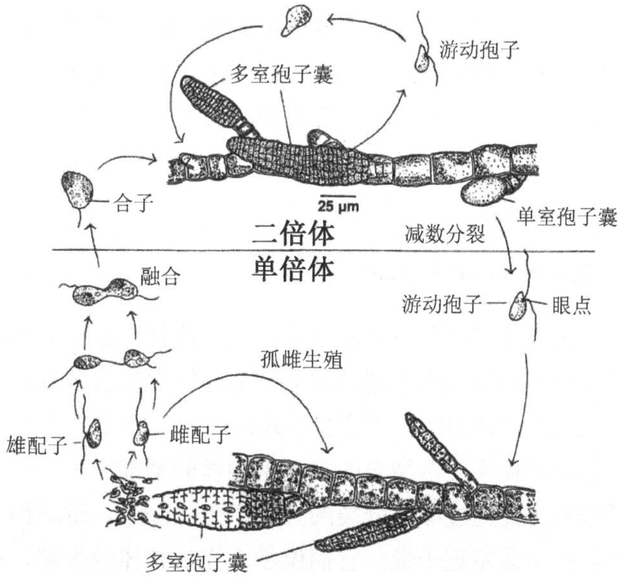

图 21.17　长囊水云（*Ectocarpus siliculosus*）的生活史。

多室孢子囊（图 21.17）由藻体侧枝转化而来，后者能分裂成 660 个立方体状细胞，其中每个细胞包含一个游动细胞。二倍体丝状体上的多室孢子囊产生游动孢子，游动孢子仍可游动 3～5 h，附着后能在 2～5 h 内萌发生成与亲本相似的单倍体丝状体。萌发孢子的萌发管从游动孢子狭窄的具鞭毛的前端处生出，且前端总是朝向光线。单倍体丝状体的多室孢子囊要小于二倍体丝状体的多室孢子囊，它既可产生游动孢子，又可产生配子。所有游动配子的尺寸都一样，但生理特征有别。雌配子在释放后 5 min 即可附着，并分泌一种被称为水云烯（ectocarpene）[all-*cis*-1-（cycloheptadient-2′，5′-yl）-1-butene]（图 21.8）的信息素（Müller et al.，1971）。当周围没有雌配子时，雄配子（图 21.17）（Maier，1997a，b）在开放海水中进行极为快速的直线运动（每秒达 269 μm）（Müller，1978）。游动的雄配子（能保持运动长达 8 h）一旦遇到水云烯即进行圆周运动，圆周直径随着水云烯浓度的增加而减小（Müller，1982）。雄配子一旦到达雌配子，雄配子前端鞭毛的顶端部分即与雌配子的质膜紧密结合。随后，两个配子的后端相互融合形成合子。融合过程约需 20 s，融合后合子即失去对雄配子的吸引力，这可从合子附近雄性配子的散布得以证实。合子萌发需要 2～3 天，萌芽孢子的发育要慢于二倍体游动孢子的发育。一些没有受精的雌配子能通过孤雌生殖的方式萌发成单倍体丝状体。这一萌发过程较慢，需要 36～48 h。来源于全球不同地方的长囊水云的克隆群体能够相互杂交，这表明该种内存在较小的遗传隔离（Müller，1979）。从长囊水云中分离的水云烯能吸引另外两种水云的雄配子，表明水云烯可进行人工合成并且能有效地吸引雄配子。

水云对于温度和盐度变化有广泛的耐受性。相关的研究（Boalch，1961；Edwards，1969）表明长囊水云在 10～29℃内能够生长并产生孢子囊。Müller（1962）发现长囊水云在 13℃条件下形成单室孢子囊，在 19℃的条件下形成多室孢子囊，在 16℃条件下既可形成单室孢子囊也可形成多室孢子囊。水温为 20℃时，长囊水云能在0.5～1.5 倍盐度的海水中生长；水温为 15℃时，它能在 0.25～1.75 倍盐度的海水中生长。长囊水云是一种营专性光合自养的藻类，它在黑暗中依靠任何外加碳源的条件下都不能生长。尽管长囊水云在黑暗中不能生长，但它在黑暗中最多能存活 150 天，并且仍然保持可育性。

褐壳藻科（Ralfsiaceae）

褐壳藻科海藻在基部具有一层分枝状、呈辐射对称、在侧部结合的丝状体，它们通过细胞壁或假根附着到基质上。基底层中生出含有叶绿体的丝状体，后者浓聚在一起形成结实的藻体组织。褐壳藻（*Ralfsia*）（图 21.18）可能为同型世代交替。褐色壳状的二倍体藻体在松散结合的多细胞侧丝的基部产生单室孢子囊。在单室孢子囊中，游动孢子极有可能通过减数分裂的方式产生，随后，游动孢子发育成单倍体的壳状体。这些配子体产生多室孢子囊，它们位于直立丝状体的末端，能产生类似于配子或游动孢子功能的游动细胞（Kylin，1934；Edelstein et al.，1968；Hollenberg，1969）。

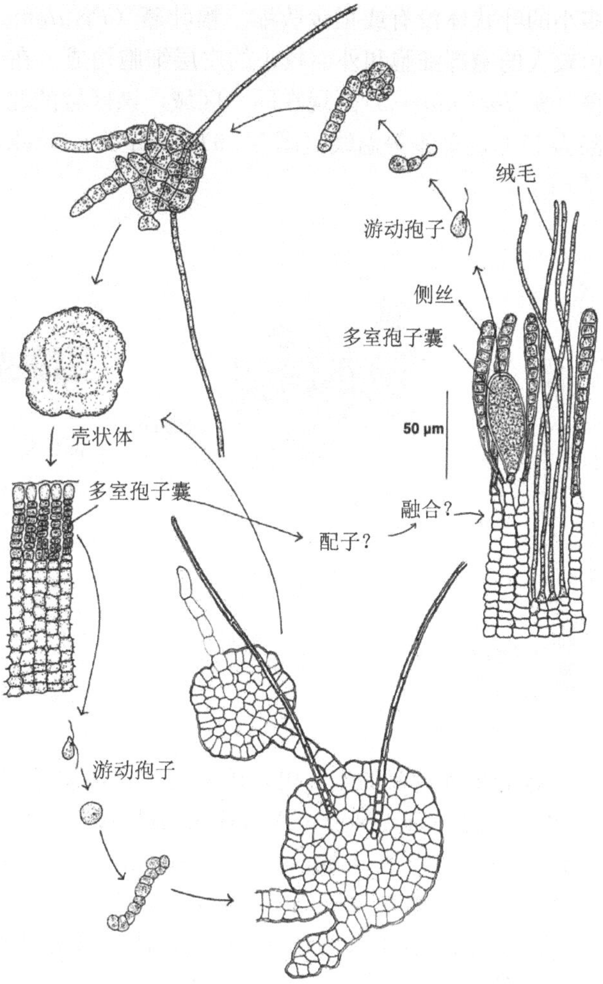

图 21.18　混杂褐壳藻（*Ralfsia confusa*）的生活史。（改编自 Hollenberg，1969）

褐壳藻科中有些海藻实际上是其他高等海藻生活史中的交替期，因而已经将它们从该科中移出。

萱藻科（Scytosiphonaceae）

萱藻科（Scytosiphonaceae）、网管藻科（Dictyosiphonaceae）和点叶藻科（Punctariaceae）有时被归到网管藻目（Dictyosiphonales）中。这三个科的海藻都具有经弥散生长或顶端生长而成的薄壁组织状叶状体，并且两种配子均可游动。但这些藻类的许多结构与水云目中较为复杂的类元（如 Splachnidiaceae）相似，因而 Russell 和 Fletcher（1975）建议将其归到水云目中。

萱藻科海藻的生长为弥散生长，尽管有些较老的藻体可进行上基部（suprabasal）生长。萱藻科海藻的大型世代能产生多室孢子囊，但不产生单室孢子囊。萱藻（*Scytosiphon lomentaria*）（图 21.19）是潮间带礁石池中的常见种。它具有的狭窄、圆柱状藻体长达 50 cm，并且从顶端到基部逐渐变细。萱藻的叶状体偶尔收缩，藻体成簇生长，而许多小的叶状体没有或很少收缩。幅叶藻（*Petalonia*）（图 21.20）藻体呈扁平的叶状，由较大的髓部细胞和外面较小的皮层细胞构成。在北大西洋，幅叶藻（*P. fascia*）和萱藻（*S. lomentaria*）出现在同一区域，该区域的北边界限为 0℃的夏季等温线，南边界限为 17℃的冬季等温线（图 17.9）（van den Hoek，1982）。

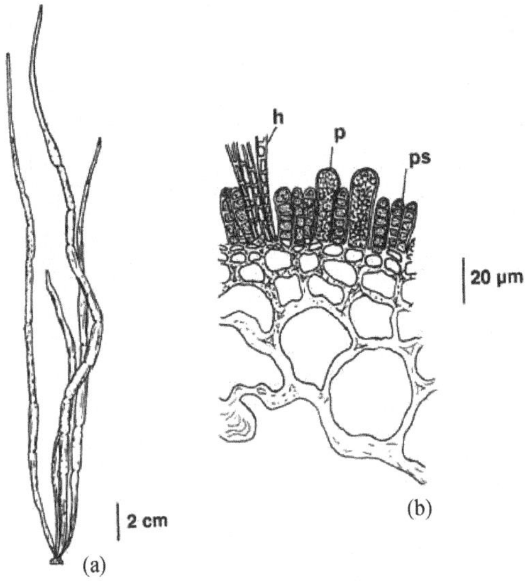

图 21.19　萱藻（*Scytosiphon lomentaria*）。(a) 完整藻体。(b) 中空藻体部分切片显示具有毛状物（h）、侧丝（p）及多室孢子囊（ps）。（仿自 Taylor，1957）

对于幅叶藻和萱藻的生活史，历来就存在诸多争议。相关研究可以分为两个学派，其中，北美学派（the North American school）（Wynne，1969；Edelstein et al.，1970；Loiseaux，1970；Kapraun and Boone，1987）认为其生活史不存在减数分裂和配子的融合，而日澳学派（the Japanese and Australian school）（Nakamura，1965，1972；Tatewaki，1966；Clayton，1980）认为减数分裂发生在单室孢子囊中，而多室孢子囊产生的游动细胞作为配子。这种分歧可能是由使用同种海藻的不同地方品系所致。但是，两个学派都认为这两种海藻都具有两个不同的形态阶段，即产生多室孢子囊的宏观阶段和形成单室孢子囊的壳状体阶段。

根据 Wynne（1969）的报道，幅叶藻（图 21.20）具有如下的生活史。多叶藻体为一年生，通常在一个小的圆盘状固着器上长出直立的披针状藻体。叶片上产生多室孢子囊，它释放出具有负趋光性的游动孢子，后者的游动期长达 24 h。游动孢子附着并形成丝状幼殖体，但孢子细胞的原生质并不排出胞外。丝状体形成分枝，随后分枝侧向延伸成盘状体，并且每个细胞含有单个近体壁的质体和一个大的淀粉核。这些盘状体根据环境条件可沿两条不同的路线进行发育。在短日照和低温条件下，盘状体可形成直立单列的初始叶片；它们进而通过纵向分裂形成薄壁组织，最终产生直立的扁平叶片。叶片的表皮细胞经过多次逆环周和环周分裂形成含有多室孢子囊的密集侧丝。除了叶片边缘和固着器外，叶状体的大部分都能形成孢子囊。多室孢子囊释放的游动孢子附着后能萌发成与初始盘状体一样的新的盘状体。而在长日照和高温条件下，盘状体能发育成类似于褐壳藻（*Ralfsia*）的多层（polystromatic）壳状体。培养 4 周后，这些壳状体趋于成熟，且由一层位于基部的立方形细胞（可称为基底细胞层，厚度很少超过6～10 个细胞）和一层由基底细胞层支撑的侧丝（paraphyse）组成。侧丝包括 4～6 个细胞，并且覆盖有一层明显的表皮。该表皮显然是由侧丝的末端细胞分泌而成。单室孢子囊由侧丝的基底细胞通过不等分裂产生一个细胞，进而在一个侧面突出而形成。该侧突细胞在侧面和上方同时增大，基细胞下沉，单室孢子囊得以形成。孢子囊不断分裂形成 128 个、256 个或更多的游动孢子，它们通过孢子囊顶端的分解而释放出来。游动孢子从包被的黏液中脱出后即游离开，同时显示出负的趋光性，并在几个小时后开始附着。萌发的幼殖体再次形成盘状体。由此，在上述生活史中，单室或多室孢子囊产生的游动细胞的行为相似，都能萌发成盘状体。

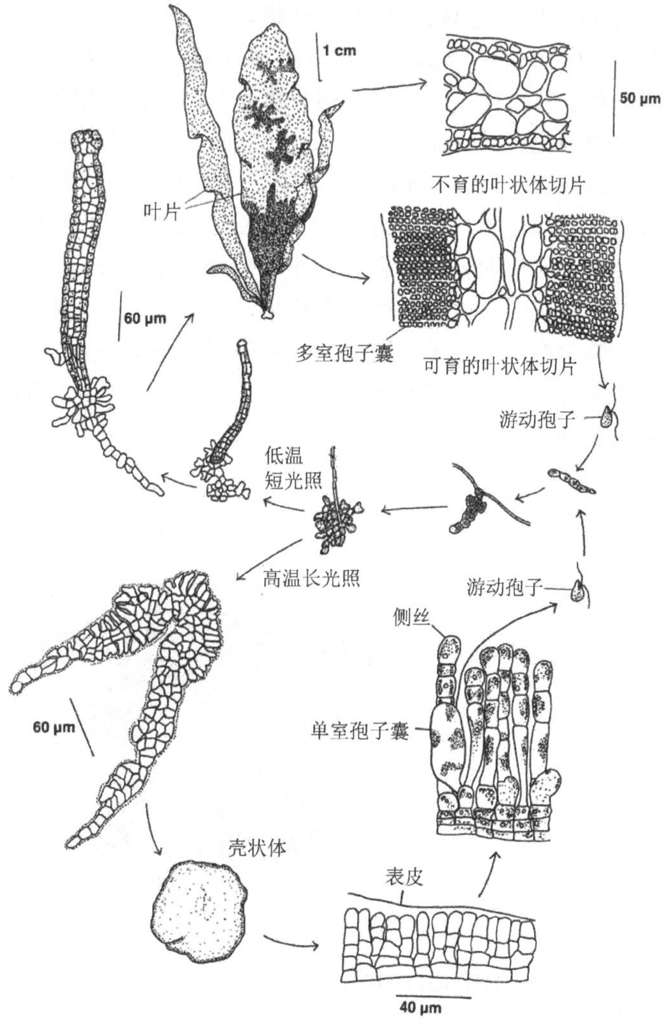

图 21.20　幅叶藻（*Petalonia fascia*）的生活史。（仿自 Smith，1969；Wynne，1969）

据以上所述可知，萱藻和幅叶藻藻体的形态与环境条件紧密相关。除此之外，Lüning 和 Dring（1973）发现光质的类型也会影响幅叶藻和萱藻的形态。在红光下，匍匐藻体由稀少分枝的丝状单列丝体组成，而在蓝光或白光下，藻体由大量分枝的丝体组成。Hsiao（1969，1970）发现水体中存在的某种微量浓度的碘对于幅叶藻不同形态的发生是必需的。若要形成与褐壳藻类似的壳状体阶段，水中需含有 4.0×10^{-5} mol·L^{-1}的碘化钾，而若要形成叶片，水中需含有 4.0×10^{-6} mol·L^{-1}的碘化钾。藻体在丝状体阶段可以生活在没有碘的介质中。Hsiao 同时也发现壳状体和叶片能在适中温度条件下生长，而丝状体阶段能在极端温度条件下生长。

Splachnidiaceae

该科只含有一个属（*Splachnidium*），这是一种分布在南半球的多年生海藻。*Splachnidium* 的藻体为胶状、单轴、中空分枝的叶状体，它通过一个基盘固着到基质上（图 21.21）。这种海藻非常有趣，因为同 *Notheia*（Nizamuddin and Womersely，1960；Gibson and Clayton，1987）和 *Acroseria* 一起，它们具有大量与墨角目海藻类似的形态和生殖特征。但核酸序列分析表明，它们与墨角藻目的进化关系并不密切，仅表现为趋同进化（convergent evolution）而已（de Reviers and Rousseau，1999）。类似于墨角藻目的许多种类，*Splachnidium* 在生殖窠内形成生殖结构，叶状体分化成含有丝细胞的髓部和皮层，生长方式为典型的毛基生长（墨角藻的幼孢子体也为毛基生长）。生殖窠通过局部细胞的分裂在紧邻顶端处演化而来，使得叶状体表面的相应部位隆起呈拱形。生殖窠的内表面可产生毛状物，并通过一个与墨角藻目类似的小孔伸出。大的单室孢子囊含有游动孢子，它们依次由内层的细胞生成。游动孢子萌发后形成丝状藻体，它能产生含有配子的多室孢子囊。配子融合后，可再次形成宏观世代的藻体（Price and Ducker，1966）。

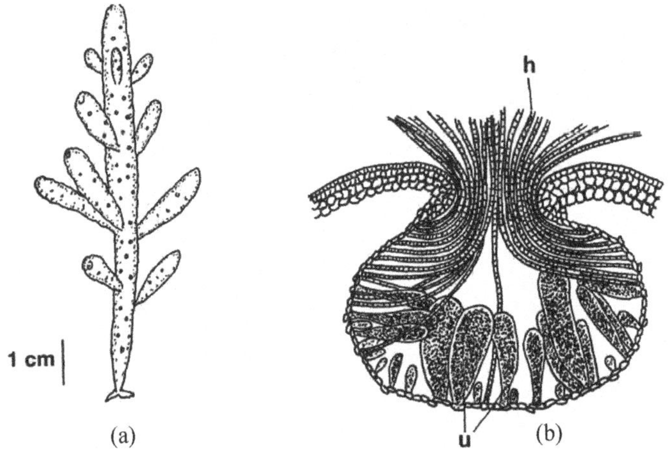

图 21.21 *Splachnidium*。(a) 完整藻体。(b) 具有毛状物 (h) 的生殖窠切片和单室孢子囊 (u)。

海带目（Laminariales）

海带目藻类含有薄壁组织，其生长是通过柄部与叶片之间的居间分生组织来实现的。海带目海藻的生活史中存在大型孢子体和微型配子体的世代交替。有性生殖为卵配生殖。除绳藻（*Chorda*）（图 21.35）和囊根藻（*Saccorhiza*）（图 21.29）以外，海带目其他种类的游动细胞都没有眼点和附属鞭毛膨大区（Henry and Cole，1982；Henry，1987）。

海带目海藻为大型海藻，通常分布在世界的冷水性海域。海带目的很多属都含有孢子体，它们在温带海域能进行营养增殖，但它们的配子体在水温高于 10～15℃时不能产生配子，因而限制了它们在水温高于 10～15℃海域的分布（Sjøtun and Schoschina，2002）。海带目最早的化石出现在 1600 万年以前，海带目似乎在此期间起源于一次强烈的极地降温趋势过程中的北太平洋地区（Esters and Steinberg，1988；Saundaers and Dreuhl，1992）。

形态与解剖结构

除了绳藻属（*Chorda*）（图 21.35），海带目海藻的孢子体都分化为固着器、柄和叶片三个部分（图 21.27 和图 21.29）。柄和叶片间的分生组织形成柄与叶片。叶片长度经常保持恒定，这是由于叶片基部增长的长度与叶片顶端因磨损丢失的长度相当。海带目中大多数属的叶片可存活一年，但在很多情况下，柄部和叶片的基部为多年生。有记录的加利福尼亚带翅藻（*Pterygophora californica*）（图 21.22）寿命跨度长达 13 年，极北海带（*Laminaria hyperborea*）可存活 11～18 年［图 21.30（d）］，巨藻（*Macrocystis pyrifera*）则可存活 4～8 年（图 21.32）（Lobban，1978）。大型海藻死亡的最主要原因是风暴将藻体从岩石上撕裂。在夏季末期，藻体叶片通常停止生长，当游动孢子释放后，藻体在秋季开始分解。海带目海藻的孢子体非常坚韧，能耐受巨大的压力环境而不致破裂。当海带目海藻被冲刷到海岸上时，藻体通常完整无损，并且固着器仍牢牢地附着在礁石上。固着器通过由外部分生组织细胞分化而来的假根细胞的生长而牢固地附着在基质上（Tovey and Moss，1978）。这些假根细胞填充着介质的每一个微小缝隙，直至一个完整基质轮廓的形成。这些假根细胞也分泌黏液。固着器向下生长，这不是由于受到重力的作用，而是因为它们的避光特性（Buggeln，1974）。

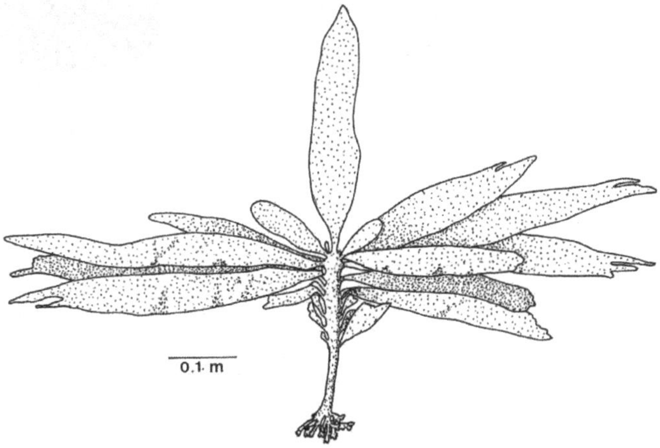

图 21.22 加利福尼亚带翅藻（*Pterygophora californica*）的小型藻体。（仿自 Smith，1969）

孢子体内存在三种不同的组织：中央髓部、皮层和表皮（图 21.23 和图 21.25）。固着器中没有髓部，三种组织都存在于柄与叶片中。柄与叶片具有相同的解剖学结构，唯一区别在于柄呈圆柱形或椭圆形，而叶片呈扁平状。叶状体表面为行光合作用的分生表层（meristoderm）的分生组织细胞，它增加了叶状体的围长（girth）（图 21.23）。

分生表层由小细胞构成，它向里与子代细胞隔开，反过来形成外部皮层的细胞。分生表层通常覆盖着一层黏液。在叶片的整个生活史中，叶片中的分生表层都很活跃，主要以环周方式（periclinically）进行分裂。在海带目某些属（如海带）的柄内，分生行为可转移到表皮下面4～8个细胞深度的皮层中，导致当柄部宽度增加时，柄外部的组织开始脱落。

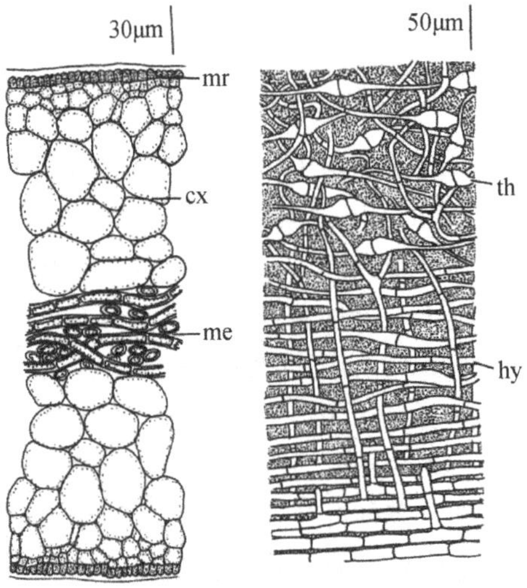

图21.23 海带目某一种类叶片切片（左）和柄的中部切面（右）。cx，皮层；hy，藻丝；me，髓部；mr，分生组织；th，喇叭丝。

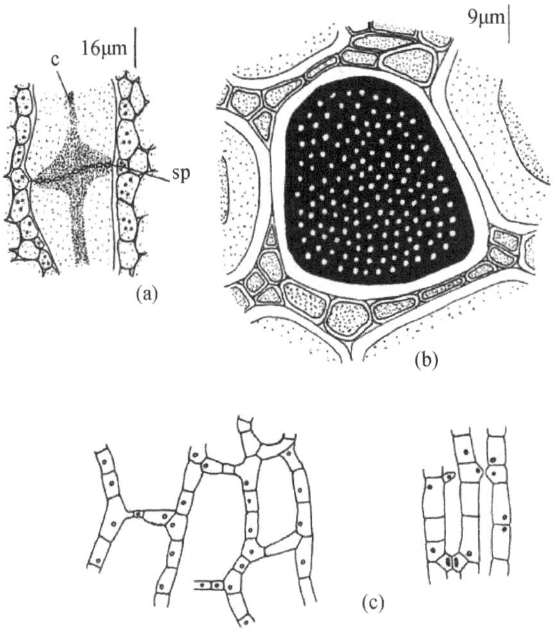

图21.24 （a）和（b）海带目海藻髓部的筛胞切片。筛板具小孔（sp）且与胼胝质相连（c）。（c）内皮层细胞和交叉连接的髓部。[（a）和（b）仿自Scagel，1971]

分生表层内部为内外皮层的较大细胞，紧挨着的为杂乱的伸长细胞，它们构成髓部。外皮层分化的细胞形成内皮层，而内皮层分化的细胞形成髓部。内皮层和髓部细胞经常在相邻细胞间形成交叉连接［图 21.24（c）］。在交叉连接形成过程中，两个相邻的母细胞产生的小细胞彼此相对延长。当它们相遇时，末端的胞壁溶解，细胞相互接合。另一种类型的细胞是丝细胞（hyphae），它们源于皮层细胞的副产物，能形成纤细的、长度相当可观的分枝细胞，最终生长到髓部的黏液中。髓部细胞呈纵向排列，由于在形成后不能进行分裂，它们通过由细胞扩张而成的叶状体的延长和分生表层的分生行为而被拉伸成长细胞。髓部成分经常被称为喇叭丝（trumpet hyphae），这是由于细胞被拉长，中间收缩，而隔膜区保持初始大小［图 21.23、图 21.24（a）、图 21.24（b）和图 21.25］。喇叭丝的另一个名称为筛胞（sieve cell），因为存在具孔的筛板将细胞分隔开。筛板的孔似乎由胞间连丝演化而来，而胞间连丝在其他褐藻中较为常见。

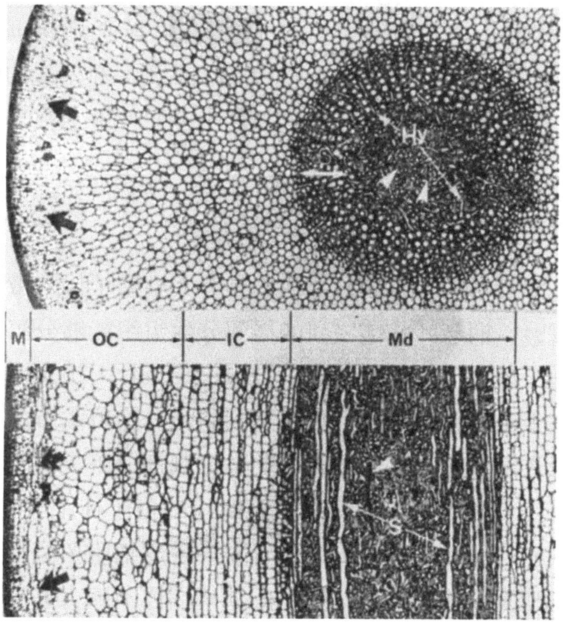

图 21.25 海带目巨藻（*Macrocystis integrifolia*）柄部的横切面（上）和近中轴的纵切面（下）结构图示。黏液管（黑箭号）呈环状排列在外皮层（OC）的外缘。注意在髓部外部区域内呈辐射列状（S）的筛状成分以及在髓部中心区淹没的筛状成分（白色箭头）。丝状细胞（Hy）通过髓部而会合。IC，内部皮层；M，分生组织；Md，髓部；OC，外部皮层。（引自 Shih et al.，1983）

在海带目中，筛胞存在进化发育的过程（Sideman and Scheirer，1977）。在海带属中，筛板的孔径大小为 0.06～0.09 μm；孔上没有连接胼胝质（callose）；不过筛胞中含有细胞核、液泡和线粒体。在从翅藻（*Alaria*）（图 21.39）和腔囊藻（*Nereocystis*）（图 21.38）到巨藻（*Macrocystis*）（图 21.32）的进化过程中，筛板的孔径逐渐变大，胼胝质开始结合到孔上，细胞逐步丢失细胞器。巨藻的筛胞具有 2.4～6.0 μm 的小孔，孔上结合有胼胝质，只含有线粒体这一种细胞器。巨藻的筛胞与被子植物的区别在于没有伴生细胞（companion cell），没有大的中央液泡。巨藻筛胞中存在大量的线粒体，这可能反映出由于缺乏伴生细胞，巨藻通过线粒体为细胞的生命过程提供能量。海带目可以通过筛胞进行光合作用产物的传递，其中主要是甘露醇（Parker，1965）。甘露醇移动的速度依赖于存在的筛胞种类（Lüning et al.，1972）。在发育良好的巨藻筛胞中，有机产物移动的速度可达每小时 65～78 cm，其中，向基部的移动是为了在基部储存产物，而向顶部的移动是为了满足顶部快速生长对底物的需求（Sargent and Lantrip，

1952；Parker，1963，1965)。在海带和囊根藻（*Saccorhiza*）中，由于筛胞壁发育欠佳，其产物运输的速度要比巨藻慢近5倍（Cabellopasini and Alberte，2001)。

在海带目某些海藻的柄部和叶片的皮层中，存在一个黏液腔的胞间互联系统（Grenville et al.，1982）（图21.25和图21.26)。在糖海带（*Laminaria saccharina*）和极北海带（*L. hyperborea*）中，黏液腔通过分泌细胞连成一线，而分泌细胞通过胞间连丝相连接（Evans et al.，1973)。这些分泌细胞产生岩藻多糖并将其分泌到黏液腔中，并从这里释放到叶状体外部。这些细胞是叶状体中唯一能够分泌岩藻多糖的细胞，如同其他生物的分泌细胞，在它们的细胞核周围环绕着大量的高尔基体。

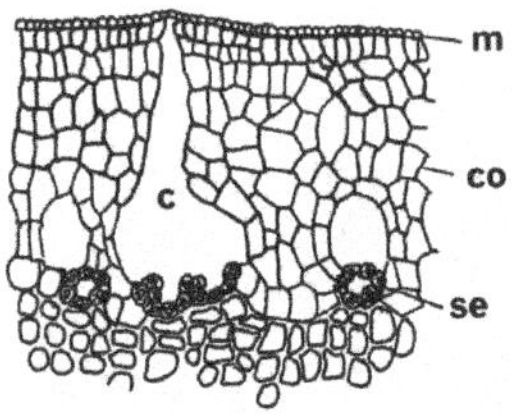

图21.26 海带（*Laminaria cloustoni*）柄部的横切面展示出黏液腔道（c）和分泌细胞（se)。m，分生组织；co，皮层。（仿自Guignard，1892)

生活史

海带目部分海藻的生活史具有大型孢子体与微型配子体的世代交替（图21.27和图21.29)。柄与叶状体之间的居间分生组织能够分泌化学物质，它能进行远距离传输以抑制孢子体上孢子囊的形成（Lüning et al.，2000)。这种具有抑制作用的化学物质的产生在上半年藻体快速生长时达到高峰。随着季节的更替，居间分生组织的活动和藻体的生长逐渐减缓，这也导致了化学抑制剂分泌量的降低。当化学抑制物质的含量降至某一临界点，处于生长季节下半年期间的孢子体上开始形成孢子囊。孢子囊含有单室孢子囊，它与侧丝混杂在一起。首先，表皮细胞拓宽形成一个基细胞和一个侧丝。随后，基细胞变宽，侧丝拉长。侧丝的顶末端逐渐膨大并富含黏液，在基细胞上形成一覆盖层。基细胞立刻在紧邻侧丝的位置生成一个单室孢子囊。海带属的单室孢子囊可以形成32个单倍体游动孢子，囊根藻属的单室孢子囊可以形成128个单倍体游动孢子（Motomura et al.，1997)，随后，游动孢子从孢子囊变厚的顶端释放出来。游动孢子含有单个叶绿体（绳藻含有多个叶绿体)，可能有一个眼点（有的没有）（Evans，1966)。游动孢子对营养物质表现出积极的趋向性（Amsler and Neushel，1989)，它们能在48h内游动几公里的距离（Reed et al.，1988)。游动孢子附着后即形成配子体。大多数海带目藻类的配子体为雌雄异体（dioecious)。而绳藻属（图21.35）为雌雄同体（monoecious)，对于囊根藻属的配子体（图21.29）是雌雄同体还是雌雄异体，目前说法不一（Norton，1972；Henry，1987)。Evans（1965）认为在海带属（图21.27）中存在着X/Y类型的性别决定机制，性染色体的分离发生在单室孢子囊内的减数分裂时。游动孢子含有的糖蛋白位于周质细胞质内的小囊泡中，它们在游动孢子附着时开始释放（Oliveira et al.，1980)。这些糖蛋白帮助游动孢子附着到基质上。附着后的游动孢子分泌一层薄壁环绕住自身，并且开始形成一条纤细的萌发管；游动孢子的原生质从游动孢子中移出并进入萌发管顶端的膨大区；随后，一个胞壁在膨大区和原初孢子之间形成；膨大区内的细胞分裂形成配子体。只有在这一阶段雌配子体的外观才有别于雄配子体。与雌配子体相比，雄配子体的细胞较小，分枝也较多。雄配子体可形成小的无色的精子囊（图 21.28）。在雌配子体中，拉长的卵囊形成后能产生单个卵细胞。在长日照条件下（光照与黑暗之比为 16 h∶8 h），卵细胞在黑暗期进行释放，其中，大多数情况下是在黑暗期的前 30 min 进行释放（Lüning，1981）。卵细胞的释放显然受到生理节律的调控。卵细胞出现后，细胞壁的浓稠可塑性边缘收缩并形成一个平台，卵细胞在该平台上仍停留一段时间。在海带科、翅藻科和巨藻科的至少 21 个种中，当卵细胞释放时会分泌性激素海带烯（lamoxirene）（Lüning and Müller，1978；Müller et al.，1979，1985）。当暴露在海带烯周围几秒钟后，游动精子即从精子囊中释放出来。游动精子被吸引到卵细胞上并开始受精（Motomura，1991）。海带烯的化学式为 1-（1′，2′-cis-epoxibut-3′-enyl）-cyclohepta-2，5-diene，它的分子质量为 162，化学式为 $C_{11}H_{14}O$（图 21.8）（Marner et al.，1984）。其他的性激素，如水云烯（ectocarpene）和酸藻烯（desmarestene）（图 21.8）也存在，但它们在海带属和巨藻属中不起作用。在海带目中，合子萌发形成扁平的原胚，随后原胚发育成成熟的孢子体。

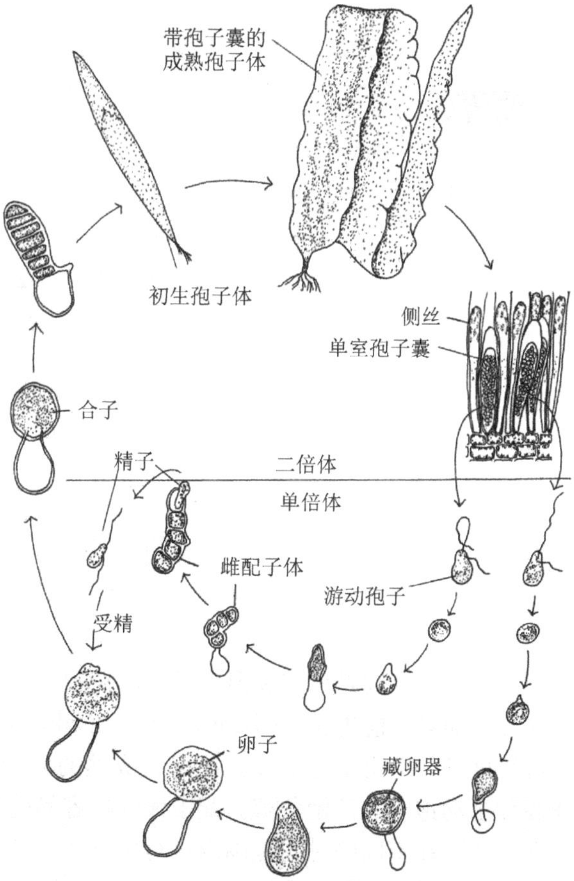

图 21.27 日本海带（*Laminaria japonica*）的生活史。（仿自 Cheng，1969）

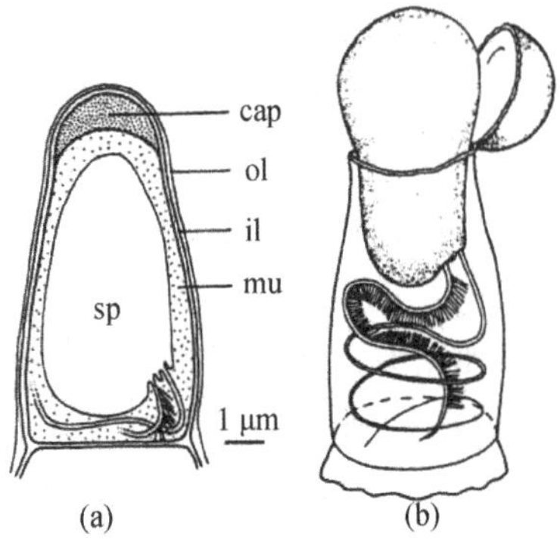

图 21.28 掌状海带（*Laminaria digitata*）的精子囊。(a) 成熟的精子囊。il，细胞壁的内层；ol，细胞壁的外层；mu，黏液；sp，游动精子。顶帽被推开，游动精子从精子囊释放出。(引自 Maier，1982)

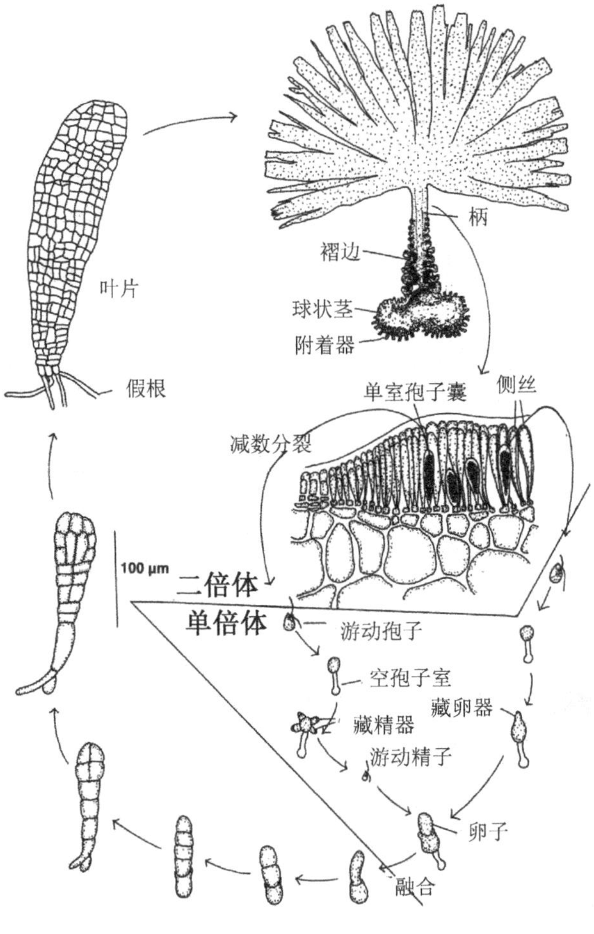

图 21.29 囊根藻（*Saccorhiza* sp.）的生活史。(改编自 Norton and Burrows，1969)

环境条件，特别是光照和温度通常能控制海带目海藻的生活史。孢子体在温度高于18～20℃时通常不能生长（Cheng，1969；Nakahara and Nakamura，1973），而孢子囊在这种温度条件下也不能形成。如果将成熟的海带孢子囊放入 20℃的水中，孢子囊会停止释放游动孢子并开始分解。配子体同样容易受到环境条件的控制。在形成配子囊之前，配子体可在不同的时间范围内进行生长。在某些条件下，附着的游动孢子可形成卵囊，而在其他条件下配子体将进行不定生长，且不能形成配子。Lüning 和 Dring

（1972，1975）发现如果配子体在15℃的红光条件下生长，它们将进行不定生长，且从未变得可育。如果这些配子体接受蓝光照射6～12 h，它们就可产生配子。而如果培养温度高于10～12℃（Sundene，1963；Vadas，1972；Nakahara and Nakamura，1973）；或水中NO_3-N的浓度不足5 μg/L（Hsiao and Druehl，1973）时，配子体同样也不能产生配子。配子体能够耐受长时间的黑暗，而当光照再次恢复时，它们又可继续生长（Kain，1966）。因此，在自然界中配子体的大小和配子萌发的时间极有可能受到环境条件的控制。

生态

同在南方海域生长的海带相比，北方海域生长的海带的柄更长，叶片更宽，这可能是由于北方海域的藻体生长年龄更长，而不是因为它们的生长速率更快（Larkum，1972）。

在北大西洋东部的冷水海域，极北海带（*Laminaria hyperborea*）[图 21.30（d）]和掌状海带（*L. digitata*）[图 21.30（c）]在水下形成茂密的森林。同样，在阿拉斯加的波弗特海（Beaufort sea），海带 *L. solidungula* 的生长也极为繁盛。这些大型褐藻（kelp）的生长具有明显的季节特征，每年的冬季早期到次年的夏季早期是主要的快速生长阶段，而在夏季和秋季，它们的生长减缓甚至完全停止。这种生长模式是一种生态策略，因为当浮游生物的重新矿化使得水体中营养供给达到最佳时，这些大型褐藻可以凭借在光线充足的夏秋季节储存的光合产物，通过重新调动在黑暗的冬季初期积累的碳水化合物，使得藻体重新开始生长。这种周年节律（circannual rhythm）（约为一年一次）受到内在的光周期的调控（Henley and Dunton，1997；Schaffelke and Lüning，1994）。

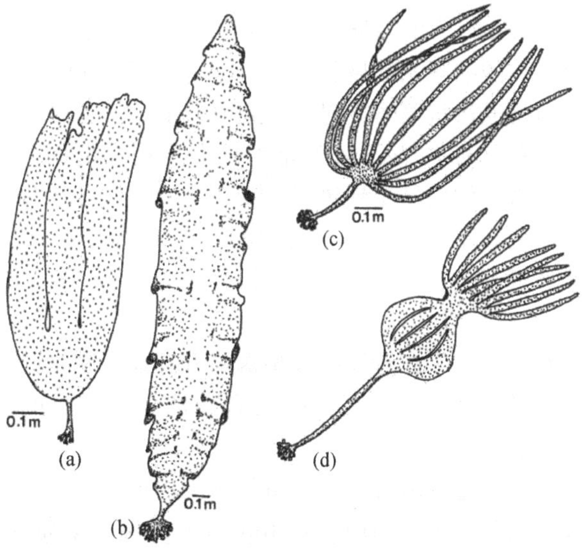

图 21.30 海带属（*Laminaria*）某些种类的形态。（a）*L. groenlandica*。（b）糖海带（*L. saccharina*）。（c）掌状海带（*L. digitata*）。（d）极北海带（*L. hyperborea*）。[（a）仿自 Scagel，1971]

另一个影响孢子体形态的因子是藻体生长所处的环境。在孱弱水流中生长的囊根藻（*Saccorhiza polyschides*）孢子体产生弧形的叶片，其中叶片的基部呈心形（图 21.31）。这些叶片没有分叉，易脆，以至于将其从水中移出时，它们会因自身重力而折断。与此相反，在强劲水流中生长的藻体较长且扁平，叶片坚韧，基部呈狭窄的三角形

(楔形)，并且分裂成 30 多个指状分叉。在没有水流但暴露于波浪的栖息地中，囊根藻孢子体的叶片短而平，非常结实，且只有 3～10 个指状分叉。从组织学上观察，叶片的巨大韧性源于大量的皮层细胞增加了叶状体的厚度（Norton and Burrows，1969）。在掌状海带［图 12.30（c）］（Sundene，1962c）和翅藻（*Alaria esculeata*）（图 21.39）（Sundene，1962b）中有过类似的报道。

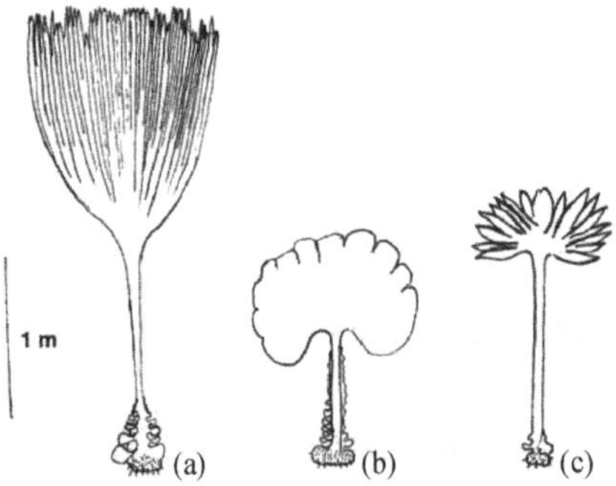

图 21.31 囊根藻（*Saccorhiza polyschides*）的孢子体，分别来自强劲海流(a)、孱弱海流（b）和有波浪的海域(c)。(仿自 Norton and Burrow，1969)

海带属的许多种类，如极北海带［图 12.30（d）］能在低潮线以下形成非常厚的藻垫或森林。随着深度的增加，海藻逐渐变得稀少，形成一个空旷的区域（Larkum，1972)。巨藻和海带的初级生产率在全球海藻中位居前列，每年的净生产力为 1000～2000 g・m^{-1}碳（Mann and Chapman，1975)。巨藻（*Macrocystis pyrifera*）森林在美洲太平洋海岸形成的连绵藻床长达 8 km，宽达 1 km（Gaines and Roughgarden，1987)。由于受风暴（Dayton et al.，1984)、草食动物和捕食者（Duggins，1980）及主要海流特征如厄尔尼诺（El Niño）的影响，这些海藻森林的范围及藻体的密度在时空上表现出巨大的差异。受 1982～1983 年厄尔尼诺效应引起的巨大冬季风暴的影响，海藻森林的缩减尤其显著（Dayton and Tegner，1984)。

风暴通过将藻体拔起并卷到海滩上，使得巨藻和海带藻床减少。一种小型的软体动物——*Patina pellucida* 经常啃食大型褐藻的固着器，因而削弱了藻体与基质间的结合，使得它们更易受到风暴的破坏。海胆，如 *Paracentrotus lividus*（分布于地中海，极善钻凿岩石）也以海带目中的许多藻类为食，相关研究（Norton，1978）显示，在海胆所喜爱的食物中，它们更偏好于囊根藻（*Saccorhiza polyschides*）（图 21.31）而不是糖海带（*Laminaria saccharina*）［图 21.30（b)］。近 2 个世纪以来，由于海獭几近灭绝，北太平洋近岸的大型褐藻森林显著减少。而在此之前，海獭能够摄食大量以昆布为食的海胆。由于正常捕食者的消失，海胆得以自如地破坏大型褐藻森林（Estes and Steinberg，1988)。

某一特定区域分布的海带目种类由该区域的环境条件所决定。Druehl（1967）发现在英属哥伦比亚（British Columbia）的温哥华岛（Vancouver island）附近存在三种常见的海带：糖海带（*L. saccharina*）［图 12.30（b)］、长柄和短柄的 *L. groenlandica*［图 12.30（a)］。*L. groenlandica* 的两种类型存在于风浪区：长柄类型分布于剧烈风浪区，短柄类型分布在温和风浪区，而糖海带只分布在无风浪区。在英国，Boney（1966）发现极北海带［图 12.30（b)］主要分布在有中等或剧烈风浪的海区，而糖海带分布在避开风浪的海区。

即使从长远观点看，海带的种群也会出现波动。Walker（1956）发现一种远离苏格兰海岸的海带种群其密度在10年间出现变动，这种变化与太阳黑子的活动和气候变化密切相关。

褐藻柄基部致密组织的同心环可用来指示多年生的海带目藻类的年龄，如海带（*Laminaria*）和昆布（*Ecklonia*）的年龄。在秋冬季节褐藻缓慢生长期间，皮层分生组织可产生黑色的环，在冬春季节则产生淡色的环（Novaczek，1981；Klinger and De Weede，1988）。

海带叶状体在细菌［如假交替单胞菌（*Pseudoalteromonas bacteriolytica*）］的入侵下导致胞外多糖的降解，产生诸如寡古洛糖醛酸（oligoguluronate）的降解产物。这些寡古洛糖醛酸能启动海带的防御机制。首先海带细胞的呼吸作用增强，继而产生过氧化氢（H_2O_2）。过氧化氢的浓度高至足以杀死入侵细菌的细胞（Potin et al.，1999）。

代谢与成分

在4～9月光合作用较活跃期间，藻体中海带多糖和甘露醇（图1.7）的干重比例急剧增加。在此期间，褐藻酸和纤维素的干重比例下降。而10月至翌年4月与此恰恰相反，褐藻酸和纤维素相对含量增加。这些变化在叶片上表现得更为明显，因为叶片的生长速度较快，而柄的生长速度较慢。

Black（1954a）发现在糖海带成熟的叶状体内［图21.30（b）］，近顶端部分为7月龄，其成分沿长度有明显的变化。在靠近柄部的区域（生长旺盛的区域，最幼嫩），甘露醇约占鲜重的3%，褐藻酸或海带多糖很少甚至没有。叶状体上距柄部1/3的部分，甘露醇的含量最高约为6%，海带多糖为2%，褐藻酸为2.5%，而叶状体向上2/3的部分，甘露醇含量仅为2%，海带多糖为6%，褐藻酸为4%。整个叶状体成分的变化主要源于新旧组织比例的改变。

据Percival和McDowell（1967）报道，海带科褐藻成分的季节变化可归纳如下。

（1）甘露醇是光合作用的首要产物并以显著的量进行积累，它是细胞分裂旺盛的组织中主要的碳水化合物。

（2）在生长主要通过细胞增大的组织进行光合作用期间，由甘露醇、褐藻酸盐和海带多糖组成的干粉的比例增加。在此期间蛋白质和纤维素也进行合成（Pueschel and Karb，2001）。在每一单位组织中，当其他组分增加到某一恒定的水平时，甘露醇和海带多糖的合成继续进行，因而干粉的含量会增加，褐藻酸、纤维素、蛋白质的干重比例会下降。因此，在夏末甘露醇和海带多糖的含量最高，而褐藻酸、纤维素和蛋白质的含量最低。

（3）海带多糖可由甘露醇转化而来，在藻体生长活跃期，甘露醇合成的速度要快于其转化为海带多糖的速度，因此，这两种物质的总量都会增加。当藻体因营养缺乏、光照不足或低温而生长缓慢或停止时，海带多糖的含量会增加。而甘露醇的含量会减少。在夏末，由于水体中磷元素的损耗，甘露醇的含量会出现暂时性的降低，而海带多糖的含量直到后期也不会下降。

（4）在孢子形成期和呼吸作用大于光合作用期间，海带多糖和甘露醇均被耗尽。由于其他组分的含量变化甚微，褐藻酸、纤维素和蛋白质的干重比例会增加。

经济价值

据统计，全球每年收获的大型褐藻（kelp）超过400万吨，它们主要源于亚洲的海水养殖（中国、日本和韩国）及欧洲和美洲的自然种群。总体而言，按照每年的收获量，海带目海藻是最大的海洋作物（Asensi et al.，2001）。

对大型褐藻的最早用途是用来制作褐藻灰（kelp ash）（Kupper et al.，1998）。褐藻收获后在海滩上进行晾干，随后将它们放进炉子中进行焚烧并做成饼。饼的主要成分为褐藻灰。褐藻灰的最早应用始于17世纪，法国农民用褐藻灰给陶器上釉，并制作粗糙的玻璃制品。褐藻灰的使用持续了近200年，直到一种苏打粉的发明，它由富含盐的海滨植物制成。这种物质可用来制作质量较好的玻璃制品，因而褐藻灰开始停止使用。1811年，人们发现褐藻灰中含有大量的碘。将最好的海藻进行焚烧，人们发现褐藻中碘含量高达1.4%～1.8%，即每吨褐藻含有15 kg碘。在那时，碘被用来治疗碘缺乏引起的甲状腺肿大（即使在今天，食用盐也多为加碘盐，尽管它不来自褐藻灰）。在1846年，仅在英国的格拉斯哥就有20家制碘厂。后来，在智利发现的极其丰富的含碘矿床直接导致了褐藻灰工业的衰退。

大型褐藻的现代工业化应用主要用来提取褐藻酸盐，它的应用范围极为广泛。褐藻胶在19世纪80年代早期首先被斯坦福（Stanford）发现，但直到1896年才由Krefting获得纯品。褐藻胶约占藻体干重的10%（Smith，1955），其绝大部分为褐藻酸盐。褐藻胶的主产区为美国的西海岸，在那里生长有大量的巨藻（图21.32），藻体的上部在近水面处生长。由于巨藻的数量巨大及其生长方式，所以可以通过使用配备有伸至水下3 ft深的镰刀状刀片、由马达驱动的驳船进行采收。一条配备5人的驳船每天可以采收300 t巨藻。而在世界上其他地区，褐藻胶工业的发展因人工采收的高成本而受阻。褐藻胶的用途之一是制作冰激凌，实际上所有的冰激凌生产厂家在将产品冰冻前都要添加褐藻胶，这能防止冰激凌中的水形成冰晶，使得冰激凌更加爽滑（Smith，1955）。大约有一半的褐藻胶用来制作冰激凌和其他乳制品。同样，褐藻胶的保湿性质也被用于多种焙烤食品工业中，包括将褐藻胶添加到糖霜（frosting）中防止过度干化。褐藻胶的胶体性质使得它可被用作悬浮剂和乳化剂。在橡胶工业中，褐藻胶被用作乳化剂和稳定剂来处理天然或人工合成的橡胶胶乳。把褐藻胶添入染料中，能使色素保持悬浮状态，这样将染料刷在表面时就不会留下刷痕。褐藻胶也被作为悬浮剂用在多种药物产品中。

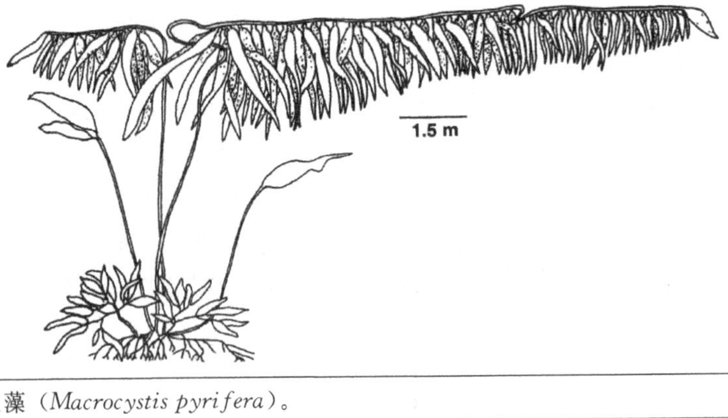

图21.32 巨藻（*Macrocystis pyrifera*）。

在16世纪的药典《本草纲目》中李时珍首次记载了褐藻可作为药物使用，因其中含有碘，褐藻可用来治疗甲状腺肿。在欧洲，人们服用褐藻丸或褐藻灰来治疗甲状腺肿，它在药学上被称为海藻炭（*Aethiops vegetabilis*）。由于海带柄具有膨胀的特性，所以小块的海带柄在外科手术中被用来治疗开放性瘘管。即使没有实质性的疗效，褐藻在医学上仍然大量地被推荐使用。例如，阿拉斯加锡特卡（Sitka）的印第安人常用公牛褐藻［腔囊藻（*Nereocystis*）］的柄来治疗头痛。患者将柄的细薄末端放在一只耳朵内，而将含有气囊的一端放在炙热的石头上。在气囊内加热的气体通过中空的柄进入耳朵中，人们认为这样可以治疗头痛。

褐藻也可作为土壤的绿色肥料，以及动物和人类的食物。在许多北半球国家，大型褐藻被用来喂养牛、马和羊等牲畜，它们可以作为牲畜在冬季的全部源饲料，也可作为其他饲料的辅助成分。海藻被人类用作食品的历史悠久，在中国和日本尤其明显。在日本，昆布（Kombu）即指一类由海带目海藻加工的食品。在每年7～10月，农户将海带收割并在海滩上晾干，同时将柄和固着器切掉。剩下的叶状体在表面出现光泽后被运进工厂。在工厂里工人制作出多种昆布，其中最常见的为绿昆布。其制作过程为：首先将海藻煮沸，随后染成绿色并挤压，最后将其切碎。将切碎的海藻摊在垫席上，晾干并打包。绿昆布可以与肉类、鱼和汤一起煮食，也作为蔬菜食用。在中国大陆，*Laminaria* 被称为"海带"，人们将其用作食品和药品的历史已超过1500年。如烹饪合理，特别是与猪肉、豆酱一起烹制，海带是一道实惠的菜肴，它在绿色蔬菜缺乏的季节特别受欢迎。每千克干海带能产生262 kcal的能量，同时含有人体必需的多种维生素和矿物质（Cheng，1969；Tseng，1981）。

自然分布的海带目海藻种群是藻类的重要来源。唯一的例外出现在中国大陆，1946年随着日本人的撤退，北方沿海居民开始在筏架上养殖海带（图21.33）。养殖海带的第一步是在晚季时节将竹条在海上铺设成梯子状，并悬挂在竹筏上。游动孢子附着在竹条上，进而形成配子体和配子，受精后的合子萌发形成幼孢子体。到1月份，将幼孢子体从竹条转移到筏架的浮绳上。最常用的筏架为单线竹管筏架（图21.33）。典型的筏架为将短竹条单线首尾相连到60 m的长浮绳上。浮筏的末端通过浮绳相连在一起，而浮绳的另一尾端固定在海底。每个筏架上悬挂装有硝酸铵的陶罐，通过陶罐的隙缝渗漏进行施肥。将均长为10 cm的幼孢子体的柄的基部夹在浮绳的股绳之间进行固定，把吊绳绑在筏架上进行垂养。经过合理的管理，孢子体在4～5个月内可长至3 m左右，然后进行采收（Cheng，1969）（图21.34）。

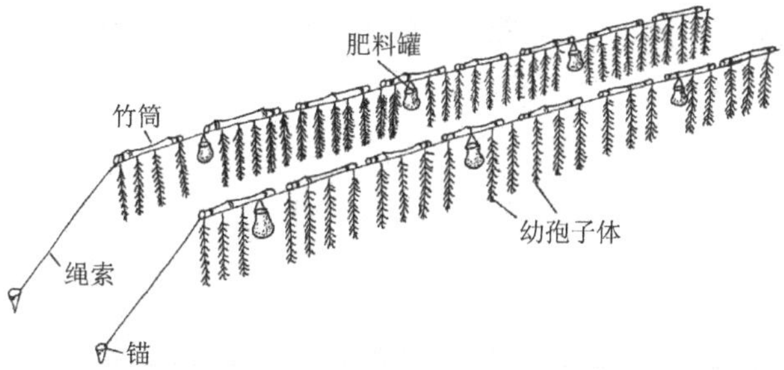

图21.33　在中国大陆，养殖户利用单线的竹筏进行海带养殖。利用装有肥料的多孔陶罐的渗漏进行海上施肥。（仿自 Cheng，1969）

图 21.34 在中国大陆，养殖户采收在浮筏上生长的海带。(引自 Cheng，1969)

分类

海带目海藻可分为 4 个科。

科 1 绳藻科(Chordaceae)：孢子体中空，鞭子状，没有分化的柄和叶片。

科 2 海带科(Laminariaceae)：具有居间分生组织的过渡区，不再进行分化，因而只存在简单的初生柄，孢子囊不在特别的器官上形成。

科 3 巨藻科(Lessoniaceae)：具有居间分生组织的过渡区，能继续进行分化，因而除初生柄外，还形成许多次生柄。

科 4 翅藻科(Alariaceae)：孢子囊在特别的孢子叶上形成。

绳藻科 (Chordaceae)

绳藻科只含有一个属，即绳藻属（*Chorda*）(图 21.35)，它与海带目其他种类的进化关系不是很近（Draisma et al.，2001)。绳藻为一年生海藻，中空，呈鞭子状，生长在北半球的近岸海域。绳藻的柱状孢子体长度可达 2.6 m ，但宽度很少超过 1 cm。绳藻属与其他海带目海藻的差别体现在两个方面：绳藻孢子体的顶端下存在分生组织，幼孢子体顶端有一个或多个毛状物。绳藻的这两个特征与水云目网管藻科的某些种类比较类似，如网管藻属（*Dictyosiphon*)。绳藻具有的某些特征介于水云目和海带目之间。

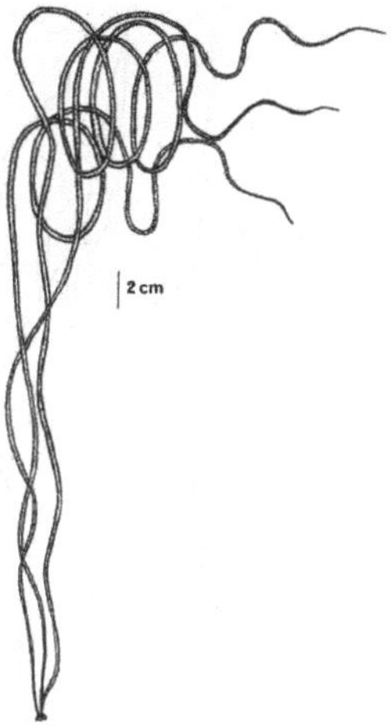

图 21.35 绳藻（*Chorda filum*）。

绳藻的生活史与海带类似（图 21.27），除了配子体为雌雄同株（卵囊和精囊位于同一配子体上）（Maier，1984）。刚释放出的卵子放出性激素，它能引起精子囊中的游动精子呈暴发式地释放，随后游动精子游向卵细胞（Maier et al.，1984；Müller et al.，1985）。

海带科（Laminariaceae）

海带科海藻的孢子体可分为固着器、柄和叶片。叶状体完全由居间分生组织形成，即使它在后期会破裂形成许多指状分叉。前面已经对海带属进行介绍（图 21.27）。囊根藻（图 21.29）为一年生海藻，分布在欧洲和北非的大西洋沿岸。成熟的孢子体在扁平的柄末端具有分叉的叶片，有时长度超过 2 m。囊根藻柄的下部呈螺旋扭曲状，其下有一个大的倒置的钟状副产物，它覆盖着附着器和柄的基部。幼藻体中的这个副产物由基部的居间分生组织发育而来，柄随后生出波状翼。叶片具有隐口（cryptostomata），上面含有毛状物。

巨藻科（Lessoniaceae）

尽管在海带目其他藻类中，叶片的分裂不会向下延伸至基部的居间分生组织，但巨藻科中海藻为一例外。这表明次生叶片具有自有的次生柄。

巨藻（*Lessonia nigrescens*）是一种分布在南半球的海藻，这种海藻具有完整幼嫩的叶片，且很快在中部出现分裂，使得叶片呈两部分，每一部分具有自己的次生柄（图 21.36）。叶片持续进行分裂直至形成成熟的、具有大量分裂叶片的孢子体。掌状囊沟藻（*Postelsia palmaeformis*）（海棕榈）具有一个短且厚的初生柄，它支撑着次生柄和次生叶片（图 21.37）。海棕榈分布在北美太平洋沿岸完全暴露于海浪的地区。

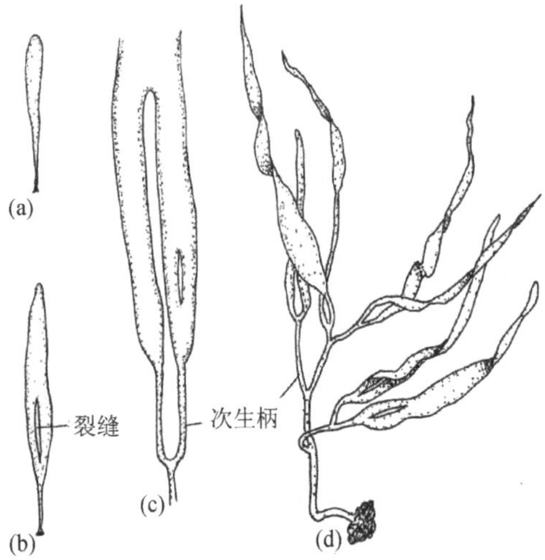

图 21.36 巨藻（*Lessonia nigrescens*）。（a）～（c）叶片连续分裂产生次生柄和次生叶片。（d）成熟的藻体。

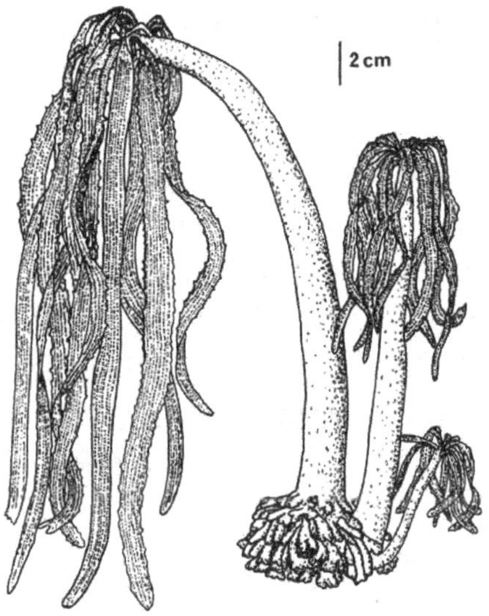

图 21.37 掌状囊沟藻（*Postelsia palmaeformis*）。

巨藻科中藻体很大的种类为腔囊藻（*Nereocystis*）（图 21.38）、浮叶藻（*Pelagophycus*）和巨藻（*Macrocystis*）（图 21.32）。腔囊藻（*N. luetkeana*）具有一个坚韧的长达 25 m 的鞭状柄，柄的顶端为一个大的气囊（图 21.38）。气囊支撑着悬于海水表面下的次生柄和叶片。这种大型海藻的显著特征之一是一年生，一天可生长 6 cm。在加利福尼亚中新世硅藻土中发现的一种化石藻类 *Julescraneria grandicornis* 与腔囊藻较相似（Parker and Dawson，1966）。巨藻（图 21.32）可长至 50 m，存活期长达 5 年，尽管单个次生叶片的存活期只有 6 个月。巨藻（*Lessonia*）的初生叶片可以依次进行分裂，而巨藻（*Macrocystis*）的两个分裂叶片中的一个停止生长，这导致形成一个帘状的叶状体。每一个分裂叶片在次生柄的基部都有一个气囊，以允许次生叶片可悬于水面以下。

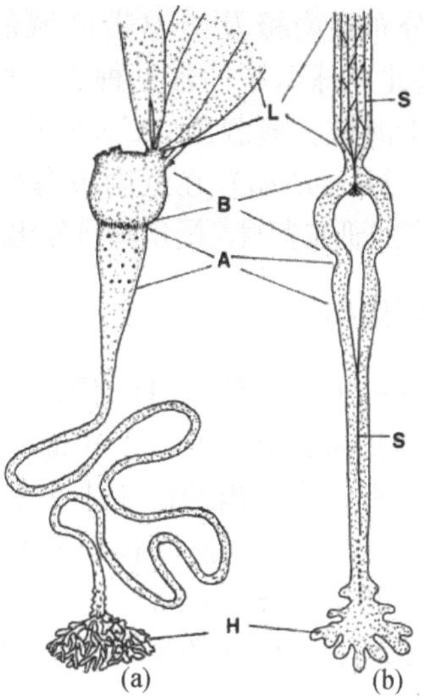

图 21.38 腔囊藻（*Nereocystis*）的孢子体。(a) 完整藻体。(b) 纵切面的半截图示。A，柄部的隆起；B，柄部充满气体的球状物；H，固着器；L，叶片（lamina）；S，筛丝。（仿自 Nicholson，1970）

翅藻科（Alariaceae）

翅藻科海藻的孢子体具有的孢子囊在特异的孢子叶上形成。翅藻（*Alaria*）（图 21.39）孢子体叶片具有一个波纹状边缘和一个中肋。短柄在夏季能生成厚的舌状孢子叶，在孢子囊成熟后孢子叶在秋冬季节开始脱落，在短柄上留下疤痕。在冬季，叶片向下至基部分生组织区都会磨损掉，而在随后的季节一个新的叶片在此形成。

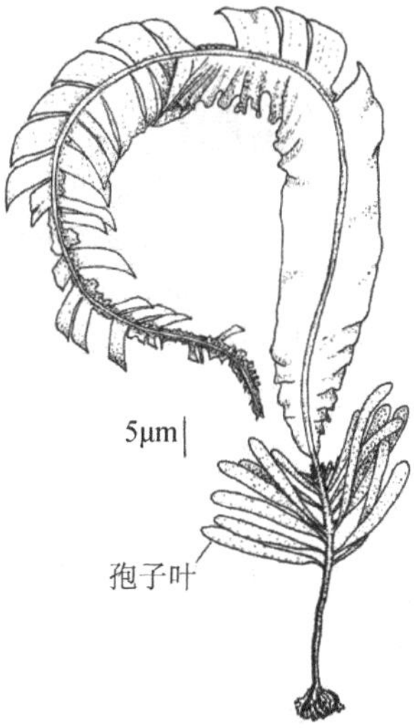

图 21.39 翅藻（*Alaria esculenta*）。叶片的衰老末梢部分已烂掉，孢子体已发育完全。（仿自 Taylor，1957）

墨角藻目（Fucales）

墨角藻目海藻为薄壁组织，顶端生长。单倍体世代退化为卵子与精子，生活史中的其他时期为二倍体。配子在特异的生殖窠（conceptacle）中产生，而配子的融合始终为卵配。生殖窠可散布于叶状体表面，但更常见的是生殖窠分布在特异小枝，即生殖托（receptacle）的膨胀顶端。墨角藻目海藻呈世界性分布，但分布在北极和北温带区域的墨角藻与分布在南极及南温带区域的墨角藻有很大的差别，墨角藻属（*Fucus*）（图 21.40）是北半球海域的常见种类，而马尾藻（*Sargassum*）（图 21.51）主要分布在热带和亚热带海域。囊载藻（*Cystophora*）是澳大利亚海域植被的主导种类；而藻体较大的丛梗藻（*Durvillea*）在近南极海域较为常见。

基因序列研究表明，墨角藻目分化的时间要早于褐藻门其他种类（Draisma et al.，2001）。

形态与解剖结构

墨角藻可视为墨角藻目的代表属（图 21.40）。墨角藻的叶状体具多重分枝，由附着在一个盘状固着器上的一个短而狭的柄支撑着。墨角藻的分枝为二歧式分枝，每一扁平部分都具有一个突出的位于中央的中肋，两边各环绕一个狭窄的翼。翼上散布有隐胚（cryptoblast），它主要是披有大量毛状物的不可育生殖窠，这些毛状物便于生殖窠从海水中吸收营养（Hurd et al.，1993）。在每年的固定时期，分枝顶端膨大成含有可育生殖窠的生殖托。生殖托的膨大是产生大量黏液所致。

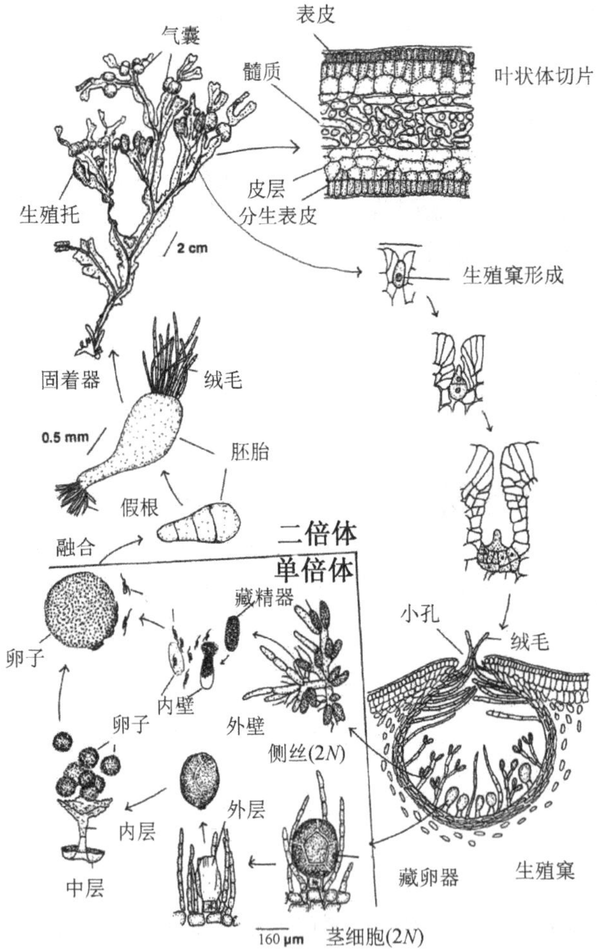

图 21.40 墨角藻（*Fucus* sp.）的生活史［墨角藻（*F. vesiculosus*）和齿缘墨角藻（*F. serratus*）］。（改编自 Thuret，1854；Oltmanns，1889；Nienburg，1931；Taylor，1957）

墨角藻的每一分枝在其顶端都有一个顶端细胞（图 21.41）。顶端细胞一年中分裂数次，形成二歧或叉状分枝，其中一个分叉要长于另一个。成熟墨角藻科海藻的顶端细胞呈一个基部扁平的四面金字塔状。在墨角藻目其他科藻类和幼嫩的墨角藻科海藻中，顶端细胞呈一个三面金字塔状。按照 Moss（1967）的报道，顶端细胞自身并不分裂（分叉形成时除外），相反能刺激周围细胞进行分裂。因此，顶端细胞周围及向下延伸的分生组织区被称为原分生组织（promeristem）。原分生组织的细胞类似于其他物种分生组织的细胞，只是非常小。原分生组织侧边的细胞增大且只进行横向分裂，形成扁平的翼。黏液储存在原分生组织的衍生细胞之间，引起成列细胞的分离，只有在存在凹陷的位置时才保持连接。顶端细胞具有顶端生长的优势，从而抑制了其下部侧生细胞的发育（Moss，1965，1970）。如果顶端细胞遭到破坏，其下面的侧生细胞会发育成一个新的顶端细胞。

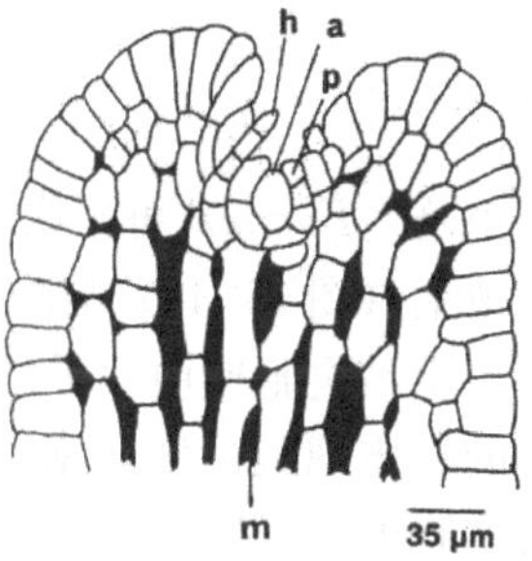

图 21.41 墨角藻（*Fucus*）成熟幼苗叶状体的上部，显示其顶端凹陷。顶细胞（a）；末端毛状物的残余（h）；原分生组织（p）及髓部（m）。（仿自 Oltmann，1889）

叶状体顶端区域的次生分生组织为分生表层（meristoderm）或由原分生组织衍生来的外列细胞。这些紧密挤压的砖状细胞起初进行背斜分裂，然后进行环周分裂在内部形成新的组织。

墨角藻目海藻的解剖结构类似于海带目，其表皮细胞上覆盖有一黏液层（图 21.41 和图 21.42）。表皮内侧为皮层，中央为髓部。内皮层细胞产生丝细胞，但不存在喇叭丝。在表皮细胞内，细胞器排列有一定的方向。褐藻酸液泡在外层，细胞核和叶绿体构成基层（Fulcher and McCully，1969；Rawlence，1973）。褐藻酸液泡构成的盖可保护叶绿体和细胞核不致受到光线的强烈照射，特别是在低潮当海藻经常暴露时。皮层细胞的细胞器的排列与表皮细胞恰好相反，其外层含有叶绿体。髓部和丝细胞的叶绿体大多已退化。

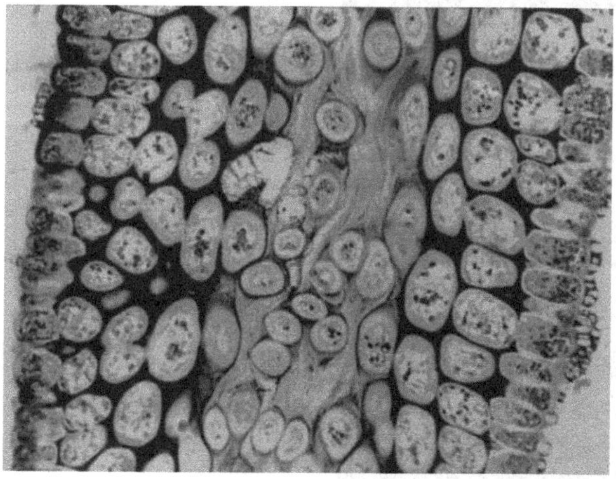

图 21.42 墨角藻（*Fucus virsoides*）。成熟叶状体的横切面。黏性表皮覆盖着皮层的外表皮，中央为髓部。（引自 Marian et al.，1985）

与海带目海藻类似，墨角藻目海藻也能够转运有机物（Floc'h and Penot，1972）。甘露醇（图 1.7）是被转运的光合产物形式。墨角藻的生长顶点作为转运的目的地，甘露醇从藻体的叶片转运到生长顶点（Diouris，1989）。在结构上，墨角藻目海藻负责转运的系统与海带目非常相似。在墨角藻目中，筛管成分自顶端分生组织延伸至藻体的基部。髓部成分在其末端具有厚度为 1 μm 的筛板。筛板上的小孔使原生质贯穿成一个相通的系统，它通过交叉连接进行物质纵向和横向的转运。筛板上小孔的尺寸小于或等于 0.1 μm^2，这比报道过的海带目海藻的小孔要小一些（翅藻的孔径为 0.1～0.3 μm^2）（Moss，1983）。

气囊（gas vesicle 或 air bladder）（图 21.40）在距顶端不远处生出，它由表皮细胞生长和皮层厚度增加所致。这会导致髓部破裂，而髓部的剩余部分通常环绕住中空的边缘。气囊中充满了与大气类似的气体。

生活史

墨角藻（*Fucus*）可再次作为墨角藻目海藻典型生活史的代表（图 21.40）。产生配子的生殖窠（图 21.43）与隐胚相似，除了无色的毛状物限定在生殖窠孔附近的狭小区域以外。生殖窠胞壁由扁平细胞构成，后者具有内含少数叶绿体的分叉侧丝。生殖窠由叶状体的表皮细胞衍生而来。表皮细胞分裂形成一个外部的舌细胞和一个内部的基细胞。舌细胞退化或对生殖窠的发育不起作用。基细胞则分裂形成生殖窠的基部。同时，初始表皮细胞周围的细胞生长且进行分裂，使得初始细胞的衍生物朝向外界。因此，成熟生殖窠具有的与基底平行的细胞由生殖窠表皮细胞衍生而来，而与生殖窠胞壁平行的细胞则由初始表皮细胞周围的细胞衍生而来。

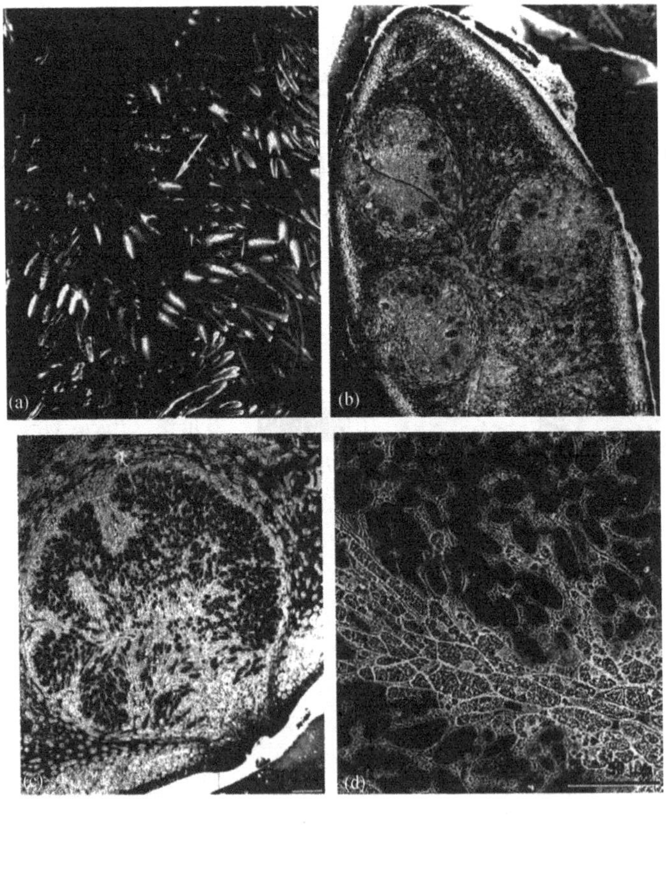

图 21.43 墨角藻（*Fucus vesiculosus*）。（a）完整藻体具有生殖托（箭头）。（b）雌性生殖托的横切面显示存在三个生殖窠。（c）雄性生殖窠的横切面。（d）分枝状精囊丝含有精子囊。（b）、（c）和（d）为冷冻组织的扫描电镜显微照片。（引自 Speransky et al.，1999）

墨角藻的配子在日间释放到海水中，当水流不动时可减少配子被稀释的数量，进而能保证高的受精率（通常约为 95%）（Pearson and Brawley，1998；Ladah et al.，2003）。在低潮期间当水坑被隔离且保持平静时，水坑中的墨角藻种群开始释放配子。在平潮期水体最为平静时，潮间带的墨角藻种群释放它们的配子。

墨角藻为雌雄同体或雌雄异体，而在雌雄同体的藻体上，卵囊与精囊可位于同一或不同生殖窠内。精子囊通常在侧丝上形成。精子囊母细胞的特征是具有大的中央液泡，叶绿体仅含有少量类囊体，浓密的原生质几乎不含液泡（Berkaloff and Rousseau，1979）。减数分裂发生在初生核进行首次两次分裂期间，在减数分裂后核进行 4 次有丝分裂。因此，成熟的精子囊［图 21.43（c）和图 21.43（d）］含有 64 个核，每个游动精子中含有 1 个核。生殖托中的细胞将钾离子和氯离子释放到生殖窠的黏液中，这导致黏液膨胀并将生殖窠中的精子囊（雌性生殖窠则为卵囊）转出到海水中（Speransky et al.，2001）。精子囊的细胞壁由两层组成。在精子释放时，外层破裂，含有游动精子和黏液的内壁得以释放。这一包被物穿出生殖窠并进入海水中，在水中内壁在一端或两端呈胶状，进而释放游动精子。

游动精子最初呈球状，随后展开呈拉伸的双鞭毛形状（图 21.44）。在退化的叶绿体内存在一个由单层色素小球组成的眼点。后向鞭毛的基端紧靠眼点的质膜区域。细胞的前部含有 13 根微管，它们构成吻突（proboscis）——一种具有探知雌性引诱剂功能的结构。这种吻突微管从基体区域穿过，延伸至游动精子前端的一个平面内，然后穿过质膜下方到达细胞的后部（Manton and Clarke，1950，1951，1956）。

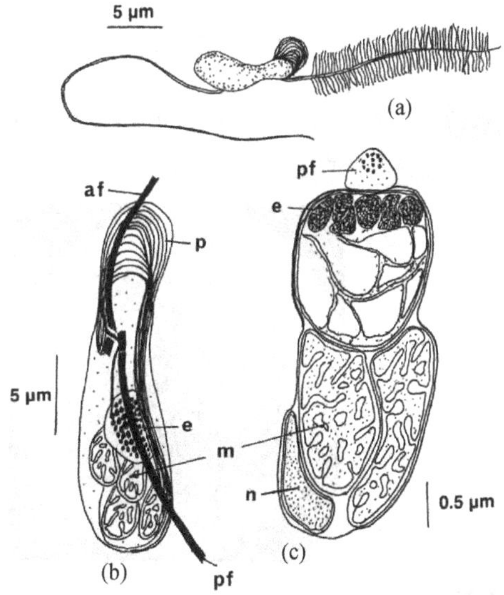

图 21.44　墨角藻（*Fucus*）的游动精子。(a) 完整的游动精子。(b) 半截图示显示前端鞭毛（af）、眼点（e）、线粒体（m）、吻突（p）、后端鞭毛（pf）。(c) 游动精子切面显示后端鞭毛（pf）紧靠退化了的叶绿体的眼点区。n，细胞核。（仿自 Manton and Clarke，1956）

卵囊通常在嵌入到生殖窠胞壁内的杆细胞上形成［图 21.40 和图 21.43（b）］。卵囊细胞经过 3 次核分裂，产生 8 个单倍体核，然后细胞质分裂形成 8 个卵子。卵囊的胞壁由 3 层组成，薄的外层也称为外层（exochite），厚的中间层也称为中层（mesochite），较薄的内层则称为内层（endochite）。当卵囊成熟时外壳破裂，仍由另两层壳环绕的卵子包被物随即被释放到海水中。在海水中，中壳在顶端破裂并向后滑，包含在内壳中的卵子被暴露出来。内壳很快溶解并释放出卵子。

精子被卵子释放的一种非种属特异（species-non-specific）激素墨角藻烯（fucoserraten）（图 21.8）所吸引（Müller and Jaenicke，1973）。特异种属的卵子和精子之间的识别基于卵子与精子上的特异寡糖。卵子表面糖蛋白的寡糖侧链含有岩藻糖（fucosyl）、甘露糖（mannosyl）和（或）葡糖残基（Wright et al.，1995a）。卵子的表面并不均质化，相反，它被组装成不同的界域，每个界域含有不同的糖蛋白（Stafford et al.，1992）。同样，精子也含有糖蛋白，它们在前端鞭毛处的质膜上、前端鞭毛的鞭茸及精子本体上组装成界域（Jones et al.，1988）。一旦达到卵细胞表面，精子就展现出一特征性行为，即在卵细胞的质膜上移动并通过前端鞭毛探查卵细胞的质膜（Brawley，1991）。精子上的糖蛋白最终结合到卵细胞表面的互补性糖蛋白上，导致形成两种“阻断（block）”以阻止其他精子进一步渗入卵细胞中（Wright et al.，1995b）。

（1）由 Na^{+} 和 Ca^{2+} 内流引起质膜去极化，导致在数秒钟内出现“快速阻断（fast block）”（图 21.45）。去极化后多余的精子从卵细胞表面脱落。

（2）通过释放皮层囊泡中的纤维素、多酚、硫酸岩藻多糖、钒酸盐过氧化物酶和褐藻酸盐形成多糖包被（glycocalyx）（Vreeland et al.，1998；Schoenwaelder and Clayton，1999），在合子周围形成细胞壁，这一过程称为“慢速阻断（slow block）”（图 21.46）。

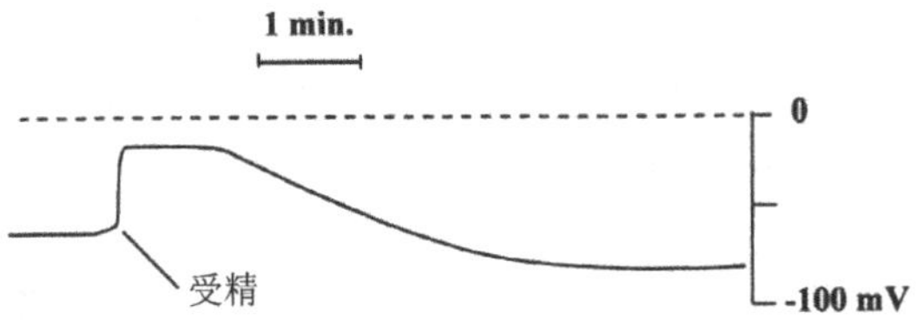

图 21.45 墨角藻（*Fucus*）卵子与精子受精后的快速阻断（fast block）。受精后随着 Na^{+} 流入合子内，卵细胞质膜的电位逐渐下降。

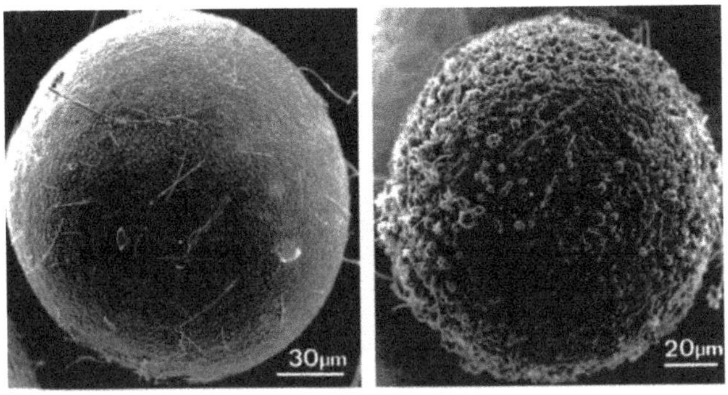

图 21.46 墨角藻（*Acrocarpia paniculata*）卵细胞（左）和合子（右）的扫描电镜显微照片。受精后，合子排出滴状物质，它能产生多糖包被。（引自 Schoenwaelder and Clayton，1998）

沿着相连的微管，精子的细胞核向卵子的细胞核移动。在移动时，精子的核膜破裂。围绕着最接近前进中的精核的表面，卵核开始旋绕。就在核融合之前，许多卵细胞的线粒体在精核附近堆积（Brawley et al.，1976）。

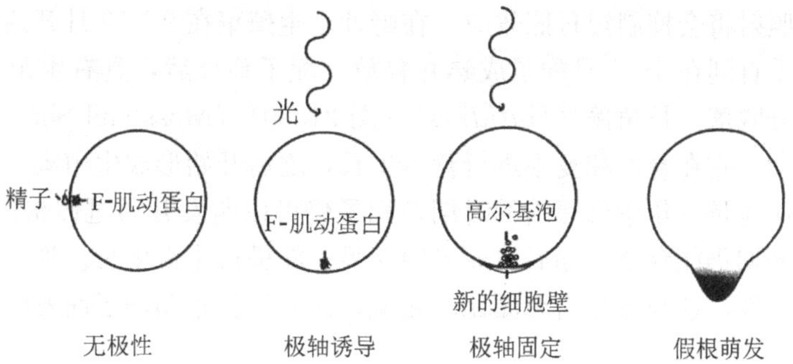

图 21.47 在墨角藻（*Fucus*）胚内，极轴建立过程中的关键事件及假根萌发位点图示。

球形的合子萌发时在一侧形成初始假根，而合子的其余部分形成胚胎。在合子萌发过程中，存在许多阶段来决定合子的哪一部分将发育成假根，哪一部分将发育成胚胎（图 21.47）（Belanger and Quantrano，2000；Bisgrove and Kropf，2004）。

（1）无极性（apolar）：在发育早期，墨角藻的合子没有极性，似乎也没有固定的顺序。然而，细胞的染色表明在合子内质膜的下面，即精子进入的地方存在 F-肌动蛋白的堆积。

（2）极轴诱导（axis induction）：合子中能产生一个潜在的极轴。极轴由许多环境刺激因素决定，包括入射光的方向、邻近合子的位置、水流、化合物或离子梯度及电场等。如果不存在这些环境刺激因素，极轴将位于精子最初进入合子的位置。在极轴诱导过程中，极性易变且随后可通过将合子暴露在另一方向的刺激因素中进行重新定向。F-肌动蛋白微纤维在假根发育的区域（如在光照下合子的阴影区可对极轴的诱导起作用）可重新（*de novo*）合成。

（3）极轴固定（axis fixation）：F-肌动蛋白微纤维引导高尔基体囊泡到达质膜，在此处囊泡释放出与多糖包被的组成有别的细胞壁组分。极轴在此点处被固定，并且不再受环境因素的作用而重新定向。

（4）假根萌发（rhizoid germination）：合子的球状对称因代表假根出现的极突产生而被打破。假根萌发的方向确定了极轴的方向。随后，在垂直于假根萌发的方向上发生不均等胞质分裂，产生一个由两个新分化的细胞组成的胚胎，其中大的圆形叶状体细胞是叶片的前体并接受了合子的大部分叶绿体，而较小的假根细胞形成柄和固着器。

胚胎分裂形成一个微小的圆柱状藻体，它至少含有一个进行毛基生长的顶细胞，其上产生一个能够吸收营养的毛状物（Steen，2003），其下则为叶状体。最终，顶细胞停止产生毛状物并成为 3 个面的顶细胞，后来则变为 4 个面。只有在顶细胞开始生长后，叶状体才开始呈现其成熟的扁平形状。

墨角藻目在形成生殖托和生殖窠时具有周期性。对于北大西洋的墨角藻（*Fucus*）和囊叶藻（*Ascophyllum*）（图 21.49），其生殖托的产生为短日照现象，即在光-暗周期为 8∶16 和 12∶12 的条件下生殖托开始形成，而在光-暗周期为 16∶8 和连续光照条件下，生殖托的形成被抑制（Bird and McLachlan，1976；Terry and Moss，1980）。在黑暗期进行白光照射将会抑制短日照效应。在野外，生殖窠在 9～10 月开始发育，且持续到下一年的春季直到在 4～5 月配子成熟并释放。配子释放后，具有生殖窠的生殖托和侧枝的其余部分脱落。长角藻（*Halidrys*）（图 21. 50）（Moss and Sheader，1973）则具有不同的周期，它在春季和夏季进行营养生长，之后开始形成生殖窠。然后，配子在冬季释放。即使这是一年中最黑暗的时期，配子仍可以萌发并通过假根固着到基质上。这些幼苗在少光期仍能存活，随后只要光照充足就能进行正常生长。许多墨角藻目海藻对温度具有耐受性，这与海带目海藻比较相似，20℃是长角藻卵子萌发的最高温度。

生态

墨角藻目海藻的地理分布和在近岸的位置取决于受精卵的附着能力及在当前环境条件下的萌发能力（Chapman，1995）。如果帚状鹿角菜（*Pelvetia fastigata*）（图 21. 48）的胚附着在成熟鹿角菜藻体的下面，那么这些胚几乎都能存活，而那些附着在暴露礁石上的胚几乎全部死亡。附着在红藻丛中的幼胚大多数能存活下来，而附着的胚越老，存活量越少（Brawley and Johnson，1991）。胚顶部的沉积会降低胚的存活，特别是当有硫化氢存在时更是如此（Chapman and Fletcher，2002；Bergstrom et al.，2003）。此外，新附着的合子也会遭到食草软体动物的滤食，特别是帽贝、滨螺或玉黍螺。软体动物对墨角藻发育的胁迫是决定海藻种群数量的一个关键因素。

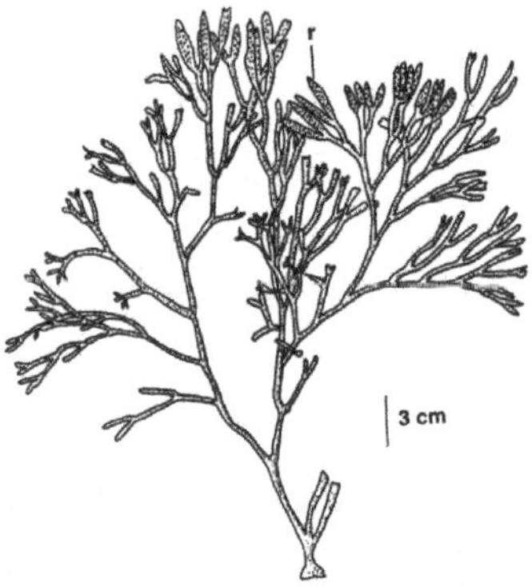

图 21. 48 帚状鹿角菜（*Pelvetia fastigata*）。r，生殖托。（仿自 Smith，1969）

Lodge（1948）在马恩岛（Isle of Man）开展了一项主要针对墨角藻的实验以确定其在近岸群落重建的速率。研究人员将一块宽 5 m 的带形海滨区域中所有的大型生物全部刮除掉。在刮除后的首个春季，绿藻［浒苔（*Enteromorpha*）、尾孢藻（*Urospora*）和硬毛藻（*Chaetomorpha*）］与硅藻一起覆盖了该区域。随后，墨角藻（*Fucus*）在绿藻下面萌发并发育，它首先在高潮线处出现并向低潮线确立自己的领地。第一年的主要种类为墨角藻（*F. vesiculosus*），而第二年齿缘墨角藻（*F. serratus*）成为主要种类。在墨角藻建立领地后，绿藻逐渐消失，并且零星地生长出一些红藻［胶黏藻（*Dumontia*）和凹顶藻（*Laurencia*）］。两年后，墨角藻成为整个区域的主导种，覆盖住多种多样的下层植被。到此时，帽贝开始聚居，并且延缓了海藻的集群速度。在实验开始 7 年后，该海岸区即恢复了其初始面貌。

滨海的墨角藻目海藻能够适应所在栖息地的严酷环境条件，能经受住冰点温度，也能经受住夏季34～36℃的高温（Malm and Kautsky，2003）。墨角藻不同种类呈地带性分布的部分原因是它们暴露在空气中时能更好地进行光合作用（Madsen and Maberly，1990），部分原因是在萌发和生长期间能耐受干燥。生长在沿岸带上部区域的海藻细胞壁较厚，岩藻多糖的含量高，水分含量也较高，因蒸发而失水的速度要慢于生活在沿岸带下部区域的海藻。藻体内多糖的比例也能反映出滨海区内相应种类的分布位置。螺旋墨角藻（*F. spiralis*）和沟鹿角菜（*P. canaliculata*）生长在滨海区的最高处，它们含有最高含量的岩藻多糖，达到干重的18%～24%。而生长在低潮线附近的齿缘墨角藻含有的岩藻多糖较少，约占干重的13%（Black，1954b）。

通常，大多数近岸墨角藻的寿命为2～3年（Boney，1966）。唯一的例外是囊叶藻（*Ascophyllum*）（图21.49），其平均寿命为12～15年。囊叶藻的平均寿命因其在滨海区所处地理位置而异。在威尔士海岸，生长在沿岸带上端的墨角藻寿命为4～5年，而生长在沿岸带底端藻体寿命为5～15年（David，1943）。尽管囊叶藻的寿命长，但它只产生极少量的幼苗，它需要20多年的时间才能在一块裸露的区域建立集群。这导致在进行囊叶藻商业开发的海岸区，其资源破坏极为严重（Bacon and Vadas，1991）。

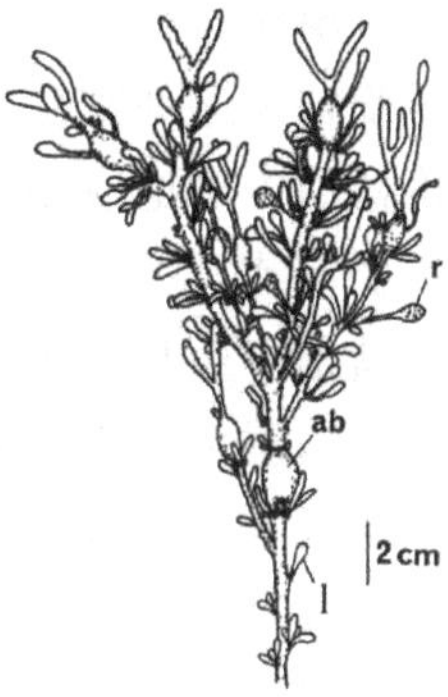

图21.49 瘤状囊叶藻（*Ascophyllum nodosum*）。夏末时期藻体的小部分端部末梢。ab，气囊；l，侧枝；r，生殖托。（仿自Taylor，1957）

墨角藻的形态特征因环境而异。Moss和Sheader（1973）发现在角长角藻（*Halidrys siliquosa*）（图21.50）中，幼体在10℃的完全黑暗条件下能产生长的假根和短的叶状体。如果同一藻体生长在高光强条件下（5936 lux），叶状体变长且不会形成分枝，而假根仍然很短但含有色素。如果叶状体生长在20℃的高光强条件下，将会生成具有分枝的叶状体。囊泡的形成也会因环境条件而异。在波浪剧烈区域生活的墨角藻（*F. vesiculosus*）没有囊泡，而在平静海域生活的藻体有气囊。囊泡开始形成前，分株必须达到某一最小长度，如果分枝的生长没有达到该最小长度，囊泡的形成将会延迟到下一年（Boney，1966）。

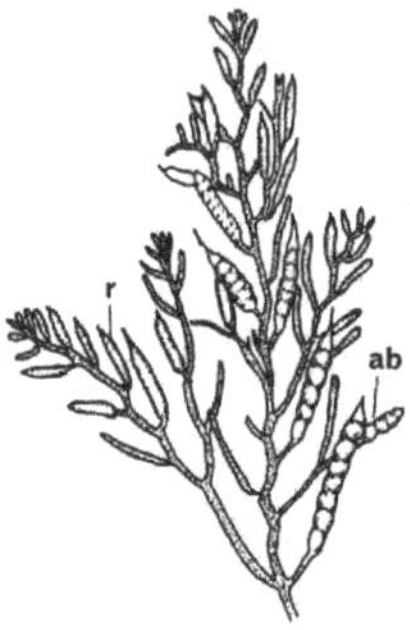

图 21.50 角长角藻（*Halidrys siliquosa*）。ab，气囊；r，生殖托。

尽管墨角藻目种类普遍为岩生，但它们也广泛地以缺少固着器且主要以营养增殖进行繁殖而无需以附着的生长形式而存在。这些自由生长的形式由已转移到庇护区内正常附生藻体上脱落的分枝经营养生殖而来，或由处于平静环境中的合子发育而来。这些未固着的藻体被称为适应型（ecad）——一个植物学术语，其形态因生长在不寻常的环境中而发生变化。大多数适应型存在于遮蔽的环境中，如海湾和盐沼。

墨角藻基本上为海水生藻类。它们不能在低盐环境下生长，可能是在受精后（参照墨角藻繁殖部分）卵膜通过海水中钠离子（如 NaCl）的流入而去极化进而导致出现"快速阻断"（Serrão et al.，1999）。低盐度可引起快速阻断的缺失，同时有一个以上的精子与卵子受精。这通常会导致败育，多精受精（polyspermy）几乎总是不成活。

在讨论盐沼中的适应型时，Boney（1966）认为墨角藻具有如下特征：①营养繁殖是增殖的主要方式；②没有固着器；③栖息地狭小；④叶状体呈螺旋状扭曲；⑤分枝复杂。许多在盐沼中生长的墨角藻类型（不通过固着器固定）埋入泥底基质中进行生长，而有些缠绕在占优势的被子植物的茎干基部。被子植物的遮蔽而提供的保护使得墨角藻能在盐沼中最大限度地存活下来。

瘤状囊叶藻（*A. nodosum*）适应型 *mackaii* 是一种在苏格兰比较常见的非固着形式（Gibb，1957；Moss，1971）。通常，如果潮间带的囊叶藻从岩石上脱落，它会被海浪卷起并且很快就破碎。在某些苏格兰狭长海湾顶端的罕见平静海域内，脱落的囊叶藻叶状体随潮汐的涨退而被卷起和抛开，但它们从没有干涸和破碎。固着藻体和适应型的外部形态完全相反。固着藻体在一个平面上呈扁平状，在春季一个气囊形成后藻体一年才对分一次。在夏季形成一系列侧向的节点，在下一年生殖托作为侧枝在这些节点上生出。而盐沼中的囊叶藻适应型完全缺少这种分化的年度循环。这种适应型没有气囊，没有显示年度生长的规则性对分分枝。相反，其顶端的分枝较为频繁，并且在所有平面上产生分枝，从而形成特征性的垫状适应型。而且，这种适应型没有侧向的节点，由此也没有形成侧枝的侧生分生组织。相反，生殖托有时形成于任一分枝顶端的下部，这显然具有随机性。

墨角藻适应型的形态因自身的顶端分生组织和侧部节点的破损所致。分枝最终由愈伤组织再生而来，因而能产生退化的适应型形态。适应型生长缓慢，海边大簇的适应型往往需要几年才能形成。适应型大多仍然具有一个突出的顶细胞，但同固着藻体相比，它的分生能力非常弱。这导致形成皮层较少的叶状体。

同固着藻体相比，墨角藻适应型的生殖托很小。卵子也很小且大小不一。墨角藻适应型的卵子产生的幼枝数量也很少。适应型的配子释放时间接近于邻近的固着藻体。

马尾藻海（Sargasso sea）位于大西洋北纬 20°～30°的漩涡中，它由大量漂浮的马尾藻（gulfweed）组成（图 21.51）。这些无边际的马尾藻在该海域通过营养繁殖而形成。藻体没有固着器。偶尔在这些马尾藻上可发现生殖窠，但总是不育，种群数量完全通过营养繁殖的方式来维持。

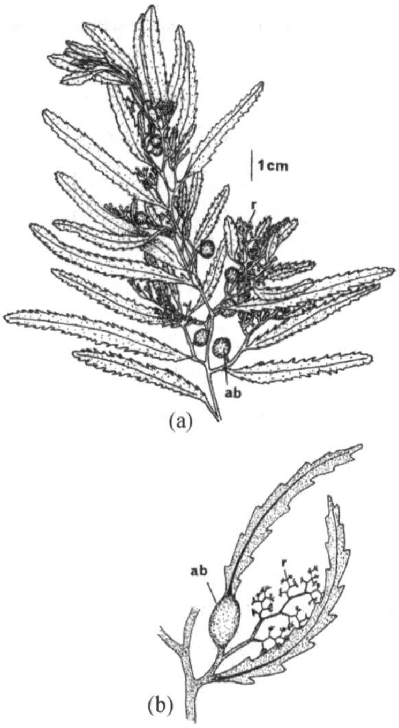

图 21.51　马尾藻（*Sargassum filipendula*）。(a) 部分主枝。(b) *S. longifoliun*。ab，气囊；r，生殖托。[(a) 仿自 Taylor，1960]

参考文献

Amsler, C. D., and Neushel, M. (1989). Chemotactic effects of nutrients on spores of the kelps *Macrocystis pyrifera* and *Pterygophora californica*. *Mar. Biol.* (Berlin) 102: 557-64.

Andersen, R. J. (1982). The life history of *Desmarestia firma* (C. Ag.) Skottsb. (Phaeophyceae, Desmarestiales). *Phycologia* 21: 316-22.

Arnold, T. M., Targett, N. M., Tanner, C. E., Hatch, W. L., and Ferrari, K. E. (2001). Evidence for methyl jasmonate-induced phlorotannin production in *Fucus vesiculosus* (Phaeophyceae). *J. Phycol.* 37: 1026-9.

Asensi, A., Gall, E. A., Marie, D., Billot, C., Dion, P., and Kloareg, B. (2001). Clonal propagation of *Laminaria digitata* (Phaeophyceae) sporophytes through a diploid cell-filament suspension. *J. Phycol.* 37: 411-17.

Bacon, L. E., and Vadas, R. L. (1991). A model for gamete release in *Ascophyllum nodosum* (Phaeophyta). *J. Phycol.* 27: 166-73.

Bailey, J. C., Bidigare, R. R., Christensen, S. J., and Andersen, R. A. (1998). Phaeothamniophyceae classis nova: a new lineage of chromophytes based upon photosynthetic pigments, *rbc*L sequence analysis and ultrastructure. *Protist* 149: 245-63.

Belanger, K. D., and Quatrano, R. S. (2000). Polarity: the role of localized secretion. *Curr. Opin. Plant Biol.* 3: 67-72.

Bell, G. (1997). The evolution of the life cycle of brown seaweeds. *Biol. J. Linnean Soc.* 60: 21-38.

Bergstrom, L., Berger, R., and Kautsky, L. (2003). Negative effects of nutrient enrichment on the establishment of *Fucus vesiculosus* in the Baltic Sea. *Eur. J. Phycol.* 38: 41-6.

Berkaloff, C., and Rousseau, B. (1979). Ultrastructure of male gametogenesis in *Fucus serratus* (Phaeophyceae). *J. Phycol.* 15: 163-73.

Bird, N. L., and McLachlan, J. (1976). Control of formation of receptacles in *Fucus distichus* L., subsp, *distichus* (Phaeophyceae, Fucales). *Phycologia* 15: 79-84.

Bisalputra, T. (1966). Electron microscopic study of protoplasmic continuity in certain brown algae. *Can. J. Bot.* 44: 89-93.

Bisalputra, T., and Burton, H. (1969). The ultrastructure of the chloroplast of a brown alga *Sphacelaria* sp. Ⅱ. Association between the chloroplast DNA and the photosynthetic lamellae. *J. Ultrastruct. Res.* 29: 224-35.

Bisalputra, T., Shields, M., and Markam, J. W. (1971). *In situ* observations of the fine structure of *Laminaria* gametophytes and embryos in culture. I. Methods and the ultrastructure of the zygote. *J. Microscopie* 10: 83-98.

Bisgrove, S. R., and Kropf, D. L. (2004). Cytokinesis in brown algae: studies of asymmetric division in fucoid zygotes. *Protoplasma* 223: 163-73.

Black, W. A. P. (1954a). Concentration gradients and their significance in *Laminaria saccharina* (L.) Lamour. *J. Mar. Biol. Assoc. UK* 33: 49-60.

Black, W. A. P. (1954b). The seasonal variation in the combined L-fucose content of the common British Laminariaceae and Fucaceae. *J. Sci. Food Agric.* 5: 445-54.

Boalch, G. T. (1961). Studies on *Ectocarpus* in culture. *J. Mar. Biol. Assoc. UK* 41: 287-304.

Boney, A. D. (1966). *A Biology of Marine Algae*. London: Hutchinson.

Borowitzka, M. A., Larkum, A. W. D., and Nockolds, C. E. (1974). A scanning electron microscope study of the structure and organisation of the calcium carbonate deposits of algae. *Phycologia* 13: 195-203.

Bouck, G. B. (1965). Fine structure and organelle associations in brown algae. *J. Cell Biol.* 26: 523-37.

Bouck, G. B. (1969). Extracellular microtubules. The origin, structure and attachment of flagellar hairs in *Fucus* and *Ascophyllum* antherozoids. *J. Cell Biol.* 40: 446-60.

Bourne, V. L., and Cole, K. (1968). Some observations on the fine structure of the marine brown alga *Phaeostrophion irregulare*. *Can. J. Bot.* 46: 1369-75.

Brawley, S. H. (1991). The fast block against polyspermy in fucoid algae is an electrical block. *Dev. Biol.* 144: 94-106.

Brawley, S. H., and Johnson, L. E. (1991). Survival of fucoid embryos in the intertidal zone depends upon developmental stage and microhabitat. *J. Phycol.* 27: 179-86.

Brawley, S. H., Wetherbee, R., and Quatrano, R. S. (1976). Fine structural studies of the gametes and embryo of *Fucus vesiculosus* L. (Phaeophyta). *J. Cell Sci.* 20: 233-54.

Buggeln, R. G. (1974). Negative phototropism of the haptera of *Alaria esculenta* (Laminariales). *J. Phycol.* 10: 80-2.

Cabello-Pasini, A., and Alberte, R. S. (2001). Expression of carboxylating enzymes in *Laminaria setchellii* (Phaeophyceae). *Phycologia* 40: 351-8.

Chapman, A. R. O. (1995). Functional ecology of fucoid algae: twenty-three years of progress. *Phycologia* 34: 1-32.

Chapman, A. R. O., and Burrows, E. M. (1971). Field and culture studies of *Desmarestia aculeata* (L.) Lamour. *Phycologia* 10: 63-76.

Chapman, A. S., and Fletcher, R. L. (2002). Differential effects of sediments on survival and growth of *Fucus serratus* embryos (Fucales, Phaeophyceae). *J. Phycol.* 38: 894-903.

Cheng, T-H. (1969). Production of kelp. A major source of China's exploitation of the sea. *Econ. Bot.* 23:

215-36.

Chi, E. Y. (1971). Brown algal pyrenoids. *Protoplasma* 72: 101-4.

Clayton, M. N. (1980). Sexual reproduction -A rare occurrence in the life history of the complanate form of *Scytosiphon* (Scytosiphonaceae, Phaeophyta) from southern Australia. *Br. J. Phycol.* 15: 105-18.

Clayton, M. N., and Ashburner, C. M. (1994). Secretion of phenolic bodies following fertilization in *Durvillaea potatorum* (Durvillaeales, Phaeophyta). *Eur. J. Phycol.* 29: 1-9.

Clint, H. B. (1927). The life history and cytology of *Sphacelaria bipinnata Sauv. Publ. Hartley Bot. Lab. Liverpool* 3: 1-19.

Cole, K. (1970). Ultrastructural characteristics in some species in the order Scytosiphonales. *Phycologia* 9: 275-83.

Colijn, F., and van den Hoek, C. (1971). The life history of Sphacelaria furcigera Kütz. (Phaeophyceae). Ⅱ. The influence of daylength and temperature on sexual and vegetative reproduction. *Nova Hedwigia* 21: 899-922.

David, H. M. (1943). Studies in the autecology of *Ascophyllum nodosum* Le Jol. *J. Ecol.* 31: 178-98.

Dayton, P. K., and Tegner, M. J. (1984). Catastrophic storms, El Niño, and patch stability in a southern California kelp community. *Science* 224: 283-5.

Dayton, P. K., Currie, V., Gerrodette, T., Keller, B. D., Rosenthal, G., and Ven Tresca, D. (1984). Patch dynamics and stability of some California kelp communities. *Ecol. Monogr.* 54: 253-89.

de Reviers, B., and Rousseau, F. (1999). Towards a new classification of the brown algae. In *Progress in Phycological Research*, ed. F. E. Round and D. J. Chapman, Vol. 13, pp. 107-201. Bristol: Biopress Ltd.

Diouris, M. (1989). Long-distance transport of ^{14}C-labelled assimilate in the Fucales: nature of translocated substances in *Fucus serratus*. *Phycologia* 28: 504-11.

Dixon, N. M., Leadbeater, B. S. C., and Wood, K. R. (2000). Frequency of viral infection in a field population of *Ectocarpus fasciculatus* (Ectocarpales, Phaeophyceae). *Phycologia* 39: 528-63.

Draisma, S. G. A., Prud'homme van Reine, W. F., Stam, W. T., and Olsen, J. L. (2001). A reassessment of phylogenetic relationships within the Phaeophyceae based on Rubisco large subunit and ribosomal DNA sequences. *J. Phycol.* 37: 586-603.

Draisma, S. G. A., Olsen, J. L., Stam, W. T., and Prud'homme van Reine, W. F. (2002). Phylogenetic relationships within the Sphacelariales (Phaeophyceae): *rbc*L, RUBISCO spacer and morphology. *Eur. J. Phycol.* 37: 385-401.

Druehl, L. D. (1967). Distribution of two species of *Laminaria* as related to some environmental factors. *J. Phycol.* 3: 103-8.

Duggins, D. O. (1980). Kelp beds and sea otters: An experimental approach. *Ecology* 61: 447-53.

Edelstein, T., Chen, L., and McLachlan, J. (1968). Sporangia of *Ralfsia fungiformis* (Gunn.) Setchell and Gardner. *J. Phycol.* 4: 157-60.

Edelstein, T., Chen, L. C-M., and McLachlan, J. (1970). The life cycle of *Ralfsia clavata* and *R. borneti*. *Can. J. Bot.* 48: 527-31.

Edwards, P. (1969). Field and cultural studies on the seasonal periodicity of growth and reproduction of selected Texas benthic marine algae. *Contrib. Mar. Sci. Univ. Texas* 14: 59-114.

Estes, J. A., and Steinberg, P. D. (1988). Predation, herbivory, and kelp evolution. *Paleobiology* 14: 19-36.

Evans, L. V. (1965). Cytological studies in the Laminariales. *Ann. Bot.* 29: 541-62.

Evans, L. V. (1966). Distribution of pyrenoids from some brown algae. *J. Cell Sci.* 1: 449-54.

Evans, L. V. (1968). Chloroplast morphology and fine structure in British fucoids. *New Phytol.* 67: 173-8.

Evans, L. V., and Holligan, M. S. (1972). Correlated light and electron microscope studies on brown algae. I. Localization of alginic acid and sulphated polysaccharides in *Dictyota*. *New Phytol.* 71: 1161-72.

Evans, L. V., Simpson, M., and Callow, M. E. (1973). Sulphated polysaccharide synthesis in brown algae. *Planta* 110: 237-52.

Floc'h, J. Y., and Penot, M. (1972). Transport du ^{32}P et du ^{86}Rb chez quelques algues brunes: Orientation des migrations et voles de conduction. *Physiologie Végétale* 10: 677-86.

Forster, R. M., and Dring, M. J. (1994). Influence of blue light on the photosynthetic capacity of marine plants from different taxonomic, ecological and morphological groups. *Eur. J. Phycol.* 29: 21-7.

Fulcher, R. G., and McCully, M. E. (1969). Histological studies on the genus *Fucus*. IV. Regeneration and adventure embryony. *Can. J. Bot.* 47: 1643-9.

Gaines, S. D., and Roughgarden, J. (1987). Fish in offshore kelp forests affect recruitment to intertidal populations. *Science* 235: 479-81.

Gibb, D. C. (1957). The free-living forms of *Ascophyllum nodosum* (L.) Le Jol. *J. Ecol.* 45: 49-83.

Gibson, G., and Clayton, M. N. (1987). Sexual reproduction, early development and branching in *Notheia anomala* (Phaeophyta) and its classification in the Fucales. *Phycologia* 26: 363-73.

Grenville, D. J., Peterson, R. L., Barrales, H. L., and Gerrath, J. F. (1982). Structure and development of the secretory cells and duct system in *Macrocystis pyrifera* (L.) C. A. Agardh. *J. Phycol.* 18: 232-40.

Guignard, L. (1892). Observations sur l'appareil mucifere des Laminariacées. *Ann. Sci. Nat. Bot.* Ⅶ 15: 1-46.

Henley, W. J., and Dunton, K. H. (1997). Effects of nitrogen supply and continuous darkness on growth and photosynthesis of the arctic kelp *Laminaria solidungula*. *Limnol. Oceanog.* 42: 209-16.

Henry, B. E., and Van Alstyne, K. L. (2004). Effects of UV radiation on growth and phorotannins in *Fucus gardneri* (Phaeophyceae) juveniles and embryos. *J. Phycol.* 40: 527-33.

Henry, E. C. (1987). Primitive reproductive characters and a photoperiodic response in *Saccorhiza dermatodea* (Laminariales, Phaeophyceae). *Br. Phycol. J.* 22: 23-31.

Henry, E. C., and Cole, K. M. (1982). Ultrastructure of swarmers in the Laminariales (Phaeophyceae). I. Zoospores. *J. Phycol.* 18: 550-69.

Hollenberg, G. J. (1969). An account of the Ralfsiaceae (Phaeophyta) of California. *J. Phycol.* 5: 290-301.

Hsiao, S. I. C. (1969). Life history and iodine nutrition of the marine brown alga, *Petalonia fascia* (o. F. Müll.) Kuntze. *Can. J. Bot.* 47: 1611-16.

Hsiao, S. I. C. (1970). Light and temperature effects on the growth, morphology, and reproduction of *Petalonia fascia*. *Can. J. Bot.* 48: 1359-61.

Hsiao, S. I. C., and Druehl, L. D. (1973). Environmental control of gametogenesis in *Laminaria saccharina*. IV. In situ development of gametophytes and young sporophytes. *J. Phycol.* 9: 160-4.

Hurd, C. L., Galvin, R. S., Norton, T. A., and Dring, M. J. (1993). Production of hylaine hairs by intertidal species of *Fucus* (Fucales) and their role in phosphate uptake. *J. Phycol.* 29: 160-5.

Iken, K., Amsler, C. D., Greer, S. P., and McClintock, J. B. (2001). Qualitative and quantitative studies of the swimming behaviour of *Hincksia irregularis* (Phaeophyceae) spores: ecological implications and parameters for quantitative swimming assays. *Phycologia* 40: 359-66.

Jaenicke, L., Müller, D. G., and Moore, R. E. (1974). Multifidene and aucantene, C_{11} hydrocarbons in the male attracting essential oil from the gynogametes of *Cutleria multifida* (Smith) Grev. (Phaeophyta). *J. Am. Chem. Soc.* 96: 3324-5.

Jones, J. L., Callow, J. A., and Green, J. R. (1988). Monoclonal antibodies to sperm antigens of the brown alga *Fucus serratus* exhibit region-, gamete-, species- and genus-preferential binding. *Planta* 176: 298-306.

Kain, J. M. (1966). The role of light in the ecology of *Laminaria hyperborea*. *Br. Ecol. Soc. Symp.* 6: 319-34.

Kapraun, D. F., and Boone, P. W. (1987). Karyological studies of three species of Scytosiphonaceae (Phaeophyta) from coastal North Carolina. *J. Phycol.* 23: 318-22.

Kawai, H., Kubota, M., Kondo, T., and Watanabe, M. (1991). Action spectra for phototaxis in zoospores of the brown alga *Pseudochorda gracilis*. *Protoplasma* 161: 17-22.

Kawai, H., Nakamura, S., Mimuro, M., Furuya, M., and Watanabe, M. (1996). Microspectrofiuorometry of the autofiuorescent flagellum in phototactic algal zoids. *Protoplasma* 191: 172-7.

Klinger, T., and DeWeede, R. E. (1988). Stipe rings, age and size in populations of *Laminaria setchelli* Silva (Laminariales, Phaeophyta) in British Columbia. *Phycologia* 27: 234-40.

Kloareg, D., and Quatrano, R. S. (1988). Structure of the cell walls of marine algae and ecophysiological functions of the matrix polysaccharides. *Oceanogr. Mar. Biol. Rev.* 26: 234-40.

Knight, M. (1929). Studies in the Ectocarpaceae. Ⅱ. The life-history and cytology of *Ectocarpus siliculosus* Dillw. *Trans. R. Soc. Edinburgh* 56: 307-32.

Kubanek, J., Lester, S. E., Fenical, W., and Hay, M. E. (2004). Ambiguous role of phlorotannins as chemical defenses in the brown alga *Fucus vesiculosus*. *Mar. Ecol. Progr. Ser.* 277: 79-93.

Kuckuck, P. (1899). Über den generationwechsel von *Cutleria multifida* (Engl. Bot.) Grev. *Wiss. Meeresunters. Helgoland N. F.* 3: 95-116.

Kumke, J. (1973). Beiträge zur Periodizität der Oogon-Entleerung bei *Dictyota dichotoma* (Phaeophyta). *Z. Pfi. Physiol.* 70: 191-210.

Kupper, F. C., Schweigert, N., Gall, E. A., Legendre, J.-M., Vilter, H., and Kloareg, B. (1998). Iodine uptake in Laminariales involves extracellular, haloperoxidase-mediated oxidation of iodide. *Planta* 207: 163-71.

Kylin, H. (1934). Zur Kenntnis der Entwicklungsgeschichte einiger Phaeophyceen. *Lunds Univ. Årsskr. N. F Avd.* 30: 1-19.

Ladah, L., Bermudez, R., Pearson, G., and Serrao, E. (2003). Fertilization success and recruitment of dioecious and hermaphroditic fucoid seaweeds with contrasting distributions near their southern limit. *Mar. Ecol. Progr. Ser.* 262: 173-83.

Larkum, A. W. D. (1972). Frond structure and growth in *Laminaria hyperborea*. *J. Mar. Biol. Assoc. UK* 52: 405-18.

Lim, B.-L., Kawai, H., Hori, H., and Osawa, S. (1986). Molecular evolution of 5S ribosomal RNA from red and brown algae. *Japanese J. Genet.* 61: 169-76.

Lobban, C. S. (1978). The growth and death of the *Macrocystis* sporophyte (Phaeophyceae, Laminariales). *Phycologia* 17: 196-212.

Lodge, S. M. (1948). Algal growth in the absence of *Patella* on an experimental strip of seashore. *Proc. Trans. Liverpool Biol. Soc.* 61: 78-83.

Loiseaux, S. (1970). *Streblonema anomalum* S. et G. and *Compsonema sporangiiferum* S. et G. stages in the life history of a minute *Scytosiphon*. *Phycologia* 9: 185-91.

Loiseaux, S. (1973). Ultrastructure of zoidogenesis in unilocular zoidocysts of several brown algae. *J. Phycol.* 9: 277-89.

Loiseaux, S., and West, J. A. (1970). Brown algal mastigonemes: Comparative ultrastructure. *Trans. Am. Microsc. Soc.* 89: 524-32.

Luder, U. H., and Clayton, M. N. (2004). Induction of phlorotannins in the brown macroalga *Ecklonia radiata* (Laminariales, Phaeophyta) in response to simulated herbivory - the first microscopic study. *Planta* 218: 928-37.

Lüning, K. (1981). Egg release in gametophytes of *Laminaria saccharina*: Induction by darkness and inhibition by blue light and U. V. *Br. Phycol. J.* 16: 379-93.

Lüning, K., and Dring, M. J. (1972). Reproduction induced by blue light in female gametophytes of *Laminaria saccharina*. *Planta* 104: 252-6.

Lüning, K., and Dring, M. J. (1973). The influence of light quality on the development of the brown algae *Petalo-*

nia and *Scytosiphon*. *Br. Phycol. J.* 8: 333-8.

Lüning, K., and Dring, M. J. (1975). Reproduction, growth and photosynthesis of gametophytes of *Laminaria saccharina* grown in blue and red light. *Mar. Biol.* 29: 195-200.

Lüning, K., and Müller, D. G. (1978). Chemical interaction in sexual reproduction of several Laminariales (Phaeophyceae): Release and attraction of spermatozoids. *Z. Pflanzenphysiol.* 89: 333-41.

Lüning, K., Schmitz, K., and Willenbrink, J. (1972). Translocation of ^{14}C-labelled assimilates in two *Laminaria* species. *Proc. VII Int. Seaweed Symp.* 420-5.

Lüning, K., Wagner, A., and Buchholz, C. (2000). Evidence for inhibitors of sporangium formation in *Laminaria digitata* (Phaeophyceae) during the season of rapid growth. *J. Phycol.* 36: 1129-34.

Madsen, T. V., and Maberly, S. C. (1990). A comparison of air and water as environments for photosynthesis by the intertidal alga *Fucus spiralis* (Phaeophyta). *J. Phycol.* 26: 24-30.

Maier, I. (1982). New aspects of pheromone-triggered spermatozoid release in *Laminaria digitata* (Phaeophyta). *Protoplasma* 113: 137-43.

Maier, I. (1984). Culture studies of *Chorda tomentosa* (Phaeophyta, Laminariales). *Br. Phycol. J.* 19: 95-106.

Maier, I. (1997a). The fine structure of the male gamete of *Ectocarpus siliculosus* (Ectocarpales, Phaeophyceae). I. General structure of the cell. *Eur. J. Phycol.* 32: 241-53.

Maier, I. (1997b). The fine structure of the male gamete of *Ectocarpus siliculosus* (Ectocarpales, Phaeophyceae). Ⅱ. The fiagellar apparatus. *Eur. J. Phycol.* 32: 255-66.

Maier, I., and Müller, D. G. (1986). Sexual pheromones in algae. *Biol. Bull.* 170: 145-75.

Maier, L., Müller, D. G., Gassmann, G., Boland, W., Marner, F-J., and Jaenicke, L. (1984). Pheromonetriggered gamete release in *Chorda tomentosa*. *Naturwissenschaften* 71: 48-9.

Malm, T., and Kautsky, L. (2003). Differences in lifehistory characteristics are consistent with the vertical distribution pattern of *Fucus serratus* and *Fucus wsiculosus* (Fucales, Phaeophyceae) in the central Baltic Sea. *J. Phycol.* 39: 880-7.

Mann, K. H., and Chapman, A. R. O. (1975). Primary production of marine macrophytes. In *Photosynthesis and Productivity in Different Environments*, ed. J. P. Cooper, *Int. Biol. Prog.* 3: 307-33. Cambridge: Cambridge University Press.

Manton, I. (1959). Observations on the internal structure of the spermatozoid of *Dictyota*. *J. Exp. Bot.* 10: 448-61.

Manton, I., and Clarke, B. (1950). Electron microscope observations of the spermatozoid of *Fucus*. *Nature* 166: 973-4.

Manton, I., and Clarke, B. (1951). Electron microscope observations on the zoospores of *Pylaiella* and *Laminaria*. *J. Exp. Bot.* 23: 242-6.

Manton, I., and Clarke, B. (1956). Observations with the electron microscope on the internal structure of the spermatozoid of *Fucus*. *J. Exp. Bot.* 7: 416-32.

Mariani, P., Tolomio, C., and Braghetta, P. (1985). An ultrastructural approach to the adaptive role of the cell wall in the intertidal alga *Fucus virsoides*. *Protoplasma* 128: 208-17.

Marner, F-J., Müller, B., and Jaenicke, L. (1984). Lamoxirene, the *Laminaria*-pheromone: Structural proof of the spermatozoid releasing and attracting factor of Laminariales. *Z. Naturforsch.* 39c: 689-91.

Medlin, L. K., Kooistra, W. H. C. F., Potter, D., Saunders, G. W., and Andersen, R. A. (1997). Phylogenetic relationships of the "golden algae" (haptophytes, heterokont chromophytes) and their plastids. In *Origins of Algae and Their Plastids*, ed. D. Bhattacharya, pp. 187-219. Vienna: Springer-Verlag.

Moe, R. L., and Silva, P. C. (1977). Antarctic marine flora: Uniquely devoid of kelps. *Science* 196: 1206-8.

Moe, R. L., and Silva, P. C. (1981). Morphology and taxonomy of *Himantothallus* (including *Phaeoglossum* and

Phyllogigas), an Antarctic member of the Desmarestiales (Phaeophyceae) . *J. Phycol.* 17: 15-29.

Moss, B. (1965) . Apical dominance in *Fucus vesiculosus*. *New Phytol*. 64: 387-92.

Moss, B., (1967) . The apical meristem of *Fucus*. *New Phytol*. 66: 67-74.

Moss, B. (1970) . Meristems and growth control in *Ascophyllum nodosum* (L.) Le Jol. *New Phytol*. 69: 253-60.

Moss, B. (1971) . Meristems and morphogenesis in *Ascophyllum nodosum* ecad *mackii* (Cotton) . *Br. Phycol. J.* 6: 187-93.

Moss, B. (1983) . Sieve elements in the Fucales. *New Phytol*. 93: 433-7.

Moss, B., and Sheader, A. (1973) . The effect of light and temperature upon the germination and growth of *Halidrys siliquosa* (L.) Lygnb. (Phaeophyceae, Fucales) . *Phycologia* 12: 63-8.

Motomura, T. (1991) . Immunofluorescence microscopy of fertilization and parthenogenesis in *Laminaria angusta* (Phaeophyta) . *J. Phycol.* 27: 248-57.

Motomura, T., Ichimura, T., and Melkonian, M. (1997) . Coordinative nuclear and chloroplast division in unilocular sporangia of *Laminaria angustata* (Laminariales, Phaeophyceae) . *J. Phycol.* 33: 266-71.

Müller, D. (1962) . Über jahres und lunarperiodische Erscheinungen bei einigen Braunalgen. *Bot. Mar.* 4: 140-55.

Müller, D. (1974) . Sexual reproduction and isolation of a sex attractant in *Cutleria multifida* (Smith) Grev. (Phaeophyta) . *Biochem Physiol. Pflanz.* 165: 212-15.

Müller, D. (1978) . Locomotive responses of male gametes to the species specific sex attractant in *Ectocarpus siliculosus* (Phaeophyta) . *Arch. Protistenk.* 120: 371-77.

Müller, D. (1979) . Genetic affinity of *Ectocarpus siliculosus* (Dillw.) Lyngb. from the Mediterranean, North Atlantic and Australia. *Phycologia* 18: 312-18.

Müller, D. (1982) . Sexuality and sex attraction. In *The Biology of Seaweeds* eds. C. S. Lobban, and M. J. Wynne, pp. 661-74. Los Angeles and Berkeley: Univ. Calif. Press.

Müller, D., and Jaenicke, L. (1973) . Fucoserraten, the female sex attractant of *Fucus serratus* L. (Phaeophyta) . *FEBS Lett*. 30: 137-9.

Müiler, D., and Lüthe, N. M. (1981) . Hormonal interaction in sexual reproduction of *Desmarestia aculeata* (Phaeophyceae) . *Br. Phycol. J.* 16: 351-6.

Müiler, D., Jaenicke, L., Donike, M., and Akintobi, T. (1971) . Sex attractant in a brown alga: Chemical structure. *Science* 171: 815-17.

Müller, D., Gassmann, G., and Lüning, K. (1979) . Isolation of a spermatozoid-releasing and -attracting substance from female gametophytes of *Laminaria digitata*. *Nature* 279: 430-1.

Müller, D., Gassmann, G., Boland, W., Marner, F., and Jaenicke, L. (1981) . *Dictyota dichotoma* (Phaeophyceae): Identification of sperm attractant. *Science* 212: 1040-1.

Müller, D., Peters, A., Gassmann, G., Boland, W., Marner, F-J., and Jaenicke, L. (1982) . Identification of a sexual hormone and related substances in the marine alga *Desmarestia*. *Naturwissenschaften* 69: 290-1.

Müller, D., Maier, I., and Gassmann, G. (1985) . Survey on sexual pheromone specificity in Laminariales (Phaeophyceae) . *Phycologia* 24: 475-84.

Nagasato, C., and Motomura, T. (2002) . New pyrenoid formation in the brown alga, *Scytosiphon lomentaria* (Scytosiphonales, Phaeophyceae) . *J. Phycol.* 38: 800-6.

Nakahara, H., and Nakamura, Y. (1973) . Parthenogenesis, apogamy and apospory in *Alaria crassifolia* (Laminariales) . *Mar. Biol.* 18: 327-32.

Nakamura, Y. (1965) . Development of zoospores in *Ralfsia*-like thallus, with special reference to the life cycle of the Scytosiphonales. *Bot. Mag. Tokyo* 78: 109-10.

Nakamura, Y. (1972) . A proposal on the classification of the Phaeophyta. In *Contributions to the Systematics of Benthic Marine Algae of the North Pacific*, ed. I. A. Abbott, and M. Kurogi, pp. 147-56. New York: Academic

Press.

Nicholson, N. L. (1970). Field studies on the giant kelp *Nereocystis*. *J. Phycol.* 6: 177-82.

Nienberg, W. (1931). Die Entwicklung der Keimlinge yon *Fucus vesiculosus* und ihre Bedeutung für die Phylogenie der Phaeophyceen. *Wiss. Meeresunters. Abt. Kiel N.F.* 21: 49-63.

Nizamuddin, M., and Womersley, H. B. S. (1960). Structure and systematic position of the Australian brown alga, *Notheia anomala*. *Nature* 187: 673-4.

Norton, T. A. (1972). The development of *Saccorhiza dermatodea* (Phaeophyceae, Laminariales) in culture. *Phycologia* 11: 81-6.

Norton, T. A. (1978). The factors influencing the distribution of *Saccorhiza polyschides* in the region of Lough Ine. *J. Mar. Biol. Assoc. UK* 58: 527-36.

Norton, T. A., and Burrows, E. M. (1969). Studies on marine algae of the British Isles. 7. *Saccorhiza polyschides* (Lightf.) Batt. *Br. Phycol. J.* 4: 19-53.

Novaczek, I. (1981). Stipe growth rings in *Ecklonia radiata* (C. Ag.) J. Ag. (Laminariales). *Br. Phycol. J.* 16: 363-71.

Oliveira, L., Walker, D. C., and Bisalputra, T. (1980). Ultrastructural, cytochemical and enzymatic studies on the adhesive "plaques" of the brown alga, *Laminaria saccharina* (L.) Lamour. and *Nereocystis leutkeana* (Nert.) Post. et Rupr. *Protoplasma* 104: 1-15.

Oltmanns, F. (1889). Beitrage zur Kenntniss der Fucaceen. *Bibl. Bot.* 3 (14): 1-100.

Papenfuss, G. F. (1934). Alternation of generations in *Sphacelaria bipinnata* Sauv. *Bot. Not.* 437-44.

Papenfuss, G. F. (1935). Alternation of generations in *Ectocarpus siliculosus*. *Bot. Gaz.* 96: 421-46.

Papenfuss, G. F. (1951). Phaeophyta. In *Manual of Phycology*, ed. G. M. Smith, pp. 119-38. Waltham, MA: Chronica Botanica.

Parker, B. C. (1963). Translocation in the giant kelp *Macrocystis*. *Science* 140: 891-2.

Parker, B. C. (1965). Translocation in the giant kelp *Macrocystis*. I. Rates, direction, quantity of C^{14}-labelled products and fluorescein. *J. Phycol.* 1: 41-6.

Parker, B. C., and Dawson, E. Y. (1966). Non-calcareous marine algae from California Miocene deposits. *Nova Hedwigia* 10: 273-95.

Pavia, H., Toth, G. B., Lindgren, A., and Aberg, P. (2003). Intraspecific variation in the phlorotannin content of the brown alga *Ascophyllum nodosum*. *Phycologia* 42: 378-83.

Pearson, G. A., and Brawley, S. H. (1998). A model for signal transduction during gamete release in the fucoid alga *Pelvetia compressa*. *Plant Physiol.* 118: 305-13.

Percival, E., and McDowell, R. H. (1967). *Chemistry and Enzymology of Marine Algal Polysaccharides*. London: Academic Press.

Pereira, R. C., Cavalcanti, D. N., and Teixeira, V. L. (2000). Effects of secondary metabolites from the tropical Brazilian brown alga *Dictyota menstrualis* on the amphipod *Parhyale hawaiensis*. *Mar. Ecol. Progr. Ser.* 205: 95-100.

Phillips, J. A., and Clayton, M. N. (1993). Comparative flagellar morphology of spermatozoids of the Dictyotales (Pheophyceae). *Eur. J. Phycol.* 28: 123-7.

Pohnert, G., and Boland, W. (2002). The oxylipin chemistry of attraction and defense in brown algae and diatoms. *Nat. Prod. Rep.* 19: 108-22.

Potin, P., Bouarab, K., Kupper, F., and Kloareg, B. (1999). Oligosaccharide recognition signals and defense reactions in marine plant-microbe interactions. *Curr. Opin. Microbiol.* 2: 276-83.

Price, I. R., and Ducker, S. C. (1966). The life history of the brown alga *Splachnidium rugosum*. *Phycologia* 5: 261-73.

Pueschel, C. M., and Korb, R. E. (2001). Storage of nitrogen in the form of protein bodies in the kelp *Laminaria solidungula*. *Mar. Ecol. Progr Ser*. 218: 107-14.

Rawlence, D. J. (1973). Some aspects of the ultrastructure of *Ascophyllum nodosum* (L.) Le Jolis (Phaeophyceae, Fucales) including observations on cell plate formation. *Phycologia* 12: 17-28.

Reed, D. C., Laur, D. R., and Ebeling, A. W. (1988). Variation in algal dispersal and recruitment: the importance of episodic events. *Ecol. Monogr*. 58: 321-55.

Reed, R. H., Davison, I. R., Chudek, J. A., and Foster, R. (1985). The osmotic role of mannitol in the Phaeophyta: An appraisal. *Phycologia* 24: 35-47.

Rousseau, F., Leclerc, M-C., and de Reviers, B. (1997). Molecular phylogeny of European Fucales (Phaeophyceae) based on partial large-subunit rDNA sequence comparisons. *Phycologia* 36: 438-46.

Russell, G., and Fletcher, R. L. (1975). A numerical taxonomic study of the British Phaeophyta. *J. Mar. Biol. Assoc. UK* 55: 763-83.

Russell, G., and Garbary, D. (1978). Generic circumscription in the family Ectocarpaceae (Phaeophyceae). *J. Mar. Biol. Assoc. UK* 58: 517-25.

Sargent, M. C., and Lantrip, L. W. (1952). Photosynthesis, growth and translocation in giant kelp. *Am. J. Bot*. 39: 99-107.

Saunders, G. W., and Druehl, L. D. (1992). Nucleotide sequences of the small-subunit ribosomal RNA genes from selected Laminariales (Phaeophyta). Implications for kelp evolution. *J. Phycol*. 28: 544-9.

Savaugeau, C. (1899). Les Cutlériacées et leur alternance de générations. *Ann. Sci. Nat. Bot. Ser*. 810: 265-62.

Savaugeau, C. (1900-14). Remarques sur les Sphacélariacées. Bordeaux. 634 pp. in *J. Bot*. 14-18.

Scagel, R. F. (1971). *Guide to Common Seaweeds of British Columbia*. Victoria: British Columbia Prov. Mnseum.

Schaffelke, B., and Lüning, K. (1994). A circannual rhythm controls seasonal growth in the kelps *Laminaria hyperborea* and *L. digitata* from Helgoland (North Sea). *Eur. J. Phycol*. 29: 49-56.

Schloesser, R. E., and Blum, J. L. (1980). *Sphacelaria lacustris* sp. nov., a freshwater brown alga from Lake Michigan. *J. Phycol*. 16: 201-7.

Schmitt, T. M., Lindquist, N., and Hay, M. E. (1998). Seaweed secondary metabolites as antifoulants: effects if *Dictyota* spp. diterpenes on survivor-ship, settlement, and development of marine invertebrate larvae. *Chemoecology* 8: 125-31.

Schoenwaelder, M. E. A., and Clayton, M. N. (1999). The presence of phenolic compounds in isolated cell walls of brown algae. *Phycologia* 38: 161-6.

Schoenwaelder, M. E. A., and Clayton, M. N. (2000). Physode formation in embryos of *Phyllospora comosa* and *Hormosira banksii* (Phaeophyceae). *Phycologia* 39: 1-9.

Schreiber, E. (1932). Über die Entwicklungsgeschichte und die systematische Stellung der Desmarestiaceen. *Z. Bot*. 25: 561-82.

Serrão, E. A., Pearson, G., Kautsky, M. L., and Brawley, S. H. (1996). Successful external fertilization in turbulent environments. *Proc. Natl. Acad. Sci., USA* 93: 5286-90.

Shibata, T., Tamaguchi, K., Nagayama, K., Kawaguchi, S., and Nakamura, T. (2002). Inhibitory activity of brown algal phlorotannins against glycosidases from the viscera of the turban shell *Turbo cornutus*. *Eur. J. Phycol*. 37: 493-500.

Shih, M. L., Floch, J-Y., and Srivastava, L. M. (1983). Localization of ^{14}C-labeled assimilates in sieve elements of *Macrocystis integrifolia* by histoautoradiography. *Can. J. Bot*. 61: 157-63.

Sideman, E. J., and Scheirer, D. C. (1977). Some fine structural observations on developing and mature sieve elements in the brown alga *Laminaria saccharina*. *Am. J. Bot*. 64: 649-57.

Sjøtun, K., and Schoschina, E. V. (2002). Gametophytic development of Laminaria spp. (Laminariales, Phaeophyta) at low temperature. *Phycologia* 41: 147-52.

Smith, G. M. (1955). *Cryptogamic Botany*, Vol. 1, 2nd edn. New York: McGraw-Hill.

Smith, G. M. (1969). *Marine Algae of the Monterey Peninsula, California*, 2nd edn. Stanford, Calif.: Stanford University Press.

Speransky, V. V., Speransky, S. S., and Brawley, S. H. (1999). Cryoanalytical studies of freezing damage and recovery in *Fucus vesiculosus* (Phaeophyceae). *J. Phycol.* 35: 1264-75.

Speransky, V. V., Brawley, S. H., and McCully, M. E. (2001). Ion fluxes and modification of the extracellular matrix during gamete release in fucoid algae. *J. Phycol.* 37: 555-73.

Stafford, C. J., Green, J. R., and Callow, J. A. (1992). Organization of glycoproteins into plasma membrane domains on *Fucus serratus* eggs. *J. Cell Sci.* 101: 437-48.

Steen, H. (2003). Apical hair formation and growth of *Fucus evanescens* and *F. serratus* (Phaeophyceae) germlings under various nutrient and temperature regimes. *Phycologia* 42: 26-30.

Sundene, O. (1962a). Growth in the sea of *Laminaria digitata* sporophytes from cultures. *Nytt Mag. Bot.* 9: 5-24.

Sundene, O. (1962b). The implications of transplant and culture experiments on the growth and distribution of *Alaria esculenta*. *Nytt Mag. Bot.* 9: 155-74.

Sundene, O. (1963). Reproduction and ecology of *Chorda tomentosa*. *Nytt Mag. Bot.* 10: 159-71.

Tan, I. H., and Druehl, L. D. (1996). A ribosomal DNA phylogeny supports the close evolutionary relationships among the Sporochnales, Desmarestiales, and Laminariales (Phaeophyceae). *J. Phycol.* 32: 112-18.

Targett, N. M., and Arnold, T. M. (1998). Predicting the effects of brown algal phlorotannins on marine herbivores in tropical and temperate oceans. *J. Phycol.* 34: 195-205.

Tatewaki, M. (1966). Formation of a crustaceous sporophyte with unilocular sporangia in *Scytosiphon lomentaria*. *Phycologia* 6: 62-6.

Taylor, W. R. (1957). *Marine Algae of the Northeastern Coast of North America*. Ann Arbor: University of Michigan Press.

Taylor, W. R. (1960). *Marine Algae of the Eastern Tropical and Subtropical Coasts of the Americas*. Ann Arbor: University of Michigan Press.

Terry, L. A., and Moss, B. L. (1980). The effect of photoperiod on receptacle initiation in *Ascophyllum nodosum* (Lo) Le Jol. *Br. Phycol. J.* 15: 291-301.

Terry, L. A., and Moss, B. L. (1981). The effect of irradiance and temperature on the germination of four species of Fucales *Br. Phycol J.* 16: 143-51.

Thuret, G. (1854). Recherches sur la fécondation des Fucacées. *Ann. Sci. Nat. Bot. IV* 2: 197-214.

Thuret, G., and Bornet, E. (1878). *Études Phycologiques*. Paris.

Tovey, D. J., and Moss, B. L. (1978). Attachment of the haptera of *Laminaria digitata* (Huds.) Lamour. *Phycologia* 17: 17-22.

Tseng, C. K. (1981). Commercial cultivation. In *The Biology of Seaweeds*, ed. C. S. Lobban, and M. J. Wynne, pp. 680-725. Berkeley and Los Angeles: Univ. Calif. Press.

Vadas, R. L. (1972). Ecological implications of culture studies on *Nereocystis luetkeana*. *J. Phycol.* 8: 196-203.

Van Alstyne, K. L., and Pelletreau, K. N. (2000). Effect of nutrient enrichment on growth and phlorotannin production in *Fucus gardneri* embryos. *Mar. Ecol. Progr. Set.* 206: 33-43.

van den Hoek, C. (1982). The distribution of benthic marine algae in relation to the temperature regulation of their life histories. *Biol. J. Linn. Soc.* 18: 81-144.

van den Hoek, C., and Flinterman, A. (1968). The life history of *Sphacelaria furcigera* Kütz. (Phaeophyceae). *Blumea* 16: 193-242.

Vreeland，V.（1972）. Immunocytochemical localization of the extracellular polysaccharide alginic acid in the brown seaweed. *Fucus distichus*. *J. Histochem. Cytochem.* 20：358-67.

Vreeland，V.，Waite，J. H.，and Epstein，M.（1998）. Polyphenols and oxidases in substratum adhesion by marine algae and mussels. *J. Phycol.* 34：1-8.

Walker，F. T.（1956）. Periodicity of the Laminariaceae around Scotland. *Nature* 177：1246.

Williams，J. L.（1898）. Reproduction in *Dictyota dichotoma*. *Ann. Bot.* 12：559-60.

Williams，J. L.（1904）. Studies in the Dictyotaceae. I. The cytology of the gametophyte generation. *Ann. Bot.* 18：183-204.

Williams，J. L.（1905）. Studies in the Dictyotaceae. II. The periodicity of sexual cells in *Dictyota dichotoma*. *Ann. Bot.* 19：531-60.

Wright，P. J.，Callow，J. A.，and Green，J. R.（1995a）. The *Fucus*（Phaecophyceae）sperm receptor for eggs. II. Isolation of a binding protein which partially activates eggs. *J. Phycol.* 31：592-600.

Wright，P. J.，Green，J. A.，and Callow，J. A.（1995b）. The *Fucus*（Phaeophyceae）sperm receptor for eggs. I. Development and characteristics of a binding assay. *J. Phycol.* 31：584-91.

Wynne，M. J.（1969）. Life history and systematic studies of some Pacific North American Phaeophyceae（brown algae）. *Univ. Calif. Publ. Bot.* 50：1-88.

（王秀良　译，胡自民　段德麟　校）

第二十二章

普林藻门（Prymnesiophyta）

普林藻纲（Prymnesiophyceae）

普林藻门（Prymnesiophyta）包括一群单核的鞭毛藻类，其特征是在两条光滑的鞭毛之间存在一条附生鞭毛或定鞭（haptonema）。普林藻与异鞭藻门（Heterokontophyta）和隐藻门（Cryptophyta）的相同之处在于叶绿体内质网都具有两层膜，不同之处在于普林藻的鞭毛没有鞭茸（mastigoneme）。分子数据也显示普林藻门与隐藻门和异鞭藻门的亲缘关系较远（Bhattacharya and Ehlting，1995；Medlin et al.，1994）。普林藻曾被当成是金藻纲（Chrysophyceae）的一个分支，直到 1962 年 Christensen 将其从金藻纲中分离出来，并称为定鞭藻纲（Haptophyceae）（根据存在附生鞭毛或定鞭体而命名）。定鞭藻纲只是一个描述性名称，而不是根据该纲中某一代表属来命名，因此，基于代表属普林藻属（*Prymnesium*）（图 22.7），这个名称后来被改为普林藻纲（Hibberd，1976）。目前已知普林藻纲的化石记录来自于约 3 亿年前的石炭纪（Carboniferous）（Faber and Preisig，1994；Jordan and Chamberlain，1997）。

普林藻纲的细胞通常覆盖有鳞片。在许多情况下，这些鳞片钙化形成球石粒（coccolith）。普林藻纲的叶绿体缺少带状片层，大多数都含有叶绿素 a 和 c_1/c_2、β-胡萝卜素、硅甲藻黄素（diadinoxanthin）和硅藻黄素（diatoxanthin）（Zapata et al.，2004）。普林藻纲的储存产物为金藻昆布多糖或麦清蛋白，它们位于细胞后端的液泡内（Janse et al.，1996）。细胞前端含有一个大的高尔基体，有时还含有一个收缩泡。

普林藻纲主要是海洋种类，尽管也存在一些淡水种类。普林藻纲是海洋微型浮游生物群落的主要组成部分，在南大西洋中纬度海域它们更是占据全部浮游植物细胞的 45%。尽管普林藻在极地水域亦有分布，但在总体分布上越靠近两极，其数量越少。

细胞结构

鞭毛

绝大多数普林藻具两条近似等长的光滑鞭毛［图 22.1 和图 22.3（a）］，但巴夫藻目（Pavlovales）例外，该目藻类的其中一条鞭毛要比另一条鞭毛长，并且长鞭毛上披覆有小的圆柱形或棍形的中空鳞片，这些鳞片长 70 nm，宽 20 nm［图 22.3（b）］（van der Veer，1969；Green and Manton，1970）。由于该纲藻类的特征是具有两条近似等长的光滑鞭毛，许多根本没有附生鞭毛或附生鞭毛退化的属，如 *Diacronema* 属（图 22.4）、等鞭金藻属［图 22.18（b）］和叉鞭金藻属（*Dicrateria*）都被归到普林藻纲（Green and Pienaar，1977）。与眼点相关的鞭毛膨大区通常存在于许多具有两层膜的叶绿体内质网的金褐色鞭毛藻类中，但普林藻类通常没有此鞭毛膨大区（Hibberd，1976），尽管有些例外（Green and Hibberd，1977）。

图 22.1　普林藻纲的典型代表：金色藻（*Chrysochromulina* sp.）细胞的光学和电子显微图片。图示即为快速游动的个体，箭头所示为运动方向。C，叶绿体；CE，叶绿体被膜；CER，叶绿体内质网；Cl，金藻昆布多糖液泡；E.R.，内质网；F，鞭毛；FR，鞭毛根；G，高尔基体；H，附生鞭毛或定鞭体；M，线粒体；MB，黏液体；N，细胞核；S，鳞片。（改编自 Hibberd，1976）

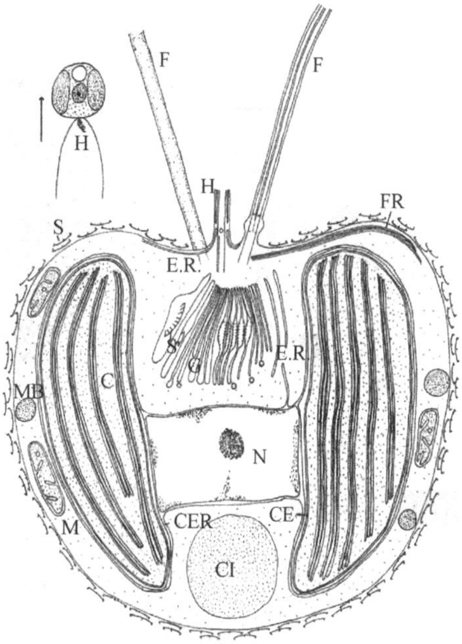

图 22.2　Irene Manton 1904～1988。曼顿博士毕业于剑桥大学。1929～1945 年，她在曼彻斯特大学任植物学讲师，1945～1969 年任利兹大学植物学教授。曼顿博士是 19 世纪 50～60 年代最杰出的细胞学家之一，当时电子显微镜技术的兴起极大地促进了藻类学研究的发展。曼顿博士及其同事的研究揭示了定鞭藻（普林藻）许多独一无二的特征，并最终将这类生物确定为一个独特的藻类类群。

当普林藻游动时，两条鞭毛在体侧向外和向后摆动，鞭毛末端随即指向前端［图 22.5（a）］或指向后端［图 22.5（b）］。普林藻的游动通常很迅速，细胞向一个方向仅游动一个很短的距离，之后它们迅速地改变鞭毛的位置并向相反的方向游动。巴夫藻（*Pavlova*）［图 22.3（b）］鞭毛的运动略有不同，它的长鞭毛向前指引，而短鞭毛呈拖曳状或向外指引。

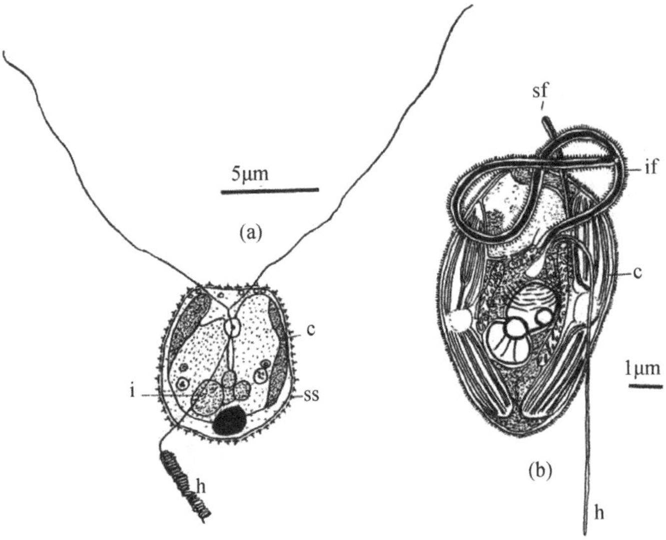

图 22.3 （a）金色藻（*Chrysochromulina ephippum*）鞍形细胞的腹面观，显示附生鞭毛松散的卷曲。（b）巴夫藻（*Pavlova mesolychnon*）。c，叶绿体；h，附生鞭毛；l，金藻昆布多糖液泡；lf，长鞭毛；ss，棘磷；sf，短鞭毛。［（a）仿自 Parke et al.，1956；（b）仿自 van der Veer，1969］

图 22.4 （a）普林藻（*Diacronema vlkianum*）直接染色图，显示在鞭毛顶端具有茸毛尖，而侧部没有茸毛。（b）普林藻（*D. vlkianum*）的休眠细胞。f，鞭毛；mb，黏液体（释放后）；n，细胞核；p，质体。（仿自 Fournier，1969）

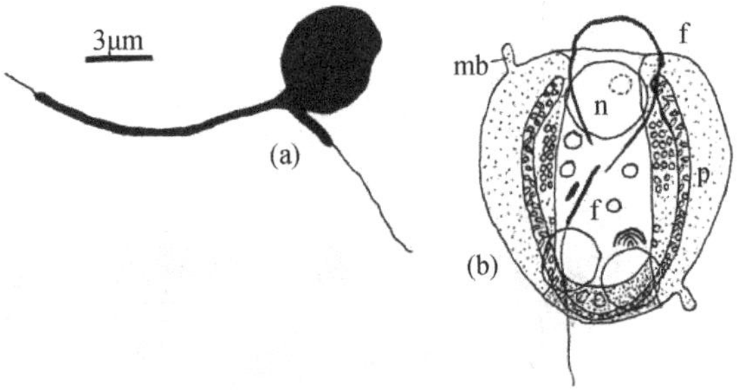

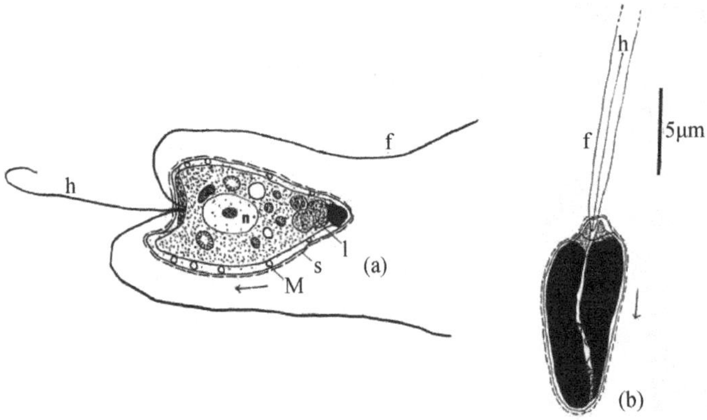

图 22.5 金色藻（*Chrysochromulina polylepis*）。（a）正处于游动中的细胞，鞭毛向前推进。（b）正处于游动中的细胞，鞭毛向后推进。f，鞭毛；h，附生鞭毛；m，黏液体；n，细胞核；s，鳞片。（仿自 Manton and Parke，1962）

附生鞭毛或定鞭

附生鞭毛或定鞭（haptonema）是在鞭毛附近生出的一条丝状附属物，它比鞭毛要细，性质和结构也与鞭毛不同。附生鞭毛变异范围很大，如在 *Imatonia rotunda* [图 22.18（c）和图 22.18（d）]（Green and Pienaar，1977）中它是一种退化的附生鞭毛，仅保留少许内质网的轮廓；膜胞藻（*Hymenomonas roseola*）[图 22.6（a）] 的附生鞭毛则为一个短的球根状结构；而小金色藻（*Chrysochromulina parva*）[图 22.6（b）] 的附生鞭毛为一条 80 μm 长的鞭状结构（Manton，1967a）。小普林藻（*Prymnesium parvum*）附生鞭毛的内部结构类似于其他普林藻纲的附生鞭毛，它可作为附生鞭毛结构的范例（图 22.7）（Manton，1964）。附生鞭毛的横切面结构由环绕着一个核心的 3 层同心膜组成，而该核心含有 7 条微管。核心部分被 3 层膜的最内层所覆盖，因此，中心核的微管与附生鞭毛的外部互不接触。最里层膜与中层膜之间的空间为一个延续到中心核顶端的液泡。附生鞭毛通常披覆有一些小的鳞片。

图 22.6 （a）普林藻（*Hymenomonas roseola*）的干燥细胞，显示鞭毛和短的球根状附生鞭毛（生长在两根鞭毛之间）。（b）缓慢滑行的小金色藻（*Chrysochromulina parva*）细胞。c，叶绿体；cv，收缩泡；f，鞭毛；h，附生鞭毛；l，金藻昆布多糖；m，黏液体；s，鳞片。[（a）仿自 Manton and Peterfi，1969；（b）仿自 Parke et al.，1962]

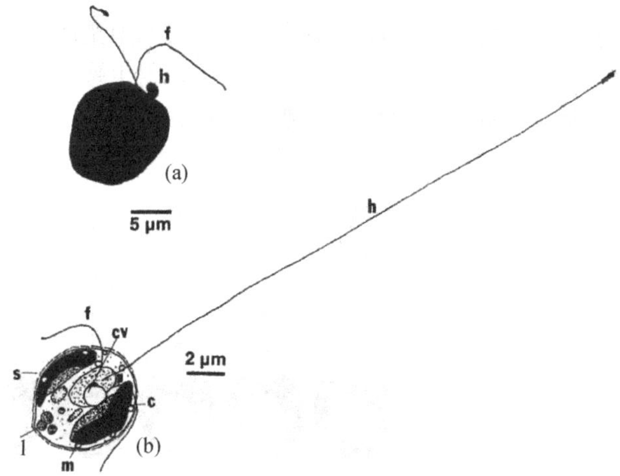

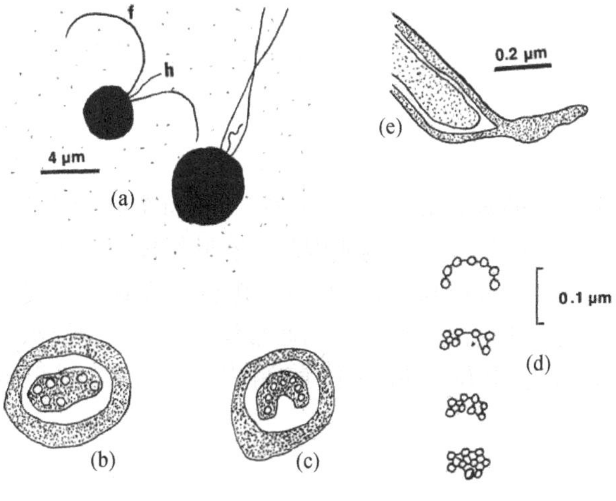

图 22.7 小普林藻（*Prymnesium parvum*）。（a）两个细胞干燥后的图像，投影显示两条光滑的鞭毛（f）和附生鞭毛（h）。（b）附生鞭毛的横切面显示中心区内 7 个微管的核心结构，核心区被一层膜包裹的空腔所环绕，而附生鞭毛壁被最外层的原生质膜所包裹。（c）附生鞭毛与细胞相结合处的横切面，显示核心微管区呈月牙形。（d）附生鞭毛核心区 7 个微管的排列变化，从质膜下面到微管的末梢。（e）附生鞭毛顶端的纵切面。[（a）仿自 Manton，1966；（b）～（e）仿自 Manton，1968]

附生鞭毛中的微管相互之间可以滑动，可能是通过钙结合中心体蛋白（Lechtreck，2004）的作用来产生两种基本的运动：盘绕（coiling）和弯曲（bending）（Greyson et al.，1993）。

（1）盘绕是一种对障碍物的感知反应（Kawachi and Inouye，1994）。当向前游动的细胞遇到障碍物时，附生鞭毛会立即卷绕。运动鞭毛向后摆动并产生推力，推动细胞向后游动。

（2）弯曲是细胞捕获食物时借助附生鞭毛而产生的运动（Inouye and Kawachi，1994；Kawachi et al.，1991）。当细胞游动时，运动鞭毛在两侧摆动，捕获的食物颗粒则黏附并弹射至细胞前端的附生鞭毛上。随后，黏附的食物颗粒向下被转移到附生鞭毛的一个特别位置，该位置距离基部约 2 μm，被称为颗粒聚集中心（particle aggregating center）（图 22.8）。食物颗粒在颗粒聚集中心逐渐累积，通过分泌的某种胶黏物质将单个颗粒紧紧地黏附在一起，最终形成一大的聚集团块。当附生鞭毛到达某一尺寸后，聚集团块将移动到附生鞭毛的顶端。随后，附生鞭毛弯曲成S形并最终将聚集团块输送到细胞的后端，在这里聚集团块被吸进食物泡内。

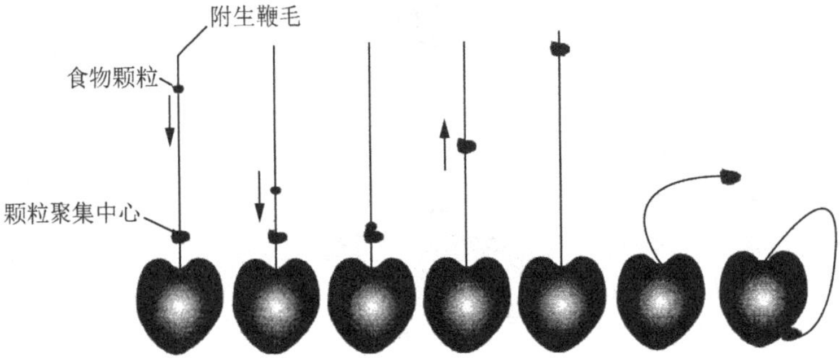

图 22.8 从食物颗粒黏附至附生鞭毛上到其被细胞吸收的过程：食物颗粒被黏附到附生鞭毛上，然后转移到颗粒聚集中心（particle aggregation center），随后大量的食物颗粒移动到附生鞭毛的顶端，最后附生鞭毛弯曲将大量食物颗粒存放至细胞的后端，在这里食物颗粒被吸进食物泡。（改编自 Kawachi et al.，1991）

叶绿体

普林藻的每个细胞中通常含有两个拉长的盘状叶绿体（图 22.1）。每个叶绿体由 4 层膜包裹：内侧为两层叶绿体被膜，外侧为两层叶绿体内质网膜。在叶绿体中，类囊体三个一组叠成片层，通常不存在类囊体环带（Hibberd，1976）。普林藻含有一个淀粉核，它位于叶绿体的中心或在叶绿体一侧形成突出。普林藻纲通常没有眼点，但巴夫藻（*Pavlova*）例外，它含有一个眼点，并且由位于叶绿体前端内的一群脂滴组成（Green，1973）（图 22.21）。

其他细胞质结构

普林藻的细胞质中存在两种膜包裹的液泡，第一种包含脂质，第二种包含储存产物。其中，储存产物通常为金藻昆布多糖（麦清蛋白）（Janse et al.，1996），在巴夫藻（*Pavlova mesolychnon*）[图 22.3（b）] 中也存在另外一种储存产物 β-1，3 葡聚糖，后者类似于裸藻纲（Euglenophyceae）的裸藻淀粉（paramylon）（Kreger and van der Veer，1970）。

普林藻纲的有些种类特别是金色藻属（*Chrysochromulina*），其黏液体位于质膜下面 [图 22.1、图 22.5（a）和图 22.10（b）]。这些黏液体的结构与金藻纲（Chrysophyceae）、针胞藻纲（Raphidophyceae）和甲藻纲（Dinophyceae）相同，它们由单层膜包裹的液泡组成，填充着半透明的内含物。当这些黏液体释放到细胞外，它们将以坚固的圆柱体形式出现，后者由相同直径的不透明物质构成。目前对于黏液体的功能尚不清楚。

球形棕囊藻（*Phaeocystis globosa*）的液泡含有紧密盘绕的几丁质微丝（Chrétiennot-Dinet et al.，1997）。每个液泡含有 5 条几丁质微丝，后者与另一个几丁质微丝的近基部相连接（图 22.9）。当盘绕的 5 条微丝释放到液泡外，它们可在基部形成一个五边的星形。

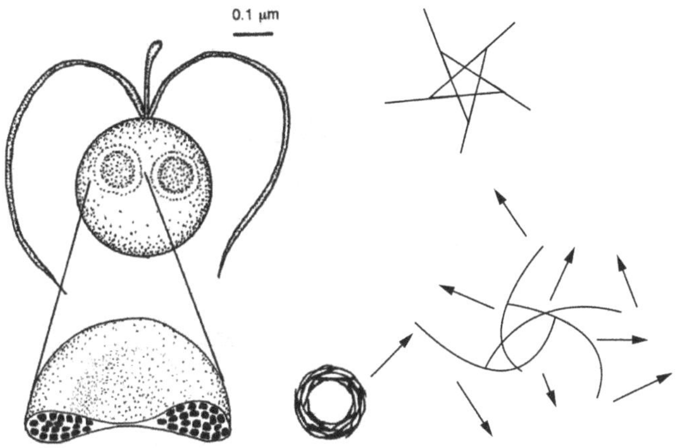

图 22.9 球形棕囊藻（*Phaeocystis globosa*）的细胞具有两个液泡，含有由几丁质组成的盘绕的微丝。盘绕的几丁质微丝一旦释放到细胞外就会伸直，并形成一个五边的星形结构。（仿自 Chrétiennot-Dinet et al.，1997）

普林藻纲细胞的表面通常含有细胞质，它们被称为伪足（pseudopodia）。同样，细胞也可从表面伸出细长的胞质丝，它们分枝或不分枝，被称为丝状伪足（filopodia）。最终，丝状伪足会部分收缩，并破裂成脂滴。普林藻纲的许多种类呈吞噬营养，在它们的细胞质内含有能消化细菌和其他微藻的食物泡。普林藻对于吸进食物泡的食物没有选择性，它们摄取不能消化的碎屑就像摄取细菌和其他微藻一样迅速。

同许多其他的藻类类群一样，普林藻纲也存在共生现象。例如，无脊椎的放射虫（radiolaria）就能接受普林藻作为共生体（Anderson et al.，1983）。这种共生体位于放射虫中心囊外围的根足网内。这种藻类共生体能固定二氧化碳，并将部分光合作用产物传递给放射虫。

鳞片与球石

普林藻纲的大多数种类都含有一个由许多椭圆形鳞片构成的细胞外壳（图 22.1 和图 22.10）。这些椭圆形鳞片嵌入到细胞表面的黏性物质内，而有些种类在鳞片外还披有一层钙质球石。鳞片的结构变化很大，但它们似乎都含有一个椭圆形的有机鳞片，后

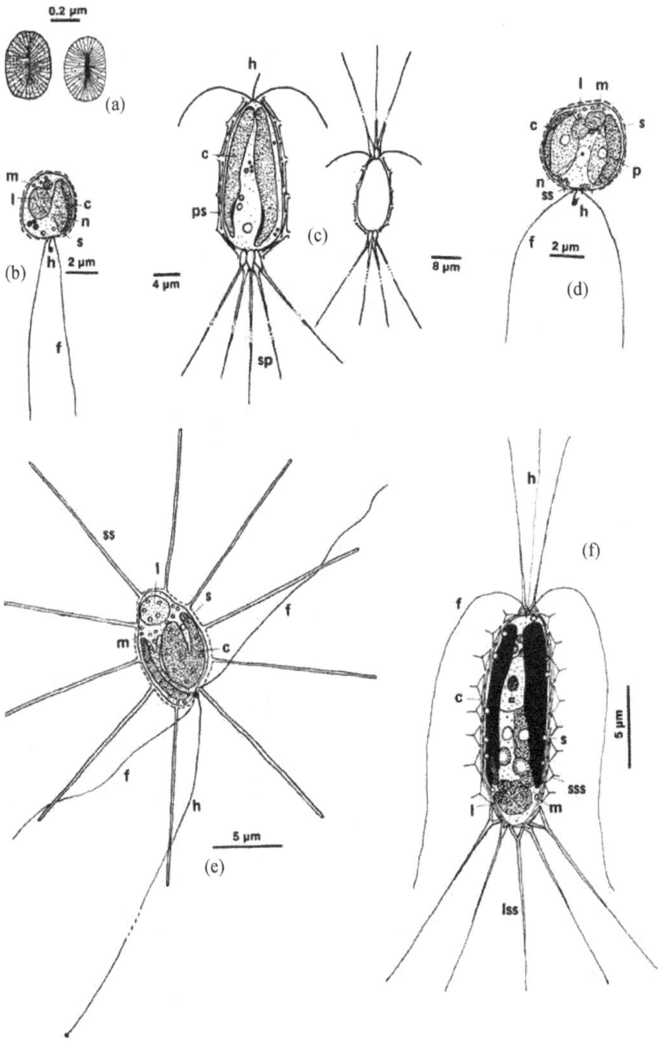

图 22.10 (a) 普氏金色藻(*Chrysochromulina pringsheimii*)的小的盘状鳞片，左侧为上表面，右为下表面。(b) 快速游动的微小金色藻(*C. minor*)细胞，鞭毛及附生鞭毛均位于细胞后面是游动中的特征。(c) 派克金色藻(*C. parkae*)的两种形式。(d) 快速游动的卡帕金色藻(*C. kappa*)，鞭毛和附生鞭毛均位于细胞后面是游动中的特征。(e) 刺球金色藻(*C. ericina*)，分裂中的叶绿体细胞被附生鞭毛锚定住，后者部分伸开；鞭毛的位置特征性地指示细胞处于静止状态。(f) 金色藻(*C. pringsheimii*)，游动时鞭毛及附生鞭毛位于细胞前面，附生鞭毛完全伸开。c，叶绿体；f，鞭毛；h，附生鞭毛；l，麦清蛋白液泡；lss，长刺鳞片；m，黏液体；n，细胞核；p，淀粉核；ps，盘状鳞片；s，鳞片；sp，脊刺；ss，刺状鳞片；sss，小刺状鳞片。[(a) 和 (f) 仿自 Parke and Manton，1962；(b) 和 (d) 仿自 Parke et al.，1955；(c) 仿自 Green and Leadbeater，1972；(e) 仿自 Parke et al.，1956]

者有时构成鳞片的整个结构，有时仅作为一个基板，而在其上面为鳞片的其余结构。椭圆形的有机鳞片（盘状鳞片）具有呈辐射状的脊直达鳞片边缘[图 22.10 (a)](Parke and Manton，1962)。微小金色藻(*C. minor*)[图 22.10 (b)](Parke et al.，1955)和小金色藻（*C. parva*）[图 22.10（b）]（Parke et al.，1962）含有一个细胞外壳，其唯一的盘状鳞片类型如前所述。在普林藻纲其他种类中，椭圆形盘状鳞片的边缘向上卷起形成各种不同类型的鳞片，它们从鳞片边缘仅略微向上卷起而使鳞片呈底很浅的浴盆状，到有机鳞片的边缘翻转拉长进而形成极长的棘刺结构不等 [图 22.10（c）]（Manton，1972）。同一种类普林藻可以含有多种类型的鳞片。卡帕金色藻(*C. kappa*）[图 22.10（d）] 在其细胞表面覆有盘状鳞片，并在靠近鞭毛附近分布有少许具短刺的鳞片（Parke et al.，1955）。刺球金色藻（*C. ericina*）[图 22.10（e）] 的细胞覆盖物由约 30 个长刺的鳞片和盘状鳞片混杂而成（Parke et al.，1956）。普氏金色藻（*C. pringsheimii*）[图 22.10（f）] 的细胞覆盖物更加复杂，它由 4 种类型的鳞片组成。其中，具长刺的鳞片位于细胞的两端，具小刺的鳞片覆盖住细胞的其他部位，在这一鳞片层的下面是一层盘状鳞片，最后，在靠近鞭毛的基部处分布有许多小的盘状鳞片（Parke and Manton，1962）。

有机鳞片起源于高尔基体内（图 22.1 和图 22.13）（Hawkins and Lee，2001）。当鳞片首先在高尔基体液泡内形成时，无论鳞片的形状如何精细（如具长刺等），它都被液泡膜紧密地包裹着；但在鳞片被释放到细胞外面之前，这种紧密的包裹很快消失（Manton，1967b）。鳞片的产生具有日间节律。Manton 和 Parke（1962）报道金色藻（*C. polylepis*）鳞片的产生在下午晚些时候达最多，而在凌晨早些时候达最少。细胞核分裂的情况则与此恰好相反，绝大多数分裂象出现在凌晨早些时候。

普林藻即使在不运动的丝状体阶段，其细胞壁亦由嵌入到凝胶基质中的鳞片组成。在普林藻（*Pleurochrysis scherffelii*）（图 22.11）中，丝状体阶段的细胞表面覆盖有由单个高尔基体产生的纤维质鳞片。通过利用影像摄影术（cinephotography），Brown（1969）的研究显示在普林藻细胞鳞片外壳的形成过程中，整个原生质体旋转，以使得来自高尔基体的鳞片分泌能或多或少被细胞壁所有部位均匀吸收。

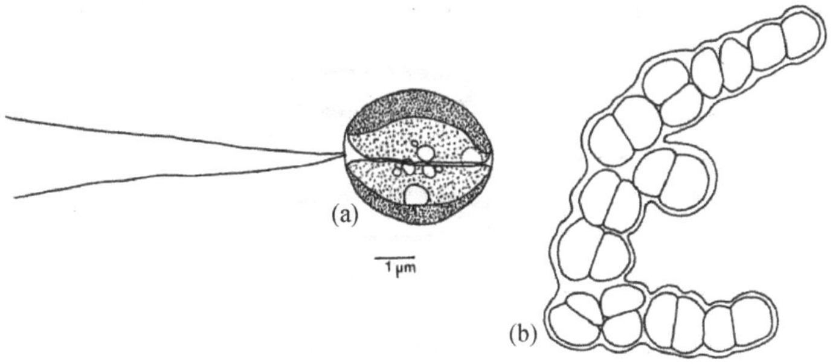

图 22.11 普林藻（*Pleurochrysis scherffelii*）的运动细胞（a）和丝状体时期（b）。（仿自 Pringsheim，1955）

普林藻的球石（coccolith）为钙化的鳞片，它们最初被描述为白垩纪沉积中的微小碳酸盐盘片，并被认为是无机起源（Marsh，2004），后来，1858 年首次大西洋光缆调查中在海底软泥中被发现。直到 1898 年人们才认识到球石的藻类性质。球石主要由一层沉积在有机鳞片表面的碳酸钙形成，碳酸钙形成的特征模式依赖于藻类种类。在正常条件下，自然界中的无水碳酸钙以两种晶体形式存在（图 4.7），即方解石（calcite，属六方晶系）和霰石（aragonite，属正交斜方晶系），它们在结构、硬度、密度、溶解度方面都不同。在球石中，碳酸钙通常以方解石形式存在。方解石附着到盘状鳞片的外表面，外表面呈放射脊状纹饰（图 22.13 和图 22.14），而内表面（面向细胞）无这种纹饰。球石藻（*Emiliania huxleyi*）的球石相对简单［图 22.16（b）］，它常被用作研究球石结构的样本，当然我们应认识到球石有大量的不同形式，有些甚至非常复杂（图 22.16）。球石藻的球石由许多中空的方解石晶体组成，它们排列在盘状鳞片的周围［图 22.12 和图 22.16（b）］（Young et al.，1992）。每个球石都由一个经石管连接的上盾石和下盾石组成。石管和上下盾石则由亚结构单元组成。

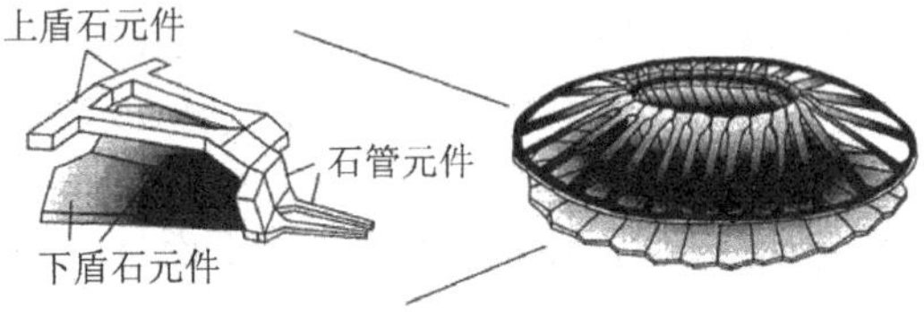

图 22.12 球石藻（*Emiliania huxleyi*）异型球石的结构。异型球石由一个石管及由其连接的上盾石和下盾石组成，石管和上下盾石则由亚结构单元组成。（改编自 Young et al.，1992）

当高尔基池中产生未钙化的有机盘状鳞片时，球石开始形成（图 22.13 和图 22.14）（Marsh，1996，2004）。随后，在高尔基池的外周部分产生直径为 25 nm 的高酸性多糖球粒。这种高酸性多糖为极强的聚阴离子化合物（polyanion），可螯合大量的钙离子。直径 25 nm 的球粒作为液泡从高尔基池中被剪切掉，它们最终与一个含有未钙化的有机盘状鳞片的液泡相融合。融合后的球粒在鳞片上聚集，这里也是将来钙离子沉积区，当钙在 25 nm 球粒的区域沉积后就产生钙化的球石。球粒中未与钙离子结合的剩余物质则重新组装成一个无定形外套，它环绕着构成球石的碳酸钙的成熟晶体。最后，液泡内形成的球石被运输到质膜，在这里球石堆积在细胞外。球石藻（*Emiliania huxleyi*）每天能产生 2～7 个球石（Balch et al.，1993；Linschooten et al.，1991）。

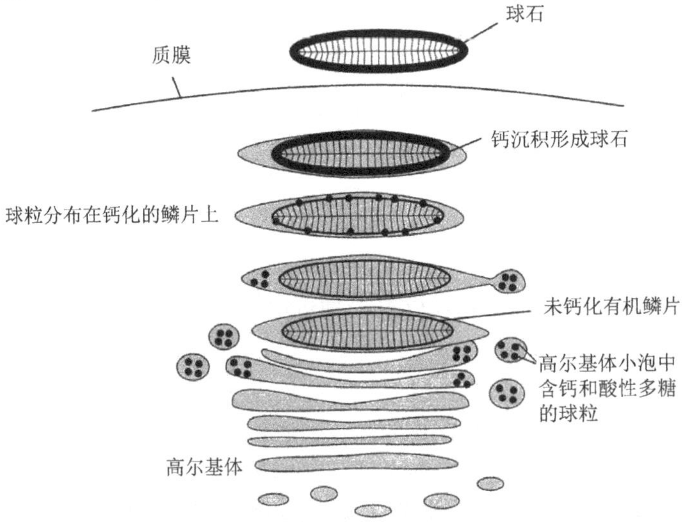

图 22.13 球石藻（*Pleurochrysis*）的球石形成。结合到酸性多糖上的含钙球粒通过高尔基体以液泡的形式产生。这些液泡与含有未钙化有机鳞片的高尔基体囊泡融合。含钙球粒在鳞片钙化的位置沉积并将钙释放出来。钙化的鳞片被运输到质膜，并作为球石释放到细胞外。（改编自 Marsh，1994）

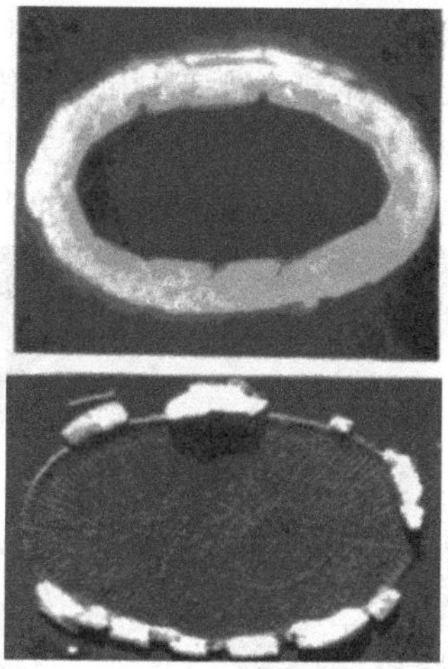

图 22.14　（上图）球石藻（*Hymenomonas carterae*）完整的异型球石。（下图）构成异型球石的碳酸钙被部分溶解掉，显示碳酸钙在鳞片上的沉积。（引自 Outka and Williams，1971）

在新的球石形成的同时，旧的球石成层地从细胞表面脱落。在对数增长期，脱落的球石数量与新生成的球石数量大致相当；但在平台期，球石脱落的速率增加了大约三倍，而球石的生成逐渐减少（Balch et al.，1993）。当海水中的氮和磷不足时，球石藻（coccolithophorid）的球石钙化速率快速增加（Corstjens and Gonzales，2004）。

球石藻的异型球石（heterococcolith）外壳含有形态复杂和多种多样的碳酸钙组分（图 22.12、图 22.14 和图 22.16），它们由相似的方解石晶体（常为六方晶系）构成（图 22.15）。在同一球石藻类中可以存在两种类型的球石，双倍体细胞为异型球石（heterococcolith），单倍体细胞为同型球石（holococcolith）（Geisen et al.，2002）。在钙板金藻（*Coccolithus*）中，同型球石出现在运动的晶石阶段（crystallolithus stage），而异型球石出现在不运动的生活阶段。异型球石的基板由高尔基池内产生，并随后在该池内钙化。而同型球石的基板仅在高尔基池内产生，随后这些基板被释放到细胞外，并在一个外壳内发生钙化（Rowson et al.，1986）。

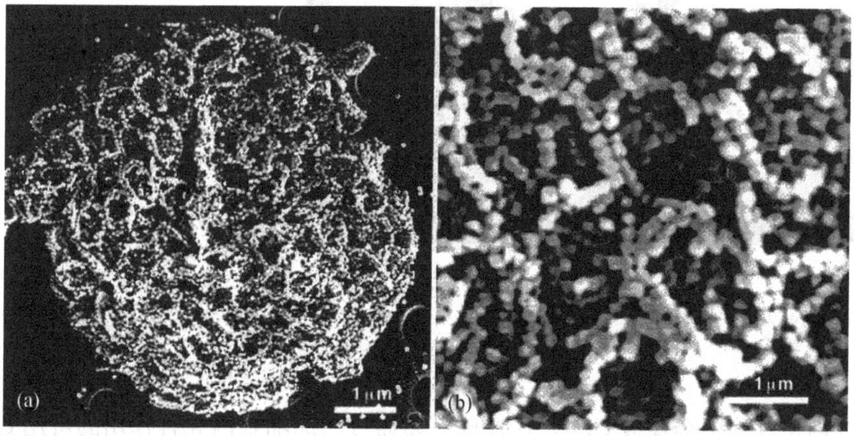

图 22.15　球石藻（*Crystallolithus hyalinus*）同型球石的扫描电镜显微照片。（引自 Faber and Preisig，1994）

球石藻（具有球石的藻类）（图 22.16）常见于热带水域，因为暖水中二氧化碳的分压低，碳酸钙常处于饱和或过饱和状态，在上层水体中碳酸钙的浓度尤其高。过饱和的碳酸钙有利于球石的形成，并且球石藻的分布与海水中碳酸钙的饱和程度密切相关。在极地海域，碳酸钙的饱和程度甚至都不到 90%。

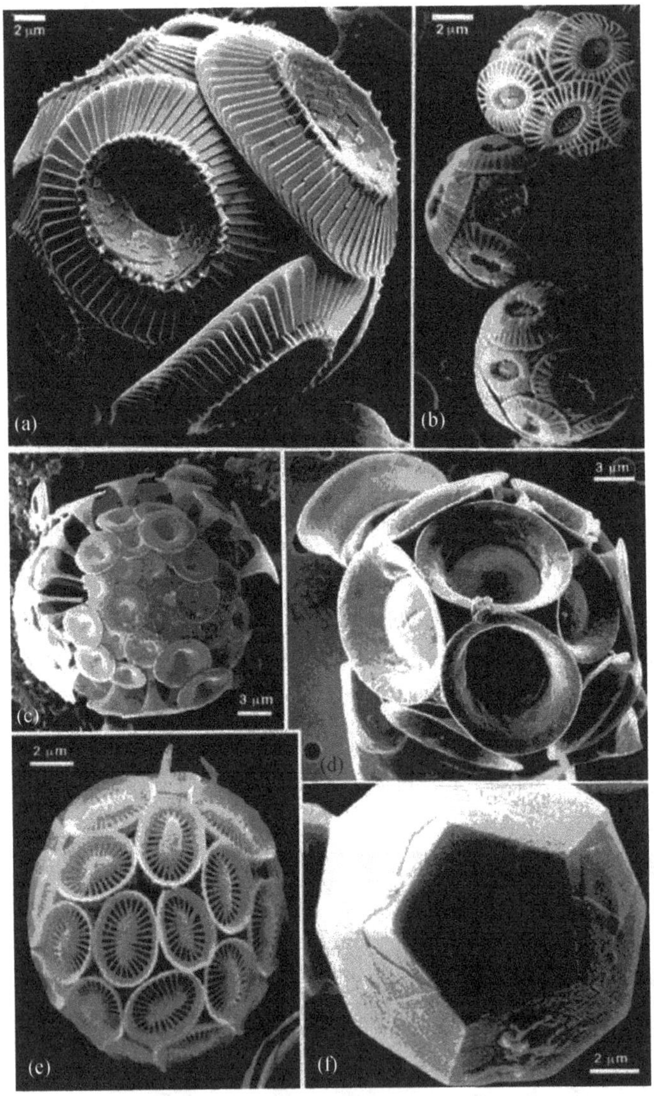

图 22.16　球石藻细胞的扫描电镜显微照片。(a) *Coccolithus pelagicus*。(b) 赫氏圆石藻（*Emiliania huxleyi*）。(c) *Discosphaera tubifera*。(d) *Pontosphaera syracusana*。(e) *Syracosphaera nodosa*。(f) *Braarudosphaera bigelowii*。（引自 Faber and Preisig，1994）

钙化反应如下：

$$2HCO_3^- + Ca^{2+} \rightleftharpoons CaCO_3 + CO_2 + H_2O$$

球石钙化过程中会释放 CO_2，这样球石藻通过增加细胞内光合作用的可用 CO_2 储量而变得更富竞争力（Nielsen，1995）。这对于 pH 为 8.2 的海水尤其重要，因为此时相对于 2000 $\mu mol \cdot L^{-1}$ 的总碳酸盐（主要是 HCO_3^-），溶解的 CO_2 的浓度非常低，仅约为 10 $\mu mol \cdot L^{-1}$。

球石囊泡的膜含有一个 H^{2+} ATP 酶，它能将 H^{+} 泵出到球石囊泡外，即将重碳酸盐脱水过程中产生的质子从囊泡内移走，从而增加球石钙化的速率（Corstjens and Gonzales，2004；Gonzales，2004）。

低 pH 的培养液可侵蚀球石藻的球石。通过这种方式脱钙的球石藻（*Coccolithus huxleyi*）细胞，当在光照条件下被转回到正常的培养液中时，它们在 15 h 内就可获得一个完整的球石层（约 15 个球石）。而球石藻（*Cricosphaera* sp.）的完全重新钙化需要 40 h。在上述两例中，细胞分裂不是新球石形成的先决条件。当球石藻在人工海水中培养时，如果钙和碳酸根浓度的乘积略小于方解石的溶度积，球石就会溶解。在球石藻（*C. huxleyi*）中，当培养液中钙的含量降至足以溶解外部球石的水平时，在细胞内部仍有球石形成（尽管当钙的浓度不足正常海水的一半时，球石的产生会减缓）。球石的形成显然与光化学过程直接相关，因为一旦光被关掉，球石的产生会急剧下降。

球石藻（*Pleurochrysis carterae*）的双鞭毛细胞外围环绕有一球石层，该球石层由单层的 100～200 个球石组成。该球石藻通过一个 16 h 光照∶8 h 黑暗的光周期，以近似恒定的速率将钙添加到细胞外的球石中。该球石藻细胞在黑暗期进行分裂，同时伴随着细胞尺寸的变小，但随后在光照期细胞尺寸又会增大。细胞在光照期形成球石的速率与黑暗期大致相当（van der Wal et al.，1987）[尽管球石藻（*Emiliania huxleyi*）[图 22.16（b）] 仅在光照期产生球石（Linschooten et al.，1991）]。

虽然在近代的海洋石灰质软泥（由有机物钙化残骸组成的底部沉积物）中，球石藻仅占很小的一部分，但在白垩纪球石藻是含钙的微型浮游生物的主要组分（Tasch，1973），这种优势与当时海水中 Ca^{2+} 的增加相对应（Brennan et al.，2004）。球石藻是中生代（侏罗纪和白垩纪）和古近纪、新近纪白垩（粉笔）与泥灰岩中的主要成分。取少许普通的写黑板用的粉笔，将其研磨成粉并在试管中用蒸馏水混匀，静置 20min 后即可观察这些粉笔中的大量球石藻。观察时吸取已准备好的溶液，弃掉前面的 4～5 滴，并将随后的几滴滴在载玻片上，盖上盖玻片在放大至 400～500 倍的显微镜下观察，就能见到许多球石藻和其他残骸。

沉积岩中的球石还可作为标识物用来发现和模拟含油沉淀物的沉积。例如，英格兰基迈里吉黏土层（Kimmeridge clay）的油页岩（oil shale）如同石灰石岩层之间的三明治，而石灰石岩层主要由一种球石藻（*Ellipsagelosphaera britannica*）的球石构成（Gallois，1976）。其他的含油沉积岩也具有类似特征的球石。因此，石油地质学家知道当岩芯中含有某种球石时，可能意味着此处含有石油，在此岩层中找到石油的概率就大增。

毒素

普林藻纲的小普林藻（*Prymnesium parvum*）（图 22.7）能分泌强力的外毒素——普林藻毒素（prymnesin）（图 22.17），也称为溶血性鱼毒素。这种毒素通过增加细胞膜的渗透性和干扰细胞的离子平衡而引起鱼类死亡（Fistarol et al.，2003）。普林藻毒素对于用鳃呼吸的水生动物（如鱼类和软体动物）的毒性最大，而两栖类仅在具鳃的蝌蚪期对这种毒素表现敏感。普林藻毒素对鱼类的快速毒害作用表明其直接作用靶点须是暴露的器官，最有可能是鳃。实验研究显示该毒素影响了鳃的渗透性，使得其对鱼体的毒害增加。如果鱼类能迅速远离含有这种毒素的环境，鳃受到的损害在数小时内即可修复。在以色列，Shilo（1967）发现添加少量的铵盐可以控制养殖鱼塘中的小普林藻，因为铵盐可导致小普林藻细胞溶解。

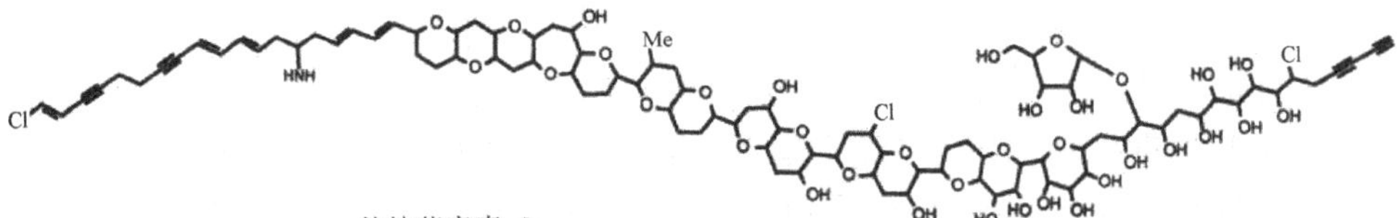

图 22.17 普林藻毒素-2（prymnesin-2）的化学结构。（仿自 Igarashi et al.，1996）

小普林藻分泌的普林藻毒素可使被捕食物的运动变缓，从而使得小普林藻更容易摄取被捕食物（Skovgaard and Hansen，2003）。在磷缺乏时，小普林藻会产生更高数量的毒素（Legrand et al.，2001）。分泌的毒素能大量杀死被捕食物，后者随后被小普林藻细胞摄取。被捕食物体内的磷能减轻小普林藻细胞中磷的缺乏，进而导致毒素产生量的下降。

有些金色藻属种类产生的毒素能够杀死鱼类、贻贝和海鞘类（Hansen et al.，1995；Moestrup，1994；Simonsen and Moestrup，1997）。现记录的最重要鱼类死亡发生在挪威和瑞典的沿岸海域。在此次事件中，由于缺少捕食者纤毛虫对金色藻的正常捕食，金色藻大量暴发并最终导致鱼类死亡。其原因似乎是金色藻细胞表面的长脊刺使得它们显得太大而不能被纤毛虫摄取（Hansen et al.，1995）。

在欧洲的北海及南极向外的海域，棕囊藻（*Phaeocystis*）[图 22.4 和图 22.18（a）] 在春季和秋季形成巨大的叶状群体或“囊泡”形式的藻华。棕囊藻群体为中空的气球状结构，单个藻细胞位于一薄的黏液层下面（Hamm et al.，1999；Solomon et al.，2003）。无脊椎动物的摄食可使棕囊藻的群体增大，这种群体增大是由无脊椎动物摄食将化合物释放到海水中所致（Tang，2003）。群体的形成和增大是一种防御机制，它能导致捕食者滤食器官的阻塞（Haberman et al.，2002）。

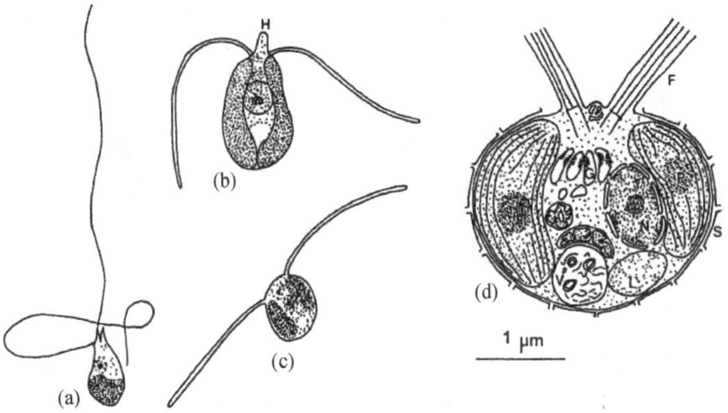

图 22.18 （a）棕囊藻（*Phaeocystis poucheti*）的运动细胞。（b）等鞭金藻（*Isochrysis galbana*）。（c）和（d）球石藻（*Imantonia rotunda*）。F，鞭毛；H，附生鞭毛；L，麦清蛋白液泡；N，细胞核；P，淀粉核；S，鳞片。[（d）仿自 Reynolds，1974]

在欧洲北海，由于棕囊藻不适合鲱鱼的口味，它会逃离发生棕囊藻藻华的海域（Savage，1930）。同样，生物学家多年来对于某些南极鸟类的肠道就原生动物和微生物表现出的近无菌状态感到困惑。这种情况后来被归因于鸟类大量地摄食棕囊藻，而棕囊藻产生的大量丙烯酸具有很强的杀菌作用。棕囊藻将光合作用同化的碳的16%～64%以不同分子质量多糖的形式分泌出。棕囊藻在形成浓密的藻华时，丙烯酸的浓度高达7 $\mu g \cdot L^{-1}$，而多糖的浓度至少达到0.3 $mg \cdot L^{-1}$（Guillard and Hellebust，1971；van Rijssel et al.，1997）。

分类

普林藻纲可分为两个目（Edvardsen et al.，2000；Fujiwara et al.，2001）。

目1　普林藻目(Prymnesiales)：细胞具有两条等长的光滑鞭毛，没有眼点，细胞表面覆盖有鳞片。

目2　巴夫藻目(Pavlovales)：细胞具两条不等长的鞭毛，细胞常覆盖有茸毛或沉积物，有些种类具有眼点。

普林藻目（Prymnesiales）

赫氏圆石藻（*Emiliania huxleyi*）［图22.16（b）］是本目的代表种，其运动细胞具有两条鞭毛。赫氏圆石藻的生活史（图22.19）包含一个不运动的含有球石的双倍体阶段，它与一个含有鳞片但不含有球石的单倍体阶段相互交替（Paasche，2002）。

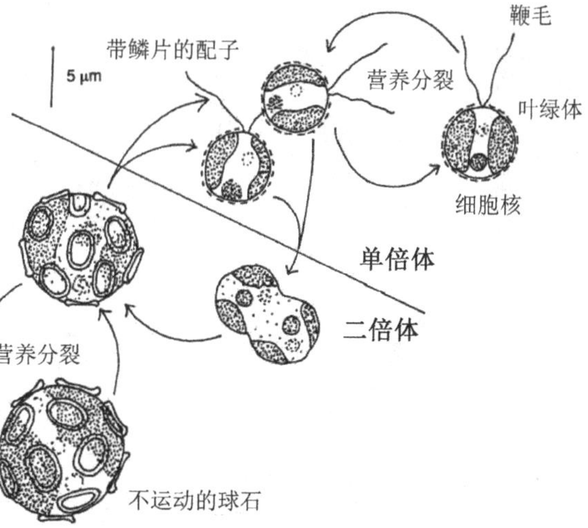

图22.19　赫氏圆石藻（*Emiliania huxleyi*）可能的生活史。（改编自Green et al.，1996；Klaveness，1972）

1978～1983年的每年春季，Nimbus空间卫星都能接收到来自法国和英格兰南部大西洋离岸的广大区域（10～100 平方英里）强烈可见光的反射。取样调查显示该水域主要含有球石藻 *E. huxleyi*［图 22.16（b）］，赫氏圆石藻的大量球石引起光的强烈反射，卫星刚好将此捕获到（Holligan et al.，1983）。

膜胞藻（*Hymenomonas carterae*）的生活史更为复杂（图 22.20）。*H. carterae* 含有单倍体的 *Apistonema* 时期（21±1 条染色体），该时期由球形或拉长的细胞聚集而成的丝状分枝群体组成。*Apistonema* 期的细胞能通过无性生殖产生游动孢子，后者进而形成新的 *Apistonema* 藻体，也能产生运动的配子。每个无性生殖产生的游动孢子具有两条长的鞭毛和一个杯状的叶绿体，细胞表面覆盖有未钙化的鳞片。同无性生殖的游动孢子相比，配子的细胞尺寸更小，叶绿体减小或没有。雌雄配子融合后，产生的合子发育并产生球石。双倍体的 *Hymenomonas* 时期（42±1 条染色体）含有一个位于外层的球石，在其下面则为几层有机鳞片。在两条鞭毛之间生长着一条短的附生鞭毛，含有球石时期的藻体能通过有丝分裂而使自身得以永存。在某些条件下，*Hymenomonas* 的原生质体能进行减数分裂形成 4 个减数孢子，这些孢子可形成单倍体 *Apistonema* 藻体（von Stosch，1967；Leadbeater，1970；Parke，1971）。

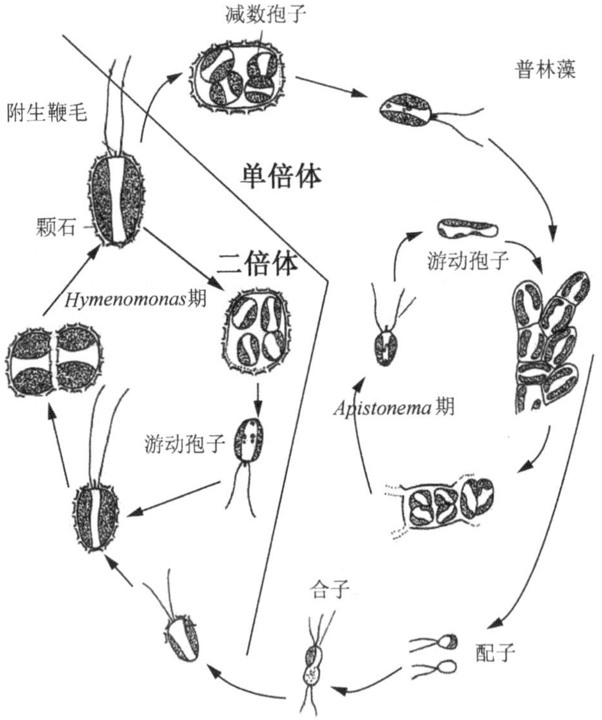

图 22.20 膜胞藻（*Hymenomonas carterae*）的生活史。

普林藻目藻类在其不运动的底栖生活阶段，能够抵御环境的大幅变化。普林藻（*Cricosphaera* sp.）在其底栖生活阶段，在 35～40℃的温度条件下能存活 1 h 或更长，而在冰冻下最多能存活 4 天。在同样的底栖生活阶段，这种藻还能耐受溶液中的盐到达结晶的盐度。通常，*Cricosphaera* sp. 在底栖阶段的生长接近于高潮水位处的生长，而在高潮时这种藻类暴露于大幅变化的环境中。*Cricosphaera* sp. 的运动阶段最低只能耐受0.4%～0.8%的盐度，最高也只能耐受4.5%～5.0%的盐度（Paasche，1968，综述）。

巴夫藻目（Pavlovales）

巴夫藻目藻体的细胞含有两条不等长的鞭毛，附生鞭毛生长在两条鞭毛之间。巴夫藻（*Pavlova*）的两条不等长鞭毛在细胞顶部以下的某个位置生出［图 22.3（b）］（Green，1967，1976；van der Veer，1969，1976；Green and Manton，1970）。长鞭毛在游动时指向前，且其表面覆盖有茸毛和致密体，而短鞭毛伸向外面，其表面含有丝状茸毛。鞭毛和附生鞭毛从细胞表面凹陷的底端生出（Green，1973）。在长鞭毛的基部下端，细胞表面的凹陷向下一直延伸至眼点的内表面处（图 22.21）。这种藻的细胞形状变化很大，细胞内含有一个两叶状叶绿体和一个淀粉核，而眼点存在于叶绿体内。目前尚不清楚这种藻是否可以进行有性生殖，在运动期细胞通过纵裂进行繁殖。

巴夫藻目的藻类含有不寻常的固醇/甾酮，它具有两个羟基，被称为 pavloval（Ghosh et al.，1998）。

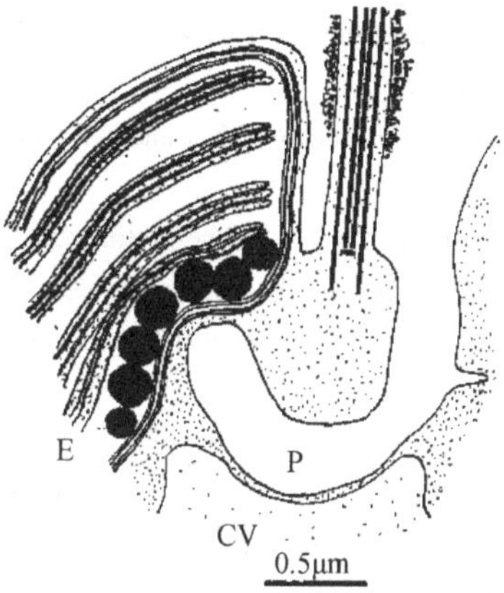

图 22.21　巴夫藻（*Pavlova granifera*）顶部区域的截面图，显示收缩泡（CV）、眼点（E）、长鞭毛（F）和凹陷（pit）（P）。（仿自 Green，1973）

参考文献

Anderson, O. R., Swanberg, N. R., and Bennett, P. (1983). Fine structure of yellow-brown symbionts (Prymnesiida) in solitary radiolaria and their comparison with similar Acantharian symbionts. *J. Protozool.* 30: 718-22.

Balch, W. M., Kilpatrick, K., Holligan, P. M., and Cucci, T. (1993). Coccolith production and detachment in *Emiliania huxleyi* (Prymnesiophyceae). *J. Phycol.* 29: 566-75.

Bhattacharya, D., and Ehlting, J. (1995). Actin coding regions: gene family evolution and use as a phylogenetic marker. *Arch. Protistenk.* 145: 155-64.

Brennan, S. L., Lowenstein, T. K., and Horita, J. (2004). Seawater chemistry and the advent of biocalcifica tion. *Geology* 32: 473-6.

Brown, R. M. (1969). Observations on the relationship of the Golgi apparatus to wall formation in the marine chrysophycean alga, *Pleurochrysis scherfferlii* Pringsheim. *J. Cell Biol.* 41: 109-23.

Chrétiennot-Dinet, M-J., Giraud-Guille, M. M., Vaulot, D., Putaux, J-L., Saito, Y., and Chanzy, H. (1997). The chitinous nature of filaments ejected by *Phaeocystis* (Prymnesiophyceae). *J. Phycol.* 33: 666-72.

Christensen, T. (1962). *Alger Botanik*, Vol. 2, No. 2. Copenhagen: Munksgaard.

Corstjens, P. L. A. M., and Gonzales, E. L. (2004). Effects of nitrogen and phosphorus availability on the expression of the coccolith V-ATPase (subunit C) of *Pleurochrysis* (Haptophyta). *J. Phycol.* 40: 82-7.

Edvardsen, B., Eikrem, W., Green, J. C., Andersen, R. A., Moon-van der Stay, S. Y., and Medlin, L. K. (2000). Phylogenetic reconstructions of the Haptophyta inferred from 18S ribosomal DNA sequences and available morphological data. *Phycologia* 39: 19-35.

Faber, W. W., and Preisig, H. R. (1994). Calcified structures and calcification in protists. *Protoplasma* 181: 78-105.

Fistarol, G. O., Legrand, C., and Granéli, E. (2003). Allelopathic effect of *Prymnesium parvum* on a natural plankton community. *Mar. Ecol. Progr. Ser.* 255: 115-25.

Fournier, R. O. (1969). Observations on the flagellate *Diacronema vlkianum* Prauser (Haptophyceae). *Br. Phycol. J.* 4: 185-90.

Fujiwara, S., Tsuzuki, M., Kawachi, M., Minaka, N., and Inouye, I. (2001). Molecular phylogeny of the Haptophyta based in the rbcL gene and sequence variation in the spacer region of the Rubisco operon. *J. Phycol.* 37: 121-9.

Gallois, R. W. (1976). Coccolith blooms in the Kimmeridge Clay and origin of the North Sea Oil. *Nature* 259: 473-5.

Geisen, M., Billard, C., Broerse, A. T. C., Cros, L., Probert, I., and Young, J. R. (2002). Life-cycle associations involving pairs of holococcolothophorid species: intraspecific variation or cryptic speciation? *Eur. J. Phycol.* 37: 531-50.

Gbosh, P., Patterson, G. W., and Wikfors, G. H. (1998). Sterols of some marine Prymnesiophyceae. *J. Phycol.* 34: 511-4.

Gonzales, E. L. (2004). The proton pump of the calcifying vesicle of the coccolithophore, *Pleurochrysis*. In *Biomineralization*, ed. E. Baeuerlein, pp. 217-8. Weinheim: Wiley-VCH.

Green, J. c. (1967). A new species of *Pavlova* from Madeira. *Br. Phycol. Bull.* 3: 299-303.

Green, J. C. (1973). Studies in the fine structure and taxonomy of flagellates in the genus *Pavlova*. Ⅱ. A freshwater representative, *Pavlova granifera* (Mack) comb. nov. *Br. Phycol. J.* 8: 1-12.

Green, J. C. (1976). Notes on the fiagellar apparatus and taxonomy of *Pavolva mesolychnon* van der Veer, and on the status of *Pavlova* Butcher and related genera within the Haptophyceae. *J. Mar. Biol. Assoc. UK* 56: 595-602.

Green, J. C., and Hibberd, D. J. (1977). The ultrastructure and taxonomy of *Diacronema vlkianum* (Prymnesiophyceae) with special reference to the haptonema and flagellar apparatus. *J. Mar. Biol. Assoc. UK* 57: 1125-36.

Green, J. C., and Leadbeater, B. S. C. (1972). *Chrysochromulina parkae* sp. nov. (Haptophyceae) a new species recorded from S. W. England and Norway. *J. Mar. Biol. Assoc. UK* 52: 469-74.

Green, J. C., and Manton, I. (1970). Studies in the fine structure and taxonomy of flagellates in the genus *Pavlova*. I. A revision of *Pavlova gyrans*, the type species. *J. Mar. Biol. Assoc. UK* 50: 1113-30.

Green, J. C., and Pienaar, R. N. (1977). The taxonomy of the order Isochrysidales (Prymnesiophyceae) with special reference to the genera *Isochrysis* Parke, *Dicrateria* Parke and *Imantonia* Reynolds. *J. Mar. Biol. Assoc. UK* 57: 7-17.

Green, J. C., Course, P. A., and Tarran, G. A. (1996). The life-cycle of *Emiliania huxleyi*: A brief review and a study of relative ploidy levels analyzed by flow cytometry. *J. Marine Systems* 9: 33-44.

Greyson, A. J., Green, J. C., and Leadbeater, B. S. C. (1993). Structure and physiology of the haptonema in *Chrysochromulina* (Prymnesiophyceae). II. Mechanisms of haptonemal coiling and the regeneration process. *J. Phycol.* 29: 686-700.

Guillard, R. R. L., and Hellebust, J. A. (1971). Growth and production of extracellular substances by two strains of *Phaeocystis poucheti*. *J. Phycol.* 7: 330-8.

Haberman, K. L., Ross, R. M., Quetin, L. B., Vernet, M., Nevitt, G. A., and Kozlowski, W. (2002). Grazing by Antarctic krill *Euphausia superba* on *Phaeocystis antarctica*: an immunochemical approach. *Mar. Ecol. Progr. Ser.* 241: 139-49.

Harem, C. E., Simson, D. A., Merkel, R., and Smetacek, V. (1999). Colonies of *Phaeocystis globosa* are protected by a thin but tough skin. *Mar. Ecol. Progr. Ser.* 187: 101-11.

Hansen, P. J., Nielsen, T. G., and Kaas, H. (1995). Distribution and growth of protists and mesozoo-plankton during a bloom of *Chrysochromulina* spp. (Prymnesiophyceae, Prymnesiales). *Phycologia* 34: 409-16.

Hawkins, E. K., and Lee, J. J. (2001). Architecture of the Golgi apparatus of a scale-forming alga biogenesis and transport of scales. *Protoplasma* 216: 227-38.

Hibberd, D. J. (1976). The ultrastructure and taxonomy of the Chrysophyceae and Prymnesiophyceae (Haptophyceae): A survey with some new observations on the ultrastructure of the Chrysophyceae. *Bot. J. Linn. Soc.* 72: 55-80.

Holligan, P. M., Viollier, M., Habour, D. S., Camus, P., and Champagne-Phillipe, M. (1983). Satellite and ship studies of coccolithophore production along a continental shelf. *Nature* 304: 339-42.

Igarashi, T., Satake, M., and Yasumoto, T. (1996). Prymnesium-2: a potent ichthyotoxic and hemolytic glycoside isolated from the red tide alga *Prymnesium parvum*. *J. Am. Chem. Soc.* 118: 479-80.

Inouye, I., and Kawachi, M. (1994). The haptonema. In *The Haptophyte Algae*, ed. J. c. Green, and B. S. C. Leadbeater, Systematics Assn. Special Vol. 51, pp. 73-89. Oxford: Clarendon Press.

Janse, I., van Rijssel, M., van Hall, P. J., Gerswig, G. J., Gottschel, J. C., and Prins, R. A. (1996). The storage glucan of *Phaeocystis globosa* (Prymnesiophyceae) cells. *J. Phycol.* 32: 382-7.

Jordan, R. W., and Chamberlain, A. H. L. (1997). Biodiversity among haptophyte algae. *Biodiversity and Conservation* 6: 131-52.

Kawachi, M., and Inouye, I. (1994). Ca^{2+} mediated induction of the coiling of the haptonema in *Chrysochromulina hirata* (Prymnesiophyceae=Haptophyta). *Phycologia* 33: 53-7.

Kawachi, W., Inouye, I., Maeda, O., and Chihara, M. (1991). The haptonema as a food-capturing device: observations on *Chrysochromulina hirata* (Prymnesiophyceae). *Phycologia* 30: 563-73.

Klaveness, D. (1972). *Coccolithus huxleyi* (Lohm.) Kamptn. II. The flagellate cell, aberrant cell types, vegetative propagation and life cycles. *Br. Phycol. J.* 7: 309-18.

Kreger, D. R., and van der Veer, J. (1970). Paramylon in a Chrysophyte. *Acta Bot. Neerl.* 19: 401-2.

Leadbeater, B. S. C. (1970). Preliminary observations on differences of scale morphology at various stages in the life cycle of "*Apistonema-Syracosphaera*" sensu von Stosch. *Br. Phycol. J.* 5: 57-69.

Lechtreck, K.-F. (2004). An immunofluorescence study of the haptonema of *Chrysochromulina parva* (Prymnesiophyceae). *Phycologia* 43: 635-40.

Legrand, C., Johansson, N., Johnsen, G., Borsheim, K. Y., and Graneli, E. (2001). Phagotrophy and toxicity variation in the mixotrophic *Prymnesium patelliferum* (Haptophyceae). *Limnol. Oceanogr.* 46: 1208-14.

Linschooten, C., van Bleijswijk, J. D. L., van Emburg, P., de Vrind, J. P. M., Kempers, E. S., Westbroek, P., and de Vrind-de Jong, E. W. (1991). Role of light-dark cycle and medium composition in the production of coccoliths by *Emiliania huxleyi* (Haptophyceae). *J. Phycol.* 27: 82-6.

Manton, I. (1964). Further observations on the fine structure of the haptonema in *Prymnesium parvum*. *Arch. Mikrobiol.* 49: 315-30.

Manton, I. (1966). Further observations on the fine structure of *Chrysochromulina chiton*, with special reference to the pyrenoid. *J. Cell Sci.* 1: 187-92.

Manton, I. (1967a). Further observations on the fine structure of *Chrysochromulina chiton*, with special reference to the haptonema, "peculiar" Golgi and aspects of scale production. *J. Cell Sci.* 2: 265-72.

Manton, I. (1967b). Further observations on scale formation in *Chrysochromulina chiton*. *J. Cell Sci*. 2: 411-18.

Manton, I. (1968). Further observations on the microanatomy of the haptonema in *Chrysochrornulina chiton* and *Prymnesium parvum*. *Protoplasma* 66: 35-53.

Manton, I. (1972). Preliminary observations on *Chrysochromulina mactra* sp. nov. *Br. Phycol. J*. 7: 21-35.

Manton, I., and Parke, M. (1962). Preliminary observations on scales and their mode of origin in *Chrysochromulina polylepis* sp. nov. *J. Mar. Biol. Assoc. UK* 42: 565-78.

Manton, I., and Peterfi, L. S. (1969). Observations on the fine structure ofcoccoliths, scales and the protoplast of a freshwater coccolithophorid. *Hymenomonas roseola* Stein, with supplementary observations on the protoplast of *Cricosphaera carterae*. *Proc. R. Soc. Lond*. [*B*] 172: 1-15.

Manton, I., Sutherland, J., and Oates, K. (1977). Arctic coccolithophorids: *Wigwammia arctica* gen. et sp. nov. from Greenland and arctic Canada. *W. annulifera* sp. nov. from South Africa and S. Alaska and *Calciarcus alaskensis* gen. et sp. nov. from S. *Alaska*. *Proc. R. Soc. Lond*. [*B*] 197: 145-68.

Marsh, M. E. (1994). Polyanion-mediated mineralization - assembly and reorganization of acidic polysachharides in the Golgi system of a coccolithophorid alga during mineral deposition. *Protoplasma* 177: 108-22.

Marsh, M. E. (1996). Polyanion-mediated mineralization - a kinetic analysis of the calciumcarrier hypothesis in the phytoflagellate *Pleurochrysis carterae*. *Protoplasma* 190: 181-8.

Marsh, M. E. (2004). Biomineralization in coccolithophores. In *Biomineralization*, ed. E. Baeuerlein, pp. 198-215. Weinheim: Wiley-VCH.

Medlin, L. K., Barker, G. L. A., Baumann, M., Hayes, P. K., and Lange, M. (1994). Molecular biology and systematics. In *The Haptophyte Algae*, ed. J. C. Green, and B. S. C. Leadbeater, Systematics Assn. Special Vol. 51, pp. 393-411. Oxford: Clarendon Press.

Moestrup, Ø. (1994). Economic aspects: "blooms", nuisance species, and toxins. In *The Haptophyte Algae*, ed. J. C. Green, and B. S. C. Leadbeater, Systematics Assn. Special Vol. 51, pp. 265-85. Oxford: Clarendon Press.

Nielsen, M. V. (1995). Photosynthetic characteristics of the coccolithophorid *Emiliania huxleyi* (Prymnesiophyceae) exposed to elevated concentrations of dissolved inorganic carbon. *J. Phycol*. 31: 715-19.

Outka, D. E., and Williams, D. C. (1971). Sequential coccolith morphogenesis in *Hymenomonas carterae*. *J. Protozool*. 18: 285-97.

Paasche, E. (1968). Biology and physiology of coccolithophorids. *Annu. Rev. Microbiol*. 22: 71-86.

Paasche, E. (2002). A review of the coccolithophorid *Emiliania huxleyi* (Prymnesiophyceae), with particular reference to growth, coccolith formation and calcification-photosynthesis interactions. *Phycologia* 40: 503-29.

Parke, M. (1971). The production of calcareous elements by benthic algae belonging to the class Haptophyceae (Chrysophyta). *Proc. II Plank. Conf*., pp. 929-38.

Parke, M., and Manton, I. (1962). Studies on marine flagellates. VI. *Chrysochromulina pringsheimii* sp. nov. *J. Mar. Biol. Assoc. UK* 42: 391-404.

Parke, M., Manton, I., and Clarke, B. (1955). Studies on marine flagellates. II. Three new species of *Chrysochromulina*. *J. Mar. Biol. Assoc. UK* 34: 579-609.

Parke, M., Manton, I., and Clarke, B. (1956). Studies on marine flagellates. III. Three further species of *Chrysochromulina*. *J. Mar. Biol. Assoc. UK* 35: 387-414.

Parke, M., Lund, J. W. G., and Manton, I. (1962). Observations on the biology and fine structure of the type species of *Chrysochromulina* (C. parva Lackey) in the English Lake District. *Arch. Mikrobiol*. 42: 333-52.

Pringsheim, E. G. (1955). Kleine Mitteilungen über Flagellaten und Algen. I. Algenartige Chrysophyceen in Reinkultur. *Arch. Mikrobiol*. 21: 401-10.

Reynolds, N. (1974). *Imantonia rotunda* gen. et sp. nov., a new member of the Haptophyceae. *Br. Phycol. J*. 9: 429-34.

Rowson, J. D., Leadbeater, B. S. C., and Green, J. C. (1986). Calcium carbonate deposition in the motile (*Crys-*

tallolithus) phase of *Coccolithus pelagicus*. *Br. J. Phycol.* 21: 359-70.

Savage, R. E. (1930). The influence of *Phaeocystis* on the migration of the herring. *Fish. Invest.*, *Lond.*, *Ser II* 12: 5-14.

Shilo, M. (1967). Formation and mode of action of algal toxins. *Bacteriol. Rev.* 31: 180-93.

Simonsen, S., and Moestrup, Ø. (1997). Toxicity tests in eight species of *Chrysochromulina* (Haptophyta). *Can. J. Bot.* 75: 129-36.

Skovgaard, A., and Hansen, P. J. (2003). Food uptake in the harmful alga *Prymnesium parvum* mediated by excreted toxins. *Limnol. Oceanogr.* 48: 1161-6.

Solomon, C. M., Lessard, E. J., Keil, R. G., and Foy, M. S. (2003). Characterization of extracellular polymers of *Phaeocystis globosa* and *P. antarctica*. *Mar. Ecol. Progr. Set.* 250: 81-9.

Tang, K. W. (2003). Grazing and colony size development in *Phaeocystis globosa* (Prymnesiophyceae): the role of the chemical signal. *J. Plankton Res.* 25: 831-42.

Tasch, P. (1973). *Paleobiology of the Invertebrates*. New York: John Wiley.

van der Veer, J. (1969). *Pavlova mesolychnon* (Chrysophyta), a new species from the Tamar Estuary, Cornwall, *Acta Bot. Neerl.* 18: 496-510.

van der Veer, J. (1976). *Pavlova calceolata* (Haptophyceae), a new species from the Tamar Estuary, Cornwall, England. *J. Mar. Biol. Assoc. UK* 56: 21-30.

van der Wal, P., deVrind, J. P. M., deVrind-deJong, E. W., and Borman, A. H. (1987). Incompleteness of the coccosphere as a possible stimulus for coccolith formation in *Pleurochrysis carterae* (Prymnesiophyceae). *J. Phycol.* 23: 218-21.

van Rijssel, M., Hamm, C. E., and Gieskes, W. W. C. (1997). *Phaeocystis globosa* (Prymnesiophyceae) colonies: hollow structures built with small amounts of polysaccharides. *Eur. J. Phycol* 32: 185-92.

von Stosch, H. A. (1967). Haptophyceae. In *Vegetative Forplanzung*, *Parthenogenese und Apogarnie bie Algen*, ed. W. Ruhland, *Encyclopedia of Plant Physiology* 18: 646-56.

Young, J. R., Didymus, J. M., Bown, P. R., Prins, B., and Mann, S. (1992). Crystal assembly and phylogenetic evolution in heterococcoliths. *Nature* 356: 516-18.

Zapata, M., Jeffrey, S. W., Wright, S. W., Rodriguez, F., Garrido, J. L., and Clementson, L. (2004). Photosynthetic pigments in 37 species (65 strains) of Haptophyta: implications for oceanography and chemotaxonomy. *Mar. Ecol. Progr. Ser.* 270: 83-102.

（王高歌 尤 凯 译，胡自民 段德麟 校）

第二十三章

藻类与环境

“藻类与环境的相互关系”可以单独写一部完整专著，本章选择近二十年来的一些热点话题进行讨论。

有毒藻类

藻类可以通过两个基本途径表现致毒性（Hallegraeff et al.，2003）。

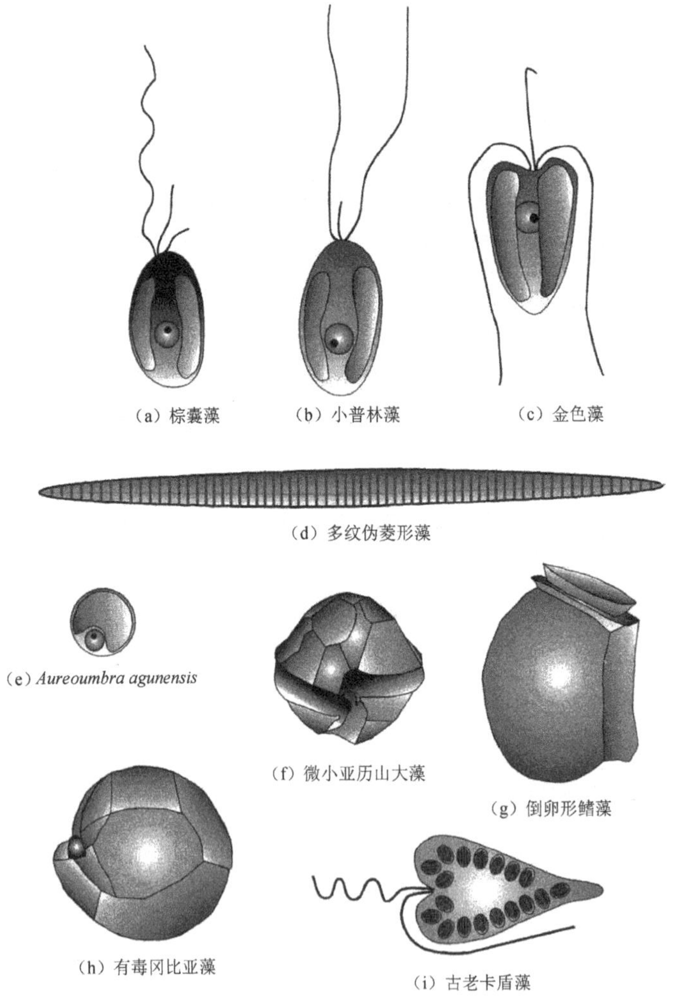

图 23.1　海洋藻类毒性示例。

(1) 在水环境中形成大种群。某些藻类｛如硅藻门的角毛藻（*Chaetoceros*）（图 17.44 和图 17.45）或黄藻门定鞭金藻（*Chrysochromulina*）［图 23.1（c）］｝的快速生长能阻塞鱼鳃，成为水产养殖中一个特别的问题；此外，水华末期藻细胞死亡分解耗氧造成的厌氧条件能导致鱼类死亡。

(2) 分泌毒素（production of toxin）。一些藻类能产生使其捕食者患病或致死的毒素。事实上，这可能是这些藻类在进化过程中为了减少被捕食而选择的对策（Gilbert，1996）。滤食性甲壳类通过滤食这些藻类而在体内积累大量毒素，人类、鸟类和动物摄食这些甲壳类会导致疾病和死亡。

能够分泌藻毒素的藻类主要有以下几种。

蓝藻（Cyanophyceae）［也称蓝细菌（cyanobacteria）］

• 神经毒素（neurotoxin）类毒素（anatoxin）与贝类毒素（saxitoxin）［图 23.2（c）］能够妨碍神经元间的信号转导。这些生物碱（含氮化合物）与受电压激活的钠离子通道结合，阻滞钠离子的流动，因此阻止了一个动作电位的产生（Shimizu，2002）。

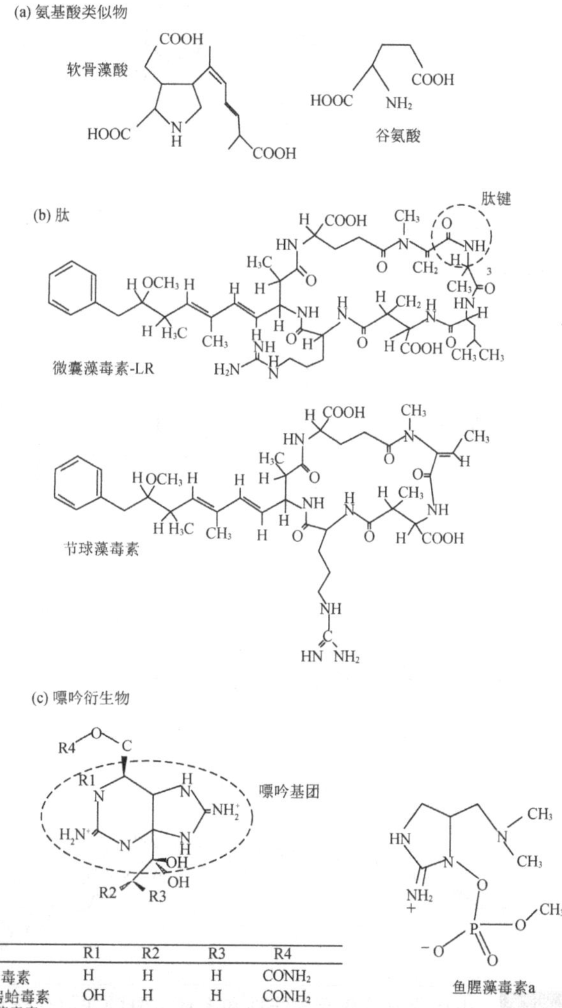

	R1	R2	R3	R4
i.石房蛤毒素	H	H	H	$CONH_2$
ii.新石房蛤毒素	OH	H	H	$CONH_2$
iii.膝沟藻毒素	OH	H	OSO_3	$CONH_2$

图 23.2　由氨基酸类似物、肽和嘌呤衍生物组成的藻毒素的化学结构。

• 肝毒素（hepatotoxin）微囊藻毒素（microcystin）[图 23.2（b）] 和节球藻毒素（nodularin）[图 23.2（b）] 都是蛋白磷酸酶 1A 和 2A 的抑制剂。

甲藻（Dinophyceae/dinoflagellate）

• 腹泻性贝毒（diarrhetic shellfish poisoning）由冈田（软海绵）酸（okadaic acid）[图 23.3（e）]、大环内酯类毒素（macrolide toxin）和虾夷扇贝毒素（yessotoxin）[图 23.4（f）] 引起，冈田（软海绵）酸和相关的鳍藻毒素（dinophysistoxin）[图 23.3（e）] 的自由羧基基团结合在蛋白磷酸酶的催化位点上，是蛋白磷酸酶的抑制剂。虾夷扇贝毒素可以干扰细胞内的 AMP 循环导致细胞毒性（Cembella，2003）。

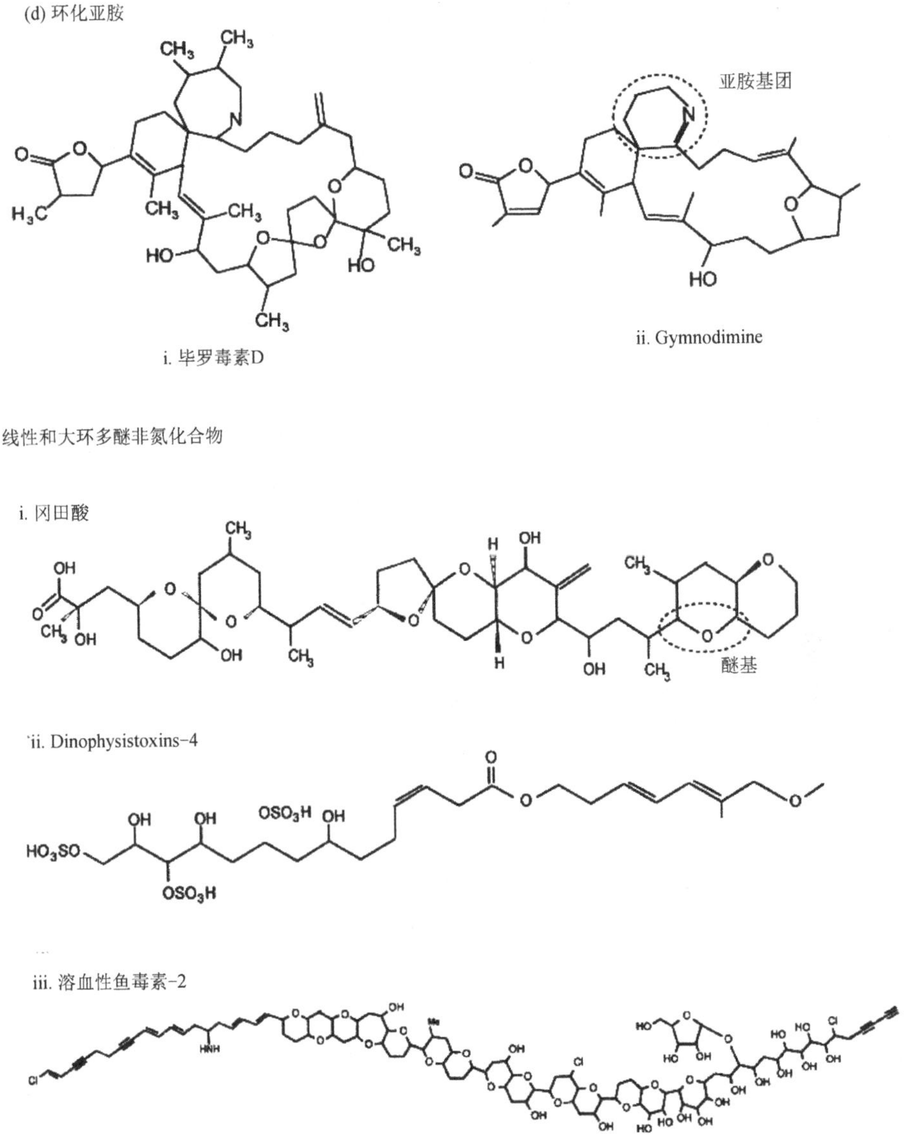

图 23.3 由环化亚胺环及含线性和大环多醚的非氮化合物组成的藻毒素的化学结构。

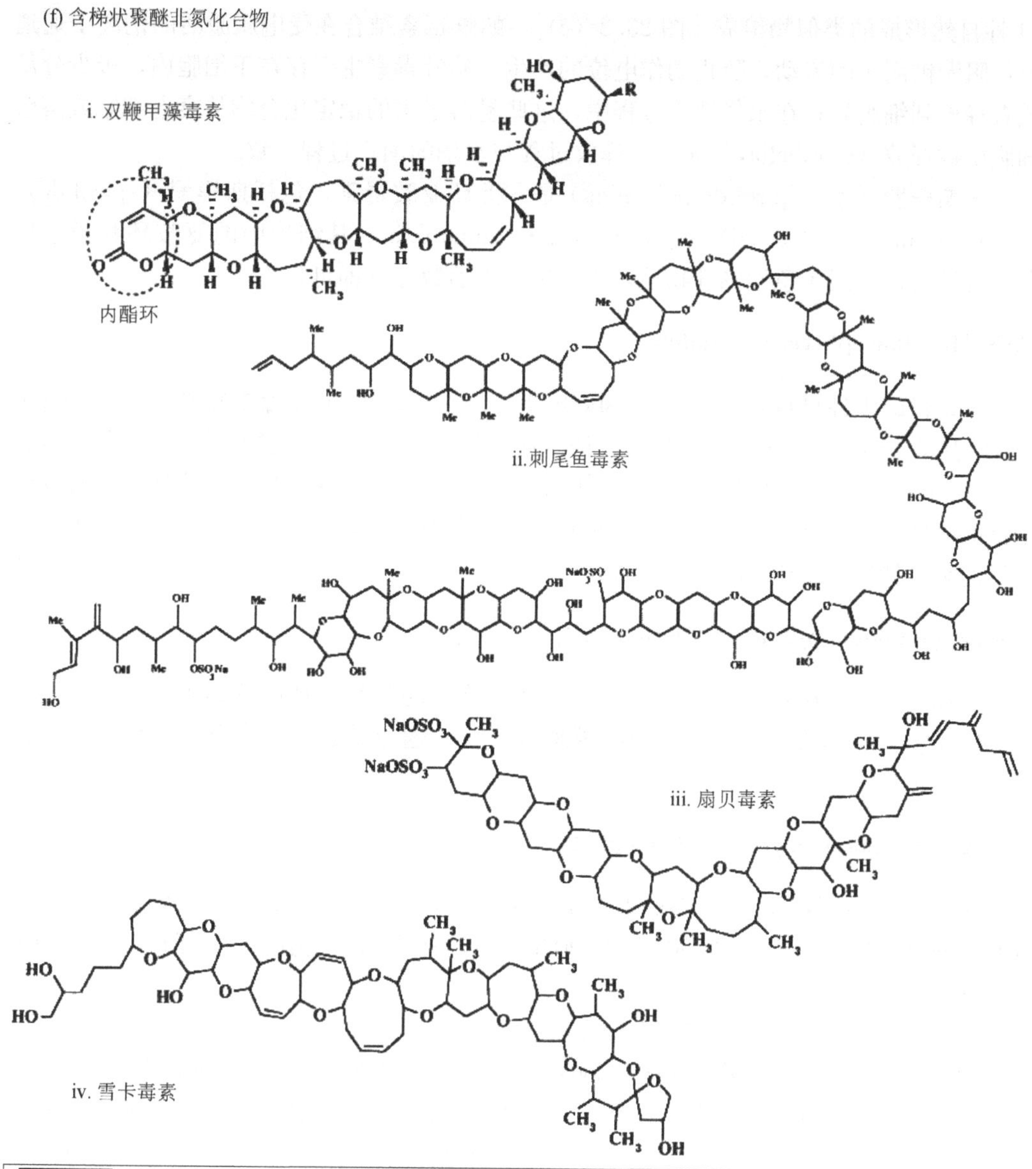

图 23.4 包含梯状聚醚的非氮化物藻毒素的化学结构。

• 西加鱼毒（ciguatera fish poisoning）由西加毒素（又名雪卡毒素）（ciguatoxin）、刺尾鱼毒素（maitotoxin）和短裸甲藻毒素（brevetoxin）［图 23.4（f）］引起，这些化合物全部是离子通道干扰物，可以增加细胞膜对阳离子的透性，导致膜的去极化（Cembella，2003）。短裸甲藻毒素需要内酯环结构才具有活性，西加毒素和短裸甲藻毒素与电压敏感通道结合，增加细胞膜的透性，导致膜的去极化。刺尾鱼毒素引起钙离子通道的活化，导致钙离子的流动和钙调素的活化（Igarashi et al.，1999），随后使得磷酸酶 A2 活性增强，并最后导致细胞膜破裂。

• 麻痹性贝类毒素（paralytic shellfish poisoning）由蛤蚌毒素（saxitoxin）及其约

24种自然形成的类似物组成[图23.2(c)]，蛤蚌毒素结合在受电压激活的钠离子通道上，阻滞钠离子的流动，防止动作电位的产生。蛤蚌毒素主要存在于细胞内，极少分泌或者释放到细胞外；在水华消亡过程中，这些易溶于水的稳定化合物从衰老细胞或溶解细胞中被释放（Cembella，2003），释放过程与水华的消亡过程一致。

• 斯毕罗毒素（spirolide poisoning）是一类环亚胺毒素，包括斯毕罗（spirolide）、gymnodimine[图23.3(d)]、pteriatoxin 和 pinnatoxin。其结构中的亚胺环赋予它们分子毒性特征，属于急性毒性物质，小白鼠口服后数分钟即可死亡。

硅藻（Bacillariophyceae）（diatom）

• 记忆缺失性贝毒素（amnesic shellfish poinoning）由神经毒素软骨藻酸（domoic acid）引起[图23.2(d)]，软骨藻酸是一种氨基酸，它具有谷氨酸受体激动剂（glutamate agonist）的功能（具有具细胞受体亲和力的化合物），在人体中它能使谷氨酸受体丰富的区域（如海马）产生广泛的去极化。软骨藻酸的生物合成仅仅在胁迫条件下是可诱导的和可持续的（Pan et al.，1998）。

针胞藻（Raphidophyceae）（chloromonad）

• 赤潮毒素（red tide poisoning）。一些针胞藻能产生短裸甲藻毒素（brevetoxin）[图23.4(f)]，这种神经毒素与受电压激活的 Na^+ 通道结合，能导致 Na^+ 的快速流动和膜的去极化。

定鞭藻（Prymnesiophyceae）（haptophyte）

• 它产生的藻毒素——定鞭藻毒素（prymnesin）是一种溶血性鱼毒素[图23.3(e)]，通过破坏细胞膜上的小孔导致红血细胞的溶血作用，能引起阳离子的流动和膜的去极化。

藻毒素还可依据其化学结构进行分类（Cembella，2003）。

(1) 氨基酸类似物。软骨藻酸（domoic acid）[图23.2(a)]是一种由硅藻拟菱形藻（*Pseudo-nitzchia* spp.）[图17.27、图17.29和图23.1(d)]分泌的谷氨酸受体激活剂。

(2) 肽类。微囊藻毒素（microcystin）和节球藻毒素（nodularin）[图23.2(b)]，这些藻毒素由蓝藻产生，微囊藻毒素由微囊藻（*Microcystis*）（图2.48和图2.56）、鱼腥藻（*Anabaena*）[图2.16和图2.18(d)]、念珠藻（*Nostoc*）[图2.46(b)、图2.46(c)、图2.46(d)和图2.57(a)]、节球藻（*Nodularia*）[图2.42(a)]和颤藻（*Oscillatoria*）[图2.19(a)、图2.19(b)和图2.34(a)]产生，节球藻毒素由节球藻（*Nodularia*）[图2.42(a)]产生。

(3) 嘌呤衍生物。此类物质包括巨蚌毒素（saxitoxin）、膝沟藻毒素（gonyautoxin）和类毒素（anatoxin）（图23.2）。这些分子有二十多种类似物，它们的效力存在几个数量级的变化。巨蚌毒素的半致死浓度（LD_{50}）为 10 $\mu g \cdot kg^{-1}$；脱氨甲酰基类毒素衍生物具有中间毒性作用（脱氨甲酰基巨蚌毒素的半致死浓度为 20 $\mu g \cdot kg^{-1}$）；*N*-磺酰氨甲酰基类毒素显示低的毒性作用，其半致死浓度为 163 $\mu g \cdot kg^{-1}$。某些蓝藻和甲藻（*Alexandrium* spp.）［图 7.35、图 7.36 和图 23.1（f）］、*Pyrodinium bahamense*（图 7.34）和 *Gymnodinium catenatum* 都能分泌巨蚌毒素。而蓝藻门的鱼腥藻（*Anabaena*）［图 2.16 和图 2.18（d）］、束丝藻（*Aphanizomenon*）［图 2.18（b）］、颤藻（*Oscillatoria*）［图 2.19（a）、图 2.19（b）和图 2.34（a）］、束毛藻（*Trichodesmium*）［图 2.56（g）］能分泌类毒素。

（4）环亚胺类。此类物质包括斯毕罗毒素（spirolide）［图 23.3（d）］和 gymnodimine［图 23.3（d）］。斯毕罗毒素（spirolide）是由海洋甲藻亚历山大藻产生，而 gymnodimine 是由甲藻 *Karenia selliformis* 产生。

（5）含有线性和大环聚醚的非氮化合物。此类物质包括冈田酸（okadaic acid）［图 23.3（e）］、鳍藻毒素（dinophysistoxin）［图 23.3（e）］和金藻毒素（prymnesium）［图 23.3（e）］。冈田酸及相关鳍藻毒素由底栖甲藻原甲藻（*Prorocentrum*）［图 7.30（c）和图 7.55］和浮游鳍藻（*Dinophysis*）［图 7.30（a）和图 7.30（b）］分泌，金藻毒素是由附生金藻（*Prymnesium*）（图 22.7）分泌的。

（6）含梯状聚醚的非氮化合物。此类物质包括 brevetoxin［图 23.4（f）］、ciguatoxin［图 23.4（f）］和 yessotoxin［图 23.4（f）］。brevetoxin 由甲藻 *Karenia*（裸甲藻）（图 7.19 和图 7.59）、褐胞藻 *Chattonella*（图 18.3）和 *Heterosigma*［图 18.1（a）］产生；雪卡毒素是由热带和亚热带种底栖甲藻 *Gambierdiscus*（图 7.6 和图 7.32）产生；yessotoxin 由甲藻 *Prorocertium* 产生。

有毒藻类与二叠纪末的生物大灭绝

所有真核有毒藻类含有的叶绿体内质网都包围着叶绿体，后者由二次内共生进化而来。藻类通过晚二叠纪中期的二次内共生进化而来（Medlin et al.，1997）。

在二叠纪晚期（大约 27 亿年前）约有 90%的海洋物种发生灭绝（Sepkoski，1984；Erwin，1993）（图 23.5）。在灭绝之前的古生代的海洋中，无脊椎动物中滤食性的表栖动物群（附生在一种成熟形态的基质上）占绝对优势，它们从水体中筛分食物颗粒供生命需要。二叠纪和三叠纪的分界线就是这些动物物种的灭绝；同时这个分界线还是古生代结束和中生代开始的标志。中生代的海洋中则包含不同的动物群落，滤食性种类大幅减少，动物一般具备较好的运动性，肉食性和穴居在更深处的沉积物中的动物群落呈现扩张态势。因此，二叠纪末期海洋动物的大规模灭绝与成熟形态的海底和水体过滤有机质有关。同不以浮游生物为食物的种类相比，那些从海水中过滤浮游生物的海洋无脊椎动物及其幼虫具有更高的灭绝比率（Christiansen and Fenchel，1979；Joblonshi and Lutz，1983；Valentine and Joblonski，1986）。在二叠纪末期灭绝的无脊椎动物具有某种高度一致的特征，即从海水中筛分有机质以滤食方式摄食。

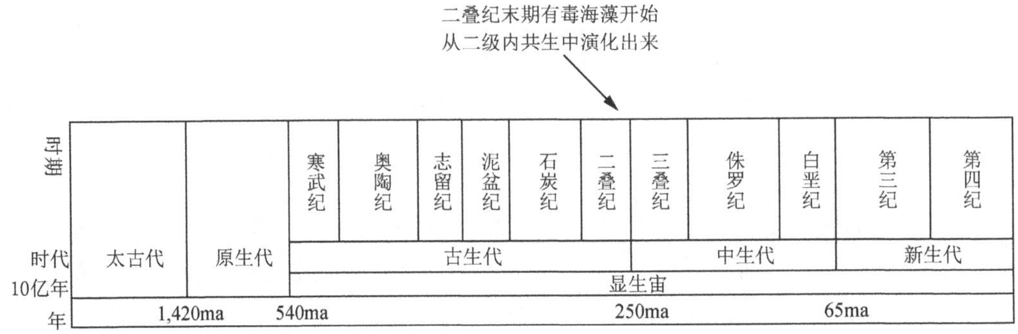

图 23.5 二叠纪末期大灭绝的地质年代定位。

在二叠纪末的大灭绝期间，起源于二次内共生的有毒藻类的进化与无脊椎动物的衰落同步进行，附在滤食性无脊椎动物上的具有古生代海洋特征的种类对二叠纪末期新近进化的藻类分泌的毒素表现出易感性，这产生了选择性压力，引起这些敏感种类的衰落和新的动物群落的进化。但对于在海洋中生活的有毒藻类而言，它们非常灵活，受到的影响亦较小。

地球冷却、云凝结核与二甲基巯基丙酸

淡水藻类通过调节细胞原生质中的丙三醇产物来适应外部盐浓度的变化（Fisher et al.，1994），海水藻类则通过调节细胞原生质中二甲基巯基丙酸（DMSP）来适应外部盐浓度的变化（Wolfe et al.，1997）。外部盐浓度越高，原生质中的丙三醇或二甲基巯基丙酸含量也越高。丙三醇和羧乙基二甲基锍能被用于适应外部盐浓度的变化是因为它们不像有机盐那样干扰细胞的正常功能（Keller and Korjeff-Bellows，1996）。

海洋藻类二甲基巯基丙酸的产生是云的形成和地球大气层温度变化的一个重要因子。海洋藻类死亡后，二甲基巯基丙酸被释放到海洋中，它们在海洋中分解为二甲基硫化物和肉桂酸（丙烯酸）（图 23.6）（Liss et al.，1997）。二甲基硫化物溶解在海水中后，最终从海水逸出进入大气，在大气层中被氧化成为甲基磺酸和硫酸。甲基磺酸和硫酸具有较低的蒸汽压力，它们沉积在大气气溶胶中形成云凝结核（cloud condensation nuclei）。云凝结核是小的吸湿材料颗粒，可浓缩液态水（Cox，1997）。这一过程形成雨和云的反照率，反照率是云将太阳光反射回大气层的能力；云越多，反射率与反照率越强，地球的热效应就越弱（Charlson et al.，1987）。这和人类燃烧化石能源，使得大气中的 CO_2 含量上升、温室效应增强和地球温度升高刚好相反（Jones and Slingo，1997）。

燃烧化石能源同样可以产生大气硫黄酸，但人类活动产生的大气硫黄酸主要分布在北半球且位于陆地上空（Liss et al.，1997）。与此对应，在海洋上空，云凝结核大部分来自二甲基硫化物氧化物。定鞭金藻和甲藻的每个细胞产生的二甲基巯基丙酸高于其他海洋藻类（如硅藻），且它们产生的二甲基巯基丙酸是海洋上空云凝结核的主要贡献者（Malin，1996）。

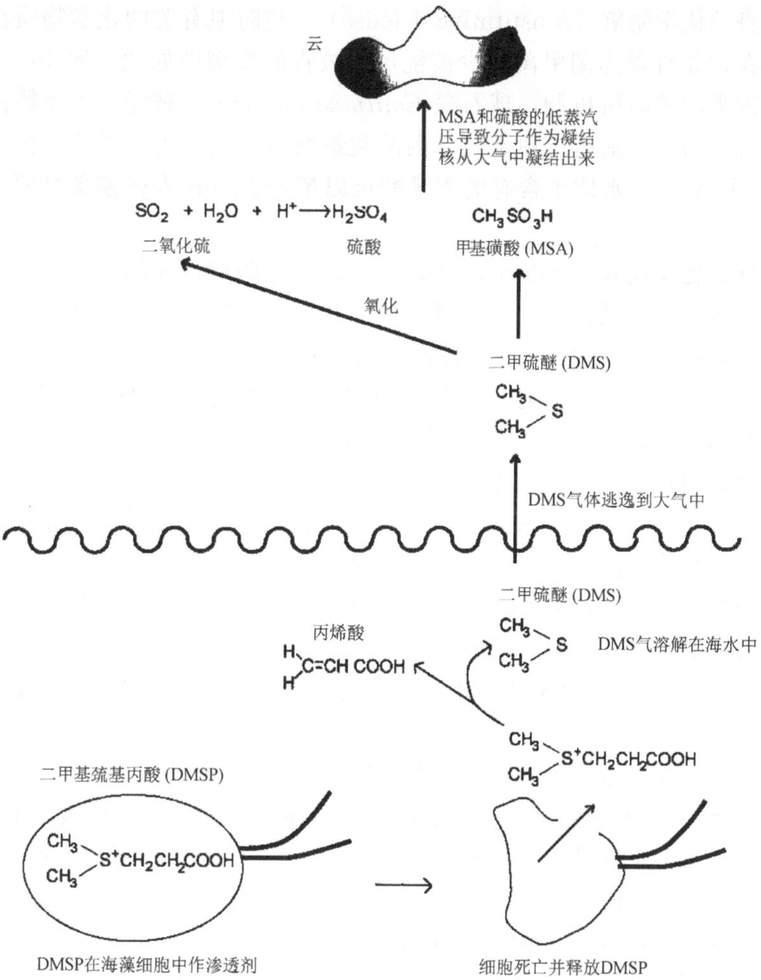

图 23.6 大气层中二甲基巯基丙酸产生云凝结核的机制。

海洋鞭毛藻类可利用二甲基巯基丙酸（取代丙三醇）作为渗透压调节物质，这是因为二甲基巯基丙酸的降解可以产生肉桂酸（丙烯酸），海水酸化使得更多的 CO_2 被光合作用利用（见叶绿体内质网的进化）。尽管肉桂酸被细菌代谢掉，但在由定鞭金藻 *Phaeocystis* 形成的水华中有大量肉桂酸，它们在水华结束后有时对水体中其他微生物的生长显现出阻碍作用（Savage，1930）。

藻类的化学防御机制

无脊椎动物对大型藻类的摄食和对微藻的捕食导致藻类生物量的急剧下降，藻类因此也进化出化学防卫机制以抵御来自其他生物的摄食压力，包括自身的或者被诱导的化学防御。

（1）自身的化学防御（constitutive defense）。与防卫有关的化学物质在整个生命过程中都存在，如有毒赤潮甲藻减少被桡足类牧食的事例即如此（Wolfe，2000）。球石藻也具有该类型的防御机制，球石藻 *Emiliana huxleyi* 在被无脊椎动物摄食时羧乙基二甲基铳含量增加，随后二甲基巯基丙酸裂解酶将其裂解为二甲基硫化物和肉桂酸（丙烯酸）（图 23.6）。水体中含有的丙烯酸可以帮助 *E. huxleyi* 避免被原生动物捕食（Strom et al.，2003）。

（2）诱导的化学防御（inducible defense）。具有防御功能的化学物质只有在藻类面临来自捕食者摄取的情况下才被诱导产生。化学物质的分泌对于藻细胞而言成本高昂，仅仅在有被摄食危险的情况下分泌该物质才显得非常经济。例如，褐藻细胞中诱导防御化合物褐藻多酚和红藻细胞中的诱导防御化合物卤化富纶（聚酰胺纤维）仅仅在无脊椎动物捕食压力的情况下才会增加（Pavia et al.，2003）。

防御化合物可以被分为以下几类。

• 同种化感物质（seriochemical）：它在同一物种的不同个体间起作用，如作用在有性生殖中的信息素（pheromone）就是同种化感物质。

• 异种化感物质（allelochemical）：它在不同物种间起作用，利他素和互益素就是典型的异种化感物质（Cembella，2003）。

利他素（kairomone）是由捕食者分泌的诱导被捕食者行为、形态或生活史改变的化学物质。

（1）利他素是由被捕食者分泌的有毒化合物，在消化前期捕食者通过嗅觉或者味觉感应它，进而起到摄食威慑的作用。这种接触信号可以被局限在被摄食细胞的表面或者释放至介质中。它们的主要目的通常不是麻醉捕食者，而是阻止捕食者品尝，或使得捕食者在物理处理和捕获后开始快速释放被捕食者。例如，牧食试验将砂壳纤毛虫 *Favella ehrenbergi* 暴露在有毒甲藻 *Alexandrium* 的细胞中，一旦某个甲藻细胞的达到阈值，将使得纤毛虫出现逆向甲藻细胞的游动（Hansen et al.，1992）。

（2）利他素作为被摄取细胞释放的有毒化合物，它能导致摄食者物理能力的丧失或者死亡。定鞭金藻 *Phaeocystis* 含有大量的β-羧乙基二甲基铳。藻细胞的摄取会释放胞内的二甲基巯基丙酸导致异养甲藻 *Amphidinium*、*Gymnodinium*、*Oxyrrhis* 和纤毛虫 *Coxliella* 摄食的下降（Strom et al.，2003）。

（3）对于成年捕食者而言，利他素是一种低急性毒性的秘密化合物，它被消化后能使得捕食者生育力（产生后代的能力）下降。消化后期威慑对于单个被摄食的细胞已明显没有保护作用，但在群落尺度可以维持对群体的防御。例如，桡足类对于高浓度硅藻的摄食导致其无节幼体的发育能力较弱（Paffenhofer，2002；Ianora et al.，2003）。

互益素（synomone）由被捕食者分泌，它用来吸引食物网中处于该捕食者下一级的其他捕食者。

南极与南部海洋

在南极洲周围水体中的浮游植物支撑着丰富的海洋生命。紧邻南极大陆的东风驱动南极的沿岸流（antarctic coastal current）或东风漂流（east wind drift）（图 23.7）。此处往北，西风驱动地球最大的水流系统之一，称之为南极绕极流（antarctic circumpolar current）或西风漂流（west wind drift）（Garrison and Siniff，1986）。这个流场环绕南极洲畅通无阻地流动，运送 2～3 倍于海湾河流的水量；上升流区出现在南极沿岸流和南极绕极流之间。这种上升流运输营养丰富的深层水向表层运动，而营养丰富的水体外溢对南极浮游植物大量繁殖创造了一个有利环境。出现在南极大陆和南极绕极流外缘间的南部海洋（southern ocean）约占世界海洋的 10%，在南半球（南区）夏天南部海洋中浮游植物的大量增殖为海洋食物网提供能量。而浮游动物，特别是丰富的南极磷虾（*Euphasia superba*）为脊椎动物种群提供食物来源。

围绕南极大陆的海洋冰川可以被分成：①多年持续存在的陆地固定冰川（land-fast ice）；②在南半球（南区）夏季（12 月至翌年 3 月）破碎的浮冰（pack ice）（图 23.7）。在南极冰川中存在两个基本的藻类群落：位于冰川底部的底栖藻类和生活在冰川中的藻类群落。

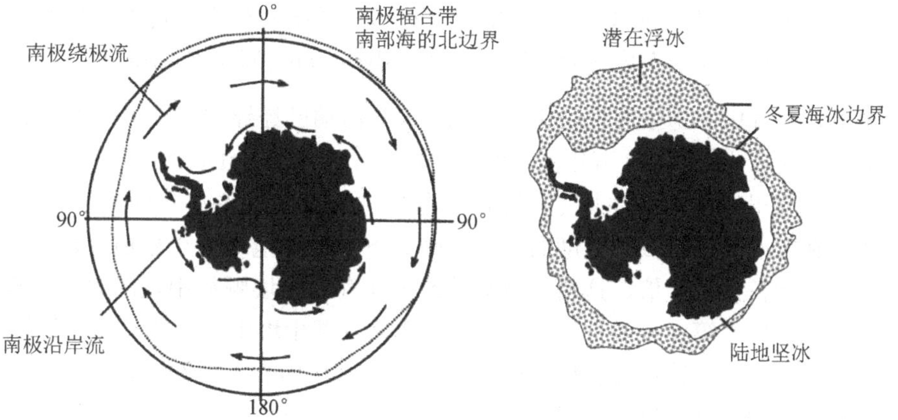

图 23.7　围绕南极洲的南部海洋中的洋流和冰川示意图。

（1）底栖藻类（bottom-dwelling algae）主要是硅藻，如 *Nitzschia stellata* 和 *Amphiprora* sp.，主要出现在陆地固定冰川的底部，浮冰下没有群落结构完整的底栖硅藻群落，可能是由于浮冰下磷虾的高强度摄食导致的，对破冰船的观察发现磷虾在上翻冰川或者冰川洞口蜂拥聚集。

（2）冰川藻类群落（algae growing in the ice）。生活在冰块中的藻类依赖冰块的环境条件，起初，在南极秋冬季海水结冰过程中盐被排除在外，使得冰中盐水内含物的盐度在 10%左右，盐水内含物中包含的严寒藻类和盐藻能耐受寒冷和高盐度；甲藻、金藻和绿藻 *Mantoniella* 是盐水内含物中的常见种类（Stoecker et al.，1998），这些盐水藻类在表层冰融化稀释盐水并产生低盐环境和形成新的藻类群落前达到峰值，然后形成休眠孢子。冰雪融化的水中含有的大量可利用营养物质有助于硅藻如 *Nitzschia corta* 增殖；当浮冰融化时，冰中的藻类释放到水柱中，为夏季的浮游植物水华暴发形成一个种子库（Smith and Nelson，1986）。

华丽的试验设计

因人类活动引起的温室效应已经导致大气中 CO_2 的增加和地球大气圈的潜在升温，大气 CO_2 的下降可以通过以下途径实现：减少化石能源的燃烧，或将 CO_2 从大气圈中移走。

来自加利福尼亚 Moss Landing 海洋实验室的约翰·马丁（John Martin）提出了一个关于在营养丰富的海洋中利用铁元素限制浮游植物生产力的假说。他后来进一步建议向南部海洋（其中存在大量未利用的营养物质）中施加铁肥，提高浮游生物的光合作用，促进大气圈中 CO_2 向深海的流动，深海可容纳的 CO_2 含量是大气圈的 60 倍；他认为这个计划完全可行。

"我首先要说，1988 年 7 月在伍兹霍尔（Woods Hole）海洋研究所召开的期刊俱乐部讲座或多或少有点滑稽。我估计只需 30 万吨铁，南海中的浮游植物就可呈现繁盛状态，而且可以消除 20 亿吨的 CO_2。按照 Strangelove 博士的想法，我认为大约只需要半船的铁，我就可以给你一个冰河时代"。——Chisholm and Morel（1991）

历史上，大气中 CO_2 浓度曾经历过变化。人类活动已经导致大气中 CO_2 由最后一次冰河时期（末次冰盛期，1.8 万年前）的 200 $\mu g \cdot ml^{-1}$ 到今天的大约 350 ppm 的增加。在冰河时期，冰川处最低量时大气中的 CO_2 为 280 ppm，与 1900 年时大气中 CO_2 含量大致相当。在末次冰盛期 CO_2 浓度的下降原因如下：铁在地球的干旱地区增加了 5 倍，同期在风中也增长了 1.5 倍，这两个因素导致了在气载尘埃颗粒中铁的含量出现 50 倍的增加。铁是地球上第 4 种最常见的元素，对于在气载尘埃中含有的大量铁，其中大部分都沉积在海洋中。这使得光合作用增加了 3 倍，CO_2 下降到约 200 ppm，引起温室效应下降，地球变得冷却，进而冰河时代来临（Martin，1990）。

添加铁到南部海洋以减少大气中的 CO_2 的建议引发了关于是否应对地球上自然的生物地化循环进行蓄意的大规模干预的辩论。马丁提出了以下建议：

可以说，这实在不是一个非常新奇或严重的问题。毕竟，我们已经戏剧性地改变了陆地生态系统的景观，我们已经将森林变成了农田、农田变成了沙漠、河流变成了湖泊，沙漠变成了绿洲。因此，为什么会对往海洋里撒一些铁的前景这么大惊小怪呢？我们一不小心，但不容置疑地通过燃烧化石燃料改变着大气的化学组成，为什么我们不能通过施铁肥或一些其他计划故意改变它呢？——（Chisholm and Morel，1991）

最后决定尝试对假说进行检验，约翰·马丁策划了在开放海洋中实施大规模铁加富试验的科学计划。但是他因癌症于 1993 年不幸逝世，因而没能看到最后的研究结果。1993 年 11 月中旬，RV Columbus Iselin 号试验船携带 480kg 铁抵达加拉帕戈斯群岛以南 500 英里海域，铁被泵入好似器皿的螺旋推进器中来回往复地在 8km×8km 的水域进行 24 h 以上的作业，把水体铁浓度从 0.05 mmol/L 提高到大约 4 mmol/L，采取水样进行浮游植物和营养盐的监测，同时一个 P－3 Orion 飞机通过光学扫描方式调查水体浮游植物色素的变化。结果表明，浮游植物生物量的确是在增加，但增幅不像基于实验室培养结果预测的那样大。这可能是由于同期浮游动物的牧食也增加了 50%。实验于 1995 年进行了重复（Coale et al.，1996），并再次获得了丰富的浮游植物生物量。实验表明，往南部海洋每添加 1 t 铁可以从空气中吸收并带走 1000～100 000 t 的碳（Boyd，2004；Dalton，2002）。足够数量的铁加富表现出来的对大气 CO_2浓度的显著效应的客观事实被搁置在大气二氧化碳增加的辩论中，但全球变暖仍在继续。

南极湖泊作为火星和木卫二（欧罗巴）行星上的生命模型

在南极洲的麦克默多干峡谷（图 23.8）有一个地球上最寒冷最干燥的沙漠，覆盖在这个星球上唯一的永久冰川湖泊上（Pocock et al.，2004）。罗伯特 F. 斯科特上尉（他已和他从南极返回的团队一起逝去）的指挥部就设立在横穿麦克默多干峡谷的区域。1903 年 12 月，斯科特写到："这是值得记录的，那就是，我们没有看到任何生命，甚至没有苔藓或地衣，所有我们真正发现的是，在冰碛堆之间的远处内陆有一个威德尔海豹的骨骼，我们无法想象它是如何到那里的"。这当然是一个没有生机的峡谷，甚至连曾经流经它的伟大的冰河也已经消亡"（Priscu，1999 年）。在这些干峡谷，平均年降水量小于 10 cm，平均气温约－20℃。Bonney 湖位于泰勒峡谷，具有永久性冰层覆盖，可阻止风的垂直混合，使得垂直混合仅仅发生在分子尺度；垂直混合时间约 5 万年。Bonney 湖分层是强有力的盐度梯度的结果。湖的盐度变化范围从地表淡水（来自南半球夏天冰河融化）到底部超过 5 倍海水的高盐度卤水。南极冬天有 4 个月的极夜（黑暗），此时藻细胞通过异养产生能量。在夏季，光在冰覆盖层中衰减约 98%。因此，冰下水柱中的光合生物从来没有达到光饱和水平，它们已适应了荫蔽环境。衣藻（*Chlamydomonas raudensis*）是该环境中的优势藻类，这种绿藻是专性低温微生物，无法在高于 16℃的条件下生活。衣藻（*Chlamydomonas raudensis*）生活在湖泊中 10～17 m 的离散层中，这是一个过渡区，该区域介于氧释放大于氧呼吸摄取的富氧层与深层氧匮乏层间（图 23.8）（Pocock et al.，2004）；对荫蔽环境的适应体现在细胞内较低的叶绿素 a/b 值上（Morgan et al.，1998）。叶绿素 a 主要吸收 680 nm 以上波长的光，而叶绿素 b 吸收波长较短的光（图 1.13）。同样，光系统Ⅰ与光系统Ⅱ比值也较低；光系统Ⅱ利用短于 680 nm 波长的光，而光系统Ⅰ被 700 nm 波长的光激活。南极的永久冰川可吸收全部高于 600 nm 波长的光（Pocock et al.，2004）。永久冰川覆盖在南极湖泊液态水的上面，与木卫二行星欧罗巴星的情形相似；有研究认为火星上永久冰川覆盖的湖泊已经存在 31 亿～38 亿年（Priscu et al.，1999），因此南极上冰川覆盖的湖泊可以作为火星和木卫二行星的生命模型。

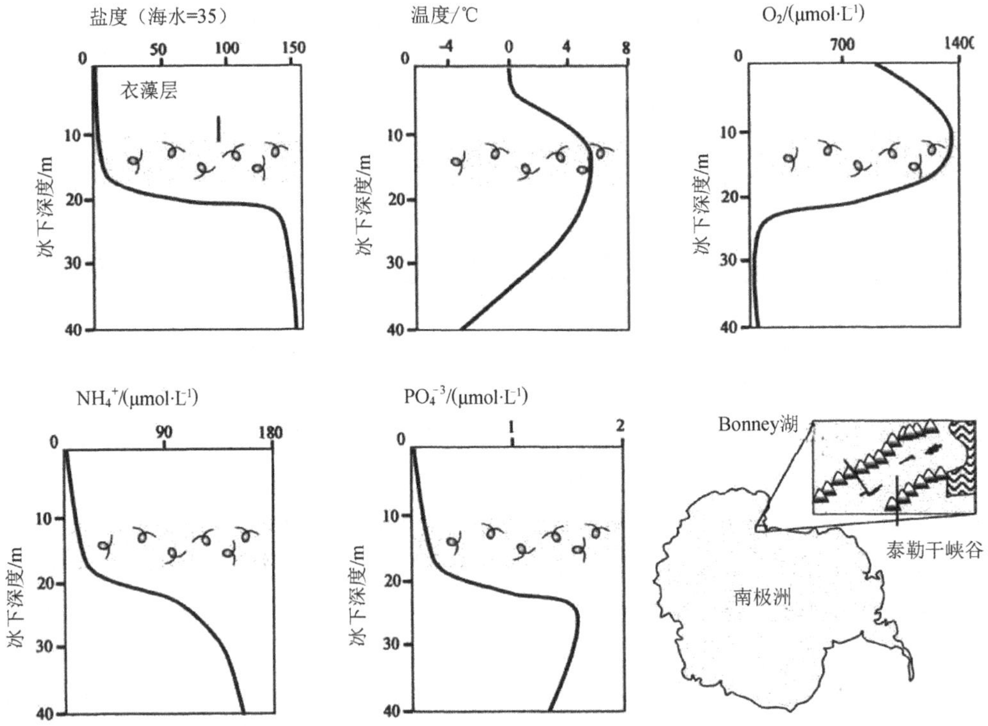

图 23.8 南极泰勒干峡谷的 Bonney 湖中的水体条件变化图。占主导性的藻类衣藻（*Chlamydomonas raudensis*）主要出现在深度为 10～17m 的水层中。（改编自 Spigel and Priscu，1996）

紫外线辐射、臭氧空洞与藻类产生的防晒剂

紫外辐射光谱通常分为三个区域：UV-C（200～280 nm）、UV-B（280～320 nm）和 UV-A（320～400 nm）（Banaszak and Trench，1999）。UV-C 的波长最短，同时最有可能破坏细胞，但它几乎完全可被大气中的臭氧和其他气体吸收。生物权重功能（即评估每一个波长对生物过程的影响）显示 UV-B 对生物的影响最为严重。这是因为芳香族的氨基酸（如酪氨酸、苯基丙氨酸、色氨酸）强烈吸收 280 nm 的 UV-B；因此含有这些氨基酸的蛋白质非常容易发生光裂解，尤其是半胱氨酸残基间的二硫桥键的断裂（它控制着蛋白质的三级结构）（Bischof et al.，2000）。

近年来，极地地区已出现臭氧层的损耗，该现象至少部分归因于氯氟烃。在春季，极地的臭氧水平与 30 年前的记录值相比下降了 60%（Karsten et al.，1999），这导致了到达地球表面的 UV-B 的增加。

藻类（尤其是栖息于浅水的藻类）的紫外线防晒产物具有一种细胞在进化过程中衍生的处理紫外线伤害的机制，最常见的紫外吸收化合物是类菌孢素氨基酸（MAA），它吸收波长 310～360 nm 的紫外光（Karsten et al.，1999）（图 23.9）。菌孢素是用于描述小的水溶性的氮代谢物的一般用语，类菌孢素氨基酸通过共轭结合在一个环己胺载色体上的氨基基团上（图 23.9）。类菌孢素氨基酸在很多藻类类群中出现，用以削弱 UV-

B 并降低辐射对细胞的伤害作用。

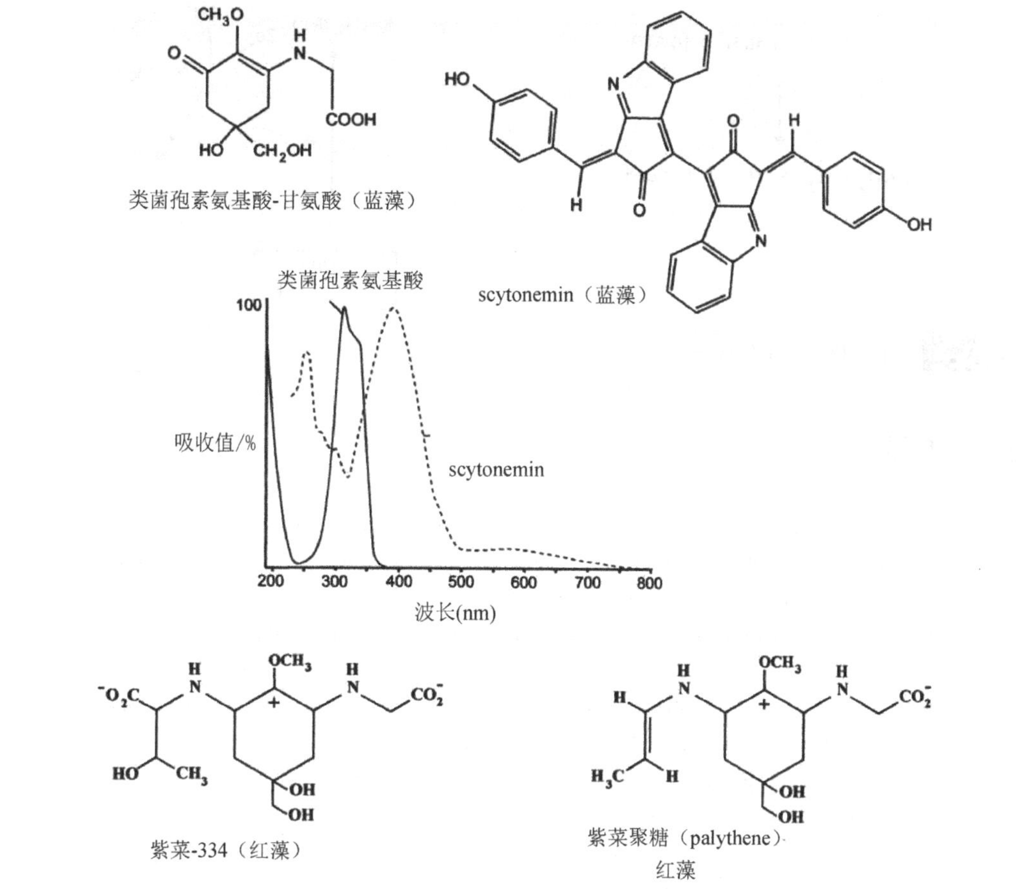

图 23.9　藻类中的 UV-B 吸收化合物——屏蔽色素 scytonemin 和类菌孢素氨基酸（MAA）的吸收光谱。（改编自 Ehling-Schulz and Scherer，1999）

氢燃料电池与产氢藻类

氢燃料电池对汽车来说是一个有吸引力的清洁能源来源。水的电解是最常提及的产氢方法，藻类也可经诱导产生氢气。蓝藻产生的氢可作为固氮作用的副产品（图 23.10）。固氮酶具有低催化反应通量和高的能量需求，导致大多数研究者拒绝用其作为氢气的来源（Ghiradi et al.，2000）。在绿藻中大部分研究聚集于用氢化酶来产生氢气（Melis et al.，2000；Ghiradi et al.，2000）；在绿藻中，光量子被叶绿素 a 的光系统 Ⅰ 反应中心（P700）捕获，具有 1V 的电压；P700 的激活使得电子跃迁到膜包围的铁氧化还原蛋白，形成一个 11.6 kDa 的 Fe_4S_4 铁硫蛋白；绿藻中的氢化酶将来自铁氧化还原蛋白的电子与质子结合在一起产生氢气（图 23.10），由于氢化酶活性受到氧的抑制，所以本质上这个反应属于厌氧反应。

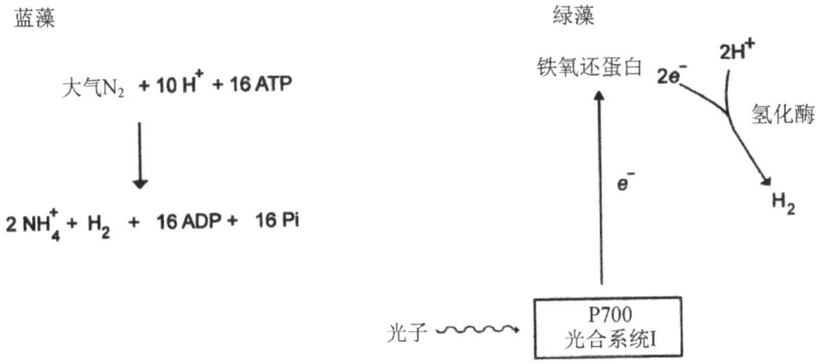

图 23.10 蓝藻和绿藻中生成氢气的化学反应。

参考文献

Banaszak，A.，and Trench，R. K.（1999）. Ultraviolet sunscreens in dinofiagellates. *Protist* 152：93-101.

Bischof，K.，Hanelt，D.，and Wiencke，C.（2000）. Effects of ultraviolet radiation on photosynthesis and related enzyme reactions of marine macroalgae. *Planta* 211：555-62.

Boyd，P.（2004）. Ironing out algal issues in the Southern Ocean. *Science* 304：396-7.

Cembella，A. D.（2003）. Chemical ecology of eukaryotic microalgae in marine ecosystems. *Phycologia* 42：420-7.

Charlson，R. J.，Lovelock，J. E.，Andreae，M. O.，and Warren，S. G.（1987）. Oceanic phytoplankton，atmospheric sulphur，cloud albedo and climate. *Nature* 326：655-61.

Chisholm，S. W.，and Morel，F. M. M.（1991）. What controls phytoplankton production in nutrient-rich areas of the open sea? *Limnol. Oceanog.* 36：1507-970.

Christiansen，F. B. and Fenchel，T. M.（1979）. Evolution of marine invertebrate reproductive patterns. *Theoret. Pop. Biol.* 16：267-82.

Coale，K. H.，Johnson，K. S.，Fitzwater，S. E.，Gordon，R. M.，Tanner，S.，Chavez，F. P.，Ferioli，L.，Sakamoto，C.，Rodgers，P.，Millero，F.，Steinberg，P.，Nightingale，P.，Cooper，D.，Cochlan，W. P.，Landry，M. R.，Constantinou，J.，Rollwagen，G.，Trasvina，A.，and Kudela，R.（1996）. A massive phytoplankton bloom induced by an ecosystem-scale iron fertilization experiment in the equatorial Pacific Ocean. *Nature*（*Lond.*）383：495-501.

Cox，R. A.（1997）. Atmospheric sulphur and climate-what have we learned? *Phil. Trans. Royal Soc.*，*Biol. Sci.* 352：251-4.

Dalton，R.（2002）. Ocean tests raise doubts over use of algae as carbon sink. *Nature* 420：722.

Ehling-Schulz，M. A.，and Scherer，S.（1999）. UV protection in cyanobacteria. *Eur. J. Phycol.* 34：329-38.

Erwin，D. H.（1993）. *The Great Paleozoic Crisis*. New York：Columbia University Press.

Fisher，M.，Pick，U.，and Zamir，A.（1994）. A salt-induced 60-kilodalton plasma membrane protein plays a potential role in extreme halotolerence of the alga *Dunaliella*. *Plant Physiol.* 106：1359-65.

Garrison，D. L.，and Siniff，D. B.（1986）. An Antarctic perspective. *BioScience* 36：238-42.

Garrison，D. L.，Sullivan，C. W.，and Ackley，S. F.（1986）. Sea ice microbial communities in Antarctica. *BioScience* 36：243-50.

Ghirardi，M. L.，Zhang，L.，Lee，J. w.，et al.（2000）. Microalgae：a green source of renewable H_2. *TIBTech.* 18：506-11.

Gilbert，J. J.（1996）. Effect of food availability on the response of planktonic rotifers to a toxic strain of the cyanobacterium *Anabaena flos-aquae*. *Limnol. Oceanog.* 41：1565-72.

Hallegraeff，G. M.，Andersen，D. M.，and Cembella，A. D.（2003）. *Manual on Harmful Marine Microalgae*. Paris：UNESCO Publishing.

Hansen，P. J.，Cembella，A. D.，and Moestrup，Ø.（1992）. The marine dinoflagellate *Alexandrium ostenfeldii*：paralytic shellfish toxin content，composition and toxicity to a tintinnid ciliate. *J. Phycol.* 28：597-603.

Ianora，A.，Poulet，S. A.，and Miralto，A.（2003）. The effects of diatoms on copepod reproduction：a review. *Phycologia* 42：351-63.

Igarashi，T.，Aritake，S.，and Yasumoto，T.（1999）. Mechanisms underlying the hemolytic and ichthyotoxic activities of maitotoxin. *Nat. Toxins* 7：71-9.

Jablonski，D.，and Lutz，R. A.（1983）. Larval ecology of marine benthic invertebrates：paleobiological implications. *Biol. Rev.* 58：21-89.

Jones，A.，and Slingo，A.（1997）. Climate model studies of sulphate aerosols and clouds. *Phil. Trans. Royal Soc.，Biol. Sci.* 352：221-7.

Karsten，U.，Bischof，K.，Hanelt，D.，Tug，H.，and Wiencke，C.（1999）. The effect of ultraviolet radiation on photosynthesis and ultraviolet-absorbing substances in the endemic Arctic macroalgae *Devuleraea ramentacea*（Rhodophyta）. *Physiol. Plantarum* 105：58-66.

Keller，M. D.，and Korjeff-Bellows，W.（1996）. Physiological aspects of the production of dimethyl-sulfoniopropionate（DMSP）by marine phytoplankton. In *Biological and Environmental Chemistry of DMSP and Related Sulfonium Compounds*，ed. R. P. Kiene，P. T. Visscher，M. D. Keller，and G. O. Kirst，pp. 131-42. New York：Plenum Press.

Liss，P. S.，Hatton，A. D.，Malin，G.，Nightingale，P. D.，and Turner，S. M.（1997）. Marine sulphur emissions. *Phil. Trans. Royal Soc.，Biol. Sci.* 352：159-67.

Malin，G.（1996）. The role of DMSP and DMS in the global sulfur cycle and climate regulation. In *Biological and Environmental Chemistry of DMSP and Related Sulfonium Compounds*，ed. R. P. Kiene，P. T. Visscher，M. D. Keller，and G. O. Kirst，pp. 177-89. New York：Plenum Press.

Martin，J. H.（1990）. Glacial-interglacial CO_2 change. The iron hypothesis. *Paleoceanography*. 5：1-13.

Medlin，L. K.，Kooistra，W. H. C. F.，Gersonde，R.，Sims，P. A.，and Wellbrock，U.（1997）. Is the origin of diatoms related to the end-Permian mass extinction? *Nova Hedwigia* 65：1-11.

Melis，A.，Zhang，L.，Forestier，M.，Ghirardi，M. L.，and Siebert，M.（2000）. Sustained photobiological hydrogen gas production upon reversible inactivation of oxygen evolution in the green alga *Chlamydomonas reinhardtii*. *Plant Physiol.* 122：127-36.

Morgan，R. M.，Ivanov，A. G.，Priscu，J. C.，Maxwell，D. P.，and Huner，N. P. A.（1998）. Structure and composition of the photochemical apparatus of the Antarctic green alga *Chlamydomonas subcaudata*. *Photosynth. Res.* 56：303-14.

Paffenhofer，G. -A.（2002）. An assessment of the effects of diatoms on planktonic copepods. *Mar. Ecol. Progr. Ser.* 227：305-10.

Pan，Y.，Bates，S.，and Cembella，A. D.（1998）. Environmental stress and domoic acid production by *Pseudo-nitzschia*：a physiological perspective. *Nat. Toxins* 6：127-35.

Pavia，H.，Toth，G. B.，Lindgren，A.，and Aberg，P.（2003）. Intraspecific variation in the phlorotannin content of the brown alga *Ascophyllum nodosum*. *Phycologia* 42：378-83.

Pocock，T.，Lachance，M. -A.，Proschold，T.，Priscu，J. C.，Kim，S. S.，and Hurter，N. P. A.（2004）. Identification of a psychrophilic green alga from Lake Bonney Antarctica *Chlamydomonas raudensis* Ettl.（UWO 241）Chlorophyceae. *J. Phycol.* 40：1138-48.

Priscu，J. C.（1999）. Life in the valley of the "dead". *BioScience* 49：959.

Priscu，J. C.，Wolf，C. F.，Taakacs，C. D.，et al.（1999）. Carbon transformations in a perennially ice-covered

Antarctic lake. *BioScience* 49：997-1008.

Savage，R. E. (1930). The influence of *Phaeocystis* on the migration of herring. *Fish. Investig.*, *London*, *Set.* Ⅱ 12：5-14.

Sepkoski，J. J. (1984). A kinetic model of Phanerozoic taxonomic diversity. III. Post Paleozoic families and mass extinctions. *Paleobiology* 10：246-67.

Shimizu，Y. (2000). Chemistry and mechanism of action. In *Seafood and Freshwater Toxins*：*Pharmacology*，*Physiology and Detection*，ed. L. M. Botana，pp. 151-72. New York：Marcel Dekker.

Smith，W. O.，and Nelson，D. M. (1986). Importance of ice edge phytoplankton production in the Southern Ocean. *BioScience* 36：251-7.

Spigel，R. H.，and Priscu，J. C. (1996). Evolution of temperature and salt structure of Lake Bonney，a chemically stratified Antarctic lake. *Hydrobiologia* 321：177-90.

Stoecker，D. K.，Gustafson，D. E.，Black，M. M. D.，and Baier，C. T. (1998). Population dynamics of microalgae in the upper land-fast sea ice at a snow-free location. *J. Phycol.* 34：60-9.

Strom，S.，Wolfe，G.，Slajer，A.，Lambert，S.，and Clough，J. (2003). Chemical defense in the microplankton. Inhibition of protist feeding by β-dimethylsulfonio-propionate (DMSP). *Limnol. Oceanogr.* 48：230-7.

Valentine，J. W.，and Jablonski，D. (1986). Mass extinctions：sensitivity of marine larval types. *Proc. Natl. Acad. Sci.*，*USA* 83：6912-14.

Wells，M. L. (1994). Pumping iron in the Pacific. *Nature* (*London*) 368：295-6.

Wolfe，G. V. (2000). The chemical defense ecology of marine unicellular plankton：constraints，mechanisms，and impacts. *Biol. Bull.* 198：235-44.

Wolfe，G. V.，Steinke，M.，and Kirst，G. O. (1997). Grazing-activated chemical defense in a unicellular alga. *Nature* 387：894-7.

（周　贝　赵　玮　高铭扬　译，毕永红　胡征宇　校）

词汇表

Abaxial（远轴的，背轴的，轴外的）：位于远离植物的一端。
Acronematic flagellum（端茸鞭毛）：无毛发生长的鞭毛。
Acropetal（向顶的）：朝向顶端的。
Action spectrum（作用光谱）：激发光波与光响应速度之间的相对效应。
Adaxial（近轴的，向轴的）：位于正对主轴的一侧。
Adelphoparasite（子母寄生虫，同种寄生虫）：与寄主关系密切的寄生虫。
Aerobic（需氧的）：需要氧气的。
Aeroplankton（空中飘浮生物）：生存于空气中的、在显微镜下才能观察到的生物。
Agar（琼脂，琼胶）：从某些红藻细胞壁中获取的含有硫酸化半乳糖的复杂多糖。
Agarophyte［制琼脂（藻类）植物］：用于制备琼脂的红藻。
Agglutin（凝集素）：参与识别相反株系配子的化学物质。
Agglutination（凝集作用）：不同交配型配子通过鞭毛进行的黏附作用。
Akinete（静息孢子）：厚壁的休眠孢子。
Alginate（褐藻酸盐）：从褐藻中提取的，由 D-甘露糖醛酸和 L-古罗糖醛酸构成的褐藻酸的盐类。
Alkalinity（碱度，碱性）：水化学中的概念，碳酸盐或碳酸氢盐在水中达到平衡状态时的盐基总量，通常用强酸滴定来测定，碱性水具有较高的 pH。
Allelochemical（种间感应化学的）：在不同物种之间发挥作用的化学物质。Seriochemical 作用于同种物种不同个体间的化学物质。
Allelopathy（异种化感）：一种生物对他种生物产生的有害效应。
Allomone（异种信息素）：被捕食者躲避捕食时分泌的化学物质。
Alloparasite（异种寄生虫）：与寄主无密切关系的寄生虫。
Allophycocyanin（异藻蓝蛋白，别藻蓝蛋白，别藻蓝素）：从蓝藻及红藻中获取的一种蓝藻胆蛋白。
Alpha granule（α 颗粒）：蓝藻中包含蓝藻淀粉的原生质结构。
Alveoli（小泡，小槽）：某些褐藻（尤其鞭毛藻）中位于质膜以内的、由膜包裹的扁平的囊泡或囊状物。
Amphiesma（表质膜）：鞭毛藻类的质膜及质膜下的扁平囊泡，在某些种中也包含一些版状物。
Amylopectin（支链淀粉）：蓝藻中的储存多糖，葡萄糖分子之间以 α-1，4-糖苷键相连，侧链分支点处以 α-1，6-糖苷键相连。
Amyloplast（造粉体）：储藏淀粉的无色质体。
Amylum star（淀粉星体）：在轮藻中充斥淀粉的细胞形成星状聚集体。

Anaerobic（厌氧的）：不需要氧气的。

Androsporangium（雄孢子囊）：产生雄孢子的孢子囊。

Androspore（产雄器孢子）：在鞘藻目（绿藻）中形成矮雄体的孢子。

Anhydrobiotic（脱水生活的）：某些为度过延长期而耐受细胞内大部分水分缺失的生物。

Anisogamy（异配生殖）：形态不同的配子及生理上为不同交配型的配子之间的融合。

Antapical（底部的）：正对着顶部。

Anterior（前方的）：前端的，前部的。

Antheridium（雄器，精子器）：产生雄配子的生殖器官。

Antherozoid（游动精子）：雄配子。

Anthropomorphic（似人的，拟人的）：与人相关的。

Anticlinal（背斜的，垂周的）：垂直于叶状体的圆周。

Apical growth（顶端生长）：通过顶端细胞的生长产生叶状体。

Aplanogamete（不动配子）：静止不游动的配子。

Apochlorotic（无色的）：失去叶绿素的。

Aponin（皂苷）：一种细胞溶解因子，能够导致生长抑制甚至死亡的化学物质。

Aragonite（霰石）：碳酸钙的正交晶体。

Areolae（网眼状空隙）：某些硅藻外壳蜂窝状结构中的小室。

Asexual（无性生殖）：不经配子融合的生殖方式。

Autospore（似亲孢子）：与亲代细胞形状相同的不动孢子。

Autotroph（自养生物）：不需外界及有机化合物作为能量来源，从光能或无机化学反应获得能量的生物。

Auxiliary cell［辅（助）细胞］：红藻中能够从合子中获取一个细胞核的细胞。

Auxospore（复大孢子）：硅藻中通常由合子形成的静息细胞。

Axenic culture［无菌（外源）培养］：在没有其他活的生物或细胞的条件下进行的单个物种培养。

Axoneme（轴丝，鞭毛轴丝）：由中央 2 个微管和外周 9 对双联体组成的轴向排列。

Bacteriocin（细菌素）：由蓝藻分泌的杀死蓝藻相关菌的抗生素。

Baeocyte（小孢子）：蓝藻产生的内生孢子。

Basal apparatus（基器）：特异的生于鞭毛或纤毛上的“器官”（“装置”）。

Basal body (kinetosome) （基体）：生于鞭毛或纤毛基部的圆柱形结构（直径约 0.2 μm），由 9 个连续的外周鞭毛轴丝二联体（A，B）与 1 个 C-微管组成三联体。

Basipetal（向基的）：由顶部向基部的。

Bathal zone（半深海带）：海洋学词汇，海底无光地区。

Benthic（底栖的）：适合生活于海湖底部的。

Benthos（底栖生物）：生存或依赖于水生生境底部的生物。

Bilaterally symmetrical（两侧对称）：通过动物体的中央轴，将其等分为左右两个相等部分。

Biliprotein（藻胆蛋白）：在蓝藻、隐藻和红藻中，以藻胆素（线性四吡咯）如藻蓝素、藻红素为辅基的一类蛋白质。

Biological carbon pump（生物碳泵）：在深海中发挥诱捕二氧化碳的作用。

Bioluminescence（生物发光）：由生物体自发的发射光线的现象。

Biomass（生物量）：某一生境任一时间生物体的总量。

Bisexual（雌雄同体的）：同一个体同时具备两性性状。

Bisporangium（双孢子囊）：红藻中由一个孢子囊产生两个减数孢子。

Bloom（水华）：水体中浮游藻类的大量繁殖。

Brackish（半咸的）：盐度低于正常海水的咸水。

Budding（出芽）：蓝藻产生外生孢子的过程。

Bulbil（珠芽）：轮藻假根上形成的小植株。

Calcareous ooze（钙质软泥）：海洋生物钙化残体形成的底沉积物。

Calcification（钙化）：碳酸钙的沉积，通常连同较小的其他碳酸盐共同沉积。

Calcite（方解石）：一种形状为斜方六面体晶体的碳酸钙矿物。

Callose（胼胝质）：筛胞中与气孔紧密联系的多糖。

Canal（导管）：在鞭毛虫类中其开关严格受控。

Capsule（荚膜）：细胞外的黏质物。

Carotene（胡萝卜素）：无氧、不饱和的碳氢化合物。

Carotenoid（类胡萝卜素）：碳氢化合物，包括黄、橙、红等脂溶性色素。

Carpogonium（果胞）：红藻中的雌配子体。

Carposporangium（果孢子囊）：红藻中由合子直接或间接发育成释放果孢子的孢子囊。

Carpospore（果孢子）：红藻中由果孢子囊产生的孢子，通常为二倍体。

Carposporophyte（果孢子体）：红藻中由合子发育形成，通常为二倍体，产生许多果孢子。

Carrageenan（卡拉胶）：红藻多糖（藻胶），与琼脂相似，但成胶浓度高于琼脂。

Cellulose（纤维素）：由葡萄糖分子经β-1，4 糖苷键连接形成的多糖，是大多数藻类细胞的细胞壁骨架成分。

Cell wall（细胞壁）：通常为刚性、多层结构，由不连续的微丝多糖嵌入脂类、蛋白、多糖等形成的无定形基质中，共同组成细胞的最外层结构。

Centric（中央的）：硅藻中围绕某一中心点的排列形式。

Centriole（中心体）：与鞭毛基体类似。

Chemical ecology（化学生态学）：研究结构与代谢功能之间的关系，以及这种关系如何影响生物生存的环境并控制物种的共存与共同进化。

Chemoautotroph（化能自养生物）：某些生物的能量来自于还原态无机化合物被氧化，细胞的碳源主要是二氧化碳。

Chemotaxis（趋化性）：细胞受到某一化学物质浓度梯度的刺激产生趋向性。向高浓度迁移成为正的趋化性，反之成为负的趋化性。

Chitin（几丁质）：由 *N*-乙酰胺基葡萄糖重复单元形成的多聚糖。

Chlorophyll（叶绿素）：绿色的脂溶性卟啉型色素。

Chloroplast（叶绿体）：含叶绿素的质体。

Chloroplast endoplasmic reticulum（chloroplast E. R.）（叶绿体内质网）：环绕叶绿体膜的单层或双层膜。

Chlorosis（缺绿症）：光合色素的降解。

Chromatic adaption（色适应）：通过改变光合色素的比例以最大限度吸收光的有效波长。

Chromoplast or chromatophore（有色体或色素体）：含叶绿素以外其他色素的叶绿体。

Chrysolaminarin or leucosin（金藻昆布多糖或麦清蛋白）：一种液态的多糖类储存物质，主要由葡萄糖残基通过β-1，3 糖苷键连接而成。

Ciliary/flagellar matrix（纤毛/鞭毛基质）：鞭毛或纤毛的胞质溶胶，常缺少结构元件。

Cilium（flagellum）（纤毛/鞭毛）：细胞表面由原生质伸展出来的丝状构造，主要功能是在水的驱动下进行运动，同时亦有取食、交配、感官知觉等作用。

Cingulum 或 girdle（环带）：鞭毛藻类的横向犁沟，包括横向鞭毛。

Circadian rhythm（昼夜节律/生理节律）：生命活动以 24h 左右为周期的变动。

Circein 由鞘藻属绿藻体内的卵原细胞分泌的雌激素。

Cirri（触须，触毛，卷须）：合子上的卷曲附属物。

Clone（克隆）：由一个个体分裂繁殖而成的一群纯个体。

Coccoid（球形的）：球菌状的，球菌样的。

Coccolith（球石粒）：某些 prymnesiophytes（the coccolithophorid）的膜表面钙化鳞或板片状颗粒，不同种的复杂度及表面修饰不同。

Coenobium（定形群体）：发生初期，由特定排列与固定数目的藻类细胞形成的细胞群，其数目与排序均不再增长。

Coenocyte（多核细胞）：大的多核的无交叉细胞壁的细胞，与生殖体无关。

Colony（群体）：由一群单细胞聚集形成的群落。

Commensalism（偏利共生）：能独立生存的两个物种以某种关系生活在一起，对其中一方有利，而对另一方无关紧要或者无利的现象。

compensation depth（补偿深度）：水体中水越深处光合作用越弱，当在一日周期中光合作用与呼吸作用平衡时的水深，称为补偿深度。

Compensation point（补偿点）：一天当中呼吸作用与光合作用平衡时的光强度。

Conceptacle（生殖窠）：藻类中在叶状体上产生配子囊的腔。

Conjugation（接合作用）：两个不等鞭毛的原生质体融合的现象。

Connecting band（连接带）：硅藻细胞壁由上下两个半壳套合而成，两壳相重叠处称为连接带。

Contractile vacuole（伸缩泡）：单细胞生物内由小空泡形成的液泡，能有节律的将水分和溶质排至胞外。

Coralline（珊瑚状构造）：珊瑚藻藻体钙化形成的结构。

Cornuate process：角状的细胞壁延伸结构。

Corona：冠状物。

Corps deMaupas：隐芽植物中用来消化无用细胞组分的一种囊状体。

Cortex（皮层）：原生生物细胞的外部或外层，包括细胞质膜但不包括质膜外细胞分泌的非生命结构，在藻类中为叶状体的外部构造。

Cosmopolitan（遍生的）：分布广泛的，世界性的。

Costa（中脉）：硅藻壳面内壁两侧呈细长形的加厚的室。

Crenulate：细圆齿状的，钝齿形的。

Cribellum（筛板）：在硅藻中被带筛孔的筛膜所覆盖的小型筛板。

Cribrum（筛膜）：在硅藻中被壳面小孔覆盖的硅化的板状结构。

Cross fertilization（异体受精）：来自不同叶状体的配子的融合。

Cruciate：十字形的。

Cryoplankton（冰雪浮游生物）：生长于极地或寒冷地区的浮游生物。

Cryptobiotic crust（隐生植物壳）：在荒漠土壤中，由蓝藻、地衣、真菌及苔藓类植物等构成的土壳。

Cryptoendolith（隐藏岩内生物）：生活于岩石内部的生物。

Cryptostomata or cryptoblast（隐口目）：在叶状体上产生细颈样开口，并长有毛发的藻类。

Cuticle（角质层）：细胞壁外侧的一层疏水性结构。

Cyanelle（共生体，蓝色小体）：蓝藻中的内共生结构。

Cyanobacterocin：由蓝藻产生的一种能抑制相关蓝藻生长的抗生素。

Cyanoglobin：存在于蓝藻异形胞中能清除活性氧的肌红蛋白样大分子。

Cyanome [蓝色复合体（蓝藻和绿藻的共同体）]：包含共生体在内的整个寄主细胞。

Cyanophage（噬蓝藻体）：蓝藻细胞中的病毒。

Cyanophycin granule [藻青（蓝）素颗粒]：蓝藻中的多肽储存颗粒。

Cyst（胞囊）：生活史中静止不动的，经常失水的非活性状态。

Cystocarp（囊果）：红藻中，果孢子体和其周围的配子体组织（果皮）统称囊果。

Cytokinesis（胞质分裂）：细胞质的分裂，通常发生于核分裂（有丝分裂）之后。

Cytoskeleton（细胞骨架）：细胞内层的蛋白纤维网络结构，不溶于非离子型去污剂。

Cytosome（胞质体）：细胞打开用于摄取食物颗粒。

Dendricule 短的原生质体的非细胞器延伸结构。

Dendroid（树状的）：一种不能运动的细胞群，通常通过产生黏液形成茎状结构。

Detritus（碎屑）：有机物颗粒。

Dexiotropic（右旋的）：从细胞尖端观察，呈顺时针方向旋转的（逆时针方向为左旋 leiotropic）。

Diastole（舒张）：伸缩泡的填充（systole 为收缩，伸缩泡的排空）。

Diatomaceous earth（硅藻土）：硅藻细胞膜残体形成的矿物。

Diazocyte：细胞的固氮能力。

Diazotroph（固氮生物）：能够将大气中的 N_2 转变为铵盐的生物。

Dichotomy（二歧分枝式）：叶状体分裂为两个等枝。

Dictyosome［（分散）高尔基体，网体］：高尔基体中小泡的堆叠。

Diel（一昼夜）：以 24 h 为一个周期。

Diffuse growth（弥漫性生长）：藻类叶状体中大部分细胞都有分裂能力的一种生长方式。

Dioecious（雌雄异体的）：某种生物中雌雄配子产生于不同植株的现象。

Diplobiontic（两型世代的）：在某些藻类中，配子体和孢子体均为自由生活的独立的个体，这种生活史称为两型世代型。

Diplohaplont（双单体交叠种，双单倍体）：具有独立的多细胞二倍体和多细胞单倍体的生物。

Diploid（二倍体）：含有两个染色体组。

Diplont（二倍体生物）：生活史中，单倍体阶段只出现于配子体的生物。

Disc or thylakoid（类囊体）：叶绿体基质中，由单层膜围成的囊状结构薄膜。

Discobolocyst（盘形刺泡）：金藻纲内的。

Distichous（二列的，二分的）：排成相等的两行的。

Distromatic（叶状体）有二细胞厚的。

Diurnal：每日的。

Dorsiventral（背腹的）：展开在一个平面上。

Dulse（红皮藻）：用于食用的粗处理红藻。

Ecad（适应型）：生物为了适应特定生境而产生的表型，但这种表型不可遗传。

Ecdysis（蜕皮）：鞭毛藻类在一定发育阶段外壳脱落的现象。

Ecotype（生态型）：生物适应当地生境的变型。

Ectoderm（外胚层）：在轮藻中紧邻质膜的外层原生质。

Egg（卵细胞）：不能游动的雌配子，个体较大。

Ejectisome（喷射体）：在绿藻和隐藻中发现的喷射类型。

Electron-dense or electron-opaque［电子致密（电子密度）］：用来描述可以吸收电子并在电镜下显示暗视野的材料。

Electron-transparent（电子透明）：用来描述不能吸收电子并在电镜下显示亮视野的材料。

Eleutheroschisis：母细胞的细胞壁完全被去除而形成新的子代细胞壁的过程。

Endemic（地方性的）：发生于特定区域的。

Endochite 墨角藻目褐藻藏卵器（卵囊）：的内壁。

Endoderm（内胚层）：在轮藻中紧邻液泡的内层原生质，能进行胞质流动。

Endolithic（石内的）：生活于岩石内的。

Endophyte（内生植物）：一种植物寄生于另一植物体内。

Endosome（内涵体）：眼虫的细胞核。

Endospore（内生孢子）：某些蓝藻产生的无性繁殖的孢子。

Endosymbiotic（内共生的）：用来描述一种生物以共栖关系寄生于宿主中。

Endozoic（动物内生的）：生活于动物体内的。
Enucleate：去除细胞核的。
Envelope（被膜）：用来描述质膜、菌膜、细胞壁、外鞘及胶状覆盖物。
Epicone（上锥）：鞭毛藻细胞环带以上的部分。
Epidermis（表皮）：细胞的外层结构。
Epipelic：在污泥中生长的。
Epiphyte（附生植物）：一种植物依附于另一植物之上生长。
Epitheca（上壳）：硅藻细胞由两个半壳套合而成，其中较大的半壳称为上壳。
Epizoic（体表寄生的）：生活于动物体表的。
Epontic：生活于冰层底部的。
Estuary（河口）：河流出海口处，此处淡水与海水混合且潮汐作用明显。
Euendolith（真石内生物）：钻入岩石生长的生物。
Eukaryotic or eucaryotic [真核（生物）的]：细胞核具核膜的生物。
Euphotic or photic zone（透光层）：补偿深度以上的水层。
Eurysaline（euryhaline）（广盐性的）：能够耐受大尺度盐度变化的。
Eurythermic（广温性的）：能够耐受大尺度温度变化的。
Eutrophic（富营养化）：水体由于营养丰富，导致藻类大量生长的现象。
Exocite：墨角藻目褐藻藏卵器的外壁。
Exotoxin（外毒素）：分泌到基质外的毒素。
Extant：现存的。
Extinct：灭绝的。
Extracellular matrix（细胞外基质）：质膜外的黏液质的糖蛋白。
Eyespot（眼点）：某些低等生物的感觉器官，红色或橙色小点，由油脂液滴组成。
Facultative heterotroph or autotroph（兼性异养生物或兼性自养生物）：既能自养生活亦能异养生活的生物。
Facultative parasite or saprophyte（兼性寄生生物）：既能寄生生活又能腐生生活的生物。
False branching（假分枝）：在蓝藻中，藻丝通过衣鞘而破损，产生的貌似分枝的结构。
Fibulae 硅藻中，壳面内部成排的小结节。
Filament（藻丝体）：蓝藻中，被衣鞘包被的一条或多条丝状体。
Flagellar apparatus（kinetid）（鞭毛器）：由一个或多个基体组成的复杂结构，能产生鞭毛或纤毛，基部可与微管和须根相连，在运动、摄食、感知及繁殖等方面发挥作用。
Flagellar/ciliary matrix（鞭毛/纤毛基质）：鞭毛或纤毛的胞质溶胶，通常缺乏结构元件。
Flagellar hair（鞭毛茸）：鞭毛外部排列成的一排或多排细丝状附属结构，通常并不覆盖整个鞭毛表面。分为两类：①管状鞭毛茸，至少含有一个中空管状物(直径>15nm)，常具一圆柱状的轴及一个或多个末端纤维；②非管状鞭毛茸，在高尔基体内组装，主要成分为碳水化合物，沿着鞭毛径向排成两列。

Flagellar/ciliary root（鞭毛根）：纤维状、微管样或无定形结构，起源于基体或基体附近，终止于非基体附近的细胞其他部分。

Flagellar scale（鞭毛鳞）：在高尔基体内组装而成的大小与形状差别较大的结构，常覆盖整个鞭毛表面。

Flagellate（鞭毛藻）：具有至少一根鞭毛的单细胞生物。

Flagellum（cilium）［鞭毛（纤毛）］：真核细胞外形成的长圆柱状结构，始于质膜且含有鞭毛轴丝。鞭毛是运动器官，通过水的推动力使细胞游动，同时具有捕食、交配、感知等功能。

Floridean starch（红藻淀粉）：红藻中由 α-1，4 键和 α-1，6 键连接的葡萄糖残基组成的储存物质。

Floridoside［弗洛里多苷（2-*O*-甘油-α-D-半乳糖吡喃苷）］：红藻门光合作用的主要产物。

Foliose：叶状的。

Foramen（孔，壳顶孔）：小室或洞。

Fragmentation（断裂生殖）：藻类的一种无性繁殖方式，叶状体断裂成小块，每一块均能发育成新的叶状体。

Frustule（硅藻细胞膜）：硅藻中硅化的细胞壁。

Fucoidin（岩藻多糖）：存在于褐藻的细胞壁及黏液中，由硫酸化的岩藻糖单元组成的多糖。

Fucosan orphaeophycean tannin［岩藻聚糖胶（褐藻单宁）］：褐藻中的无色酸性流质，与香草醛氢氧化物反应产生特有的红色。

Fucoserraten：由墨角藻卵细胞分泌的性引诱剂。

Funori：由红藻生产出的具商业价值的藻胶，可用来制胶水。

Fusiform：纺锤形的。

Gametangium（配子囊）：产生配子的结构。

Gamete（配子）：能够相互融合形成合子的细胞。

Gametogenesis（配子发生）：配子的形成过程。

Gametophyte（配子体）：产生配子的植物世代，通常为单倍体。

Gamone（性信息素）：能够使配子间相互吸引的化学物质。

Gas vacuole（气泡）：气体小囊泡的聚集体。

Gas vesicle（气胞）：蓝藻门中空心的充溢气体的圆柱状结构。

Generative auxiliary cell（生殖辅助细胞）：红藻门中能够形成产孢丝的细胞。

Geotaxis（趋地性）：细胞对重力刺激的趋性。背离重力为负趋地性，趋向重力为正趋地性。

Girdle（横沟）：甲藻门中包括横向鞭毛在内的横向凹槽。

Girdle band（环带）：硅藻中上下壳面重叠处的细胞壁，叶绿体被膜以下与其平行的类囊体带。

Gliding（滑行）：生物体与刚性基质相接的主动运动，不依赖于任何细胞器的运动，亦无法观察到生物体外形的明显变化。

Globule（精囊球）：轮藻目的雄性生殖结构。

Glycocalyx（糖萼）：墨角藻目的合子分泌的黏性多糖。

Glycogen（糖原）：与支链淀粉相关的多糖，能够被碘染成紫红色。

Glycopeptide or glycoprotein（糖蛋白）：由糖单元与氨基酸（或多肽）组成的多糖类物质。

Glycoside（糖苷）：由葡萄糖单元形成的多糖类衍生物。

Gonidium [无性生殖胞（藻类）]：能分裂产生子代克隆的一类细胞总称。

Gonimoblast（产孢丝）：红藻门能够形成果孢子的一类细胞，通常为二倍体。

Gonoid：在硅藻中由角度控制的一类修饰物。

Granum [（叶绿体）基粒]：叶绿体中类囊体的堆叠。

Gullet（胞咽）：眼虫及隐藻类中的内陷前缘。

Gyrogonite：轮藻藏卵器化石。

Hair（绒毛）：鞭毛附属物；无色的延伸细胞。

Haplobiontic（单倍体植物的，单相世代的）：生活史中只有一个多细胞阶段。

Haploid（单倍体）：只有一套完整的染色体。

Haplont（单倍性生物）：受精卵只为单倍体的生物。

Hapteron 或 holdfast（附着器）：藻类细胞变形而成的能够将藻体附着到基底的那部分细胞的底部。

Haptonema（附着鞭毛）：棕囊藻中鞭毛之间产生的附属结构。

Heleoplankton（沼泽浮游生物）：在沼泽地或小池塘生长的浮游生物。

Hematochrome（血色素）：叶绿体外部产生的红色或橙色油脂颗粒。

Hermaphroditic or homothallic（雌雄同体的，雌雄同株的）：在同一叶状体上产生雌雄两种配子囊。

Heterocyst（异形胞）：蓝藻中特有的厚壁细胞，比普通营养细胞大。

Heterokont（不等鞭毛的）：鞭毛长度不等的。

Heteromorphic alternation of generation（异形世代交替）：生活史包括单倍体和二倍体两个世代，且二者形态差异悬殊。

Heterothallic（雌雄异体的）：在不同植株上产生雌雄配子囊。

Heterotrichous（异丝体的，不等鞭毛的）：描述植株分裂为直立与横卧两部分的术语。

Heterotrophic（异养的）：需要利用外源有机物作为能量来源的。

Histone（组蛋白）：一种基础蛋白质。

Holdfast（固着器）：藻类细胞的一部分，能将藻体附着到外界基质上。

Holophytic 或 autotrophic（自养的）：只利用光能与无机物维持自身生长发育的。

Holozoic 或 phagocytic（动物式营养的，吞噬作用的）：将食物颗粒完全吸收至体内的食物囊进行消化的营养方式。

Homothallic（雌雄同株的）：同一植株上产生雌雄两种配子的生殖方式。

Hormogonium（藻殖段）：蓝藻中丝状体上的短的藻丝，它脱离亲代丝状体后能通过滑动而离开，进而发育为新的丝状体。

Hyaline：透明的。

Hydrophilic：亲水的。

Hydrophobic：疏水的。

Hypersaline（超高盐度的）：比正常盐度高的。

Hypha（菌丝）：海带目（褐藻）中髓部的细长细胞。

Hypnospore（休眠孢子）：一种细胞壁极大加厚的不动孢子。

Hypocone（下锥）：甲藻门细胞的下部，通常有一条纵裂的小沟。

Hypogenous cell（下生细胞）：红藻中位于果胞下部的细胞。

Hypolimnion（湖下层）：在具有热度分层的水体中，位于温跃层之下的水层。

Hypothallus（基质层）：珊瑚藻类红藻中叶状体的下部，由较大的细胞构成。

Hypotheca（下壳）：硅藻细胞由两个半壳套合而成，其中较小的半壳称为下壳。

Hystrichospore 或 hystrichosphaerid：甲藻门植物的化石休眠孢子。

Ichthytoxin（鱼卵毒素）：能够杀死用鳃呼吸的生物的毒素。

Intercalary（间生的）：位于两细胞或两组织之间的。

Intercalary band（间插带）：硅藻中，位于壳套与环带之间的次级带。

Internode（节间）：两节点间的部分。

Interstitial water（间隙水）：处于土壤颗粒或泥浆颗粒间的水分。

Intertidal（潮间带的）：高潮线与低潮线之间的。

Intraflagellar transport（鞭毛内输送）：沿着鞭毛轴丝与鞭毛膜之间的那部分鞭毛进行的颗粒双向运输。

Inversion（反转）：绿藻中一群细胞穿过小孔（气孔）将自身由里面翻到外面的现象。

Iridescence（虹彩）：物体表面由于光波的折射与干涉所产生的颜色变换。

Isoagglutination（同种凝集）：由于添加异性的交配型物质而使同性鞭毛相互黏附的凝集现象。

Isoenzyme（同工酶）：具有相同功能但是结构不同的酶。

Isogamy（同配生殖）：形状、大小均相似的雌雄配子的融合。

Isokont（等鞭毛的）：鞭毛长度相等的。

Isomorphic alternation of generation（同形世代交替）：生活史包括单倍体和二倍体两个世代，且二者形态相似。

Isthmus（藻腰）：连接两个主体的一段。

Kairomone（利他信息素）：影响捕食与被捕食关系的一类化学物质，由捕食者分泌，能够改变被捕食者的行为、形态及生活史。

Karyogamy（核融合）：两个配子的细胞核间的融合。

Karyokinesis（核分裂）：细胞核的分裂。

Keel（中肋）：羽纹纲硅藻中，壳面的延伸结构，类似于船只的龙骨。

Kelp（大型褐藻）：海带目（褐藻）成员之一，其燃烧的灰常用作提炼钾和碘的原料。

Kerogen（油母质）：沉积物中的黄棕色无定形有机物。

Kinesin（驱动蛋白）：利用 ATP 水解释放的能量产生化学能，从而推动自身运动的蛋白质。

Kinetic movement（动力运动）：运动速率不断变化。Ortho 动力效应是游动速率的降低，Klino 动力效应为游动速率的提高。

Kinetid（flagellar apparatus）（毛基单元，动胞器）：由一个或多个基体/动体组成的细胞器复合物，它能够承载鞭毛，有微管和纤维根与基部相连，在移动、捕食、感知和繁殖等方面发挥作用。

Klino kinetic response Klino（动力效应）：游动速率加快。

Kleptoplasty（盗食质体）：具有吞噬作用的生物捕食叶绿体的现象。

Kombu［昆布（日语）］：海带目（褐藻）海藻做成的蔬菜。

Labiate process（唇突）：硅藻壳面边缘的附属结构，可分泌黏液，在中心纲硅藻的运动中起作用。

Laminarin（海带多糖）：褐藻中的食用储存多糖，主要由 β-1，3 糖苷键连接的葡萄糖单元构成。

Laminate：叶状的，分层的。

Laver or laver bread（紫菜）：类似于日语中的 nori（海苔），由干紫菜（红藻门）制作的蔬菜。

Leiotropic（左旋的）：从细胞顶端观察呈逆时针方向的。反义词为 dexiotropic，右旋的。

Lentic：静水的，指池塘或湖泊。

Lessepsian migration（雷塞布迁移）：物种经过苏伊士运河的迁移。得名于运河的设计者斐迪南德·德·雷赛布（Ferdinand de Lesseps，1805～1894，法国外交家，开凿苏伊士运河的发起人）。

Leucosin 或 chrysolaminarin（麦清蛋白或金藻昆布多糖）：麦清蛋白或金藻昆布多糖，金褐藻中的食用储存多糖，主要由 β-1，3 连接的葡萄糖残基组成。

Leucoplast（白色体）：无色质体，通常含有许多淀粉粒和极少量类囊体。

List：甲藻门外壳的延伸结构。

Lithophyte（石生植物）：生长在岩石上的植物。

Lithotrophic 或 autotrophic（无机营养的，自养的）：仅依赖光照和（或）无机化合物即能正常生长的。

Littoral zone（海岸带）：从岸边到水深约 6 m 的深度或到生根植物生存的最大深度。

Loculus（子囊腔）：硅藻细胞壁上的六角形小室。

Log phase of growth（对数生长期）：进行快速细胞分裂的生长期。

Lorica（藻鞘）：原生质体外周的包被，与细胞壁不同，鞘并不与原生质体相连。

Lotic（激流的）：指河流、小溪等流动的。

Luciferase（萤光素酶）：氧化萤光素的酶。

Luciferin（萤光素）：介导生物发光的化合物。

Lysosome（溶酶体）：细胞质中单层膜包被的细胞器，内含多种水解酶。
Macrandous（大型浮游生物）：直径大于 75 μm 的浮游生物。
Mäerl：珊瑚类红藻分泌到土壤中能增加其 pH 的物质。
Mannan（甘露聚糖）：由甘露糖残基构成的多糖。
Mannitol（甘露醇）：$C_6H_{14}O_6$，糖醇，褐藻光合作用的主要产物。
Mantle 或 valve jacket（壳套，壳衣）：硅藻壳面边缘向内弯曲的部分。
Maerl（藻团粒）：珊瑚藻形成的生境，亦指珊瑚藻磨碎后加工而成的肥料。
Marine snow（海洋雪）：海洋生态系统中，肉眼可见的生物的聚集（直径>3mm），产生于各种生物和化学过程。
Marl（泥灰岩，钙质沉淀）：碳酸钙和碳酸镁的沉积。
Mastigoneme 或 hair（鞭毛丝，鞭茸，绒毛）：鞭毛附属物。
mating-type reaction（交配型反应）：不同性别的配子之间发生的鞭毛吸附行为。
Mating structure（交配结构）：配子原生质前端浓密的板状结构，决定配子的性别。
Medulla（髓部）：海藻叶状体的内层部分，通常由密集的无色细丝构成。
Meiocyte（性母细胞）：能够进行减数分裂的细胞。
Meiosis（减数分裂）：染色体数目减半的细胞分裂过程。
Meiosporangium（减数分裂孢子囊）：孢子囊中的孢子是通过减数分裂产生的。
Meiospore（减数孢子）：减数分裂产生的孢子。
Meristem（分生组织）：植物体中能够分裂产生新细胞的组织。
Meristoderm（分生表层细胞）：褐藻中的细胞分裂层。
Mesochite（中壳）：墨角藻目藏卵器（卵囊）中间的壁。
Metachromatic granule（异染粒）：蓝藻中包含储存多磷酸盐的原生质小体。
Microaerophilic（微嗜氧的）：仅需少量氧气的。
Microfibril（微原纤维）：许多藻类细胞壁中发现的透明无水的纤维素/细胞膜质。
Microfilament（微丝）：原生质中的亚显微固相细丝。
Micrometer（μm，微米）：10^{-6}m。
Microtubule（微管）：原生质中的亚显微小管。
Mitosis（有丝分裂）：细胞核分裂产生两个子代细胞核，且子代细胞在遗传特性上与亲代一致。
Mitosporangium（有丝分裂孢子囊）：孢子囊中的孢子是通过有丝分裂产生的。
Mitospore（有丝分裂孢子）：通过有丝分裂产生的孢子。
Mixotroph 或 facultative heterotroph（兼氧微生物或兼性异养微生物）：能够利用培养基中的有机化合物且能进行光合作用的生物。
Monoecious 或 homothallic（雌雄同体的或同宗配合的）：雌雄配子囊着生在同一植株上的。
Monopodial（单轴的）：只有一个主要生长轴的。
Monosporangium（单孢子囊）：红藻门中产生一个单孢子的孢子囊。
Monospore（单孢子）：红藻中的无性孢子，子代孢子与亲代相同。

Monostromatic（单层的）：只有一层细胞的叶状体。
Muciferous body（产胶体）：通常位于细胞原生质外层，会暴发性地分泌黏液。
Mucilage canal（黏液道）：存在于某些褐藻中的通道，由位于叶状体皮层内的拉伸细胞组成，能分泌黏液。
Mucopeptide（黏肽）：蓝藻的细胞壁多糖，由糖类和氨基酸组成。
Multiaxial（多轴的）：某种有许多顶端细胞产生大量近乎平行丝状体的轴。
Multicellular（多细胞的）：由很多细胞组成的。
Multiseriate（多列的）：细胞多于一列的。
Mutualism（互利共生）：两种生物生活在一起，彼此有利的现象。
Myxophycean starch（蓝藻淀粉）：蓝藻中的储存多糖，与糖原相似。
Nannandrous（生矮雄体的）：在鞘藻目绿藻中，产生矮雄体的。
Nannoplankton 或 nanoplankton（微型浮游生物）：直径为 2～75 μm 的微小浮游生物。
Nanometer（nm，纳米）：10^{-9}m，1 nm=10 Å。
Necridium 或 separation disc（牺牲胞/隔离盘）：一种在蓝藻藻丝中死亡的细胞，死亡后能导致连锁体从一部分藻丝中形成。
Nemathecium（生殖瘤）：红藻门中，由生殖器官成群着生形成的瘤状的表层突起。
Neritic region（浅海区）：从高潮线延伸到水深 200 m 处的整个海区。
Net plankton 或 macroplankton（中型浮游生物或大型浮游生物）：直径大于 75 μm 的浮游生物。
Niche（生态位）：生物体在其所处群落的功能。
Nitrogen fixation（固氮作用）：蓝藻中，将大气中的氮气转化为铵的细胞内固定作用。
Node（节点）：叶状体上着生分枝的部分。
Nori 或 laver（紫菜）：在日本，由干燥的紫菜属红藻制成的蔬菜，类似于紫菜面包。
Nucule（卵囊球）：轮藻的雌性生殖器官。
Oceanic region（海洋区）：水深 200 m 以内的公海。
Oligotropic（贫营养的）：形容某水体中营养物质含量很低。
Ooblast 或 connecting filament（成卵细胞或连接丝）：在红藻中，由合子发育而成并能与辅细胞融合的藻丝。
Oogamy（卵式生殖，异配生殖）：一个大的无运动能力的卵细胞与相对较小的游动精子融合的生殖方式。
Oogonium（藏卵器，卵囊）：单细胞雌性配子囊。
Oospore 或 zygospore（合子，接合孢子）：含有食物储备的厚壁受精卵。
Opsin（视蛋白）：光感受器如视紫红质的蛋白质部分（脱辅基蛋白），由赖氨酸基团将其结合到发色团上，常见于视网膜内。
Organelle（细胞器）：细胞中由膜包被的结构。
Ortho kinetic response（同向反应）：泳动速率的下降。
Osmotrophic（渗养的）：异养生物吸收以溶解状态存在的有机分子的现象。
Ostiole（小孔）：生殖窠上向外的开口。

Overturn（倒转）：表层水温低于底层水温而导致表层水下沉，水柱混合的现象。

Ovoid（卵圆形的）：直径 0.2～2 mm，球形的同心的碳酸盐颗粒，由热带浅层海洋环境中碳酸盐冲击层形成。

Ovum 或 egg（卵）：大的、不动的雌配子。

Palintomy（连续分裂）：细胞进行连续的二分裂，没有中间的营养与生长阶段。

Pallium：具鞘的异养鞭毛藻类为取食而进行的伪足投射。

Palmelloid（四集藻型）：黏液状基质中的数目不定的无运动能力的单细胞群体。

Pantonematic 或 tinsel flagellum（长羽状鞭毛）：带有绒毛、能够附着于物体表面的鞭毛。

Papilla（乳突）：小的圆形突起。

Paraflagellar 或 paracrystalline body [副鞭毛体（类晶体小体）]：裸藻门藻类的光感受器，由其中一个鞭毛中的晶体膨大而成。

Paramylon（裸藻淀粉）：裸藻中的储存多糖，由 β-1，3 键相连的葡萄糖分子构成。

Paraphysis（侧丝）：存在于孢子囊或配子囊旁侧的一种不育结构。

Parasite（寄生虫）：从寄主获取营养的非自养生物。

Parasporangium（副孢子囊）：红藻门中能产生一个以上无性孢子的孢子囊。

Paraxonemal body ：局限于鞭毛某一固定区域的蛋白质结构。

Paraxonemal rod：延伸至接近整个鞭毛长度的长圆柱形（实心或空心）：结构，位于鞭毛轴丝和鞭毛膜之间，通常通过特殊的连接物与鞭毛轴丝和鞭毛膜相连。

Parenchyma（薄壁组织）：由三面分裂而产生的活的薄壁细胞形成的一种组织。

Parietal（周缘的）：外围的。

Parthenogenetic（孤雌生殖）：卵不经受精而萌发形成一个新的个体。

Pedicel（孢子囊柄）：一种生殖组织的支持结构。

Peduncle（柄，梗）：中央核心有一个微管的尾状结构。

Pelagic（海洋的，浮游的）：生活在外海或远洋区域；也指生活在或接近外海水面。

Pellicle [表膜（周质膜）]：覆盖裸藻的蛋白质外膜。

Pennate（羽状的）：硅藻中一种描述以中心线为轴左右对称的修饰术语。

Peptidoglycan（肽聚糖）：蓝藻细胞壁中由蔗糖和氨基酸组成的多糖。

Pericentral cell（围轴细胞）：围绕中轴而形成的一个小细胞。

Periclinal（平周的）：平行于表面圆周的。

Peridinin（多甲藻黄素）：甲藻细胞中的一种叶黄素。

Periphyton（附着生物）：附着于沉水植物的生物。

Periplast（周质体）：隐藻的细胞外部覆盖物。

Perithallus（外膜，围层）：珊瑚藻类红藻中叶状体的外围部分。

Perizonium：硅藻中复大孢子的硅质壁，有多个相互重叠的带组成。

Phaeophycean tannin or fucosan（褐藻单宁或岩藻聚糖）：褐藻中藻泡内的无色酸性液体。

Phagotrophic 或 holozoic（吞噬的，动物式营养的）：把固体食物颗粒吞进食物泡进行消化。

Pheromone（信息素）：作为性引诱剂或繁殖行为触发物行使功能的化合物。

Phialopore（子球孔）：团藻目（绿藻门）中倒立子菌落上的小洞。

Photic or euphotic zone（感光层，透光层）：补偿深度以上的水层。

Photoautotrophic（光能自养的）：描述能从光合作用中获取能量的自养植物的术语。

Photoheterotroph（光异养生物）：在光照中能够（在黑暗中不行）利用有机物作为碳源的生物。

Photokinesis（趋光运动）：改变运动的速率（游动速度或改变方向的频率）。

Photoperiodic time measurement（光周期时间测定）：动植物通过测量自然环境中白昼或黑夜的长度来感受每年的季节并能做出适当的应答以适应自然环境中的季节变化。

Photophobic reaction（避光反应）：因光子辐射度增加或减少而做出的运动终止，接着改变游动方向的反应。

Photoreceptor（光受体）：细胞中能接受趋光性刺激的部位，通常为在鞭毛膨大区的致密区。

Photosynthate（光合作用产物）：光合作用的有机产物。

Phototaxis（趋光性）：受光方向和光强度影响的运动。

Phragmoplast（成膜体）：由位于纺锤体微管间的高尔基囊泡融合形成的细胞壁。

Phycobiliprotein or phycobilin（藻胆蛋白，藻胆素）：蓝藻、红藻、隐藻中的水溶性蓝绿色或粉红色的色素体。

Phycobilisome（藻胆体）：类囊体表面上的藻胆蛋白聚合体。

Phycobiont（共生藻）：地衣（苔藓）中的藻类共生体。

Phycocolloid（藻胶）：由藻类形成的多糖胶体。

Phycocyanin（藻青蛋白）：青绿色的藻胆蛋白。

Phycoerythrin（藻红蛋白）：粉红色的藻胆蛋白。

Phycomata：由单细胞绿藻产生的含细胞壁的孢囊。

Phycophaein（藻褐素）：黑色的氧化态岩藻聚糖。

Phycoplast（藻质体）：细胞分裂的一种类型（在这过程中，核分裂后有丝分裂纺锤体散开，两个子核紧紧靠拢，另一套微管垂直出现在先前有丝分裂纺锤体的微管所处的位置，并且沿着这些微管形成新的细胞壁）。

Physode（藻泡）：褐藻中含有岩藻聚糖的小泡。

Phytochrome（光敏色素）：光周期调控的化学物质。

Phytoplankton（浮游植物）：无目标漂浮的或游泳能力太弱而不能抵抗水流以保持恒定位置的植物。

Picoplankton（微浮游生物）：能够穿过网孔直径为 0.2～2 μm 的滤网的浮游生物。

Pili（菌毛）：蓝藻细胞表面上的蛋白质附属物。

Pit connection（纹孔连接）：两个红藻细胞间的连续区域，由交叉胞壁上的小孔、塞和塞盖组成。

Placoderm desmids（盾皮鱼带藻）：有两个半细胞并通过一个窄的腰部相连的带藻［相反，Saccoderm desmid（囊状带藻）则没有半细胞］。

Plakea（皿状体）：团藻目（绿藻）细胞形成的浅平盘状物。

Plankton（浮游生物）：无目标漂浮的，或游泳能力太弱而不能抵抗水流以保持恒定位置的生物。

Planogamete（游动配子）：能运动的配子。

Planospore（游动孢子）：能运动的孢子。

Planozygote（游动合子）：能运动的合子。

Plasma membrane（plasmalemma）［质膜（原生质膜）］：细胞最外层的活的膜。

Plasmodesma［胞间连丝（复数为 Plasmodesmata）］：微小的细胞质细丝，它通过细胞壁上的开口延伸，并与邻近的活细胞的原生质体相连。

Plasmogamy（胞质融合）：细胞质融合，而细胞核不融合［对应于 karyogamy（核融合）］。

Plastid（质体）：通常指含有光合作用装置或部分光合作用装置的由双层膜包围的细胞器。

Pleomorphic（多形的）：有多个形状的。

Plesiomorphic（祖征的，原生的）：原始进化特征的。

Plethysmothallus（无性原植体）：绿藻及褐藻生活史中含有藻丝或浓缩藻丝的一个阶段，能通过孢子自身繁殖。

Plurilocular sporangium（多室孢子囊）：褐藻中含有许多小室的孢子囊，每个小室产生一个游动孢子。

Pneumatocyst or air bladder（气囊）：叶状体膨胀部位，内含有气体。

Polar nodule（极节）：硅藻中近细胞末端的胞壁膨大部位。

Polyglucan granule（葡聚糖颗粒）：蓝藻中储存产物的一种原生质体结构。

Polyhedral body（多角体）：蓝藻的原生质体结构，与 DNA 微纤维相联合；它可能含有固定二氧化碳的酶即核酮糖-1，5-二磷酸羧化酶。

Polymorphic（多态性的）：具有多个形状的。

Polyol（多元醇）：糖醇。

Polyphosphate body（多磷酸盐小体）：蓝藻中包含的储存磷酸盐的原生质体结构。

Polysiphonous（多管的）：描述由直立式平行细胞构成的叶状体的术语。

Polystichous（多列的）：褐藻中生长的一种薄壁组织。

Pore（孔）：单个的洞。

Pore membrane（孔膜）：硅藻中位于小室上面的细胞壁部分。

Poriod：硅藻中被小板堵塞的孔。

Practical salinity unit（PSU）（实际盐度单位）：水相对于标准 KCl 溶液的导电率；海水约为 35 PSU。

Primary producer（初级生产者）：光合植物。

Proboscis（鼻管）：精子前端的微管，可能与趋化性反应有关。

Procarp（果胞系）：红藻中果胞和辅助细胞的联合体。
Process（突起）：细胞壁的延伸部分。
Productivity（生产率）：单位时间内生物量的改变。
Profundal zone（深水层）：湖泊中补偿深度以下的水层。
Prokaryotic cell（原核细胞）：一类缺乏膜包围细胞器的细胞。
Prolamellar body（原片层体）：在黄化质体中，由膜包被且相互连接的细管所组成的小体。
Promeristem（原分生组织）：未分化的顶端细胞控制其下部许多原分生细胞的分裂。
Propagulum（繁殖体）：墨顶藻目（褐藻）中，从藻体上脱落下来并形成新植株的小枝。
Properizonium：硅藻初级细胞壁内由硅酸性环带构成的次级复大孢子细胞壁。
Proplastid（原生质体）：通常指能发育成叶绿体或淀粉体的小质体。
Pseudocilia（假纤毛）：没有功能的鞭毛。
Pseudoparenchyma（假薄壁组织）：类似于薄壁组织的紧密压缩的细丝组织。
Pseudoraphe（假脊/拟纵沟）：在硅藻外壁上纵沟本应出现但却没有出现的非修饰区。
Psychrophile（嗜冷生物）：能在低于15℃下生长的生物。
Psychrotroph（兼性嗜冷生物）：能够忍受寒冷冬季，进而也能在温暖夏季生长的生物。
Puncta（点纹）：硅藻细胞壁上的开口，即小孔或小室。
Pusule（中泡）：甲藻中与排出细胞质中过量水分有关的一种细胞器结构。
Pyrenoid（蛋白核）：与储存产物形成有关的叶绿体蛋白质区域。
Pyriform（梨形的）：形状像梨的。
Radial（放射状的）：围绕中心点向四周发散。
Radially symmetrical（径向对称的）：当某物被切成两半，经折叠后这两半在切面上可以完全镜象重合。
Ramulus（小枝）：能够繁殖的小分枝。
Raphe（壳缝）：某些硅藻壳面上的纵向裂缝。
Receptacle（生殖托）：墨角藻目（褐藻）中含有生殖窠的叶状体膨大末端。
Red tide（赤潮）：含有大量沟鞭藻（甲藻）或其他能使水的颜色变红的生物的水体。
Reservoir（储蓄泡）：一些鞭毛藻体内胞咽底部的大空泡。
Resting cell（静止细胞）：硅藻中外形与营养细胞相同的细胞，但其含有大量脂质，且细胞器大小也缩小。
Resting spore（休眠孢子）：具有厚的细胞壁以抵抗外界不良环境条件的孢子。
Reticulate（网状的）：像网一样的。
Retinal（视黄醛）：生色团（有色化合物），通过赖氨酸残基连接到光受体（如视紫红质）的视蛋白部分。
Rhabdosome（棒状体）：鞭毛藻类 Dinophysales 的内含物，类似于刺细胞但是没有发射功能。
Rhizoid（假根）：没有维管组织的根状细丝。

Rhizoplast（根丝体）：鞭毛的根部，由能经常收缩的微纤维组成。

Rhizopodium（根状伪足）：长的、灵敏的细胞质突起。

Rhizostyle（根柱）：鞭毛的基部，由维管及相关结构组成。

Rodolith (maerl)（藻团粒）：缺乏未钙化接缝的珊瑚藻藻床。

Rhodopsin（视紫红质）：很多藻类细胞的光受体。视紫红质由生色团（有色化合物）视黄醛和脱辅基蛋白结合而成。

Rib（肋）：细胞壁的突出物。

Saccoderm desmid（囊状带藻）：没有半细胞的带藻（对应的是有半细胞的盾皮鱼带藻）。

Saprophyte（腐生物）：以死亡物为生的异养生物。

Scale（鳞）：有机的或无机的、形状多变的细胞表面物，它离散分布或以某种模式排列，形成一个环绕细胞的包膜。

Scintillon（闪光体）：与生物发光有关的微粒。

Scytonemin：蓝藻鞘上堆积的色素，可作为遮光物削减到达原生质的近紫外线(370～384 μm）的数量。

Separation disc or necridium（隔盘或牺牲胞）：蓝藻藻丝中的一个死亡细胞，能导致藻殖段从藻丝上分离开来。

Septum（隔板，隔膜）：横板。

Semiochemical（化学信息素）：在同种个体间起作用的化学物质；Allelochemical（化感物质）在不同种成员间起作用的化学物质。

Serrate（锯齿状的）：锯上呈齿状的。

Sessile（无柄的）：缺乏茎秆的。

Seta or awn（刚毛）：拉长的中空的细胞壁延伸物。

Sheath（鞘）：细胞外的黏胶物质。

Siderophore（铁载体）：某些蓝藻分泌的次级氧肟酸，用来溶解外部的铁化物。

Sieve cell（筛胞）：海带目（褐藻）藻类的髓质细胞，参与有机分子的主动运输。

Sieve membrane（筛膜）：硅藻中覆盖子囊腔的细胞壁结构。

Sieve plate（筛板）：带孔的筛胞细胞壁末端，借此细胞质得以保持连续（胞间连丝）。

Silica deposition vesicle（硅土沉淀泡）：内部有硅土沉淀的细胞小泡。

Silicalemma（硅质囊膜）：硅土沉淀泡的膜结构。

Sinus（凹槽）：鼓藻（绿藻）细胞中部区的切口。

siphonaceous 或 siphonous or coenocytic cell [管状（多核）细胞]：除了在繁殖体形成时以外，没有横壁的、大的多核细胞。

Sirenine（雌诱素）：水云属（褐藻）中的一种性引诱剂。

Skeleton（细胞骨架）：一种硬化无生命的、起保护作用的、黏附于细胞质上的支撑结构。

Slime layer（黏液层）：胞外的黏质物。

Somatic（体细胞的）：营养的，有生长力的。

Sorus（孢子堆）：由繁殖体形成的簇群。

Sperm（精子）：雄性配子。

Spermatangium（精子囊）：红藻中能形成一个精子的雄性配子囊。

Spermatogenesis（精子发生）：精子形成。

Spermocarp（果体）：鞘毛藻属（绿藻）中，由合子和一层环绕合子的细胞组成的结构。

Spicule（骨针）：棒状、纺锤状、星形或多变弯曲的修饰结构，通常为硅质或钙质，其钝的或锥形末端个别沉积于细胞表面或散布于整个外围细胞质中。

Spine（刺，棘）：依附于细胞壁或骨架结构上的无生命、棒状或锥状拉伸结构。

Spinulax（小刺）：极小的细胞壁上的突出物。

Sporangium（孢子囊）：产生孢子的结构。

Spore（孢子）：不经细胞融合即能发育成新个体的细胞。

Spore mother cell（孢子母细胞）：能分裂产生孢子的细胞。

Sporeling（胚芽孢子，孢苗）：由孢子形成的幼体。

Sporocyte（孢囊）：能分裂并产生孢子的细胞。

Sporogenesis（孢子形成，孢子发生）：孢子产生的过程。

Sporont（产孢体）：寄生甲藻的自由生活阶段（相对于寄生阶段或滋养体阶段）。

Sporophyte（孢子体）：形成孢子的二倍体植株。

Stalk（柄）：特别形成的将生物体附着到基质上的延伸结构。

Standing crop [现存（生物）量]：某个特定时间存在的生物总量。

Starch（淀粉）：由通过 α-1，4 和 α-1，6 糖苷键相连的葡萄糖残基组成的储存多糖。

Statospore or cyst（休眠孢子）：休眠的孢子。

Stellate（星状的）：像星样形状的。

Stenohaline（狭盐性的）：仅能忍受较小盐度范围变化的。

Stenothermic（狭温性的）：仅能忍受较小温度范围变化的。

Stephanokont（轮生鞭毛）：一极生有一圈鞭毛的细胞。

Stichidia（孢囊枝）：多管藻（红藻）中专有的繁殖分枝。

Stigma 或 eyespot（眼点）：与趋光性有关的一群有色脂质体。

Stipe（叶柄）：固着器和叶片之间的器官。

Streptophyte（条状植物）：指轮藻（轮藻目）和陆地植物（有胚植物）的组合。

Stria（壳纹）：硅藻细胞壁上的一排点纹（小孔或小室）。

Stroma（基质）：质体的非膜部分。

Stromatolite（叠层石）：由蓝藻和硅藻形成的坚硬如岩石的碳酸盐和残留沉淀物。

Stud process：短而秃的细胞壁延伸物。

Sublittoral zone（潮下带）：湖泊中指生根植被的末端（约 6 m）到补偿深度的区域；海洋中指低潮线最低处到水下 200 m 深的区域。

Suffultory cell（支撑细胞）：鞘藻属（绿藻门）矮小雄性丝状体赖以附着的细胞。

Sulcus（纵沟）：甲藻中细胞下锥部的纵向凹槽。

Supporting cell（支持细胞）：某些红藻中承负果胞枝的细胞。

Supralittoral zone（潮上带）：海洋中指高于高潮线的区域；湖泊中指高于常驻水位标尺的区域，起风时该区会受到浪花冲击。

Suture（缝合处）：两个相邻结构的融合区域。

Swarmer（游动细胞）：能运动的细胞。

Symbiosis 或 reciprocal parasitism（共生，互惠寄生）：两个生物体生活在一起、互惠互利。

Sympodial axis（合轴）：由连续的二歧式分枝形成的轴，其中一个分枝短于另一个，呈现单茎的式样。

Syncyanosis（共生复合物）：蓝色复合体（蓝藻和绿藻的共生体）和蓝色小体（共生体中的蓝色细胞器）形成的共生联合体。

Syngamy（融合生殖）：两性配子体相互融合。

Synomone（互利素）：一种由被食者释放、能够吸引其捕食者，而该捕食者也借此吸引食物网中下一级捕食者的化学物质。

Systole（收缩）：收缩泡的收缩（对应为 diastole）。

Tactic movement（趋向运动）：定向运动。

Taxon（plural taxa）[分类单位（复数为 taxa）]：分类学中的一个单元。

Terrestrial（陆地的）：在土地上生长的。

Test（壳）：一层由生物体特异分泌，或由环境中微粒形成的坚硬细胞包被，形成一个环绕细胞的保护层。

Tetrasporangium（四分孢子囊）：通常通过减数分裂产生 4 个四分孢子的孢子囊。

Tetraspore（四分孢子）：由四分孢子囊通过减数分裂形成的孢子。

Tetrasporophyte（四分孢子体）：通常指红藻中形成四分孢子的二倍体植株。

Thallophyte（叶状植物）：没有根、茎、叶分化的植物。

Theca（壳，鞘）：甲藻和某些绿细胞藻的外层覆盖物。

Thecal plate（鞘板）：位于甲藻细胞质膜下的小泡中的一块小板。

Thermal stratification（热分层）：随着深度增加水体中温度渐低，从而导致水体上下层间没有相互交换的现象。

Thermocline（温跃层）：在有热分层的湖中温度突然变化的水层。

Thermophiles（嗜热生物）：能在高温下生存的生物。

Thermotaxis（趋温性）：生物离开低温（正趋温性）或高温（负趋温性）环境的特性。

Thylakoid（类囊体）：质体中由单层膜围成的小囊。

Tinsel flagellum（长羽状鞭毛）：生有类似羽毛的鞭毛。

Trabeculae（横隔片）：一些多核绿藻细胞壁内生物。

Transitional region（过渡区）：鞭毛或纤毛上最靠近基体的部位，由基质、轴丝、鞭毛膜或纤毛膜组成。

Trellisoid：硅藻中一类与点或线无关的均一排布的修饰物。

Trichoblast（毛丝体）：红藻上的分枝多细胞藻丝体（丝状体）。

Trichocyst（刺丝胞）：甲藻和针胞藻细胞在受到外界刺激时发射出的一种细胞器。

Trichogyne（受精丝）：红藻中果胞上接收雄配子的长的无色部分。

Trichome（藻丝）：蓝藻中没有衣鞘包被的一排细胞。

Trichothallic（毛状体）：描述可在一端产生绒毛，另一端产生叶状体的居间分生组织的术语。

Trophocyte（营养细胞）：有生长力的细胞。

Trophont（滋养体）：沟鞭藻（甲藻）的寄生阶段（对应为母孢子或自由生活阶段）。

Trumpet hyphae（喇叭丝）：海带目中宽于细胞中部的横壁处延长筛胞。

Uniaxial（单轴的）：具有一个通常由单排的巨大细胞组成的主轴。

Unilocular sporangium（单室孢子囊）：由通过减数分裂产生游动孢子的单细胞组成的孢子囊。

Uniseriate（单列的）：具有单排细胞的。

Unisexual（单性的）：植株上只有一种类型配子囊形成的。

Upwelling（上升流）：海洋中富营养的底层海水上升到表层的区域。

Uronic acid（糖醛酸）：一类单糖。

Utricle（胞果）：膨大的小枝。

Valve（壳面）：硅藻细胞壁的一部分，一个壳面加上连带就组成硅藻细胞的一个壳（鞘）。

Valve jacket 或 mantle（壳套或壳衣）：硅藻壳面向内弯曲的部位。

Velum（缘膜）：硅藻中细胞壁延伸覆盖子囊腔的部分。

Volutin granule（异染粒）：包含存储多磷酸盐的原生质小体。

Water column（水柱）：水体的垂直剖面。

Whiplash flagellum（尾鞭型鞭毛）：表面没有绒毛的鞭毛。

Xanthophyll（叶黄素）：一种由氧化的碳水化合物组成的类胡萝卜素。

Xylan（木聚糖）：由木糖残基组成的多糖。

Zoochlorellae（虫绿藻）：在无脊椎动物（如珊瑚）体内生活的绿藻。

Zooplankton（浮游动物）：营浮游生活的动物。

Zoosporangium（游动孢子囊）：形成游动孢子的孢子囊。

Zoospore（游动孢子）：生有鞭毛的游动孢子。

Zoosporogenesis（游动孢子发生）：游孢子的形成。

Zooxanthellae（虫黄藻，动物黄藻）：具有不含叶绿素的藻细胞，在无脊椎动物体内生存，通常为甲藻类。

Zygospore（结合孢子）：厚壁休眠孢子。

Zygote（合子）：两个配子细胞融合的产物。

（邵展茹　刘福利　译，胡自民　毕永红　段德麟　校）